Dr. Michael Dzieia, Heinrich Hübscher, Dieter Jagla, Jürgen Klaue, Hans-Joachim Petersen, Harald Wickert

Elektronik Tabellen

Betriebs- und Automatisierungstechnik

3. Auflage

Bestellnummer 235015

westermann

Diesem Buch wurden die bei Manuskriptabschluss vorliegenden neuesten Ausgaben der DIN-Normen, VDI-Richtlinien und sonstigen Bestimmungen zu Grunde gelegt. Verbindlich sind jedoch nur die neuesten Ausgaben der DIN-Normen und VDI-Richtlinien und sonstigen Bestimmungen selbst.

Die DIN-Normen wurden wiedergegeben mit Erlaubnis des DIN Deutsches Institut für Normung e.V. Maßgebend für das Anwenden der Norm ist deren Fassung mit dem neuesten Ausgabedatum, die bei der Beuth-Verlag GmbH, Burggrafenstraße 6, 10787 Berlin, erhältlich ist.

Die in diesem Werk aufgeführten Internetadressen sind auf dem Stand zum Zeitpunkt der Drucklegung. Die ständige Aktualität der Adressen kann vonseiten des Verlages nicht gewährleistet werden. Darüber hinaus übernimmt der Verlag keine Verantwortung für die Inhalte dieser Seiten.

Druck: westermann druck GmbH, Braunschweig

service@westermann-berufsbildung.de
www.westermann-berufsbildung.de

Bildungshaus Schulbuchverlage Westermann Schroedel Diesterweg Schöningh Winklers GmbH, Postfach 33 20, 38023 Braunschweig

ISBN 978-3-14-**235015**-8

westermann GRUPPE

1	Grundlagen	5 … 76
2	Elektrische Installationen	77 … 110
3	Steuerungstechnik	111 … 154
4	Informationstechnik	155 … 182
5	Energieversorgung	183 … 228
6	Messen, Prüfen, Montieren	229 … 272
7	Automatisierungstechnik	273 … 310
8	Antriebssysteme	311 … 352
9	Kommunikationstechnik	353 … 378
10	Gebäudetechnik	379 … 420
11	Betrieb und Umfeld	421 … 466
12	Technische Dokumentation und Formeln	467 … 510
	Sachwortverzeichnis	511 … 535
	Bildquellenverzeichnis	536

In diesem Tabellenbuch ist technisches Wissen für das Berufsfeld **Betriebs- und Automatisierungstechnik** in anschaulicher und verständlicher Form für unterschiedliche Leserkreise dargestellt. Das Tabellenbuch ist deshalb besonders geeignet für

- den **Fachunterricht**,
- die **Prüfungsvorbereitung**,
- die **Weiterbildung**,
- die **Berufspraxis** und
- das **Selbststudium**.

Das Buch enthält umfassende Informationen zum theoretischen und praktischen Wissen für die Betriebs- und Automatisierungstechnik.

Das Basiswissen und die aktuellen Technologien sind dazu in kompakter Form abgehandelt und die Darstellungen durch verschiedenartige Grafiken ergänzt.

Diagramme und Tabellen mit wichtigen Daten und Fotos stellen den Bezug zur technischen Realität her.

Die Inhalte sind nach sachlogischen Gesichtspunkten in 12 Kapitel gegliedert.

Die Kapitel „Grundlagen“ und „Technische Dokumentation und Formeln“ enthalten auch Inhalte, die für mehrere Berufsbereiche von Bedeutung sind. Hier zeigt sich der Nachschlagecharakter besonders deutlich.

Die Seitenüberschriften und das Sachwortverzeichnis sind in deutscher und englischer Sprache ausgeführt. Dadurch wird das Verständnis der Terminologie von englischsprachigen Dokumenten gefördert.

Die Seiten jedes Kapitels besitzen am rechten oberen Rand eine bestimmte Farbmarkierung. Ein rascher Zugriff auf das jeweilige Kapitel wird dadurch erleichtert.

Damit sich die Leser vertiefend mit den in diesem Buch verwendeten Normen, Regeln und Vorschriften vertraut machen können, sind diese am Ende des Buches seitenbezogen aufgeführt.

Aufgrund technologischer Entwicklungen ist die vorliegende Auflage um folgende Themen erweitert worden:

- Bauproduktenverordnung
- Geräteschutzschalter
- Elektrische Energieeffizienz
- Beschleunigungssensoren
- Energieautarke Funksensoren
- DIN EN 81346 und ISO 1219 für pneumatische Systeme
- USB-Typ-C
- Energiespeicher im Niederspannungsnetz und in PV-Anlagen
- Neufassung des Datenschutzgesetzes
- Datenschutzgrundverordnung
- Praxisinformationen für Kommunikationskabelanlagen
- EMV-gerechte Kommunikationsverkabelung
- Funksysteme für die Gebäudeautomatisierung
- DIN EN 62424 zur Prozessleittechnik
- Robotertechnik und Industrieroboter
- Ausgangsfilter für Frequenzumrichter
- Wärmemelder
- Elektrische Begleitheizungen
- DIN EN ISO 9001
- Industrie 4.0
- 3D-Druck

Neben diesen neuen Inhalten sind in der 3. Auflage Korrekturen vorgenommen sowie die Inhalte der aktuellen Normen eingearbeitet worden.

Für Hinweise und Verbesserungsvorschläge sind Autoren und Verlag jederzeit aufgeschlossen und dankbar.

Autoren und Verlag
Braunschweig 2018

Grundlagen

1

Mathematik

6 Allgemeine mathematische Zeichen und Begriffe
6 Zeichen und Begriffe der Mengenlehre
7 Addition und Subtraktion
7 Multiplikation und Division
8 Potenzieren und Radizieren
9 Logarithmieren
9 Binäre und hexadezimale Potenzen
10 Gleichungen
10 Vektoren
10 Prozent- und Zinsrechnung
11 Zahlen und Zahlensysteme
12 Standard-Zahlenmengen
12 Griechisches Alphabet
13 Winkelfunktionen
13 Lehrsätze
14 Flächen- und Körperberechnungen
15 Physikalische Größen und Einheiten
16 Formelzeichen und Einheiten

Physik

18 Formelzeichen und Einheiten
18 Physikalische Konstanten
18 Indizes
19 Masse und Kraft
20 Mechanische Arbeit, Leistung und Drehmoment
20 Wirkungsgrad
21 Mechanische Energie
21 Reibung
22 Hebel und Rollen
22 Getriebe, Übersetzungen
23 Bewegungen
24 Gleichförmige Kreisbewegungen
24 Wärme
25 Druck
25 Dichte, spezifisches Volumen

Elektrotechnik

26 Größen und Formeln der Elektrotechnik
27 Normspannungen
27 Spannungs- und Stromsymbole
28 Elektrischer Widerstand
28 Messung elektrischer Widerstände
29 Schaltungen mit Widerständen
31 Schaltungen mit Spannungsquellen
32 Elektrisches Feld, Kondensator
33 Magnetisches Feld
35 Induktionsspannung
36 Schaltvorgänge bei Kondensatoren und Spulen
37 Wechselspannung und Wechselstrom
38 Stromsysteme
38 Drehstromübertragung
39 Verbraucherschaltungen im Drehstromnetz
40 Widerstände im Wechselstromkreis
42 Filterschaltungen
43 Schwingkreise

Bauelemente

44 Anwendungsklassen und Zuverlässigkeitsangaben für Bauelemente
45 Widerstände
46 Kennzeichnung von Widerständen und Kondensatoren
47 Farbkennzeichnung von Bauelementen
48 Einstellbare Widerstände
49 Temperatur- und spannungsabhängige Widerstände
51 Kondensatoren
51 Kennzeichnung der Anschlüsse für Kondensatoren bis 1000 V
52 Anwendungsbereiche und Kenndaten von Kondensatoren
53 Bemessungsspannungen und Toleranzen von Kondensatoren
53 Kondensatoren zum Betrieb von Entladungslampen
54 Halbleiterbauelemente
55 Dioden
56 Halbleiterbauelemente mit Schaltverhalten
57 Transistoren
58 Leistungs-Feldeffekttransistoren
59 Bipolartransistor (Gleichstromverhalten)
60 Bipolartransistor (Wechselstromverhalten)
61 Optoelektronische Bauelemente
63 Spulen
64 Magnetfeldabhängige Bauelemente
65 Operationsverstärker
66 Schaltungen mit Operationsverstärkern

Chemie und Werkstoffe

67 Periodensystem
67 Stoffwerte von Werkstoffen
68 Stoffwerte von chemisch reinen Elementen
69 Grundlagen der Chemie
70 Stoffabscheidung durch Elektrolyse (Galvanisieren)
71 Eigenschaften von Werkstoffen
73 Nichteisen-Metalle
74 Werkstoffe
75 Kunststoffe
76 Isolierstoffklassen
76 Isolierstoffe aus Keramik bzw. Glas

Allgemeine mathematische Zeichen und Begriffe
General Mathematical Signs and Terms

Zeichen	Verwendung	Sprechweise (Erläuterungen)
Pragmatische Zeichen (nicht mathematisch im engeren Sinne. Die Bedeutung ist von Fall zu Fall zu präzisieren.		
$\approx$	$x \approx y$	*x* ist ungefähr gleich *y*
$\ll$	$x \ll y$	*x* ist klein gegen *y*
$\gg$	$x \gg y$	*x* ist groß gegen *y*
$\triangleq$	$x \triangleq y$	*x* entspricht *y*
…		und so weiter bis, und so weiter (unbegrenzt), Punkt, Punkt, Punkt
Allgemeine arithmetische Relationen und Verknüpfungen		
$=$	$x = y$	*x* gleich *y*
$\neq$	$x \neq y$	*x* ungleich *y*
$<$	$x < y$	*x* kleiner als *y*
$\leq$	$x \leq y$	*x* kleiner oder gleich *y*, *x* höchstens gleich *y*
$>$	$x > y$	*x* größer als *y*
$\geq$	$x \geq y$	*x* größer oder gleich *y*, *x* mindestens gleich *y*
$+$	$x + y$	*x* plus *y*, Summe von x und *y*
$-$	$x - y$	*x* minus *y*, Differenz von *x* und *y*
$\cdot$	$x \cdot y$ oder xy	*x* mal *y*, Produkt von *x* und *y*
$\frac{-}{-}$ oder /	$\frac{x}{y}$ oder x/y	*x* durch *y*, Quotient von *x* und *y*
Σ	$\sum_{i=1}^{n} x_i$	Summe über x_i von *i* gleich 1 bis *n*
$\sim$	$f \sim g$	*f* ist proportional zu *g*
Exponentialfunktion und Logarithmus		
exp	exp *z* oder e^z	Exponentialfunktion von *z* oder *e* hoch *z*
ln	ln *x*	natürlicher Logarithmus von *x* (Basis *e*)
	x^z	*x* hoch *z*
log	$\log_y x$	Logarithmus von *x* zur Basis *y*
lg	lg *x*	dekadischer Logarithmus von *x* (Basis 10)

Zeichen	Verwendung	Sprechweise (Erläuterungen)
Elementare Geometrie		
π		pi (3,1415926…)
e		e (2,718281…)
	x^n	*x* hoch n, n-te Potenz von *x*
$\sqrt{\ }$	$\sqrt{x}$	Wurzel (Quadratwurzel) aus *x*
$\sqrt[n]{\ }$	$\sqrt[n]{x}$	n-te Wurzel aus *x*
$\vert\ \vert$	$\vert x \vert$	Betrag von *x*
∞		unendlich
Elementare Geometrie		
$\perp$	$g \perp h$	*g* und *h* stehen senkrecht zueinander (*g* orthogonal zu *h*)
$\parallel$	$g \parallel h$	*g* ist parallel zu *h*
$\uparrow\uparrow$	$g \uparrow\uparrow h$	*g* und *h* sind gleichsinnig parallel
$\uparrow\downarrow$	$g \uparrow\downarrow h$	*g* und *h* sind gegensinnig parallel
∢	∢(g, h)	(nicht orientierter) Winkel zwischen *g* und *h*
∡	∡(g, h)	orientierter Winkel von *g* nach *h* (Zählrichtung festgelegt)
—	$\overline{PQ}$	Strecke von *P* nach *Q*
d	$d(P, Q)$	Abstand (Distanz) von *P* nach *Q*
Δ	$\Delta(ABC)$	Dreieck *ABC*
$\cong$	$M \cong N$	*M* ist kongruent zu *N*
Trigonometrische Funktionen sowie deren Umkehrungen		
sin	sin *z*	Sinus von *z*
cos	cos *z*	Cosinus von *z*
tan	tan *z*	Tangens von *z*
cot	cot *z*	Cotangens von *z*
Arcsin	Arcsin *x*	Arcussinus von *x*
Arccos	Arccos *x*	Arcuscosinus von *x*
Arctan	Arctan *x*	Arcustangens von *x*

Zeichen und Begriffe der Mengenlehre
Signs and Terms of Set Theory

Zeichen	Verwendung	Sprechweise (Erläuterungen)
$\in$	$x \in M$	*x* ist Element von *M*
$\notin$	$x \notin M$	*x* ist nicht Element von *M*
	$x_1, \ldots, x_n \in A$	$x_1, \ldots, x_n$ sind Elemente von *A*
$\{\ \vert\ \}$	$\{x \vert \varphi(x)\}$	die Klasse (Menge) aller *x* mit $\varphi(x)$
$\{, \ldots, \}$	$\{x_1, \ldots, x_n\}$	die Menge mit den Elementen $x_1, \ldots, x_n$
$\subseteq$	$A \subseteq B$	*A* ist Teilmenge von *B*, *A* sub *B*

Zeichen	Verwendung	Sprechweise (Erläuterungen)
$\subsetneqq$	$A \subsetneqq B$	*A* ist echte Teilklasse von *B*, *A* echt sub *B*
$\cap$	$A \cap B$	*A* geschnitten mit *B*, Durchschnitt von *A* und *B*
$\cup$	$A \cup B$	*A* vereinigt mit *B*, Vereinigung von A und *B*
$\setminus$	$A \setminus B$	*A* ohne *B*, Differenz von *A* und *B*
Ø oder { }		leere Menge

Addition und Subtraktion
Addition and Subtraction

Addition

Summand + Summand + … = Summe

$\underbrace{a + b + \dots}_{\text{Term}} = x \quad (a, b, x \in \mathbb{R})$

Ein **Term** ist ein mathematischer Ausdruck, der aus Zahlen, Variablen und Rechenzeichen besteht.

Subtraktion

Minuend − Subtrahend = Differenz

$\underbrace{a - b}_{\text{Term}} = c \quad (a, b, c \in \mathbb{R})$

Wenn der Subtrahend größer als der Minuend ist, wird die Differenz negativ.

Regeln

- Kommutativgesetz $a + b = b + a$
- Assoziativgesetz $(a + b) + c = a + (b + c)$

Rechenoperation in Klammer zuerst ausführen.

- Klammern auflösen

$a + (+b) = a + b$
$a + (-b) = a - b$

$a - (+b) = a - b$
$a - (-b) = a + b$

$a + (b + c) = a + b + c$
$a + (b - c) = a + b - c$

$a - (b + c) = a - b - c$
$a - (b - c) = a - b + c$

- Mehrere Klammern

$a - [(b - c) - (a + c)] = a - [b - c - a - c] = 2a - b + 2c$

Zuerst innere Klammer auflösen.

- Irrationale Zahlen

z. B.: $\sqrt{2} + 3 \approx 1{,}414 + 3 \approx 4{,}414$

(Rundungsregeln anwenden)

Brüche

- Gleichnamige Brüche (Zähler addieren bzw. subtrahieren, Nenner unverändert belassen) $\frac{a}{b} \pm \frac{c}{b} = \frac{a \pm c}{b}$
- Ungleichnamige Brüche (Hauptnenner bilden, kleinste gemeinsame Vielfache) $\frac{a}{b} \pm \frac{c}{d} = \frac{a \cdot d \pm b \cdot c}{b \cdot d}$
- Term als Zähler (Klammer um Zähler)

$\frac{a + b}{c} + \frac{c - d}{c} = \frac{(a + b) + (c - d)}{c}$

Beträge

Soll von einer Zahl nur der Wert ohne Berücksichtigung des Vorzeichens geschrieben werden, setzt man die Zahl zwischen zwei senkrechte Striche (Betrag).

$|-13| = 13 \qquad |1{,}5| = 1{,}5$

Multiplikation und Division
Multiplication and Division

Multiplikation

Faktor · Faktor = Produkt

$a \cdot b = c \quad (a, b, c \in \mathbb{R})$

Kommutativgesetz $a \cdot b = b \cdot a$
Assoziativgesetz $a \cdot (b \cdot c) = (a \cdot b) \cdot c$

Division

$\frac{\textbf{Dividend}}{\textbf{Divisor}} = \textbf{Quotient} \qquad \frac{a}{b} = c$

$(a, b, c \in \mathbb{R}, b \neq 0)$

Regeln

- Division durch Null ist nicht erlaubt!
- Division durch 1 $\frac{a}{1} = a$
- Vorzeichen $\frac{+a}{+b} = \frac{a}{b} \quad \frac{-a}{+b} = -\frac{a}{b} \quad \frac{+a}{-b} = -\frac{a}{b} \quad \frac{-a}{-b} = \frac{a}{b}$
- Punktrechnung vor Strichrechnung (Rechnung höherer Ordnung geht vor)

$4 \cdot a = 4a \qquad a \cdot b = ab$

Rechenzeichen kann entfallen

$(+a) \cdot (+b) = ab$
$(+a) \cdot (-b) = -ab$

$(-a) \cdot (+b) = -ab$
$(-a) \cdot (-b) = ab$

$a \cdot 0 = 0$
$a \cdot 1 = a$

$3a \cdot 8b = 24ab$
$ab \cdot cd = abcd$

$3 \cdot a + 8 \cdot b = 3a + 8b$
$a \cdot b + c \cdot d = ab + cd$

- Distributivgesetz $a(b + c) = ab + ac$
- Ausklammern

$4a + 9a - 3a = (4 + 9 - 3) \cdot a = 10a$

$ba + ca - da = (b + c - d) \cdot a$

$2a + 3a - 4m + m = a \cdot (2 + 3) + m \cdot (-4 + 1) = 5a - 3m$

$ba + ca + dm + fm = a \cdot (b + c) + m \cdot (d + f)$
$(a + b) \cdot (c + d) = a(c + d) + b(c + d) = ac + ad + bc + bd$

- Irrationale Zahlen werden multipliziert und dividiert, nachdem man gerundet hat.

Brüche $(a, b, x \in \mathbb{R})$

- Multiplikation $\frac{a}{b} \cdot c = \frac{ac}{b} \quad \frac{a}{b} \cdot \frac{c}{d} = \frac{ac}{bd} \quad \frac{a}{b} \cdot \frac{b}{a} = 1$
- Division $\frac{a}{b} : c = \frac{a}{bc} \quad \frac{a}{b} : \frac{c}{d} = \frac{ad}{bc}$ (mit Kehrwert multiplizieren)

Potenzieren und Radizieren
Raise to a Power and Extract the Root

Potenzieren

$\mathbf{a^n = c}$ | $n \in \mathbb{N}$ | a Basis
$\mathbf{a^n = \underbrace{a \cdot a \cdot \ldots \cdot a}_{n\ \text{Faktoren}} = c}$ | $a, c \in \mathbb{R}$ | n Exponent, c Potenz

Regeln

- Positive Basis $\quad a \geq 0;\ b \geq 0;\ c \geq 0$

$$a^b = c$$

- Negative Basis $\quad a > 0;\ c > 0;\ n \in \mathbb{N}$

  Exponent geradzahlig $\quad (-a)^{2n} = c$

  Exponent ungeradzahlig $\quad (-a)^{2n+1} = -c$

- Addition und Subtraktion von Potenzen mit der gleichen Basis und dem gleichen Exponenten

  Distributivgesetz $\quad a \cdot b^n \pm c \cdot b^n = (a \pm c) \cdot b^n$

- Multiplikation und Division von Potenzen mit der gleichen Basis

$$a^m \cdot a^n = a^{m+n} \qquad a^1 = a \qquad a^{-n} = \frac{1}{a^n}$$
$$a^m : a^n = a^{m-n} \qquad a^0 = 1$$

- Multiplikation und Division von Potenzen mit dem gleichen Exponenten

$$a^m \cdot b^m = (ab)^m \qquad a^m : b^m = \frac{a^m}{b^m} = \left(\frac{a}{b}\right)^m$$

- Potenzieren von Potenzen $\quad (a^b)^c = a^{bc}$

  Binomische Formeln:
  $(a+b)^2 = a^2 + 2ab + b^2$
  $(a-b)^2 = a^2 - 2ab + b^2$
  $(a+b)(a-b) = a^2 - b^2$

Radizieren

$\mathbf{\sqrt[n]{a} = b}$ | $a, b \in \mathbb{R}$ | n Wurzelexponent
$\mathbf{a^{\frac{1}{n}} = b}$ | $n \in \mathbb{Z}$ | a Radikand
| $a \geq 0$ | b Wurzel

Regeln

- Addition und Subtraktion von Wurzeln mit gleichem Exponenten und gleichem Radikanden

$$b \cdot \sqrt[n]{a} \pm c \cdot \sqrt[n]{a} = (b \pm c)\sqrt[n]{a}$$

$a \geq 0$
$n \in \mathbb{N};\ n \neq 0$

- Multiplikation und Division von Wurzeln mit gleichem Exponenten

$$n\sqrt[x]{a} \cdot m\sqrt[x]{b} = nm\sqrt[x]{ab}$$
$$m\sqrt[y]{a} : n\sqrt[y]{b} = \frac{m}{n}\sqrt[y]{\frac{a}{b}}$$

- Potenzieren und Radizieren $\quad (m, n \in \mathbb{R})$

$$\left(\sqrt[n]{a}\right)^m = \sqrt[n]{a^m}$$
$$\sqrt[n]{a^m} = a^{\frac{m}{n}}$$
$$\frac{1}{\sqrt[n]{a^m}} = a^{\frac{-m}{n}}$$
$$a^{\frac{m}{n}} \cdot a^{\frac{p}{q}} = a^{\frac{m}{n}\ \frac{p}{q}}$$

$$a^{\frac{m}{n}} : a^{\frac{p}{q}} = a^{\frac{m}{n} - \frac{p}{q}}$$
$$\sqrt[m]{\sqrt[n]{a}} = \sqrt[m \cdot n]{a}$$
$$\left(a^{\frac{m}{n}}\right)^{\frac{p}{q}} = a^{\frac{mp}{nq}}$$

Zehnerpotenzen

$\mathbf{10^n = c}$ $\quad n \in \mathbb{Z}$
$\mathbf{10^n = \underbrace{10 \cdot 10 \cdot 10 \cdot \ldots \cdot 10}_{n\ \text{Faktoren}}}$ $\quad$ Basis 10

$10^0 = 1$	
$10^1 = 10$	$10^{-1} = \frac{1}{10} = 0{,}1$
$10^2 = 100$	$10^{-2} = \frac{1}{100} = 0{,}01$
$10^3 = 1000$	$10^{-3} = \frac{1}{1000} = 0{,}001$
$10^4 = 10\,000$	$10^{-4} = \frac{1}{10\,000} = 0{,}0001$

Beispiele

Addieren	$4 \cdot 10^2 + 2 \cdot 10^2$	$= (4+2) \cdot 10^2$	$= 6 \cdot 10^2$
Subtrahieren	$4 \cdot 10^2 - 2 \cdot 10^2$	$= (4-2) \cdot 10^2$	$= 2 \cdot 10^2$
Multiplizieren	$10^4 \cdot 10^3$	$= 10^{(4+3)}$	$= 10^7$
Dividieren	$\frac{10^4}{10^3}$	$= 10^{(4-3)}$	$= 10^1$
Potenzieren	$(10^2)^3$	$= 10^{2 \cdot 3}$	$= 10^6$
Radizieren	$\sqrt{10^6}$	$= 10^{\frac{6}{2}}$	$= 10^3$

Logarithmieren
Take the Logarithm

Definition

$a^n = c$ **$\log_a c = n$** a Basis
(sprich: Logarithmus zur Basis a von c ist n) c Numerus, n Logarithmus

Der Logarithmus n gibt an, mit welcher Zahl man die Basis a potenzieren muss, um den Numerus c als Potenz zu erhalten.

Sonderfälle und Umrechnungen

$\log_a 0 = -\infty$	$\log_a 1 = 0$	$\lg 10 = 1$
$\log_a \infty = \infty$	$\log_a a = 1$	$\ln e = 1$
		$\text{lb}\, 2 = 1$

$\log_a b = \dfrac{\log_c b}{\log_c a}$

$\ln x = 2{,}30258 \cdot \lg x$
$\text{lb}\, x = 3{,}32193 \cdot \lg x$
$\ln x = 0{,}69314 \cdot \text{lb}\, x$

Regeln $a > 0; c > 0; d > 0$

- Multiplizieren $\log_a (c \cdot d) = \log_a c + \log_a d$ — Multiplikation wird zur Addition
- Dividieren $\log_a \frac{c}{d} = \log_a c - \log_a d$ — Division wird zur Subtraktion
- Potenzieren $\log_a c^n = n \cdot \log_a c$ — Potenzieren wird zum Multiplizieren
- Radizieren $\log_a \sqrt[m]{c} = \frac{1}{m} \log_a c$ — Radizieren wird zum Dividieren

Gebräuchliche Basen

Basis	Logarithmus-Bezeichnung	Schreibweise	Taschenrechner
10	dekadischer (Zehnerlogarithmus)	lgc $\log_{10} c$	log
e = 2,71828…	natürlicher	lnc $\log_e c$	ln
2	binärer	lbc $\log_2 c$	

Logarithmische Teilung (dekadischer Logarithmus)

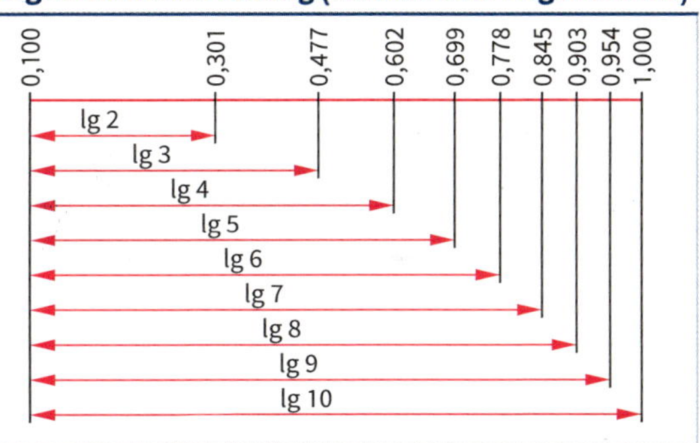

Binäre und hexadezimale Potenzen
Binary and Hexadecimal Powers

Binäre Potenzen

$\mathbf{2^n = c}$ $\mathbf{2^n = 2 \cdot 2 \cdot \ldots \cdot 2}$ $n \in \mathbb{Z}$ Basis 2

$\mathbf{2^{-n} = \frac{1}{2^n}}$ $\mathbf{2^{-n} = \frac{1}{2} \cdot \frac{1}{2} \cdot \ldots \cdot \frac{1}{2}}$

Beispiele

$2^0 = 1$		
$2^1 = 2$	$2^{-1} = \frac{1}{2}$	$= 0{,}5$
$2^2 = 4$	$2^{-2} = \frac{1}{4}$	$= 0{,}25$
$2^3 = 8$	$2^{-3} = \frac{1}{8}$	$= 0{,}125$
$2^4 = 16$	$2^{-4} = \frac{1}{16}$	$= 0{,}0625$
$2^5 = 32$	$2^{-5} = \frac{1}{32}$	$= 0{,}03125$
$2^6 = 64$	$2^{-6} = \frac{1}{64}$	$= 0{,}015625$
$2^7 = 128$	$2^{-7} = \frac{1}{128}$	$= 0{,}0078125$
$2^8 = 256$	$2^{-8} = \frac{1}{256}$	$= 0{,}00390625$

Abkürzungen durch Vorsatzzeichen

1 k (Kilo)	$= 2^{10} = 1024$	
1 M (Mega)	$= 2^{20} = 2^{10} \cdot 2^{10}$	= 1048576
1 G (Giga)	$= 2^{30} = 2^{10} \cdot 2^{10} \cdot 2^{10}$	= 1073741824

Hexadezimale Potenzen

$\mathbf{16^n = c}$ $\mathbf{16^n = 16 \cdot 16 \cdot \ldots \cdot 16}$ $n \in \mathbb{Z}$ Basis 16

$\mathbf{16^{-n} = \frac{1}{16^n}}$ $\mathbf{16^{-n} = \frac{1}{16} \cdot \frac{1}{16} \cdot \ldots \cdot \frac{1}{16}}$

Beispiele

$16^0 = 1$			
$16^1 = 16$	$16^{-1} =$	$\frac{1}{16}$	$= 0{,}0625$
$16^2 = 256$	$16^{-2} =$	$\frac{1}{256}$	$= 0{,}00390625$
$16^3 = 4096$	$16^{-3} =$	$\frac{1}{4096}$	$= 0{,}244140 \cdot 10^{-3}$
$16^4 = 65536$	$16^{-4} =$	$\frac{1}{65536}$	$= 0{,}015259 \cdot 10^{-3}$

Umrechnungsbeispiele

2^4	$= 16^1 =$	16 =	$10000_B =$	10_H
2^8	$= 16^2 =$	256 =	$100000000_B =$	100_H
2^{16}	$= 16^4 =$	65536 =	64 k =	10000_H
2^{20}	$= 16^5 =$	1048576 =	1 M =	100000_H

B: Binär; H: Hexadezimal

Gleichungen
Equations

Term: Sammelname für einzelne Summen, Differenzen, Produkte usw.
Gleichung: Zwei Terme, die durch ein Gleichheitszeichen verknüpft sind.

Beide Terme kann man mit gleichen Zahlen, Größen und Einheiten addieren, subtrahieren, dividieren ($\neq 0$), potenzieren, radizieren.

Lösen linearer Gleichungen mit einer unbekannten Größe

- Brüche beseitigen
- Klammern auflösen
- Glieder ordnen und zusammenfassen
- Unbekannte Größen auf eine Seite bringen
- Unbekannte Größen berechnen
- Ergebnis durch Einsetzen der unbekannten Größe in die Ausgangsgleichung überprüfen (keine Reihenfolge)

Es gilt immer: Term 1 = Term 2

Lösen von linearen Gleichungen mit zwei unbekannten Größen

- **Einsetzungsverfahren**
  - Eine Gleichung nach einer der unbekannten Größen umstellen.
  - Umgestellte Gleichung in die zweite Gleichung einsetzen.
- **Gleichsetzungsverfahren**
  - Beide Gleichungen nach derselben unbekannten Größe umstellen.
  - Terme gleichsetzen.
  - Term nach verbleibenden Unbekannten auflösen.
- **Additionsverfahren**
  - Gleichung so umstellen, dass die eine unbekannte Größe in beiden Gleichungen den gleichen Faktor, aber ein umgekehrtes Vorzeichen besitzt.
  - Beide Gleichungen addieren.

Vektoren
Vectors

Schreibweise	***A, B, …, a, b, …*** $\vec{A}, \vec{B}, \dots, \vec{a}, \vec{b}, \dots$
Grafische Darstellung	$\vec{A}$
Komponenten eines Vektors	$\vec{A} = \vec{A}_x + \vec{A}_y$ $\vec{A}$, $\vec{A}_x$, $\vec{A}_y$
Betrag eines Vektors	$A = \lvert\vec{A}\rvert$ $\vec{A}$, A
Multiplikation mit einem Skalar	$\vec{A} \cdot B = \vec{C}$ $\vec{A}$, $\vec{C}$
Addition von Vektoren	$\vec{A} + \vec{B} = \vec{C}$ $\vec{A}$, $\vec{B}$, $\vec{C}$
Subtraktion von Vektoren	$\vec{A} + (-\vec{B}) = \vec{C}$ $\vec{A}$, $\vec{B}$, $\vec{C}$, $-\vec{B}$

Prozent- und Zinsrechnung
Calculation of Percentages and of Interests

Prozentrechnung

$$P = \frac{G \cdot p}{100\,\%}$$

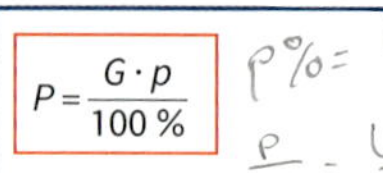

G: Grundwert
P: Prozentwert
p: Prozentsatz

Prozent (%) bedeutet: $1\,\% = \frac{1}{100}$

Promile (‰) bedeutet: $1\,‰ = \frac{1}{1000}$

Zinsrechnung

$$Z = \frac{K \cdot p \cdot t}{100\,\%}$$

Z: Zinsen in €

K: Kapital in € K = Z · 100 / p

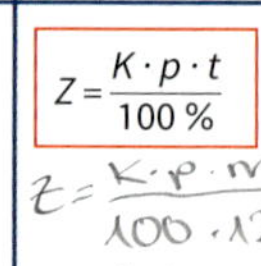

p: Zinssatz in % pro Jahr (a) p = Z · 100 / K

t: Zeit in Jahren (a) t = Z · 1200 / K · P (M)

Dezimalzahlen-System

- Zeichenvorrat: 0, 1, 2, 3, 4, 5, 6, 7, 8, 9
- Mögliche unterschiedliche Zeichen pro Stelle: 10
- Basis 10 (B = 10)
- Kennzeichnung: Index 10 oder D (dezimal)

Stelle	4.	3.	2.	1.		1.	2.
Wertigkeit	10^3	10^2	10^1	10^0		10^{-1}	10^{-2}
	1000	100	10	1		1/10	1/100
Beispiel:	**5**	**0**	**3**	**2**	**,**	**1**	**2**
	$5 \cdot 10^3$ +	$0 \cdot 10^2$ +	$3 \cdot 10^1$ +	$2 \cdot 10^0$ +		$1 \cdot 10^{-1}$ +	$2 \cdot 10^{-2}$

Dualzahlen-System

- Zeichenvorrat: 0 und 1
- Mögliche unterschiedliche Zeichen pro Stelle: 2
- Basis 2 (B = 2)
- Kennzeichnung: Index 2 oder B (binär)

Stelle	4.	3.	2.	1.		1.	2.
Wertigkeit	2^3	2^2	2^1	2^0		2^{-1}	2^{-2}
	8	4	2	1		1/2	1/4
Beispiel:	**1**	**0**	**0**	**1**	**,**	**1**	**1**
	$1 \cdot 2^3$ +	$0 \cdot 2^2$ +	$0 \cdot 2^1$ +	$1 \cdot 2^0$ +		$1 \cdot 2^{-1}$ +	$1 \cdot 2^{-2}$

Hexadezimal-Zahlensystem

- Zeichenvorrat: 0, 1, 2, 3, 4, 5, 6, 7, 8, 9, A, B, C, D, E, F
- Mögliche unterschiedliche Zeichen pro Stelle: 16
- Basis 16 (B = 16)
- Kennzeichnung: Index 16 oder H (hexadezimal)

Stelle	4.	3.	2.	1.		1.	2.
Wertigkeit	16^3	16^2	16^1	16^0		16^{-1}	16^{-2}
	4096	256	16	1		1/16	1/256
Beispiel:	**1**	**3**	**F**	**C**	**,**	**5**	**A**
	$1 \cdot 16^3$ +	$3 \cdot 16^2$ +	$F \cdot 16^1$ +	$C \cdot 16^0$ +		$5 \cdot 16^{-1}$ +	$A \cdot 16^{-2}$

Vergleich zwischen Zahlensystemen

dual	dezimal	hexadezimal	dual	dezimal	hexadezimal
0	0	0	10000	16	10
1	1	1	10001	17	11
10	2	2	10010	18	12
11	3	3	10011	19	13
100	4	4	10100	20	14
101	5	5	10101	21	15
110	6	6	10110	22	16
111	7	7	10111	23	17
1000	8	8	11000	24	18
1001	9	9	11001	25	19
1010	10	A	11010	26	1A
1011	11	B	11011	27	1B
1100	12	C	11100	28	1C
1101	13	D	11101	29	1D
1110	14	E	11110	30	1E
1111	15	F	11111	31	1F

Komplementbildung

B-Komplement: Ergänzung der gegebenen Zahl zur ganzen Potenz der Basis des gewählten Zahlensystems.

(B-1)-Komplement: B-Komplement minus 1

Beispiele:

Basis	Zahl	B-Komplement	(B-1)-Komplement
		Zehnerkomplement	Neunerkomplement
B = 10	6	4	3
	73	27	26
		Zweierkomplement	Einerkomplement
B = 2	111	001	000
	101	011	010

Umwandlungen von Zahlen

Dezimalzahl in Dualzahl (Divisionsverfahren)

Beispiel: $13{,}3_D$

Ganzzahliger Anteil	Nachkommastelle
13 : 2 = 6 Rest 1	0,3 · 2 = 0,6 + 0
6 : 2 = 3 Rest 0	0,6 · 2 = 0,2 + 1
3 : 2 = 1 Rest 1	0,2 · 2 = 0,4 + 0
1 : 2 = 0 Rest 1	0,4 · 2 = 0,8 + 0
	0,8 · 2 = 0,6 + 1
	0,6 · 2 = 0,2 + 1
	· = ·
	· = ·
$13_D = 1101_B$	$0{,}3_D = 0{,}010011\ldots_B$

$13{,}3_D = 1101{,}0\overline{1001}\ldots_B$

Dezimalzahl in Hexadezimalzahl (Divisionsverfahren)

Beispiel: $5116{,}33_D$

5116 : 16 = 319 Rest C	0,33 · 16 = 0,28 + 5
319 : 16 = 19 Rest F	0,28 · 16 = 0,48 + 4
19 : 16 = 1 Rest 3	0,48 · 16 = 0,68 + 7
1 : 16 = 0 Rest 1	0,68 · 16 = 0,88 + A
	0,88 · 16 = 0,08 + E
	· = ·
	· = ·
$5116_D = 13FC_H$	$0{,}33_D = 0{,}547AE\ldots_H$

$5116{,}33_D = 13FC{,}547AE\ldots_H$

Hexadezimalzahl in Dezimalzahl

1. Potenzwert-Verfahren

Beispiel:

$COA{,}E_H = 12 \cdot 16^2 + 0 \cdot 16^1 + 10 \cdot 16^0 + 14 \cdot 16^{-1}$
$= 3072 + 0 + 10 + 0{,}875$
$= 3082{,}875_D$

2. Horner-Schema

Beispiel: $13FC{,}E8_H$

1 3 F C	0, E8
16 · 1 + 3 = 19	8 : 16 = 0,5
16 · 19 + 15 = 319	(14 + 0,5) : 16 = 0,90625
16 · 319 + 12 = 5116	
$13FC_H = 5116_D$	$0{,}E8_H = 0{,}90625$

$13FC{,}E8_H = 5116{,}90625_D$

Dualzahl in Dezimalzahl

1. Potenzwert-Verfahren

Beispiel:

$1001{,}11_B = 1 \cdot 2^3 + 0 \cdot 2^2 + 0 \cdot 2^1 + 1 \cdot 2^0 + 1 \cdot 2^{-1} + 1 \cdot 2^{-2}{}_D$
$= 8 + 0 + 0 + 1 + 0{,}5 + 0{,}25_D$
$= 9{,}75_D$

2. Horner-Schema

Beispiel: $1101{,}0101_B$

1 1 0 1	0,0101
2 · 1 + 1 = 3	1 : 2 = 0,5
2 · 3 + 0 = 6	(0 + 0,5) : 2 = 0,25
2 · 6 + 1 = 13	(1 + 0,25) : 2 = 0,625
	(0 + 0,625) : 2 = 0,3125
$1101_B = 13_D$	$0{,}0101_B = 0{,}3125_D$

$1101{,}0101_B = 13{,}3125_D$

Umwandlung von Zahlen

Hexadezimalzahl in Dualzahl

Jede Ziffer ist durch die entsprechende vierstellige Dualzahl auszudrücken.

Beispiel:

7	C	3
0111	1100	0011

$7C3_H = 0111\ 1100\ 0011_B$

Dualzahl in Hexadezimalzahl

- Dualzahl in „Viererblöcke" aufteilen
- Jedem Block ist die Hexadezimalzahl zuzuordnen.

Beispiel:

0101	1110
5	E

$0101\ 1110_B = 5E_H$

Römische Zahlen

I	=	1	XI	=	11	CX	=	110
II	=	2	XX	=	20	CC	=	200
III	=	3	XXX	=	30	CCC	=	300
IV	=	4	XL	=	40	CD	=	400
V	=	5	L	=	50	D	=	500
VI	=	6	LX	=	60	DC	=	600
VII	=	7	LXX	=	70	DCC	=	700
VIII	=	8	LXXX	=	80	DCCC	=	800
IX	=	9	XC	=	90	CM	=	900
X	=	10	C	=	100	M	=	1000

Rechnen mit Dualzahlen

Addition

0 + 0 = 0
0 + 1 = 1
1 + 0 = 1
1 + 1 = 10
0,1 + 0,1 = 1,0

Beispiel: Übertrag (Carry)

```
   110,11
+ 1011,01
  1111,10   Carry
 10010,00
```

Subtraktion

0 − 0 = 0
10 − 1 = 1
1 − 0 = 1
1 − 1 = 0
0,1 − 0,1 = 0,0

Beispiel: Entleihung (Borrow)

```
  11000,11
−  1101,01
  11110,00   Borrow
   1011,10
```

Multiplikation

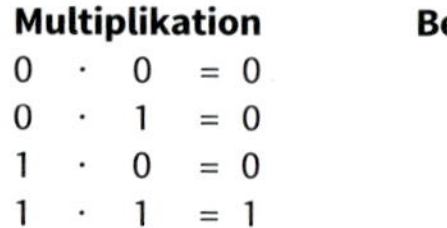

0 · 0 = 0
0 · 1 = 0
1 · 0 = 0
1 · 1 = 1

Beispiel:

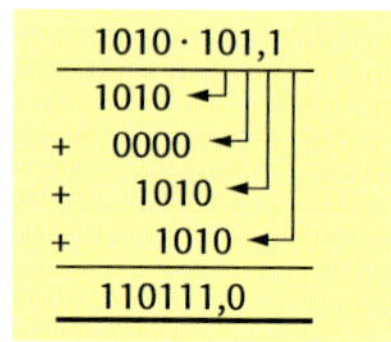

```
1010 · 101,1
1010
+  0000
+   1010
+    1010
110111,0
```

Division

0 : 0 = nicht definiert
0 : 1 = 0
1 : 0 = nicht definiert
1 : 1 = 1

Beispiel:

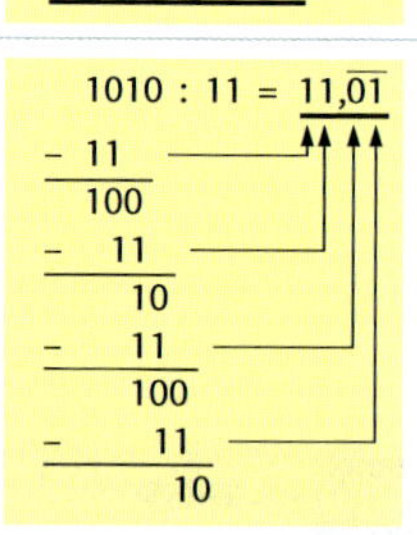

```
1010 : 11 = 11,01 (Periode 01)
− 11
  100
−  11
   10
−  11
  100
−  11
   10
```

Standard-Zahlenmengen
Standard Number Sets

DIN 5473: 1992-07

Zeichen	Definition	Sprechweise	Beispiele
ℕ oder **N**	Menge der **nichtnegativen ganzen Zahlen**. Menge der **natürlichen Zahlen**. ℕ enthält die Zahl 0.	Doppelstrich-N	0 1 2 3 4
ℤ oder **Z**	Menge der **ganzen Zahlen**	Doppelstrich-Z	−4 −3 −2 −1 0 1 2 3 4
ℚ oder **Q**	Menge der **rationalen Zahlen**	Doppelstrich-Q	−4 −3 −2 $-\frac{3}{2}$ −1 0 $\frac{1}{2}$ 1 $\frac{7}{4}$ 2 3 $\frac{19}{5}$ 4
ℝ oder **R**	Menge der **reellen Zahlen**	Doppelstrich-R	−4 −3 −2 $-\frac{3}{2}$ −1 $-\sqrt{\frac{1}{2}}$ 0 $\frac{1}{2}$ 1 $\sqrt{2}$ $\frac{7}{4}$ 2 e 3 π $\frac{19}{2}$ 4
ℂ oder **C**	Menge der **komplexen Zahlen**	Doppelstrich-C	

Griechisches Alphabet
Greek Alphabet

Α	α	Alpha	Ι	ι	Iota	Ρ	ϱ	Rho
Β	β	Beta	Κ	$\varkappa$	Kappa	Σ	σ	Sigma
Γ	γ	Gamma	Λ	λ	Lambda	Τ	τ	Tau
Δ	δ	Delta	Μ	μ	My	Υ	υ	Ypsilon
Ε	ε	Epsilon	Ν	ν	Ny	Φ	φ	Phi
Ζ	ζ	Zeta	Ξ	ξ	Xi	Χ	χ	Chi
Η	η	Eta	Ο	o	Omikron	Ψ	ψ	Psi
Θ	ϑ	Theta	Π	π	Pi	Ω	ω	Omega

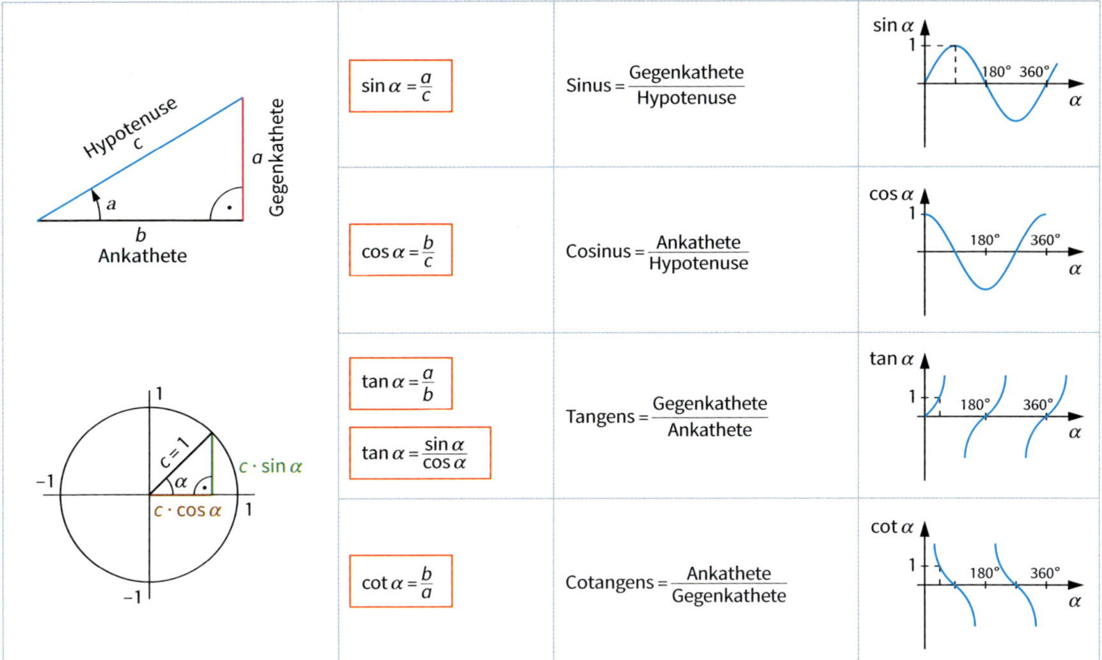

$\sin\alpha = \frac{a}{c}$	Sinus = $\frac{\text{Gegenkathete}}{\text{Hypotenuse}}$
$\cos\alpha = \frac{b}{c}$	Cosinus = $\frac{\text{Ankathete}}{\text{Hypotenuse}}$
$\tan\alpha = \frac{a}{b}$ $\tan\alpha = \frac{\sin\alpha}{\cos\alpha}$	Tangens = $\frac{\text{Gegenkathete}}{\text{Ankathete}}$
$\cot\alpha = \frac{b}{a}$	Cotangens = $\frac{\text{Ankathete}}{\text{Gegenkathete}}$

Lehrsätze
Theorems

Satz des Pythagoras 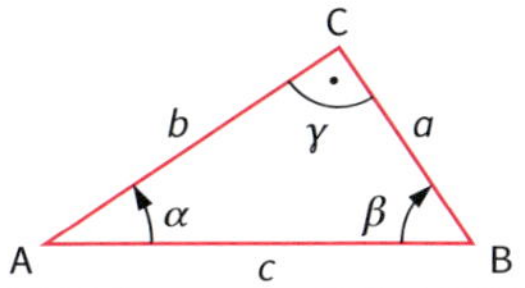	$c^2 = a^2 + b^2$ Sonderfall: $1 = \sin^2\alpha + \cos^2\alpha$	Das Quadrat über der Hypotenuse ist gleich der Summe der beiden Kathetenquadrate.
Sinussatz	$a : b : c = \sin\alpha : \sin e : \sin\gamma$	Gilt für alle Dreiecke.
Cosinussatz	$a^2 = b^2 + c^2 - 2bc\cos\alpha$ $b^2 = a^2 + c^2 - 2ac\cos\beta$ $c^2 = a^2 + b^2 - 2ab\cos\gamma$	
Additionstheoreme	$\sin(\alpha+\beta) = \sin\alpha\cos\beta + \cos\alpha\sin\beta$ $\cos(\alpha+\beta) = \cos\alpha\cos\beta - \sin\alpha\sin\beta$ $\sin(\alpha-\beta) = \sin\alpha\cos\beta - \cos\alpha\sin\beta$ $\cos(\alpha-\beta) = \cos\alpha\cos\beta + \sin\alpha\sin\beta$	Winkelfunktionen von Winkelsummen und Winkeldifferenzen
Strahlensatz (ähnliche Dreiecke) 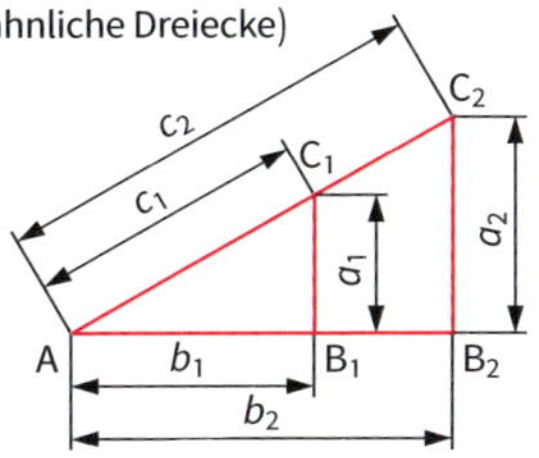	In ähnlichen Dreiecken verhalten sich die Seiten des Dreiecks ($A\,B_1\,C_1$) wie die gleichliegenden Seiten des Dreiecks ($A\,B_2\,C_2$).	$\frac{a_1}{b_1} = \frac{a_2}{b_2}$ $\frac{a_1}{c_1} = \frac{a_2}{c_2}$ $\frac{b_1}{c_1} = \frac{b_2}{c_2}$

Quadrat

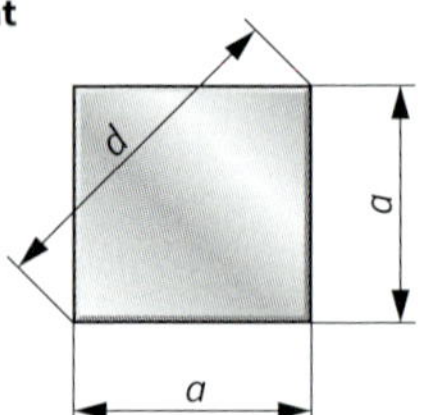

$A = a^2$

$U = 4 \cdot a$

$d = \sqrt{2} \cdot a$

Kreis

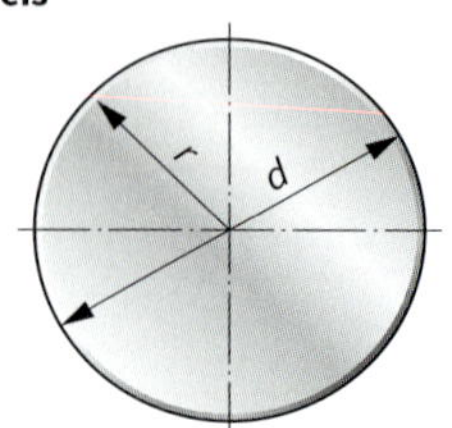

$A = \pi \cdot r^2$

$A = \frac{\pi \cdot d^2}{4}$

$U = \pi \cdot d$

$U = \pi \cdot 2r$

Rechteck

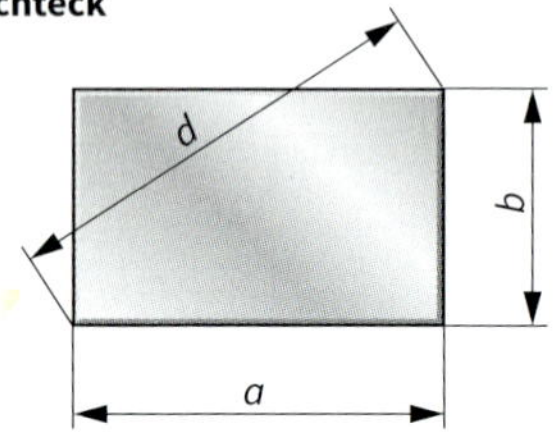

$A = a \cdot b$

$U = 2 \cdot (a + b)$

$d = \sqrt{a^2 + b^2}$

Kreisring

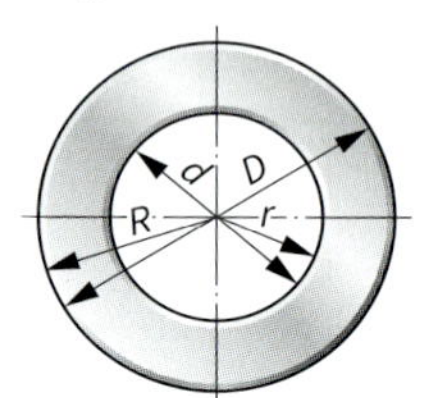

$A = \pi \, (R^2 - r^2)$

$A = \frac{\pi}{4} \, (D^2 - d^2)$

Raute (Rombus)

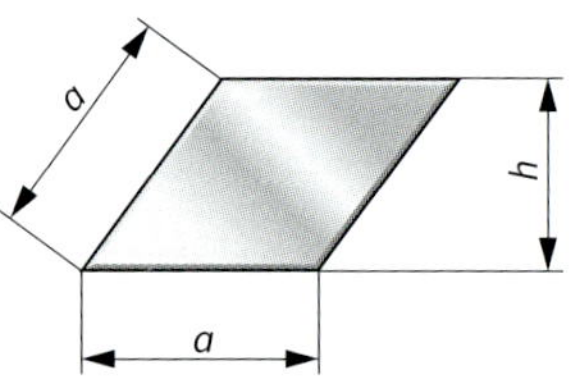

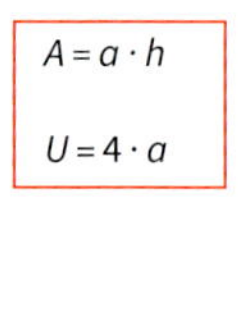

$A = a \cdot h$

$U = 4 \cdot a$

Trapez

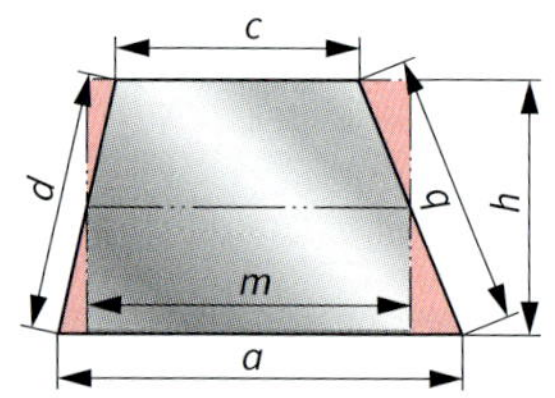

$A = m \cdot h$

$m = \frac{a + c}{2}$

$U = a + b + c + d$

Parallelogramm

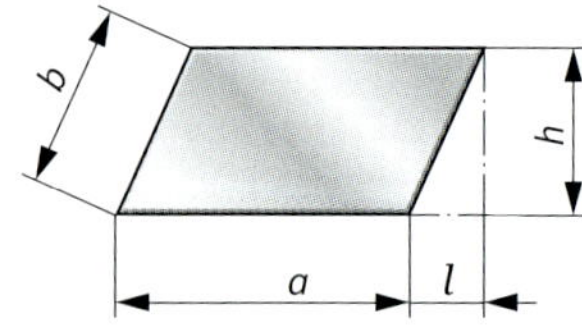

$A = a \cdot h$

$U = 2 \, (a + \sqrt{l^2 + h^2})$

$U = 2 \, (a + b)$

Dreieck

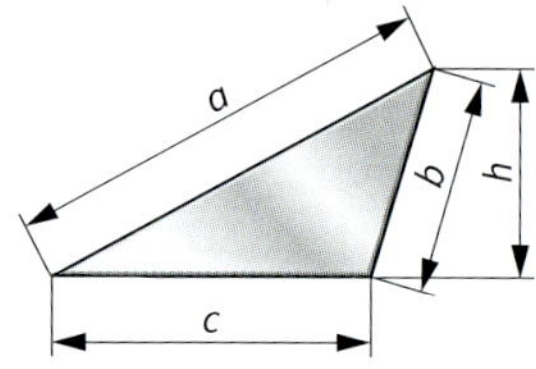

$A = \frac{c \cdot h}{2}$

$U = a + b + c$

Würfel

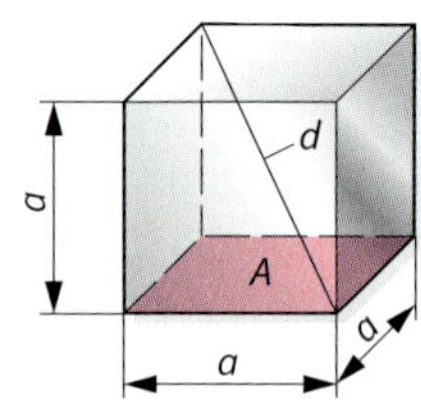

$V = a^3$

$d = a\sqrt{3}$

$A_0 = 6 \cdot a^2$

A_0: Oberfläche

Prisma

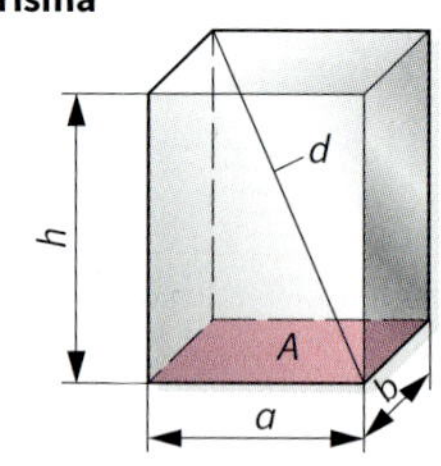

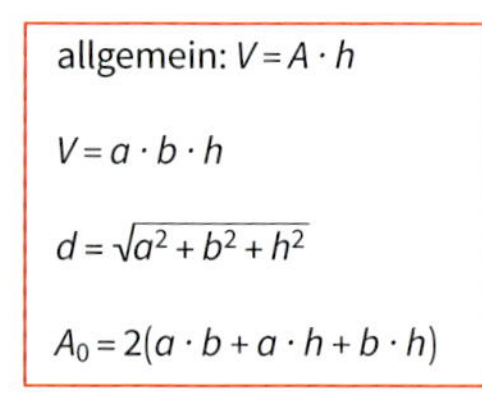

allgemein: $V = A \cdot h$

$V = a \cdot b \cdot h$

$d = \sqrt{a^2 + b^2 + h^2}$

$A_0 = 2(a \cdot b + a \cdot h + b \cdot h)$

A_0: Oberfläche

Zylinder

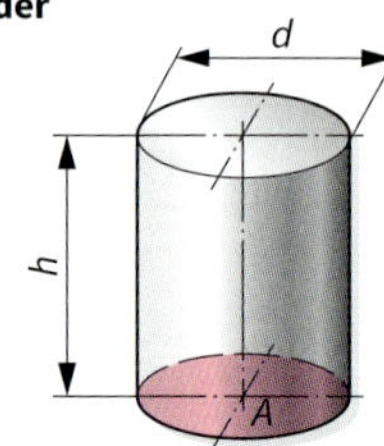

$V = \frac{\pi \cdot d^2}{4} \cdot h$

$A_M = \pi \cdot d \cdot h$

$A_0 = \pi \cdot d \cdot h + \frac{\pi \cdot d^2}{2}$

A_M: Mantelfläche

Pyramide

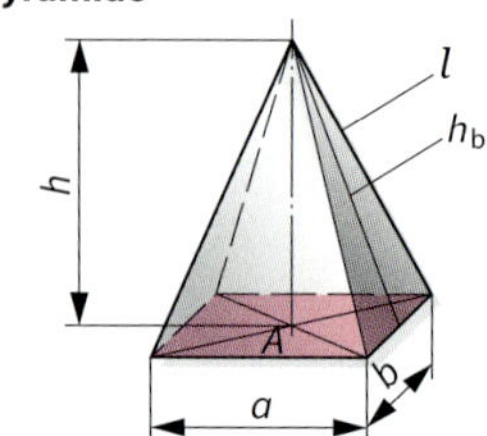

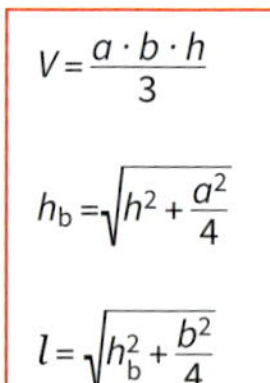

$V = \frac{a \cdot b \cdot h}{3}$

$h_b = \sqrt{h^2 + \frac{a^2}{4}}$

$l = \sqrt{h_b^2 + \frac{b^2}{4}}$

SI-Basiseinheiten[1)]

DIN 1301: 1993-12

Größe	Formelzeichen	Einheitenname	Einheitenzeichen
Länge	l	Meter	m
Masse	m	Kilogramm	kg
Zeit	t	Sekunde	s
Elektrische Stromstärke	I	Ampere	A
Thermodynamische Temperatur	T	Kelvin	K
Stoffmenge	n	Mol	mol
Lichtstärke	I_v	Candela	cd

[1)] **S**ystème **I**nternational d'Unités (Internationales Einheitensystem)

Vorsätze und Vorsatzzeichen für dezimale Teile und Vielfache von Einheiten

DIN 1301: 1993-12

Faktor	Vorsätze	Vorsatzzeichen	Faktor	Vorsätze	Vorsatzzeichen	Faktor	Vorsätze	Vorsatzzeichen
10^{-24}	Yocto	y	10^{-3}	Milli	m	10^{6}	Mega	M
10^{-21}	Zepto	z	10^{-2}	Zenti	c	10^{9}	Giga	G
10^{-18}	Atto	a	10^{-1}	Dezi	d	10^{12}	Tera	T
10^{-15}	Femto	f	10^{1}	Deka	da	10^{15}	Peta	P
10^{-12}	Piko	p	10^{2}	Hekto	h	10^{18}	Exa	E
10^{-9}	Nano	n	10^{3}	Kilo	k	10^{21}	Zetta	Z
10^{-6}	Mikro	µ				10^{24}	Yotta	Y

Schreibweise

DIN 1313: 1978-04

Beispiel: Größenwert = Zahlenwert · Einheit

$l = \{l\} \cdot [l]$

$l = 3 \cdot \mathrm{m}$

Länge = Zahlenwert der Länge · Einheit der Länge

Physikalische Gleichungen

DIN 1313: 1978-04

Größengleichungen	Einheitengleichungen	Zahlenwertgleichungen
z. B. $v = \frac{s}{t}$ $\quad m = 8\ \mathrm{kg}$	z. B. 1 m = 100 cm 1 h = 3600 s 1 kWh = $3{,}6 \cdot 10^6$ Ws	z. B. $\{v\} = 3{,}6 \frac{\{s\}}{\{t\}}$ v in m/s s in m t in s
Zugeschnittene Größengleichung		
z. B. $\frac{v}{\mathrm{km/h}} = 3{,}6 \cdot \frac{s/\mathrm{m}}{t/\mathrm{s}}$		

Größen	Erklärungen	**Beispiele**
Skalar	Zur eindeutigen Festlegung genügt die Angabe des ▪ Zahlenwertes und der ▪ Einheit.	Masse, m Zeit, t Arbeit, W
Vektor	Zur eindeutigen Festlegung sind erforderlich: ▪ Zahlenwert, ▪ Einheit, ▪ Richtung im Raum oder in der Ebene, ▪ Richtungssinn (Drehsinn) (Skizze: y, Betrag, Richtung, $\vec{a}$, α, Angriffspunkt, x)	Kraft $\vec{F}$, Geschwindigkeit $\vec{v}$, Elektrische Feldstärke $\vec{E}$

Einheitenähnliche Namen und Zahlen

Größe	Einheitenname	Einheitenzeichen	Bemerkungen
Pegel und Maße in der Nachrichtentechnik und Akustik	Neper Bel Dezibel	Np B dB	1 Np = (20/ln 10) dB ≈ 8,69 dB 1 dB = (ln 10/20) Np ≈ 0,115 Np
Lautstärkepegel Ls	Phon	phon	DIN 45630-1
Lautheit S	Sone	sone	DIN 45630-1
Anzahl der Binärentscheidungen, Entscheidungsgehalt, Informationsgehalt	Bit	bit	DIN 44300

Formelzeichen	Bedeutung	SI-Einheit	Einheitenname, Bemerkungen
Längen und ihre Potenzen, Winkel			
x, y, z	Kartesische Koordinaten	m	
α, β, γ ϑ, φ	ebener Winkel, Drehwinkel (bei Drehbewegungen)	rad	Radiant, 1 rad = 1 m/m 1 Vollwinkel = 2π rad Gon: 1 gon = $(\pi/200)$ rad Grad: 1° = $(\pi/180)$ rad Minute: 1′ = (1/60)° Sekunde: 1″ = (1/60)′
Ω, ω	Raumwinkel	sr	Steradiant: 1 sr = 1 m^2/m^2
l	Länge	m	Meter, 1 int. Seemeile = 1852 m
b	Breite	m	
h	Höhe, Tiefe	m	
δ, d	Dicke, Schichtdicke	m	
r	Radius, Halbmesser, Abstand	m	
f	Durchbiegung, Durchhang	m	
d, D	Durchmesser	m	
s	Weglänge, Kurvenlänge	m	
A, S	Flächeninhalt, Fläche, Oberfläche	m^2	Quadratmeter, 1 a = 10^2 m^2
S, q	Querschnittsfläche, Querschnitt	m^2	1 ha = 10^4 m^2
V	Volumen, Rauminhalt	m^3	Kubikmeter, 1 l (Liter) = 1 dm^3
Zeit und Raum			
t	Zeit, Zeitspanne, Dauer	s	Sekunde, min, h (Stunde), d (Tage), a (Jahre)
T	Periodendauer, Schwingungsdauer	s	
τ, T	Zeitkonstante	s	
f, ν	Frequenz, Periodenfrequenz	Hz	Hertz, 1 Hz = 1 s^{-1}, $f = 1/T$
f_0	Kennfrequenz, Eigenfrequenz im ungedämpften Zustand	Hz	
ω	Kreisfrequenz, Pulsatanz (Winkelfrequenz)	s^{-1}	$\omega = 2\pi f$
n, f_r	Umdrehungsfrequenz (Drehzahl)	s^{-1}	1 min^{-1} = (1/60)s^{-1}
ω, Ω	Winkelgeschwindigkeit, Drehgeschwindigkeit	rad/s	
α	Winkelbeschleunigung, Drehbeschleunigung	rad/s^2	
λ	Wellenlänge	m	
v, u, w, c	Geschwindigkeit	m/s	1 km/h = (1/3,6) m/s
c	Ausbreitungsgeschwindigkeit einer Welle	m/s	
a	Beschleunigung	m/s^2	
g	örtliche Fallbeschleunigung	m/s^2	g_n = 9,80665 m/s^2 (Normfallbeschleunigung)
Mechanik			
m	Masse, Gewicht als Wägeergebnis	kg	Kilogramm, 1 t (Tonne) = 1 Mg
ϱ, ϱ_m	Dichte, volumenbezogene Masse	kg/m^3	1 g/cm^3 = 1 kg/dm^3 = 1 Mg/m^3
J	Trägheitsmoment	kg · m^2	
F	Kraft	N	Newton, 1 N = 1 kg · m/s^2 = 1 J/m
F_G, G	Gewichtskraft	N	
G, f	Gravitationskonstante	N · m^2/kg^2	
M	Kraftmoment, Drehmoment	N · m	
p	Bewegungsgröße, Impuls	kg · m/s	
L	Drall, Drehimpuls	kg · m^2/s	
p	Druck	Pa	Pascal, 1 Pa = 1N/m^2, 1 bar = 10^5 Pa
σ	Normalspannung, Zug- oder Druckspannung	N/m^2	
ε	Dehnung, relative Längenänderung	1	$\varepsilon = \Delta l/l$
E	Elastizitätsmodul	N/m^2	$E = \sigma/\varepsilon$
μ, f	Reibungszahl	1	$\mu = F_R/F_N$, F_R: Reibungskraft
W, A	Arbeit	J	Joule, 1 J = 1 N · m = 1 W · s
E, W	Energie	J	1 Wh = 3,6 kJ; eV (Elektronenvolt)
E_p, W_p	potenzielle Energie	J	
E_k, W_k	kinetische Energie	J	
P	Leistung	W	Watt, 1 W = 1 J/s
η	Wirkungsgrad	1	

Formelzeichen	Bedeutung	SI-Einheit	Einheitenname, Bemerkungen
Elektrizität und Magnetismus			
Q	elektrische Ladung	C	Coulomb, 1C = 1A · s, 1A · h = 3,6 kC
e	Elementarladung	C	
D	elektrische Flussdichte	C/m^2	
P	elektrische Polarisation	C/m^2	
φ, φ_e	elektrisches Potenzial	V	Volt, 1 V = 1 J/C
U	elektrische Spannung, Potenzialdifferenz	V	
E	elektrische Feldstärke	V/m	1 V/mm = 1 kV/m
C	elektrische Kapazität	F	Farad, 1 F = 1 C/V, $C = Q/U$
ε	Permittivität	F/m	früher: Dielektrizitätskonstante
ε_o	elektrische Feldkonstante	F/m	Permittivität des leeren Raumes
ε_r	Permittivitätszahl, relative Permittivität	1	früher: Dielektrizitätszahl
I	elektrische Stromstärke	A	Ampere
J	elektrische Stromdichte	A/m^2	$1\ A/mm^2 = 1\ MA/m^2$, $J = I/A$
Θ	Durchflutung (magnetische Spannung)	A	
V, V_m	magnetische Spannung	A	
H	magnetische Feldstärke	A/m	1 A/mm = 1 kA/m
Φ	magnetischer Fluss	Wb	Weber, 1 Wb = 1 V · s
B	magnetische Flussdichte	T	Tesla, $1\ T = 1\ Wb/m^2$, $B = \Phi/S$
L	Induktivität, Selbstinduktivität	H	Henry, 1 H = 1 Wb/A
μ	Permeabilität	H/m	$\mu = B/H$
μ_o	magnetische Feldkonstante	H/m	Permeabilität des leeren Raumes
μ_r	Permeabilitätszahl, relative Permeabilität	1	$\mu_r = \mu/\mu_o$
H_i, M	Magnetisierung	A/m	1A/mm = 1 kA/m, $M = B/\mu_o - H$
R_m	magnetischer Widerstand, Reluktanz	H^{-1}	
Λ	magnetischer Leitwert, Permeanz	H	
R	elektrischer Widerstand, Wirkwiderstand, Resistanz	Ω	Ohm, 1 Ω = 1 V/A
G	elektr. Leitwert, Wirkleitwert, Konduktanz	S	Siemens, $1\ S = 1\ \Omega^{-1}$, $G = 1/R$
ϱ	spezifischer elektrischer Widerstand, Resistivität	Ω · m	$1\ \mu\Omega \cdot cm = 10^{-8}\ \Omega \cdot m$, $1\ \Omega \cdot mm^2/m = 10^{-6}\ \Omega \cdot m = 1\ \mu\Omega \cdot m$
$\gamma, \sigma, \varkappa$	elektrische Leitfähigkeit, Konduktivität	S/m	$\gamma = 1/\varrho$
X	Blindwiderstand, Reaktanz	Ω	
B	Blindleitwert, Suszeptanz	S	$B = 1/X$
$Z, \lvert Z \rvert$	Scheinwiderstand, Betrag der Impedanz	Ω	$\underline{Z}$: Impedanz (komplexe Impedanz)
$Y, \lvert Y \rvert$	Scheinleitwert, Betrag der Admittanz	S	$\underline{Y}$: Admittanz (komplexe Admittanz)
Z_w, Γ	Wellenwiderstand	Ω	Ohm
W	Energie, Arbeit	J	Joule
P, P_p	Wirkleistung	W	Watt
Q, P_q	Blindleistung	W	Energietechnik: var (Var), 1 var = 1 W
S, P_s	Scheinleistung	W	Energietechnik: VA (Voltampere)
φ	Phasenverschiebungswinkel	rad	auch Winkel der Impedanz
$\delta_\varepsilon, \delta_\mu$	Verlustwinkel (Permittivität, Permeabilität)	rad	
λ	Leistungsfaktor	1	$\lambda = P/S$, Elektrotechnik: $\lambda = \cos\varphi$
d	Verlustfaktor	1	
k	Oberschwingungsgehalt, Klirrfaktor	1	
N	Windungszahl	1	
Akustik-, Atom- und Kernphysik			
p	Schalldruck	Pa	Pascal
c, c_a	Schallgeschwindigkeit	m/s	
P, P_a	Schallleistung	W	Watt
L_p, L	Schalldruckpegel		wird in dB angegeben
L_N	Lautstärkepegel		wird in phon angegeben
N	Lautheit		wird in sone angegeben
A	Aktivität einer radioaktiven Substanz	Bq	Becquerel, 1 Bq = 1/s
H	Äquivalentdosis	S_v	Sievert, $1\ S_v = 1\ J/kg$

Formelzeichen und Einheiten
Formula Signs and Units

DIN 1301: 1993-12; DIN 1304: 1994-03

Formelzeichen	Bedeutung	SI-Einheit	Einheitenname, Bemerkungen
Thermodynamik und Wärmeübertragung			
T, Θ	Temperatur, thermodynamische Temperatur	K	Kelvin
$\Delta T, \Delta t, \Delta\vartheta$	Temperaturdifferenz	K	Kelvin
t, ϑ	Celsius-Temperatur	°C	Grad Celsius, $t = T - T_o$; $T_o = 273{,}15$ K
α_l	(therm.) Längenausdehnungskoeffizient	K^{-1}	
α_v, γ	(therm.) Volumenausdehnungskoeffizient	K^{-1}	
Q	Wärme, Wärmemenge	J	Joule
$\Phi_{th}, \Phi, \dot{Q}$	Wärmestrom	W	Watt
R_{th}	thermischer Widerstand, Wärmewiderstand	K/W	$R_{th} = \Delta\vartheta/\Phi_{th}$
G_{th}	thermischer Leitwert, Wärmeleitwert	W/K	$G_{th} = 1/R_{th}$
ϱ_{th}	spezifischer Wärmewiderstand	K · m/V	
λ	Wärmeleitfähigkeit	W/(m · K)	
α, h	Wärmeübergangskoeffizient	$W/(m^2 \cdot K)$	
k	Wärmedurchgangskoeffizient	$W/(m^2 \cdot K)$	
a	Temperaturleitfähigkeit	m^2/s	
C_{th}	Wärmekapazität	J/K	
c	spezifische Wärmekapazität	J/(kg · K)	auch: massenbezogene Wärmekapazität
H_o	spezifischer Brennwert	J/kg	auch: massenbezogener Brennwert
H_u	spezifischer Heizwert	J/kg	auch: massenbezogener Heizwert
Licht, elektromagnetische Strahlung			
Q_e, W	Strahlungsenergie, Strahlungsmenge	J	Joule
I_v	Lichtstärke	cd	Candela
Φ_v	Lichtstrom	lm	Lumen, 1 lm = 1 cd · sr
Q_v	Lichtmenge	lm · s	1 lm · h = 3600 lm · s
L_v	Leuchtdichte	cd/m^2	
E_v	Beleuchtungsstärke	lx	Lux, 1 lx = 1 lm/m^2 = 1 cd · sr/m^2
η	Lichtausbeute	lm/W	
H_v	Belichtung	lx · s	
c_o	Lichtgeschwindigkeit im leeren Raum	m/s	$c_o = 2{,}99792485 \cdot 10^8$ m/s
ε	Emissionsgrad	1	
f	Brennweite	m	Meter
n	Brechzahl	1	$n = c_o/c$
D	Brechwert von Linsen	m^{-1}	Dioptrie, 1 dpt = 1 m^{-1}, $D = n/f$
ϱ	Reflexionsgrad	1	
α	Absorptionsgrad	1	

Physikalische Konstanten
Physical Constants

Konstante	Formelzeichen	Zahlenwert und Einheit
Elektrische Feldkonstante	ε_o	$8{,}854 \cdot 10^{-12}$ As/Vm
Magnetische Feldkonstante	μ_o	$1{,}257 \cdot 10^{-6}$ Vs/Am
Elementarladung	e	$1{,}6021 \cdot 10^{-19}$ C — C oder As

Indizes
Indices

DIN 1304: 1994-03

Index	Bedeutung	Index	Bedeutung
0	null, leerer Raum, Leerlauf	mag	magnetisch
1	eins, primär, Eingang, Anfangszustand	max	maximal
2	zwei, sekundär, Ausgang, Endzustand	n	allgemeine Zahl, Normzustand
abs	absolut	par	parallel
eff	effektiv	ser	seriell
el	elektrisch	tot	total
en	energetisch	v	Verlust
G	Generator	w	Wirk…
kin	kinetisch	x	Blind…

Masse, Kraft und Gewichtskraft

	Masse	Kraft	Gewichtskraft
Formelzeichen	m	F	F_G, G
Einheitenzeichen	kg	N (Newton), $1\,N = 1\,kg \cdot m/s^2$	N, $1\,N = 1\,kg \cdot m/s^2$
Definition	Die physikalische Masse m ist die Eigenschaft eines Körpers, die sich sowohl in Trägheitswirkungen gegenüber einer Änderung seines Bewegungszustandes als auch in der Anziehung auf andere Körper äußert (Gravitation). **Die Masse ist ortsunabhängig.**	Die physikalische Kraft F ist das Produkt der Masse m eines Körpers und der Beschleunigung a. $F = m \cdot a$	Die Gewichtskraft F_G ist das Produkt aus der Masse m eines Körpers und der (örtlichen) Fallbeschleunigung g. $F_G = m \cdot g$ $g = 9{,}81\ m/s^2$ **Die Gewichtskraft ist ortsabhängig.**

Beispiele:

Ort	Masse in kg	Fallbeschleunigung in $\frac{m}{s^2}$	Gewichtskraft in N
Äquator (Erde)	100	9,78	978
Pol (Erde)	100	9,84	984
Mond	100	1,62	162
Jupiter	100	25,99	2 599

Zusammensetzung von Kräften

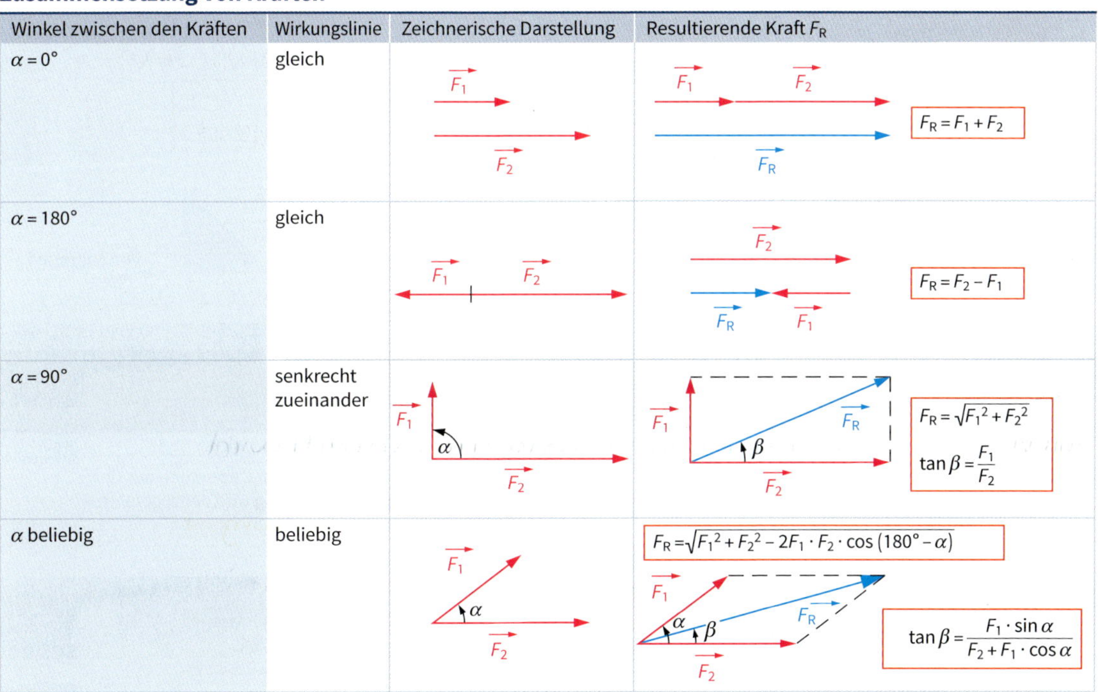

Zerlegung von Kräften

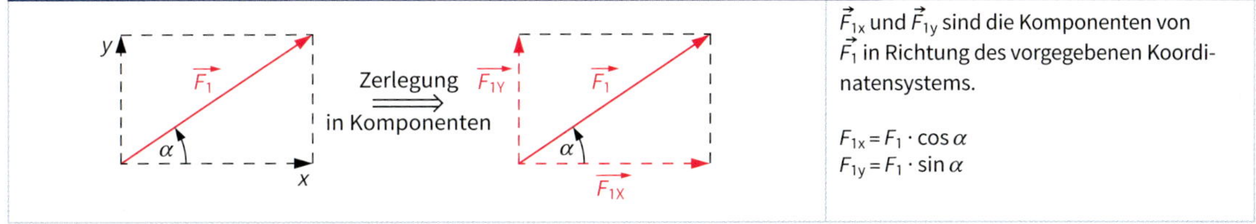

$\vec{F}_{1x}$ und $\vec{F}_{1y}$ sind die Komponenten von $\vec{F}_1$ in Richtung des vorgegebenen Koordinatensystems.

$F_{1x} = F_1 \cdot \cos\alpha$
$F_{1y} = F_1 \cdot \sin\alpha$

	Arbeit	**Leistung**	**Drehmoment**
Formelzeichen	W	P	M
Einheitenzeichen	J (Joule) N · m (Newtonmeter) W · s (Wattsekunde)	W (Watt)	N · m
Definition	Eine mechanische Arbeit W wird verrichtet, wenn an einem Körper längs eines Weges s eine Kraft F wirkt. $W = F \cdot s$	Die Leistung P ist der Quotient aus der Arbeit W und der Zeit t. $P = \frac{W}{t}$ mit $W = F \cdot s$ und $v = \frac{s}{t}$ ergibt sich: $P = F \cdot v$	Ein Drehmoment M entsteht, wenn eine Kraft F außerhalb eines Drehpunktes im Abstand r angreift. $M = F \cdot r$ r: Abstand vom Drehpunkt

Beispiele für mechanische Arbeit

Hubarbeit	**Reibungsarbeit**	**Federspannarbeit**
Bedingung: F und v sind konstant	Bedingung: F und v sind konstant	Bedingung: Elastische Feder $F \sim s$ $D = \frac{F}{s}$
$F = F_G$ $W = F_G \cdot s$ $W = m \cdot g \cdot s$	$F = F_R$ $W = F_R \cdot s$	$F = F_F$ $W = \frac{F_F \cdot s}{2}$
Kraft, F_G, W, s, Weg	Kraft, F_G, W, s, Weg	Kraft, F_F, W, s, Verlängerung (Weg)

Wirkungsgrad
Efficiency

wieviel von zugeführter Energie in nutzbare umgewandelt wird

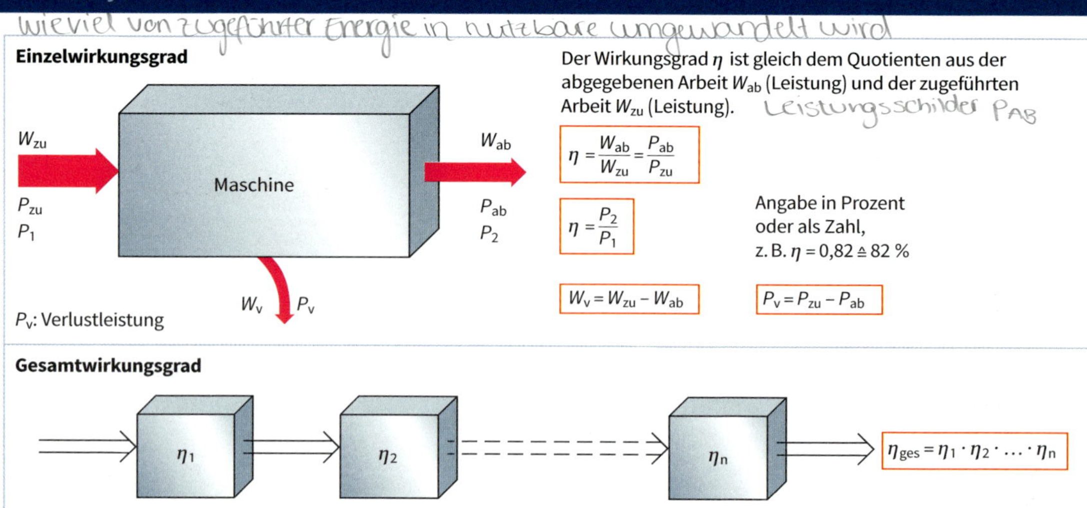

Der Wirkungsgrad η ist gleich dem Quotienten aus der abgegebenen Arbeit W_{ab} (Leistung) und der zugeführten Arbeit W_{zu} (Leistung). Leistungsschilder P_{AB}

$$\eta = \frac{W_{ab}}{W_{zu}} = \frac{P_{ab}}{P_{zu}}$$

$$\eta = \frac{P_2}{P_1}$$

Angabe in Prozent oder als Zahl, z. B. $\eta = 0{,}82 \mathrel{\hat{=}} 82\,\%$

$$W_v = W_{zu} - W_{ab} \qquad P_v = P_{zu} - P_{ab}$$

Mechanische Energie
Mechanical Energy

Formelzeichen: *E, W*
Einheitenzeichen: Nm (Newtonmeter), Ws (Wattsekunde), J (Joule) 1 Nm = 1 Ws = 1 J

Umwandlung von Arbeit in Energie

Arbeit → Energie		$W = E$
Hubarbeit → Energie der Lage, potenzielle Energie		$E_p = m \cdot g \cdot s$
Federspannarbeit → Spannenergie, potenzielle Energie		$E_s = \frac{F \cdot s}{2}$
Beschleunigungsarbeit → Bewegungsenergie, kinetische Energie		$E_k = \frac{m \cdot v^2}{2}$

Energieerhaltung

Wenn Energien umgewandelt werden, ist die Summe immer konstant.

$$E_p + E_k = \text{konstant}$$

Beispiel: Hubarbeit

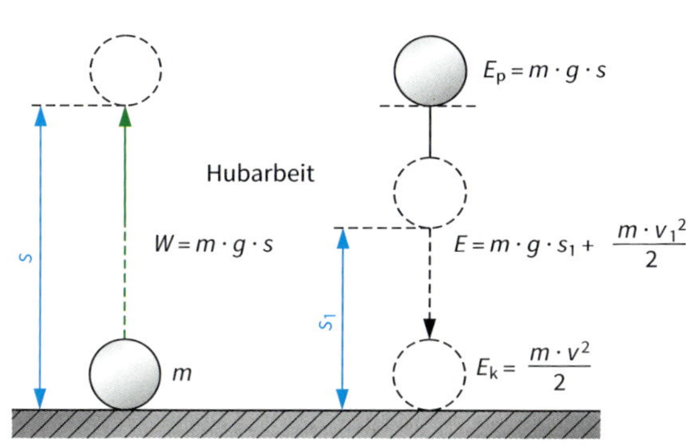

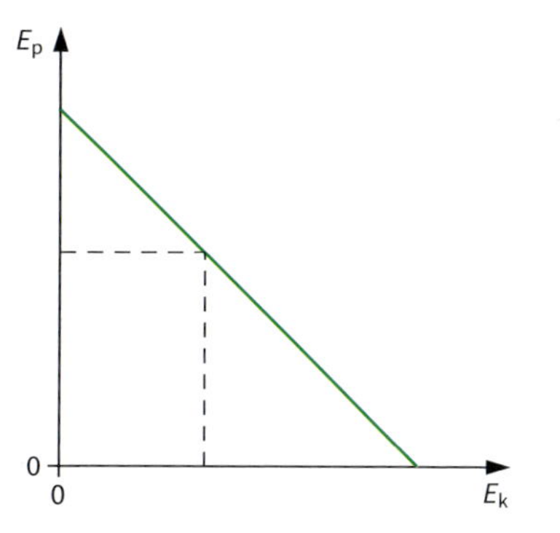

Reibung
Friction

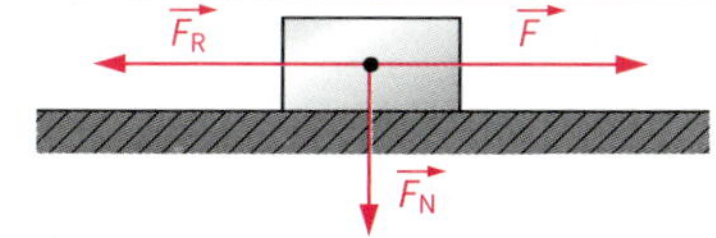

$$F_R = \mu \cdot F_N$$

F_R: Reibungskraft
μ: Reibungszahl
F_N: Normalkraft
(senkrecht zur Bewegungsrichtung)

Die Reibungskraft hängt nicht von der Größe der Berührungsfläche ab.

Haftreibung	Gleitreibung	Rollreibung
■ Haftreibung tritt auf, bevor sich ein Körper bewegt.	■ Wenn Köper aufeinander gleiten, tritt Gleitreibung auf.	■ Wenn ein Körper auf einem anderen Körper rollt, tritt Rollreibung auf

Beispiele für Reibungszahlen

Stoffe	Haftreibungszahl	Gleitreibungszahl		Rollreibungszahl
		trocken	flüssig	
Gleitlager	0,1	–	0,03	
Stahl auf Stahl	0,3	0,2	0,04	0,001
Stahl auf Holz	0,5	0,3	0,05	
Lederriemen auf Stahl	0,6	0,3	–	
Gummireifen auf Asphalt	0,8	0,7	0,3	0,02 … 0,03
Mauerwerk auf Beton	1,0	0,8	–	

Hebel und Rollen
Levers and Pulleys

Momentengleichgewicht	Arbeit
Zweiseitig ungleicharmiger Hebel	
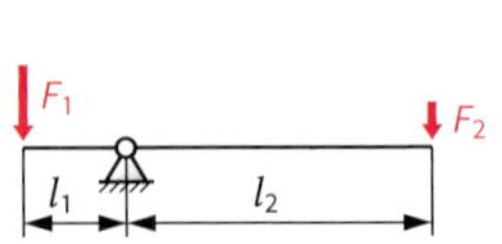 $F_1 \cdot l_1 = F_2 \cdot l_2$	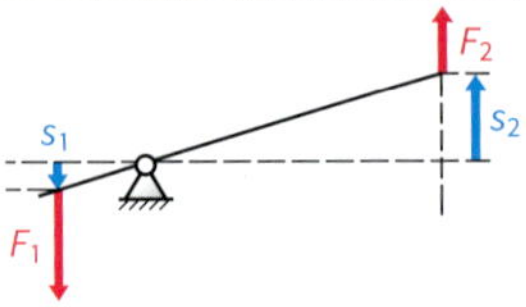 $F_1 \cdot s_1 = F_2 \cdot s_2$ 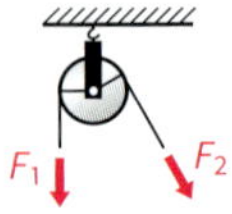 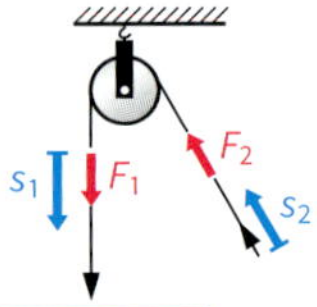
Einseitig ungleicharmiger Hebel	
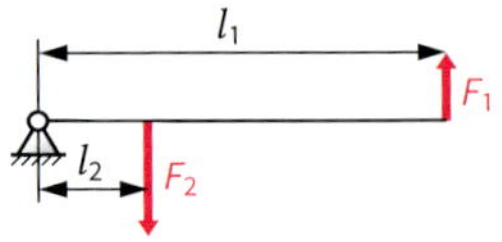 $F_1 \cdot l_1 = F_2 \cdot l_2$	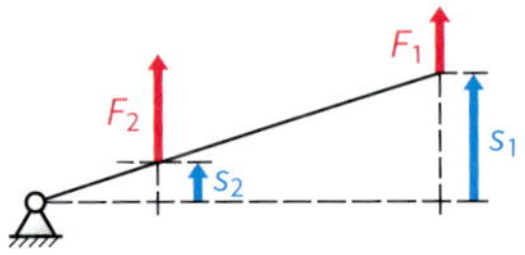 $F_1 \cdot s_1 = F_2 \cdot s_2$ 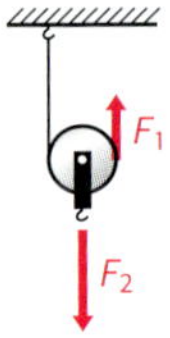 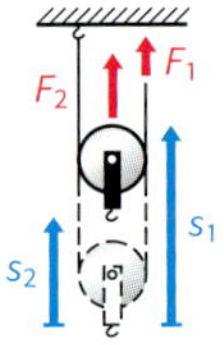
Beispiele	
Zweiseitiger Hebel $\Sigma M_l = \Sigma M_r$ $F_1 \cdot l_1 + F_2 \cdot l_2 = F_3 \cdot l_3 + F_4 \cdot l_4$ M_l: Linksdrehendes Moment M_r: Rechtsdrehendes Moment	Winkelhebel $M_l = M_r$ $F_1 \cdot l_1 = F_2 \cdot l_2$

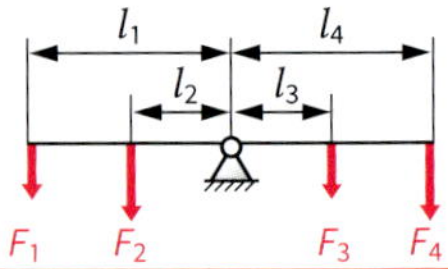

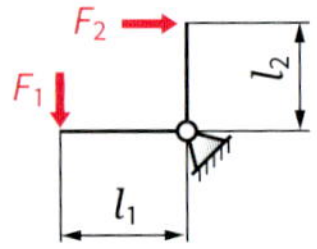

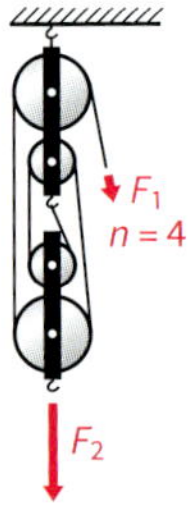

Momentengleichgewicht	Arbeit
Feste Rolle	
$F_1 = F_2$	$F_1 \cdot s_1 = F_2 \cdot s_2$
Lose Rolle	
$F_1 = \frac{F_2}{2}$	$F_1 \cdot s_1 = F_2 \cdot s_2$
Flaschenzug	
$n = 4$ $F_1 = \frac{F_2}{n}$	$F_1 \cdot s_1 = F_2 \cdot s_2$

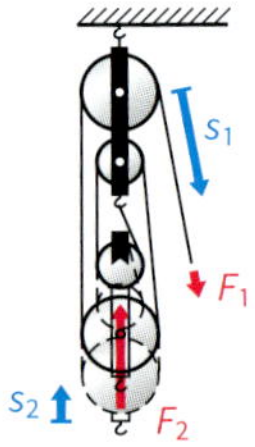

Getriebe, Übersetzungen
Gears, Transmission Ratios

Flachriemengetriebe mit einfacher Übersetzung

Antrieb, Abtrieb, d_1, d_2, n_1, n_2

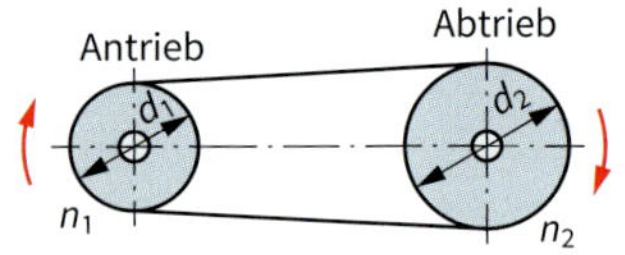

$$i = \frac{n_1}{n_2}$$

$$i = \frac{d_2}{d_1}$$

$$d_1 \cdot n_1 = d_2 \cdot n_2$$

d: Durchmesser
n: Drehzahl
i: Übersetzungsverhältnis

Zahnradgetriebe mit einfacher Übersetzung

Antrieb, Abtrieb, n_1, n_2, z_1, z_2

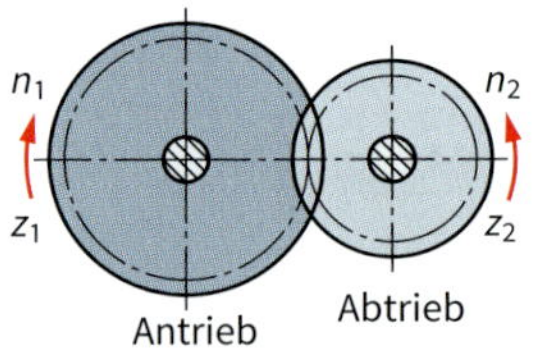

$$i = \frac{n_1}{n_2}$$

$$i = \frac{z_2}{z_1}$$

$$n_1 \cdot z_1 = n_2 \cdot z_2$$

z: Zähnezahl

Flachriemengetriebe mit doppelter Übersetzung

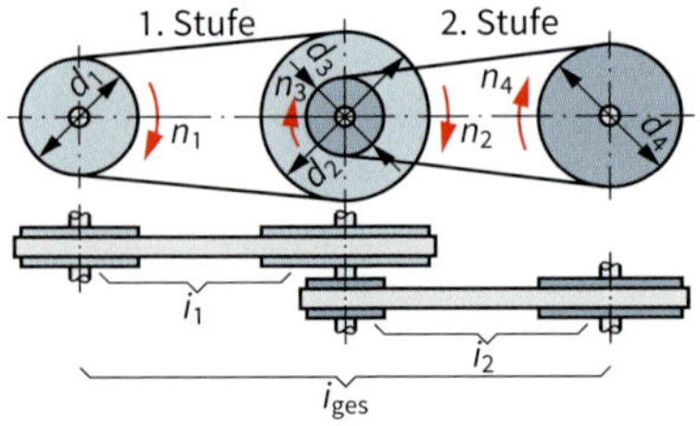

1. Stufe, 2. Stufe, d_1, d_2, d_3, d_4, n_1, n_2, n_3, n_4, i_1, i_2, i_{ges}

$$i_{ges} = i_1 \cdot i_2$$

$$i_{ges} = \frac{n_1}{n_4}$$

$$i_{ges} = \frac{d_2 \cdot d_4}{d_1 \cdot d_3}$$

$$n_4 = n_1 \frac{d_1 \cdot d_3}{d_2 \cdot d_4}$$

i_1, i_2: Einzelübersetzungsverhältnisse
i_{ges}: Gesamtes Übersetzungsverhältnis

Zahnradgetriebe mit doppelter Übersetzung

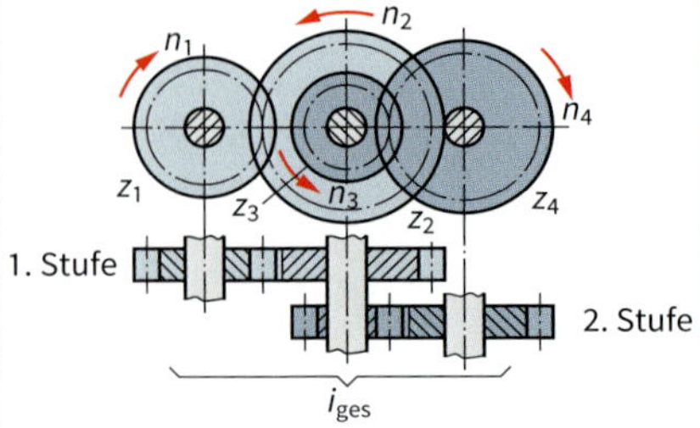

1. Stufe, 2. Stufe, n_1, n_2, n_3, n_4, z_1, z_2, z_3, z_4, i_{ges}

$$i_{ges} = i_1 \cdot i_2$$

$$i_{ges} = \frac{n_1}{n_4}$$

$$i_{ges} = \frac{z_2 \cdot z_4}{z_1 \cdot z_3}$$

$$n_4 = n_1 \frac{z_1 \cdot z_3}{z_2 \cdot z_4}$$

i_{ges}: Gesamtes Übersetzungsverhältnis

Formelzeichen und Einheiten

s: Weg, Strecke	$[s] = \text{m, km}$		
t: Zeit	$[t] = \text{s, min, h}$		
v: Geschwindigkeit	$[v] = \frac{\text{m}}{\text{s}}; \frac{\text{km}}{\text{h}}; \frac{\text{m}}{\text{min}}$	$1\,\frac{\text{km}}{\text{h}} = \frac{1}{3{,}6}\,\frac{\text{m}}{\text{s}} = 0{,}278\,\frac{\text{m}}{\text{s}}$	$60\,\frac{\text{m}}{\text{min}} = 3{,}6\,\frac{\text{km}}{\text{h}}$
a: Beschleunigung	$[a] = \frac{\text{m}}{\text{s}^2}$		

Allgemeine Beziehungen

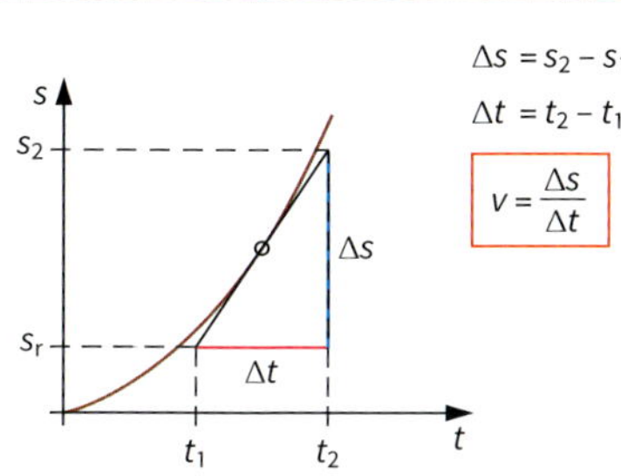

$\Delta s = s_2 - s_1$

$\Delta t = t_2 - t_1$

$$v = \frac{\Delta s}{\Delta t}$$

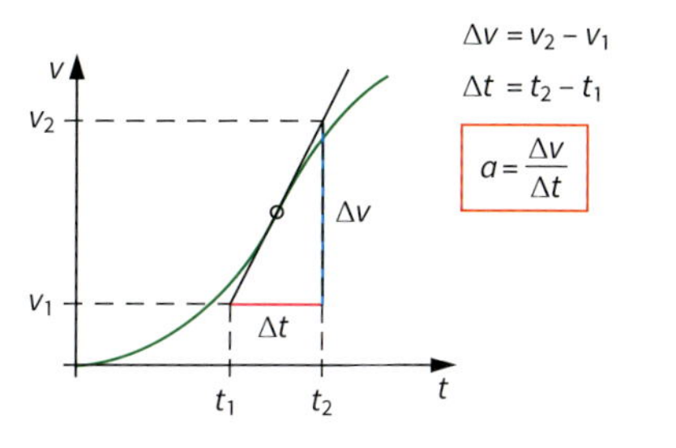

$\Delta v = v_2 - v_1$

$\Delta t = t_2 - t_1$

$$a = \frac{\Delta v}{\Delta t}$$

Sonderfälle

	Geradlinig gleichförmige Bewegung	Gleichmäßig beschleunigte Bewegung	
	In gleichen Zeiten werden gleiche Wegstrecken zurückgelegt.	In gleichen Zeiten werden ungleiche Wegstrecken zurückgelegt.	
		positive Beschleunigung	negative Beschleunigung
Weg	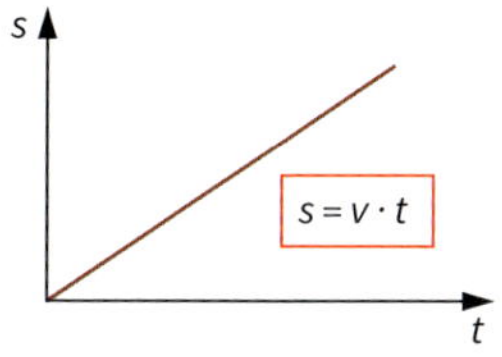 $s = v \cdot t$	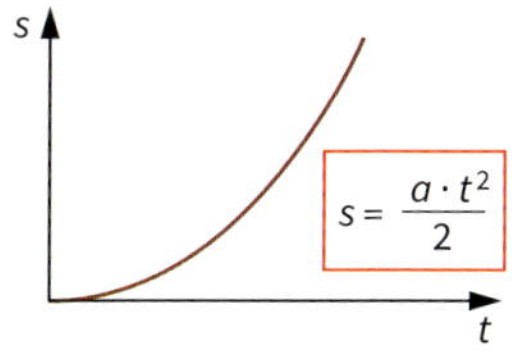 $s = \frac{a \cdot t^2}{2}$	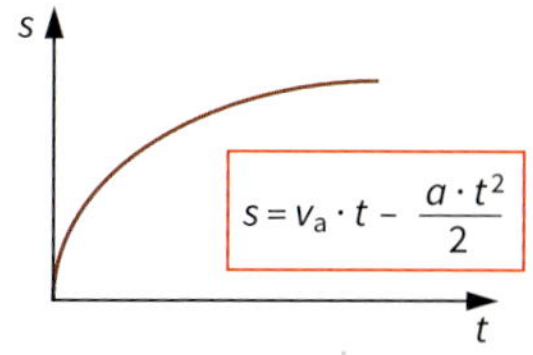 $s = v_a \cdot t - \frac{a \cdot t^2}{2}$
Geschwindigkeit	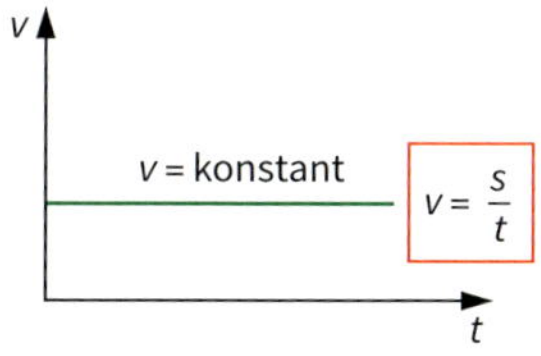 v = konstant; $v = \frac{s}{t}$	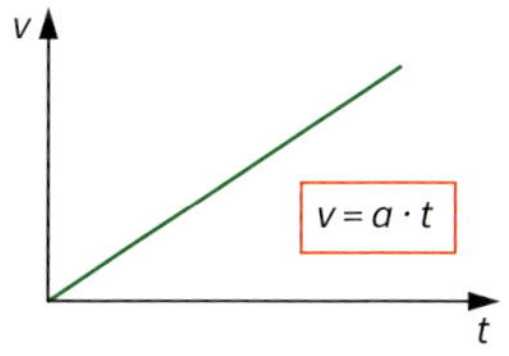 $v = a \cdot t$	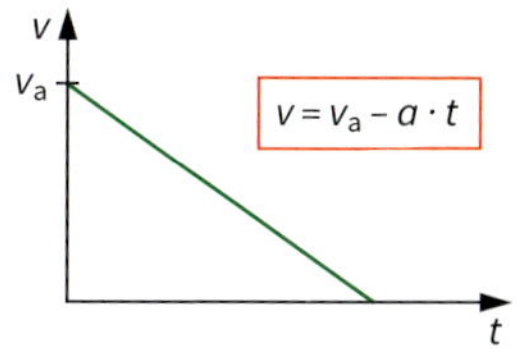 $v = v_a - a \cdot t$
Beschleunigung	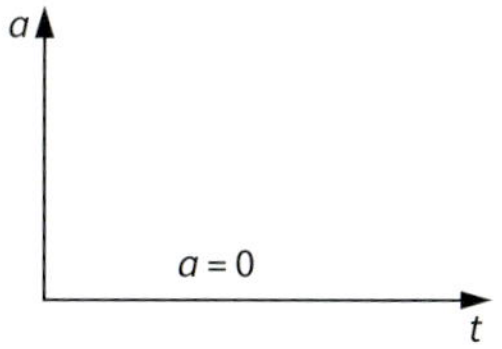 $a = 0$	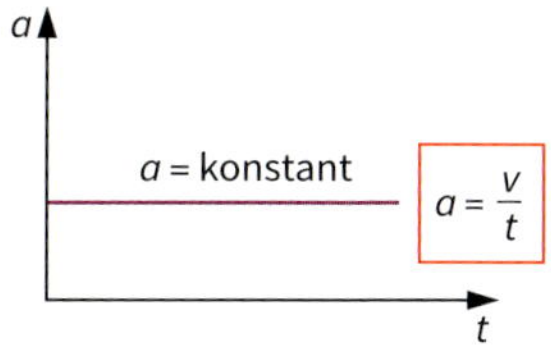 a = konstant; $a = \frac{v}{t}$	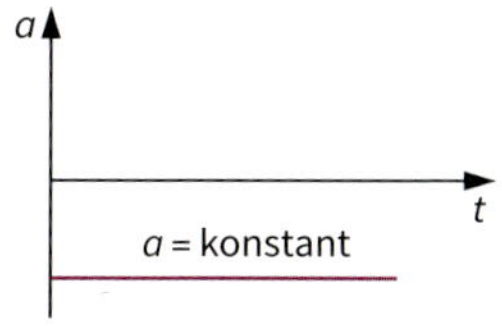 a = konstant

Freier Fall
(gleichmäßig beschleunigte Bewegung im Vakuum)

$$s = \frac{g \cdot t^2}{2}$$

$v = g \cdot t \qquad v = \sqrt{2g \cdot s}$

g: örtliche Fallbeschleunigung

$g = 9{,}80665\,\frac{\text{m}}{\text{s}^2}$

Gleichförmige Kreisbewegungen
Uniform Circular Motions

Geschwindigkeit v

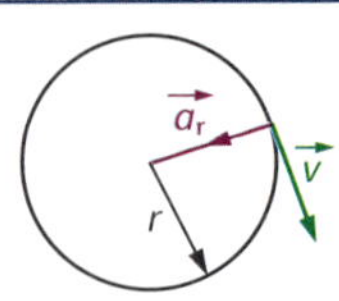

- Der Betrag der Geschwindigkeit ist stets gleich. Zeit für eine Umdrehung: T
- Wegstrecke bei einer Umdrehung: $2\pi \cdot r$
- Die Richtung der Geschwindigkeit ändert sich ständig. Deshalb tritt eine Radialbeschleunigung a_r auf. Sie ist stets zum Mittelpunkt gerichtet.

$$v = \frac{s}{t}$$ $$v = \frac{2\pi \cdot r}{T}$$

$$a_r = \frac{v^2}{r}$$

Winkelgeschwindigkeit ω

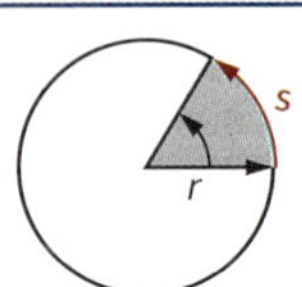

- α_G: Winkel im Gradmaß
- α_B: Winkel im Bogenmaß
- In der Zeit T wird der Vollwinkel von 360° (2π) überstrichen.
- ω: Winkelgeschwindigkeit $[\omega] = \frac{1}{s}$

$$\alpha_B = \frac{s}{r}$$ $$\omega = \frac{2\pi}{T}$$

$$\frac{\alpha_G}{\alpha_B} = \frac{360°}{2\pi}$$ $$\omega = 2\pi \cdot f$$

Leistung und Drehmoment

Allgemeine Beziehung

$$P = \omega \cdot M$$
$$P = 2\pi \cdot n \cdot M$$

n in $\frac{1}{s}$

Zugeschnittene Größengleichung

$$P = \frac{n \cdot M}{9549}$$

P in kW
M in Nm

n in $\frac{1}{min}$

Wärme
Heat

Temperatur (tiefste Temperatur $\vartheta_0 = -273{,}15\,°C = 0\,K$)

Temperatur	Kelvin-Temperatur	Celsius-Temperatur	Fahrenheit-Temperatur
Formelzeichen	T	t, ϑ	t, ϑ
Einheitenzeichen	K (Kelvin)	°C (Grad Celsius)	°F (Grad Fahrenheit)
Einheit der Temperaturdifferenz	1 K (Kelvin)	1 K (Kelvin)	–
Zusammenhang	0 K = –273 °C 273 K = 0 °C 373 K = 100 °C		$\vartheta_F = \frac{9}{5}\vartheta_C + 32°$ $\vartheta_C = (\vartheta_F - 32°)\frac{5}{9}$

Ausdehnung durch Wärme

lineare Ausdehnung

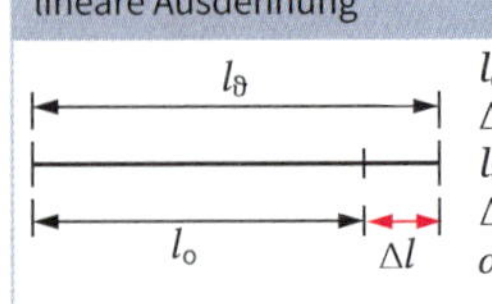

l_o: Anfangslänge
Δl: Längenänderung
l_ϑ: Endlänge
$\Delta\vartheta$: Temperaturänderung
α: Längenausdehnungskoeffizient

$$\Delta l = l_o \cdot \alpha \cdot \Delta\vartheta$$ $$l_\vartheta = l_o + \Delta l$$ $$l_\vartheta = l_o(1 + \alpha \cdot \Delta\vartheta)$$

$[\alpha] = \frac{1}{K}$

kubische Ausdehnung

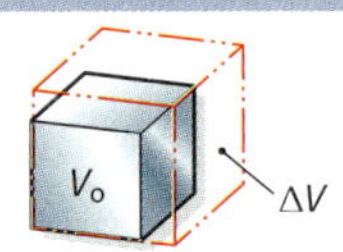

V_o: Anfangsvolumen
ΔV: Volumenänderung
V_ϑ: Endvolumen
$\Delta\vartheta$: Temperaturänderung
γ: Volumenausdehnungskoeffizient

$$\Delta V = V_o \cdot \gamma \cdot \Delta\vartheta$$ $$V_\vartheta = V_o + \Delta V$$ $$V_\vartheta = V_o(1 + \gamma \cdot \Delta\vartheta)$$

Näherungsgleichung: $\gamma \approx 3\,\alpha$ $[\gamma] = \frac{1}{K}$

Wärmemenge Q

$$Q = m \cdot c \cdot \Delta\vartheta$$

Q: Wärmemenge $[Q]$ = J (Joule)
m: Masse
$\Delta\vartheta$: Temperaturänderung
c: spezifische Wärmekapazität

$[c] = \frac{kJ}{kg \cdot K}$

Die einem Körper zugeführte oder von ihm abgegebene Wärmemenge ist abhängig vom Produkt aus Masse, der spezifischen Wärmekapazität und Temperaturänderung, die der Körper erfährt.

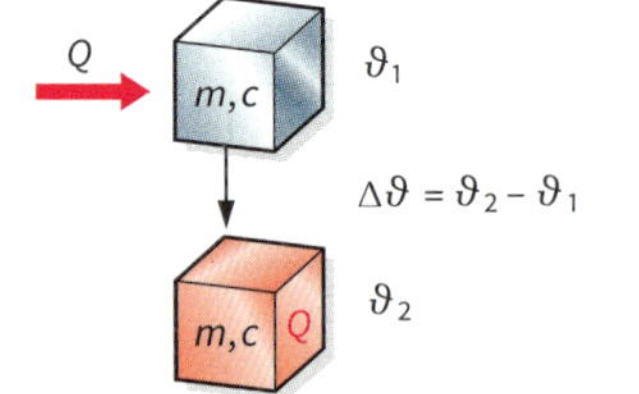

Druck
Pressure

Größe und Einheiten

- Unter Druck p versteht man die Kraft F, die senkrecht auf eine Fläche wirkt.

p: Druck	$[p] = \frac{N}{m^2}$	$1\,\frac{N}{m^2} = 1$ Pa (Pascal)	$p = \frac{F}{A}$
F: Kraft	$[F] = N$	$1\,\frac{N}{m^2} = 10^{-5}$ bar	
A: Fläche	$[A] = m^2$	$1\text{ bar} = 10^5\,\frac{N}{m^2}$	

Umrechnung nicht mehr anzuwendender Druckeinheiten

$1\,\frac{kp}{cm^3} = 1\text{ at} = 98066{,}5\text{ Pa} = 0{,}980665\text{ bar}$

$1\text{ Torr} = \frac{1\text{ atm}}{760} = 133{,}322\text{ Pa} = 1{,}33322\text{ mbar}$

$1\text{ atm} = 101325\text{ Pa} = 1{,}01325\text{ bar}$

$1\text{ mm Hg} = 133{,}322\text{ Pa} = 1{,}33322\text{ mbar}$

$1\text{ m WS} = 9806{,}65\text{ Pa} = 98{,}0665\text{ mbar}$

kp: Kilopond
at: Atmosphäre (technische Atmosphäre)

atm: Physikalische Atmosphäre
WS: Wassersäule; Hg: Quecksilber

Atmosphärische Druckangaben

p_{abs}: Absolutdruck (Druck gegenüber dem Druck Null im leeren Raum)
p_{amb}: Absoluter Atmosphärendruck
$\Delta p, p_{1,2}$: Druckdifferenz, Differenzdruck
p_e: Atmosphärische Druckdifferenz

Mittlerer Luftdruck auf Meereshöhe:
101325 Pa = 1013,25 hPa (Hektopascal)
1 hPa = 1 mbar

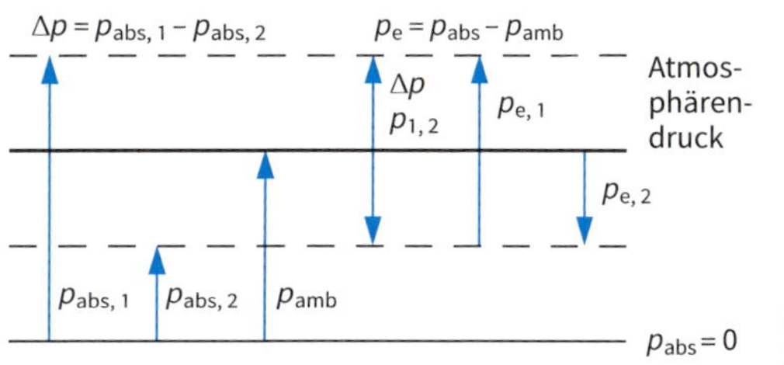

Hydrostatischer Druck

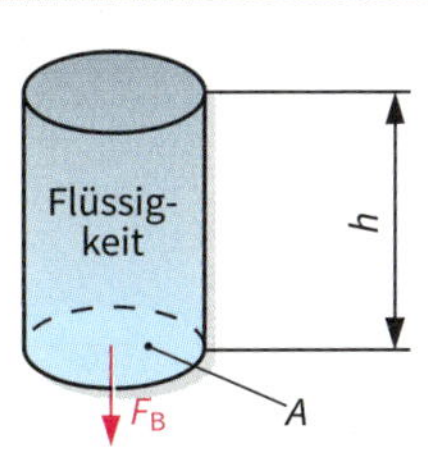

p: Hydrostatischer Druck
h: Höhe der Flüssigkeitssäule
ϱ: Dichte der Flüssigkeit
g: Fallbeschleunigung
A: Bodenfläche
F_B: Bodendruckkraft

- Der hydrostatische Druck p ist der Druck einer Flüssigkeitssäule.
- Die Bodendruckkraft F_B ist das Produkt aus dem hydrostatischen Druck multipliziert mit der Fläche.

$$p = \varrho \cdot g \cdot h$$
$$F_B = \varrho \cdot g \cdot h \cdot A$$

Dichte, spezifisches Volumen
Density, Specific Volume

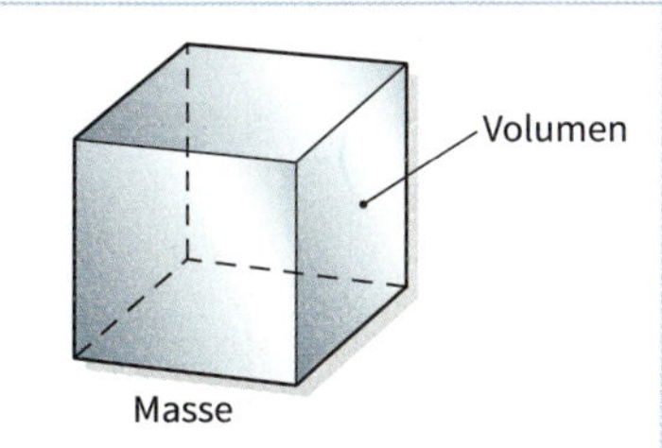

V: Volumen

m: Masse

Einheiten: $\frac{g}{cm^3}; \frac{kg}{dm^3}; \frac{Mg}{m^3}$

- Die Dichte ϱ (Rho) eines Stoffes ist der Quotient aus der Masse m und dem Volumen V.

$$\varrho = \frac{m}{V}$$

Größe	Darstellung	Größen und Formelzeichen	Einheit und Einheitenzeichen	Formel
Spannung		Spannung U	Volt V	
		Ladung Q	Coulomb C Amperesekunde As	$U = \frac{W}{Q}$
		Arbeit W	Wattsekunde Ws, VAs	
	Die **elektrische Spannung** zwischen zwei Punkten eines elektrischen Feldes ist gleich dem Quotienten aus der verrichteten Verschiebungsarbeit und der bewegten Ladung.			
Stromstärke	$F = 2 \cdot 10^{-7}$ N; 1 m; $I = 1$ A	Stromstärke I	Ampere A	$I = \frac{Q}{t}$
		Zeit t	Sekunde s 1 C = 1 As	
	Ein Ampere ist die Stärke eines zeitlich unveränderlichen elektrischen Stromes durch zwei geradlinige, parallele, unendlich lange Leiter, die einen Abstand von 1 m haben und zwischen denen im leeren Raum je 1 m Doppelleitung eine Kraft von $2 \cdot 10^{-7}$ N wirkt.			
Stromdichte		Stromdichte J	Ampere durch Quadratmeter $\frac{\text{A}}{\text{m}^2}$	$J = \frac{I}{q}$
		Querschnittsfläche q	Quadratmeter m^2 $1\ \text{m}^2 = 10^4\ \text{cm}^2 = 10^6\ \text{mm}^2$	
Stromstärke, Spannung, Widerstand und Leitwert	Ohmsches Gesetz	Widerstand R	Ohm Ω $1\ \Omega = 1\ \frac{\text{V}}{\text{A}}$	$I = \frac{U}{R}$
		Leitwert G	Siemens S $1\ \text{S} = 1\ \frac{\text{A}}{\text{V}}$	$G = \frac{1}{R}$ $I = G \cdot U$
Elektrische Arbeit		Elektrische Arbeit W	Wattsekunde Ws, VAs 1 kWh = $3{,}6 \cdot 10^6$ Ws 1 Nm = 1 Ws = 1 J	$W = U \cdot I \cdot t$ $W = P \cdot t$
Elektrische Leistung		Elektrische Leistung P	Watt W, VA	$P = \frac{W}{t}$ $P = U \cdot I$ $P = I^2 \cdot R$ $P = \frac{U^2}{R}$

Begriffe

- **Nennspannung** eines Netzes:
  Gerundeter Spannungswert zur Bezeichnung oder Identifizierung
- **Höchste/niedrigste Spannung** eines Netzes:
  Höchster/niedrigster Wert, der unter normalen Betriebsbedingungen zu einem beliebigen Zeitpunkt an irgendeiner Stelle des Netzes auftritt (ausgeschlossen transiente Spannungen)
- **Verbraucherspannung**
  Außenleiter(Phase)-Außenleiter(Phase)-Spannung oder Außenleiter(Phase)-Neutralleiter-Spannung an der Steckdose oder der Stelle, wo die Verbraucherbetriebsmittel an die feste Installation angeschlossen werden sollen.
- **Versorgungsspannung**
  Außenleiter(Phase)-Außenleiter(Phase)-Spannung oder Außenleiter(Phase)-Neutralleiter-Spannung an der Übergabestelle
- **Übergabestelle**
  Eine Stelle zum Austausch elektrischer Energie zwischen Vertragspartnern in einem Übertragungs- oder Verteilungsnetz
- **Höchste Spannung für Betriebsmittel**
  Sie ist ausgelegt bezüglich
  - der Isolierung oder
  - anderer Charakteristiken, die mit dieser höchsten Spannung verknüpft sein können.

Betriebsmittel für Nennspannungen unter 120 V AC

bevorzugt		6	12		24		48			110
ergänzend	5			15		36		60	100	

Betriebsmittel für Nennspannungen unter 750 V DC

bevorzugt						6			12		24		36		48	60	72		96	110		220		440	
ergänzend	2,4	3	4	4,5	5		7,5	9		15		30		40				80			125		250		600

Drehstrom-Vierleiter- oder -Dreileiternetze

- Nennspannungen in V, AC, 50 Hz, zwischen 100 V und einschließlich 100 V
- Die niedrigen Werte sind Spannungen zum Neutralleiter.
- Die höheren Werte sind Spannungen zwischen Außenleitern.

230	230/400	400/690	1000

Bahnnetze

- Die Klammerwerte sind nicht bevorzugte Werte.

Gleichstrom

Spannung in V		
niedrigste	Nennspannung	höchste
(400)	(600)	(720)
500	750	900
1000	1500	1800
2000	3000	3600

Wechselstrom

Spannung in V			Frequenz in Hz
niedrigste	Nennspannung	höchste	
(4750)	(6250)	(6900)	50
12000	15000	17250	16 2/3
19000	25000	27500	50

Drehstromnetze über 1 kV

- Die Netze sind grundsätzlich Dreileiternetze.
- Spannungsangaben zwischen Außenleitern in 1 kV
- Die Klammerwerte sind nicht bevorzugte Werte.

bis einschließlich 35 kV

Höchste Betriebsmittelspannung	Netz-Nennspannung	
12	11	10
(17,5)	–	(15)
24	22	20
36	33	30
40,5	–	35

bis einschließlich 230 kV

Höchste Betriebsmittelspannung	Netz-Nennspannung	
72,5	66	69
100	90	–
123	110	115
145	132	138
(170)	(150)	(154)
245	220	230

über 245 kV

Höchste Betriebsmittelspannung						
(300)	362	420	525 550	765 800	1100	1200

Spannungs- und Stromsymbole
Voltage and Current Symbols

Grafisches Symbol	Kurzbezeichnung[3]	Benennung
⎯⎯ [1]	DC	Gleichspannung, Gleichstrom
⎓ [2]		
∼	AC	Wechselspannung, Wechselstrom
≂	UC	Gleich- und Wechselspannung oder Strom

Reihenfolge der Angaben
(nicht erforderliche Angaben können entfallen):
1. Anzahl der Außenleiter
2. übrige Leiter
3. Spannungs- und Stromart
4. Frequenz (Zahlenwert und Einheit)
5. Spannung oder Strom (Zahlenwert und Einheit)

Beispiel: 1/N/PE ~ 230 V oder 1/N/PE 230 V AC

[1] Vorzugsweise in Schaltungen
[2] Vorzugsweise auf Betriebsmitteln und Einrichtungen
[3] Anwendung z. B. in Datenverarbeitung und Schrifttum

Elektrischer Widerstand
Electrical Resistance

Bezeichnung	Darstellung	Größen und Formelzeichen	Einheitenzeichen	Formel
Widerstand von Leitern	q, l	R : Widerstand l : Leiterlänge q : Querschnittsfläche	Ω m m^2; mm^2	$R = \frac{\varrho \cdot l}{q}$
		ϱ : Spezifischer Widerstand	$\Omega \cdot m$; $\Omega \cdot \frac{mm^2}{m}$ $1\,\Omega \cdot \frac{mm^2}{m} =$ $1\,\mu\Omega \cdot m$	$\varkappa = \frac{1}{\varrho}$
		$\gamma, \varkappa$: Elektrische Leitfähigkeit	$\frac{S}{m}$; $\frac{S \cdot m}{mm^2}$ $1\,\frac{S \cdot m}{mm^2} = 1\,\frac{MS}{m}$	$R = \frac{l}{\varkappa \cdot q}$
Widerstand und Temperatur	ϑ_1 R_{20} Wärme ϑ_2 R_ϑ	ΔR : Widerstandsänderung R_{20} : Widerstand bei 20 °C $\alpha; \beta$: Temperaturkoeffizient $\Delta\vartheta$: Temperaturänderung R_ϑ : Widerstand nach Erwärmung	Ω Ω $\frac{1}{K}$; K^{-1}; $\frac{1}{K^2}$; K^{-2} K Ω	$\vartheta < 200$ °C $\Delta R = R_{20} \cdot \alpha \cdot \Delta\vartheta$ $R_\vartheta = R_{20} + \Delta R$ $R_\vartheta = R_{20}(1 + \alpha \cdot \Delta\vartheta)$ $\vartheta > 200$ °C $R_\vartheta = R_{20}(1 + \alpha \cdot \Delta\vartheta + \beta \cdot \Delta\vartheta^2)$

Leiterquerschnitt: $q = \pi \cdot \left(\frac{d}{2}\right)^2 = \pi \cdot \frac{d^2}{4} \rightarrow d = \sqrt{\frac{q}{\pi} \cdot 4}$

Messung elektrischer Widerstände
Measurement of Electrical Resistors

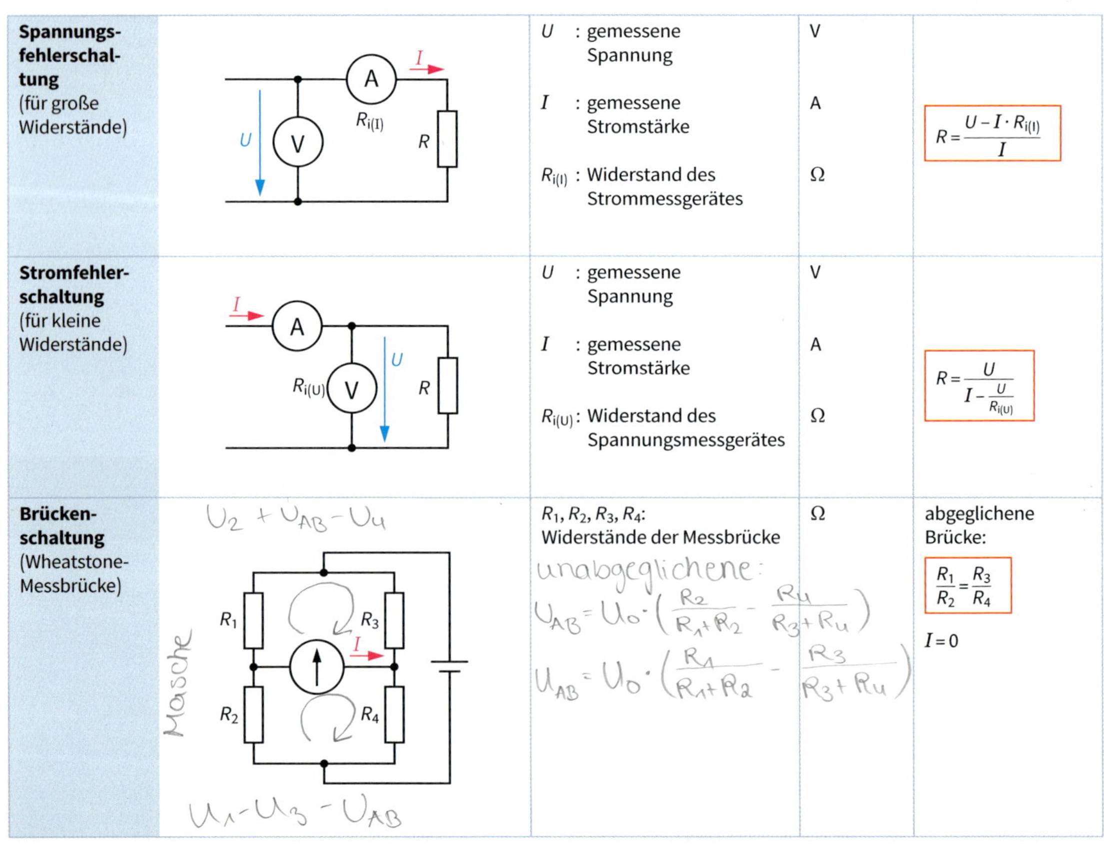

Spannungsfehlerschaltung (für große Widerstände)	U, I, A, V, $R_{i(I)}$, R	U : gemessene Spannung I : gemessene Stromstärke $R_{i(I)}$: Widerstand des Strommessgerätes	V A Ω	$R = \frac{U - I \cdot R_{i(I)}}{I}$
Stromfehlerschaltung (für kleine Widerstände)	I, A, $R_{i(U)}$, V, U, R	U : gemessene Spannung I : gemessene Stromstärke $R_{i(U)}$: Widerstand des Spannungsmessgerätes	V A Ω	$R = \frac{U}{I - \frac{U}{R_{i(U)}}}$
Brückenschaltung (Wheatstone-Messbrücke)	R_1, R_2, R_3, R_4, I $U_2 + U_{AB} - U_4$ Masche $U_1 - U_3 - U_{AB}$	R_1, R_2, R_3, R_4: Widerstände der Messbrücke unabgeglichene: $U_{AB} = U_0 \cdot \left(\frac{R_2}{R_1+R_2} - \frac{R_4}{R_3+R_4}\right)$ $U_{AB} = U_0 \cdot \left(\frac{R_1}{R_1+R_2} - \frac{R_3}{R_3+R_4}\right)$	Ω	abgeglichene Brücke: $\frac{R_1}{R_2} = \frac{R_3}{R_4}$ $I = 0$

Vorzeichen und Richtungssinne von Strom und Spannung

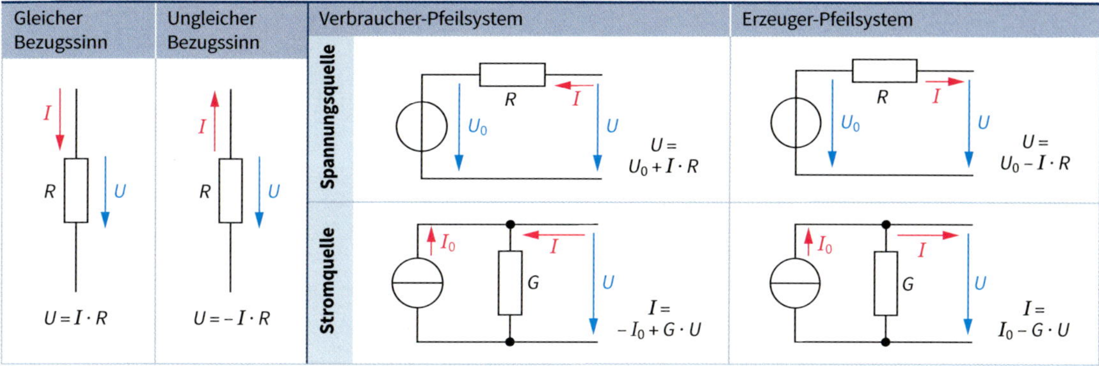

Erstes Kirchhoffsches Gesetz (Knotenregel)

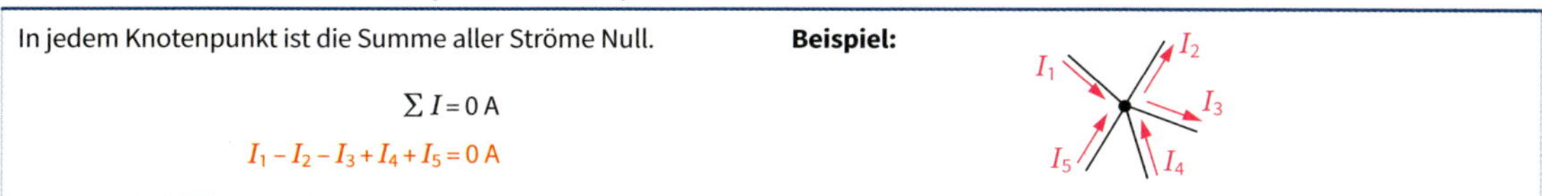

In jedem Knotenpunkt ist die Summe aller Ströme Null.

$$\sum I = 0\,\text{A}$$

$$I_1 - I_2 - I_3 + I_4 + I_5 = 0\,\text{A}$$

Beispiel:

Zweites Kirchhoffsches Gesetz (Maschenregel)

Die Summe aller Teilspannungen entlang eines geschlossenen Weges (willkürlich gewählter Umlaufsinn) ist Null.

$$\sum U = 0\,\text{V}$$

$$-U_1 + U_{R1} + U_{R2} - U_2 + U_{R3} = 0\,\text{V}$$

$$-U_1 + I \cdot R_1 + I \cdot R_2 - U_2 + I \cdot R_3 = 0\,\text{V}$$

Beispiel:

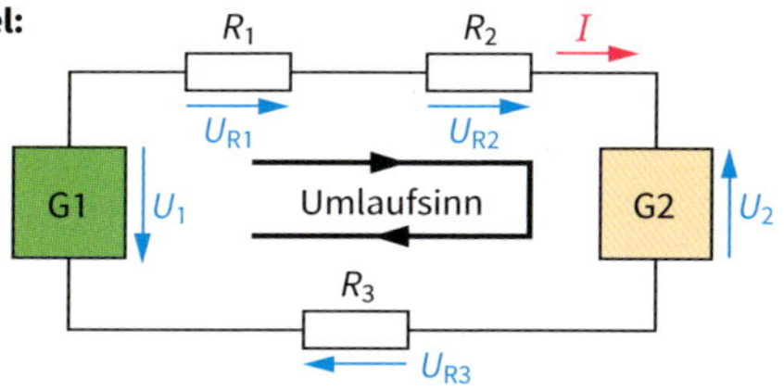

R1
R2
I
UR1
UR2
G1
U1
Umlaufsinn
G2
U2
R3
UR3

	Reihenschaltung	Parallelschaltung
Schaltung	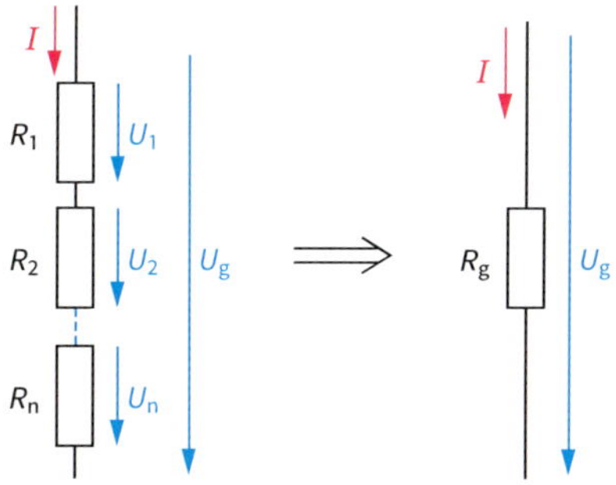	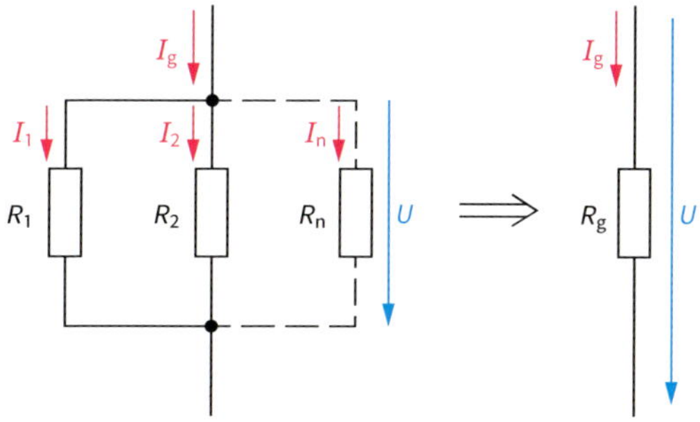
Spannung	$U_g = U_1 + U_2 + \ldots + U_n$	Alle Widerstände liegen an derselben Spannung U.
Stromstärke	Durch alle Widerstände fließt derselbe Strom I.	$I_g = I_1 + I_2 + \ldots + I_n$
Widerstände und Leitwerte	$R_g = R_1 + R_2 + \ldots + R_n$	$\frac{1}{R_g} = \frac{1}{R_1} + \frac{1}{R_2} + \ldots + \frac{1}{R_n}$ $G_g = G_1 + G_2 + \ldots + G_n$
Verhältnisse	$\frac{U_1}{U_2} = \frac{R_1}{R_2}$; $\frac{U_1}{U_n} = \frac{R_1}{R_n}$; $\frac{U_1}{U_g} = \frac{R_1}{R_g}$; …	$\frac{I_1}{I_2} = \frac{R_2}{R_1}$; $\frac{I_1}{I_n} = \frac{R_n}{R_1}$; $\frac{I_1}{I_g} = \frac{R_g}{R_1}$; …

Unbelasteter Spannungsteiler	Belasteter Spannungsteiler

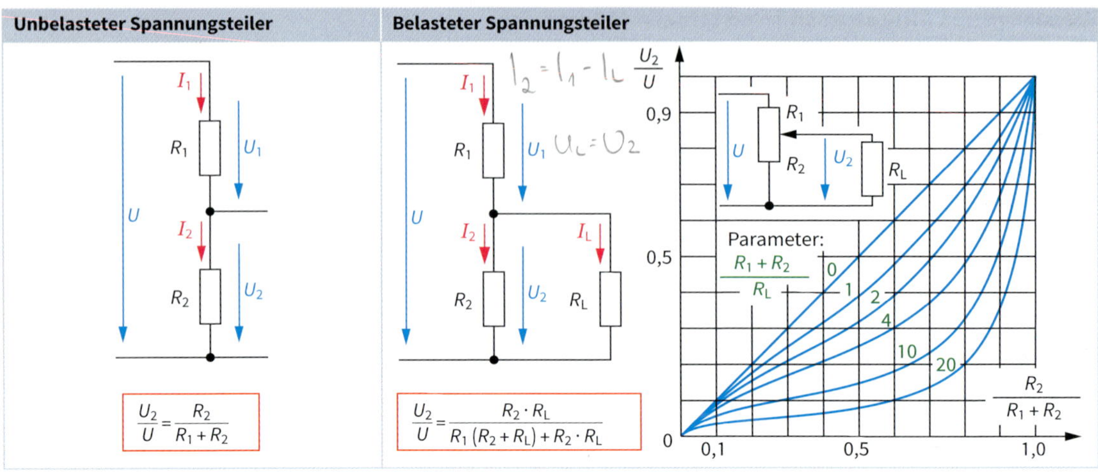

$$\frac{U_2}{U} = \frac{R_2}{R_1 + R_2}$$

$$\frac{U_2}{U} = \frac{R_2 \cdot R_L}{R_1\,(R_2 + R_L) + R_2 \cdot R_L}$$

Messbereichserweiterung

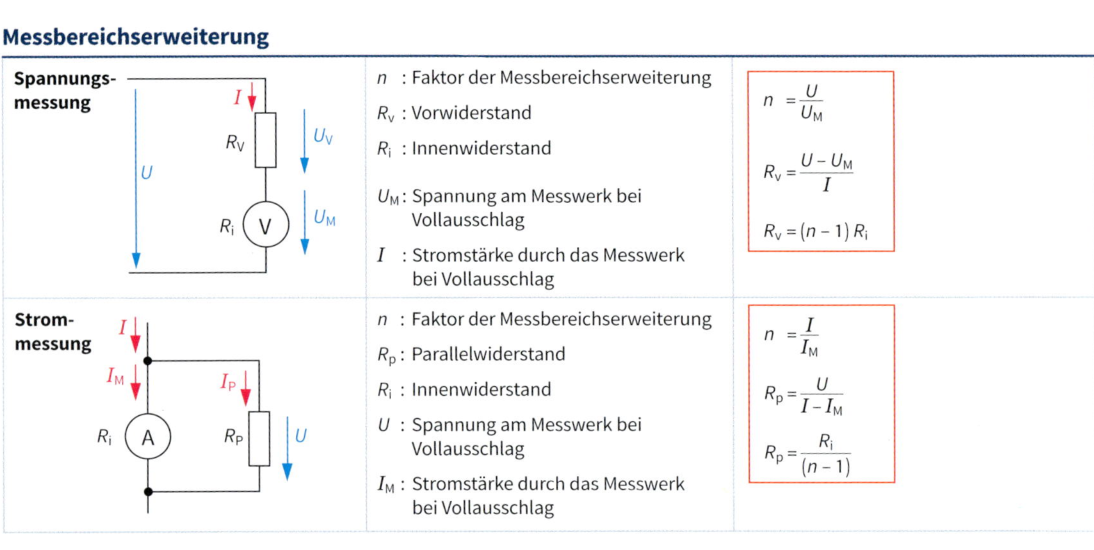

Spannungsmessung

n : Faktor der Messbereichserweiterung

R_v : Vorwiderstand

R_i : Innenwiderstand

U_M : Spannung am Messwerk bei Vollausschlag

I : Stromstärke durch das Messwerk bei Vollausschlag

$$n = \frac{U}{U_M}$$

$$R_v = \frac{U - U_M}{I}$$

$$R_v = (n - 1)\,R_i$$

Strommessung

n : Faktor der Messbereichserweiterung

R_p : Parallelwiderstand

R_i : Innenwiderstand

U : Spannung am Messwerk bei Vollausschlag

I_M : Stromstärke durch das Messwerk bei Vollausschlag

$$n = \frac{I}{I_M}$$

$$R_p = \frac{U}{I - I_M}$$

$$R_p = \frac{R_i}{(n - 1)}$$

Gruppenschaltung

Beispiel:

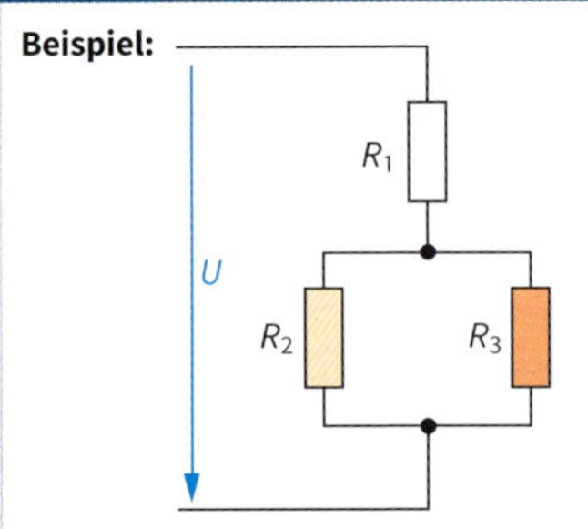

- Die Schaltung muss so verändert werden, dass eine Grundschaltung entsteht.
- Zum Widerstand R_1 liegt in Reihe die Parallelschaltung aus den zwei Widerständen R_2 und R_3.

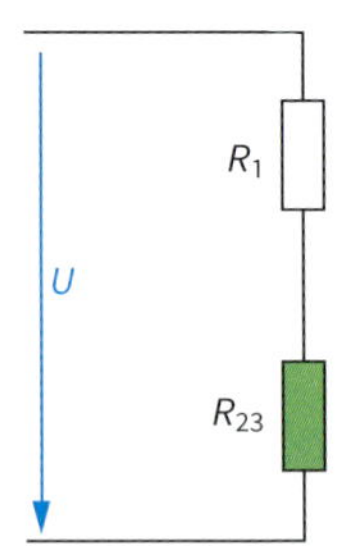

- Die Parallelschaltung aus R_2 und R_3 kann zu einem Widerstand R_{23} zusammengefasst werden.

$R_{23} = R_2 \parallel R_3$
(II bedeutet: parallel)

$R_{23} = (R_2 \cdot R_3) : (R_2 + R_3)$

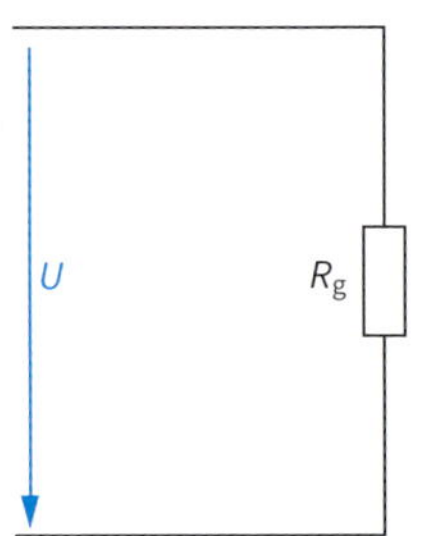

- Der Gesamtwiderstand lässt sich jetzt durch Addition ermitteln.

$R_g = R_1 + R_{23}$

Spannungsquelle mit Innenwiderstand

- U_0 : Leerlaufspannung (Quellenspannung)
- U_{KL} : Klemmenspannung
- ΔU : Spannungsänderung
- R_i : Innenwiderstand
- R_L : Belastungswiderstand
- I_k : Kurzschlussstromstärke
- ΔI : Stromänderung
- P_L : Ausgangsleistung
- P_i : Verlustleistung der Spannungsquelle

$$U_0 = U_i + U_{KL}$$

$$I = \frac{U_0}{R_i + R_L} \qquad I_k = \frac{U_0}{R_i}$$

$$R_i = \frac{U_i}{I} \qquad R_i = \frac{\Delta U_{KL}}{\Delta I}$$

$$U_{KL} = U_0 - I \cdot R_i$$

Anpassung

Stromanpassung, $R_L \ll R_i$

Maximale Stromstärke

$$I \approx \frac{U_0}{R_i}$$

$$U_{KL} \approx \frac{U_0 \cdot R_L}{R_i}$$

$$P_L \approx 0$$

Spannungsanpassung, $R_L \gg R_i$

Maximale Spannung

$$I \approx \frac{U_0}{R_L}$$

$$U_{KL} \approx U_0$$

$$P_L \approx 0$$

Leistungsanpassung, $R_L = R_i$

Maximale Leistung

$$I = \frac{U_0}{2R_i} \qquad I = \frac{U_0}{2R_L}$$

$$U_{KL} = \frac{U_0}{2}$$

$$P_L = \frac{U_0^2}{4R_i} \qquad P_i = \frac{U_0^2}{4R_L}$$

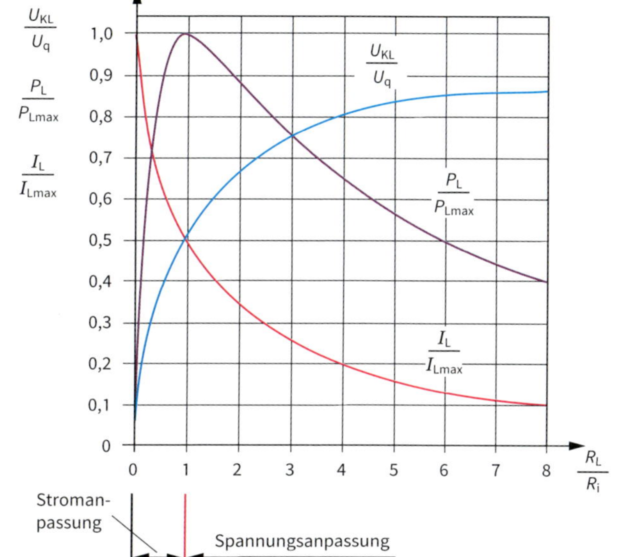

Reihenschaltung

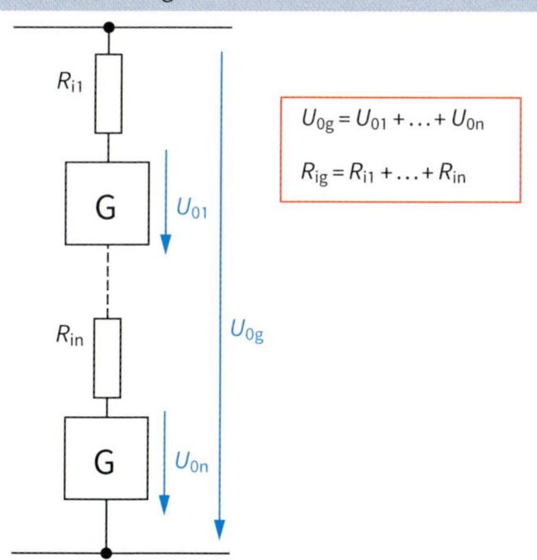

$$U_{0g} = U_{01} + \ldots + U_{0n}$$

$$R_{ig} = R_{i1} + \ldots + R_{in}$$

Parallelschaltung

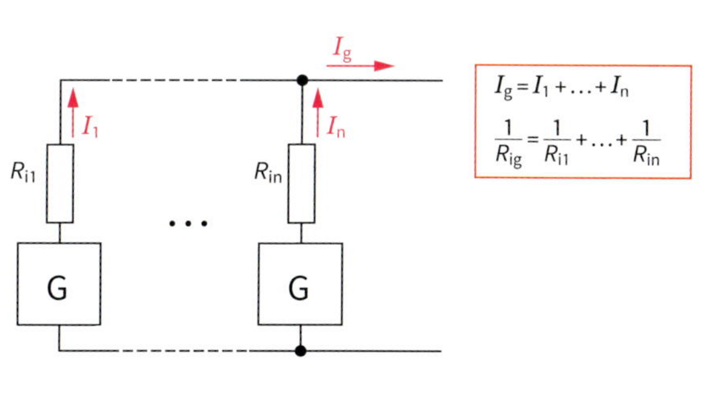

$$I_g = I_1 + \ldots + I_n$$

$$\frac{1}{R_{ig}} = \frac{1}{R_{i1}} + \ldots + \frac{1}{R_{in}}$$

Bei unterschiedlichen Leerlaufspannungen fließen zwischen den Spannungsquellen Ausgleichsströme.

Kraft zwischen Ladungen (Coulombsches Gesetz)

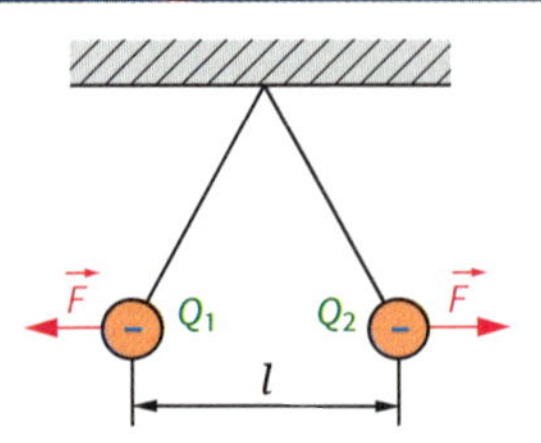

F : Kraft zwischen den Ladungen
Q_1, Q_2 : Ladungen
ε : Permittivität
ε_o : Elektrische Feldkonstante
ε_r : Permittivitätszahl
l : Abstand der Ladungen

$$F = \frac{Q_1 \cdot Q_2}{4\pi\varepsilon \cdot l^2}$$

$$\varepsilon = \varepsilon_o \cdot \varepsilon_r \qquad [\varepsilon_r] = 1$$

$$\varepsilon_o = 8{,}86 \cdot 10^{-12}\,\frac{\text{As}}{\text{Vm}}$$

Elektrische Feldstärke

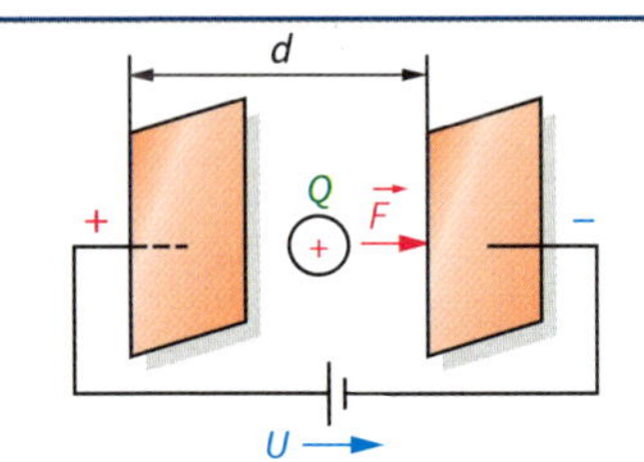

E : Elektrische Feldstärke
F : Kraft auf die Ladung im Feld
Q : Ladung im Feld
U : Spannung zwischen den Platten
d : Abstand der Platten

$$E = \frac{F}{Q} \qquad [E] = \frac{\text{N}}{\text{C}}$$

1 C = 1 As

$$E = \frac{U}{d} \qquad [E] = \frac{\text{V}}{\text{m}}$$

Kondensator und Kapazität

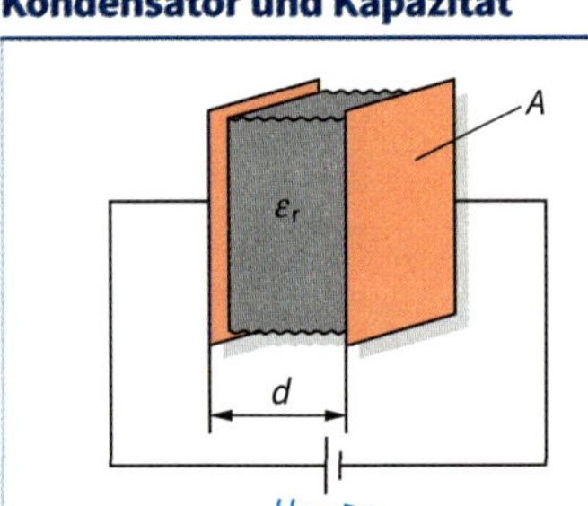

C : Kapazität des Kondensators
Q : Ladung des Kondensators
U : Spannung zwischen den Kondensatorplatten
ε : Permittivität
ε_o : Elektrische Feldkonstante
ε_r : Permittivitätszahl
A : Plattenfläche
d : Plattenabstand
W : Gespeicherte Energie des Kondensators

$$C = \frac{Q}{U} \qquad [C] = \frac{\text{As}}{\text{V}}$$

$$C = \frac{\varepsilon \cdot A}{d} \qquad 1\,\frac{\text{As}}{\text{V}} = 1\text{ F (Farad)}$$

$$\varepsilon = \varepsilon_o \cdot \varepsilon_r \qquad [\varepsilon_r] = 1$$

$$\varepsilon_o = 8{,}86 \cdot 10^{-12}\,\frac{\text{As}}{\text{Vm}}$$

$$W = \frac{C \cdot U^2}{2} \qquad [W] = \text{V As}$$

Parallelschaltung von Kondensatoren

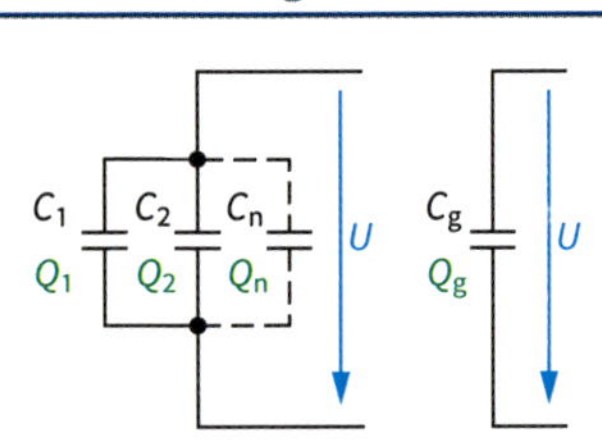

$Q_1 \dots Q_n$: Ladungen der Einzelkondensatoren
$C_1 \dots C_n$: Kapazitäten der Einzelkondensatoren

Q_g: Ladung der Gesamtkapazität
C_g: Gesamtkapazität

$$Q = C \cdot U$$

$$Q_g = Q_1 + Q_2 + \ldots + Q_n$$

$$C_g = C_1 + C_2 + \ldots + C_n$$

Reihenschaltung von Kondensatoren

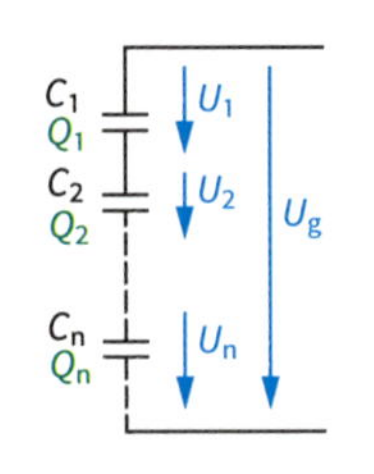

$Q_1 \dots Q_n$: Ladungen der Einzelkondensatoren
$C_1 \dots C_n$: Kapazitäten der Einzelkondensatoren

Q_g: Ladung der Gesamtkapazität
C_g: Gesamtkapazität

$U_1 \dots U_n$: Einzelspannungen
U_g: Gesamtspannung

$$Q = C \cdot U$$

$$Q_g = Q_1 = Q_2 = \ldots = Q_n$$

$$U_g = U_1 + U_2 + \ldots + U_n$$

$$\frac{1}{C_g} = \frac{1}{C_1} + \frac{1}{C_2} + \ldots + \frac{1}{C_n}$$

Magnetische Feldstärke

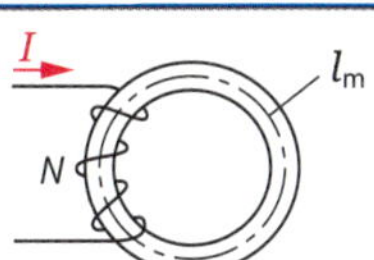

H : Magnetische Feldstärke
I : Stromstärke
N : Windungszahl
l_m: Mittlere Feldlinienlänge
Θ : Elektrische Durchflutung

$$H = \frac{I \cdot N}{l_m} \qquad [H] = \frac{A}{m}$$

$$\Theta = I \cdot N \qquad [\Theta] = A$$

Magnetische Flussdichte (Induktion)

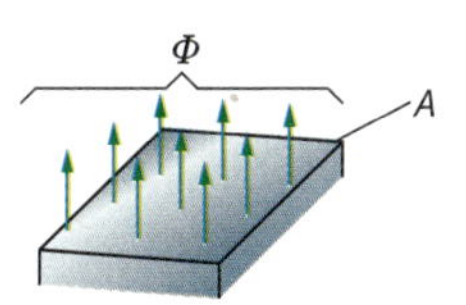

B : Magnetische Flussdichte
Φ : Magnetischer Fluss
A : Fläche

$$B = \frac{\Phi}{A}$$

$[\Phi] = V\,s$
$1\,V\,s = 1\,Wb$ (Weber)
$[B] = \frac{V\,s}{m^2}$
$\frac{1\,V\,s}{m^2} = 1\,T$ (Tesla)

Zusammenhang zwischen magnetischer Feldstärke und Flussdichte

Vakuum (Luft)

μ_0 : Magnetische Feldkonstante

B — Magnetisierungskennlinie von Luft — H

$$B = \mu_0 \cdot H$$

$$\mu_0 = 1{,}257 \cdot 10^{-6} \frac{V\,s}{A\,m}$$

Eisenkern

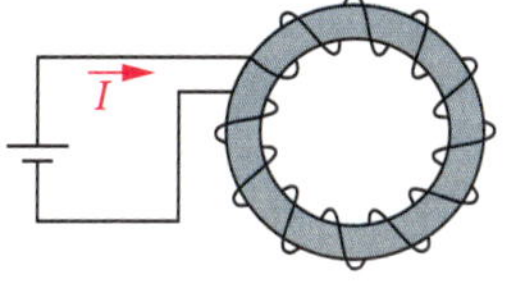

μ_r : Permeabilitätszahl
μ : Permeabilität

B — Magnetisierungskennlinie von Eisen — H

$$B = \mu \cdot H$$

$$\mu = \mu_0 \cdot \mu_r \qquad [\mu_r] = 1$$

Magnetischer Kreis mit Luftspalt

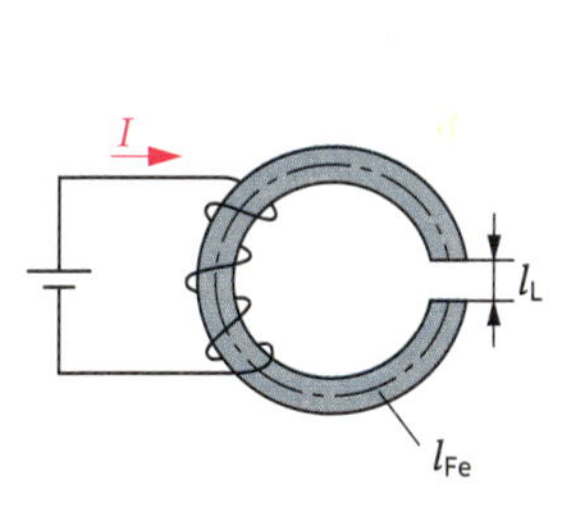

R_m : Magnetischer Widerstand
Λ : Magnetischer Leitwert
R_{mg} : Gesamter magnetischer Widerstand
R_{mFe} : Magnetischer Widerstand des Eisens
R_{mL} : Magnetischer Widerstand des Luftspalts
Θ_g : Gesamtdurchflutung
H_{Fe} : Magnetische Feldstärke im Eisen
H_L : Magnetische Feldstärke im Luftspalt
l_{Fe} : Feldlinienlänge im Eisen
l_L : Feldlinienlänge im Luftspalt

$$R_m = \frac{\Theta}{\Phi} \qquad [R_m] = \frac{A}{V\,s}$$

$1 \frac{A}{V\,s} = \frac{1}{H}$ (H: Henry)

$$\Lambda = \frac{1}{R_m} \qquad [\Lambda] = \frac{V\,s}{A}$$

$$R_{mg} = R_{mFe} + R_{mL}$$

$$\Theta_g = H_{Fe} \cdot l_{Fe} + H_L \cdot l_L$$

Tragkraft von Magneten

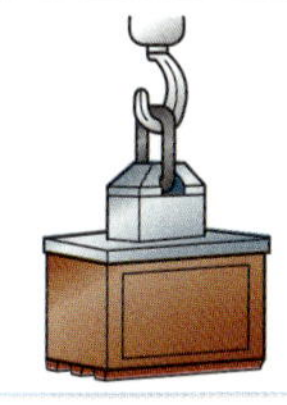

F : Kraft
B : Magnetische Flussdichte
A : Fläche
μ_0 : Magnetische Feldkonstante

$$F = \frac{B^2 \cdot A}{2\mu_0}$$

$$\mu_0 = 1{,}257 \cdot 10^{-6} \frac{V\,s}{A\,m}$$

Stromdurchflossener Leiter im Magnetfeld

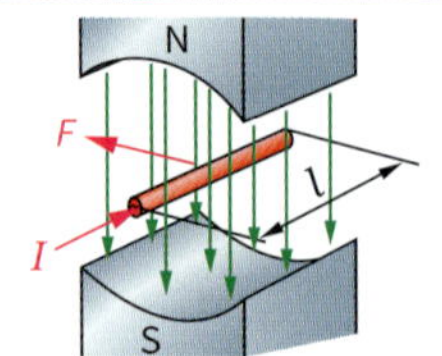	F : Kraft auf den Leiter I : Stromstärke l : Leiterlänge im Magnetfeld z : Anzahl der Leiter	$F = B \cdot I \cdot l \cdot z$ $[F] = \text{N}$

Spule im Magnetfeld

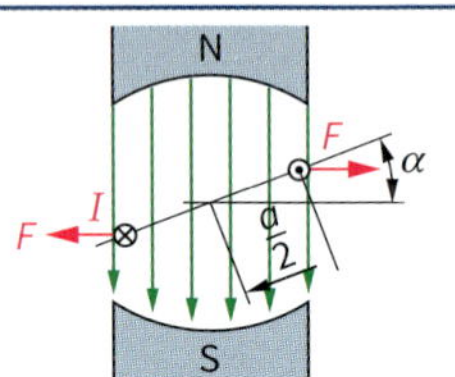	M : Drehmoment a : Spulenlänge N : Windungszahl	$M = \frac{F \cdot a \cdot \sin\alpha}{2}$ $F = 2 \cdot N \cdot B \cdot l \cdot I$

Kraft zwischen stromdurchflossenen Leitern

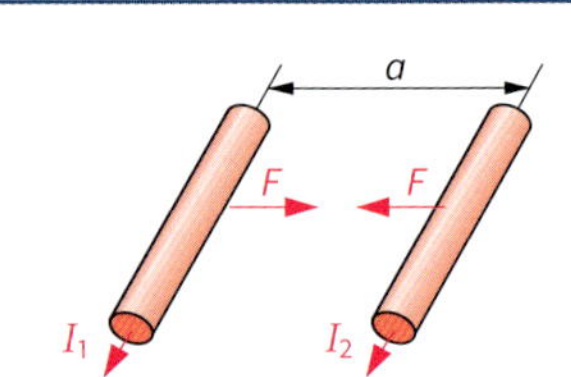	F : Kraft zwischen den Leitern l : Leiterlänge a : Abstand der Leiter I_1, I_2 : Stromstärken μ_0 : Magnetische Feldkonstante	$F = \frac{\mu_0 I_1 \cdot I_2 \cdot l}{2\pi \cdot a}$ $\mu_0 = 1{,}257 \cdot 10^{-6} \frac{\text{V s}}{\text{A m}}$

Induktivität der Spule

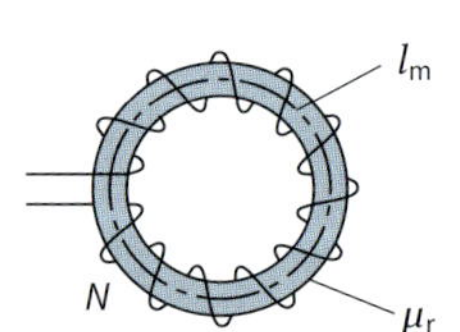	L : Induktivität N : Windungszahl A : Fläche (Querschnitt der Spule) μ_0 : Magnetische Feldkonstante μ_r : Permeabilitätszahl μ : Permeabilität l_m : Feldlinienlänge (mittlere) W : Energie der Spule	$L = \frac{\mu \cdot N^2 \cdot A}{l_m}$ $\mu = \mu_0 \cdot \mu_r$ $W = \frac{L \cdot I^2}{2}$	$[L] = \frac{\text{V s}}{\text{A}}$ $1 \frac{\text{V s}}{\text{A}} = 1$ H (Henry) $[\mu_r] = 1$

Reihenschaltung von Spulen

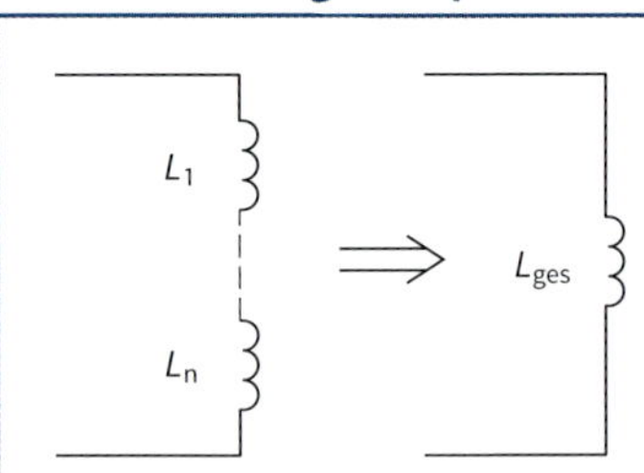	$L_1 \ldots L_n$: Einzelinduktivitäten L_g : Gesamtinduktivität	$L_g = L_1 + \ldots + L_n$

Parallelschaltung von Spulen

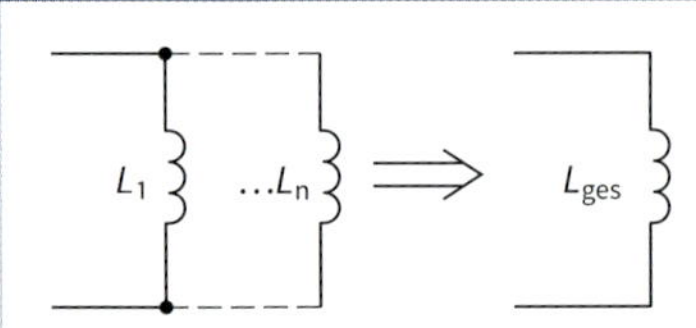	$L_1 \ldots L_n$: Einzelinduktivitäten L_g : Gesamtinduktivität	$\frac{1}{L_g} = \frac{1}{L_1} + \ldots + \frac{1}{L_n}$

Induktion der Bewegung

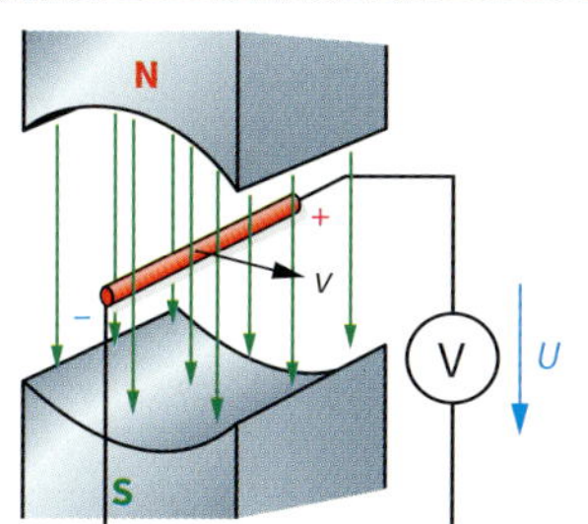

U : Induktionsspannung
B : Magnetische Flussdichte
l : Leiterlänge im Magnetfeld
v : Geschwindigkeit des Leiters
z : Anzahl der Leiter

$$U = B \cdot l \cdot v \cdot z$$

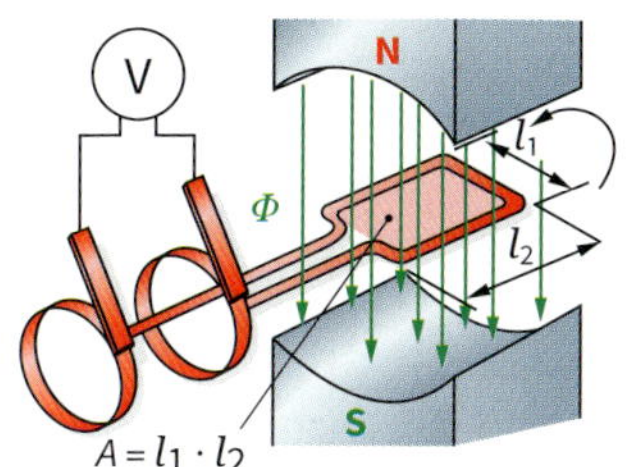

U : Induktionsspannung
N : Windungszahl
$\Delta\Phi$: Flussänderung
Δt : Zeitänderung

$$U = N \cdot \frac{\Delta\Phi}{\Delta t}$$

$$U = -N \cdot \frac{\Delta\Phi}{\Delta t}$$

Das Vorzeichen hängt vom gewählten Richtungssinn ab.

Induktion der Ruhe

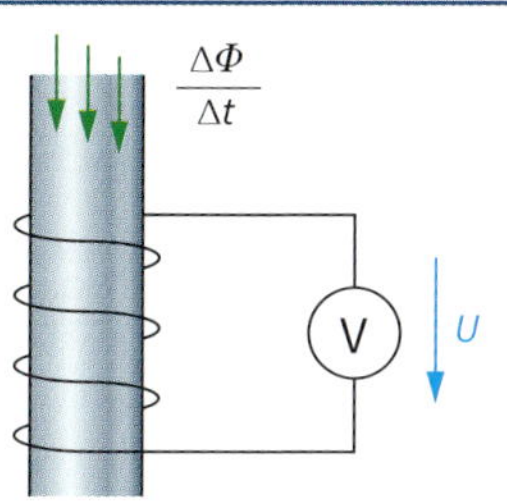

U : Induktionsspannung
N : Windungszahl
$\Delta\Phi$: Flussänderung
Δt : Zeitänderung

$$U = N \cdot \frac{\Delta\Phi}{\Delta t}$$

$$U = -N \cdot \frac{\Delta\Phi}{\Delta t}$$

Das Vorzeichen hängt vom gewählten Richtungssinn ab.

Einphasentransformator, Übertrager

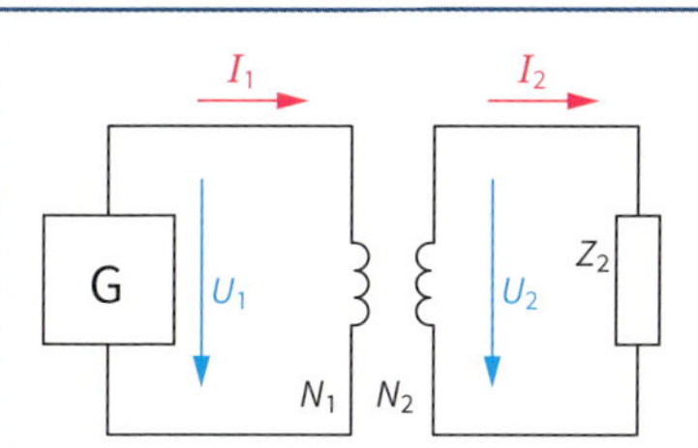

U_1 : Primärspannung
U_2 : Sekundärspannung
I_1 : Primärstromstärke
I_2 : Sekundärstromstärke
N_1 : Primärwindungszahl
N_2 : Sekundärwindungszahl
Z_1 : Primärer Scheinwiderstand
Z_2 : Sekundärer Scheinwiderstand
$ü$: Übersetzungsverhältnis

$$\frac{U_1}{U_2} \approx \frac{N_1}{N_2} \qquad ü = \frac{N_1}{N_2}$$

$$\frac{I_1}{I_2} \approx \frac{N_2}{N_1}$$

$$\frac{Z_1}{Z_2} \approx \left(\frac{N_1}{N_2}\right)^2$$

Schaltungen mit Spulen

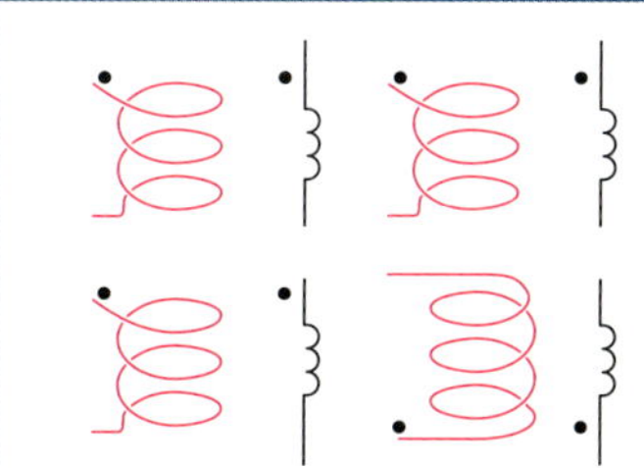

L : gesamte Selbstinduktivität
L_1, L_2 : Einzelinduktivitäten
L_{12} : Gegeninduktivität
• : Wicklungsanfang

$$L = L_1 + L_2 + 2\,L_{12}$$

$$L = L_1 + L_2 - 2\,L_{12}$$

Kondensator (Kapazität)

Aufladung

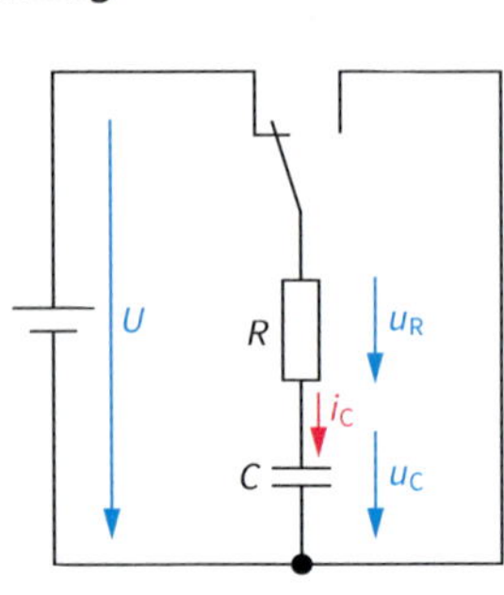

$\frac{i_C}{I}$, $\frac{u_C}{U}$

100 %

$\frac{U}{R}$

63 %

u_C

i_C

1τ 2τ 3τ 4τ 5τ t

63% 82% 95 98 99,9

$\tau = R \cdot C$ $[\tau] = \text{s}$

$u_C = U\left(1 - e^{-\frac{t}{\tau}}\right)$ e = 2,718…

$i_C = \frac{U}{R} \cdot e^{-\frac{t}{\tau}}$

bei $t \approx 5\,\tau$:
Kondensator geladen
(99,33 % von U)

τ : Zeitkonstante
u_C: Spannung am Kondensator
i_C : Stromstärke in der Reihenschaltung

Entladung

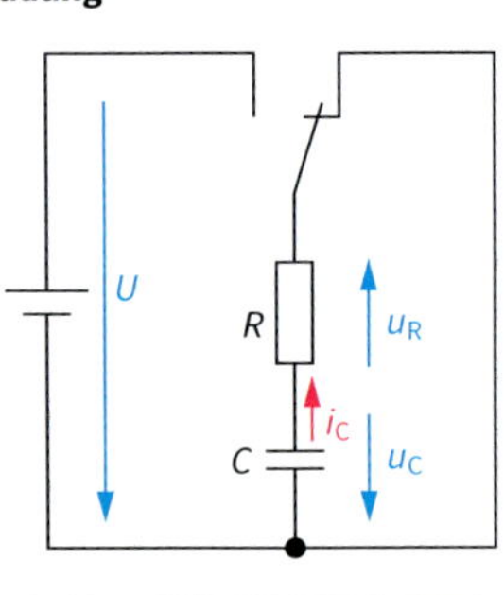

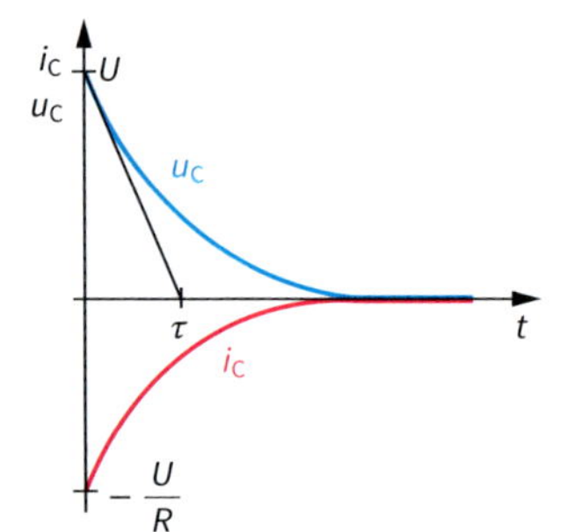

$\tau = R \cdot C$ $[\tau] = \text{s}$

$u_C = U \cdot e^{-\frac{t}{\tau}}$ e = 2,718…

$i_C = -\frac{U}{R} \cdot e^{-\frac{t}{\tau}}$

bei $t \approx 5\,\tau$:
Kondensator entladen

τ : Zeitkonstante
u_C: Spannung am Kondensator
i_C : Stromstärke in der Reihenschaltung

Induktivität

Einschaltvorgang

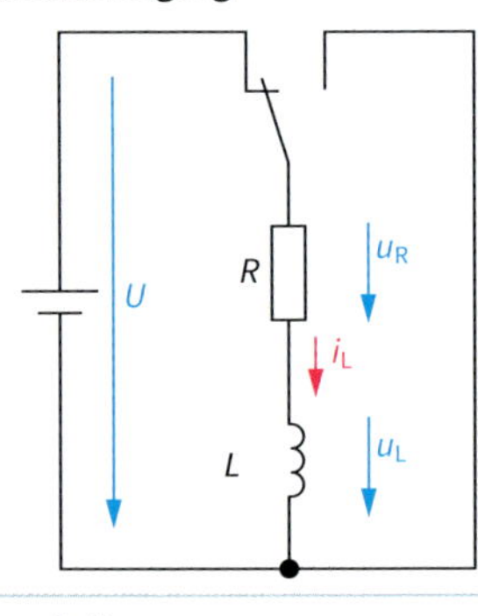

u_L, i_L

U

$\frac{U}{R}$

i_L

u_L

τ t

$\tau = \frac{L}{R}$ $[\tau] = \text{s}$

$u_L = U \cdot e^{-\frac{t}{\tau}}$ e = 2,718…

$i_L = \frac{U}{R}\left(1 - e^{-\frac{t}{\tau}}\right)$

τ : Zeitkonstante
u_L: Spannung an der Induktivität
i_L : Stromstärke in der Reihenschaltung

Ausschaltvorgang

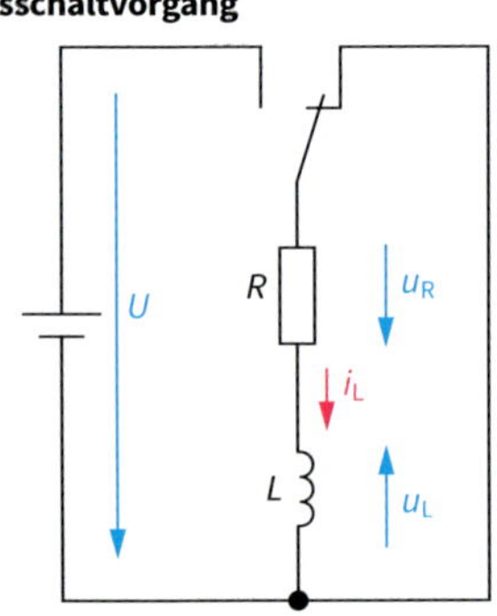

u_L, i_L

$\frac{U}{R}$

i_L

τ t

u_L

– U

$\tau = \frac{L}{R}$ $[\tau] = \text{s}$

$u_L = -U \cdot e^{-\frac{t}{\tau}}$ e = 2,718…

$i_L = \frac{U}{R} \cdot e^{-\frac{t}{\tau}}$

τ : Zeitkonstante
u_L: Spannung an der Induktivität
i_L : Stromstärke in der Reihenschaltung

Sinusförmige Wechselspannung

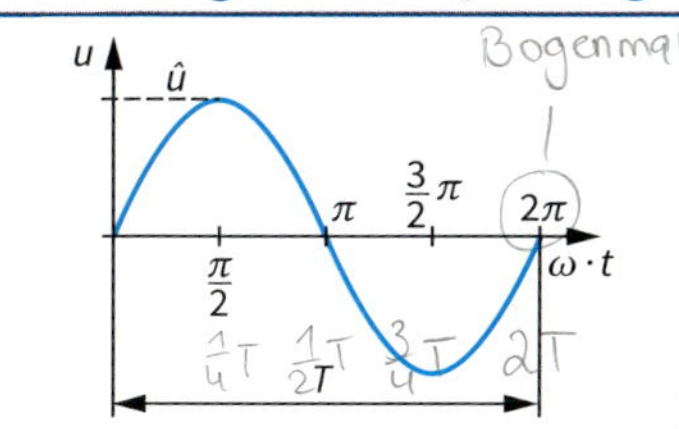

u, i : Momentanwerte (Augenblickswerte)
$\hat{u}, \hat{\imath}$: Maximalwerte, Spitzenwerte, Amplitude
f : Frequenz
T : Periodendauer
ω : Kreisfrequenz
p : Polpaarzahl
n : Drehzahl

$u = \hat{u} \sin \omega \cdot t$

$\omega = 2\pi \cdot f$ $\quad [\omega] = \frac{1}{s}$

$f = \frac{1}{T}$ $\quad [f] = \mathrm{Hz}$

$f = p \cdot n$ $\quad [n] = \frac{1}{s}$

Spitzen- und Effektivwerte

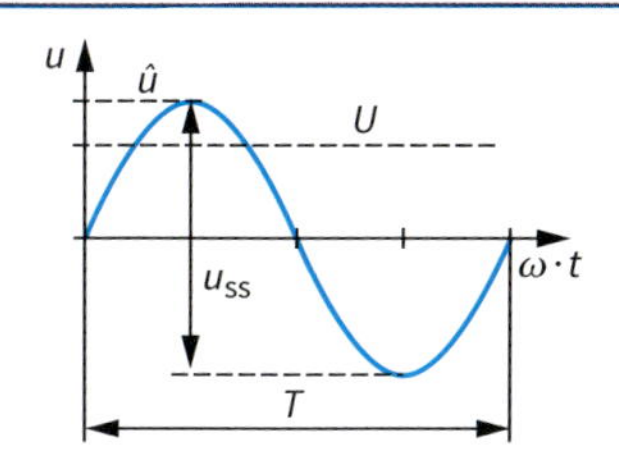

$\hat{u}, \hat{\imath}$: Maximalwerte, Spitzenwerte, Amplituden
U, I : Effektivwerte auch: U_{eff} und I_{eff}

u_{ss}, i_{ss}: Spitze-Spitze-Wert

$U = \frac{\hat{u}}{\sqrt{2}}$

$I = \frac{\hat{\imath}}{\sqrt{2}}$

$u_{ss} = 2 \cdot \hat{u}$

$i_{ss} = 2 \cdot \hat{\imath}$

Addition phasenverschobener Spannungen und Ströme

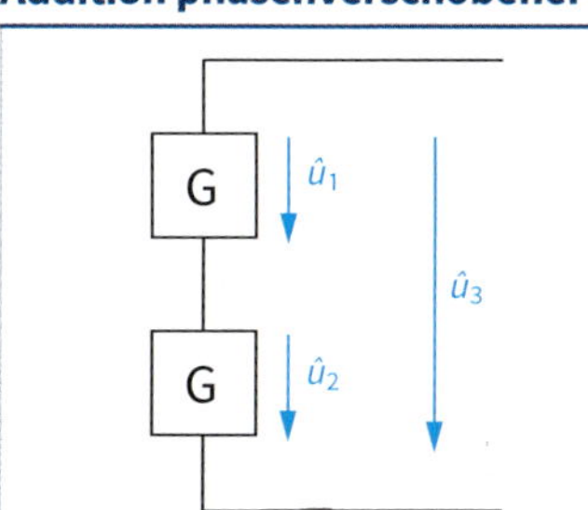

$\varphi_{12}, \varphi_{13}, \varphi_{32}$: Phasenverschiebungswinkel

$\hat{u}_1, \hat{u}_2$: Spitzenwerte der Einzelspannungen

$\hat{u}_3$: Spitzenwert der Gesamtspannung

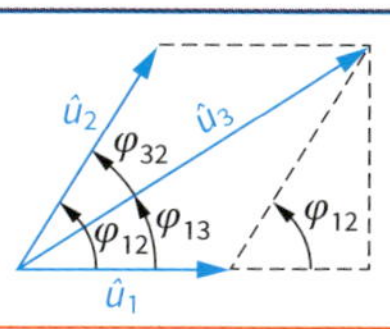

$\hat{u}_3^2 = \hat{u}_1^2 + \hat{u}_2^2 - 2 \cdot \hat{u}_1 \cdot \hat{u}_2 \cdot \cos(180° - \varphi_{12})$

$\tan \varphi_{13} = \frac{\hat{u}_2 \cdot \sin \varphi_{12}}{\hat{u}_1 + \hat{u}_2 \cdot \cos \varphi_{12}}$

Leistungen im Wechselstromkreis

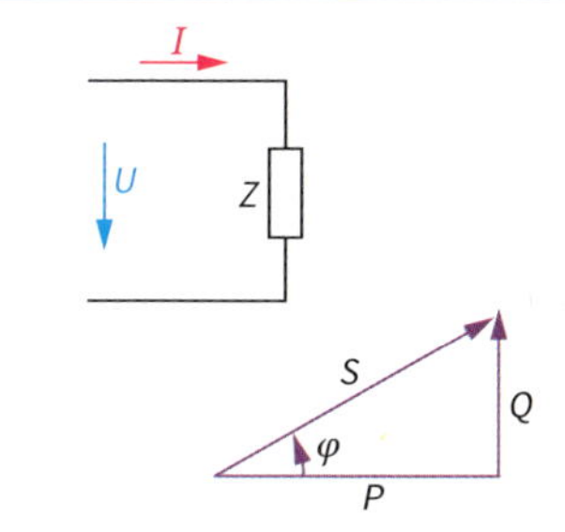

S : Scheinleistung
P : Wirkleistung
Q : Blindleistung
$\cos \varphi$: Leistungsfaktor
λ : Wirkleistungsfaktor

$\sin \varphi$: Blindleistungsfaktor

$S = U \cdot I$ $\quad [S] = \mathrm{V \cdot A}$

$S = \sqrt{P^2 + Q^2}$

$P = U \cdot I \cdot \cos \varphi$ $\quad [P] = \mathrm{W}$

$\cos \varphi = \frac{P}{S}$

$\lambda = \frac{P}{S}$

$Q = U \cdot I \cdot \sin \varphi$ $\quad [Q] = \mathrm{var}$

Rechtecksignale

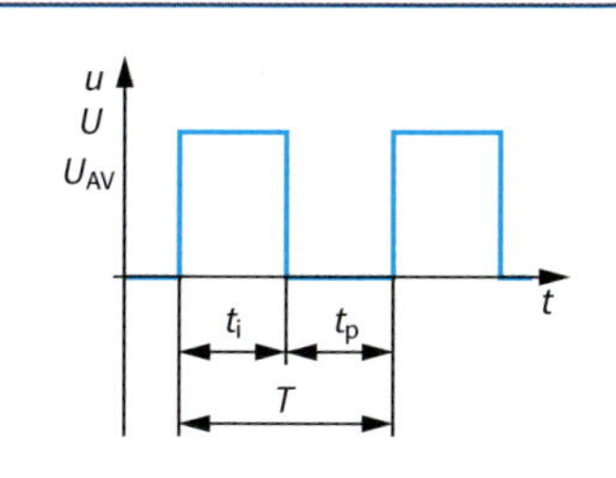

t_i : Impulsdauer
t_p : Pausendauer
T : Periodendauer
f : Frequenz
g : Tastgrad
U_{AV} : Mittelwert
V : Tastverhältnis

$T = t_i + t_p$

$f = \frac{1}{T}$

$g = \frac{t_i}{T}$

$V = \frac{1}{g}$

$U_{AV} = \frac{U \cdot t_i}{T}$

Kennzeichnung von Systempunkten und Leitern

Stromsystem	Teil	Außenpunkte, Außenleiter	Mittelpunkt, Mittelleiter, Sternpunkt, Neutralleiter	Bezugserde	Schutzleiter geerdet	Neutralleiter, PEN-Leiter[3]
Gleichstrom	Netz	Polarität: positiv: L+; negativ: L–	M	E	PE	–
m-Phasen-system	Netz	vorzugsweise: L1, L2, L3 … Lm	N			
		zulässig auch: 1, 2, 3, … m [1) 2)]				
Drehstrom	Netz	vorzugsweise: L1, L2, L3				PEN
		zulässig auch: 1, 2, 3, [1) 2)]				
		zulässig auch: R, S, T [2)]				–
	Betriebsmittel	allgemein: U, V, W				

[1)] wenn keine Verwechslung möglich
[2)] Nummerierung oder Reihenfolge der Buchstaben im Sinne der Phasenfolge
[3)] auch noch Nullleiter üblich

Beispiele von Formelzeichen für Spannungen

Art der Spannungen	Stromsystem		Formelzeichen
Außenleiterspannungen	Gleichstromsystem		U, U_{L+}, U_{L-}
	m-Phasensystem		U_{12}, U_{23}, $U_{34} \dots U_{m}$
	Drehstromsystem		U_{12}, U_{23}, U_{31}
	Drehstrom-Generatoren, -Motoren, -Transformatoren		U_{UV}, U_{VW}, U_{WU}
Außenleiter-Mittelspannung	Gleichstromsystem		U, U_{L+M}, U_{M-L}
Sternspannungen	Sternschaltung	m-Phasensystem	U_{1N}, U_{2N}, $U_{3N} \dots U_{mN}$
		Drehstromsystem	U_{1N}, U_{2N}, U_{3N}
	Drehstrom: Generatoren, Motoren, Transformatoren		U_{UN}, U_{VN}, U_{WN}
Mittelpunktspannung	Gleichstromsystem		U_{ME}
Sternpunktspannung	Sternschaltung: m-Phasensystem, Drehstromsystem		U_{NE}

Drehstromübertragung
Three-Phase Current Transmission

Verteilung

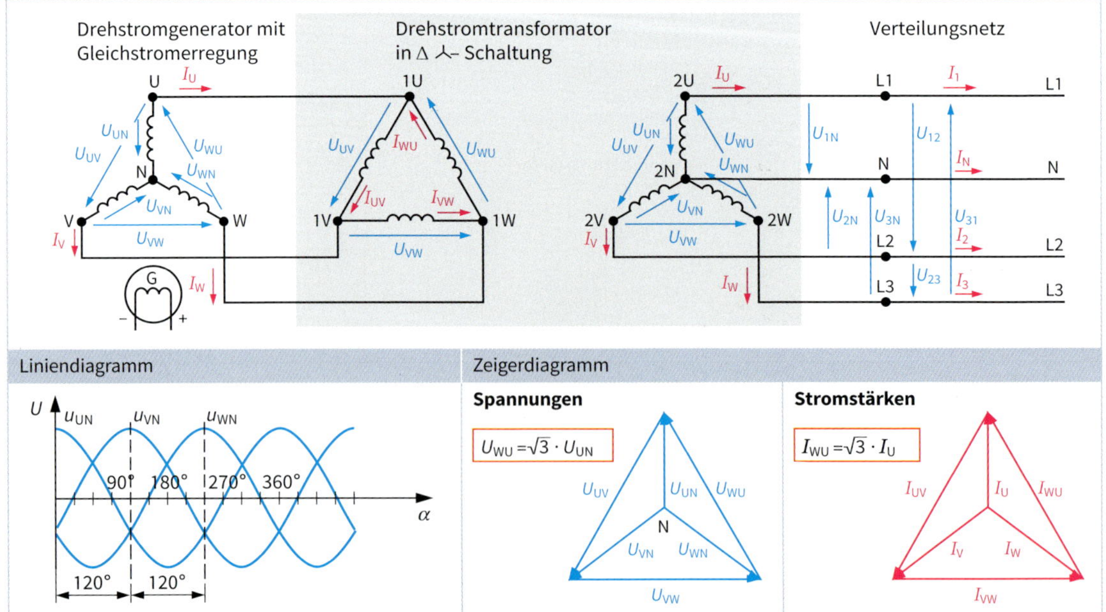

U_S: Strangspannung	I_S: Strangstromstärke	S: Gesamt-Scheinleistung	Q: Gesamt-Blindleistung
U: Leiterspannung	I: Leiterstromstärke	P: Gesamt-Wirkleistung	$\cos\varphi$: Leistungsfaktor

Symmetrische Belastung ($I_N = 0$ A)

$S = \sqrt{3} \cdot U \cdot I$ $[S] = \text{VA}$

$P = \sqrt{3} \cdot U \cdot I \cdot \cos\varphi$ $[P] = \text{W}$

$Q = \sqrt{3} \cdot U \cdot I \cdot \sin\varphi$ $[Q] = \text{var}$

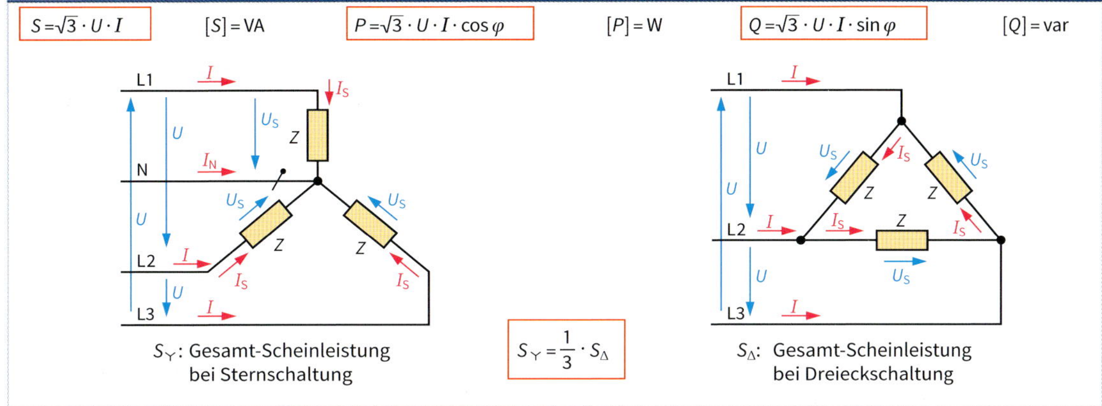

S_Y: Gesamt-Scheinleistung bei Sternschaltung

$S_Y = \frac{1}{3} \cdot S_\Delta$

S_Δ: Gesamt-Scheinleistung bei Dreieckschaltung

Unsymmetrische gleichartige Belastung

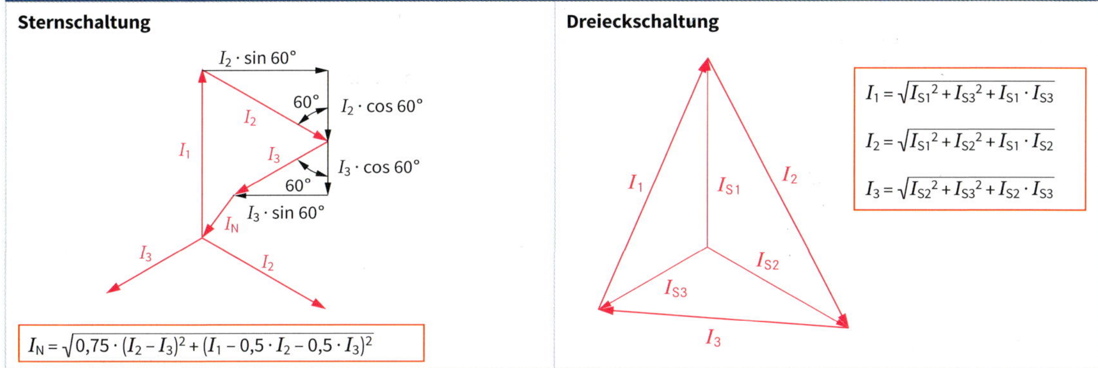

$I_N = \sqrt{0{,}75 \cdot (I_2 - I_3)^2 + (I_1 - 0{,}5 \cdot I_2 - 0{,}5 \cdot I_3)^2}$

$I_1 = \sqrt{I_{S1}^2 + I_{S3}^2 + I_{S1} \cdot I_{S3}}$

$I_2 = \sqrt{I_{S1}^2 + I_{S2}^2 + I_{S1} \cdot I_{S2}}$

$I_3 = \sqrt{I_{S2}^2 + I_{S3}^2 + I_{S2} \cdot I_{S3}}$

Gestörte Belastungen (Ausfall von Außenleitern und/oder Strängen)

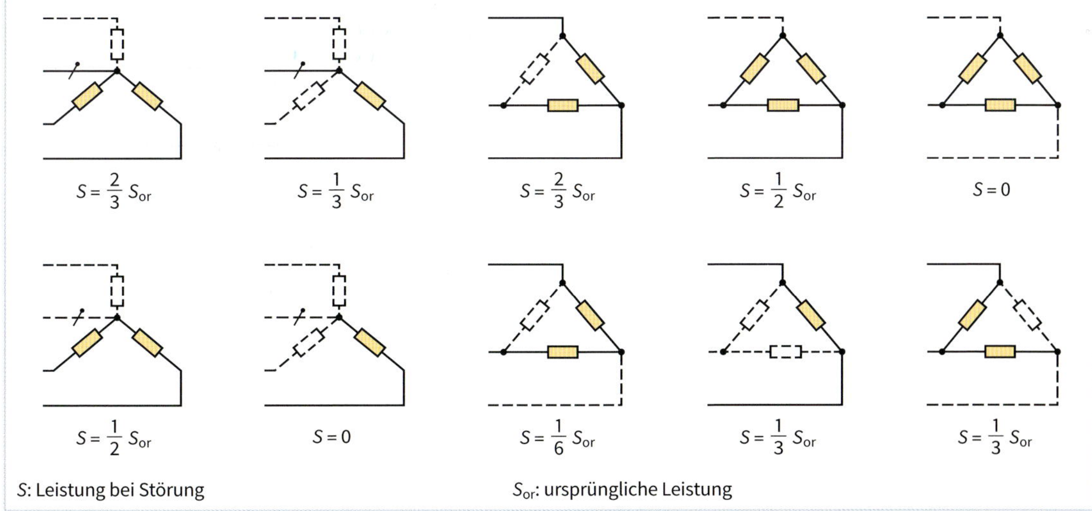

S: Leistung bei Störung S_{or}: ursprüngliche Leistung

Widerstände im Wechselstromkreis
Resistors in A.C. Circuit

Schaltung	Stromstärke und Spannung	Widerstand und Leitwert	Leistung
I, R, U	$I = \frac{U}{R}$ $\varphi = 0°$	$R = \frac{U}{I}$	$P = U \cdot I$ $P = I^2 \cdot R$ $P = \frac{U^2}{R}$
I, X_L, U	$I = \frac{U}{X_L}$ $\varphi = 90°$ induktiv	$X_L = 2\pi \cdot f \cdot L$ $X_L = \omega \cdot L$	$Q_L = U \cdot I$
I, X_C, U	$I = \frac{U}{X_C}$ $\varphi = -90°$ kapazitiv	$X_C = \frac{1}{2\pi \cdot f \cdot C}$ $X_C = \frac{1}{\omega \cdot C}$	$Q_C = U \cdot I$
I, R, U_R, X_L, U_L, U	$I = \frac{U_R}{R}$ $I = \frac{U_L}{X_L}$ $I = \frac{U}{Z}$ $U^2 = U_R^2 + U_L^2$ $\tan \varphi = \frac{U_L}{U_R}$ $\sin \varphi = \frac{U_L}{U}$; $\cos \varphi = \frac{U_R}{U}$	$Z^2 = R^2 + X_L^2$ $\tan \varphi = \frac{X_L}{R}$ $\sin \varphi = \frac{X_L}{Z}$; $\cos \varphi = \frac{R}{Z}$	$P = U_R \cdot I$ $Q_L = U_L \cdot I$ $S = U \cdot I$ $S^2 = P^2 + Q_L^2$ $\tan \varphi = \frac{Q_L}{P}$ $\sin \varphi = \frac{Q_L}{S}$; $\cos \varphi = \frac{P}{S}$
I, I_L, I_R, X_L, R, U	$U = I_R \cdot R$ $U = I_L \cdot X_L$ $U = I \cdot Z$ $I^2 = I_R^2 + I_L^2$ $\tan \varphi = \frac{I_L}{I_R}$ $\sin \varphi = \frac{I_L}{I}$; $\cos \varphi = \frac{I_R}{I}$	$Y^2 = G^2 + B_L^2$ $\left(\frac{1}{Z}\right)^2 = \left(\frac{1}{R}\right)^2 + \left(\frac{1}{X_L}\right)^2$ $\tan \varphi = \frac{R}{X_L}$ $\sin \varphi = \frac{Z}{X_L}$; $\cos \varphi = \frac{Z}{R}$	$P = U \cdot I_R$ $Q_L = U \cdot I_L$ $S = U \cdot I$ $S^2 = P^2 + Q_L^2$ $\tan \varphi = \frac{Q_L}{P}$ $\sin \varphi = \frac{Q_L}{S}$; $\cos \varphi = \frac{P}{S}$
I, R, U_R, X_C, U_C, U	$I = \frac{U_R}{R}$ $I = \frac{U_C}{X_C}$ $I = \frac{U}{Z}$ $U^2 = U_R^2 + U_C^2$ $\tan \varphi = \frac{U_C}{U_R}$ $\sin \varphi = \frac{U_C}{U}$; $\cos \varrho = \frac{U_R}{U}$	$Z^2 = R^2 + X_C^2$ $\tan \varphi = \frac{X_C}{R}$ $\sin \varphi = \frac{X_C}{Z}$; $\cos \varphi = \frac{R}{Z}$	$P = U_R \cdot I$ $Q_C = U_C \cdot I$ $S = U \cdot I$ $S^2 = P^2 + Q_C^2$ $\tan \varphi = \frac{Q_C}{P}$ $\sin \varphi = \frac{Q_C}{S}$; $\cos \varphi = \frac{P}{S}$

Schaltung	Stromstärke und Spannung	Widerstand und Leitwert	Leistung
	$I_R = \frac{U}{R}$ $I_C = \frac{U}{X_C}$ $I = \frac{U}{Z}$ $I^2 = I_R^2 + I_C^2$ $\tan\varphi = \frac{I_C}{I_R}$; $\cos\varphi = \frac{I_R}{I}$ $\sin\varphi = \frac{I_C}{I}$	$Y^2 = G^2 + B_C^2$ $\left(\frac{1}{Z}\right)^2 = \left(\frac{1}{R}\right)^2 + \left(\frac{1}{X_C}\right)^2$ $\tan\varphi = \frac{R}{X_C}$; $\cos\varphi = \frac{Z}{R}$ $\sin\varphi = \frac{Z}{X_C}$	$P = I_R \cdot U$ $Q_C = I_C \cdot U$ $S = I \cdot U$ $S^2 = P^2 + Q_C^2$ $\tan\varphi = \frac{Q_C}{P}$; $\cos\varphi = \frac{P}{S}$ $\sin\varphi = \frac{Q_C}{S}$
	$U_L > U_C$: $U^* = U_L - U_C$ $U_L < U_C$: $U^* = U_C - U_L$ $U^2 = U_R^2 + U^{*2}$ $\tan\varphi = \frac{U^*}{U_R}$ $\sin\varphi = \frac{U^*}{U}$; $\cos\varphi = \frac{U_R}{U}$	$X_L > X_C$: $X^* = X_L - X_C$ $X_L < X_C$: $X^* = X_C - X_L$ $Z^2 = R^2 + X^{*2}$ $\tan\varphi = \frac{X^*}{R}$ $\sin\varphi = \frac{X^*}{Z}$; $\cos\varphi = \frac{R}{Z}$	$Q_L > Q_C$: $Q^* = Q_L - Q_C$ $Q_L < Q_C$: $Q^* = Q_C - Q_L$ $S^2 = P^2 + Q^{*2}$ $\tan\varphi = \frac{Q^*}{P}$ $\sin\varphi = \frac{Q^*}{S}$; $\cos\varphi = \frac{P}{S}$
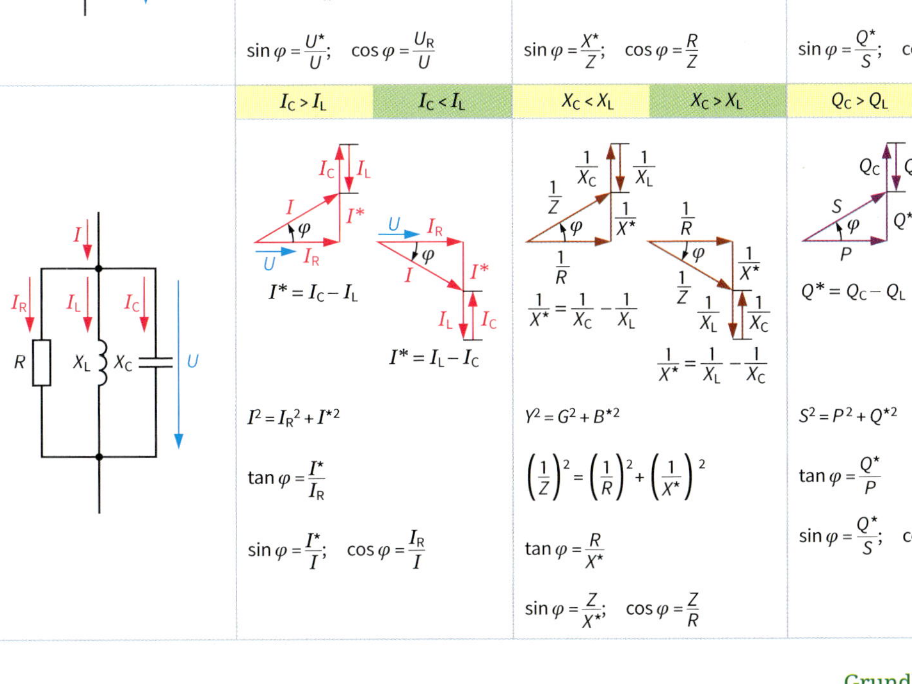	$I_C > I_L$: $I^* = I_C - I_L$ $I_C < I_L$: $I^* = I_L - I_C$ $I^2 = I_R^2 + I^{*2}$ $\tan\varphi = \frac{I^*}{I_R}$ $\sin\varphi = \frac{I^*}{I}$; $\cos\varphi = \frac{I_R}{I}$	$X_C < X_L$: $\frac{1}{X^*} = \frac{1}{X_C} - \frac{1}{X_L}$ $X_C > X_L$: $\frac{1}{X^*} = \frac{1}{X_L} - \frac{1}{X_C}$ $Y^2 = G^2 + B^{*2}$ $\left(\frac{1}{Z}\right)^2 = \left(\frac{1}{R}\right)^2 + \left(\frac{1}{X^*}\right)^2$ $\tan\varphi = \frac{R}{X^*}$ $\sin\varphi = \frac{Z}{X^*}$; $\cos\varphi = \frac{Z}{R}$	$Q_C > Q_L$: $Q^* = Q_C - Q_L$ $Q_C < Q_L$: $Q^* = Q_L - Q_C$ $S^2 = P^2 + Q^{*2}$ $\tan\varphi = \frac{Q^*}{P}$ $\sin\varphi = \frac{Q^*}{S}$; $\cos\varphi = \frac{P}{S}$

Filterschaltungen
Filter Circuits

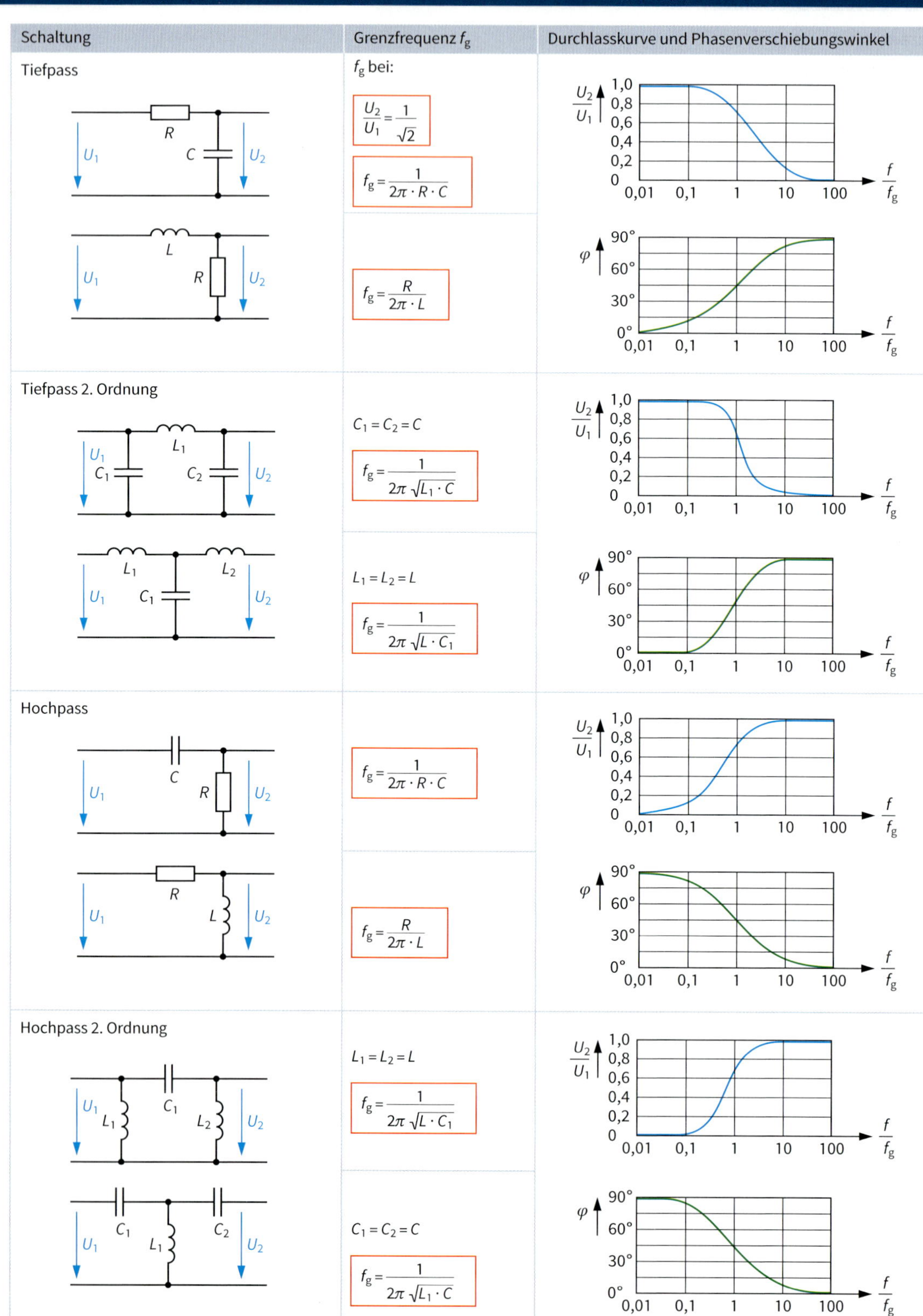

Schaltung	Grenzfrequenz f_g	Durchlasskurve und Phasenverschiebungswinkel
Tiefpass (R, C)	f_g bei: $\frac{U_2}{U_1} = \frac{1}{\sqrt{2}}$; $f_g = \frac{1}{2\pi \cdot R \cdot C}$	$\frac{U_2}{U_1}$ über $\frac{f}{f_g}$ (0,01; 0,1; 1; 10; 100), 0 … 1,0
Tiefpass (L, R)	$f_g = \frac{R}{2\pi \cdot L}$	φ über $\frac{f}{f_g}$, 0° … 90°
Tiefpass 2. Ordnung (C_1, L_1, C_2)	$C_1 = C_2 = C$; $f_g = \frac{1}{2\pi\sqrt{L_1 \cdot C}}$	$\frac{U_2}{U_1}$ über $\frac{f}{f_g}$ (0,01; 0,1; 1; 10; 100), 0 … 1,0
Tiefpass 2. Ordnung (L_1, C_1, L_2)	$L_1 = L_2 = L$; $f_g = \frac{1}{2\pi\sqrt{L \cdot C_1}}$	φ über $\frac{f}{f_g}$, 0° … 90°
Hochpass (C, R)	$f_g = \frac{1}{2\pi \cdot R \cdot C}$	$\frac{U_2}{U_1}$ über $\frac{f}{f_g}$ (0,01; 0,1; 1; 10; 100), 0 … 1,0
Hochpass (R, L)	$f_g = \frac{R}{2\pi \cdot L}$	φ über $\frac{f}{f_g}$, 0° … 90°
Hochpass 2. Ordnung (L_1, C_1, L_2)	$L_1 = L_2 = L$; $f_g = \frac{1}{2\pi\sqrt{L \cdot C_1}}$	$\frac{U_2}{U_1}$ über $\frac{f}{f_g}$ (0,01; 0,1; 1; 10; 100), 0 … 1,0
Hochpass 2. Ordnung (C_1, L_1, C_2)	$C_1 = C_2 = C$; $f_g = \frac{1}{2\pi\sqrt{L_1 \cdot C}}$	φ über $\frac{f}{f_g}$, 0° … 90°

Parallelschwingkreis

Konstante Spannung	Konstante Stromstärke
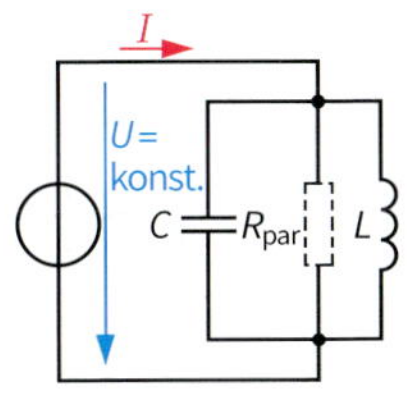 I; $U =$ konst.; C; R_{par}; L	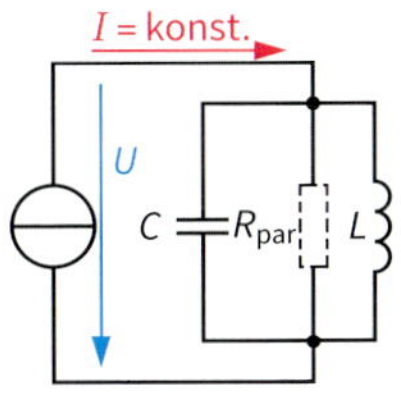 $I =$ konst.; U; C; R_{par}; L
Stromstärke	**Spannung**
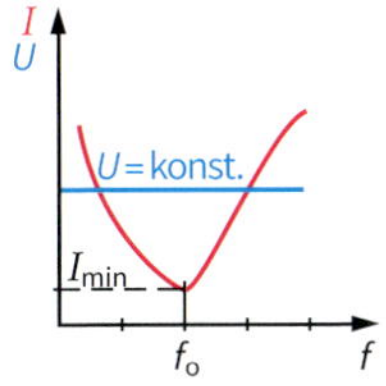 I, U; $U =$ konst.; I_{min}; f_o; f	I, U; U_{max}; $I =$ konst.; f_o; f

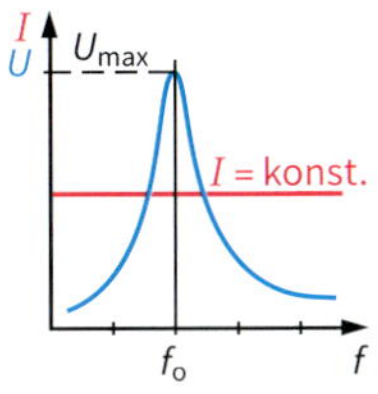

Phasenbeziehung

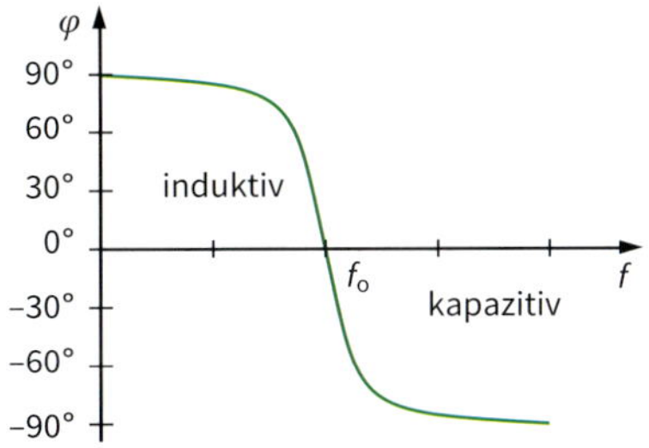

φ: 90°, 60°, 30°, 0°, -30°, -60°, -90°; induktiv; kapazitiv; f_o; f

Impedanz

Z; R_{par}; induktiv; kapazitiv; f_o; f

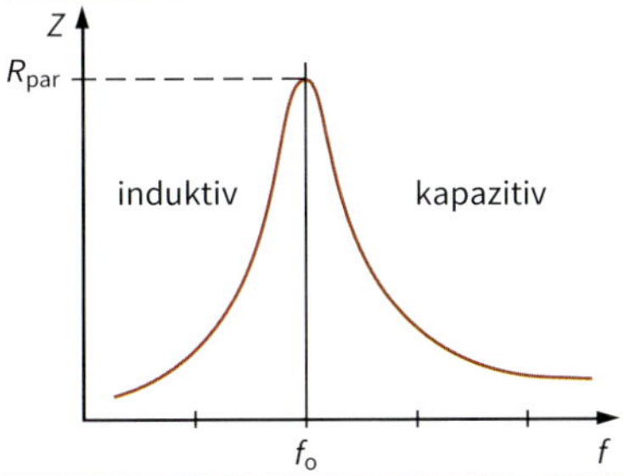

Serienschwingkreis

Konstante Spannung	Konstante Stromstärke
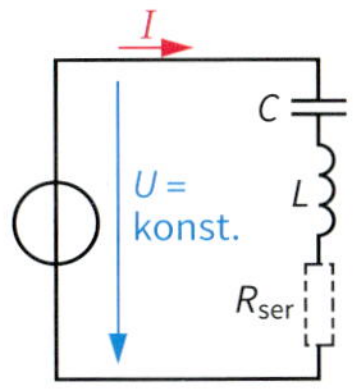 I; $U =$ konst.; C; L; R_{ser}	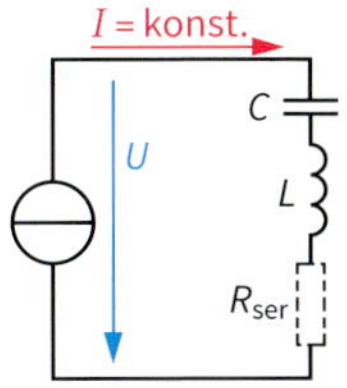 $I =$ konst.; U; C; L; R_{ser}
Stromstärke	**Spannung**
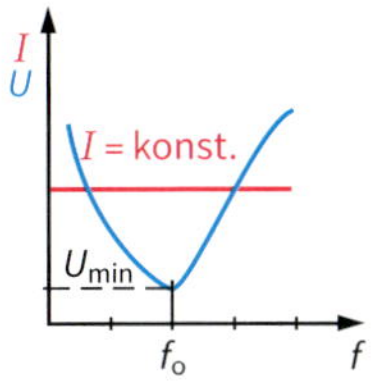 I, U; I_{max}; $U =$ konst.; f_o; f	I, U; $I =$ konst.; U_{min}; f_o; f

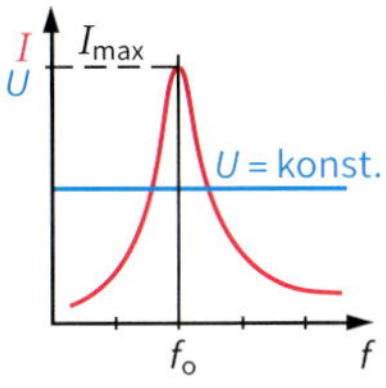

Phasenbeziehung

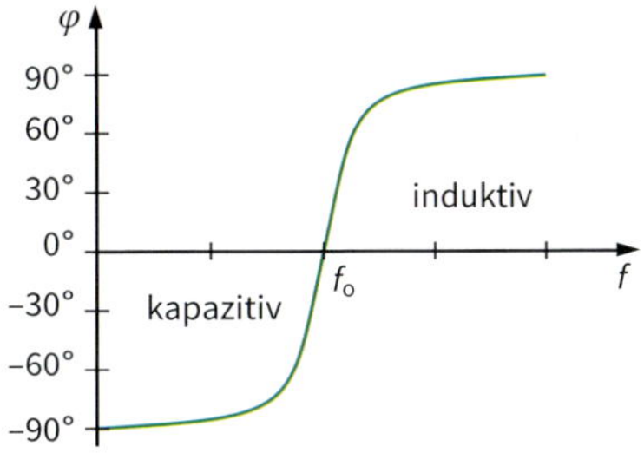

φ: 90°, 60°, 30°, 0°, -30°, -60°, -90°; induktiv; kapazitiv; f_o; f

Impedanz

Z; R_{ser}; kapazitiv; induktiv; f_o; f

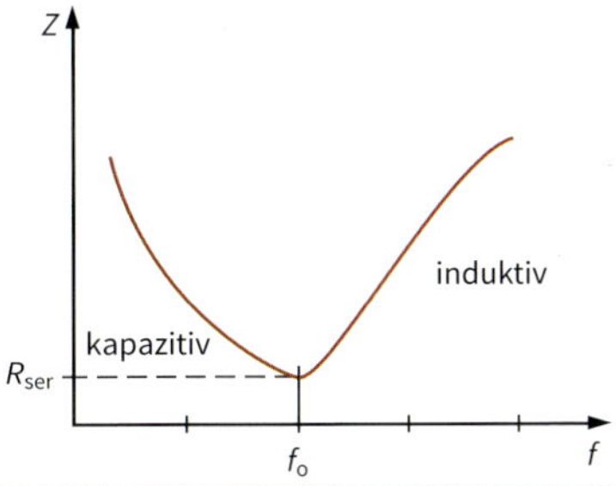

Resonanz

$X_L = X_C$ $\qquad f_o = \dfrac{1}{2\pi\sqrt{L \cdot C}}$ $\qquad f_o$: Resonanzfrequenz $\qquad R_o$: Resonanzwiderstand

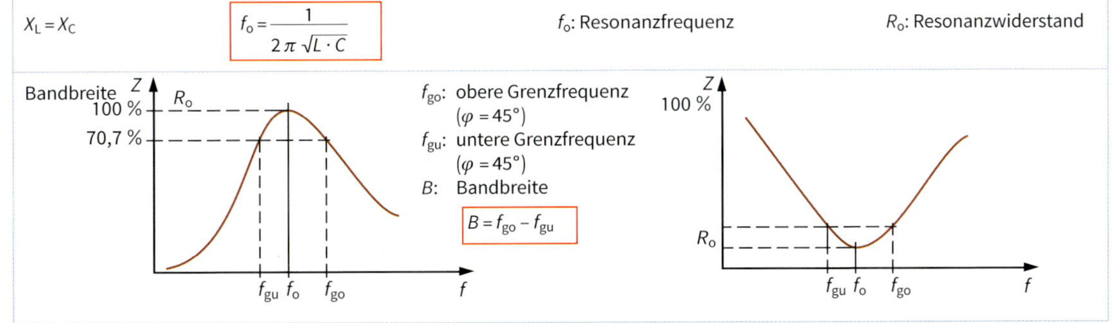

f_{go}: obere Grenzfrequenz ($\varphi = 45°$)
f_{gu}: untere Grenzfrequenz ($\varphi = 45°$)
B: Bandbreite

$B = f_{go} - f_{gu}$

Beispiel Klimatischer Bereich G P E / L T / W N Z

- Untere Grenztemperatur — G
- Obere Grenztemperatur — P
- Feuchtebeanspruchung — E
- **Zuverlässigkeit** Ausfallquotient — L
- Beanspruchungsdauer — T
- **Mechanische Anwendung** mechanische Beanspruchung — W
- Luftdruck — N
- Sonderbeanspruchung (Einzelbestimmung) — Z

1. Buchstabe: Untere Grenztemperatur ϑ_{min} in °C

A – D	frei	**J**	–10
E	–65	**K**	0
F	–55	**L**	+5
G	–40	**Z**	Einzelbestimmung der Hersteller
H	–25		

2. Buchstabe: Obere Grenztemperatur ϑ_{max} in °C

A	400	**N**	90
B	350	**P**	85
C	300	**Q**	80
D	250	**R**	75
E	200	**S**	70
F	180	**T**	65
G	170	**U**	60
H	155	**V**	55
J	140	**W**	50
K	125	**Y**	40
L	110	**Z**	Einzelbestimmung der Hersteller
M	100		

3. Buchstabe: Feuchtebeanspruchung

	Höchstwerte der relativen Luftfeuchtigkeit in %				Bemerkungen
	Jahresmittel [1)]	30 Tage im Jahr[1)]	60 Tage im Jahr[1)]	Übrige Tage[2)]	
A	≤ 100	–	–	–	andauernde Nässe
B	frei				
C	≤ 95	100	–	100	Betauung
R	≤ 90	100	–	95	Betauung
D	≤ 80	100	–	90	Betauung
E	≤ 75	95	–	85	3)
F	≤ 75	95	–	85	keine Betauung
G	≤ 65	–	85	75	keine Betauung
H	≤ 50	–	75	65	keine Betauung
J	≤ 50				keine Betauung
Z	Einzelbestimmung der Hersteller				

1) Über das ganze Jahr verteilt
2) Unter Einhaltung des Jahresmittels
3) Seltene und leichte Betauung

5. Buchstabe: Beanspruchungsdauer in Stunden

Q	300 000	**U**	3000
R	100 000	**V**	1000
S	30 000	**W**	300
T	10 000	**Z**	Einzelbestimmung der Hersteller

6. Buchstabe: Grenzwerte der mechanischen Beanspruchung

	Schwingungsbeanspruchung		Schockbeanspruchung	
	Frequenz in Hz 10 Hz bis…	Beschleunigung in m/s²	Beschleunigung in m/s²	Zeit in ms
Q	2000	500	1000	6
R	2000	200	1000	6
S	2000	100	500	11
T	500	100	300	18
U	55	50	300	18
V	55	50	150	11
W	55	20	150	11
Z	Einzelbestimmung der Hersteller			

7. Buchstabe: Luftdruck

	Untere Druckgrenze in mbar	Entspricht einer Betriebshöhe in m über NN
N	840	1000
R	700	2200
S	600	3500
T	530	4300
U	300	8500
V	85	16 000
W	44	20 000
Y	20	26 000
Z	Einzelbestimmung der Hersteller	

8. Buchstabe: Sonderbeanspruchung Z

Beispiele

- Spritzwasser, Regen, Schnee, Vereisung, Schwall-, Strahl-, Druckwasser
- Trockenheit, Meeres-, Industrieluft, Isolierstoffausdünstung in abgeschlossenen Räumen
- Staub, Sandsturm
- Sonnenstrahlung, andere Strahlung

4. Buchstabe: Ausfallquotient in Ausfällen je 10^9 Bauelementestunden

D	0,1	**J**	30	**P**	10 000	**U**	3 000 000
E	0,3	**K**	100	**Q**	30 000	**V**	10 000 000
F	1	**L**	300	**R**	100 000	**W**	30 000 000
G	3	**M**	1000	**S**	300 000	**Z**	Einzelbestimmung der Hersteller
H	10	**N**	3000	**T**	1 000 000		

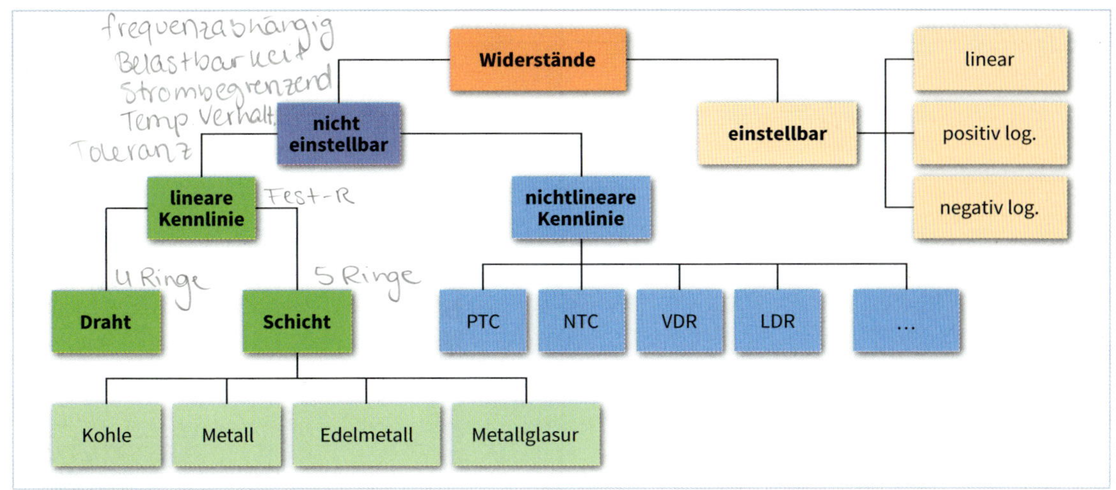

Drahtwiderstände

Anforderungen

- Hoher spezifischer Widerstand
- Große spezifische Wärmekapazität
- Schlechte Wärmeleitfähigkeit
- Gute Korrosionsbeständigkeit
- Gute Zunderbeständigkeit
- Kleiner Ausdehnungskoeffizient
- Kleiner Temperaturkoeffizient (gewünscht bei Messwiderständen)
- Gute mechanische Eigenschaften (z. B. elastisch, stoßfest)
- Gute technologische Eigenschaften (lötbar, warmfest, u. U. schweißbar)

Wertebereich	Toleranz	Werkstoffe	Temperaturbereich	Belastbarkeit bei 70 °C	Temperaturkoeffizient
0,1 Ω bis 300 kΩ	±0,01 % bis ±20 %	Chrom-Nickel Kupfer-Nickel Kupfer-Mangan	–50 °C bis +500 °C	0,25 W bis 100 W	$\pm 1 \cdot 10^{-6}\,K^{-1}$ bis $\pm 200 \cdot 10^{-6}\,K^{-1}$

Lineare Schichtwiderstände

Merkmale	**Kohle**, C	**Metall**, Cr/Ni	**Edelmetall**, Au/Pt
Herstellverfahren	Thermischer Zerfall von Kohlenwasserstoffen	Aufdampfen im Hochvakuum	Reduktion von Edelmetallsalzen durch Einbrennen
Spezifischer Widerstand	$3000 \cdot 10^{-6}\,\Omega \cdot cm$	$\approx 100 \cdot 10^{-6}\,\Omega \cdot cm$	$\approx 40 \cdot 10^{-6}\,\Omega \cdot cm$
Schichtdicke	$10 \ldots 30\,000 \cdot 10^{-9}\,m$	$10 \ldots 100 \cdot 10^{-9}\,m$	$10 \ldots 1000 \cdot 10^{-9}\,m$
Widerstand	$1 \ldots 5000\,\Omega$	$20 \ldots 1000\,\Omega$	$0{,}5 \ldots 100\,\Omega$
Temperaturkoeffizient	$(-200 \ldots -800) \cdot 10^{-6} \cdot K^{-1}$	$\pm 100 \cdot 10^{-6} \cdot K^{-1}$	$(+250 \ldots +350) \cdot 10^{-6} \cdot K^{-1}$
maximale Schichttemperatur	125 °C	175 °C	155 °C
Drift nach 10^4 h Lagerung bzw. bei Belastung auf 125 °C in %	–0,5 ... +1,5	–0,6 ... +1	–0,5
Stromrauschen	klein	sehr klein	sehr klein
Nichtlinearität	klein	sehr klein	sehr klein
Anwendungen	Vermittlungstechnik, Datentechnik, Weitverkehrstechnik, Elektronik	Für extreme klimatische und elektrische Beanspruchungen, Luft- und Raumfahrt, Messgeräte	Kompensation in Transistorschaltungen, Hochlastwiderstände mit Sicherungswirkung

Farbkennzeichnung von Widerständen

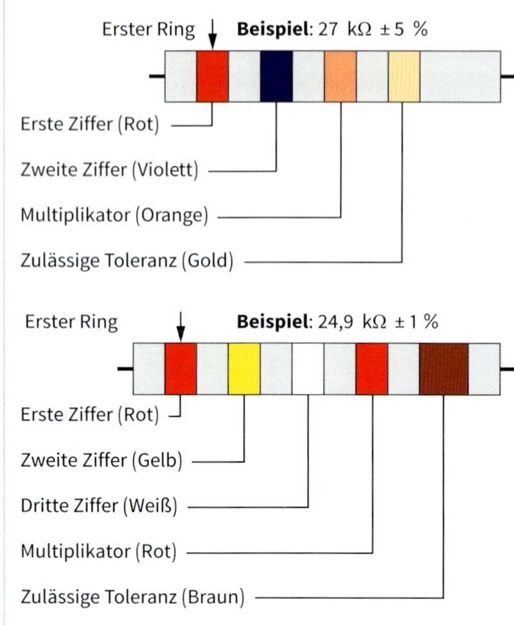

Temperaturkoeffizient:

- sechster und breiter Farbring, evtl. unterbrochen
- Schraubenlinie

Vorzugsreihen für Bemessungswerte bis ±5 % zulässige Abweichung DIN IEC 63: 1985-12

E3 (> ±20 %)	E6 (±20 %)	E12 (±10 %)	E24 (±5 %)
1,0	1,0	1,0	1,0
			1,1
		1,2	1,2
			1,3
2,2	1,5	1,5	1,5
			1,6
		1,8	1,8
			2,0
	2,2	2,2	2,2
			2,4
		2,7	2,7
			3,0
4,7	3,3	3,3	3,3
			3,6
		3,9	3,9
			4,3
	4,7	4,7	4,7
			5,1
		5,6	5,6
			6,2
	6,8	6,8	6,8
			7,5
		8,2	8,2
			9,1

Farbschlüssel

Kennfarbe	Widerstandswert in Ω		Zulässige relative Abweichung des Widerstandswertes	Temperatur-Koeffizient (10^{-6}/K)
	zählende Ziffern	Multiplikator		
silber	–	10^{-2}	±10 %	–
gold	–	10^{-1}	± 5 %	–
schwarz	0	10^{0}	–	± 250
braun	1	10^{1}	± 1 %	± 100
rot	2	10^{2}	± 2 %	± 50
orange	3	10^{3}	–	± 15
gelb	4	10^{4}	–	± 25
grün	5	10^{5}	± 0,5 %	± 20
blau	6	10^{6}	± 0,25 %	± 10
violett	7	10^{7}	± 0,1 %	± 5
grau	8	10^{8}	–	± 1
weiß	9	10^{9}	–	–
keine	–	–	±20 %	–

Wertkennzeichnung durch Buchstaben DIN EN 60062: 1994-10

Kennbuchstabe	Multiplikator		Beispiele
p	Pico	10^{-12}	3μ3 = 3,3 μF
n	Nano	10^{-9}	m33 = 330 μF
μ	Mikro	10^{-6}	33m = 33000 μF
m	Milli	10^{-3}	R33 = 0,33 Ω
R, F		10^{0}	3R3 = 3,3 Ω
K	Kilo	10^{3}	33K = 33 kΩ
M	Mega	10^{6}	330K = 330 kΩ
G	Giga	10^{9}	M33 = 0,33 MΩ
T	Tera	10^{12}	3M3 = 3,3 MΩ

Buchstabenkennzeichnung der zulässigen Abweichungen

Symmetrische Abweichung in %	
zulässige Abweichung	Kennzeichen
± 0,1	B
± 0,25	C
± 0,5	D
± 1	F
± 2	G
± 5	J
±10	K
±20	M
±30	N
Unsymmetrische Abweichung in %	
+30 … −10	Q
+50 … −10	T
+50 … −20	S
+80 … −20	Z
Symmetrische Abweichung in absoluten Werten (Kapazitätswerte unter 10 pF)	
± 0,1	B
± 0,25	C
± 0,5	D
± 1	F

Kondensatoren

Beispiele: 27 nF, 10 % Toleranz, 400 V

1. Ring
2. Ring
3. Ring
4. Ring

Verschiedene Bauformen

Farbe	Ring					
	1.	2.	3.	4.		5.
	Ziffer		Multiplikator	Toleranz		Betriebsspannung in V
	1.	2.		C < 10pF	C > 10pF	
schwarz	0	0	x1pF		20 %	
braun	1	1	x10pF	0,1pF	1 %	100
rot	2	2	x100pF	0,25pF	2 %	200
orange	3	3	x1nF			300
gelb	4	4	x10nF			400
grün	5	5	x100nF	0,5 %	5 %	
blau	6	6				600
violett	7	7				700
grau	8	8	x0,01pF			800
weiß	9	9	x0,1pF	1pF	10 %	
gold						1000
silber						2000
keine				20 %		500

Tantalkondensatoren

Beispiele: 5,6 µF; 6,3 V

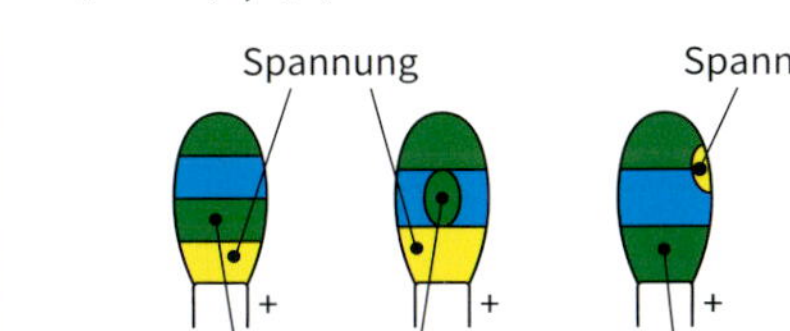

Farbe	Ring			
	1	2	3	4
	Ziffer		Multiplikator	Betriebsspannung in V
	1.	2.		
schwarz	0	0	x 1	10
braun	1	1	x 10	1,5
rot	2	2	x 100	(rosa) 35
orange	3	3		(rosa) 35
gelb	4	4		6,3
grün	5	5		16
blau	6	6		20
violett	7	7	x 0,001	
grau	8	8	x 0,01	5
weiß	9	9	x 0,1	3

Induktivitäten

Farbe	Ring			
	1	2	3	4
	Ziffer		Multiplikator	Toleranz
	1.	2.		
schwarz		0	1 µH	
braun	1	1	10 µH	
rot	2	2	100 µH	
orange	3	3		
gelb	4	4		
grün	5	5		
blau	6	6		
violett	7	7		
grau	8	8		
weiß	9	9		
gold			0,1 µH	5 %
silber			0,01 µH	10 %
keine				20 %

Dioden

Pro Electron

Farbe	Ring			
	1. breit Katode	2.	3.	4.
	Buchstabe		Ziffer	
	1. und 2.	3.	1.	2.
schwarz		X	0	0
braun	AA		1	1
rot	BA		2	2
orange		S	3	3
gelb		T	4	4
grün		V	5	5
blau		W	6	6
violett			7	7
grau		Y	8	8
weiß		Z	9	9

Beispiele (Pro Electron): BAX 35

JEDEC (Joint Electronic Devices Engineering Council)

Farbe	Ring			
	1. breit Katode	2.	3.	4.
	Ziffer			
	1.	2.	3.	4.
schwarz	0	0	0	0
braun	1	1	1	1
rot	2	2	2	2
orange	3	3	3	3
gelb	4	4	4	4
grün	5	5	5	5
blau	6	6	6	6
violett	7	7	7	7
grau	8	8	8	8
weiß	9	9	9	9

Unterscheidungen und Begriffe

Betätigung durch

- Schieben ④
- Drehen ①②③
  - eingängig ①
  - mehrgängig ② (Wendelpotenziometer)

Widerstandsmaterial aus

- Draht ②④
- Schicht ①
  - Kohle ①
  - Cermet[1] ③
  - Leitplastik

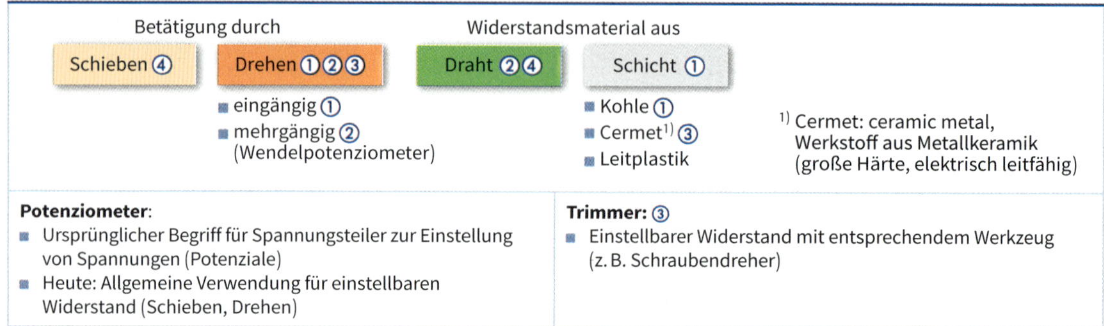

[1] Cermet: ceramic metal, Werkstoff aus Metallkeramik (große Härte, elektrisch leitfähig)

Potenziometer:

- Ursprünglicher Begriff für Spannungsteiler zur Einstellung von Spannungen (Potenziale)
- Heute: Allgemeine Verwendung für einstellbaren Widerstand (Schieben, Drehen)

Trimmer: ③

- Einstellbarer Widerstand mit entsprechendem Werkzeug (z. B. Schraubendreher)

Ausführungen

①

②

③

④

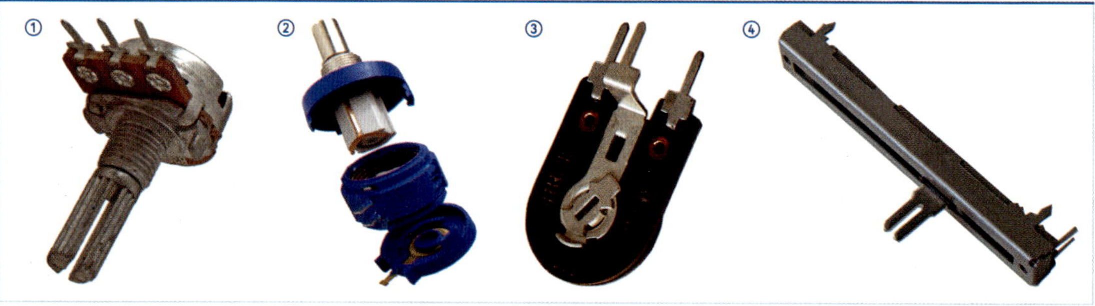

Kennlinien

linear

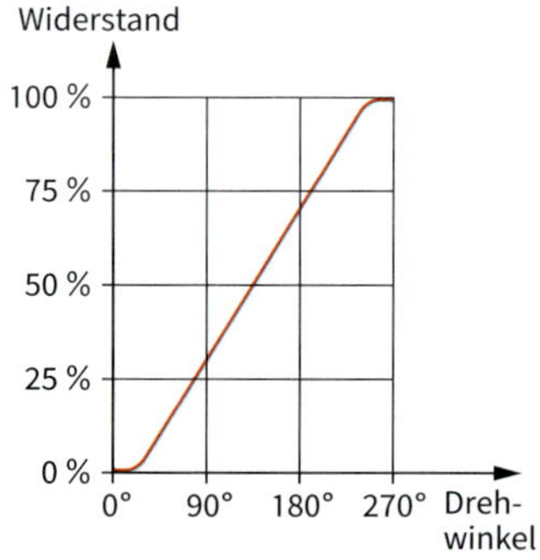

Widerstand
100 %
75 %
50 %
25 %
0 %
0°
90°
180°
270°
Dreh-winkel

linear mit Drehschalter

Widerstand
100 %
75 %
50 %
25 %
0 %
0°
90°
180°
270°
Dreh-winkel

linear mit Drehschalter

Widerstand
erweiterter Drehwinkel
100 %
75 %
50 %
25 %
50°
0°
90°
180°
270°
Dreh-winkel

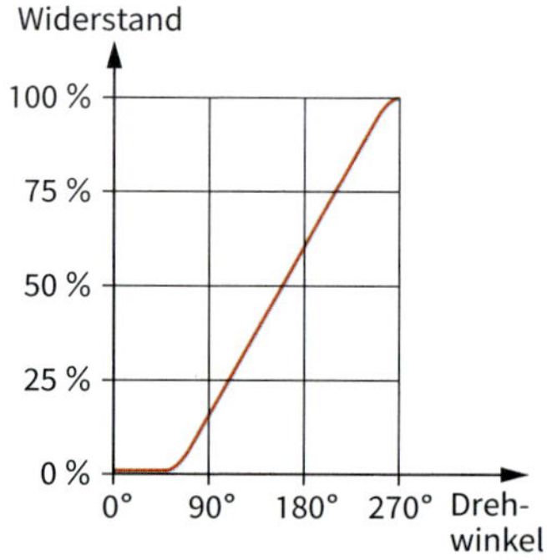

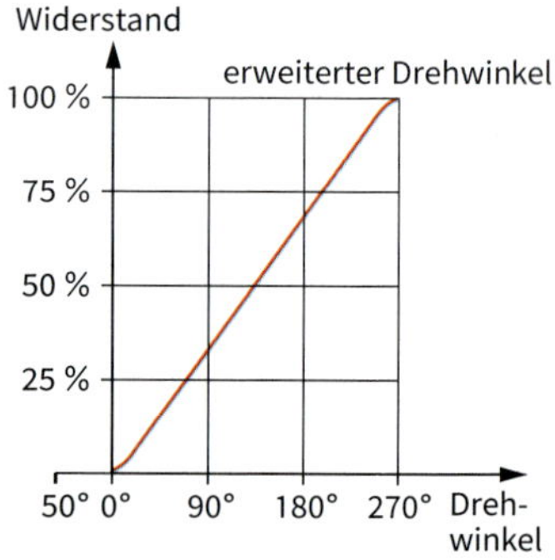

negativ logarithmisch

Widerstand
100 %
75 %
50 %
25 %
0 %
0°
90°
180°
270°
Dreh-winkel

positiv logarithmisch

Widerstand
100 %
75 %
50 %
25 %
0 %
0°
90°
180°
270°
Dreh-winkel

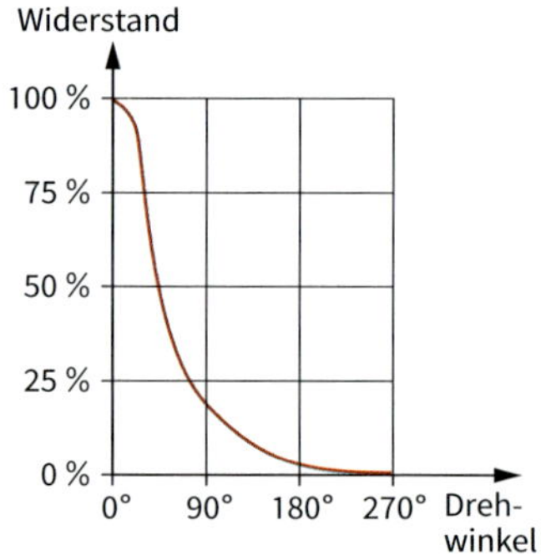

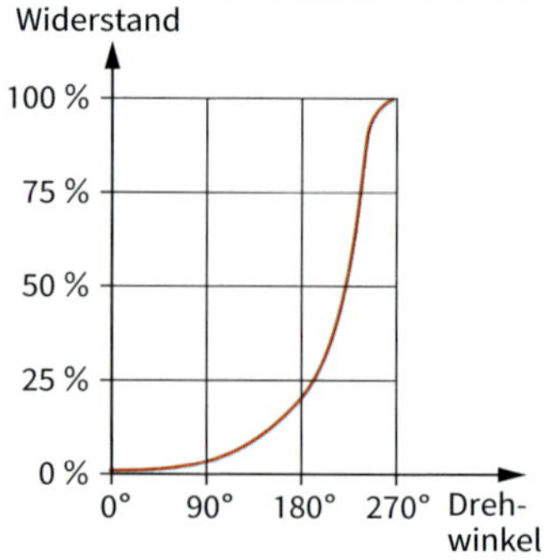

linear positiv logarithmisch

Widerstand
mit Abgriff
100 %
75 %
50 %
Abgriff
25 %
0 %
0°
90°
180°
270°
Dreh-winkel

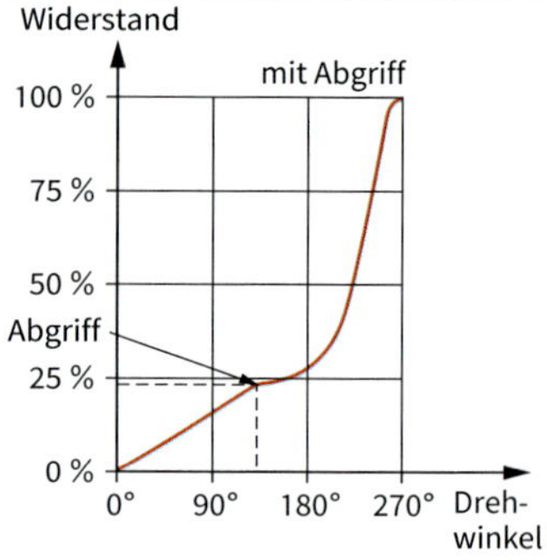

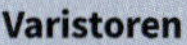

Heißleiter NTC-Widerstand (**N**egative **T**emperature **C**oefficient)	**Kaltleiter** PTC-Widerstand (**P**ositive **T**emperature **C**oefficient)	**Varistoren** VDR-Widerstand (**V**oltage **D**ependent **R**esistor)
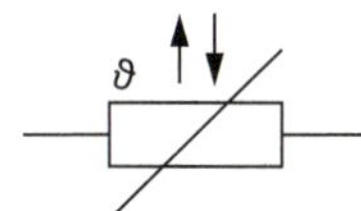	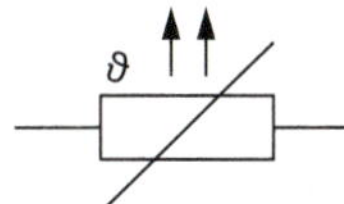	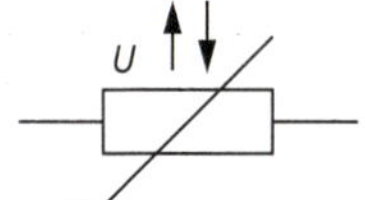
Heißleiter sind temperaturabhängige Halbleiterwiderstände, deren Widerstandswerte sich mit steigender Temperatur verringern. Material: polykristalline Mischoxidkeramik	Kaltleiter sind temperaturabhängige Widerstände, deren Widerstandswerte bei ansteigender Temperatur annähernd sprungförmig ansteigen, sobald eine bestimmte Temperatur überschritten wird. Material: ferroelektrische Keramik, z. B. TiO_3	Varistoren sind Widerstände, deren Widerstandswerte sich bei ansteigender Spannung verringern. Material: Siliciumkarbid, $\alpha < 5$, Zinkoxid, $\alpha < 30$
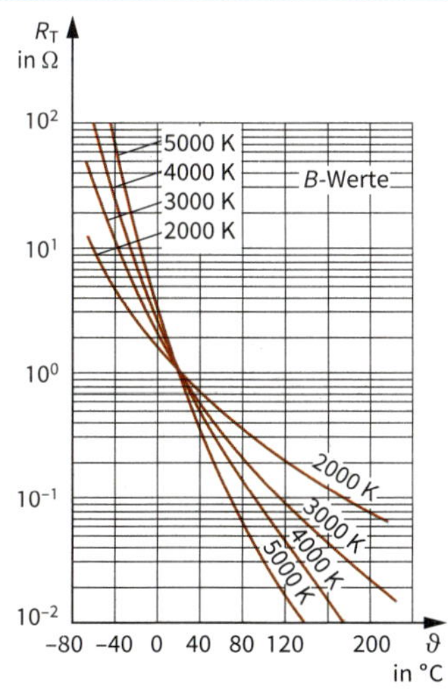	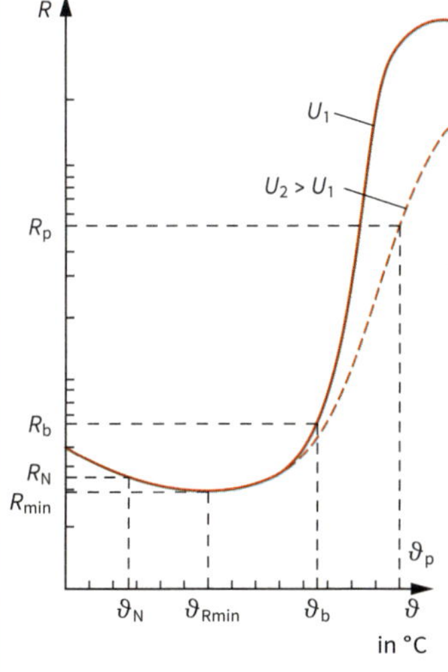	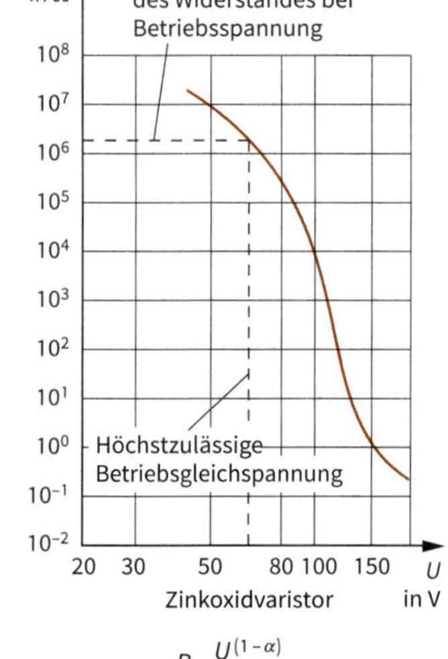
Temperatur-Koeffizient α_R $\alpha_R = \frac{-B \cdot 100}{T_2}$ $[\alpha_R] = \%$ $[T] = K$ T: Temperatur in Kelvin ***B*-Wert** B: *B*-Wert als Maß für die Temperaturabhängigkeit des Heißleiters in K (Kelvin), Materialkonstante $B = \frac{T_1 \cdot T_2}{T_2 - T_1} \ln \frac{R_1}{R_2}$ R_1: Widerstandswert in Ω bei T_1 in K (Kelvin) R_2: Widerstand in Ω bei T_2 in K (Kelvin)	R_N: Bemessungswiderstandswert bei $\vartheta_N = 25$ °C R_{min}: Kleinster Widerstandswert R_p: Widerstandswert bei der höchstzulässigen Spannung α_R: Temperaturkoeffizient β: Spannungsabhängigkeit (der Widerstandswert des Kaltleiters ist spannungsabhängig) **Beispiele:** $R_{min} = 50\ \Omega$ $\vartheta_{Rmin} = 20$ °C $R_b = 100\ \Omega$ $\vartheta_b = 60$ °C $R_p \geq 50$ kΩ $\vartheta_p = 110$ °C $U_{max} = 30$ V $\alpha_R = 20$ %/K	$R = \frac{U^{(1-\alpha)}}{K}$ K: Elementarkonstante in Ampere, von der Geometrie abhängig α: Nichtlinearitätsexponent **Kennwerte** **Beispiele:** $\alpha > 30$ bei ZnO (Zinkoxidvaristoren) Betriebstemperatur: −40 °C … +85 °C Betriebsspannung: 14 … 1500 V Ansprechzeit: < 50 ns Stoßstrom: bis 4000 A Dauerbelastbarkeit: 0,8 W

Heißleiter

Heißleiter in Scheibenform

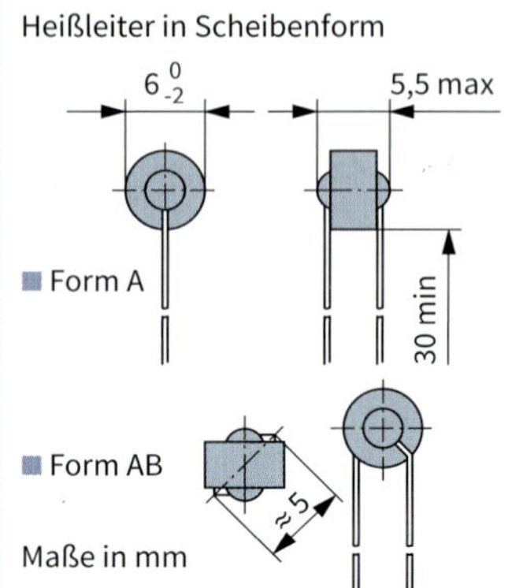

Betriebs-bedingungen	Klimatische Anwendungsklasse		
	FKF	HKF	HHH
untere Grenz-temperatur	-55 °C	-25 °C	-25 °C
obere Grenz-temperatur	125 °C	125 °C	155 °C

Bemessungswiderstandswert
10 Ω bis 100 kΩ
R_N bei 25 °C (R_{25})

zulässige Abweichung vom Bemessungswiderstand ±10 %; ±20 %

Belastbarkeit P_{max} bei 25 °C: 0,6 W

Kaltleiter

- ohne Umhüllung, metallisierte Stirnseiten

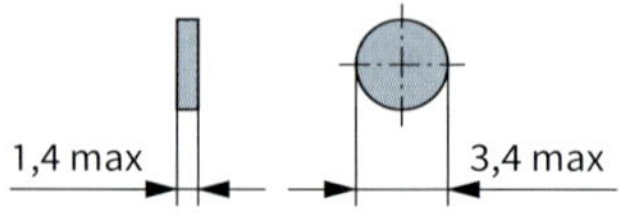

- ohne Umhüllung, radiale Anschlussdrähte

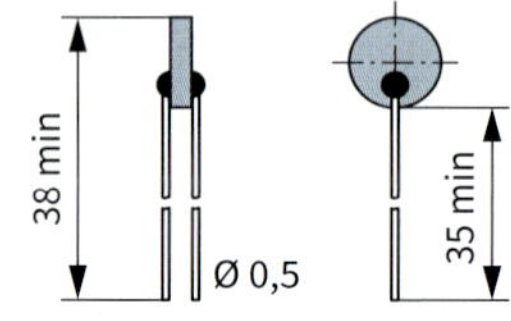

- mit Kunststoffumhüllung

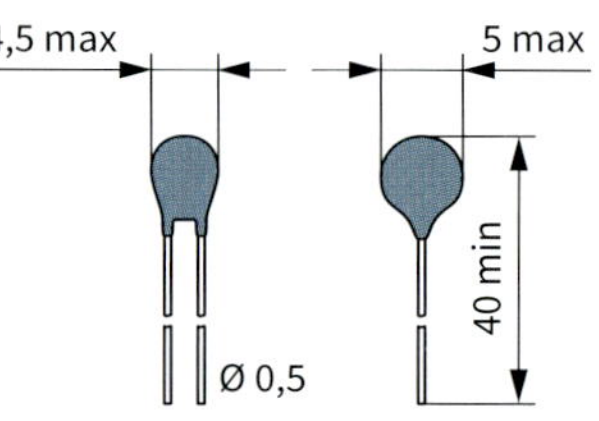

Bezugstemperatur:
-30 °C ... +180 °C
Endtemperatur:
+40 °C ... +220 °C

Maße in mm

Varistoren

Scheibenform

Blockform

Anwendungen

Arbeitspunkt-stabilisierung

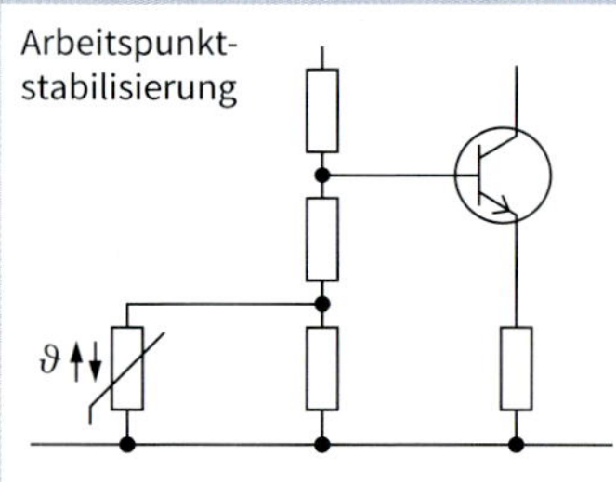

Temperaturmessung

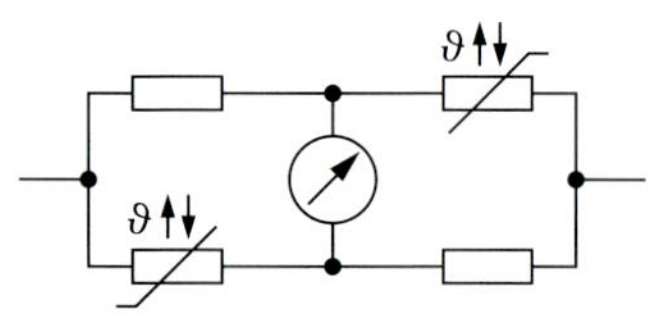

Anzugs-verzögerung

Abfallverzögerung

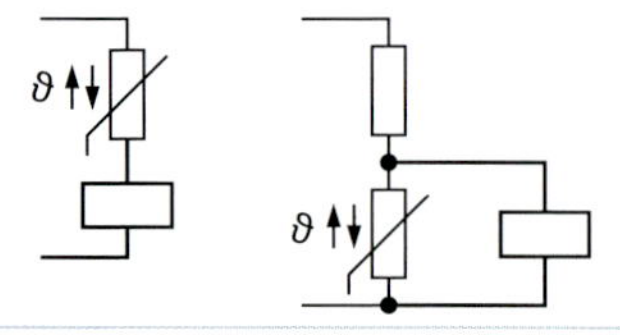

Flüssigkeitsniveaufühler

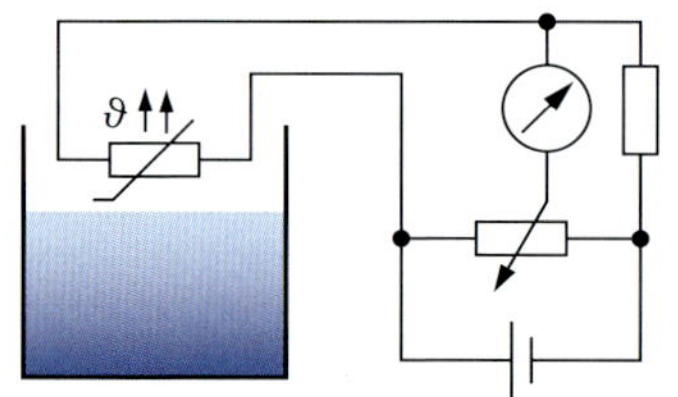

Temperaturregelung für eine Heizung

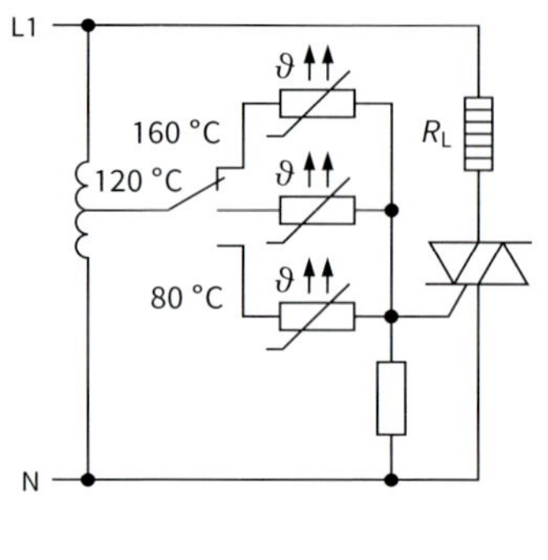

Überspannungsschutz von Halbleiterschaltungen

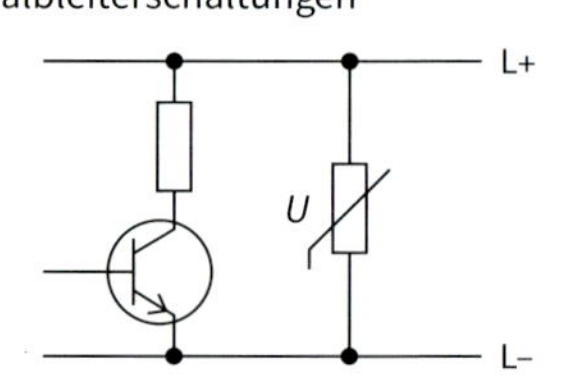

Spannungsstabilisierung

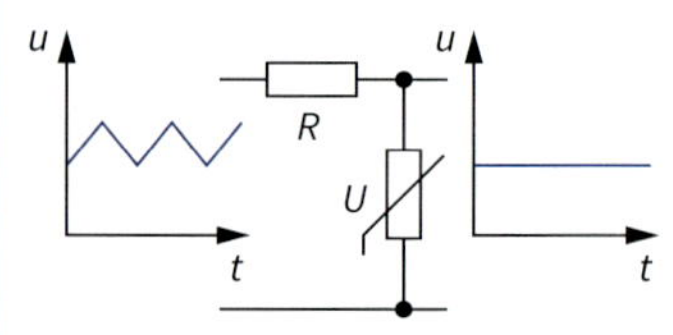

Absorption von Schaltenergie (Überspannungsableiter)

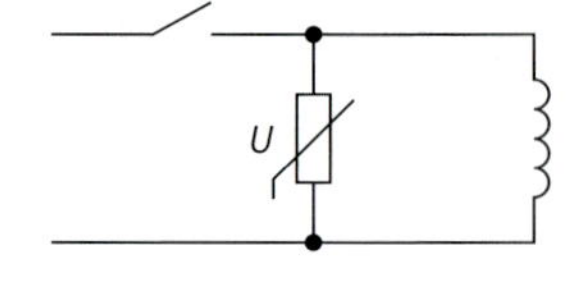

Übersicht

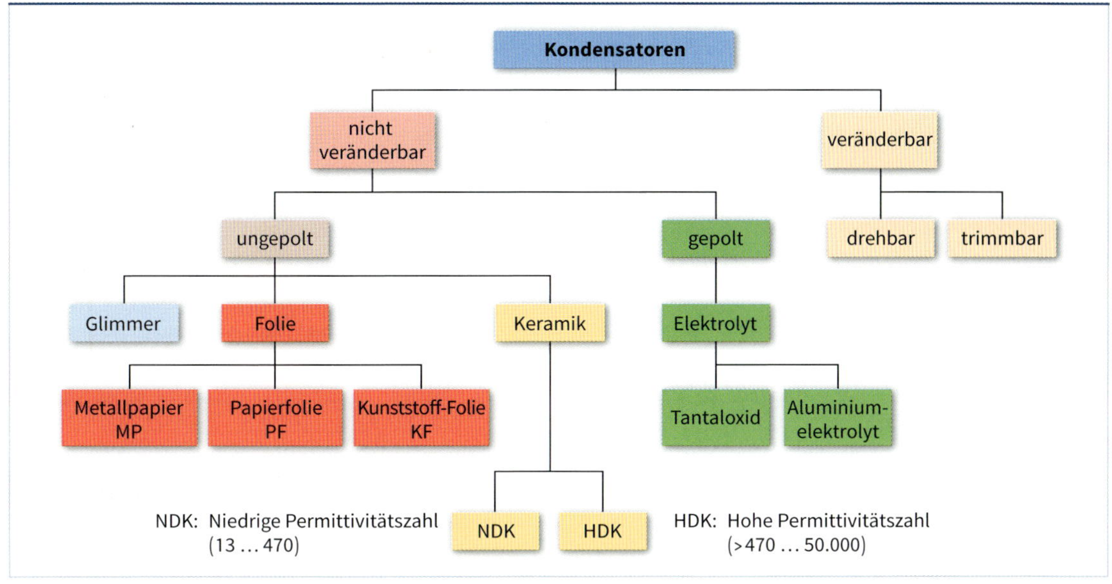

Kennzeichnung der Anschlüsse für Kondensatoren bis 1000 V
Designation of Capacitors up to 1000 V

Kondensator	Bauform, Gehäuse, Anschlüsse	Kennzeichnung
Papier-, Metallpapier-, Kunststoff-, Folienkondensatoren (KS-Kondensatoren)	Gehäuse: Zylinder- oder quaderförmig Anschlüsse: Axiale Draht- oder Lötfahnen	Außenbelag durch Strich (Umfang) Farbring zur Kennzeichnung der Bemessungsspannung: Blau: 25 V, Gelb: 63 V, Rot: 160 V, Grün: 250 V, Violett: 400 V, Schwarz: 630 V, Braun: 1000 V
	Gehäuse: Zylinder- oder quaderförmig Anschlüsse: Einseitige Draht- oder Lötfahnen	Außenbelag durch Strich (Umfang)
	Gehäuse: Zylinder- oder quaderförmig	Außenbelag:
Glimmerkondensator	alle Bauformen vorhanden	
Keramik-Kondensatoren	Rohrkondensatoren, Scheibenkondensatoren mit axialen oder radialen Anschlüssen	Der Innenbelag wird durch ein Farbzeichen gekennzeichnet (Temperaturkoeffizient), Typ I A: weißer Punkt für den Außenbelag
Aluminium-Elektrolytkondensatoren	Gehäuse: Zylinder- oder quaderförmig mit einseitigen Anschlüssen	Pluspol: +
	Gehäuse: Zylindrisch mit axialen Anschlüssen	Pluspol: + Minuspol: Strich auf dem Umfang
	Verschiedene Bauformen und Anschlüsse (Schraubenanschluss, Lötfahnen usw.)	Minuspol: – Pluspol: +; Kennzahl 1 oder rote Farbe

Kennzeichnung nach Stromart		ungepolte Kondensatoren	gepolte Kondensatoren
Gleichstrom	Stranganfang und Strangende	A-B, C-D, ...	+ und – bzw. A-B, C-D, ...
	Sternende	A, B, C, ...	A, B, C, ...
	Mittelpunkt	MP	MP
Einphasenstrom		U-V	
Zweiphasenstrom	verkettet	U, XY, V	
	unverkettet	U-X, V-Y	
Drehstrom	verkettet	U, V, W	
	unverkettet	U-X, V-Y, W-Z	
	Mittel- bzw. Sternpunkt	MP	

Kondensatorart	Temperaturbereich in °C [1]	Verlustfaktor $\tan\delta$ in 10^{-3}	Bevorzugte Anwendung
Papierkondensatoren			
Papierkondensator	−55 … +125	50 Hz: 2 … 2,7	Glättungs- und Hochspannungskondensator, Stoß- und Stützkondensatoren, besonders für 50 Hz, bis 10 kHz möglich
Metallpapier-Gleichspannungskondensatoren			
MP	−55 … +85	50 Hz: 7 … 8 1 kHz: 12	Nachrichtentechnik: Koppel-, Glättungs-, Hochspannungs-, Stoß- und Stützkondensatoren
Metallisierte Kunststoffkondensatoren			
MKU	−55 … +70/+85	1 kHz: 12 … 15	Für Gleichspannung, aber auch für reduzierte Wechselspannung, Miniaturtechnik, Hochtemperatur, Glättung, Kopplung, Ablenkstufen von CRT-Fernsehgeräten, besonders verlustarmer Kondensator, viele Bauformen (auch in Schichtausführung mit Rastermaß)
MKT	−55/−40 … +100	1 kHz: 5 … 7	
MKC	−55/−40 … +85/+100	1 kHz: 1 … 3	
MKP	−40 … +85	1 kHz: 0,25	
Verlustarme Kondensatoren			
KS	−55/−10 … +70	1 MHz: 0,4 … 1	Schwingkreiskondensatoren in frequenzbestimmenden Kreisen, Filter, hochisolierte Kopplung und Entkopplung, Miniaturtechnik, Hochtemperatur (Glimmer- und Glaskondensatoren), Blockkondensatoren, Messkondensatoren, Glas: sehr hohe Konstanz und Strahlungsfestigkeit
MKS	−55 … +70	1 kHz: 0,5 … 1	
KP	−55/−25 … +85	1 MHz: 0,3 … 1	
MK	−55 … +85	1 kHz: ca. 1	
Keramik-Kondensatoren			
NDK-Kondensator (ε_r = 13 … 470)	−55/− 25 … +85/+125	1 MHz: 0,4 … 1	In frequenzstabilisierten Schwingkreisen zur Temperaturkompensation, Filter-, Hochspannungs-, Impuls-Kondensatoren
HDK-Kondensator (ε_r = 700 … 50 000)	−55/+10 … +70/+125	1 kHz: 10 … 20	Kopplung, Siebung, Hochspannungs-, Impulskondensator
Elektrolyt-Kondensatoren			
Aluminium-Elektrolytkondensator	−55/−25 … +70/+125	50 Hz: 80 … 300 (bis 1000 µF)	Sieb-, Koppel-, Glättungs-, Block-, Motorkondensator, Energiespeicher
Tantal-Elektrolytkondensator	−55 … +85 (+125)	120 Hz: ≤ 40 … 350	Nachrichtentechnik, Mess- und Regelungstechnik, Chip-Kondensator für Hybridschaltung, Glättung und Kopplung

[1] je nach Anwendungsklasse ergeben sich unterschiedliche Temperaturbereiche

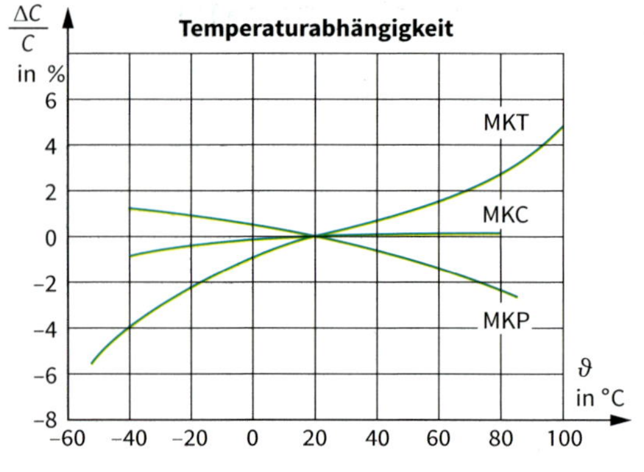

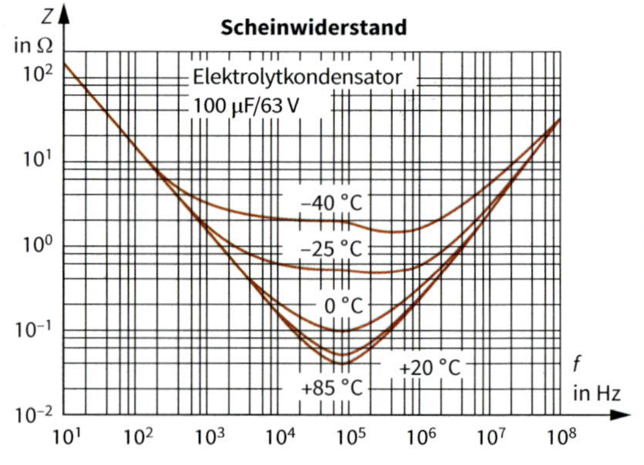

Relative Permittivität einzelner Stoffe
(auch Permittivitätszahl oder Dielektrizitätskonstante)

$$\varepsilon_r = \frac{\varepsilon}{\varepsilon_0}$$

Die Werte in der Tabelle beziehen sich auf 20 °C und 50 Hz.

Stoff	ε_r	Stoff	ε_r
Aluminiumoxid	9	Polyethylen	2,4
Glas	6 … 8	Porzellan	2 … 6
Glimmer	6 … 8	Tantalpentoxid	27
Kautschuk	2 … 3	Vakuum (Luft)	1
Papier	1 … 4	Wasser	80,1

Bemessungsspannungen und Toleranzen von Kondensatoren
Rated Voltages and Tolerances of Capacitors

Bemessungsgleichspannungen für Kondensatoren bis 1000 V

Kondensator	Papierkondensator	MP-Kondensator	Kunststoff-Folienkondensator	Glimmerkondensator	Keramik-Kondensator	Aluminium-Elektrolytkondensator	Tantal-Elektrolytkondensator
Bemessungsspannung in V	40, 63, 100, 160, 250, 400, 630, 1000	63, 100, 160, 250, 400, 630, 1000	63, 100, 160, 250, 400, 630, 1000	250, 1000	40, 63, 100, 160, 250, 630, 1000	10, 25, 100, 250, 1000	6,3; 10, 16, 25
Zulässige Abweichung in %	±5; ±10; ±20;	±10; ±20	±0,3; ±0,5; ±1; ±2; ±2,5; ±5; ±10; ±20;	ab 10 pF ±0,1; ±0,5; ±1; ±2; ±5; ±10; ±20	ab 10 pF ±1; ±2; ±5; ±10; ±20; +50…–20; +80…–20; +100…–20	+20…–0; +30…–10; +30…–20; +5…–0; +50…–10; +5…–20; +80…–10; +100…–10; +100…–20	±5; ±10; ±20; +50…–10; +50…–20

Werte der R 5-Reihe: 6,3; 10; 16; 25; 40; 63; 100; 160; 250; 400; 630; 1000

Zulässige Abweichungen in %							
B: ±0,1	**C:** ±0,3	**D:** ±0,5	**F:** ±1	**G:** ±2	**H:** ±2,5	**J:** ±5	**K:** ±10
M: ±20	**W:** +20…–0	**Q:** +30…–10	**R:** +30…–20	**Y:** +50…–0	**T:** +50…–10	**S:** +50…–20	**U:** +80…–0
Z: +80…–20	**V:** +100…–10	**ohne:** +100…–20					

Kurzform der Benennung von Kunststoff-Folienkondensatoren

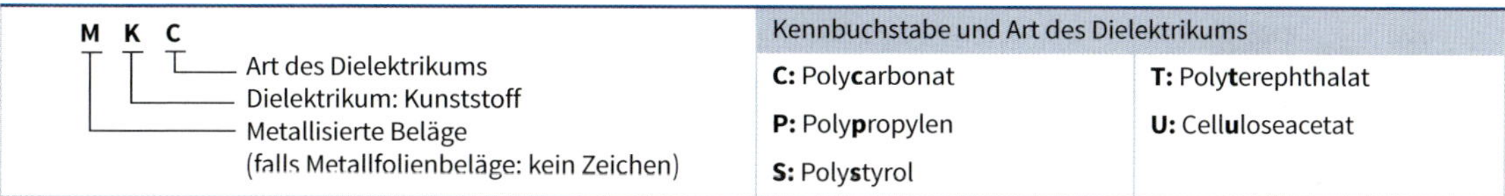

Kennbuchstabe und Art des Dielektrikums	
C: Poly**c**arbonat	**T:** Poly**t**erephthalat
P: Poly**p**ropylen	**U:** Cell**u**loseacetat
S: Poly**s**tyrol	

Kondensatoren zum Betrieb von Entladungslampen
Capacitors for Operation of Discharge Lamps

Beispielhafter Aufbau

B: Papierkondensator, rund
C: MP-Kondensator, rund

Maße in mm

l_1: 102 mm … 210 mm
d_1: 30 … 50 mm
d_2: M8- oder M12-Gewinde
l_2: 8 mm

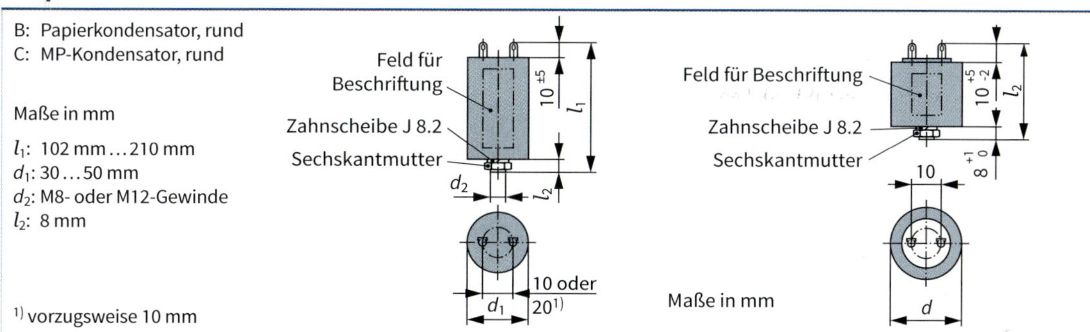

[1] vorzugsweise 10 mm

Blindleistungen von Kondensatoren zur Kompensation

Berechnung	$\cos\varphi_1$	$\cos\varphi_2 = 0{,}7$	$\cos\varphi_2 = 0{,}8$	$\cos\varphi_2 = 0{,}9$	$\cos\varphi_2 = 0{,}96$	$\cos\varphi_2 = 1{,}0$
$Q_C = P \cdot (\tan\varphi_1 - \tan\varphi_2)$	0,3	2,16	2,43	2,70	2,89	3,18
Q_C: Kapazitive Bindleistung in var	0,4	1,27	1,54	1,81	2,00	2,29
P: Wirkleistung in W	0,5	0,71	0,98	1,25	1,44	1,73
φ_1: Phasenverschiebungswinkel vor der Kompensation	0,6	0,31	0,58	0,85	1,04	1,33
φ_2: Phasenverschiebungswinkel nach der Kompensation	0,7		0,27	0,54	0,73	1,02
	0,8			0,27	0,46	0,75

Kennzeichnungen

Beispiel: B C X 70

- B — Ausgangsmaterial
- C — Hauptfunktion
- X — Hinweis auf kommerziellen Einsatz (X, Y, Z)
- 70 — Registriernummer (2 oder 3 Ziffern)

1. Kennbuchstabe	Ausgangsmaterial	2. Kennbuchstabe	Bedeutung	2. Kennbuchstabe	Bedeutung
A	Germanium	A	Diode, allgemein	N	Optokoppler
B	Silizium	B	Kapazitätsdiode	P	z. B. Fotodiode, Fotoelement
C	z. B. Gallium-Arsenid (Energieabstand ≥ 1,3 eV)	C	NF-Transistor	Q	z. B. Leuchtdiode
D	z. B. Indium-Antimonid (Energieabstand ≥ 0,6 eV)	D	NF-Leistungstransistor	R	Thyristor
R	Fotohalbleiter- und Hallgeneratoren-Ausgangsmaterial	E	Tunneldiode	S	Schalttransistor
		F	HF-Transistor	T	z. B. steuerbare Gleichrichter
		G	z. B. Oszillatordiode	U	Leistungsschalttransistor
		H	Hall-Feldsonde	X	Vervielfacher-Diode
		K (M)	Hallgenerator	Y	Leistungsdiode
		L	HF-Leistungstransistor	Z	Z-Diode

1) 1 eV = $1{,}6 \cdot 10^{-19}$ J

Dioden

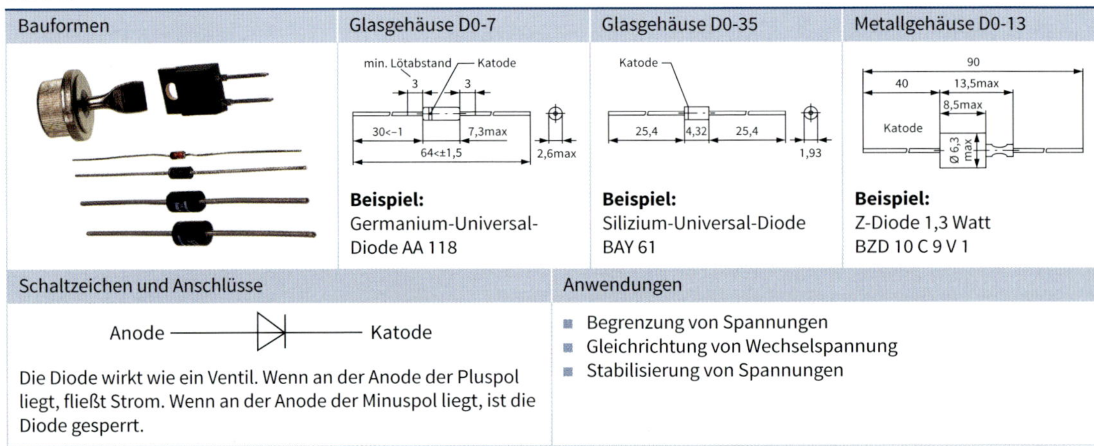

Bauformen	Glasgehäuse D0-7	Glasgehäuse D0-35	Metallgehäuse D0-13
	Beispiel: Germanium-Universal-Diode AA 118	**Beispiel:** Silizium-Universal-Diode BAY 61	**Beispiel:** Z-Diode 1,3 Watt BZD 10 C 9 V 1

Schaltzeichen und Anschlüsse

Anode — Katode

Die Diode wirkt wie ein Ventil. Wenn an der Anode der Pluspol liegt, fließt Strom. Wenn an der Anode der Minuspol liegt, ist die Diode gesperrt.

Anwendungen

- Begrenzung von Spannungen
- Gleichrichtung von Wechselspannung
- Stabilisierung von Spannungen

Transistoren

elektrischer Schalter (Wippe)

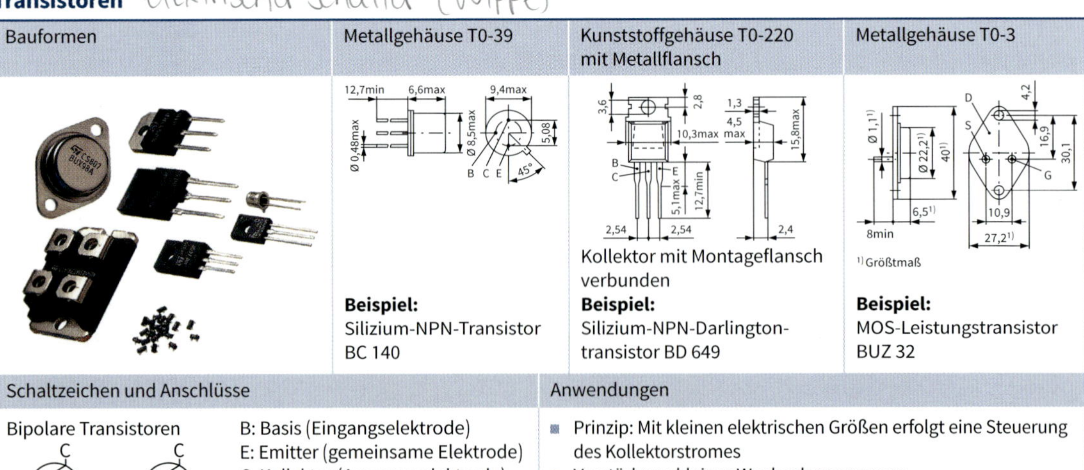

Bauformen	Metallgehäuse T0-39	Kunststoffgehäuse T0-220 mit Metallflansch	Metallgehäuse T0-3
	Beispiel: Silizium-NPN-Transistor BC 140	Kollektor mit Montageflansch verbunden **Beispiel:** Silizium-NPN-Darlington-transistor BD 649	1) Größtmaß **Beispiel:** MOS-Leistungstransistor BUZ 32

Schaltzeichen und Anschlüsse

Bipolare Transistoren

PNP (B, C, E) — NPN (B, C, E)

B: Basis (Eingangselektrode)
E: Emitter (gemeinsame Elektrode)
C: Kollektor (Ausgangselektrode)

Anwendungen

- Prinzip: Mit kleinen elektrischen Größen erfolgt eine Steuerung des Kollektorstromes
- Verstärkung kleiner Wechselspannungen
- Schalten von Spannungen und Stromstärken (elektronischer Schalter)

Aufbau

Begriffe

Dotierung:
- Sehr reinen Halbleitermaterialien (z. B. Silizium, Germanium) werden Fremdatome zugeführt (Dotierung).

N-Dotierung:
- Fremdatom mit mehr freien Elektronen als der Halbleiter (z. B. Arsen, As)

P-Dotierung:
- Fremdatom mit weniger freien Elektronen als der Halbleiter (z. B. Aluminium, Al)

N-Dotierung

Si
As

Freie Elektronen können wandern und machen den Kristall leitfähig.

P-Dotierung

Si
Al

Elektronen wandern zwischen freien Plätzen (Löchern) und machen den Kristall leitfähig.

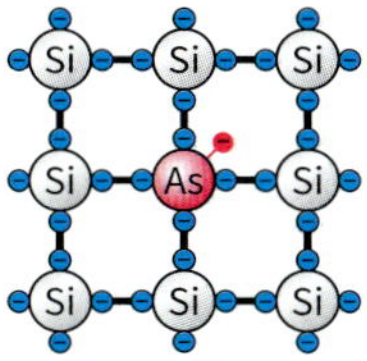

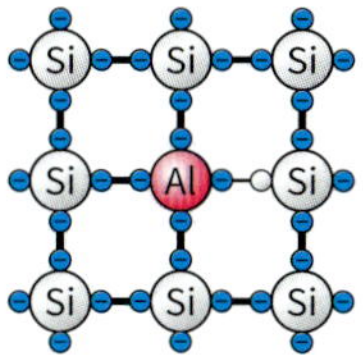

PN-Übergang

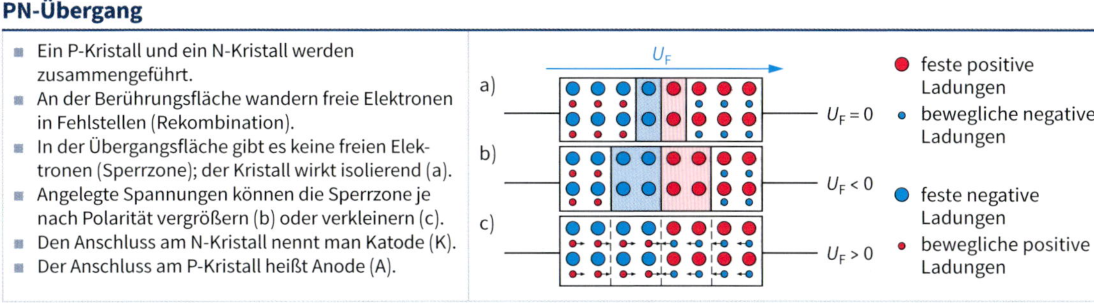

- Ein P-Kristall und ein N-Kristall werden zusammengeführt.
- An der Berührungsfläche wandern freie Elektronen in Fehlstellen (Rekombination).
- In der Übergangsfläche gibt es keine freien Elektronen (Sperrzone); der Kristall wirkt isolierend (a).
- Angelegte Spannungen können die Sperrzone je nach Polarität vergrößern (b) oder verkleinern (c).
- Den Anschluss am N-Kristall nennt man Katode (K).
- Der Anschluss am P-Kristall heißt Anode (A).

U_F
a)
b)
c)
$U_F = 0$
$U_F < 0$
$U_F > 0$
feste positive Ladungen
bewegliche negative Ladungen
feste negative Ladungen
bewegliche positive Ladungen

Bauelemente

Schaltzeichen | **Kennlinien** | **Kennwerte** | **Anwendungen**

Diode

Halbleiterdiode

A
K
I_F
U_F

I_F in mA
z. B. BAY 45
10^1
10^0
10^{-1}
10^{-2}
10^{-3}
100 °C
25 °C
U_F in V
0 0,2 0,4 0,6 0,8 1,0 1,2

Durchlasskennlinie bei $\vartheta_u = 25$ °C bzw. 100 °C

Germanium-Dioden:

U_{TO} = 200 mV … 400 mV
U_{RM} ≤ 100 V
I_F ≤ 150 mA
I_R ≤ 300 εA
$R_{th\,JU} \leq 400 \frac{K}{W}$
ϑ_u = −55 °C … +75 °C

Silizium-Dioden:

U_{TO} = 0,6 V … 0,8 V
U_{RM} = 30 V … 3,5 kV
I_F = 150 mA … 750 A
I_R = 0,5 mA … 50 mA
ϑ_u = −40 °C … +150 °C

Germanium-Dioden:
- Universaldiode im HF-Bereich, bedingt durch die geringe Sperrschichtkapazität
- Schaltdiode

Silizium-Dioden: 0,7V
- Gleichrichterdioden bis Höchstleistungsbereich
- Diodenschalter, z. B. Schutz vor Falschpolung
- Begrenzerdiode für kleine Spannungen

Z-Diode

A
K
I_Z
U_Z

I_Z in mA
z. B. BZX 97 C
$P_{tot} = 0,5$ W
30
20
10
0
C10
C12
C15
C6
C20
C22
C24
8 10 12 14 16 18 20 22 24 26 28
U_Z in V

Stabilisierungskennlinien

Stabilisierungseffekt bei Sperrrichtungsbetrieb
U_Z = 1,8 V … 200 V
P_{tot} ≤ 50 W
ϑ_u ≤ 150 °C

Bei $U_Z \leq 5,1$ V negativer und bei $U_Z \geq 5,1$ V positiver Temperaturkoeffizient.

- Stabilisierung bzw. Begrenzung von Gleichspannungen
- Gegenreihenschaltung von Z- und normalen Dioden zu Referenzdioden mit besonders kleiner Temperaturabhängigkeit
- TAZ-Dioden (Transient Absorption Zener) zum Schutz vor zu hohen Spannungsspitzen

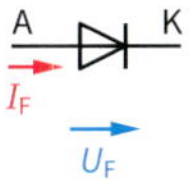

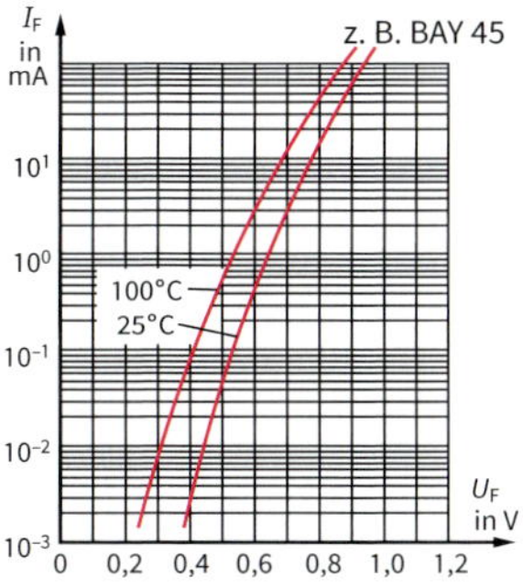

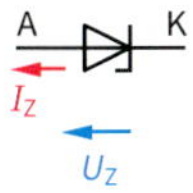

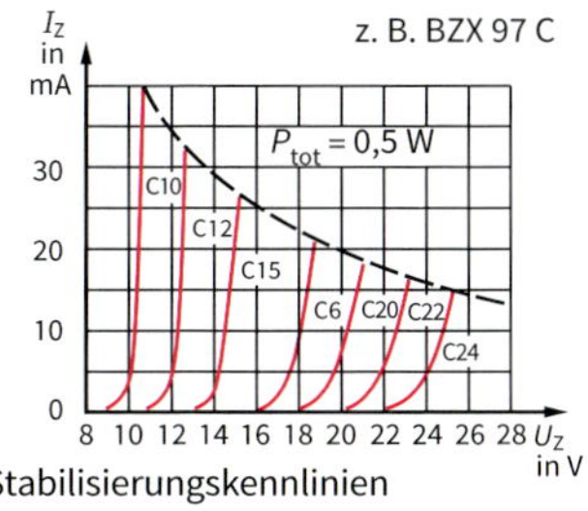

U_{TO}: Schleusenspannung
I_F: Durchlassstrom
ϑ_u: Umgebungstemperatur
U_Z: Z-Spannung
U_{RM}: maximale Sperrspannung
U_F: Durchlassspannung
I_R: Sperrstrom
U_{RM}: maximale Sperrspannung
$R_{th\,JU}$: thermischer Widerstand zwischen Sperrschicht und Umgebung

Triggerdioden, UJT

Schaltzeichen	Kennlinie	Eigenschaften	Anwendung, Kennwerte
Zweirichtungsdiode (**Diac**: **Di**ode **a**lternating **c**urrent)		Stetiger Übergang im Durchbruchbereich Hohe Durchlassspannung	▪ Triggern von Zündströmen für Triacs Kippspannung ca. 35 V ▪ Durchlassstromstärke stark von Impulslänge abhängig ▪ Maximale Verlustleistung ca. 300 mW
Unijunktion-Transistor UJT, (auch Doppelbasisdiode)		Mit steigender Spannung U_{EB1} kehrt sich der Sperrstrom um. Ab Höckerspannung U_p wird die Emitter-B1-Strecke leitend.	▪ Ansteuern von Triacs und Thyristoren ▪ RC-Generatoren ▪ Spannung: max. 30 V ▪ Stromstärke: max. 50 mA

Thyristoren, Triac

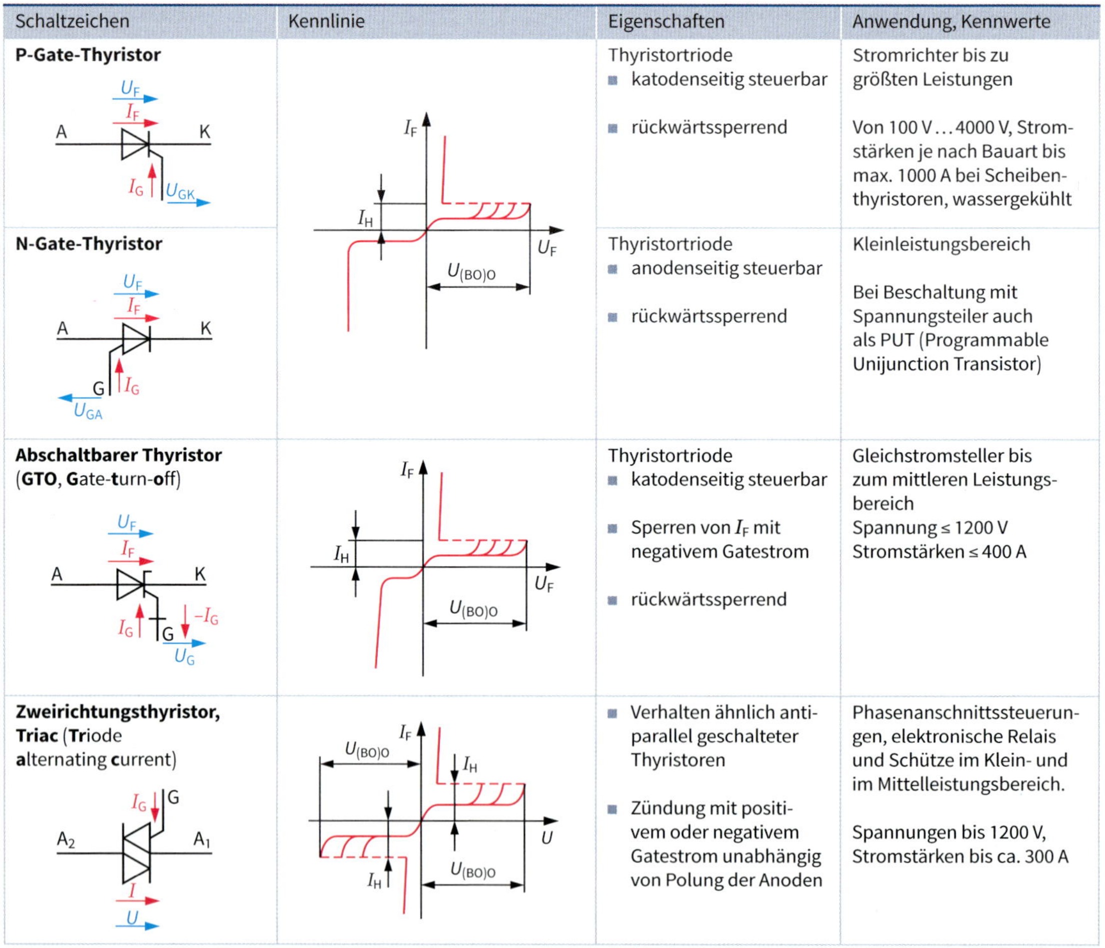

Schaltzeichen	Kennlinie	Eigenschaften	Anwendung, Kennwerte
P-Gate-Thyristor		Thyristortriode ▪ katodenseitig steuerbar ▪ rückwärtssperrend	Stromrichter bis zu größten Leistungen Von 100 V … 4000 V, Stromstärken je nach Bauart bis max. 1000 A bei Scheibenthyristoren, wassergekühlt
N-Gate-Thyristor		Thyristortriode ▪ anodenseitig steuerbar ▪ rückwärtssperrend	Kleinleistungsbereich Bei Beschaltung mit Spannungsteiler auch als PUT (Programmable Unijunction Transistor)
Abschaltbarer Thyristor (**GTO**, **G**ate-**t**urn-**o**ff)		Thyristortriode ▪ katodenseitig steuerbar ▪ Sperren von I_F mit negativem Gatestrom ▪ rückwärtssperrend	Gleichstromsteller bis zum mittleren Leistungsbereich Spannung ≤ 1200 V Stromstärken ≤ 400 A
Zweirichtungsthyristor, Triac (**Tri**ode **a**lternating **c**urrent)		▪ Verhalten ähnlich antiparallel geschalteter Thyristoren ▪ Zündung mit positivem oder negativem Gatestrom unabhängig von Polung der Anoden	Phasenanschnittssteuerungen, elektronische Relais und Schütze im Klein- und im Mittelleistungsbereich. Spannungen bis 1200 V, Stromstärken bis ca. 300 A

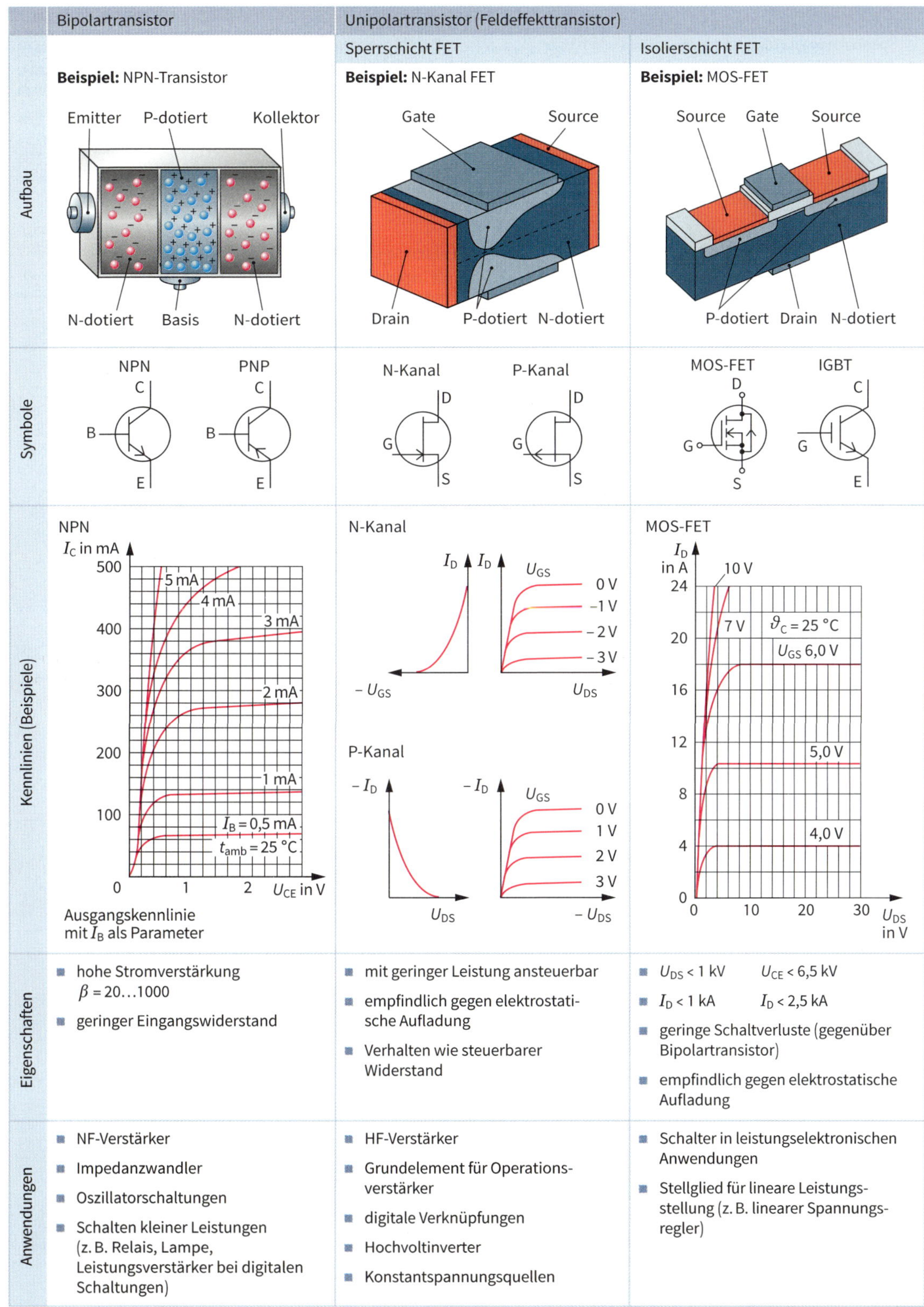

	Bipolartransistor	Unipolartransistor (Feldeffekttransistor)	
		Sperrschicht FET	Isolierschicht FET
Aufbau	**Beispiel:** NPN-Transistor	**Beispiel:** N-Kanal FET	**Beispiel:** MOS-FET
Symbole	NPN, PNP	N-Kanal, P-Kanal	MOS-FET, IGBT
Kennlinien (Beispiele)	NPN Ausgangskennlinie mit I_B als Parameter	N-Kanal P-Kanal	MOS-FET
Eigenschaften	▪ hohe Stromverstärkung $\beta = 20 \ldots 1000$ ▪ geringer Eingangswiderstand	▪ mit geringer Leistung ansteuerbar ▪ empfindlich gegen elektrostatische Aufladung ▪ Verhalten wie steuerbarer Widerstand	▪ $U_{DS} < 1$ kV $U_{CE} < 6{,}5$ kV ▪ $I_D < 1$ kA $I_D < 2{,}5$ kA ▪ geringe Schaltverluste (gegenüber Bipolartransistor) ▪ empfindlich gegen elektrostatische Aufladung
Anwendungen	▪ NF-Verstärker ▪ Impedanzwandler ▪ Oszillatorschaltungen ▪ Schalten kleiner Leistungen (z. B. Relais, Lampe, Leistungsverstärker bei digitalen Schaltungen)	▪ HF-Verstärker ▪ Grundelement für Operationsverstärker ▪ digitale Verknüpfungen ▪ Hochvoltinverter ▪ Konstantspannungsquellen	▪ Schalter in leistungselektronischen Anwendungen ▪ Stellglied für lineare Leistungsstellung (z. B. linearer Spannungsregler)

- Halbleiterstruktur: z. B. V-MOS, U-MOS, HEX-FET, dadurch Spannungen von $U_{DS} \geq 1$ kV bei $I_D \geq 5$ A möglich.
- Zum Teil sind Schutzelemente wie z. B. Freilaufdiode mit in den FET integriert.
- Kombination von MOS-FET und Bipolartransistor ergibt BIMOS-Transistor.

Vorteile:
- Hohe Schaltleistung und Überlastsicherheit
- Einfaches Parallelschalten mehrerer Transistoren zur Leistungssteigerung
- Sehr hohe Schaltgeschwindigkeiten, $T_s \leq 10$ µs
- Sehr hohe Grenzfrequenzen

Anwendungen:
- Getaktete Stromversorgungsgeräte
- Motorsteuerung, z. B. in Umrichtern
- Leistungsendstufen in Datentechnik
- Kfz-Elektronik, z. B. in Zündschaltung

Leistungs-BIMOS-Transistor (IGBT)

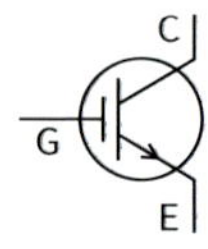

IGBT
(**I**nsulated **G**ate **B**ipolar **T**ransistor)

- Schaltgeschwindigkeit, Ansteuerleistung und Robustheit wie Leistungs-MOS-FET.
- Geringer Einschaltwiderstand wie beim bipolaren Darlington-Transistor.
- Einsatz in Frequenzumrichtern, getakteten Stromversorgungen für Schweißgeräte, Schaltnetzteile größerer Leistung, Kfz-Zündung.

Beispiel: Kennwerte

- Kollektorstrom $I_C = 25$ A bei $\vartheta_G = 25$ °C
- Verlustleistung $P_{tot} = 2000$ W bei $\vartheta_G = 25$ °C
- Wärmewiderstand Chip-Gehäuse $R_{thJC} \leq 0{,}63 \frac{K}{W}$
- Gate-Schwellenspannung $U_{GE} = 5$ V
- Kollektor-Emitter-Sättigungsspannung $U_{CE\,(sat)} = 2{,}5$ V
- Kollektor-Emitter-Durchbruchspannung $U_{(BR)\,CE} = 1000$ V

Leistungs-MOS-FET mit integriertem Übertemperaturschutz

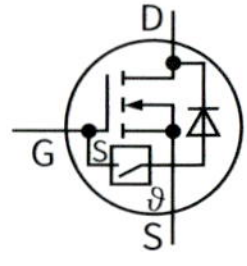

TEMP – FET
(**Tem**peratur **P**rotected-**FET**)

- Integrierte Freilaufdiode erspart externe Schutzbeschaltung.
- Sensorchip S ist in Hybridtechnik auf FET-Chip geklebt und elektrisch mit Gate und Source verbunden.
- Thyristorähnlicher Sensor schaltet bei $\vartheta_G = 155$°C durch und sperrt FET solange, bis Haltestrom mindestens 5 µs unterbrochen wird.

Beispiel: Abschaltzeit

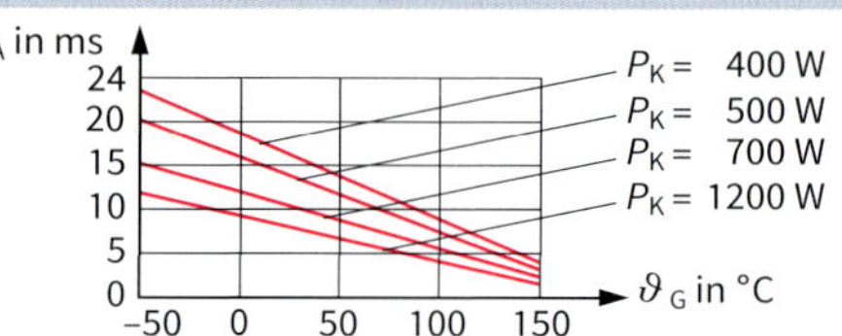

Auswahl von Modulen

Anwendungen:
- Halb- und Vollbrückenschaltungen
- Drehstrom-Umrichter
- AC- und DC-Schalter, DC-Chopper
- Induktive Heizungen

Eigenschaften:
- CMOS-kompatible Eingänge
- Niedrige Wärmewiderstände
- Integrierter Übertemperatur-, Überstrom- und Überspannungsschutz

Bauelemente

Modulschaltung	U_{DS} in V	I_D in A	P_D in W	R_{thJC} in K/W	$R_{DS(on)}$ in Ω	Beispiele: Bauformen
	200	130	700	0,18	20,0	
	200	450	2000	0,06	4,3	
	200	250	1040	0,12	8,6	
1, 2, 3, 4, 5, 6, 7, 8, 9, 10, 11, 12, 15, 17, 19	U_{CES} in V	I_C in A	P_{tot} in W	R_{thJC} in K/W Trans.	$R_{DS(on)}$ in Ω	
	600	100	430	0,29	0,55	
	1200	150	680	0,182	0,36	

Arbeitspunkteinstellung

Vorwiderstand zwischen Betriebsspannung und Basis

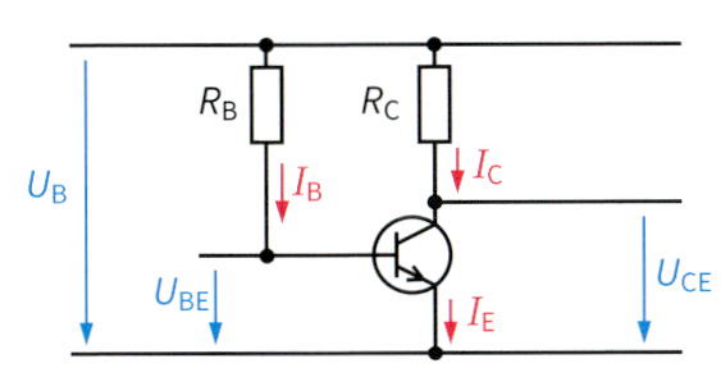

$R_B = \frac{U_B - U_{BE}}{I_B}$ $R_C = \frac{U_B - U_{CE}}{I_C}$

Vorwiderstand zwischen Kollektor und Basis

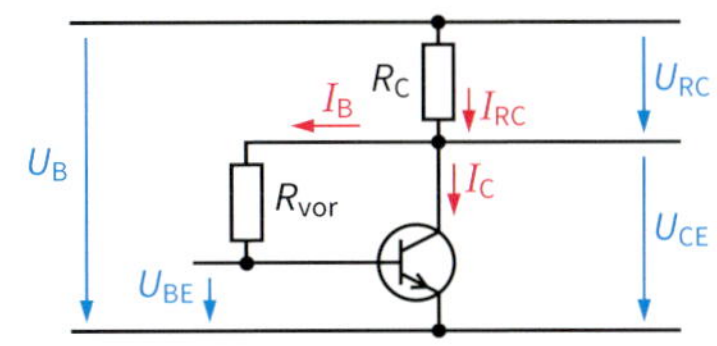

$I_{RC} = I_B + I_C$ $U_{RC} = (I_B + I_C) \cdot R_C$

$U_{CE} = U_B - U_{RC}$ $R_{vor} = \frac{U_{CE} - U_{BE}}{I_B}$

Basisspannungsteiler

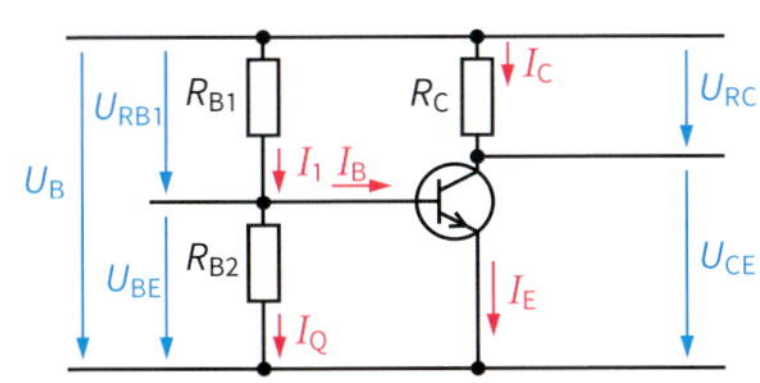

$U_{RB1} = I_1 \cdot R_{B1}$ $U_{RC} = I_C \cdot R_C$

$R_{B1} = \frac{U_B - U_{BE}}{I_1}$ $R_{B2} = \frac{U_B - U_{RB1}}{I_Q}$

$I_1 = I_B + I_Q$ $I_Q = 5 \ldots 10 \cdot I_B$

Arbeitspunkt bei halber Betriebsspannung

Schaltungen wie in linker Spalte!

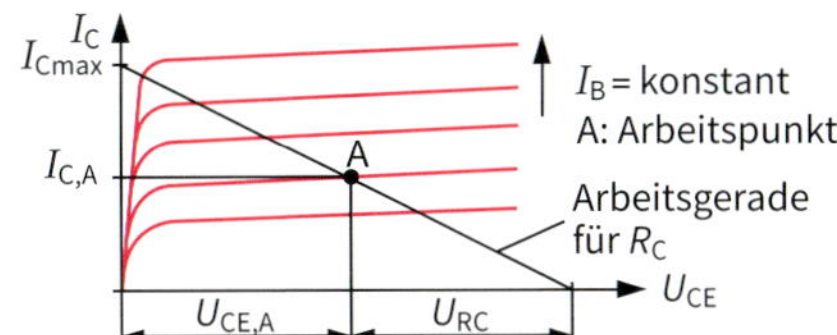

$U_{CE,A} = \frac{U_B}{2}$ $U_B = I_{C,A} \cdot R_C + U_{CE,A}$

$I_{CA} = \frac{I_{Cmax}}{2}$ $U_{RC} = I_{C,A} \cdot R_C$ $R_C = \frac{U_B}{2 \cdot I_{C,A}}$

Emitterwiderstand

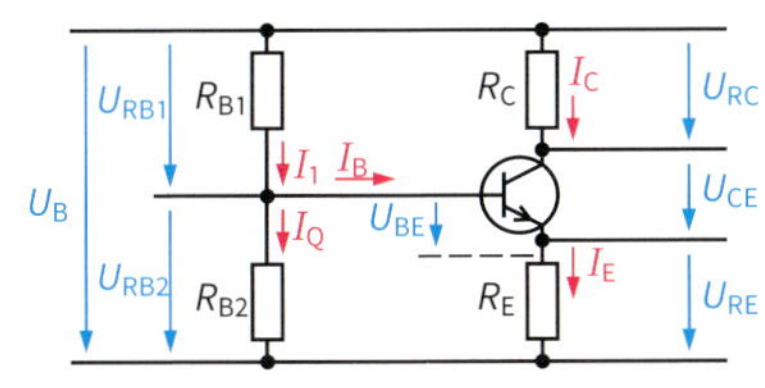

$U_{RE} = \frac{1}{5} U_B \ldots \frac{1}{4} U_B$ $U_{RE} = U_B - U_{RC} - U_{CE}$

$U_{RB1} = U_B - U_{RB2}$ $U_{RB2} = U_{BE} + U_{RE}$

$R_{B1} = \frac{U_{RB1}}{I_1}$ $R_{B2} = \frac{U_{RB2}}{I_Q}$ $R_E = \frac{U_{RE}}{I_E}$; $R_C = \frac{U_{RC}}{I_C}$

Differenzverstärker

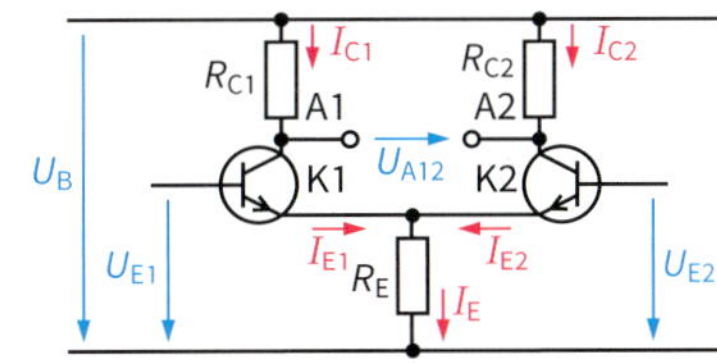

Spannungsverstärkung $v_U = \frac{U_{A1} - U_{A2}}{U_{E1} - U_{E2}} = \frac{U_{A12}}{U_D}$

$-U_{A1} = v_U \cdot U_{E1}$ $-U_{A2} = v_U \cdot U_{E2}$

$I_E = I_{E1} + I_{E2}$

Darlington-Schaltung

Transistor

C $I'_C = I_{C1} + I_{C2}$

$I'_B = I_{B1}$ I_{C1} I_{C2}

B K1 K2

U'_{BE} $I_{E1} = I_{B2}$

E $I'_E = I_{E2}$

$U'_{BE} = U_{BE1} + U_{BE2}$ $r'_{BE} \approx 2 \cdot r_{BE1}$

$B' = B_1 \cdot B_2$ $\beta' = \beta_1 \cdot \beta_2$ $r'_{CE} = r_{CE2} \,||\, \frac{2 r_{CE1}}{e_2}$

Komplementär-Darlington-Schaltung

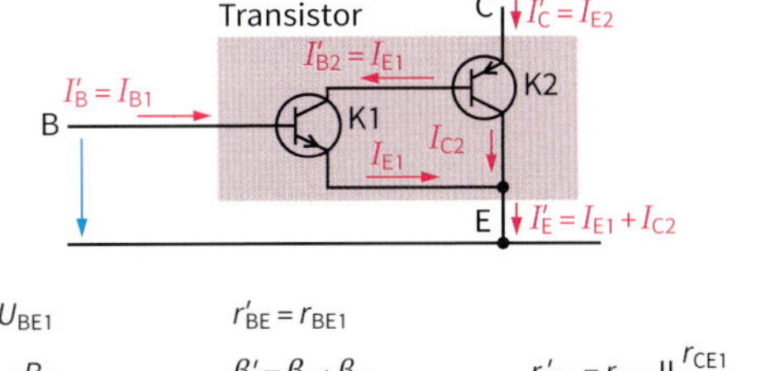

$U'_{BE} = U_{BE1}$ $r'_{BE} = r_{BE1}$

$B' = B_1 \cdot B_2$ $\beta' = \beta_1 \cdot \beta_2$ $r'_{CE} = r_{CE2} \,||\, \frac{r_{CE1}}{\beta_2}$

Strichwerte, wie z. B. U'_{BE} oder r'_{CE} beziehen sich auf den Darlington-Transistor

Emitterschaltung

Schaltung	Wechselstrom-Ersatzschaltung
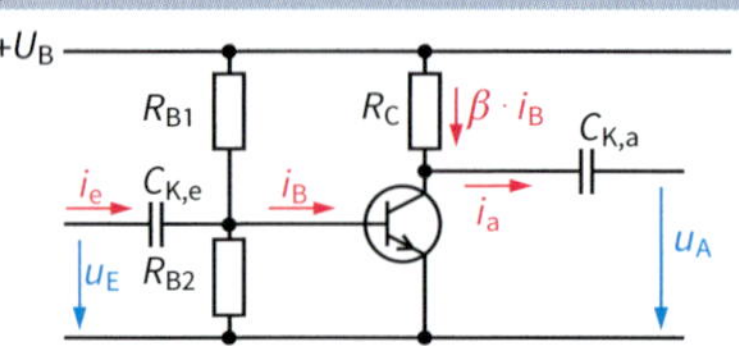	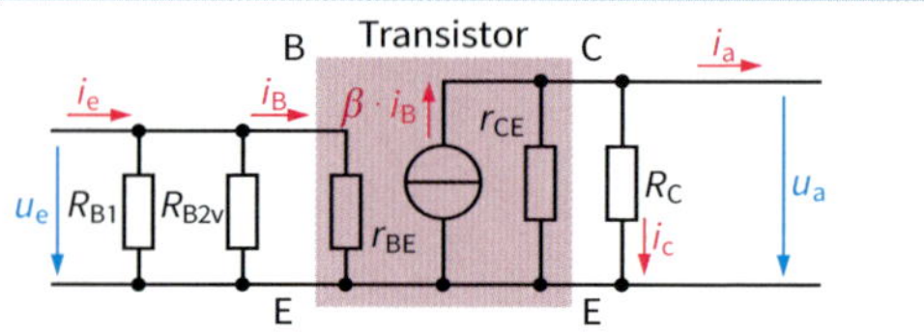
Eigenschaften	**Anwendungen, Werte**[1]
$R_B = \frac{R_{B1} \cdot R_{B2}}{R_{B1} + R_{B2}}$ $v_u = -\beta \frac{R_C}{r_{BE}}$ $r_e = \frac{r_{BE} \cdot R_B}{r_{BE} + R_B}$ $r_a = \frac{r_{CE} \cdot R_C}{r_{CE} + R_C}$ $v_i = \beta$ $v_p = v_u \cdot v_i$ $f_{gu} = \frac{1}{2\pi\, C_{K,e} \cdot r_e}$ $f_{go} = \frac{1}{2\pi\, C_{BE} \cdot r_{BB}}$	■ Universelle Schaltung zur Spannungs- und Stromverstärkung im NF- und HF-Bereich. $r_e = 20\,\Omega \ldots 5\,\text{k}\Omega$ $r_a = 5\,\text{k}\Omega \ldots 20\,\text{k}\Omega$ $v_u = 300 \ldots 1000$ $v_i = 50 \ldots 300$ $\varphi = 180°$ $f_{gu} \approx 20\,\text{Hz}$

Kollektorschaltung

Schaltung	Wechselstrom-Ersatzschaltbild
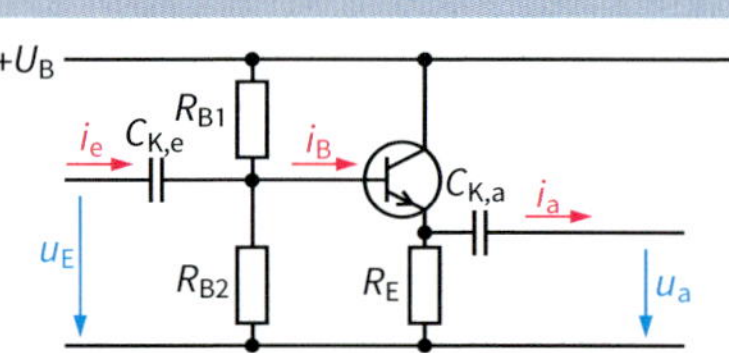	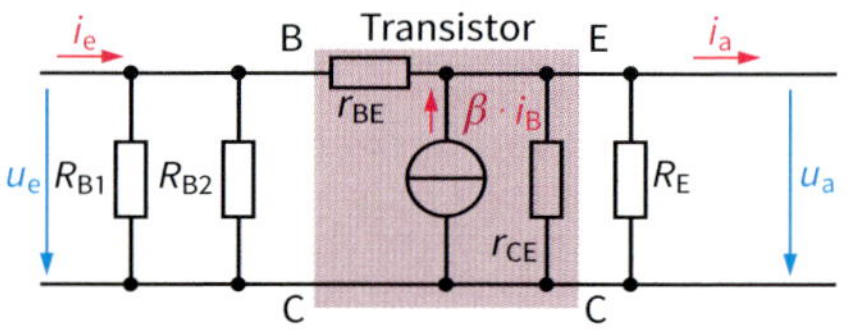
Eigenschaften	**Anwendungen, Werte**[1]
$r_e = \frac{(r_{BE} + \beta \cdot R_E) \cdot R_B}{r_{BE} + \beta \cdot R_{BE} + R_B}$ $R_B = \frac{R_{B1} \cdot R_{B2}}{R_{B1} + R_{B2}}$ $v_u = \frac{\beta \cdot R_E}{\beta \cdot R_E + r_{BE}} < 1$ $r_a = \frac{\frac{r_{BE}}{\beta} \cdot R_E}{\frac{r_{BE}}{\beta} + R_E}$ $f_{go} < f_{é}$ $v_i \approx \beta$	■ NF-Eingangsverstärker ■ Impedanzwandler $r_e = 10\,\text{k}\Omega \ldots 200\,\text{k}\Omega$ $r_a = 4\,\Omega \ldots 100\,\Omega$ $v_u = 0{,}9 \ldots 0{,}98$ $v_i = 30 \ldots 500$ $v_p = (0{,}9 \ldots 0{,}98)$ $f_{gu} \approx 20\,\text{Hz}$ $v_{\text{iȩ}} = 0°$

Basisschaltung

Schaltung	Wechselstrom-Ersatzschaltung
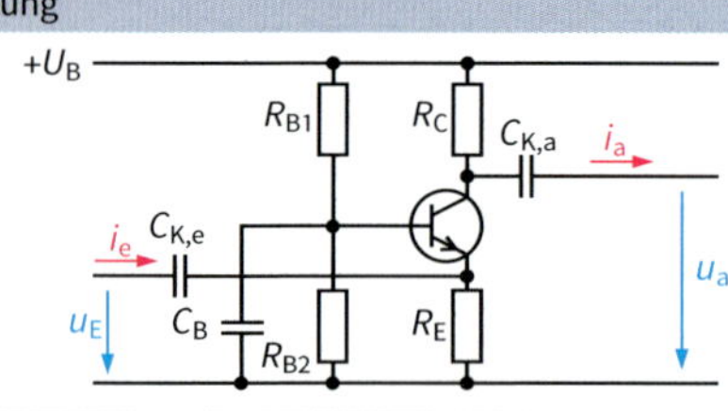	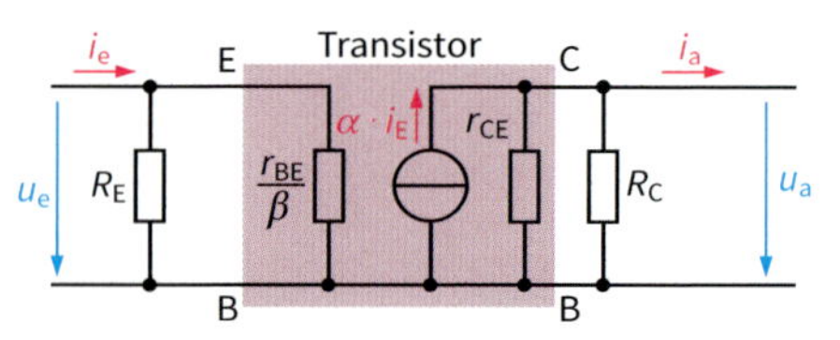
Eigenschaften	**Anwendungen, Werte**[1]
$r_e = \frac{\frac{r_{BE}}{\beta} \cdot R_E}{\frac{r_{BE}}{\beta} + R_E}$ $r_a = \frac{r_{CE} \cdot R_C}{r_{CE} + R_C}$ $v_i \approx \frac{\beta}{\beta + 1} < 1$ $v_u = \beta \cdot \frac{R_C}{r_{BE}}$ $f_{go} \approx \beta \cdot f_b$	■ Oszillatorschaltungen ■ HF-Verstärker $r_e = 10\,\Omega \ldots 100\,\Omega$ $r_a = 50\,\text{k}\Omega \ldots 1\,\text{M}\Omega$ $v_u = 100 \ldots 500$ $v_i \leq 1$ $\varphi = 0°$ $v_p \approx v_u$ $f_{gu} \approx 20\,\text{Hz}$

[1] Werte können ggf. deutlich abweichen. r_{BB}: Basisbahnwiderstand, r_e, r_a: Wechselstrom-Eingangs-/-Ausgangswiderstand, v_u: Wechselspannungsverstärkung, v_i: Wechselstromverstärkung, v_p: Leistungsverstärkung, Phasenverschiebung zwischen u_A und u_E, f_{gu}, f_{go}: Untere/obere Grenzfrequenz, β: Transistor-Wechselstromverstärkung, f_b: Frequenz mit 70,7 % der Stromverstärkung bei Transitfrequenz f_T.

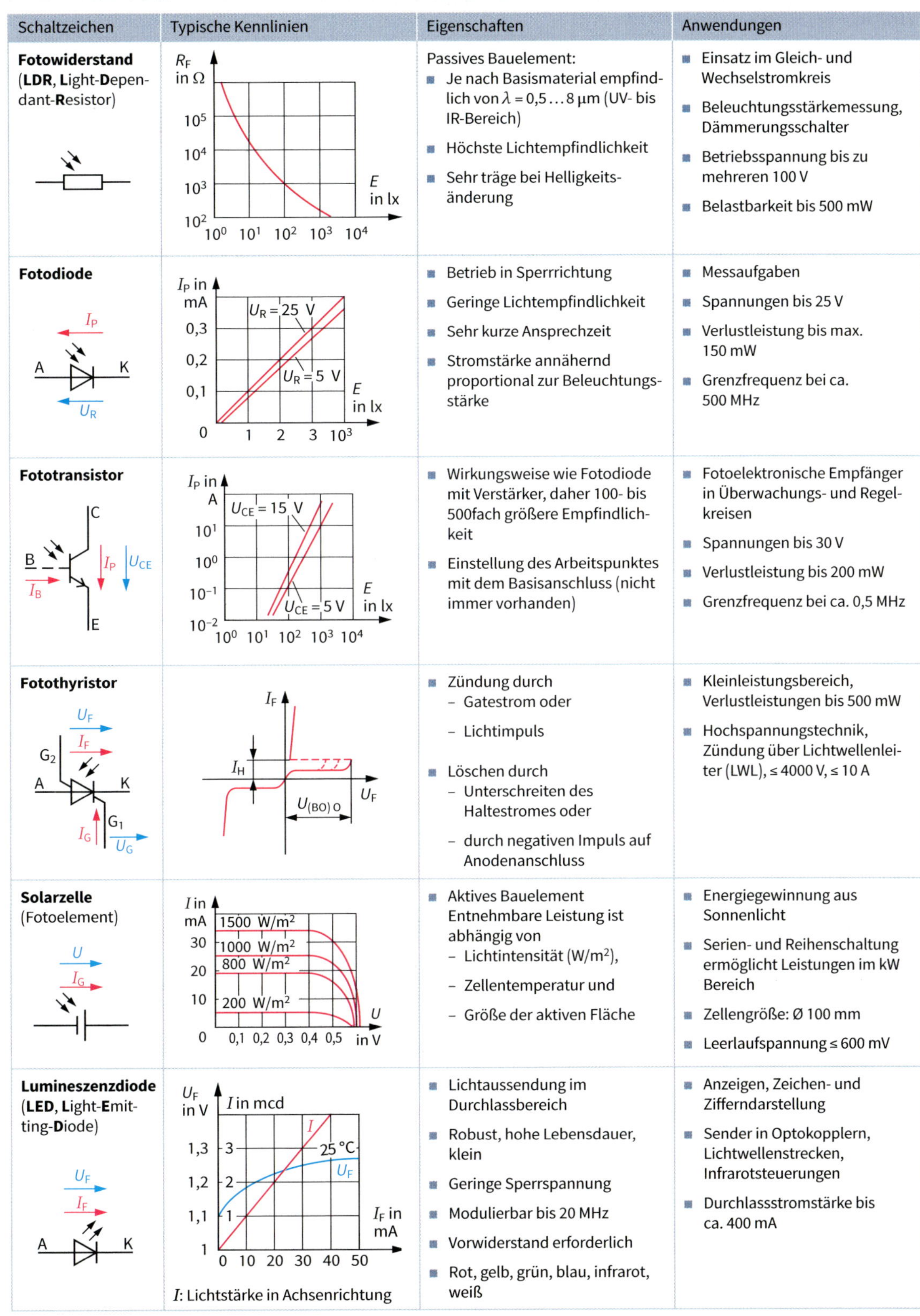

Schaltzeichen	Typische Kennlinien	Eigenschaften	Anwendungen
Fotowiderstand (**LDR**, **L**ight-**D**ependant-**R**esistor)	R_F in Ω; 10^5, 10^4, 10^3, 10^2; E in lx; 10^0 10^1 10^2 10^3 10^4	Passives Bauelement: ▪ Je nach Basismaterial empfindlich von $\lambda = 0{,}5 \dots 8$ µm (UV- bis IR-Bereich) ▪ Höchste Lichtempfindlichkeit ▪ Sehr träge bei Helligkeitsänderung	▪ Einsatz im Gleich- und Wechselstromkreis ▪ Beleuchtungsstärkemessung, Dämmerungsschalter ▪ Betriebsspannung bis zu mehreren 100 V ▪ Belastbarkeit bis 500 mW
Fotodiode I_P; A; K; U_R	I_P in mA; 0,3; 0,2; 0,1; 0; $U_R = 25$ V; $U_R = 5$ V; E in lx; 1 2 3 10^3	▪ Betrieb in Sperrrichtung ▪ Geringe Lichtempfindlichkeit ▪ Sehr kurze Ansprechzeit ▪ Stromstärke annähernd proportional zur Beleuchtungsstärke	▪ Messaufgaben ▪ Spannungen bis 25 V ▪ Verlustleistung bis max. 150 mW ▪ Grenzfrequenz bei ca. 500 MHz
Fototransistor C; B; E; I_B; I_P; U_{CE}	I_P in A; 10^1, 10^0, 10^{-1}, 10^{-2}; $U_{CE} = 15$ V; $U_{CE} = 5$ V; E in lx; 10^0 10^1 10^2 10^3 10^4	▪ Wirkungsweise wie Fotodiode mit Verstärker, daher 100- bis 500fach größere Empfindlichkeit ▪ Einstellung des Arbeitspunktes mit dem Basisanschluss (nicht immer vorhanden)	▪ Fotoelektronische Empfänger in Überwachungs- und Regelkreisen ▪ Spannungen bis 30 V ▪ Verlustleistung bis 200 mW ▪ Grenzfrequenz bei ca. 0,5 MHz
Fotothyristor U_F; I_F; G_2; A; K; G_1; I_G; U_G	I_F; I_H; U_F; $U_{(BO)0}$	▪ Zündung durch – Gatestrom oder – Lichtimpuls ▪ Löschen durch – Unterschreiten des Haltestromes oder – durch negativen Impuls auf Anodenanschluss	▪ Kleinleistungsbereich, Verlustleistungen bis 500 mW ▪ Hochspannungstechnik, Zündung über Lichtwellenleiter (LWL), ≤ 4000 V, ≤ 10 A
Solarzelle (Fotoelement) U; I_G	I in mA; 30; 20; 10; 0; 1500 W/m²; 1000 W/m²; 800 W/m²; 200 W/m²; 0,1 0,2 0,3 0,4 0,5; U in V	▪ Aktives Bauelement Entnehmbare Leistung ist abhängig von – Lichtintensität (W/m²), – Zellentemperatur und – Größe der aktiven Fläche	▪ Energiegewinnung aus Sonnenlicht ▪ Serien- und Reihenschaltung ermöglicht Leistungen im kW Bereich ▪ Zellengröße: Ø 100 mm ▪ Leerlaufspannung ≤ 600 mV
Lumineszenzdiode (**LED**, **L**ight-**E**mitting-**D**iode) U_F; I_F; A; K	U_F in V; I in mcd; 1,3; 1,2; 1,1; 1; 3; 2; 1; I; 25 °C; U_F; I_F in mA; 0 10 20 30 40 50 I: Lichtstärke in Achsenrichtung	▪ Lichtaussendung im Durchlassbereich ▪ Robust, hohe Lebensdauer, klein ▪ Geringe Sperrspannung ▪ Modulierbar bis 20 MHz ▪ Vorwiderstand erforderlich ▪ Rot, gelb, grün, blau, infrarot, weiß	▪ Anzeigen, Zeichen- und Zifferndarstellung ▪ Sender in Optokopplern, Lichtwellenstrecken, Infrarotsteuerungen ▪ Durchlassstromstärke bis ca. 400 mA

Leuchtdioden-Anzeigen (LED-Anzeigen)

Emissionsspektren, Durchlassspannungen

LED-Farbe	Halbleiter	Wellenlänge in nm	Durchlass-spannung in V
infrarot	Ga AS	950	1,3 … 1,5
rot	Ga AS P	660	1,6 … 1,8
orange	Ga AS P	610	1,6
gelb	Ga AS P	590	2,0 … 2,2
grün	Ga P	565	2,0 … 2,2
blau	Ga N	450 … 500	2,9

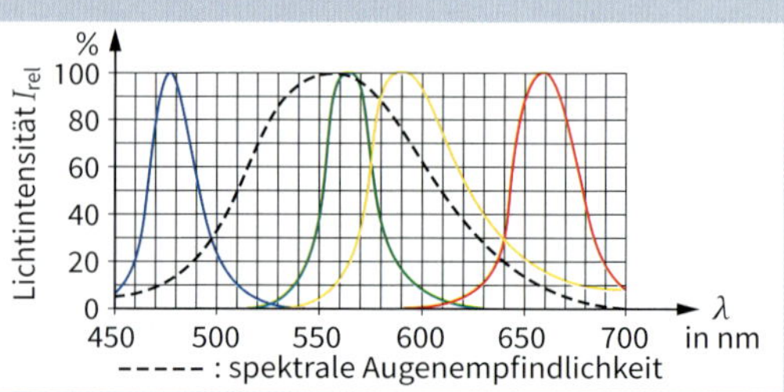

Weiße LED

Additive Farbmischung

- Mehrere farbige LEDs werden kombiniert
  - blau + gelb
  - rot + grün + blau
- Integration in ein Bauelement und optische Komponenten erzeugen weißes Licht
- seltener Einsatz

Luminiszenz-Prinzip

- UV-LED oder blaue LED wird mit Fluoreszenzfarbstoff kombiniert.
- Energiereiches, kurzwelliges Licht (UV, blau) wird in energieärmeres langwelligeres Licht gewandelt.
- Je nach LED sind ein ② oder drei ① Fluoreszenzfarbstoff erforderlich.

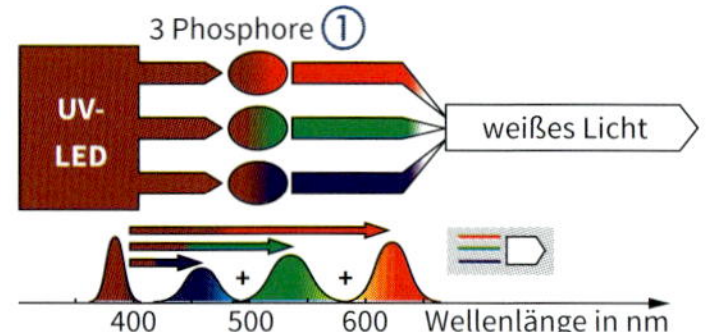

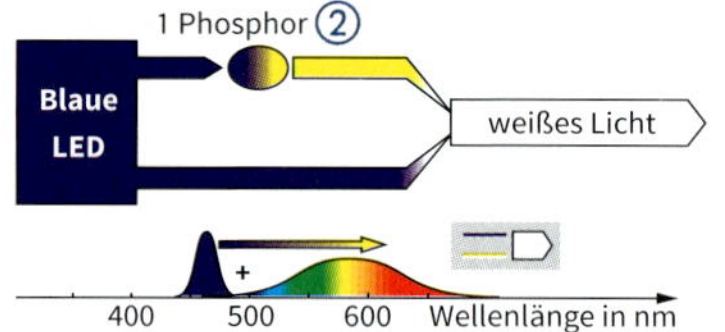

7-Segment-Anzeige

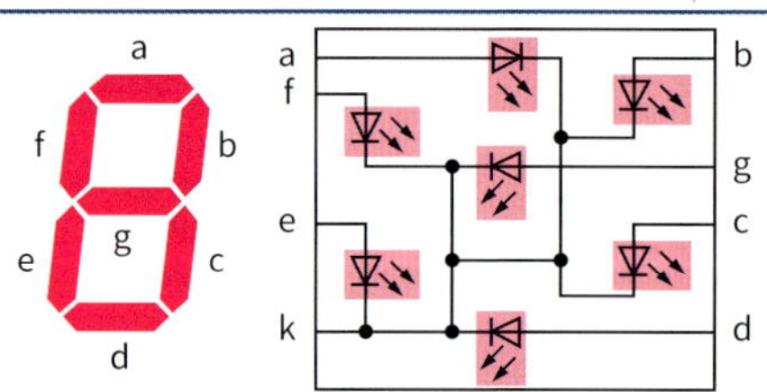

- Zusammengesetzt aus einzelnen LEDs; mit gemeinsamer Anode bzw. Katode verfügbar.

Laserdiode

Light **A**mplificationby **S**timulated **E**mission of **R**adiation

U_F

I_F

A K

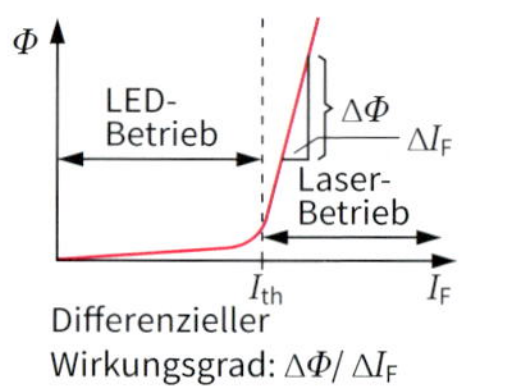

Differenzieller Wirkungsgrad: $\Delta\Phi / \Delta I_F$

- LED mit Laserresonator emittiert Laserstrahlung
- Farben: rot, gelb, grün, infrarot
- Gefahr der Augenschädigung!
- Anwendung bei LWL-Sendern, Laserdruckern, CD-/DVD-Geräten

Optokoppler

Kenngrößen

CTR: Koppelfaktor, auch Stromübertragungsverhältnis (**CTR: C**urrent-**t**ransfer-**r**atio)

$CTR = \frac{I_C}{I_F}$ (in %) bei $I_F = 10$ mA und $U_{CE} = 5$ V

U_{ISOL}: Isolationsprüfspannung (max. ≈ 10 kV)

I_F: Dioden-Durchlassstrom (max. ≈ 80 mA)

I_C: Kollektorstrom (max. ≈ 100 mA)

f_g: Grenzfrequenz (typ. 250 kHz)

Ausführungen

Schaltung	Bemerkung
A 1, K 2 – 4 E, 3 C	Basisanschluss nicht vorhanden
A 1, K 2, 3 – 6 B, 5 C, 4 E	Darlington-Fototransistor $\frac{I_C}{I_F} > 500$ %
A 1, K 2, 3 – 6 A2, 5, 4 A1	Triac-Koppler, Schaltverhalten, für Wechselspannung, Spitzensperrspannung bis 600 V

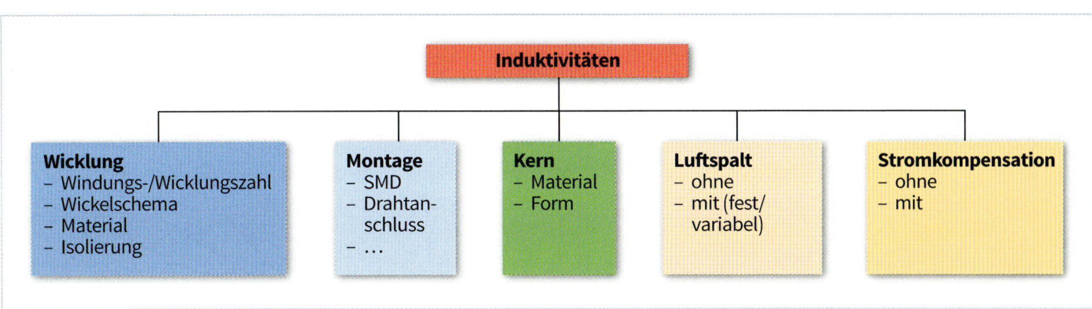

Kernmaterialien

Ferromagnetische Kernmaterialien werden vorzugsweise bei Spulen im niedrigen Frequenzbereich eingesetzt.

- Hohe Permeabilitäten
- Betrieb bis zur Sättigungsmagnetisierung

Oxidkeramische Ferrite finden bei Spulen im höheren Frequenzbereich ihren Einsatz.

- Hoher spezifischer Widerstand verhindert spürbare Wirbelstromverluste.
- Mn-Zn-Ferrite bis 1,5 MHz
- Ni-Zn-Ferrite bis 600 MHz

Elektrische Kenndaten

U_R: Bemessungsspannung
I_R: Bemessungsstromstärke
L_R: Bemessungsinduktivität
L_S: Streuinduktivität
R: Gleichstromwiderstand
C_R: Wicklungskapazität
Kapazität zwischen Leitungen; wirksam bei sehr hohen Frequenzen
Q: Güte ($Q \approx L_R/R$)

Kernformen (Auswahl)

P (**P**ot/Schalenkern)

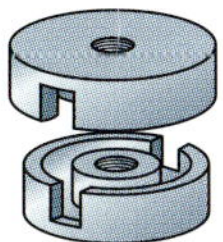

- magnetisch geschlossen und daher streufeldarm
- präzise Abstimmung möglich (durch Abgleichschraube)
- Schwingkreisspulen
- klirrarme, breitbandige Kleinsignalübertrager

E

- mehrere E-Kerne zu einem größeren aneinanderreihbar
- für verbesserte Wicklung auch mit rundem Schenkel verfügbar (ER)
- je nach Werkstoff für Frequenzen von 10 kHz bis > 500 kHz

RM (**R**ectangular **M**odular)

- automatengerechte Fertigung
- verlustarme Filter
- hochstabile Filter
- klirrarme Breitbandübertrager
- Leistungsanwendung (Speicherdrosseln)

PM (**P**ot core and **M**odular)

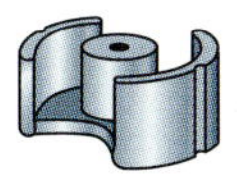

- großer Flussquerschnitt
- hohe Leistung bei wenigen Windungen
- Leistungsübertragung bis 300 kHz

U/UI

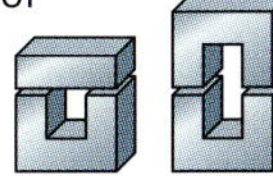

- leicht kombinierbar
- große Sättigungsinduktivität
- geringe Verlustleistung
- Leistungsübertragung >1 kW

Ring

- aufwändige Fertigung der Wicklung
- Anwendung bis MHz-Bereich
- EMV-Drossel

Stromkompensation

durch Betriebsstrom im Kern induzierter magnetischer Fluss
Betriebsstrom
Ferritkern
Netz
Stromfluss durch Wicklungen
Störquelle
Gleichtaktstörung
durch Störstrom im Kern induzierter magnetischer Fluss

- Elektronische Geräte erzeugen häufig Gleichtaktstörungen
- Magnetischer Fluss des Betriebsstromes kompensiert sich zu Null → keine Kernsättigung
- Auf Betriebsstrom wirkt nur die Streuinduktivität.
- Die Induktivität ist nur für den Störstrom wirksam.

Beispiel:

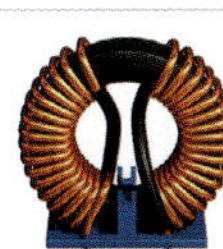

Schaltzeichen:

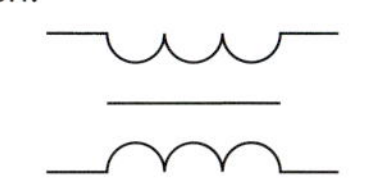

Wicklung

Einlagenwicklung

Zweilagenwicklung

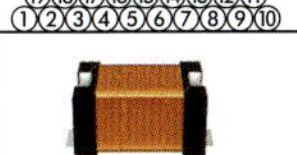

Wildwicklung

Hallgenerator

Halleffekt

Ein Halbleiterplättchen wird von einem Steuerstrom I_1 durchflossen und von einem Magnetfeld durchsetzt. Eine Spannung U_2 (Hallspannung) entsteht an den Anschlüssen 3–4.

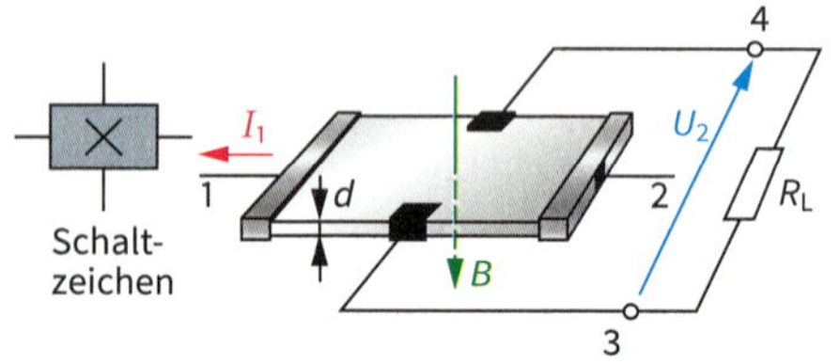

Lineare Anpassung

Abschlusswiderstand für lineare Anpassung R_L:
Widerstand R_L, bei dem Linearität zwischen der steuerstrombezogenen Hallspannung U_2/I_1 und dem Steuerfeld erreicht wird.

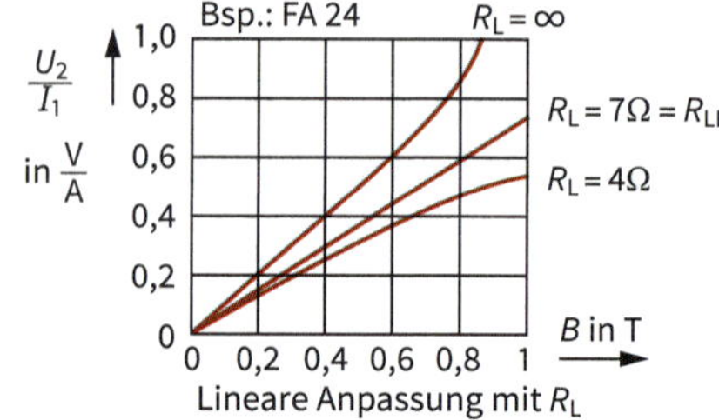

Lineare Anpassung mit R_L

Charakteristische Größen

- Leerlaufhallspannung U_{20}: Spannung U_2 bei $R_L = \infty$, Bemessungsinduktion (z. B. 1 T) und Bemessungssteuerstromstärke I_{1N}.

  $U_{20} = \frac{R_h}{d} \cdot I_1 \cdot B$ in V Typ. Werte 50 … 1000 mV

- Hallkonstante R_h:
  Material- und formgebungsabhängige Konstante
- Induktionsempfindlichkeit K_{BO}:
  Material- und formgebungsabhängige Konstante

  $K_{BO} = \frac{U_{20}}{I_{1N} \cdot B}$ Typ. Wert: 0,5 … 100 $\frac{V}{AT}$

  Steuerbemessungsstrom I_{1N}, Typ. Wert: 10 … 400 mA

Anwendung

- Feldregelung
- Sensor
- Multiplikation
- Feldmessung (auch bei tiefen Temperaturen)

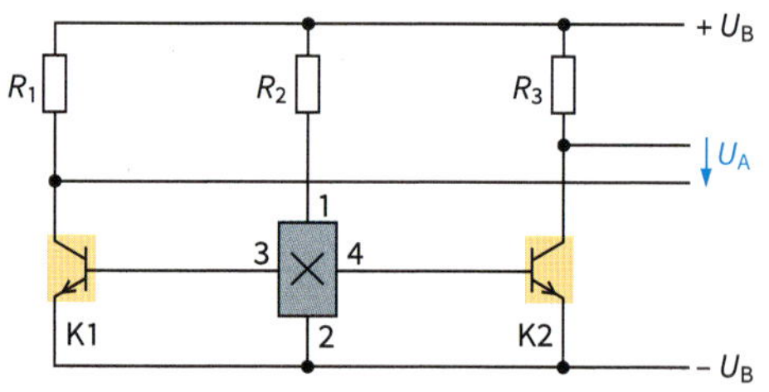

Feldplatte

Aufbau

- Der Widerstandswert eines Halbleitermaterials nimmt bei wachsendem magnetischen Feld beliebiger Polarität zu.
- Die Struktur des Materials bewirkt Umlenken der Strombahnen bei Feldeinwirkung.
- Bei konstanter Feldstärke sind Strom und Spannung linear.
- Mit der Gestaltung des Mäanders wird der Grundwiderstand R_o beeinflusst.

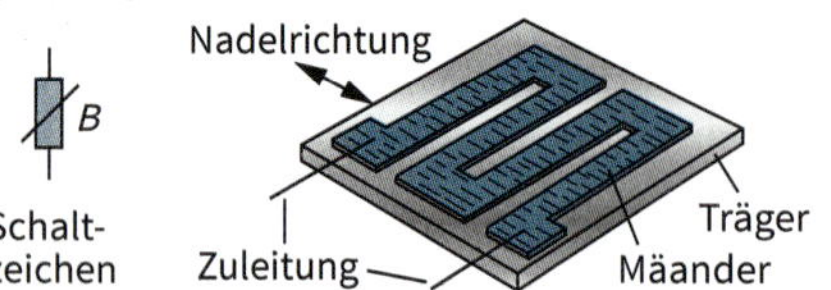

Anwendung

- Positionserfassung
- Drehzahl- und Drehsinnerfassung
- Winkelschrittgeber
- Potenziometer

Beispiel: Schaltung für Differenzial-Feldplatten-Positionssensoren

Charakteristische Größen

- Grundwiderstand R_o:
  Widerstand der Feldplatte ohne Einwirkung eines Magnetfeldes
- Widerstand R_B im Magnetfeld:
  Widerstand bei senkrecht einwirkendem Magnetfeld

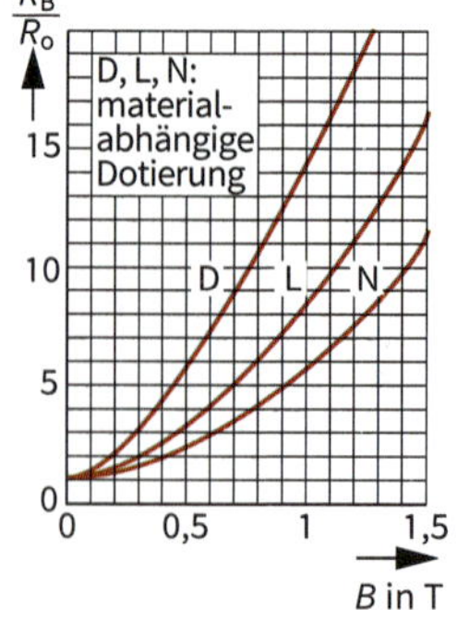

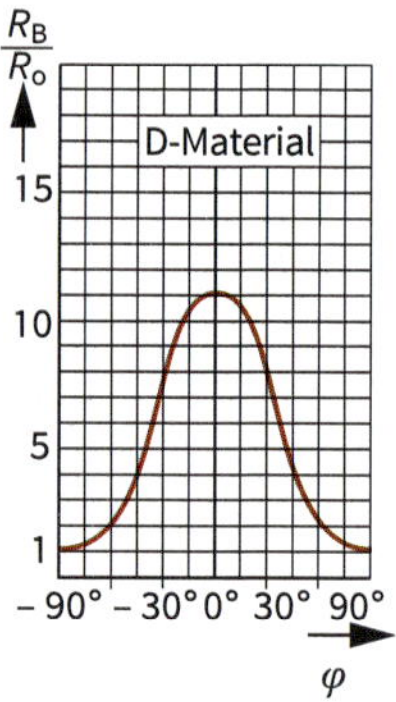

φ: Neigungswinkel des Magnetfeldes (D-Halbleitermaterial)

Aufbau

Operationsverstärker enthalten einen Differenzverstärker und einen nachgeschalteten, meist mehrstufigen Verstärker.

Blockschaltbild

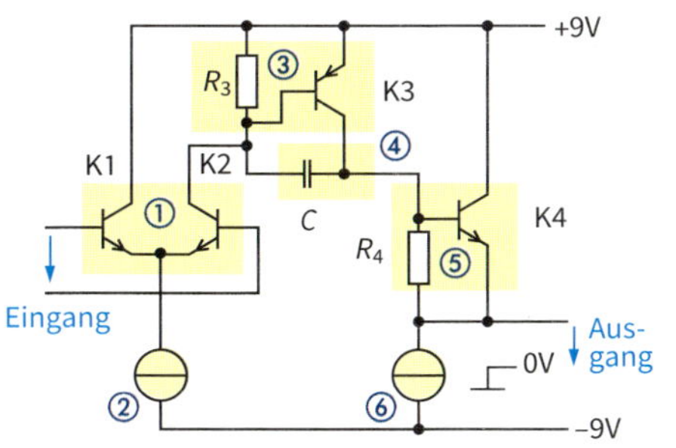

①: Differenz-Verstärker
②, ⑥: Konstantstromquellen
③: Verstärkerstufe
④: Kompensations-Kapazität
⑤: Ausgangsstufe

Frequenzverhalten

Infolge interner Phasendrehung bei hohen Frequenzen besteht Schwingneigung.
Daher ist eine Reduzierung der Verstärkung um 20 dB/Dekade mittels C_K und R notwendig (häufig bereits intern vorhanden).

Frequenzkompensation

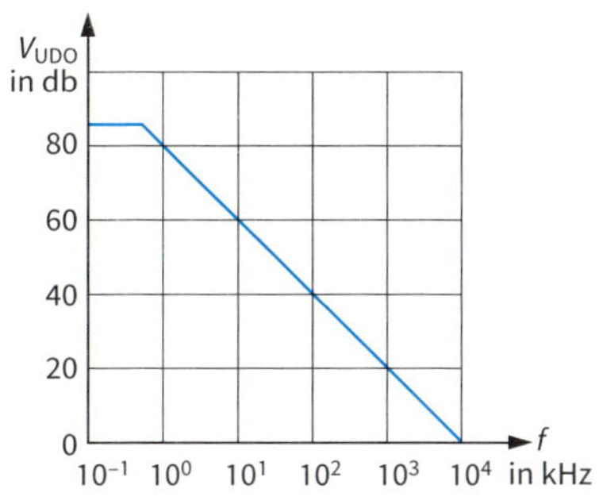

Schaltzeichen

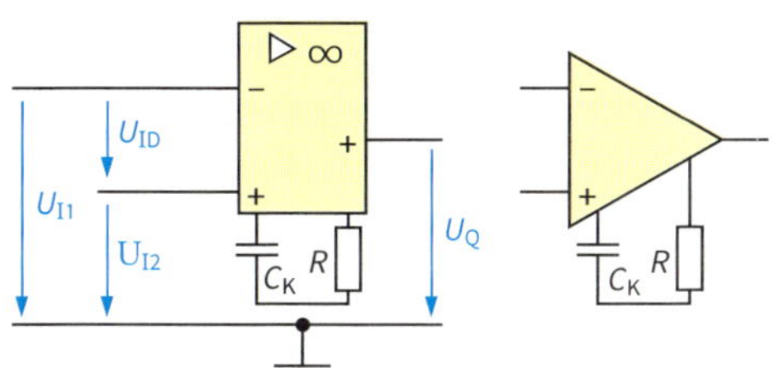

$U_{ID} = U_{I1} - U_{I2}$
Darstellung: einpolig, ohne Speisespannungsanschlüsse
–: Invertierender Eingang
+: Nichtinvertierender Eingang
C_K, R: Frequenzkompensation
U_{ID}: Differenz-Eingangsspannung

Übertragungskennlinie

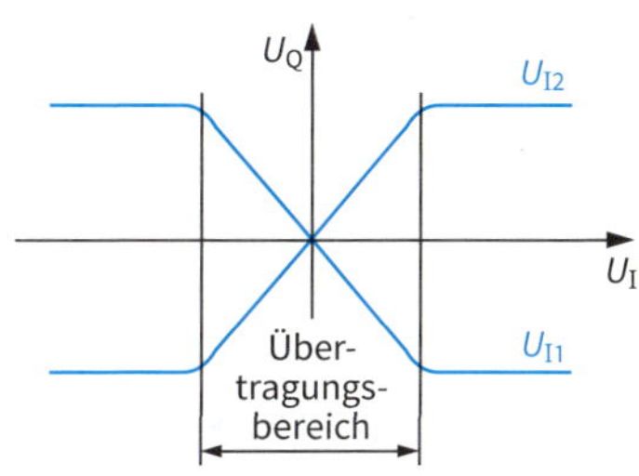

Anwendungsbereiche

Industrielle Elektronik, Regelungstechnik, NF-Technik

Begriff, Formelzeichen	Definition	Beziehung	Typ. Werte
Eingangs-Null-Spannung (input-offset-voltage) U_{I0}	Spannungsdifferenz, die an den Eingängen angelegt werden muss, damit die Ausgangsspannung Null ist.	$U_{I0} = U_{I1} - U_{I2}$ bei $U_Q = 0$ V und Generatorwiderstand $R_G = 50\,\Omega$	maximal ± 6 mV
Gleichtakt-Eingangsspannung (common mode input voltage) U_{IC}	Arithmetischer Mittelwert der Eingangsspannungen, wenn die Ausgangsspannung Null ist.	$U_{IC} = \frac{U_{I1} + U_{I2}}{2}$	
Eingangs-Null-Strom (input-offset-current) I_{I0S}	Differenz der Eingangsströme im Arbeitsbereich, wenn die Ausgangsspannung Null ist.	$I_{I0S} = I_{I1} - I_{I2}$	80 nA
Eingangs-Ruhestrom (input-bias-current) I_I	Mittlerer statischer Eingangsstrom, der für die Funktion des OP notwendig ist.	$I_I = \frac{I_{I1} + I_{I2}}{2}$	80 nA
Differenz-Leerlaufspannungs-Verstärkung (open-loop-voltage-gain) v_{UD0}	Verstärkung einer Differenz-Eingangsspannung ohne Gegenkopplung	$v_{UDO} = \frac{U_Q}{U_{ID}}$ $= 20 \log \frac{U_Q}{U_{ID}}$ in dB	80 dB
Gleichtakt-Leerlaufspannungs-Verstärkung (common-mode-voltage gain) v_{UC0}	Verhältnis der Ausgangsspannung zur Gleichtakt-Eingangsspannung	$v_{UCO} = \frac{U_Q}{U_{IC}}$	

Schaltungen mit Operationsverstärkern
Circuits with Operational Amplifiers

Invertierer

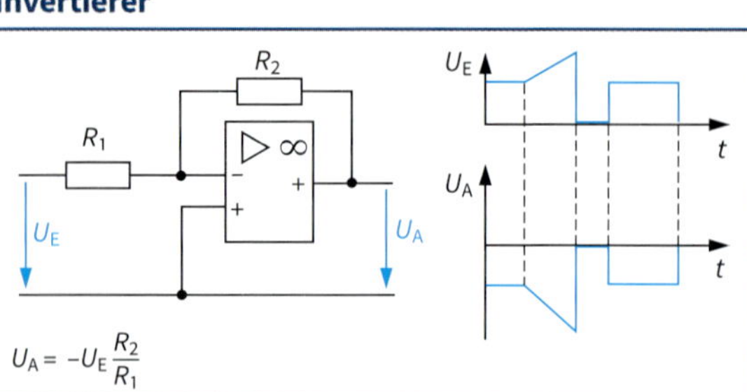

$$U_A = -U_E \frac{R_2}{R_1}$$

Nichtinvertierer

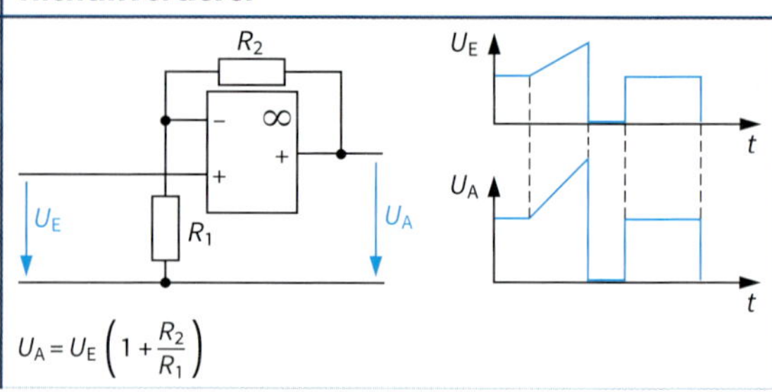

$$U_A = U_E \left(1 + \frac{R_2}{R_1}\right)$$

Differenzierer

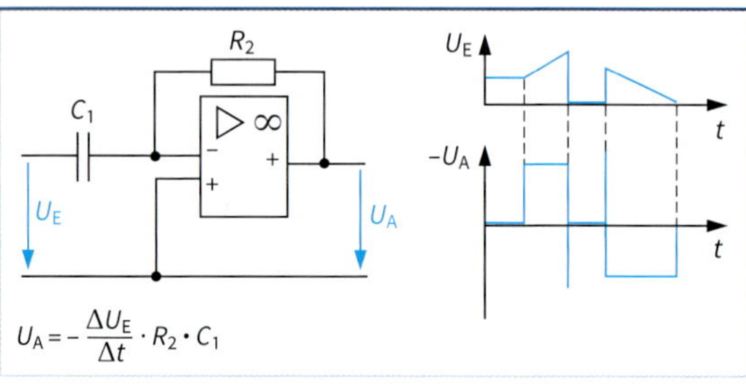

$$U_A = -\frac{\Delta U_E}{\Delta t} \cdot R_2 \cdot C_1$$

Integrierer

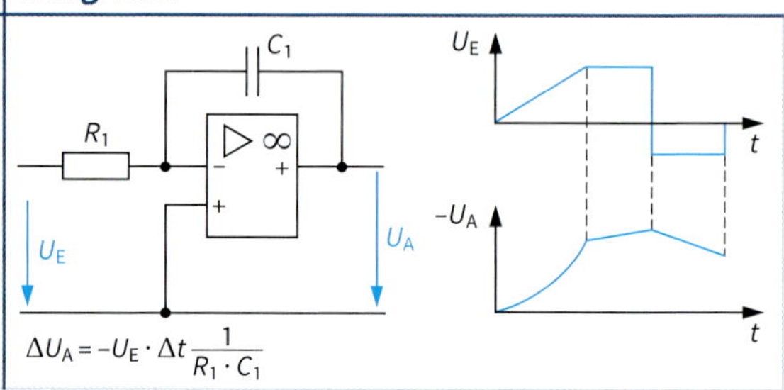

$$\Delta U_A = -U_E \cdot \Delta t \frac{1}{R_1 \cdot C_1}$$

Differenzverstärker

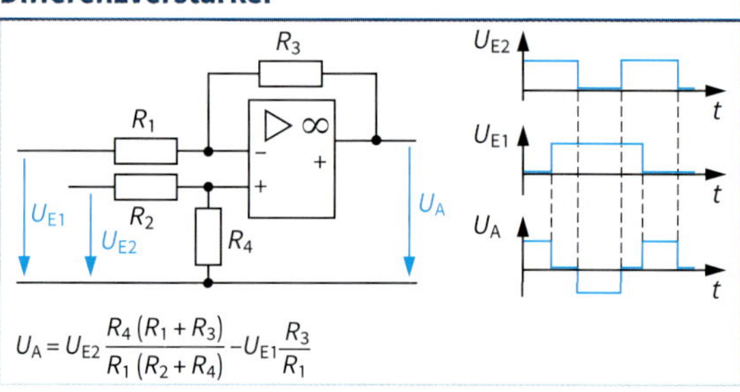

$$U_A = U_{E2} \frac{R_4 (R_1 + R_3)}{R_1 (R_2 + R_4)} - U_{E1} \frac{R_3}{R_1}$$

Summierer

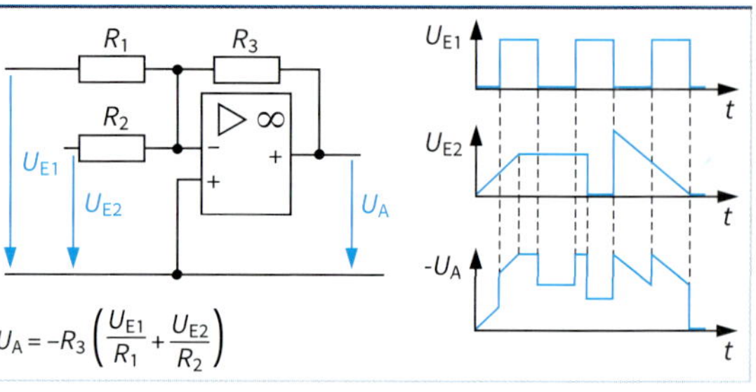

$$U_A = -R_3 \left(\frac{U_{E1}}{R_1} + \frac{U_{E2}}{R_2}\right)$$

Impedanzwandler

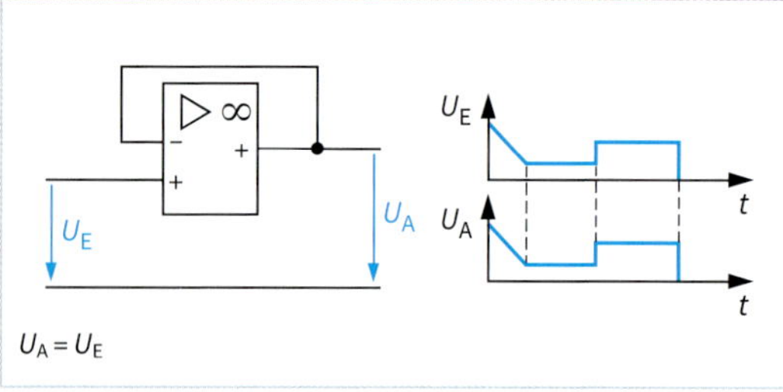

$$U_A = U_E$$

Strom-Spannungswandler

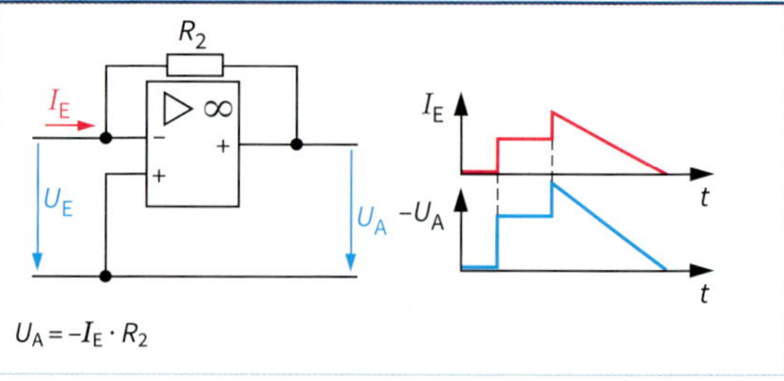

$$U_A = -I_E \cdot R_2$$

Spannungs-Komparator

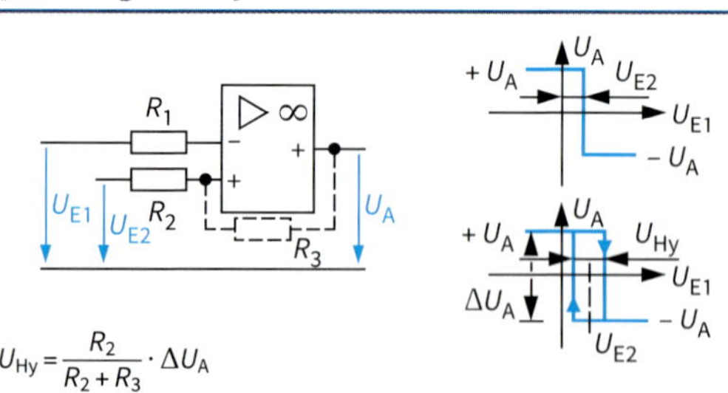

$$U_{Hy} = \frac{R_2}{R_2 + R_3} \cdot \Delta U_A$$

Spannungs-Stromwandler

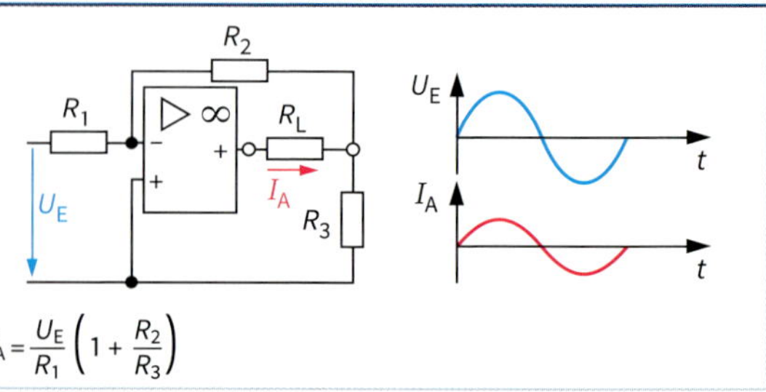

$$I_A = \frac{U_E}{R_1} \left(1 + \frac{R_2}{R_3}\right)$$

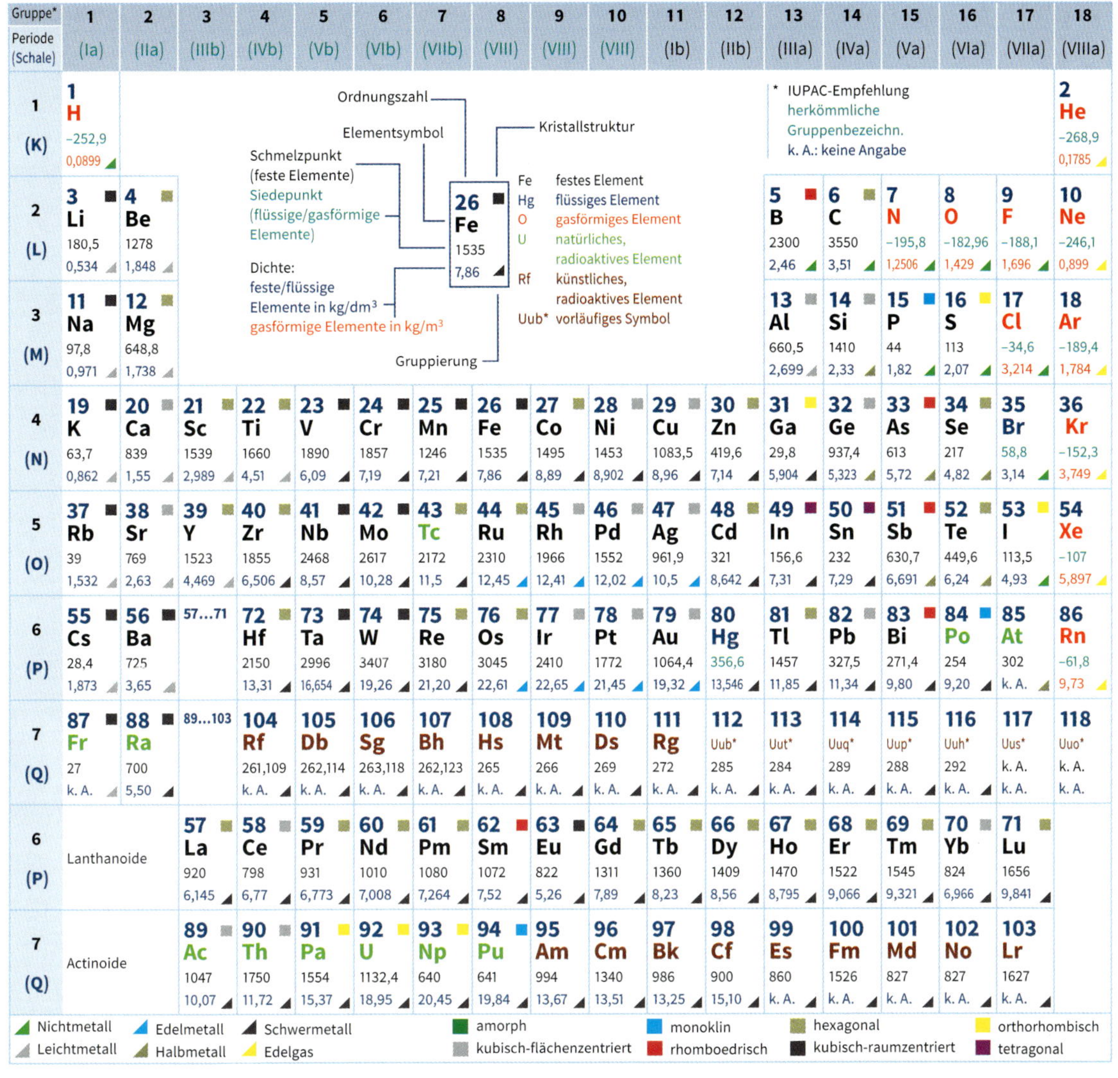

Gruppe* / Periode (Schale)	1 (Ia)	2 (IIa)	3 (IIIb)	4 (IVb)	5 (Vb)	6 (VIb)	7 (VIIb)	8 (VIII)	9 (VIII)	10 (VIII)	11 (Ib)	12 (IIb)	13 (IIIa)	14 (IVa)	15 (Va)	16 (VIa)	17 (VIIa)	18 (VIIIa)
1 (K)	1 H -252,9 0,0899																	2 He -268,9 0,1785
2 (L)	3 Li 180,5 0,534	4 Be 1278 1,848											5 B 2300 2,46	6 C 3550 3,51	7 N -195,8 1,2506	8 O -182,96 1,429	9 F -188,1 1,696	10 Ne -246,1 0,899
3 (M)	11 Na 97,8 0,971	12 Mg 648,8 1,738											13 Al 660,5 2,699	14 Si 1410 2,33	15 P 44 1,82	16 S 113 2,07	17 Cl -34,6 3,214	18 Ar -189,4 1,784
4 (N)	19 K 63,7 0,862	20 Ca 839 1,55	21 Sc 1539 2,989	22 Ti 1660 4,51	23 V 1890 6,09	24 Cr 1857 7,19	25 Mn 1246 7,21	26 Fe 1535 7,86	27 Co 1495 8,89	28 Ni 1453 8,902	29 Cu 1083,5 8,96	30 Zn 419,6 7,14	31 Ga 29,8 5,904	32 Ge 937,4 5,323	33 As 613 5,72	34 Se 217 4,82	35 Br 58,8 3,14	36 Kr -152,3 3,749
5 (O)	37 Rb 39 1,532	38 Sr 769 2,63	39 Y 1523 4,469	40 Zr 1855 6,506	41 Nb 2468 8,57	42 Mo 2617 10,28	43 Tc 2172 11,5	44 Ru 2310 12,45	45 Rh 1966 12,41	46 Pd 1552 12,02	47 Ag 961,9 10,5	48 Cd 321 8,642	49 In 156,6 7,31	50 Sn 232 7,29	51 Sb 630,7 6,691	52 Te 449,6 6,24	53 I 113,5 4,93	54 Xe -107 5,897
6 (P)	55 Cs 28,4 1,873	56 Ba 725 3,65	57…71	72 Hf 2150 13,31	73 Ta 2996 16,654	74 W 3407 19,26	75 Re 3180 21,20	76 Os 3045 22,61	77 Ir 2410 22,65	78 Pt 1772 21,45	79 Au 1064,4 19,32	80 Hg 356,6 13,546	81 Tl 1457 11,85	82 Pb 327,5 11,34	83 Bi 271,4 9,80	84 Po 254 9,20	85 At 302 k. A.	86 Rn -61,8 9,73
7 (Q)	87 Fr 27 k. A.	88 Ra 700 5,50	89…103	104 Rf 261,109 k. A.	105 Db 262,114 k. A.	106 Sg 263,118 k. A.	107 Bh 262,123 k. A.	108 Hs 265 k. A.	109 Mt 266 k. A.	110 Ds 269 k. A.	111 Rg 272 k. A.	112 Uub* 285 k. A.	113 Uut* 284 k. A.	114 Uuq* 289 k. A.	115 Uup* 288 k. A.	116 Uuh* 292 k. A.	117 Uus* k. A. k. A.	118 Uuo* k. A. k. A.
6 (P) Lanthanoide			57 La 920 6,145	58 Ce 798 6,77	59 Pr 931 6,773	60 Nd 1010 7,008	61 Pm 1080 7,264	62 Sm 1072 7,52	63 Eu 822 5,26	64 Gd 1311 7,89	65 Tb 1360 8,23	66 Dy 1409 8,56	67 Ho 1470 8,795	68 Er 1522 9,066	69 Tm 1545 9,321	70 Yb 824 6,966	71 Lu 1656 9,841	
7 (Q) Actinoide			89 Ac 1047 10,07	90 Th 1750 11,72	91 Pa 1554 15,37	92 U 1132,4 18,95	93 Np 640 20,45	94 Pu 641 19,84	95 Am 994 13,67	96 Cm 1340 13,51	97 Bk 986 13,25	98 Cf 900 15,10	99 Es 860 k. A.	100 Fm 1526 k. A.	101 Md 827 k. A.	102 No 827 k. A.	103 Lr 1627 k. A.	

Stoffwerte von Werkstoffen
Physical Characteristics of Materials

Name	Kurzzeichen	Dichte ϱ ϱ in $\frac{kg}{dm^3}$	Schmelzpunkt ϑ_{Fl} in °C	Siedepunkt ϑ_G in °C	Spez. Schmelzwärme q in $\frac{kJ}{kg}$	Spez. Wärmekapazität c in $\frac{kJ}{kg \cdot K}$	Längen-/Volumen-Ausdehnungskoeffizient α in $\frac{10^{-6}}{K}$
Glas	–	2,4…2,7	≈ 700	–		0,850	5
Polyvinylchlorid	PVC	1,35	–	–	165	1,500	8,0
Quarz	SiO_2	2,1…2,6	1480	2230		0,745	8
Cu-Legierung	CuAl10Fe5Ni5	7,4…7,7	≈ 1040	≈ 2300		440	0,000016
	CuSn 6	7,4…8,9	≈ 900	≈ 2300		380	0,0000175
	CuZn 28	8,4…8,7	≈ 950	≈ 2300	167	390	0,0000185
Stahl, unlegiert	C 22	7,85	1510	≈ 2500	205	490	0,000011
Wasser (destilliert)	H_2O	1,00 (4 °C)	0	100		4,182	207
Luft	–	1,29 (mg/cm³)	-220	-191,4		0,716 (V = Konst.)	

Stoffwerte von chemisch reinen Elementen (20 °C und 1,013 · 10⁵ Pa)

Physical Characteristics of Pure Chemical Elements

Name	Kurzzeichen	Ordnungszahl	Elektrische Leitfähigkeit $\varkappa$ in $\frac{MS}{m}$	Temperaturkoeffizient α_{20} in $\frac{10^{-3}}{K}$	Spez. Wärmekapazität c in $\frac{kJ}{kg \cdot K}$	Dichte ϱ in $\frac{kg}{dm^3}$ Gas: $\frac{mg}{cm^3}$	Schmelzpunkt ϑ_{Fl} in °C	Siedepunkt ϑ_G in °C	Spez. Schmelzwärme q in $\frac{kJ}{kg}$	Längenausdehnungskoeffizient α in $\frac{10^{-6}}{K}$
Aluminium	Al	13	37,8[1]	4,7[1]	0,899	2,7	660	2270	398	23,9
Antimon	Sb	51	2,59	6,4	0,210	6,69	630,5	1640	163	10,8
Argon	Ar	18	–	–	–	1,78	–189	–186	–	–
Arsen	As	33	–	4,7	0,350	5,73	618	sublimiert	–	10,8
Barium	Ba	56	2,78	6,5	0,277	3,8	710	1696	–	19
Beryllium	Be	4	31,2	9,0	1,885	1,85	12,83	1870	–	12,3
Bismut	Vi	83	0,91	4,5	0,126	9,8	271	1560	54	13,5
Blei	Pb	82	4,77	4,2	0,130	11,34	327	1750	25	29
Bor (bei 0°C)	B	5	0,91	–	0,960	1,7…2,3	2300	2500	–	8
Brom (bei 18°C)	Br	35	–	–	–	3,19	–7,3	59	–	1150
Cadmium	Cd	48	13,7	4,2	0,230	8,64	321	767	54	29,4
Calcium	Ca	20	–	–	0,630	1,55	850	1439	329	–
Chlor	Cl	17	–	–	–	3,214	–	–34,1	–	–
Chrom	Cr	24	6,76	5,9	0,460	7,1	1900	2300	314	8,5
Cobalt	Co	27	17,8	5,9	0,437	8,9	1490	3200	243	15
Eisen	Fe	26	10	4,6	0,466	7,87	1535	2880	268	11
Fluor	F	9	–	–	–	1,69	–218	–188	–	–
Gallium	Ga	31	2,5	4,0	–	5,91	29,75	2400	–	18
Germanium	Ge	32	0,0011	1,4	0,310	5,32	938	2700	409	6
Gold	Au	79	47,6	4,0	0,130	19,3	1063	2700	63	14,3
Helium	He	2	–	–	5,230	0,18	–272	–268,9	–	–
Indium	In	49	–	–	–	7,3	155	2000	238	44
Iridium	Ir	77	20,4	4,1	–	22,65	2454	>4800	–	–
Jod	J	53	–	–	0,220	4,94	113,7	184,5	62	–
Kalium	K	19	15,9	5,7	0,750	0,86	63,5	776	58	84
Kohlenstoff	C	6	0,015	–	0,500	3,51	–	–	–	–
Krypton	Kr	36	–	–	–	3,74	–157,2	–152,9	–	–
Kupfer	Cu	29	58[2]	4,3[2]	0,390	8,93	1083	2390	205	16,8
Lithium	Li	3	11,7	4,9	–	0,53	180	1340	669,9	58
Magnesium	Mg	12	23,3	4,1	0,924	1,74	650	1097	373	26
Mangan	Mn	25	2,56	5,3	0,504	7,43	1244	2152	264	15
Molybdän	Mo	42	20	4,7	0,270	10,2	2620	5550	273	5
Natrium	Na	11	23,3	5,4	1,260	0,97	97,7	883	113	72
Neon	Ne	10	–	–	–	0,899	–248	–246	–	–
Nickel	Ni	28	14,5	6,7	0,441	8,9	1452	3075	301	13
Osmium	Os	76	10,5	4,2	–	22,7	2500	4400	–	5
Palladium	Pd	46	10,2	3,7	–	12	1554	3387	–	10,6
Phosphor (bei 0°C)	P	15	–	–	0,755	1,83	44,1	280	21	–
Platin	Pt	78	10,2	3,9	0,134	21,4	1769	3800	100	9
Quecksilber	Hg	80	1,063	0,99	0,138	13,55	–38,9	357	11,3	182
Radium	Ra	88	–	–	–	5	700	1140	–	–
Radon	Rn	86	–	–	–	–	–71	–61,9	–	–
Sauerstoff	O	8	–	–	0,920	1,43	–219	–183	13	–
Schwefel (bei 0°C)	S	16	–	–	0,710	2,07	112,8	444,6	38	90
Selen	Se	34	–	–	0,330	4,8	220	688	83	–
Silber	Ag	47	67,1	4,1	0,230	10,5	960,8	1980	105	19,7
Silicium	Si	14	0,001	–	0,075	2,35	141,4	2630	142	7
Stickstoff	N	7	–	–	1,050	1,25	–210	–196	–	–
Strontium	Sr	38	3,25	3,8	0,075	2,54	757	1366	136	–
Tantal	Ta	73	7,14	3,5	0,138	16,6	2990	4100	172	6,5
Tellur	Te	52	0,0016	–	0,200	6,24	453	1390	140	17,2
Thallium	Tl	81	6,25	5,2	0,134	11,85	303	1457	–	2,9
Titan	Ti	22	2,38	5,4	0,630	4,5	1660	3535	88	8,2
Uran	U	92	4,76	2,8	0,120	18,7	1130	3500	365	–
Vanadium	V	23	–	3,9	0,504	6,1	1900	3000	343	8,3
Wasserstoff	H	1	–	–	14,240	0,09	–257	–252	–	–
Wolfram	W	74	18,2	4,8	0,143	19,3	3380	4727	193	4,5
Xenon	Xe	54	–	–	–	–	–112	–108	–	–
Zink	Zn	30	17,6	4,2	0,395	7,13	419,5	906	100	29
Zinn	Sn	50	8,7	4,6	0,228	7,29	232	2360	59	27

Leitungsmaterial: [1] **Aluminium** $\varkappa \geq \frac{36\ MS}{m}$ $\varrho \leq 0{,}02778\ \mu\Omega m$ $\alpha_{20} = 0{,}0036\ K^{-1}$ [2] **Kupfer** $\varkappa \geq 56\ \frac{MS}{m}$ $\varrho \leq 0{,}01786\ \mu\Omega m$ $\alpha_{20} = 0{,}0039\ K^{-1}$

Stoffeinteilung

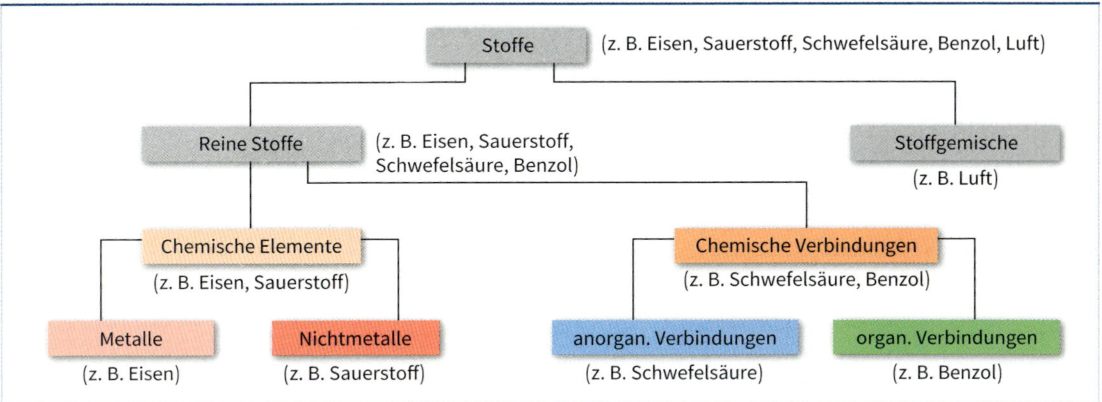

Atomaufbau

Atomkern		Atomhülle
Protonen	Neutronen	Elektronen
▪ Elektrisch positive Masseteilchen ▪ Die Protonen bestimmen den Charakter des Elements. ▪ Protonenzahl = Kernladungszahl = Ordnungszahl	▪ Elektrisch neutrale Masseteilchen ▪ Die Neutronenzahl kann für die Atomkerne des gleichen Elements unterschiedlich sein (Isotope).	▪ Elektrisch negative Masseteilchen ▪ Bei einem neutralen Atom ist die Protonenzahl gleich der Elektronenzahl.

Atomteilchen

Name	Ladung e in As	Masse m in g
Elektron	$-1{,}602 \cdot 10^{-19}$	$9{,}1089 \cdot 10^{-28}$
Neutron	0	$1{,}6748 \cdot 10^{-24}$
Proton	$+1{,}602 \cdot 10^{-19}$	$1{,}6725 \cdot 10^{-24}$
Schalen	**Elektronen**	**Bezeichnung**
K	2	1 s
L	2, 6	2 s, 2 p
M	2, 6, 10	3 s, 3 p, 3 d
N	2, 6, 10, 14	4 s, 4 p, 4 d, 4 f

Atommodell

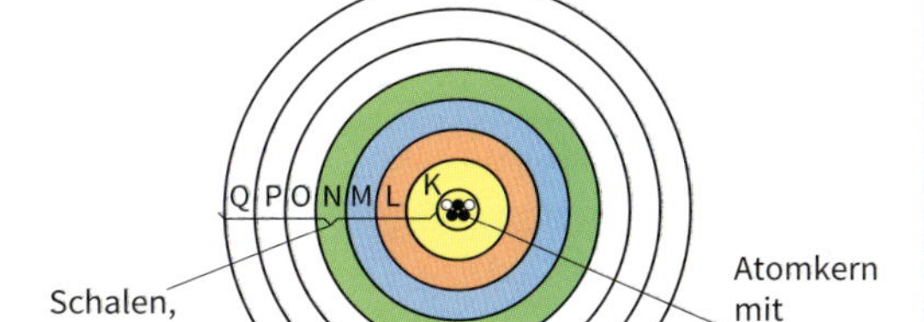

Relative Atommasse *A*

$$A = \frac{\text{Masse des neutralen Atoms}}{\frac{1}{12}\text{ der Masse des Kohlenstoffsatoms } ^{12}\text{C}}$$

Eine relative Masseneinheit beträgt $1{,}6605 \cdot 10^{-27}$ kg.

Atomsymbole und ihre Schreibweise

	Chlormolekül	Chlorid-Ion	Wasserstoffmolekül	Natriumchloridmolekül
ohne Angabe der Ionenladung	Cl_2		H_2	NaCl
mit Angabe der Ionenladung		$2\,Cl^-$	$2H^-$	$(Na^+\,Cl^-)$

Beispiel:

A = Z + N
(N: Neutronenzahl)

Nukleonenzahl A — 12; Protonenzahl Z (Ordnungszahl) — 6: $^{12}_{6}C$

Ca^{2+} — Ionenladung

O_2 — Stöchiometrischer Index

Oxidationszahlen: $C^{IV}(Cl^{-I})_4$; $Na_2\,[\overset{6+2-}{SO_4}]$

Ionenwanderung

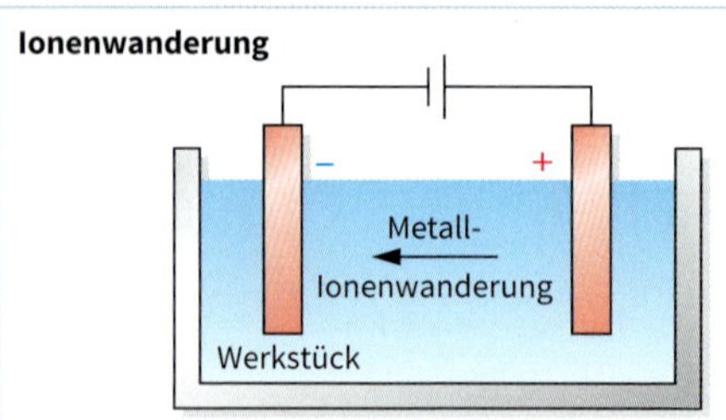

Massenberechnung (Faradaysches Gesetz)

$$m = c \cdot I \cdot t$$

m: Masse

c: elektrochemisches Äquivalent

$[c] = \frac{\text{mg}}{\text{As}}; \frac{\text{g}}{\text{Ah}}$ $\quad 1\,\frac{\text{mg}}{\text{As}} = \frac{3{,}6\text{ g}}{\text{Ah}}$

I: Stromstärke

t: Zeit

Wirkungsgrad (Stromausbeute)

Katodischer Wirkungsgrad

$$\eta = \frac{m^*}{c \cdot I \cdot t}$$

m^*: verfügbare Masse

Der Wirkungsgrad ist stark von der Anlage abhängig.

Die Verluste entstehen durch:

- Nebenreaktionen (z. B. Wasserstoffabscheidung)
- Zusammensetzung der Flüssigkeit
- Erwärmung der Flüssigkeit

Schichtdicke s

$$s = \frac{m}{A \cdot \varrho} \qquad s = \frac{c \cdot I \cdot t}{A \cdot \varrho} \qquad s = \frac{c \cdot J \cdot t}{\varrho}$$

ρ: Dichte

Stromdichte J

$$J = \frac{I}{q}$$

q: Fläche

$[J] = \frac{\text{A}}{\text{m}^2}$

Spannungsreihe der Elemente (Normalpotenziale)

Potenzialbildung

Metall
−
+ Metallionen (Lösung)
(Metall/Metallion)
U

Als Bezugselektrode für die Spannungsangabe (Normalpotenzial) wird eine Wasserstoffelektrode H/H+ verwendet.

Normalpotenziale wichtiger Gebrauchsmetalle
(luftgesättigtes Wasser, pH 6; 25 °C)

Metall	Potenzial in V
Gold	+0,306
Silber	+0,194
Neusilber Ns 6218	+0,161
Silberlot 4500	+0,156
Bronze SnBz8	+0,156
Messing SoMs 70	+0,153
Messing Ms 63	+0,145
Kupfer	+0,140
Nickel Ni 99,6	+0,118
Cr-Stahl	+0,007
Cr-Ni-Stahl (V2A)	−0,084
Aluminium Al 99,5	−0,169
Zinnlot LSn 90	−0,058
Blei Pb 99,9	−0,283
Maschineneisen GG-18	−0,389
Zink Zn 99,975	−0,807
GD Zn Al 4	−0,853

Normalpotenziale (theoretische Werte)

Element	Elektrodenreaktion	Potenzial in V
Lithium	Li $\rightarrow Li^+ + e$	−3,02
Kalium	K $\rightarrow K^+ + e$	−2,92
Calcium	Ca $\rightarrow Ca^{2+} + 2\,e$	−2,89
Natrium	Na $\rightarrow Na^+ + e$	−2,84
Magnesium	Mg $\rightarrow Mg^{2+} + 2\,e$	−2,34
Aluminium	Al $\rightarrow Al^{3+} + 3\,e$	−1,67
Mangan	Mn $\rightarrow Mn^{2+} + 2\,e$	−1,05
Zink	Zn $\rightarrow Zn^{2+} + 2\,e$	−0,76
Chrom	Cr $\rightarrow Cr^{3+} + 3\,e$	−0,71
Schwefel	$S^{2-} \rightarrow S + 2\,e$	−0,51
Eisen	Fe $\rightarrow Fe^{2+} + 2\,e$	−0,44
Cadium	Cd $\rightarrow Cd^{2+} + 2\,e$	−0,40
Kobalt	Co $\rightarrow Co^{2+} + 2\,e$	−0,27
Nickel	Ni $\rightarrow Ni^{2+} + 2\,e$	−0,25
Zinn	Sn $\rightarrow Sn^{2+} + 2\,e$	−0,41
Blei	Pb $\rightarrow Pb^{2+} + 2\,e$	−0,125
Eisen	Fe $\rightarrow Fe^{3+} + 3\,e$	−0,036
Wasserstoff	$\frac{1}{2}H_2 \rightarrow H^+ + e$	±0,000
Zinn	Sn $\rightarrow Sn^{4+} + 4\,e$	+0,050
Kupfer	Cu $\rightarrow Cu^{2+} + 2\,e$	+0,345
Kupfer	Cu $\rightarrow Cu^+ + e$	+0,52
Jod	J_2 (fest) $+ 2\,e \rightarrow 2\,J^-$	+0,536
Quecksilber	2 Hg $\rightarrow Hg^{2+} + 2\,e$	+0,798
Silber	Ag $\rightarrow$ Ag+ + e	+0,80
Quecksilber	Hg $\rightarrow Hg^{2+} + 2\,e$	+0,80
Platin	Pt $\rightarrow Pt^{2+} + 2\,e$	+1,2
Chlor	Cl_2 (Gas) $+ 2\,e \rightarrow 2\,Cl^-$	+1,358
Gold	Au $\rightarrow Au^{3+} + 3\,e$	+1,42
Gold	Au $\rightarrow Au^+ + e$	+1,7
Fluor	F2 (Gas) $+ 2\,e \rightarrow 2\,F^-$	+2,85

Bezeichnung	Formelzeichen	Einheit	Erklärung	Formel
Dichte	ϱ	$\frac{kg}{dm^3}$	Masse bezogen auf Volumen	$\varrho = \frac{m}{V}$
Härte	HB HV HRC	– – –	Widerstand gegen Eindringen in ein Material Prüfverfahren: ■ **Brinell** (Stahlkugel in Material gedrückt) ■ **Vickers** (Diamantpyramide in Material gedrückt) ■ **Rockwell** (Diamantkugel in zwei Stufen in Material gedrückt)	$H = \frac{F_B}{A} \cdot 0{,}102$ $HRC = 100 - \frac{t_b}{0{,}002}$ F_B: Belastungskraft A: Eindruckoberfläche t_b: bleibende Eindringtiefe
Festigkeit	 R_m σ_{dB} σ_{bB} τ_B σ_{kB} τ_{tB}	 $\frac{N}{mm^2}$ $\frac{N}{mm^2}$ $\frac{N}{mm^2}$ $\frac{N}{mm^2}$ $\frac{N}{mm^2}$ $\frac{N}{mm^2}$	Widerstand gegen Bruch **Zugfestigkeit** **Druckfestigkeit** **Biegefestigkeit** **Scherfestigkeit** (Schubfestigkeit) **Knickfestigkeit** **Verdrehfestigkeit**	$R_m = \frac{F_m}{S_o}$ F_m: Kraft bei Bruch S_o: ursprünglicher Querschnitt
Elastizität	–	–	Verformung durch Krafteinwirkung und Rückgang der Verformung nach Kraftzurücknahme.	–
Plastizität	–	–	Verformung durch Krafteinwirkung ohne Rückgang der Verformung nach Kraftzurücknahme.	–
Streckgrenze	R_e	$\frac{N}{mm^2}$	Zugfestigkeits-Grenze (auch: Fließgrenze), bei der die elastische Verformung in eine plastische Verformung übergeht. Spannungs-Dehnungs-Diagramm für weichen Stahl (σ, R_m, R_e, ε)	
Dehnung Bruchdehnung	ε A	1 1	Längenveränderung bei Krafteinwirkung (S_o, d_o, l_o, l_1, Δl, F_m) vor Krafteinwirkung / bei Bruch	$A = \frac{\Delta l_B}{l_o} \cdot 100\,\%$ A_5: Zugstablänge $l_o = 5 \cdot d_o$ A_{10}: Zugstablänge $l_o = 10 \cdot d_o$ Δl_B: Längenänderung bei Bruch l_o: ursprüngliche Länge

Bezeichnung	Formelzeichen	Einheit	Erklärung	Formel
Wärme-leitfähigkeit	λ	$\frac{W}{m \cdot K}$	**Wärmeleitung:** Durchdringen von Wärmemengen durch ein Werkstück. **Wärmeleitfähigkeit:** Wärmeleitung bezogen auf Werkstückmaße und Temperaturunterschied. Werte sind bei Gasen und Flüssigkeiten stark temperaturabhängig!	$\lambda = \frac{Q \cdot s}{\Delta\vartheta \cdot A \cdot t}$ s: Dicke A: Fläche Q: Wärmemenge $\Delta\vartheta$: Temperaturunterschied t: Zeit
Spezifische Wärmekapazität	c	$\frac{kJ}{kg \cdot K}$	Zum Erwärmen notwendige Wärmemenge bezogen auf Masse und Temperaturunterschied	$c = \frac{Q}{m \cdot \Delta\vartheta}$ m: Masse
Spezifische Schmelzwärme	q	$\frac{kJ}{kg}$	Wärmemenge zum Schmelzen von 1 kg eines Stoffes bei Schmelztemperatur	–
Spezifische Verdampfungswärme	r	$\frac{kJ}{kg}$	Wärmemenge zum Verdampfen von 1 kg eines Stoffes bei Siedetemperatur	–
Volumen-ausdehnungs-Koeffizient	γ	$\frac{1}{K}$ K^{-1}	**Wärmeausdehnung:** Volumenveränderung eines Körpers bei Temperaturänderung. **Volumenausdehnungs-Koeffizient:** Volumenänderung bezogen auf ursprüngliches Volumen und Temperaturänderung	$\gamma = \frac{\Delta V}{V_0 \cdot \Delta\vartheta}$ Gase: $\gamma = \frac{1}{273\ K}$
Längen-ausdehnungs-koeffizient	α	$\frac{1}{K}$ K^{-1}	Längenänderung bezogen auf ursprüngliche Länge und Temperaturänderung Feste Körper: $\gamma \approx 3 \cdot \alpha$	$\alpha = \frac{\Delta l}{l_0 \cdot \Delta\vartheta}$
Spezifischer elektrischer Widerstand	ϱ	$\mu\Omega \cdot m$ $\frac{\Omega \cdot mm^2}{m}$	Elektrischer Widerstand eines Stoffes von 1 m Länge und 1 mm^2 Querschnitt	$\varrho = \frac{R \cdot q}{l}$
Elektrische Leitfähigkeit	$\varkappa$	$\frac{MS}{m}$ $\frac{m}{\Omega \cdot mm^2}$	Kehrwert des spezifischen elektrischen Widerstandes	$\varkappa = \frac{l}{R \cdot q}$
Temperatur-koeffizient	α β	$\frac{1}{K}$; K^{-1} $\frac{1}{K^2}$; K^{-2}	Änderung des elektrischen Widerstandes bei Temperaturänderung < 200 °C: α_{20} Temperaturkoeffizient bei 20 °C > 200 °C: β	$\alpha = \frac{\Delta R}{R_{20} \cdot \Delta\vartheta}$ $\beta = \frac{\alpha^2}{2}$ $\Delta R \approx R_{20} \cdot (\alpha \cdot \Delta\vartheta + e \cdot \Delta\vartheta^2)$

Werkstoff-Bezeichnung

Beispiel:

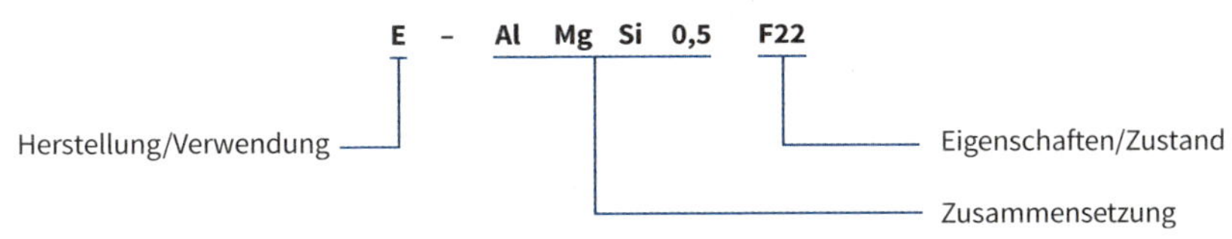

Herstellung/Verwendung		Zusammensetzung		Eigenschaften/Zustand	
Buchstabe	Bedeutung	Buchstabe	Bedeutung	Buchstabe	Bedeutung
E	Elektrotechnik	Ag	Silber	F	Festigkeit
E1, E2	sauerstoffhaltig	Al	Aluminium	fh	federhart (1,8 · weich)
F	feuerraffiniert	Cd	Cadmium	g	geglüht
G	Guss, allgemein	Cr	Chrom	G	rückgeglüht
GD	Druckguss	Cu	Kupfer	h	hart (1,4 · weich)
GK	Kokillenguss	Mg	Magnesium	hh	halbhart (1,2 · weich)
Gl	Gleitmetall	Mn	Mangan	ka	kaltausgehärtet
GZ	Schleuderguss	Ni	Nickel	L	Leitfähigkeit, elektrische
Kb	Kabel	Pb	Blei	ta	teilausgehärtet
KE	katodisch abgeschieden	Si	Silicium	wa	warmausgehärtet
L	Lot	Sn	Zinn	zh	ziehhart
V	Vorlegierung	Zn	Zink	W	weichgeglüht
S	Schweißzusatz-Werkstoff	Die Zahlen geben entweder die Legierungsbestandteile in % oder die Leitfähigkeit in $\frac{MS}{m}$ an.		Die Zahlen geben die Mindestzugfestigkeit in $\frac{daN}{mm^2}$ oder die Leitfähigkeit $\frac{MS}{m}$ an.	
SF SW SE	sauerstofffrei, Phosphorgehalt: hoch niedrig sehr niedrig				

Kupfer

Leitungskupfer: $\varkappa_{min} = 56\ \frac{MS}{m}$

Kurzname	Bestandteile in %			Eigenschaften					Verwendungsbeispiele
	Cu	O	P	$\varkappa$ in $\frac{MS}{m}$	R_m in $\frac{N}{mm^2}$	A_5 in %	*HB*	λ in $\frac{W}{m \cdot K}$	
E – Cu 57 E1 – Cu 58	99,9 99,9	0,005 … 0,04		> 57 > 58	200 … 250	38 45	45 … 70	395 395	Drähte, Gussstücke
KE – Cu F20	99,9			58	–	–	–	–	Katoden
SE – Cu F20	99,9		0,003	57	200	17	70	385	Leiterwerkstoff
G – CuL45 G – CuL50	99,9 99,9			45 50	150 150	25 25	40 40	305 340	Schaltbauteile

Aluminium

Leitungsaluminium: $\varkappa_{min} = 36\ \frac{MS}{m}$

Kurzname	Bestandteile in %					Eigenschaften				Verwendungsbeispiele
	Si	Fe	Cu	Mg	andere	$\varkappa$ in $\frac{MS}{m}$	R_m in $\frac{N}{mm^2}$	A_5 in %	*HB*	
E – Al F7 E – Al F10 E – Al F13	0,25	0,4	0,02	0,05	Cr + Mn + Ti + V max. 0,03	35,4 34,8 34,5	65 … 100 100 … 140 130 … 170	25 6 4	20 … 30 28 … 38 32 … 48	Rohre, Stangen Rohre, Stangen Bänder, Bleche
E – AlMgSi 0,5F22	0,55	0,2	0,05	0,5		30	215 … 280	12	65 … 90	Stromschienen
E-AlMgSi 0,5F77	0,5	0,3	–	0,5		32	200	13	77	Drähte

Widerstandswerkstoffe

Kurzname (Handelsnamen als Beispiel)	ϱ in $\frac{kg}{dm^3}$	R_m in $\frac{N}{mm^2}$	A_5 in %	α in $\frac{10^{-6}}{K}$	λ in $\frac{W}{m \cdot K}$	c in $\frac{J}{g \cdot K}$	T_S in °C	T_A in °C	ϱ_{20} in µΩm	α_{20} in $\frac{10^{-3}}{K}$	besondere Eigenschaften	Verwendung
CuNi2	8,9	220	18	16,5	130	0,38	1090	300	0,05	+1,4	weich lötbar	niedrigohmige Widerstände Heizdrähte, Heizkabel mit niedriger Temperatur
CuNi6	8,9	250	18	16	92	0,38	1095	300	0,10	+0,7		
CuMn12Ni (Manganin)	8,4	390	20	18	22	0,41	960	140	0,43	±0,01	hohe zeitliche Konstanz des Widerstandes	Mess- und Normalwiderstände, Vorschaltwiderstände
CuNi44 (Konstantan)	8,9	420	20	13,5	23	0,41	1280	600	0,49	−0,08 ±0,04	gut zunderbeständig	Heizdrähte, Potenziometer
CuNi10	8,9	290	20	16	59	0,38	1100	400	0,15	+0,35	korrosions- und zunderbeständig	

Kontaktwerkstoffe

Kurzname	ϱ in $\frac{kg}{dm^3}$	T_S in °C	λ in $\frac{W}{m \cdot K}$	$\varkappa$ in $\frac{MS}{m}$	α in $\frac{10^{-3}}{K}$	Verwendungsbeispiele
Reine Metalle						
Ag (Feinsilber)	10,5	961	1	67,1	4,1	Relais
Au (Feingold)	19,3	1063	0,72	47,6	4	Fernmeldetechnik
Ir	22,5	2454	0,14	20,4	4,1	Legierungen
Pd	12,0	1552	0,17	9,8	3,7	Fernmeldetechnik
Re	21,0	3180	0,14	5,3	4,5	Unterbrecher-Kontakte
Hg	13,6	−39	10	1,04	–	ex-Schaltgeräte
Legierungen						
CuAg (2…6 % Ag) (Silberbronze)	9,2	1010	0,27	38	–	Federn, Messer, Elektroden
Ag (2 % Cu + Ni) (Hartsilber)	10,5	945	0,97	52	3,5	Schütze, Relais
Ptlr (80 % Pt)	21,7	1840	0,042	3,2	0,77	in Mess- und Fernmeldetechnik
PtAg (70 % Pt)	12,8	1090	–	3,4	0,3	Schütze, Relais

Magnetwerkstoffe

Übertragerblech										
Kurzname	Bestandteile	Kennzeichnung Farbe	Kennzeichnung Strichanzahl	ϱ in $\frac{kg}{dm^3}$	$\varkappa$ in $\frac{MS}{m}$	H_c in $\frac{A}{m}$	$B_{Sät}$ in T	μ_{16} (μ_4)	T_{Curie} in °C	Handelsnamen (Beispiele)
A0	Stahl mit	–	0	7,7	2,5	100	2,03	450	750	Trafoperm
A2	2,5 …	hellgrün	2	7,63	1,82	60	2	800…900	750	
A3	4,5 % Si		3	7,57	1,47	35	1,92	750…900	750	Hyperm 4
E3	Ni-Fe-Leg. mit	hellrot	1	8,6	2,00	2	0,7…0,8	(16000…35000)	400	Mumetall, Hyperm 500
E4	≈ 75% Ni	hellrot/weiß	je 1	8,7	1,82	1	0,6…0,8	(30000…40000)	270…400	

Thermoplaste

Kunststoff	Kurzzeichen	Eigenschaften	Verwendungen	Handelsnamen (Beispiele)
Poly**v**inyl- **c**hlorid	**PVC** hart	beständig gegen viele Chemikalien, alterungsbeständig	Apparatebau, Bauindustrie, Folien, Rohre, Flaschen	Hostalit Vinoflex Trividur
Poly**v**inyl- **c**hlorid	**PVC** weich	geringere chemische Beständigkeit	Drahtisolation, Fußbodenbelag, Tapeten, Kunstleder	Mipolam Acella Vestolit
Poly**s**tyrol	**PS**	hart, spröde, Oberflächenglanz, sehr gute elektrische Eigenschaften	Verpackung, Spulenkörper	Styroflex Trolitul Hostyren
Styrol-**B**utadien	**SB**	höhere Zähigkeit als PS, empfindlich gegen UV-Licht	Gehäuse, Installationsmaterial	Styron Hostyren
Styrol- **A**cryl**n**itril	**SAN**	beständig gegen Küchenflüssigkeiten, kratzfest	Haushaltsgeräte	Vestoran Tyril
Acrylmitril- **B**utadien-**S**tyrol	**ABS**	Oberflächenglanz, Schlagzähigkeit, kratzfest	Gehäuse, Geräteteile, Batteriekästen	Novodur Perluran
Poly**e**thylen Weich-PE Hart-PE	**PE** LDPE HDPE	wenig witterungsbeständig. Steigende Dichte ergibt steigende Härte und Wärmeformbeständigkeit, aber sinkende Transparenz.	Kabelisolierung, Folien, Flaschen	Hostalen Lupolen Corothene
Poly**p**ropylen	**PP**	chemische Beständigkeit, harte Oberfläche	Batteriekästen, Haushaltsgeräte	Novolen Trolen P
Poly**a**mid 12	**PA 12**	geringe Wasseraufnahme, sehr gute chemische Beständigkeit	Lebensmittelfolien, Präzisionsteile der Elektrotechnik	Rilsan A Durethan Ultramid
Poly**o**xy- **m**ethylen (Acetalharz)	**POM**	zäh, wärmeformbeständig, maßhaltig, abriebfest, nicht säurefest	Zahnräder, Gleitlager, Armaturen, Schaltrelais, Beschläge	Hostaform Delrin Sustain
Poly**m**ethyl- **m**eth**a**crylat	**PMMA**	glasklar, spröde, chemisch beständig, alterungs- und witterungsbeständig	Lichtkuppeln, Leuchtenabdeckung, optische Linsen	Plexiglas Degalan Vedril
Cellulose**a**cetat **C**ellulose- **A**ceto**b**utyrat	**CA** **CAB**	zäh, transparent, nicht lebensmittelecht, kraftstoffbeständig	Brillengestelle, Filme, Gehäuse für elektrische Geräte	Cellidor Tenite Cellon
Poly**e**thylen **P**oly**b**utylen- en**t**ere**p**hthalat	**PETP** **PBTP**	hart, kristallin, abriebfest, geringe Wasseraufnahme, niedrige Ausdehnung	Zahnräder, Aderisolierung, Gehäuse, Rohre	Vestodur A, B Ultradur Crastin
Poly**c**arbonat	**PC**	hart, steif, zäh, maßhaltig, alterungsbeständig	Gehäuse, Steckerleisten, Helme	Makrolon Lexan

Duroplaste

Kunststoff	Kurzzeichen	Eigenschaften	Verwendungen	Handelsnamen (Beispiele)
Polyester **u**ngesättigt	**UP**	maßhaltig, licht- und farbecht, sehr fest	Sturzhelme, Schalter, Karosserieteile	Hostaphan Vestopal
Epoxid	**EP**	chemisch beständig, sehr leicht fließend, geringe Steifigkeit bei Wärme	Präzisionsteile, Zwei-Komponenten-Kleber, Metalleinbettungen	Araldit Terokal Skotch-Weld
Phenol- **F**ormaldehyd	**PF**	bräunlich, dunkelt nach, spröde, nicht lebensmittelecht, chemisch beständig	Topfgriffe, Spulenträger, Sockelplatten, Gleitlager	Bakelite Resinol Trolitan

Isolierstoffklassen
Insulation Classes

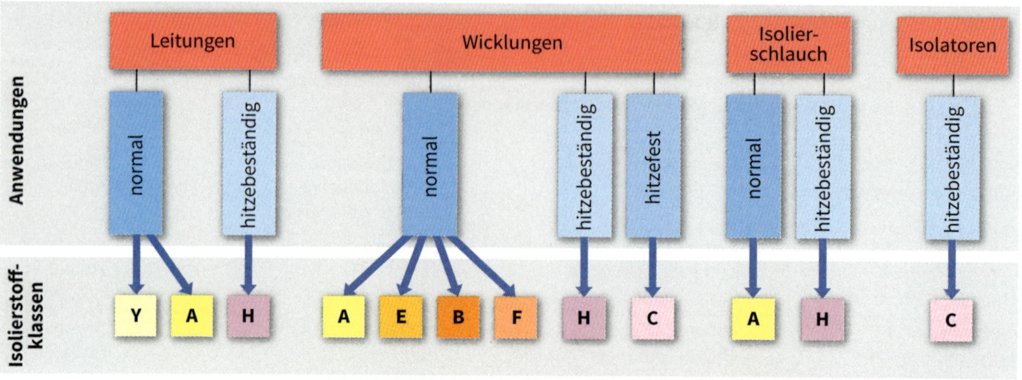

Anwendungen → Isolierstoffklassen

- Leitungen
  - normal → Y, A
  - hitzebeständig → H
- Wicklungen
  - normal → A, E, B, F
  - hitzebeständig → H
  - hitzefest → C
- Isolierschlauch
  - normal → A
  - hitzebeständig → H
- Isolatoren
  - hitzebeständig → C

Klasse	Y	A	E	B	F	H	C
Grenztemperatur	90 °C	105 °C	120 °C	130 °C	155 °C	180 °C	> 180 °C
Beispiele für Werkstoffe	Holz, Baumwolle, Seide, Papier PA, PE, PVC, PS, Anilin-, Formaldehyd-Kunstharz, Harnstoff	Holz, Baumwolle, Seide, PA Textilien, Papier geschichtetes Holz CA, vernetzte PE-Harze	PC-, PTA-Folie, vernetzte PE-Harze, Drahtlacke Verbundstoffe, Pressteile mit Cellulose-Füllkörper Ethylen-Vinylacetat-Copolymer	Glasfaser, Asbest Glimmer Drahtlacke, Gewebe und Folien auf PE-Glykolterephthalat-Basis mineralische Füllstoffe	Glasfaser, Asbest, Glimmer, cellulosefreie Verbundstoffe Drahtlacke, (Basis: IPE, EI, Polyterephthalat) Folien auf Polymonochlortrifluorethylen-Basis	Glasfaser, Asbest Glasfasertextilien Glimmer Fasern (PA-Basis) Folien (PI-Basis), Drahtlacke (PI-Basis)	Glimmer, Porzellan, Glas, Quarz Glasfasertextilien, Polytetrafluorethylen

Isolierstoffe aus Keramik bzw. Glas
Ceramic or Glass Insulating Materials

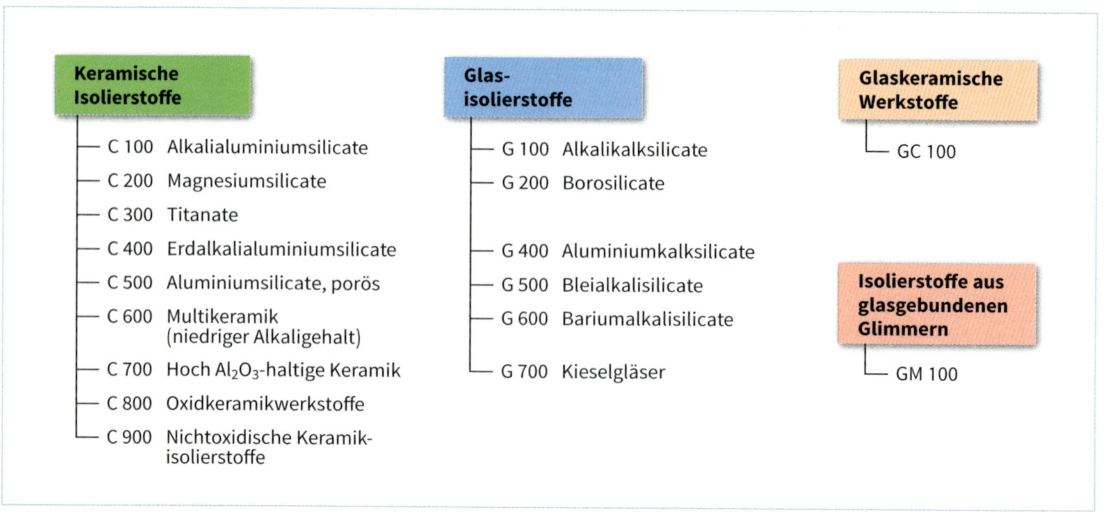

Elektrische Installationen

2

Energieverteilung, Anlagen und Räume

78 Verteilungssysteme
79 Bereiche mit elektrischen Anlagen
81 Verteilungen, Räume

Kabel und Leitungen

82 Kabel
83 Kennfarben von Leitern
83 Leitungskennzeichnung
84 Leitungen
86 Bauproduktenverordnung
87 Belastbarkeit von Leitungen
88 Spannungsfall auf Leitungen
89 Zuordnung von Überstrom-Schutzorganen
90 Strombelastbarkeit bei 25 °C
91 Strombelastbarkeit bei 30 °C
92 Installieren von Leitungen

Schutzorgane und Schutzmaßnahmen

94 Leitungsschutz-Schalter
95 Schmelzsicherungen
97 RCD – Residual-Current Protective Device
98 Fehlerstrom-Schutzschalter – Fehlerstromformen
99 Fehlerlichtbogen-Schutzeinrichtung (Brandschutzschalter)
100 Geräteschutzschalter
101 Isolationswächter
102 Schutzpotenzialausgleich
103 Schutzmaßnahmen
104 Schutz gegen gefährliche Körperströme
105 Fehlerschutz
106 Prüfungen in Anlagen mit Fehlerstrom-Schutzeinrichtung
107 Prüfung von Schutzmaßnahmen

Erdung

108 Oberflächenerder
109 Tiefenerder
110 Elektrische Energieeffizienz

Beispiel:

T – N – C – S – System

- **T**: Beschreibung der Erdungen an der Einspeisung
- **N**: Beschreibung der Erdungen in der Verbraucheranlage
- **C**: Beschreibung der N- und PE-Leiter-Führung in der VNB-Anlage
- **S**: Beschreibung der N- und PE-Leiter-Führung in der Verbraucheranlage

Systemarten

TN-C-System	TN-S-System	TN-C-S-System	TT-System	IT-System
↓	↓	↓	↓	↓
Neutral- und Schutzleiter	Neutral- und Schutzleiter	Kombination des TN-C- und TN-S-System	Gehäuse in der Anlage geerdet	Aktive Leiter gegen Erde isoliert
↓	↓	↓	↓	↓
N- und PE-Leiter zusammen als PEN-Leiter	Vollständig getrennte Führung von N- und PE-Leiter	Getrennte Führung von N- und PE-Leiter ab Hauptverteilung	Keine Leiterverbindung vom Anlagen- zum Betriebserder	Erdung aller Gehäuse nur in der Anlage

Kurzzeichen:

- **I:** Trennung aller aktiven Teile von Erde; Sternpunkt isoliert (oder) über Impedanz mit der Erde verbunden.
- **T:** Direkte Erdung des Netz-Sternpunktes ① bzw. der Gerätegehäuse ②.
- **N:** Komponenten sind direkt mit dem Sternpunkt des Versorgungssystems verbunden.
- **C:** PEN-Leiter hat Neutralleiter (N)- und Schutzleiter (PE)-Funktion.
- **S:** PE-Leiter ist vom N-Leiter getrennt.

Bedeutung: I: Isolation (isoliert); **T:** Terre (Erde); **N:** Neutre (neutral); **C:** Combiné (kombiniert); **S:** Separé (getrennt)

TN-C-S-System

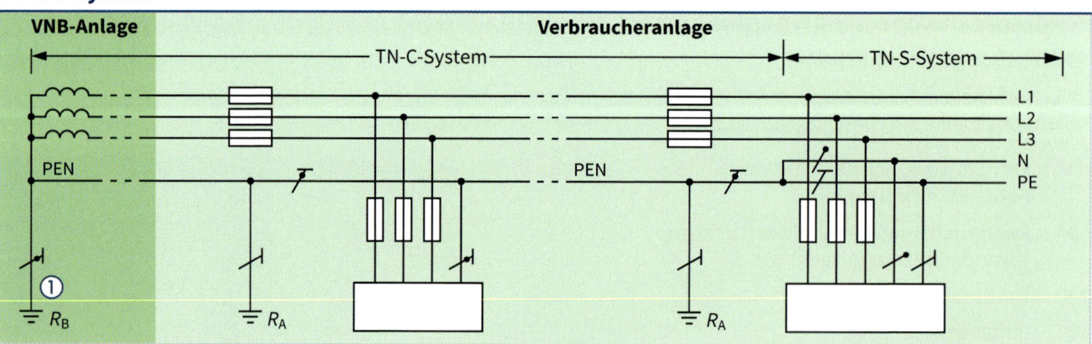

TT-System

IT-System

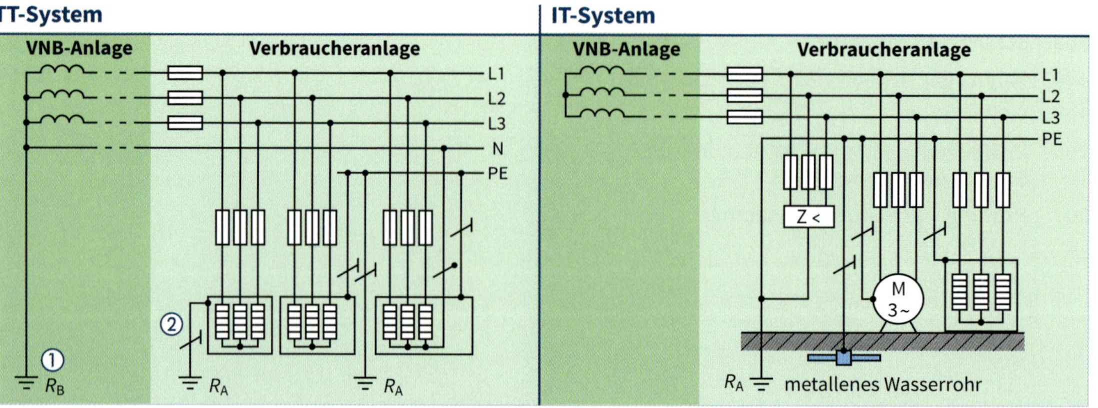

<table>
<tr><th>Bezeichnung</th><th colspan="3">Erklärungen</th></tr>
<tr><td>Feuchte und nasse Bereiche:
Räume mit Kondenswasser
DIN VDE 0100-737: 2002-01</td><td colspan="3">Backräume, Kühlräume, Großküchen, unbeheizte und unbelüftete Kellerräume, Nasswerkstätten, Weinkeller, Duschecken usw.
Schutz in feuchten und nassen Bereichen und Räumen:
▪ Betriebsmittel mindestens nach Schutzart IPX1
▪ nicht direkt mit Strahlwasser angestrahlte Betriebsmittel IPX4
▪ Schutzanstrich oder korrosionsfeste Werkstoffe bei ätzenden Dämpfen
▪ RCD: $I_{\Delta N} \leq 10$ mA bzw. 30 mA
▪ Leitungsart: NYM, NYY</td></tr>
<tr><td>Errichten von elektrischen Anlagen:
Allgemeine Festlegungen
DIN VDE 0105-100: 2015-10</td><td colspan="3">Anforderungen für das Arbeiten, Bedienen und Instandhalten an elektrischen Anlagen.
Anwendungsbereiche:
▪ elektrische Anlagen mit Kleinspannung bis Hochspannung
▪ ortsfeste Anlagen, z. B. in Industriebetrieben und Bürogebäuden
▪ ortsveränderliche Anlagen, z. B. an Baustellen und im Bergbau
▪ abgeschlossene elektrische Betriebsstätten mit Zugang für unterwiesene Personen</td></tr>
<tr><td>Errichten von Niederspannungs-anlagen:
Schutz gegen thermische Auswirkungen
DIN VDE 0100-420: 2016-02</td><td colspan="3">Auswahl von elektrischen Betriebsmitteln bei besonderem Brandrisiko:
▪ bei möglicher Staub- und Faseransammlung IP5X
▪ bei leicht entzündlichen Stoffen mind. IP4X
▪ bei Ablagerung von leitfähigem Staub IP6X
Kabel- und Leitungssysteme:
▪ bei nicht vollständiger Verlegung in nicht brennbaren Stoffen (z. B. Putz, Beton)
Kabel- und Leitungsanlagen in nicht flammenausbreitender Bauweise:
▪ Schutz gegen Überlast und Kurzschluss
▪ Installation der Schutzeinrichtungen außerhalb der Betriebsstätten</td></tr>
<tr><td>Anlagen im Freien:
Orte mit und ohne Überdachungen
DIN VDE 0100-737: 2002-01</td><td colspan="3">Geschützte Anlagen im Freien:
▪ Betriebsmittel mindestens nach Schutzart IPX1
Ungeschützte Anlagen im Freien:
▪ Betriebsmittel mindestens nach Schutzart IPX3
RCD: $I_{\Delta N} \leq 10$ mA bzw. 30 mA
▪ Leitungsart: NYM, NYY</td></tr>
<tr><td rowspan="6">Medizinisch genutzte Bereiche:
Anlagen in Krankenhäusern und medizinisch genutzten Räumen außerhalb von Krankenhäusern
DIN VDE 0100-710: 2012-10</td><td colspan="3">Raumarten (Auswahl) und Anwendungsgruppen</td></tr>
<tr><td>Anwendungsgruppe</td><td>Raumart</td><td>Art der medizinischen Nutzung</td></tr>
<tr><td>0</td><td>Bettenräume
OP-Sterilisationsräume
OP-Waschräume
Praxisräume</td><td>Keine Anwendung elektromedizinischer Geräte</td></tr>
<tr><td>1</td><td>Bettenräume
Therapieräume
Untersuchungsräume</td><td>Anwendung elektromedizinischer Geräte am oder im Körper (kleine, ambulante Chirurgie)</td></tr>
<tr><td>2</td><td>OP-Vorbereitungsräume
OP-Räume
Intensiv-Untersuchungs- und Überwachungsräume</td><td>Organoperationen jeder Art chirurgisches Einbringen von Geräteteilen</td></tr>
<tr><td colspan="3">Schutz gegen elektrischen Schlag
▪ Basisschutz (Schutz gegen direktes Berühren) in Räumen der Anwendungsgruppen 0, 1 und 2 laut DIN VDE 0100-410 (in Räumen der Gruppen 1 und 2 auch bei Betriebsspannungen $U \leq 25$ V AC und $U \leq 60$ V DC)
▪ Fehlerschutz (Schutz bei indirektem Berühren) mit bevorzugten Schutzmaßnahmen wie
– Schutz durch Meldung mit Isolations-Überwachungseinrichtung im IT-Netz beim 1. Fehler
– Doppelte oder verstärkte Isolierung (Schutzisolierung)
– Sicherheitskleinspannung, Funktionskleinspannung, Schutztrennung
– Schutz durch Abschaltung einzelner Verbraucher mit RCD beim 2. Fehler $I_{\Delta N} \leq 30$ mA in Stromkreisen mit Überstrom-Schutzeinrichtungen bis 63 A
▪ Zusätzlicher Schutzpotenzialausgleich in Räumen der Gruppen 1 und 2
▪ Sicherheitsstromversorgung, Umschaltzeit $t \leq 15$ s für Sicherheitsbeleuchtung von Rettungswegen und Räumen der Gruppen 1 und 2; bei Operationsleuchten $t \leq 0{,}5$ s</td></tr>
</table>

Bezeichnung	Erklärungen
Becken von Schwimmbädern, begehbare Wasserbecken und Springbrunnen DIN VDE 0100-702: 2012-03 Feuchte Bereiche mit Spritz- und Strahlwasser	Schutzbereiche am Schwimmbecken: 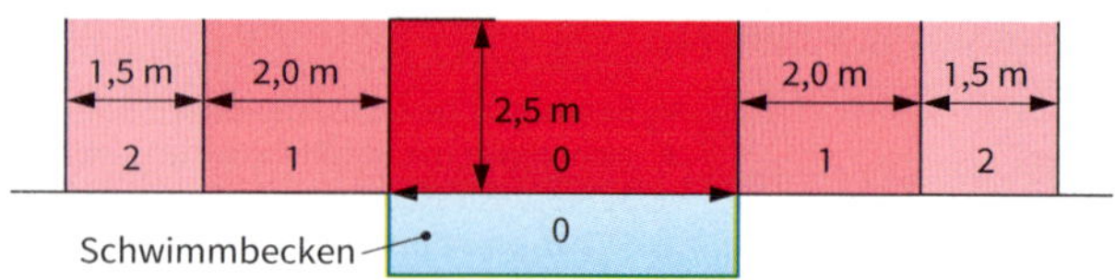 ■ Sicherheitskleinspannung (SELV) $U \leq 12$ V in Bereichen 0 und 1 mit Spannungsquelle außerhalb der Bereiche 0, 1 bzw. 2 ■ Zusätzlicher Schutzpotenzialausgleich in allen Bereichen ■ Heißluftsaunen gehören zu trockenen Räumen, da Luftfeuchtigkeit nur kurz ansteigt (Wasseraufguss). ■ Dampfsaunen gehören zu feuchten und nassen Räumen. ■ RCD: $I_{\Delta N} \leq 30$ mA; Ausnahme: Versorgung mit Saunaheizungen [1] Bei Reinigung mit Hochdruckreinigern IPX5 erforderlich.

Bereich	0	1	2
Schutzart	mind. IPX8[1]	mind. IPX5	mind. IPX2

Räume mit Badewanne oder Dusche DIN VDE 0100-701: 2008-10 Bereiche mit fest installierten Bade- und Duscheinrichtungen	Zusätzlicher Schutzpotenzialausgleich zwischen Metallteilen bzw. -rohren: ■ Erforderlich in Gebäuden, in denen kein Schutzpotenzialausgleich über die Haupterdungsschiene vorliegt ■ Schutzleiterquerschnitt: – bei geschützter Verlegung ≥ 2,5 mm² Cu – bei ungeschützter Verlegung ≥ 4 mm² Cu ■ Restwandstärke mindestens 6 cm, wenn auf der Rückseite elektrische Installationen vorhanden sind, die an die Bereiche 1 und 2 grenzen Leitungsart: NYY, NYM, H07V-U

Bereiche:

- mit Dusche (Duschecke) ohne Duschwanne

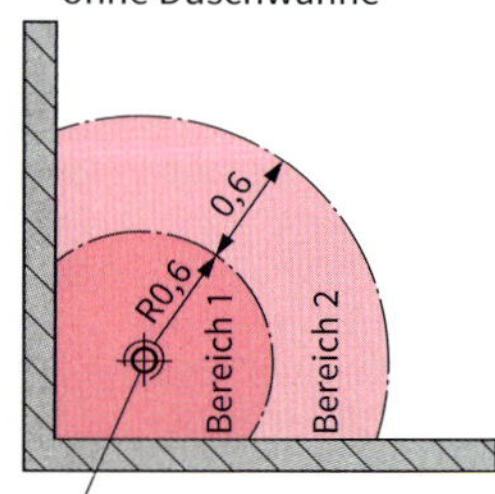

- mit Duschwanne und fester Trennwand

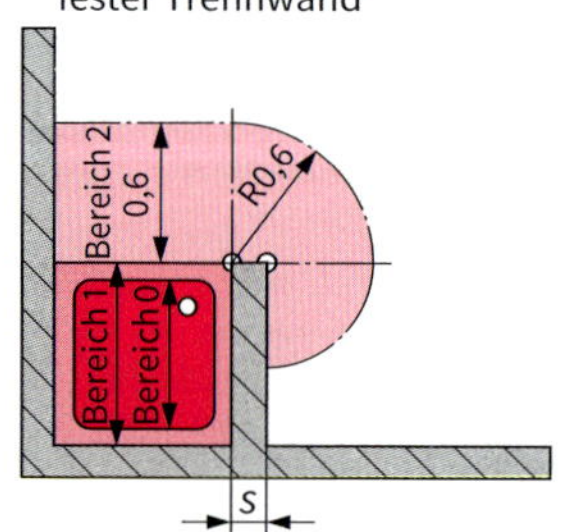

- mit Badewanne

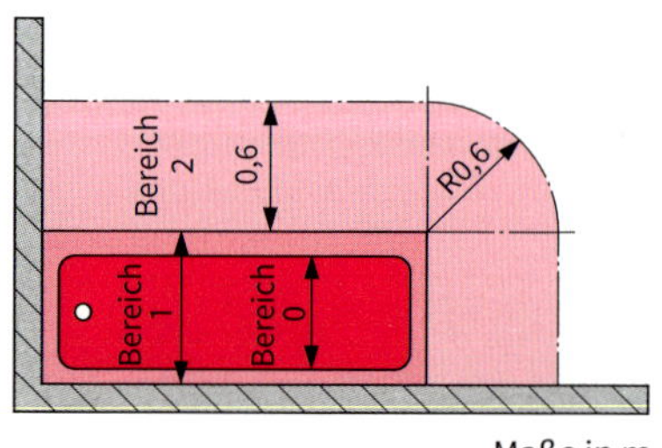

Maße in m

Bereich	Kabel und Leitungen (bis 6 cm unter Putz)	Schalter und Steckdosen	Elektrische Betriebsmittel
0	nein	nein	ja[4]
1	ja[1]	ja[3]	ja[4]
2	ja[1]	ja[2][3]	ja[4]

Unter folgenden Bedingungen:

[1] Senkrechte und waagerechte Leitungsführung zu den Betriebsmitteln, Leitungseinführung für die Energieversorgung von der Rückseite der Betriebsmittel

[2] Alle Installationsgeräte, nur Steckdosen für Betriebsmittel der Signal- und Kommunikationstechnik (SELV, PELV)

[3] Schalter in Verbrauchern, Steckdosen für die Energieversorgung außerhalb der Bereiche mit Schutz durch RCD: $I_{\Delta N} \leq 30$ mA

[4] **Bereich 0:**
– Schutzart IPX7, Kleinspannung (≤ 12 V AC, ≤ 25 V DC), ortsfester Anschluss

Bereich 1:
– Schutzart IPX4, Kleinspannung (≤ 25 V AC, ≤ 60 V DC), ortsfester Anschluss, Whirlpooleinrichtungen, Duschpumpen, Geräte zur Lüftung, Handtuchtrockner und Wassererwärmer

Bereich 2:
– Schutzart IPX4, Geräte der Signal- und Kommunikationstechnik (SELV, PELV)

Hausanschluss

Kabel-Hausanschlusskasten – 3 x KH 00-A

Trennwand
Abdeckung
245 125 35 150 420

Maße in mm

Kurzzeichen	NH-Sicherungen	Anschluss: q_{max} in mm²	
		Zugang	Abgang
KH 00-A	3 x Größe 00 + PEN/N	4 x 50	4 x 50
KH 1–B	3 x Größe 1 + PEN/N	4 x 150	4 x 120

Zul. Spannungsfall im Hauptstromversorgungssystem[1]	
0,50 %: ≤ 100 kVA	1,25 %: > 250 bis 400 kVA
1,00 %: >100 bis 250 kVA	1,50 %: > 400 kVA

[1] Angaben laut TAB 2007

Hauptleitungsquerschnitte

Bemessung von Hauptleitungen für Räume ohne Elektroheizung:

- Laut Diagramm in DIN 18015-1
- **Mindestabsicherung** von 63 A bis 5 Räume; Selektivität der Schmelzsicherungen gewährleistet
- **Mindestleiterquerschnitt** 10 mm² für Cu-Leitungen

Zählerplatz

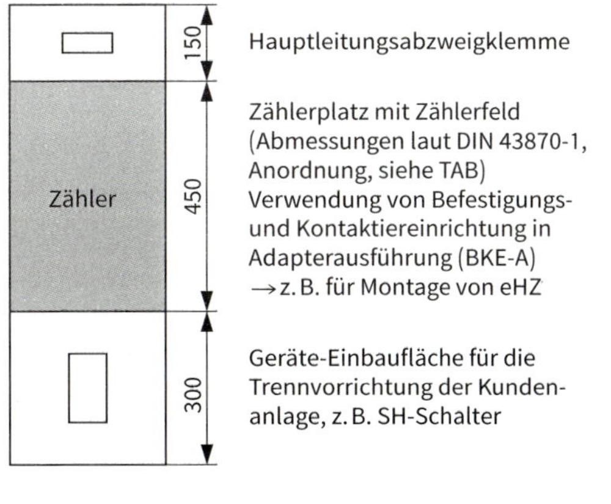

Beispiel: Zentrale Zähleranordnung

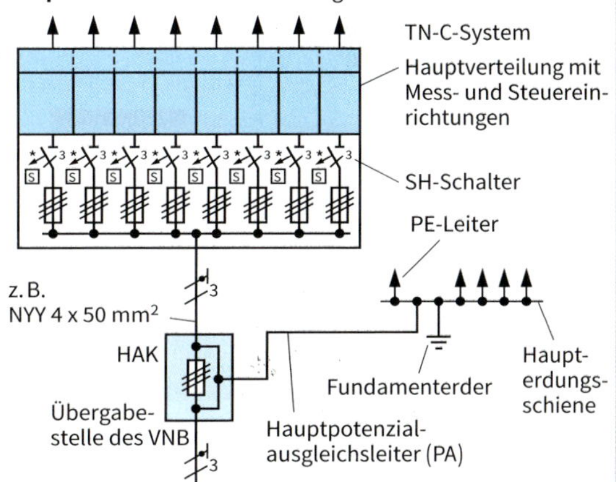

Installationszonen und Vorzugsmaße

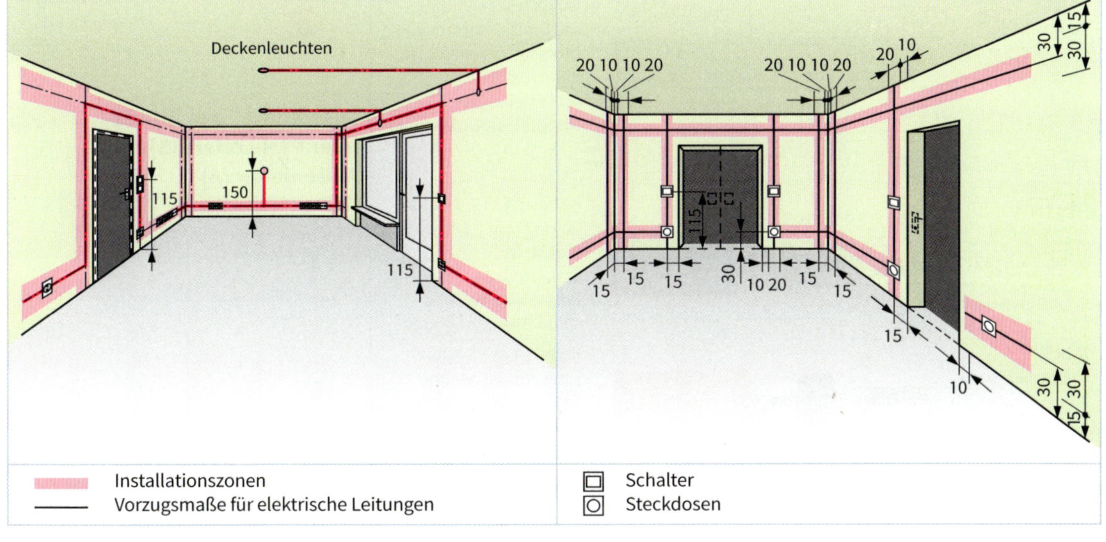

Installationszonen
Vorzugsmaße für elektrische Leitungen
Schalter
Steckdosen

Kabelbezeichnungen

Kurzzeichen	Erklärung
N	Genormte Ausführung
A	**Leiterart:** Aluminium kein Zeichen für Kupfer
 Y **2X**	**Isolierwerkstoff:** PVC vernetztes PE (VPE)
 C **CW** **S** **(F)**	**Konzentrischer Leiter, Schirm:** Kupfer Kupfer, wellenförmig Kupferschirm längswasserdichter Schirm

Kurzzeichen	Erklärung
 B **F** **G** **R**	**Bewehrung:** Stahlband Flachdraht verzinkt Gegenwendel aus verzinktem Stahlband Runddraht verzinkt
 A **K** **KL** **Y** **2Y**	**Mantel:** Faserstoffe Bleimantel Aluminiummantel PVC-Isolierung PE-Isolierung
 –J **–O**	**Schutzleiter:** mit Schutzleiter ohne Schutzleiter

Kabelarten

Niederspannungskabel bis $\frac{U_o}{U} = \frac{0{,}6\text{ kV}}{1\text{ kV}}$		
Bezeichnung	Abbildung	Erklärung/Verwendung
NYCY Rundleiter		Erdkabel mit PVC-Isolierung, Ortsnetze, Hausanschlüsse, Straßenbeleuchtung
NYY Rund- oder Sektorleiter		Erdkabel mit PVC-Isolierung; Kraftwerke, Industrie und Schaltanlagen, Kabelkanäle
NA2XY Sektorleiter, eindrähtig		Erd-/Kunststoffkabel mit VPE-Isolierung, Ortsnetze, bei Kabelhäufungen
NYCWY Sektorleiter		Erdkabel mit PVC-Isolierung, Ortsnetze, Industrie, konzentrischer Leiter auch als N- und PE-Leiter
NFA2X Sektorleiter, mehrdrähtig		Isoliertes Freileitungsseil für Drehstromsysteme im Viererbündel, Kennzeichnung der Außenleiter durch Noppen auf Isolierung
Mittelspannungskabel[1] $\frac{U_o}{U} = \frac{0{,}6\text{ kV}}{1\text{ kV}}; \frac{U_o}{U} = \frac{12\text{ kV}}{20\text{ kV}}; \frac{U_o}{U} = \frac{18\text{ kV}}{30\text{ kV}}$		
NA2XS2Y mehrdrähtig		Kabel mit VPE-Aderisolierung und PE-Mantel, Industrie, Schaltanlagen, bei starker mechanischer Beanspruchung
N2XSY mehrdrähtig		Kabel mit VPE-Isolierung, Industrie- und Schaltanlagen, Kraftwerke, bei schwieriger Trassenführung

[1] Im Alltagsgebrauch werden noch die Begriffe Mittelspannung und Höchstspannung verwendet.

Kabelangaben über Leiterform und Leiteraufbau

Abbildung	Kurzzeichen	Erklärung
	SM	sektorförmiger Leiter, mehrdrähtig
	SE	sektorförmiger Leiter, eindrähtig
	RM	runder Leiter, mehrdrähtig
	RE	runder Leiter, eindrähtig bei 0,5 bis 10 mm²

Zuordnung[2] des Schutz- oder PEN-Leiters (S) zum Außenleiter (A)

Querschnitt in mm²			
A	S	A	S
1,5	1,5	35	16
2,5	2,5	50	25
4	4	70	35
6	6	95	50
10	10	120	70
16	16	150	70
25	16	185	95

[2] Zuordnung gilt für isolierte Energieleitungen und 0,6 kV/1 kV-Kabel mit 4 Leitern.

Isolierte und blanke Leiter

Leiterbezeichnung		Zeichen	Farbe	Leiterbezeichnung	Zeichen	Bildzeichen	Farbe
Wechselstrom	Außenleiter	L1, L2, L3	1)	Schutzleiter	PE	⏚	gnge
	Neutralleiter	N	bl	PEN-Leiter (Neutrall. mit Schutzfunktion)	PEN	⏚	gnge
Gleichstrom	positiv	L+	1)				
	negativ	L–	1)	Erde	E	⏚	1)
	Mittelleiter	M	bl	1) Farbe nicht festgelegt			

Adern bei isolierten Leitungen und Kabeln

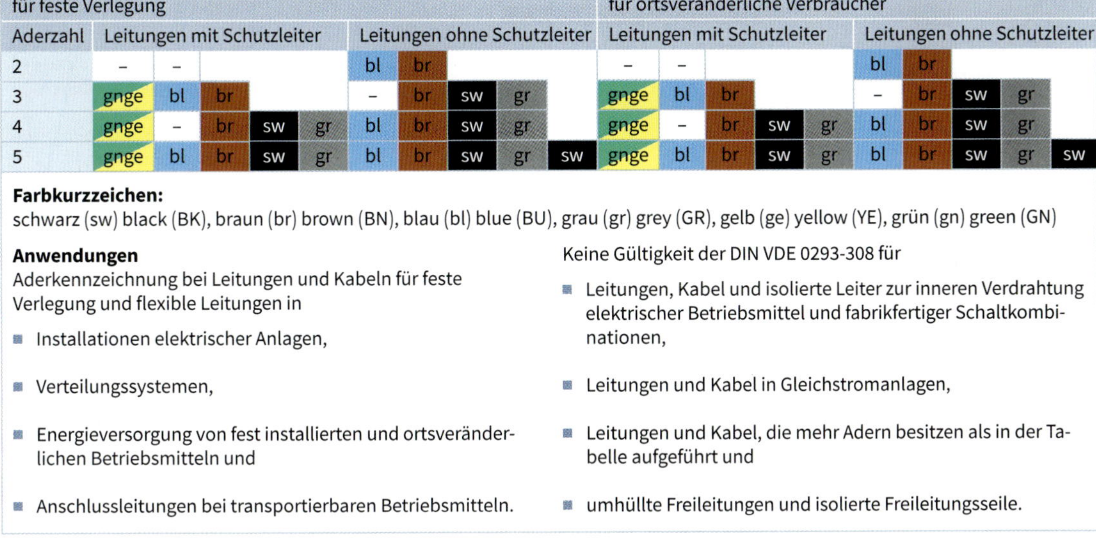

für feste Verlegung											für ortsveränderliche Verbraucher									
Aderzahl	Leitungen mit Schutzleiter					Leitungen ohne Schutzleiter					Leitungen mit Schutzleiter					Leitungen ohne Schutzleiter				
2	–	–				bl	br				–	–				bl	br			
3	gnge	bl	br			–	br	sw	gr		gnge	bl	br			–	br	sw	gr	
4	gnge	–	br	sw	gr	bl	br	sw	gr		gnge	–	br	sw	gr	bl	br	sw	gr	
5	gnge	bl	br	sw	gr	bl	br	sw	gr	sw	gnge	bl	br	sw	gr	bl	br	sw	gr	sw

Farbkurzzeichen:
schwarz (sw) black (BK), braun (br) brown (BN), blau (bl) blue (BU), grau (gr) grey (GR), gelb (ge) yellow (YE), grün (gn) green (GN)

Anwendungen
Aderkennzeichnung bei Leitungen und Kabeln für feste Verlegung und flexible Leitungen in

- Installationen elektrischer Anlagen,
- Verteilungssystemen,
- Energieversorgung von fest installierten und ortsveränderlichen Betriebsmitteln und
- Anschlussleitungen bei transportierbaren Betriebsmitteln.

Keine Gültigkeit der DIN VDE 0293-308 für

- Leitungen, Kabel und isolierte Leiter zur inneren Verdrahtung elektrischer Betriebsmittel und fabrikfertiger Schaltkombinationen,
- Leitungen und Kabel in Gleichstromanlagen,
- Leitungen und Kabel, die mehr Adern besitzen als in der Tabelle aufgeführt und
- umhüllte Freileitungen und isolierte Freileitungsseile.

Leitungskennzeichnung
Cable Designation Code

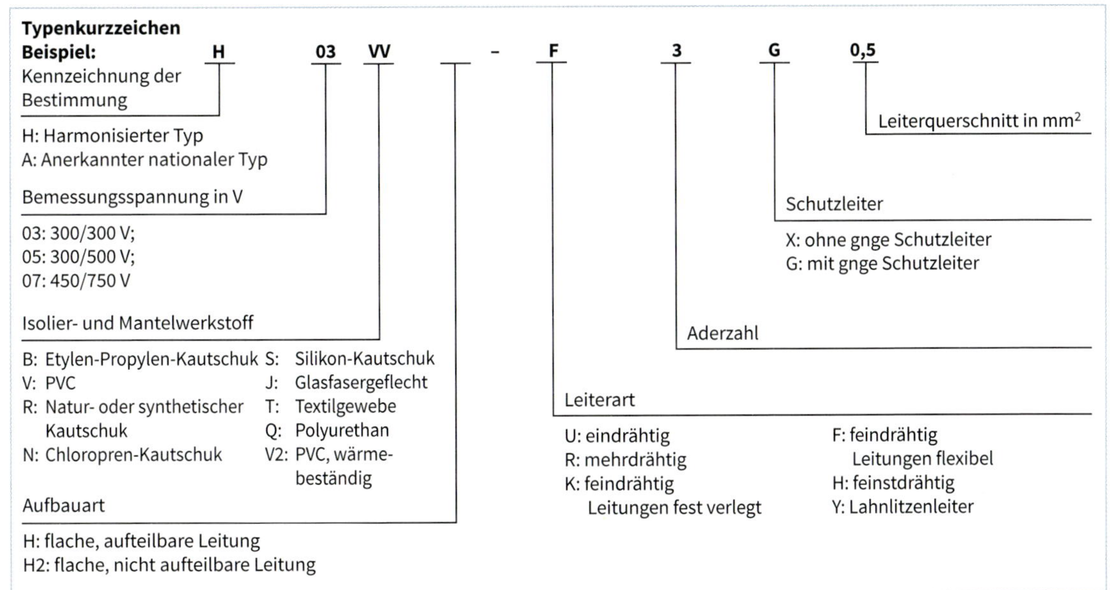

Isolierte Leitungen für feste Verlegung

Bezeichnung	Abbildungen	Kurzzeichen	Ader-zahl	Verwendung
PVC-Einzeladern		H05V-U/K H07V-U/K	1 1	▪ Leitung für innere Verdrahtung von Geräten ▪ Geschützte Verlegung in und an Leuchten
Wärmebeständige PVC-Einzeladern		H05V2-K	1	▪ Verbindungsleitung für Energieanlagen, Schaltschränke ▪ Bei höheren Leiter- oder Umgebungstemperaturen bis +105 °C
Schadstofffreie Mantelleitung	(N)HMH-J	NHMH-J	3…7	▪ Feste Verlegung in Wohnbauten, öffentlichen Gebäuden und Industrieanlagen ▪ Schutz vor direkter Sonneneinstrahlung erforderlich
PVC-Mantelleitung		NYM	1…7	▪ Industrie- und Hausinstallationen im Innen- und Außenbereich ▪ Schutz vor direkter Sonneneinstrahlung erforderlich
Halogenfreie Mantelleitung		NHXMH	1…7	▪ Industrie; Hotels; Flughäfen, U-Bahnen u. a. ▪ Bei erhöhtem Schutz für Menschen und Sachwerte
PVC-Mantelleitung mit Tragseil, Zugentlastung		NYMT	3…4	▪ Leitung mit selbsttragender Aufhängung ▪ Straßenbeleuchtung ▪ Hausanschluss über Dachständer
Spezial-PVC-Steuerleitung (geschirmt)		NSY	3…7	▪ Steuer- und Signalleitung in Krankenhäusern und Labors ▪ Baubiologische Energieleitung im Wohnungsbau

Isolierte, flexible Leitungen

Bezeichnung	Abbildungen	Kurzzeichen	Ader-zahl	Verwendung
Spiralleitung		H05BQ-F	2…3	▪ Elektrowerkzeuge ▪ Handlinggeräte ▪ Unterhaltungselektronik
PVC-Schlauchleitung		H03VV-F	2…7	▪ Anschlussleitung bei geringer mechanischer Beanspruchung für Tisch- und Stehleuchten u. a.
Gummi-Schlauchleitung (schwere Ausführung)		H07RN-F	1…7	▪ Anschlussleitung bei mittlerer mechanischer Beanspruchung für Elektrogeräte wie Heizplatten, Bohrmaschinen, Kreissägen u. a.
Gummi-Schlauchleitung (schwere Ausführung)		NSSHöU	1…7	▪ Anschlussleitung bei großer mechanischer Beanspruchung im Bergbau und in Steinbrüchen ▪ Auf Baustellen für schwere Geräte und Werkzeuge

Isolierte, flexible Leitungen

Bezeichnung	Abbildungen	Kurzzeichen	Aderzahl	Verwendung
PVC-Schleppkettenleitung		JZ-HF-CY	2…50	▪ Verlegung in trockenen und feuchten Räumen; nicht im Freien ▪ Bei freier Bewegung ohne Zugbeanspruchung im Schleppketteneinsatz, an Handhabungsautomaten, Robotern und dauernd bewegten Maschinenteilen ▪ Störungsfreie Signalübertragung
Flexible Photovoltaikleitung		SOLAR-X NAT/SW	1	▪ Verlegung im Freien, da UV-, ozon-, witterungs- und hydrolysebeständig ▪ Verkabelung von Solarmodulen

Leitungen und Kabel für Klingel-, Signal- und Telekommunikationsanlagen

Bezeichnung	Abbildungen	Kurzzeichen	Verwendung
Schaltdraht		YV	▪ Anlagen zur Signalübertragung und in Kommunikationsanlagen ▪ Informationsverarbeitungsgeräte
PVC-Schaltlitze (verzinnt)		LiY	▪ Verdrahtung von Kleinspannungsanlagen, Fernmeldegeräten, elektronischen Baugruppen in Geräten
PVC-Datenleitung		LiY-CY	▪ Steuer- und Signalleitung für Rechneranlagen, Steuer- und Regelgeräte bei erhöhter elektrischer Beeinflussung
PVC-Steuerleitung		Y-CY-JB	▪ Flexible Anwendung bei freier Bewegung ohne Zugbeanspruchung; nicht im Freien ▪ Steuerleitung im Werkzeug- und Maschinenbau, Förderanlagen und Fertigungsanlagen
Brandmelde-Innenkabel		J-Y(St)Y	▪ Anwendung in trockenen und feuchten Räumen, auch im Freien bei fester Verlegung für Signal- und Messdatenübertragung ▪ Schutz gegen äußere Störfelder durch statischen Schirm
Sicherheitskabel		NHXCH-FE 180/E90	▪ Anwendung in Wasserdruckerhöhungsanlagen ▪ Funktionserhalt bei direkter Flammeinwirkung (90 min.); Löschwasserversorgung; Lüftungsanlagen
Telekommunikations-Innenkabel		J-YY	▪ Installationskabel als Kommunikationskabel im Sprechstellen- und Nebenstellenbau
Telekommunikations-Außenkabel		A-2Y(L)2Y	▪ Ortsteilnehmerkabel ▪ Anschlusskabel zur Verbindung von Sprechstellen mit Vermittlungsstellen

- Kabel und Leitungen (Strom-, Steuer- und Kommunikationskabel), die **dauerhaft** in Bauwerken verbaut werden, fallen ab 01.07.2017 unter die **Bauproduktenverordnung** EU-BauPVO (EU 305/2011).
- Ausgenommen sind
  - Liftkabel, Kabel innerhalb von Maschinen,
  - Kabel zur Verwendung in industriellen Anlagen.
- Die BauPVO
  - definiert die Bedingungen für die CE-Kennzeichnung
  - verlangt eine Leistungserklärung (**DoP**) des Herstellers über die wesentlichen Produktmerkmale
  - legt ein System fest, wie die Konformität zur EU-Richtlinie sichergestellt wird.
- Kabel und Leitungen werden nach BauPVO in **Brandklassen** (**Euroklassen** A_{ca} bis F_{ca} (ca: cable)) eingeteilt.
- Diese definieren die Eigenschaften hinsichtlich der **Brandsicherheit** (Flammausbreitung, Wärmeentwicklung).
- Kennzeichnung:
  - Klasse A_{ca}: Nichtbrennnbarkeit
  - Klasse $B1_{ca}$ bis F_{ca}: weisen zunehmende Brennbarkeit aus (siehe Tabelle).
- Zusätzlich können folgende Merkmale angegeben werden (niedrigere Zahl: bessere Eigenschaft):
  - Rauchentwicklung und Rauchdichte: **s**1 bis **s**3 (**s**moke)
  - Brennende Tropfen: **d**0 bis **d**2 (**d**roplets)
  - Säurebildung und Korrosivität: **a**1 bis **a**3 (**a**zidität: Säuregehalt)

CE-Kennzeichnung

- Das **CE-Kennzeichen** muss gut sichtbar, leserlich und dauerhaft auf dem Produktetikett angebracht sein.
  Das Produktetikett muss auf Ringen, Spulen oder Trommeln befestigt sein.

  Beispiel:
  Herkunft, **Beschreibung** und **Brandverhaltensklasse** müssen auf dem Kabel oder der Verpackung oder dem Etikett aufgebracht sein.

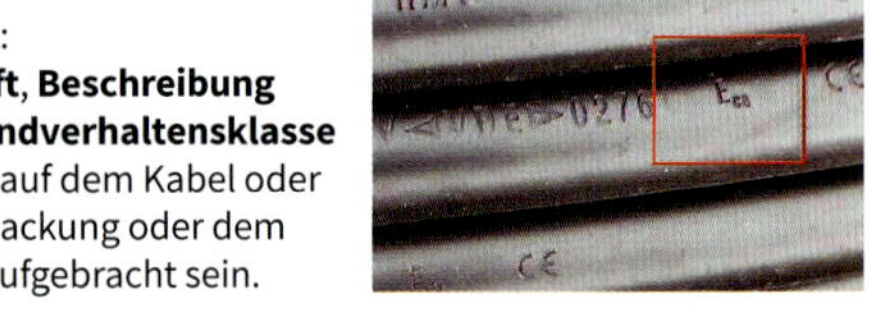

- Die **Leistungserklärung** (**DoP**: **D**eclaration **o**f **P**erformance) muss Angaben enthalten:
  - Leistungen der wichtigsten Produkteigenschaften
  - Verwendung des Produkts,
  - Hersteller des Produkts,
  - Angaben einer externen Prüfstelle, die in der Fertigung eingebunden ist.

Beispiele für Kabel und Leitungen

Kabel-/Leitungsart	Euroklasse
Erdkabel NYCY	E_{ca}
Industriekabel N2XSY	E_{ca}
Halogenfreies Kabel N2XH	$B2_{ca}/C_{ca}$
Halogenfreie Mantelleitung NHXMH	$B2_{ca}/C_{ca}/D_{ca}$
Mantelleitung NYM	E_{ca}
Flexible Steuerleitung JZ-500 HMH	D_{ca}

Euroklassen für Kabel und Leitungen

Klasse	Klassifizierungskriterien
A_{ca}	PCS ≤ 2,0 MJ/kg
$B1_{ca}$	FS ≤ 1,75 m; brennendes Abtropfen/Abfallen; Peak HRR ≤ 20 kW; H ≤ 425 mm
$B2_{ca}$	FS ≤ 1,5 m; brennendes Abtropfen/Abfallen; Peak HRR ≤ 30 kW; H ≤ 425 mm
C_{ca}	FS ≤ 2,0 m; brennendes Abtropfen/Abfallen; Peak HRR ≤ 60 kW; H ≤ 425 mm
D_{ca}	$THR_{1200\,s}$ ≤ 70 MJ; brennendes Abtropfen/Abfallen; FIGRA ≤ 1300 Ws^{-1}; H ≤ 425 mm
E_{ca}	H ≤ 425 mm
F_{ca}	H ≤ 425 mm

FIGRA: **Fi**re **G**rowth **Ra**te (Index der Wärmefreisetzungsrate in W/s)
FS: **F**lame **S**pread (vertikale Flammausbreitung in m)
H: Flame Spread (vertikale Flammausbreitung in mm)
HRR: **H**eat **R**elease **R**ate (maximale Wärmefreisetzungsrate in kW)
PCS: **P**ouvoir **C**alorique **S**upérieur (Brutto-Verbrennungswärme in MJ/kg)
THR: **T**otal **H**eat **R**elease (Gesamt-Wärmefreisetzung in MJ)

Zuordnung Gebäudeklassen – Euroklassen[1)]

Klasse	Gebäudeart	Euroklassen	
		Gebäude	Fluchtwege im Gebäude
1	Freistehende Gebäude, Höhe ≤ 7 m Fläche ≤ 400 m²	E_{ca}	–
4	Sonstige Gebäude, Höhe ≤ 13 m Fläche ≤ 400 m²	E_{ca}	$B2_{ca}$ s1 d1 a1
S[2)]1	Hochhäuser Höhe > 22 m	C_{ca} s1 d2 a1	C_{ca} s1 d2 a1
S4	Verkaufsstätten Fläche > 800 m²	C_{ca} s1 d2 a1	$B2_{ca}$ s1 d2 a1
S5	Büroräume Fläche > 400 m²	C_{ca} s1 d2 a1	$B2_{ca}$ s1 d2 a1
S10	Krankenhäuser	$B2_{ca}$ s1 d1 a1	$B2_{ca}$ s1 d1 a1
[3)]	Industriegebäude	C_{ca} s1 d2 a1	$B2_{ca}$ s1 d2 a1

[1)] Vorschlag der deutschen Kabelindustrie
[2)] Buchstabe **S**: **S**onderbauten
[3)] Zuordnung durch Kabelindustrie

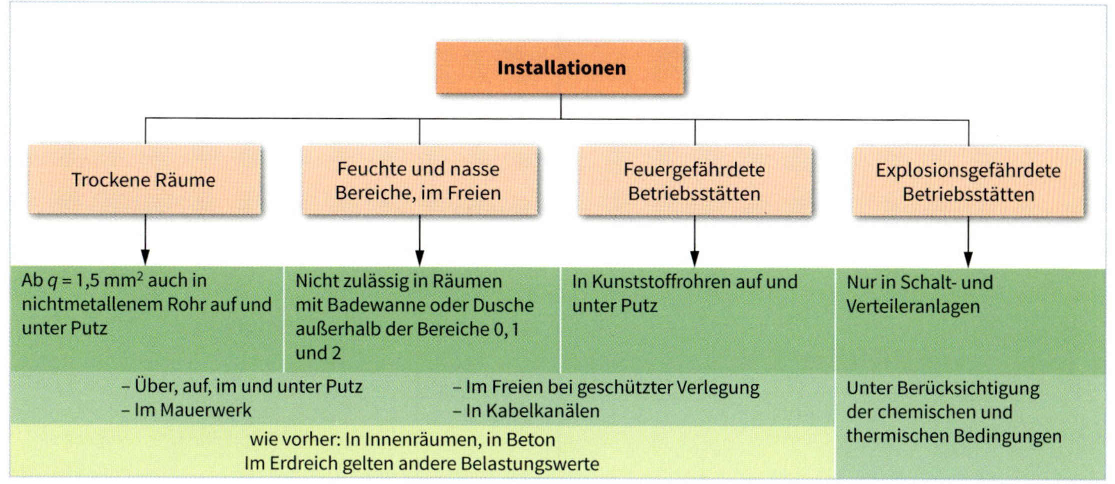

Kenngrößen

Leitung	Maße[1]			max. Belastung		maximale Leitungslänge in m bei Δu (U_v)		
	q in mm²	Aderzahl	$d_{Außen}$ in mm	I in A	P in kW	Wechselstrom 4,0 %	Drehstrom 0,5 %	Drehstrom 4,0 %
H07V-U	1,5	1	3,3	16[2]	3,68	24,1	–	–
(NYA)	1,5	1	3,3	16[2]	11,07	–	–	48,5
	2,5	1	3,9	25[2]	5,75	25,7	–	–
	2,5	1	3,9	20[2]	13,84	–	–	64,8
	4	1	4,4	25[2]	17,3	–	–	82,9
	6	1	4,9	35[2]	24,22	–	–	88,8
	10	1	6,4	50[2]	34,6	–	12,9	103,6
H07V-R	16	1	7,3	63[2]	43,6	–	16,4	131,6
(NYA)	25	1	9,8	80[2]	55,36	–	20,2	161,9
NYM	1,5	3	10,5	16	3,68	24,1	–	–
	1,5	4	11,0	3 · 16	11,07	–	–	48,5
	2,5	3	11,5	25	5,75	25,7	–	–
	2,5	4	12,5	3 · 25	17,3	–	–	51,7
	4	4	14,5	3 · 35	24,22	–	–	59,2
	6	4	16,5	3 · 40	27,68	–	–	77,7
	10	4	19,5	3 · 63	43,6	–	10,3	82,3
	16	4	23,5	3 · 80	55,36	–	12,9	103,6
NYY	1,5	3	14,0	16	3,68	24,1	–	–
	1,5	4	16,0	3 · 16	11,07	–	–	48,5
	2,5	3	15,0	25	5,75	25,7	–	–
	2,5	4	17,0	3 · 25	17,3	–	–	51,7
	4	4	19,0	3 · 35	24,22	–	–	59,2
	6	4	20,0	3 · 40	27,68	–	–	77,7
	10	4	22,0	3 · 63	43,6	–	10,3	82,3
	16	4	25,0	3 · 80	55,36	–	12,9	103,6

[1] Wertangaben in den Spalten nur für gebräuchliche Leiterquerschnitte [2] Zuordnung der Überstrom-Schutzeinrichtungen nach Verlegeart B1, alle anderen Werte nach Verlegeart C bei Umgebungstemperatur 25 °C

Prinzip

- Durch den Stromfluss und den Leitungswiderstand ist die Spannung am Verbraucher U stets geringer als an der Quelle U_0.
- Die Differenz ist der Spannungsfall ΔU. Er wird oft in % angegeben (Δu).
- Der Spannungsfall ist abhängig von der Stromstärke, der Leiterlänge, der Leitfähigkeit und dem Leiterquerschnitt.

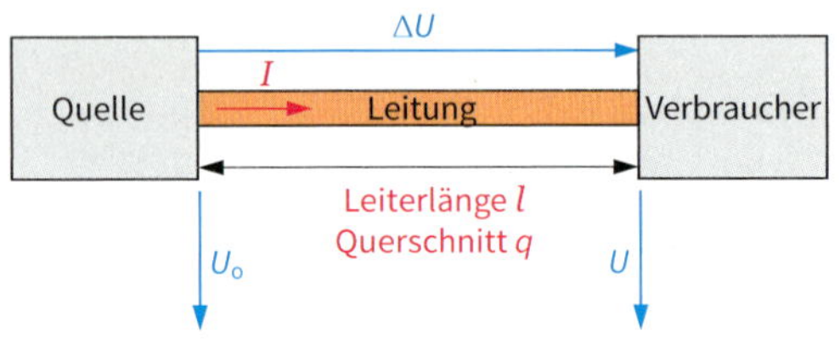

ΔU: Spannungsfall

q_n: Normquerschnitt $\qquad \varkappa_{Cu} = 56 \cdot \frac{m}{\Omega \cdot mm^2}$

$\varkappa$: Elektrische Leitfähigkeit

- Normquerschnitte in mm^2

1,5	2,5	4	6	10
16	25	35	50	70

Einflussfaktoren *f*

f_1: Erhöhte Umgebungstemperatur

f_2: Gehäufte Leitungsverlegung

f_3: Vieladrig belastete Leitungen

f_4: Einfluss von Oberschwingungen

Ermittlung des Leiterquerschnitts

I_b: Stromstärke im Betriebszustand

Wechselstrom:

$$I_b = \frac{S}{U}$$

Drehstrom:

$$I_b = \frac{S}{\sqrt{3} \cdot U}$$

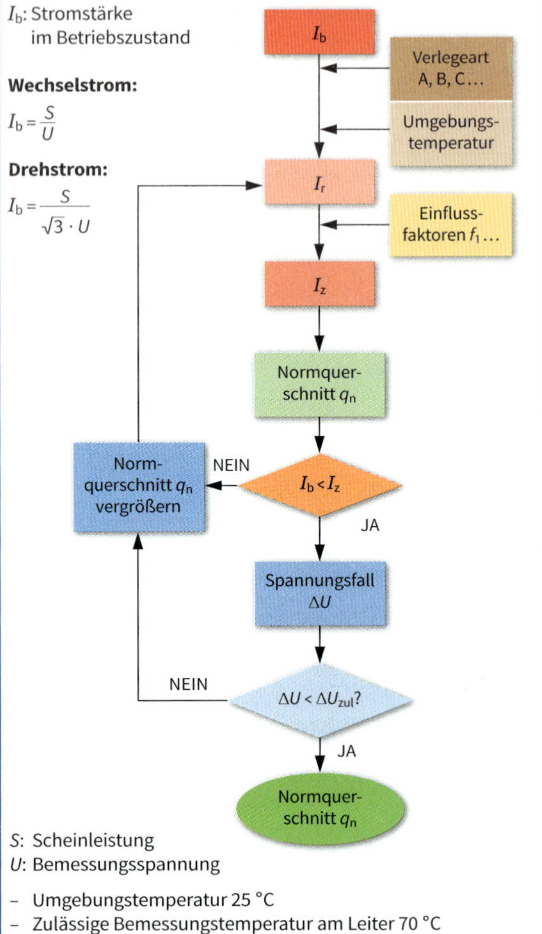

S: Scheinleistung
U: Bemessungsspannung

- Umgebungstemperatur 25 °C
- Zulässige Bemessungstemperatur am Leiter 70 °C

I_r: Stromstärke unter idealen Bedingungen
I_Z: Stromstärke bei realen Bedingungen

q_n: Normquerschnitt
ΔU: Spannungsfall
ΔU_{zul}: Zulässiger Spannungsfall

Berechnungsformeln

3% max. Spannungsabfall über Leitung

Kenngröße	Art des Netzes		
	Gleichstrom Batterie	Wechselstrom 230V	Drehstrom 230/400
Spannungsfall in V, unverzweigtes Netz	$\Delta U = \frac{2 \cdot l \cdot I}{\varkappa \cdot q}$	$\Delta U = \frac{2 \cdot l \cdot I \cdot \cos\varphi}{\varkappa \cdot q}$	$\Delta U = \frac{\sqrt{3} \cdot l \cdot I \cdot \cos\varphi}{\varkappa \cdot q}$
Spannungsfall in V, verzweigtes Netz	$\Delta U = \frac{2}{\varkappa \cdot q} \cdot \Sigma(I \cdot l)$	$\Delta U = \frac{2 \cdot \cos\varphi_m}{\varkappa \cdot q} \cdot \Sigma(I \cdot l)$	$\Delta U = \frac{\sqrt{3} \cdot \cos\varphi_m}{\kappa \cdot q} \cdot \Sigma(I \cdot l)$
Verlustleistung in W	$P_v = \frac{2 \cdot l \cdot I^2}{\varkappa \cdot q}$	$P_v = \frac{2 \cdot l \cdot I^2}{\varkappa \cdot q}$	$P_v = \frac{3 \cdot l \cdot I^2}{\varkappa \cdot q}$
maximale Leitungslänge in m	$l = \frac{\Delta u \cdot U_N \cdot q \cdot \varkappa}{2 \cdot 100\,\% \cdot I}$	$l = \frac{\Delta u \cdot U_N \cdot q \cdot \varkappa}{2 \cdot 100\,\% \cdot I \cdot \cos\varphi}$	$l = \frac{\Delta u \cdot U_N \cdot q \cdot \varkappa}{\sqrt{3} \cdot 100\,\% \cdot I \cdot \cos\varphi}$
Spannungsfall in %	$\Delta u = \frac{\Delta U}{U_N} \cdot 100\,\%$	Verlustleistung in %	$P_{V\%} = \frac{P_V}{P} \cdot 100\,\%$

Einflussfaktoren

Die Bemessungsstromstärke I_n eines Überstrom-Schutzorgans einer Leitung hängt neben der Verlegeart noch von folgenden **Faktoren** (f) ab:

- Abweichende Umgebungstemperatur f_1
- Gehäufte Leitungsverlegung f_2
- Zahl der belasteten Adern f_3
- Auswirkung von Oberschwingungen f_4

Die Faktoren f_1 bis f_4 sind aus Tabellen der DIN VDE 0298-4 zu entnehmen.

Berechnungsformel: $I_z = f_1 \cdot f_2 \cdot f_3 \cdot f_4 \cdot I_r$

I_Z: Zulässige Strombelastbarkeit unter realen Bedingungen
I_r: Bemessungsstromstärke ohne Berücksichtigung der Einflussfaktoren (ideale Bedingungen)

Ablaufschema

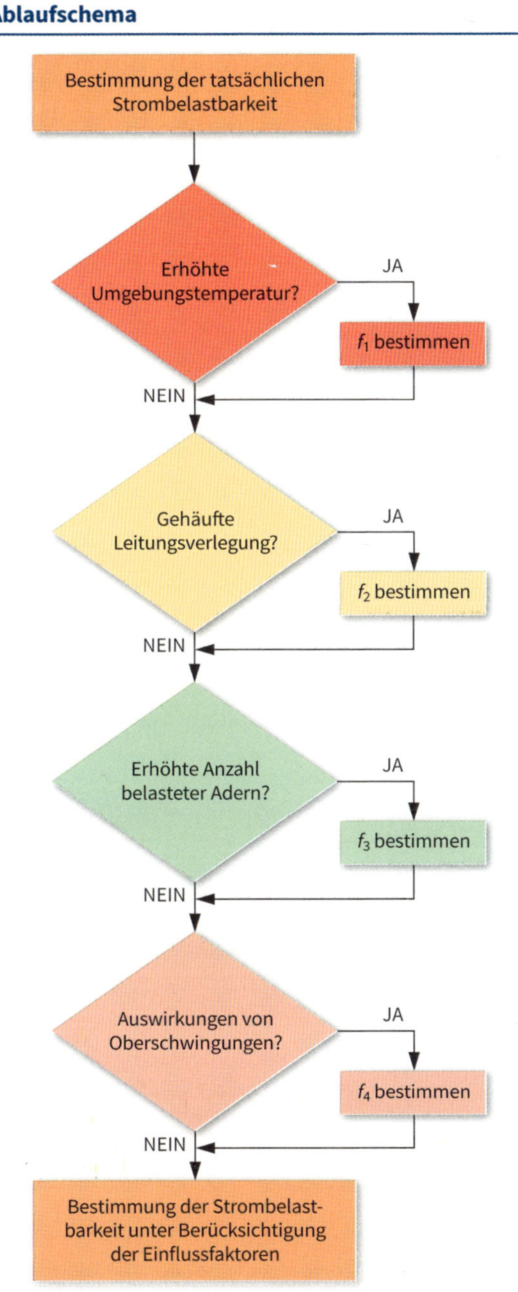

Werte der Einflussfaktoren

Faktor f_1 (bei einer von 30 °C abweichenden Umgebungstemperatur)[1]

ϑ in °C	10	15	20	25	30	35
f_1	1,22	1,17	1,12	1,06	1,0	0,94
ϑ in °C	40	45	50	55	60	65
f_1	0,87	0,79	0,71	0,61	0,50	0,35

Zulässige bzw. empfohlene Betriebstemperatur am Leiter 70 °C.

[1] Bei einer veränderten Umgebungstemperatur müssen für die Berechnung der Strombelastbarkeit die Stromstärkewerte für 30 °C zugrunde gelegt werden.

Faktor f_2 (gehäufte Leitungsverlegung)

Verlegung	Anzahl der mehradrigen Leitungen					
	1	2	3	4	6	9
gebündelt im Elektroinstallations-rohr/-kanal	1,0	0,8	0,7	0,65	0,57	0,5
Einlagig direkt auf der Wand oder dem Fußboden	1,0	0,85	0,79	0,75	0,72	0,7
in gelochter Kabelwanne	1,0	0,88	0,82	0,79	0,76	0,73
auf einer Kabelpritsche	1,0	0,87	0,82	0,8	0,79	0,78

Faktor f_3 (Verlegung vieladrig belasteter Leitungen)

belastete Adern	2	3	5	7	10	14	19	24
f_3	1,0	1,0	0,75	0,65	0,55	0,5	0,45	0,4

Faktor f_4 (Auswirkung von Oberschwingungen)[2]

Wirkleistungsanteil der Geräte mit Oberschwingungen zur Gesamtwirkleistung in Prozent	0 % … 10 %	11 % … 22 %	23 % … 30 %	31 % … 34 %	35 % … 38 %	39 % … 41 %
f_4	1,00	0,86	0,70	0,67	0,61	0,56

[2] Durch den Einfluss von Oberschwingungen kann die Stromstärke im Neutralleiter über der Stromstärke in den Außenleitern liegen. Für diesen Fall ist der Neutralleiterstrom zur Bestimmung des Bemessungsquerschnitts maßgeblich.

Verlegearten und Strombelastbarkeit von Kabeln und Leitungen für feste Verlegung in Gebäuden

(Umgebungstemperatur 25 °C[1]; zulässige Betriebstemperatur am Leiter 70 °C)

Referenz	A1	A2	B1	B2	C	E	F	G
Verlegeart	in wärmegedämmten Wänden im Elektro-Installationsrohr		im Elektro-Installationsrohr auf und in der Wand		Verlegung auf der Wand	Verlegung in Luft		
	Aderleitungen	Mehradrige Kabel und Mantelleitungen	Aderleitungen	Mehradrige Kabel und Mantelleitungen	Kabel und Mantelleitungen Abstand zur Wand ≤ 0,3 · *d*	Mehradrige Kabel und Mantelleitungen Abstand zur Wand ≥ 0,3 · *d*	Einadrige Kabel und Mantelleitung Abstand zur Wand ≥ 1 · *d*	
							mit Berührung	mit Abstand *d*
Verlegung								
Leitungsbeispiel	H07V-U/-R/-K, H07V3-U/-R/-K,	NYM, NYMZ, NYMT, NYBUY, NYY, N05VV-U/-R	H07V-U/-R/-K, H07V3-U/-UR/-K	NYM, NYMZ, NYMT, NYBUY, NYY, N05VV-U/-R	NYM, NYMZ, NYMT, NYIF, NYIFY, NYBUY, NYDY, NYY, N05VV-U/-R		NYY	NYY blanke Leiter

Zulässige Strombelastbarkeit I_r[2] der Leitung – Bemessungsstromstärke I_n der zugehörigen Überstrom-Schutzorgane in A

q_n in mm² (Cu)	A1				A2				B1				B2				C				E				F						G			
	belastete Adern																																	
	2		3		2		3		2		3		2		3		2		3		2		3		2		3		3		3		3	
	I_r	I_n	I_r	I_n	I_r	I_n	I_r	I_n	I_r	I_n	I_r	I_n	I_r	I_n	I_r	I_n	I_r	I_n	I_r	I_n	I_r	I_n	I_r	I_n	I_r	I_n	I_r	I_n	I_r	I_n	I_r	I_n	I_r	I_n
1,5	16,5	16	14,5	13	16,5	16	14,0	13	18,5	16	16,5	16	17,5	16	16	16	21	20	18,5	16	23	20	19,5	16	–	–	–	–	–	–	–	–	–	–
2,5	21	20	19,0	16	19,5	16	18,5	16	25	25	22	20	24	20	21	20	29	25	25	25	32	32	27	25	–	–	–	–	–	–	–	–	–	–
4	28	25	25	25	27	25	24	20	34	32	30	25	32	32	29	25	38	32	34	32	42	40	36	35	–	–	–	–	–	–	–	–	–	–
4	–	–	–	–	–	–	–	–	–	–	–	–	–	–	–	–	–	–	35[3]	35	–	–	–	–	–	–	–	–	–	–	–	–	–	–
6	36	35	33	32	34	32	31	25	43	40	38	35	40	40	36	35	49	40	43	40	54	50	46	40	–	–	–	–	–	–	–	–	–	–
10	49	40	45	40	46	40	41	40	60	50	53	50	55	50	49	40	67	63	60	50	74	63	64	63	–	–	–	–	–	–	–	–	–	–
10	–	–	–	–	–	–	–	–	–	–	–	–	–	–	50[2]	50	–	–	63[3]	63	–	–	–	–	–	–	–	–	–	–	–	–	–	–
16	65	63	59	50	60	50	55	50	81	80	72	63	73	63	66	63	90	80	81	80	100	100	85	80	–	–	–	–	–	–	–	–	–	–
25	85	80	77	63	80	80	72	63	107	100	94	80	95	80	85	80	119	100	102	100	126	125	107	100	139	125	121	100	117	100	155	125	138	125
35	105	100	94	80	98	80	88	80	133	125	117	100	118	100	105	100	146	125	126	125	157	125	134	125	172	160	152	125	145	125	192	160	172	160
50	126	125	114	100	117	100	105	100	160	160	142	125	141	125	125	125	178	160	153	125	191	160	162	160	208	200	184	160	177	160	232	200	209	200
70	160	160	144	125	147	125	133	125	204	200	181	160	178	160	158	125	226	200	195	160	246	200	208	200	266	250	239	200	229	200	298	250	269	250

[1] Diese Temperatur wird bei Verlegungen in Deutschland angenommen. [2] Anstatt I_r wird I_Z gesetzt, wenn weitere Einflussfaktoren berücksichtigt werden. (Vgl. vorherige Seite)
[3] Gilt nicht für die Verlegung auf einer Holzwand

Verlegearten und Strombelastbarkeit von Kabeln und Leitungen für feste Verlegung in Gebäuden

(Umgebungstemperatur 30 °C; zulässige Betriebstemperatur am Leiter 70 °C)

Referenz	A1	A2	B1	B2	C	E	F	G
Verlegeart	in wärmegedämmten Wänden im Elektro-Installationsrohr		im Elektro-Installationsrohr auf Wand		Verlegung auf und in Wand	Verlegung in Luft		
	Aderleitungen	Mehradrige Kabel und Mantelleitungen	Aderleitungen	Mehradrige Kabel und Mantelleitungen	Kabel und Mantelleitungen Abstand zur Wand ≤ 0,3 · d	Mehradrige Kabel und Mantelleitungen Abstand zur Wand ≥ 0,3 · d	Einadrige Kabel und Mantelleitung Abstand zur Wand ≥ 1 · d	
							mit Berührung	mit Abstand d
Verlegung								
Leitungsbeispiel	H07V-U/-R/-K, H07V3-U/-R/-K,	NYM, NYMZ, NYMT, NYBUY, NYY, N05VV-U/-R	H07V-U/-R/-K, H07V3-U/-UR/-K	NYM, NYMZ, NYMT, NYBUY, NYY, N05VV-U/-R	NYM, NYMZ, NYMT, NYIF, NYIFY, NYBUY, NYDY, NYY, N05VV-U/-R		NYY	NYY blanke Leiter

Zulässige Strombelastbarkeit I_r[1)] der Leitung – Bemessungsstromstärke I_n der zugehörigen Überstrom-Schutzorgane in A

q_n in mm² (Cu)	A1				A2				B1				B2				C				E				F						G			
	belastete Adern																																	
	2		3		2		3		2		3		2		3		2		3		2		3		2		3		3		3		3	
	I_r	I_n	I_r	I_n	I_r	I_n	I_r	I_n	I_r	I_n	I_r	I_n	I_r	I_n	I_r	I_n	I_r	I_n	I_r	I_n	I_r	I_n	I_r	I_n	I_r	I_n	I_r	I_n	I_r	I_n	I_r	I_n	I_r	I_n
1,5	15,5	13	13,5	13	15,5	13	13	13	17,5	16	15,5	13	16,5	16	15	13	19,5	16	17,5	16	22	20	18,5	16	–	–	–	–	–	–	–	–	–	–
2,5	19,5	16	18	16	18,5	16	17,5	16	24	20	21	20	23	20	20	20	27	25	24	20	30	25	25	25	–	–	–	–	–	–	–	–	–	–
4	26	25	24	20	25	25	23	20	32	32	28	25	30	25	27	25	36	35	32	32	40	40	34	32	–	–	–	–	–	–	–	–	–	–
6	34	32	31	25	32	32	29	25	41	40	36	35	38	35	34	32	46	40	41	40	51	50	43	40	–	–	–	–	–	–	–	–	–	–
10	46	40	42	40	43	40	39	35	57	50	50	50	52	50	46	40	63	63	57	50	70	63	60	50	–	–	–	–	–	–	–	–	–	–
16	61	50	56	50	57	50	52	50	76	63	68	63	69	63	62	50	85	80	76	63	94	80	80	80	–	–	–	–	–	–	–	–	–	–
25	80	80	73	63	75	63	68	63	101	100	89	80	90	80	80	80	112	100	96	80	119	100	101	100	131	125	114	100	110	100	146	125	130	125
35	99	80	89	80	92	80	83	80	125	125	110	100	111	100	99	80	138	125	119	100	148	125	126	125	162	160	143	125	137	125	181	160	162	160
50	119	100	108	100	110	100	99	80	151	125	134	125	133	125	118	100	168	160	144	125	180	160	153	125	196	160	174	160	167	160	219	200	197	160
70	151	125	136	125	139	125	125	125	192	160	171	160	168	160	149	125	213	200	184	160	232	200	196	160	251	250	225	200	216	200	281	250	254	250

1) Anstatt I_r wird I_Z gesetzt, wenn weitere Einflussfaktoren berücksichtigt werden.

Hinweise

- Planung des Leitungsweges unter Berücksichtigung anderer Installationen (z. B. Wasser, Heizung).
- Waagerechte und senkrechte Leitungsführung bei verdeckter Verlegung z. B. im oder unter Putz (Installationszonen beachten).
- Damit verdeckt liegende Leitungen nicht beschädigt werden, muss vor Nachinstallationen die Montagefläche mit Leitungssuchgerät geprüft werden.
- Schutz vor mechanischen Beschädigungen bei Leitungsverlegung unter Putz durch Installationsrohre.

Verlegung	Anwendungen
auf Putz	■ Feuchte und nasse Räume NYM ■ Kennzeichnung des Leitungsweges mit Hilfe von Wasserwaage und Schnur (Schnurschlag) ■ Einhalten des Mindestbiegeradius (4facher Leitungsdurchmesser) A
in Hohlwand	■ Brennbare Baustoffe in Fertighäusern aus Leichtbauwänden, Wohnwagen und Schiffen, z. B. NYM oder H07V-U in biegsamem, flammwidrigem Isolierrohr. ■ Temperaturbeständige Verbindung, Geräte- und Leuchtenanschlussdosen (DIN VDE 0606-1) ■ Luftdichte Elektroinstallation in wärmegedämmten Wänden H
in Beton	■ Leitungsverlegung in Beton z. B. NYY (direkt in Beton) oder Ader- und Mantelleitungen in druckfesten Schutzrohren (DIN VDE 0605) ■ Dichte Verbindung der Dosen mit Rohren für die Zuleitung, um Eindringen von Beton und Flüssigkeiten zu verhindern B
im Kanal	■ Leitungsverlegung in Installationskanälen aus Kunststoff oder Metall, z. B. NYM ■ Unterflurinstallationen mit Kanälen aus verzinktem Stahlblech K **Verlegung:** – leitende Verbindung der metallenen Kanäle mit Schutzleiteranschluss – bei Verbindungsstellen und Steckvorrichtungen im Metallkanal Einbeziehen in die Schutzmaßnahme erforderlich, Anschluss an PE-Leiter – Trennung der Antennen- und Energieleitungen durch Abstand (10 mm) oder Trennsteg
Stromschienensystem	■ Energieversorgung (Hauptleitung) z. B. in Hochhäusern oder Schienenverteilern bei ortsveränderlichen Betriebsmitteln ■ Energieversorgung von Leuchten z. B. Niedervoltsysteme
Kanalsystem im Fußboden	■ Leitungen im Fußbodenbereich von z. B. Großraumbüros ■ Anschlüsse über Montageöffnungen im Doppelboden ■ Für Ausstellungsräume und Messestände, die je nach Bedarf umgebaut werden können ■ Verteilung und Aufsplittung der Leitungen über Sammelpunkte, Datenleitungen
Tragsystem für Kabel	■ Leitungsverlegung besonders in staub-und faserempfindlichen Räumen in Elektroinstallationskanälen ■ Rauchdichte Kabelabschottungen in Brandabschnitten ■ Schnelle Installation mit geringem Montageaufwand ■ Einfache Leitungsverlegung durch seitlichen Zugriff
Trägersystem für Kabeltrassen	■ Montage auf Stahlschränken bei ausreichender Schranktiefe ■ Vorhandene Lochung für Blechschrauben oder Käfigmuttern zur Befestigung von Kabeltrassensystemen
Montagerahmen mit Kabeltrasse	■ Befestigung einer Kabeltrasse am Montagerahmen innerhalb eines Schranksystems ■ Überleitung einer vertikalen Kabeltrasse in eine waagerechte Weiterführung der Trasse

Verlegung

Flexible Isolierrohre

Anwendungen:

- Ausführungen als leichtes Wellrohr und Panzer-Wellrohr
- Verlegung des Installationsrohres bei beliebigen Biegeradien
- Leitungsverlegung und Kabelführung auf örtliche Bedingungen anpassbar
- Wellrohre für Verlegung im und unter Putz, in Hohlwänden, in Zwischendecken, im Estrich und in Schüttbeton geeignet
- Kabelschutz hinsichtlich Stabilität, Kälte und Hitze
- Beständig gegen Wasser, Salze, Laugen und Säuren
- Rohre sind flammwidrig und selbstverlöschend

Kabelpritschen

Anwendungen:

- Leitungsverlegung in Kabelschutzrohren und auf Kabelpritschen
- Kabelschutzrohre in Steck- und Gewindeausführung, z. B. aus Aluminiumlegierung (AlMgSi 0,5)
- Installation bei aggressiven Umgebungsbedingungen (Nässe, Gase oder Dämpfe)
- Installationen z. B. in chemischen Industriebetrieben, Betrieben in Meeresnähe, Kläranlagen und in Müllverbrennungsanlagen

Starre Isolierrohre

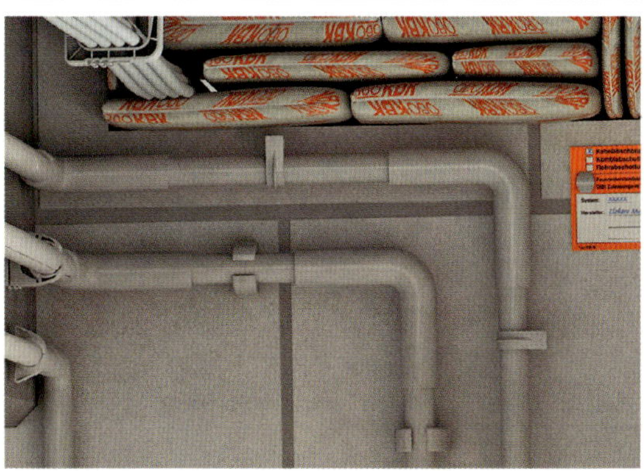

Anwendungen:

- Geschützte Leitungsverlegung in starren Installationsrohren, an freien Wänden, in Hohlwänden und in Zwischendecken
- Rohrteile sind gemufft, dadurch steckbar
- Befestigung der Isolierrohre in größeren Abständen mit Klemmschellen möglich
- Material ist flammwidrig, selbstverlöschend und korrosionsbeständig
- Separate Muffen und 90°-Bögen ermöglichen die gewünschte Leitungsführung

Kabeltragsystem

Anwendungen:

- Ausreichende Leitfähigkeit der Systeme zur Durchführung des Schutzpotenzialausgleichs vorhanden, besonders an den Stoßstellen
- Korrosionsbeständig durch verzinkte Ausführung
- Farbliche Beschichtung der Sichtflächen mit RAL-Farben zur Anpassung an die Umgebung bei offener Verlegung möglich
- Montage mit Befestigungsklammern an Stahlträgern
- Trennung der verschiedenen Leitungen für Kommunikations- und Energieleitungen möglich

Eigenschaften

- Hauptschalter zum Trennen und Freischalten von elektrischen Anlagen
- Mögliche Montage an Sammelschienen mit rechteckiger Klemmenausführung (Klemmschiene)
- Anschluss von Leitern mit Querschnitten von z. B. $0{,}75\ mm^2 \leq q \leq 32\ mm^2$
- Bemessungsstromstärken z. B. $0{,}3\ A \leq I_n \leq 63\ A$
- Farbige Schaltstellungsanzeige z. B. im Betätigungsgriff

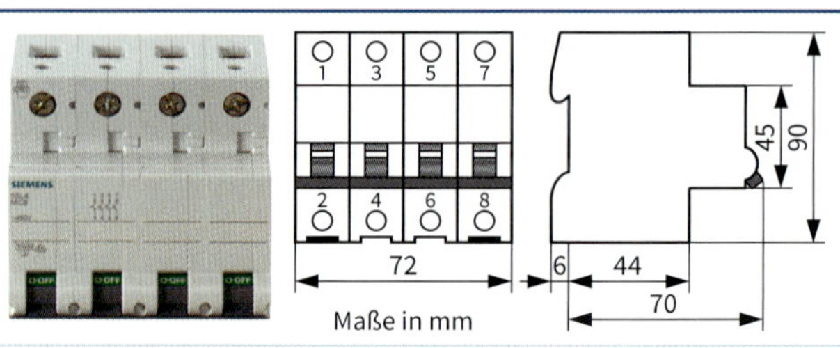

Anschlüsse

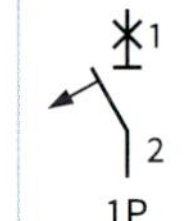

1P

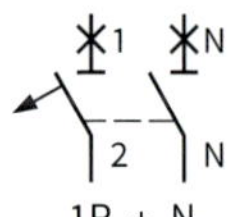

1P + N

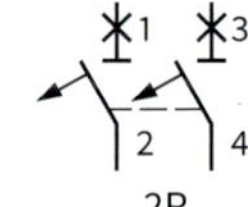

2P

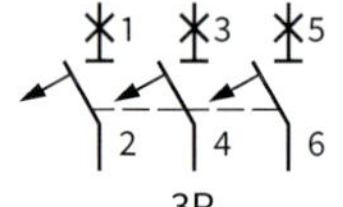

3P

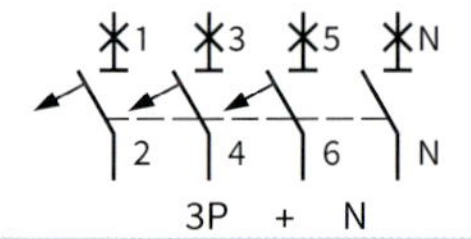

3P + N

Auslösebedingungen

DIN VDE 0100-430

Bedingungen:

1. $I_b \leq I_n \leq I_z$

2. $I_2 \leq 1{,}45 \cdot I_z$

Nach der 2. Bedingung ist I_2 die Stromstärke, bei der spätestens nach einer Stunde der LS-Schalter abschalten muss. Sie darf maximal das 1,45-fache der maximalen Strombelastbarkeit der Leitung bzw. des Kabels betragen.

I_b: Betriebsstromstärke des Stromkreises
I_z: Zulässige Belastbarkeit der Leitung
I_n: Bemessungsstromstärke der Überstrom-Schutzeinrichtung
I_2: Ansprechstromstärke der Überstrom-Schutzeinrichtung (großer Prüfstrom)

Kennlinien

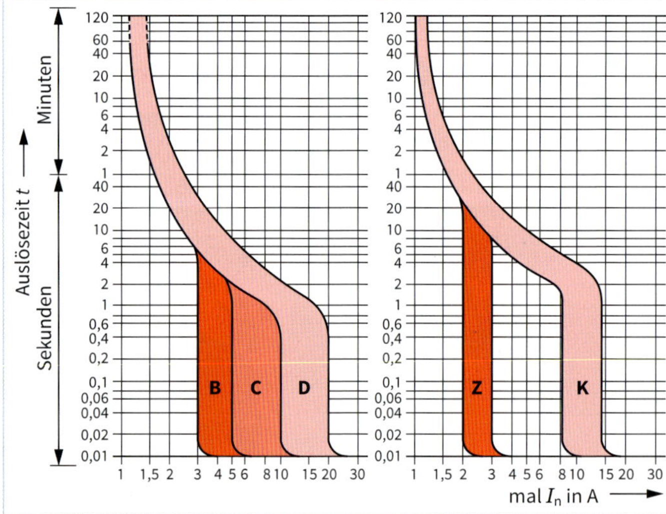

Auslöseverhalten

- **Thermische Auslösung** (Überstromschutz):
  - B, C, D: $1{,}13 \cdot I_n$ bis $1{,}45 \cdot I_n \rightarrow t_a \leq 1\ h$
  - Z, K: $1{,}05 \cdot I_n$ bis $1{,}2 \cdot I_n \rightarrow t_a \leq 1\ h$
- **Magnetische Auslösung** (Kurzschlussschutz):
  - B: $3 \cdot I_n$ bis $5 \cdot I_n \rightarrow t_a \leq 0{,}1\ s$
  - C: $5 \cdot I_n$ bis $10 \cdot I_n \rightarrow t_a \leq 0{,}1\ s$
  - D: $10 \cdot I_n$ bis $20 \cdot I_n \rightarrow t_a \leq 0{,}1\ s$
  - K: $8 \cdot I_n$ bis $14 \cdot I_n \rightarrow t_a \leq 0{,}2\ s$
  - Z: $2 \cdot I_n$ bis $3 \cdot I_n \rightarrow t_a \leq 0{,}2\ s$

Maximale Abschaltzeiten

- **Endstromkreise**
  - TN-System: $t_a \leq 0{,}4\ s$
  - TT-System: $t_a \leq 0{,}2\ s$
- **Verteilungsstromkreise:**
  - TN-System: $t_a \leq 5\ s$
  - TT-System: $t_a \leq 1\ s$

Diese maximal zulässigen Abschaltzeiten gelten für alle im Stromkreis eingesetzten Überstrom-Schutzeinrichtungen.

Auslösecharakteristiken

- Auslösecharakteristik **B**:
  - Leitungsschutz in Hausinstallationen für Licht- und Steckdosenstromkreise
- Auslösecharakteristik **C**:
  - Leitungsschutz für Geräte mit höheren Einschaltströmen, z. B. Lampengruppen und Motoren
- Auslösecharakteristik **D**:
  - Leitungsschutz für Geräte mit sehr hohen Einschaltströmen, z. B. Schweißtransformatoren und Motoren
- Auslösecharakteristik **Z**:
  - Überstromschutz von Leitungen
  - Steuerstromkreise ohne Stromspitzen
  - Messstromkreise mit Wandlern
  - Halbleiterschutz
- Auslösecharakteristik **K**:
  - Stromkreise mit hohen Stromspitzen durch Motoren, Transformatoren, Kondensatoren (Elektromagnetischer Auslöser hält hohe Einschaltstromspitzen aus.)

Niederspannungs-Sicherungen

Diazed-Sicherungssystem (D-System)	**Neozed-Sicherungssystem** (DO-System)	**NH-Sicherungssystem**
AC und DC: bis 100 A und 500 V	**AC:** bis 100 A und 400 V **DC:** bis 100 A und 250 V	**AC:** bis 1250 A und 400 V, 500 V bzw. 690 V **DC:** bis 1250 A und 250 V bzw. 440 V

D- und D0-Sicherungssystem

Sicherung und Passeinsatz		Sockel	Gewindegröße der Schraubkappe	
Bemessungsstromstärke in A	Kennfarbe	Bemessungsstromstärke in A	Diazed	Neozed
2	rosa	25	D II (E 27)	D0 1 (E 14)
4	braun			
6	grün			
10	rot			
13	schwarz			
16	grau			
20	blau			D0 2 (E 18)
25	gelb			
32/35/40	schwarz	63	D III (E 33)	
50	weiß			
63	kupfer			
80	silber	100	D IV (R ¼")	D0 3 (M 30 x 2)
100	rot			

Anwendungsbereiche von Sicherungen

Funktionsklassen

g: Ganzbereichssicherungen können
- Bemessungsstromstärke dauernd führen,
- Bemessungsstromstärke von kleinster Schmelzstromstärke bis zur Bemessungsausschaltstromstärke schalten.

a: Teilbereichssicherungen können
- Bemessungsstromstärke dauernd führen,
- Ströme oberhalb eines bestimmten Vielfachen ihrer Bemessungsstromstärke bis zur Bemessungsausschaltstromstärke schalten.

Schutzobjekte

B: Bergbau- und Anlagenschutz
G: Schutz für allgemeine Zwecke
M: Motorenschutz
R: Halbleiterschutz
Tr: Transformatorenschutz

Betriebsklassen

gG: Ganzbereichs-Kabel- und Leitungsschutz[1)]
aM: Teilbereichs-Schaltgeräteschutz in Motorenstromkreisen
aR: Teilbereichs-Halbleiterschutz
gR: Ganzbereichs-Halbleiterschutz
gB: Ganzbereichs-Bergbauanlagenschutz
gPV: Ganzbereichs-Schutz; Absicherung von PV-Anlagen

[1)] gL: Frühere Bezeichnung für Leitungsschutz

NH-Sicherungssysteme

A: Sicherungen mit Sicherungseinsätzen und Messerkontaktstücken
B: Sicherungen mit Sicherungseinsätzen und Messerkontaktstücken mit Schlagvorrichtung
C: Sicherungsleisten
D: Sicherungsteile für Sammelschienenmontage
E: Sicherungen mit Sicherungseinsätzen für Schraubanschluss
F: Sicherung mit Sicherungseinsätzen für zylindrische Kontaktklappen und weitere Sicherungssysteme **G**, **H**, **I**, **J** und **K** laut DIN VDE 0636-2

NH-Sicherungen

Baugröße	Unterteile	Einsätze	Gesamtlänge in mm	maximale Bemessungsleistungsabgabe P_n in W				
	Bemessungsstromstärke in A			gG			aM	
				400 V AC	500 V AC	690 V AC	400 V und 500 V AC	690 V AC
000	160	2 … 160	78,5	6	7,5	12	7	6,5
00	160	2 … 160	78,5	12	12	12	7,5/12	11
0	160	2 … 160	125	12	16	25	13	10
1	250	80 … 250	135	18	23	32	18	22
2	400	125 … 400	150	28	34	45	35	40
3	630	315 … 630	150	40	48	60	50	53
4	1000	500 … 1000	200	–	90	90	80	80
4a	1250	500 … 1250	200	90	110	110	110	110

Zeit-Strom-Bereiche für Leitungsschutz-Sicherungen der Betriebsklasse gG

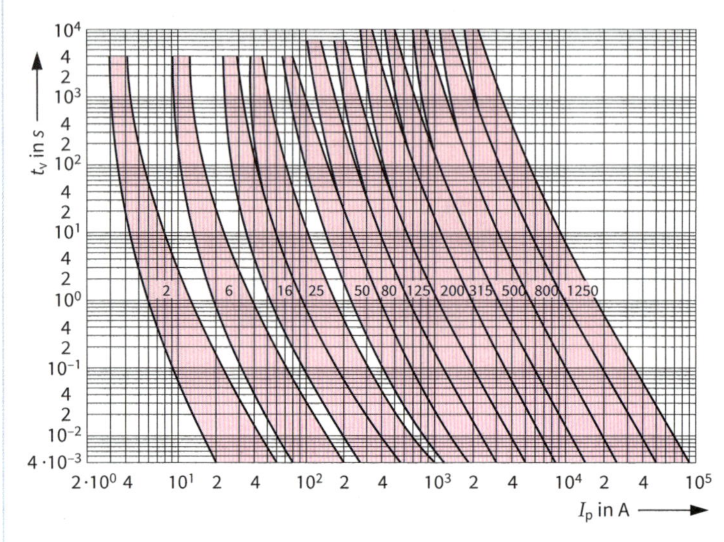

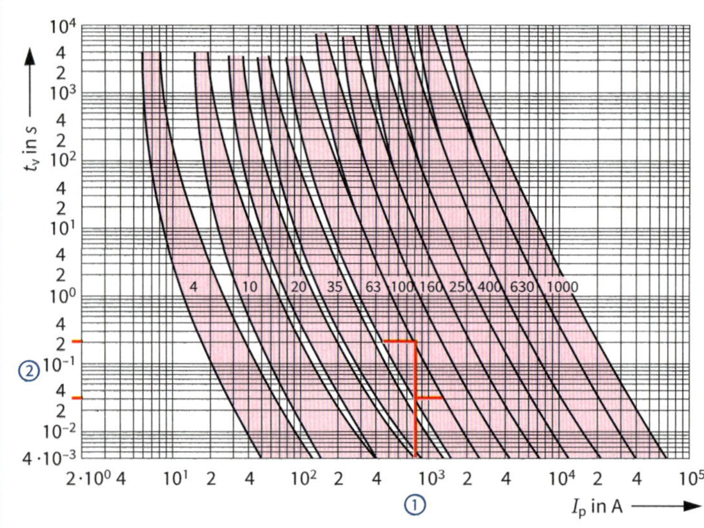

Begriffe:

- **Zeiten**
  - t_v[1]: Schmelzzeit
  - t_{vs}: kleinste Zeit
  - t_{va}: größte Zeit (Auslösezeit)
- I_p Stromstärke im Fehlerfall (unbeeinflusste – prospektive – Kurzschlussstromstärke)

[1] dem Schaltvermögen nach mögliche (virtuelle) Zeiten

Beispiel:
Zeit-Stromstärke-Bereich einer 63 A-Sicherung

- Kurzschlussstromstärke
  $I_p \approx 750$ A ①
- Schmelzzeit
  $t_{vs} \approx 0{,}03$ s
- Auslösezeit
  $t_{va} \approx 0{,}2$ s ②

Abstimmung der Zeit-Strom-Bereiche für Leitungsschutz-Sicherungen:

- Gestaffelte Sicherungen mit Bemessungsstromstärke (≥ 16 A) müssen im Verhältnis 1:1,6 stehen.
- Bei selektiver Abschaltung löst im Fehlerfall nur die der Fehlerquelle unmittelbar vorgeschaltete Überstrom-Schutzeinrichtung aus.
- Zwischen zwei Schmelzsicherungen liegt Selektivität vor, wenn sich die Streubänder (s. Diagramm) der Ausschaltzeit-Kennlinien nicht schneiden oder berühren.

Geräteschutzsicherungen (Feinsicherungen)

DIN 41576-1: 1984-06

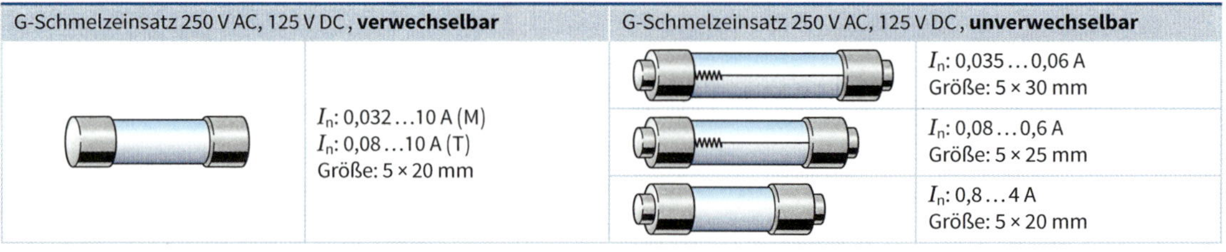

G-Schmelzeinsatz 250 V AC, 125 V DC, **verwechselbar**		G-Schmelzeinsatz 250 V AC, 125 V DC, **unverwechselbar**	
	I_n: 0,032 … 10 A (M) I_n: 0,08 … 10 A (T) Größe: 5 × 20 mm		I_n: 0,035 … 0,06 A Größe: 5 × 30 mm
			I_n: 0,08 … 0,6 A Größe: 5 × 25 mm
			I_n: 0,8 … 4 A Größe: 5 × 20 mm

Kennbuchstaben/Auslöseverhalten/Auslösezeiten

Arten	FF: superflink	F: flink	M: mittelträge	T: träge	TT: superträge
t_a [2]	≤ 2 ms	≤ 8 ms	5 ms … 90 ms	10 ms … 100 ms	100 ms … 3 s

[2] Angaben gelten bei $10 \cdot I_n$

Begriffe und Größen

- RCD: Fehlerstrom-Schutzeinrichtung (FI-Schutzschalter) löst aus, wenn ein Fehlerstrom als Differenzstrom zwischen zufließendem und abfließendem Strom zum Versorgungsnetz auftritt.
- I_n: Bemessungsstromstärke, maximal zulässige Stromstärke für die Fehlerstrom-Schutzeinrichtung
- $I_{\Delta N}$: Bemessungsdifferenzstromstärke, Fehlerstromstärke, z. B. 30 mA, mit Auslösung spätestens nach 300 ms (meistens schon bei 200 ms).

  Bei größeren Fehlerstromstärken erfolgt die Auslösung der Schutzeinrichtung bei $t_a < 300$ ms.

Fehlerströme

Typ/Verlauf	AC	A	B
	Wechselstrom sensitiv	Pulsstrom sensitiv	Allstrom sensitiv
Stromart	Sinusförmiger Wechselstrom	Sinusförmiger Wechselstrom und pulsierender Gleichstrom	Wechselströme und Gleichströme
Verwendung	In Deutschland nicht zugelassen	Hausinstallationen	Frequenzumrichter und Photovoltaikanlagen
Kennzeichen (für alle Typen)	K: **K**urzzeitverzögerte Abschaltung: niedrige Ausschaltverzögerung von ca. 10 ms	S: **S**elektive Abschaltung: zeitverzögerte Abschaltung in Kombination mit weiteren RCDs möglich	

Arten

- **RCDs** (Typ A), netzspannungsunabhängig, zum Auslösen bei Wechsel- und pulsierenden Gleichfehlerströmen
  Ohne eingebaute Überstrom-Schutzeinrichtung:
  - **RCCB** (**R**esidual **C**urrent operated **C**ircuit-**B**reaker) nach DIN EN 61008-1 und DIN EN 61008-2-1

  Mit eingebauter Überstrom-Schutzeinrichtung:
  - **RCBO** (**R**esidual **C**urrent operated Circuit-**B**reaker with **O**vercurrent Protection) nach DIN EN 61009-1 und DIN EN 61009-2-1
- **RCDs** – Typ B+[1] – netzspannungsunabhängig zum Auslösen bei Wechsel- und pulsierenden Gleichfehlerströmen, netzspannungsabhängig bei glatten Gleichfehlerströmen
  Ohne eingebaute Überstrom-Schutzeinrichtung:
  - **RCCB** nach DIN VDE 0664-400

  Mit eingebauter Überstrom-Schutzeinrichtung:
  - **RCBO** nach DIN VDE 0664-401
- **PRCD** (**P**ortable **R**esidual **C**urrent **D**evice) ortsveränderlich, **ohne Überstromschutz** nach DIN VDE 0661-10

[1] Typ B+ für vorbeugenden Brandschutz

- **Fehlerstrom-Schutzschalter mit LS-Schalter (FI/LS-Schaltern, RCBOs)**
  - Schutzauslösung in Einphasen-Wechselstromkreisen
  - gleichzeitig Schutz gegen Kurzschluss und Überlast
  - Fehlerschutz zum Schutz gegen elektrischen Schlag
  - vorbeugender Brandschutz
  - Ausführung:1-polig und 2-polig
  - LS-Auslösecharakteristik: B und C
  - Bemessungsstromstärken: 6 A bis 32 A
  - Auslöse-Empfindlichkeit: 10 mA oder 30 mA bei den 16 A-Schaltern bzw. 30 mA bei allen übrigen
  - Kombination (FI/LS) → Unerwünschtes Abschalten aufgrund betriebsbedingter Ableitströme wird vermieden.

Abmessungen

Beispiel:
RCD, 2-polig

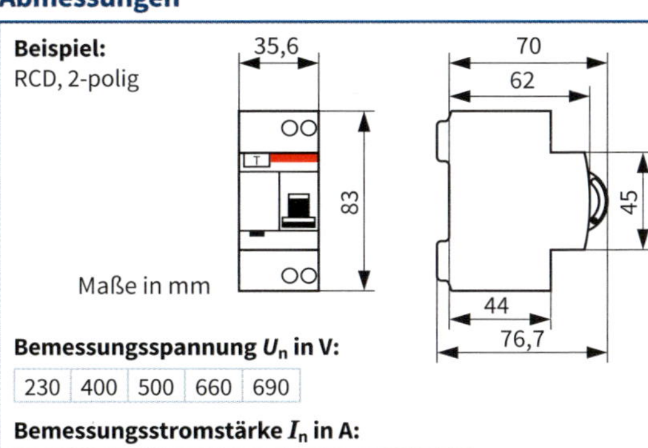

Maße in mm

Bemessungsspannung U_n in V:

230	400	500	660	690

Bemessungsstromstärke I_n in A:

10	13	16	20	25	32	40	63
80	100	125	160	200	225	250	

Maximaler Erdungswiderstand

$I_{\Delta N}$	R_A in Ω bei maximaler Berührungsspannung	
	50 V AC	25 V AC
10 mA	5 000	2 500
30 mA	1 666	833
100 mA	500	250
300 mA	166	83
500 mA	100	50

RCD mit Kurzschlussvorsicherung								
I_n in A	16	25	40	63	100	125	160	225
I_K in kA	1,5	1,5	1,5	2	3,5	2	4	4
Maximale Kurzschlussvorsicherung in A								
NH (gG)	63	80	80	100	125	125	160	224
Neozed	63	80	80	100	–	–	–	–
Diazed (gG)	50	63	63	80	100	–	–	–

Fehlerstromformen und geeignete Fehlerstrom-Schutzeinrichtungen

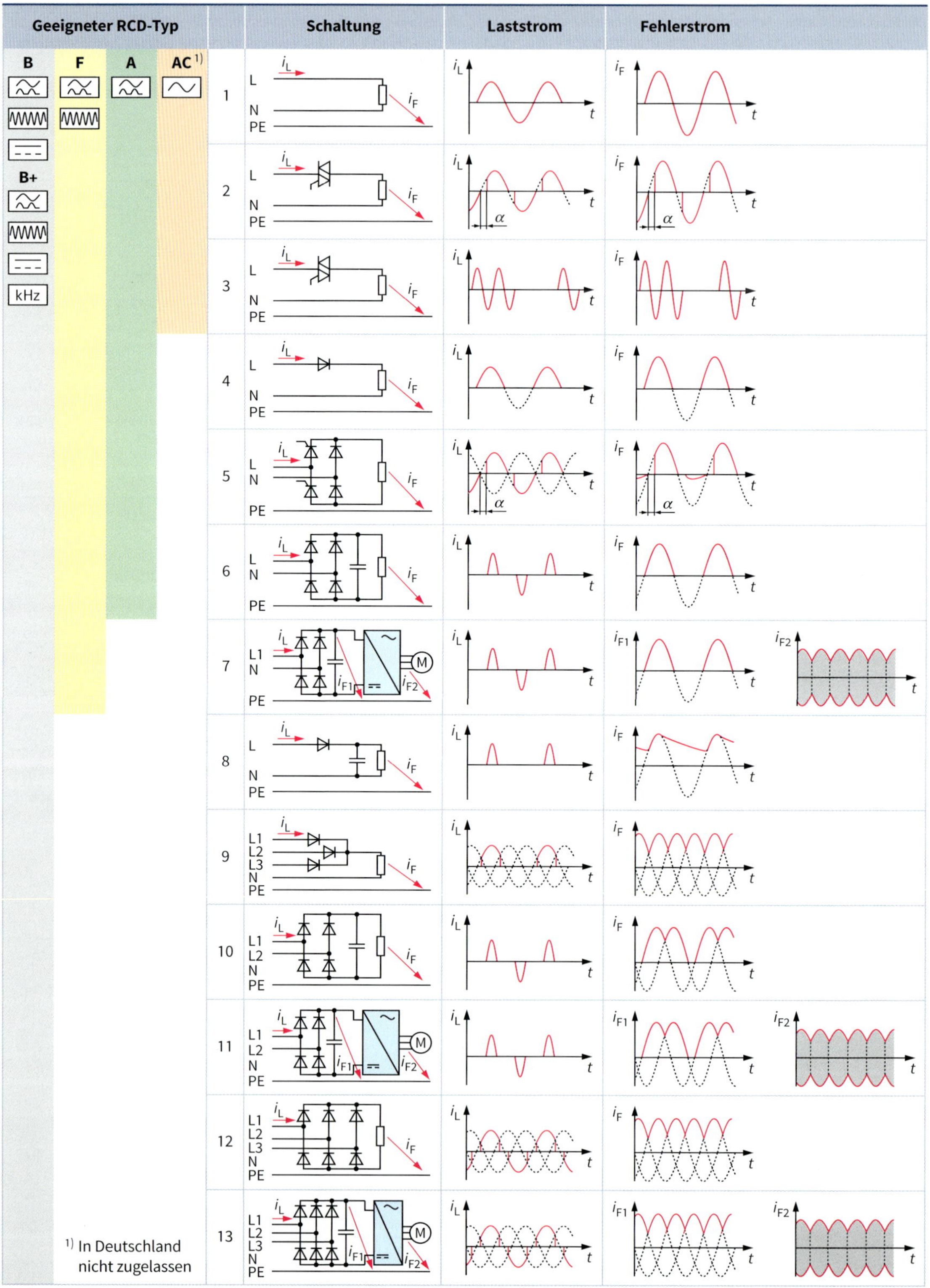

Geeigneter RCD-Typ		Schaltung	Laststrom	Fehlerstrom	
B, F, A, AC[1]	1	i_L; L; N; PE; i_F	i_L; t	i_F; t	
B+	2	i_L; L; N; PE; i_F	i_L; t; α	i_F; t; α	
kHz	3	i_L; L; N; PE; i_F	i_L; t	i_F; t	
	4	i_L; L; N; PE; i_F	i_L; t	i_F; t	
	5	i_L; L; N; PE; i_F	i_L; t; α	i_F; t; α	
	6	i_L; L; N; PE; i_F	i_L; t	i_F; t	
	7	i_L; L1; N; PE; i_{F1}; i_{F2}; M	i_L; t	i_{F1}; t	i_{F2}; t
	8	i_L; L; N; PE; i_F	i_L; t	i_F; t	
	9	i_L; L1; L2; L3; N; PE; i_F	i_L; t	i_F; t	
	10	i_L; L1; L2; N; PE; i_F	i_L; t	i_F; t	
	11	i_L; L1; L2; N; PE; i_{F1}; i_{F2}; M	i_L; t	i_{F1}; t	i_{F2}; t
	12	i_L; L1; L2; L3; N; PE; i_F	i_L; t	i_F; t	
	13	i_L; L1; L2; L3; N; PE; i_{F1}; i_{F2}; M	i_L; t	i_{F1}; t	i_{F2}; t

[1] In Deutschland nicht zugelassen

Fehlerlichtbogen-Schutzeinrichtung (Brandschutzschalter)

Arc Fault Detection Device (AFDD)

DIN EN 62606: 2014-08; VDE 0665-10: 2014-08

Aufgabe

- Fehlerlichtbogen-Schutzeinrichtungen (AFDD) erkennen serielle und parallele **Fehlerlichtbögen** (**Störlichtbögen**) in Wechselstromkreisen.
- Der Einsatz von Fehlerlichtbogen-Schutzeinrichtungen reduziert das Risiko elektrisch gezündeter Brände.
- Sie ergänzen vorhandene Geräte wie Überstromschutzeinrichtungen und Fehlerstrom-Schutzschalter mit Schutzfunktionen, die von diesen nicht abgedeckt werden.

Funktion

- Der Brandschutzschalter besteht aus analogen ① und digitalen Schaltungseinheiten ②.
- Diese erfassen und werten das Frequenz-Störspektrum aus, das durch serielle und parallele Fehlerlichtbögen auf dem Außenleiter ③ messbar ist.
- **Serielle Fehlerlichtbögen** entstehen z. B. durch
  - lose Klemmenverbindungen und
  - korrodierte Kontakte.
- **Parallele Lichtbögen** entstehen durch Leiterschluss (z. B. Leiterquetschung).
- Die **Funktionstüchtigkeit** wird überprüft durch
  - zyklische Selbstprüfung mit synthetischen Signalen für den Analogteil und die Erkennungsalgorithmen ④ und
  - Watchdog-Funktion ⑤ für den Programmablauf und die Firmware-Integrität.
- Die Auswertesoftware erkennt und unterscheidet zwischen Fehlerlichtbögen und
  - betriebsmäßigen Störungen (z. B. Einschaltstrom von Leuchtstofflampen, Kondensatoren),
  - normalen Lichtbögen (z. B. Elektromotor, Lichtschalter),
  - nichtsinusförmigen Schwingungen (z. B. Schaltnetzteile, elektronische Lampendimmer).
- Die Auslösung erfolgt nur bei Störlichtbögen.

Blockschaltbild

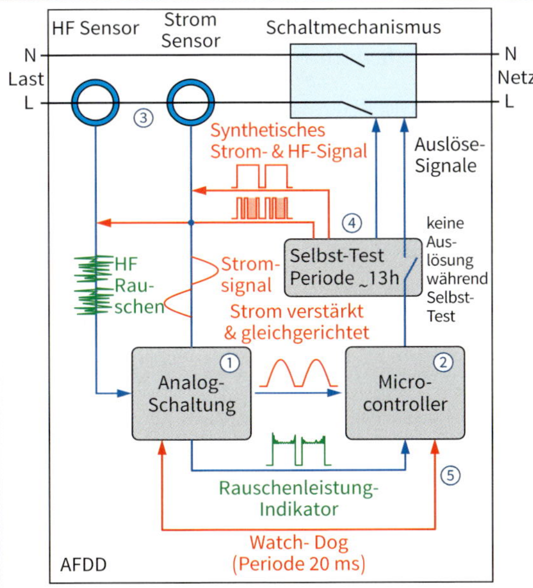

Auslösekennlinie

Kennlinien von
- Leitungsschutz-Schaltern mit den Charakteristiken B, C und D und
- Brandschutzschalter.

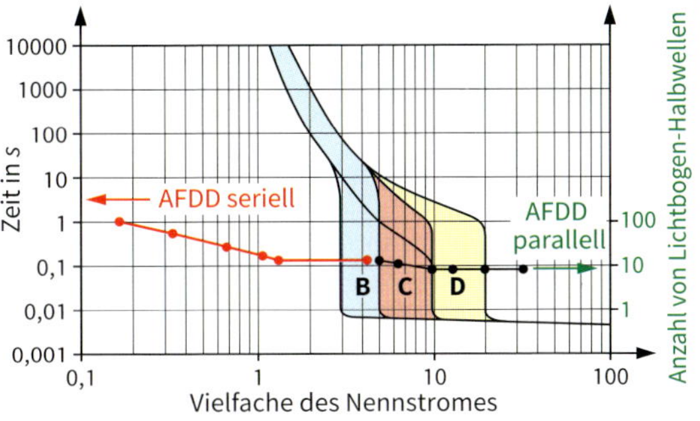

Anwendungen

Der Einsatz wird u. a. empfohlen für
- Bereiche mit erhöhtem Sach- und Personenrisiko (z. B. Museen, Archive, Seniorenheime) und
- feuergefährdete Betriebsstätten, landwirtschaftliche Betriebsstätten, Silos, Shoppingcenter.

Beispiele:
AFDD für Anbau an Leitungsschutz-Schalter

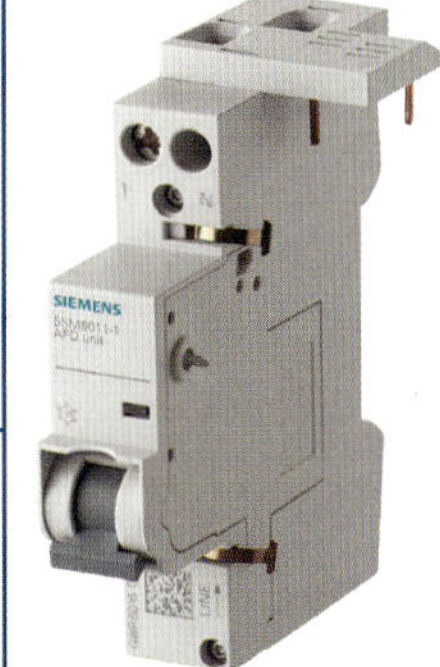

Auslösestrom bei Störlichtbögen in A	
Parallel zur Last	50 … 500
Seriell zur Last	1 … 20

Verlustwirkleistung bei Bemessungswert 16 A/AC je Pol in W	0,6

AFDD mit LS-Schalter

AFDD

LS-Schalter

AFDD LS-Schalter

AFDD mit RCBO

AFDD

RCBO

AFDD RCD RCBO

Merkmale

- Einsatz: Als **Schutz von Stromkreisen** innerhalb von elektrischen Betriebsmitteln gegen Kurzschluss bzw. Überlast.
- **Auslösprinzipien**:
  - thermisch (**TO**: **T**hermal **O**perated)
  - magnetisch (**MO**: **M**agnetic **O**perated)
  - thermisch-magnetisch (**TM**: **T**hermal-**M**agnetic)
  - hydraulisch-magnetisch (**HM**: **H**ydraulic-**M**agnetic)
  - elektronisch (**EL**: **El**ectronic)
  - elektronisch-hybrid (**EH**: **E**lectronic-**H**ybrid)
- **Anwendungen**:
  - Wechselspannungen bis 440 V
  - Gleichspannungen bis 250 V
  - Bemessungsstromstärke I_N bis 125 A

Hinweis: Häufig nicht als sichere Trennung beim Freischalten elektrischer Anlagen geeignet.

Betätigungsart

Kennbuchstabe	Betätigungsart
M	– Selbsttätige Unterbrechung und manuelle Rückstellung – Option: Manuelle Auslösung für Testzwecke – Nicht geeignet für regelmäßige Schalthandlungen (EIN-/AUS-Schaltungen)
R	– Selbsttätige Unterbrechung und manuelle Rückstellung
S	– Selbsttätige Unterbrechung und manuelle Rückstellung – Manuelle Auslösung sowie manuelle Rückstellung – Manuelle Betätigung zum regelmäßigen EIN-/AUS-schalten zulässig
J	– Selbsttätige Unterbrechung und selbsttätige Rückstellung – Schalter „pumpt", solange Überlast vorhanden ist

Arten

Auslöseprinzip	TO	MO/MH	TM
Auslösekennlinien	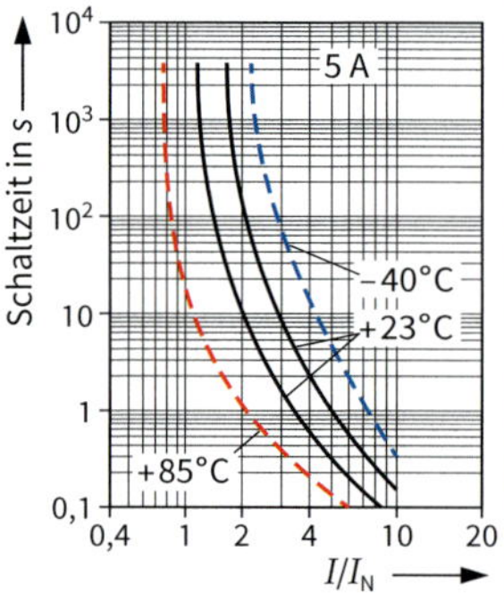	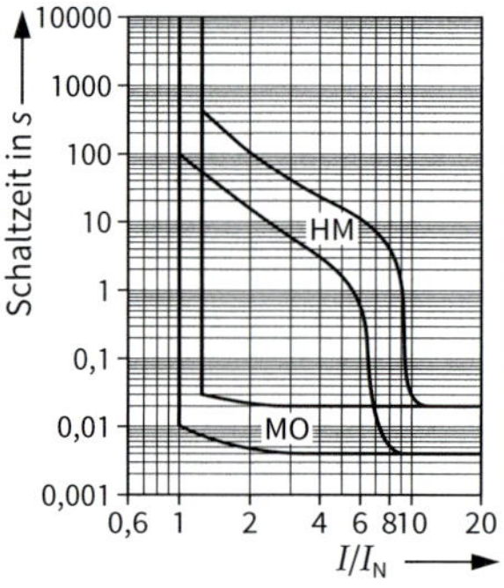	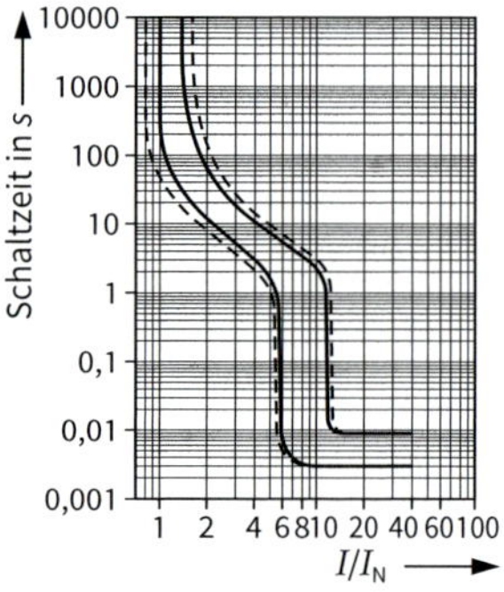
Schutzfunktion und Ansprechverhalten	– Bimetall reagiert auf Erwärmung bei einem definierten Auslösestrom – Löst bei ansteigender Überlast schnell aus – Bei geringer Überlaststromstärke dauert es länger, bis der Schutzschalter auslöst.	– Auslösung erfolgt durch das Magnetsystem des Schutzschalters unverzögert (MO) bzw. verzögert (HM) – Separate Kennlinie für Wechsel- bzw. Gleichstrom – Weitgehend unabhängig von Temperaturschwankungen – Reagiert empfindlich gegen Einschaltstromstöße (MO)	– Bimetall und Magnetsystem – Magnetische Auslösung: Zeitlich unverzögert bei Kurzschluss und hohen Überlaststromstärken – Thermische Auslösung: Zeitverzögert entsprechend der Überlast
Funktionsschaltbild	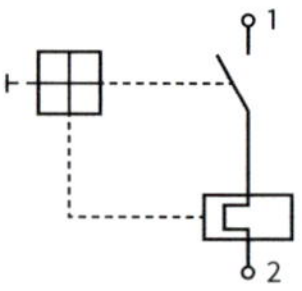	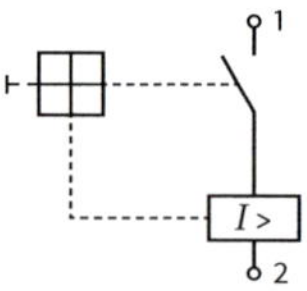	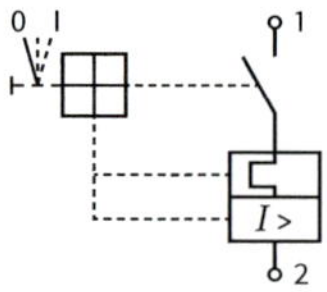
Anwendung	Motoren, Trafos, Magnetventile, Bordnetze, Niederspannungsleitungen	Stromversorgungen, Schaltanlagen, Steuer- und Regelungstechnik, Telekommunikation, Mobilfunkstationen	Telekommunikationsanlagen, Stromversorgungen, Industrie-, Schalt- und Steueranlagen, Schienenfahrzeuge
Beispiele			

Anwendung

- Messung/Überwachung des Isolationswiderstandes in isolierten Netzen (IT)
- Isolationsüberwachung einzelner Betriebsmittel (z. B. Generator)
- Meldung bei unterschrittenem Grenzwert

Grenzwerte

$R_{ISO} < 250\ \Omega/\mathrm{V}$ und $R_{ISO} < 15\ \mathrm{k}\Omega$	minimaler Isolationswiderstand R_{ISO} des Netzes (zwischen aktivem Leiter und Erde)
$I_m < 10\ \mathrm{mA}$	maximaler Messstrom I_m (bei $R_F = 0\ \Omega$)
$U_m < 120\ \mathrm{V}$	maximale Messspannung U_m (bei $1{,}1 \times U_n$ und $R_F = \infty$)

U_m: Messspannung, die während der Messung an den Messanschlüssen liegt.

I_m: Messstrom, der aus dem Überwachungsgerät zwischen Netz und Erde fließt.

R_F: Isolationswiderstand im überwachten Netz, einschließlich aller angeschlossenen Objekte gegen Erde

R_{an}: Wert des Isolationswiderstandes, dessen Unterschreitung überwacht wird.

Standardfunktionen

- Prüfeinrichtung zur Sicherstellung einwandfreier Funktion (Isolationswiderstand wird kurzzeitig künstlich verringert)
- Bei Grenzwertverletzung optische Meldung im Gerät oder extern verschaltet
- Akustische Meldung rücksetzbar (quittierbar) aber nicht abschaltbar

Optionale Zusatzfunktionen

- Ansprechwert (R_{an}) fest oder einstellbar
- Hystereseverhalten (Meldung bei steigendem R_{ISO}) oder Speicherverhalten (Meldung wird erst durch Quittierung zurückgesetzt)
- Vorwarnung bei Schwellwert größer als R_{an}
- interne/externe Anzeige von R_{ISO}

Funktionsweise

- Der Netzspannung wird zwischen L und PE/N eine Gleichspannung überlagert.
- Bei sinkendem R_{ISO} steigt der Gleichstrom.
- Ab voreingestelltem Grenzwert erfolgt die Auslösung der Störmeldung.

Anschluss/Schaltung

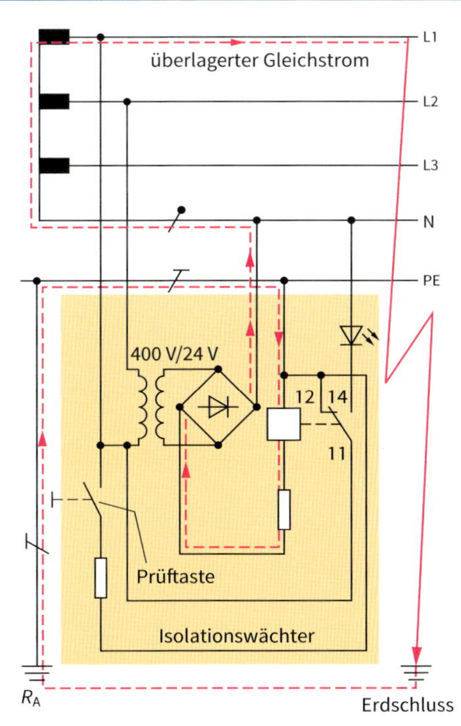

Funktionsdiagramm

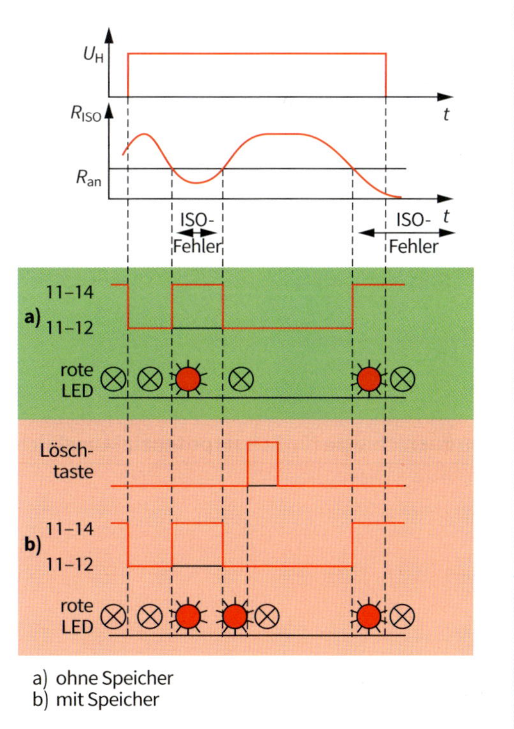

a) ohne Speicher
b) mit Speicher

Gebäudeanschlussraum mit Schutzpotenzialausgleich

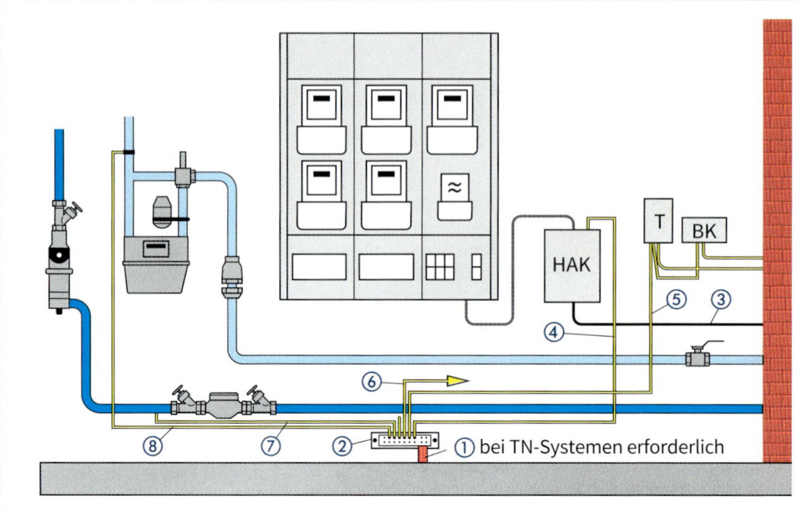

① Anschlussfahne des Fundamenterders
② Haupterdungsschiene (früher Potenzialausgleichsschiene, PAS)
③ Hauseinführungsleitung des VNB

Potenzialausgleichsleiter (PA-Leiter):
④ zum Hausanschlusskasten (HAK)
⑤ zur Telekommunikations- und BK-Anlage
⑥ zur Blitzschutzanlage
⑦ zur Wasserversorgungs- und Wasserentsorgungsanlage
⑧ zur Gasversorgungsanlage

Schutzpotenzialausgleich an der Haupterdungsschiene

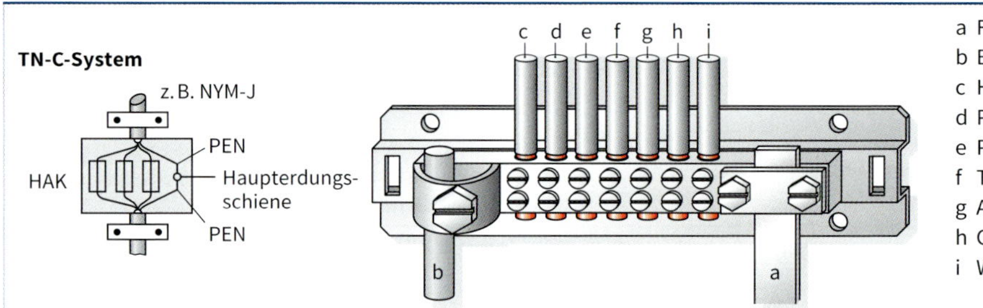

a Fundamenterder
b Blitzschutzanlage
c Heizungsanlage
d PE-Leiter zum HAK
e PE-Leiter zur Verteilung
f TK-Anlage
g Antennenanlage
h Gasversorgungsanlage
i Wasserversorgungsanlage

Zusätzlicher Schutzpotenzialausgleich bei leitender Standfläche

Darstellung	Erklärung	Anwendung (DIN VDE 0100…)
⑨	Schutzpotenzialausgleichsleiter ⑨ zwischen Körpern und leitfähigen Teilen, die innerhalb des Handbereichs liegen	▪ Schutzleitermaßnahmen (-410) ▪ Baderäume (-701) ▪ Schwimmbäder (-702) ▪ Landwirtschaftliche und gartenbauliche Betriebsstätten (-705) ▪ Medizinisch genutzte Bereiche (-710)

Leiterquerschnitte für Schutzpotenzialausgleichsleiter

<table>
<tr><th colspan="2">Verbindung mit der Haupterdungsschiene</th><th>Verbindung für zusätzlichen Schutzpotenzialausgleich</th></tr>
<tr><td>Material</td><td>Mindestquerschnitt in mm²</td><td rowspan="2">Zwischen zwei Körpern von elektrischen Betriebsmitteln:
$q_{PE1} \le q_{PE2} \rightarrow q_P \ge q_{PE1}$
q_{PE}: Querschnitt des jeweiligen Schutzleiters
q_P: Querschnitt des Schutzpotenzialausgleichsleiters</td></tr>
<tr><td>Kupfer</td><td>6</td></tr>
<tr><td>Aluminium</td><td>16</td><td rowspan="2">Zwischen Körpern eines elektrischen Betriebsmittels und einem metallenen Konstruktionsteil:
$q_P \ge 2{,}5$ mm² bei mechanischem Schutz des Leiters, z. B. durch Elektroinstallationsrohr
$q_P \ge 4$ mm² bei Leitern ohne mechanischen Schutz</td></tr>
<tr><td>Stahl</td><td>50</td></tr>
</table>

Wirkung des elektrischen Stromes auf den menschlichen Körper (VDE V 0140-479-1)

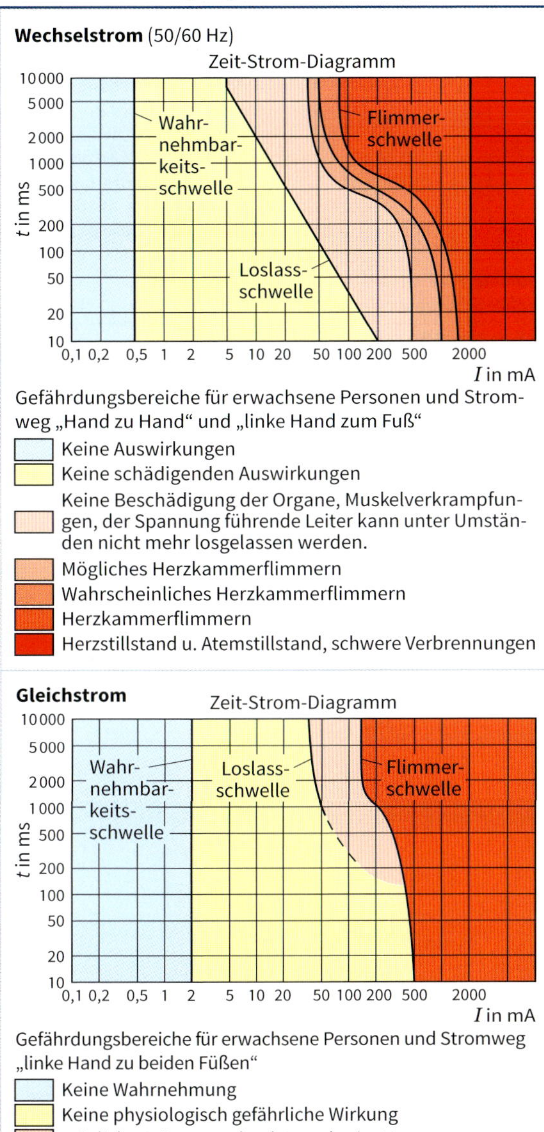

Gefährdungsbereiche für erwachsene Personen und Stromweg „Hand zu Hand“ und „linke Hand zum Fuß“

- Keine Auswirkungen
- Keine schädigenden Auswirkungen
- Keine Beschädigung der Organe, Muskelverkrampfungen, der Spannung führende Leiter kann unter Umständen nicht mehr losgelassen werden.
- Mögliches Herzkammerflimmern
- Wahrscheinliches Herzkammerflimmern
- Herzkammerflimmern
- Herzstillstand u. Atemstillstand, schwere Verbrennungen

Gefährdungsbereiche für erwachsene Personen und Stromweg „linke Hand zu beiden Füßen“

- Keine Wahrnehmung
- Keine physiologisch gefährliche Wirkung
- Mögliche Störungen durch Impulse im Herzen
- Herzkammerflimmern, Verbrennungen

Elektrischer Widerstand des menschlichen Körpers

Ersatzschaltbild	Erklärung
R_1, R_2, R_3, R_K	Teilwiderstände R_1: Hände/Arme R_2: Körperrumpf R_3: Beine/Füße R_K: innerer Körperwiderstand mit Durchschnittswerten ▪ bei 25 V ca. 3250 Ω ▪ bei 50 V ca. 2625 Ω ▪ bei 230 V ca. 1350 Ω

Begriffe

L1 L2 L3	**Außenleiter:** Leiter, die Spannungsquellen mit Betriebsmitteln verbinden.
N	**Neutralleiter:** Leiter, der mit dem Mittel- oder Sternpunkt verbunden ist.
PE	**Schutzleiter:** Leiter, der Körper von Betriebsmitteln, leitfähige Teile, Haupterdungsklemme und Erde verbindet.
PEN	**PEN-Leiter:** Leiter, der die Funktionen von Neutral- und Schutzleiter vereinigt.
U_o	**Wechselspannung** (Effektivwert) z. B. zwischen Außenleiter und N-Leiter bzw. Erde
U_B	**Berührungsspannung**
U_L	**Höchstzulässige Berührungsspannungen:** 50 V AC, 120 V DC
U_F	**Fehlerspannung:** Spannung, die im Fehlerfall zwischen Körpern oder zwischen Körpern und der Bezugserde auftritt.
I_F	**Fehlerstromstärke:** Stromstärke, die aufgrund eines Isolationsfehlers entsteht.
I_K	**Kurzschlussstromstärke:** Stromstärke, die bei direkter Verbindung von zwei Außenleitern oder zwischen Außenleiter und Neutralleiter entsteht. **Erdschluss:** Leitende Verbindung eines Außenleiters mit der Erde (auch einpoliger Kurzschluss).
I_b	**Betriebsstromstärke** eines Stromkreises
I_n	**Bemessungsstromstärke** (Nennstromstärke) eines Verbrauchsmittels oder Überstrom-Schutzorgans
$I_{\Delta N}$	**Bemessungsfehlerstromstärke** der RCD
t_a	Abschaltzeiten der Überstrom-Schutzorgane in **Endstromkreisen** bei **Betriebsstromstärke** $I_b \leq 32$ A **TN-Systeme:** ▪ $t_a \leq 0{,}4$ s für 120 V < $U_0 \leq$ 230 V ▪ $t_a \leq 0{,}2$ s für 230 V < $U_0 \leq$ 400 V ▪ $t_a \leq 0{,}1$ s für U_0 > 400 V **TT-Systeme:** ▪ $t_a \leq 0{,}2$ s für 120 V < $U_0 \leq$ 230 V ▪ $t_a \leq 0{,}07$ s für 230 V < $U_0 \leq$ 400 V ▪ $t_a \leq 0{,}04$ s für U_0 > 400 V **IT-Systeme:** ▪ Körper mit PE-Leiter verbunden und gemeinsame Erdungsanlage → Abschaltzeiten wie im TN-System ▪ Körper in Gruppen oder einzeln geerdet → Abschaltzeiten wie im TT-System

Basisschutz und Fehlerschutz

Sicherheitskleinspannung SELV[1)]

L1 PE N
$U \leq 50$ V

L1 PE N
$U \leq 120$ V

Sichere Trennung:
Keine Verbindung mit Erde, Schutzleiter oder aktiven Teilen anderer Stromkreise

Funktionskleinspannung PELV[2)] bzw. **FELV**[3)]

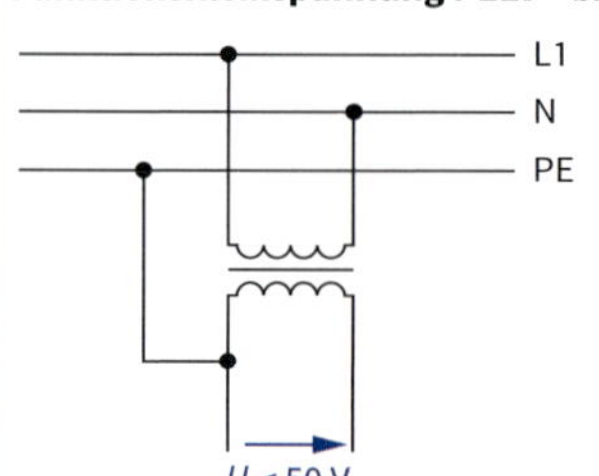

Hinweis:
- Bei FELV ist wie bei PELV aus Funktionsgründen Kleinspannung erforderlich, jedoch werden im Unterschied zu PELV nicht alle Bedingungen bei der Isolierung angeschlossener Betriebsmittel erfüllt.
- Erdung und Verbindung mit Schutzleiter anderer Stromkreise ist zulässig.

PELV: **sichere Trennung**; FELV: **ohne sichere Trennung**,
FELV als eigenständige Schutzmaßnahme nicht anerkannt (DIN VDE 0100-470).

[1)] **S**afety **E**xtra **L**ow **V**oltage [2)] **P**rotective **E**xtra **L**ow **V**oltage [3)] **F**unctional **E**xtra **L**ow **V**oltage

Basisschutz

Isolierung aktiver Teile

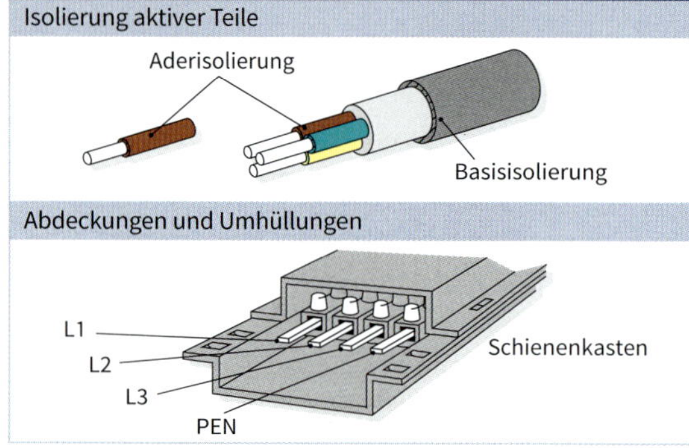

Abdeckungen und Umhüllungen

Hindernisse

z. B. Barrieren, Schranken

Anordnung außerhalb des Handbereichs

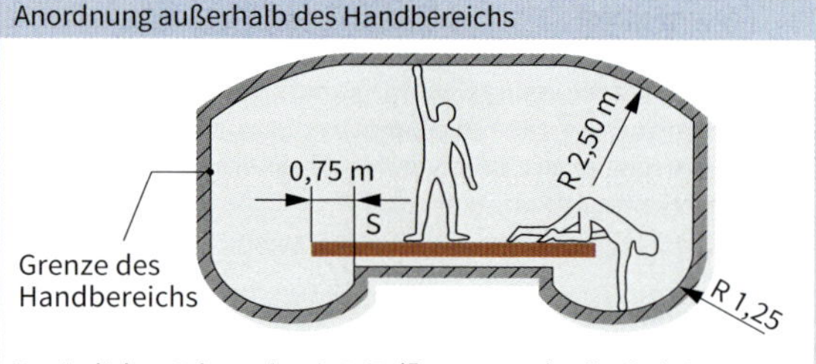

Zusätzlicher Schutz durch RCD ($I_{\Delta N} \leq 30$ mA) erforderlich

Fehlerschutz

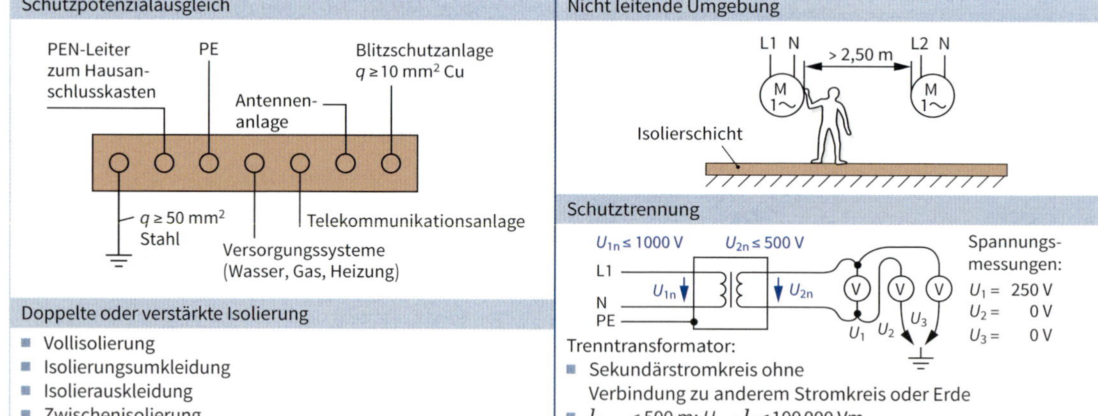

Schutzpotenzialausgleich

Doppelte oder verstärkte Isolierung

- Vollisolierung
- Isolierungsumkleidung
- Isolierauskleidung
- Zwischenisolierung

Nicht leitende Umgebung

Schutztrennung

Trenntransformator:
- Sekundärstromkreis ohne Verbindung zu anderem Stromkreis oder Erde
- $l_{2max} \leq 500$ m; $U_{2n} \cdot l_2 \leq 100\,000$ Vm

Schutz elektrischer Betriebsmittel

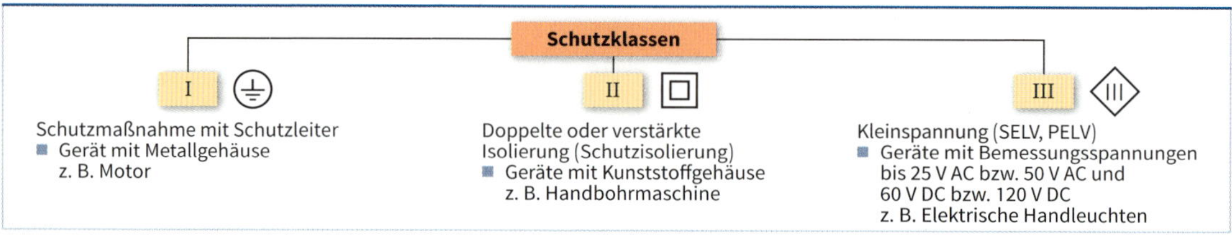

Schutzklasse I: Schutzmaßnahme mit Schutzleiter
- Gerät mit Metallgehäuse z. B. Motor

Schutzklasse II: Doppelte oder verstärkte Isolierung (Schutzisolierung)
- Geräte mit Kunststoffgehäuse z. B. Handbohrmaschine

Schutzklasse III: Kleinspannung (SELV, PELV)
- Geräte mit Bemessungsspannungen bis 25 V AC bzw. 50 V AC und 60 V DC bzw. 120 V DC z. B. Elektrische Handleuchten

Fehlerschutz (Schutz bei indirektem Berühren)

- **TN-System**

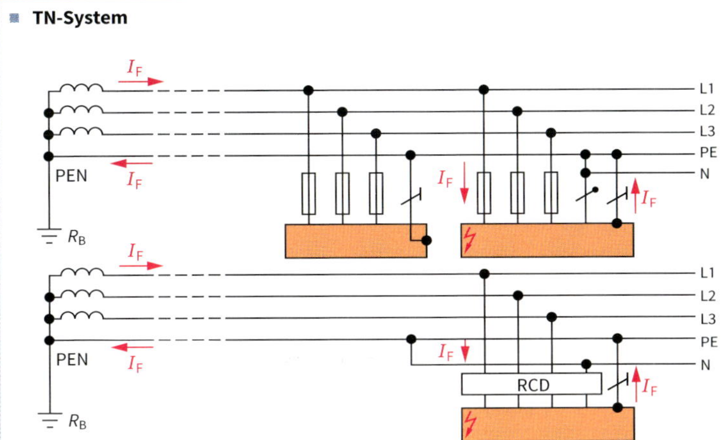

Schutzeinrichtungen:
- Schmelzsicherungen
- Leitungsschutz-Schalter
- RCD (nicht im TN-C-System)

Prinzip:
Fehlerstrom I_F wird zum Kurzschlussstrom und fließt über PE- und PEN-Leiter zur Quelle.

Abschaltung
innerhalb der für I_a angegebenen Zeiten.

Abschaltbedingung:
$Z_S \cdot I_a \leq U_o$

RCD:
$I_a = I_{\Delta N}$, Abschaltzeit $t_a \leq 0{,}4$ s;
bei selektivem RCD-Schutz
$t_a \leq 0{,}5$ s

- **TT-System**

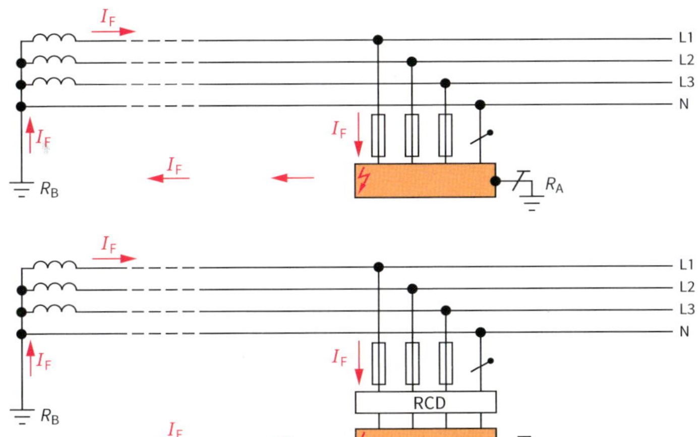

Schutzeinrichtungen:
- Schmelzsicherungen
- Leitungsschutz-Schalter
- RCD (Erforderlich, wenn bei einem Fehler der Erdschlussstrom zu niedrig ist, um das Überstrom-Schutzorgan in der geforderten Zeit abzuschalten.)

Prinzip:
Fehlerstrom I_F wird zum Erdschlussstrom und fließt über Erder (Erde) zur Quelle.

Abschaltung
ist gewährleistet bei RCD, da Fehlerstrom niedrig.

Abschaltbedingung:
$R_A \cdot I_a \leq U_L$

RCD:
$I_a = I_{\Delta N}$ wie im TN-C-System

- **IT-System**

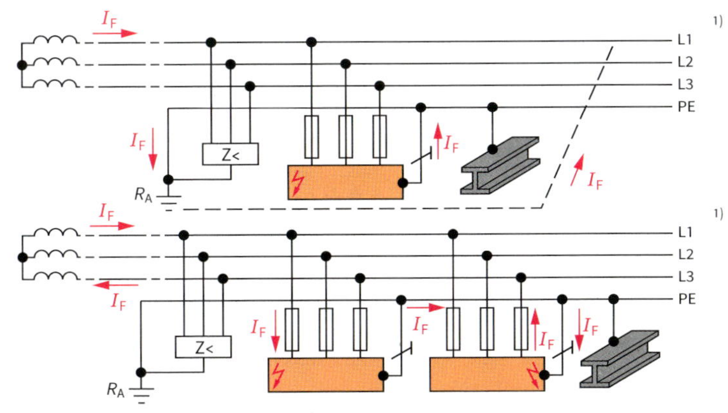

Schutzeinrichtungen:
- Schmelzsicherungen
- Leitungsschutz-Schalter
- Isolationsüberwachungseinrichtung
- RCD

Prinzip der Isolationsüberwachung:
- Einfachfehler: Fehleranzeige durch Meldung, I_d ($\hat{=} I_F$) ist Fehlerstrom (Ableitstrom).
- Doppelfehler: Abschaltung durch Überstrom-Schutzorgane innerhalb 0,2 bzw. 5 s

Abschaltbedingung:
$R_A \cdot I_d \leq U_L$

[1] Auch mit Neutralleiter möglich

Prüfung der Fehlerstrom-Schutzeinrichtung

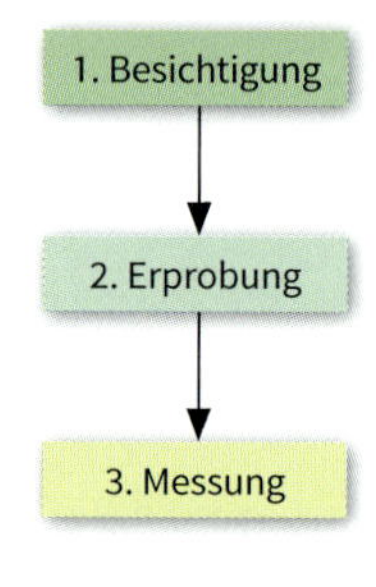

- Kontrolle der leichten Zugänglichkeit zur Bedienung und Wartung
- Prüfung der korrekt gewählten Auswahlkriterien der eingebauten RCD
- Prüfung der elektromechanischen Funktionsfähigkeit der RCD mit Hilfe der Prüftaste
  - 6 Monate (stationäre RCD)
  - arbeitstäglich (nicht stationäre RCD)
- Messung, ob die RCD bei der Bemessungsfehlerstromstärke innerhalb von 400 ms auslöst ($I_\Delta \leq I_{\Delta N}$).
- Die für die Anlage dauernd gültige und zulässige Berührungsspannung U_L (25 V bzw. 50 V) darf nicht überschritten werden.

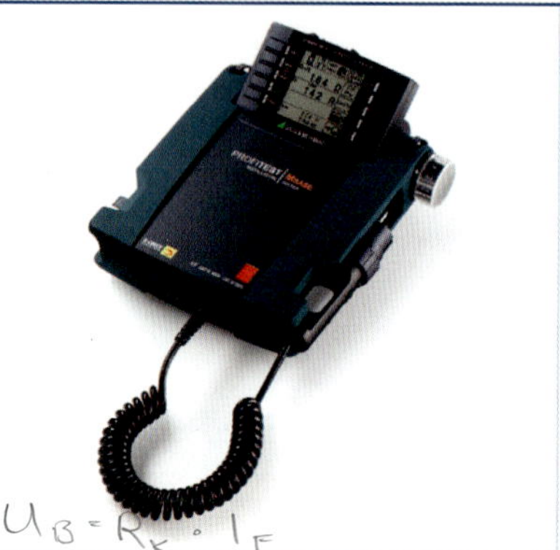

Messverfahren

- Folgende Messungen sind erforderlich:
  1. **Messung der Berührungsspannung ohne auslösen der RCD**
     Da nur ⅓ des Bemessungsfehlerstromes als Fehlerstrom fließt, löst die RCD nicht aus. Somit kann die Prüfung an jeder Steckdose durchgeführt werden.
  2. **Auslöseprüfung**
     Messung der Auslösestromstärke mit ansteigendem Fehlerstrom. Die RCD muss zwischen 50 % und 100 % von $I_{\Delta N}$ auslösen.
  3. **N-PE-Vertauschung**
     Prüfung einer Vertauschung zwischen N und PE
- Alle Prüfungen können mit und ohne Sonde durchgeführt werden. Bei der Messung mit Sonde ist darauf zu achten, dass die Erdsonde außerhalb des Spannungstrichters von R_E gesetzt wird (ca. 20 m).

Messschaltung

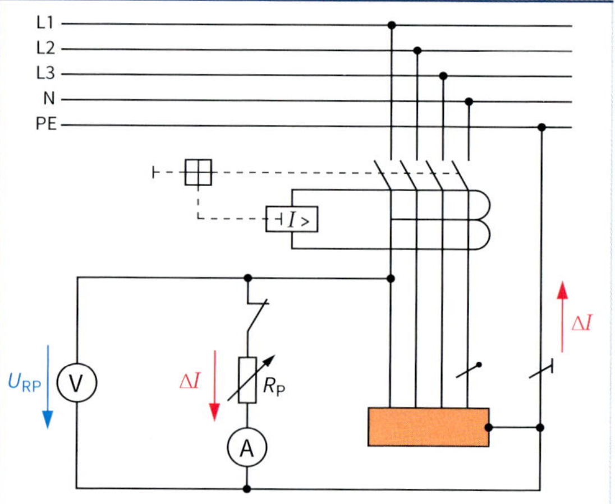

Fehlerursache bei der Prüfung

Fehler	Ursache
RCD löst bei der Prüfung nicht aus	▪ Berührungsspannung $U_B > U_L$ → Erdungswiderstand R_A zu hoch → niedrigere Bemessungsfehlerstromstärke der RCD wählen. ▪ Fehlerstrom $I_F > I_{\Delta N}$ → Schluss zwischen Neutral- und Schutzleiter → RCD defekt
RCD löst ungewollt bei der Prüfung aus	▪ Falsche Messbereichseinstellung am Messgerät ($I_{\Delta N}$ zu groß gewählt) ▪ Vorbelastung des Schutzleiters durch Ableitströme bereits vor der Prüfung

Elektrischer Anschluss

Beispiel:

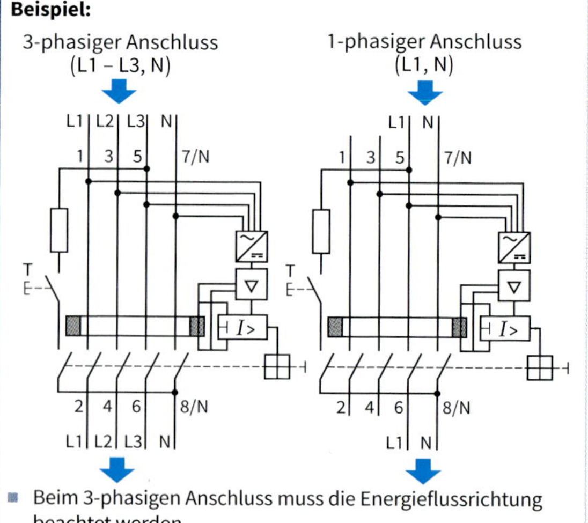

- Beim 3-phasigen Anschluss muss die Energieflussrichtung beachtet werden.
- Bei einphasigem Anschluss eines 4-poligen Gerätes ist auf die zu beschaltenden Klemmen zu achten.

Isolationswiderstand

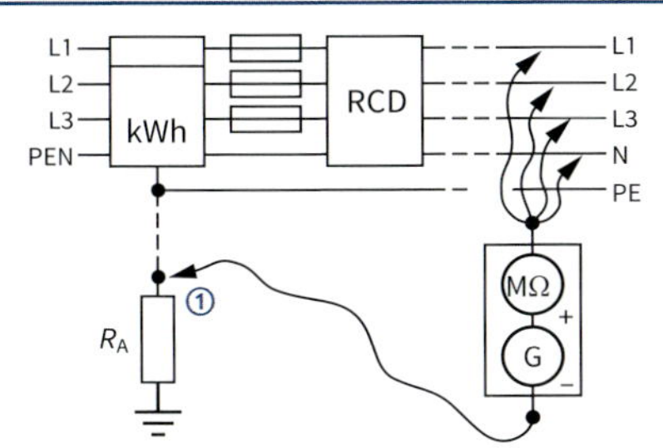

Messung des Isolationswiderstandes:

- Anlage vom Netz trennen.
- Messung von R_{iso} zwischen den aktiven Leitern (Außenleiter und Neutralleiter) und PE-Leiter (Erde) am Einspeisepunkt.
- Messung von R_{iso} zwischen den aktiven Leitern und dem mit der Erdungsanlage verbundenen PE-Leiter ①.
- Mindestwerte für R_{iso} ohne angeschlossene Verbraucher bei folgenden Nenn- und Messspannungen:
  - SELV, PELV → $R_{iso} \geq 0{,}5\ \text{M}\Omega$, $U_{Mess} = 250\ \text{V}$
  - $U_0 \leq 500\ \text{V}$ (FELV) → $R_{iso} \geq 1{,}0\ \text{M}\Omega$, $U_{Mess} = 500\ \text{V}$
  - $U_0 > 500\ \text{V}$ → $R_{iso} \geq 1{,}0\ \text{M}\Omega$, $U_{Mess} = 1000\ \text{V}$

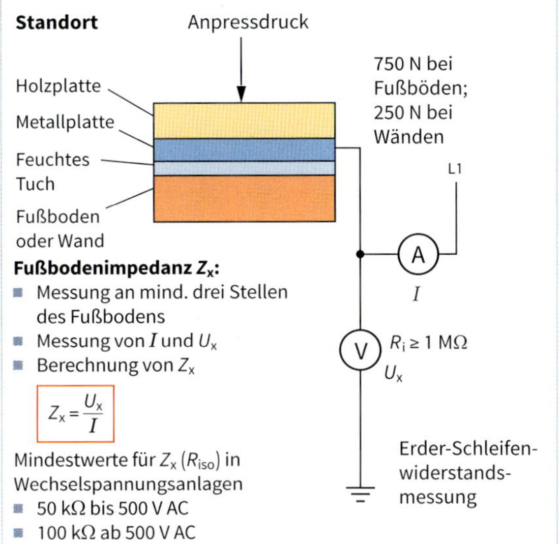

Fußbodenimpedanz Z_x:

- Messung an mind. drei Stellen des Fußbodens
- Messung von I und U_x
- Berechnung von Z_x

$$Z_x = \frac{U_x}{I}$$

Mindestwerte für Z_x (R_{iso}) in Wechselspannungsanlagen

- 50 kΩ bis 500 V AC
- 100 kΩ ab 500 V AC

Erdungswiderstand

Messarten

- **Zweileitermessung:** Der Widerstand zwischen dem zu messenden Erder R_E und einem bekannten Erder R_{PEN} des TN-Systems wird gemessen und vom bekannten Widerstand R_{PEN} subtrahiert.
  Anwendung: In dicht bebauten Gebieten, wo keine Sonden oder Hilfserder gesetzt werden können.
- **Dreileitermessung:** Aus Messstrom und Spannungsfall zwischen Hilfserder und Sonde (Verwendung von Erdspießen) ergibt sich der Erdungswiderstand. Direkte Anzeige erfolgt auf dem Display.
  Anwendung: Fundamenterder, Baustellenerder, Blitzschutzerder
- **Messung mit zwei Stromzangen:** Mit einer Stromzange wird ein Messstrom in die Erdschleife induziert. Mit einer zweiten Zange wird in einem Abstand von $a > 0{,}25$ m die Stromstärke durch den Erder gemessen.
  Anwendung: Praxisgerechte Messung in Erdungsanlagen mit untereinander verbundenen Erdern, z. B. der Blitzschutzanlage (Aufbau der Schaltungen nach Angaben der Messgerätehersteller).

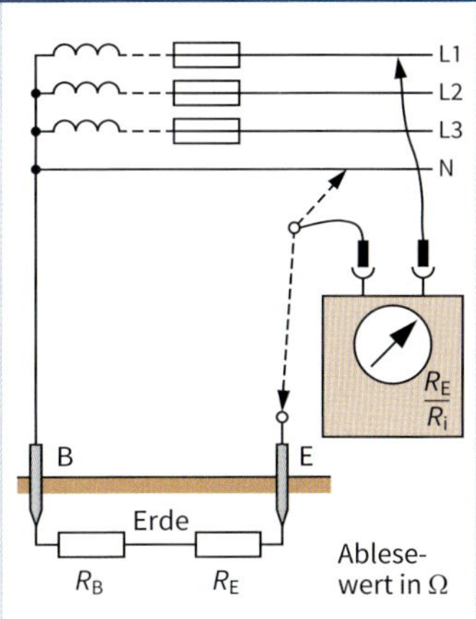

Schleifenimpedanz („Schleifenwiderstand")

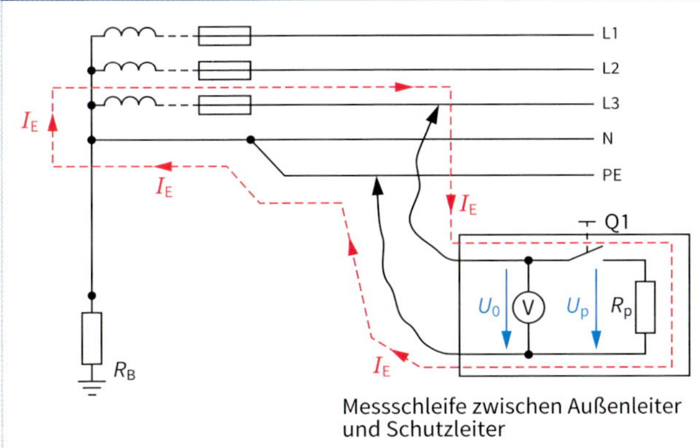

Messschleife zwischen Außenleiter und Schutzleiter

Messung der Schleifenimpedanz:

- Anzeige von Z_s mit Messgerät nach DIN EN 61557-3
- Messung der Netzspannung U_0 bei geöffnetem Schalter Q1
- Messung der Spannung U_p bei eingeschaltetem Lastwiderstand R_p
  Bestimmung von Z_s nach:
  $\Delta U = U_0 - U_p$ und $\Delta U = Z_s \cdot I_E$

$Z_s \leq \frac{U_0}{I_A} \cdot \frac{2}{3}$

$$I_E = \frac{U_0}{R_p + Z_s} \qquad (Z_s << R_p)$$

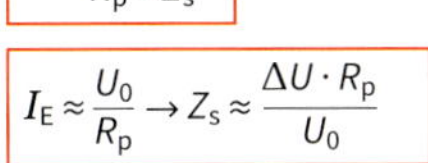

$$I_E \approx \frac{U_0}{R_p} \rightarrow Z_s \approx \frac{\Delta U \cdot R_p}{U_0}$$

Funktionen

- Schutz gegen elektrischen Schlag
- Blitz- und Überspannungsschutz
- Schutz für Kommunikationsanlagen

Arten

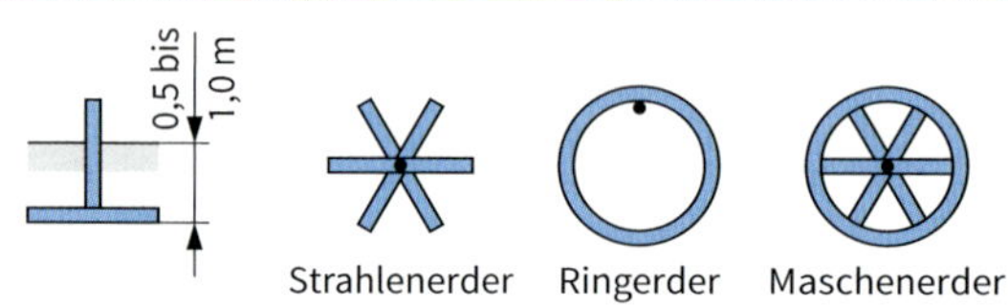

- Verlegung bis zu einer Tiefe von ca. 1 m
- Fundamenterder aus Rund- oder Bandstahl

Ausbreitungswiderstand

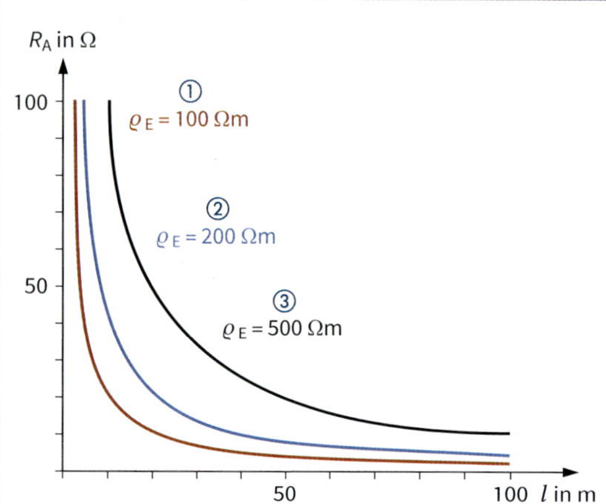

l: Erderlänge
ϱ_E: spezifischer Erdwiderstand

- Verringerung des Ausbreitungswiderstandes R_A mit Zunahme der Länge l des gestreckten Oberflächenerders
- Verringerung des Ausbreitungswiderstandes R_A bei größer werdendem spezifischem Erdwiderstand ϱ_E

Durchschnittswerte von Erdern		
Art des Bodens	spezifischer Erdwiderstand ϱ_E in Ω · m	Ausbreitungswiderstand R_A in Ω beim Banderder (Länge: 20 m)
Moorboden	30	3
Lehm-, Ton-, Ackerboden ①	100	10
Sand (feucht) ②	200	20
Beton (Zement/ Kies: 1/5)	400	40
Kies (feucht) ③	500	50
Sand und Kies (trocken)	1000	100

Ausführung

in unbewehrtem Fundament

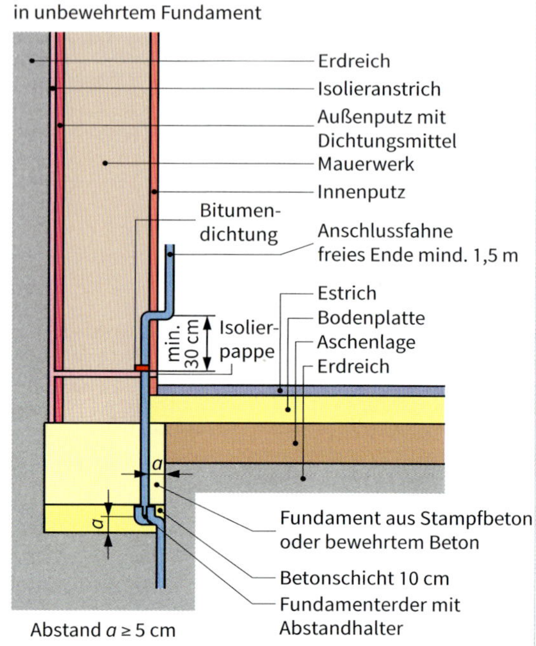

Erderverlegung und Maschenbildung

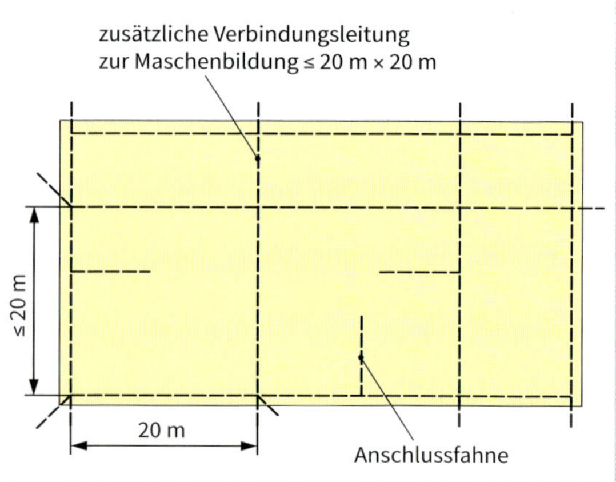

Staberder

Aufbau und Verlegung

- Rund- oder Profilmaterial
- Senkrechte Verlegung bis mindestens 2,50 m Tiefe
- Verlegung als Staberder, z. B. feuerverzinktem Stahl, mit besonderem Korrosionsschutz an der Anschlussstelle über dem Erdboden

Ausbreitungswiderstand

- Verringerung des Ausbreitungswiderstandes R_A mit zunehmender Einschlagtiefe des Staberders
- Verringerung des Ausbreitungswiderstandes bei größerem spezifischem Erdwiderstand ϱ_E

Ausführung

Hinweise für das Errichten von Erdungsanlagen für Ableitungen in Blitzschutzanlagen und Transformatorstationen:

- Staberder je nach der örtlichen Bodenbeschaffenheit überall einsetzbar
- Korrosionsschutz bereits vorhanden
- Einbringen mit Hilfe eines Vibrationshammers
- Anschlussschelle ① zum Anschluss von Rundleitern, Seilen und Flachbädern
- Anschluss eines Rohrerders ② für Erdungsanlagen, z. B. in Blitzschutzanlagen
- Prüfen, ob z. B. erdverlegte Kabel oder Rohre vorhanden sind

Fundamenterder/Ringerder

Auswahlkriterien

Bei folgenden bautechnischen Gegebenheiten muss der Fundamenterder als Ringerder im Erdreich verlegt werden.

- Betonfundament mit hohem Erdübergangswiderstand z. B.
  - wasserundurchlässiger Beton,
  - Bitumenabdichtung des Fundaments, „Schwarze Wanne“,
  - Kunststoffabdichtung des Fundaments, „Weiße Wanne“,
  - Wärmedämmung unterhalb und seitlich vom Erder oder
  - zusätzliche schlecht leitende Zwischenschicht, z. B. aus recyceltem Material.

Aufbau und Verlegung

- Seitlich der Baugrube unterhalb einer Drainageschicht
- Im Bereich der Außenwände unter dem Fundament oder
- außerhalb der Frostschutzzone.
- Rundmaterial (Durchmesser mindestens 10 mm) oder
- Bandmaterial (mindestens 30 mm · 3,5 mm)
  bestehend aus blankem oder verzinktem Stahl,
  bei elektrochemischer Korrosionsgefahr aus nichtrostendem Stahl oder aus Kupfer.

Anforderungen

- Ringerder, im Erdreich ①, außerhalb des Gebäudefundaments verbunden:
  - über Potenzialausgleichsleiter ②
  - mit Blitzschutz ③ und Haupterdungsschiene ④ innerhalb der "Weißen Wanne" aus undurchlässigem Beton ⑤
  - über druckwasserdichte Wanddurchführung ⑥.

Potenzialausgleich ist damit hergestellt.

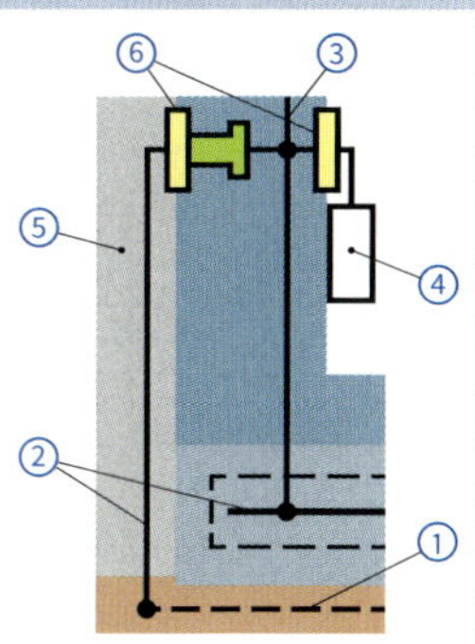

Abmessungen für Erder

Erderform	Werkstoff	Mindestquerschnitt in mm²	Mindestdicke in mm	Anwendungen, Mindestabmessungen
Band	Stahl, feuerverzinkt	90	3	
Runddraht		78	10 Ø	– Oberflächenerder
Runddraht		201	16 Ø	– Tiefenerder, mit mindestens 70 µm Zinkauflage
Rohr		491	25 Ø	Mindestwandstärke 2 mm, 55 µm Zinkauflage
Profilstäbe		90	3	
Rundstab: – mit Kupfermantel	Stahl mit Kupferauflage	177	15 Ø	– Tiefenerder mit 2000 µm Kupferauflage
– verkupfert		154	14 Ø	– Tiefenerder mit 90 µm Kupferauflage
Band	Kupfer	50	2	
Seil		25		Mindestdrahtdurchmesser 1,8 mm
Runddraht		25		Oberflächenerder
Rohr		314	20 Ø	Mindestwandstärke: 2 mm

Bei ausgedehnten Erdern aus blankem Kupfer oder Stahl mit Kupferauflage ist darauf zu achten, dass sie von unterirdischen Anlagen aus Stahl, z. B. Rohrleitungen und Behältern, getrennt gehalten werden. Andernfalls sind die Stahlteile einer erhöhten Korrosionsgefahr ausgesetzt.

- Für die Planung und Errichtung von elektrischen Niederspannungsanlagen ist die **elektrische Energieeffizienz** (**EE**) zu berücksichtigen.
- Das gilt für
  - Wohnbauten (z. B. Ein- und Mehrfamilienhäuser),
  - Gewerbliche Gebäude (z. B. Büros),
  - Industriegebäude (z. B. Produktionsstätten) und
  - Infrastruktur-Einrichtungen (z. B. Bahnhöfe).
- **Vorrangiges Ziel**:
  Die Verwendung elektrischer Energie optimieren.
- Es sind fünf Energieeffizienzklassen (**E**lectrical **I**nstallation **E**fficiency **C**lass, EIEC 0-4) festgelegt.
- Diese Klassen sind eine Kombination aus
  - Effizienz-Maßnahmen B1 bis B13 (**EM**: **E**fficiency **M**easures) und
  - Energieeffizienz-Leistungsmerkmalen B14 bis B16 (**EEPL**: **E**nergy **E**fficiency **P**erformance **L**evel).
- **Detailanforderungen** für EM0 bis EM4 sind in der o. g. Norm definiert. (**Beispiel für B1**: **EM3** → Lastprofil des Verbrauchs jeden Tag in einem Jahr)
- Für eine **hohe** Energieeffizienzklasse EIEC sind für die gegebenen Bewertungskriterien möglichst hohe Punktzahlen zu erreichen.

Energieeffizienzprofil und Effizienzmaßnahmen

	Anforderung	EM0[3]	EM1	EM2	EM3	EM4	Punkte[2]
B.1	Bestimmung des Lastprofils in kWh		[1]	[1]	[1]		3
B.2	Anordnung der Haupteinspeisung						3
B.3	Optimierungsanalyse für Motoren						3
B.4	Optimierungsanalyse für Beleuchtung						3
B.5	Optimierungsanalyse für HVAC (Heizung, Klima, Lüftung)						2
B.6	Optimierungsanalyse für Transformatoren						1
B.7	Optimierungsanalyse für Kabel und Leitungen						1
B.8	Blindleistungskompensation						2
B.9	Messung des Leistungsfaktors						2
B.10	Energie- und Leistungsmessung						3
B.11	Spannungsmessung						0
B.12	Messung der Oberschwingung						2
B.13	Erneuerbare Energiequellen						4
Gesamt-EM							29

Energieeffizienz-Performance-Level (EEPL)

	Anforderung	EEPL0[3]	EEPL1	EEPL2	EEPL3	EEPL4	Punkte[2]
B.14	Verteilung des Jahresverbrauchs		[1]	[1]			2
B.15	Leistungsfaktor						1
B.16	Effizienz von Transformatoren						3
Gesamt-EEPL							6

Effizienzklassen elektrischer Anlagen

Klasse	Effizienz	Anforderungen für Wohnungen	Anforderungen außer für Wohnungen
EIEC0	sehr niedrig	< 20	< 16
EIEC1	niedrig	< 28	< 26
EIEC2[2]	Standard	< 36	< 36
EIEC3	erhöht	< 44	< 48
EIEC4	optimal	< 50	< 58

[1] Gelb hinterlegte Felder: Beispiel für einen Produktionsbereich [2] EIEC-Klasse: EIEC2 (Gesamtpunktezahl: 35)
[3] EM0 und EEPL0: keine Betrachtung bei Wohngebäuden, Gewerbe, Industrie und Infrastruktur

Steuerungstechnik

3

Bausteine und Komponenten

112 Steuerungsprinzip
113 Farben für Drucktaster und Signalleuchten
113 Anschlussbezeichnungen von Schützen und Relais
114 Schütze
115 Elektromagnetische Relais
116 Elektronische Relais
117 Steuerungen mit Schützen
120 Digitalisierung
121 Digitale Logik
122 Logikfamilien
123 Digitale Signalumsetzer
124 Digitale Funktionsbausteine
125 FPLD – Field Programmable Logic Device
126 Kleinsteuerungen

Sensoren

127 Sensoren – Übersicht
128 Sensorsysteme
129 Induktive Sensoren
130 Kapazitive Sensoren
131 Temperatursensoren
132 Resistive Kraft- und Drucksensoren
133 Piezoelektrische Kraft- und Drucksensoren
134 Beschleunigungssensoren
135 Optoelektronische Sensoren
137 Energieautarke Funksensoren
138 Drehgeber
139 Messumformer
140 Maschinelle Bildverarbeitung

Pneumatik, Hydraulik

141 Darstellung pneumatischer Systeme
143 Pneumatische Ventile
145 Pneumatische Zylinder
146 Elektropneumatik
147 Magnetventile
148 Grundschaltungen der Pneumatik
150 Hydrosysteme

Sicherheit

151 Not-Aus
152 PL – Performance Level
154 SIL – Safety Integrity Level

Steuerungsprinzip
Control Principle

Prinzip

- Die Eingangsgrößen werden auf der Steuerstrecke durch Störgrößen beeinflusst. Die Ausgangsgröße ist eine beeinflusste Eingangsgröße.
- Die **Steuerkette** besteht aus einer **Steuereinrichtung**, einem **Stellglied** und der **Steuerstrecke**.
- Die Art der Beeinflussung der Ausgangsgröße ist von der Steuerstrecke abhängig.
- Im Gegensatz zur Regelungstechnik besitzt die Steuerkette einen **offenen Wirkungskreis**.

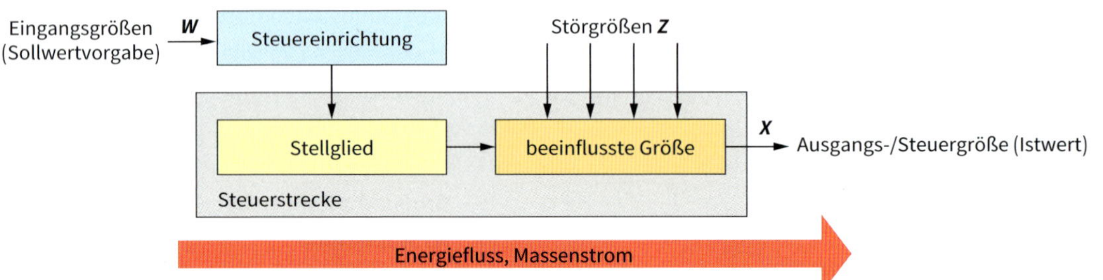

Bezeichnung	Erklärung	Beispiele
Steuereinrichtung	Die Steuereinrichtung bildet in Abhängigkeit der Sollwertvorgaben am Eingang die Stellgröße.	Taster, logische Schaltung, Zeitglied
Stellglied	Das Stellglied wird von der Stellgröße beeinflusst und steuert so den Energiefluss der Steuerstrecke. Es ist ein Teil der Steuerstrecke.	Relais, Transistor, Triac
Steuerstrecke	Die Steuerstrecke ist ein Anlagenteil, der das Stellglied und die aufgabenmäßig beeinflussten Größen enthält.	elektrischer Antrieb

Steuerungsarten

Unterscheidung	Erklärung	Unterscheidung	Erklärung
Signalverarbeitung		**Programmierung**	
Synchrone Steuerung	Die Signalverarbeitung erfolgt taktsynchron.	Verbindungsprogrammierte Steuerung (**VPS**)	Die Funktion der Steuerung wird durch die Verdrahtung der Elemente realisiert.
Asynchrone Steuerung	Die Signaländerungen werden nur von der Änderung der Eingangssignale ausgelöst. Es gibt kein Taktsignal.	Speicherprogrammierbare Steuerung (**SPS**)	Die Steuerungsfunktion wird durch die Ausführung eines Steuerungsprogramms ausgelöst. Das Steuerungsprogramm ist in einem Speicher abgelegt.
Verknüpfungssteuerung	Den Zuständen der Eingangsgrößen werden über Boolsche Verknüpfungen definierte Zustände der Ausgangssignale zugeordnet.	Steuerungen mit Mikrocontroller	Die Steuerfunktion wird durch die Befehlsfolge des Mikrocontrollers realisiert.
Steuerungsablauf		**Hierarchische Zuordnung**	
Ablaufsteuerung	Steuerungen, die einen schrittweisen Ablauf voraussetzen. Die Übergangsbedingungen steuern die Abfolge von einem Schritt zum Nachfolgenden.	Einzelsteuerung	Es handelt sich um eine Funktionseinheit zur Steuerung eines einzelnen Stellgliedes.
Zeitgeführte Ablaufsteuerung	Ablaufsteuerung, deren Übergangsbedingung nur von der Zeit abhängt	Gruppensteuerung	Funktionseinheit zur Steuerung eines Teilprozesses, der aus mehreren Einzelsteuerungen besteht
Prozessabhängige Ablaufsteuerung	Ablaufsteuerungen, deren Übergangsbedingungen von den zu steuernden Prozesssignalen abhängen	Prozesssteuerung	Eine Funktionseinheit zur Steuerung eines Prozesses, die den Gruppensteuerungen übergeordnet ist.

Farben für Drucktaster und Signalleuchten
Colours for Push-Buttons and Signal Lamps

DIN EN 60204-1: 2007-06

Farbe	Bedeutung	Anwendungen		Beispiele
		Drucktaster	Signalleuchten	
ROT	Gefahr	NOT-AUS	Gefahrbringender Zustand, sofort Ausschalten (Störung)	
GELB	Achtung Anormal	Beseitigung von anormalen Bedingungen bzw. unerwünschten Änderungen	Beseitigung von anormalen Bedingungen bzw. unerwünschten Änderungen	
GRÜN	Normal	Vorbereiten/Bestätigen/ START/EIN Verboten bei STOPP/AUS	Die physikalische Größe liegt im normalen Bereich.	
BLAU	Zwingend	Vorbestimmte Maßnahme wird durchgeführt, z. B. Rückstellen	Vorbestimmte Maßnahmen durchführen, z. B. Werte eingeben.	
WEISS	Keine bestimmte Bedeutung	Bevorzugt anwenden für **START/EIN** **STOPP/AUS**	Kontrolle, ob Umschaltung notwendig	
GRAU				
SCHWARZ				

Anschlussbezeichnungen von Schützen und Relais
Terminal Markings of Contactors and Relays

DIN EN 50011: 1978-05; DIN EN 50012: 1978-05

	Ziffern	Bedeutung	Beispiele
Hauptschaltglieder, Schutzeinrichtungen	1 2	Schaltglied 1	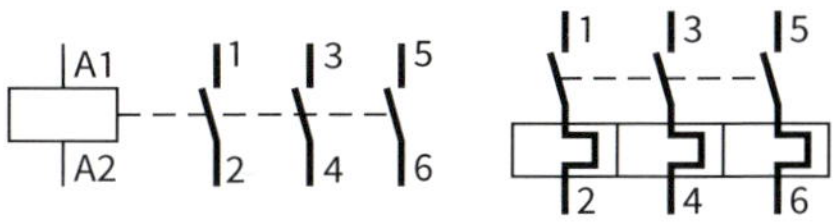
	3 4	Schaltglied 2	
	5 6	Schaltglied 3	
	7 8	Schaltglied 4	
	9 0	Schaltglied 5	
Hilfsschaltglieder	**Funktionsziffer**	**Kontaktart**	**Beispiele**
	1 2 5 6	Öffner ① Öffner mit besonderer Funktion, z. B. verzögert	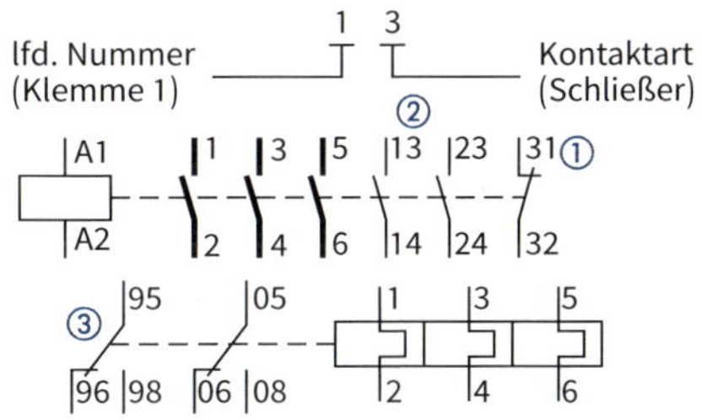 lfd. Nummer (Klemme 1) — 1 3 — Kontaktart (Schließer) ②
	3 4 7 8	Schließer ② Schließer mit besonderer Funktion, z. B. blinkend	
	1 2 4 5 6 8	Wechsler Wechsler ③ mit besonderer Funktion, z. B. Schutz	
Antriebe und Auslöser	**Antrieb**	**Anschlussart**	**Beispiele**
	A Spule B 2. Spule ④	Spulenanfang: 1 Spulenende: 2 Anzapfungen: 3, 4, …	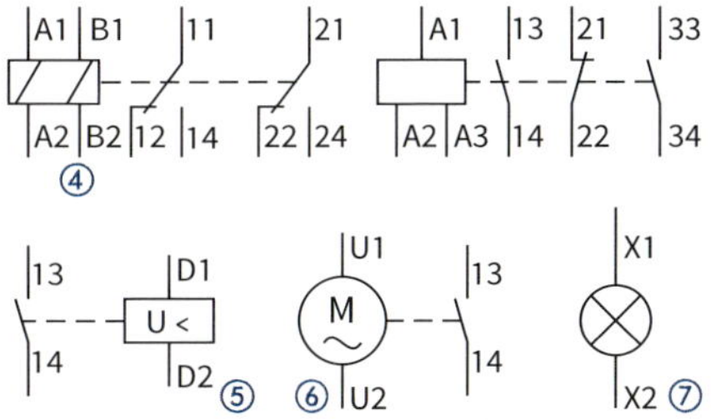
	C Arbeitsstromauslöser D Unterspannungsauslöser ⑤ E Verriegelungsauslöser		
	U Motoren ⑥ X Leuchtmelder ⑦		

Aufbau und Funktion

- Schütze sind Schalter, die durch einen Elektromagneten betätigt werden. Bei Stromfluss (Gleich- oder Wechselstrom) durch eine Spule wird ein Eisenanker angezogen, Kontakte (**Schaltglieder**) werden geschlossen oder geöffnet.
- Bevorzugte Betriebsspannungen: 24 V, 48 V, 110 V, 230 V
- **Hauptschütze (Lastschütze, Leistungsschütze)** werden für das direkte Schalten von elektrischen Maschinen oder elektrischen Geräten in Stromkreisen eingesetzt und besitzen dafür vorhandene bzw. nachrüstbare Hauptschaltglieder. Zusätzlich sind Hilfsschaltglieder (in der Regel bis 10 A belastbar) vorhanden bzw. nachrüstbar.
- **Hilfsschütze (Steuerschütze)** sind im Prinzip wie Hauptschütze aufgebaut. Mit den Schaltgliedern können Ströme bis 10 A bzw. 16 A geschaltet werden. Mit ihnen werden im Wesentlichen Steuerungsaufgaben realisiert.

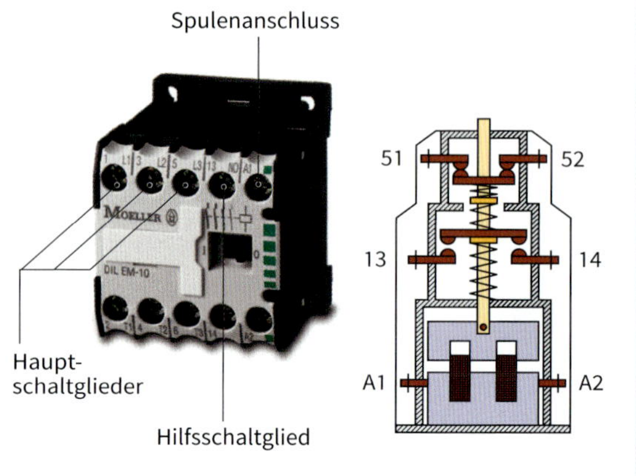

Anschlussbezeichnungen

- **Spule:** A1 und A2
- **Hauptschaltglieder:** eine Ziffer, z. B. 1 und 2, 3 und 4, ...
- **Hilfsschaltglieder:** zwei Ziffern, z. B. für Öffner 21 und 22, für Schließer 13 und 14
  1. Ziffer: Ordnungsziffer (Klemmenreihenfolge von links nach rechts)
  2. Ziffer: Funktionsziffer (1 und 2 für Öffner, 3 und 4 für Schließer)

Beispiel:
Hauptschütz mit 3 Hauptschaltgliedern und 4 Hilfsschaltgliedern (2 Schließer und 2 Öffner)

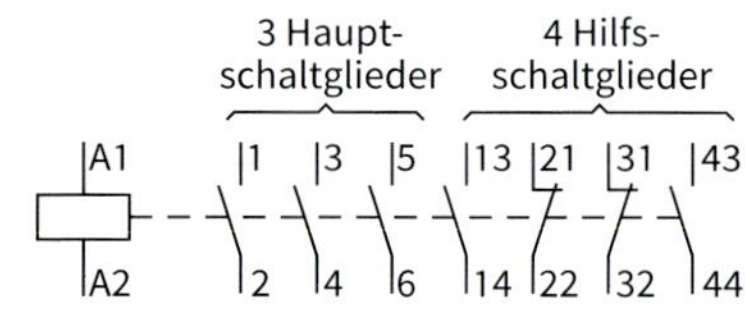

Kennzahl des Schützes 22 (2 Schließer und 2 Öffner)

Beispiel:
Hilfsschütz mit zwei Etagen
Untere Etage: 2 Schließer und ein Öffner
Obere Etage: 4 Schließer und ein Öffner

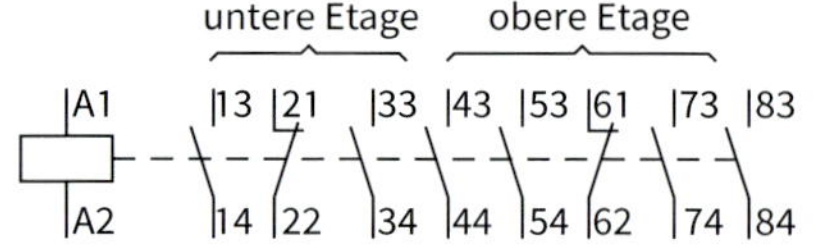

Kennzahl des Schützes 62 (6 Schließer und 2 Öffner)

Schütze mit Zeitverhalten (Zeitrelais)

Ansprechverzögerung

- Der Steuerbefehl wird erst nach Ablauf der voreingestellten Zeit *t* wirksam.
- Die Umschaltung bleibt bis zum Abschalten des Spulenstroms bestehen.

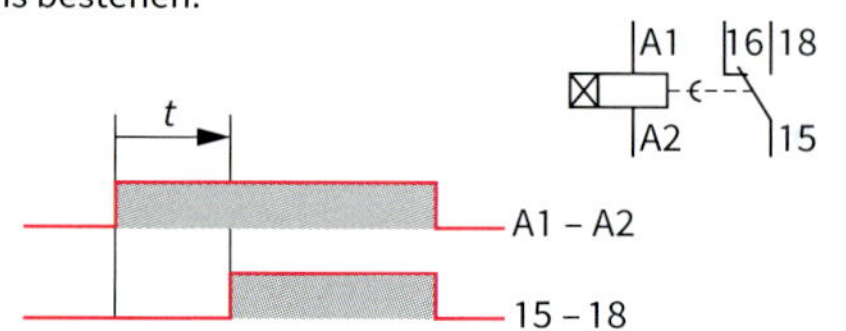

Abfallverzögerung

- Das Zeitrelais wird ständig mit Spannung versorgt.
- Durch den potenzialfreien Schließer erfolgt die Umschaltung. Sie bleibt bis zum Ablauf der Zeit *t* bestehen.

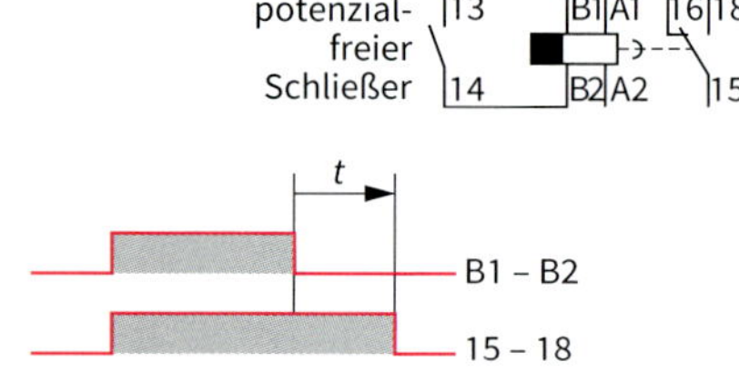

Blinkverhalten (Blinkrelais)

- Nach Ablauf der eingestellten Blinkzeit *t* erfolgt das ständige Umschalten.

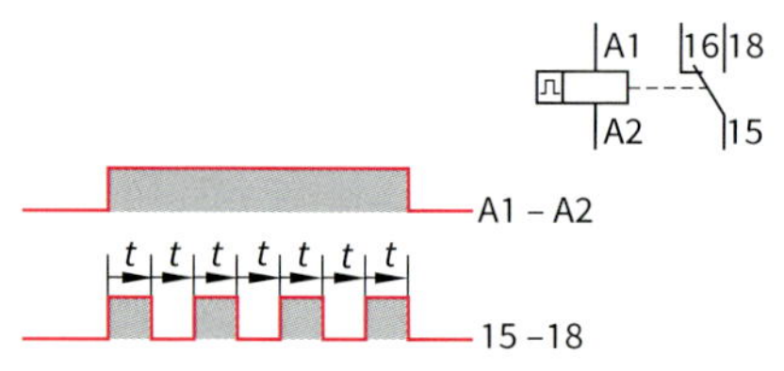

Ungepoltes Relais

Grundsätzlicher Aufbau

- Spule ①
- Ferromagnetischer Kern ②
- Joch ③
- Kontakte ④
- Zuführungen ⑤
- Rückstellfeder ⑥
- Beweglicher Anker ⑦

Relais in Kompaktbauweise

- Der Ankerluftspalt liegt in der Mitte der Spule.
- Das Innere der Spule ist die schutzgasgefüllte Kontaktkammer.

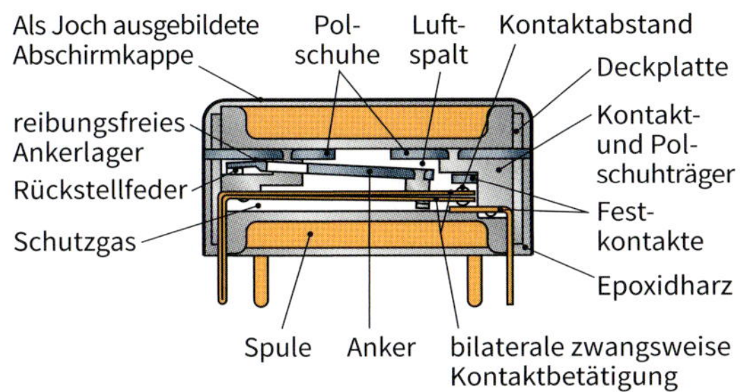

Reed-Relais

Grundsätzlicher Aufbau

- Verschlossenes Glasröhrchen mit zwei eingeschmolzenen ferromagnetischen Kontaktzungen (engl.: reed)
- Erregerspule umschließt das Glasröhrchen

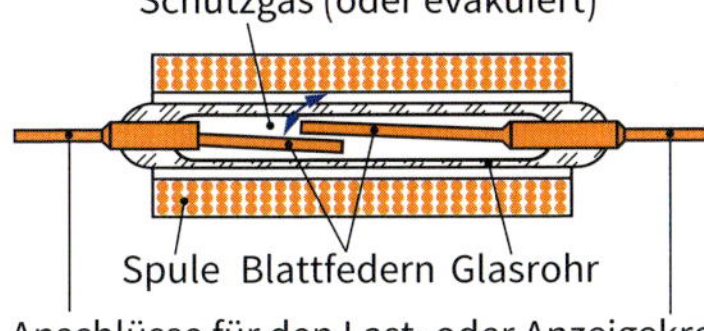

Sicherheitsrelais

- Mindestens zwei voneinander unabhängige in Serie geschaltete Kontakte ①. Wenn einer der Kontakte verschweißt, so muss der in Serie liegende zweite Kontakt die Abschaltung übernehmen.
- Die Kontakte im Kontaktsatz sind miteinander zwangsgeführt ②.

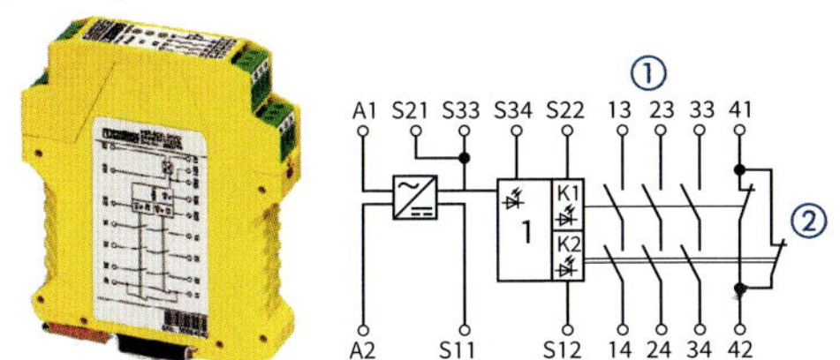

Schutzarten

- **RT 0** (Unenclosed relay)
  Offenes und somit ungeschütztes Relais
- **RT I** (Dust protected relay)
  Staubgeschützt mit Kapselung, bewegliche Teile sind geschützt
- **RT II** (Flux proof relay)
  Gegen Flussmittel geschützt (bei Lötarbeiten)
- **RT III** (Wash tight relay)
  Waschdicht, geeignet für Lötbadverarbeitung mit anschließendem Waschverfahren
- **RT IV** (Sealed relay)
  Das Relais ist so gekapselt, dass keine Umgebungsatmosphäre eindringen kann.
- **RT V** (Hermetically sealed relay)
  Hermetisch dichtes Relais, höchste Qualitätsstufe (EN 116000-3: 1996, IEC 61810-7: 2006-03)

Schutzbeschaltungen

Funktion:

- Belastung der Kontakte reduzieren
- Schutz der elektronischen Bauelemente vor hohen Induktionsspannungen (Stromänderung in der Spule)
- Gleichstromschutzbeschaltung einsetzen

Gleichstromschutzbeschaltung

- **Freilaufdiode**

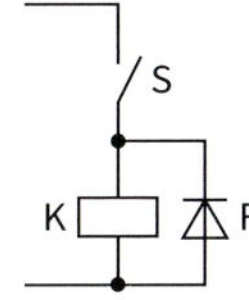

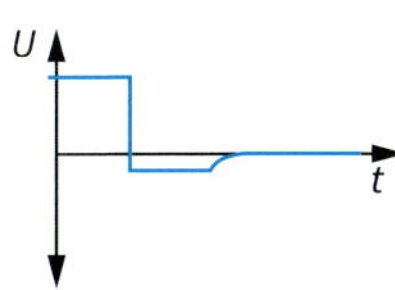

Abschaltspannung 0,7 V (Silizium-Diode), geringe Kosten, geringer Platzbedarf

Wechselstrom- und Gleichstromschutzbeschaltung

- **RC**

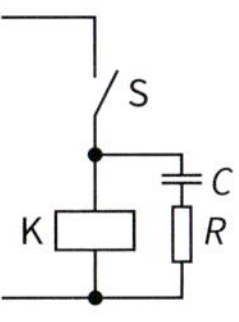

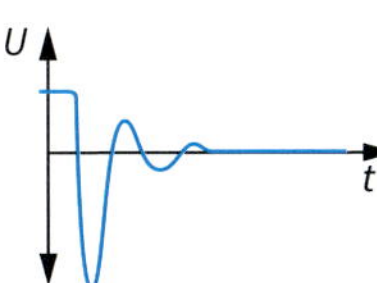

Hohe Stromspitze, großer Platzbedarf

- **Varistor**

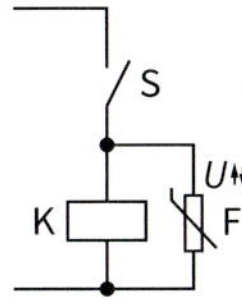

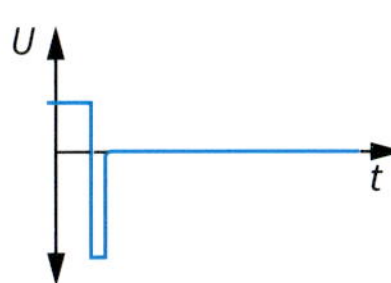

Hohe Überspannung, großer Platzbedarf

Aufbau und Bezeichnungen

- **ELR**: (**E**lektronisches **L**ast**r**elais)
- Halbleiterrelais
- Halbleiterlastrelais
- Halbleiterschütz
- **SSR** (**S**olid **S**tate **R**elay)

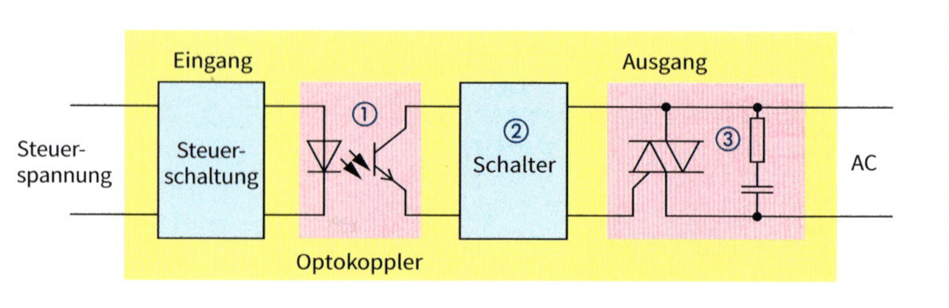

Funktion und Schaltverhalten

- Eingangsschaltung mit Optokoppler ① (galvanische Trennung zwischen Ein- und Ausgang)
- Schalter ② (bei Wechselspannung in der Regel Nullspannungsschalter)

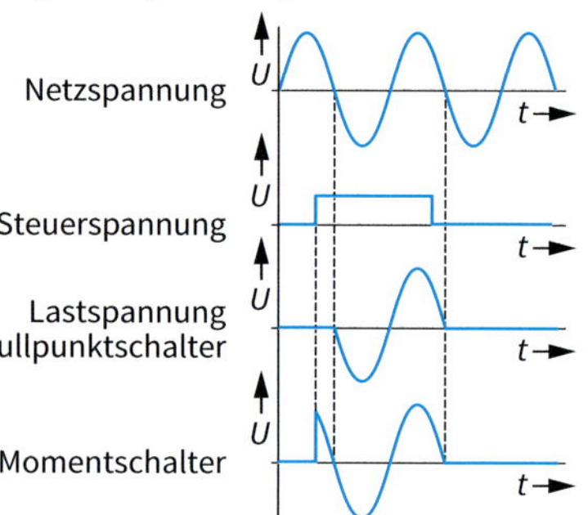

- Ausgangsschaltung mit Leistungshalbleiter ③ bei
  - Gleichspannung: Bipolarer Transistor, MOSFET, Thyristor
  - Wechselspannung: Triac, antiparallele Thyristoren

Vor- und Nachteile von Schaltgeräten

Eigenschaft	mechanisch	elektronisch
Steuerleistung	–	+
Lebensdauer	–	+
Prellverhalten	–	+
Schaltzeiten	–	+
Schalthäufigkeit	–	+
Kontaktzahl und -art	+	–
Galvanische Trennung, Leckstrom	+	–
Lebensdauer	–	+
Schaltgeräusch	–	+
Korrosionsfestigkeit	–	+
Verlustleistung	+	–
Nullpunktschaltend	–	+

Eingangsschaltungen (Prinzip)

Gleichspannung	Wechselspannung

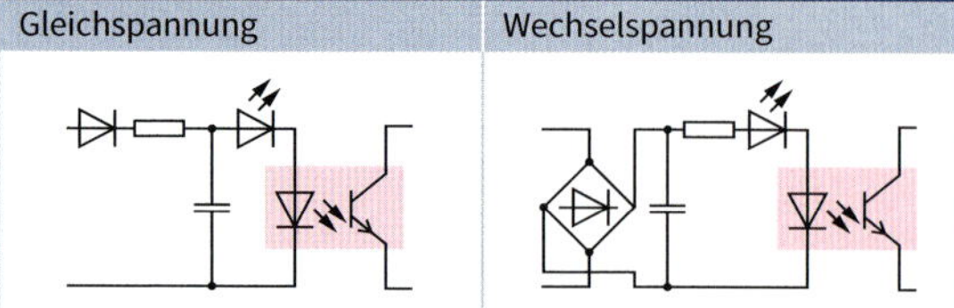

Ausgangsschaltungen Gleichspannung

- Zweileiterausgang

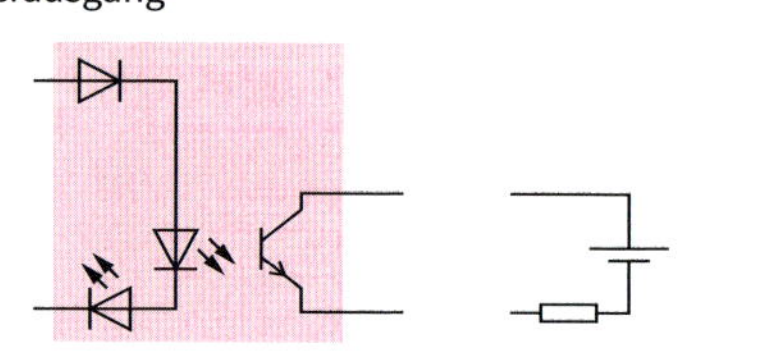

- Dreileiterausgang

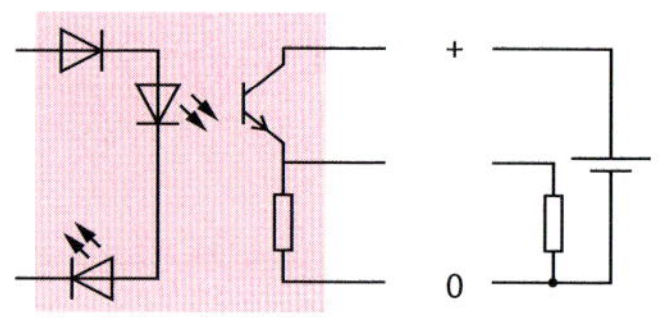

Schutzbeschaltungen bei induktiver Last

Gleichspannung	Wechselspannung
+ Last –	Last

Elektronisches Relais für 3 Phasen

Beispiel:

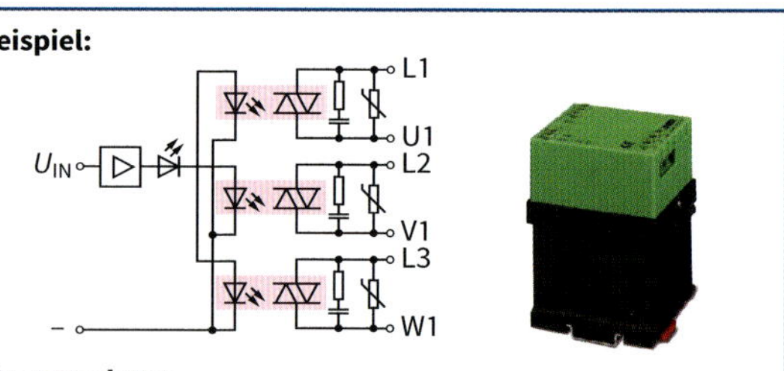

Eingangsdaten

Steuerspannung:	24 V DC ± 20 %
Eingangsstromstärke:	ca. 8 mA

Ausgangsdaten

Betriebsspannung:	400 V AC, 50/60 Hz
Betriebsspannungsbereich:	110 … 440 V AC
Max. Dauerlaststromstärke:	3 × 9 A
Sperrspannung:	800 V
Prüfspannung Ein-/Ausgang:	2,5 kV_{eff}

Direktes Schalten von Drehstrommotoren

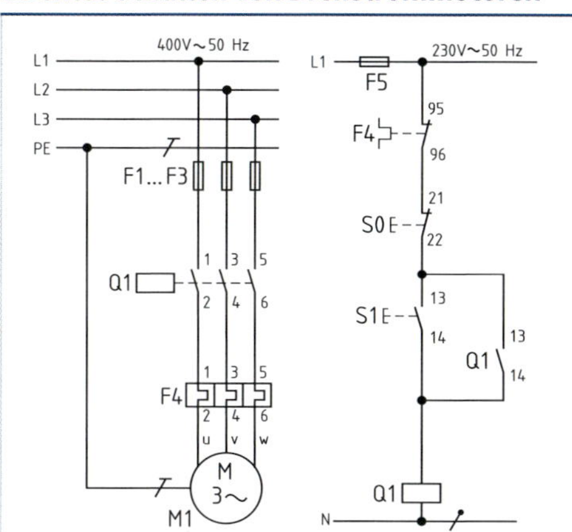

Umsteuern der Drehrichtung von Drehstrommotoren

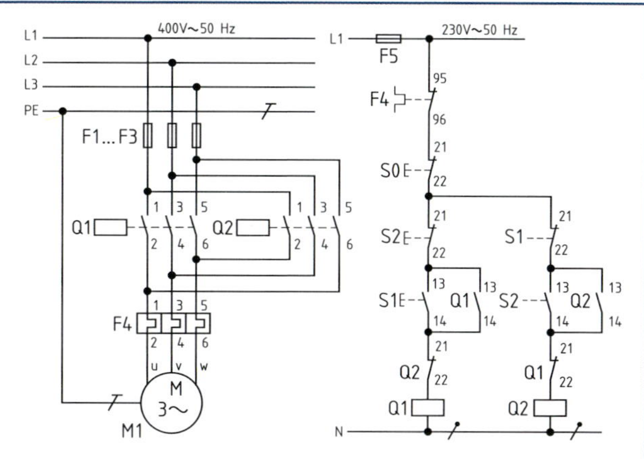

Stern-Dreieck-Anlassen

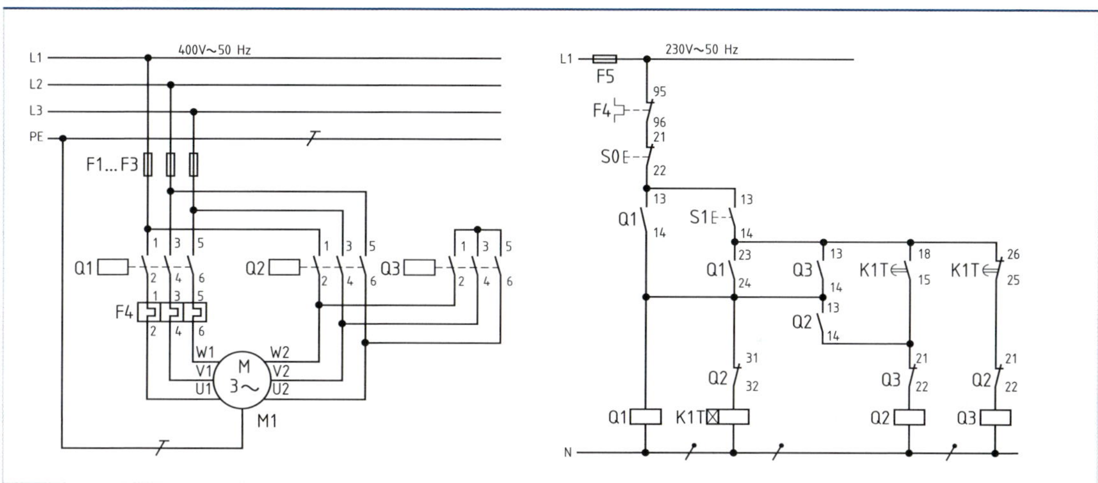

Stern-Dreieck-Anlassen in 2 Drehrichtungen

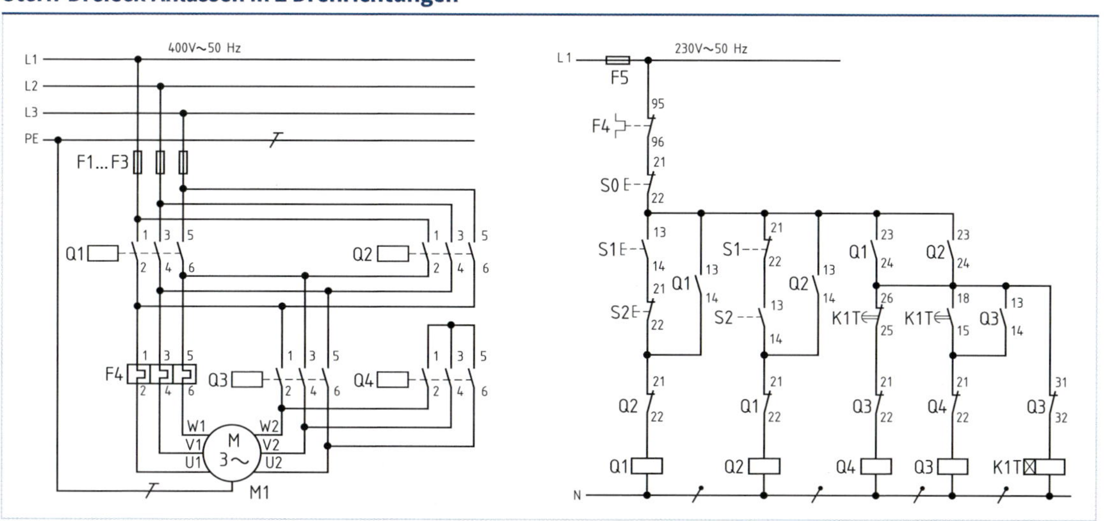

Polumschaltbarer Drehstrommotor in Dahlander-Schaltung mit 2 Drehzahlen, 1 Drehrichtung

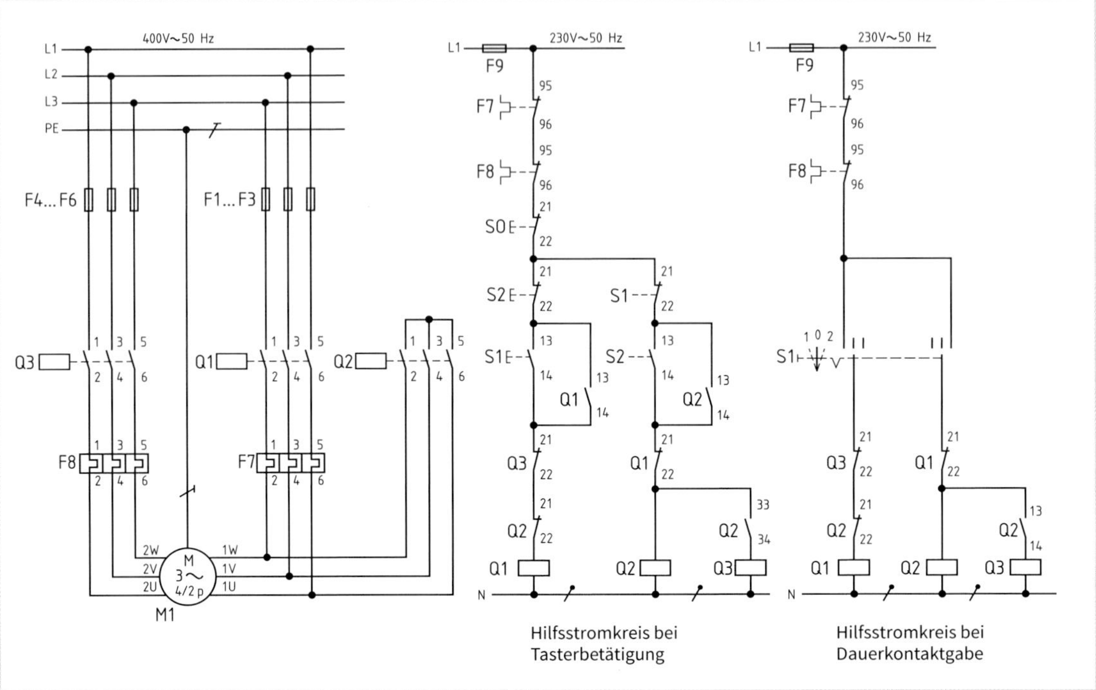

Hilfsstromkreis bei Tasterbetätigung

Hilfsstromkreis bei Dauerkontaktgabe

Polumschaltbarer Drehstrommotor mit getrennten Wicklungen, 2 Drehzahlen, 2 Drehrichtungen

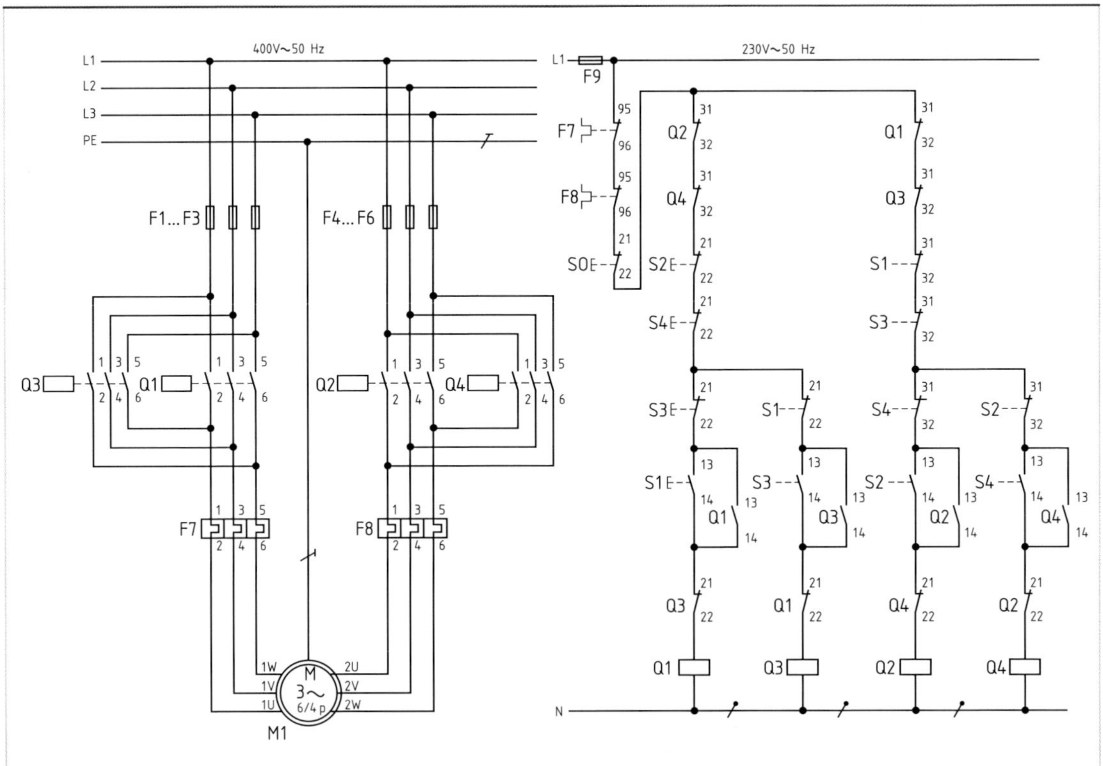

Käfigläufer-Motor mit handbetätigtem Anlasser

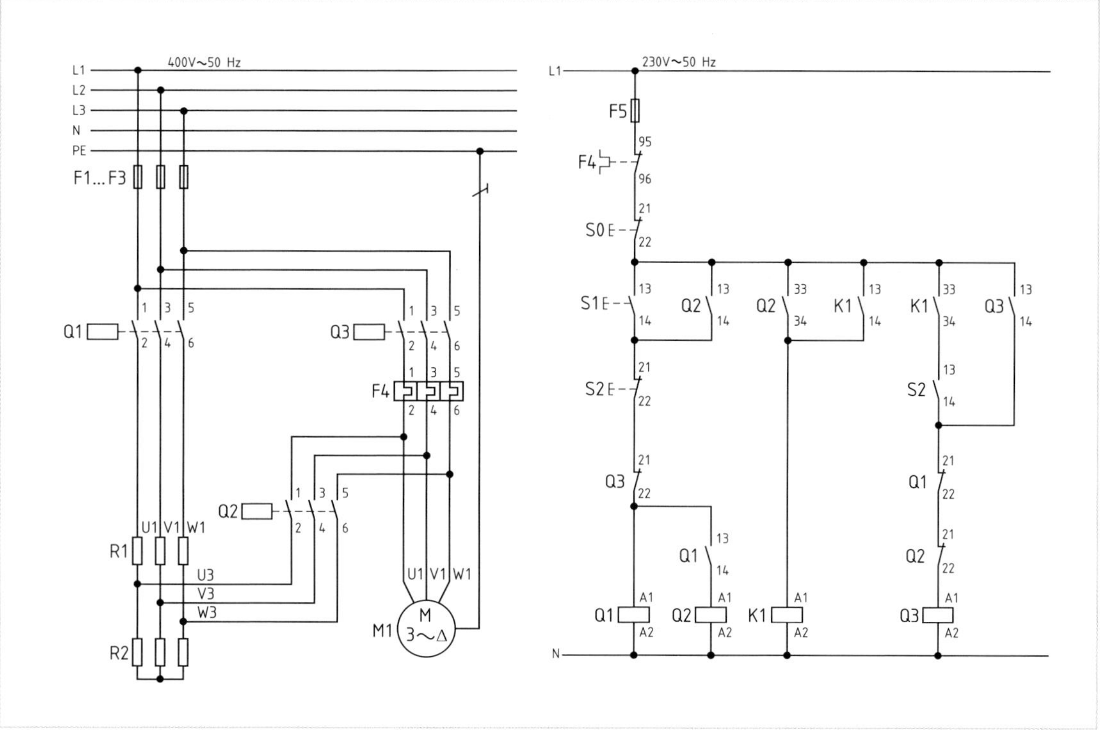

Schleifringläufer-Motor mit selbsttätigem Anlasser

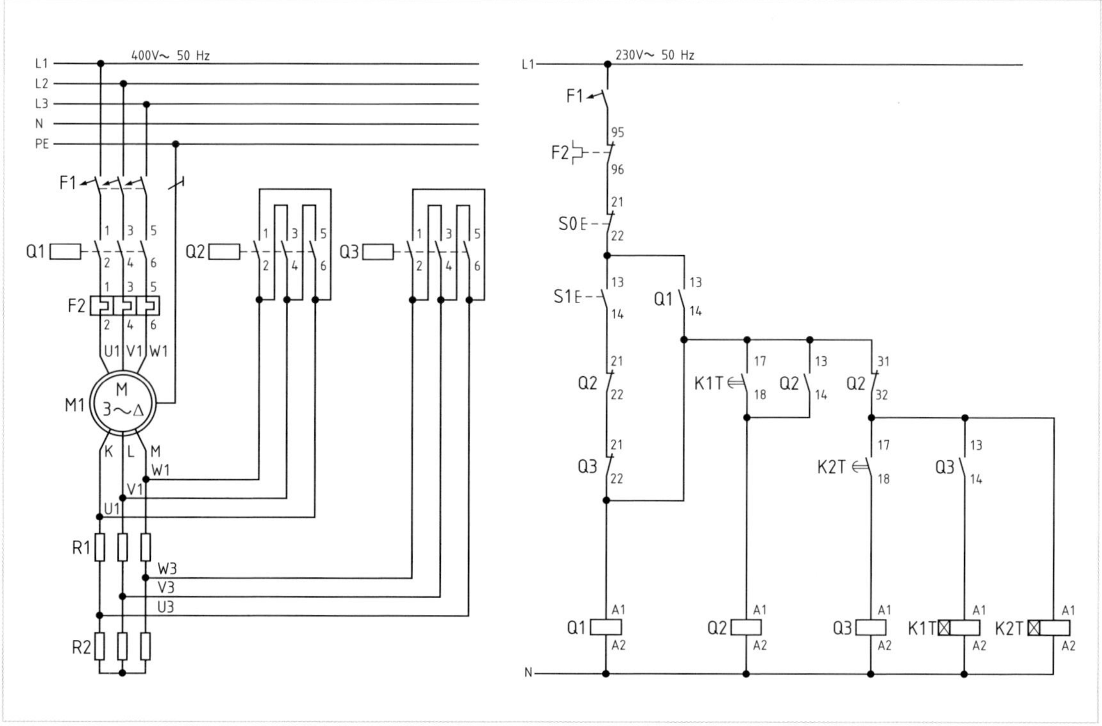

Digitalisierung

1. Die Quelle liefert ein analoges Signal ①.
2. Durch **Abtastung** werden in bestimmten Zeitabschnitten Spannungswerte entnommen ②.
3. Jeder Pulsamplitude wird in der **Quantisierungsstufe** ③ ein bestimmter Wert zugeordnet. Wenn der Abtastwert zwischen den Stufen liegt, ergeben sich Fehler. Sie sind um so kleiner, je größer die Zahl der Quantisierungsstufen ist.
4. Jeder Stufe wird danach eine bestimmte Bitfolge zugeordnet (Codierung ④ durch ein Codewort). In diesem Fall sind es 3 Bit.

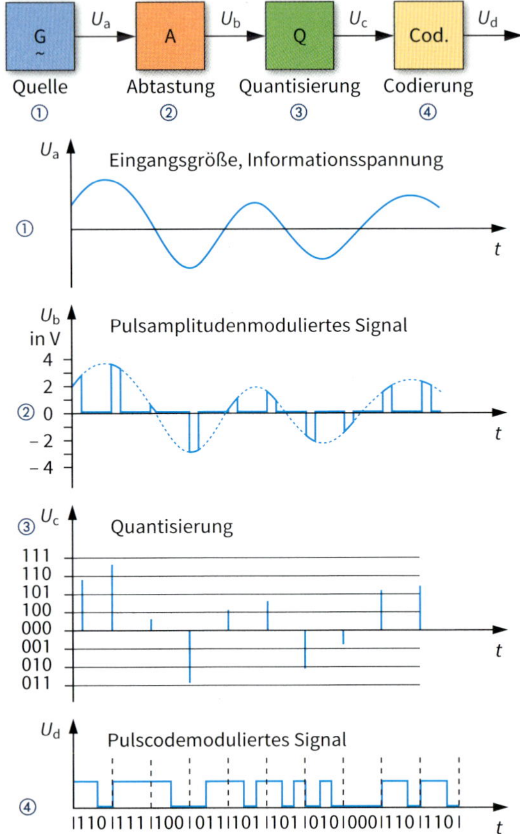

Umsetzer

Analog-Digital-Umsetzer

Beispiel:
Ein rampenförmiges Signal (analog) wird mit binären Signalen (0 und 1) in einen Signalfluss von 4 Bit (Dual-Code) umgesetzt.

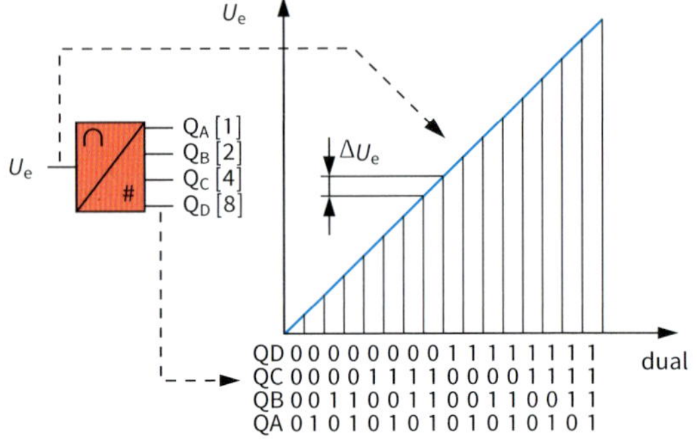

Digital-Analog-Umsetzer

Beispiel:
Eine 4 Bit Signalfolge (Dual-Code) wird in ein treppenförmiges Signal umgesetzt. Nach anschließender Glättung ist wieder ein analoges Signal vorhanden.

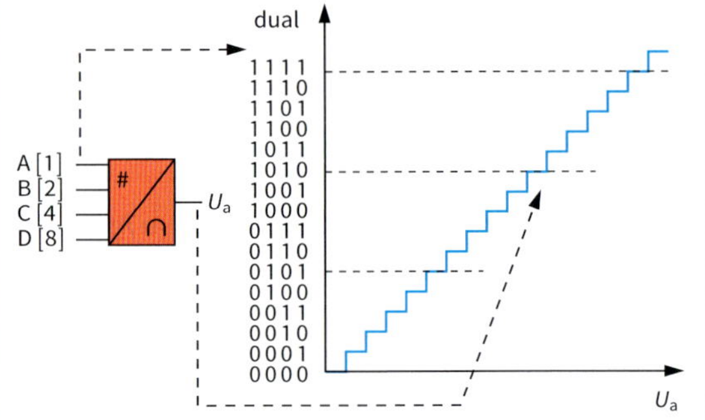

Bit und Byte

Bit: Binary Digi**t**, Binärziffer
Kleinste Informationeinheit der Computertechnik und anderer digital arbeitender Systeme.

Byte: Einheit von 8 Bit
z.B.: 01101011

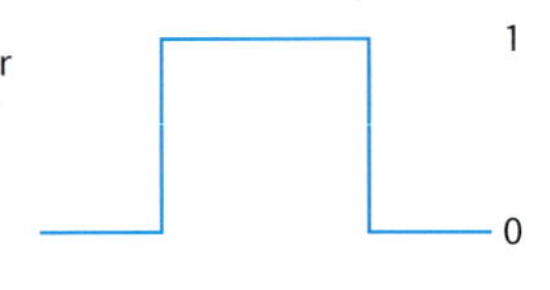

Kapazitätsangaben

- Das Byte (B) ist die Standardeinheit für die Angaben der Kapazitäten von
  - permanenten Speichermedien (z. B. Festplatte, CD, DVD, USB-Stick, Speicherkarten) und
  - flüchtigen Speichern (z. B. Arbeitsspeicher).
- Verwendet werden **Präfixe** (Vorsilben) zur Basis 10 und 2.
- Hersteller von permanenten Speichermedien verwenden zur Kapazitätskennzeichnung Dezimalpräfixe. Unterschiede entstehen, wenn z. B. im PC die Anzeige durch Binärpräfixe erfolgt.

Präfixe zur Basis 10 (Dezimalpräfixe)		**Präfixe zur Basis 2 (Binärpräfixe)**	
Symbol	Bedeutung	Symbol, Name	Bedeutung
kB, Kilobyte	10^3 B = 1.000 B	**KiB**, Kibibyte	2^{10} B = 1.024 B
MB, Megabyte	10^6 B = 1.000.000 B	**MiB**, Mebibyte	2^{20} B = 1.048.576 B
GB, Gigabyte	10^9 B = 1.000.000.000 B	**GiB**, Gibibyte	2^{30} B = 1.073.741.824 B
TB, Terabyte	10^{12} B = 1.000.000.000.000 B	**TiB**, Tebibyte	2^{40} B = 1.099.511.627.776 B

Digitale Logik
Digital Logic

DIN EN 60617-12: 1999-04; DIN 66000: 1985-11

Verknüpfungsbausteine

Schaltzeichen	Schaltfunktion, Benennung	a	b	x
& (Eingänge a, b; Ausgang x)	**UND-Verknüpfung** (Konjunktion) x = a ∧ b; x = a · b (a und b)[1]	0	0	0
		0	1	0
		1	0	0
		1	1	1
≥1 (Eingänge a, b; Ausgang x)	**ODER-Verknüpfung** (Disjunktion) x = a ∨ b; x = a + b (a oder b)[1]	0	0	0
		0	1	1
		1	0	1
		1	1	1
1 (Eingang a; Ausgang x negiert)	**NICHT** (Negation) x = $\overline{a}$; ¬ a (nicht a)[1]	0	–	1
		1	–	0
		–	–	–
		–	–	–
& (Eingänge a, b; Ausgang x negiert)	**NAND-Verknüpfung** x = $\overline{a \wedge b}$; x = a $\overline{\wedge}$ b (a nand b)[1]	0	0	1
		0	1	1
		1	0	1
		1	1	0
≥1 (Eingänge a, b; Ausgang x negiert)	**NOR-Verknüpfung** x = $\overline{a \vee b}$; x = a $\overline{\vee}$ b (a nor b)[1]	0	0	1
		0	1	0
		1	0	0
		1	1	0
=1 (Eingänge a, b; Ausgang x)	**Exklusiv-ODER** (Antivalenz) x = (a ∧ $\overline{b}$) ∨ ($\overline{a}$ ∧ b); x = a ↮ b (a xor b)[1]	0	0	0
		0	1	1
		1	0	1
		1	1	0
= (Eingänge a, b; Ausgang x)	**Exklusiv-NOR** (Äquivalenz) x = (a ∧ b) ∨ ($\overline{a}$ ∧ $\overline{b}$); x = a ↔ b (a Doppelpfeil b)[1]	0	0	1
		0	1	0
		1	0	0
		1	1	1
& (Eingang a negiert, b; Ausgang x)	**Sperrgatter** (Inhibition) x = $\overline{a}$ ∧ b	0	0	0
		0	1	1
		1	0	0
		1	1	0
≥1 (Eingang a negiert, b; Ausgang x)	**Subjunktion** (Implikation) x = $\overline{a}$ ∨ b; x = a → b (a Pfeil b)[1]	0	0	1
		0	1	1
		1	0	0
		1	1	1

[1] Benennung nach DIN 66000

Schaltalgebra

Konjunktion (UND-Funktion)	**Disjunktion** (ODER-Funktion)	**Negation** (NICHT-Funktion)
x = a ∧ 0 = 0	x = a ∨ 0 = a	x = $\overline{a}$
x = a ∧ 1 = a	x = a ∨ 1 = 1	x = $\overline{\overline{a}}$ = a
x = a ∧ a = a	x = a ∨ a = a	x = $\overline{\overline{\overline{a}}}$ = $\overline{a}$
x = a ∧ $\overline{a}$ = 0	x = a ∨ $\overline{a}$ = 1	

Rechenregeln

Vertauschungsregel (Kommutatives Gesetz)

x = a ∧ b = b ∧ a
x = a ∨ b = b ∨ a

Beispiel:

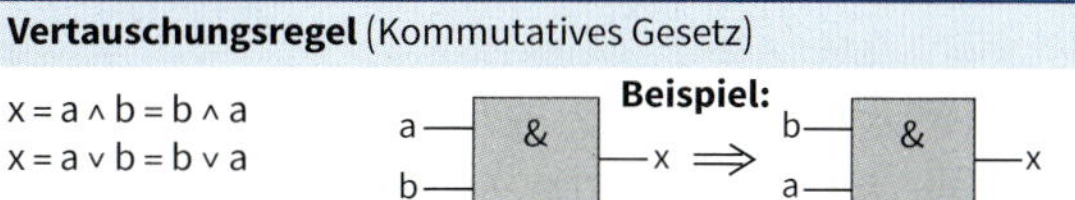

Verbindungsregel (Assoziatives Gesetz)

x = a ∧ b ∧ c = a ∧ (b ∧ c)
= b ∧ (a ∧ c) = c ∧ (a ∧ b)
x = a ∨ b ∨ c = a ∨ (b ∨ c)
= b ∨ (a ∨ c) = c ∨ (a ∨ b)

Beispiel:

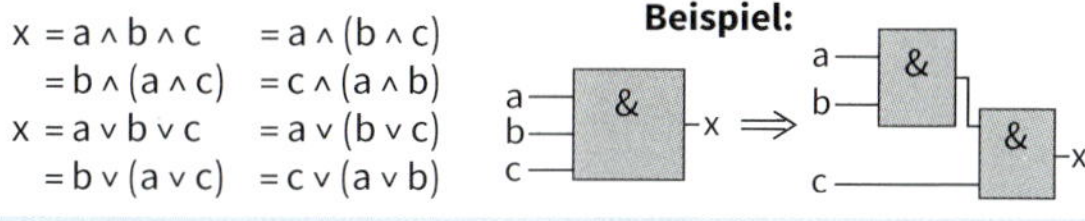

Verteilungsregel (Distributives Gesetz)

x = a ∧ b ∨ a ∧ c = a ∧ (b ∨ c)
UND-Funktion geht vor ODER-Funktion
x = (a ∨ b) ∧ (a ∨ c) = a ∨ (b ∧ c)

Beispiel:

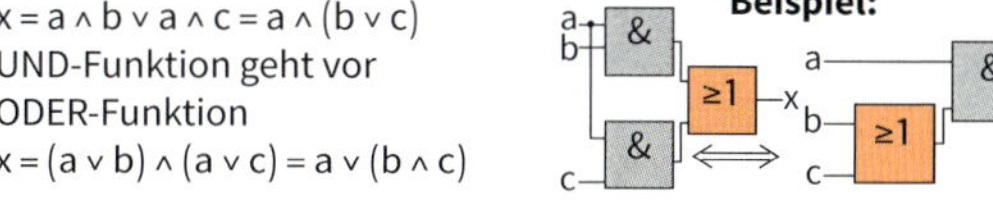

De Morgansches Gesetz

x = a ∧ b = $\overline{\overline{a} \vee \overline{b}}$

x = a ∨ b = $\overline{\overline{a} \wedge \overline{b}}$

Beispiel:

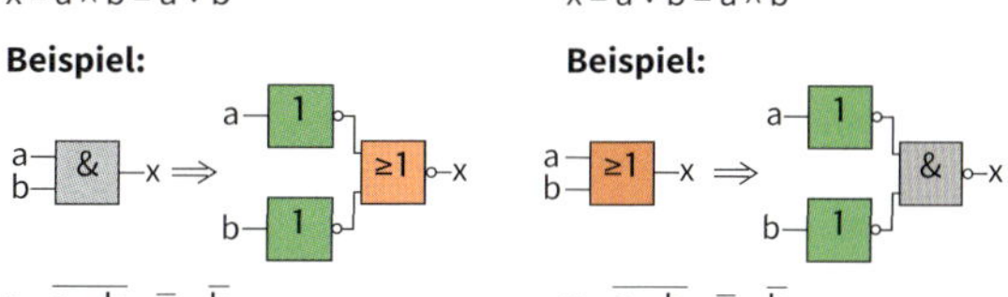

x = $\overline{a \wedge b}$ = $\overline{a}$ ∨ $\overline{b}$

x = $\overline{a \vee b}$ = $\overline{a}$ ∧ $\overline{b}$

Vereinfachungen

Beispiel:

x = a ∧ (a ∨ b) = a
x = a ∨ a ∧ b = a

x = a ∧ ($\overline{a}$ ∨ b) = a ∧ b
x = a ∨ ($\overline{a}$ ∧ b) = a ∨ b

x = a ∨ $\overline{a}$ ∧ $\overline{b}$ = a ∨ $\overline{b}$
x = $\overline{a}$ ∨ a ∧ b = $\overline{a}$ ∨ b
x = $\overline{a}$ ∨ a ∧ $\overline{b}$ = $\overline{a}$ ∨ $\overline{b}$

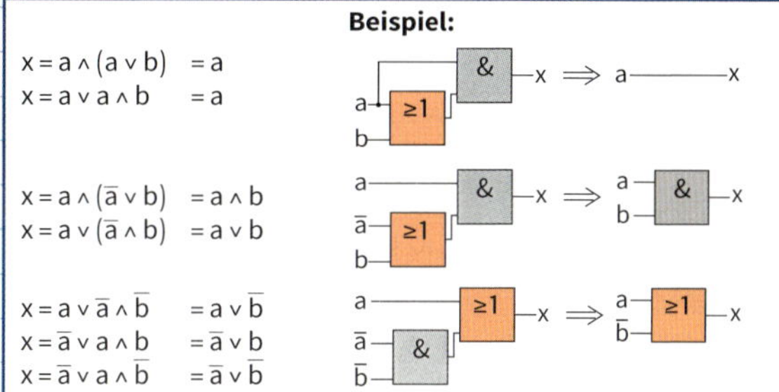

Ersetzen

UND durch ODER

ODER durch UND

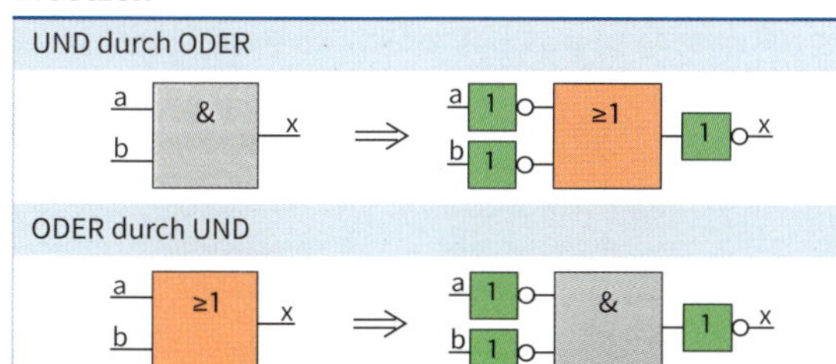

Ersetzen von Verknüpfungsgliedern

Man erhält gleichwertige Verknüpfungsglieder, wenn

1. alle UND durch ODER,
2. alle ODER durch UND ersetzt und
3. alle Anschlüsse gegenüber dem Ausgangszustand invertiert werden. (Ausnahme: NICHT-Glied)

Bezeichnungsschema[1]

Beispiel:
SN74LS244N

SN	74	LS				244		N	
①	②	③	④	⑤	⑥	⑦	⑧	⑨	⑩

① **Kennzeichnung Standard (SN)**	
SN	Standard Vorzeichen
SNJ	Entspricht MIL-PRF-38535 (QML)
② **Temperaturbereich**	
54	Militärisch, 74 Kommerziell
④ **Spezielle Funktionen** (Beispiele)	
Leer	Keine speziellen Funktionen
C	Einstellbare Versorgungsspannung
D	Level-Shifting Diode (CBTD)
H	Bus Hold (ALVCH) Schaltung (CBTK)
S	Schottky Clamping Diode (CBTS)
⑤ **Bit-Breite** (Beispiele)	
Leer	Gates, MSI, and Octals
1G	Single Gate
2G	Dual Gate
8	Octal IEEE 1149.1 (JTAG)
16	Widebus (16-, 18- and 20-bit)
32	Widebus+ (32- and 36-bit)
⑥ **Optionen** (Beispiele)	
Leer	Keine Optionen
2	Serielle Dämpfungswiderstände am Ausgang
4	Pegelanpassung
25	25 Ω Leitungstreiber
⑦ **Funktion** (Beispiele)	
244	Nichtinvertierende Puffer/Treiber
374	D-Typ Flip-Flop
640	Invertierender Empfänger
⑧ **Ausgabestand** (Beispiele)	
Leer	Kein geänderter Ausgabestand
Buchstabe	A bis Z kennzeichnet Ausgabestand
⑨ **Gehäusebauform**	
N	Plastic-Dual-In-Line Package (PDIP)
⑩ **Verpackung**	

[1] nach Texas Instruments

③ **Familie**	
Leer	Transistor-Transistor Logic (TTL)
ABT	**A**dvanced **B**iCMOS **T**echnology
ABTE/ETL	**A**dvanced **B**iCMOS **T**echnology/ **E**nhanced **T**ransceiver **L**ogic
AC/ACT	**A**dvanced **C**MOS Logic
AHC/AHCT	**A**dvanced **H**igh-Speed **C**MOS Logic
ALB	**A**dvanced **L**ow-Voltage **B**iCMOS
ALS	**A**dvanced **L**ow-Power **S**chottky Logic
ALVC	**A**dvanced **L**ow-**V**oltage **C**MOS Technology
ALVT	**A**dvanced **L**ow-**V**oltage BiCMOS **T**echnology
AS	**A**dvanced **S**chottky Logic
AUC	**A**dvanced **U**ltra-Low-Voltage **C**MOS Logic
AUP	**A**dvanced **U**ltra-Low-**P**ower CMOS Logic
AVC	**A**dvanced **V**ery Low-Voltage **C**MOS Logic
BCT	**B**i**C**MOS Bus-Interface Technology
CB3Q	**C**ross**b**ar Bus-Switch 2.5 V/3.3 V Low-Voltage High-Bandwidth Technology Logic
CB3T	**C**ross**b**ar Bus-Switch 2.5 V/3.3 V Low-Voltage **T**ranslator Technology Logic
CBT	**C**ross**b**ar **T**echnology
CBT-C	**C**ross**b**ar 5-V Bus-Switch **T**echnology Logic with 0,2 V Undershoot Protection
CBTLV	**C**ross**b**ar **T**echnology **L**ow-**V**oltage Logic
F	**F** Logic
FB	**B**ackplane Transceiver Logic/**F**uturebus+
GTL	**G**unning **T**ransceiver **L**ogic
GTLP	**G**unning **T**ransceiver **L**ogic **P**lus
HC/HCT	**H**igh-Speed **C**MOS Logic
HSTL	**H**igh-**S**peed **T**ransceiver **L**ogic
LS	**L**ow-Power **S**chottky Logic
LV-A	**L**ow-**V**oltage CMOS Technology
LV-AT	**L**ow-**V**oltage CMOS Technology – **T**TL Comp
LVC	**L**ow-**V**oltage **C**MOS Technology
LVT	**L**ow-**V**oltage BiCMOS **T**echnology
PCA/PCF	I^{2}C Inter-Integrated Circuit Applications
S	**S**chottky Logic
SSTL	**S**tub **S**eries-**T**erminated **L**ogic
SSTU	**S**tub **S**eries-**T**erminated **U**ltra-Low-Voltage Logic
TVC	**T**ranslation **V**oltage **C**lamp Logic
VME	**VERSAm**odule **E**urocard Bus Technology

Kenndaten einiger Logikfamilien

Technologie		AHC	AUC	CBT	F	LS	LVC	LVT
Betriebsspannung	in V	5	0,8 ... 2,5	5	5	5	2,0 ... 3,6	2,7 ... 3,3
Betriebsspannungsbereich	in V	4,5 ... 5,5	0,8 ... 2,7	4,0 ... 5,5	4,5 ... 5,5	4,75 ... 5,25	1,65 ... 3,6	2,7 ... 3,6
Temperaturbereich	in °C	–40 ... +85	–40 ... +85	–40 ... +85	0 ... +70	0 ... +70	–40 ... +85	–40 ... +85
U_{IH}	in V	2	[2]	2	2	2	[2]	2
U_{IL}	in V	0,8	0 ... 0,7	0,8	0,8	0,8	[2]	0,8
I_{OH}	in mA	–8	–9[2]	–	–1	–0,4	–24	–12
I_{OL}	in mA	8	9[2]	–	20	8	24	12
t_{pd} (max.)	in ns	8,5	2,2[2]	0,25	6	15	4,5	5,3

[2] abhängig von der Betriebsspannung

Schmitt-Trigger

- Digitale Schnittstellen, insbesondere Eingangsinterfaces, verlangen Signale mit bestimmten maximalen Anstiegs- bzw. Abfallzeiten.
- Zur Erfüllung dieser Forderung werden in der Regel Impulsformerstufen eingebaut.
- Diese Impulsformerstufen werden mit Schmitt-Trigger-Schaltungen realisiert und erzeugen aus langsam ansteigenden Eingangssignalen schlagartig umschaltende Signale.

Sechsfach invertierend (74LS14)

13 12 11 10 9 8
A y A y A y
1 A y 2 3 A y 4 5 A y 6

y = $\overline{A}$

Schaltverhalten (Abhängigkeiten)

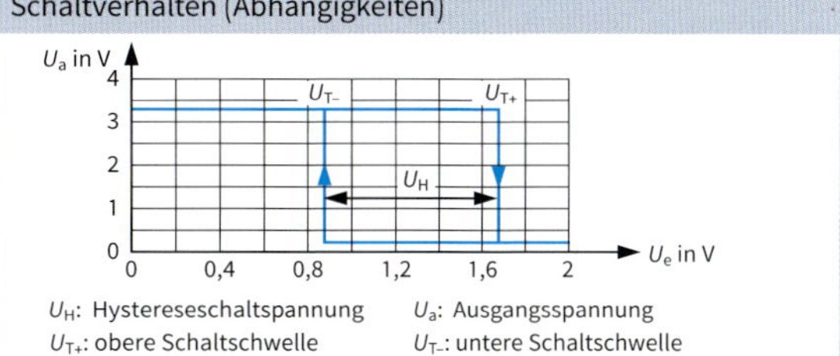

Analog-Digital-Umsetzer

- Sie setzen analoge Signale, die in der Regel gefiltert sind, in digitale Signale um.
- Sie arbeiten nach unterschiedlichen Umsetzungsverfahren.

Parallelverfahren

- Die Eingangsspannung wird **gleichzeitig** mit *n* festen Referenzspannungen verglichen.
- Das Ergebnis wird in einem Schritt ermittelt.

Wägeverfahren

- Eingangsspannung wird **nacheinander** mit *n*-Referenzspannungen verglichen.
- Anzahl der Referenzspannungen entspricht der Stellenzahl der dualen Ausgangszahl.

Zählverfahren

- Eingangsspannung wird mit einer Referenzspannung verglichen (kleinster Wert ≙ LSB).
- Dieser Wert wird so oft aufaddiert, bis der Wert der Eingangsspannung erreicht ist.

Direkt-Umsetzer

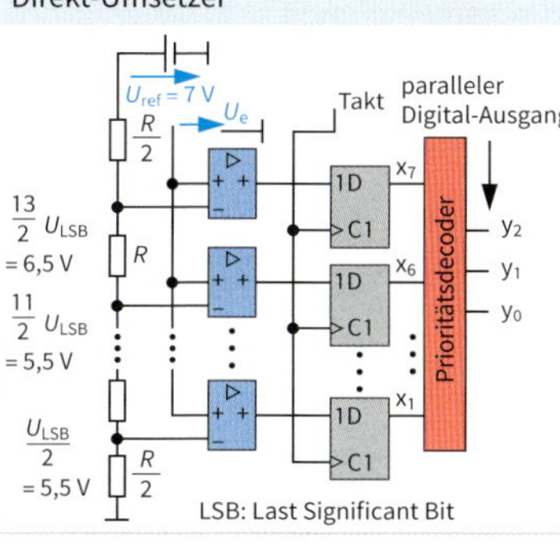

Stufenrampen-Umsetzer

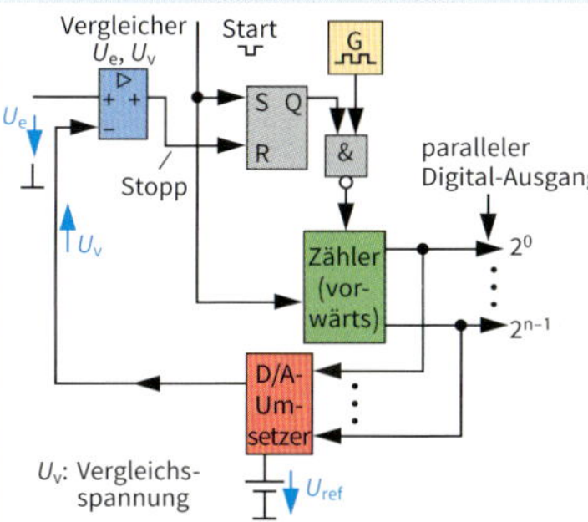

Dual-Slope-Umsetzer

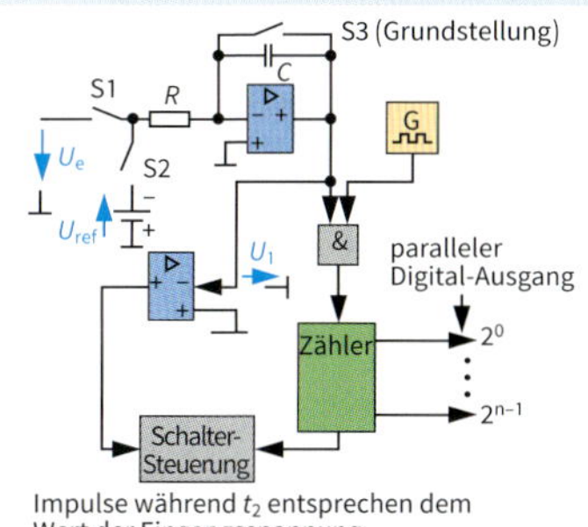

Digital-Analog-Umsetzer

- Digital-Analog Umsetzer setzen digitale Signale in analoge Signale um.
- Sie arbeiten nach unterschiedlichen Umsetzungsverfahren.

Direktes Verfahren

- Für jede umzusetzende digitale Zahl ist eine diesem Wert entsprechende Spannungsquelle erforderlich.
- Die Spannungsquellen werden einzeln oder getrennt eingeschaltet.

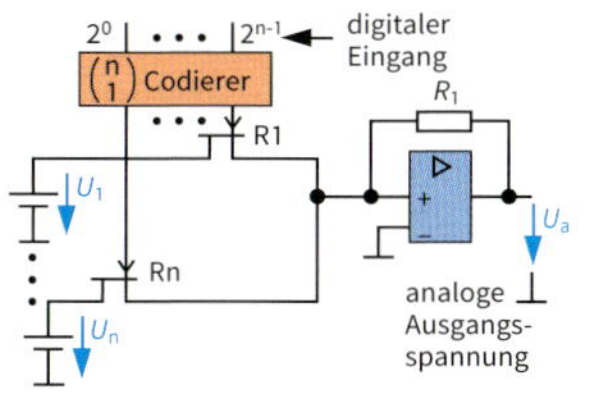

Paralleles Verfahren

- Jedem Digitaleingang ist eine unterschiedlich gewichtete Spannungs- oder Stromquelle zugeordnet.
- Sie werden entsprechend der anliegenden Dualzahl eingeschaltet und aufsummiert.

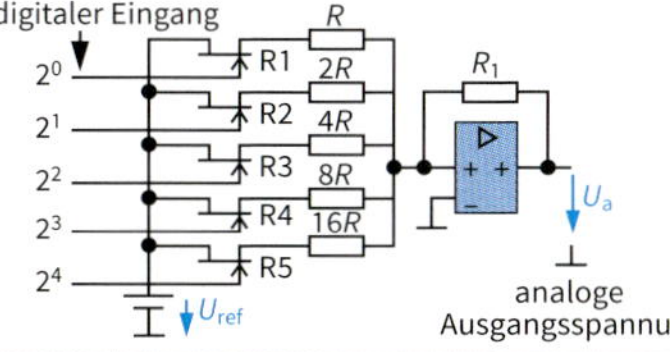

Sägezahnverfahren (Dual-Slope)

- Beim Sägezahnverfahren wird nur eine Referenzspannung benötigt.
- Digitalwert wird im Zähler auf Null gezählt. Benötigte Zeit ist proportional zum Digitalwert.

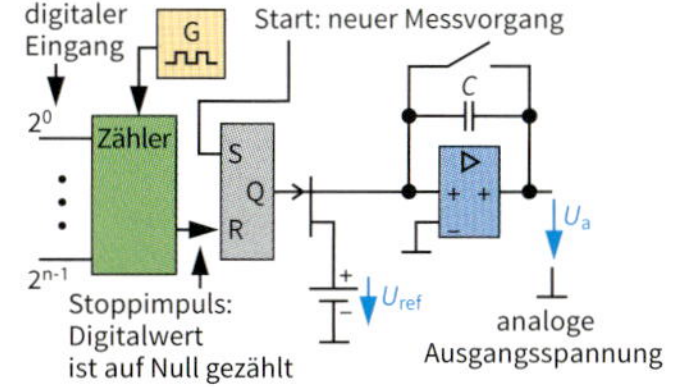

Kipp-Schaltungen

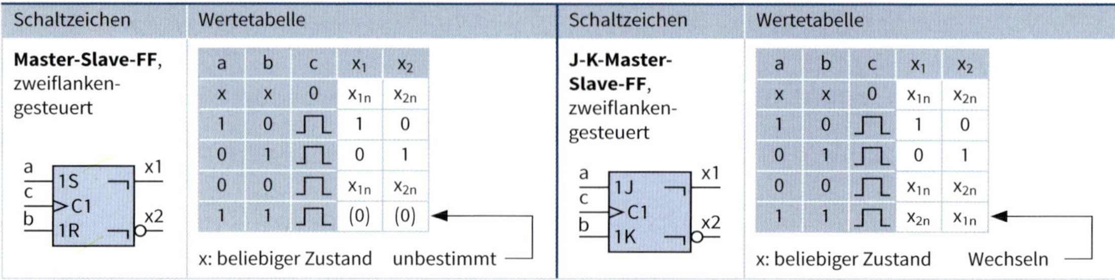

Schaltzeichen	Wertetabelle				
Master-Slave-FF, zweiflankengesteuert	a	b	c	x_1	x_2
	x	x	0	x_{1n}	x_{2n}
	1	0	⎍	1	0
	0	1	⎍	0	1
	0	0	⎍	x_{1n}	x_{2n}
	1	1	⎍	(0)	(0) ← unbestimmt

x: beliebiger Zustand

Schaltzeichen	Wertetabelle				
J-K-Master-Slave-FF, zweiflankengesteuert	a	b	c	x_1	x_2
	x	x	0	x_{1n}	x_{2n}
	1	0	⎍	1	0
	0	1	⎍	0	1
	0	0	⎍	x_{1n}	x_{2n}
	1	1	⎍	x_{2n}	x_{1n} ← Wechseln

x: beliebiger Zustand

Frequenzteiler

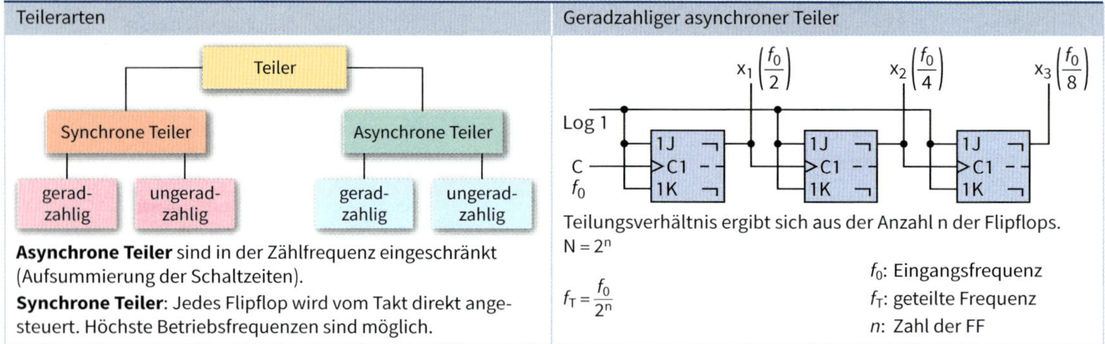

Asynchrone Teiler sind in der Zählfrequenz eingeschränkt (Aufsummierung der Schaltzeiten).

Synchrone Teiler: Jedes Flipflop wird vom Takt direkt angesteuert. Höchste Betriebsfrequenzen sind möglich.

Teilungsverhältnis ergibt sich aus der Anzahl n der Flipflops.

$N = 2^n$

$$f_T = \frac{f_0}{2^n}$$

f_0: Eingangsfrequenz
f_T: geteilte Frequenz
n: Zahl der FF

Rechenschaltungen

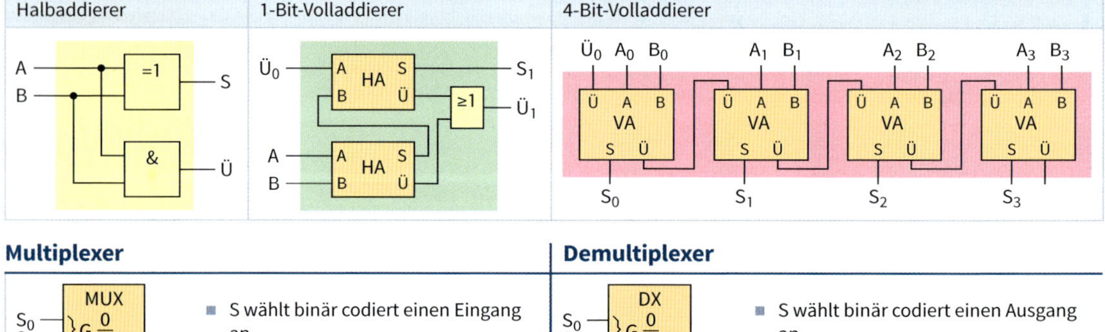

Multiplexer

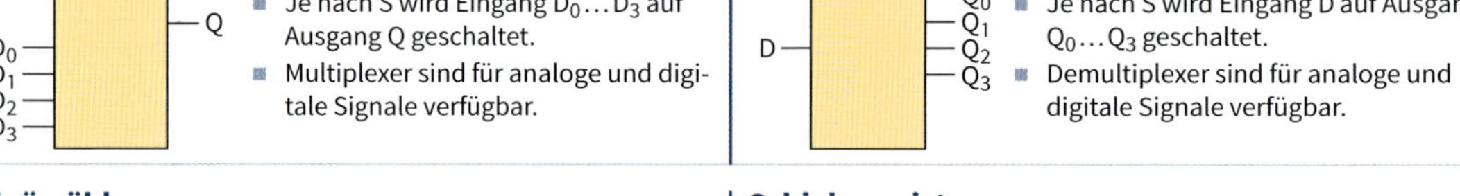

- S wählt binär codiert einen Eingang an.
- Je nach S wird Eingang $D_0 \ldots D_3$ auf Ausgang Q geschaltet.
- Multiplexer sind für analoge und digitale Signale verfügbar.

Demultiplexer

- S wählt binär codiert einen Ausgang an.
- Je nach S wird Eingang D auf Ausgang $Q_0 \ldots Q_3$ geschaltet.
- Demultiplexer sind für analoge und digitale Signale verfügbar.

Binärzähler

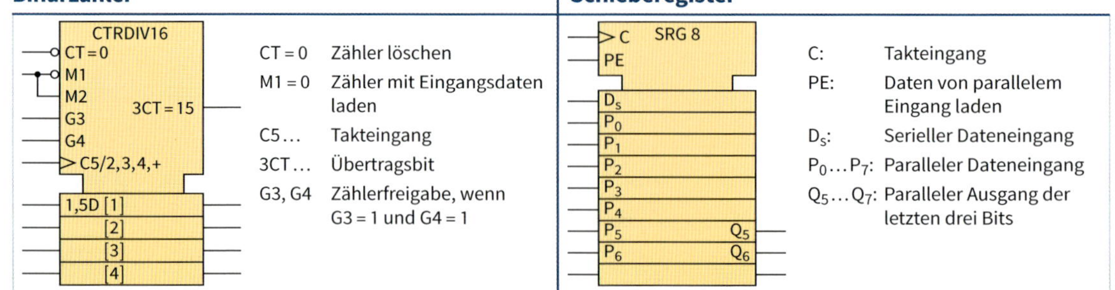

CT = 0	Zähler löschen
M1 = 0	Zähler mit Eingangsdaten laden
C5 …	Takteingang
3CT …	Übertragsbit
G3, G4	Zählerfreigabe, wenn G3 = 1 und G4 = 1

Schieberegister

C:	Takteingang
PE:	Daten von parallelem Eingang laden
D_s:	Serieller Dateneingang
$P_0 \ldots P_7$:	Paralleler Dateneingang
$Q_5 \ldots Q_7$:	Paralleler Ausgang der letzten drei Bits

Übersicht

Feldprogrammierbare Logikbausteine (**F**ield **P**rogrammable **L**ogic **D**evice) zählen zu den integrierten Schaltungen, die sich wie folgt einordnen lassen:

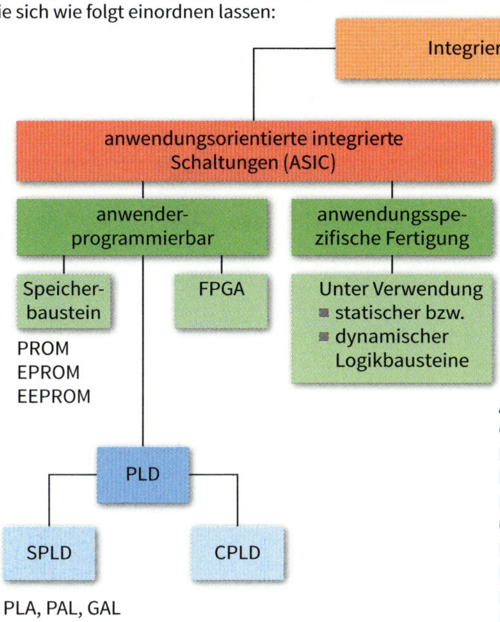

- Integrierte Schaltungen (IC)
  - anwendungsorientierte integrierte Schaltungen (ASIC)
    - anwender-programmierbar
      - Speicherbaustein: PROM, EPROM, EEPROM
      - FPGA
      - PLD
        - SPLD: PLA, PAL, GAL
        - CPLD
    - anwendungsspezifische Fertigung
      - Unter Verwendung
        - statischer bzw.
        - dynamischer Logikbausteine
  - Standard-ICs
    - masken-programmierbar
      - Festwertspeicher ROM
    - fest verdrahtet
      - Standard IC
      - Mikroprozessor
      - Speicher RAM

ASIC:	**A**pplication **S**pecific **I**ntegrated **C**ircuits
CPLD:	**C**omplex **P**rogrammable **L**ogic **D**evice
EPROM:	**E**rasable **P**rogrammable **R**ead **O**nly **M**emory
EEPROM:	**E**lectrically **E**rasable **P**rogrammable **R**ead **O**nly **M**emory
FPGA:	**F**ield **P**rogrammable **G**ate **A**rray
GAL:	**G**ate **A**rray **L**ogic
PAL:	**P**rogrammable **A**rray **L**ogic
PLA:	**P**rogrammable **L**ogic **A**rray
PLD:	**P**rogrammable **L**ogic **D**evice
PROM:	**P**rogrammable **R**ead **O**nly **M**emory
SPLD:	**S**imple **P**rogrammable **L**ogic **D**evice

Speicherprogrammierbare Bausteine

Merkmale

- Die Bausteine werden anwendungsunabhängig produziert.
- Die Programmierung erfolgt elektrisch durch den Benutzer und wird je nach Typ unterschieden:
  PROM – Sicherungen selektiv durchbrennen
  EPROM – Löschen mittels UV-Bestrahlung
  EEPROM – Elektrisches beschreiben und löschen
- Die Zuordnung der Funktion zwischen Eingangs- und Ausgangsvariablen erfolgt über den Speicherinhalt.
- Alle möglichen Kombinationen der Eingangsvariablen müssen dabei berücksichtigt werden.

Struktur eines Speicherblocks

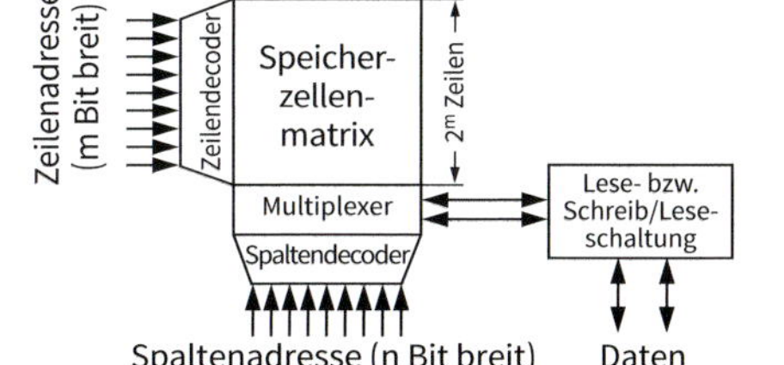

Anwenderprogrammierbare logische Felder (SPLD)

Programmable Array Logic (PAL)

- Diese Bausteine werden eingesetzt, wenn nicht alle Kombinationen der Eingangsvariablen h benötigt werden.
- Bei einem PAL steht zur Programmierung nur ein Feld von UND-Verknüpfungen zur Verfügung.

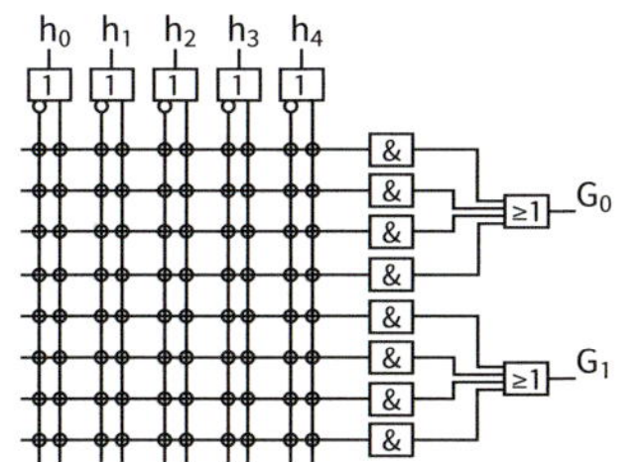

$h_o \dots h_n$: Eingänge
$G_o \dots G_{nm}$: Ausgänge

Programmable Logic Array (PLA)

- Diese Bausteine können nur einmal programmiert werden (OTP: One Time Programmable).
- Bei einem PLA-Baustein erfolgt die Programmierung über ein Feld (Array) aus UND- sowie ODER-Verknüpfungen.

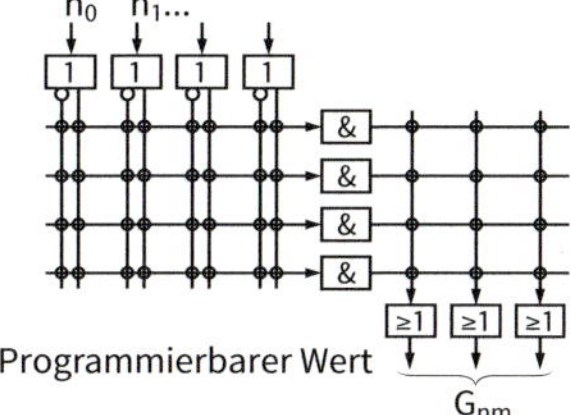

✛: Programmierbarer Wert

Eigenschaften

- Sie enthalten alle Komponenten zur Ausführung von Aufgaben aus dem Bereich der Steuerungs- und Automatisierungstechnik in einem kompakten Gehäuse.
- Das System ist modular aufgebaut und lässt sich durch eine Vielzahl von Komponenten (z. B. Display, Kommunikationsmodule, usw.) erweitern.

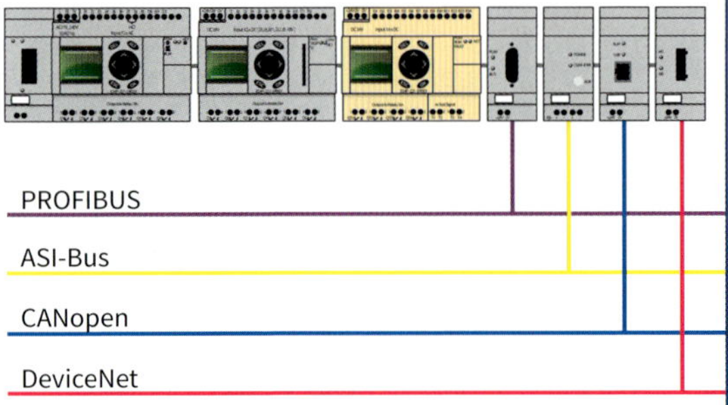

- Die Programmierung erfolgt direkt am Gerät, über eine Software in den Programmiersprachen AWL, KOP, FBS, ST, AS oder mit einem grafischen Funktionsplaneditor.
- Über ein externes grafisch orientiertes Display lassen sich Texte, Grafiken usw. visualisieren und zusätzlich notwendige Steuer- und Regelfunktionen anzeigen bzw. bedienen.
- Vorteile: Kompakten Bauform, günstiger Preis und einfache Programmierung und Parametrierung.

Beispiel

Typ easyControl EC4P-221-MTXD1

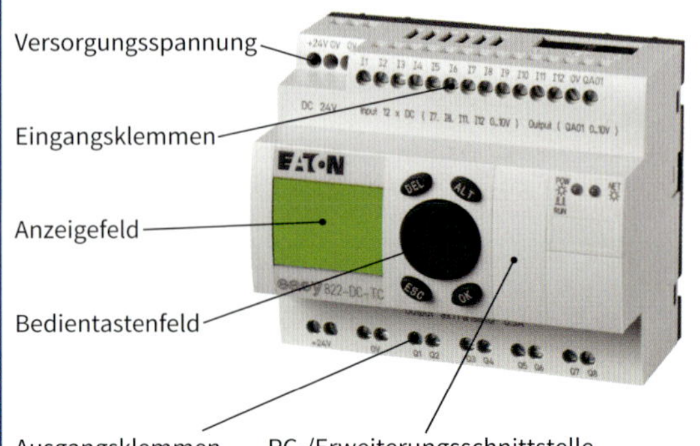

Technische Daten

- Versorgungsspannung: 24 V DC
- Leistungsaufnahme: typ. 3,4 W
- Eingänge: 12 digitale, davon 4 auch als analog nutzbar
- Ausgänge (wahlweise):
  - 6 Relaisausgänge bzw.
  - 8 Transistorausgänge
  - 1 Analogausgang optional
- Ausgangsstromstärke:
  - 8 A (Relais)
  - 0,5 A (Transistor)
- Weitere Optionen: z. B. CANopen, Ethernet

Sicherheitsgerichtete Kleinsteuerungen

- Spezielle Kleinsteuerungen realisieren sicherheitsgerichtete Funktionen.
- Sicherheitsapplikationen bis
  - Kategorie 4 nach DIN EN 954-1
  - PL e nach DIN EN ISO 13849-1
  - SILCL 3 nach DIN EN 62061
  - SIL 3 nach DIN EN 61508
- Programmierung durch Zuweisung von vorprogrammierten Sicherheitsbausteinen, die vorab geprüft und zugelassen werden, z. B.:
  - Stillsetzen im Notfall
  - Bedienung durch Zweihandschaltung
  - Sicheres Starten
  - Zustimmschalter
  - Überwachung von Sicherheitseinrichtungen (Schutztür, Lichtvorhang)
  - Betriebsartenwahl
  - Stillstandsüberwachung
  - Höchstdrehzahlüberwachung
  - Sichere Zeitrelais
- Erweiterungen und Kommunikation mit Kleinsteuerungen ohne Sicherheitsfunktionen sind möglich.

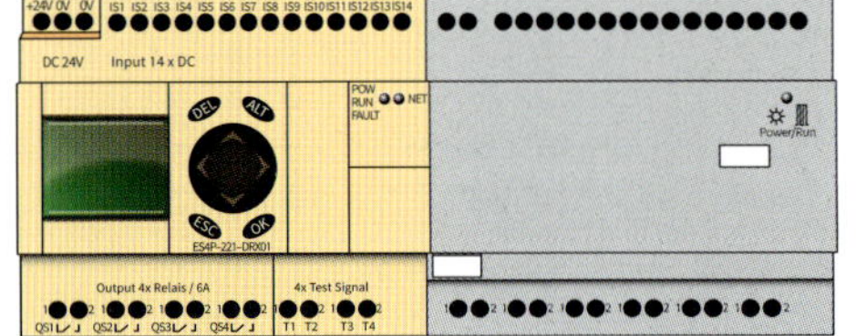

Beispiel

Typ easyControl ES4P-221-DRXD1

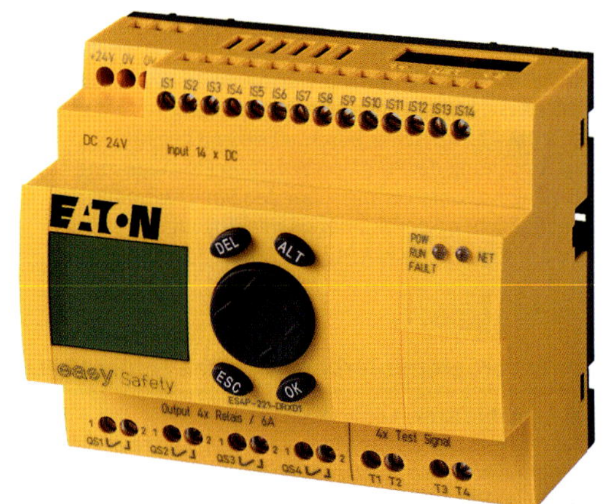

Technische Daten

- Versorgungsspannung: 24 V DC
- Leistungsaufnahme: < 6 W
- Eingänge: 14 sichere Eingänge
- Ausgänge (wahlweise):
  - 4 Relaisausgänge bzw.
  - 4 Testsignale (24 V DC)
- Ausgangsstromstärke:
  - Thermische Stromstärke 6 A (Relais)

Sensoren in Steuerungen

- Sensoren sind in der Regel Bestandteile eines modularen Steuerungs-Systems.
- Die Module sind in vielen Fällen autonom funktionsfähig. Sie lassen sich separat überprüfen.
- Module haben definierte Schnittstellen.
- Die Ausgangsgröße (Aktor) ist eine Funktion der Eingangsgröße (Sensor).

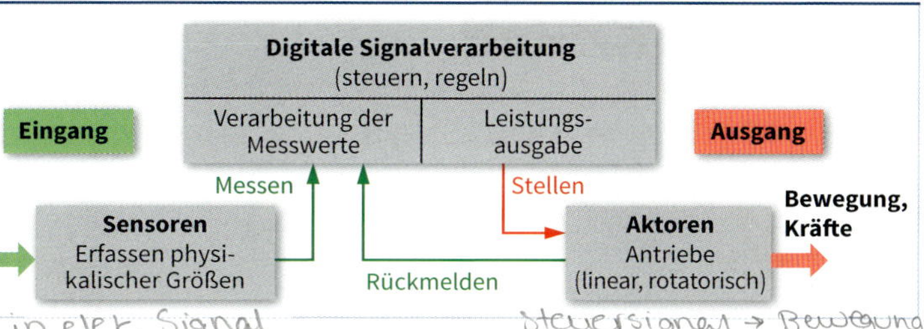

Aktive Sensoren

Die mit dem Sensor zu messende Größe wird **direkt** in eine elektrische Größe umgewandelt (bevorzugt elektrische Spannung).

Beispiele:

- Temperatur → Spannung (Thermoelement)
- Magn. Flussdichte → Spannung (Hallsonde)
- Kraft → Ladung (Piezokristall)
- Beleuchtungsstärke → Stromstärke (Fotodiode)

Passive Sensoren

Zur Umwandlung der zu messenden Größe benötigt der passive Sensor elektrische Energie (**indirekte Umwandlung**). Die elektrische Energie (Stromstärke, Spannung) wird durch die Sensorgröße beeinflusst.

Beispiele:

Resistive Änderung bei
- Dehnmessstreifen
- Temperaturabhängigen Widerständen
- Feldplatten
- Fotowiderständen
- Leitfähigkeitsmesszellen

Kapazitive Beeinflussung durch
- Abstandsänderung der Platten
- Flächenänderung
- Veränderung des Dielektrikums
- Veränderung des elektrischen Feldes

Induktive Beeinflussung durch
- Änderung der geometrischen Abmessungen von Spulen
- Permeabilitätsveränderung
- Veränderung des Dielektrikums
- Veränderung des magnetischen Feldes

Lichtstrombeeinflussung durch Änderung der
- Intensität
- Wellenlänge bzw. Frequenz
- Polarisation

Sensoreinteilung nach der Art des Ausgangssignals

- **Analogausgang**
  Das Messsignal wird in ein stetiges Ausgangssignal umgewandelt.

  Beispiele:
  - Spannung 0 V…10 V; 2 V…10 V
  - Stromstärke 0 mA…20 mA; 4 mA…20 mA

- **Binärausgang (schaltende Sensoren)**
  Am Ausgang sind nur zwei Zustände möglich, zwischen denen bei Über- bzw. Unterschreitung eines Schwellwertes gewechselt wird. Wenn die beiden Schwellwerte verschieden sind, ergibt sich im Schaltverhalten eine **Hysterese**.

  Beispiele:
  - Näherungsschalter durch kapazitive, induktive oder optische Beeinflussung (Lichtschranken)
  - Ultraschall-Näherungsschalter
  - Mechanische Endschalter (Schnappschalter)

- **Digitalausgang**
  Das Ausgangssignal ist ein digital codiertes Signal, das über diese Schnittstelle direkt in Bus-Systeme eingekoppelt werden kann.

Sensoreinteilung nach der Art der Messgröße

Geometrisch	Bewegung	Kraft
Länge Volumen Winkel Füllstand Anwesenheit Kontur Position …	Weg Geschwindigkeit Drehzahl Beschleunigung Vibration Phasenlage Frequenz …	Masse Kraft Druck Drehmoment Dehnung Härte Elastizität …
Hydrostatisch, hydrodynamisch	**Thermisch, kalorisch**	**Chemisch, biologisch**
Druck Durchfluss Strömungs-geschwindigkeit Teilchendichte Viskosität …	Temperatur Wärmemenge Wärmeströmung Leitfähigkeit Spezifische Wärmekapazität …	Leitfähigkeit pH-Wert Feuchtigkeit Substanzart Anwesenheit von Substanzen …
Optisch	**Elektrisch**	**Strahlung**
Beleuchtungs-stärke Absorption und Emission Brechung Farbart Polarisation …	Ladung Spannung Stromstärke Leistung Leitfähigkeit Feldstärke Potenzial …	Strahlungsart Aktivität Dosis Energiedichte …

Aufbau eines digitalen Sensorsystems (dreistufiger AD-Umsetzer)

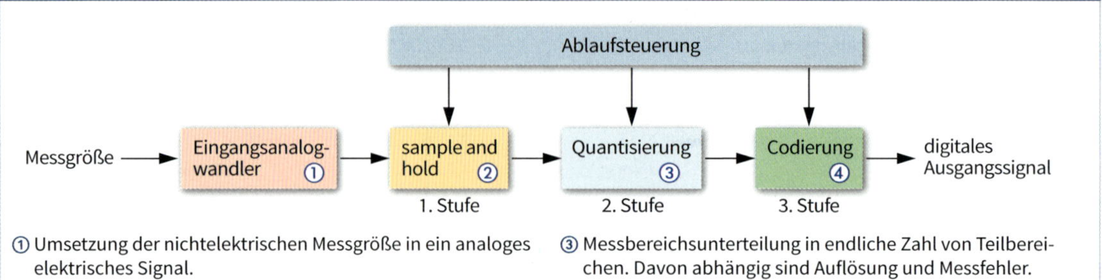

① Umsetzung der nichtelektrischen Messgröße in ein analoges elektrisches Signal.

② Abtastung des Messwertes in der Zeit t_{ab}, Messwerterhaltung für die Zeit t_{hold}.

③ Messbereichsunterteilung in endliche Zahl von Teilbereichen. Davon abhängig sind Auflösung und Messfehler.

④ Teilbereichsumwandlung in bestimmten Code sowie Anzeige bzw. Weiterleitung.

Widerstandsmessung

Anwendungen für Widerstandsmessungen sind:
- Temperaturmessung (z. B. PT 100)
- Messung mechanischer Spannungen (Dehnungsmessstreifen)
- Strommessung (über Shunt)

Fehlerquellen:
Die Anschlussleitung des Sensors hat einen eigenen Widerstand. Dieser ist abhängig von der Temperatur und der Leitungslänge. Er verfälscht je nach Schaltungsart das Messergebnis. Je kleiner der zu messende Widerstand ist, desto größer ist der Messfehler.

Zweileitermessung

Spannungsgespeiste Messbrücke

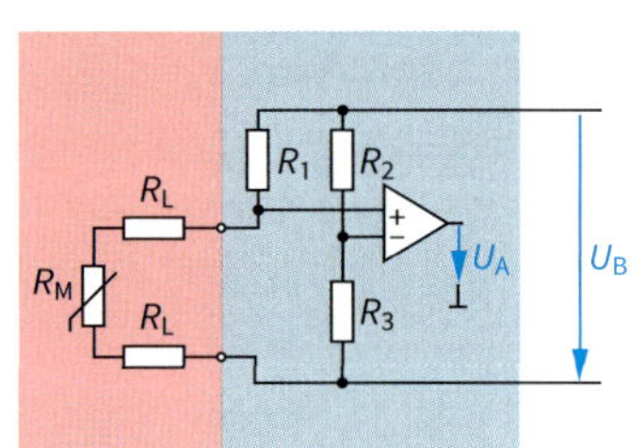

Leitungswiderstand R_L führt zu
- Messfehlern ($R_M + 2\,R_L$)
- Nullpunktverschiebungen bei Widerstandsänderung in der Messleitung (R_L)

Dreileitermessung

Spannungsgespeiste Messbrücke

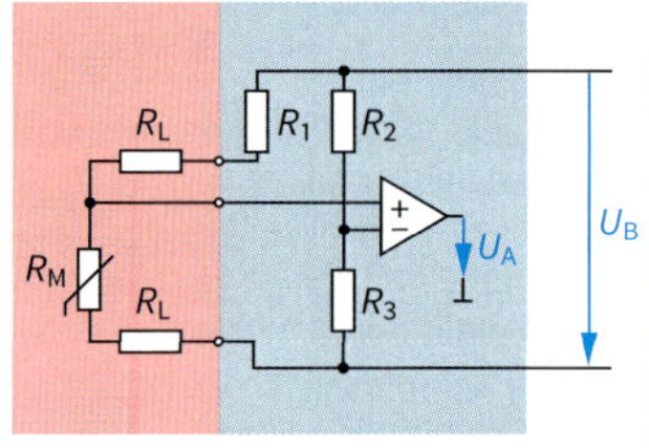

- Leitungswiderstand R_L ist auf obere und untere Brückenhälfte gleich verteilt. Temperatureinflüsse werden dadurch kompensiert.
- Der Messfehler ist geringer als bei der Zweileitermessung, aber noch vorhanden.

Vierleitermessung

Stromgespeiste Messung

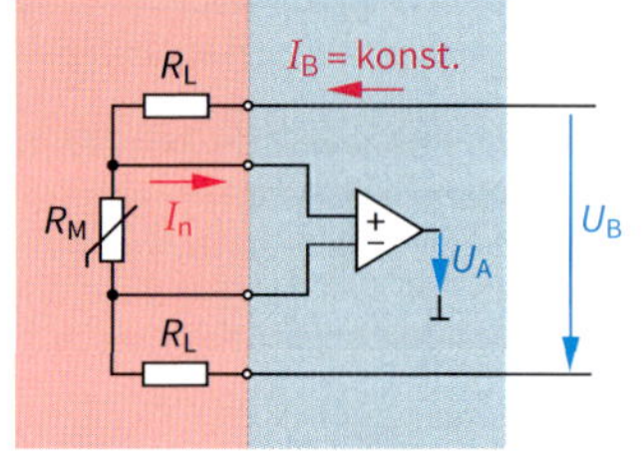

- Messstrom I_B = konstant
- Messstrom zum Operationsverstärker $I_n = 0$ A, da Eingangswiderstand $R_E = \infty$
- $U_A \sim R_M$
- Keine Messfehler durch R_L

Sensorsignalübertragung

Konventionell

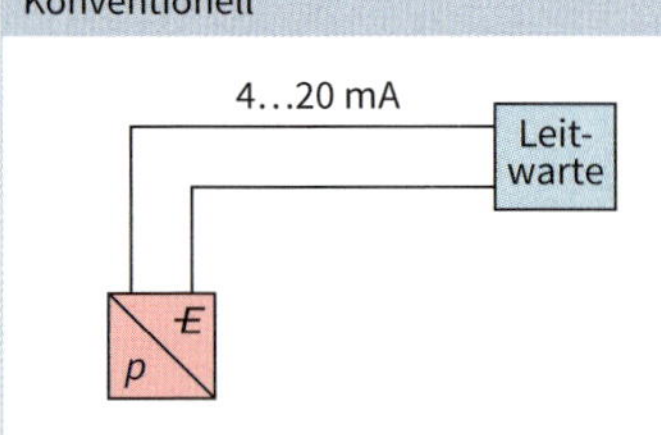

- Digitales Sensorsignal wird in analoges 4 … 20 mA-Signal umgewandelt und zur Leitwarte übertragen.

Intelligent

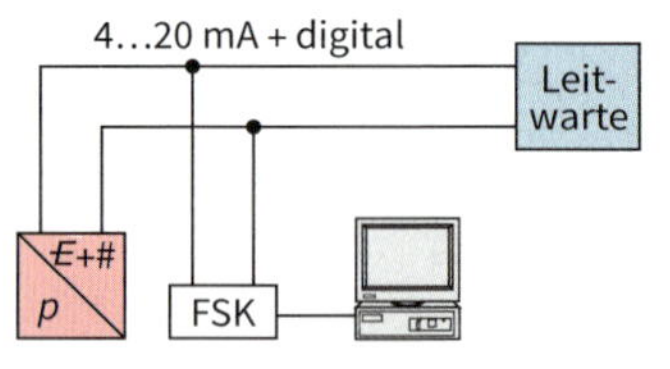

- Analogem 4 … 20 mA-Signal wird frequenzmoduliertes Signal überlagert (FSK = **F**requency **S**hift **K**eying).
- Speicherung von Werten und Ereignissen zur Prozessoptimierung möglich.

Feldbus

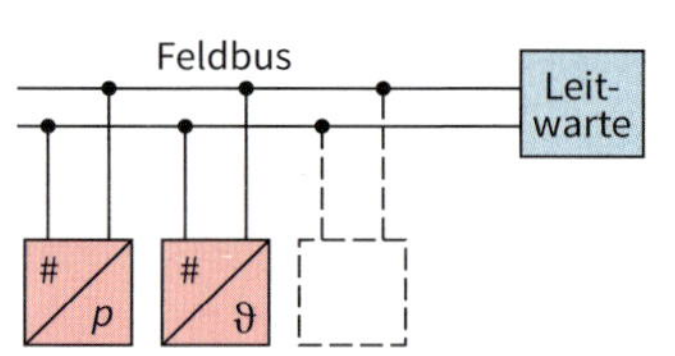

- Digitale Kommunikation zwischen Sensoren und Aktoren möglich.
- Eigensichere Speisung und Datenübertragung von Leitwarte ins Feld.

Induktive Sensoren
Inductive Sensors

Messprinzip

- Die Erkennung erfolgt durch Dämpfung des elektromagnetischen Wechselfeldes einer Spule ① (offener Schalenkern) durch metallene Leiter.
- Es werden in den metallenen Leiter Wirbelströme induziert, die dem Feld Energie entzieht. Die Schwingungsamplitude des Oszillators ② verringert sich.
- Das Signal wird demoduliert ③, in ein Schaltsignal umgeformt ④ und entsprechend verstärkt ⑤.

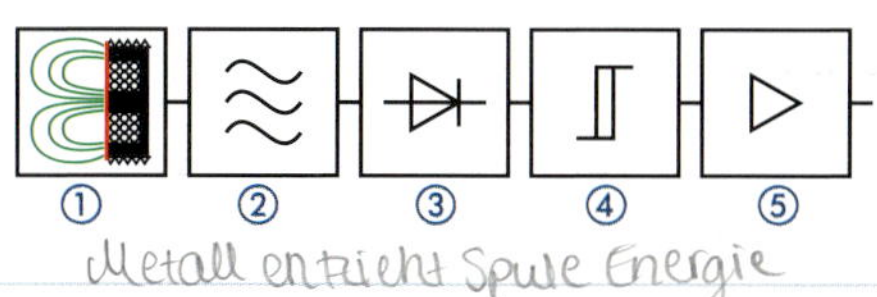

Schaltabstand

Der Schaltabstand *s* des Sensors wird durch eine **Normmessplatte** bestimmt:

- Quadratische Platte aus Fe 360 (ISO 630: 1980)
- Dicke $d = 1$ mm
- Seitenlänge *a* entsprechend dem Durchmesser der aktiven Fläche des Sensors

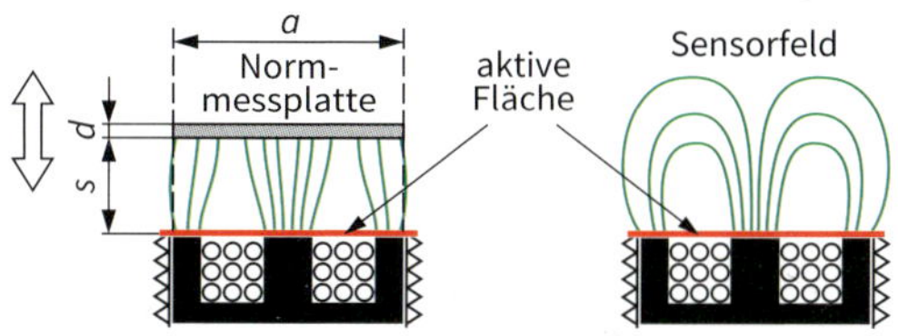

Zur Kennzeichnung von Sensoren werden folgende Schaltabstände angegeben:

- ***s*: Schaltabstand**
  Er ist der Abstand, bei dem ein Signalwechsel ausgelöst wird.
- **s_n: Bemessungsschaltabstand**
  Er ist eine Sensorkenngröße, ohne Berücksichtigung von Fertigungstoleranzen.
- **s_r: Realschaltabstand**
  Er ist der Schaltabstand, der bei festgelegten Bedingungen gemessen wird.
- **s_u: Nutzschaltabstand**
  Er ist der zulässige Abstand innerhalb der angegebenen Spannungs- und Temperaturbereiche.
- **s_a: Gesicherter Schaltabstand**
  Dieser Abstand ist bei festgelegten Spannungsund Temperaturbereichen gewährleistet.

Korrekturfaktoren

Die Art des Materials im magnetischen Feld beeinflusst den Schaltabstand. Die Reduzierung des Schaltabstandes gegenüber dem Material der Normmessplatte wird als Faktor angegeben.

Werkstoff	Faktor	Werkstoff	Faktor
Stahl	1,0	Aluminium	0,30...0,45
Kupfer	0,25...0,45	Nickel	0,65...0,75
Messing	0,35...0,50	Gusseisen	0,93...1,05

Schaltfrequenz

- Sie ist die Zahl der maximal möglichen Schaltfolgen pro Sekunde.
- Gedämpft wird mit Normmessplatten, die sich auf einer rotierenden und nichtleitenden Scheibe befinden.
- Das Flächenverhältnis von Eisen zu Nichteisen beträgt 1:2.
- Die Bemessungsschaltfrequenz ist erreicht, wenn das Ein- oder Ausschaltsignal 50 µs betragen ($\Delta t_1 = \Delta t_2$).

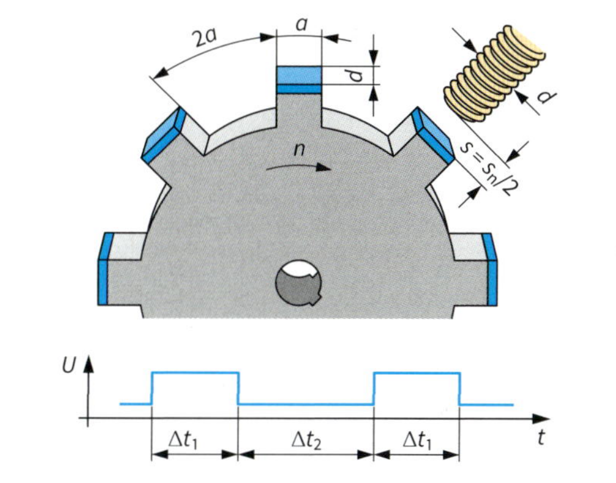

Beispiel einer Ausgangsschaltung, 3-Draht, DC

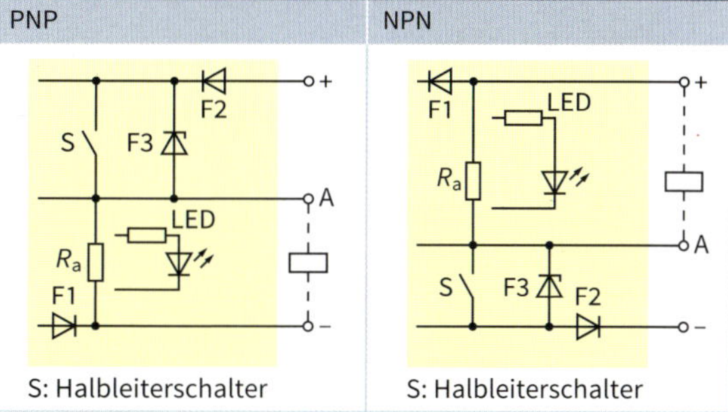

PNP	NPN
S: Halbleiterschalter	S: Halbleiterschalter

Bauformen

Messprinzip

- Die Erkennung erfolgt durch Änderung des elektrischen Feldes eines Kondensators ① durch
  - metallene und
  - nichtmetallene Objekte (fest oder flüssig).
- Durch das externe Material ändert sich die Dielektrizitätskonstante ε_r bzw. die Kapazität.
- Durch die Kapazitätsänderung verändert sich die Schwingkreisfrequenz des Oszillators ②. Sie wird durch nachgeschaltete Stufen ③ ausgewertet.

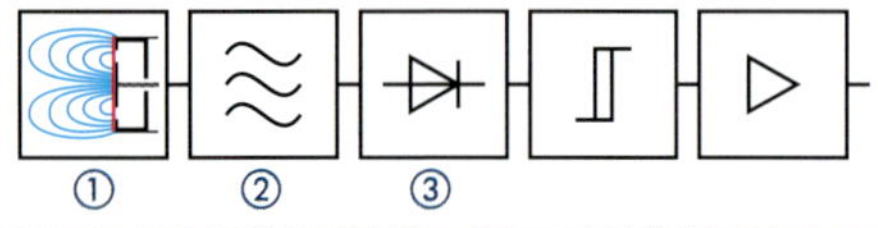

Schaltabstand

- **Nutzschaltabstand s_u**
  Er ist der zulässige Schaltabstand innerhalb der angegebenen Spannungs- und Temperaturbereiche:
  $0{,}72\ s_n \leq s_u \leq 1{,}325\ s_n$
- **Gesicherter Schaltabstand s_a**
  Er ist der Abstand, in dem ein gesicherter Betrieb bei festgelegtem Spannungs- und Temperaturbereich gewährleistet ist:
  $0 \leq s_a \leq 0{,}72\ s_n$

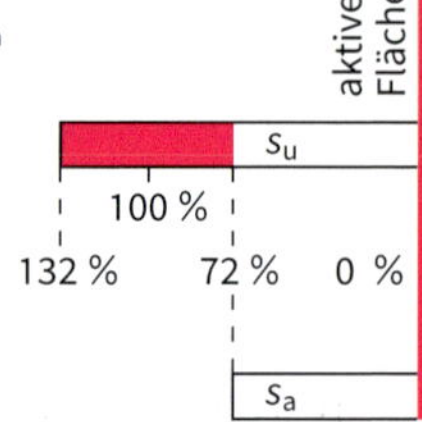

Beeinflussungsarten der Messsonde

Nicht leitendes Material

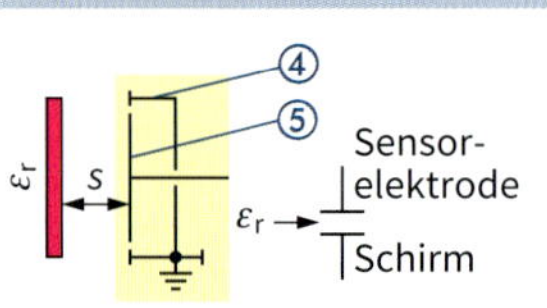

Durch das nicht leitende Material verändert sich die Gesamtkapazität.

Leitendes und isoliertes Material

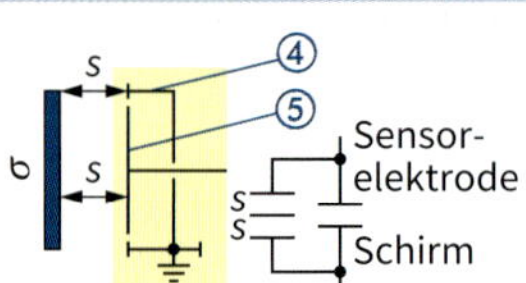

Es entstehen zwei in Reihe liegende Kondensatoren, die zur Sensorkapazität parallel liegen. Die Gesamtkapazität vergrößert sich.

Leitendes und geerdetes Material

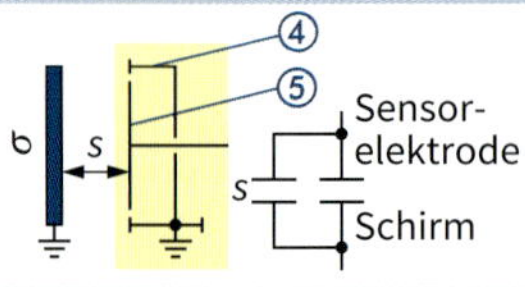

Es entsteht ein zusätzlicher, zur Sensorkapazität parallel liegender Kondensator. Die Gesamtkapazität vergrößert sich.

④ Abschirmung ⑤ Sensorelektrode

Anwendungen

Verpackung	Füllstand	Qualität
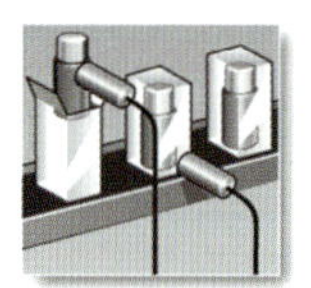	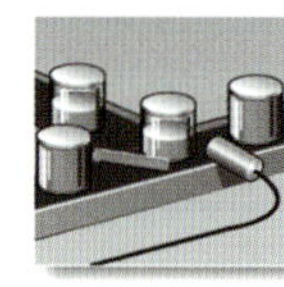	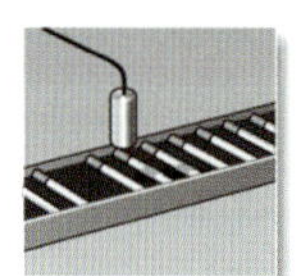
Füllstand	**Fehler**	**Messführung**
 	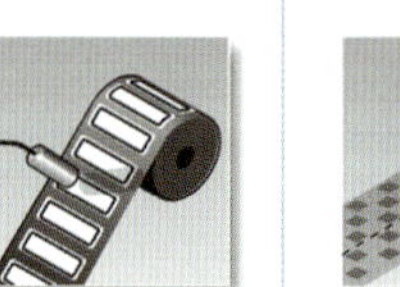	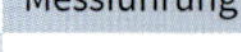 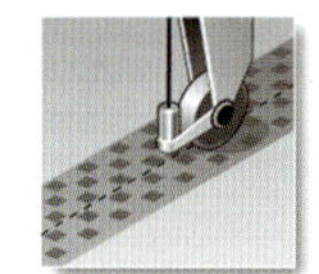
Zählen	**Inspektion**	**Zufluss**
 0015342	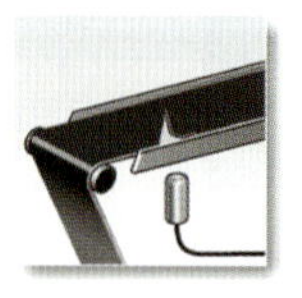	

Normmessplatte

Der Schaltabstand *s* des Sensors wird durch eine **Normmessplatte** bestimmt:

- Quadratische Platte aus Fe 360 (ISO 630: 1980)
- Dicke $d = 1$ mm
- Seitenlänge *a* entsprechend dem Durchmesser der aktiven Fläche des Sensors

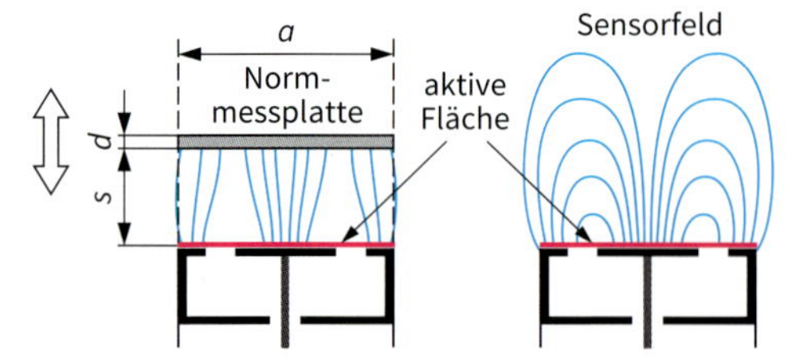

Korrekturfaktor

Wenn ein nicht leitendes Material in das Sensorfeld eintritt, ändert sich die Kapazität in Abhängigkeit von ε_r, der Eintauchtiefe und vom Abstand zur „aktiven Fläche“. Je nach Material muss der Schaltabstand durch einen Faktor korrigiert werden.

Material	Korrekturfaktor
Metalle	1
Holz	0,2 … 0,7
Glas	0,5
Wasser	1,0
PVC	0,6
Öl	0,1

Bauformen

Widerstandsthermometer

- Normierte Platin-Temperatursensoren (temperaturabhängiger Widerstand) entsprechend DIN EN 60751: 1996-07
- Der Bemessungswert wird bei 0 °C angegeben.
- Widerstandsänderungen bis ca. 100 °C: Pt100: 0,4 Ω/K; Pt500: 2,0 Ω/K; Pt1000: 4,0 Ω/K
- Kennlinien

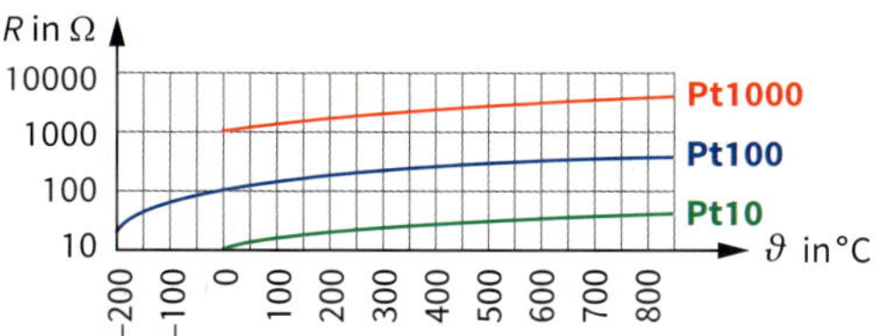

Aufbau

In DIN 43764 bis 43769 sind verschiedene Schutzrohr-Bauformen für unterschiedliche Aufgabenstellungen festgelegt.

Beispiel: Form B

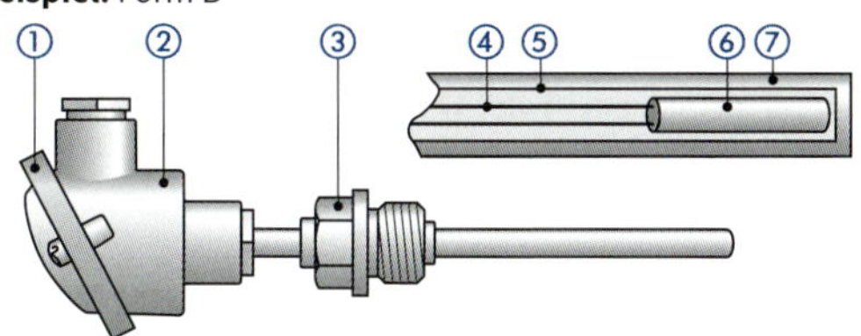

① Anschlusskopf ② Anschlusssockel ③ Verschraubung
④ Anschlussleiter ⑤ Einsatzrohr ⑥ Temperatursensor
⑦ Schutzrohr

Form	Ausführung und Anwendung
A	Emailliertes Rohr, Befestigung mit verschiedenen Anschlagflanschen, Rauchgas-Messung
B	Rohr mit angeschweißtem Gewinde G 1/2A
C	Rohr mit angeschweißtem Gewinde G 1A
D	Druckfestes, dickwandiges Rohr zum Einschweißen
E	Am Ende verjüngtes Rohr für schnell ansprechendes Verhalten, Befestigung durch verschiebbaren Anschlagflansch
F	Rohr wie Form E, jedoch angeschweißter Flansch
G	Rohr wie Form E, jedoch mit angeschweißtem Gewinde G 1A

Anschlussmöglichkeiten

- **Zweileitertechnik**
  Sensor und Auswerteschaltung sind gemeinsam mit einer zweiadrigen Leitung verbunden. Da der Leitungswiderstand und der Sensor in Reihe liegen, kommt es zu einer Messwertverfälschung (Kompensation erforderlich).
- **Dreileitertechnik**
  Ein zusätzlicher Leiter wird zum Sensor geführt, so dass zwei Messkreise entstehen. Der Leitungswiderstand sowie seine Temperaturabhängigkeit lassen sich kompensieren.
- **Vierleitertechnik**
  Durch den Sensor fließt ein Konstantstrom. Der Spannungsfall am Sensor wird abgegriffen und an den Eingang einer hochohmigen Auswerteschaltung geführt. Leitungswiderstände und deren Temperaturabhängigkeit sind weitgehend ohne Einfluss.

Thermoelemente

- Thermoelemente geben eine Spannung (µV) ab, wenn zwischen den Kontaktstellen ein Temperaturunterschied besteht.
- Prinzip:

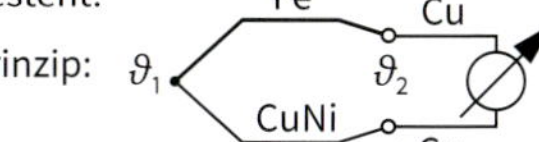

- Kennlinien

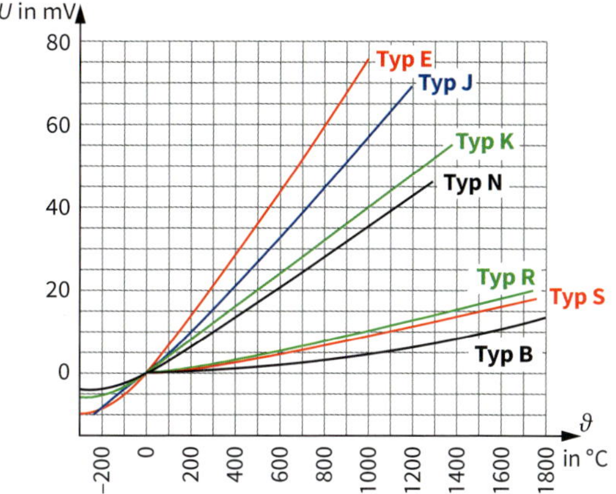

Farbkennzeichnung von Thermoelementen

Typ/Norm/ Werkstoff	Farbcode	Typ/Norm/ Werkstoff	Farbcode
B EN 60584 Pt30 % Rh-Pt	+ / –	**L** DIN 43710 Fe-CuNi	+ / –
E EN 60584 NiCr-CuNi	+ / –	**R** EN 60584 Pt13 % Rh-Pt	+ / –
J EN 60584 Fe-CuNi	+ / –	**T** EN 60584 Cu-CuNi	+ / –
K EN 60584 NiCr-Ni	+ / –	**U** DIN 43710 Cu-CuNi	+ / –

Anschluss und Bauformen

Thermospannungsklemmpaar, Typ K

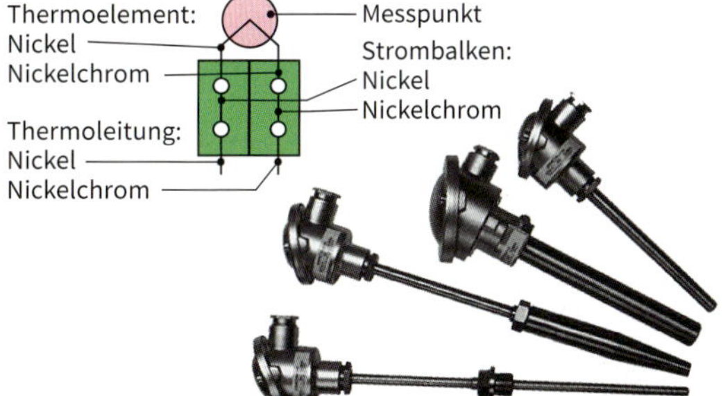

Messprinzip

- Durch Krafteinwirkung (Druck, Zug) auf elektrische Leiter kommt es zu einer Verformung. Dadurch verändern sich der Querschnitt und der spezifische Widerstand (**piezoresistiver Effekt**).

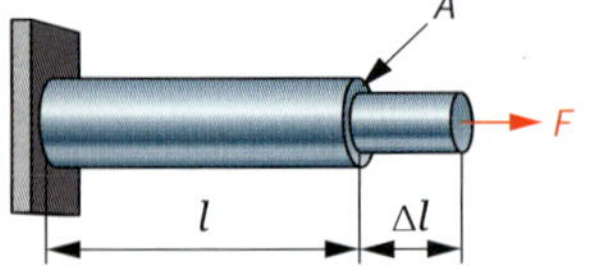

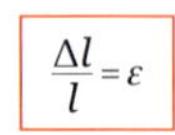

F: Kraft

ε: Dehnung

$F \sim \varepsilon$ (im elastischen Bereich)

$$\frac{\Delta R}{R} = k \cdot \varepsilon$$

ΔR: Widerstandsänderung

R: Gesamtwiderstand

Material	Konstantan	NiCr	PtW	Si
k	2,05	2,2	4,0	10…200

Metallene Dehnmessstreifen (DMS)

- Metallene Leiter (Folien) sind mäanderförmig angeordnet.
- Die Querschnittsveränderung und die Veränderung des spezifischen Widerstandes sind die Ursachen für die Widerstandsänderung.

Dehnung in einer Richtung Dehnung in zwei Richtungen

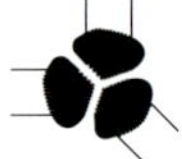

Dehnung in drei Richtungen

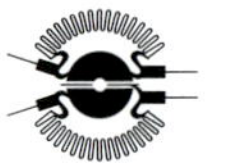

Torsion (Verdrehung)

Werte:
120 Ω
350 Ω
600 Ω
1000 Ω

Halbleiter Dehnmessstreifen

- Der piezoresistive Effekt ist bei Halbleitern größer als bei Metallen. Er hängt von der Orientierung der Halbleiterkristalle und der Dotierung mit Fremdatomen ab.
- Es werden in der Regel 4 Widerstände (R_1 bis R_4) auf einer Membran angeordnet:
  - alle im Randbereich (ca. 3,5 kΩ, ΔR bis 1 kΩ)
  - alle im Zentrum
  - zwei im Randbereich, zwei im Zentrum
- Die Widerstände werden als Messbrücke geschaltet.

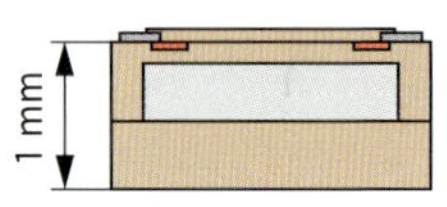

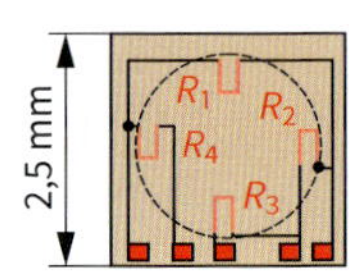

Beispiel: Gekapselter Druckaufnehmer

- Membran mit wenigen hundertstel Millimetern
- Membran ist mit Sicken (konzentrisch eingeprägte Wellen) versehen. Dadurch ist eine spannungsfreie Deformation gewährleistet.
- Der Druck wird über die Membran und über das im Innern befindliche Öl auf die Membran der Druckmesszelle übertragen.

Schaltungen

- Brückenschaltung mit 1 bis 4 DMS als Brückenwiderstände
- Abgeschirmte 4-(6-)adrige Standardleitung mit nachfolgendem Brückenverstärker

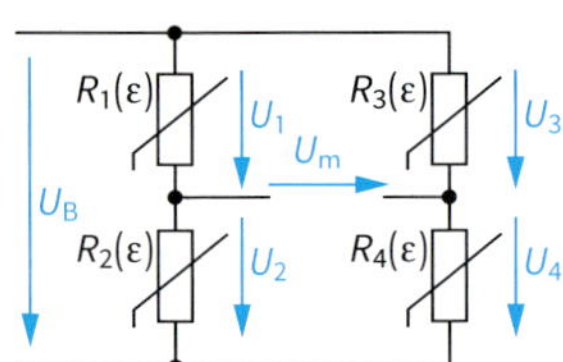

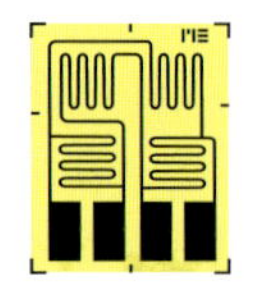

- **Beispiel**
  Zwei DMS zur Torsionsmessung

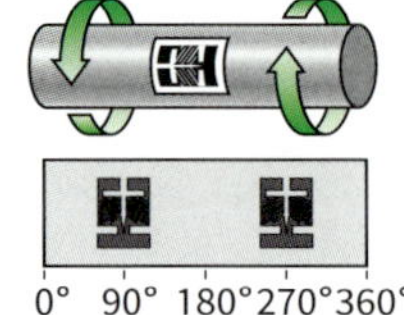

Keramische Drucksensoren

- Die DMS-Vollbrücke wird auf eine Keramik-Membran (Aluminiumoxid) aufgebrannt (1000 °C). Dadurch verschmilzt die Messbrücke mit dem biegsamen Keramik-Substrat.
- Vorteile des Keramikmaterials:
  Extrem hart, sehr elastisch, guter Isolator, große Zugfestigkeit, sehr biegsam
- Die Messbrücke ist im Vergleich zu metallenen DMS und Silizium-DMS hochohmig (→ geringe Leistung).

Piezoelektrischer Effekt

- Bei Krafteinwirkung verschieben sich die im Kristallverband eingelagerten Ladungen.
- Zwischen den Elektroden an der Oberfläche treten durch die Krafteinwirkung Ladungsunterschiede auf.
- Das Ladungssignal wird in ein proportionales Spannungs- oder Stromsignal umgewandelt und zur Anzeige bzw. Steuerung verwendet.

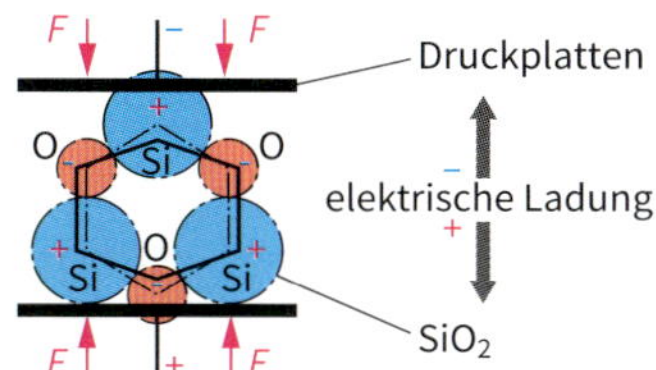

d: Piezoelektrischer Koeffizient (temperaturabhängig)
C: Coulomb N: Newton

Material	*d* in pC/N	Material	*d* in pC/N
Turmalin	1,83	Lithiumtantalat $LiTaO_3$	9,2
Quarz SiO_2	2,3	Piezoelektrische Keramik	590

Aufbau eines Kraftsensors

Messbereich: mN bis 120 kN (Beispiel)

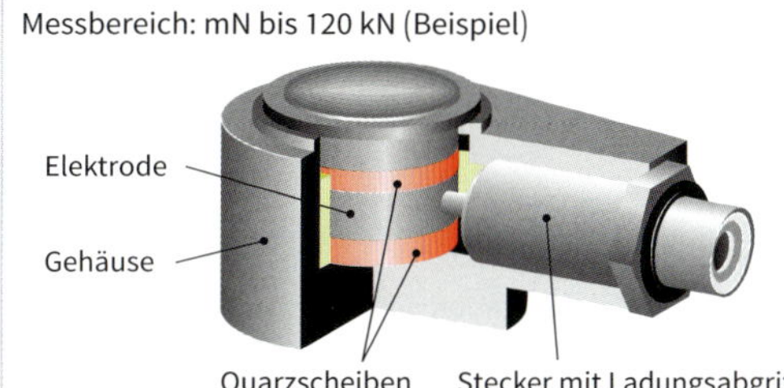

Beispiele für Kraftsensoren

750 kN

10 … 500 kN

Drucksensoren

- Messbereich: 0,1 mbar … 4000 mbar (Beispiel)
- Sie sind eine besondere Form von Kraftsensoren.
- Auf eine Membran (konstante Fläche) wirkt die Kraft, so dass die ausgeübte Kraft proportional zum Druck ist.
- Absolutdruck: Druck wird gegen Vakuum gemessen
- Differenzdruck: Druck wird gegen einen Referenzdruck gemessen

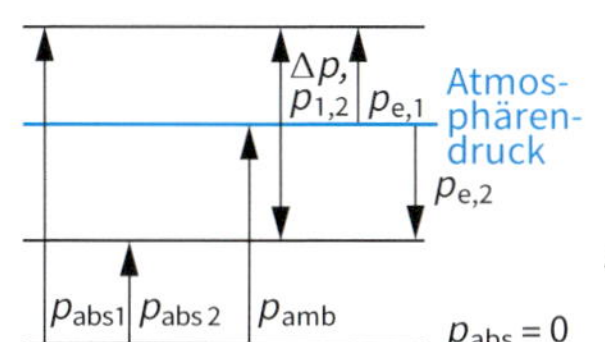

p_{abs}: Absolutdruck (Druck gegenüber dem Vakuum)

p_{amb}: Absolutdruck, Atmosphärendruck

Δp, $p_{1,2}$: Druckdifferenz, Differenzdruck

p_e: Atmosphärische Druckdifferenz

Eigenschaften

- Zum Betrieb wird keine Spannungsquelle benötigt
- Gegen hohe Temperaturen unempfindlich
- Starrer mechanischer Aufbau
- Geringe Eigenschwingungen
- Geeignet für Druckschwankungen > 100 kHz
- Große Empfindlichkeit
- Zur Signalverarbeitung ist ein Verstärker erforderlich
- Nicht geeignet für statische Messungen (Luftdruck, Wasserstand), weil trotz bester Isolierung Ladungen abfließen

Anwendung keramischer Drucksensoren

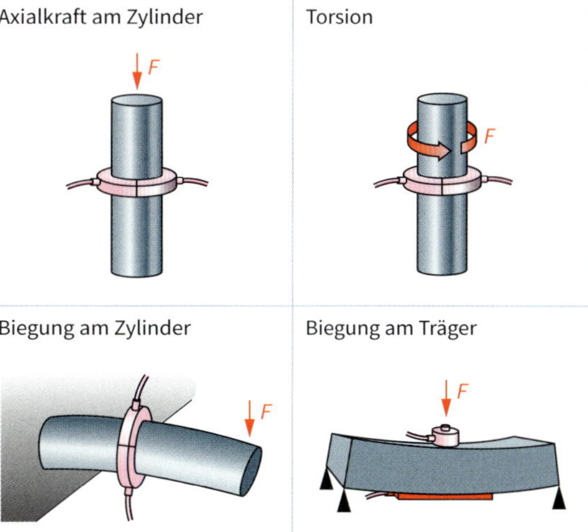

Merkmale

- Beschleunigungssensoren zählen zu den **MEMS-Sensoren** (**M**icro **E**lectro **M**echanical **S**ystem)
- Sie gehören zu der Gruppe der Trägheitssensoren und messen, je nach Ausführung, die Beschleunigung in allen drei Bewegungsachsen (X, Y, Z) gleichzeitig.
- Es handelt sich um ein miniaturisiertes System, das sowohl elektrische/elektronische und mechanische Komponenten enthält.
- Auf einem Mikrochip sind neben dem eigentlichen Sensor zusätzliche Signal- und Auswerteeinheiten enthalten.

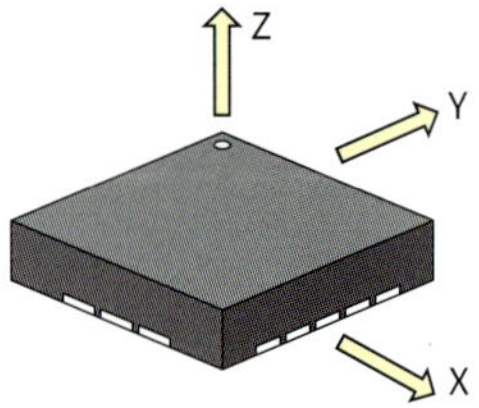

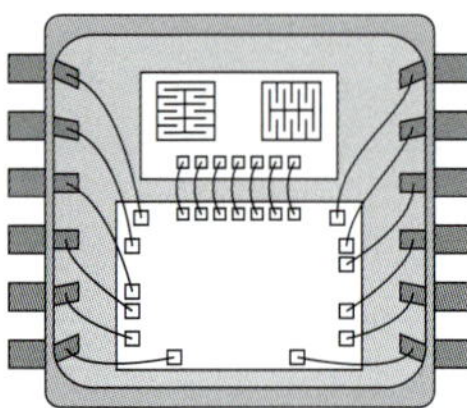

- Die Abmessungen der einzelnen Sensor-Komponenten betragen zwischen 1 µm und 100 µm.

Physikalische Grundlagen

- Die **Beschleunigung *a*** beschreibt die zeitliche Änderungsrate seiner Geschwindigkeit *v*.

$$a = \frac{\Delta v}{\Delta t} \qquad [a] = \frac{m}{s^2}$$

- Der Wert der Beschleunigung ist für die Beschreibung von Bewegungsvorgängen eines Körpers bzw. die auf ihn einwirkenden Kräfte von großer Bedeutung.
- Der Beschleunigungssensor bestimmt die Kraft *F*, die auf eine Testmasse *m* einwirkt und errechnet daraus die Beschleunigung *a*.

$$a = \frac{F}{m}$$

- In der Praxis wird die Beschleunigung häufig als Vielfaches der Erdbeschleunigung $g = 9{,}81\ \text{m/s}^2$ angegeben.
  Beispiele:
  - < 0,5 g: Anfangsbeschleunigung eines Sprinters
  - 1 g: Vollbremsung beim Auto
  - 1,5 g: Maximalwert bei einer Kinderschaukel
  - 6 g: Formel-1 Wagen in schnellen Kurven
  - 300 g: Waschmaschine im Schleudergang

Messverfahren

Kapazitives Verfahren

Prinzip:
- Feder-Masse-System
- Kapazitätsänderung zweier Kondensatoren
- Auswertung mit einer Wheatstone-Messbrücke

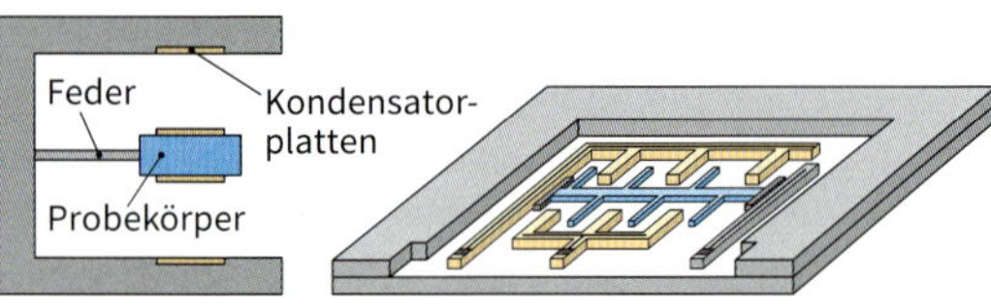

Eigenschaften:
- hohe Empfindlichkeit und Stabilität
- geringer Leistungsbedarf

Piezoelektrisches Verfahren

Prinzip:
- Dehnung/Stauchung des Piezokristalls
- Druck/Zug führt zu einer Ladungsänderung
- Auswertung über einen Ladungsverstärker

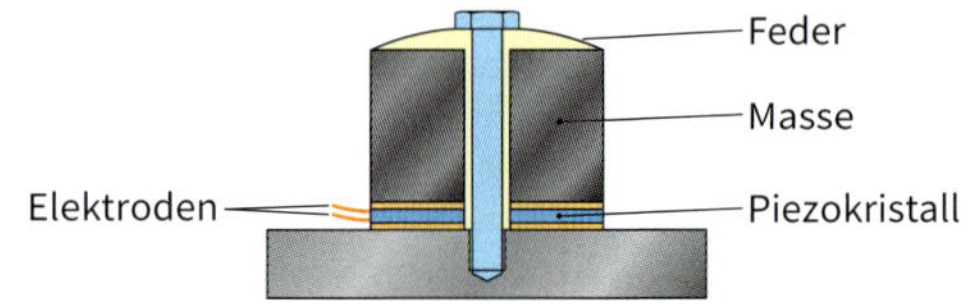

Eigenschaften:
- hohe Linearität und Langzeitstabilität
- sehr robust, da keine beweglichen Teile

Piezoresistives Verfahren

Prinzip:
- Dehnung der piezoresistiven Widerstandsmessstreifen
- Auswertung mit einer Wheatstone-Messbrücke

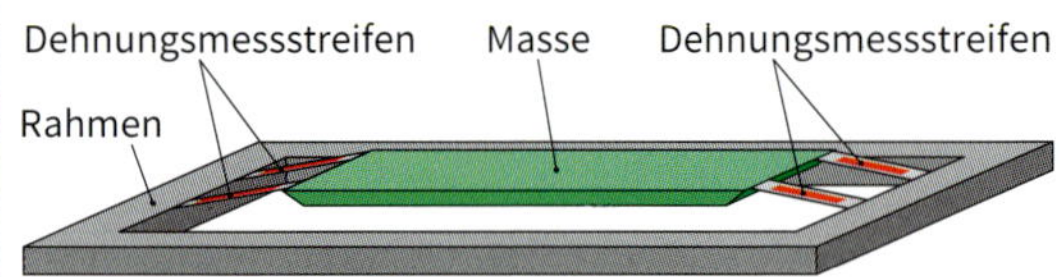

Eigenschaften:
- hohe Empfindlichkeit
- einfache Auswertung (Messbrücke)

Hall-Effekt Verfahren

Prinzip:
- Magnetische Masse an einer Feder
- Bewegung wird durch Hall-Sensor erfasst
- unterhalb montierte Platte dient zur Dämpfung

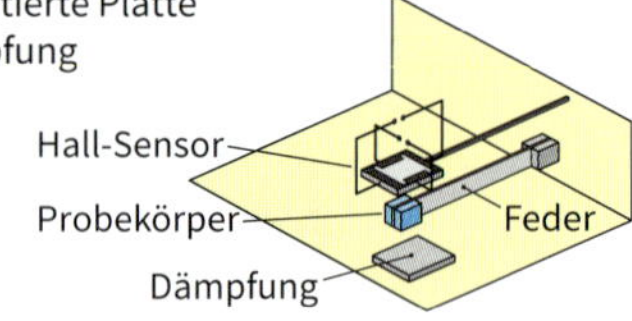

Eigenschaften:
- hohe Zuverlässigkeit
- geringer Energieverbrauch

Einsatzbereiche

- Sicherheitssysteme (z. B. ABS im Auto)
- Vibrationen bei Maschinen oder Gebäuden messen
- Erdbebenüberwachung
- Luftfahrt
- Alarmsysteme
- Computerfestplatten zur Head-Crash Vermeidung
- Smartphone und Digitalkamera
- Steuerung von Videospielen

Beispiel

- Programmierbare Messbereiche: ±2 g; ±4 g; ±8 g; ±16 g
- Auflösung im ±2 g-Bereich: 0,24 mg
- Versorgungsspannung: $U_{DD} = 1{,}62 \ldots 3{,}6\ \text{V}$
- Temperaturbereich: $T = -40\ °C \ldots +85\ °C$

Lichtschranken

Reflexions-Lichtschranke

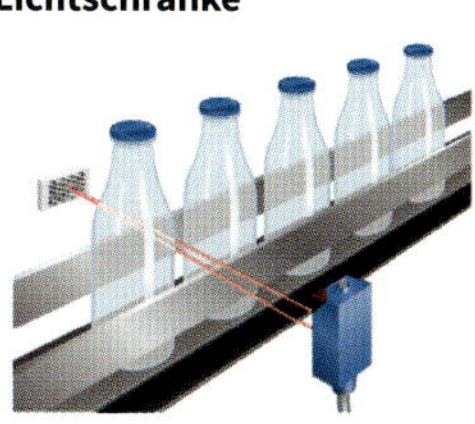

- Sender und Empfänger in einem Gehäuse
- Große Reichweiten, matte Oberflächen werden erkannt, geeignet für transparente Objekte
- Stapelhöhenüberwachung, Abtasten von Objekten auf Förderbändern, Erfassen transparenter Objekte

Reflexions-Lichtschranke mit Polarisationsfiter

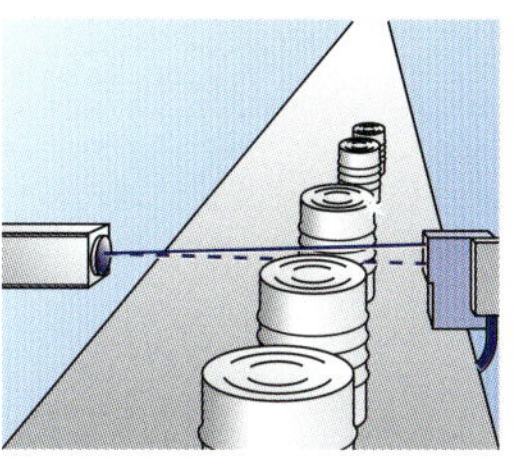

- Sender und Empfänger in einem Gehäuse
- Vom Sender geht polarisiertes Licht aus. Das vom Reflektor in der Polarisationsebene gedrehte Licht löst keinen Schaltvorgang im Sensor aus.
- Erkennbar sind glänzende Objekte, da durch sie keine Drehung der Polarisationsebene erfolgt.

Einweg-Lichtschranke

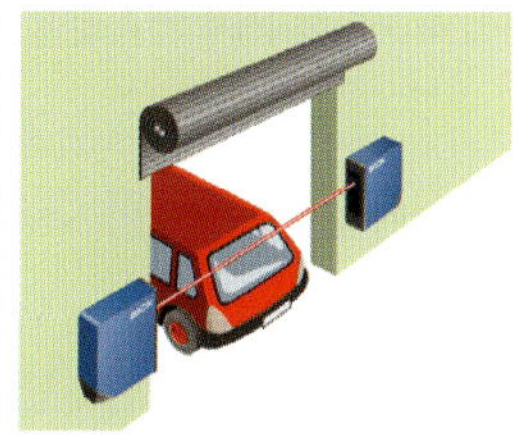

- Sender und Empfänger in getrennten Gehäusen
- Große Reichweiten möglich, Schaltpunkt unabhängig von der Oberfläche des Objektes, hohe Reproduzierbarkeit aufgrund der schmalen aktiven Bereiche
- Überwachung, Zählen, Positionieren von Objekten

Gabellichtschranke

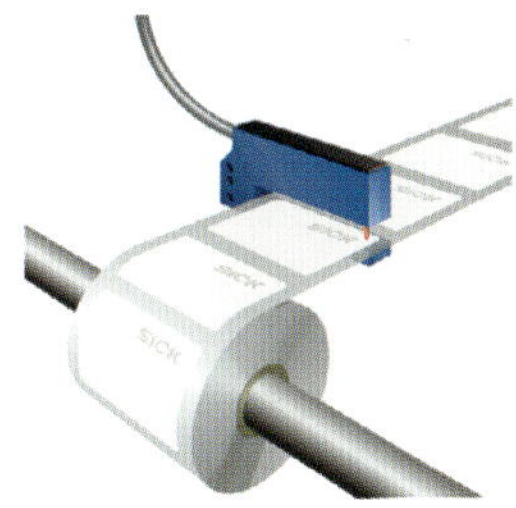

- Einwegprinzip mit Sender und Empfänger in einem Gehäuse
- Fest vorgegebener Abstand zwischen Sender und Empfänger (Gabelweite), präzise gebündelter Lichtaustritt
- Hohe Detektionsgenauigkeit, geringe Lichtdämpfungsunterschiede werden erkannt.

Lichtschranke mit Lichtwellenleitern

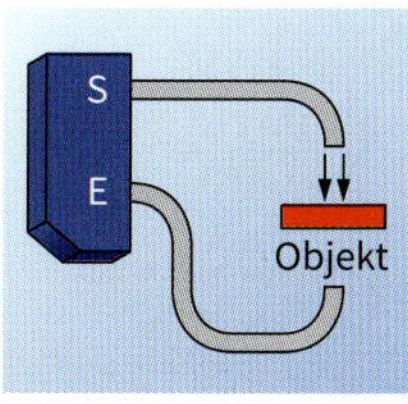

- Ausführung als Einweg- und Reflexionslichtschranke
- Schwer zugängliche Orte sind gut erreichbar.
- Erkennung sehr kleiner Objekte

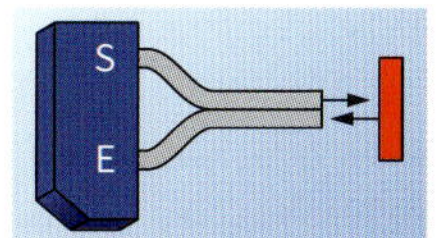

Lichttaster

Reflexions-Lichttaster

- Gemeinsames Gehäuse für Sender und Empfänger
- Tastbereich abhängig vom Reflexionsgrad der Objekte, geeignet zur Unterscheidung von dunklen und hellen Objekten.
- Zählen, Anwesenheitskontrolle von Objekten

Reflexions-Lichttaster mit Hintergrundunterdrückung

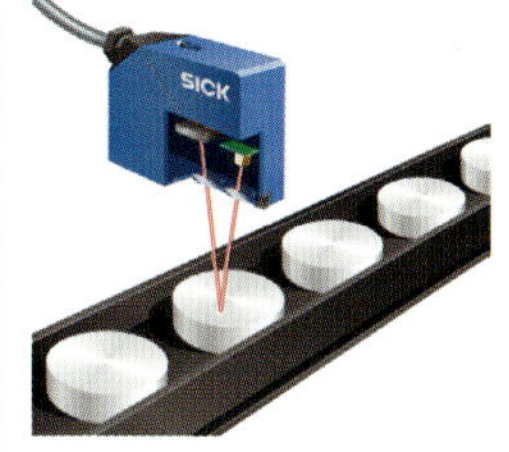

- Einstellung des Winkels zwischen Sende- und Empfangslichtstrahl ergibt definierten Tastbereich
- Objekte außerhalb des Tastbereichs werden ignoriert, Einfluss von Oberfläche und Farbe der Objekte gering
- Erkennen kleiner Gegenstände, Kontrolle der Inhalte von Behältern

Lichtschnittsensor

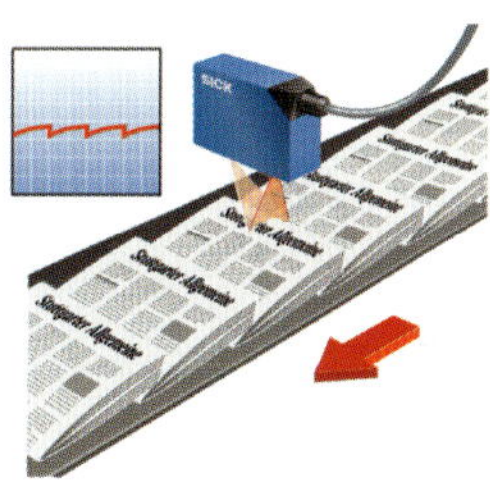

- Sender und Empfänger in einem Gehäuse
- Laserlinie fährt in definiertem Winkel über das Tastobjekt. Auf dem Empfängerarray wird eine dem Höhenprofil entsprechende Linie als Kontur abgebildet (Bild im Bild).
- Überwachen von Stapelhöhen, Füllständen, Objektorientierungen

Abstandsensor

- Sender und Empfänger in einem Gehäuse
- Anwesenheit und Position eines Objektes werden ermittelt (Triangulationsverfahren). Ausgabe kontinuierlicher Entfernungswerte mittels Analogschnittstelle. Digitale Schnittstelle signalisiert vorhandene Objekte.
- Tastweite: ca. 300 bis 3000 mm

Lumineszenztaster

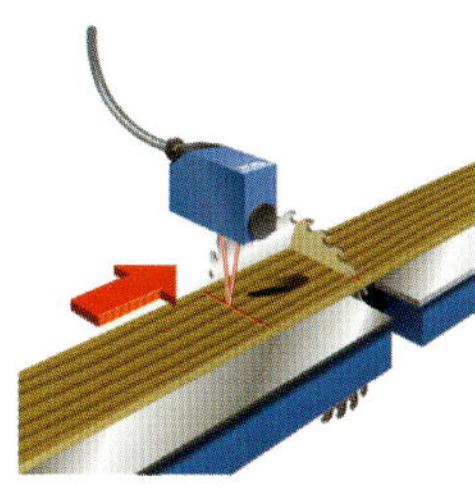

- Sender und Empfänger in einem Gehäuse
- Gesendetes UV-Licht des Tasters trifft auf lumineszierende Pigmente, die zum Leuchten angeregt werden.
- Nur von markierten Objekten zurückgestrahltes Licht wird im Empfänger des Tasters ausgewertet.

Kontrastsensoren

- Die Helligkeitsunterschiede (Graustufen) zwischen dem Testgut und der darauf angebrachten Markierung werden ausgewertet.
- Sender und Empfänger befinden sich auf einer gemeinsamen optischen Achse (Autokollimationsprinzip).
- Anwendungsbereiche: Verpackungsindustrie, Etikettiermaschinen

Druckmarkenleser | Kontrastmessung

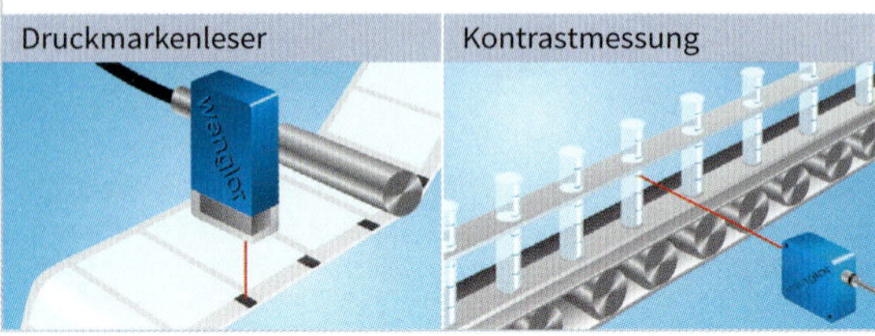

Lichtgitter

- Sonderausführung der Einweg-Lichtschranke
- Parallele Anordnung von mehreren Einweg-Lichtschranken
- Alle Sender sowie alle Empfänger sind jeweils in einem Gehäuse zusammengefasst.
- Die Schaltausgänge sind logisch verknüpft.
- Anwendung: Überwachung größerer Flächen

Roboterabsicherung | Muting | Kaskadierung zweier Lichtgitter | Floating Blanking

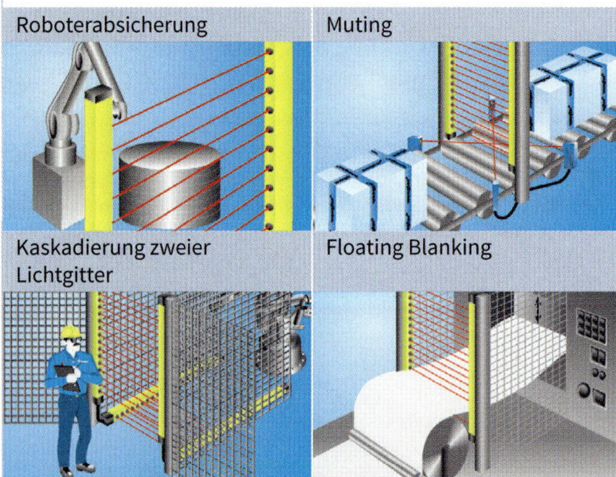

Barcodescanner

- Ein Identifikationssystem für optisch verschlüsselte Informationen
- Laserstrahl wird mit hoher Geschwindigkeit über den Strichcode geführt.
- Die Intensität des reflektierten Lichts hängt davon ab, ob der Laserstrahl auf einen Strich oder eine Lücke fällt.
- Der im Scanner vorhandene Empfänger rekonstruiert aus diesen Lichtschwankungen die gespeicherte Information.

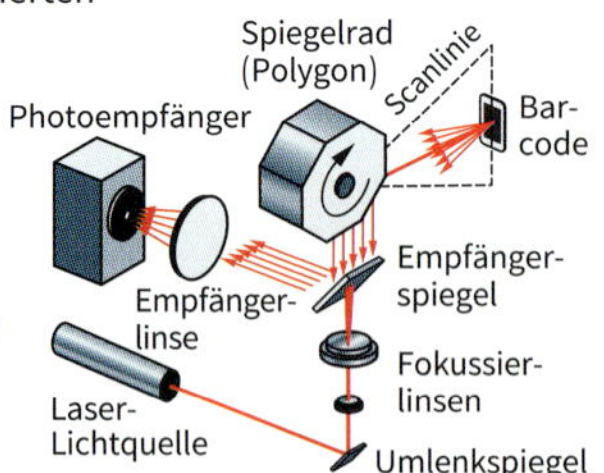

Farbsensoren

- Prinzip: Zerlegung des vom Objekt reflektierten Lichts
- Verfahren:
  - Das Objekt wird mit weißem Licht bestrahlt (z. B. weiße LED). Rote, grüne und blaue Anteile werden herausgefiltert und über die einzelnen Lichtstärken wird die Objektfarbe ermittelt.
  - Das Objekt wird mit den Sendefarben Rot, Grün und Blau sequenziell bestrahlt. Die Lichtstärke des reflektierten Lichts wird für jede Farbe einzeln gemessen. Aus den drei Werten kann die Farbe des Objekts ermittelt werden.

Farbsensor mit Glasfaser

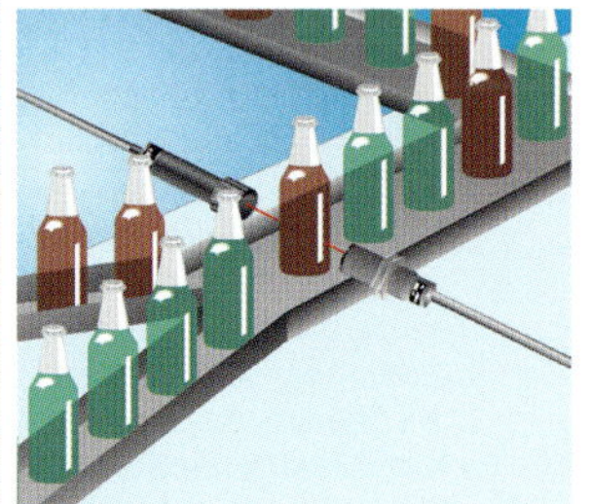

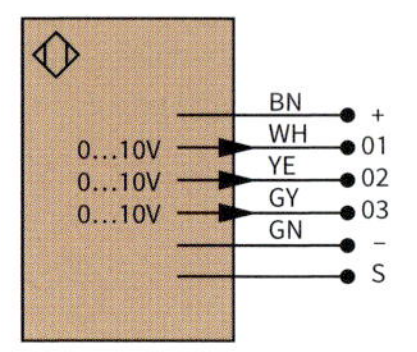

O : Analogausgang
BN, GN : Betriebsspannung
S : Synchronisation

Spektrale Empfindlichkeit	400 nm ... 700 nm
Maximal zulässiges Fremdlicht	10^3 lx
Öffnungswinkel	12°
Versorgungsspannung	20 V ... 30 V DC
Stromstärke bei U_B = 24 V	< 50 mA
Anzahl der Farbausgänge	3
Analoge Farbwerte für	blau/grün, rot/grün
Analoger Grauwert	ja
Analoger Ausgang	0 V ... 10 V

Farbsensor mit Reflektor, für durchsichtige Medien

- Gleichzeitige Auswertung von drei Farben
- Ausgang: Schaltausgang oder Schnittstelle

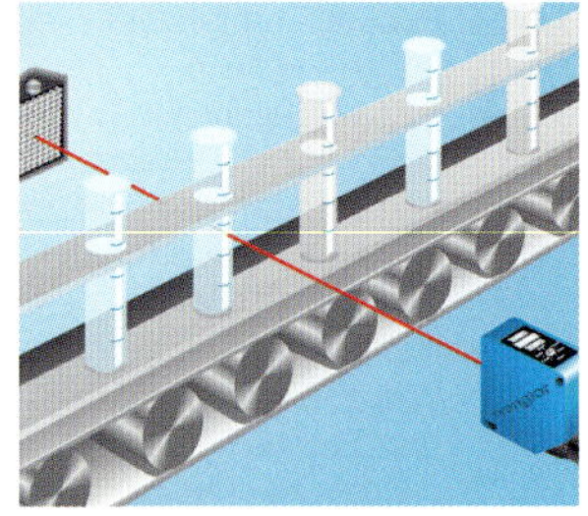

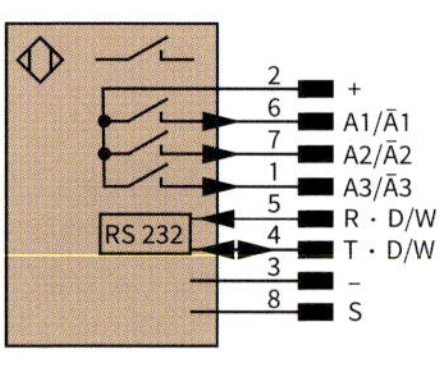

Spektrale Empfindlichkeit	10 nm ... 1000 nm
Lichtart	Weißlicht
Lichtfleckdurchmesser	10 mm
Maximal zulässiges Fremdlicht	10^3 lx
Versorgungsspannung	10 V ... 30 V DC
Stromstärke bei U_B = 24 V	< 50 mA
Anzahl der Schaltausgänge	3
Schaltausgang kurzschlussfest	PNP, 200 mA
Spannungsfall Schaltausgang	1,5 V
Schnittstelle	RS 232 (RGB-Farbwert)

Merkmale

- Die Systeme sind so aufgebaut, dass sie mit einem Minimum an elektrischer Energie funktionsfähig sind. Mit dieser Energie lassen sich Signale senden und empfangen.
- Die elektrische Energie wird nach dem **Energy-Harvesting-Prinzip** (Energie-Ernte) gewonnen, die in entsprechenden Umgebungen zur Verfügung steht. Eine Versorgung mit elektrischer Energie über Leitungen oder Batterien entfällt. Die Systeme sind somit autark und ständig einsatzfähig.

Vor- bzw. Nachteile gegenüber herkömmlichen Sensoren

- Energieeinsparung
- Flexible Anwendungsfälle möglich
- Wartungsfreiheit
- Besondere ökologische Verträglichkeit
- Geringe Kosten für Installation, Sanierung und Erweiterung
- Höhere Sensorkosten

Energie-Gewinnung

- Durch Krafteinwirkung (Druck, Vibration) lassen sich mit **piezoelektrischen Kristallen** elektrische Spannungen erzeugen.
- Mit **thermoelektrischen Kristallen** lassen sich durch Temperaturunterschiede Spannungen erzeugen (Peltier-Effekt, Entdecker: Jean Peltier, 1785-1845).
- Mit Antennen kann **elektromagnetische Strahlung** des Umfeldes genutzt werden (Beispiel: passive RFIDs).
- Elektrische Energie kann aus der Umgebungsbeleuchtung gewonnen werden (**Photovoltaik**).

Beispiel eines energieautarken Systems

Solar-Raumgerät
Prinzip:
Elektrische Energiegewinnung durch Umweltbeleuchtung (Solarzelle)
Funktion:
- Ventilationsstufen und Raumbetriebsart ①
- Sollwertregler ②

Wandsender
Prinzip:
Elektrische Energiegewinnung durch Tastenbetätigung (mechanisch)
Funktionsbeispiele:
- Ein/Aus/Dimmen ③
- Licht- und Beschattungssteuerung ④

Beispiele

- **Bewegungs-Energiewandler**

  - Die Energie wird aus der Schalterbewegung beim Tastendruck gewonnen. Sie kann zum Betrieb eines Sendemoduls verwendet werden.
  - Energieeingabe: $W = 120\,\mu J$

  - Abmessungen: 29,3 x 19,5 x 7,0 mm

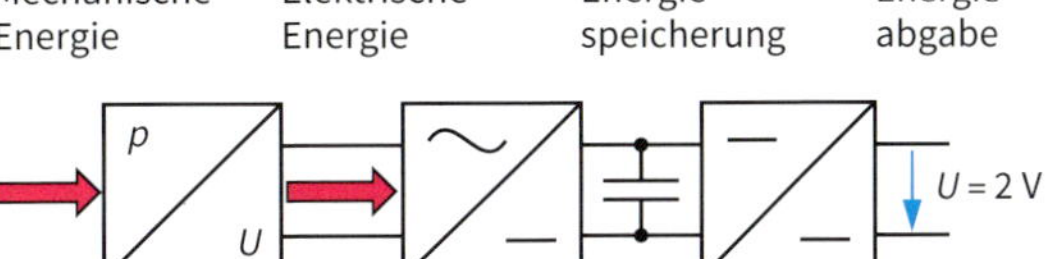

Wirkungsgrad ca. 82 %

- **Thermo-Energiewandler**

  - Die elektrische Energie wird durch ein Peltier-Element aus der Umgebungswärme gewonnen.
  - Geeignet für Sensoren und Aktoren
  - Bei zwei Kelvin Temperaturdifferenz werden ca. 20 mV Ausgangsspannung erzielt.
  - Abmessungen: 15 x 16 x 5 mm

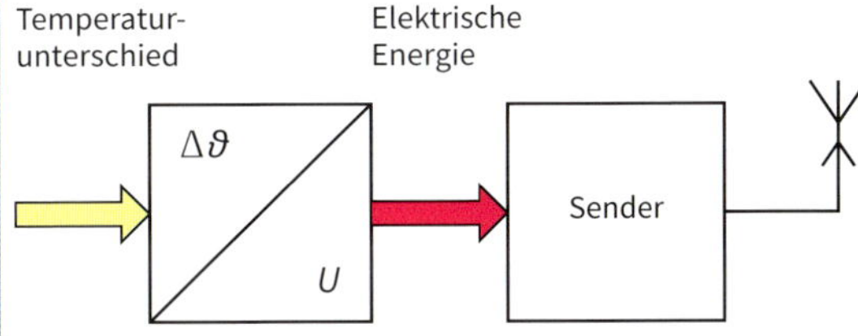

- **Licht-Energiewandler**

  - Sendermodul zur Umsetzung drahtloser und wartungsfreier Sensoren, z. B. Temperatursensoren und Raumbediengeräte.
  - Die Energieversorgung des Moduls erfolgt über eine Solarzelle. Versorgungsunterbrechungen können durch ein Speicherelement überbrückt werden.
  - Das Modul besitzt eine benutzerkonfigurierbare zyklische Wake-up-Funktion mit Versand eines Funktelegrammsignals.

Merkmale

- Drehgeber sind elektromechanische Geräte, die zur Erfassung u. a. von **Drehzahlen**, **Winkelpositionen** und **Geschwindigkeiten** eingesetzt werden.
- Hierzu wird der Drehgeber entweder auf die rotierende Welle des Antriebssystems aufgesetzt (**Hohlwellengeber**) oder über eine mechanische Kopplung mit der Welle verbunden (**Achsdrehgeber**).
- Unterschieden werden Drehgeber anhand des internen Abtastprinzips in
  - **Inkrementaldrehgeber** und
  - **Absolutdrehgeber**.
- Die Erfassung der Bewegung erfolgt entweder über **optische** oder über **magnetische** Verfahren.
- Bei der optischen Abtastung sind in beiden Drehgeberarten rotierende Scheiben mit Strichmustern (Hell-/Dunkelzonen) enthalten, die über optische Sensoren während der Drehbewegung abgetastet werden.
- Absolutdrehgeber werden unterschieden nach
  - **Single-Turn**-Drehgeber (einzelne Umdrehung) und
  - **Multi-Turn**-Drehgeber (mehrere Umdrehungen).
- Bei Single-Turn wird eine volle Umdrehung der Antriebswelle in die Anzahl der Messschritte (z. B. 8192 Schritte) aufgelöst.
- Bei Multi-Turn werden sowohl die Messschritte pro Umdrehung als auch mehrere Umdrehungen erfasst.
- Auflösungen pro Einzelschritt bis zu 4 εm sind möglich.

Inkrementaldrehgeber

- Beim Inkrementaldrehgeber besteht das Muster aus einer Spur, die in gleichen Abständen nebeneinander angeordnete Striche enthält.
- Somit ergibt sich eine fortlaufende Impulsausgabe auf einem Ausgang während der Drehung Ⓐ.
- Über einen zweiten Ausgang werden gleichzeitig die um 90° versetzten Abtastimpulse zur Ermittlung der Drehrichtung (Rechts/Links) ausgegeben Ⓑ.
- Zur Ermittlung der Nullstellung wird eine weitere optische Marke als einzelner Impuls pro Umdrehung ausgegeben Ⓒ.

Absolutdrehgeber

- Beim Absolutdrehgeber sind mehrere Spuren konzentrisch auf der Scheibe aufgebracht, die parallel abgetastet und als serieller Datenstrom ausgegeben werden.
  Das Muster auf diesen Spuren enspricht dabei der gewünschten absoluten Codierung (z. B. Gray-Code).
- Damit ist die jeweilige Position zu jedem Zeitpunkt (z. B. nach dem Einschalten der Versorgungsspannung) sofort verfügbar.
- Gray-Code: Je Umdrehungsschritt ändert sich 1 Bit im Bitmuster.

Codescheiben

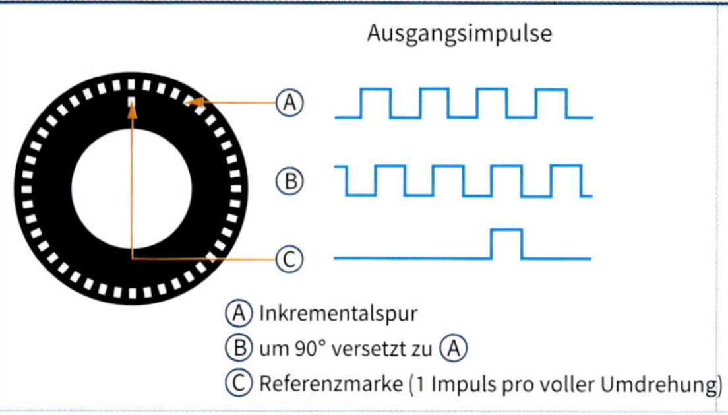

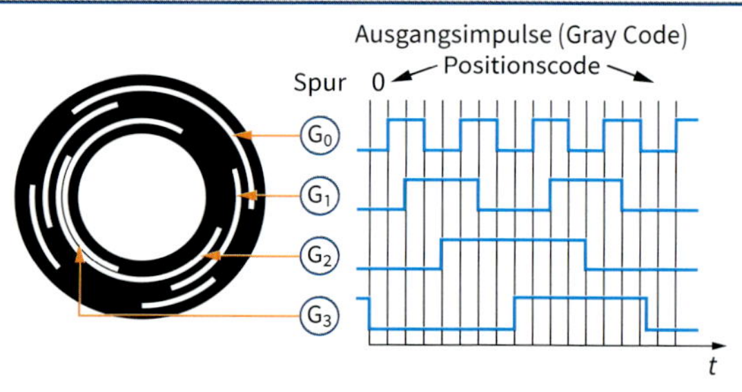

Mechanischer Aufbau

Beispiel: Absolutdrehgeber in Multi-Turn-Ausführung

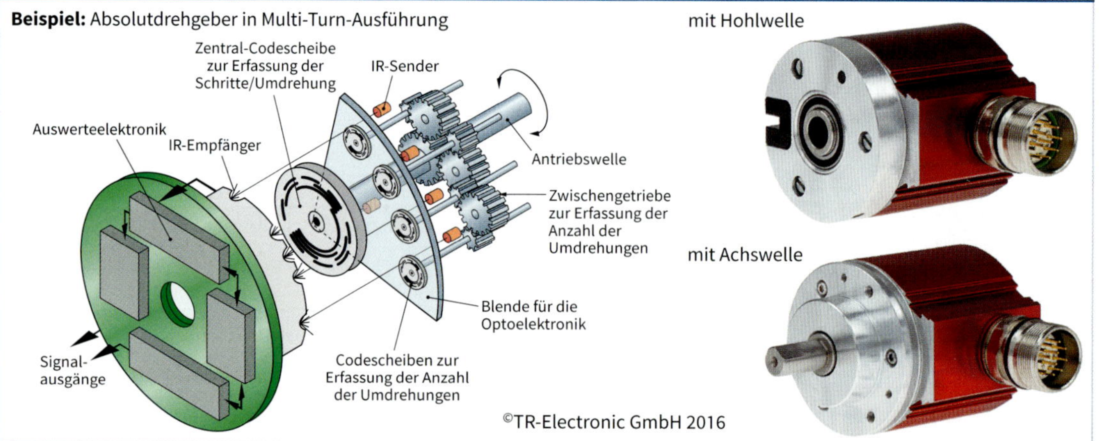

Merkmale

- Messumformer wandeln die gemessene physikalische Größe (z. B. Temperatur) in ein elektrisch verarbeitbares Signal um. Sie gibt es in Hutschienenbauform und in **Kopfbauform**.
- Die Parametrierung der Kopfbauform erfolgt z. B. über das **HART**-Protokoll (**H**ighway **A**ddressable **R**emote **T**ransducer: Adressierbarer, ferngesteuerter Messumformer).
- Die Kommunikation basiert im einfachsten Fall auf dem Master-Slave-Prinzip.
- Die Daten werden in Form von Telegrammen als **frequenzmodulierte Signale** dem analogen Stromsignal rückwirkungsfrei überlagert.
- Als Master wirkt das Parametriergerät, das an die Ausgangsleitungen des Messumformers angeschlossen wird.
- Die Parametrierung kann auch im laufenden Betrieb (rückwirkungsfrei) erfolgen.
- Die Erweiterung des HART-Standards berücksichtigt **funkbasierende Systeme** (IEEE 802.15.4).

Beispiel: Kopfbauform
(Direkter Einbau in den Anschlusskopf des Messfühlers)

Messumformer

Messsonde

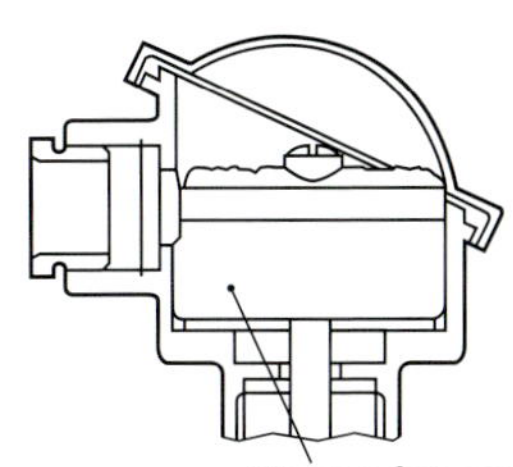

Anschluss

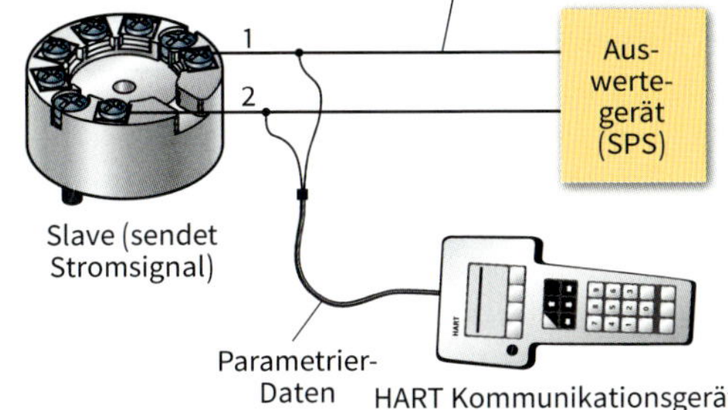

Signalüberlagerung

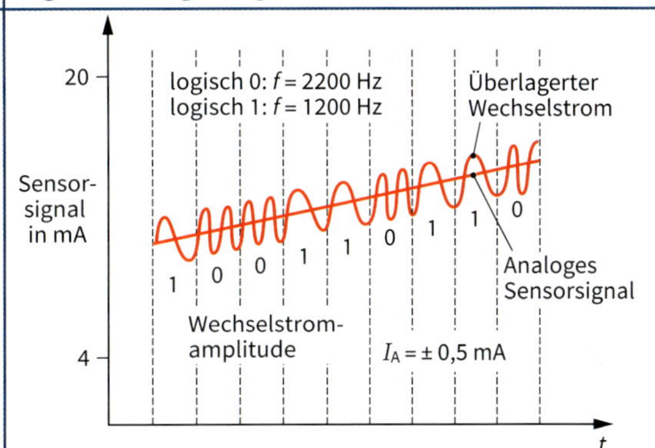

Protokoll

Architekturmodell

OSI-Modell	HART
Anwendungs-schicht	HART-Kommandos
⋮	⋮
Sicherungs-schicht	HART-Protokollregeln
Physikalische Schicht	Bell 202 (FSK)

Daten-Rahmenformat

PRÄ	S	A	E	K	B	STA	D	P

PRÄambel: Synchronisiert die Teilnehmer (0xFFH)
Start: Senderkennzeichen
Adresse: Adresse des Feldgerätes
Erweiterung: bei Bedarf

Kommando: Kommandoart
Byte-Zähler: Telegrammlänge
STAtus: Zustand (nur vom Slave)
Daten: Daten
Prüf: Prüfsumme mit Hamming-Distanz 4

Messtrenner

- **Messtrenner (Trennverstärker)** beinhalten eine galvanische Entkopplung zwischen dem Eingangskreis und dem Ausgangskreis ① des Messumformers.
- Sie sind verfügbar als **passive** (ohne) oder **aktive Trenner** (mit externer Energieversorgung).
- Sie werden eingesetzt in Anlagen mit weiträumiger Verteilung der Messstellen zur Potenzialtrennung.

Beispiel: Aktiver Trenner mit wahlweise Strom-/Spannungs-eingang (bzw. Ausgang)

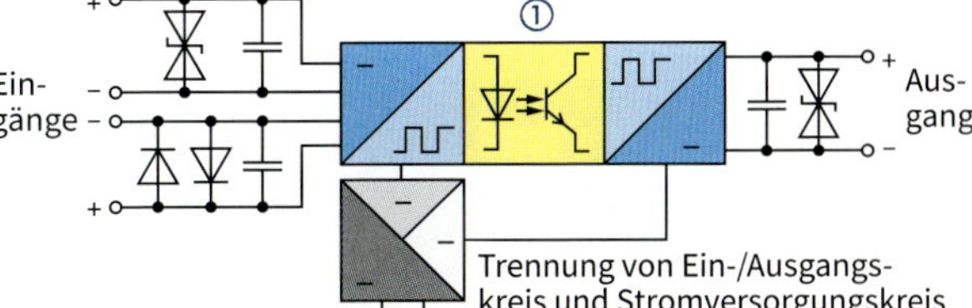

Merkmale

- Maschinelle **B**ild**v**erarbeitungs**s**ysteme (**BVS**) erfassen die Eigenschaften von Prüfobjekten visuell und vergleichen diese mittels Software auf vorgegebene Eigenschaften.
- Bildverarbeitungssysteme bestehen aus den Komponenten
  - Beleuchtung ①,
  - Optik ②,
  - Kamera ③ und
  - Auswerteeinrichtungen (Soft- und Hardware) ④.

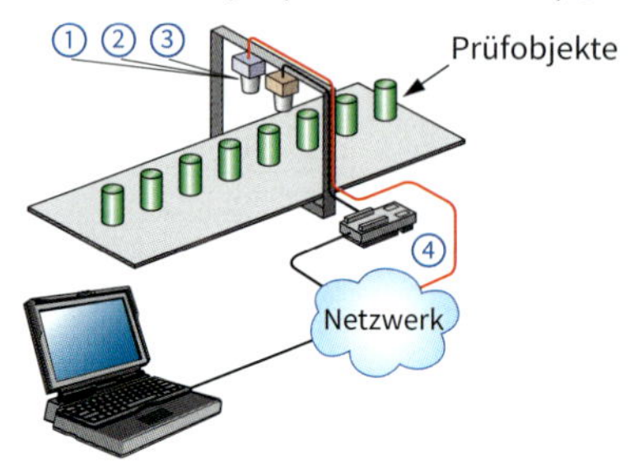

Verarbeitungsablauf

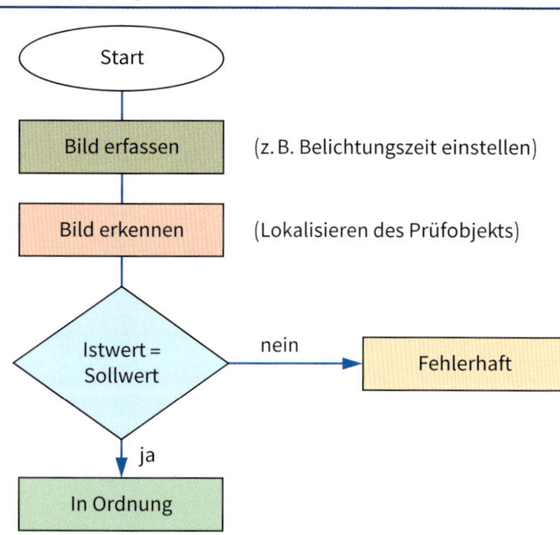

Anwendungen

Angewendet werden BVS u. a. für
- Prüfaufgaben (Kontrolle von Lötstellen, Überprüfung von Formteilen, Aufdruckkontrolle),
- Vermessung (Überprüfung der Maßhaltigkeit, Positionskontrolle) und
- Fehlererkennung (Erkennen von Verunreinigungen, Rissen, Kratzern, Fehlfarben, fehlenden Teilen).

Beispiel:
Positionserkennung und Durchmesser von Aufnahmebohrungen ⑤

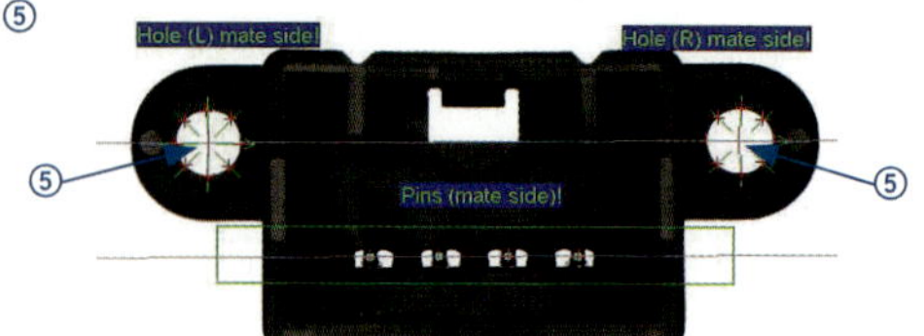

Beleuchtung

- Die Auswahl der optimalen Beleuchtung ist abhängig vom Anwendungsfall.
- Als Beleuchtungsverfahren werden **Auflichtbeleuchtung** und **Hintergrundbeleuchtung** eingesetzt.
- Kameras erfassen lediglich das Licht, das von den Prüfobjekten reflektiert wird.
- Als Lichtquellen werden eingesetzt
  - Gasentladungslampen (z. B. Xenon-Lampen für große Lichtmengen über einen kurzen Zeitraum bei hohen Bandgeschwindigkeiten),
  - LEDs (gleichförmiges Licht, lange Lebensdauer) oder
  - Laser (Vermessung von Höhenunterschieden und Profilen).

Beispiel: Auflichtbeleuchtung ⑥ mit LED-Ringleuchte ⑦

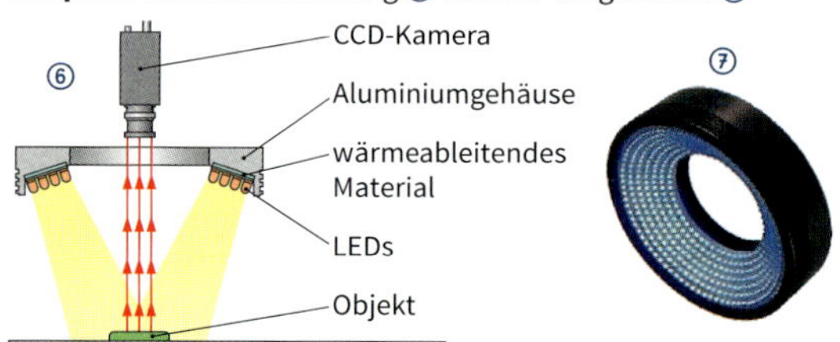

Beleuchtungseinflüsse

Abhängig von der Art des zu prüfenden Gegenstandes sind folgende Beleuchtungseinflüsse zu berücksichtigen:
- Beleuchtungswinkel
- Wellenlänge des Lichts
- Lichtausbreitung
- Oberfläche und Geometrie des Gegenstandes
- Steuerung der Beleuchtung

Beispiel:
Leiterplattenaufnahme mit

fluoreszierendem Ringlicht (Bildintensität unbrauchbar)

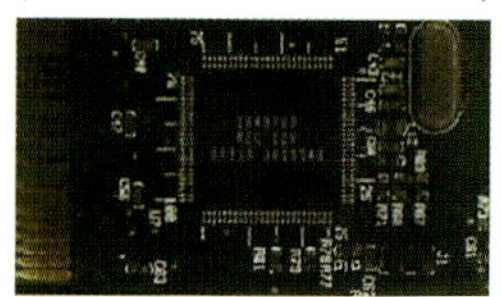

Hochleistungs-LED (Bildintensität brauchbar)

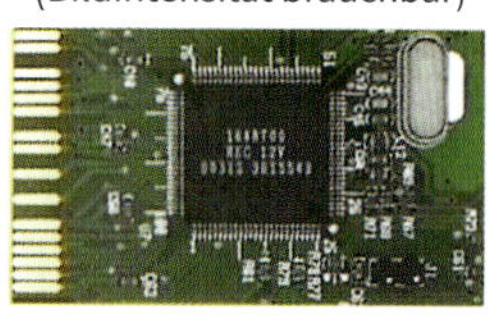

Objektive

- Objektive nehmen die vom Prüfobjekt reflektierten Lichtstrahlen auf und erzeugen ein Abbild auf dem Sensorchip der Kamera.
- Meist werden Objektive mit fester Brennweite eingesetzt.
- Auswahlkriterien für Objektive sind u. a.
  - Sensorgröße und Bildkreisdurchmesser,
  - Pixelgröße und optische Auflösung und
  - Objektauflösung und Abbildungsmaßstab.

Kameras

- Als Kameras werden eingesetzt
  - Flächenkameras (erzeugen zweidimensionales Abbild) und
  - Zeilenkameras (erfassen nur eine einzelne Zeile).
- Die Sensortypen in den Kameras sind
  - **CCD**-Sensoren (**C**harge-**C**oupled **D**evice) und
  - **CMOS**-Sensoren (**C**omplentary **M**etal-**O**xide **S**emiconductor).

Beispiel

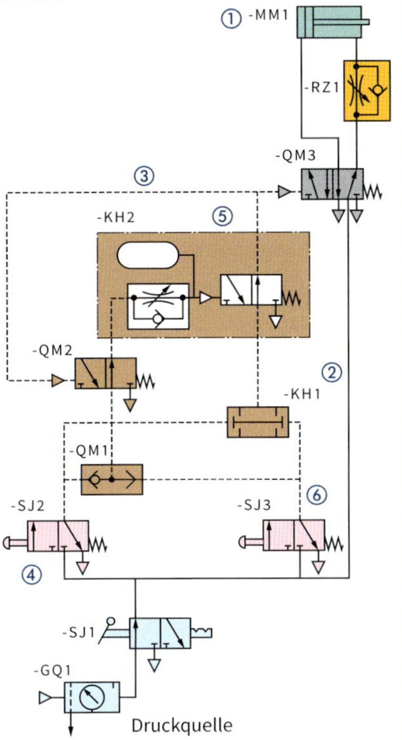

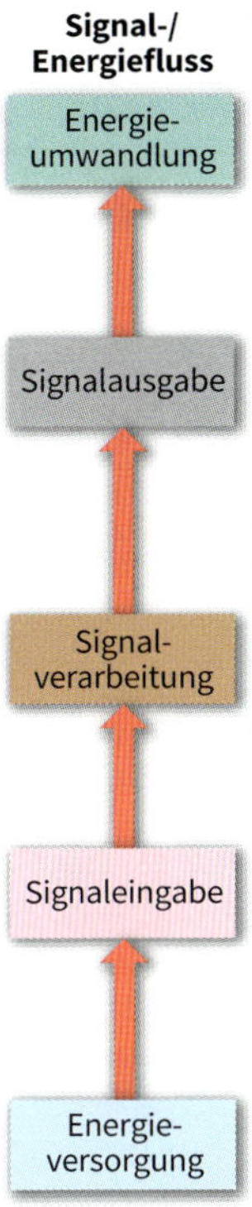

① -MM1
-RZ1
-QM3
③
-KH2
⑤
-QM2
②
-KH1
-QM1
⑥
-SJ2
-SJ3
④
-SJ1
-GQ1
Druckquelle

Signal-/ Energiefluss

Energieumwandlung
Signalausgabe
Signalverarbeitung
Signaleingabe
Energieversorgung

Beispiele:

Arbeitsglieder
- Zylinder
- Motoren

Stellglieder
- Wegeventile

Steuerglieder
- Wegeventile
- Wechselventile
- Zweidruckventile
- Druckventile
- Schrittschalter

Signalglieder
- Wegeventile mit Taster
- Sensoren
- Schalter
- Programmgeber

Versorgungsglieder
- Verdichter
- Druckluftspeicher

Darstellungsregeln für Pläne

- Signalfluss von unten nach oben
- Objekte (Zylinder, Ventile, …) möglichst waagerecht, von links nach rechts, von unten nach oben (entsprechend dem Signalfluss)
- Objekte in Ausgangsstellung (z. B. nach dem Einschalten der Anlage, Betätigung des Starttasters)
- Leitungen und Verbindungen möglichst kreuzungsfrei zeichnen.
- Energiequelle unten, links
- Antriebe ① oben, von links nach rechts
- Arbeits- und Anschlussleitungen als durchgezogene Linien ②
- Steuerleitungen als unterbrochene Linien ③
- Mechanische Verbindung als Doppellinie ④
- Baugruppen ggf. durch strichpunktierte Linien umgrenzen ⑤
- Punkte als Verbindung, Verzweigung ⑥

Referenzkennzeichnungen in pneumatischen Systemen nach DIN EN 81346-1, -2: 2010-05

Beispiel:

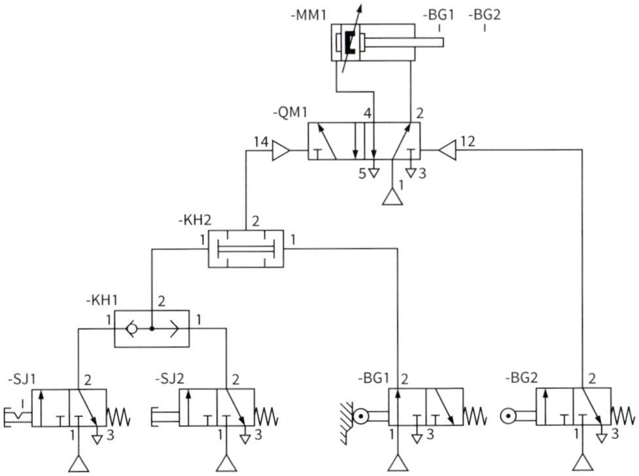

-MM1 -BG1 -BG2
-QM1 4 2
14 12
5 3 1
-KH2 2
1 1
-KH1 2
1 1
-SJ1 2 -SJ2 2 -BG1 2 -BG2 2
1 3 1 3 1 3 1 3

Verwendet werden einheitliche Kennzeichen, die in allen technischen Systemen ihre Gültigkeit haben (z. B. Elektrotechnik, Maschinenbau). Es werden dazu folgende Symbole verwendet (Beispiele s. oben):

- **Vorzeichen**: (-) Produkt, (+) Ort oder (=) Funktion
  Produkt: Welches Objekt wird gekennzeichnet (Zweck, Funktion)?
  Ort: Wo befindet sich das Objekt?
  Funktion: Welche Aufgabe hat das Objekt?

- **1. Kennbuchstabe** (**Hauptklasse**)

Buchstabe	Beispiel
B	Endschalter, Druckschalter, Näherungsschalter
C	Speichereinrichtung
F	Überdruckventil
K	Relais
M	Magnetspule eines Ventils, Betätigungsspule, Fluidzylinder
P	Meldeeinrichtung, Manometer
Q	Wegeventil, Stellventil, Schütz
R	Rückschlagventil
S	Handbetätigter Taster, Wahlschalter, Steuerschalter
T	Fluidverstärker, Messumformer

- **2. Kennbuchstabe** (**Unterklasse**)
  Er dient einer detaillierten Klassifikation, kann entfallen, wenn 1. Kennbuchstabe ausreicht.
- **Fortlaufende Nummer** (**Zählnummer**)
  Sie wird für gleichartige Bauteile verwendet. Beispiel: -SJ1, -SJ2, …

Kennzeichnung nach DIN EN 81346-2: 2009-10 durch Haupt- und Unterklassen (Beispiele)

Kennzeichen	Objekt, Beispiel	Kennzeichen	Objekt, Beispiel	Kennzeichen	Objekt, Beispiel
AZ	Wartungseinheit	**KF**	Hilfsschütz, Regler, Relais	**QM**	Wegeventil
BF	Durchflusssensor	**KH**	Fluidregler, Ventilblock, Signalverknüpfung	**QN**	Druckreduzierventil
BG	Endschalter	**MA**	Elektromotor	**RM**	Rückschlagventil
BP	Drucksensor	**MB**	Betätigungsspule	**RN**	Drossel
FC	Elektrische Sicherung	**MM**	Zylinder	**RZ**	Drosselrückschlagventil
GP	Pumpe	**PG**	Anzeigeeinheit	**SF**	Taster
GQ	Lüfter, Kompressor	**QA**	Leistungsschütz	**SJ**	Handbetätigtes Ventil

Referenzkennzeichnung nach ISO 1219-2: 2012-09

Beispiel:

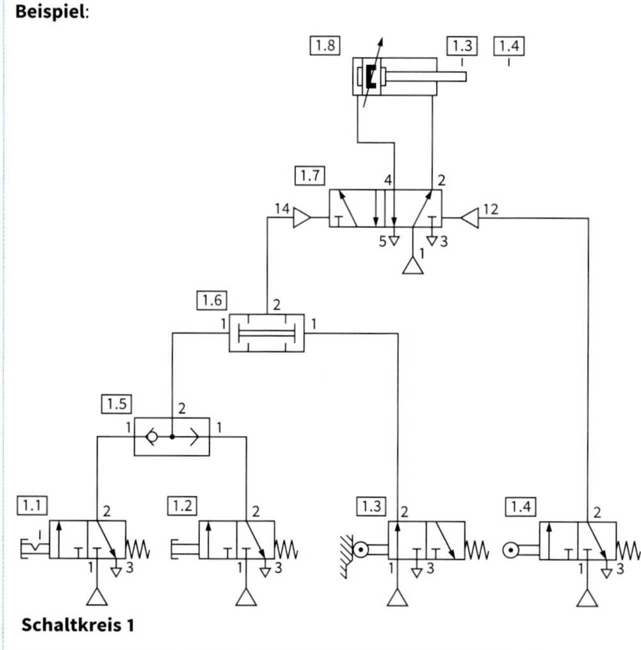

Verwendet wird ein umrahmter Bezeichnungsschlüssel X-XX.X.

- **Anlagenbezeichnung** (Zahl oder Buchstabe, gefolgt von einem Bindestrich)
  Sie kann bei nur einer Anlage entfallen X-XX.X.
- **Medienschlüssel** (Buchstabe)
  Er kann bei eindeutigen Plänen entfallen.
  H: Hydraulik; P: Pneumatik; C: Kühlung;
  K: Kühlschmiermittel; L: Schmierung;
  G: Gastechnik X-XX.X.
- **Schaltkreisnummer** (erforderlich, s. Plan links)
  Die Nummerierung beginnt bei 0 für die Versorgung (danach fortlaufend). Jeder Schaltkreis besitzt eine eigene Nummer. Danach folgt ein Punkt. X-XX.X
- **Bauteilnummer** (erforderlich, s. Plan links)
  Bauteile einzelner Schaltkreise werden fortlaufend von links nach rechts und von unten nach oben nummeriert. X-XX.X

Im abgebildeten Plan sind nur die Schaltkreis- und Bauteilnummern verwendet worden.

Nachteil:
Durch diese Art der Kennzeichnung erfolgt keine aussagekräftige Angabe über die Funktion des Bauteils.

Kennzeichnung nach DIN EN 81346-2: 2009-10 und ISO 1219-2: 2012-09 (gemischte Kennzeichnung)

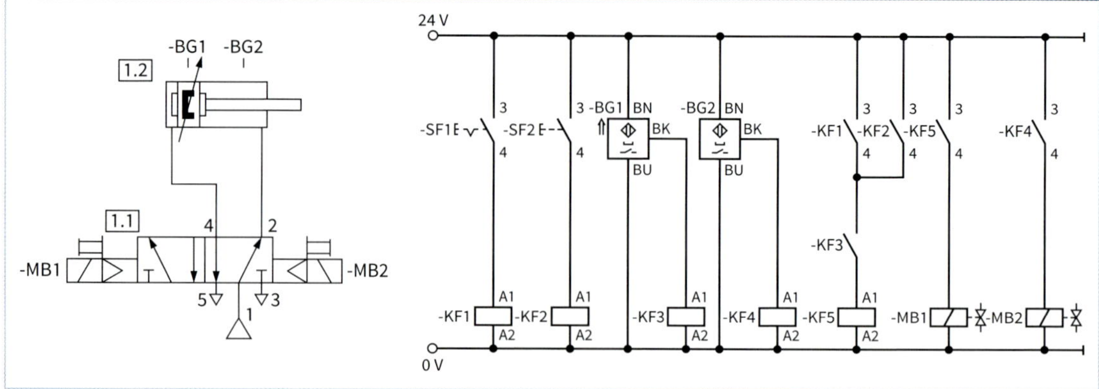

Arten

- **Wegeventile**
  In Steuerungen verwendbar als
  - Stellglied
  - Verarbeitungsglied
  - Eingabeglied
- **Sperrventile**
  Zur Beeinflussung der Druckluftrichtung (z. B. Rückschlagventil, Wechselventil, Zweidruckventil)
- **Stromventile**
  Zur Beeinflussung der Durchflussmenge (z. B. Drosselventil)
  Häufig: Kombinationen aus Sperr- und Stromventilen
- **Druckventile**
  Einstellung und Regelung eines bestimmten Ausgangsdrucks

Schaltstellungen (DIN ISO 1219-1: 2007-12)

Jede Schaltstellung wird durch ein Quadrat dargestellt.

Zwei Schaltstellungen

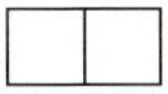

Drei Schaltstellungen

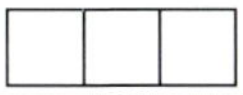

Ruhestellung ①
(unbetätigt), Ausgangsstellung:
ohne Leitungsanschlüsse

Schaltstellung ②
(betätigt), Arbeitsstellung:
mit Leitungsanschlüssen

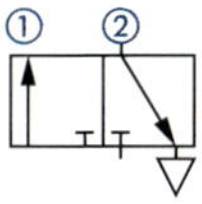

Strömungswege

Die Strömungswege der Druckluft werden in jedes Quadrat eingetragen.

- geöffnet: Richtungspfeil ③
- gesperrt: Querstrich ④

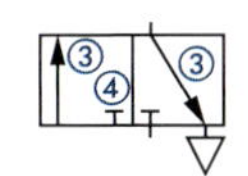

Anschlusskennzeichnung

Durch Ziffern oder Buchstaben

Beispiel:
Ruhestellung
- Druckluft am Anschluss 1
- Entlüftung von 2 nach 3

Schaltstellung
- Strömungsweg von 1 nach 2 geöffnet

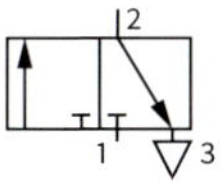

Arbeits- und Ausgleichsleitungen		
1	P	Druckluftanschluss
2, 4, 6	A, B, C	Arbeitsleitung
3, 5, 7	R, S, T	Entlüftungsleitung

Steuerleitungen		
10	Z	anliegendes Signal gesperrt, Durchgang von 1 nach 2
12	Y, Z	anliegendes Signal verbindet 1 mit 2
14	Z	anliegendes Signal verbindet 1 mit 4
81, 91	Pz	Hilfssteuerluft

Bezeichnung der Wegeventile

1. Anzahl der Anschlüsse
2. Anzahl der Schaltstellungen (durch Querstrich getrennt)

Beispiel: 3 Anschlüsse
2 Schaltstellungen

3/2-Wegeventil

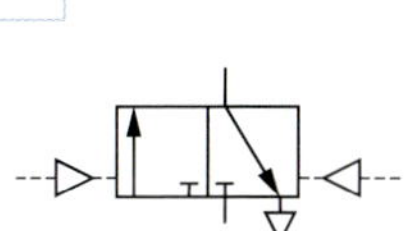

Sprechweise: Drei-Strich-Zwei Wegeventil

2/2-Wegeventil

Sperr-Ruhestellung

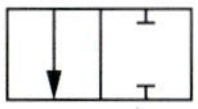

Durchfluss-Ruhestellung

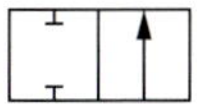

Im Gegensatz zum 3/2-Wegeventil ist hier keine Entlüftung vorgesehen. Häufige Bauform: Kugelsitzventil

3/2-Wegeventil

Sperr-Ruhestellung

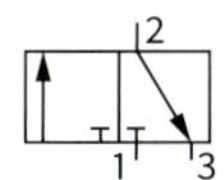

Durchfluss-Ruhestellung

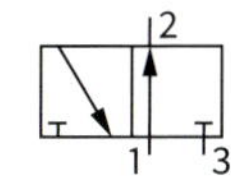

Signale können gesetzt und rückgesetzt werden.
Über Anschluss 3 erfolgt die Entlüftung.

Kugelsitzventil (Beispiel)

unbetätigt, Entlüftung

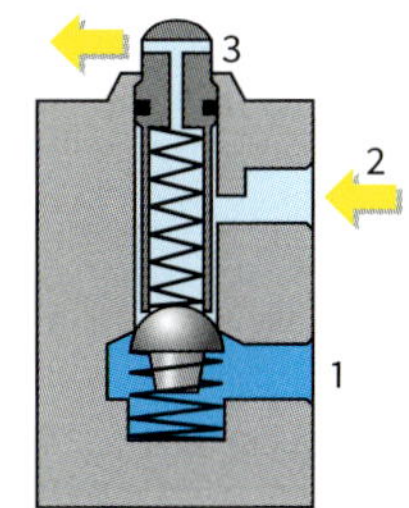

betätigt, Durchfluss

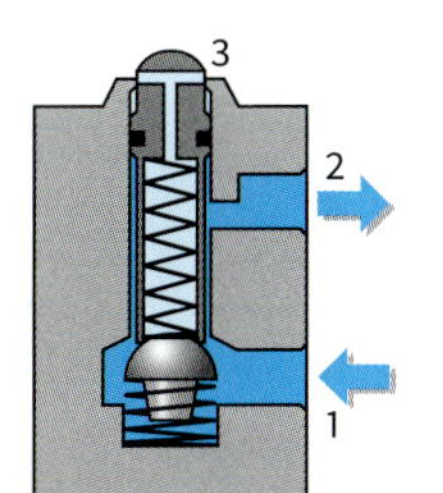

Tellersitzventil (Beispiel)

unbetätigt, Entlüftung

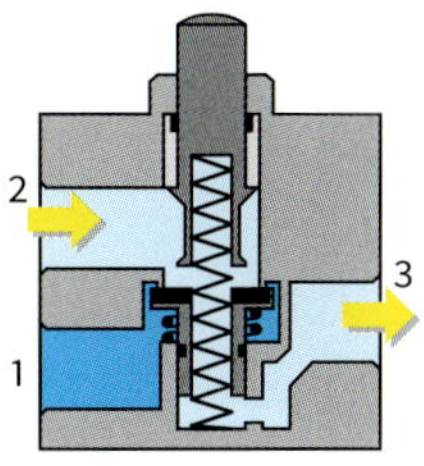

betätigt, Durchfluss

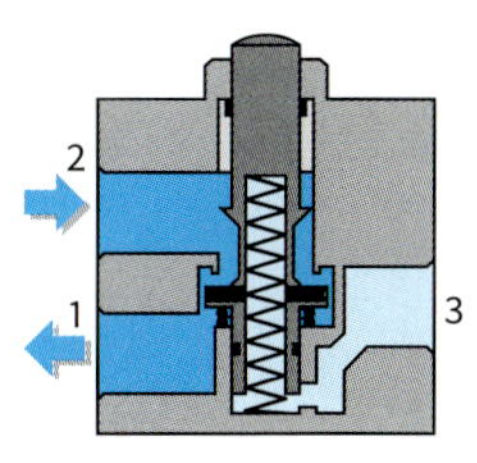

4/2-Wegeventil, in beide Richtungen

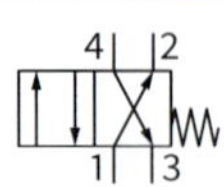

Durchfluss von 1 nach 2 und von 4 nach 3

- Ventil besitzt zwei Steuerkolben
- Das 4/2-Wegeventil erfüllt dieselbe Funktion wie eine Kombination aus zwei 3/2-Wegeventilen (ein Ventil in Sperr-Ruhestellung, das andere in Durchfluss-Ruhestellung).
- Einsatzgebiet: Ansteuerung doppeltwirkender Zylinder

Beispiel (Tellersitz):
unbetätigt betätigt

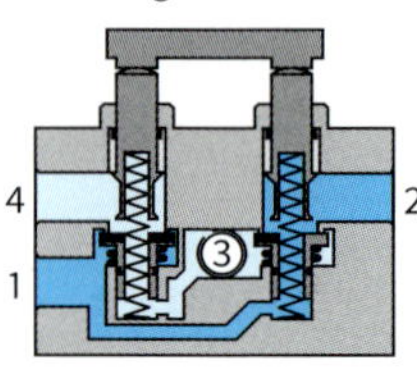

5/2-Wegeventil (Impulsventil)

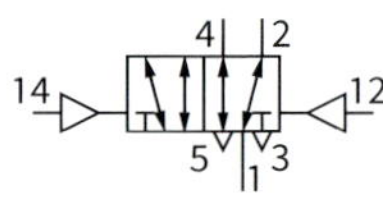

- Das Ventil besitzt speicherndes Verhalten.
- Die Umschaltung wird durch ein kurzes Signal an den Steueranschlüssen 12 (Durchfluss von 1 nach 2) bzw. 14 (Durchfluss von 1 nach 4) erreicht.
- Anwendung: Ansteuerung doppeltwirkender Zylinder

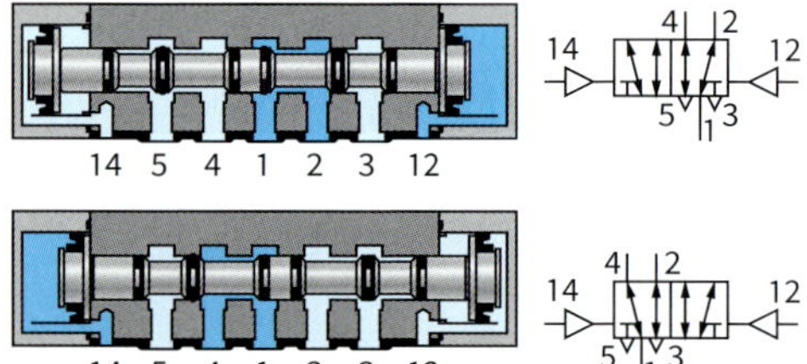

Bauformen von 3/2- und 5/2-Wegeventilen

Rückschlagventil

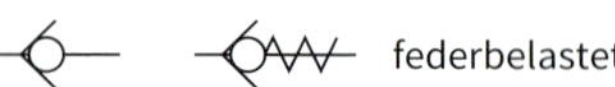

federbelastet

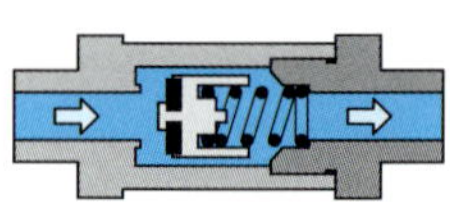

- Der Durchfluss ist nur in eine Richtung möglich, die andere Richtung ist gesperrt.
- Die Sperrung wird unwirksam, wenn die Kraft der Druckluft größer als die Vorspannkraft der Feder ist.
- Anwendung: Bei Druckausfall an Spannzylindern sorgen Rückschlagventile dafür, dass der Druck im Zylinder bestehen bleibt.

Schnellentlüftungsventil

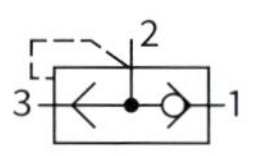

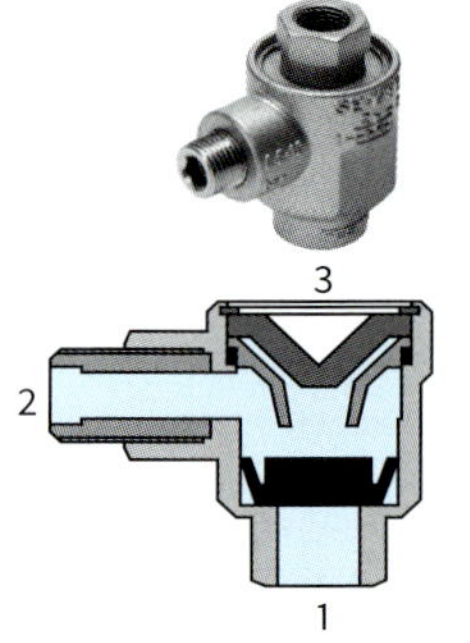

- Aufgabe:
  Schnelle Entlüftung von Leitungen und Baugliedern
- Installation direkt oder nahe am Arbeitsglied
- Vorteil:
  Durch schnellere Entlüftung erreicht man eine höhere Kolbengeschwindigkeit.

Drosselventil (Stromventil)

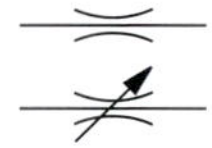

fest

einstellbar

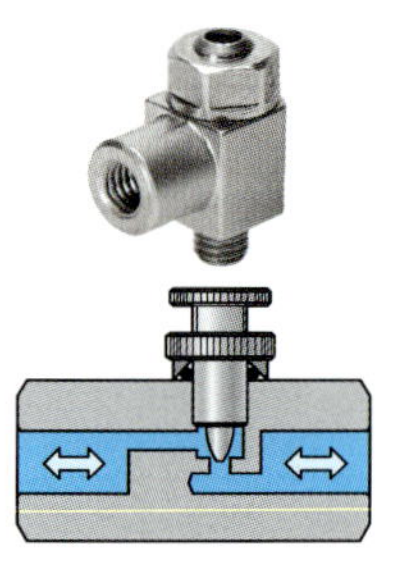

- Mit dem Drosselventil kann der Druckluftstrom beeinflusst werden.
- Drosselventile sollen nicht vollständig geschlossen werden.
- Anwendung: Zuluft- und Abluftdrosselung von Zylindern

Drosselrückschlagventil

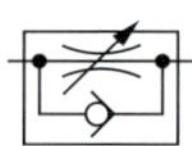

Kombination aus Drosselventil und Rückschlagventil

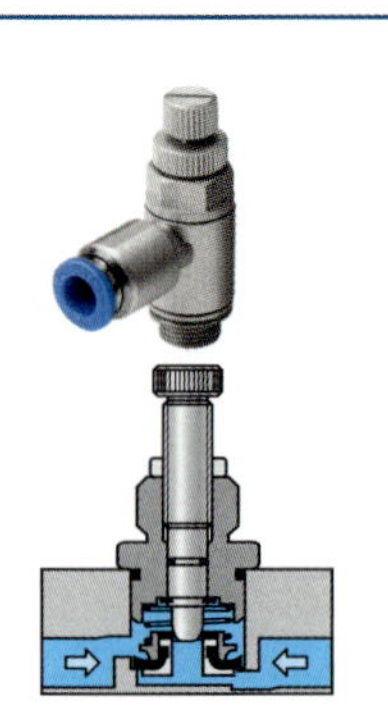

- Ungehinderter Durchfluss in eine Richtung, in Gegenrichtung kann die Druckluft nur durch den eingestellten Querschnitt fließen
- Installation direkt oder nahe am Zylinder
- Anwendung:
  Zuluft- und Abluftdrosselung von Zylindern, Signalverzögerung

Abluftdrosselung verhindert stocken des Zylinders

Arbeitsglieder für

geradlinige Bewegung	Drehbewegung	Schwenkbewegung
Zylinder	Motoren	Schwenkantriebe

Einfachwirkender Zylinder

Bauformen:
- Kolbenzylinder
- Membranzylinder
- Rollenmembranzylinder

- Druckluft ① wirkt nur von einer Seite auf den Kolben.
- Arbeit wird nur in eine Richtung verrichtet.
- Der Rückhub erfolgt über die gespannte Feder ②.
- Die Ansteuerung erfolgt über 3/2-Wegeventile.

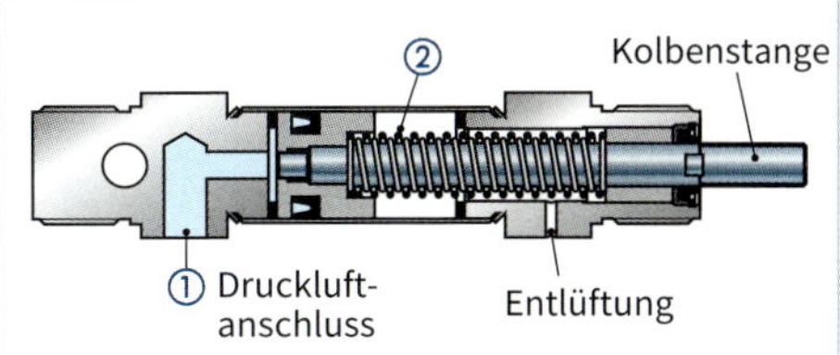

Doppeltwirkender Zylinder

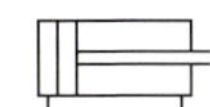

Bauformen:
- Kolbenzylinder
- Zylinder mit durchgehender Kolbenstange
- Tandemzylinder
- Mehrstellungszylinder

- Druckluft kann von beiden Seiten ③ und ④ auf den Kolben einwirken.
- Unterschiedliche Kräfte beim Ein- und Ausfahren, da ein Kolbenboden um die Fläche der Kolbenstange verringert ist.
- Dämpfer an den Endlagen verringern Stöße.
- Die Ansteuerung erfolgt über 5/2- bzw. 5/3-Wegeventile.

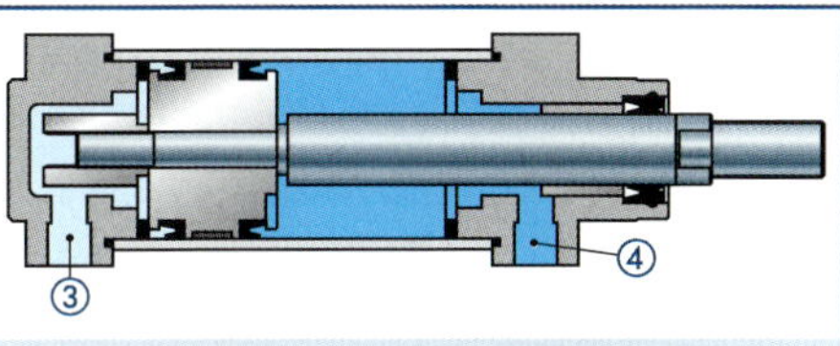

Zylinder mit einstellbaren Dämpfungen

einfach

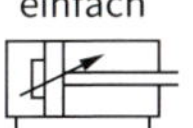

doppelt

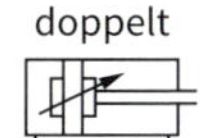

Drehzylinder

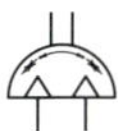

Drehmoment:
0,5 Nm bis 150 Nm
(bei 600 kPa)

- Ein Zahnrad ⑤ wird durch das Zahnprofil ⑥ des Kolbens angetrieben.
- Die lineare Bewegung des Kolbens wird in eine Drehbewegung (0° bis 360°) umgesetzt.

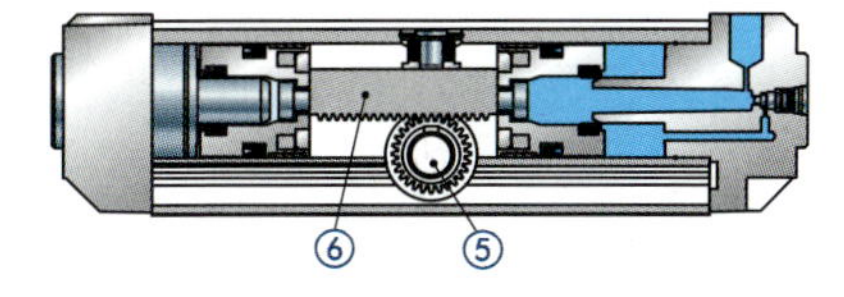

Schwenkantrieb

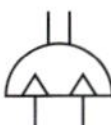

Drehmoment:
0,5 Nm bis 20 Nm
(bei 6 bar)

- Der Schwenkflügel ⑦ wird durch Druckluft ⑧ angetrieben.
- Die Drehbewegung wird direkt auf die Antriebswelle übertragen (0° bis 270°).

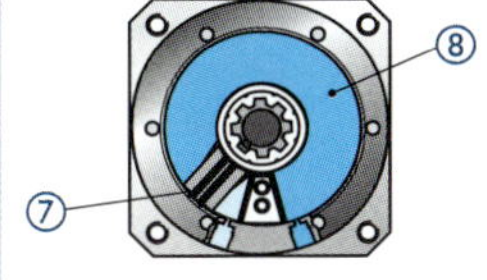

Bauformen (Beispiele)

Minizylinder:
Durchmesser 8 bis 25 mm, einfach- oder doppeltwirkend, runde oder ovale Ausführung, auch in Messing oder Edelstahl

Profilzylinder:
Durchmesser 32 bis 200 mm, einfach- oder doppeltwirkend, auch mit Führung und Feststelleinheit

Kompaktzylinder:
Durchmesser 12 bis 100 mm, einfach- oder doppeltwirkend, Luftanschlüsse wahlweise vorne radial, hinten radial, hinten axial oder konventionell vorne und hinten

Begriff

In der Elektropneumatik kommt es zum Einsatz bzw. zur Kombination elektrischer und pneumatischer Bauglieder, Komponenten und Bauteile.

Aufgabenteilung (Beispiele):

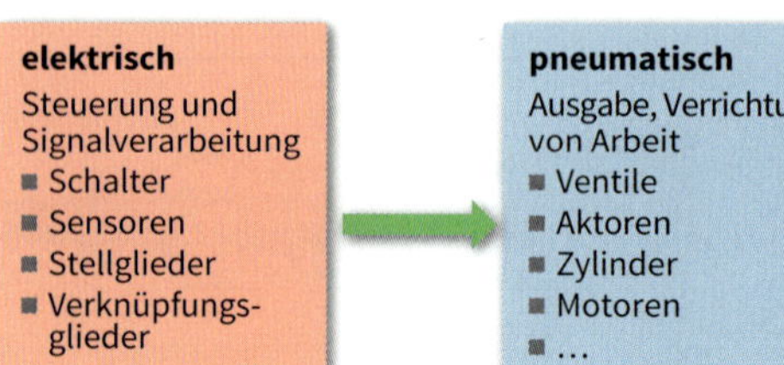

Schaltzeichen

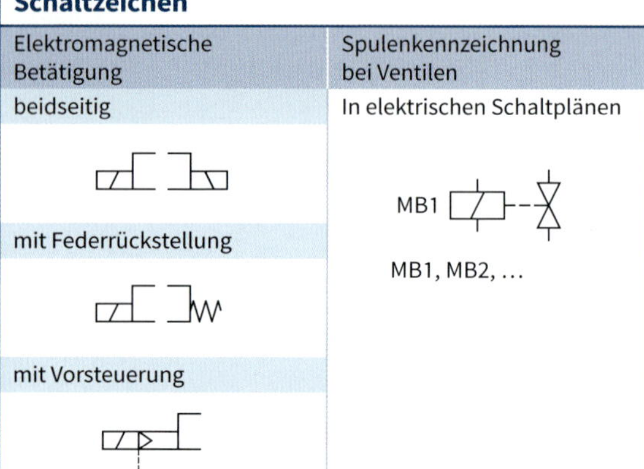

Elektromagnetische Betätigung	Spulenkennzeichnung bei Ventilen
beidseitig	In elektrischen Schaltplänen
mit Federrückstellung	MB1
mit Vorsteuerung	MB1, MB2, …

Umwandlung eines pneumatischen Signals in ein elektrisches Signal (Umschalter)

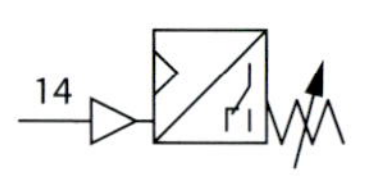

- Die Ausgabe des elektrischen Signals kann auch indirekt über z. B. Reed-Kontakte oder andere magnetische Schaltglieder erfolgen.

- Die elektrischen Kontakte arbeiten in diesem Fall als Umschalter (Wechsler).
- Die Druckluft des pneumatischen Steuersignals 14 drückt gegen die Membran ①.
- Bei genügend großem Druck wird die Federkraft überwunden und es kommt zu einer Umschaltung ②.

unbetätigt

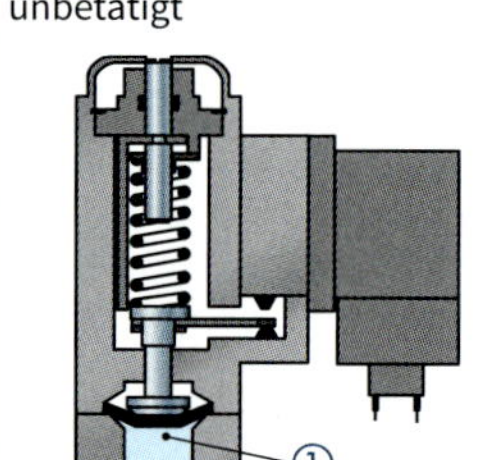

betätigt

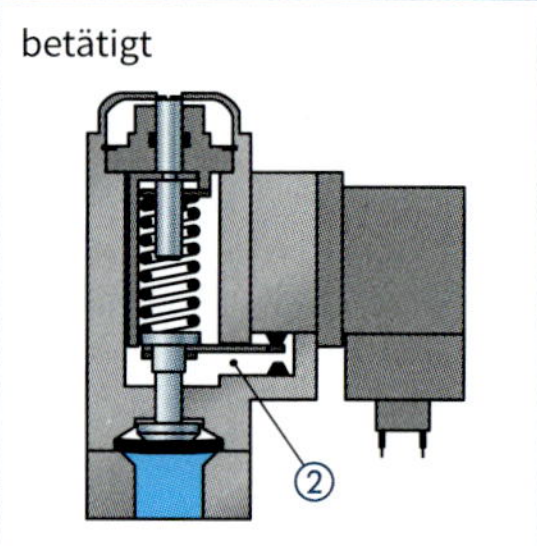

3/2-Magnetwegeventil, vorgesteuert

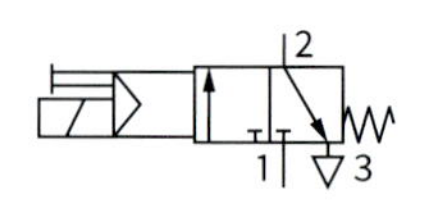

- Vorteile der Vorsteuerung: Geringerer Bedarf an elektrischer Energie

- Ausgangsstellung: Durch die Spule ③ fließt kein Strom. Das Ventil befindet sich in der Ruhestellung. Der Anschluss 2 ist nach 3 entlüftet.
- Strom fließt durch die Spule und das Vorsteuerventil ④ wird betätigt. Der Vorsteuerkanal wird frei.
- Das Vorsteuerventil betätigt das Ventil ⑤, Druckluft strömt von 1 nach 2.

unbetätigt

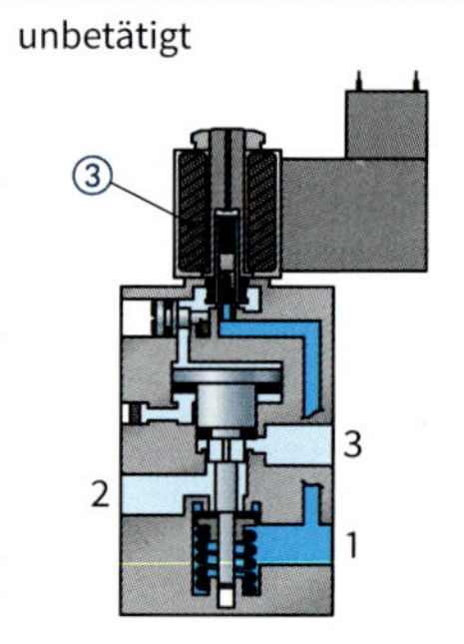

betätigt

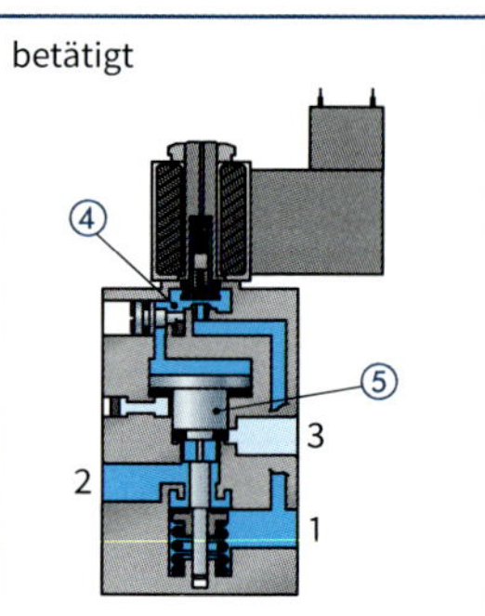

5/2-Magnetwegeventil, vorgesteuert, Handhilfsbetätigung

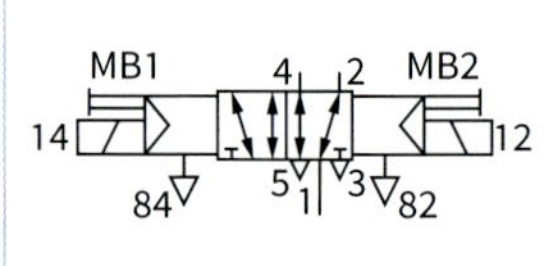

- **Situation 1**: Strom fließt durch MB1, MB2 ist stromlos
- 3 ist gesperrt, 4 wird nach 5 entlüftet
- Druckluft gelangt von 1 nach 2

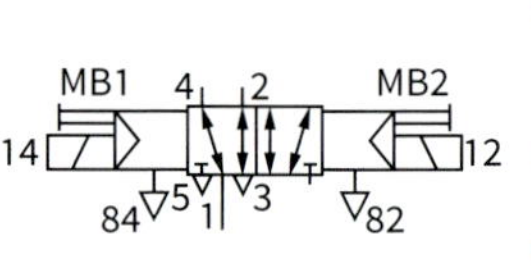

- **Situation 2**: Strom fließt durch MB2, MB1 ist stromlos
- 5 wird gesperrt, 2 wird nach 3 entlüftet
- Druckluft gelangt von 1 nach 4

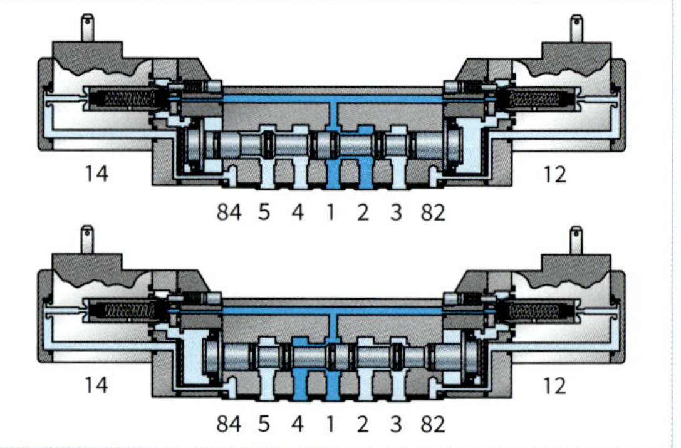

Merkmale

- Magnetventile sind elektrisch angesteuerte Ventile und bestehen bei einfacher Ausführung aus
  - einer Magnetspule,
  - einem beweglichen Spulenkern mit einer Dichtung und
  - einer Druckfeder.
- Bei **Gleichspannungsansteuerung** ist der Spulenstrom begrenzt durch den Wirkwiderstand der Spule.
- Das Anzugsverhalten wird bestimmt durch die Zeitkonstante $\tau = L/R$.
- Bei **Wechselspannungsansteuerung** ist der Spulenstrom durch die Spulenimpedanz festgelegt und erzeugt im Einschaltmoment einen höheren Anzugstrom (Vorteil: schnelle Ventilöffnung).
- Ein eingebauter **Kurzschlussring** verhindert bei Wechselspannungsansteuerung eine pulsierende Bewegung des Spulenkerns aufgrund der Netzfrequenz (Verschleißreduzierung).
- Nachteilig bei Wechselspannungsansteuerung sind
  - die elektrischen **Wechselstromverluste** und
  - die Bereitstellung einer geeigneten Wechselspannung (Kleinspannung durch Transformator oder isolierte Netzspannung [Schutztrennung]).
- Zur Vermeidung von Abschaltspitzen (Störstrahlung) ist eine geeignete **Schutzbeschaltung** direkt an der Spule erforderlich.

Beispiel: Direktwirkendes Magnetventil
Ventil geöffnet (Spule angesteuert, Kern angezogen)

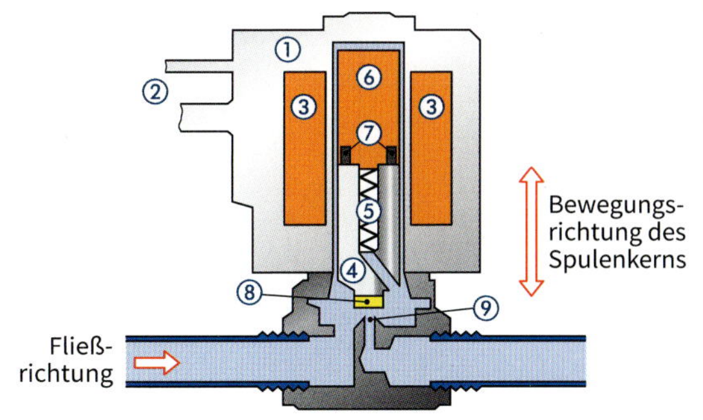

① Ventilgehäuse
② Zuführung elektrische Anschlüsse
③ Magnetspule
④ Spulenkern
⑤ Druckfeder
⑥ Anschlagbegrenzer
⑦ Kurzschlussring
⑧ Ventildichtung
⑨ Ventilöffnung/Ventilsitz

Schaltverhalten

Gleichspannungsansteuerung **Wechselspannungsansteuerung**

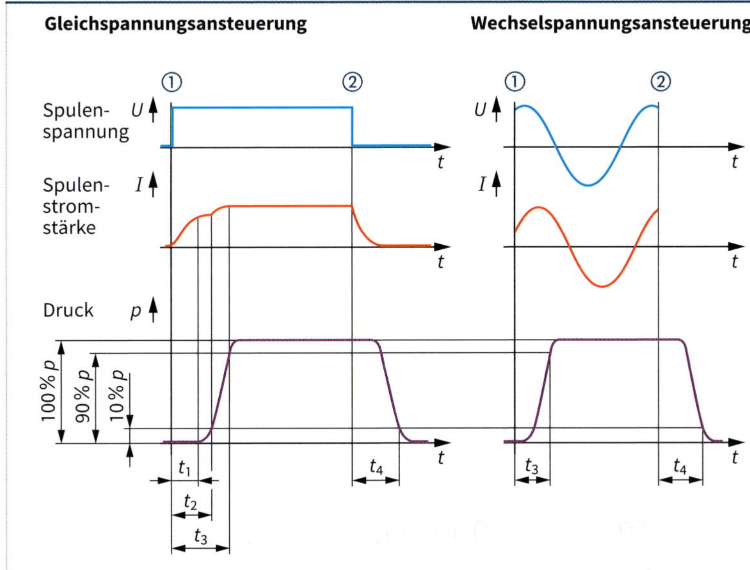

①: Ansteuersignal eingeschaltet

②: Ansteuersignal ausgeschaltet

t_1: Zeit der Selbstinduktion der Spule; nach t_1 Bewegungsbeginn des Spulenkerns

t_2: Bewegungsende des Spulenkerns

t_3: Durchflussmedium-Ansprechzeit nach Steuersignaleinschaltung

t_4: Durchflussmedium-Ansprechzeit nach Steuersignalausschaltung

$$\text{Schaltspiele pro Minute} = \frac{60}{t_3 + t_4}\,\text{s}$$

t_3 und t_4 in s

Schutzbeschaltung

Diodenbeschaltung

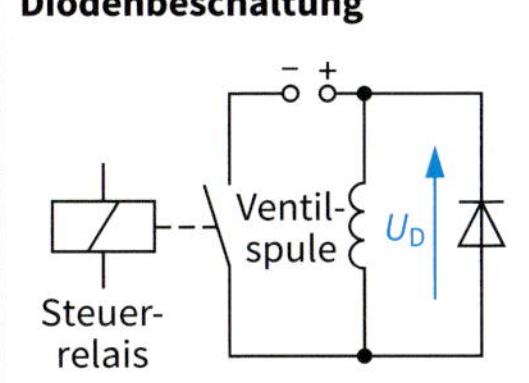

- Zusätzliche Abfallverzögerung hoch
- Induktionsspannungsbegrenzung auf U_D
- Kostengünstig, einfach
- **Nicht geeignet** für Wechselspannung

Varistorbeschaltung

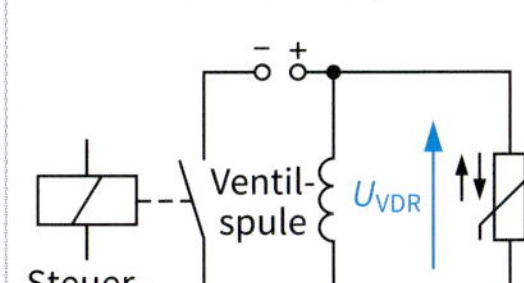

- Zusätzliche Abfallverzögerung mittel bis gering
- Induktionsspannungsbegrenzung auf U_{VDR}
- Hohe Energieabsorption
- **Geeignet** für Wechselspannung

Ausgangsstellung

Wenn in einem Pneumatikplan ein Ventil in der Ausgangsstellung betätigt ist, wird dieses durch die Darstellung eines Schaltnockens verdeutlicht.

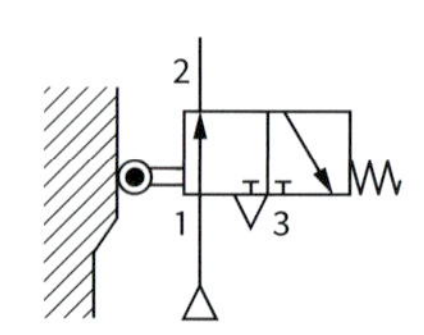

Energieversorgung

Die Energieversorgung ist in den nachfolgenden Schaltungen nicht dargestellt.
- Energiequelle ①
- Einschaltventil ②

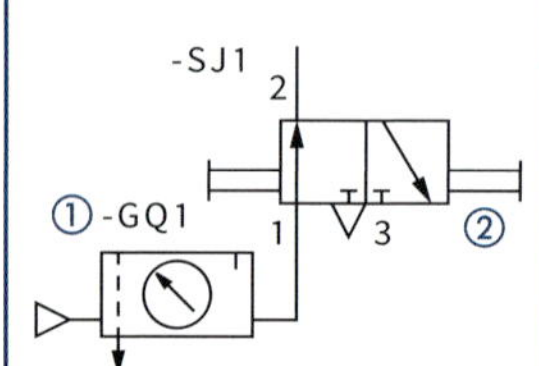

Direkte Ansteuerung

Einfachwirkender Zylinder

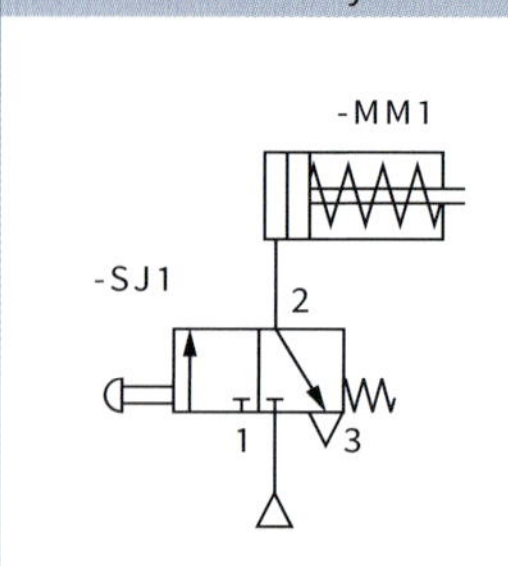

Doppeltwirkender Zylinder

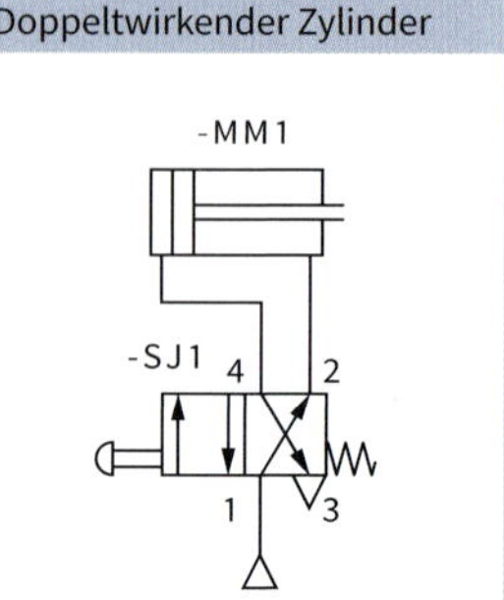

Indirekte Ansteuerung

Einfachwirkender Zylinder

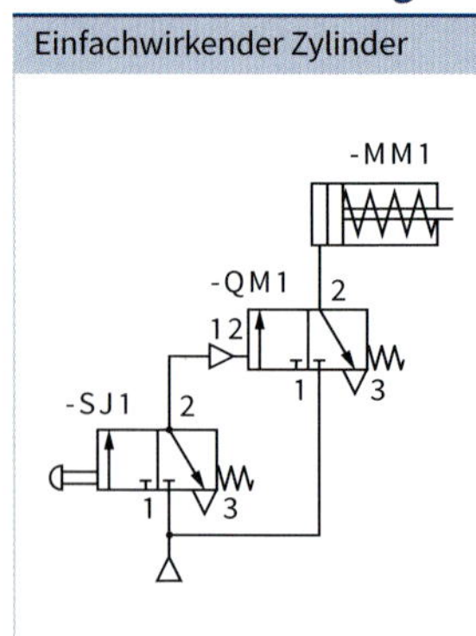

Doppeltwirkender Zylinder

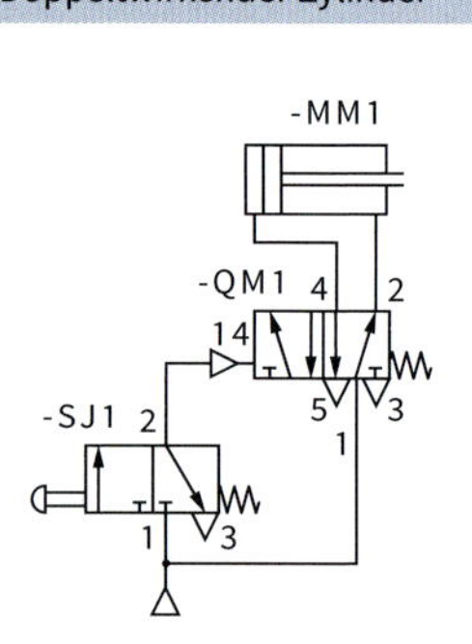

Zwei Eingabeglieder

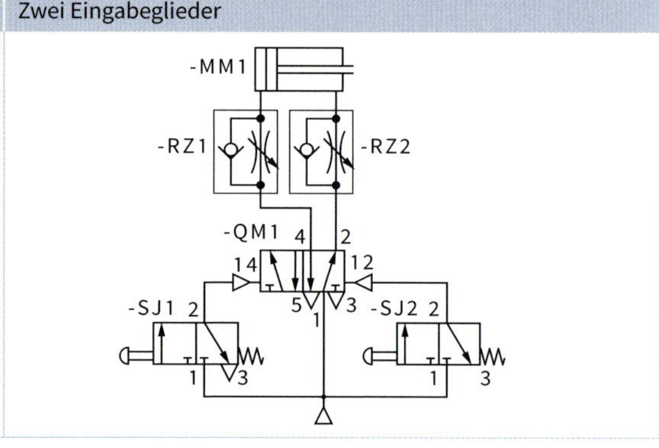

UND-Funktion

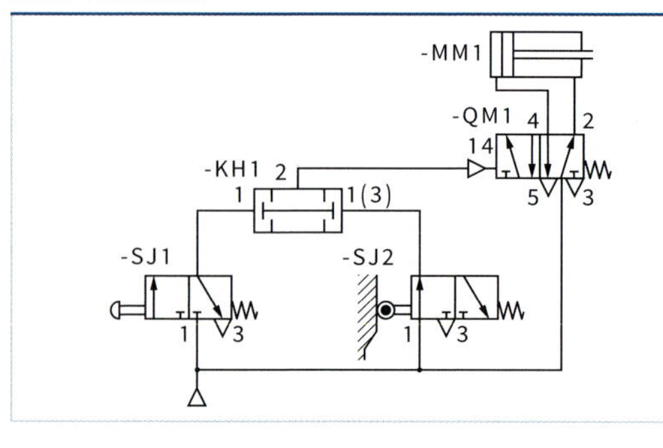

ODER-Funktion

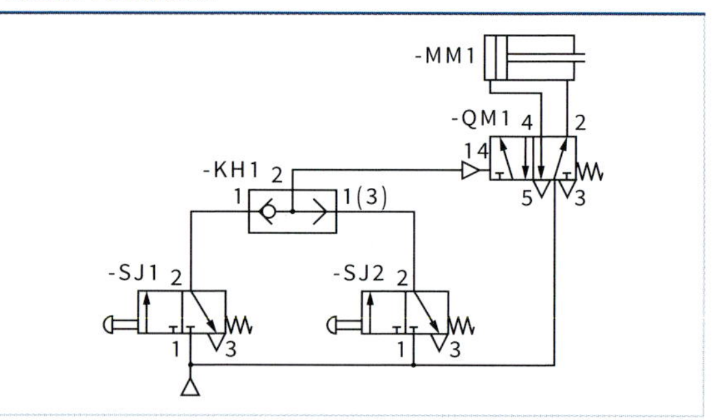

Luftdrosselung bei doppeltwirkendem Zylinder

Zuluft

Abluft

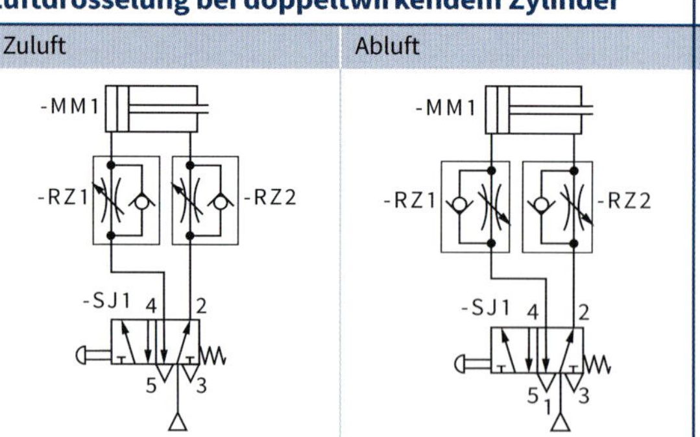

Schnellentlüftung

Einfachwirkender Zylinder

Doppeltwirkender Zylinder

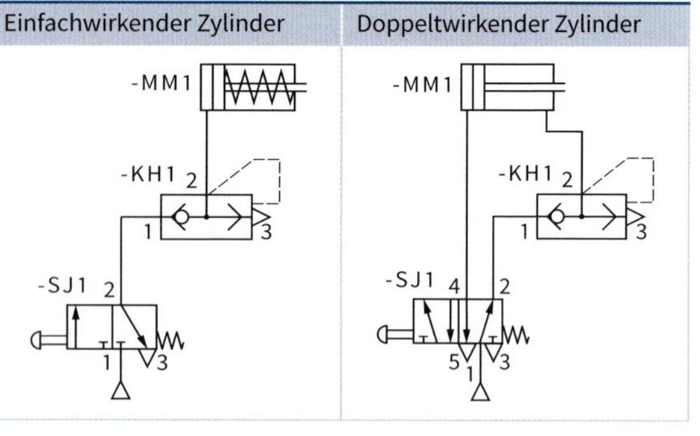

Drei Eingabeglieder

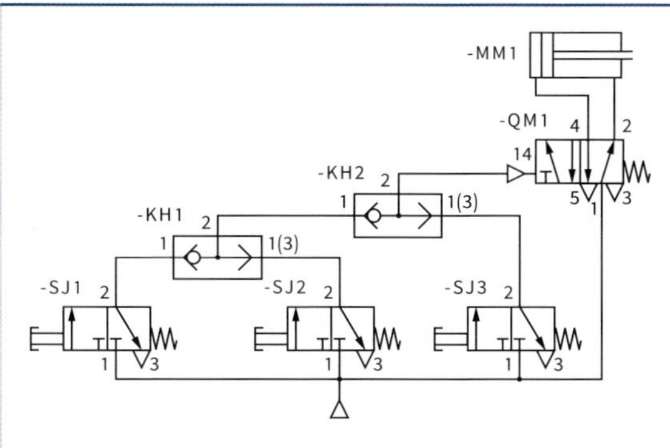

Druckabhängige Steuerung

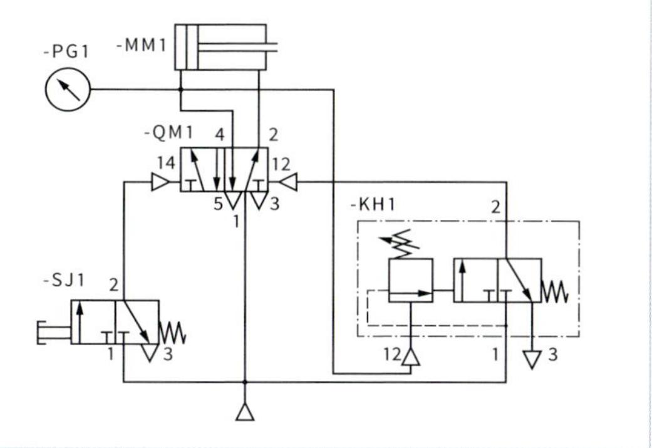

Anzugsverzögerung mit 3/2 Wegeventil

Sperrnullstellung

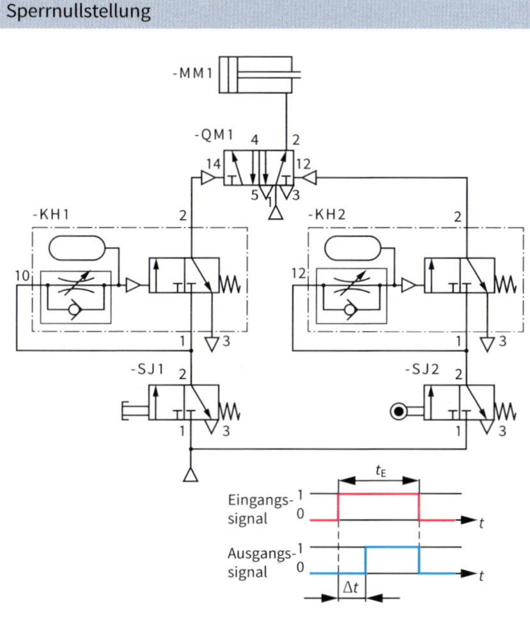

t_E: Eingangsimpulszeit
Δt: Verzögerungszeit

Durchflussnullstellung

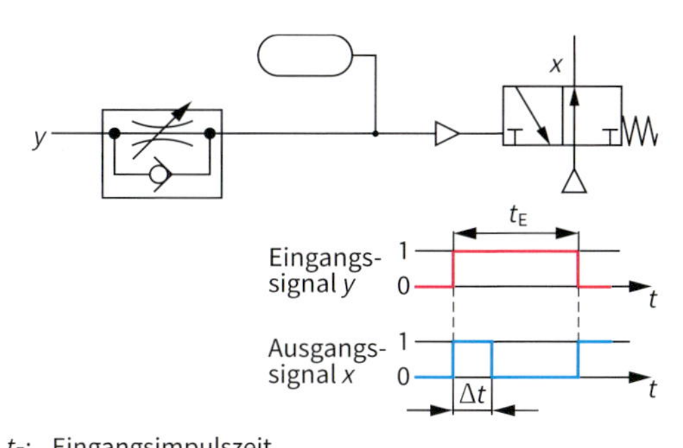

t_E: Eingangsimpulszeit
Δt: Verzögerungszeit

Abfallverzögerung mit 3/2 Wegeventil

Durchflussnullstellung

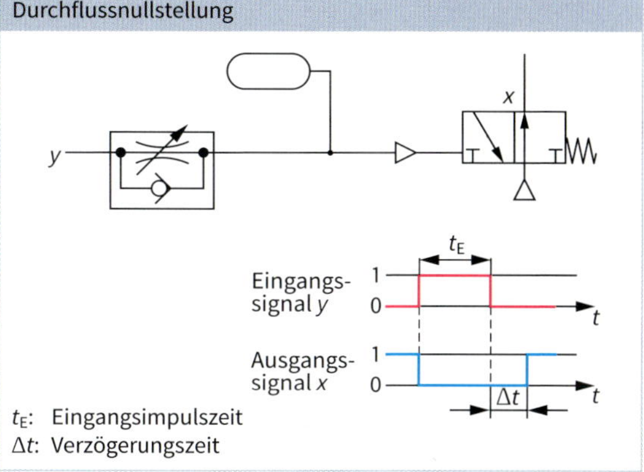

t_E: Eingangsimpulszeit
Δt: Verzögerungszeit

Anzugs- und Abfallverzögerung mit 3/2 Wegeventil

Sperrnullstellung

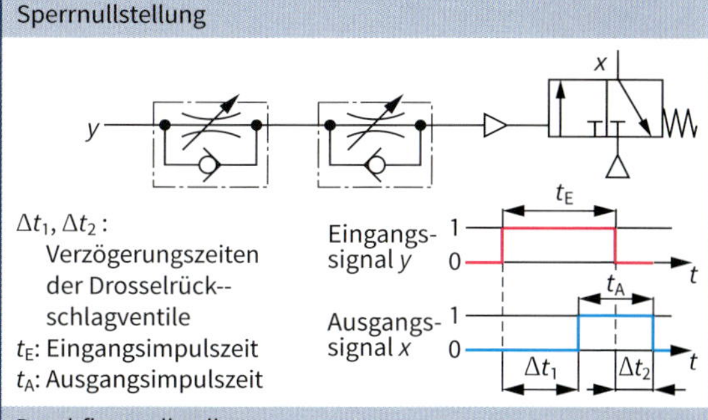

$\Delta t_1, \Delta t_2$:
Verzögerungszeiten der Drosselrück-schlagventile
t_E: Eingangsimpulszeit
t_A: Ausgangsimpulszeit

Durchflussnullstellung

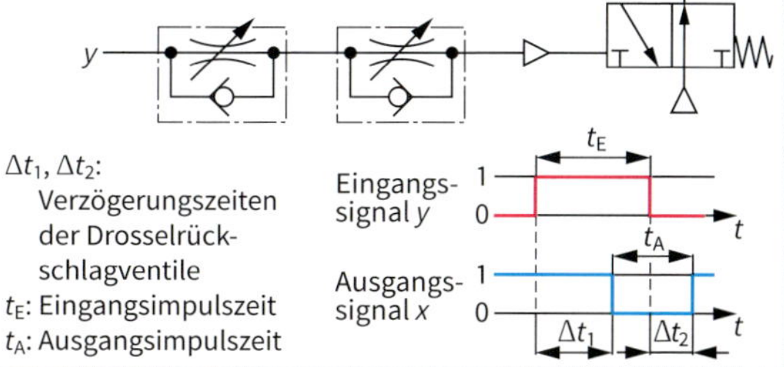

$\Delta t_1, \Delta t_2$:
Verzögerungszeiten der Drosselrückschlagventile
t_E: Eingangsimpulszeit
t_A: Ausgangsimpulszeit

Offenes System

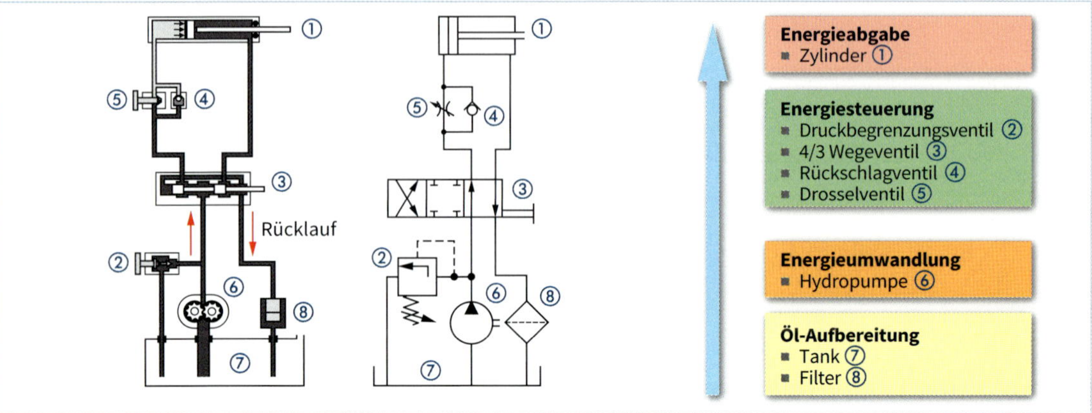

Geschlossenes System

Anwendung:
- Systeme mit hydraulischen Motoren
- Volumenstrom kann in diesem System rasch umgesteuert werden.

Grundsätzliche Arbeitsweise:
- Mit einer Pumpe wird das Öl in einem Kreislauf transportiert und damit ein Motor angetrieben.
- Der Ölbehälter dient lediglich zur Auffüllung der Anlage und zum Ausgleich von Ölverlusten.
- Druckbegrenzungsventile sorgen für einen konstanten Druck.
- Rückschlagventile beeinflussen die Fließrichtung.

Anschlussbezeichnungen in hydraulischen Plänen

P: Druckanschluss
T: Rücklaufanschluss
A, B: Arbeitsanschlüsse
L: Lecköl

Hydraulikaggregat

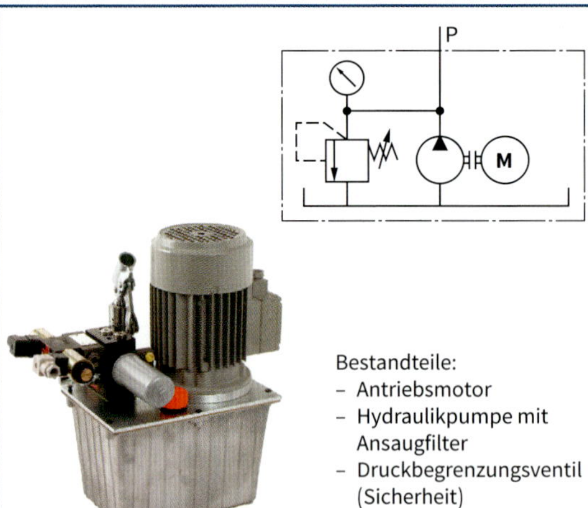

Bestandteile:
- Antriebsmotor
- Hydraulikpumpe mit Ansaugfilter
- Druckbegrenzungsventil (Sicherheit)
- Öltank

Hydrospeicher

Anwendungen:
- Energiespeicherung zur Einsparung von Pumpen-Antriebsleistung
- Energiereserve bei Notfällen
- Ausgleich von Leckverlusten
- Stoß- und Schwingungsdämpfung
- Schockabsorption
- Schnelle Abgabe großer Energien (Stickstoff, Luft)

Wirkungsweise:
- Beim Anstieg des Flüssigkeitsdrucks wird Gas verdichtet.
- Beim Absinken des Drucks expandiert das verdichtete Gas und verdrängt die gespeicherte Flüssigkeit in den Hydraulikkreislauf.

Bauformen:
- Membran- und Blasenspeicher

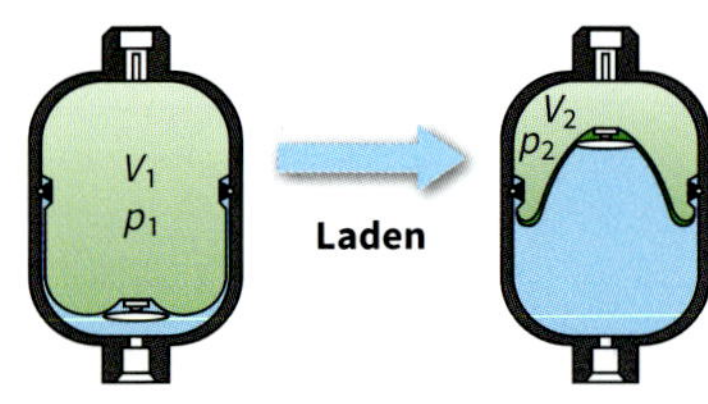

Sicherheitsmaßnahmen bei Eingriffen in hydraulische Systeme

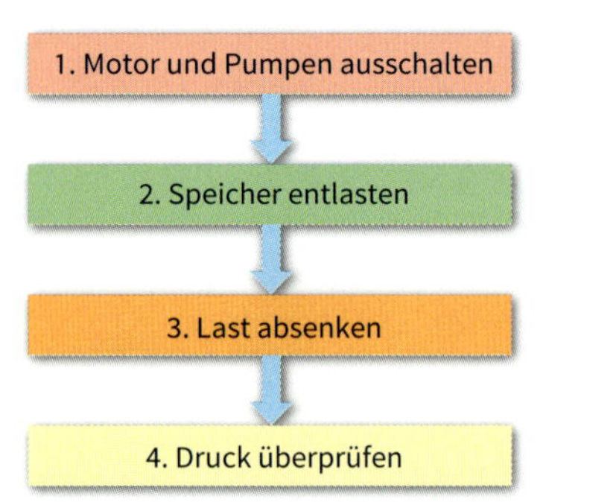

Aufgaben und Ziele

- Gefahren entstehen z. B. durch Fehlfunktion einer Anlage, fehlerhaftes zu bearbeitendes Material, Fehlbedienung usw.
- Aufkommende bzw. bestehende Gefahren für Personen, Maschinen oder Arbeitsgut abwenden bzw. mindern
- Nach Betätigen der Not-Aus-Einrichtung muss die Gefahr automatisch und in bestmöglicher Weise abgewendet werden.
- Not-Aus schaltet die elektrische Energieversorgung ab, um elektrische Gefährdungen abzuwenden.
- Not-Halt stoppt eine gefahrbringende Bewegung

Anwendungen

- Pumpeinrichtungen für brennbare Flüssigkeiten (z. B. Tankstellen, Tanklager)
- Lüftungsanlagen
- Prüf- und Forschungseinrichtungen
- Räume für Ausbildungszwecke, Laboratorien
- Heizungs-, Kesselanlagen
- Großküchen
- Maschinen

Elektrische Maschinen

- Bei elektrischen Maschinen werden Handlungen für den Notfall unterschieden. Diese sollen eine bestehende Gefährdung abwenden.
- Sollen Maschinen stillgesetzt werden, sind unterschiedliche Stopp-Kategorien zu unterscheiden.

Handlungen im Notfall	Stopp-Kategorie	Bedeutung
■ Stillsetzen im Notfall[1] (Risiko durch einen Prozessablauf oder eine Bewegung), Stopp-Kategorie auswählen ■ Ausschalten im Notfall[1] (Risiko durch elektrische Gefährdung) ■ Einschalten im Notfall (Warneinrichtungen, Schutzeinrichtungen) ■ Ingangsetzen im Notfall (Gefahrenabwendung durch Starten einer Bewegung, z. B. Abheben eines Werkstücks) [1] Wird umgangssprachlich als Not-Aus bezeichnet.	0	■ Unverzögertes Ausschalten der Versorgungsspannung ■ Stillsetzung durch natürliches Gegenmoment, Auslösen ungesteuerter Bremsen
	1	■ Einsatz bei Gefahr: Anlage wird gesteuert stillgesetzt. ■ Anlage bleibt unter Spannung bis Stillstand eingetreten ist. ■ Mit Energieeinsatz Gefährdung abwenden (aktives Bremsen, Abheben von Walzen, …)
	2	■ Die Anlage wird gesteuert stillgesetzt. ■ Die Energiezufuhr wird nicht abgeschaltet. ■ Nur für betriebsmäßiges Stillsetzen, nicht für Handlung im Notfall zugelassen.

Anforderungen

- Die Not-Aus-Einrichtung muss jederzeit verfügbar sein.
- Einmalige Betätigung muss zu unverzögertem, nicht verhinderbarem Abschalten bzw. Stillsetzen führen.
- Rückstellung der Not-Aus-Betätigung darf keinen Wiederanlauf verursachen.
- Stromkreise ausschließen, deren Abschaltung eine zusätzliche Gefährdung verursacht (z. B. Licht).
- Eine einzige Handlung durch eine Person muss Not-Aus ermöglichen.
- Not-Aus-Einrichtung darf ausreichende Schutzmaßnahmen sowie automatische Sicherheitseinrichtungen nicht ersetzen.
- Bedienelemente sind Taster (Pilz- oder Palmenkopf), Zugschalter, Trittschalter.
- Eindeutige Kennzeichnung (vorzugsweise rot); bei Maschinen rot mit gelbem Hintergrund.
- Schaltgerät muss nach Betätigung verklinken oder verrasten. Ausnahme: Geräte für Not-Aus-Betätigung und Wiedereinschaltung unter Aufsicht einer Person.
- Bedienelemente an den Gefahrenstellen und leicht zugänglich anordnen; ggf. auch an entfernten Stellen (z. B. Ausgang).

Beispiel

Anordnung in einer Kfz-Werkstatt:

Fahrzeug-Hebebühne

Tür

Rolltor

Bedienelement:

Anwendung

- Anforderung an sichere Maschinensteuerung ermitteln
- Validierung (Nachweis über erfüllte Anforderungen), ob Maschinensteuerung die Sicherheitsanforderungen erfüllt
- Sicherheit wird durch mehrere Einflussgrößen beeinflusst.
- DIN EN ISO 13849-1 ist eine harmonisierte Norm und anerkannt zur Erfüllung der Maschinenrichtlinie.

Einflussgrößen

Ziel-Performance Level
- Mögliche Schwere von Verletzungen
- Häufigkeit und Dauer der Gefährdungen
- Möglichkeiten der Gefahrenvermeidung

Ist-Performance Level
- Ausführung der Steuerung (Steuerungskategorie)
- Zuverlässigkeit $MTTF_d$ (**M**ean **T**ime to **D**angerours **F**ailure)
- Diagnosedeckungsgrad **DC** (**D**iagnostic **C**overage)
- Fehler mit gemeinsamer Ursache **CCF** (**C**ommon **C**ause **F**ailure)

Bewertungsablauf

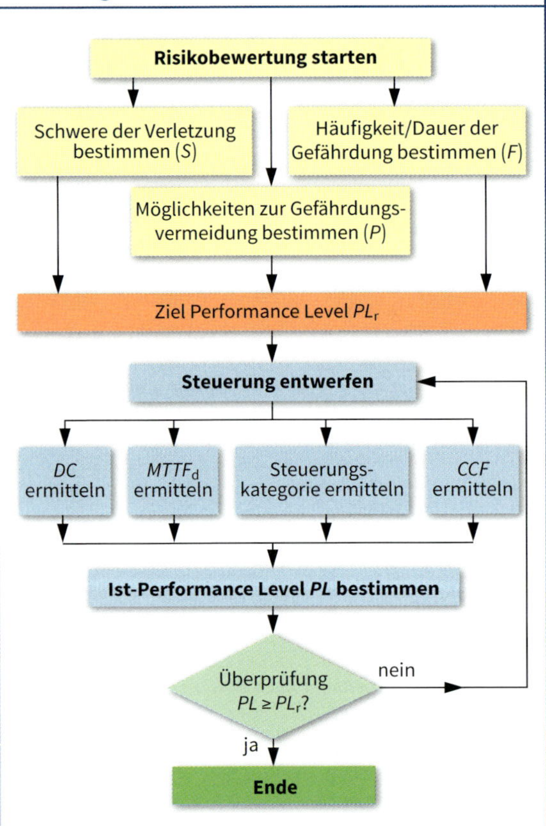

Erforderlicher Performance Level

Risikograph

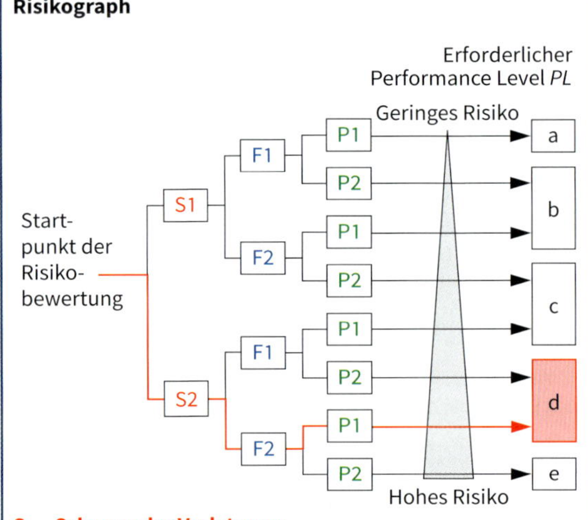

S **Schwere der Verletzung**
S1: Leicht (z. B. Prellung, Schnittverletzung)
S2: Schwer (z. B. Amputation, Tod)

F **Häufigkeit und/oder Dauer der Gefährdung**
F1: Selten bis öfter bzw. von kurzer Dauer
F2: Häufig bis dauernd bzw. von langer Dauer

P **Möglichkeit zur Vermeidung der Gefährdung**
P1: Möglich unter bestimmten Bedingungen
P2: Kaum möglich

Ausfälle aufgrund gemeinsamer Ursache (*CCF*)

Bewertung

Ziel:
- Vermeidung systematischer Einflüsse und systematischer Fehler
- Vermeidung von Ausfällen mehrerer Komponenten aufgrund einer Ursache

Ablauf:
- Bewertung von Einzelanforderungen
- Summierung der Einzelbewertungen
- *CCF* ist ab Steuerungskategorie 2 zu berücksichtigen, Ziel: *CCF* > 65 %

Einzel-Anforderung	Bewertung
physikalische Trennung zwischen den Sicherheitskreisen und zu anderen Kreisen	15 %
Diversität (Anwendung unterschiedlicher Technologien)	20 %
Erfahrung mit Entwurf/Applikation	20 %
Beurteilung/Analyse	5 %
Kompetenz/Ausbildung	5 %
Umwelteinflüsse (EMV, Temperatur, ...)	35 %
CCF: Summe erfüllter Anforderungen	Σ

Diagnose-Deckungsgrad (*DC*)

- Steuerungen können einzelne, gefährliche Ausfälle selbsttätig erkennen.
- Bewertung wie viel der gefährlichen Ausfälle erkannt werden = Diagnose-Deckungsgrad *DC*.

Einfache Systeme:

$$DC = \Sigma\lambda_{DD}/\Sigma\lambda_{Dtotal}$$

Komplexe Systeme:

$$DC_{avg} = \frac{\frac{DC_1}{MTTF_{d1}} + \frac{DC_2}{MTTF_{d2}} + \ldots + \frac{DC_N}{MTTF_{dn}}}{\frac{1}{MTTF_{d1}} + \frac{1}{MTTF_{d2}} + \ldots + \frac{1}{MTTF_{dn}}}$$

λ_{DD}: Fehlerrate der erkannten gefährlichen Ausfälle

λ_{Dtotal}: Fehlerrate aller gefährlichen Ausfälle

DC_{avg}	Deckungsgrad
< 60 %	ohne
60 % … < 90 %	niedrig
90 % … < 99 %	mittel
≥ 99 %	hoch

Steuerungskategorien

Kat.	Anforderungen an die Steuerungskategorien eines SRP	Vorgesehen Architektur
B	▪ nach Norm gebaut ▪ müssen den zu erwartenden Einflüssen standhalten	Einkanalig ohne Test oder Überwachung der Sicherheitsfunktion
1	Zusätzlich zu Kategorie B: ▪ Anwendung bewährter Bauteile und Sicherheitsprinzipien	
2	Zusätzlich zu Kategorie B und Sicherheitsprinzipien (Kat. 1): ▪ Prüfung der Sicherheitsfunktion durch die Maschinensteuerung in regelmäßigen Abständen	Einkanalig mit Testeinrichtung für die Sicherheitsfunktion
3	Zusätzlich zu Kategorie B und Sicherheitsprinzipien (Kat. 1): ▪ Kein Verlust der Sicherheitsfunktion durch einen einzelnen Fehler ▪ Erkennung einzelner, aber nicht aller Fehler	Mehrkanalig mit Überwachung der Sicherheitsfunktion
4	Zusätzlich zu Kategorie B und Sicherheitsprinzipien (Kat. 1): ▪ Kein Verlust der Sicherheitsfunktion durch einen einzelnen Fehler ▪ Kein Verlust der Sicherheitsfunktion durch eine Fehleranhäufung	Mehrkanalig mit höherer Überwachung der Sicherheitsfunktion

Erreichter Performance Level

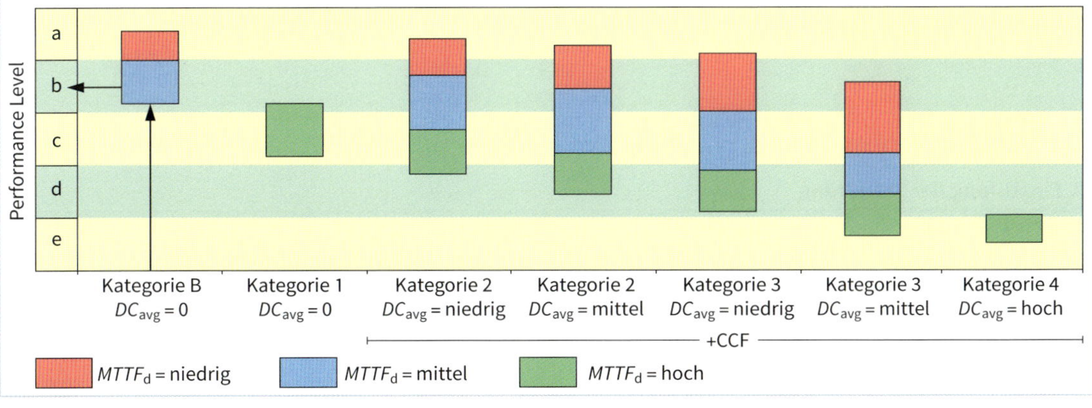

Begriffe

Abk.	Bedeutung	Abk.	Bedeutung
CCF	**C**ommon **C**ause **F**ailure: Anteil der Fehler mit gemeinsamer Ursache	$MTTF_d$	**M**ean **T**ime **t**o Dangerous **F**ailure: Mittlere Zeit bis zu einem gefährlichen Fehler
DC	**D**iagnostic **c**overage: Diagnosedeckungsgrad	*PL*	**P**erformance **L**evel: Leistungsniveau
DC_{avg}	Average Diagnostic Coverage: Durchschnittlicher Diagnosedeckungsgrad	PFH_D	**P**robability of dangerous **f**ailure per **h**our: Wahrscheinlichkeit gefährlicher Ausfälle pro Stunde
HFT	**H**ardware **F**ehler**t**oleranz	*SFF*	**S**afe **F**ailure **F**raction: Anteil sicherer Ausfälle
SRP	**S**afety **R**elated **P**orts		

Anwendung

- DIN EN 62061 ist eine harmonisierte Norm, die bei Einhaltung als anerkannte Maßnahme zur Erfüllung der Maschinenrichtlinie gilt.
- Risikoabschätzung und Validierung (Nachweis über erfüllte Anforderungen) von sicherheitsbezogenen elektrischen, elektronischen oder programmierbaren Steuerungssystemen
- Davon abweichend wird in der Prozessindustrie (Chemie, Verfahrenstechnik) häufig DIN EN 61508 angewendet, um SIL zu realisieren. Diese ist jedoch keine harmonisierte Norm.

Einflussgrößen

Verschiedene Einflussgrößen können die durchschnittliche Zeit bis zum nächsten Fehler (*MTBF*: Mean Time Between Failure) reduzieren:

- Ausfälle aufgrund gemeinsamer Ursache *CCF* (Common Cause Failure); eine störende Einflussgröße soll sich auf möglichst wenige Funktionen auswirken.
- Anteil der Ausfälle, die zu einem sicheren Zustand führen (*SFF*: Safe Failure Fraction)
- Hardware Fehlertoleranz: Fähigkeit des Systems auch bei Auftreten eines oder mehrerer Fehler, die geforderte Funktion auszuführen

Risikoabschätzung

- Aus der Addition von drei Größen (*F, W, P*) wird die Risikoklasse bestimmt.
- Aus der Risikoklasse und möglichen Auswirkungen der Gefahren ergibt sich der SIL.

Häufigkeit und/oder Aufenthaltsdauer ***F***		Eintrittswahrscheinlichkeit des Gefährdungsereignisses ***W***		Möglichkeit zur Vermeidung ***P***	
≤ 1 Stunde	5	sehr hoch	5	unmöglich	5
> 1 Stunde bis ≤ 1 Tag	5	wahrscheinlich	4	selten	3
> 1 Tag bis ≤ 2 Wochen	4	möglich	3	wahrscheinlich	1
> 2 Wochen bis ≤ 1 Jahr	3	selten	2		
> 1 Jahr	2	vernachlässigbar	1		

Auswirkung	Tod, Verlust von Auge oder Arm	Permanent, Verlust von Fingern	Reversibel, medizinische Behandlung	Reversibel, Erste Hilfe
Schadensausmaß	4	3	2	1
Klasse $K = F + W + P$				
4	SIL 2	X[1]	X[1]	X[1]
5 … 7	SIL 2	X[1]	X[1]	X[1]
8 … 10	SIL 2	SIL 1	X[1]	X[1]
11 … 13	SIL 3	SIL 2	SIL 1	X[1]
14 … 15	SIL 3	SIL 3	SIL 2	SIL 1

SIL Einstufung der Steuerung

Zuverlässigkeitsanforderung

SIL	Wahrscheinlichkeit eines gefahrbringenden Ausfalls pro Stunde (PFH_D)
3	$\geq 10^{-8} \ldots 10^{-7}$
2	$\geq 10^{-7} \ldots 10^{-6}$
1	$\geq 10^{-6} \ldots 10^{-5}$

Begrenzung der SIL-Einstufung

	Hardware Fehlertoleranz (HFT)		
SFF	0	1	2
< 60 %	X[1]	SIL 1	SIL 2
60 % … < 90 %	SIL 1	SIL 2	SIL 3
90 % … < 99 %	SIL 2	SIL 3	SIL 3[2]
99 %	SIL 2	SIL 3[2]	SIL 3[2]

[1] nicht zulässig [2] zu SiL4 siehe iEC 61508-1

Validierung

- Kombinationen von *SFF* und Hardware-Fehlertoleranz begrenzt SIL-Einstufung der Steuerung.
- Die Zuordnung von Hardwarefehlertoleranz, Steuerungskategorie, *DC*, PFH_D und *SFF* ergibt den erreichten SIL.
- Häufig erfolgt die Validierung mit Softwareunterstützung.

SIL Einstufung

PFH_D	Kat	*SFF*	HFT	*DC*	SIL
$\geq 10^{-6}$	≥ 2	≥ 60 %	≥ 0	≥ 60 %	1
$\geq 2 \cdot 10^{-7}$	≥ 3	≥ 0 %	≥ 1	≥ 60 %	1
$\geq 2 \cdot 10^{-7}$	≥ 3	≥ 60 %	≥ 1	≥ 60 %	2
$\geq 3 \cdot 10^{-8}$	≥ 4	≥ 60 %	≥ 2	≥ 60 %	3
$\geq 3 \cdot 10^{-8}$	≥ 4	≥ 90 %	≥ 1	≥ 90 %	3

Kategorie, *DC*: vgl. Performance Level

Informationstechnik

4

Grundlagen

156 Information und Kommunikation
157 Zahlen-Codes

Hardware

158 Prozessorarchitektur
159 Motherboard
160 PC-Netzteilstecker
161 Flüchtige Halbleiterspeicher und Speichermodule
162 Festplatten
162 Serial ATA (SATA)
163 Optische Datenspeicher
164 Display-Technologien
165 Flachbildschirm

Schnittstellen

166 Serielle und parallele Schnittstellen
167 PC-Schnittstellen und -Anschlüsse
168 USB – Universal Serial Bus
169 cPCI – Compact PCI

Software

170 Software – Übersicht
171 Betriebssysteme
172 Hardware- und Softwareinstallation

Informations- und Datenübertragung

173 Begriffe und Formeln zur Datenübertragung
174 WLAN – Wireless LAN
175 WLAN-Einsatz
176 Datenschutz
177 Datensicherheit
178 Datensicherung
179 PC-Netze
180 Netzwerkprotokolle
181 Strukturierte Verkabelung
182 Internetzugang

Nachricht und Information

Unter einer Nachricht versteht man jede Art von Mitteilungen. Beispiele: Ampelsignal, gesprochener Text, Mitteilung auf einer Tonkassette, …
In die Nachricht ist immer eine Information eingebettet.
Es wird unterschieden:

- **Syntaktischer Aspekt**[1)] einer Nachricht:
  Aufbau der Nachricht nach seinen formalen Regeln, Zeichen, Zeichenfolge usw.
- **Semantischer Aspekt**[2)] einer Nachricht:
  Bedeutung der Nachricht für den Empfänger (z. B. das Rot der Ampel bedeutet Stopp)

1) Syntax (gr.): Lehre vom Satzbau, Satzlehre
2) Semantik (gr.): Wortbedeutungslehre

Prinzip der Nachrichtenübertragung

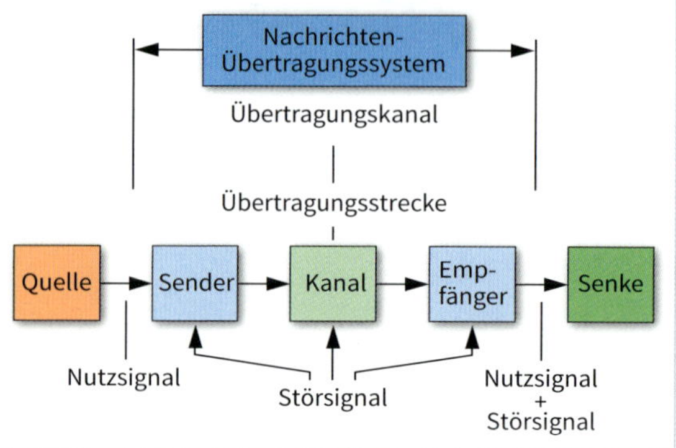

Informationsformen

Töne:
Sprache, Musik, Geräusche

Bilder:
Feste Bilder, bewegte Bilder (farbig, monochrom)

Text:
Alphanumerische Zeichen

Daten:
Elektrische oder optische Signale, die nicht direkt vom Menschen wahrgenommen werden können

Kommunikation

Einseitiger oder wechselseitiger Austausch zwischen Menschen, technischen Einrichtungen (Endeinrichtungen) oder zwischen Menschen und technischen Einrichtungen

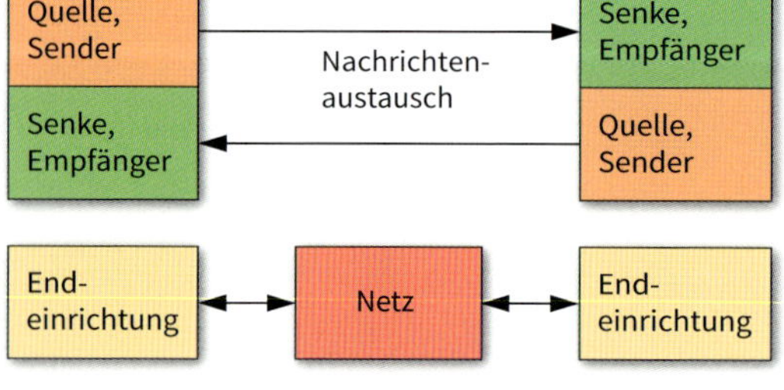

Informationsübertragung

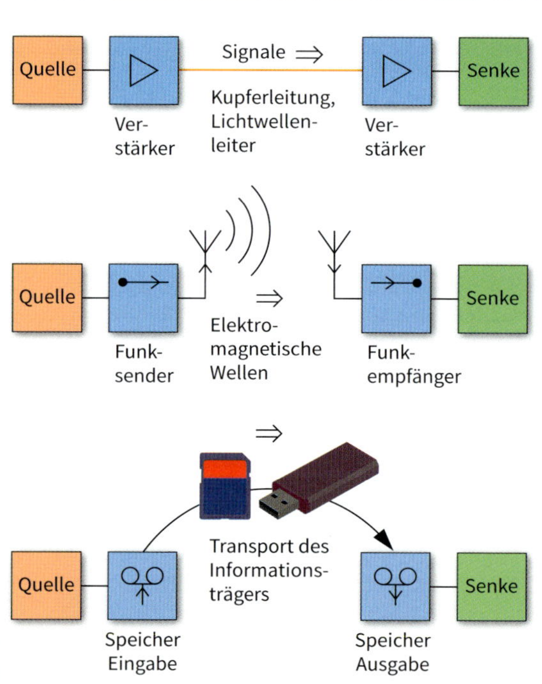

Betriebsarten der technischen Kommunikation

Duplex-Betrieb (Gegenbetrieb)
Beide Partner sind gleichberechtigt. Sie können gleichzeitig senden und empfangen (z. B. Telefon).

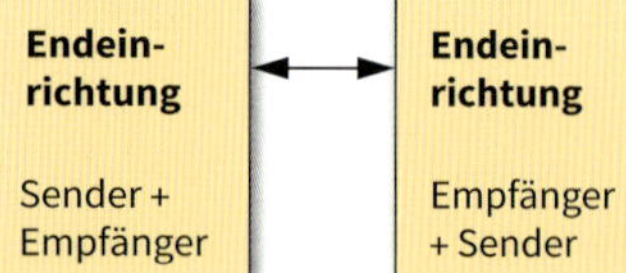

Halbduplex-Betrieb (Wechselbetrieb)
Die Kommunikationspartner können abwechselnd (alternierend) senden und empfangen (z. B. Sprechfunk).

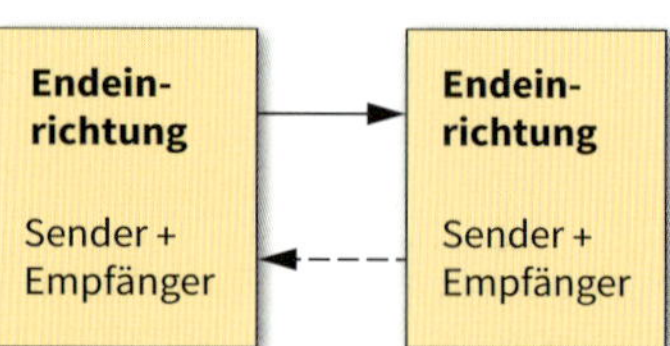

Simplex-Betrieb (Richtungsbetrieb)
Der Empfänger kann keine Signale zum Sender schicken (z. B. Verteilkommunikation bei Rundfunk-Sendungen).

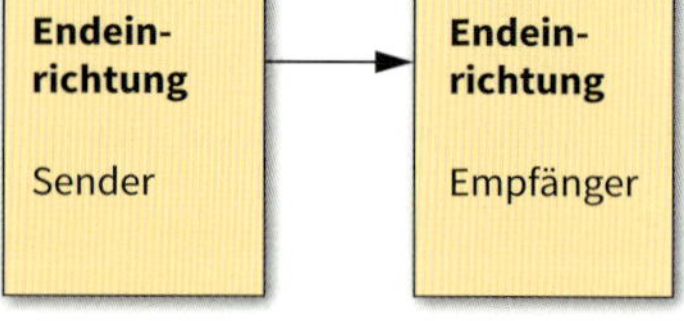

Zahlen-Codes
Numeric Codes

- Codieren bedeutet, den gegebenen Vorrat an Symbolen eines Zeichensatzes den Symbolen eines anderen Zeichensatzes zuzuordnen.
- Codieren erfolgt aus verschiedenen Gründen:
  - Bei Datenübertragung: Einfache und zeitsparende Übertragung der Symbole
  - Für Datensicherheit: Daten möglichst schwer entschlüsselbar (kryptologische Codierungen)
  - Für Datenverarbeitung: Mathematische Operationen mit geringem technischen Aufwand durchführen
- Überwiegend werden binäre Codes verwendet.
- Besondere Bedeutung haben die Codes, bei denen die Codewörter aus gleich vielen Elementen bestehen (z. B. vier Bit).
- Bei n Elementen pro Codewort und v unterscheidbaren Zuständen pro Element sind $M = v^n$ Codewörter darstellbar (Binärsystem mit $v = 2$ ist $M = 2^n$)

Tetradische Codes

- Bestehen aus vier Bit (**Tetrade**) je Codewort
- Codieren die Dezimalziffern 0...9
- Enthalten sechs Codewörter (Dezimalzahlen 10...15), die **nicht** verwendet werden (**Pseudotetraden**)

Mehrschrittige Tetradische Codes

- Bei ihnen ändern sich mehrere Binärstellen beim Übergang von einem Codewort zum Folgenden.
- **BCD**-Code: **B**inary-**C**oded **D**ecimals (binärcodierte Dezimalziffern), geeignet für Addition
- **Aiken**-Code: geeignet für Addition und Subtraktion

Einschrittige Tetradische Codes

- Bei ihnen ändert sich nur eine Binärstelle beim Übergang von einem Codewort zum Folgenden.
- Anwendung bei Analog-Digital-Umsetzern (z. B. Winkelcodierern)

Dezimal-Ziffer	BCD-Code	Aiken-Code	Gray-Code	Glixon-Code	O'Brien-Code
0	0 0 0 0	0 0 0 0	0 0 0 0	0 0 0 0	0 0 0 1
1	0 0 0 1	0 0 0 1	0 0 0 1	0 0 0 1	0 0 1 1
2	0 0 1 0	0 0 1 0	0 0 1 1	0 0 1 1	0 0 1 0
3	0 0 1 1	0 0 1 1	0 0 1 0	0 0 1 0	0 1 1 0
4	0 1 0 0	0 1 0 0	0 1 1 0	0 1 1 0	0 1 0 0
5	0 1 0 1	1 0 1 1	0 1 1 1	0 1 1 1	1 1 0 0
6	0 1 1 0	1 1 0 0	0 1 0 1	0 1 0 1	1 1 1 0
7	0 1 1 1	1 1 0 1	0 1 0 0	0 1 0 0	1 0 1 0
8	1 0 0 0	1 1 1 0	1 1 0 0	1 1 0 0	1 0 1 1
9	1 0 0 1	1 1 1 1	1 1 0 1	1 0 0 0	1 0 0 1
Wertigkeit	8 4 2 1	2 4 2 1			
Stelle	4 3 2 1	4 3 2 1	4 3 2 1	4 3 2 1	4 3 2 1

Höherstellige Codes

- Verwenden mehr als vier Stellen zur Darstellung eines Codewortes
- 2 aus 5-Code: gleichgewichtiger Code; jeweils zwei von fünf Stellen sind in jedem Codewort mit 1 besetzt; fehlererkennbar
- 1 aus 10-Code: fehlererkennbar
- Libaw-Craig-Code: einschrittiger Code
- Biquinär-Code: 2 aus 7-Code

Dezimal-Ziffer	2 aus 5-Code	1 aus 10-Code	Libaw-Craig-Code	Biquinär-Code
0	0 0 0 1 1	0 0 0 0 0 0 0 0 0 1	0 0 0 0 1	1 0 0 0 0 0 1
1	0 0 1 0 1	0 0 0 0 0 0 0 0 1 0	0 0 0 1 1	1 0 0 0 0 1 0
2	0 0 1 1 0	0 0 0 0 0 0 0 1 0 0	0 0 1 1 1	1 0 0 0 1 0 0
3	0 1 0 0 1	0 0 0 0 0 0 1 0 0 0	0 1 1 1 1	1 0 0 1 0 0 0
4	0 1 0 1 0	0 0 0 0 0 1 0 0 0 0	1 1 1 1 1	1 0 1 0 0 0 0
5	0 1 1 0 0	0 0 0 0 1 0 0 0 0 0	1 1 1 1 0	0 1 0 0 0 0 1
6	1 0 0 0 1	0 0 0 1 0 0 0 0 0 0	1 1 1 0 0	0 1 0 0 0 1 0
7	1 0 0 1 0	0 0 1 0 0 0 0 0 0 0	1 1 0 0 0	0 1 0 0 1 0 0
8	1 0 1 0 0	0 1 0 0 0 0 0 0 0 0	1 0 0 0 0	0 1 0 1 0 0 0
9	1 1 0 0 0	1 0 0 0 0 0 0 0 0 0	0 0 0 0 0	0 1 1 0 0 0 0
Stelle	5 4 3 2 1	9 8 7 6 5 4 3 2 1 0	5 4 3 2 1	6 5 4 3 2 1 0

Nichtdekadische Codes

- Zahlen werden vollständig in einem Codewort dargestellt.
- Codes müssen auf die Menge der zu codierenden Zahlen ausgelegt sein.

Dezimal-Ziffer	Dual-Code	Hamming-Code	Dezimal-Ziffer	Dual-Code	Hamming-Code
0	0 0 0 0	0 0 0 0 0 0 0	8	1 0 0 0	1 0 0 1 0 1 1
1	0 0 0 1	0 0 0 0 1 1 1	9	1 0 0 1	1 0 0 1 1 0 0
2	0 0 1 0	0 0 1 1 0 0 1	10	1 0 1 0	1 0 1 0 0 1 0
3	0 0 1 1	0 0 1 1 1 1 0	11	1 0 1 1	1 0 1 0 1 0 1
4	0 1 0 0	0 1 0 1 0 1 0	12	1 1 0 0	1 1 0 0 0 0 1
5	0 1 0 1	0 1 0 1 1 0 1	13	1 1 0 1	1 1 0 0 1 1 0
6	0 1 1 0	0 1 1 0 0 1 1	14	1 1 1 0	1 1 1 1 0 0 0
7	0 1 1 1	0 1 1 0 1 0 0	15	1 1 1 1	1 1 1 1 1 1 1

Von-Neumann-Architektur

- John v. Neumann: US-amerikanischer Mathematiker, 1903–1957
- Zeitlich nacheinander (sequenziell) werden die aus dem Speicher stammenden Befehle und Daten innerhalb einer bestimmten Zeit (**Taktzyklus**) verarbeitet. Die wichtigsten Phasen sind:
  - Laden des Befehls (FETCH)
  - Decodierung (DECODE)
  - Ausführen des Befehls (EXECUTE)
- Daten und der Programmcode (Befehle) befinden sich in einem **gemeinsamen** Speicher.

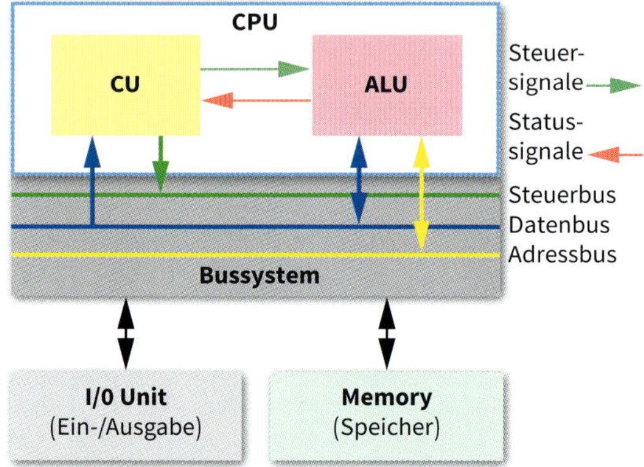

- **Funktionseinheiten:**
  - **CPU: C**entral **P**rocessing **U**nit, Prozessor
    Diese Einheit wird oft auch als Prozessorkern (Core) bezeichnet.
    Ein Mikroprozessor kann aus mehreren Kernen bestehen (Multi-Core-Prozessor).
  - **CU: C**ontrol **U**nit, Steuerwerk (Leitwerk)
    Steuerung von Prozessen und Abläufen im Innern und Kommunikation mit der „Außenwelt"; verantwortlich für die Zusammenarbeit der einzelnen Teile des Prozessors
  - **ALU: A**rithmetic **L**ogic **U**nit, Arithmetisch Logische Einheit (Rechenwerk)
    Durchführung arithmetischer und logischer Operationen
  - **I/O Unit:** Ein- und Ausgabeeinheit für Daten
  - **Memory**: Speicher für Daten und Befehle
  - **Bussystem**: Es handelt sich um Leitungen, über die der Austausch der Adressen und Daten erfolgt.

Harvard-Architektur

- Daten und das Programm (Befehle) sind in voneinander **getrennten** Speicher- und Adressräumen abgelegt und werden über getrennte Busse gesteuert (Einsatz im Bereich der Mikrocontroller).
- Daten und Befehle können dadurch gleichzeitig (unabhängig) geladen bzw. geschrieben werden (schnellere Verarbeitung als bei der Von-Neumann-Architektur).

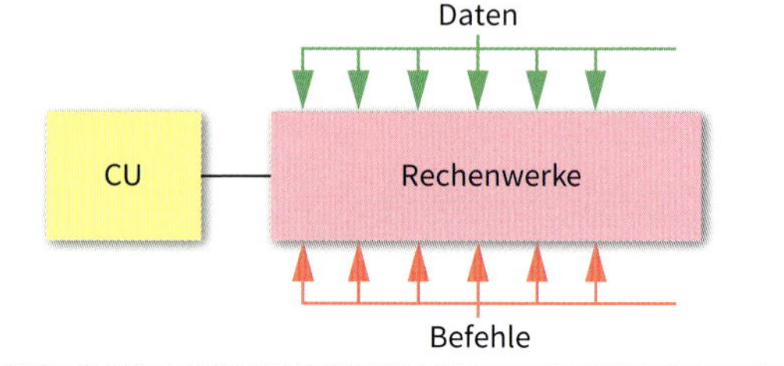

Cache

Damit der Prozessor bei der Verarbeitung bestimmter Prozesse nicht auf die „langsamen" Arbeitsspeicher und die Festplatte zugreifen muss, sind dem Prozessor Zwischenspeicher (Cache) zugeordnet.

- **L1-Cache (First Level-Cache)**
  Er ist ein kleiner Zwischenspeicher (16 kB bis 64 kB zwischen Prozessor und Arbeitsspeicher) für die am häufigsten benötigten Daten (Data-Cache) und Befehle (Code-Cache) und ist in der Regel auf dem Prozessorchip untergebracht. Durch ihn lässt sich die Anzahl der Zugriffe auf den langsamen Arbeitsspeicher reduzieren.
- **L2-Cache (Second-Level-Cache)**
  In ihm werden die Daten des Arbeitsspeichers (RAM) zwischengespeichert. Er ist entweder auf dem CPU-Chip integriert oder befindet sich als externer Baustein auf der Hauptplatine (z. B. 512 MB, Pentium III … 3072 MB, Core 2 Duo).
- **L3-Cache (Third-Level-Cache)**
  Er ist in der Regel auf dem Prozessor-Chip integriert und unterstützt durch entsprechende Protokolle die Zusammenarbeit zwischen den Kernen.

Bussysteme

- **BUS: B**idirectional **U**niversal **S**witch
- **Adressbus**
  Über ihn werden die Daten der Speicheradressen übertragen. Durch die Anzahl der Verbindungsleitungen wird festgelegt, wie viele Speicherplätze direkt adressiert werden können.
- **Datenbus**
  Über ihn werden Daten gesendet und empfangen. Je mehr Leitungen, desto mehr Daten können pro Taktzyklus verarbeitet werden.
- **Steuerbus**
  Mit ihm wird die Steuerung des Bussystems bewerkstelligt (z. B. Lese-/Schreib-Steuerung, Unterbrechungssteuerung (Interrupt), Buszugriffssteuerung, Reset, …).

Leistungsmerkmale

- Die **Wortbreite** der Arbeits- oder Datenregister bestimmt die maximale Größe der verarbeitbaren Ganz- und Gleitkommazahlen.
- Der **Datenbus** bestimmt, wie viele Bits (4 … 64 Bit) gleichzeitig aus dem Arbeitsspeicher gelesen werden können.
- Der **Adressbus** legt die maximale Größe einer Speicheradresse fest.
- Die Anzahl der Operationen pro Sekunde ist von der **Taktfrequenz** (clock rate, z. B. 3 GHz) und der Datenwortbreite abhängig (Vielfaches des Motherboard-Grundtaktes).
- Die **Verarbeitungsgeschwindigkeit** des ganzen Systems ist auch von der Größe der Caches und der Kapazität des Arbeitsspeichers abhängig.

Aufbau

Beispiel: ASUS P5WDG2 WS

PCI:
Peripheral
Component
Interconnect

PCIX:
Peripheral
Component
Interconnect
E**x**press

LAN:
Local
Area
Network

IDE:
Intelligent
Device
Electronics

DDR:
Double
Data
Rate

ESATA:
External
Serial
ATA

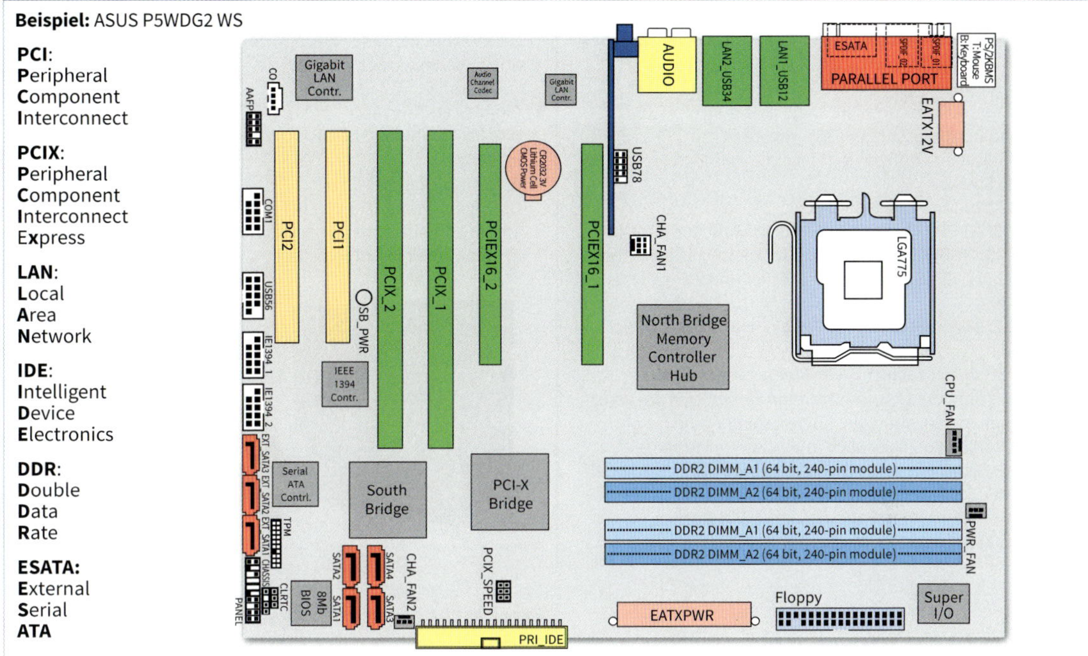

Rückseitige Anschlüsse

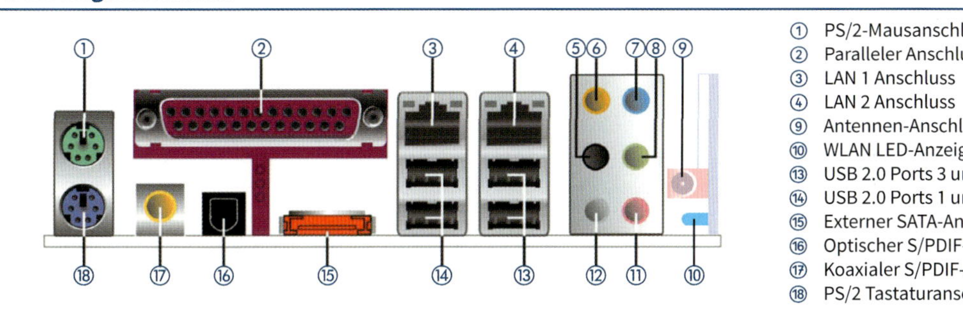

① PS/2-Mausanschluss
② Paralleler Anschluss, LPT
③ LAN 1 Anschluss
④ LAN 2 Anschluss
⑨ Antennen-Anschluss WLAN
⑩ WLAN LED-Anzeige
⑬ USB 2.0 Ports 3 und 4
⑭ USB 2.0 Ports 1 und 2
⑮ Externer SATA-Anschluss
⑯ Optischer S/PDIF-Ausgang
⑰ Koaxialer S/PDIF-Ausgang
⑱ PS/2 Tastaturanschluss

Audio-Konfiguration

Anschluss	Kopfhörer	4 Kanal	6 Kanal	8 Kanal
⑤	–	Hinterer Lautsprecher-Ausgang	Hinterer Lautsprecher-Ausgang	Hinterer Lautsprecher-Ausgang
⑥	–	–	Mitte/ Subwoofer	Mitte/ Subwoofer
⑦	Line In	Line In	Line In	Line In
⑧	Line Out	Vorderer Lautsprecher-ausgang	Hinterer Lautsprecher-Ausgang	Hinterer Lautsprecher-Ausgang
⑪	Mic In	Mic In	Mic In	Mic In
⑫	–	–	–	Seitenlautsprecher-Ausgang

S/PDIF

- **S/PDIF**: **S**ony/**P**hilips **D**igital **I**nter**f**ace (IEC 958 Type II) ist eine serielle Schnittstelle für die Übertragung digitaler Audio-Daten von z. B. CD oder DVD über Verstärker an TV.
- Wurde abgeleitet aus dem professionellen Audiobereich (AES/EBU: Audio Engineering Society/European Broadcasting Union) und findet Anwendung im Consumer-Bereich.
- Verwendet werden entweder Koaxialkabel mit 75 Ω (max. 10 m) oder Lichtwellenleiter (TOSLINK:Toshiba Link).
- Das Übertragungsformat hat keine festgelegte Datenrate und kann somit unterschiedliche Datenströme (z. B. DAT mit 48 kHz Abtastrate oder CD-Audio mit 44,1 kHz Abtastrate) übertragen.
- Datencodierung erfolgt mittels BMC (Biphase Marking Code) und ermöglicht somit die Taktrückgewinnung aus dem Datenstrom.
- Audio-Daten werden auf 32 Zeitschlitze (ein Bit pro Zeitschlitz) aufgeteilt und beinhalten neben den Daten auch Zustands- und Steuerinformationen (z. B. Präambel).

ATX-Format und ATX-Standards

- **ATX: A**dvanced **T**echnology E**x**tended (Formfaktor)
- Es handelt sich um eine Norm für Gehäuse, Netzteile, Hauptplatinen und Steckkarten.
- Der ATX-Formfaktor wurde 1996 als Nachfolger für den AT-Formfaktor (Advanced Technology) eingeführt. Motherboardabmessungen: 305 mm x 244 mm (12" x 9,6")
- Im ATX-Standard verfügen die Netzteile mindestens über folgende Stecker:
  - ATX 1.0: 20-Pin-Stecker und FDPC-Stecker
  - ATX 1.3: 20-Pin-Stecker, FDPC-Stecker und APC-Stecker
  - ATX EPS: 24-Pin-Stecker, FDPC-Stecker und EPS-Stecker
  - ATX 2.0: 24-Pin-Stecker, FDPC-Stecker und PCI-Express-Stecker
  - ATX 2.2: 24-Pin-Stecker, FDPC-Stecker und PCI-Express-Stecker
- Ab ATX 2.0 sind zusätzlich SATA-Stecker vorhanden
- Die in den Abbildungen verwendeten Farben sind die gängigen Farben in den leitungen. Abweichungen sind möglich.
- Der 20-Pin-Stecker passt auch in die 24-Pin-Buchse (ggf. Adapter). Bei einem hohen Energieverbrauch ist eine stabile Funktion jedoch nicht gewährleistet.
- Der 24-Pin-Stecker passt auch in die 20-Pin-Buchse, wenn genügend Platz auf dem Motherboard vorhanden ist.

Netzteil

- Leistung *P* in Watt (W):
  Dabei muss beachtet werden, dass die Gesamtstromstärke auf verschiedene Leitungen bzw. Geräte/Erweiterungskarten (z. B. Grafikkarte) verteilt wird.
- Eingangsgrößen AC:
  Wechselspannungsbereich *U* in Volt (V) und Frequenz *f* in Hertz (Hz)
- Ausgangsgrößen DC:
  Gleichspannung *U* in Volt (V), Polarität (+ oder –) gegenüber einem gemeinsamen Bezugspunkt (Masse), maximale Stromstärke *I* in Ampere (A)

ATX-Stecker für das Motherboard

- **20 Pin** (Blick von unten auf den Stecker)

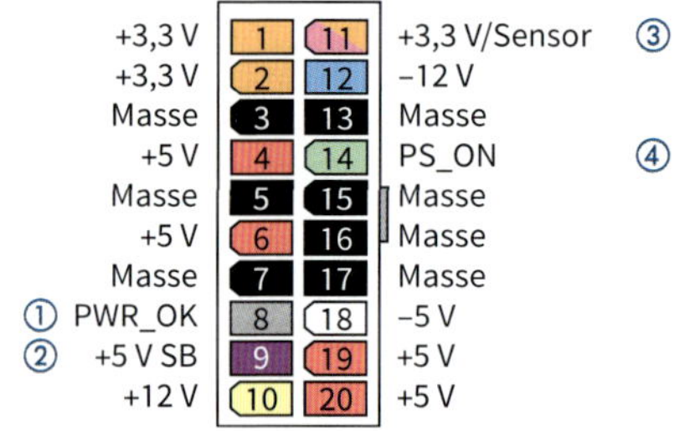

① Power OK (Indikationssignal +5 V und +3,3 V stabil)
② 5 V DC, Spannung für Standby
③ Sensor-Anschluss für verschiedene Funktionen
④ Power Supply On, Netzteil wird eingeschaltet, wenn eine Verbindung mit Masse hergestellt wird (Steuereingang)
⑤ Reserve, meist unbelegt

- **24 Pin**

	Pin	Pin		
+3,3 V	1	13	+3,3 V/Sensor	③
+3,3 V	2	14	–12 V	
Masse	3	15	Masse	
+5 V	4	16	PS_ON	④
Masse	5	17	Masse	
+5 V	6	18	Masse	
Masse	7	19	Masse	
① PWR_OK	8	20	Reserviert	⑤
② +5 V SB	9	21	+5 V	
+12 V	10	22	+5 V	
+12 V	11	23	+5 V	
+3,3 V	12	24	Masse	

Stecker für die Spannungsversorgung von Peripheriegeräten des Motherboards

Stecker	Belegung
FDPC: Floppy **D**isk **P**ower **C**onnector Spannungsversorgung für Peripheriegeräte, 3,5"-Geräte, z. B. Diskettenlaufwerk	1: +5 V, 2: Masse, 3: Masse, 4: +12 V
PPC: Power **P**eripheral **C**onnector (Molex-Stecker) Spannungsversorgung für Peripheriegeräte, 5,25"-Geräte, z. B. Festplatte, CD-ROM, DVD-Laufwerk	1: +12 V, 2: Masse, 3: Masse, 4: +5 V
APC: Auxilary **P**ower **C**onnector, Aux Power Stecker für Hilfsspannungsversorgung (Pentium 4) Entlastung des Steckers für das Motherboard	1: Masse, 2: Masse, 3: Masse, 4: +3,3 V, 5: +3,3 V, 6: +5 V
12 V Power Zusätzliche Spannungsversorgung für Prozessoren ab 60 W	1: Masse, 2: Masse, 3: +12 V, 4: +12 V
PCI-Express 12 V Spannungsversorgung für Erweiterungskarten PCI-Express	1: +12 V, 2: +12 V, 3: +12 V, 4: Masse, 5: Masse, 6: Masse
EPS Power: Extended **P**ower **S**upply Erweiterte 12 V Spannungsversorgung für Multiprozessor-Motherboards	1: Masse, 2: Masse, 3: Masse, 4: Masse, 5: +12 V, 6: +12 V, 7: +12 V, 8: +12 V
SATA Stecker Spannungsversorgung für Serial-ATA-Geräte (z. B. Festplatte)	1: +3,3 V, 2: +3,3 V, 3: +3,3 V, 4: Masse, 5: Masse, 6: Masse, 7: +5 V, 8: +5 V, 9: +5 V, 10: Masse, 11: Masse, 12: Masse, 13: +12 V, 14: +12 V, 15: +12 V

Begriffe

- **RAM: R**andom **A**ccess **M**emory
  Ein Speicher mit wahlfreiem Zugriff, der beliebig gelesen und beschrieben werden kann.
- **SRAM: S**tatic **RAM**
  - Bistabile Kippstufen in Form eines Flipflops pro Bit
  - Aufbau: 6-Transistor-Zelle in CMOS-Technologie
  - Der Speicherinhalt geht erst bei Abschaltung der Betriebsspannung verloren (flüchtiger Speicher).
- **DRAM: D**ynamic **RAM**
  Der Speicherinhalt muss nach kurzer Zeit wieder aufgefrischt werden (Refresh).
- **SDRAM: S**ynchronous **DRAM**
  - Der Speicher verfügt über einen Taktgeber, der mit dem Systemtakt synchronisiert ist (Taktfrequenzen z. B. 66 MHz, 100 MHz, 133 MHz).
  - Geringe Zugriffszeiten
  - Betriebsspannung 2,5 V
- **DDR-RAM: D**ouble **D**ata **R**ate **RAM (DDR-SDRAM)**
  - Daten werden auf der ansteigenden und abfallenden Flanke gelesen (doppelte Datenrate).
  - Betriebsspannung 1,8 V; 2,5 V
  - Varianten: DDR1 (Bezeichnung auch ohne Ziffer), DDR2, DDR3; 184 und 240 Kontakte
- **RDRAM: R**ambus **DRAM**
  - Speicher der Fa. Rambus mit hoher Datenrate, 10mal schneller als bei SDRAM.
  - Daten werden auf der ansteigenden und abfallenden Flanke gelesen.
  - Taktfrequenz bis 400 MHz
  - Betriebsspannung 2,5 V

Modulkennzeichnungen

- **Angaben**
  - Speicherkapazität (z. B. 256 MB, 512 MB, 1 GB, 2 GB, 4 GB)
  - Taktfrequenz (z. B. 100, 133, 400, 800 MHz)
  - Maximale Datenübertragungsrate (z. B. 1,6 GB/s)
- **Module mit SDRAM**
  Beispiele:
  - PC 100 (100 MHz Taktfrequenz)
  - PC 133 (133 MHz Taktfrequenz)
- **Module mit DDR-RAM**
  Beispiele:
  - PC 1600 (1600 MB/s max. Datenübertragungsrate)
  - PC 2100, PC 2700, PC 3200 oder höher
    Berechnung des Zahlenwertes für 2100:
    133 MHz Takt x 2 Flanken x 8 Byte = 2128

Beispiele für Kenndaten

	DDR2-RAM	DDR3-RAM	DDR4-RAM
Chip	DDR2-800	DDR3-800	DDR4-1600
Modul	PC2 6400	PC3 6400	PC4 12800
Taktfrequenz Speicher	200 MHz	100 MHz	200 MHz
I/O-Takt	400 MHz	400 MHz	800 MHz
Taktfrequenz Modul	800 MHz	800 MHz	1600 MHz
Datenübertragungsrate pro Modul	6,4 GB/s	6,4 GB/s	12,8 GB/s

SIMM

- **SIMM: S**ingle **I**nline **M**emory **M**odule
  - Verbundene Kontakte auf beiden Seiten des Moduls
  - Seitliche Einbuchtung
  - 8 Bit Datenbusbreite: 30 Kontakte, in der Regel auf zwei Speicherbänke aufgeteilt (einreihig)
  - 32 Bit Datenbusbreite: 72 Kontakte
  - Bestückung mit **DRAM** bzw. **EDO-RAM** (**E**xtended **D**ata **O**utput **RAM**, erweiterte Datenausgabe)
- **PS/2 SIMM: P**ersonal **S**ystem**/2 SIMM**
  (IBM-Bezeichnung, PC-Nachfolger)
  - Kerbe in der Mitte (einreihig)
  - 32 Bit Datenbusbreite: 72 Kontakte

DIMM

- **DIMM: D**ual **I**nline **M**emory **M**odule
  - Doppelreihiger Speicherbaustein, Kontakte auf beiden Seiten sind unabhängig voneinander
  - 64 Bit Datenbusbreite: 168 Kontakte
  - Betriebsspannungen 3,3 V (Kerbe mittig), 5 V (Kerbe links)
- **SO-DIMM: S**mall **O**utline **DIMM**
  - Kleine kompakte Module, z. B. für Notebooks
  - 32 Bit Datenbusbreite: 72 Kontakte
  - 64 Bit Datenbusbreite: 144 Kontakte
- **DIMM** mit **SD-RAM** (PC 100, PC 133)
  - 168 Kontakte auf beiden Seiten der Platine
  - zwei Kerben

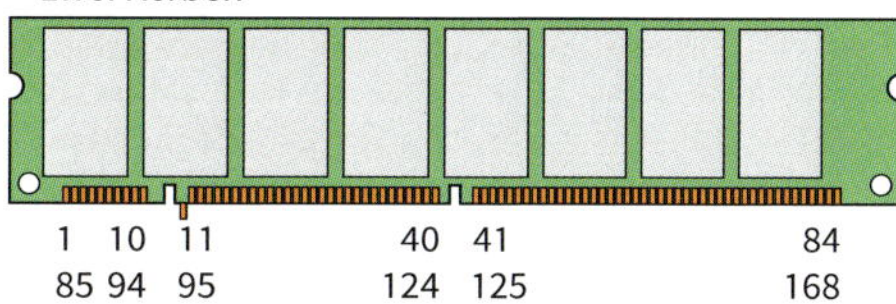

- **DIMM** mit **DDR-RAM** (PC 1600, PC 2100, ...)
  - 184 Kontakte auf beiden Seiten der Platine
  - eine Kerbe
  - Betriebsspannung 2,5 V bis 2,7 V

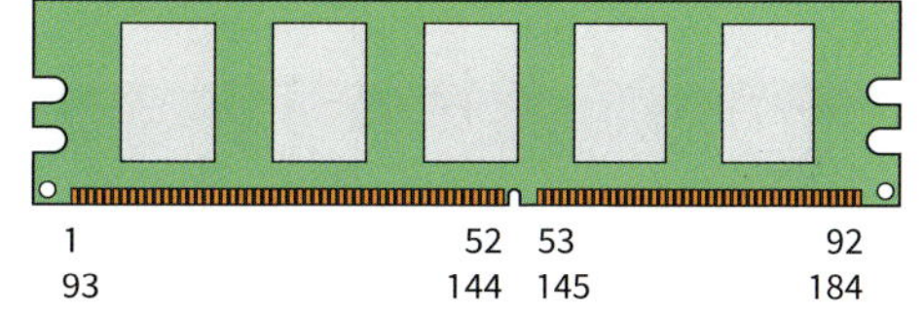

RIMM

- **RIMM: R**ambus **I**nline **M**emory **M**odule
  - 184 Kontakte auf beiden Seiten der Platine
  - 64 Bit Datenbusbreite, hohe Taktfrequenz bis 800 MHz
  - Betriebsspannung 2,5 V
- **RIMM** mit **RDRAM** (PC 800, PC 1600)

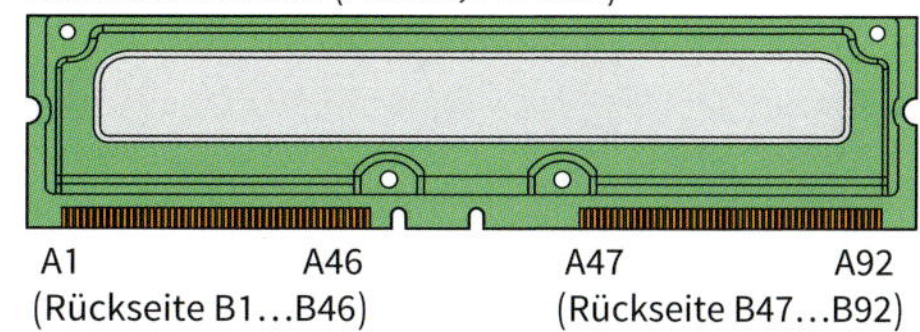

- **SO-RIMM: S**mall **O**utline **RIMM**
  - 160 Kontakte
  - Kleine kompakte Module mit geringem Platzbedarf, z. B. für Notebooks

Aufbau und Arbeitsweise

- Festplatten (**HDD: H**ard **D**isk **D**rive) sind Magnetplattenspeicher.
- Die Träger der **Speicherschicht** (dünn aufgedampftes Eisenoxid) sind runde Aluminiumplatten ①, die übereinander gelagert und in geringem Abstand starr miteinander verbunden sind.
- Zum Lesen oder Schreiben der Daten greifen pro Platte seitlich zwei Schreib-Lese-Köpfe ② zwischen die Platten ein.
- Alle Schreib-Lese-Köpfe sitzen auf einem Kamm ③, so dass sich die Köpfe stets gleichzeitig durch einen Linearmotor ④ über die Oberflächen bewegen.

Partitionen

- Der Speicherbereich einer Festplatte kann in einzelne, in sich zusammenhängende Bereiche (**Partitionen**), elektrisch aufgeteilt werden. Die Partitionen wirken wie separate Laufwerke und werden unter Windows durch fortlaufende eigene Buchstaben gekennzeichnet.
- In der **Primärpartition** (Buchstabe C, Windows) sind das Betriebssystem, Anwendungsprogramme usw. gespeichert.
- Der PC wird von einer Primärpartition aus gebootet. Auf der Festplatte können mehrere Primärpartitionen für verschiedene Betriebssysteme eingerichtet sein. Es kann allerdings nur eine aktiv sein.
- **Erweiterte Partitionen** sind weitere Unterteilungen der Festplatte, für die eine logische Formatierung (logische Laufwerke) vorgenommen wird.

Physikalische Formatierung

- Die Datenträgerorganisation wird vom Hersteller durchgeführt. Grundbausteine sind: Spuren, Sektoren und Zylinder.
- **Spuren:** Konzentrische Kreispfade auf jeder Scheibenseite; jede Spur erhält eine Nummer; die Spur 0 liegt am äußeren Rand.
- **Zylinder:** Der Spurensatz, der auf allen Seiten der Platten im gleichen Abstand von der Mitte angelegt wird, sind die Zylinder. Hardware und Software arbeiten häufig mit diesen Zylindern.
- **Sektoren:** Die Ausschnitte der Spuren werden als Sektoren bezeichnet. In ihnen kann eine bestimmte Datenmenge gespeichert werden.

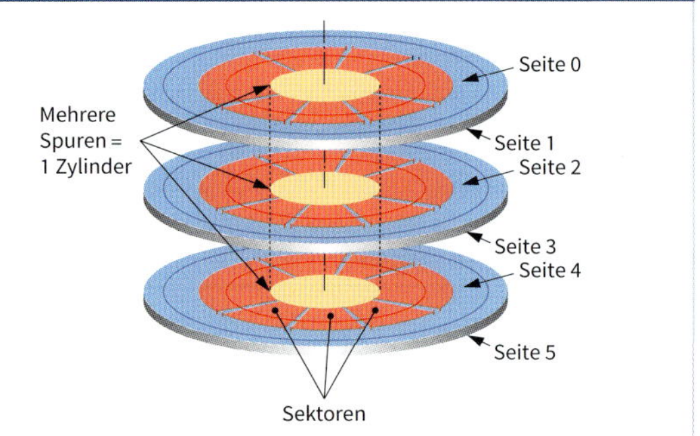

Serial ATA (SATA)

Merkmale

- **SATA** (**S**erial **A**dvanced **T**echnology **A**ttachment) ist eine Weiterentwicklung der parallelen ATA-Schnittstelle für Festplatten zu einer seriellen Schnittstelle.
- Vorteile gegenüber ATA:
  - vereinfachte Leitungsführung
  - Luftzirkulation im PC wird durch dünnere Leitungen weniger behindert
  - höhere Datenübertragungsraten
  - Austausch von Datenträgern im laufenden Betrieb (Hot-Plug) ist möglich
- Serial ATA ist nicht auf Festplatten beschränkt (Bandlaufwerke, DVD-Laufwerke, DVD-Brenner).

Versionen	Datenrate in MB/s	Geräteanzahl	Einführungsjahr
Serial ATA I	150	4	2002
Serial ATA II (2)	300	16	2005
Serial ATA III (3)	600	16	2007

Datenleitung und Steckverbinder

- 8 mm breit (¼ Zoll), flexibel, 7 Adern, maximal 6 m lang
- Punkt-zu-Punkt-Verbindung
- Terminierung ist nicht erforderlich
- Signalspannung 250 mV (**LVDS**: **L**ow **V**oltage **D**ifferential **S**ignaling), +250 mV und −250 mV
- Steckverbinder: (Spannungsversorgung)
  - 15 Pins
  - 3 Spannungen: 3,3 V; 5 V; 12 V
  - Stecker für 2½-Zoll-Notebook- und für 3½-Zoll-Festplatte, 5¼-Zoll-Laufwerke

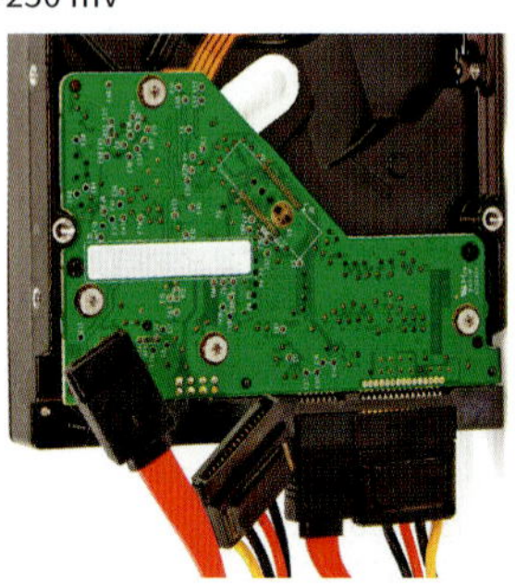

CD

- **CD: C**ompact **D**isc
- Die spiralförmige Datenspur beginnt mit dem Einlaufbereich (lead-in) ①, der die Basisdaten (Inhaltsverzeichnis, Gesamtlänge, Tracks usw.) aufnimmt. Die Datenspur ② endet im Außenbereich mit dem Spurauslauf (lead-out) ③
- Die Datenspur wird von einem Laser abgetastet. Die Reflexionen des Laserstrahls durch die Lands ④ werden am Übergang zu den Pits ⑤ gestört. Jeder Übergang zwischen Lands und Pits und umgekehrt entspricht der logischen „1“.
- Arten:
  - CD-ROM (CD-**R**ead-**O**nly-**M**emory), industriell, gepresste „klassische“ CD
  - CD-R (**R**ecordable), einmal beschreibbar
  - CD-RW (**R**ewritable), mehrfach löschbar und wieder beschreibbar
- Speicherkapazität:
  650 MB (74 Minuten Musik bei Audio-CD) bis 879 MB

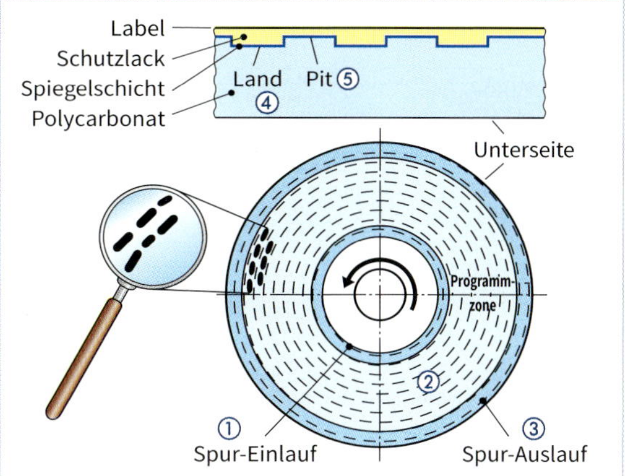

DVD

- **DVD: D**igital **V**ersatile **D**isc (digitale vielseitige Scheibe)
- Datenspuren wie bei der CD mit deutlich größerer Speicherkapazität
- Scheibendurchmesser: 12 cm, 18 cm
- Je nach Verwendungszweck werden DVD-Formate für spezielle Datenstrukturen eingesetzt:
  - **DVD-Video**
    Wiedergabe von bewegten Bildern und Ton, Datenkompression mit MPEG-2
  - **DVD-Audio**
    Wiedergabe von Standbildern und Ton hoher Qualität, unkomprimiert: PCM (lineare Pulscodemodulation), komprimiert: z. B. MP2 (MPEG-1 Audio) mit 192-256 kbit/s, DTS mit 448 kbit/s
  - **DVD-ROM**
    Lesen von Daten (Computerdaten), Speicherung der Dateien in beliebigen Ordnern
  - **Hybrid-DVD**
    Kombination aus DVD-Video, DVD-Audio und DVD-ROM
- Beschreibbare DVDs:
  - DVD-RAM (einmal beschreibbar)
  - Minus-Standard: DVD-R, DVD-RW, DVD-R DL
  - Plus-Standard: DVD+R, DVD+RW, DVD+R DL
    DL: Double (Dual) **L**ayer, zwei Datenschichten pro Seite
  - Wie bei CDs können DVDs in mehreren Sitzungen (Sessions) beschrieben werden.

- **DVD-5**, einseitig und einschichtig (4,7 GB)
  - Eine Aufzeichnungsebene
  - Etwa 2,2 Stunden Videoaufzeichnung möglich

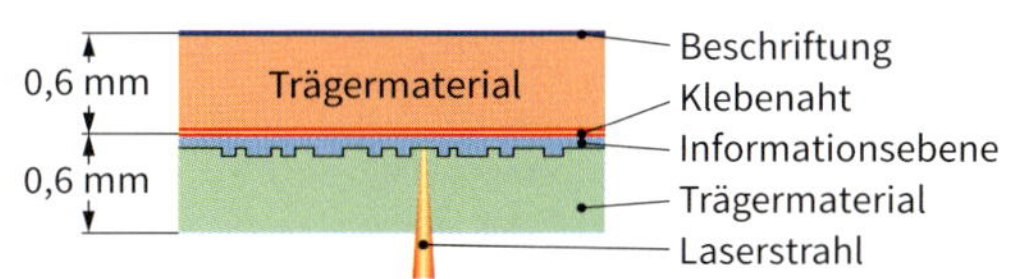

- **DVD-10**, beidseitig und einschichtig (9,4 GB)
  - Im Prinzip zwei zusammengeklebte einschichtige DVDs
  - Etwa 4 Stunden Videoaufzeichnung möglich
- **DVD-9**, einseitig und zweischichtig (8,5 GB)
  - Zwei Aufzeichnungsebenen
  - Etwa 4,4 Stunden Videoaufzeichnung möglich

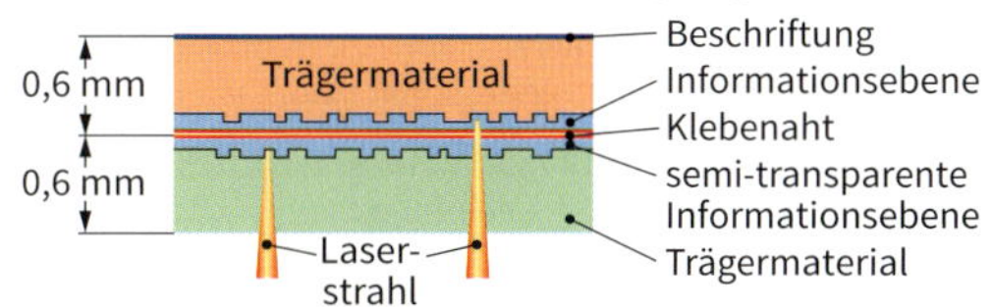

- **DVD-18**, beidseitig und zweischichtig (17 GB)
  - Im Prinzip zwei zusammengeklebte zweischichtige DVDs
  - Etwa 8 Stunden Videoaufzeichnung möglich

BD

- **BD: B**lu-ray **D**isc
- Verkürzter Name: Blauer Lichtstrahl (Blue ray)
- Nicht kompatibel zu CD und DVD
- 12 cm Durchmesser wie bei CD und DVD
- Im Vergleich zur DVD ist der Abstand des Lasers zum Datenträger verkleinert.
- Die Schutzschicht ist im Vergleich zur DVD verkleinert (0,1 mm). Sie ist empfindlicher gegen Schmutz.
- Die BD ist als Nachfolger gedacht für die DVD mit erhöhter Speicherkapazität zur Aufnahme von Videos im HDTV-Format.
- Speicherkapazitäten:
  - Eine Lage bis 27 GB
  - Zwei Lagen bis 54 GB

Vergleich optischer Datenspeicher

CD	DVD	Blu-ray Disc
Abstände der Pits		
1,6 µm	0,74 µm	0,32 µm
Speicherkapazität in GB, SL: Single Layer, DL: Double Layer		
0,68–0,8	SL: 4,7; DL: 8,5	SL: 25; DL: 50
Wellenlänge des Lasers, Laserspot-Durchmesser		
780 nm, Infrarot 2,1 µm	650 nm, Rot 1,3 µm	405 nm, Violett 0,6 µm

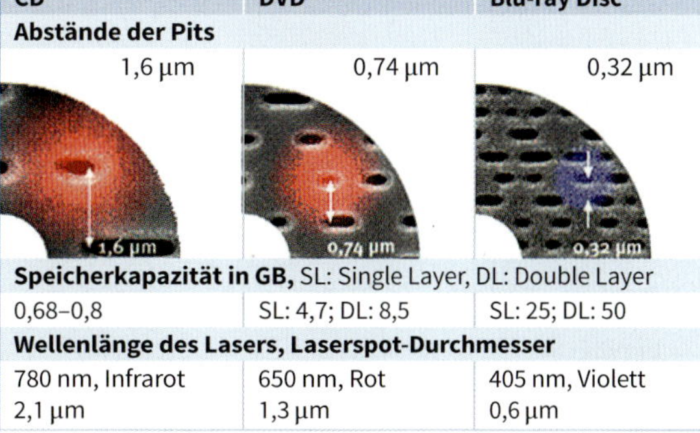

Einteilung

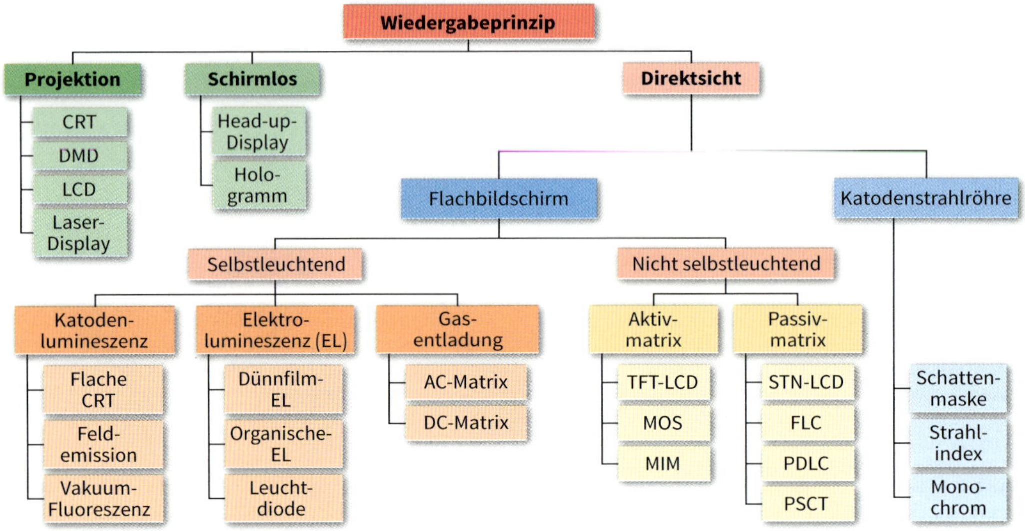

- **Wiedergabeprinzip**
  - **Projektion**
    - CRT
    - DMD
    - LCD
    - Laser-Display
  - **Schirmlos**
    - Head-up-Display
    - Holo-gramm
  - **Direktsicht**
    - Flachbildschirm
      - Selbstleuchtend
        - Katoden-lumineszenz
          - Flache CRT
          - Feld-emission
          - Vakuum-Fluoreszenz
        - Elektro-lumineszenz (EL)
          - Dünnfilm-EL
          - Organische-EL
          - Leucht-diode
        - Gas-entladung
          - AC-Matrix
          - DC-Matrix
      - Nicht selbstleuchtend
        - Aktiv-matrix
          - TFT-LCD
          - MOS
          - MIM
        - Passiv-matrix
          - STN-LCD
          - FLC
          - PDLC
          - PSCT
    - Katodenstrahlröhre
      - Schatten-maske
      - Strahl-index
      - Mono-chrom

CRT: **C**athode **R**ay **T**ube (Katodenstrahlröhre)
DMD: **D**ense **M**irror **D**isplay (Mikrospiegel)
LCD: **L**iquid **C**rystal **D**isplay (Flüssigkristall)
FLC: **F**erro **L**iquid **C**rystal (Ferroelektrischer Flüssigkristall)
MOS: **M**etall **O**xid **S**emiconductor (Metall-Oxid)
MIM: **M**etall **I**solator **M**etall (Metall Isolator Metall)

PDLC: **P**olymer **D**isperged **L**iquid **C**rystal (Polymer dispergierter Flüssigkristall)
PSCT: **P**olymer **S**tabilised **C**holestric **T**exture (Polymer stabilisierte cholestrische Texture)
STN: **S**uper **T**wisted **N**ematic (Super gedreht)
TFT: **T**hin **F**ilm **T**ransistor (Dünnschicht Transistor)

LCD (Liquid Crystal Display)

- Flüssigkristall-Anzeigen
  - basieren auf anorganischen Komponenten mit stäbchenhaften **Molekülen** und benötigen externe Lichtquellen,
  - wirken nach dem **Durchlicht-** oder **Reflexionsverfahren** oder einer Kombination aus beidem und
  - bilden im Temperaturbereich von –20 °C bis +85 °C **Kristallstäbchen**, die verschiebbar sind.
- Durch Anlegen elektrischer Spannungen wird die Ausrichtung der Moleküle beeinflusst.
- **Normal-White Zelle** ist ohne Spannung weiß.
- **Normal-Black Zelle** ist ohne Spannung dunkel.
- **Passiv-Matrix-Displays** beeinflussen auch Nachbarzellen (geringer Kontrast).
- **Aktiv-Matrix-Displays** sind in jeder Zelle mit einem Dünnschichttransistor als Schalter ausgerüstet und werden als **TFT-Displays** (**T**hin-**F**ilm-**T**ransistor) bezeichnet.

Leuchtverfahren

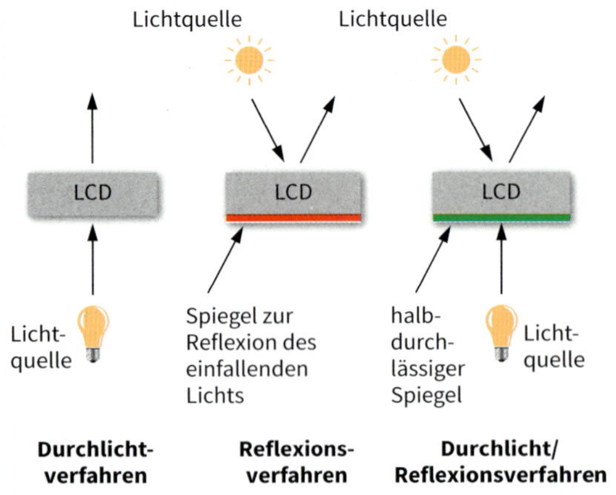

Lichtquelle
Lichtquelle
LCD
LCD
LCD
Licht-quelle
Spiegel zur Reflexion des einfallenden Lichts
halb-durch-lässiger Spiegel
Licht-quelle

Durchlicht-verfahren | **Reflexions-verfahren** | **Durchlicht/ Reflexionsverfahren**

Funktion

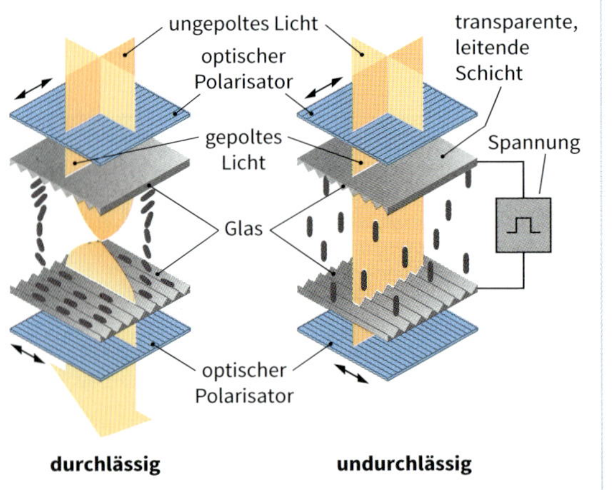

Kenngrößen

- Bildentstehung durch
  - Flüssigkristalltechnik (**LCD: L**iquid **C**rystal **D**isplay)
  - Plasmatechnik (**PDP: P**lasma **D**isplay **P**anel)
- **Seitenverhältnisse**
  5:4, 4:3, 16:9, 16:10
- **Bildschirmdiagonale**
  - Abstand zwischen zwei sich diagonal gegenüberliegenden Ecken
  - Die Angabe erfolgt in der Regel in Zoll.

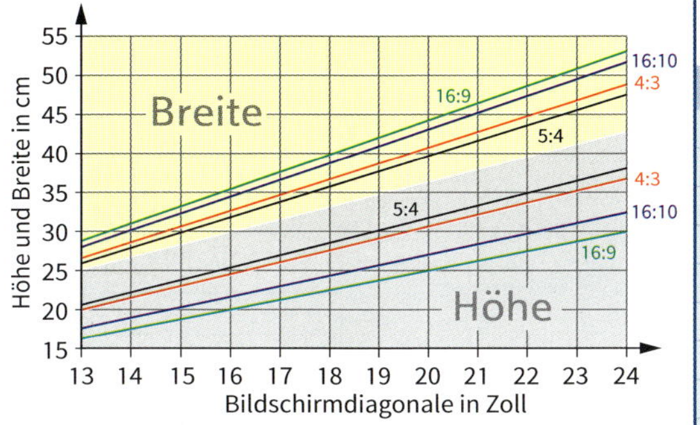

- **Auflösung** (Pixel horizontal x vertikal)
  Beispiele:
  - 15": 1024 x 768
  - 17": und 19" 1280 x 1024 bis 1600 x 1200
  - 24": 1920 x 1200
- **Reaktionszeit:** 2 bis 25 ms
- **Kontrast:** 300:1 bis 5000:1
- **Helligkeit:** 200 bis 500 cd/m²
- **Blickwinkel:** z. B. 140° bis 178°
- **Pixeldichte:** Anzahl der physikalischen Pixel pro Zoll

Computergrafikstandards und Bildschirmgröße

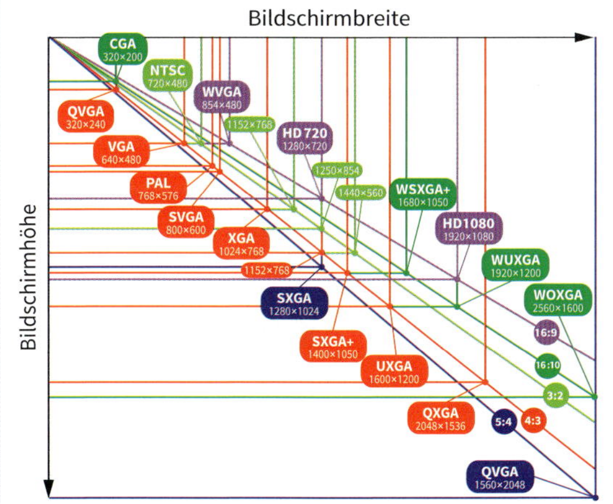

Q:	**Q**uarter	**VGA:**	**V**ideo **G**raphics **A**rray
S:	**S**uper	**XGA:**	E**x**tended **G**raphics **A**rray
U:	**U**ltra	**CGA:**	**C**olour **G**raphics **A**dapter
W:	**W**ide	**HD:**	**H**igh **D**efinition Television
PAL:	**P**hase **Al**ternating **L**ine	**NTSC:**	**N**ational **T**elevision **S**ystem **C**ommittee

VGA-Anschluss

- Analoge Video-Datenübertragung
- **VGA: V**ideo **G**raphics **A**rray
- **DDC: D**isplay **D**ata **C**hannel (Anzeigedatenkanal)
  Die Signale dienen der Identifikation des angeschlossenen Monitor-Typs (z. B. Farbe, VGA, SVGA).

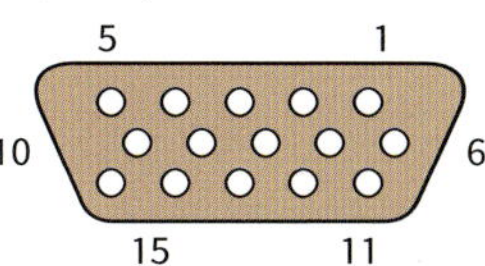

Pin	Signal, Funktion
1	Rot-Signal analog
2	Grün-Signal analog oder analoges Monochrom-Signal
3	Blau-Signal analog
4	Monitor Identifikations-Bit 2, Masse
5	Digitale Masse für DDC
6	Rot-Masse
7	Grün-Masse
8	Blau-Masse
9	Nicht belegt, DDC 1 (+5 V)
10	Synchronisations-Masse
11	Monitor Identifikations-Bit 0
12	Monitor Identifikations-Bit 1, DDC 1-Signal
13	Horizontale Synchronisation
14	Vertikale Synchronisation
16	Monitor Identifikations-Bit 3, DDC 1-Signal

DVI-Anschluss

- Schnittstelle zur Übertragung der digitalen Daten der Grafikkarte z. B. an ein TFT-Display.
- **DVI: D**igital **V**isual **I**nterface
- Pinbelegung:
  - 1…24 digitale Signale
  - C1…C4 analoge Signale
- **DVI-I** (DVI-Integrated):
  Digitale und analoge Übertragung
- **DVI-D:**
  Rein digitale Übertragung (nur Pin 1 bis 24, ohne C1 bis C5)
- **DVI-A:**
  Rein analoge Übertragung (C1 bis C5)

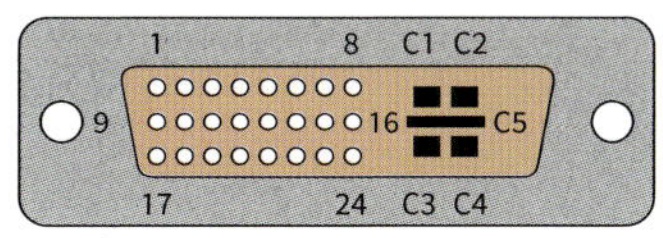

HDMI-Anschluss

- **HDMI: H**igh **D**efinition **M**ultimedia **I**nterface
  Digital arbeitende Schnittstelle für die Übertragung multimedialer Daten (Video, Audio und Steuersignale).
- Datenrate bis zu 5 GB/s
- Farbmodelle YUV und RGB
- Stecker
  Typ A: 19 Pins, 13,9 mm breit; Typ B: 29 Pins, 21,2 mm breit; Typ C: 19 Pins, 10,42 mm breit

Definition

- Eine Schnittstelle ist festgelegt durch die
  - physikalischen Eigenschaften des Übertragungsmediums (Leitung, Funkstrecke),
  - Signale, die auf der Übertragungsstrecke ausgetauscht werden können,
  - Bedeutung der Signale (Semantik) und
  - Verbindungssysteme (Steckverbindungen).
- Die Kommunikation zwischen den **D**aten**e**nd**e**inrichtungen (**DEE**) erfolgt nach festgelegten Regeln (Protokollen):
  - **unidirektional** (nur in eine Richtung) oder
  - **bidirektional** (in zwei Richtungen).
- Unterschiede:

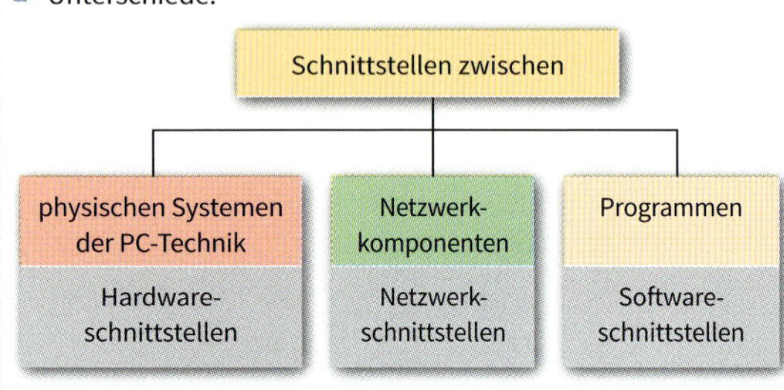

- Die Übertragung der Daten zwischen den Endeinrichtungen kann **seriell** (nacheinander) oder **parallel** erfolgen.
- Serieller Datenstrom

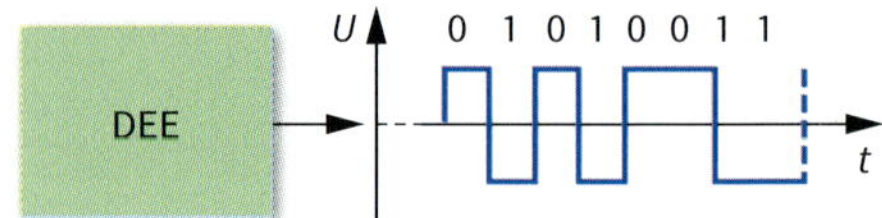

- Paralleler Datenstrom

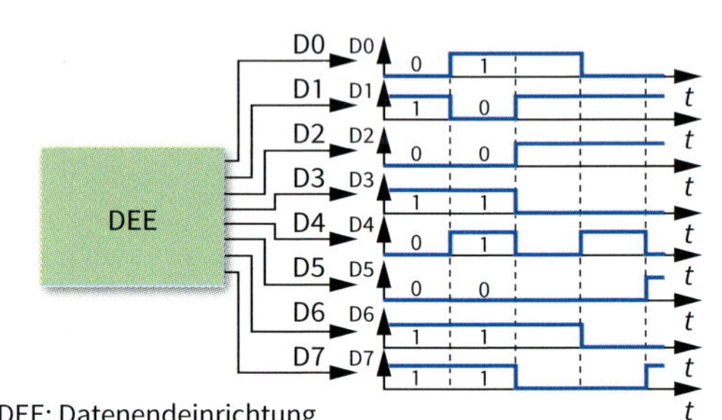

DEE: Datenendeinrichtung

V.24, RS-232

- Serielle Schnittstelle

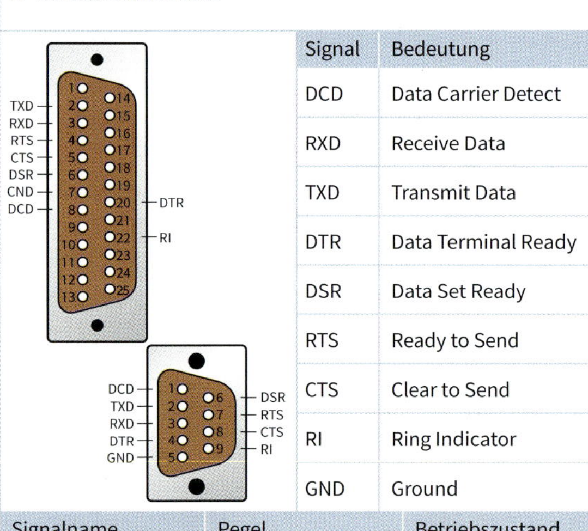

Signal	Bedeutung
DCD	Data Carrier Detect
RXD	Receive Data
TXD	Transmit Data
DTR	Data Terminal Ready
DSR	Data Set Ready
RTS	Ready to Send
CTS	Clear to Send
RI	Ring Indicator
GND	Ground

Signalname	Pegel	Betriebszustand
Datenleitung	−3 V…−15 V +3 V…+15 V	EIN (1) AUS (0)
Steuer- bzw. Meldeleitung	−3 V…−15 V +3 V…+15 V	AUS EIN

- Asynchroner Zeichenrahmen

Beispiel:

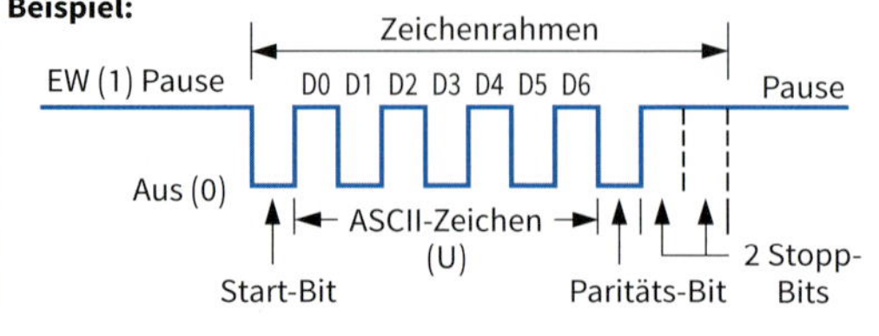

IEEE 1284

- Parallele Schnittstelle (Druckerschnittstelle)
- Steckverbindungen (Buchsenleiste)

PC-Anschluss Drucker-Anschluss (Centronics)

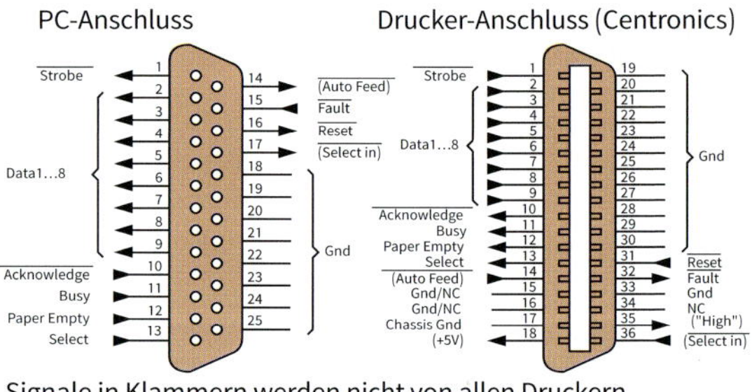

Signale in Klammern werden nicht von allen Druckern ausgewertet. Pfeile geben die Signalrichtung an.

- Signale und ihre Bedeutungen:

Signal	Bedeutung, Funktion
Strobe	Datenübergabe; Daten müssen bei 0-Signal gültig sein
Data 1…8	Datensignale 1…8
Acknow-ledge	Quittungssignal; Drucker empfangsbereit bei 0-Signal
Busy	Wartesignal: Drucker nicht empfangsbereit bei 1-Signal
Paper Empty	Meldung vom Drucker: Papier zu Ende
Select	Drucker ist online
(Auto feed)	automatischer Zeilenvorschub nach Zeilenende: Ein/Aus
Fault	Fehlermeldung
Reset	Drucker rücksetzen, initialisieren
Gnd	Ground: 0 V
NC	Not connected: nicht angeschlossen
(High)	+5 V, vom Drucker geliefert
(Select in)	Drucker auswählen

Chipsatz Intel 975x

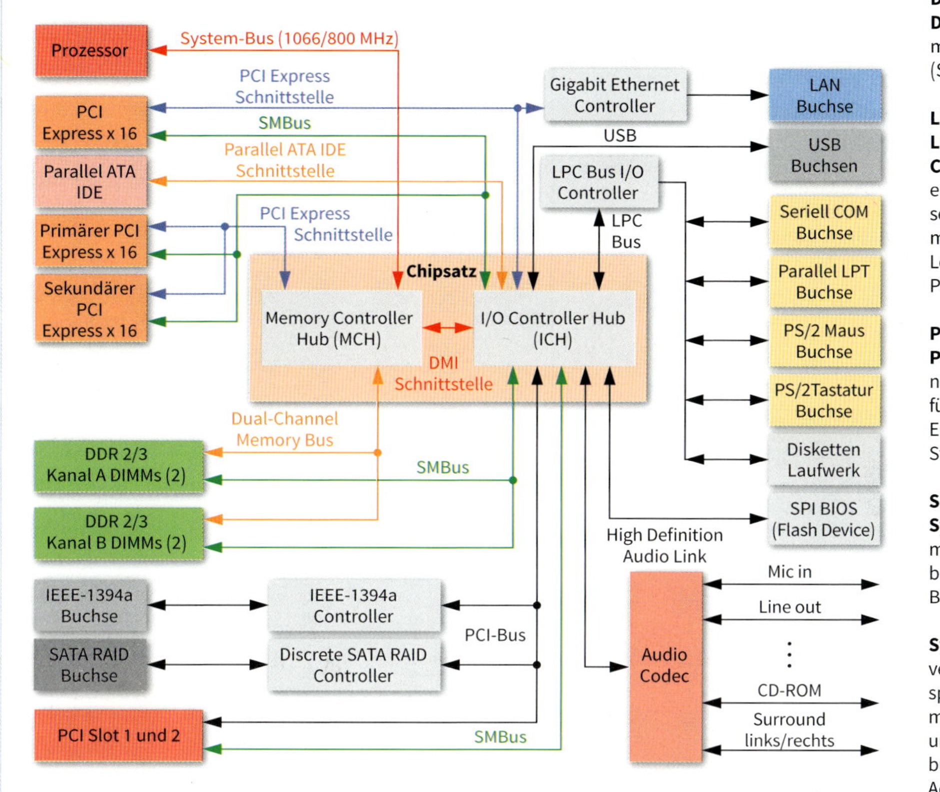

DMI:
Desktop **M**anagement **I**nterface (Schnittstelle)

LPC:
Legacy **P**ort **C**ontroller, entspricht dem seriellen ISA-Bus mit geringerer Leitungszahl, „alte" PC-Schnittstellen

PCI:
Peripheral **C**omponent **I**nterconnect, für die interne Erweiterung durch Steckkarten

SMBus:
System **M**anagement **Bus**, Steuerbus, der dem I²C-Bus entspricht

Systembus:
verbindet Zentralspeichereinheit mit Hauptspeicher und Cache (Datenbus, Steuerbus, Adressbus)

Erläuterungen

- **AT: A**dvanced **T**echnology; fortschrittliche Technologie, Bezeichnung für PCs mit 80286 Prozessor oder höher
- **ATA: AT-A**ttachment; Synonym für IDE
- **BIOS: B**asic **I**nput **O**utput **S**ystem; Basis-Eingangs-Ausgangs-System, im BIOS werden wichtige Einstellungen für den PC in einem wieder beschreibbaren Speicher (EEPROM, meist als Flash-Speicher, 64 oder 128 Byte) auf der Hauptplatine abgelegt.
- **Chipsatz:** Er dient der Unterstützung der CPU bei der Steuerung und dem Datentransfer der einzelnen Komponenten des Mainboards und der peripheren Geräte. Er besteht hauptsächlich aus den Komponenten MCH und ICH.
- **Codec: Co**der und **Dec**oder; Einrichtung, Verfahren oder Programm, mit denen Daten oder Signale digital codiert und decodiert werden können
- **COM: Com**munication; serielle Schnittstelle zum Anschluss von Peripheriegeräten mit geringem Datentransfer (z. B. Maus, Tastatur, Modem)
- **DDR-RAM: D**ouble **D**ata **R**ate **RAM**; Arbeitsspeicher, dessen Daten bei der ansteigenden und abfallenden Flanke gelesen werden (doppelte Datenrate)
- **DIMM: D**ual **I**nline **M**emory **M**odul; Speichermodul mit 64 Bit breitem Datenbus
- **EIDE: E**nhanced **IDE**-Schnittstelle; erweiterte IDE-Schnittstelle, andere Bezeichnungen Fast-ATA, ATA-2
- **IEEE-1394a: I**nstitute of **E**lectrical and **E**lectronics **E**ngineers; serielle Schnittstelle zur Kopplung peripherer Geräte (z. B externe Festplatten, Videogeräte) an einen Rechner oder zur Kopplung von Geräten untereinander
- **ICH: I**/O **C**ontroller **H**ub; früher als Southbridge bezeichnet
- **IDE: I**ntegrated **D**evice **E**lectronics; Schnittstelle für Geräte mit integriertem Controller, andere Bezeichnungen ATA, AT-Bus
- **LPT: L**ine **P**rin**t**er; parallele Schnittstelle zum Anschluss von Peripheriegeräten, z. B. Scanner, Drucker
- **MCH: M**emory **C**ontroller **H**ubs; früher als Northbridge bezeichnet
- **PCI Express (PCIe);** Schnittstelle für Peripheriegeräte an die CPU, höhere Datenrate als PCI
- **PS/2: P**ersonal **S**ystem/**2**; serielle Schnittstelle für Tastatur und Maus
- **RAID: R**edundant **A**rray **I**ndependent **D**isc; redundante Anordnung von unabhängigen Festplatten (virtueller Massenspeicher)
- **USB: U**niversal **S**erial **B**us; serieller Bus-Anschluss zum vereinfachten Anschalten von Peripheriegeräten (Geräte während des Betriebs einsteckbar), bis zu 127 Geräte

Eigenschaften

- Der Universal Serial Bus ist eine **serielle Schnittstelle**, die als Punkt-zu-Punkt Verbindung ausgeführt ist.
- Die Steuerung der Kommunikation erfolgt über den **Hostcontroller**, der als Master arbeitet.
- Über den Hub können insgesamt **127 Geräte** in Form einer Baumstruktur an den Bus angeschlossen weren.
- Pro Port kann nur ein einzelnes Gerät betrieben werden.
- Die Geräte werden **automatisch erkannt** und können im Betrieb am Port entfernt bzw. eingesteckt werden.
- Zusätzlich zu den Datenleitungen sind im Verbindungskabel **Stromversorgungsleitungen** enthalten, die eine Energieversorgung der angeschlossenen Geräte ermöglichen.
- Aufgrund der einfachen Anwendung wird die Schnittstelle zur Anschaltung von **fast allen Peripheriegeräten** (USB-Sticks, Festplatten, WLAN-Adapter, usw.) eingesetzt.

Spezifikationen

Spezifikationen Spannung 5 V	maximale Stromstärke	maximale Leistung
USB 1.0/1.1 (Low-Powered-Port)	0,1 A	0,5 W
USB 2.0 (High-Powered-Port)	0,5 A	2,5 W
USB 3.0/3.1	0,9 A	4,5 W
USB-BC 1.2 (Battery Charging)[1]	1,5 A	7,5 W
USB-Typ-C	3,0 A	15,0 W

[1] Ladeanschluss

USB-Typ-C

- Die Steckverbindung besteht aus zwei Kontaktreihen zu je 12 Kontakten. Die Kontakte sind horizontal und vertikal spiegelsymmetrisch angeordnet. Der Stecker kann somit in beiden Positionen eingeführt werden.
- Das Kabel hat an beiden Enden einen identischen Stecker. Kabel können nicht mehr als "falsch" eingesteckt werden.
- Datenübertragungsrate: 10 Gbit/s.
- Die Signale sind fünf Gruppen zugeordnet.

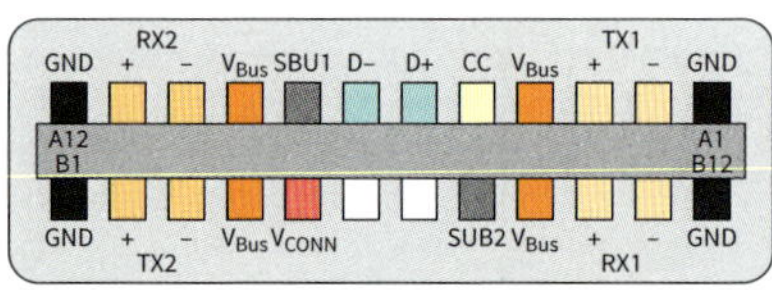

- **SuperSpeed-Link** (TX1+, TX1-, RX1+, RX1- und TX2+, TX2-, RX2+, RX2-) zwei Paar abgeschirmte Twisted-Pair- oder Koaxialleitungen
- **USB 2.0-Link** (D+, D-) einfaches, geschirmtes Twisted-Pair Leitungspaar (Halbduplexübertragung)
- **Konfiguration** (CC1, CC2); CC erkennt das Anstecken eines Kabels und die Orientierung des Steckers.
- **Hilfssignale** (SUB1, SUB2) zur Übertragung analoger Audiosignale
- **Stromversorgung** (4 x V_{BUS}, V_{CONN}, 4 x GND)

USB-PD (Power Delivery)

Über eine USB-Typ-C Steckverbindung lassen sich Geräte mit einer Leistung bis 100 W betreiben. Es werden fünf Profile unterschieden mit den Spannungen 5 V, 12 V und 20 V.

Stecker und Buchsen

Standard

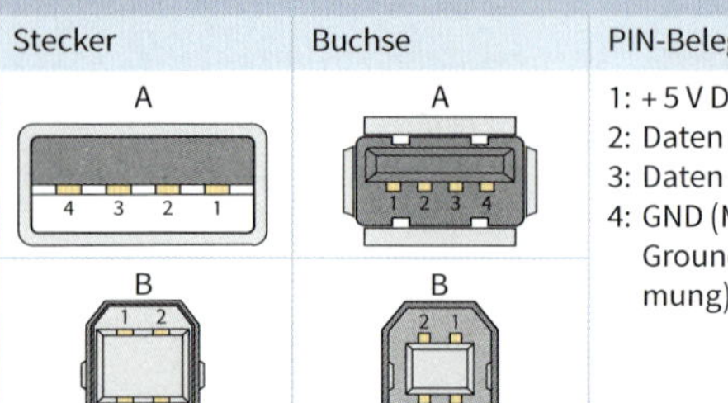

Stecker	Buchse	PIN-Belegung
A	A	1: + 5 V DC (V_{CC}), rot 2: Daten (D-), weiß 3: Daten (D+), grün 4: GND (Masse, Ground, Abschirmung), schwarz
B	B	

Mini

Stecker	Buchse	PIN-Belegung
A (5 4 3 2 1)	A	1: + 5 V DC (V_{CC}), rot 2: Daten (D-), weiß 3: Daten (D+), grün 4: ID (frei) 5: GND (Masse, Abschirmung), schwarz ID: Identifikation
B (5 4 3 2 1)	B	

Micro

Stecker	Buchse	PIN-Belegung
A (5 4 3 2 1)	A	s. Mini-USB
B (5 4 3 2 1)	B	

Micro-B USB 3.0 (Stecker)

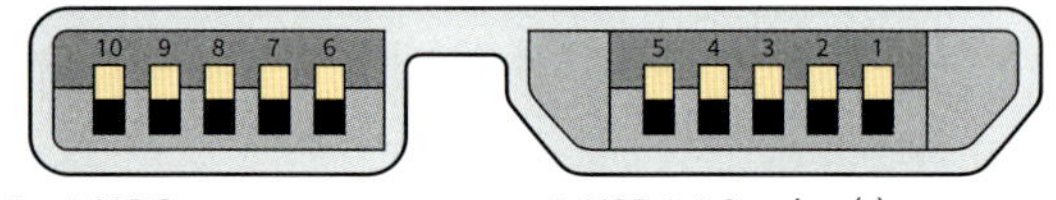

1: + 5 V DC	6: USB 3.0 Senden (-)
2: USB 2.0 (D-)	7: USB 3.0 Senden (+)
3: USB 2.0 (D+)	8: GND
4: USB OTG ID[2]	9: USB 3.0 Empfangen (-)
5: GND	10: USB 3.0 Empfangen (-)

Datenraten

Spezifikation	**max. Nutzdatenrate**
USB 1.0 Full Speed	1 MB/s
USB 2.0 Hi Speed	40 MB/s
USB 3.0 Super Speed	300 MB/s
USB 3.1 Super Speed +	900 MB/s

USB On-The-Go (USB OTG, OTG)[2]

USB-Geräte mit dieser Technik tauschen auch untereinander Daten aus – ohne Verbindung zum PC.
Beispiel: Die Digitalkamera kann Bilder direkt an einen Drucker senden. Der Nutzer muss sie nicht auf einen Computer überspielen, um sie auszudrucken.

Merkmale

- cPCI ist ein industrieller Standard der **PICMG** (**P**CI **I**ndustrial **C**omputers **M**anufacturer's **G**roup); in Europa vertreten durch PICMG Europe. Er
  - verwendet den PCI-Bus,
  - ist aufgebaut in 19" Aufbautechnik mit senkrechtem Baugruppeneinbau und
  - verwendet einen passiven Rückwandbus (backplane).
- Besondere Kennzeichen sind die hochpoligen Steckverbinder in 2 mm Stiftabstand (metrische Steckverbinder), wobei die Messerleisten in der Rückwandleiterplatte und die Federleisten auf den Baugruppen angeordnet sind.
- Die Steckverbinder sind in verschiedenen Typen (A, B, AB) verfügbar.
- Als Baugruppenformat werden das
  - einfache Europaformat (3U; 100 mm x 160 mm) und das
  - doppelte Europaformat (6U; 230 mm x 160 mm) verwendet.
- Die Anzahl der Steckverbinder ist abhängig von der Art der Baugruppe.
- Die CPU-Baugruppe enthält mindestens die Steckverbinder J1 und J2. ④
- Peripheriebaugruppen (z. B. I/O-Baugruppen) können auch nur mit dem Steckverbinder J1 ausgerüstet sein.
- Externe Signale (z. B. USB- oder Ethernetanschluss) werden über die Frontplatten herausgeführt.
- Über die Rückseite der backplane können zusätzliche Baugruppen angesteckt werden.
- Pro Rückwandbus-Einheit sind bis zu 8 PCI Einbauplätze realisierbar (über Brückenbaugruppen erweiterbar).
- Vorteile von cPCI sind u. a.
  - weltweiter herstellerunabhängiger Standard,
  - robuste Aufbauform (Zuverlässigkeit, Verfügbarkeit) und
  - breites Anwendungsspektrum, insbesondere im industriellen Bereich, wie z. B. Mess- und Steuerungstechnik.

Baugruppenformate

3U-Format

6U-Format

① Flachbaugruppe frontseitig
② Flachbaugruppe rückseitig
③ Backplane
④ Steckverbinder

Steckverbinderaufbau

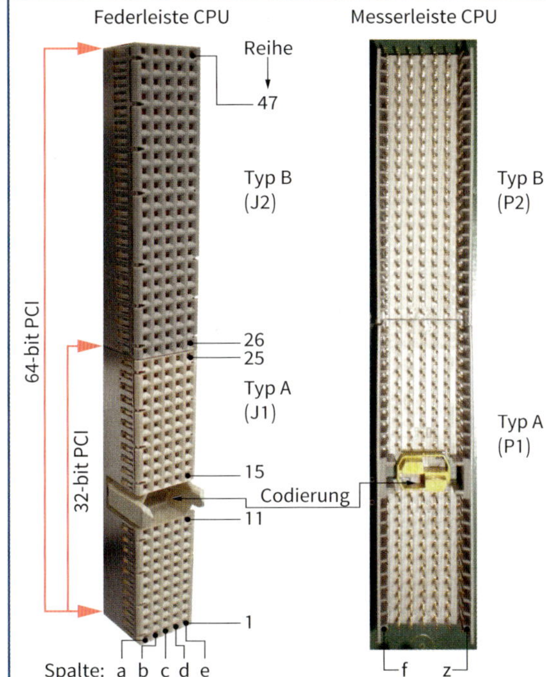

Aufbaubeispiel

CPU mit Backplane und rückseitiger Baugruppe

19" Gehäuse

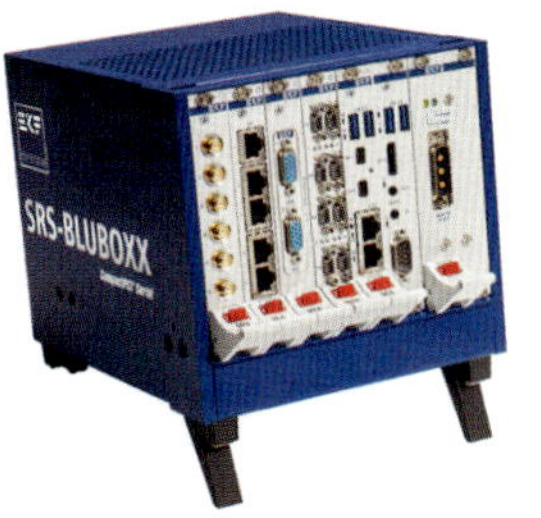

Arten

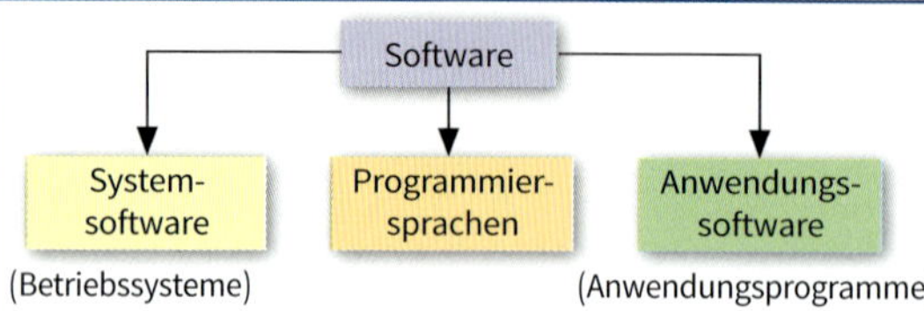

(Betriebssysteme) (Anwendungsprogramme)

Unter Software versteht man Programme (Anweisungen in Form von Daten), die den Computer zur Ausführung von Aktionen veranlassen.

Dateiformate

Die innerhalb der Anwendersoftware erstellten Dateien werden am Ende des Dateinamens durch einen Punkt und das Dateiformat gekennzeichnet:

Beispiel: Dateiname.Dateiformat Brief.doc

Anwendungssoftware zur Bürokommunikation

- **Textverarbeitungsprogramme:** z. B. Word (.doc, **Doc**ument: Dokument)
- **Kalkulationsprogramme:** z. B. Excel (.xls, **Ex**cel **S**heet: Arbeitsblatt in Excel)
- **Datenbankprogramme:** Erstellung relationaler Datenbanken, z. B. Access (Zugang). Dateiformate: .mdb; .adp; .ade
- **Organisationsprogramme:** z. B. Outlook (Ausblick) besteht aus Terminplaner, Adressverwaltung, Aufgabenliste (zu erledigende Aufgaben, Termine usw.), Journal (Dokumentation von Aktivitäten und Ereignissen), E-Mail-Programm
- **Präsentationsprogramme:** Programm zur Erstellung von Folien- und Bildschirmpräsentationen, z. B. PowerPoint.
  .ppt für PowerPoint-Präsentationen;
  .pot für Präsentationsvorlagen;
  .pps für Pack-and-go-Präsentationen (selbstlaufend);
  .ppa für Zusatzmodule
- **Office-Programme (Office Pakete):** Zusammenfassung verschiedener Programme zur Bürokommunikation, z. B. Microsoft Office, Open Office.

Desktop-Publishing-Programme

DTP: Desk**t**op-**P**ublishing (Publizieren vom Schreibtisch)
Software zur Herstellung von Druckvorlagen. Eingebunden sind Texte, Grafiken, Formeln und Tabellen zu einem gemeinsamen Layout, z. B. Publisher, Quark Xpress, Corel Ventura, Adobe Indesign.

CAD

CAD: Computer-**A**ided **D**esign (Computergestütztes Zeichnen bzw. Konstruieren)

- Grafikprogramm (Vektorgrafik) für die Erstellung technischer Zeichnungen in professioneller Qualität.
- Mit Layertechnik (Schichten) können verschiedene Zeichnungsebenen unabhängig voneinander erstellt und kombiniert werden.
- Umfangreiche Programmbibliotheken (Zeichenvorlagen) erleichtern die Erstellung der Zeichnungen.

Grafiksoftware

Rastergrafiken, Pixel-Grafiken

- Bilder in Pixel-Formaten werden auch als Bitmaps bezeichnet.
- Die Speicherung erfolgt wie bei einem Mosaik. Jeder Pixel (Bildpunkt) wird mit Informationen über Lage (x-y-Achse) und Farbe gespeichert.
- Pixel-Grafiken verlieren beim Skalieren (vergrößern) stark an Qualität, da die Pixel vergrößert werden. Stufungen sind mitunter erkennbar.
- Anwendung: Wiedergabe von Fotos mit feinen Abstufungen, z. B. Photoshop, Photodraw

Beispiele für Dateiformate:
.BMP (**Bit**ma**p**); **.JPEG** (**J**oint **P**hotographic **E**xperts **G**roup); **.PDF** (**P**ortable **D**ocument **F**ormat); **.TIF** (**T**aged **I**mage **F**ormat)

Vektor-Grafiken

- Bei Vektor-Grafiken werden geometrische Formen (z. B. Kreise, Rechtecke) gespeichert. Ein Rechteck besitzt z. B. einen Ursprungspunkt und eine Ausdehnung in Form von Längen- und Breitenangaben.
- Vektorgrafiken können deshalb ohne Qualitätsverlust frei gedreht und vergrößert werden (Skalierbarkeit).
- Anwendung im Konstruktionsbereich (CAD), z. B. CorelDraw, Adobe Illustrator

Beispiele für Dateiformate:
.AI (**A**dobe **I**llustrator); **.CDR** (Corel Draw); **.EPS** (**E**ncapsulated **P**ost**s**cript)

Programmiersprachen

- **Algol** (**Alg**a**o**rithmic **L**anguage)
  Algorithmische Formelsprache zur strukturierten Programmierung
- **Basic** (**B**eginners **A**ll Purpose **S**ymbolic **I**nstruction **C**ode)
  Leicht erlernbare problemorientierte Programmiersprache in naturwissenschaftlichen und technischen Bereichen.
- **C** (entwickelt aus Basic Combined Programming Language)
  Maschinennahe Programmierung mit kompaktem Code für strukturierte Programmierung.
- **C++**
  Objektorientierte Variante von C
- **Cobol** (**Co**mmon **B**usiness **O**riented **L**anguage)
  Problemorientierte Programmiersprache für kaufmännische und administrative Bereiche, Programmcode ist lesbar wie ein englischer Text.
- **Fortran** (**For**mula **Tran**slation)
  Geeignet für die Programmierung mathematischer Formeln.
- **JAVA**
  Plattformunabhängige Programmiersprache; lässt sich mit Browsern ausführen, Anwendung im Internet.
- **Pascal** (benannt nach Blaise Pascal)
  Ursprünglich als Universalsprache gedacht; gute Strukturierung möglich, leichte Dokumentation, wenige Grundbefehle.
- **PL/1** (**P**rogramming **L**anguage No.**1**)
  Problemorientierte Programmiersprache von IBM. Anwendung auf Großrechnern, enthält Elemente von Fortran und Cobol.

Aufgaben

Grundsätzlich:
Verwaltung der technischen Komponenten eines Computers sowie Steuerung und Überwachung des Einsatzes der Software (Programme).

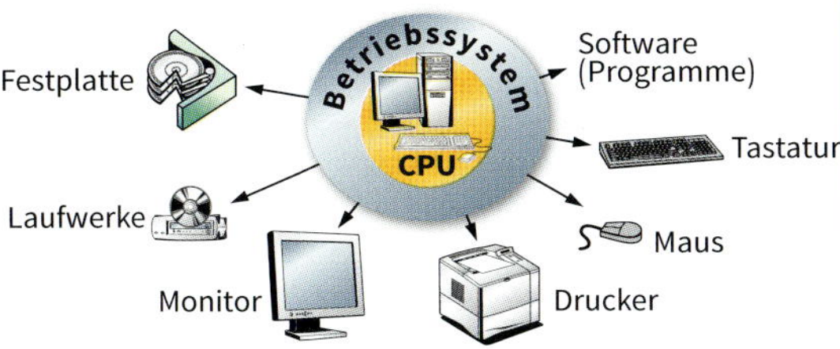

Wichtige Einzelaufgaben
- Starten und Beenden des Computerbetriebs
- Organisation und Verwalten der Arbeitsspeicher
- Verwalten der Dateien in den Verzeichnissen
- Steuern der Hardwarekomponenten (Soundkarte, Drucker, usw.)
- Organisieren und Verwalten der verschiedenen Speicher (z. B. Festplatten, CD-ROM)
- Laden und Kontrollieren der Anwenderprogramme (z. B. Weitergabe von Benutzereingaben, Verwalten von Benutzerrechten)
- Verwaltung und Bedienung mehrerer Nutzer (z. B. Zugriffsrechte, Nutzungsprofil)
- Bereitstellen von Dienstprogrammen (z. B. Datensicherung, Datenfernübertragung)
- **Präemptives Multitasking (Mehrprozessbetrieb)**
  Wenn mehrere Programme benutzt werden, aktiviert das System diese in so kurzen Abständen abwechselnd, so dass für den Benutzer der Eindruck der gleichzeitigen (parallelen) Abarbeitung entsteht.
- **Multithreading (Mehrprozessfähigkeit)**
  Mehrere Ausführungsstränge innerhalb eines Prozesses (Threads) werden ähnlich dem präemptiven Multitasking gleichzeitig abgearbeitet (parallel).
- **Multiusing (Mehrbenutzung)**
  Auf einem PC können sich unterschiedliche Nutzer eine individuelle Arbeitsumgebung schaffen, auf die nur sie passwortgeschützt zugreifen können.

Startvorgang (BOOT-Vorgang)

BIOS

BIOS: **B**asic **I**nput **O**utput **S**ystem
(Grundlegendes Eingabe-Ausgabe-System)

- Das BIOS ist ein grundlegendes Systemprogramm im PC, das nach dem Einschalten zur Verfügung steht.
- Es ist im Festwertspeicher (ROM) vom Hersteller abgelegt und dem Betriebssystem vorgelagert.

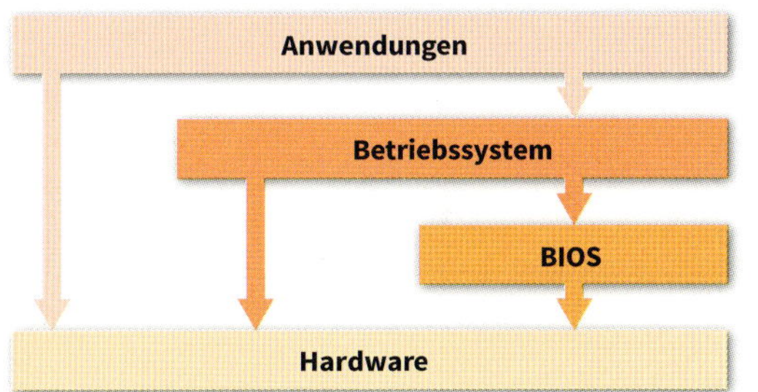

POST: **P**ower **O**n **S**elf **T**est
- Beim Booten führt das BIOS einen Selbsttest durch.
- Es sucht ein Betriebssystem und ruft dieses auf.
- Es lädt grundlegende Treiber (Laufwerk, Grafikkarte und Schnittstellen).

Betriebssysteme

Bei Personal Computern sind folgende Betriebssysteme verbreitet:

- **Windows** (Microsoft), am weitesten verbreitet
  Windows XP (**Exp**erience), Vista, 7, 8, 10
- **macOS** (Apple Macintosh)
  OS X 10.12
- **Linux** (**Linu**s Torwalds UNI**X**, Finnischer Software-Entwickler)
  Derivate: Red-Hat, Fedora, RHEL, Mandriva, SUSE

Sie verfügen über eine grafische Benutzeroberfläche und sind als 32 Bit- bzw. 64 Bit-Versionen erhältlich.

Hardwareanforderungen für Betriebssysteme

Betriebssystem	Empfohlene Systemvoraussetzungen
Windows XP Service Pack 3 Professional	■ Pentium oder kompatibler Prozessor > 300 MHz Taktfrequenz ■ Arbeitspeicher mindestens 128 MB ■ Festplattenspeicher mind. 1,5 GB
Windows Vista Service Pack 2 Ultimate	■ Prozessor mit mindestens 1 GHz ■ Arbeitsspeicher mindestens 1 GB ■ Festplattenspeicher mind. 15 GB
Windows 10	■ Prozessor mit mindestens 1 GHz ■ Arbeitsspeicher mindestens 2 GB (64 Bit) ■ Festplattenspeicher mind. 20 GB (64 Bit)

Zusammenhang zwischen Hardware und Software

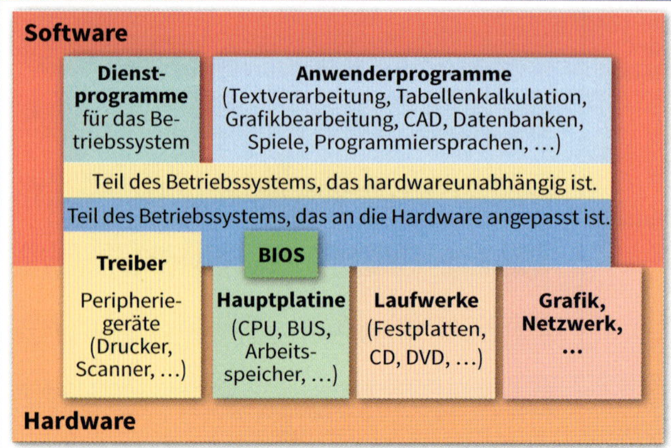

Installation (Computer)

- Installation ist ein Begriff aus der Computertechnik, der für
  - den Anschluss bzw. Einbau einer neuen Komponente bzw. eines Gerätes (**Hardwareinstallation**) und
  - die Einrichtung eines Programms (**Softwareinstallation**) verwendet wird.
- Das Installationsprogramm für eine Anwendungssoftware (**Setup-Programm**) ist in der Regel ein Hilfsprogramm zur Einrichtung der Anwendungssoftware und ist im Lieferumfang der Anwendungssoftware enthalten.

Schritte einer Hardwareinstallation

- Peripheriegeräte und PC ausschalten
- Hinweise im Benutzerhandbuch beachten

- Netzverbindung noch angeschlossen lassen (PC ist dadurch noch geerdet)
- Mögliche Körperladungen durch Berühren von Metallgehäuseteilen abfließen lassen
- Netzstecker aus Steckdose ziehen

- Gehäuseabdeckung entfernen

- Geeigneten Steckplatz auswählen
- Wenn möglich, Steckplatz nicht unmittelbar neben einer bereits installierten Karte wählen, da diese Störungen aussenden können (z. B. Videokarte kann Soundkarte stören)
- Steckplatzabdeckung am Gehäuse entfernen

- Karte vorsichtig aus Verpackung herausnehmen
- Karte möglichst nur am Rand anfassen
- Bauteile sollten nicht berührt werden, damit ggf. Körperladungen abfließen können, mit einer Hand das metallene PC-Gehäuse anfassen

- Karte in Steckplatz vorsichtig einfügen
- Richtigen Sitz der Karte im Steckplatz kontrollieren

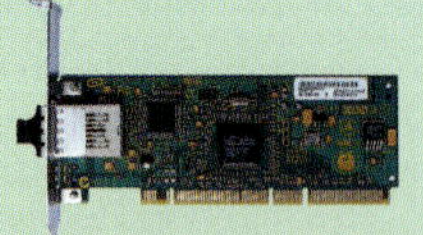

- Ggf. intern Verbindungsleitungen stecken
- Karte mit Schraube am Gehäuse befestigen
- Gehäuseabdeckung wieder anbringen

Softwareinstallation

- **Sicherheitsaspekte**
  Um Software zu installieren, sind bei aktuellen Betriebssystemen oft administrative Berechtigungen erforderlich.
- **Vorbereitung**
  Es ist mitunter sinnvoll oder erforderlich, alte Softwareversionen zu entfernen (**Deinstallation**).
- **Schritte**
  - **Prüfung**
    Das System wird in der Regel überprüft, ob die zu installierende Software für das System geeignet ist (z. B. Überprüfung der Hardwareausstattung, Version des Betriebssystems, bereits installierte Softwarekomponenten).
  - **Kopieren der Dateien**
    Sie werden in der Regel in ein neues Verzeichnis des Computers kopiert.
    Beispiele: Hauptanwendung, Datendateien, Onlinehilfe, Konfigurationsdateien, Bibliotheken, Verweise
  - **Konfiguration**
    Hierdurch erfolgt eine Anpassung der Software an die Gegebenheiten des vorliegenden Systems. Einstellungen können automatisch oder manuell erfolgen.
  - **Abschluss**
    Damit die Änderungen wirksam werden können, muss das System unter Umständen neu gestartet werden (insbesondere beim Austausch von Bibliotheken).

Gerätetreiberinstallation

- Gerätetreiber (kurz: Treiber) sind Programme, mit denen die Interaktion angeschlossener bzw. eingebauter Geräte gesteuert wird. Sie übersetzen die an das Gerät gehenden Steuerbefehle des Betriebssystems.
- Gerätetreiber können auf der CD des Betriebssystems enthalten sein. Wenn dieses nicht der Fall sein sollte oder wenn eine Aktualisierung erforderlich ist, muss die Software des Hardwareherstellers verwendet werden.

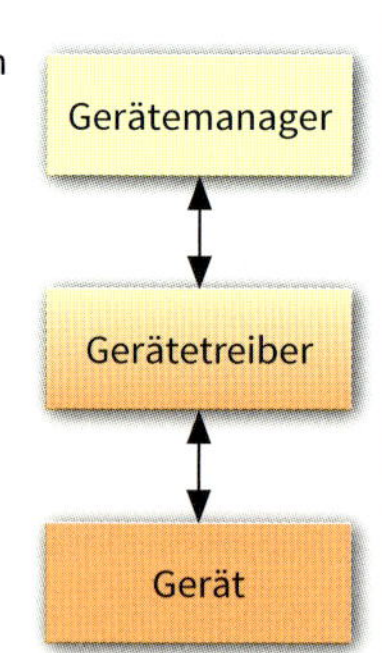

Funktionelle Einteilung einer Datenstation

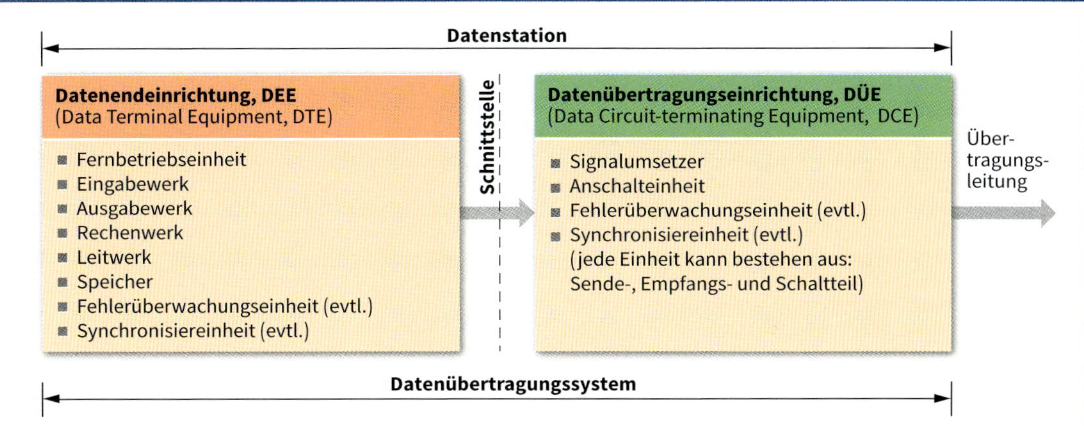

Schrittgeschwindigkeit

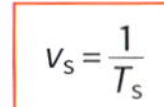

$$v_s = \frac{1}{T_s}$$

$[v_s]$ Baud[1)] Baud in $\frac{1}{s}$

T_s: Schrittdauer $[T_s] = s$

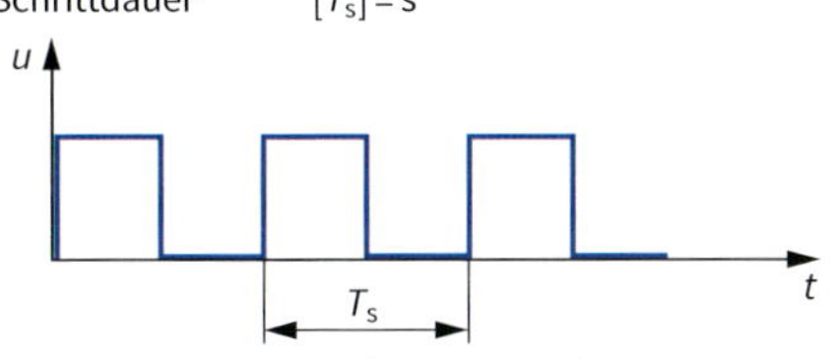

[1)] Abkürzung von Baudot, franz. Telegrafentechniker

Übertragungsgeschwindigkeit (Baudrate)

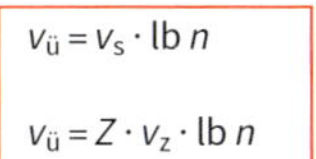

$$v_ü = v_s \cdot \text{lb}\, n$$

$$v_ü = Z \cdot v_z \cdot \text{lb}\, n$$

$[v_ü] = \frac{\text{bit}}{s}$

$n = 2$ (binäre Übertragung)

lb: Logarithmus zur Basis 2

lg: Logarithmus zur Basis 10

Z: Anzahl der Einheitsschritte in einem Zeichenrahmen

v_z: Zeichengeschwindigkeit

$$\text{lb}\, n = \frac{\lg n}{\lg 2}$$

Zeichengeschwindigkeit

$$v_z = \frac{1}{T_z} \qquad T_z = Z \cdot T_s$$

T_z: Übertragungsdauer eines Zeichenrahmens

Z: Anzahl der Einheitsschritte in einem Zeichenrahmen

Beispiel:

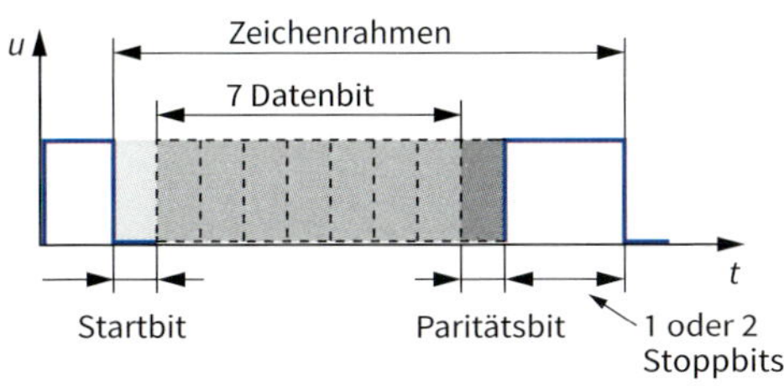

1 Sta. + 7 Dat. + 1 Par. + 1 Sto.: Z = 10

Beispiele

bit/s	Zeichen/s	Bitdauer in µs
1200	120	833
2400	240	416
4800	480	208
9600	960	104
19200	1920	52

Wirkungsgrad (Datendurchsatz)

$$n_ü = \frac{n_{Dat}}{n_{Sta} + n_{Dat} + n_{Par} + n_{Sto}}$$

n_{Dat}: Anzahl der Datenbits

n_{Sta}: Startbit

n_{Par}: Paritätsbit

n_{Sto}: Anzahl der Stoppbits

Maximale Datenübertragungsrate

Im **rauschfreien** Kanal (Nyquist-Theorem)

$$C = 2 \cdot B\, \text{lb}\, (M)$$

C: Übertragungsrate (bit/s)
B: Bandbreite (Hz) z. B. 3000 Hz bei TK-Leitung
M: Anzahl Signalpegel (bei Digitalsignal = 2)

Im **nicht rauschfreien** Kanal (nach Shannon)

$$C = B \cdot \text{lb}\, (1 + SN)$$

SN: Verhältnis Signal zu Rauschen (noise)
(Angabe in absoluten Werten, nicht in dB;
z. B. 1000 für 30 dB)

Merkmale

- **WLAN** (**W**ireless **LAN**: drahtloses LAN) sind lokale Netzwerke, die auf Funkbasis arbeiten.
- Endgeräte werden mit Funkeinrichtungen ausgerüstet.
- Der Zugang zu ortsfestem LAN erfolgt über Zugangspunkte (**AP**: **A**ccess **P**oint).
- Wireless LAN sind spezifiziert nach **IEEE 802.11**, dem **DECT**-Standard oder nach **HIPER** LAN (**Hi**gh **Per**formance LAN) oder **WPAN** (**W**ireless **P**ersonal **A**rea **N**etwork: drahtloses persönliches Netzwerk).
- WLAN-Funktionen sind auf OSI-Schicht 1 und 2 geregelt.
- Gegen **externe Störungen** sind Maßnahmen im Funkkanal und in den Kommunikationsprotokollen realisiert.
- Die **Reichweiten** dieser Netzwerke sind durch HF-Leistungsbeschränkungen begrenzt.
- Bedingt durch die Übertragung der Daten über eine Luftschnittstelle sind besondere **Schutzmaßnahmen** gegen Abhören (z. B. hochwertige Verschlüsselung) vorzusehen.
- **Vorteile** von WLAN-Einrichtungen sind u. a.
  - weltweite Standardisierung,
  - lizenzfreier Betrieb,
  - große Flexibilität (anpassbar z. B. an Baulichkeiten) und
  - einfache Administration in den Endgeräten.

IEEE 802.11

- In WLAN nach IEEE 802.11 sind eine Reihe von Einzelspezifikationen enthalten, die unterschiedliche Anforderungen abdecken.
- Als Grundlage sind folgende Architekturelemente spezifiziert:
  - **BSS** (**B**asic **S**ervice **S**et: Basis-Dienstelement) ist das grundlegende Architekturelement.
  - **STA** (**Sta**tion: Station) ist das Mitglied eines BSS
  - **IBSS** (**I**ndependent **BSS**: unabhängiges BSS) ist ein BSS, in dem die Kommunikation der STA direkt untereinander erfolgt
  - **DS** (**D**istribution **S**ystem: Verteilungssystem) ist das Element zur Verbindung mehrerer BSS untereinander oder der Zugang zum Festnetz.
  - **AP** (**A**ccess **P**oint: Zugangspunkt) ist der Zugang zum DS; nutzt das Wireless Medium (WM) sowie das Distributed System Medium (DSM).
  - **ESS** (**E**xtended **S**ervice **S**et: erweiterte Dienstelemente) ist die Zusammenschaltung mehrerer BSS über DS.
  - **Portal** realisiert den Übergang zu einem anderen LAN.
- Grundsätzlich wird bei IEEE 802.11 das CSMA/CA-Verfahren angewendet (Kollisionsvermeidung).

IEEE 802.11 Standards

Standard	Inhalt	Standard	Inhalt
802.11	1 Mbit/s und 2 Mbit/s im 2,4 GHz Band	802.11g	54 Mbit/s im 2,4 GHz Band
802.11ac	bis 6,933 Gbit/s im 5 GHz Band	802.11h	54 Mbit/s im 5 GHz Band mit Frequency Selection (DFS) und Transmit Power Control (TPC)
802.11ad	bis 6,75 Gbit/s im 60 GHz Band		
802.11ah	Wi-Fi HaLow (Low power, longer range) Frequenzbereich 863 MHz - 868 MHz; Reichweite ca. 1 km (Internet of Things)	802.11i	Authentifizierung und Verschlüsselung für IEEE 802.11a/g/h
		802.11k	System Management
802.11ay	Frequenzband: 60 GHz; Datenrate brutto: 20 Gbit/s 40 Gbit/s (Geplant für 2019)	802.11n	bis 600 Mbit/s im 2,4 und 5 GHz Band
		802.11p	Drahtloser Zugang für Fahrzeugeinsatz
802.11ax	Frequenzband: 2,4 GHz u. 5 GHz; Datenrate brutto: 10 Gbit/s (Geplant für 2019)	802.11r	Schneller Zellenwechsel
		802.11s	Erweiterte Dienste vermaschter Netze
802.11b	11 Mbit/s im 2,4 GHz Band	802.11u	Vernetzung mit nicht 802 Netzwerken
802.11c	Wireless Bridging	802.11v	Netzwerk-Management
802.11e	Quality of Service und Streaming-Erweiterung für IEEE 802.11a/g/h	802.11w	Geschützte Managementrahmen
		802.11z	Erweiterung für Direktverbindungsaufbau

Buchstaben: l, o, q und x sind nicht verwendet, um Verwechselungen zu vermeiden

Betriebsarten

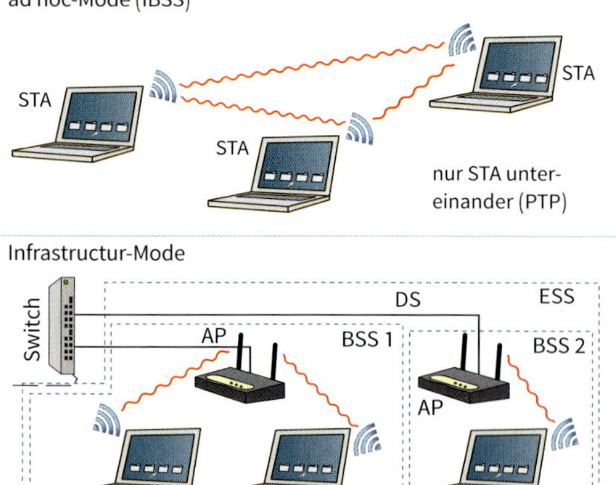

Typische Daten (Europa)

Bezeichnung	802.11a/h	802.11b	802.11g	802.11n
Frequenzbereich in GHz laut Bundesnetzagentur	5,150… 5,725	2,40… 2,4835	2,40… 2,4835	2,40… 2,4835 5,150… 5,725
Datenrate brutto (Mbit/s)	54	11	54	bis 600
Codierung	OFDM	DSSS CCK	OFDM CCK DSSS	OFDM CCK DSSS
Kanäle (max. in Europa) ohne Überlappung	19 19	13 3	13 3	13[1)] 19[2)] 13[1)] 19[2)]

[1)] im 2,4 GHz-Band [2)] im 5 GHz-Band

OFDM: **O**rthogonal **F**requency **D**ivision **M**ultiplex
CCK: **C**omplementary **C**ode **K**eying
DSSS: **D**irect **S**equence **S**pread **S**pectrum

Grundlagen

- Die **Einrichtung** (Anwendung) von WLAN-Technik erfordert eine **detaillierte Planung** u. a. in den Bereichen
  - der einzusetzenden WLAN-Technik,
  - des Aufbaus und
  - des Betriebes.
- Die einzusetzende **WLAN-Technik** wird bestimmt durch
  - Leistungsanforderungen und
  - Verfügbarkeit der Systemtechnik (Stabilität des Standards).
- Der **Aufbau** (Architektur) eines WLANs ist in hohem Maße abhängig von
  - betrieblichen Anforderungen und
  - örtlichen Gegebenheiten.
- Beim **WLAN-Betrieb** sind neben den funktionalen Aspekten die Anforderungen an die systemtechnische Sicherheit (z. B. Manipulation von außen und innen) zu berücksichtigen.
- Hierzu gehören neben den **technischen Maßnahmen** auch die entsprechenden **organisatorischen Maßnahmen** in Form von Anwendungs- und Sicherheitsrichtlinien (Security Policy), die jedem Anwender bekannt sein müssen und eingehalten werden müssen.

Ablauf

1. Klärung

Anforderungen spezifizieren
- Welche Anwendungen sollen betrieben werden, wie viele Anwender (Anwendergruppen) sind zu berücksichtigen?
- Welche Zugriffs- bzw. Durchsatzzeiten sind erforderlich?
- Welche rechtlichen Grundlagen sind zu berücksichtigen?
- Welche Sicherheitsmaßnahmen sind erforderlich?
- Welche zukünftigen Änderungen (Erweiterungen/Rückbauten) sind zu erwarten?
- ...

2. Standortbesichtigung

Objektbesichtigung durchführen
- Gebäudestruktur (Wand- und Deckenaufbau) ermitteln
- Einrichtungen (Mobiliar) feststellen
- Raumgrößen und auszuleuchtende Flächen erfassen
- vorhandene Funknetze ermitteln
- Verkabelungswege und Aufstellmöglichkeiten der Access Points ermitteln
- Umweltbedingungen (Temperatur, Staub, Feuchte, ...) ermitteln
- Energieversorgung klären
- ...

3. Planen

Planung/Projektierung durchführen
- Funkausleuchtung berechnen, simulieren, modellieren
- WLAN-Standards auswählen und festlegen
- Ortsfeste Verkabelung planen
- Aufstellorte der APs festlegen
- Energieversorgung (Spannungen, Leistungsbedarf) ermitteln
- Schutzmaßnahmen (Zugangsschutz, Blitzschutz, ...) festlegen
- Baustellenbelieferung und Montageablauf festlegen
- ...

4. Beschaffen

Beschaffung organisieren
- Ausschreibung für zu liefernde Geräte, Materialien, Bauleistungen, erstellen und herausgeben
- Angebote einholen und auswerten
- Lieferanten beauftragen
- Materialien auf Baustelle ausliefern und sachgerecht lagern
- ...

5. Realisieren

Montage/Einrichtung/ Inbetriebsetzung durchführen
- Technik installieren
- Schutzmaßnahmen einbauen
- Systeme einrichten
- Abnahmemessung realisieren (Funkausleuchtung, Datendurchsatz, ...)
- Redundanzmaßnahmen überprüfen
- ...

6. Betreiben

Betrieb/Überwachung/Wartung
- Aktive Überwachung (Monitoring) des Systems auf Funktionstüchtigkeit
- Störfallerkennung und Behebung
- Sabotageerkennung betreiben
- Zyklische Wartungsmaßnahmen (Sicherheitsüberprüfung) durchführen
- Umbauten, Rückbauten vorbereiten
- ...

Funkausleuchtung

- Ein wesentlicher Aspekt bei der Einrichtung eines WLANs ist die **Funkausleuchtung** innerhalb bzw. außerhalb von Gebäuden.
- Die Funkwellen des WLANs können durch lokale Gegebenheiten in der Ausbreitung gestört werden.
- **Störfaktoren** sind u. a.
  - Abschattung durch Wände oder Büroschränke,
  - Reflexion durch große Metallteile und
  - erhöhte Dämpfung durch Wände und Decken.
- Insgesamt kommt es durch diese Eigenschaften zu **Ausbreitungsverzögerungen** und **Mehrwegausbreitung** der ausgesendeten Funksignale.
- Eine sorgfältige Auswahl der einzusetzenden **Antennen** und der **Aufstellstandorte** der Access Points ist daher erforderlich.
- Die **Antennenarten** unterscheiden sich durch die Abstrahlungscharakteristik (Antennengewinn).

Beispiel: Büroraum

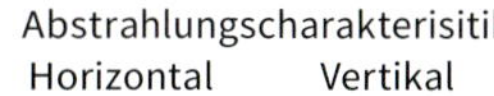

Antenne

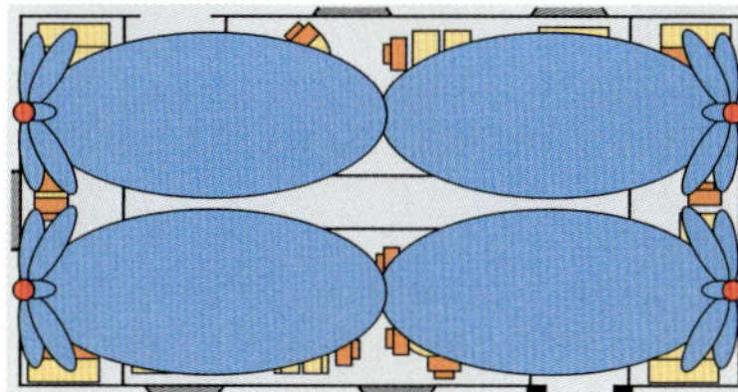

● Antennenstandorte

Allgemeine Prinzipien

- **Vertraulichkeit** (Daten werden nur von Befugten genutzt)
- **Integrität** (keine Verfälschungen)
- **Authentizität** (eine Zuordnung zum Ursprung ist jederzeit möglich)
- **Transparenz** (Verfahren der Datenerfassung ist vollständig dokumentiert)
- **Revisionsfähigkeit** (Rückverfolgung: Wer hat wann welche Daten in welcher Weise verändert?)
- **Zweckbindung** (Daten nur zu dem Zweck verwenden, für den sie erhoben wurden)
- **Sparsamkeit** (nur erforderliche Daten erfassen, keine Exponierung)
- **Personelle Selbstbestimmung** (Einwilligung, Informiertheit, Kontrollfähigkeit, Berichtigung und Löschung)
- **Privatheit** (Es ist gewährleistet: Ungestörtheit, Unbeobachtbarkeit, Unverknüpfbarkeit)

Rechtsgrundlagen

- **EU-Datenschutzgrundverordnung**, **EU-DSGVO** (ab 25. Mai 2018 gültig)
- **Bundesdatenschutzgesetz**, **BDSG** (letzte Änderung 30. Juni 2017), Teil 1 bis 4
  Das BDSG basiert auf der EU-DSGVO.

Beispiel für technisch-organisatorischen Datenschutz

- **Zutritt**
  Unbefugten wird der Zutritt zur Datenverarbeitungsanlage verwehrt (Gebäude- bzw. Raumsicherung, Zutrittsvermerk, Schlüsselregelung, ...).
- **Zugang**
  Es wird verhindert, dass Unbefugte Daten nutzen (Identfikation durch Passwort, Protokollierung der Zugänge, ...).
- **Zugriff**
  Es wird gewährleistet, dass nur auf die der Zugriffsberechtigung unterliegenden Daten zugegriffen werden kann (Festlegung und Prüfung der Zugriffsberechtigten, Protokollierung von Zugriffen, zeitliche Verschlüsselung, ...).
- **Weitergabe**
  Es wird gewährleistet, dass bei der Weitergabe Daten nicht unbefugt gelesen, kopiert oder verändert werden können (Festlegung der Transportwege, Quittierung, ...).
- **Eingabe**
  Es muss nachträglich feststellbar sein, ob und von wem Daten eingegeben, verändert oder entfernt worden sind (Dokumentation: Bevollmächtigter, Zeit, Änderungen, ...).
- **Auftrag**
  Es ist zu gewährleisten, dass die Daten nur entsprechend den Weisungen des Auftraggebers bearbeitet werden (Auftragsbeschreibung, Lasten- und Pflichtenheft, ...).
- **Verfügbarkeit**
  Die Daten sind gegen zufällige Zerstörung oder Verlust zu schützen (Gebäudeschutz, Dienstahlschutz, Datensicherung, ...).
- **Organisation**
  Die zu unterschiedlichen Zwecken erhobenen Daten müssen getrennt verarbeitet werden können (Aufgabenteilung, Funktionstrennung, Richtlinien für Verfahren und Dokumentation, ...).

Ausgewählte Paragraphen des BDSG

Teil 2: Kapitel 2:	Duchführungsbestimmungen für Verarbeitungen ... **Rechte der betroffenen Person**
§ 32	Informationspflicht bei Erhebung von personenbezogenen Daten bei der betroffenen Person
§ 33	Informationspflicht, wenn die personenbezogenen Daten nicht bei der betroffenen Person erhoben wurden
§ 34	Auskunftsrecht der betroffenen Person
§ 35	Recht auf Löschung
§ 36	Widerspruchsrecht

Teil 3: Kapitel 2:	Bestimmungen für Verarbeitungen ... **Rechtsgrundlagen der Verarbeitung personenbezogener Daten**
§ 48	Verarbeitung besonderer Kategorien personenbezogener Daten
§ 50	Verarbeitung zu archivarischen, wissenschaftlichen und statistischen Zwecken
§ 51	Einwilligung
§ 52	Verarbeitung auf Weisung des Verantwortlichen
§ 53	Datengeheimnis

Teil 3: Kapitel 3:	Bestimmungen für Verarbeitungen ... **Rechte der betroffenen Person**
§ 55	Allgemeine Informationen zu Datenverarbeitungen
§ 56	Benachrichtigung betroffener Personen
§ 57	Auskunftsrecht
§ 58	Rechte auf Berichtigung und Löschung sowie Einschränkung der Verarbeitung
§ 59	Verfahren für die Ausübung der Rechte der betroffenen Personen
§ 60	Anrufen der oder des Bundesbeauftragten

Teil 3: Kapitel 4:	Bestimmungen für Verarbeitungen ... **Pflichten der Verantwortlichen und Auftragsverarbeiter**
§ 62	Auftragsverarbeitung
§ 63	Gemeinsame Verantwortliche
§ 64	Anforderungen an die Sicherheit der Datenverarbeitung
§ 65	Meldung von Verletzungen des Schutzes personenbezogener Daten an die oder den Bundesbeauftragten
§ 66	Benachrichtigung betroffener Personen bei Verletzungen des Schutzes personenbezogener Daten
§ 67	Durchführung einer Datenschutz-Folgeabschätzung
§ 68	Zusammenarbeit mit der oder dem Bundesbeauftragten

Prinzip

Ordnungsgemäßer Betrieb einer Datenverarbeitung durch Sicherung der

- **Hardware**
- **Software**
- **Daten**

gegen

- **Verlust**
- **Beschädigung**
- **Missbrauch**

Schädigende Einflüsse

- **Wanzen:**
  Fehler in der Software (auch ohne Absicht), keine selbstständige Ausbreitung
- **Manipulationen:**
  Absichtliche Verfälschungen in der Software
- **Hacker:**
  Personen, die in spielerischer, amateurhafter Weise Schwachstellen aufdecken
- **Cracker:**
  Personen, die professionell Schwachstellen aufdecken, um Schäden anzurichten
- **Würmer:**
  Übertragen sich selbstständig von Rechner zu Rechner über Netze, z. B. als Anlage einer E-Mail
- **Trojaner:**
  Programme (z. B. als Bildschirmschoner oder Tools) zum Einschmuggeln von getarnten Viren. Der Virus wird gesondert aktiviert.
- **Viren:**
  Eigenständiges Programmelement in einem Wirtsprogramm. Ein Virus besitzt die Fähigkeit, sich selbst zu kopieren und dadurch in ein zuvor nicht infiziertes Programm einzudringen.
  - Bootsektorviren setzen sich im Bootbereich fest und nehmen damit einen festen Platz in der Konfiguration des Betriebssystems ein.
  - Makroviren sind direkt im Dokument gespeichert.
- **Backdoor:**
  „Hintertür" in einem Anwenderprogramm für eine später erfolgende Manipulation

Sicherheitsmaßnahmen

Virenschutz durch
- Virenscanner (im Server, beim Client)
- Laufwerke sperren
- Organisatorische Maßnahmen

Kryptographie durch
- Verschlüsselung
- Asymmetrische Verfahren (Public key: Öffentlicher Schlüssel, Private key: Privater Schlüssel)
- Signatur (Authentizität, Integrität)

Datensicherung
- Kontinuierlich (Spiegelfestplatten (RAID), Backupserver)
- Periodisch (Voll-/Komplettsicherung, Differenzsicherung)

Schutz vor Computerviren aus dem Internet

Einstellungen am PC

- Sicherheitsfunktionen aktivieren
- Aktuelles Virenschutz-Programm einsetzen
- Anzeige aller Dateitypen aktivieren
- Makro-Virenschutz von Anwenderprogrammen aktivieren
- Sicherheitseinstellungen am Browser auf gewünschte Stufe einstellen (z. B. Deaktivieren von aktiven Inhalten (ActiveX, Java, JavaScript) und Skript-Sprachen (z. B. Visual Basic)).

Verhalten beim Empfang von E-Mails

- Nicht sinnvolle E-Mails von unbekannten Absendern nicht öffnen und löschen (SPAM).
- Prüfen, ob der Text der Nachricht auch zum Absender passt.
- E-Mails mit gleichlautendem „Betreff" prüfen.
- Ausführbare Programme (*.COM, *.EXE), Skript-Sprachen (*.VBS, *.BAT) oder Bildschirmschonern (*.SCR) nicht durch „Doppelklick" öffnen.
- Vorsicht bei Dateien im HTML-Format.
- Datei-Anhänge nur von vertrauenswürdigen Absendern öffnen.

Verhalten beim Versenden von E-Mails

- Öfter prüfen, ob sich E-Mails im Postausgang befinden, die nicht vom Benutzer verfasst sind.
- Der Aufforderung zur Weiterleitung von Warnungen, Mails oder Anhänge an Freunde usw. nicht nachkommen.

Verhalten bei Downloads aus dem Internet

- Programme nur von vertrauenswürdigen Seiten laden.
- Angabe über die Größe der Datei mit der tatsächlichen Größe der Datei nach dem Download überprüfen.
- Vor der Installation Dateien mit aktuellem Viren-Schutzprogramm überprüfen.
- Gepackte Dateien erst entpacken und dann auf Viren überprüfen.

Firewall

Schutzmaßnahme (Filter), die einen unerlaubten Zugriff von außen auf ein privates Netzwerk verhindert.

- **Paketfilterung** (Packet Filter):
  Inhalte der Datenpakete werden nach festgelegten Regeln überprüft.
- **Application Gateway** (in Verbindung auch mit Proxy-Servern):
  PC oder Software, die die Verbindung zwischen zwei Netzen herstellt und Sicherheitsüberprüfungen vornimmt.

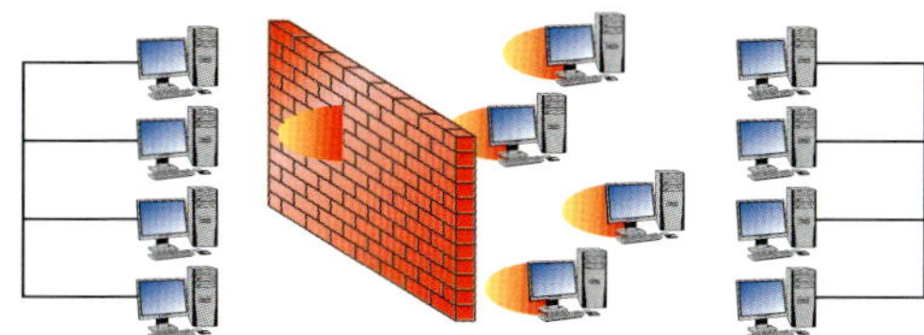

RAID-Systeme

- **RAID: R**edundant **A**rray of **I**nexpensive **D**isks
- Prinzip:
  Festplatten sind über Controller bzw. Software zu Organisationseinheiten zusammengefasst.
- Funktion:
  - Erhöhung der Lesegeschwindigkeit
  - Datensicherung
- Verschiedene Variationen von RAID-Systemen werden als **Raid-Level** bezeichnet (0 bis 5 und Kombinationen).

RAID 0

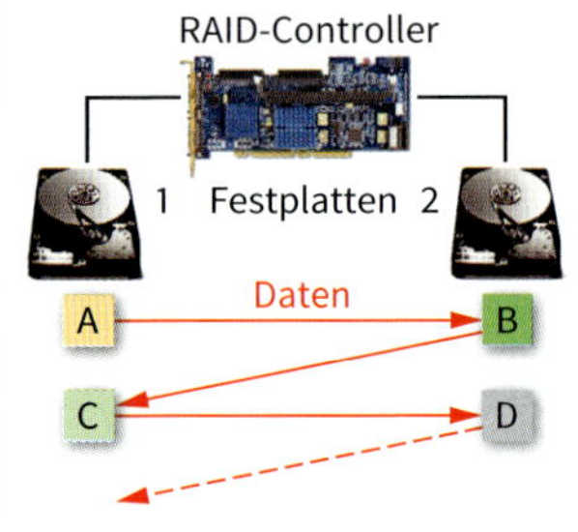

- Mindestens zwei gleichgroße Festplatten
- Daten werden in Datenblöcke (Stripes A, B, ...) aufgeteilt und wechselseitig geschrieben
- Lesegeschwindigkeit größer
- Datensicherheit ist geringer

RAID 1

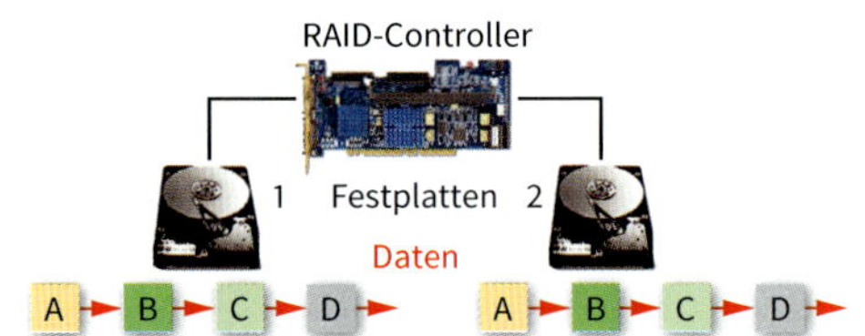

- Mindestens zwei Festplatten sind erforderlich.
- Unterschiedlich große Festplatten sind möglich, die Festplatte mit der kleineren Kapazität bestimmt die Gesamtspeicherkapazität.
- Daten der Festplatte 1 werden auf Festplatte 2 kopiert.
- Datensicherheit ist gewährleistet. Fällt eine Festplatte aus, können die Daten von der gespiegelten Festplatte gelesen werden.

RAID 5

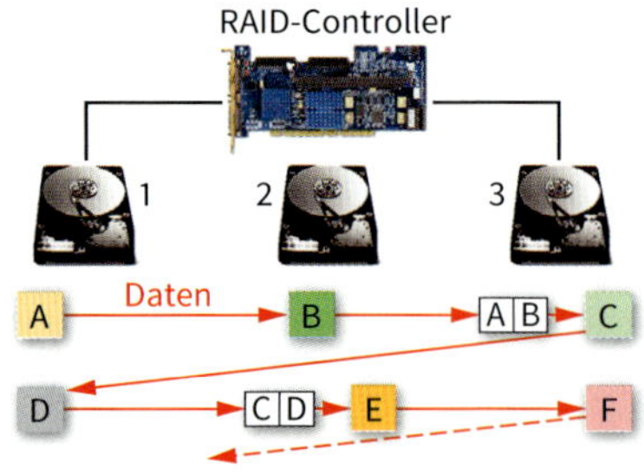

- Mindestens 3 Festplatten werden zu einem Laufwerk zusammengefasst.
- Neben den Daten (z. B. A und B) werden auf der Festplatte 3 aus den Daten A und B Parity-Daten (AB) gespeichert, die das Wiederherstellen verlorener Daten ermöglichen.

RAID 10 (RAID 0 + 1)

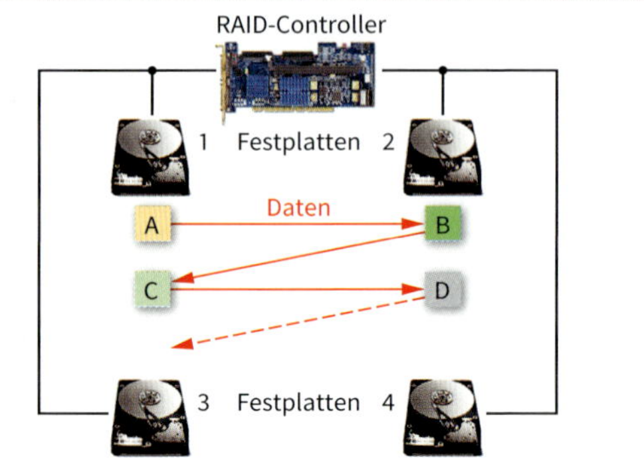

- Kombination aus RAID 0 und 1 mit mindestens 4 Festplatten
- Daten der Festplatten 1 und 2 werden auf Festplatten 3 und 4 gespiegelt
- Erhöhte Lesegeschwindigkeit und Datensicherheit

RAID 1.5

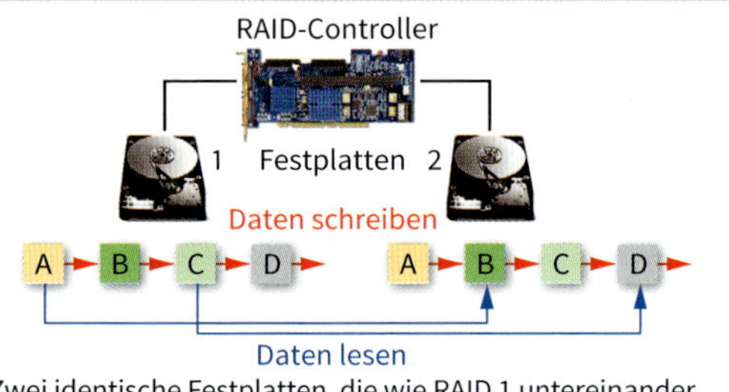

- Zwei identische Festplatten, die wie RAID 1 untereinander gespiegelt werden
- Beim Lesen wird auf beide Festplatten gleichzeitig zugegriffen (erhöhte Lesegeschwindigkeit)

Sicherheit durch Verschlüsselung (Encryption)

Symmetrisch

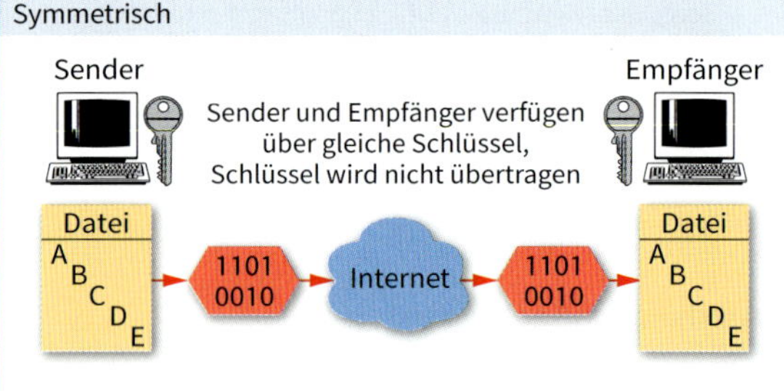

Asymmetrisch

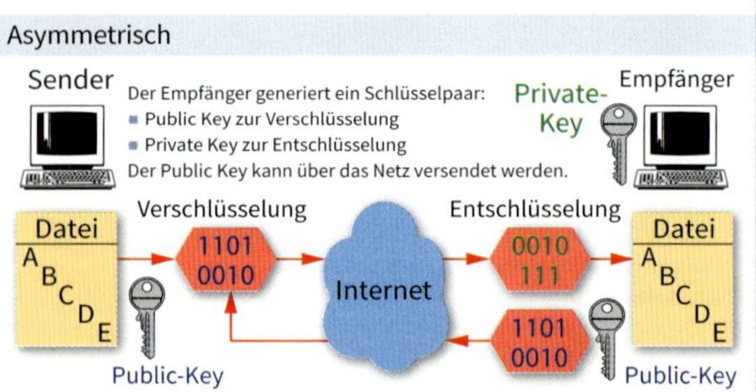

Topologien

- Die Struktur von PC-Netzen bezeichnet man als Topologie.
- Die Komponenten sind PCs und verschiedene Kopplungselemente. Die Verbindung erfolgt über Funk oder Leitungen (Kupfer- bzw. Lichtwellenleiter).
- Je nach Aufbau gibt es unterschiedliche Bezeichnungen. Die grünen Kreise in den nachfolgenden Abbildungen werden als Knoten bezeichnet und sind Endgeräte bzw. Kopplungselemente.

Bus (Linie)

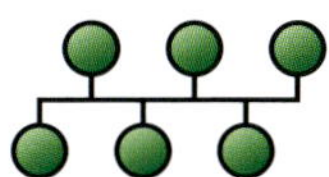

- Alle Teilnehmer sind direkt über dasselbe Übertragungsmedium (Bus) miteinander verbunden.
- Die Übertragung ist auch gewährleistet, wenn ein Teilnehmer ausfällt (nicht bei Koaxialleitung).

Stern

- Im Zentrum befindet sich ein Teilnehmer oder ein Kopplungselement (z. B. Hub, Switch), der die Datensteuerung übernimmt.
- Wenn ein Endgerät ausfällt, hat dieses keine Auswirkung auf die übrigen Teilnehmer.

Baum

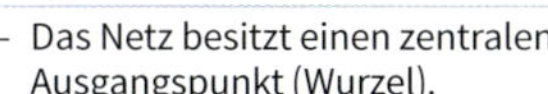

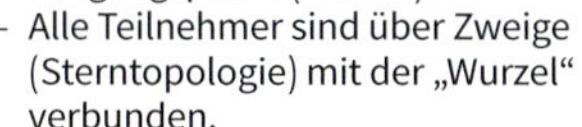

- Das Netz besitzt einen zentralen Ausgangspunkt (Wurzel).
- Alle Teilnehmer sind über Zweige (Sterntopologie) mit der „Wurzel“ verbunden.
- Wenn die Wurzel ausfällt, ist keine Kommunikation möglich.

Ring

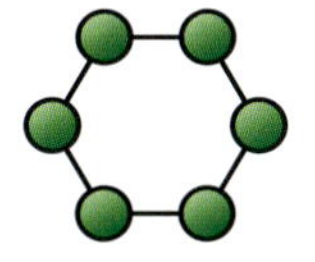

- Jeweils zwei Teilnehmer sind miteinander verbunden. Es entsteht ein Ring.
- Die Informationen werden von Teilnehmer zu Teilnehmer weitergeleitet.
- Bei Ausfall eines Teilnehmers ist die Kreisstruktur unterbrochen.

Masche

- Jeder Teilnehmer ist mit einem oder mehreren Teilnehmern verbunden.
- Wenn jeder Teilnehmer mit jedem anderen Teilnehmer verbunden ist, handelt es sich um ein vollständig vermaschtes Netz.
- Bei Ausfall eines Teilnehmers ist durch Umleitung eine Kommunikation noch möglich.

Kopplungselemente

- **Repeater (Wiederholer)**
  - dient zur Signalverstärkung aufgrund der Dämpfung durch Übertragungsmedien und
  - Korrektur von Störungen (Signalregeneration).
- **Medienkonverter**
  - wandelt Signale um, z. B. zur Anpassung zwischen Kupfer- und Lichtwellenleitern.
- **Bridge (Brücke)**
  - überbrückt zwei Netzwerkabschnitte mit unterschiedlichen/gleichen Übertragungsmedien und/oder verschiedenen/gleichen Topologien.
  - wertet die Ziel-MAC-Adresse ankommender Daten aus und leitet fehlerfreie Daten entsprechend weiter.
- **Switch (Schalter, Weiche)**
  - schaltet die Verbindung zwischen zwei Teilnehmern temporär innerhalb eines LANs.
  - Für sehr große Netzwerke werden mehrere Switches über ihren Uplink-Port miteinander gekoppelt.

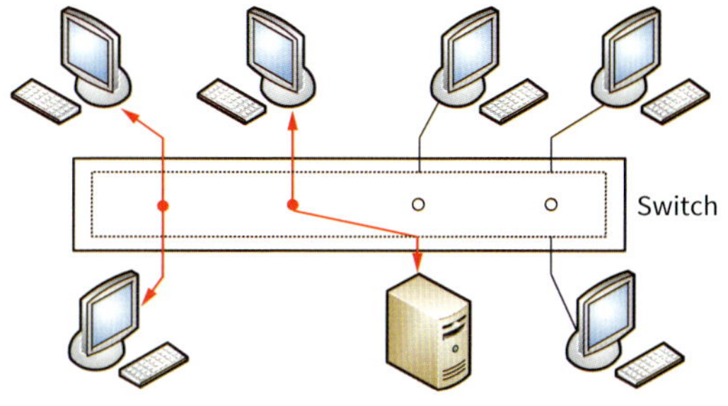

- **Router**
  - Er ermittelt eine Route („Reiseweg“) für die Daten (z. B. durch das Internet).
  - Sie sind Schnittstellen zwischen zwei Netzen (z. B. LAN und TK-Netz, Routingtabellen).
  - LANs und WANs werden dabei gekoppelt.
  - Das Routen wird in einer Routingtabelle verwaltet.
- **Gateway**
  - verbindet unterschiedliche Netzwerke miteinander, indem Netzwerkprotokolle umgewandelt werden.
  - Die in Protokolldaten enthaltenen Nutzdaten werden vollständig herausgelöst und in das neue Übertragungsprotokoll eingefügt.

Netzbezeichnungen

- **LAN** (**L**ocal **A**rea **N**etwork)
  - Lokales, eng begrenztes und oft nur auf einen Gebäudekomplex beschränktes Netz
  - LANs haben immer eindeutig zuzuordnende Eigentümer und Betreiber.
- **MAN** (**M**etropolitan **A**rea **N**etwork)
  - Stadtnetz oder ein Netz in einer Region
  - Kommunale oder kommerzielle Betreiber unterhalten diese Netze z. B. als Hochgeschwindigkeitsnetze zur Verbindung von Großrechenanlagen.
  - Verbindungen von LANs über MANs sind möglich.
- **WAN** (**W**ide **A**rea **N**etwork)
  - Großflächig angelegtes Netz, dessen Aufgabe die Verbindung von kleineren Netzen ist
  - Betreiber können öffentliche Einrichtungen (z. B. Universitäten) oder kommerzielle Unternehmen (z. B. Telekom) sein.
- **GAN** (**G**lobal **A**rea **N**etwork)
  - Grenzen überschreitendes, oft sogar weltumspannendes Netz (z. B. Internet)
  - Da das GAN alle verbundenen WANs, MANs und LANs umfasst, gehört es niemandem. Es besteht aus vielen einzelnen Betreibern und Eigentümern.

Funktionen

Ein Netzwerkprotokoll ist die exakte Vereinbarung (Regeln, Formate), mit der Computer (Endgeräte) miteinander Daten austauschen.

Beispielaufgaben:
- Sicherer und zuverlässiger Verbindungsaufbau
- Zustellen von Datenpaketen an den gewünschten Empfänger
- Wiederholung der Datenpakete bei unvollständigen Sendungen
- Sicherstellung und Überprüfbarkeit der gesendeten Daten (Prüfsummenverfahren)
- Gesendete Daten beim Empfänger in die korrekte Reihenfolge bringen
- Eventuelle Verschlüsselung der Daten

Klassifizierung

Netzwerkprotokolle lassen sich nach folgenden Merkmalen unterscheiden:
- Anzahl der Kommunikationsteilnehmer
  - Unicast (ein Empfänger)
  - Multicast (mehrere Empfänger)
- Richtung der Kommunikation
  - Simplex (nur eine Richtung)
  - Halb-Duplex (wechselweise Richtungen)
  - Vollduplex (in beide Richtungen gleichzeitig)
- Stellung der Kommunikationsteilnehmer
  - Peer-to-Peer (gleichberechtigt)
  - Client-Server-System (hierarchisch)
- Kommunikationsprinzip
  - auf die Antwort warten (synchron)
  - nicht auf die Antwort warten (asynchron)
- Zeitlicher Ablauf der Kommunikation
  - paketorientiert
  - kontinuierlicher Datenstrom

Aufbau

- Das **Datenpaket** (Datagramm) besteht aus
  - Steuerdaten (Header) und
  - Nutzdaten (Data).
- Der Header (z. B. Internet Protokoll Version 4, kurz IPv4) enthält Informationen zur Quell- und Zieladresse, dem Status usw.

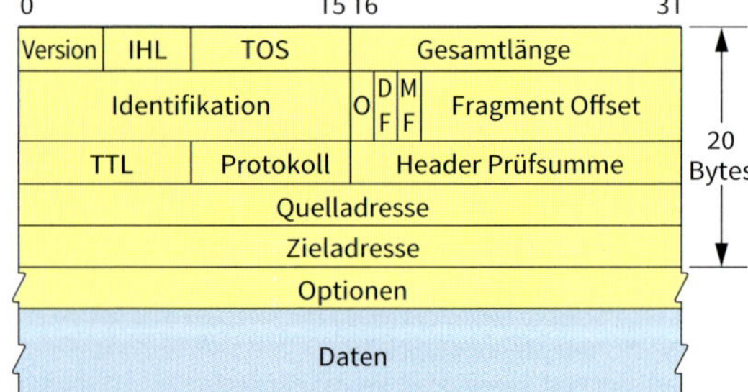

- Aufbau des IPv4-Headers:
  - Länge des Headers: ≥ 20 Bytes (plus 40 Bytes optional)
  - Version des IP-Paketes: IPv4
  - **IHL** (**I**P **H**eader **L**ength): Länge des Headers
  - **TOS** (**T**ype **o**f **S**ervice): Priorität des IP-Paketes
  - Gesamtlänge: Paketlänge bis zu 65 535 bytes
  - Identifikation:, Flags:, Fragment Offset: } Steuern das Zusammensetzen der zuvor fragmentierten IP-Datenpakete
  - **TTL** (**T**ime **to** **L**ive): Gibt die Lebensdauer des Paktes an.
  - Protokoll: Bezeichnet das in den Nutzdaten enthaltene Folgeprotokoll (z. B. TCP).
  - Header Prüfsumme: Zur Sicherung der Daten des Headers
  - Quelladresse des IP-Paketes im Byteformat
  - Zieladresse des IP-Paketes im Byteformat (Adresse im Byteformat: 192.168.172.130)

TCP/IP-Protokollstruktur

OSI-Schicht	TCP/IP-Schicht	Protokolle		
Anwendungsschicht Darstellungsschicht Kommunikations-steuerungsschicht	Anwendungsschicht	**FTP** (**F**ile **T**ransfer **P**rotocol) **HTTP** (**H**yper**t**ext **T**ransfer **P**rotocol) **IRC** (**I**nternet **R**elay **C**hat Protocol) **POP3** (**P**ost **O**ffice **P**rotocol V**3**)	**NTP** (**N**etwork **T**ime **P**rotocol) **SMTP** (**S**imple **M**ail **T**ransfer **P**rotocol) **SNMP** (**S**imple **N**etwork **M**anagement **P**rotocol) **Telnet** (**T**erminal **E**mulation **P**rotocol)	
Transportschicht	Host-zu-Host-Transportschicht	**TCP** (**T**ransmission **C**ontrol **P**rotocol)	**UDP** (**U**ser **D**atagramm **P**rotocol)	
Vermittlungsschicht	Internetschicht	**IP** (**I**nternet **P**rotocol)	**RIP** (**R**outing **I**nformation **P**rotocol)	**ICMP** (**I**nternet **C**ontrol **M**essage **P**rotocol)
Sicherungsschicht Bitübertragungsschicht	Netzzugangsschicht	**ARP** (**A**ddress **R**esolution **P**rotocol) **PPTP** (**P**oint to **P**oint **T**unneling **P**rotocol) IEEE 802.3 IEEE 802.11		

Verkabelungsstruktur

Dreistufige strukturierte Gebäudeverkabelung

- Primärbereich
- Sekundärbereich
- Tertiärbereich

Endgerät TA

Etagenverteiler EV

Gebäudeverteiler GV

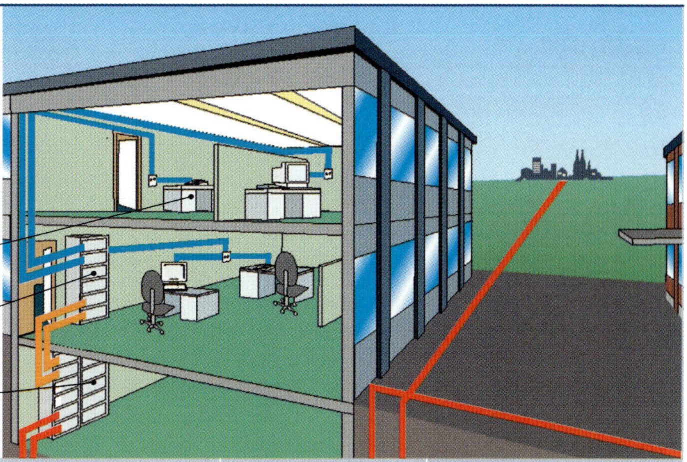

Bereich	Kabelverbindung	max. Kabellänge	Kabeltypen
Primär	Zwischen einzelnen Gebäudebereichen	1500 m	LWL
Sekundär	Vom Gebäudeverteiler (GV) zu den Etagenverteilern (EV)	500 m	LWL, bestehend aus mindestens zwölf Fasern
Tertiär	Vom Etagenverteiler zur Anschlussdose des Endgerätes (TA). Die Verbindung zwischen TA und Endgerät beträgt max. 5 m.	90 m	LWL, Kupferkabel oder Hybrid-Kabelsystem (LWL mit integriertem Kupferkabel)

Aufbau eines Kupferkabels

U/UTP
(**U**nshielded **T**wisted **P**air)
ohne Schirmung

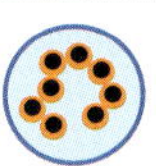

U/FTP
(**F**oiled **T**wisted **P**air)
mit Einzelschirm

S/UTP
(**S**creened/**UTP**)
mit Gesamtschirm

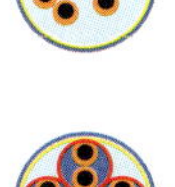

S/FTP
(**S**creened/**FTP**)
mit Einzel- und Gesamtschirm

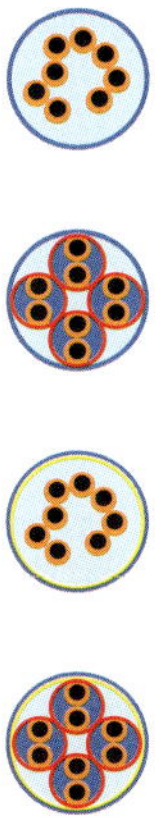

Leiteraufbau:
massiv oder 7drähtig

Paarverseilung:
zwei Adern formen ein symmetrisches Paar (Twisted Pair)

Farbcode:
weiß blau/blau
weiß orange/orange
weiß grün/grün
weiß braun/braun

- Leiterisolation
- Kabelmantel
- Einzelschirm
- Gesamtschirm

Kategorie	Klasse	Frequenz	Übertragungsraten
Cat. 5	D	100 MHz	100 Mbit/s Ethernet
Cat. 6	E	250 MHz	1 Gbit/s
Cat. 6_A	E_A	500 MHz	10 Gbit/s
Cat. 7	F	600 MHz	10 Gbit/s
Cat. 7_A	F_A	1000 MHz	10 Gbit/s Multimedia
Cat. 8.1	G	2000 MHz	40 Gbit/s

Leiterquerschnitt (angegeben in AWG)
AWG = **A**merican **W**ire **G**auge
Massiver Leiter: 24/1 bis 23/1 (0,5 bis 0,6 mm[2])
7drähtiger Leiter: 27/7 bis 24/7 (0,08 bis 0,22 mm[2])

Steckverbinder

Installation einer RJ45 Anschlussdose:

1. Leitung ablängen und abisolieren.
2. Adernpaare in die Richtung der Anschlussklemmen biegen.
3. Einzeladern in die farbig markierten Schneidklemmen legen und mit Anlegewerkzeug anschließen. Darauf achten, dass der Twist der Paare so wenig wie möglich aufgedrillt wird.
4. Optische Kontrolle der Adernenden auf Kontaktstellen zwischen den Leitern und/oder dem Gehäuse.

Belegung RJ45:

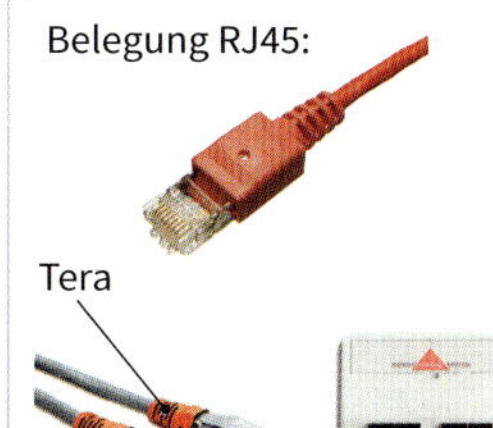

EIA/TIA-568A:

Pin 1: weiß grün	Pin 2: grün
Pin 3: weiß orange	Pin 4: blau
Pin 5: weiß blau	Pin 6: orange
Pin 7: weiß braun	Pin 8: braun

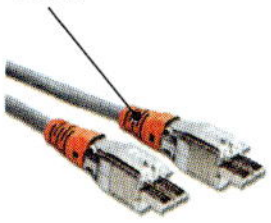

Weitere Steckersysteme:

Online-Provider

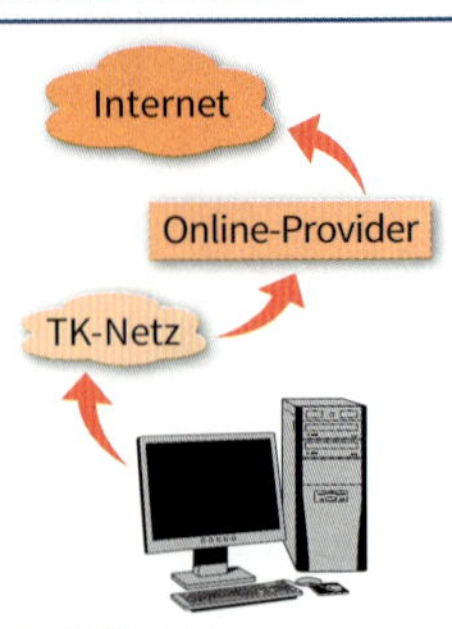

- **Software**
  - Browser
  - E-Mail-Client
  - Anwendungen
  - …

- Die Einwahl erfolgt über Online-Provider. Sie stellen zusätzlich ausgewählte Inhalte (Contents) zur Verfügung.
- Online Provider (Beispiele): T-Online, Kabel Deutschland, Vodafone, Strato, CompuServe
- Die Verbindung wird über einen DSL Zugang, ein Modem oder eine ISDN Karte hergestellt; über Leitungen oder per Funk.
- Bei jeder Verbindung wird vom Provider dem Nutzer eine IP-Adresse zugeteilt.

Internet Service Provider (ISP)

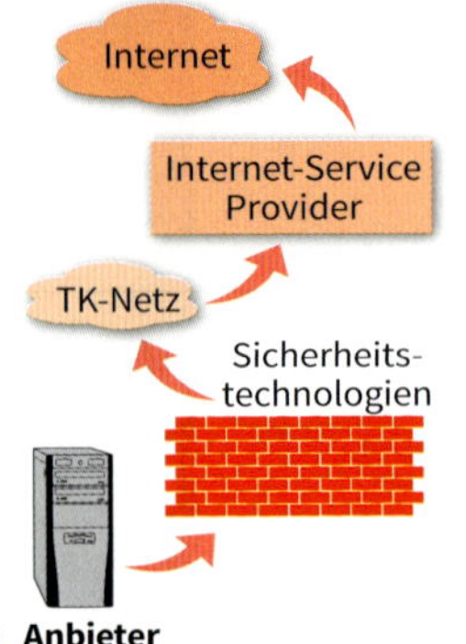

- **Anbieter**
  UUnet, Xlink, Deutsche Telekom, ECRC

Internet Service Provider bieten gegen Entgelt verschiedene Leistungen zusätzlich an, z. B. über

- **Hosting-Provider**
  Registrierung von Domains, Vermietung von Webservern
- **Access-Provider**
  (Zugang) Bereitstellung von Wählverbindungen, Breitbandzugängen, Standleitungen
- **Content-Provider**
  (Inhalt) Bereitstellung ausgewählter Inhalte

Internetprotokoll TCP/IP

- **IP: I**nternet **P**rotocol
  Das Protokoll besitzt folgende Merkmale und Funktionen (Auswahl):
  - Adressierung der Daten und deren Fragmentierung
  - Datenaustausch vom Sender zum Empfänger (Routing)
  - Mit dem Protokoll erfolgt keine Absicherung der Übertragung, verbindungslos, unzuverlässig (keine Zustellgarantie)
  - IPv4: 32 Bit-Adressen; IPv6: 128 Bit-Adressen
- **TCP: T**ransmission **C**ontrol **P**rotocol
  - Das Protokoll baut auf IP auf.
  - Es sorgt beim Empfänger für die Einsortierung der Pakete in die richtige Reihenfolge.
  - Die Kommunikation ist durch Bestätigung des Paket-Empfangs sicher.
  - Übertragungsfehler werden automatisch korrigiert.
  - Die Übertragung erfolgt verbindungsorientiert, ist zuverlässig (Zustellgarantie).
- **IP-Adresse**
  - Aufbau: 4 Byte = 32 Bit (2^{32} = 4 294 967 296 mögliche Adressen)
  - Vereinfachung: Umwandlung der Bytes in Dezimalzahlen, die durch Punkte voneinander getrennt sind.
  - Beispiel: 10110011 11000001 10011010 00001011
    179.193.154.11

Netzeinteilung

- Um den Adressbereich effizient zu nutzen, erfolgte ursprünglich eine Aufteilung in **Netzwerkadresse** und PC-(Host) Adresse. Die ersten Bits des IPv4-Adressraums wurden zur Kennzeichnung von Netzklassen (A, B, C) verwendet.
- Die feste Klassenzuordnung wurde durch **CIDR** (**C**lassless **I**nter-**d**omain **R**outing) aufgehoben.
  Die Kennzeichnung erfolgt nach einem Schrägstrich unter Angabe der Anzahl der gesendeten Bits (1-Bits) in der Netzmaske.
  Beispiel:
  IP-Adresse (Dezimal) mit Suffix — 172.17.0.0/24 — Suffix: gibt Anzahl (hier 24) der 1-Bits in der Netzmaske an
  Die Angabe 24 bedeutet: 24 Bit der Netzmaske sind auf 1 gesetzt (Binär: 11111111.11111111.11111111.00000000)
  Suffix: Angestecktes, Nachsilbe

Domain

- Eine Domain ist ein Begriff, Name, … für eine IP-Adresse. Sie fungiert somit als eine menschliche „Gedächtnishilfe" für die IP-Adressen.
- Eine Domain darf im Internet nur einmal vorkommen. Die Vergabe und Zuteilung erfolgt über das **NIC** (**N**etwork **I**nformation **C**enter). Für deutsche Domains (.de) ist das **„DENIC"** als zentrale Registrierungsstelle zuständig.
- Das System wird als **Domain Name System** (**DNS**) bezeichnet. Es ist hierarchisch aufgebaut.

Top Level Domain (TLD), z. B. de

Second Level Domain
z. B. …tu-darmstadt
…westermann

- **Top Level Domains** (Beispiele)

ccTLDs (country code)		gTLDs (generic)	
at	Österreich	biz	business
ch	Schweiz	com	commercial
de	Deutschland	edu	education
fr	Frankreich	net	network
us	USA	org	organisation

Bandbreite

Die Geschwindigkeit, mit der die Daten einer Internetverbindung übertragen werden, wird häufig als Bandbreite bezeichnet. Sie wird in Baud oder bit/s (Bit pro Sekunde) angegeben.

Zugang über	Bandbreite
analoges Modem	bis 56 kbit/s
ISDN	64 kbit/s
ISDN zwei Kanäle	128 kbit/s
ISDN Primärmultiplexanschluss	2 Mbit/s
ADSL	1 Mbit/s, 2 Mbit/s, …
ADSL 2+	bis 25 Mbit/s
VDSL	bis 52 Mbit/s

Energieversorgung

5

Energiegewinnung und -verteilung

184 Kraftwerke
185 Netzarten
186 Energieübertragung
187 Mittelspannungsschaltanlagen
188 Freileitungen, Kabel
189 Niederspannungsschaltanlagen
190 Kabelgarnituren
191 Störlichtbogenschutz
192 Störlichtbogen – PSA

Komponenten

193 Schalter
194 Schaltgeräte
195 Mittelspannungs-Leistungsschalter
196 Gebrauchskategorien für Niederspannungs-Schaltgeräte
197 Transformatoren
199 Drehstromtransformator
200 Schweißtransformator
201 Sondertransformatoren

Energienetze

202 Spannungsqualität
203 Spannungsqualitätsüberwachung
204 Oberschwingungen
205 Sternpunktbehandlung
206 Netzschutz
207 Transformatorenschutz
208 Blindstrom-Kompensationsschaltungen
209 Kompensationsanlagen
210 USV – Unterbrechungsfreie Stromversorgung
211 Netzersatzanlagen

Geräteversorgung, Kleinnetzteile

212 Netzteile
213 Schaltnetzteile
214 Netzfilter
215 Sieb- und Stabilisierungsschaltungen

Regenerative Energien

216 Kraft-Wärme-Kopplung
217 Energiespeicher im Niederspannungsnetz
218 Photovoltaik
219 Potenzialausgleich in PV-Anlagen
220 Energiespeicher in PV-Systemen
221 Windenergieanlagen

Energiespeicher

222 Brennstoffzelle
223 Primärbatterien
224 Akkumulatoren
225 Stationäre Bleibatterien
226 Batterieanlagen
227 Ladekennlinien von Akkumulatoren
228 Ladestationen

Kraftwerke
Power Plants

Arten

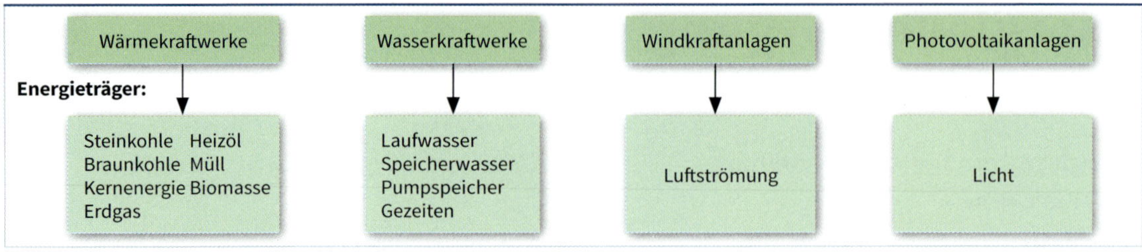

Einsatz von Kraftwerken

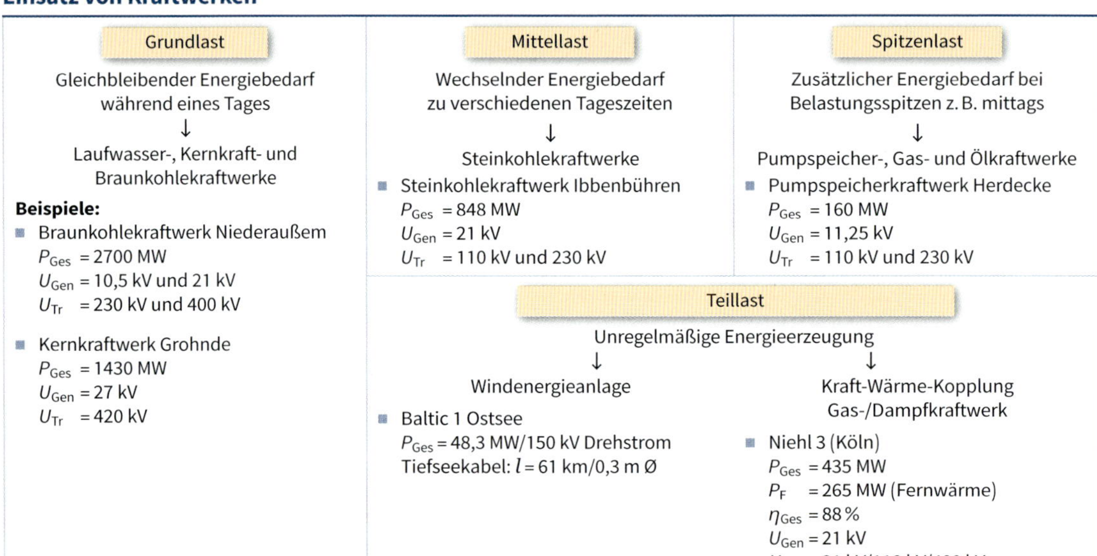

Grundlast

Gleichbleibender Energiebedarf während eines Tages
↓
Laufwasser-, Kernkraft- und Braunkohlekraftwerke

Beispiele:

- Braunkohlekraftwerk Niederaußem
  P_{Ges} = 2700 MW
  U_{Gen} = 10,5 kV und 21 kV
  U_{Tr} = 230 kV und 400 kV
- Kernkraftwerk Grohnde
  P_{Ges} = 1430 MW
  U_{Gen} = 27 kV
  U_{Tr} = 420 kV

Mittellast

Wechselnder Energiebedarf zu verschiedenen Tageszeiten
↓
Steinkohlekraftwerke

- Steinkohlekraftwerk Ibbenbühren
  P_{Ges} = 848 MW
  U_{Gen} = 21 kV
  U_{Tr} = 110 kV und 230 kV

Spitzenlast

Zusätzlicher Energiebedarf bei Belastungsspitzen z. B. mittags
↓
Pumpspeicher-, Gas- und Ölkraftwerke

- Pumpspeicherkraftwerk Herdecke
  P_{Ges} = 160 MW
  U_{Gen} = 11,25 kV
  U_{Tr} = 110 kV und 230 kV

Teillast

Unregelmäßige Energieerzeugung

↓ Windenergieanlage

- Baltic 1 Ostsee
  P_{Ges} = 48,3 MW/150 kV Drehstrom
  Tiefseekabel: l = 61 km/0,3 m Ø

↓ Kraft-Wärme-Kopplung Gas-/Dampfkraftwerk

- Niehl 3 (Köln)
  P_{Ges} = 435 MW
  P_F = 265 MW (Fernwärme)
  η_{Ges} = 88 %
  U_{Gen} = 21 kV
  U_{Tr} = 21 kV/110 kV/400 kV

Prozessablauf im Wärmekraftwerk

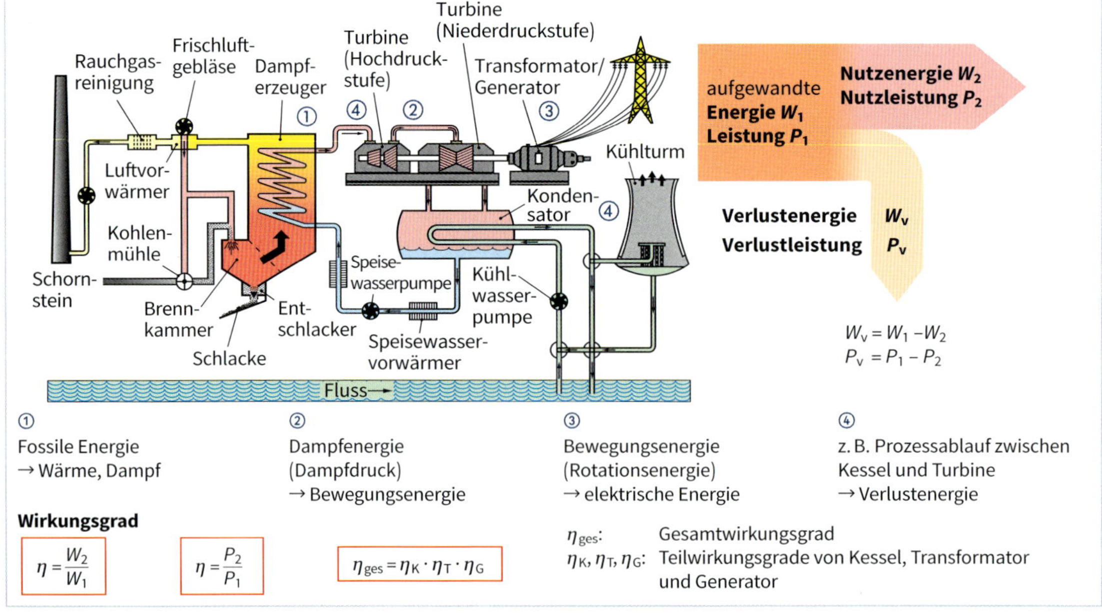

① Fossile Energie → Wärme, Dampf

② Dampfenergie (Dampfdruck) → Bewegungsenergie

③ Bewegungsenergie (Rotationsenergie) → elektrische Energie

④ z. B. Prozessablauf zwischen Kessel und Turbine → Verlustenergie

Wirkungsgrad

$$\eta = \frac{W_2}{W_1}$$

$$\eta = \frac{P_2}{P_1}$$

$$\eta_{ges} = \eta_K \cdot \eta_T \cdot \eta_G$$

η_{ges}: Gesamtwirkungsgrad
η_K, η_T, η_G: Teilwirkungsgrade von Kessel, Transformator und Generator

Energiefluss und Energieverteilung

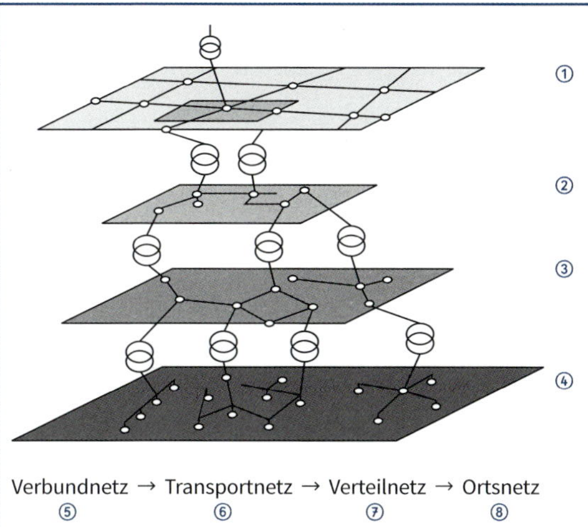

Spannungsebenen und Energieumwandlung

① **Hochspannungsebene**[1)] **(400 kV, 230 kV)**
- Sehr hohe Übertragungsleistung
- Maschinentransformator im Kraftwerk und Kuppeltransformator zwischen ① und ②

② **Hochspannungsebene (110 kV)**
- Transport hoher Leistungen über weite Strecken ⑥
- Netztransformator zwischen ② und ③

③ **Hochspannungsebene**[1)] **(10 kV, 20 kV)**
- Regionaler Energietransport ⑦
- Verteiltransformator zwischen ③ und ④

④ **Niederspannungsebene (230 V/400 V)**
- Lokaler Energietransport zum Verbraucher ⑧

Ortsnetzstation

- **Übersichtsschaltplan**

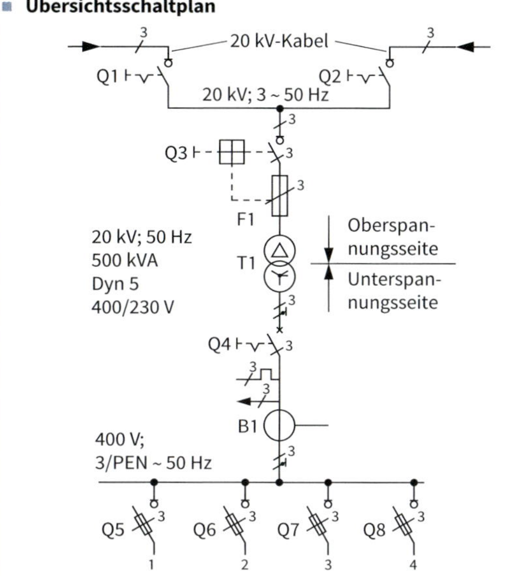

- **Lasttrennschalter Q1 und Q2**
  trennen unter Last
- **Lasttrennschalter Q3**
  mit Hochspannungs-Hochleistungssicherung (HH)
- **Ortsnetztransformator T1**
  wandelt Hochspannung[1)] in Niederspannung um
- **Leistungsschalter Q4**
  schalten bei Überlast und Kurzschluss
- **Stromwandler B1**
  wandeln hohe Stromstärken in niedrigere Messstromstärken um
- **Sicherungs-Lasttrennschalter Q5 … Q8**
  schalten unter Last, z. B. bei Überlast und Kurzschluss

[1)] Im Alltagsgebrauch werden noch die Begriffe Höchst- und Mittelspannung verwendet.

Netzformen

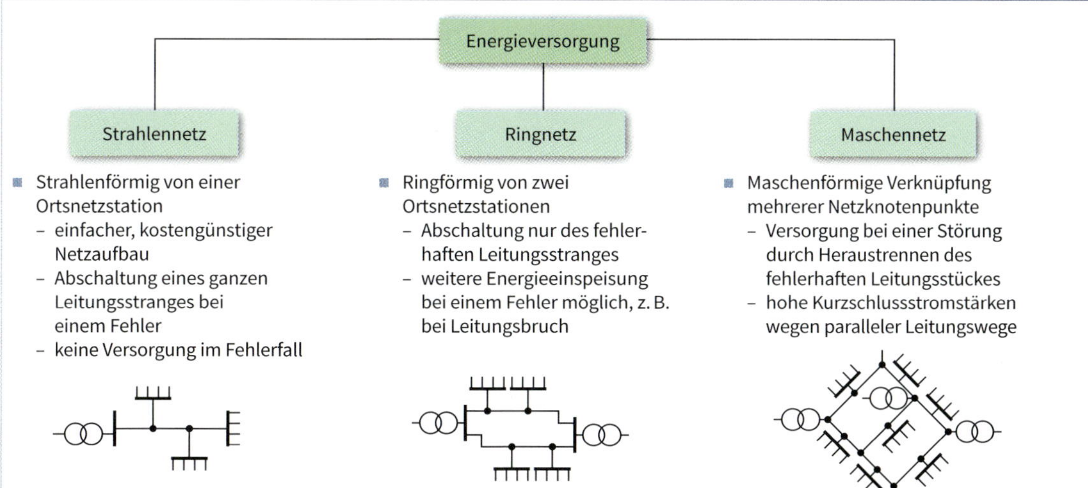

Strahlennetz
- Strahlenförmig von einer Ortsnetzstation
  - einfacher, kostengünstiger Netzaufbau
  - Abschaltung eines ganzen Leitungsstranges bei einem Fehler
  - keine Versorgung im Fehlerfall

Ringnetz
- Ringförmig von zwei Ortsnetzstationen
  - Abschaltung nur des fehlerhaften Leitungsstranges
  - weitere Energieeinspeisung bei einem Fehler möglich, z. B. bei Leitungsbruch

Maschennetz
- Maschenförmige Verknüpfung mehrerer Netzknotenpunkte
  - Versorgung bei einer Störung durch Heraustrennen des fehlerhaften Leitungsstückes
  - hohe Kurzschlussstromstärken wegen paralleler Leitungswege

Hochspannungs-Gleichstromübertragung (HGÜ)

HGÜ (**HVDC**: **H**igh-**V**oltage **D**irect **C**urrent) wird eingesetzt für

- Energieaustausch über große Kabelstrecken (z. B. Meer) zwischen zwei Ländern (z. B. Deutschland und Schweden),
- Energieübertragung von Offshore-Windenergie-Anlagen zum Festland und
- Verbindung zweier Netze mit unterschiedlicher Frequenz.

System der Übertragung:

Verbundnetz 50 Hz	→	HGÜ-Strecke 0 Hz	→	Verbundnetz 50 Hz

Beispiel: Windpark Offshore (WEA)

1. 180 Windenergieanlagen mit je 5 MW, Offshore vernetzt im 36 kV-Drehstromkabel-Netz (50 Hz)
2. Transformation von 36 kV auf 155 kV AC
3. Umwandlung in Gleichrichterstation auf 150 kV DC
4. Energietransport über Seekabel zur Wechselrichterstation (z. B. Leistung 400 MW) am Festland
5. Umwandlung von 150 kV DC in 400 kV AC, 50 Hz
6. Energieeinspeisung ins Verbundnetz 400 kV/50 Hz

Dreh- und Wechselstromübertragung

Anwendungen	Bezeichnung	Nennspannung in kV
Überregionaler und internationaler Bereich (Verbundnetz)	Hochspannungsnetz [1)]	230 … 400
Großindustrien, Großstädte	Hochspannungsnetz	60 … 110
Industriebetriebe, Hochhäuser, Ortsnetzstationen	Hochspannungsnetz [1)]	10 … 30
Wohnhäuser, Gewerbebetrieb, landw. Betriebe	Niederspannungsnetz	0,4

[1)] Im Alltagsgebrauch werden noch die Begriffe Höchstspannung und Mittelspannung verwendet.

Nenngrößen von Netzen

Bezeichnungen		Nenngrößen			
Gleichstrom-Bahnnetze	U in kV	0,75	1,5	3	–
Einphasen-Wechselstrom-Bahnnetze	U in kV	15	25	–	–
	f in Hz	$16\frac{2}{3}$	50, 60	–	–
Vierleiter- oder Dreileiter-Drehstromnetze	U in V	230/400	277/480	400/690	1000
	f in Hz	$16\frac{2}{3}$	50		

Masttypen

- **Nieder- und Hochspannungsleitung**

mit Stütz- und Hängeisolatoren

Holzmast: 0,4 kV, $h \approx 12$ m, Eingrabtiefe 1/6 der Mastlänge min. 1,60 m

Betonmast: 20 kV, $h \approx 14$ m, Fundament aus Beton

- **Hochspannungsleitung**

mit Stütz- und Hängeisolatoren

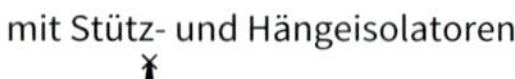

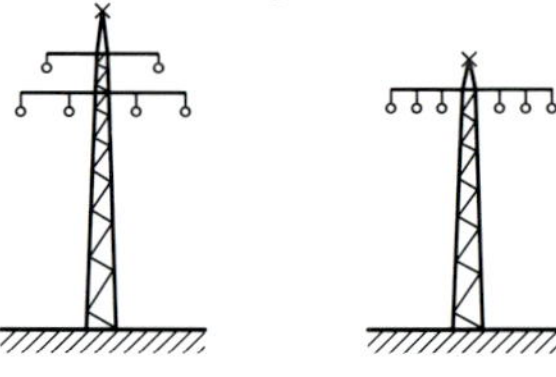

Stahlgittermasten: 110 kV, 2 Systeme, $h \approx 27$ m

- **Hochspannungsleitung**

mit Hängeisolatoren und Erdseilen

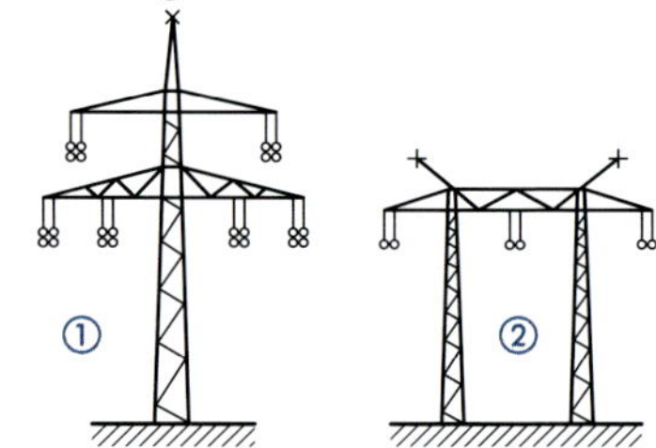

Stahlgittermasten: 400 kV, 2 Systeme ①, $h \approx 47$ m bzw. 1 System ②, $h \approx 36$ m

Hochspannungsübertragung

Stahlgittermast

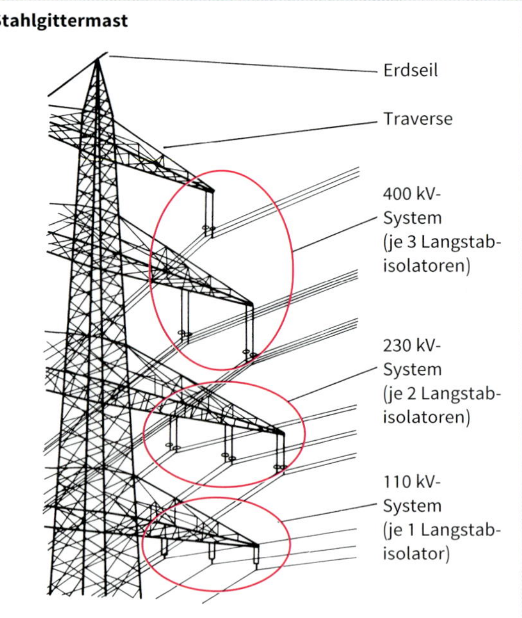

Merkmale

- Mittelspannungsschaltanlagen dienen zum Anschluss der Netznutzer (Endnutzer) an das vom Netzbetreiber bereitgestellte Mittelspannungsnetz und als Schalt-/Anschlusseinrichtung innerhalb des VNB-Netzes.
- Die **Anschlussbedingungen** nach TAB können vom Netzbetreiber mit zusätzlichen Vorgaben ergänzt werden.
- Die **grundlegenden Anforderungen** der TAB beinhalten dabei unter anderem Vorgaben für
  - den baulichen Teil (Gebäude, Erdungsvorgaben),
  - die Mittelspannungsschaltanlage,
  - die Transformatoren,
  - die Niederspannungsverteilung,
  - die Schutz- und Steuereinrichtungen,
  - die Messeinrichtungen,
  - ggf. erforderliches Zubehör und
  - den Betrieb.
- Als Komponenten der Schaltanlage werden Leistungsschalter-, Trenn-, Mess- und Schützfelder eingesetzt.
- Die Leistungsschalter werden entweder als **luftisolierte** oder **SF6 (Schwefelhexafluorid)-isolierte** Schaltfelder eingebaut.
- **Luftisolierte Schaltanlagen**
  - Sind kostengünstig in der Anschaffung,
  - reparatur- und servicefreundlich sowie
  - problemlos in der Entsorgung.
  - Erfordern Platz,
  - regelmäßige Wartung und
  - sind empfindlich gegen Umgebungseinflüsse.
- **SF6-isolierte Schaltanlagen**
  - Sind wartungsarm und
  - unempfindlich gegen Verschmutzung.
  - Bieten hohe Personensicherheit.
  - Benötigen geringen Platzbedarf.
  - Sind teurer in der Anschaffung und
  - nicht reperaturfreundlich sowie
  - umweltproblematisch wegen des SF6-Gases.

Leistungsschalterfeld

Außenansicht

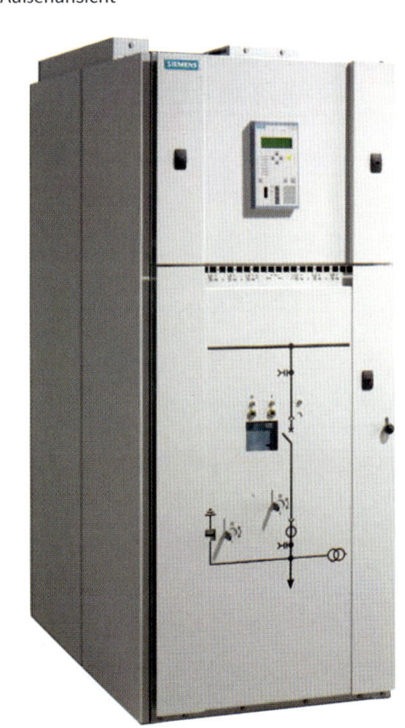

Querschnittsdarstellung

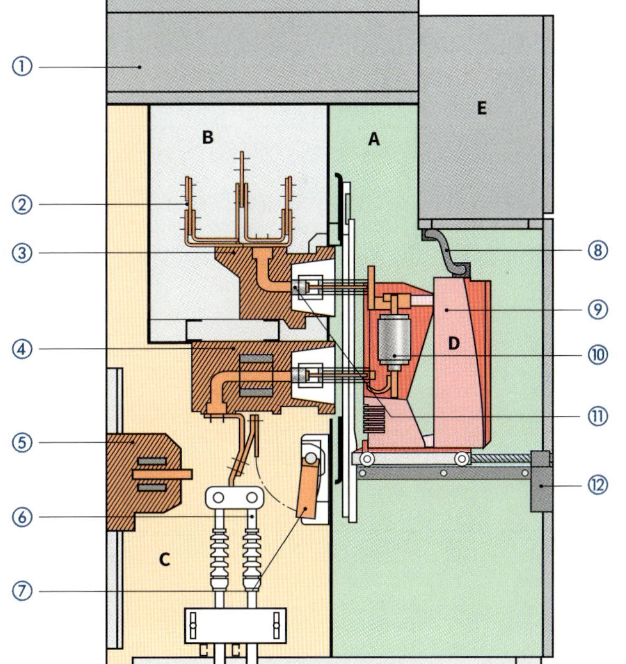

A: Schaltgeräteraum
B: Sammelschienenraum
C: Anschlussraum
D: Leistungsschaltereinschub
E: Niederspannungsschrank

① Druckentlastungskanal
② Sammelschienen
③ Durchführungsstützer
④ Durchführungsstromwandler
⑤ Spannungswandler
⑥ Kabelanschluss für 4 Kabel je Leiter
⑦ Einschaltfester Erdungsschalter
⑧ Niederspannungsverbindung, steckbar
⑨ Antriebs- und Verriegelungseinheit für Leistungsschalter
⑩ Vakuum-Schaltröhren
⑪ Kontaktsystem
⑫ Antriebs- und Verriegelungseinheit zum Verfahren des Schalters und zum Erden

Begriffe

- Betriebsspannung: Spannung in Drehstromanlagen und Einphasen- und Gleichstromanlagen zwischen den Außenleitern.
  U_0: Spannung zwischen Außenleiter und Neutralleiter bzw. Erde.
  U: Spannung zwischen den Außenleitern

$\frac{U_0}{U} = \frac{1}{\sqrt{3}}$ Spannungsverhältnis bei Kabeln für Drehstromanlagen

$\frac{U_0}{U} = \frac{1}{2}$ Spannungsverhältnis bei Kabeln für Einphasen- und Gleichstromsysteme, wenn beide Außenleiter isoliert sind.

$\frac{U_0}{U} = 1$ Spannungsverhältnis bei Kabeln für Einphasen- und Gleichstromsysteme, wenn ein Außenleiter isoliert ist.

Freileitungswerkstoffe (Auswahl)

Werkstoff	Cu	Al	Aldrey	BzI	StI	StII
q in mm²	10	16	16	10	16	16
zul. Höchstzugspannung σ in N/mm²	190	80	120	240	160	280
Längenausdehnungskoeffizient α in 10^{-5} K^{-1}	1,7	2,3	2,3	1,7	1,1	1,1
Leitfähigkeit κ in $\frac{\text{m}}{\Omega\ \text{mm}^2}$	56	35,4	30,5	48	8	6,7

Grenzspannweiten für Freileitungen bei gleichhohen Aufhängepunkten (Auszug)

	Außerhalb von Kreuzungsfeldern (Ausnahme: Wasserstraßen, Fernmeldeleitungen)			Innerhalb von Kreuzungsfeldern bei Bahnen, O-Bus-Leitungen, Seilbahnen		
Bemessungsquerschnitt in mm²	zulässige Spannweite in m			zulässige Spannweite in m		
	Cu	Al	Aldrey[1]	Cu	Al	Aldrey
25	280	75	200	115	35	100
35	430	110	285	170	50	140
50	530	165	420	280	70	200
70	610	235	590	470	100	275
95	705	380	900	600	145	395
120	770	530	1080	650	185	505
	Al/St.6/1			Al/St.6/1		
25/4	180			80		
35/6	275			120		
50/8	430			170		
70/2	680			200		
95/15	815			380		

[1] Aldrey: Legierung aus Al (99 %), Mg (0,5 %) und Si (0,5 %)

Aluminium-Stahl-Leitungsseile (Auswahl)

Bemessungsquerschnitt in mm²	Seildurchmesser in mm	Al/Stahl Anzahl der Drähte	Al/Stahl Durchmesser in mm	Dauerbelastbarkeit in A[2]
16/2,5	5,4	6/1	1,8/1,8	90
25/4	6,8	6/1	2,25/2,25	125
35/6	8,1	6/1	2,7/2,7	145
50/8	9,6	6/1	3,2/3,2	170
95/15	13,6	26/7	2,15/1,67	350
120/20	15,5	26/7	2,44/1,9	410
150/25	17,1	26/7	2,7/2,1	470
210/35	20,3	26/7	3,2/2,49	590
450/40	28,7	48/7	3,45/2,68	920
680/85	36	54/19	4,0/2,4	1150

[2] Werte gelten für Windgeschwindigkeit: 0,6 m/s, Temperatur: 35°C und Seilendtemperatur: 80°C

Aderzahl	Ader-Kennzeichnung **mit grüngelber Ader**	**ohne grüngelbe Ader**	**mit konzentr. Leiter**[3]
2	–	bl/br	bl/br
3	gnge/bl/br	br/sw/gr	br/sw/gr
4	gnge/br/sw/gr	bl/br/sw/gr	bl/br/sw/gr
5	gnge/bl/br/sw/gr	bl/br/sw/gr/sw	sw mit Zahlen 1, 2, …
6 und mehr	gnge/weitere Adern sw mit Zahlen 1, 2, …	sw mit Zahlen 1, 2, …	sw mit Zahlen 1, 2, …

[3] Leiter, z. B. metallener Mantel, werden nicht durch Farben gekennzeichnet.

Kabel

Arten	Erklärung
Papierisolierte Kabel für Niederspannung	Aderisolierung aus: – Papier mit Massetränkung (Massekabel)
Kunststoffisolierte Kabel für Nieder- und Mittelspannung	Aderisolierung aus: – PVC, PE oder VPE – Gummi mit Gummimantel für 0,6/1 kV
Kabel für Hochspannung	Gasisolierte Übertragungsleitung – U_N bis 800 kV – S_N bis 3000 MVA – Verlegung direkt in Erde, im Tunnel, im Kanal oder oberirdisch

Bauformen

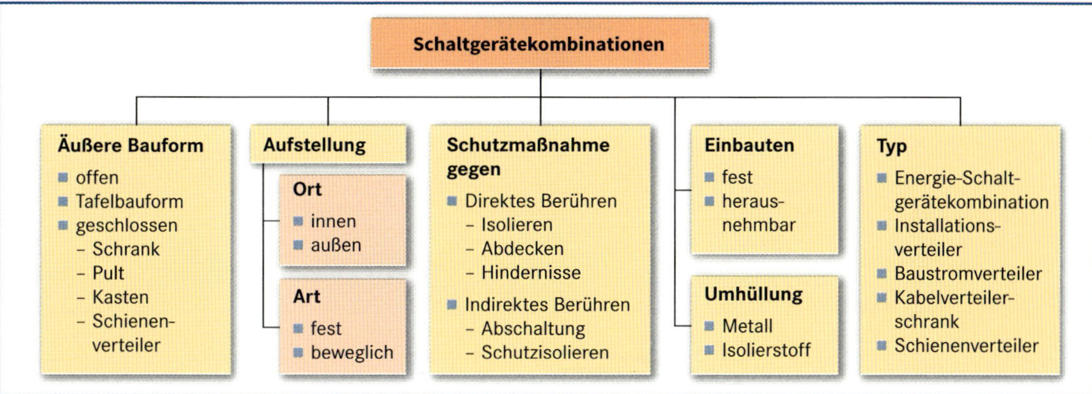

Bemessungsgrößen (Auswahl)

- **Spannung U_n**, gewährleistet einwandfreie Funktion
- **Isolationsspannung U_i**, Prüfspannung für Luft- und Kriechstrecken
- **Stoßspannungsfestigkeit U_{imp}**, berücksichtigt transiente Überspannungen
- **Strom der Schaltgerätekombination I_{nA}**, Stromtragfähigkeit der Hauptsammelschiene oder Summe der Bemessungsströme von parallelen Einspeisungen
- **Kurzzeitstrom I_{cw}**, Belastbarkeit durch Kurzschlussströme für definierte Zeiträume (typisch z. B. 0,2 s; 1 s; 3 s)
- **Belastungsfaktor *RDF***, Prozentwert des Bemessungsstroms, mit dem die Abgänge dauernd und gleichzeitig belastet werden können.
- **Frequenz f_n**

Bauartnachweis

- Hersteller muss nachweisen, dass die Bauart der Normenreihe DIN EN 61439 entspricht.
- Verwendung von Komponenten (Gehäuse, Einbauten, …), die vom ursprünglichen Hersteller geprüft wurden.
- Der Bauartnachweis für das Endprodukt enthält **Konstruktionsnachweise**:
  - Festigkeit von Werkstoffen und Teilen,
  - Schutzart von Umhüllungen,
  - Luft- und Kriechstrecken,
  - Schutz gegen elektrischen Schlag und Durchgängigkeit des Schutzleiters,
  - Einbau der Betriebsmittel,
  - innere Stromkreise und Verbindungen und
  - Anschlüsse für von außen eingeführte Leiter.

  Verhaltensnachweise:
  - Isolationseigenschaften,
  - Erwärmung,
  - Kurzschlussfestigkeit,
  - Elektromagnetische Verträglichkeit und
  - mechanische Funktion
- Nachweise werden durch Prüfung, Berechnung oder Einhaltung von Konstruktionsregeln erbracht.

Beispiele

Energieverteiler

- Hohe Leistungen, z. B. Industrieanlagen
- Modularer Aufbau ermöglicht Umbauarbeiten im Betrieb

Installationsverteiler

- Kleine Leistungen, z. B. Haus-/Lichtverteilung in Bürogebäuden

Schienenverteiler

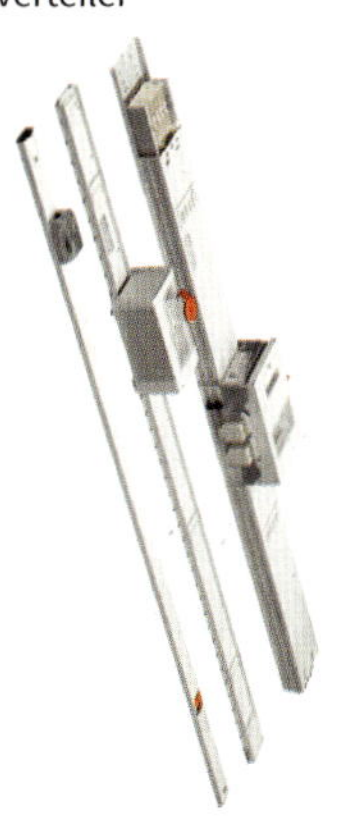

- Energieverteilung in Gebäuden
- Energieabgriff über Schienenkästen mit Sicherungseinsatz, Steckdose, …

Eigenschaften

- **Spannung**
  - Niederspannung
  - Mittelspannung
  - Hochspannung
- **Verbindungsart**
  - Schraubverbindung
  - Crimpverbindung
- **Isolierung**
  - Giessharz
  - Schrumpfschlauch
- **Einsatzart**
  - Endverschluss
  - Verbindungsmuffe
- **Sonstige**
  - Schirmung (ja/nein)
  - innen/außen

Verwendung	Beispiel	Beschreibung
Kabel-Endverschluss		■ Schutz des abgeschnittenen Kabels vor eindringender Feuchtigkeit ■ Anschluss der Schirmung mit gleichmäßiger Feldsteuerung zwischen Schirm und Anschlusspunkt
Verbindungsmuffe		■ Verbindung zwischen gleichartigen Kabeln ■ Leiterverbindung gecrimpt oder geschraubt ■ Isolierung durch Schrumpfschlauch oder Vergussmasse
Übergangsmuffe		■ Verbindung von papier- mit kunststoffisolierten Kabeln ■ Papierisoliertes Kabel wird mit Aufteilkappe abgedichtet. ■ Potenzialausgleich zwischen Bleimantel und Stahlbandbewehrung
Abzweigmuffe	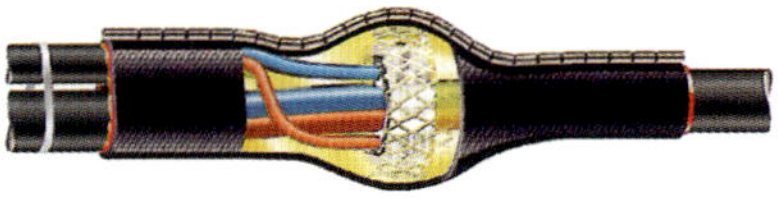	■ Abzweig von durchgehendem Kabel ■ Anbindung gleichartiger oder unterschiedlicher Kabeltypen (je nach Muffentyp)
Endmuffe		■ Spannungsfester Abschluss an kunststoff- oder papierisolierten Kabeln ■ Schutz des Kabelendes vor eindringender Feuchtigkeit

Schrumpfmuffenmontage

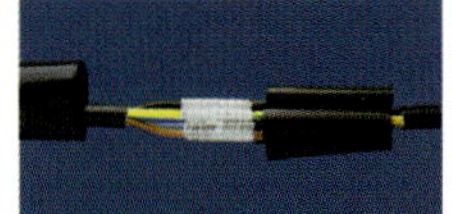

1. Kabelenden absetzen.
2. Innenmuffe über Adern und Außenmuffe über Kabel ziehen.
3. Crimpverbindung herstellen.

→

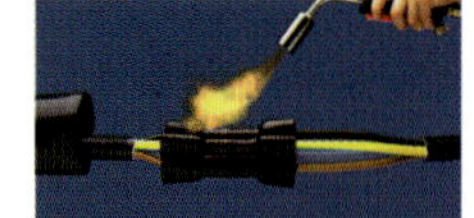

4. Innenmuffe über Verbindungsstelle schieben.
5. Durch Wärmeeinwirkung Muffe aufschrumpfen.

→

6. Außenmuffe positionieren.
7. Durch Wärmeeinwirkung Muffe aufschrumpfen.

→

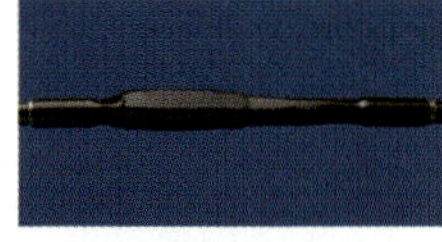

8. Überprüfung der Spannungsfestigkeit.
9. Muffe ist einsatzbereit.

Schutzprinzipien

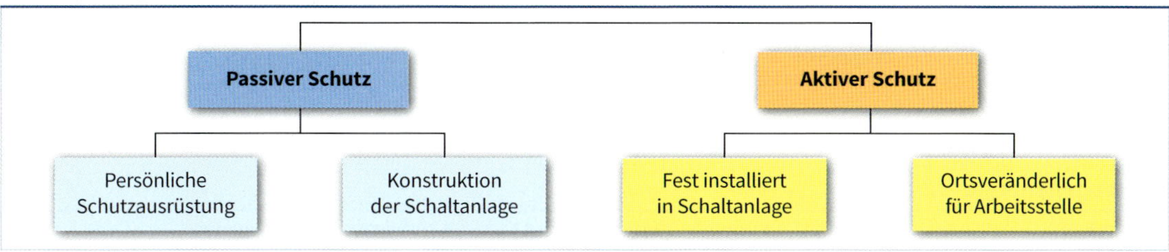

Passiver konstruktiver Schutz

IEC/EN 60439

- Die Ausbreitung von Störlichtbögen soll begrenzt werden.
- Schaltanlagen werden in einzelne Abschnitte unterteilt und gegeneinander abgeschottet.
- Der Grad der Abschottung wird als Form bezeichnet und von Form 1 bis Form 4b unterteilt.

Form	Innere Unterteilung	Schema
1	Keine	
2a	– Zwischen Sammelschiene und Funktionseinheiten – Anschlüsse der äußeren Leiter von der Sammelschiene getrennt	
2b	Wie 2a, jedoch Anschlüsse der äußeren Leiter von der Sammelschiene getrennt.	
3a	Wie 2a, jedoch Funktionseinheiten untereinander getrennt.	
3b	Wie 2b, jedoch Funktionseinheiten untereinander getrennt.	
4a	Zwischen Sammelschiene, Funktionseinheiten untereinander, äußere Anschlüsse sind Teil der Funktionseinheit.	
4b	Wie 4a, jedoch äußere Leiter zu Funktionseinheiten und untereinander getrennt.	

Sammelschiene – Abschottung gegen Lichtbogen – Anschlüsse äußerer Leiter – Funktionseinheit

Aktiver Schutz

1. Entstehung eines Lichtbogens wird überwacht. Steuereinheit ① erfasst
   - Stromstärke über Wandler,
   - Anstiegsgeschwindigkeit der Stromstärke,
   - optische Lichtbogenstrahlung über LWL ②
2. Sammelschienen kurzschließen mit pyrotechnischem Kurzschließer ③ ($t_a < 1$ ms)
   → Lichtbogen verlöscht, da die Sammelschienenspannung $U_{SS} = 0$ V
3. Unverzögertes Abschalten aller Einspeisungen über Einspeise-Leistungsschalter
   - Die stark verkürzte Brenndauer des Lichtbogens reduziert die Lichtbogenenergie.
   - Gefährdung für Personal und Beschädigung der Anlage werden stark reduziert.

Bei mobilen Schutzgeräten muss der Kurzschließer ③ über freie NH-Sicherungsabgänge an die Sammelschiene angeschlossen werden ④.

Integriertes Schutzgerät

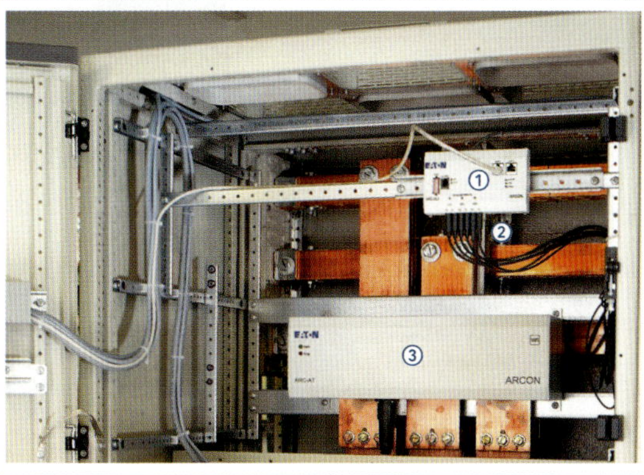

Mobiles Schutzgerät

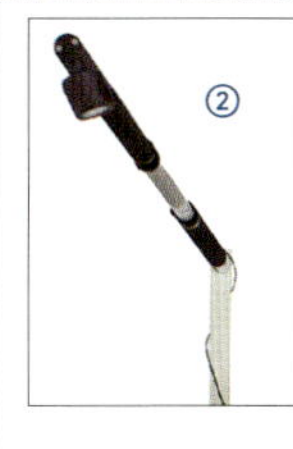

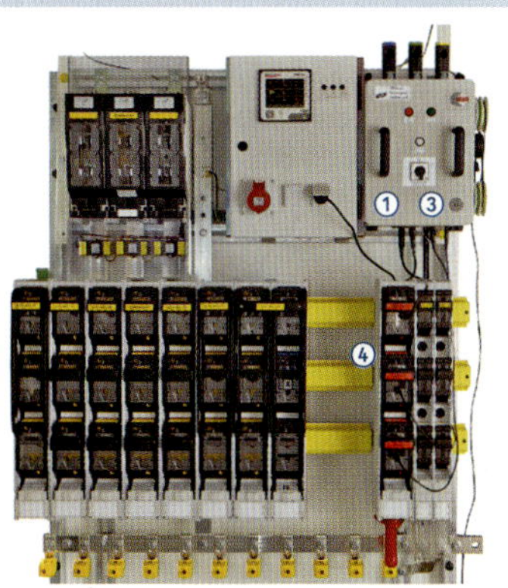

Ursachen für Störlichtbögen

- Ungenügender Schutz (Abstand, Abdecken, …)
- Hereinfallen leitender Teile beim Arbeiten
- Unbeabsichtigtes Lösen stromführender Leiter
- Fehler beim Schalten
- Überspannungen, z. B. durch Blitzeinschlag

Gefahren

- Verblitzen der Augen
- Einatmen giftiger Verbrennungsgase
- Gehörschaden
- Verbrennungen durch
  - Lichtbogenstrahlung und – glühende Metallpartikel

Lichtbogenenergie

Um geeignete Schutzausrüstung auswählen zu können, muss die Energie des Störlichtbogens ermittelt werden.

1. **Lichtbogenleistung P_{LB} ermitteln**
   Da durch den Lichtbogen nicht die volle Spannung an der Fehlerstelle ansteht und nicht der volle Kurzschlussstrom (I_{k3}) fließt, wird ein Korrekturfaktor k_P verwendet.

U_{Nn} in kV	d in mm	R/X	k_P
0,4	30	0,2	0,229
		0,5	0,215
		1,0	0,199
		≥ 2,0	0,181
	60	0,2	0,338
		0,5	0,299
		1,0	0,270
		≥ 2,0	0,253
10 … 20	120 … 240	0,1	0,04 … 0,08

U_{Nn}: Netz-Spannung
d: Abstand zwischen Lichtbogenkontaktpunkten
R/X: Verhältnis von Reaktanz/Impedanz im Kurzschluss-stromkreis

$$P_{LB} = k_P \cdot \sqrt{3} \cdot U_{Nn} \cdot I_{k3}$$

2. **Abschaltzeit t_k ermitteln**
   Der Korrekturfaktor k_B berücksichtigt den Einfluss des Lichtbogens auf die unbeeinflusste Kurzschlussstromstärke I_{k3} und damit auf die Abschaltzeit.

U_{Nn}	k_B
≤ 1 kV	0,5
> 1 kV	1

Abschaltzeit t_k aus Sicherungs-/Schalterkennlinie ermitteln. Dabei die reduzierte Kurzschlussstromstärke I_{kLB} verwenden.

$$I_{kLB} = k_B \cdot I_{k3}$$

3. **Lichtbogenenergie ermitteln**

$$W_{LB} = k_P \cdot \sqrt{3} \cdot U_{Nn} \cdot I_{k3} \cdot t_k$$

PSA-Auswahl

1. **Äquivalente Lichtbogenenergie $W_{LBä}$ ermitteln**
   PSA wird unter bestimmten Randbedingungen (Geometrie, Abstand) für eine bestimmte Lichtbogenenergie W_{LBP} geprüft. Die PSA wird in 2 Klassen eingeteilt.

Schutzklasse	W_{LBP}
Klasse 1	158 kJ
Klasse 2	318 kJ

An der Arbeitsstelle weichen die Randbedingungen von den Prüfbedingungen ab. Die Eignung der PSA an der Arbeitsstelle wird als $W_{LBä}$ (ä: äquivalent) bezeichnet.

$$W_{LBä} = k_T \cdot \left(\frac{\alpha}{300\text{ mm}}\right)^2 \cdot W_{LBP}$$

α: Arbeitsabstand zum Lichtbogen (typischer Wert: 300 mm)
k_T: Wert berücksichtigt die Anlagengeometrie

Anlagenart	k_T	Beispiele
Kleinräumige Anlage mit Seiten-, Rückwand	1	Hausanschlusskasten
Großräumige Anlage, Raumbegrenzung hauptsächlich durch Rückwand	1,5 … 1,9	Schaltanlage
Offene Anlage ohne Begrenzung des Elektrodenraumes	2,4	Kabelarbeiten Transformatoranschluss

Auswahlkriterien: $W_{LB} < W_{LBä}$

Beispiele: PSA mit Schutzklasse 2

Schutzhandschuh

Arbeitsjacke

Visier

Schutzhaube

Kann der Schutz mit PSA nicht erreicht werden, muss das Arbeitsverfahren angepasst werden:

- Reduzierung W_{LB} durch
  - Verkürzung Lichtbogendauer (Sicherungswechsel, Leistungsschaltereinstellungen)
  - Verringerung des Kurzschlussstromes (Aufhebung von Paralleleinspeisung, Parallelbetrieb von Transformatoren, …)
- Erhöhung des Schutzpegels der Kleidung durch Sonderprüfungen der PSA
- Verwendung von aktiven Kurzschlusseinrichtungen

Bezeichnung	Schaltzeichen	Erklärung	Anwendung
Trennschalter (Trenner) Leerschalter		▪ Ein- und Ausschalten von Stromkreisen bei vernachlässigbaren kleinen Strömen ▪ sichtbare Trennstrecke beim Ausschalten	▪ Freischalten von Geräten und Anlagenteilen
Erdungstrennschalter		▪ Erden und Kurzschließen ausgeschalteter Betriebsmittel und Anlagenteile	▪ Anbau an andere Schalter ▪ Erden und Kurzschließen ▪ Mittelspannungsanlagen
Sicherungs-trennschalter		▪ Sicherungsschalter mit Sicherungseinsatz ▪ bewegbares Schaltstück in der Strombahn	▪ Sonderausführung von Trennschaltern ▪ Niederspannungsanlagen
Lastschalter		▪ schaltet Lastströme unter normalen Bedingungen ▪ festgelegte Überlastbedingungen ▪ kein Kurzschluss-Ausschaltvermögen	▪ Ein- und Ausschalten von Betriebsmitteln (nicht Motoren) und Anlagenteilen ▪ Kombination mit Schmelzsicherungen ▪ Niederspannungsanlagen
Lasttrennschalter		▪ schalten im belasteten Zustand ▪ sichtbare Trennstrecke	▪ Schalten von Freileitungen, Kabelstrecken, Transformatoren, Ringleitungen ▪ Mittelspannungsanlagen
Lasttrennschalter mit selbsttätiger Auslösung		▪ allpoliges Ausschalten bei Kurzschluss (z. B. bei Ausfall einer Sicherung)	▪ HH-Sicherungen mit Kurzschlussschutz ▪ Mittelspannungsanlagen
Sicherungs-Lasttrennschalter		▪ Sicherungen im Schalter als Teile der Strombahn ▪ gefahrloses Schalten unter Belastung	▪ Sonderausführung von Lasttrennschaltern ▪ Niederspannungsanlagen
Leistungsschalter		▪ mit Strombegrenzung und kurzem Öffnungsverzug ▪ Kurzverzögerung bei Auslösung ▪ Schaltung unter allen Betriebsbedingungen	▪ Schalten von Motoren, Transformatoren ▪ Schalter für Betriebsmittel und Anlagen
Leistungsselbst-schalter	$I >$	▪ mit Strombegrenzung einstellbarer thermischer Überstromauslöser ▪ magnetischer Kurzschlussschnellauslöser	▪ Vorschaltgerät für Schütze ▪ Hauptschalter mit Überlast- und Kurzschlussschutz ▪ Leitungsschutz in Niederspannungsanlagen
Leistungstrenn-schalter		▪ sichtbare Trennstrecke beim Ausschalten ▪ allpoliges Ausschalten bei Kurzschluss (z. B. bei Ausfall einer Sicherung)	▪ Anlagen mit höheren Kurzschlussleistungen in Verbindung mit Sicherungen ▪ Mittelspannungsanlagen
Selektiver Hauptleitungs-Schutzschalter (SH-Schalter)	S	▪ Trennvorrichtung vor Zähl-, Mess- und Steuereinrichtungen (TAB 2007) zum einfacheren Abschalten bei Reparaturen	▪ SH-Schalter zum Einbau im unteren Anschlussbereich eines jeden Zählerfeldes mit Bemessungsstromstärke mindestens 63 A

Schaltvorgänge

Einschaltvorgang	Ausschaltvorgang
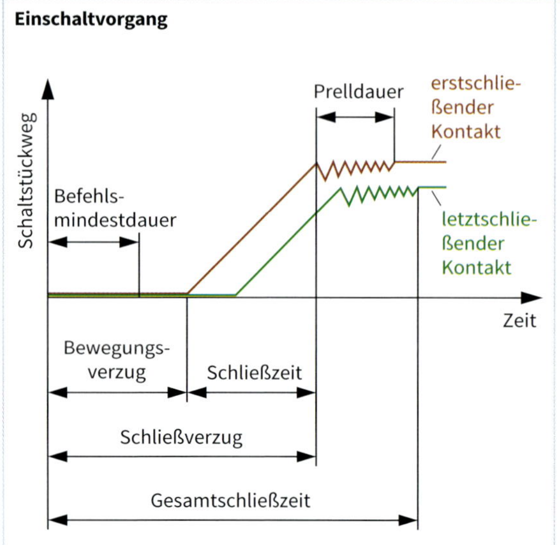	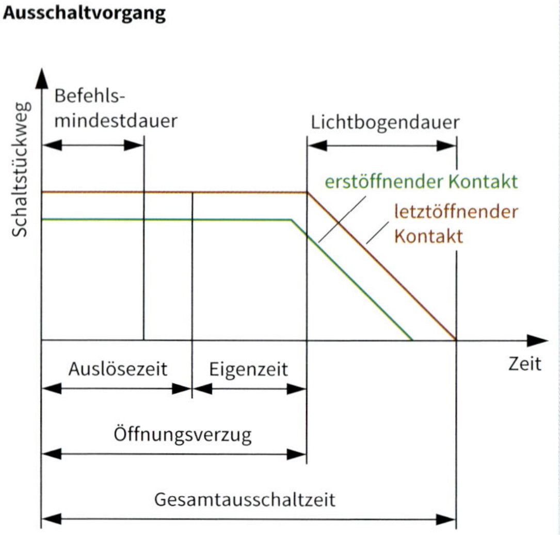

Mit **Bemessungseinschaltvermögen** wird der Einschaltstromstoß bezeichnet, den der Schalter beim Einschalten ohne Verschweißen der Schaltkontaktstücke und mechanischer Verformung aushält.

Mit **Bemessungsausschaltvermögen** wird die höchste Stromstärke bezeichnet, die das Schaltgerät unter Berücksichtigung der Spannung und des Leistungsfaktors unterbricht, ohne dass Lichtbogenüberschläge zwischen den Kontakten auftreten.

Kurzschlussfestigkeit ist die mechanische Festigkeit eines eingeschalteten Schaltgerätes oder eines seiner Bestandteile (z. B. Auslöser) gegen die auftretenden elektrodynamischen und thermischen Beanspruchungen.

Bemessungsströmstärken in A[1] für Niederspannungs-Schaltgeräte bis 1000 V										
Schalter, Anlasser, Steller, Steckvorrichtungen	–	–	–	–	–	–	–	–	6,3	–
	10	–	16	20	25	31,5	40	–	63	80
	100	125	160	200	250	–	400	–	630	–
	1000	–	1600	2000	2500	3150	4000	–	6300	8000
NH-Sicherungsunterteile	–	–	–	–	–	31,5[2]	–	–	63[2]	–
	100	–	160	–	250	–	400	–	630	800
	1000	1250	–	–	–	–	–	–	–	–
NH-Sicherungseinsätze	–	–	–	2[2]	–	–	4[2]	–	6,3	8[2]
	10	12,5[2]	16	20	25	31,5[2][3]	40[3]	50	63	80
	100	125	160	200	250	315	400	500	630	800
	1000	1250	–	–	–	–	–	–	–	–

Bemessungsstromstärken in A für Wechselspannungs-Schaltgeräte über 1000 V											
Schalter, Durchführungen	< 60 kV	400	630	1250	1600	2500	3150	4000	6300	8000	–
	≥ 60 kV	630[4]	800	1250	1600	2000	3150	4000	–	–	–
Sicherungsunterteile		200	–	400	–	–	–	–	–	–	–
Sicherungseinsätze bis 30/36 kV		6,3[1]	10	16	25	40	63	100	160	200	250
Primärauslöser		6,3[1]	10	16	25	40	63	100	160	200	250
		315	400	500	630	–	–	–	–	–	–

[1] Rundung der Werte 6,3 A; 12,5 A und 31,5 A auf 6 A, 12 A und 32 A
[2] Nur im Bedarfsfall als zusätzliche Zwischenwerte
[3] Noch gebräuchlicher Zwischenwert 35 A
[4] Für Lastschalter

Löschmedien

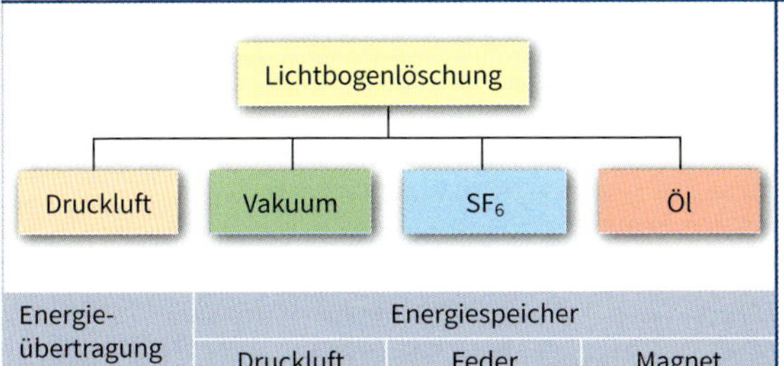

Energie-übertragung	Energiespeicher		
	Druckluft	Feder	Magnet
Pneumatik	X		
Mechanik		X	X
Hydraulik		X	

Isoliervermögen von Löschmedien

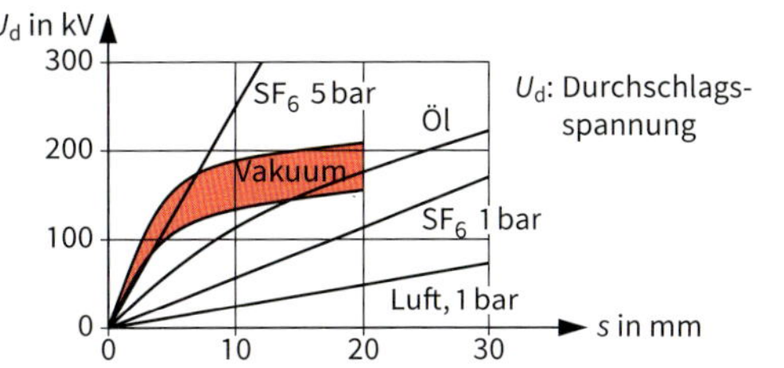

- Im Bereich der Mittelspannung hat die Vakuum-Löschtechnik die beste Wirksamkeit und ist auch günstiger als SF_6-Lösungen.
- Öl- und Druckluftanwendungen sind noch im Einsatz, werden jedoch bei Neuanlagen nicht mehr eingesetzt.

Vakuumlöschkammer

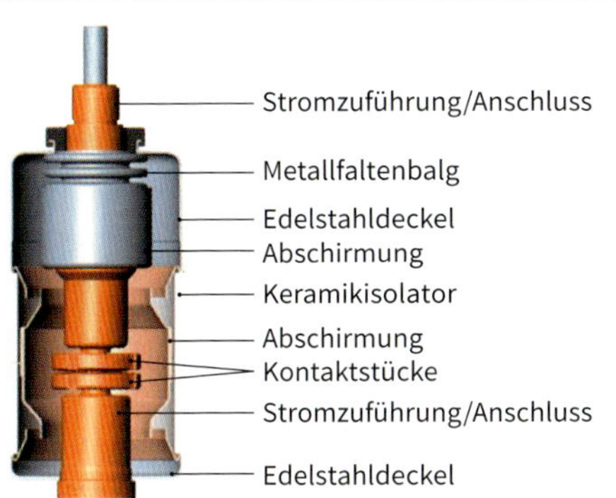

- Durch die spezielle Form der Kontakte treten zwei Stromrichtungen in horizontaler ② und vertikaler Richtung ③ auf.
- Die elektromagnetischen Kräfte drängen den Lichtbogen an den äußeren Rand und verlängern ihn dadurch. Dies erleichtert die Lichtbogenlöschung im Stromnulldurchgang

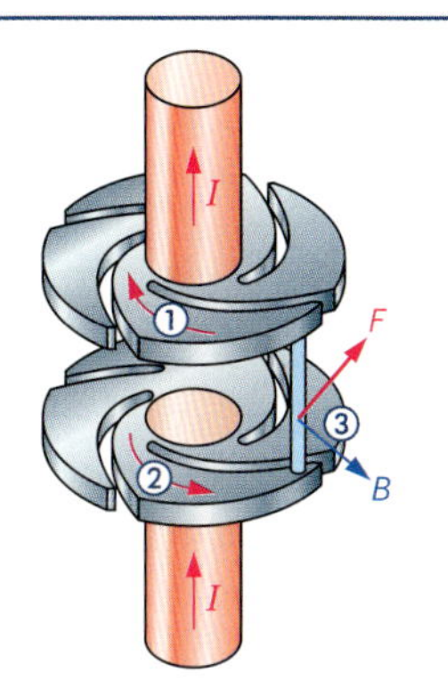

Federspeicherantrieb

⑤ ③ ② ① ④

Einschaltung
Ausschaltung

- Die Einschaltfeder ① wird über einen Motor ② gespannt.
- Durch Auslösemagneten ③ werden mechanische Klinken betätigt, welche die Schaltbewegung auslösen.
- Beim Einschalten wird die Ausschaltfeder ④ gespannt. So hat jeder eingeschaltete Schalter genügend Energie zur Ausschaltung gespeichert.
- Über Pleuel, Gelenke und Wellen wird die Schaltbewegung auf den Schaltkontakt ⑤ übertragen.

Magnetspeicherantrieb

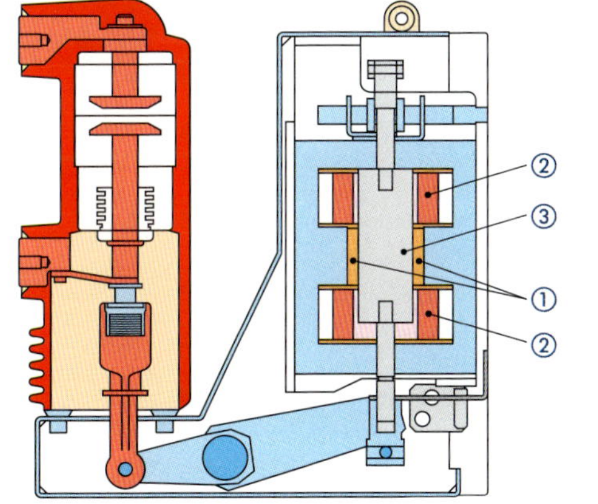

- Dauermagnete ① halten die Mechanik in Ein- bzw. Aus-Stellung.
- Eine der Spulen ② erzeugt beim Schalten ein magnetisches Feld. Dieses hebt die Haltekraft des Dauermagneten auf.
- Der gegenüberliegende Magnetpol zieht den Magnetanker ③ in die entgegengesetzte Position.
- Wartungsarmer Leistungsschalterantrieb durch wenige bewegte Teile.

Schütze und Motorstarter

Gebrauchskategorien	Ein- und Ausschaltbedingungen						
	$\frac{I_c}{I_e}$ [1]	$\frac{U_r}{U_e}$ [2]	$\cos\varphi$	$\frac{L}{R}$ in ms	Mindestanzahl der Schaltspiele	I	Anwendungen
AC – 1	1,5	1,05	0,8		50		ohmsche Last, schwach induktive Last, Widerstandsöfen
AC – 2	4,0	1,05	0,65		50		Schleifringläufermotoren, Anlassen, Ausschalten
AC – 3	8,0	1,05	0,45		50	≤100 A	Käfigläufermotoren, Anlassen, Ausschalten, gelegentliches Tippen oder Gegenstrombremsen
			0,38			>100 A	
AC – 4	10,0	1,05	0,45		50	≤100 A	Käfigläufermotoren, Anlassen, Ausschalten, Gegenstrombremsen, Reversieren, Tippen
			0,35			>100 A	
AC – 8a	6,0	1,05	0,45		50	≤100 A	Gekapselte Kühlkompressormotoren, manuelle Rückstellung der Überlast-auslöser
			0,35			>100 A	
AC – 8b	6,0	1,05	0,45		50	≤100 A	Gekapselte Kühlkompressormotoren, automatische Rückstellung der Überlast-auslöser
			0,35			>100 A	
DC – 1	1,5	1,05		1,0	50		ohmsche oder schwach induktive Last
DC – 3	4,0	1,05		2,5	50		Nebenschlussmotoren, alle Betriebsarten
DC – 5	4,0	1,05		15,0	50		Reihenschlussmotoren, alle Betriebsarten
	Einschaltbedingungen						
AC – 3	10,0	1,05[2]	0,45		50	≤100 A	Käfigläufermotoren, Anlassen, Ausschalten, gelegentliches Tippen oder Gegenstrombremsen
			0,35			>100 A	
AC – 4	12,0	1,05[2]	0,45		50	≤100 A	Käfigläufermotoren, Anlassen, Ausschalten, Gegenstrombremsen, Reversieren, Tippen
			0,35			>100 A	

Lastschalter, Trennschalter, Lasttrennschalter

Gebrauchskategorien	I_e in A[1]	Einschalten				Ausschalten				Mindestanzahl der Schaltspiele	Anwendungen
		$\frac{I}{I_e}$ [1]	$\frac{U}{U_e}$ [2]	$\cos\varphi$	$\frac{L}{R}$ in ms	$\frac{I_c}{I_e}$ [1]	$\frac{U_r}{U_e}$ [2]	$\cos\varphi$	$\frac{L}{R}$ in ms		
AC - 21 A[3] AC - 21 B	alle Werte	1,5	1,05	0,95		1,5	1,05	0,95		5	ohmsche Last und geringe Überlast
AC - 22 A[3] AC - 22 B	alle Werte	3	1,05	0,65		3	1,05	0,65		5	ohmsche und induktive Last, geringe Überlast
AC - 23 A[3] AC - 23 B	$0 < I_e \leq 100$ A	10	1,05	0,45		8	1,05	0,45		5	Schalten von Motoren
	100 A $< I_e$	10	1,05	0,35		8	1,05	0,35		5	
DC - 21 A[3] DC - 21 B	alle Werte	1,5	1,05		1	1,5	1,05		1	5	ohmsche Last und geringe Überlast
DC - 22 A[3] DC - 22 B	alle Werte	4	1,05		2,5	4	1,05		2,5	5	Nebenschlussmotoren
DC - 23 A[3] DC - 23 B	alle Werte	4	1,05		15	4	1,05		15	5	Reihenschlussmotoren

1) I: Einschaltstromstärke
I_c: Ein- und Ausschaltstromstärke
I_e: Bemessungsbetriebsstromstärke
U: Angelegte Spannung
U_e: Bemessungsbetriebsspannung
U_r: Wiederkehrende Spannung

2) $\frac{U_r}{U_e}$ darf eine Abweichung von ±20 % haben

3) A: häufige Betätigung
B: gelegentliche Betätigung

Arten

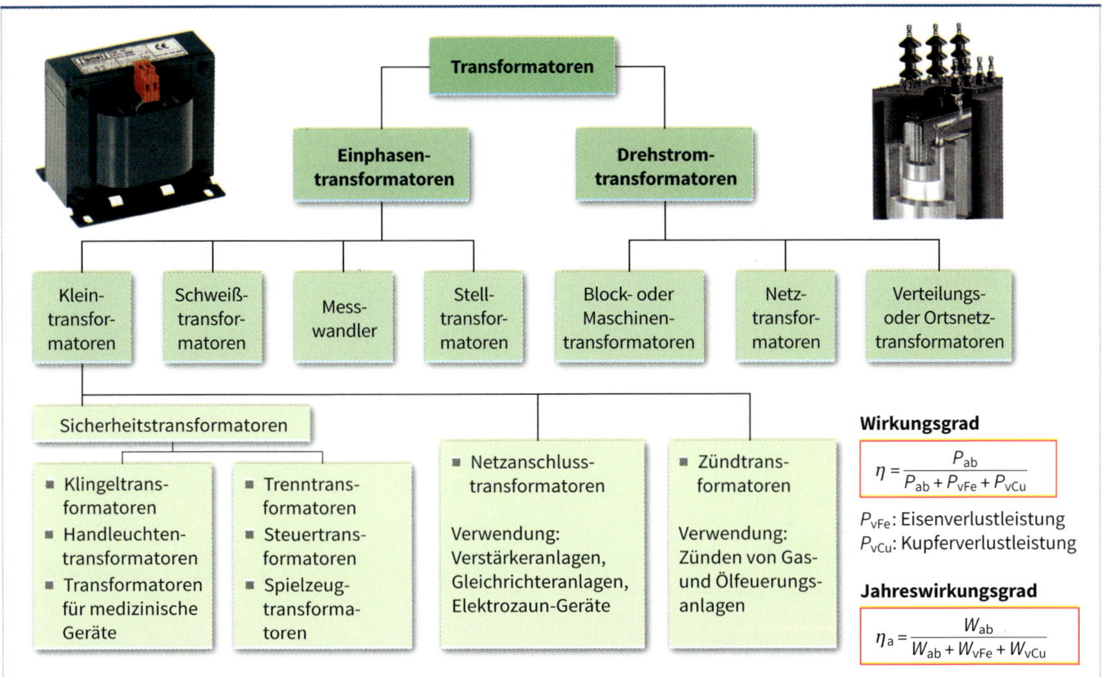

Wirkungsgrad

$$\eta = \frac{P_{ab}}{P_{ab} + P_{vFe} + P_{vCu}}$$

P_{vFe}: Eisenverlustleistung
P_{vCu}: Kupferverlustleistung

Jahreswirkungsgrad

$$\eta_a = \frac{W_{ab}}{W_{ab} + W_{vFe} + W_{vCu}}$$

Betriebszustände

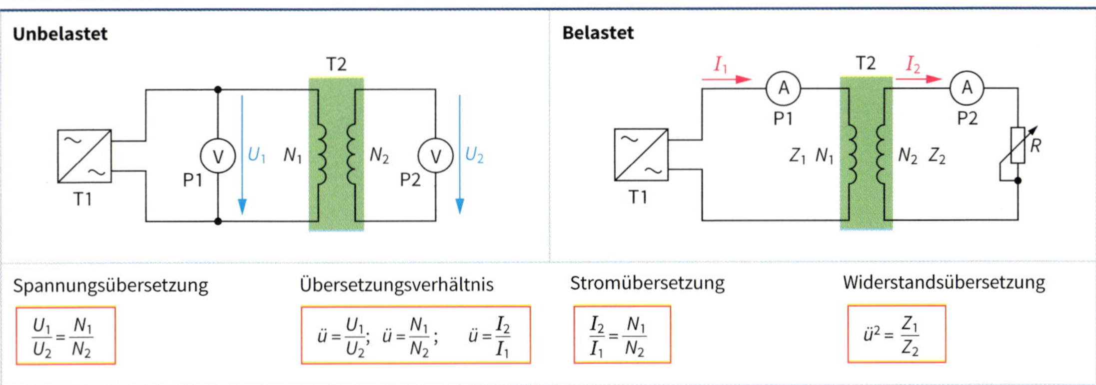

Spannungsübersetzung

$$\frac{U_1}{U_2} = \frac{N_1}{N_2}$$

Übersetzungsverhältnis

$$ü = \frac{U_1}{U_2}; \quad ü = \frac{N_1}{N_2}; \quad ü = \frac{I_2}{I_1}$$

Stromübersetzung

$$\frac{I_2}{I_1} = \frac{N_1}{N_2}$$

Widerstandsübersetzung

$$ü^2 = \frac{Z_1}{Z_2}$$

Energieumwandlung

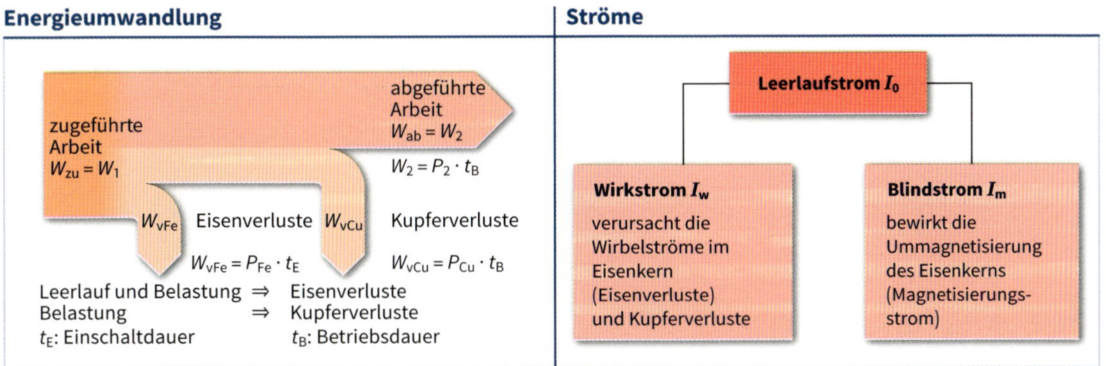

Leerlauf und Belastung ⇒ Eisenverluste
Belastung ⇒ Kupferverluste
t_E: Einschaltdauer
t_B: Betriebsdauer

Ströme

Realer Transformator

- **Genormte Blechschnitte**

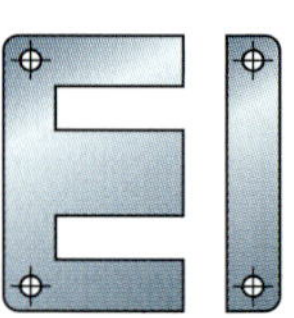

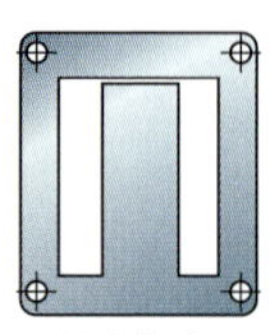

El-Schnitt M-Schnitt UI-Schnitt L-Schnitt

Aufbau:

- Wechselseitige Schichtung der Bleche, um die Streuung durch den Luftspalt und damit die Verluste niedrig zu halten.
- Isolierte Schrauben, mit denen die Bleche verschraubt sind, um einen magnetischen Schluss der Bleche untereinander zu vermeiden.
- Verwendung von Schnitt- und Ringbandkernen, um eine niedrigere Streuung (Verluste) und Abmessungen zu erzielen.

- **Ersatzschaltung**

Umrechnung der Größen am Transformator auf die Eingangsseite (Widerstandstransformation):

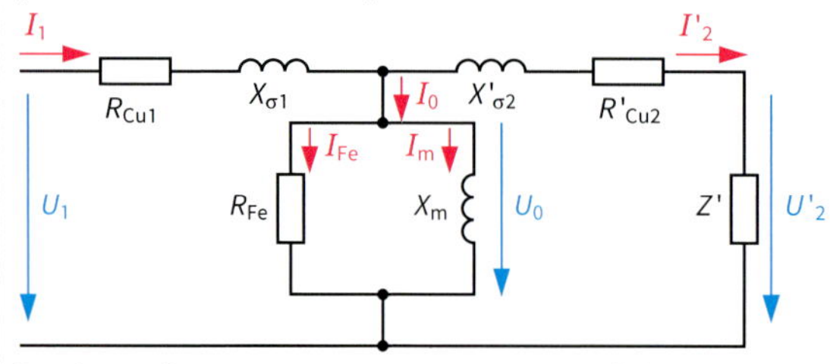

$U'_2 = U_2 \cdot ü$

$R' = R \cdot ü^2$

$I'_2 = I_2 \cdot \frac{1}{ü}$

$Z' = Z \cdot ü^2$

$X' = X \cdot ü^2$

I_{Fe}: Eisenverluststrom
I_m: Magnetisierungsstrom

$X_{\sigma 1}, X'_{\sigma}$: Streuinduktivitäten
U'_2: Transformierte Spannung

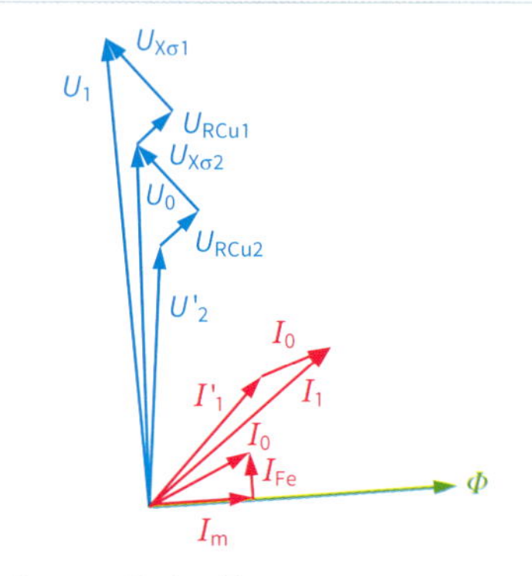

Φ: magnetischer Fluss

Betriebszustände

Leerlaufspannung	Relative Kurzschlussspannung	Dauerkurzschlussstrom
$\lvert U_o \rvert = N \frac{\Delta\Phi}{\Delta t}$ $U_o = 4{,}44\, \hat{B} \cdot A_{Fe} \cdot f \cdot N$ $\sqrt{2} \cdot \pi \approx 4{,}44$	$u_k = \frac{U_k}{U_n} \cdot 100\ \%$	$I_{kd} = \frac{I_n}{u_k} \cdot 100\ \%$ Stoßkurzschlussstromstärke $I_S = 1{,}8 \cdot \sqrt{2} \cdot I_{kd}$

Leerlauf	Kurzschluss	Belastung	Hohe Frequenzen
$R_{Cu} << R_{Fe}$ $X_\sigma << X_m$	R_{Fe} und X_m vernachlässigbar, da $I_0 << I'_2$ $R_{Cu} = R_{Cu1} + R'_{Cu2}$ $R_{Cu1} \approx R'_{Cu2}$ $X_\sigma = X_{\sigma 1} + X'_{\sigma 2}$; $X_{\sigma 1} \approx X'_{\sigma 2}$		$R_{Cu}, R_{Fe} < X_\sigma$ X_m vernachlässigbar, da $I_0 << I'_2$
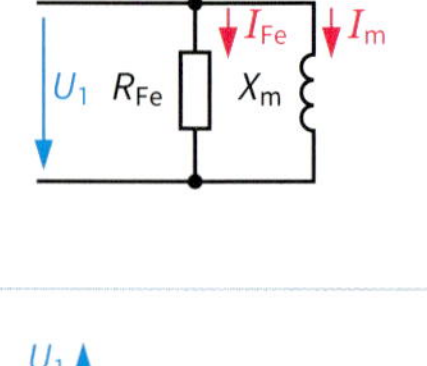	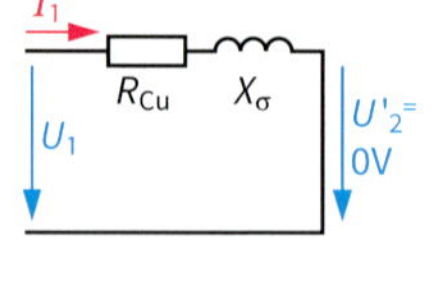	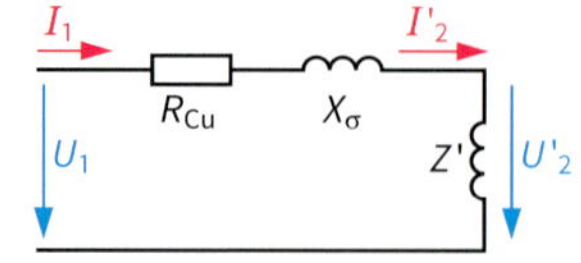	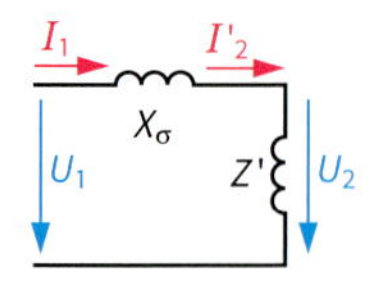
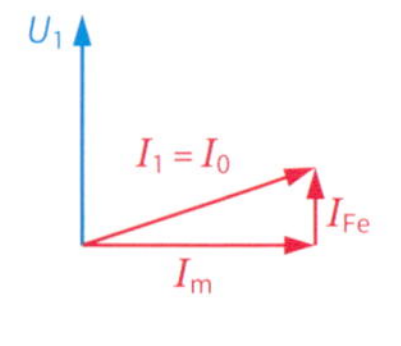		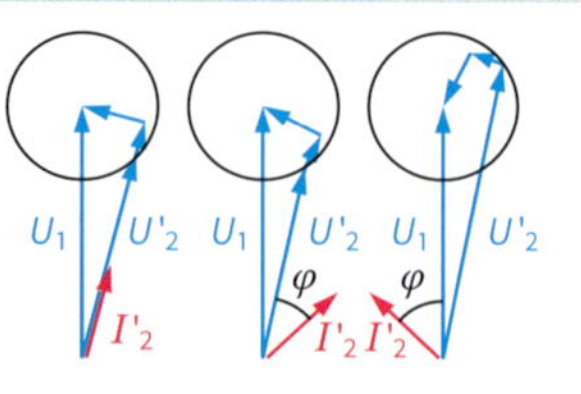	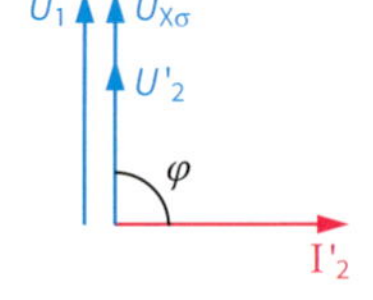
Bestimmung von R_{Fe} und P_{vFe} 	Bestimmung von R_{Cu} und P_{vCu}	U_2 hängt von I_2 und von φ ab, gilt für Leistungstransformatoren	

Verteiltransformator

Gießharz-Verteiltransformator

Begriffe

- **Oberspannungswicklung** (OS-Wicklung) hat die höhere Bemessungsspannung.
- **Unterspannungswicklung** (US-Wicklung) hat die niedrigere Bemessungsspannung.
- **Leerlaufverluste** (Eisenverluste P_{vFe}) Wirkleistung bei Leerlauf
- **Kurzschlussverluste** (Bemessungswicklungsverluste P_{vCu}) werden beim Kurzschlussversuch gemessen.
- **Kennzahl** x 30° gleich Phasenverschiebungswinkel zwischen Ober- und Unterspannung
- Die **Schaltgruppe** gibt die Schaltung der OS-Wicklung (großer Buchstabe), die Schaltung der US-Wicklung (kleiner Buchstabe) und die Phasenverschiebung zwischen Ober- und Unterspannung an.
- **Bemessungsübersetzung:**

$$\ddot{u} = \frac{U_{OS}}{U_{US}}$$

- **Bemessungsleistung:**

$$S_n = U \cdot I \cdot \sqrt{3}$$

Kennzahlen

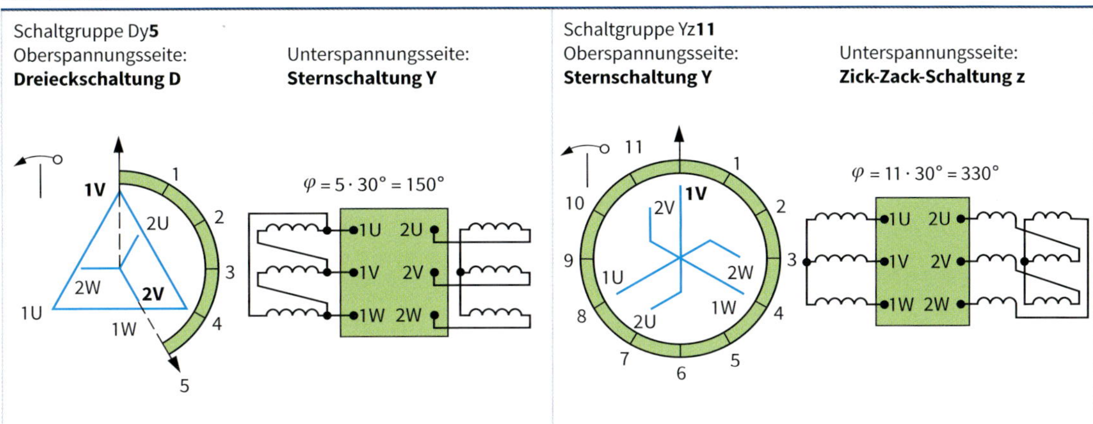

Schaltgruppen für unsymmetrische Belastung (Beispiele)

Schaltgruppe	Zeigerbild Primär	Zeigerbild Sekundär	Schaltungsbild Primär	Schaltungsbild Sekundär	Übersetzung $\ddot{u} = \frac{U_1}{U_2}$	Einsatz
Yyn[1]	1V, 1U, 1W	2v, 2u, 2w	1U 1V 1W	2u 2v 2w	$\frac{N_1}{N_2}$	Verteilungstransformator mit geringerer Leistung, Sternpunkt bis 10 % belastbar
Dyn 5	1V, 1U, 1W	2u, 2w, 2v	1U 1V 1W	2u 2v 2w	$\frac{N_1}{\sqrt{3} \cdot N_2}$	Verteilungstransformator mit voll belastbarem Sternpunkt
Yzn 5	1V, 1U, 1W	2u, 2w, 2v	1U 1V 1W	2u 2v 2w	$\frac{2 \cdot N_1}{\sqrt{3} \cdot N_2}$	Verteilungstransformator mit geringerer Leistung und voll belastbarem Sternpunkt

[1] n: Sternpunkt ist belastbar

Parallelschaltung

- Gleiche Bemessungsspannungen erforderlich
- Schaltgruppen müssen zueinander passen, gleiche Kennzahlen, s. auch Abbildungen
- Gleiche Übersetzungen (innerhalb der Toleranzen)
- Annähernd gleiche Kurzschlussspannungen

- Bemessungsleistungsverhältnis

$$\frac{S_{n1}}{S_{n2}} \leq 3$$

$$u_k \leq \frac{S_{1n} + S_{2n}}{\frac{S_{1n}}{u_{k1}} + \frac{S_{2n}}{u_{k2}}}$$

Für die Lastverteilung gilt:

$$\frac{S_1}{S_2} = \frac{S_{1n} \cdot u_{k2}}{S_{2n} \cdot u_{k1}}$$

und

$$S_{ges} = S_1 + S_2$$

Beispiele:

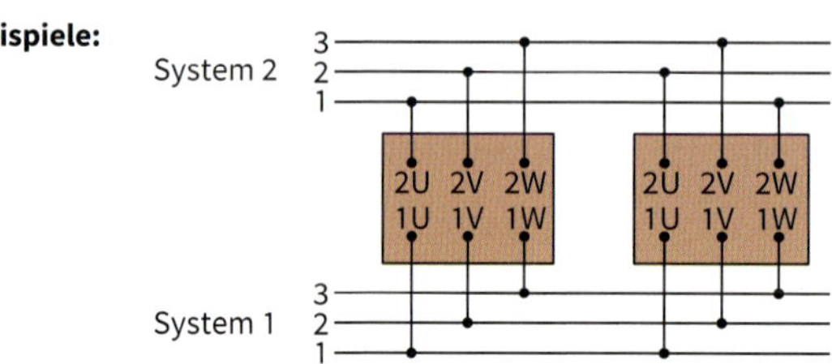

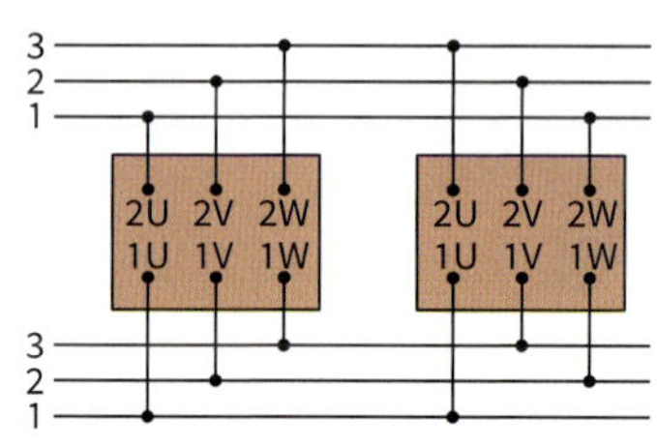

Anschlussbezeichnung

DIN 42402: 1976-03

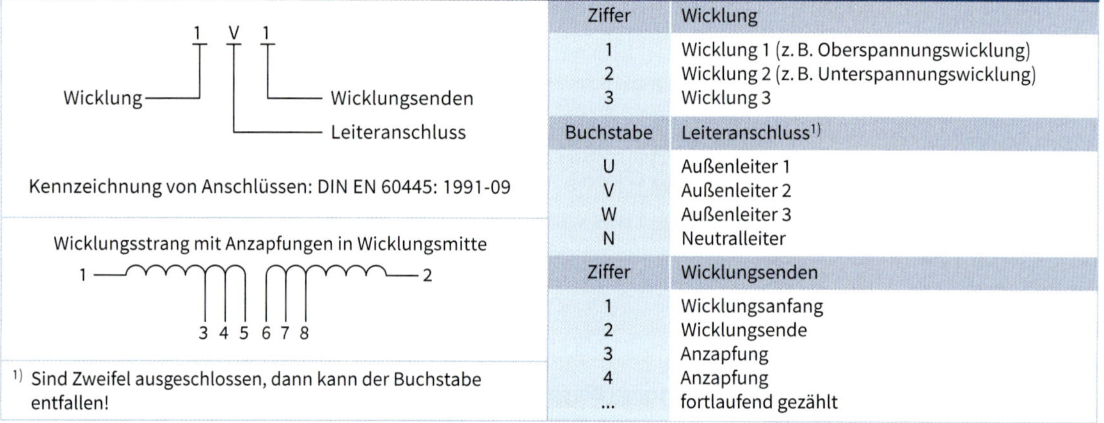

Kennzeichnung von Anschlüssen: DIN EN 60445: 1991-09

Ziffer	Wicklung
1	Wicklung 1 (z. B. Oberspannungswicklung)
2	Wicklung 2 (z. B. Unterspannungswicklung)
3	Wicklung 3
Buchstabe	**Leiteranschluss[1)]**
U	Außenleiter 1
V	Außenleiter 2
W	Außenleiter 3
N	Neutralleiter
Ziffer	**Wicklungsenden**
1	Wicklungsanfang
2	Wicklungsende
3	Anzapfung
4	Anzapfung
...	fortlaufend gezählt

[1)] Sind Zweifel ausgeschlossen, dann kann der Buchstabe entfallen!

Schweißtransformator
Welding Transformer

- **Punkt-Schweißtransformator**

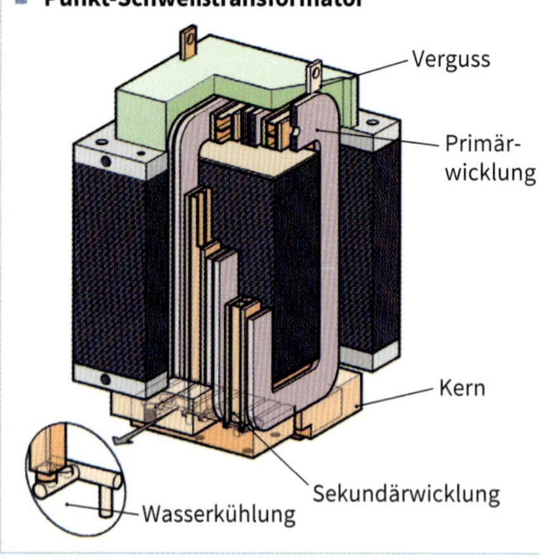

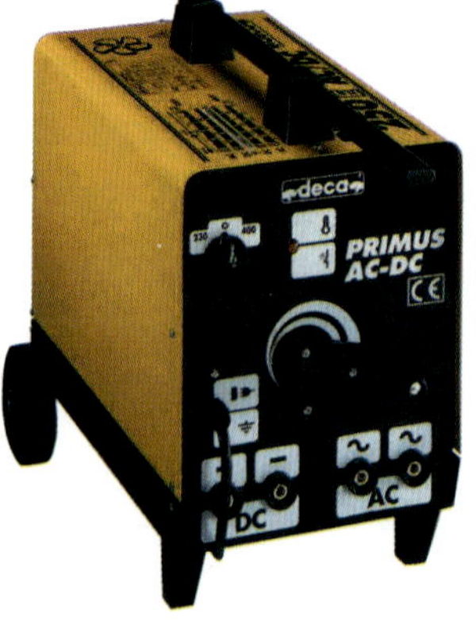

- **Handschweißtransformator**

Kenndaten

- Bemessungsspannung: 230/400 V, 50 Hz
- Leerlaufspannung: 55 V AC/50 V DC
- Schweißstromstärke: 40 bis 230 A AC oder 0 bis 160 A DC
- Absicherung: 25 A
- Ausstattung: Lüfter, Thermoschutz
- Größe der verschweißbaren Elektroden: 1,6 bis 5 mm
- Bearbeitbare Materialien: u. a. Edelstahl, Aluminium, Kupfer, Bronze, Nickel

Anwendungen	Bezeichnung/ Bildzeichen	Verwendung/ Kennzeichnung	Eigenschaften
Schutzmaßnahme Schutztrennung	**Trenntransformator**[1)]	allgemein	$U_{1n} \leq$ 1000 V $S_n \leq$ 25 kVA (einphasig) $U_{2n} \leq$ 500 V $S_n \leq$ 40 kVA (mehrphasig) $U_{2n} \leq$ 708 V (gleichgerichtet) $f_n \leq$ 500 Hz Galvanische Trennung auch bei Defekt
Bade- und Duschräume	F	für Rasiersteckdose	$U_{1n} \leq$ 250 V 20 VA < $S_n \leq$ 50 VA $U_{2n} \leq$ 250 V Schutzart mindestens IPX1 Bedingt oder unbedingt kurzschlussfest
Schutzmaßnahme Sicherheitsklein-spannung	**Sicherheits-transformator**	allgemein	$U_{1n} \leq$ 1000 V $S_n \leq$ 10 kVA (einphasig) $U_{2n} \leq$ 50 V $S_n \leq$ 16 kVA (mehrphasig) $U_{2n} \leq$ 120 V (gleichgerichtet) $f_n \leq$ 500 Hz Galvanische Trennung auch bei Defekt
Kinderspielzeug	Fail-Safe-Sicherheits-transformator[2)]	für Spielzeug	$U_{1n} \leq$ 250 V $S_n \leq$ 200 VA $I_{2n} \leq$ 10 A $U_{2n} \leq$ 24 V f_n = 50/60 Hz $U_{2n} \leq$ 33 V (gleichgerichtet) Schutzklasse II Selbsttätig zurückstellender Überlastauslöser
Haussignalanlagen	nicht kurzschlussfest	für Klingelanlagen	$U_{1n} \leq$ 250 V $S_n \leq$ 100 VA $U_{2n} \leq$ 33 V (8 V; 10 V; 12 V; 16 V; 24 V) $U_{2n} \leq$ 46 V (gleichgerichtet)
Beleuchtung in besonderen Räumen	kurzschlussfest[3)]	für Handleuchten	$U_{2n} \leq$ 50 V (6 V, 12 V, 24 V) Schutzklasse III
Elektronische Geräte	**Geräte- oder Netztransformator**[1)]	F	$U_{1n} \leq$ 1000 V $S_n \leq$ 10 kVA (einphasig) $U_{2n} \leq$ 1000 V $S_n \leq$ 16 kVA (mehrphasig) $U_{2n} \leq$ 1415 V (gleichgerichtet) $f_n \leq$ 1 MHz
Meldung Steuerungen Verriegelung	**Steuertransformator**[1)]	F	$U_{1n} \leq$ 1000 V $f_n \leq$ 500 Hz $U_{2n} \leq$ 1000 V $U_{2n} \leq$ 1415 V (gleichgerichtet)
Medizinische Geräte	**Transformator für medizinische Zwecke**	med	$U_{2n} \leq$ 24 V, in Sonderfällen 6 V Schutzklasse II
Gas- und Ölfeuerungsanlagen	**Zündtransformator**		U_2 = 5 kV; 7 kV; 10 kV; 14 kV Primär- und Sekundärwicklung galvanisch getrennt
Elektroschweißen	**Schweißtransformator**		$U_2 \leq$ 70 V, $U_2 \leq$ 42 V in engen Metallbehältern I_2 steuerbar
Betrieb bei abweichen-den Netzspannungen	**Spartransformator**		Keine galvanische Trennung $S_D = U_2 \cdot I_2$ $S_B = S_D\left(1 - \frac{U_2}{U_1}\right)$ $U_1 > U_2$ $S_B = S_D\left(1 - \frac{U_1}{U_2}\right)$ $U_2 > U_1$ S_B: Bauleistung S_D: Durchgangsleistung
Anlassen von Drehstrommotoren		3 3	

1) Können als Fail-Safe-Transformator, nicht kurzschlussfeste oder kurzschlussfeste (bedingt oder unbedingt kurzschlussfest) Transformatoren gebaut sein.

2) Fail-Safe-Transformatoren fallen im Fehlerfall dauerhaft aus und stellen dabei keine Gefahr für Anwender und Umgebung dar.

3) Bedingt kurzschlussfeste Transformatoren schalten den Eingangs- oder den Ausgangsstromkreis des Transformators bei Überlast oder Kurzschluss mit eigener Schutzeinrichtung aus.

Merkmale

- Ein wesentlicher Faktor für eine **ordnungsgemäße Betriebsführung** ist die störungsfreie Bereitstellung der elektrischen Energie.
- **Störungen** im Energienetz können u. a. auftreten durch
  - Frequenzabweichungen,
  - Spannungsänderungen,
  - Spannungsausfälle und
  - Oberschwingungen.
- Als **Folge** davon können auftreten z. B.
  - Ausfälle oder Unterbrechungen in der Produktion
  - Schäden an elektrischen Maschinen (überhitzte Motoren) oder elektronischen Geräten,
  - Rechnerabstürze,
  - Netzwerkausfälle und
  - unerklärlich hohe Energiekosten.
- Die **Netzüberwachung** mittels Netzanalysatoren dient sowohl für den Netzbetreiber als auch für den Netzanwender zur Störungserfassung, -analyse und -beseitigung.

Störungen und Ursachen

Störung	Ursache	Störung	Ursache
Spannungseinbruch ① Reduzieren den Spannungseffektivwert um bis zu 90 % der Bemessungsspannung	Kurzzeitige hohe Anlaufströme von Motoren unter hoher Last	**Überspannung** ④ Kurzzeitige Spannungsüberhöhung (zeitweilige und transiente Überspannung)	Betriebsbedingte Schalthandlungen oder Kurzschlüsse im Netz, Blitzeinschläge
Spannungsschwankungen ② Verändern den Effektivwert der Spannung – **langsame** im Sekunden-/Minutenbereich – **schnelle** im Sekunden-/Millisekundenbereich.	Maschinen und Anlagen mit starken Laständerungen an Netzen mit niedriger Kurzschlussleistung	**Unsymmetrie** Entsteht durch ungleiche Phasenspannungen und Abweichungen der Phasenverschiebung.	Ungleichmäßige Verteilung von einphasigen Verbrauchern
Flicker ③ Schnelle und häufige Laständerungen (erzeugen z. B. Lichtschwankungen)	Einsatz von Lichtbogenöfen, Pressen	**Oberschwingungen** Spannungs- oder Stromanteile, die der Grundschwingung überlagert sind.	Einsatz nichtlinearer elektrischer Verbraucher, Frequenzumrichter, Gleichstromantriebe Hinweis: Phasengleiche Anteile addieren sich im Neutralleiter (Überlast- und Brandgefahr)

Kenngrößen

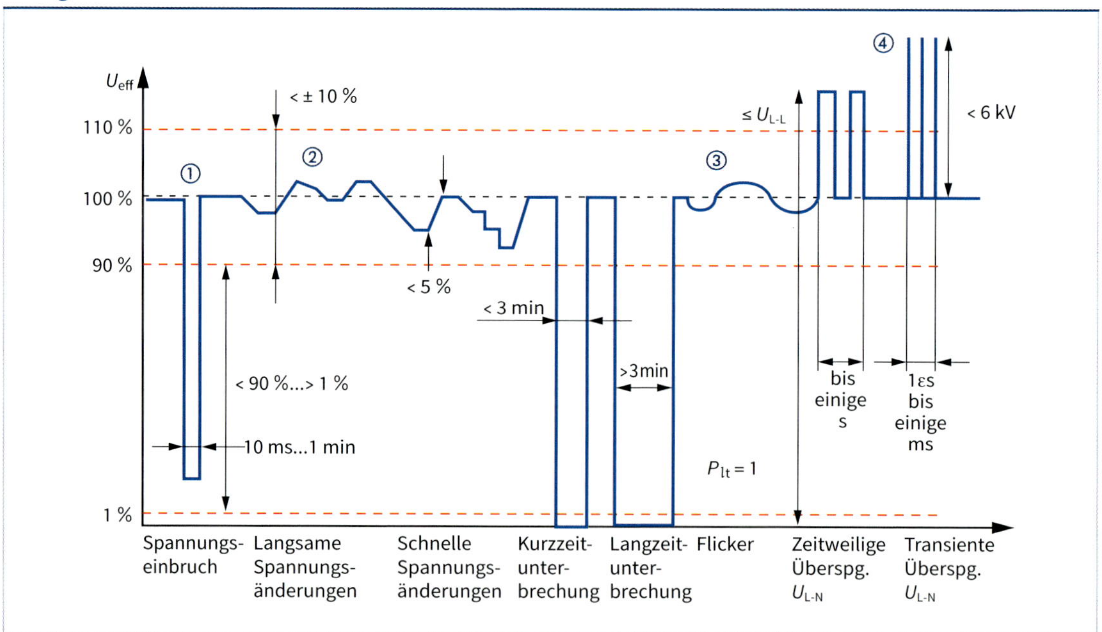

Merkmale

- Die Netzüberwachung dient zur **Ermittlung** und **Dokumentation** von Unregelmäßigkeiten (Abweichung von Normwerten) in elektrischen Versorgungsnetzen.
- Bestandteile der Netzüberwachung sind die Komponenten
  - **Messwerterfassung** (Spannung, Stromstärke),
  - **Messwertanalyse** (Berechnung, Historienvergleich),
  - **Messwertdarstellung** und ggf. -übertragung zu einer Leitstelle mittels geeigneter Kommunikationseinrichtungen.
- Die drei genannten Funktionen sind in der Regel in entsprechenden Geräten zusammengefasst und bieten durch die implementierte Software umfangreiche Auswerte- und Darstellungsmöglichkeiten.
- Die Analysegeräte sind als Einbaugeräte oder transportable Handmessgeräte verfügbar.
- **Achtung!** Bei Anwendung von tragbaren Geräten kann **Arbeiten unter Spannung** bzw. Arbeit in der Nähe unter Spannung stehender Teile vorkommen.

Geräteanschluss

Niederspannungsnetz mit 3 Außenleitern und N-Leiter

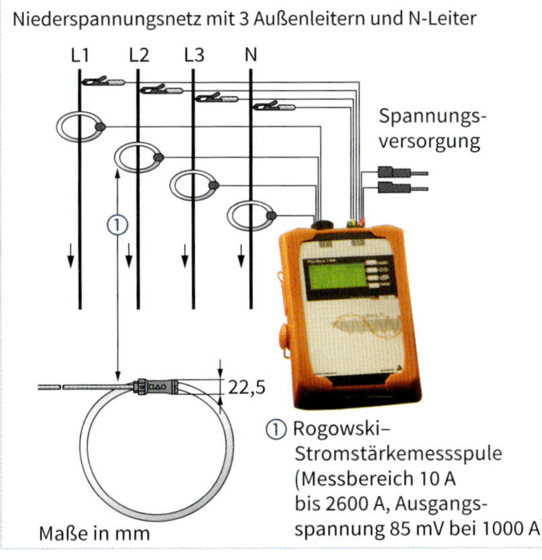

① Rogowski-Stromstärkemessspule (Messbereich 10 A bis 2600 A, Ausgangsspannung 85 mV bei 1000 A)

Mittel- und Hochspannungsnetz über Spannungs- und Stromwandler

② Strommesszange
③ Stromwandler
④ Spannungswandler

Grafische Auswertung

Normauswertungsdiagramm (Gesamtübersicht)

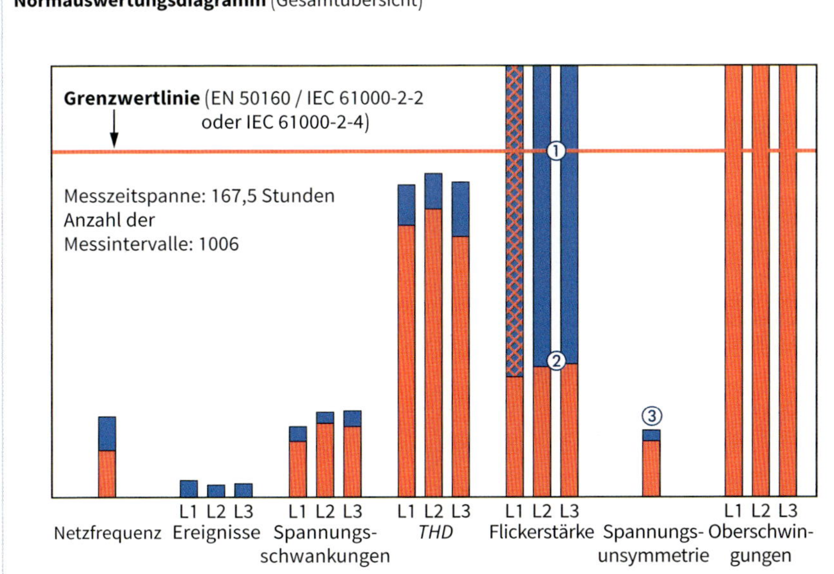

Legende:

Rot:
95 % der Messwerte

Blau:
Höchster aufgetretener Messwert (100 %-Wert) ① Maximalwert des Langzeitflickers (P_{lt}: long term flicker) überschreitet den Verträglichkeitspegel auf L2 und L3 (Farbe blau). ② Der 95 %-Wert liegt weit unter dem erlaubten Grenzwert.

③ Spannungsunsymmetrie wird mittels Software aus bestimmten Messwerten errechnet.

Oberschwingungsströme

- Sie entstehen durch **nichtlineare Lasten** (nichtsinusförmige Stromaufnahme bzw. periodisch ein- und ausschaltendem Stromfluss) z. B. durch Netzteile mit Spitzenwertgleichrichtern, Frequenzumrichtern.
- Sie verursachen u. a. **Funktionsstörungen** (z. B. bei Steuerungen) und erhöhte Ströme im N-, PE- oder PEN-Leiter.
- Diese **nichtsinusförmigen Größen** sind durch die Fourier-Analyse auf sinusförmige Größen zurückzuführen.
- Der Gesamtstromverlauf wird dargestellt in Form einer **Grundschwingung** (Sinusschwingung mit 50 Hz) und den **harmonischen Schwingungen** (Harmonische: **ganzzahlige Vielfache** der Grundschwingung).
- **Zwischenharmonische:** Oberschwingungen mit einer Frequenz, die **kein ganzzahliges Vielfaches** der Grundfrequenz ist.
- Der **Gesamtverzerrungsfaktor** *THD* ist der Effektivwert aller Oberschwingungen $I_2, I_3 \dots I_n$ bezogen auf die Grundschwingung.

  THD: **T**otal **H**armonic **D**istortion

$$THD_\mathrm{I} = \frac{\sqrt{I_2^2 + I_3^3 + I_4^2 + \ldots + I_{40}^2}}{I_1}$$

Grenzwerte

Geräteklassen			
A	Symmetrische dreiphasige Geräte, Haushaltsgeräte, Elektrowerkzeuge, Beleuchtungsregler (Dimmer) für Glühlampen, Audio-Einrichtungen (außer Geräte, die in Klasse D genannt sind)	B	Tragbare Elektrowerkzeuge, Lichtbogenschweißeinrichtungen
		C	Beleuchtungseinrichtungen inkl. Beleuchtungsregler
		D	Geräte mit einer Leistung $P \le 600$ W

Ordnungszahl *n*		maximaler Oberschwingungsstrom				
		Klasse A in A	Klasse B in A	Klasse C I_N/I_1 in %	Klasse D[2)] in mA/W	Klasse D[2)] in A
geradzahlig	2	1,08	1,62	2 %	kein Grenzwert	
	4	0,43	0,65	kein Grenzwert	kein Grenzwert	
	6	0,30	0,45	kein Grenzwert	kein Grenzwert	
	8…40	0,23 · 8/n	0,35 · 8/n	kein Grenzwert	kein Grenzwert	
ungeradzahlig	3	2,3	3,45	30 λ	3,4	2,3
	5	1,14	1,71	10	1,9	1,14
	7	0,77	1,16	7	1,0	0,7
	9	0,4	0,6	5	0,5	0,4
	11	0,33	0,5	kein Grenzwert	0,35	0,33
	13	0,21	0,32	kein Grenzwert	0,3	0,21
	15…39	0,15 · 15/n	0,23 · 15/n	3	3,85/n	0,15 · 15/n

[1)] λ: Leistungsfaktor der Schaltung [2)] kleinerer der beiden Grenzwerte ist gültig; Grenzwert auf Eingangsleistung bezogen.

Oberschwingungsspannungen

- Sie entstehen durch
  - Oberschwingungsströme (eingeprägte Ströme) an Netzimpedanzen,
  - erzeugen Spannungsfälle,
  - verzerren die Netzspannungsform und
  - beeinflussen somit die Netzspannung anderer Verbraucher.
- Die Grenzwerte (Beeinflussungspegel) sind festgelegt für
  - Öffentliche Netze (DIN EN 61000-2-2: 03-02) und
  - Industrieanlagen (DIN EN 61000-2-4: 03-05).

  Klasse 1: Empfindliche Geräte (z. B. Labor)

  Klasse 2: Anlageninterne Verknüpfungspunkte, Verknüpfungspunkt mit öffentlichem Netz

  Klasse 3: Anlageninterner Anschlusspunkt mit industrieller Umgebung
- Gesamtverzerrungsfaktor

$$THD_\mathrm{U} = \frac{\sqrt{U_2^2 + U_3^2 + U_4^2 + \ldots + U_{40}^2}}{U_1}$$

Grenzwerte für THD_U in Industrienetzen		
Klasse 1	5 %	Berücksichtigt werden Oberschwingungen der Ordnungszahl 2 bis 40.
Klasse 2	8 %	
Klasse 3	10 %	

Grenzwerte			U_h in %			
			Netztyp			
Harmonische *h*		*h*	Öffentliche Netze	Industrienetze der Klasse 1	2	3
geradzahlig		2	2	3	2	3
		4	1	2	1	1,5
		6	0,5	0,5	0,5	1
		8	0,5	0,5	0,5	1
		10	0,5	0,5	0,5	1
ungeradzahlig	Vielfache von 3	3	5	3	5	6
		9	1,5	1,5	1,5	2,5
		15	0,4	0,3	0,4	2
		21	0,3	0,2	0,3	1,75
		> 21 < 45	0,2	0,2	0,2	1
	keine Vielfachen von 3	5	6	3	6	8
		7	5	3	5	7
		11	3,5	3	3,5	5
		13	3	3	3	3,5
		17	–	2	2	4

Kriterien	
Die Sternpunkterdung beeinflusst ■ die Größe von Kurzschlussströmen mit Erdberührung. (die häufigste vorkommende Fehlerart.), ■ den Weiterbetrieb des Netzes im Erdschlussfall,	■ die Möglichkeit der Fehlersuche und ■ den Erdfehlerfaktor δ (= $U_{L,Fehler}/U_N$ Spannungsanhebung der fehlerfreien Leiter).

Isolierter Sternpunkt

Fehlerstromkreis	Funktion und Anwendung
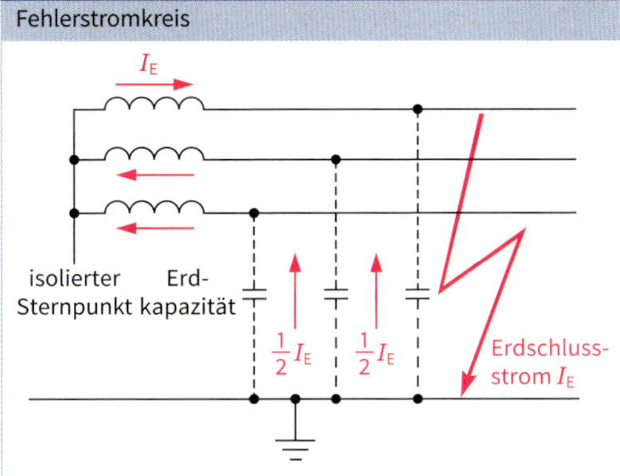	■ Der Fehlerstromkreis wird über die Erdkapazitäten der Kabel/Leitungen geschlossen. Diese bestimmen im Wesentlichen die Erdschlussstromstärke. ■ Die Spannung der Außenleiter steigt auf $\sqrt{3}\ U_n$. ■ Das Netz kann bei Erdschluss weiter betrieben werden. ■ Schwierige Fehlerortung wegen geringer Fehlerstromstärken. ■ Übersteigt die Erdschlussstromstärke die Löschgrenze, verlöschen Lichtbögen (z. B. an Freileitungen nach Blitzeinschlag) nicht selbständig. Dann ist eine andere Sternpunkterdung anzuwenden. ■ Anwendung in Netzen begrenzter Größe (kleine Stadtwerke, Industrienetze)

Sternpunkt mit Erdschlusskompensation

Fehlerstromkreis	
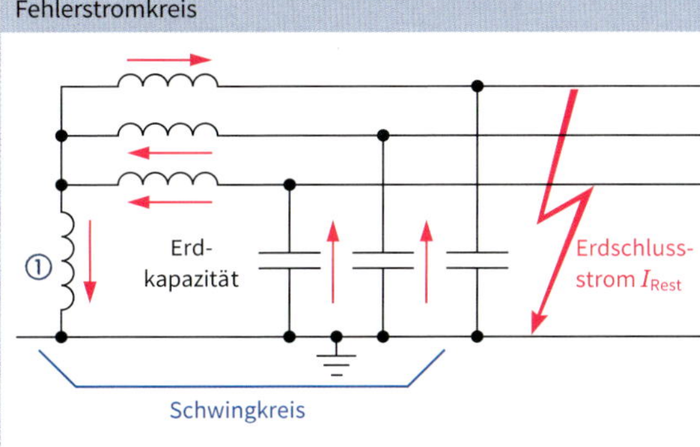	■ Die Erdschluss-Kompensationsspule (Petersen-Spule) ① bildet mit den Erdkapazitäten einen Schwingkreis. ■ Bei richtiger Abstimmung bildet sich eine hohe Impedanz, die den Erdschlussstromstärke zu einem Erdschluss-Reststromstärke I_{Rest} begrenzt. ■ Netz kann bei einem Fehler weiter betrieben werden. ■ Wegen geringer Fehlerstromstärke ist die Fehlerortung schwierig (keine Auslösung von Überstromschutz). ■ Nur eine korrekte Abstimmung zwischen Induktivität und Erdkapazität begrenzt den Erdfehlerfaktor ausreichend. ■ Bei Umschaltungen im Netz können Anpassungen der Spuleninduktiviät erforderlich sein. ■ Anwendung in größeren Industrie- und Stadtnetzen

Niederohmig geerdeter Sternpunkt

Fehlerstromkreis	
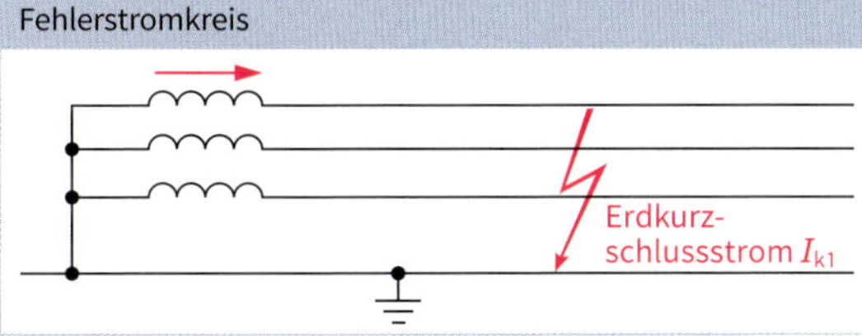	■ Ein auftretender Erdkurzschluss führt zu hohen Kurzschlussstromstärken. Diese sind gut zu erkennen, wodurch eine schnelle, selektive Abschaltung möglich wird. ■ Erdfehlerfaktor $\delta < \sqrt{3}$ ■ Anwendung in Hochspannungsnetzen, Mittelspannungsnetzen mit hohem Kabelanteil und Niederspannungsnetzen zur schnellen Abschaltung

Sonderformen zur Fehlersuche

kurzzeitige niederohmige Sternpunkterdung	
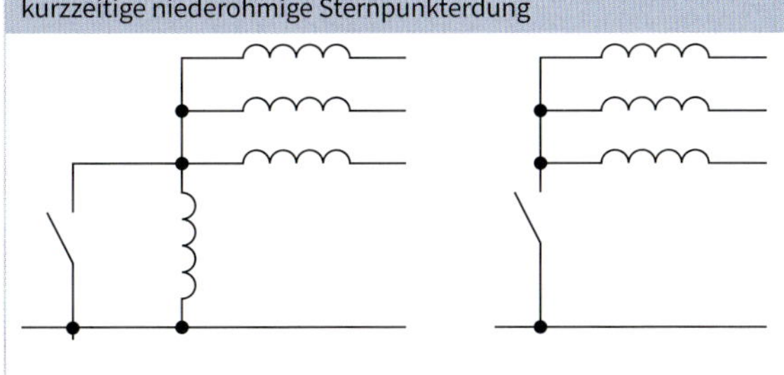	■ Bei Erkennen eines Erdschlusses im isolierten oder kompensierten Netz wird der Sternpunkt niederohmig geerdet (direkt oder über strombegrenzende Impedanz). Dadurch fließen große Kurzschlussströme und regen die Schutzrelais im Netz an. ■ Kurz nach der Erdung öffnet der Erdungsschalter wieder. ■ Die kurze Kurzschlussdauer verhindert das Auslösen der Schutzsysteme. ■ Durch Auslesen der registrierten Werte in den Schutzsystemen lässt sich der Fehlerort bestimmen.

Schutzziele

- Personenschutz durch Einhaltung der Abschaltbedingung
- Schutz von Betriebsmitteln vor Überlastung (Überlast-, Kurzschlussstromstärken)
- Verfügbarkeit des Netzes bleibt erhalten durch
  - schnelle Abschaltung,
  - selektive Abschaltung (nur fehlerhafte Anlagenteile abschalten) und
  - zuverlässige Funktion (Über-/Unterfunktion)

Funktionsprinzip

- Messsysteme erfassen elektrische Größen. ①
- Messwertverarbeitung (Entscheidung über Abschaltung) ②
- Schaltgerät zur Abschaltung von Betriebsmitteln ③

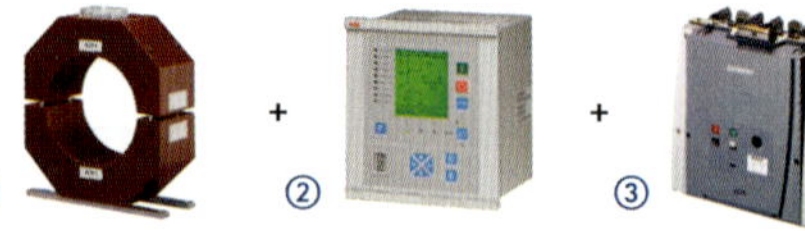

Schutzverfahren

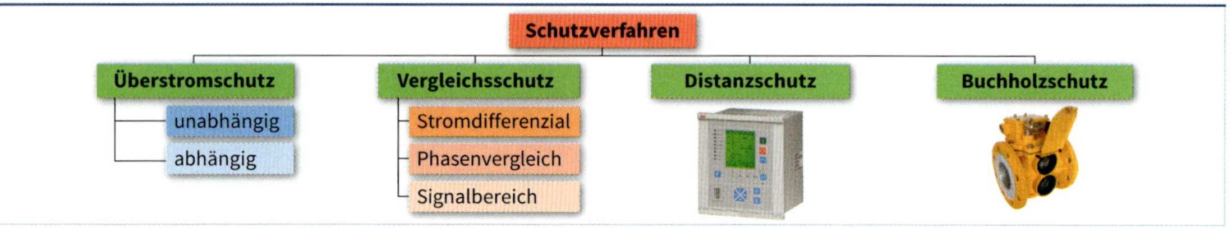

Unabhängiger Überstrom-Zeitschutz (UMZ)

- Bei Überschreiten eines Stromwertes (minimale Kurzschlussstromstärke) beginnt eine Zeitmessung.
- Nach Überschreiten der einstellbaren Auslösezeit erfolgt die Abschaltung.
- Die Auslösezeit ist unabhängig von der Stromstärke.
- Unterschiedliche Auslösezeiten ermöglichen Selektivität (Zeitstaffelung).

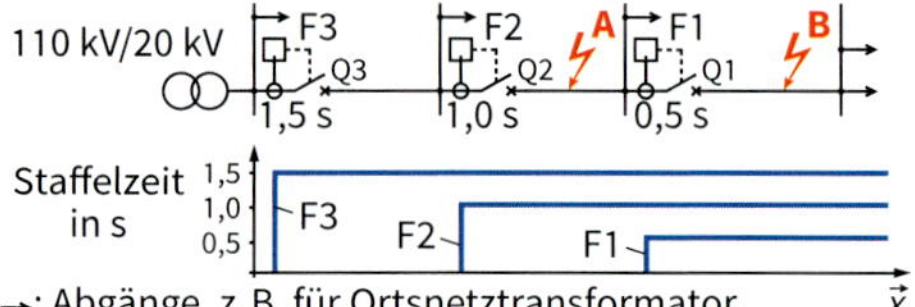

→: Abgänge, z. B. für Ortsnetztransformator

Distanzschutz

- Aus den Messwerten Stromstärke und Spannung wird die Fehlerimpedanz errechnet.
- Bei bekannten Leitungswiderständen kann die Entfernung zur Fehlerstelle errechnet werden.
- Durch eine Impedanz-/Zeitstaffelung erreicht man einen Reserveschutz und Selektivität.

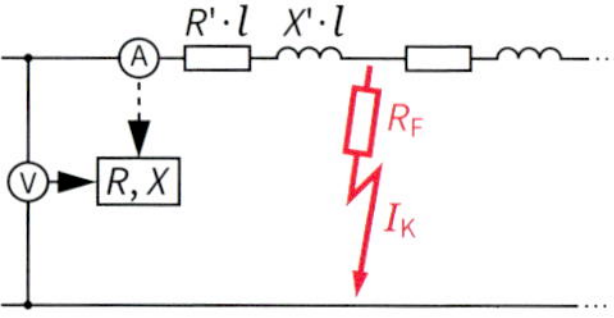

Abhängiger Überstrom-Zeitschutz (AMZ)

- Bei Überschreiten eines Stromwertes (minimale Kurzschlussstromstärke) beginnt die Staffelzeit.
- Die Auslösezeit ist abhängig von der Stromstärke.
- Umsetzung mit Sicherung oder einstellbaren Auslösekennlinen

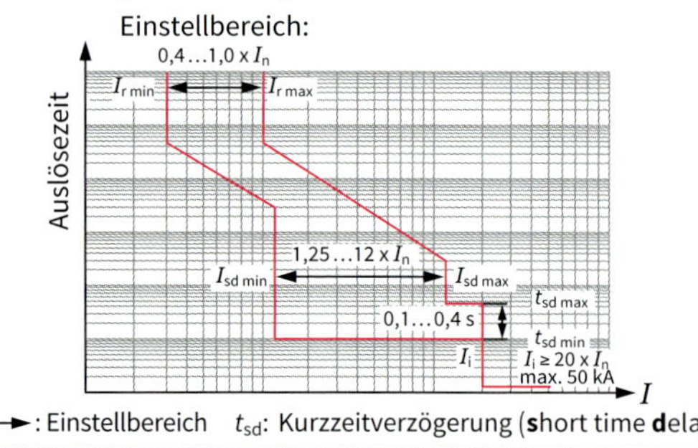

↔: Einstellbereich t_{sd}: Kurzzeitverzögerung (**s**hort time **d**elay)

Strom-Differenzialschutz

- Am Eingang und Ausgang eines Betriebsmittels wird die Stromstärke gemessen.
- Die Differenz der Stromstärken ist ein Maß für die Fehlerart und den Fehlerort.
- Bei Transformatoren sind Spannungshöhe und Schaltgruppe zu kompensieren.

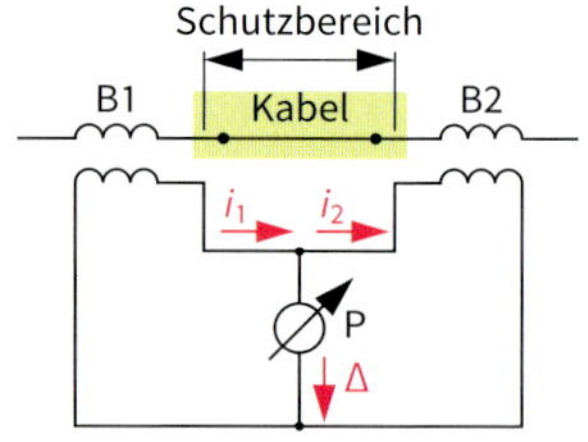

Signalvergleichsschutz

- In Strahlennetzen tauschen Schutzsysteme Informationen aus.
- Benachbarte Schutzsysteme teilen mit, ob ein Kurzschlussstromstärke registriert wurde.
- Das Schutzsystem, welches dem Fehler am nächsten ist, schaltet unverzögert aus.

Phasenvergleichsschutz

- Am Eingang und Ausgang der Leitung wird die Stromstärke gemessen und hieraus ein digitales Polaritätssignal erzeugt.
- Dieses Signal wird zwischen zwei Stationen verglichen.
- Liegt ein Kurzschluss im Schutzbereich vor, dreht sich die Stromrichtung an einer Messstelle um und die Polaritätssignale sind entgegengesetzt. Es wird abgeschaltet.

Aufgaben

- **Fehler** in Leistungstransformatoren können entstehen z. B. durch
  - Windungs-, Klemmen- und Wicklungsschluss
  - Überlastung
  - Anormale Betriebsbedingungen (Temperatur, Feuchtigkeit, Ölverlust)
  - Erdschluss
  - Stufenschalterfehler
- **Digitale Schutzgeräte (Schutzrelais)** überwachen
  - die Einhaltung der Betriebseigenschaften und
  - lösen bei Abweichung, zum Schutz des Transformators und gegen Systeminstabilitäten, die Abschaltfunktionen aus.
- Schutzgeräte sind mit einer Vielzahl von Überwachungsfunktionen ausgerüstet, die, je nach Schutzkonzept ausgewählt und mit Hilfe einer Software, parametriert werden.
- Die **Anschaltung** der Schutzrelais an die Leiterstränge erfolgt über Stromwandler.
- Die Abschaltung der externen Schaltgeräte erfolgt über Relaiskontakte mit Leistungskontakten.

Schutzfunktionen

- Die wesentlichen Schutzfunktionen bei Leistungstransformatoren sind
  - **Differenzialschutz** (schneller, selektiver Kurzschlussschutz),
  - Überlastschutz,
  - Überstromzeitschutz,
  - Erdschlussschutz,
  - Temperaturüberwachung und
  - Buchholzschutz (ölgefüllte Transformatoren).
- Als **Hauptschutzfunktion** bei Transformatoren wird der Differenzialschutz angewendet.
- Dabei werden die Ströme der Primär- und der Sekundärseite des Transformators miteinander verglichen (**Vergleichsschutz**) und auf Differenz überwacht (Prinzip Stromwaage).
- Der **Buchholzschutz** wird als externer Schutz mit dem Buchholzrelais realisiert und als Kontaktinformation eingebunden.
- Die Kennzeicnung der Schutzfunktionen erfolgt nach ANSI-Code oder IEC 60617 (IEC 61850).

Schutzgerät Anschaltung

Beispiel: 2-Wicklungs-Drehstrom-Leistungstransformator

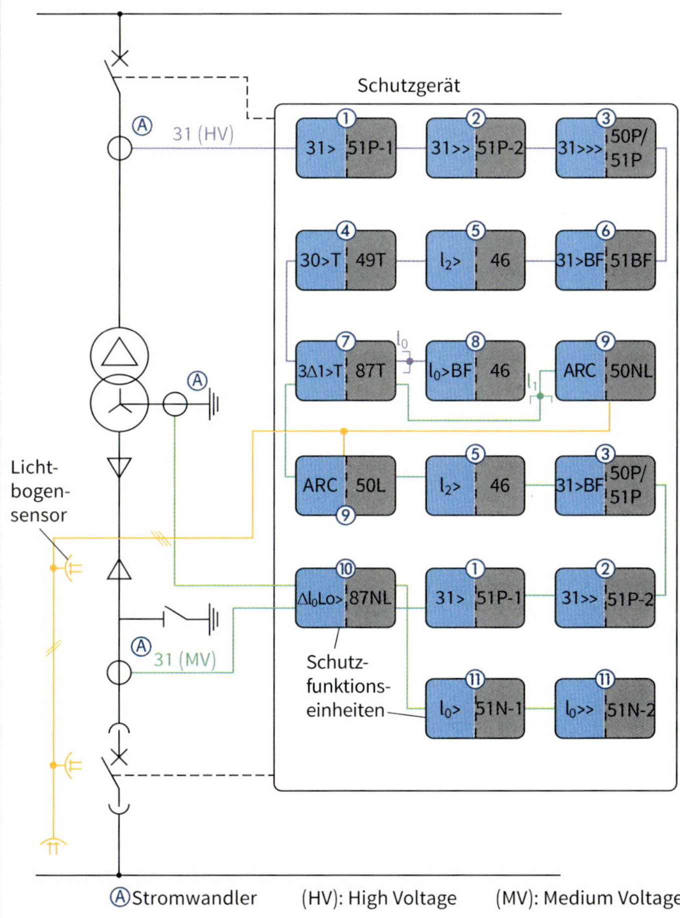

ⒶStromwandler (HV): High Voltage (MV): Medium Voltage

Gerätebeispiel:

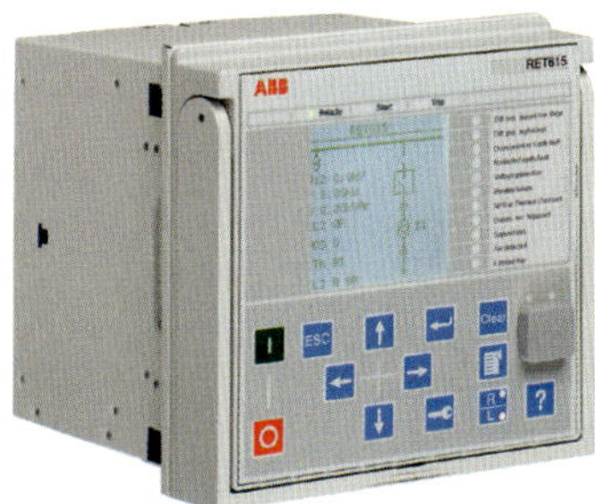

Schutzfunktionen:

Bezeichnung nach
ANSI-Code IEC 60617

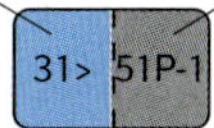

Benennung
① Dreiphasiger ungerichteter Überstromschutz, Instanz 1
② Dreiphasiger ungerichteter Überstromschutz, Instanz 2
③ Dreiphasiger ungerichteter Überstromschutz, Momentanwert, Instanz 2
④ Dreiphasiger thermischer Überlastschutz für Transformatoren, zwei Zeitkonstanten
⑤ Schieflastschutz
⑥ ⑧ Schaltversagerschutz
⑦ Transformatoren-Differenzialschutz für Zweiwicklungstransformator
⑨ Lichtbogenschutz
⑩ Niedrigimpedanz-Erdfehlerdifferenzialschutz
⑪ Ungerichteter Erdfehlerschutz

Kompensation

Einzelkompensation

Beispiel: Leuchtstofflampen (Duo-Schaltung)

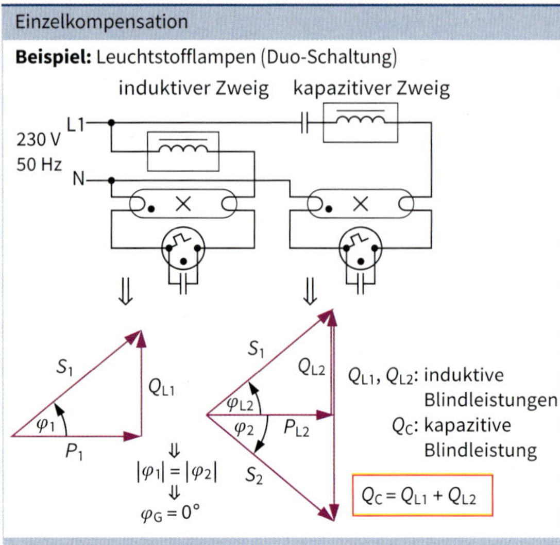

Q_{L1}, Q_{L2}: induktive Blindleistungen
Q_C: kapazitive Blindleistung

$Q_C = Q_{L1} + Q_{L2}$

Beispiel: Drehstrommotor

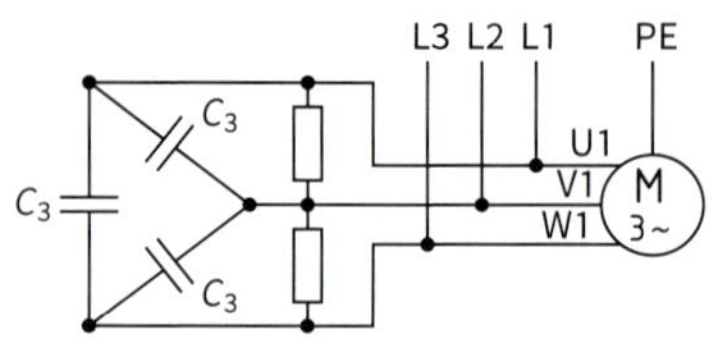

Phasenverschiebung:
φ_1: ohne Kompensation
φ_2: mit Kompensation

Laut TAB 2007 § 10.2.1; $\cos\varphi = 0{,}8$ ind … 0,9 kap

$Q_C = P \cdot (\tan\varphi_1 - \tan\varphi_2)$

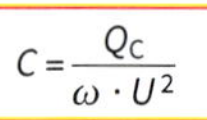

$C = \frac{Q_C}{\omega \cdot U^2}$

Näherungsformeln für 50 Hz:

C in εF

230 V $C = 60 \cdot \frac{Q_C}{\text{kvar}}$

400 V $C = 20 \cdot \frac{Q_C}{\text{kvar}}$

Gruppenkompensation

3/N/PE~50 Hz/TN-S

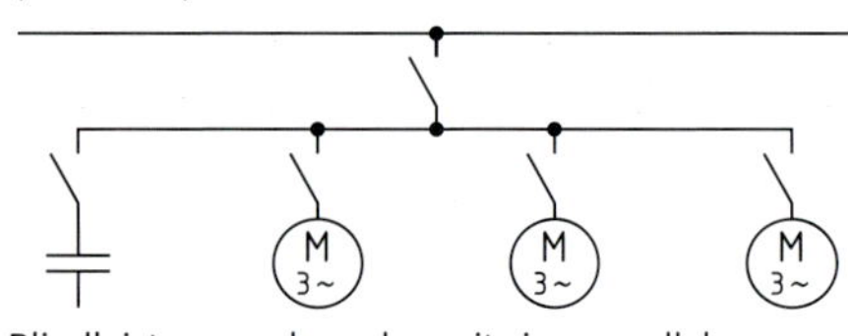

- Blindleistungsverbraucher mit einer parallel geschalteten Kondensatoreinheit
- Installation in kleineren elektrischen Anlagen mit Motoren und Leuchtstofflampen

Zentralkompensation

3/N/PE~50 Hz/TN-S

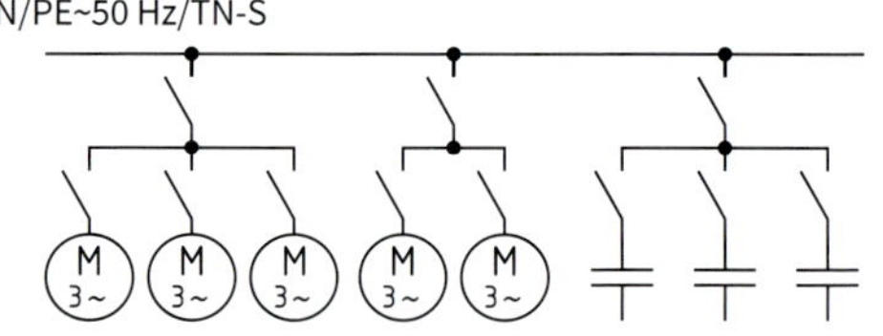

- Blindleistungsverbraucher mit zentraler Blindleistungs-regelanlage (Herstellerangaben beachten)
- Installation in Gewerbe- und Produktionsbetrieben, Bürohäusern und Werkstätten

Einzelkompensation von Motoren

Bemessungsleistung P des Motors in kW	Bemessungsleistung Q_C des Kondensators in kvar
1,0… 3,9	ca. 55 % von P
4,0… 4,9	2
5,0… 5,9	3
6,0… 7,9	3
8,0…10,9	4
11,0…13,9	5
14,0…17,9	6
18,0…21,9	7,5
22,0…29,9	10
ab 30,0	ca. 40 % von P

Zuordnung der Kondensatoren zu Transformatoren

Transformator-Bemessungs-leistung S in kVA	Kondensatorleistung Q_C in kvar bei Trafo-Primärspannungen 5…10 kV	15…20 kV	25…30 kV
25	2	3	3
50	4	5	6
75	5	6	7,5
100	6	7,5	10
160	10	10	15
250	15	15	20
315	15	20	25
400	20	20	30
630	30	30	40

Berechnung der Blindarbeit

Rechnung des VNB für einen Großverbraucher weist aus:

- Verbrauch für Wirkarbeit in kWh
- Verbrauch für Blindarbeit in kvarh

Ist der Betrag für Blindarbeit größer als die kostenlose Freimenge von 50 % der Wirkarbeit, dann muss die darüber hinaus genutzte Blindarbeit bezahlt werden.

Beispiel:

- Verbrauch an Wirkarbeit: 9.200 kWh/Monat
- Verbrauch an Blindarbeit:11.200 kvarh/Monat
- 50 % der Wirkarbeit: 4.600 kvarh/Monat
- Blindarbeit: 6.600 kvarh/Monat

Blindleistungs-Regelanlagen

Aufbau

- Sie werden bei stark schwankendem Blindleistungsbedarf und häufig auch als Zentralkompensation eingesetzt.
- Über Strom- und Spannungswandler ermittelt der Regler den Blindleistungsbezug am Netzanschlusspunkt.

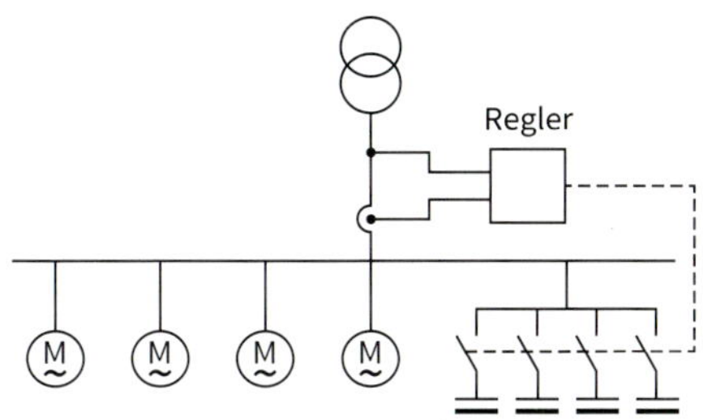

- Am Regler wird der gewünschte Leistungsfaktor ($\cos \varphi$) eingestellt.
- Der Regler ermittelt die erforderliche Kompensations-Blindleistung und schaltet stufenweise die benötigten Kondensatoren zu.

Unverdrosselte Anlagen
- Schalten nur Kondensatoren zu.
- Kondensatoren werden bei Oberschwingungen im Netz stark belastet, da die Impedanz bei hohen Frequenzen abnimmt. Es besteht die Gefahr der Zerstörung.

Verdrosselte Anlagen
- Filterkreisdrosseln in Reihe zum Kondensator
- Bei 50 Hz dominiert die Kapazität zur Blindleistungskompensation
- Bei hohen Frequenzen dominiert die Impedanz der Drossel und schützt die Kondensatoren vor einem Überstrom.
- Diese Filterkreise können auch zum Kurzschließen einzelner Oberschwingungen genutzt werden, wenn die Resonanzfrequenz richtig gewählt ist.
- Absichtlich eingespeiste Signale (z. B. Rundsteuersignale des VNB) dürfen nicht kurzgeschlossen werden. Der VNB definiert daher bestimmte Verdrosselungsgrade

Aufbau

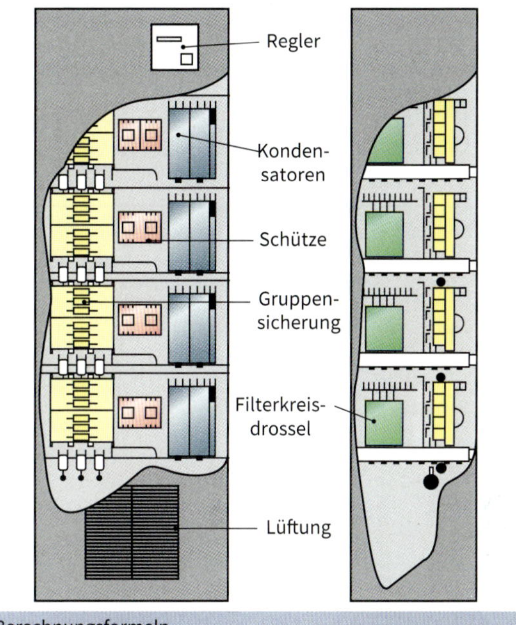

Berechnungsformeln

Kondensatorleistung $Q_{C,1\sim}$	$Q_{C,1\sim} = C \cdot U^2 \cdot \omega_n$
$Q_{C,3\sim}$	$Q_{C,3\sim} = 3 \cdot C \cdot U^2 \cdot \omega_n$
Reihenresonanzfrequenz f_r	$f_r = f_n \cdot \sqrt{\frac{1}{p}}$
Verdrosselungsfaktor p	$p = \left(\frac{f_n}{f_r}\right)^2$
Kompensations-Blindleistung $Q_{C,v}$ bei Verdrosselung	$Q_{C,v} = \frac{3 \cdot U^2 \cdot \omega_n}{\pi \cdot p}$

Aktive Filter

- Aktive Filter kompensieren die Oberschwingungsströme.
- Sie sollten möglichst dicht an der Störquelle eingesetzt werden.
- Bei hohen Oberschwingungsbelastungen, aber geringem Blindleistungsbedarf (z. B. hoher Anteil frequenzgeregelter Antriebe), sind Filter-/Saugkreise unwirtschaftlich.

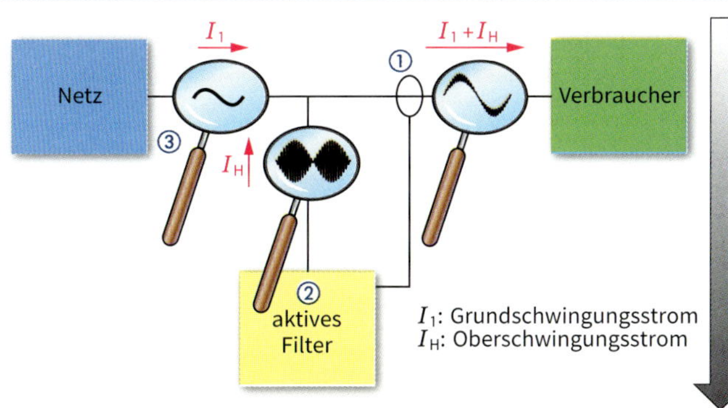

I_1: Grundschwingungsstrom
I_H: Oberschwingungsstrom

1. Stromwandler ① misst den mit Oberschwingungen belasteten Netz- oder Verbraucherstrom.
2. Aktives Filter ② ermittelt vorhandene Oberschwingungsströme.
3. Aktives Filter speist die ermittelten Oberschwingungsströme mit negierter Polarität ins Netz ein.
4. Stromeinkopplung erfolgt direkt oder über Stromwandler.
5. Die Summe aus Verbraucherstrom und Strom des aktiven Filters ergibt eine reine Sinusform ③.

Anwendungen:

- Verbesserung der Spannungsqualität für ausgewählte Verbraucher (z. B. Computer, sicherheitsrelevante Anlagen)
- Versorgung der Verbraucher auch bei Netz-Spannungsausfall für eine definierte, maximale Zeit

Beispiel: VFI SS 111
Stufe: 1 2 3

Stufe	Bedeutung
1	Abhängigkeit der Ausgangsspannung von der Eingangsspannung
2	Kurvenform der Ausgangsspannung
3	Ausgangsverhalten bei Lastsprüngen

Stufe 1

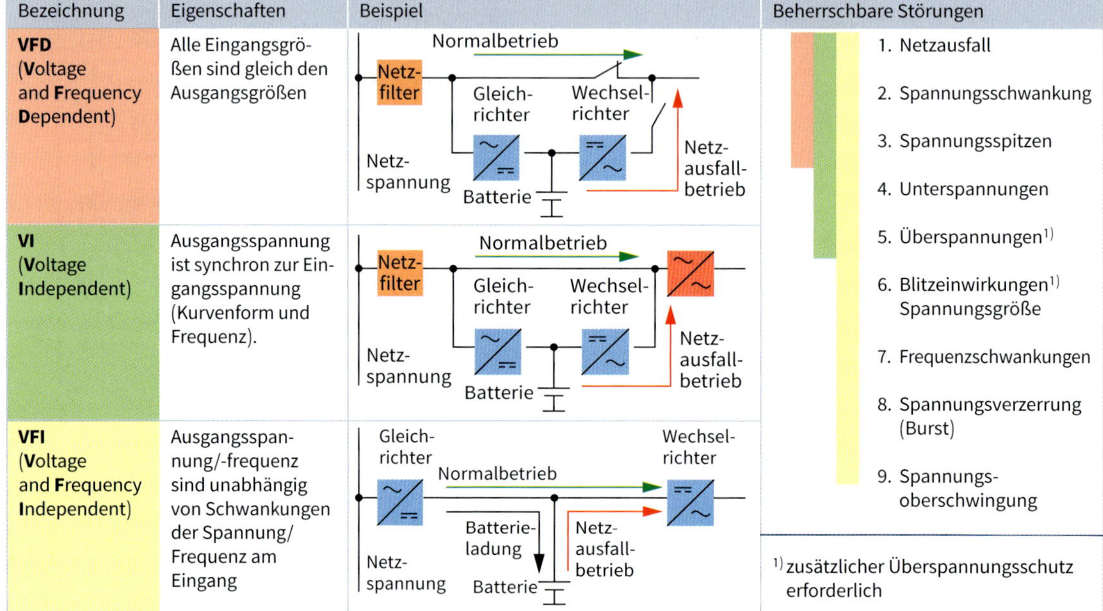

Bezeichnung	Eigenschaften	Beispiel
VFD (**V**oltage and **F**requency **D**ependent)	Alle Eingangsgrößen sind gleich den Ausgangsgrößen	Normalbetrieb, Netzfilter, Gleichrichter, Wechselrichter, Netzspannung, Batterie, Netzausfallbetrieb
VI (**V**oltage **I**ndependent)	Ausgangsspannung ist synchron zur Eingangsspannung (Kurvenform und Frequenz).	Normalbetrieb, Netzfilter, Gleichrichter, Wechselrichter, Netzspannung, Batterie, Netzausfallbetrieb
VFI (**V**oltage and **F**requency **I**ndependent)	Ausgangsspannung/-frequenz sind unabhängig von Schwankungen der Spannung/Frequenz am Eingang	Gleichrichter, Wechselrichter, Normalbetrieb, Batterieladung, Netzausfallbetrieb, Netzspannung, Batterie

Beherrschbare Störungen:

1. Netzausfall
2. Spannungsschwankung
3. Spannungsspitzen
4. Unterspannungen
5. Überspannungen[1)]
6. Blitzeinwirkungen[1)] Spannungsgröße
7. Frequenzschwankungen
8. Spannungsverzerrung (Burst)
9. Spannungsoberschwingung

[1)] zusätzlicher Überspannungsschutz erforderlich

Stufe 2

1. Kennbuchstabe: Netzbetrieb
2. Kennbuchstabe: Batteriebetrieb

S	Sinusform mit Verzerrung $D < 8$ % bei Referenzlast
X	Bei linearer Last Güte nach Form „S“, sonst ist $D > 8$ % zulässig
Y	Form der Ausgangsspannung weicht von Vorgaben ab.

D: Verzerrung als Maß für Abweichung von der Sinusform.

Stufe 3

1. Ziffer: Netz-/Batterie-/Bypassbetrieb
2. Ziffer: Lastsprung (lineare Last)
3. Ziffer: Lastsprung (nichtlineare Last)

1	sehr gute Eigenschaften, Ausgangsspannungsabweichung $\leq \pm 30$ %; nach 0,1 s $\leq \pm 10$ %
2	nach 1 ms max.+100 %; nach 10 ms $\leq +20$ %/ –100 %; nach 0,1 s $\leq \pm 10$ %
3	nach 1 ms max.+100 %; nach 10 ms $\leq +20$ %/ –100 %; nach 0,1 s $\leq \pm 10$ %/– 20 %
4	Genaue Eigenschaften sind vom Hersteller definiert.

Auswahlkriterien für USV-Anlagen

- Maximal benötigte Leistung (mögliche zukünftige Lasterhöhung berücksichtigen)
- Überlastfähigkeit/-dauer (Motoranläufe, Auslöseenergie für Sicherungen/Sicherungsautomaten, …)
- Klassifizierung
- Netzwerkanbindung für automatischen Shutdown angeschlossener Computer bei Ende der Autonomiezeit
- Rückwirkungen auf das speisende Netz (Stromoberschwingungen)
- Redundanz mehrerer Systeme
- Autonomiezeit (Batteriekapazität)
- Ein-/Ausgangsspannung (1- oder 3-phasig)
- 19"-Einbauvariante/Standgerät
- Umgebungstemperatur (Lebensdauer der Batterien)

Anwendung

- Bei Ausfall der öffentlichen Stromversorgung sollen ausgewählte Verbraucher weiter mit elektrischer Energie versorgt werden.
- Die Spannung soll
  - innerhalb einer definierten Zeit wieder anliegen und
  - für eine definierte Zeit bestehen bleiben.
- Anwendung z. B. bei Krankenhäusern, Rechenzentren, Veranstaltungsstätten, empfindlichen Produktionsanlagen
- Je nach Anforderung kann eine unterbrechungsfreie Stromversorgung gefordert werden. Diese erfolgt in Sonderbauformen oder in Kombination mit Standard-USV-Anlagen.

Zusatzanforderungen

- Sicherheitsstromversorgung
  - Brandschutz
  - Trennung von Aggregat und Verteilung
  - Max. Zeit bis zur Verfügbarkeit (15 sec. bei max. 3 Startversuchen)
- Bundesimmissions-Schutz-Gesetz (BimSchG):
  - Anforderungen aus TA-Luft und TA-Lärm beachten
- Lagerung großer Treibstoffmengen:
  - Anforderungen aus dem Wasserrecht (spezifisch nach Bundesländern) beachten.
  - Ggf. Prüfung durch VAwS-Sachverständigen bzw. WHG-Sachkundenachweis der Errichter erforderlich.

Projektierungshinweise

- **Lastzuschaltung**
  Je nach Motorart sind nur begrenzte Lastzuschaltungen möglich z. B. 50 % → 30 % → 20 %
- **Generatordimensionierung**
  - Bei nichtlinearen Lasten (Oberschwingungen) ist die Generator-Bemessungsleistung zu erhöhen (je nach Belastung auf bis zu 280 %)
  - Kurzschlussstromstärke auf Selektivität auslegen, ggf. Generatorleistung erhöhen.
- **Synchronisiereinrichtung**
  Sie ermöglicht
  - ein unterbrechungsfreies Rückschalten nach Spannungswiederkehr
  - Funktionstest mit voller Belastung der Netzersatzanlage

Prüfanforderungen

- Es gilt allgemein: Prüfungen nach BetrSichV und DIN VDE 0105
- Bei Sicherheitsstromversorgungen gelten spezielle Prüfvorschriften (DIN 6280-13: 1994-12)
- Monatliche Prüfungen
  - Sichtprüfung (Aggregat, Batterie, Aufstellraum, Kraftstoffsystem)
  - Funktionsprüfung (Start-/Anlaufverhalten, Leistungsübernahme, Schalt-, Regel- und Hilfseinrichtungen, Leckagesonden, Jalousieklappen)
  - Lastverhalten bei min. 50 % der Bemessungsleistung für 60 Min.
  - Funktion der Umschalteinrichtungen
- Jährliche Prüfung
  - Vergleich der Leistung des Stromerzeugungsaggregates mit der erforderlichen Verbraucherleistung

Dieselgenerator

Kraftstoffversorgung

Überlauf
Service-Behälter
Handpumpe
M
Elektro-pumpe
Saug-schlauch zur manuellen Befüllung
Rücklauf vom Motor
Motor
Haupttank

Umschalteinrichtung

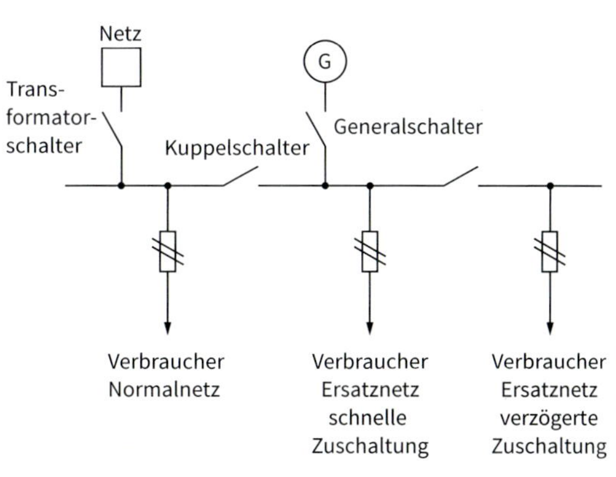

Die schnelle und langsame Schiene kann auch zusammengefasst werden, wenn keine zu hohen Lastsprünge beim Einschalten zu erwarten sind.

Übersicht

- Netzteile erzeugen aus Wechselspannung eine konstante Gleichspannung.
- Sie versorgen elektronische Komponenten (z. B. in PC, Fernseher, Telefonanlage, ...).

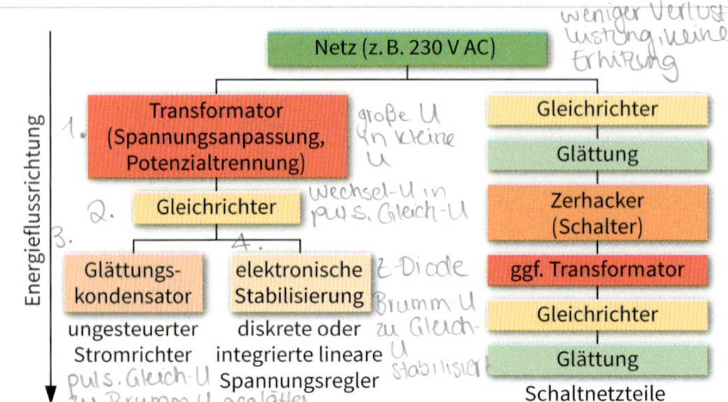

Ungesteuerte Gleichrichter:

- einfacher Aufbau
- Spannung ist stark vom Laststrom abhängig

Diskrete/integrierte, lineare Spannungsregler:

- gute Spannungskonstanz
- hohe Verlustleistung bei Differenzspannung zwischen Eingang und Ausgang

Schaltnetzteile:

- wegen hoher Schaltfrequenz nur kleine Transformatoren erforderlich

Auswahlkriterien

Montage	Funktionsprinzip	Funktionseigenschaften		Anschluss
■ Einbau ■ Aufbau ■ 19"-Einsatz ■ Hutschiene ■ Reiheneinbaugerät	■ Ungeregelt ■ Geregelt – linear – getaktet	■ Festwert ■ *I*/*U*-Vorgabe ■ Innenwiderstand ■ Regelgenauigkeit ■ Regelgeschwindigkeit ■ Restwelligkeit ■ Verlustleistung	■ Ein-/Ausgangsspannungsbereich ■ Leistung ■ Überlast-/Kurzschlussverhalten ■ Lüftung (natürlich, erzwungen) ■ Ausgang erd-/massefrei	■ Steckkontakt ■ Klemmen (Schraub-, Steck-, Klemmtechnik) ■ Buchsen

Stabilisierte Gleichspannungs-Versorgungsgeräte

- Stabilisierte Gleichspannungs-Versorgungsgeräte enthalten stetige Gleichstromsteller.
- Allen gemeinsam sind Netztransformator, Gleichrichter und Glättung (hier nicht dargestellt) zur Bildung der Eingangsgleichspannung U_1.

Schaltungsbeispiel

Versorgungsgerät mit integrierten einstellbaren Spannungsreglern für positive Ausgangsspannungen

F1, LM 317, K1, R_1, R_3, F3, C_1, C_3, C_5, R_{L1}, U_{11}, U_{21}

- Integrierte einstellbare Spannungsregler (z. B. K1, LM317) sind weit verbreitet.
- $U_{21} = 1{,}25\,\text{V}\left(1 + \frac{R_3}{R_1}\right)$
  $U_{11\,max} = 40\,\text{V}$
- Rückstromschutz durch F1
- Entladeschutz durch F3

Bauformen

Labornetzgerät	Hutschienenmontage	Einbaugerät

Funktionsgruppen

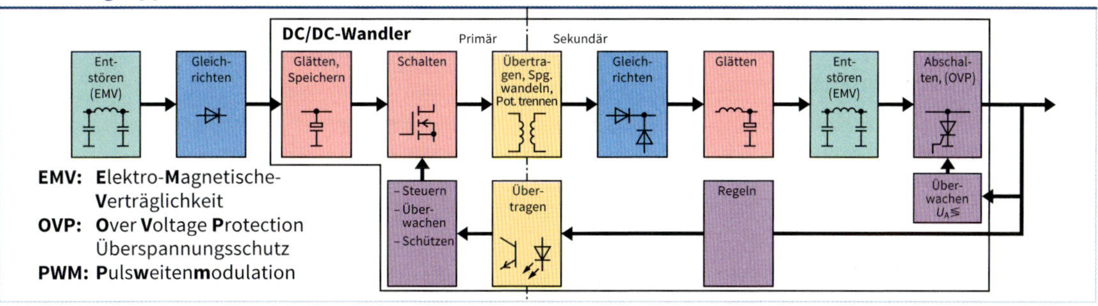

EMV: **E**lektro-**M**agnetische-**V**erträglichkeit
OVP: **O**ver **V**oltage **P**rotection Überspannungsschutz
PWM: **P**uls**w**eiten**m**odulation

Sperrwandler

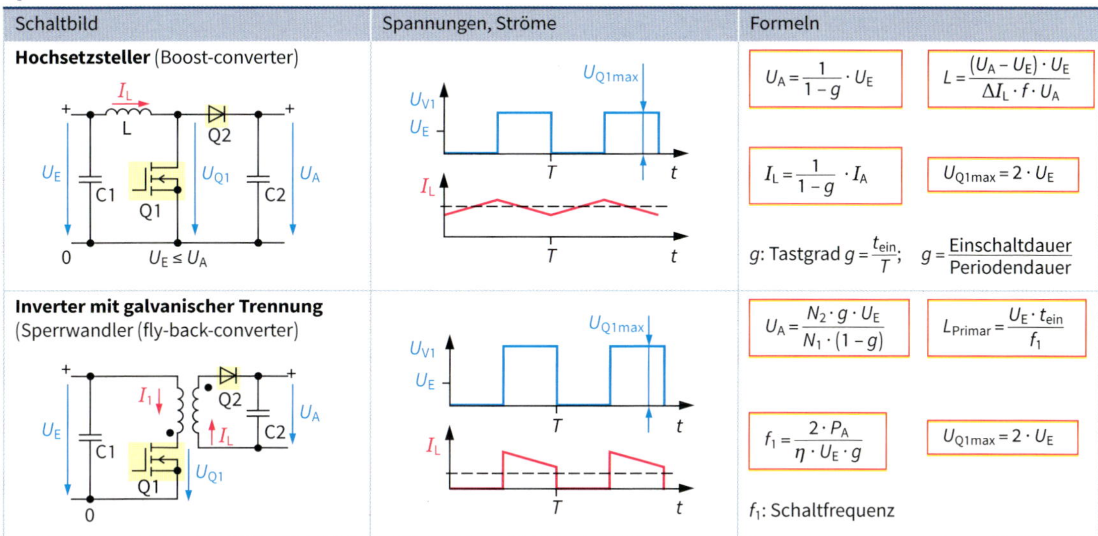

Schaltbild	Spannungen, Ströme	Formeln
Hochsetzsteller (Boost-converter) $U_E \leq U_A$		$U_A = \frac{1}{1-g} \cdot U_E$ $L = \frac{(U_A - U_E) \cdot U_E}{\Delta I_L \cdot f \cdot U_A}$ $I_L = \frac{1}{1-g} \cdot I_A$ $U_{Q1max} = 2 \cdot U_E$ g: Tastgrad $g = \frac{t_{ein}}{T}$; $g = \frac{\text{Einschaltdauer}}{\text{Periodendauer}}$
Inverter mit galvanischer Trennung (Sperrwandler (fly-back-converter)		$U_A = \frac{N_2 \cdot g \cdot U_E}{N_1 \cdot (1-g)}$ $L_{Primar} = \frac{U_E \cdot t_{ein}}{f_1}$ $f_1 = \frac{2 \cdot P_A}{\eta \cdot U_E \cdot g}$ $U_{Q1max} = 2 \cdot U_E$ f_1: Schaltfrequenz

Flusswandler

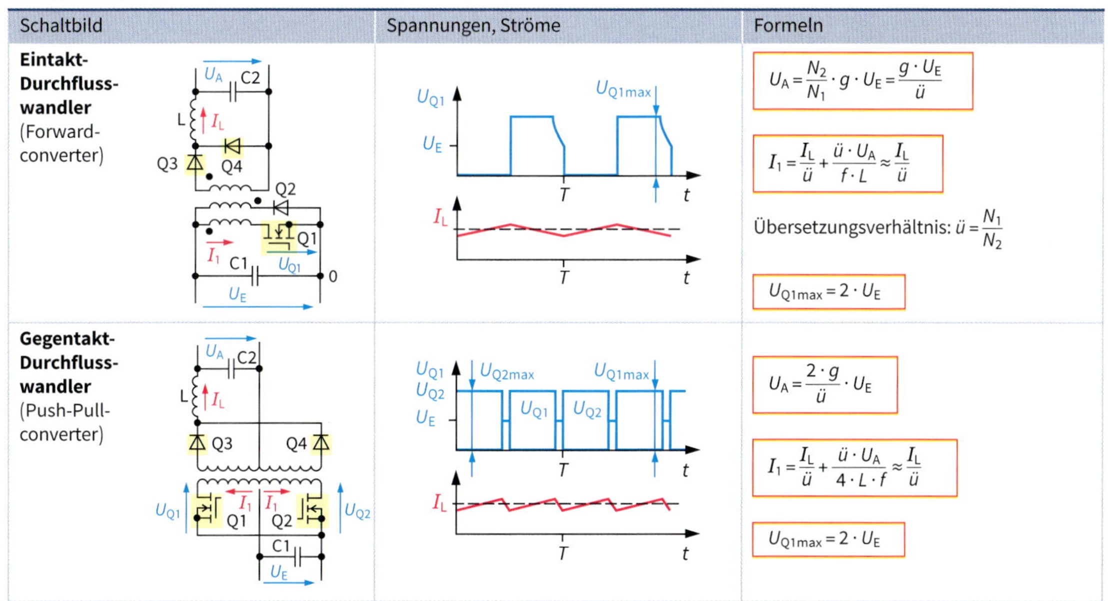

Schaltbild	Spannungen, Ströme	Formeln
Eintakt-Durchfluss-wandler (Forward-converter)		$U_A = \frac{N_2}{N_1} \cdot g \cdot U_E = \frac{g \cdot U_E}{ü}$ $I_1 = \frac{I_L}{ü} + \frac{ü \cdot U_A}{f \cdot L} \approx \frac{I_L}{ü}$ Übersetzungsverhältnis: $ü = \frac{N_1}{N_2}$ $U_{Q1max} = 2 \cdot U_E$
Gegentakt-Durchfluss-wandler (Push-Pull-converter)		$U_A = \frac{2 \cdot g}{ü} \cdot U_E$ $I_1 = \frac{I_L}{ü} + \frac{ü \cdot U_A}{4 \cdot L \cdot f} \approx \frac{I_L}{ü}$ $U_{Q1max} = 2 \cdot U_E$

Merkmale

- Netzfilter sind passive elektrische Komponenten, die leitungsgeführte hochfrequente Störstrahlungen auf Netz-Anschlussleitungen unterdrücken.
- Die **Störstrahlungen** entstehen u. a.
  - beim Betrieb elektronischer Schaltungen durch steile Schaltflanken und
  - durch Schaltvorgänge in elektrischen Versorgungsnetzen.
- Die Störgrößen werden unterschieden in
  - **Common Mode** (Gleichtakt) und
  - **Differential Mode** (Gegentakt).
- Common Mode Störungen (oberhalb 1 MHz) entstehen zwischen allen Leitern und dem Bezugspotenzial (z. B. L1 und N gegen PE).
- Differential Mode Störungen (bis einige 100 kHz) entstehen zwischen zwei Leitern (z. B. L und N).
- Die in den Netzfiltern verwendeten Kondensatoren werden unterschieden in
  - **X-Kondensatoren** ② und
  - **Y-Kondensatoren** ①.
- X-Kondensatoren sind zwischen die Außenleiteranschlüsse geschaltet (keine Gefährdung durch elektrischen Schlag im Fehlerfall).
- Y-Kondensatoren sind zwischen L bzw. N und Gehäuse geschaltet und verfügen über verstärkte Isolierung.
- Die Festlegung (Auswahl) eines geeigneten Netzfilters erfolgt u. a. nach den Kriterien
  - Einfügedämpfung,
  - Spannungs-/Strombelastbarkeit sowie
  - mechanische und klimatische Anforderungen.
- Bei **Einbau** von Netzfiltern ist auf eine großflächige und leitende Verbindung der Gehäuseoberfläche zum Bezugspotenzial zu achten.

2-Leiter Filter

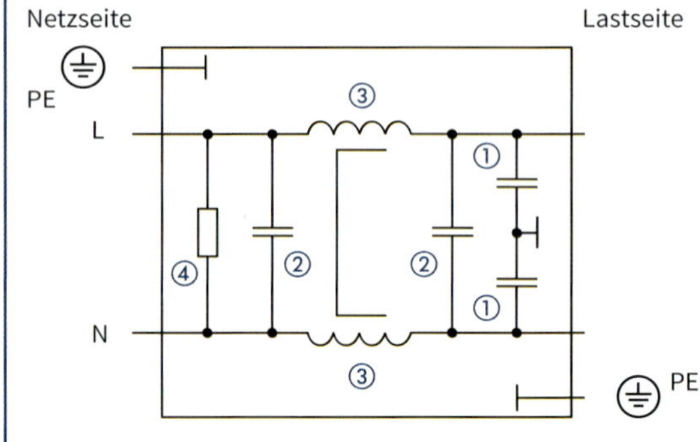

① Y-Kondensator ③ stromkompensierte Induktivität
② X-Kondensator ④ Entladewiderstand

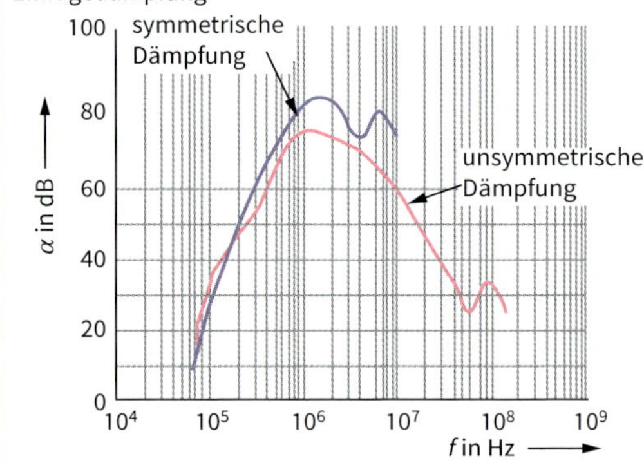

Filter-Leckstromstärke

- Die Filterleckstromstärke (leakage current) ist die im Datenblatt spezifizierte typische Stromstärke, die über den Erdungsanschluss (PE) fließt.
- Die Höhe ist abhängig vom Filtertyp.
- Sie entspricht **nicht** der **Maximalstromstärke**, die über den Erdungsanschluss fließen kann.
- Messverfahren:
  - Die Stromstärke wird bei geöffnetem Schalter S1 ① gemessen.
  - Die Messung erfolgt in den Schalterstellungen a und b von S2 ②.
- Der dabei gemessene höchste Wert entspricht der spezifizierten Leckstromstärke.
- Zu hohe Leckstromstärke kann zu RCD-Auslösung führen.

Beispiel: Schaltnetzteilfilter

Bemessungwechselspannung:	250 V
Bemessungswechselstrom:	10 A
Leckstrom:	< 0,5 mA

Messschaltung zur Typprüfung oder Fehlersuche bei zu hohen Ableitstromstärken im PE-Leiter in der Anlage.

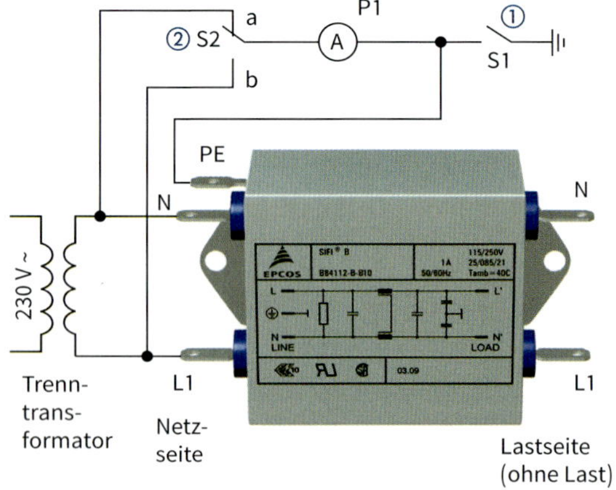

Sicherheitshinweise:

- In der Regel werden die Kondensatoren nach Spannungsabschaltung durch die integrierten Ableitwiderstände innerhalb von 5 s auf eine Spannung von 60 V (Ladungsmenge < 50 μC) entladen.
- Bei freiliegenden Leitern ist die **Entladezeit** auf 1 s festgelegt.
- Falls durch betriebliche Anforderungen diese Entladezeiten nicht eingehalten werden können, sind die **Gefahrenstellen** (Anschlüsse) dauerhaft zu kennzeichnen.

Schaltung	Bemerkungen	Schaltung	Bemerkungen
Ladekondensator 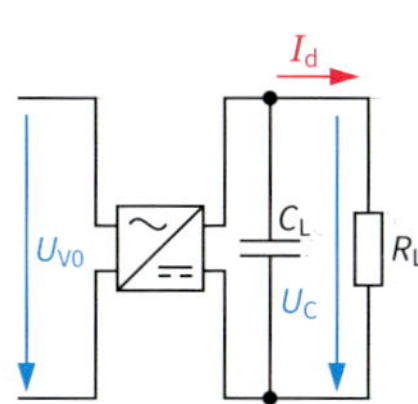 	Spannungsglättung durch Ladekondensator C_L. Bei Belastung durch R_L entsteht als Wechselspannungsanteil die Brummspannung U_W. $C_L \approx \frac{k \cdot I_d}{p \cdot f \cdot U_W}$ $k = 0{,}25$ bei Einpuls- und $k = 0{,}2$ bei Zweipulsschaltungen.	**Glättungsdrossel** 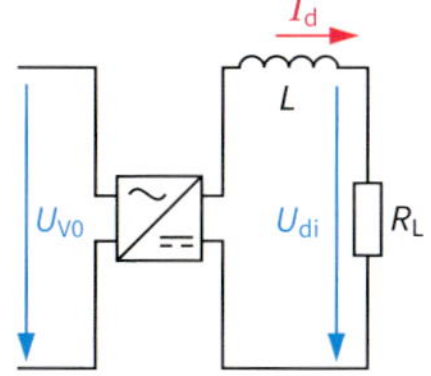 	Stromglättung durch Glättungsdrossel L. Stromwelligkeit w: $w_I = \frac{I_w}{I_d}$ $L \geq \frac{\sqrt{Z^2 - R_L^2}}{p \cdot 2 \cdot \pi \cdot f}$ p: Pulszahl
RC-Siebglied 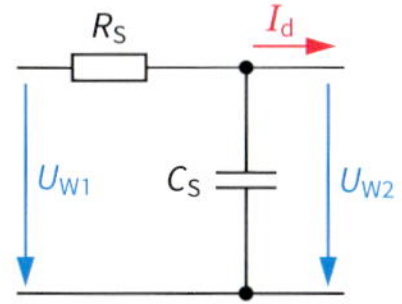 	Frequenzabhängiger Spannungsteiler als Tiefpass. Siebfaktor $s = \frac{U_{W1}}{U_{W2}}$ $s \approx p \cdot 2 \cdot \pi \cdot f \cdot R_s \cdot C_s$ p: Pulszahl der Gleichrichterschaltung $s_G = s_1 \cdot s_2 \cdot \ldots \cdot s_n$	**LC-Siebglied** 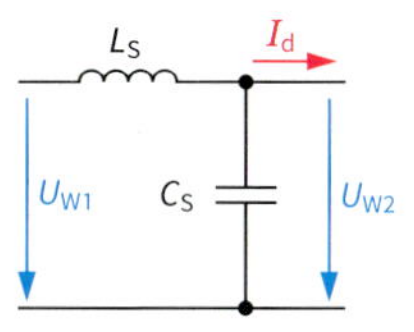 	Tiefpass für höhere Lastströme. Siebfaktor $s = \frac{U_{W1}}{U_{W2}}$ $s \approx (p \cdot 2 \cdot \pi \cdot f)^2 \cdot L_s \cdot C_s$ p: Pulszahl der Gleichrichterschaltung $s_G = s_1 \cdot s_2 \cdot \ldots \cdot s_n$
RZ-Stabilisierung	Der differenzielle Widerstand r_z von R1 wirkt bei Wechselspannungen glättend und bei Gleichspannungen stabilisierend. $G = \frac{\Delta U_1}{\Delta U_2} = 1 + \frac{R_v}{r_z}$ $R_{vmin} = \frac{U_{1max} - U_Z}{I_{Zmax} + I_{Lmin}}$ $R_{vmax} = \frac{U_{1min} - U_Z}{I_{Zmin} + I_{Lmax}}$ $I_{Zmin} \geq 0{,}1 \cdot I_{Zmax}$ $I_{Zmax} \leq \frac{P_{tot}}{U_Z}$	**RZ-Präzisions-Stabilisierung** 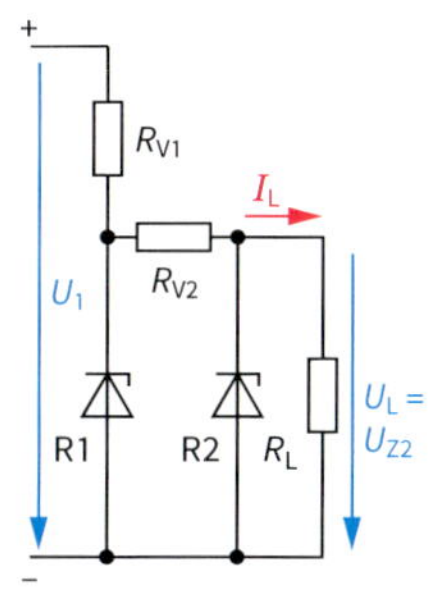 	Glättungsfaktor G: $G = G_1 \cdot G_2$ $G_1 \approx \frac{R_{V1}}{r_1}$ $G_2 \approx \frac{R_{V2}}{r_2}$
Konstantspannungsquelle mit Transistor 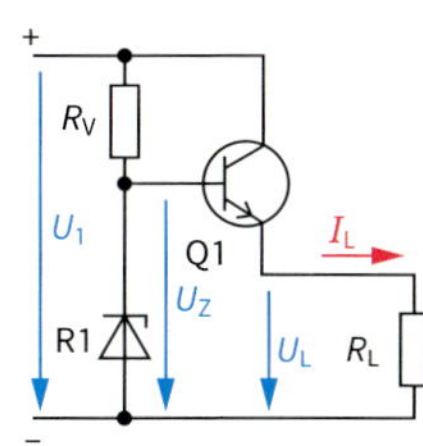 	R1 bewirkt feste Basisspannung an Q1. $U_L = U_Z - U_{BE}$ $U_L = U_1 - U_{CE}$ $G \approx \frac{R_v}{r_z}$ $r_i = \frac{\Delta U_L}{\Delta I_L} \approx \frac{r_z}{\beta}$ ß: Wechselstromverstärkung	**Integrierter Festspannungsregler** 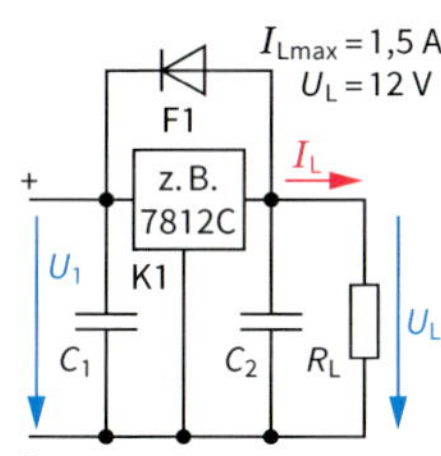 	Festspannungsregler arbeiten als Konstantspannungsquelle mit Differenzverstärker. $U_1 \geq U_L + 2$ V $r_i \approx 20$ mΩ $G \approx 500 \ldots 5000$ Sehr verbreitet: Serie 78XX für pos. Spannungen, Serie 79XX für neg. Spannungen. Spannungen $C_1 = 470 \ldots 2200$ µF, $C_2 = 1 \ldots 10$ µF
Konstantstromquelle mit Transistor 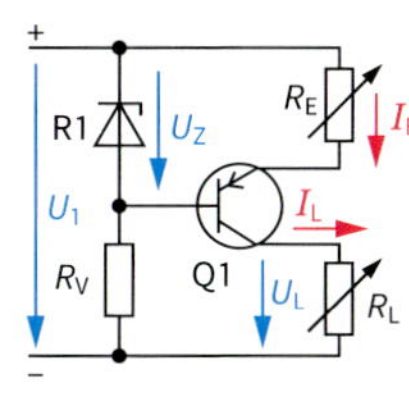 	Da Q1 ein PNP-Transistor ist, liegt R_L an Masse. Die Stromeinstellung erfolgt mit dem Emitterwiderstand R_E. $I_E = \frac{U_Z - U_{EB}}{R_E} \approx I_L$ $r_i \approx 50 \ldots 500 \cdot r_{CE}$	**Konstantstromquelle mit Feldeffekttransistor** 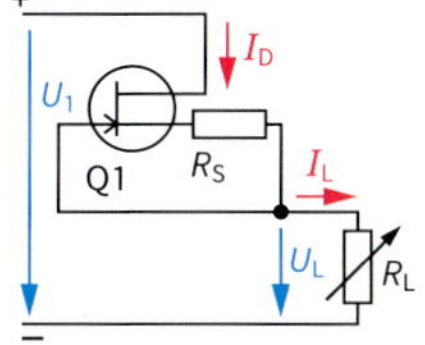 	Steuerspannung $-U_{GS}$ wird am Source-Widerstand R_S abgenommen. Die I_D $-U_{GS}$-Kennlinie liefert für jeden Betrag von R_S den Konstantstrom I_L. $I_L = I_D = \frac{-U_{GS}}{R_s}$ $r_i = 20 \ldots 100 \cdot r_{DS}$

Prinzip

Bei der Kraft-Wärme-Kopplung können gleichzeitig elektrische Energie, Wärme, Druckluft und Kälte erzeugt werden.

Vorteile:
Nutzung der Abwärme der Verbrennungskraftmaschine → hoher Wirkungsgrad und Umweltfreundlichkeit

- **Energieaufteilung**

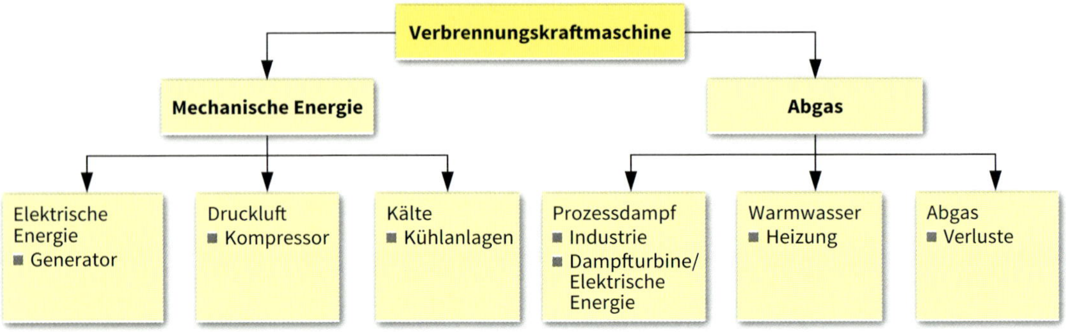

Verbrennungskraftmaschine

- **Mechanische Energie**
  - Elektrische Energie
    - Generator
  - Druckluft
    - Kompressor
  - Kälte
    - Kühlanlagen
- **Abgas**
  - Prozessdampf
    - Industrie
    - Dampfturbine/ Elektrische Energie
  - Warmwasser
    - Heizung
  - Abgas
    - Verluste

Zugeführte Energien durch
- Kohle, Öl, Gas, Biomasse, Müll

↓

Zielenergien
- mechan. Energie → elektrische Energie ① und Kühlung ②
- Wärme → Dampf für Industrieanlagen ③
- Warmwasser → Raumheizung ④

Funktion:
Strom- und Dampf-/Wärmeversorgung aus Systemen mit Verbrennungskraftmaschinen, wo der größte Teil der zugeführten Energie als Abwärme anfällt.

Gasturbine (Beispiel)

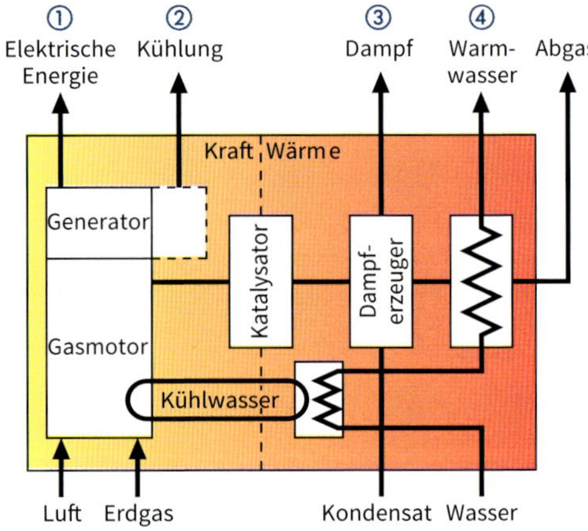

① Elektrische Energie
② Kühlung
③ Dampf
④ Warmwasser
Abgas
Kraft | Wärme
Generator
Gasmotor
Katalysator
Dampferzeuger
Kühlwasser
Luft
Erdgas
Kondensat
Wasser

Kraftwerke im Vergleich

- **Kondensationskraftwerk** ⑤
  - In diesem wird nur elektrische Energie erzeugt.
  - Verluste durch Kühlung und Abgase
  - Wirkungsgrad ca. 38 %
- **Blockheizkraftwerk** (BHKW) mit Kraft-Wärme-Kopplung ⑥
  - Elektrische Energie und Wärme werden erzeugt.
  - Geringe Verluste durch Kühlung und Abgase
  - Wirkungsgrad ca. 80 %
  - Einsatz zur Fernwärmeversorgung

Beispiel:
- **Anlage der BEWAG Berlin**
  - Wärmeversorgung durch Heizkraftwerke und BHKW
  - Wärmeanschlussleistung ca. 5.200 MW
  - Wärme pro Jahr ca. 9.000 GWh bis 10.000 GWh
  - Heizölersparnis ca. 500.000 t pro Jahr
  - CO_2-Reduzierung ca. 2.000.000 t pro Jahr
  - Streckenlänge der gesamten Anlage ca. 1.250 km

Energieumsatz und Brennstoffausnutzung

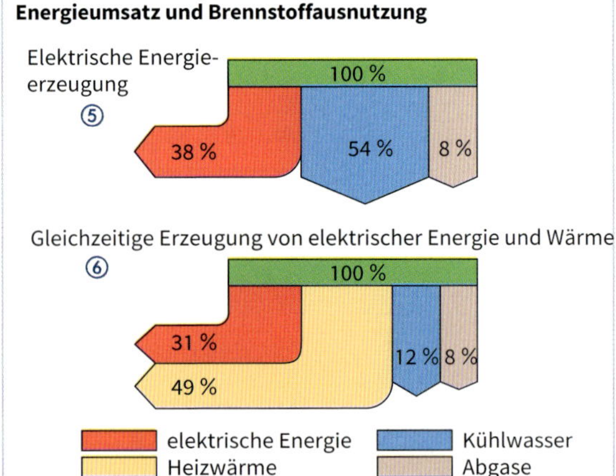

Anwendung und Funktion

- Energiespeicher werden eingesetzt als
  - Erzeugungsanlage,
  - Netzersatzanlage,
  - variable Last oder
  - in kombinierter Form.
- Sie dienen zur
  - Lastoptimierung in Kundenanlagen (Optimierung des Eigenverbrauchs)
  - Vergleichmäßigung von Lastflüssen im Niederspannungsnetz (Lastmanagement)
  - Netzstützung (z. B. Einspeisung von Blindleistung)

Betriebsarten

- Betriebsarten des Speichers können sein
  - **Energiebezug**:
    Speicher wird aus dem öffentlichen oder kundeneigenen Netz geladen.
  - **Energielieferung**:
    Speicher wird in das öffentliche Netz oder die kundeneigene Anlage entladen.
  - **Inselbetrieb**:
    Speicher ist vom öffentlichen Netz getrennt; Speicher wird aus dem kundeneigenen Netz geladen oder in das kundeneigene Netz entladen.

Energiespeicherarten

Elektrisch	Chemisch/ elektrochemisch	Mechanisch	Thermisch
■ Superkondensatoren (elektrische Energie im elektrischen Feld) ■ Supraleitende magnetische Speicher (elektrische Energie im magnetischen Feld)	■ Power-to-Gas-Anlagen (Umwandlung in Gas) ■ Power-to-Liquid-Anlagen (Umwandlung in Kraftstoff) ■ Batteriespeicher (elektro-chemische Energie in der Elektrode; Blei-Säure-Batterien, nickelbasierte Batterien) ■ Lithium-Ionen-Batterien ■ Redox-, Hybrid-Flow- Batteriespeicher (elektrochemische Energie im Elektrolyt)	■ Pumpspeicher (potenzielle Energie des Wassers) ■ Druckluftspeicher (kinetische Energie des Gasdrucks) ■ Schwungradspeicher (kinetische Energie der rotierenden Masse) ■ Federn	■ Sensible Wärmespeicher (thermische Energie in Teilchenbewegung) ■ Latentspeicher (Enthalpie thermodynamischer Zustandsänderungen) ■ Thermochemische Speicher (Wärmespeicherung durch endotherme Reaktion)

Speichersystem im Verbraucherpfad

Beispiel: Batteriespeicher mit Photovoltaik-Anlage

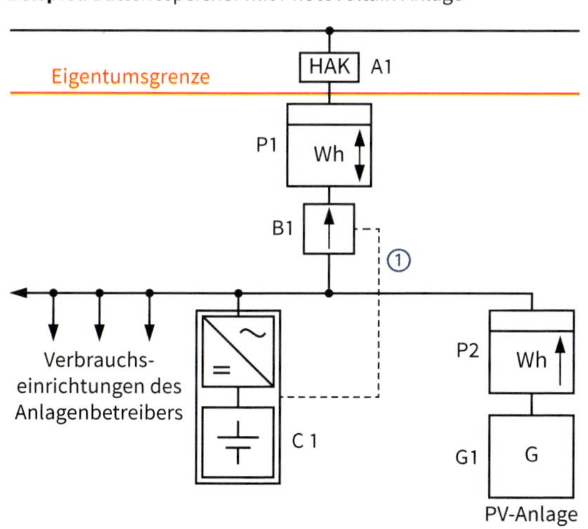

Pfeilrichtung in B1 zeigt an:
Entladen in das Netz ist nicht zulässig.

- Das Speichersystem ist **nicht fest** mit der **EZA** (**Er**zeugungs**a**nlage) gekoppelt
- Speicher **ohne Lieferung** in das öffentliche Netz
  Der Speicher darf nicht entladen werden, wenn die Wirkleistung der PV-Anlage in das öffentliche Netz fließt.

A1: Netzzugangspunkt: Hausanschlusskasten (HAK)

P1: Zähler mit zwei Zählrichtungen (Leistungsbezug- und Leistungsabgabe)

B1: Sensor zur Ermittlung der **Energieflussrichtung** (EnFluRi); technische Einrichtung zur Ermittlung der Energieflussrichtung, kommunikative Kopplung ① mit dem Speichersystem

P2: Zähler für Leistungsabgabe der Erzeugungsanlage

G1: Erzeugungsanlage (z. B. Photovoltaikanlage)

C1: Speichersystem mit Batteriespeicher und Weechselrichter

Hinweis: Weitere Anschlussbeispiele siehe Druckschrift *Anschluss und Betrieb von Speichern am Niederspannungsnetz* / 2016 / Forum Netztechnik / Netzbetrieb im VDE (FNN)

Prinzip – Solarzelle

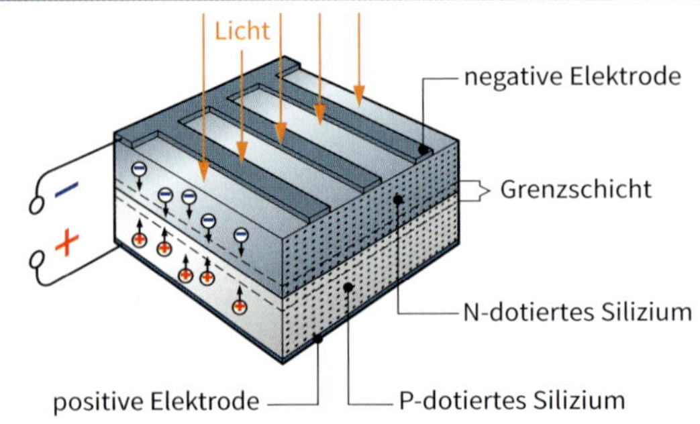

Spannungserzeugung
1. Lichtstrahlen dringen in die Grenzschicht ein.
2. Ladungstrennung erfolgt in der Grenzschicht.

Kennwerte:
- Leerlaufspannung von ca. 550 mV je Zelle
- Kurzschlussstromstärke ca. 60 mA je Zelle
- Höhe der Stromstärke hängt von der Einstrahlungsenergie ab.
- Wirkungsgrad (bei direktem Sonnenlicht) ca. 11 % bis 15 %

Netzunabhängige Energieversorgung mit Modulen

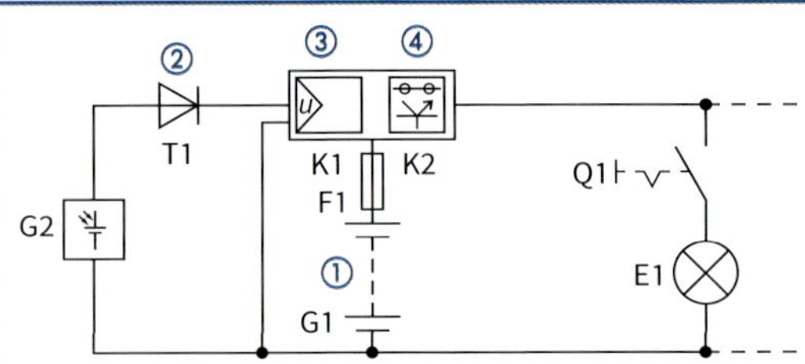

Akkumulator (Batterie) ①:
- Energiespeicherung für Dunkelphasen

Sperrdiode ②:
- Batterieentladung über Solarzelle wird während der Dunkelphase verhindert (Entladeschutz).

Spannungsregler ③:
- Spannungsbegrenzung, wenn Maximalspannung an der Batterie erreicht ist.

Regler zum Tiefentladeschutz ④:
- Zeitbegrenzte Ladespannung über die Batteriegasungsspannung hinaus
  ↓
- Automatische Zurückschaltung bis niedrigere Erhaltungsladespannung erreicht wird
  ↓
- Erreichen der niedrigeren Spannung durch Entladen (Tiefentladung)
  ↓
- Erneute Ladung bis zur maximalen Ladespannung

Anwendungen

- Betrieb auf Dächern und Freiflächen
- Direkter Betrieb von Ventilatoren und Bewässerungspumpen durch PV-Module
- Betrieb von 12 V-Netzen in Wohnmobilen und Segeljachten über Akkumulatoren

Kennlinien – Solarzellen

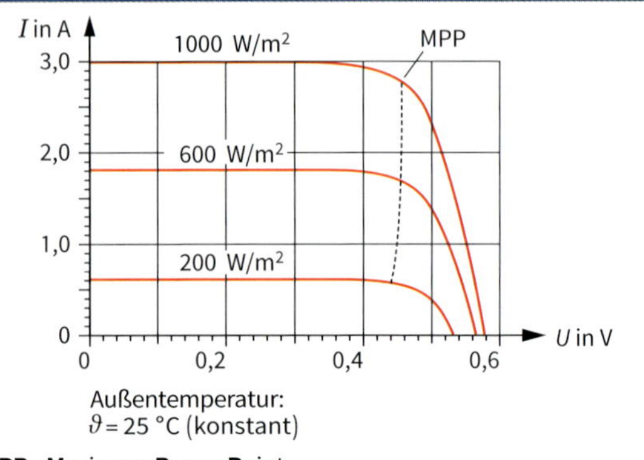

MPP: **M**aximum **P**ower **P**oint
Arbeitspunkt bei maximaler Leistung

Kombinierte Energieversorgung mit Anschluss an VNB

Schaltungen der Module:
- **in Reihe**, um eine höhere Spannung zu erreichen, z. B. U_0 = 80 Zellen x 0,55 V/Zelle = 44 V.
- **Parallel**, um eine höhere Stromstärke zu erreichen, z. B. I_k = 80 Zellen x 0,06 A/Zelle = 4,8 A.

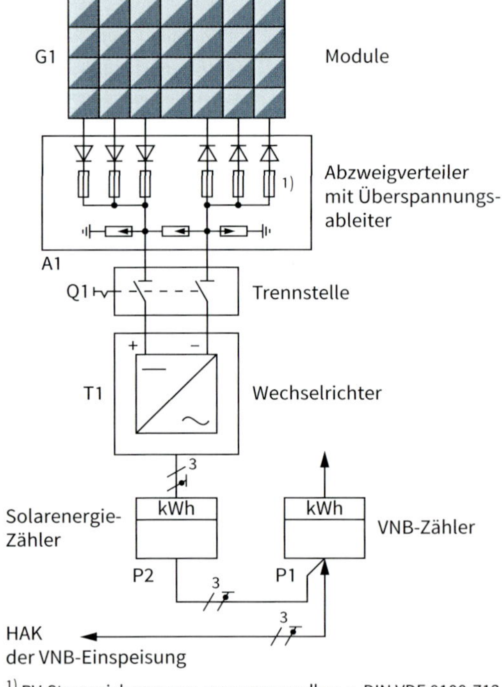

[1] PV-Strangsicherungen, wenn anwendbar, s. DIN VDE 0100-712

Errichten

- Photovoltaikanlagen sind Eigenerzeugungsanlagen.
- Planer, Errichter, Anschlussnehmer und Betreiber müssen die Ausführung des Anschlusses und den Betrieb mit dem VNB abstimmen (TAB 2007).

Potenzialausgleich in PV-Anlagen
Equipotential Bonding in PV Installations

DIN EN 62446: 2016-12

Schutz gegen Überspannungen

- PV-Anlagen werden als Aufdach-, Freiflächen- und Inselanlagen errichtet.
- Sie müssen durch Blitzschutz-Potenzialausgleich zwischen den verschiedenen Systemen geschützt werden (DIN EN).
- Der Potenzialausgleich wird hergestellt durch die Verbindung aller
  - Metallteile der Gebäude,
  - Metallrohre und
  - Leitungen (Energie und Daten).
- Verschleppung von Überspannungen muss durch einen **Trennungsabstand** zwischen PV- und Blitzschutzanlage verhindert werden.
- Einen weiteren Schutz gegen Überspannungen bieten **Überspannungsschutzgeräte**, die je nach Anlage unterschiedlich eingesetzt werden (siehe Darstellungen).

Anlage ohne Blitzschutz

Liegen Gebäude bzw. deren PV-Anlagen nicht in erhöhten Lagen und ist **kein äußerer Blitzschutz** vorhanden, wird der **Potenzialausgleich** wie folgt erreicht:

- Alle metallenen Teile der PV-Anlage wie
  - Metallgestelle und
  - Modulrahmen

  mit der Potenzialausgleichsschiene verbinden.
- **Schutzerdung** vom Überspannungsschutzgerät des Generatoranschlusskastens (GAK) über die Potenzialausgleichsschienen und zur Haupterdungsschiene (HES) durchführen.
- Leiterquerschnitt aller Potenzialausgleichsleitungen $q \geq 6$ mm² (Cu).
- HES über **Potenzialausgleichsleitung** mit Fundamenterder verbinden.

Überspannungsschutzgeräte

Einsatz der Geräte an verschiedenen Stellen in folgenden Anlagen:

- **ohne Blitzschutz**
  bei PV-Anlagen auf niedrigen Gebäuden
- **mit getrenntem Potenzialausgleich**
  bei großen Dachflächen und großem Trennungsabstand
- **mit gemeinsamen Potenzialausgleich**
  bei kleinen Dachflächen und kleinem Trennungsabstand

Begriffe

Schutzerdung:	Verbindung aller berührbaren Metallteile außerhalb des Betriebsstromkreises mit der HES und Erde. **Sicherheit der Anlage** damit hergestellt.
Funktionserdung:	Verhinderung von Störströmen zwischen den Anlageteilen. **Störungsfreier Betrieb** der Anlage damit gewährleistet.

Anlagen mit Blitzschutz

Getrennter Blitzschutz-Potenzialausgleich

Beispiel: Gebäude mit **großer Dachfläche**:

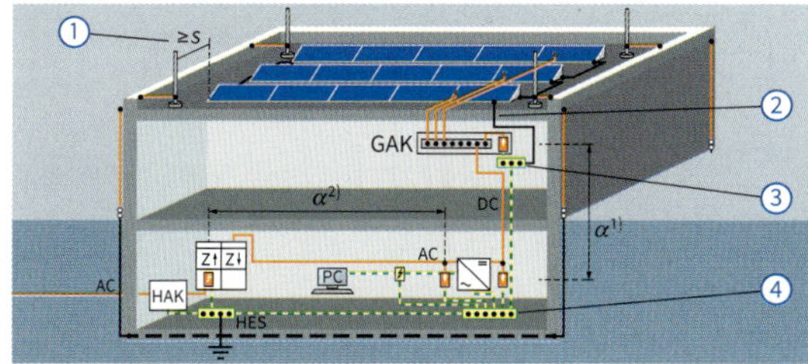

Großer Abstand zwischen PV-Anlage und den Fangspitzen der Blitzschutzanlage

- Einhaltung des Trennungsabstands s ①
- Verhinderung der Funkenbildung bei Blitzeinschlag auf die PV-Anlage

Herstellung des **Potenzialausgleichs**:

- Alle metallenen Teile der PV-Anlage ② über die Potenzialausgleichsschienen ③ und ④ mit HES verbinden, damit wird die **Funktionserdung** hergestellt.
  - Leiterquerschnitt: $q \geq 6$ mm² (Cu).
- Fangeinrichtung der Blitzschutzanlage über Ableitungen mit dem Fundamenterder (HES) verbinden,
  - Querschnitt der Ableitungen: $q \geq 16$ mm² (Cu).
- HES über **Potenzialausgleichsleitung** mit Fundamenterder verbinden.

1) Abstand $\alpha > 10$ m, als Schutz zum PV-Generator

Gemeinsamer Blitzschutz-Potenzialausgleich

Beispiel: Gebäude mit **kleiner Dachfläche**:

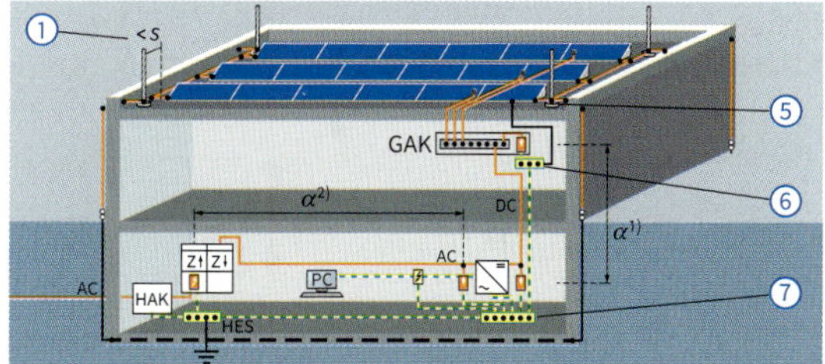

Kleiner Abstand zwischen PV-Anlage und den Fangspitzen der Blitzschutzanlage

- Keine Einhaltung des Trennungsabstands s ①
- Keine Verhinderung der Funkenbildung bei Blitzeinschlag auf die PV-Anlage

Herstellung des **Potenzialausgleichs**:

- Alle metallenen Teile der PV-Anlage auf dem Dach mit der Blitzschutzanlage verbinden.
- Über Ableitungen ⑤ Verbindung mit dem Fundamenterder herstellen.
- Metallrahmen der PV-Module über Potenzialausgleichsleitungen und -ausgleichsschienen ⑥ und ⑦ mit HES verbinden.
  - Leiterquerschnitt: $q \geq 16$ mm² (Cu) oder $q \geq 25$ mm² (Al)
- HES über **Potenzialausgleichsleitung** mit Fundamenterder verbinden.

2) Abstand $\alpha > 10$ m, als Schutz zum PV-Wechselrichter

Prüfungen

Folgende **Prüfberichte** sind laut DIN EN 62446 für PV-Anlagen erforderlich:

- Zur netzgekoppelten PV-Anlage
- Besichtigung der PV-Anlage, Teil a) und b)
- Elektrische Prüfung des PV-Generators
- Elektrische Prüfung der AC-Seite der PV-Anlage

Elektrische Installation

- Wenn in bestehende Niederspannungsnetze Energiespeicher installiert werden, die ihre Energie aus z. B. PV- oder Windenergie-Anlagen beziehen, müssen besondere Installationsvorschriften beachtet werden.
- VDE-AR-E 2510-2 Anwendungsregel: 2015-09
  „Stationäre elektrische Energieversorgungssysteme vorgesehen zum Anschluss an das Niederspannungsnetz"
  - Netzanschlussbedingungen
  - Errichtung und Anforderungen an elektrische Energiespeicher (Aufstellungsort, Aufstellung der Batterien, Anforderungen an Schränke)
  - Elektrische Installation der Energiespeicher
  - Dokumentation, Betrieb, Deinstallation, Entsorgung und Recycling
- FNN-Hinweis (**FNN**: **F**orum **N**etztechnik/**N**etzbetrieb im VDE): **„Anschluss und Betrieb von Speichern am Niederspannungsnetz"**, 21.10.2016

Batteriespeicher

- **Anwendungsregel** (**AR**):
  VDE-AR-E 2510-50 Anwendungsregel: 2017-05
  „Stationäre Energiespeichersysteme mit Lithium-Batterien"
  Inhalt:
  - Sicherheitsanforderungen an stationäre Batteriespeicher (kompletter Lebenszyklus: Lagerung, Transport, Installation, Betrieb, Instandsetzung, Demontage und Recycling)
  - Methoden für den Nachweis der Sichtprüfungen, Dokumentenprüfung, sowie praktische Typ- und Stückprüfungen
- **Anmeldeverfahren**:
  Speichersysteme sind beim Netzbetreiber anzumelden.
  VDE-AR-N 4105 Anwendungsregel: 2011-08
  „Erzeugungsanlagen am Niederspannungsnetz"

Netzparallelbetrieb des Speichers im TT-System und Inselbetrieb des Speichers im TN-S-System

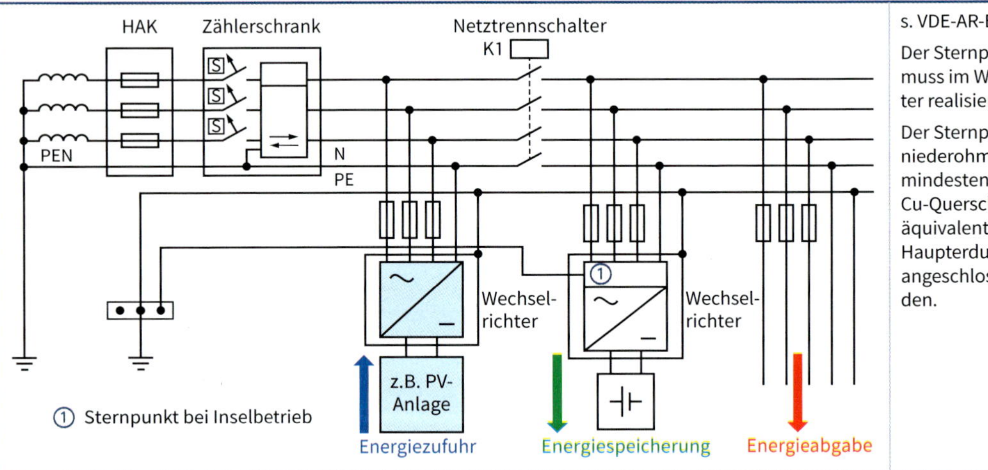

s. VDE-AR-E 2510-2

Der Sternpunkt ① muss im Wechselrichter realisiert sein.

Der Sternpunkt muss niederohmig mit mindestens 10 mm^2 Cu-Querschnitt oder äquivalent an der Haupterdungsschiene angeschlossen werden.

Netzparallelbetrieb des Speichers im TN-C-S-System u. Inselbetrieb des Speichers, weiterhin im TN-C-S-System

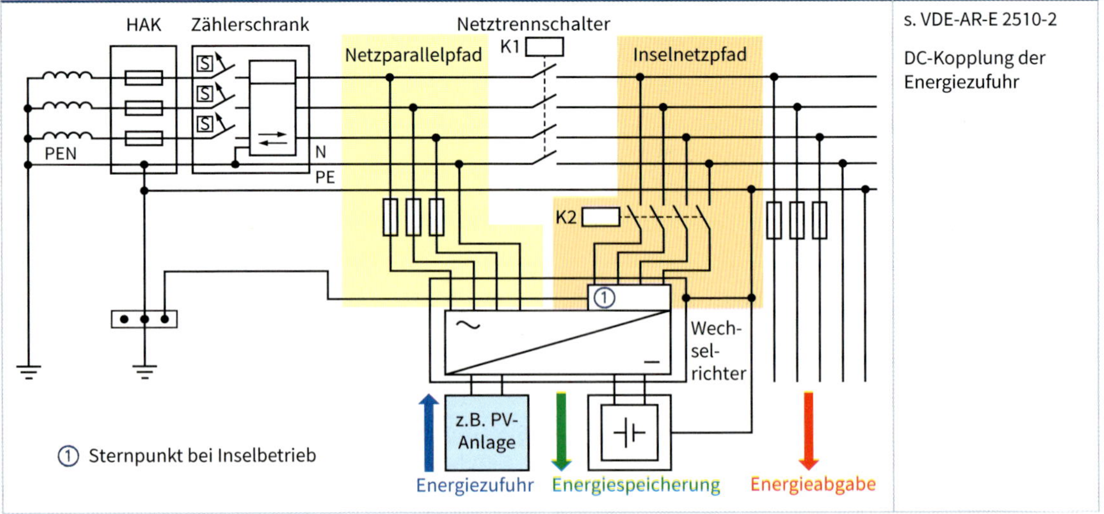

s. VDE-AR-E 2510-2

DC-Kopplung der Energiezufuhr

Aufbau

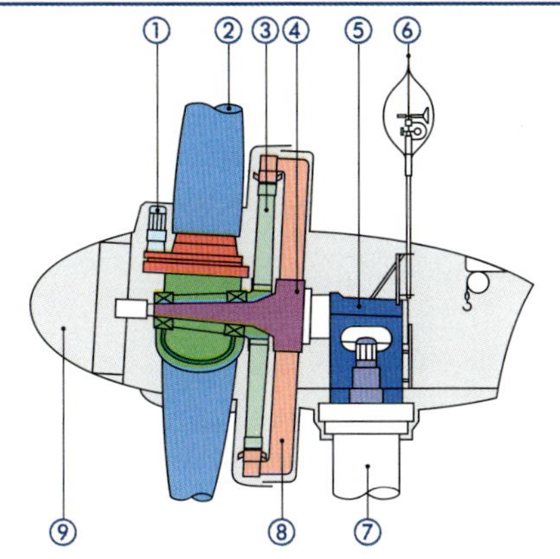

① Blattverstellmotor
② Rotorblatt
③ Generator/Rotor
④ Achszapfen
⑤ Maschinenträger
⑥ Windsensor
⑦ Turm
⑧ Generator/Stator
⑨ Spinner

Merkmale

Beispiel

- Einschaltgeschwindigkeit: 3 m/s
- Bemessungswindgeschwindigkeit: 13,0 m/s
- Drehzahl: 18 min^{-1} bis 38 min^{-1} durch Rotorverstellung
- Bemessungsleistung: 600 kW
- Wirkungsgrad im gesamten Arbeitsbereich: 94 %
- Leistungsfaktor:
  $\cos \varphi = 1$; Verstellung auf 0,95 (Induktiv) oder 0,9 (kapazitiv) möglich
- Blitzschutz:
  Blitzableitung über durchgängige Verbindung von Rotorblattspitze bis zur Fundamentgründung
- Steuerung:
  Überwachung der Anlagenkomponenten u. a. der Windrichtung und Windgeschwindigkeit durch ein Mikroprozessorsystem („Windnachführung")
- Energieverteilung über
  - direktgetriebenen Ringkerngenerator
  - Gleichspannungs-Zwischenkreis
  - Wechselrichter
  - Drehstromtransformator
  - VNB-Netz

Arten

Bemessungsleistung in kW	30	280	1000	1800
Rotordurchmesser in m	12	26	58	60
Nabenhöhe in m	24–30	36–50	ab 70	65–98
Blattlänge in m	5,75	12	27	32
Drehzahl in min^{-1}	30–90	16–48	10–23	10–22
Einschaltgeschwindigkeit in m/s	3,0	2,5	2,5	2,0
Bemessungswindgeschwindigkeit in m/s	11,0	12,0	12	13,0

Regelung

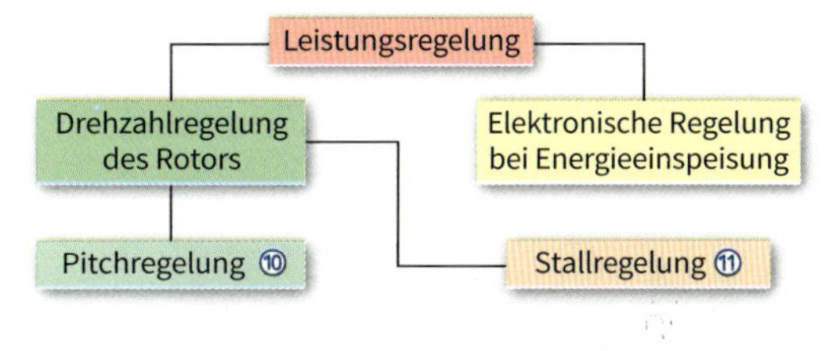

- Rotorblätter drehen sich je nach Windgeschwindigkeit aus der Windrichtung.
  ↓
- Reduzierung der auf die Windenergieanlage wirkende Last
  ↓
- Konstante Leistungsabgabe des Rotors bei Bemessungswindgeschwindigkeit

- Starre Verbindung der Rotorblätter mit der Rotornabe
  ↓
- Bei hoher Windgeschwindigkeit Abriss der Strömung am Blattprofil oberhalb der Bemessungsleistung
  ↓
- Starke Leistungsschwankungen und große Schubbelastungen

Leistungskennlinien

Pitchgeregelte WEA ⑩

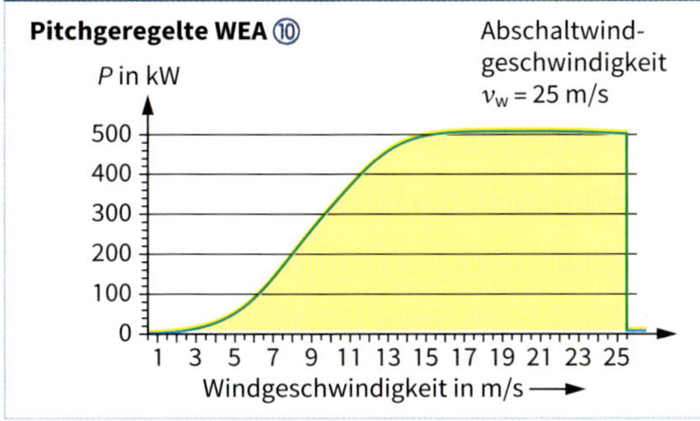

Stallgeregelte WEA ⑫

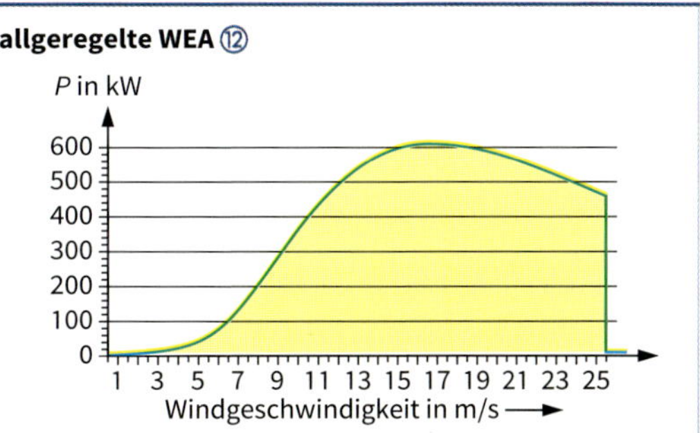

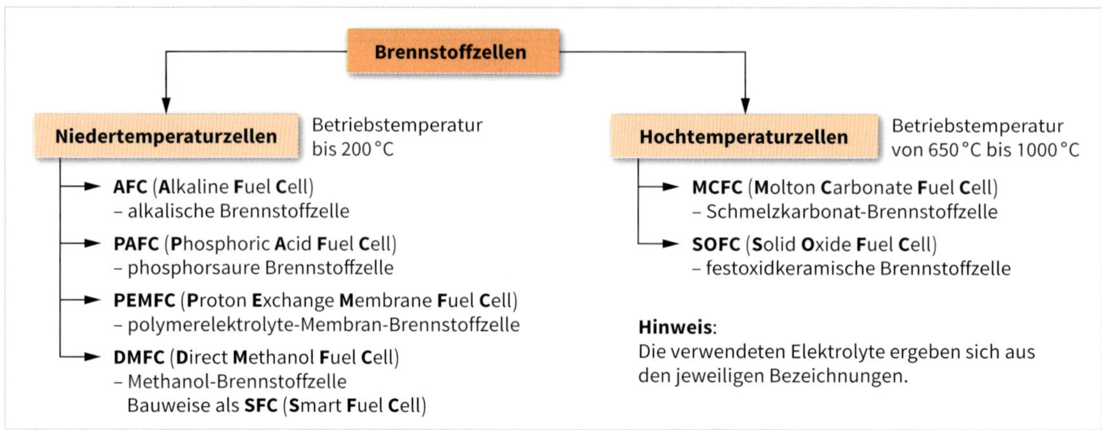

SFC-Brennstoffzelle

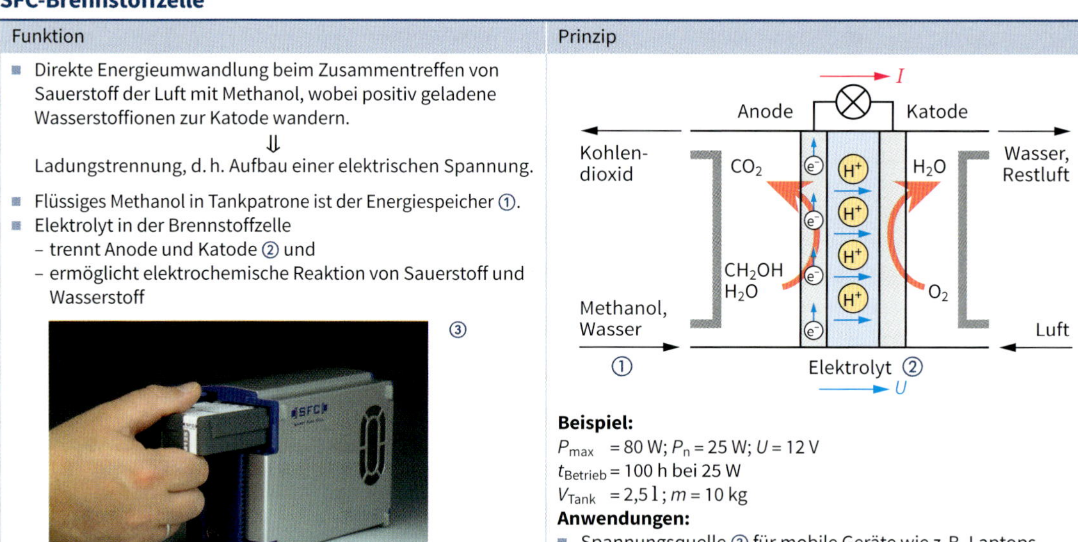

Funktion

- Direkte Energieumwandlung beim Zusammentreffen von Sauerstoff der Luft mit Methanol, wobei positiv geladene Wasserstoffionen zur Katode wandern.
  ⇓
  Ladungstrennung, d. h. Aufbau einer elektrischen Spannung.
- Flüssiges Methanol in Tankpatrone ist der Energiespeicher ①.
- Elektrolyt in der Brennstoffzelle
  - trennt Anode und Katode ② und
  - ermöglicht elektrochemische Reaktion von Sauerstoff und Wasserstoff

③

Prinzip

Beispiel:
P_{max} = 80 W; P_n = 25 W; U = 12 V
$t_{Betrieb}$ = 100 h bei 25 W
V_{Tank} = 2,5 l; m = 10 kg

Anwendungen:
- Spannungsquelle ③ für mobile Geräte wie z. B. Laptops, Mobiltelefone und elektronische Geräte
- keine Ersatzakkus und Ladegeräte erforderlich

Systemvergleich verschiedener Spannungsquellen

Kenngrößen / Art	AFC	PAFC	PEMFC	DMFC	MCFC	SOFC
Elektrolyt	Kalilauge	Phosphorsäure	Polymermembran	Kalilauge	Calziumcarbonat	Zirkonoxid
Brennstoff	Wasserstoff	Wasserstoff/ Erdgas	Wasserstoff/ Methanol	Methanol	Erdgas/ Kohlegas	Erdgas/ Kohlegas
Zellenspannung (Leerlaufspannung) in V	1,16	1,14	1,17	1,21	1,03	0,91
Betriebstemperatur in °C	90 bis 100	150 bis 200	50 bis 100	50 bis 100	600 bis 700	650 bis 1000
Wirkungsgrad in %	60	40	55	25	45	40
Systemleistung in kW	10 bis 100	50 bis 1000	<1 bis 250	<1,5	<1 bis 1000	<1 bis 3000
Anwendungsbereich	Transport	Kraftwerke	Fahrzeuge	Mobile Stromversorgung	Blockheizkraftwerk	Kraftwerk

Merkmale

- **Einmalige Entladung**
- **Geringe Selbstentladung** (ca. 2 %/Jahr)
- **Energiedichte** (gespeicherte Energie in Wh/Masse oder Wh/Volumen) höher als in Sekundärbatterien
- **Belastbarkeit** niedriger als bei Sekundärbatterien
- **Lagertemperatur** 0 °C bis 10 °C in wasserdampfdichter Verpackung im Kühlschrank, vor Gebrauch auf Raumtemperatur angleichen
- **Bemessungskapazität** C_n in mAh oder Ah gibt an, welche Stromstärke möglich ist, z. B. bei einer zehnstündigen Entladung.
  Beispiel: $C_{10} = 800$ mAh $\rightarrow I_E = 80$ mA in 10 h

Kennbuchstaben nach IEC

Kurzzeichen	Bedeutung
A	Zink-Luft-Element, saurer Elektrolyt
M, N	Quecksilberoxid-Element
L	Alkali-Mangan-Element
P	Zink-Luft-Element, KOH-Elektrolyt
S	Silberoxid-Element

Beispiel: Entladekurve des Elements R 14

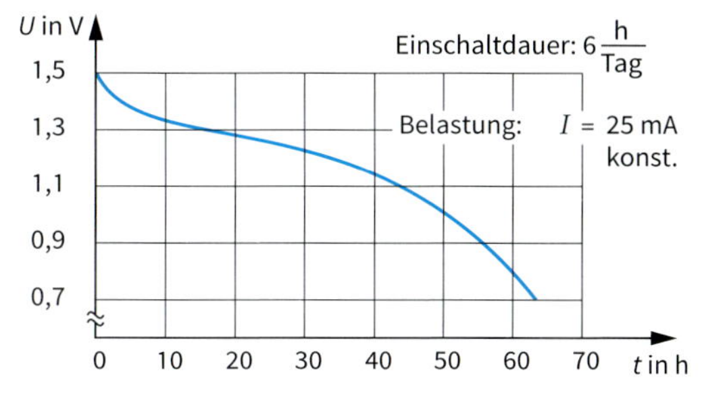

Zink-Kohle-Element

U_n in V	IEC-Bez.	C_n in mAh	Maße (max.) in mm d	h	l	b
1,5	R 6	1200	14,5	50,5	–	–
4,5	3 R 12	2700	–	67	62	22
1,5	R 14	3200	26,2	50	–	–
1,5	R 20	8000	34,2	61,5	–	–
9	6 F 22	400	–	48,5	26,5	17,5
6	4 R 22X	8500	–	115	67	67

Alkali-Mangan-Rundzellen und -Batterien

U_n in V	IEC-Bez.	C_n in mAh	Maße (max.) in mm d	h	l	b
1,5	LR 1	800	12	30,2	–	–
4,5	3 LR 12	6300	–	67	62	22
1,5	LR 41	30	79	3,6	Fotogeräte; Uhren; elektronische Geräte; Fernbedienungen	
1,5	LR 55	25	11,6	2,1		
1,5	LR 54	50	11,6	3,1		
1,5	LR 43	80	11,6	4,2		
1,5	LR 44	115	11,6	5,4		
1,5	LR 9	185	16	6,2		
Umweltverträglich, keine spezielle Entsorgung						

Silberoxid-Knopfzellen und -Batterien

U_n in V	IEC-Bez.	C_n in mAh	Maße in mm d	h	Verwendung
1,55	SR 62	9	5,8	1,7	Fotogeräte; Uhren; Taschenrechner
1,55	SR 64	16	5,8	2,7	
1,55	SR 43	115	11,6	4,2	
1,55	SR 44	170	11,6	5,4	
6,2	4 SR 44	145	13	25,2	
1,55	–	3400	26	50	Einsatz: $\vartheta \leq 165$ °C
Nicht umweltverträglich, spezielle Entsorgung					

Zink-Luft-Knopfzellen und -Batterien

U_n in V	IEC-Bez.	C_n in mAh	Maße in mm d	h	Verwendung
1,4	PR 70	70	5,8	3,6	Hörgeräte; Personenrufgeräte
1,4	PR 48	240	7,9	5,4	
1,4	PR 44	570	11,6	5,4	
1,4	AR 40	75	67	172	universal
7	5 AR 40	90	181	180	Weidezaun

In spezieller Ausführung geeignet für Normal- und Spitzenlast- (Push Pull) Betrieb, d. h. mit konstanter Stromstärke I_1 und zusätzlicher Pulsstromstärke I_2. Schadstoffe: 0 % Hg und 0 % Cd

Eigenschaften von Lithium-Zellen

Typ	Rundzelle	Knopfzelle
System	Li-MnO_2	Li-MnO_2
Energiedichte	400 bis 800 Wh/dm³	360 bis 660 Wh/dm³
U_0/U_n	3,2 V/3 V	3,2 V/3 V
C_n in mAh	400 bis 2000	25 bis 500

Begriffe/Erklärungen

Begriff	Erklärung	Begriff	Erklärung
Ruhespannung, Leerlaufspannung U_0	Klemmenspannung des unbelasteten Elements	Lecksicherheit	Schutz gegen Elektrolytaustritt durch konstruktive Maßnahmen
Arbeitsspannung, Bemessungsspannung U_n	Klemmenspannung bei Belastung	Entladeschlussspannung	Klemmenspannung, bei der das Element als entladen gilt
Entladeendspannung U	minimal zulässige Betriebsspannung (halbe Bemessungsspannung)	Selbstentladung	Innerer Vorgang vermindert bei Lagerung die Betriebsdauer.
Innenwiderstand	innerer Widerstand der Zelle	Dauerentladung	ununterbrochene Stromentnahme

Merkmale

- Akkumulatoren (Sammler)
  - sind Speicher für elektrische Energie und
  - werden auch als **sekundäre Elemente** bezeichnet.
- Das Wirkprinzip basiert auf chemischen Reaktionen zwischen zwei Elektroden aus unterschiedlichen Materialien in Verbindung mit einem Elektrolyten.
- Beim **Aufladen** eines Akkus wird die von außen zugeführte elektrische Energie in chemische Energie umgewandelt und gespeichert.
- Beim **Entladen** wird die gespeicherte chemische Energie wieder in elektrische Energie umgewandelt und steht an den Elektroden (Polen) als Gleichspannung/-stromstärke zur Verfügung
- Als Elektrodenmaterialen kommen unterschiedliche Materialkombinationen zum Einsatz, z. B. Blei (Minuselektrode) und Bleioxid (Pluselektrode) beim Bleiakku.
- Daraus ergeben sich unterschiedliche **Leistungsmerkmale** der Akkumulatoren, wie z. B.:
  - Höhe der Zellen-Bemessungsspannung
  - Spezifische Energie (Wattstunden pro kg: Wh/kg)
  - Bemessungskapazität (Ladungsmenge in Ah)
  - Lade- und Entladestromstärke (-zeiten)
  - Lagerfähigkeit (Selbstentladung)
  - Wirkungsgrad
- Die Lebensdauer von Akkumulatoren ist abhängig von der Einhaltung der vom Hersteller vorgegebenen Behandlungsanweisungen (u. a. Ladetechnik).

Materialien und Anwendung

Bezeichnungen		Anwendungsbeispiele
Pb	Blei	Starterbatterien
NiCd[1]	Nickel Cadmium	Elektrowerkzeuge
NiH_2	Nickel Wasserstoff	Satelliten/Raumsonden
NiMH	Nickel Metallhydrid	elektronische Geräte
NiFe	Nickel Eisen	dezentrale Stromversorgung
Li-Ion	Lithium Ionen	Mobiltelefone
LiFe	Lithium Eisen	Modellbau/Elektrowerkzeuge
LiPo	Lithium Polymer	Modellbau

Bezeichnungen		Anwendungsbeispiele
LiMn	Lithium Mangan	Elektrowerkzeuge
$LiFePO_4$	Lithium Eisen Phosphat	Fahrzeuge
LiS	Lithium Schwefel	Solarflugzeuge
RAM	Rechargeable Alkaline Manganese	begrenzt wiederaufladbare Alkali-Mangan Zelle
$Na/NiCl_2$	Natrium Nickel Chlorid	Fahrzeuge, Waffensysteme

Lade-/Entladecharakteristik

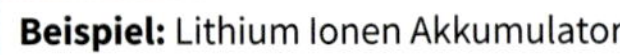

Beispiel: Lithium Ionen Akkumulator

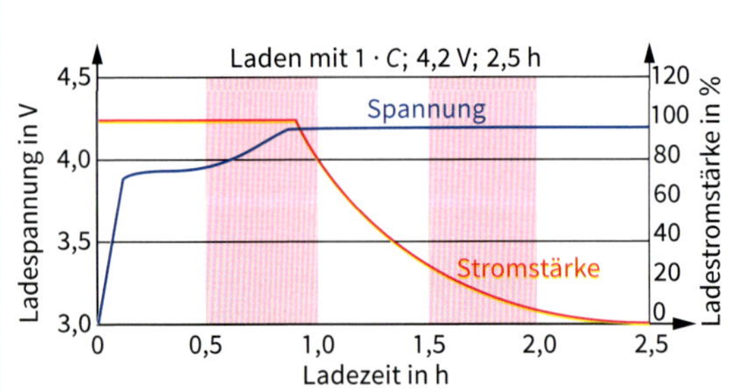

Ladeprinzip: **CCCV** (**C**onstant **C**urrent **C**onstant **V**oltage: konstanter Strom konstante Spannung)

C (Capacity): Kenngröße für die Bemessungskapazität des Akkumulators in Amperestunden (Ah)

Entladekurven: 0,2 · *C* bis 3,0 V bei verschiedenen Temperaturbedingungen

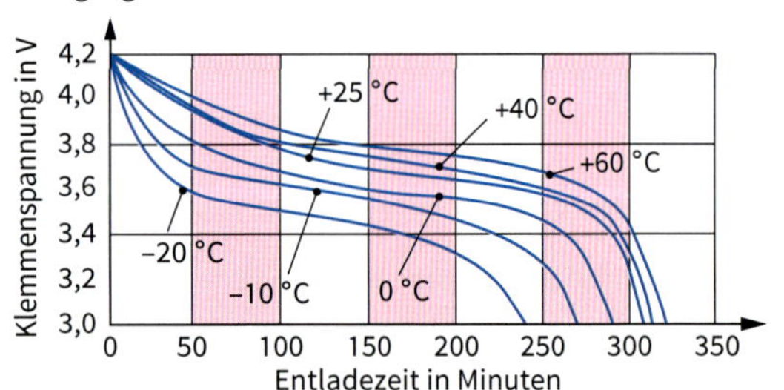

Die Entladedauer ist festgelegt auf 5 h. Kürzere Entladungszeiten ergeben, bedingt durch innere Verluste, eine geringere Kapazitätsentnahme.

Entladestromstärke: $I_n = \frac{C}{5\,h} = 0{,}2\,\frac{C}{h}$ $\quad C$ in Ah

Kenndaten

Technologie / Parameter	NiCd[1]	Pb	NiMH	Li-Ion	LiPo	$LiFePO_4$
Zellen-Spannung in V	1,25	2,0	1,25	3,6	3,6	2,0
Ladestromstärke (optimal) in % der Kapazität	100	20	50	100	100	100
Spezifische Energie in Wh/kg[2]	45…80	30…50	60…120	110…160	100…130	110
Betriebstemperatur Entladung in °C[2]	-40…+60	-20…+60	-20…+60	-20…+60	0…+60	-20…+60
Entladeschlussspannung in V	0	1,7	0,8	2,5	2,5	2
Selbstentladung pro Monat in %[2]	20	<10	30	10	10	3
Anzahl der Lade-/Entladezyklen[2]	800	300	500	1000	800	>1000
Schnellladezeit in Stunden[2]	1	8…16	2…4	2…4	2…4	2
Lagerzustand (empfohlen)	entladen	geladen	geladen	geladen	geladen	geladen

[1] Eingeschränkter Einsatz nach Batteriegesetz (BattG/Juni 2009) [2] Maßgebend sind die Herstellerangaben

Anwendung

- Stationäre Bleibatterien werden u. a. eingebaut in
  - **USV**-Anlagen (**U**nterbrechungsfreie **S**trom**v**ersorgungs-Anlagen) oder
  - **BSV**-Anlagen (**B**atteriegestützte zentrale **S**trom**v**ersorgungssysteme).
- Die Bezeichnung von Bleibatterien erfolgt in der Regel nach der
  - Art der eingesetzten Gitteplatten und
  - der Anwendung.
- **Zu beachten**: Spezifische Transport- und Lagervorschriften, Anweisungen der Hersteller.

Arten (Beispiele)

Benennung	**OPZ** **O**rtsfeste **P**an**z**erplatten Batterie	**OGiV** **O**rtsfeste **Gi**tterplatten Batterie **V**erschlossen	**GroE** **Gro**ß**o**berflächen-**E**lektrode Batterie
Aufbau	Geschlossen	Verschlossen	Geschlossen
Positive Elektrode	Röhrchenplatte (Panzerplatte) (Blei-Zinn-Kalzium-Legierung)	Gitterplatte (Blei-Zinn-Kalzium-Legierung)	Massive Platte aus Reinblei
Negative Elektrode	Gitterplatte (Antimonarme Legierung mit Bleipaste)	Gitterplatte (Blei-Antimon-Legierung)	Gitterplatte (Blei-Kalzium-Legierung)
Elektrolyt	Schwefelsäure in flüssiger Form (Dichte: 1,24 kg/l)	- **SLA** (**S**ealed **L**ead **A**cid): Gelform, flüssige Schwefelsäure in Verbindung mit Kieselsäure - **AGM** (**A**bsorbent **G**lass **M**att): Flüssiger Elektrolyt in Glas-Vlies gebunden	Schwefelsäure in flüssiger Form (Dichte: 1,24 kg/l)
Eigenschaften	- Robuste Bauform - Großer Elektrolytvorrat - Hohe Zyklenfestigkeit (1500 Zyklen bei 80 % Entladetiefe) - Gute Hochstromeigenschaften	- Wartungsfrei - Kurze Wiederaufladezeit - Sehr gutes Zyklusverhalten (1600 Zyklen bei 60 % Entladetiefe) - Temperaturbereich −40 °C bis +55 °C - Geringe Selbstentladungsrate	- Robuste Bauform - Hohe Betriebssicherheit - Großer Elektrolytvorrat - Extreme Hochstromeigenschaften (Beispiel: Kapazität bei 10-stündiger Entladung $C_{10} = 2860$ Ah)
Brauchbarkeitsdauer (Service Life)[1] in Jahren	10 bis 15	12	15 bis 18
Design-Lebensdauer (Design Life)[2] unter Laborbedingungen in Jahren	12 bis 18 (20 °C Umgebungstemperatur)	5 (40 °C Umgebungstemperatur) 20 (20 °C Umgebungstemperatur)	> 20
Einsatzbereiche	USV- und BSV-Anlagen Telekommunikationstechnik Sicherheitsbeleuchtung Regenerative Energien Solaranwendungen	USV- und BSV-Anlagen Antriebstechnik Telekommunikationstechnik Regenerative Energien	USV- und BSV-Anlagen EVU und Bahn Schaltanlagen Kraftwerke Schaltstationen
Beispiele:			
Leistungsgewicht in kg pro kWh	35	30	100
Leistungsvolumen in Liter pro kWh	16	15	30

[1] Ersatz für die Begriffe der Gebrauchsdauer, Gebrauchsdauererwartung, Praxisgebrauchsdauer
[2] Ersatz für den Begriff zu erwartende Lebensdauer (nach ZVEI Merkblatt Nr. 23)

Merkmale

- Stationäre Batterien und Batterieanlagen dienen zur **Energiespeicherung** und werden eingesetzt in
  - Telekommunikationsanlagen,
  - Kraftwerksanlagen,
  - Sicherheitsbeleuchtungen und Alarmsystemen,
  - unterbrechungsfreien Stromversorgungen,
  - ortsfesten Dieselstartanlagen und
  - photovoltaischen Anlagen.
- Die verwendeten Batterien sind wiederaufladbar und werden deshalb als Batterien mit **sekundären Zellen** bezeichnet.
- Die Zellen werden nach Bauart unterschieden in
  - **geschlossene Zelle** (mit Gehäusedeckel und Öffnung im Deckel zur Gasentweichung),
  - **verschlossene Zelle** (vollständig verschlossen, mit Überdruckventil zur Gasentweichung bei zu hohem Innendruck; Elektrolyt kann nicht nachgefüllt werden),
  - **gasdichte Zelle** (verschlossene Zelle, die im Betrieb weder Gas noch Elektrolyt freisetzt; eine Sicherheitsvorrichtung ermöglicht im Gefahrenfall Druckausgleich; kein Nachfüllen des Elektrolyten möglich; Zelle wird während der gesamten Lebensdauer im verschlossenen Zustand betrieben).
- Bei Batterien oder Batterieanlagen entstehen **Gefahren** durch
  - elektrischen Strom,
  - austretende Gase und
  - Elektrolytflüssigkeiten.
- Zur **Vermeidung dieser Gefahren** sind Batterieanlagen mit entsprechenden Schutzmaßnahmen auszurüsten.

Schutzmaßnahmen

Schutzmaßnahmen
- Schutz gegen gefährliche Körperströme
- Schutz vor Kurzschlüssen
- Maßnahmen gegen Explosionsgefahr
- Vorkehrungen gegen Gefahren durch Elektrolyt

Basisschutz

- Schutz gegen **direktes Berühren aktiver Teile** ist durch folgende **Schutzmaßnahmen** realisierbar:
  - Isolierung aktiver Teile
  - Abdecken oder Umhüllen aktiver Teile
  - Einbau von Hindernissen
  - Einhalten des Schutzabstandes
- Schutz durch Abdeckung oder Umhüllung muss nach Schutzart IEC 60529 P2X ausgeführt sein.
- Schutz durch **Hindernisse** oder durch **Abstand** ist z. B. bei Batterien mit 60 V bis 120 V zwischen den Polen bzw. gegen Erde die Unterbringung in **elektrischen Betriebsstätten**. Bei höheren Spannungen Unterbringung in **abgeschlossenen, elektrischen Betriebsstätten**.
- Batterien mit **Bemessungsspannungen bis zu DC 60 V** erfordern keinen Schutz gegen direktes Berühren, sofern die gesamte Anlage den Bedingungen für **SELV** (**S**afety **E**xtra **L**ow **V**oltage) und **PELV** (**P**rotective **E**xtra **L**ow **V**oltage) entspricht.

Fehlerschutz

- **Schutz bei indirektem Berühren** (IEC 60364-4-41) kann wie folgt realisiert werden:
  - Automatische Abschaltung
  - Verwenden von Geräten der Schutzklasse II oder gleichwertiger Isolierung
  - Nichtleitende Umgebung (in besonderen Anwendungsgebieten)
  - Örtlicher, erdfreier Schutzpotenzialausgleich
  - Schutztrennung
- **Dauernd zulässige Berührungsspannung** ist festgelegt auf 120 V (Grenzwert, IEC 60449).
- **Batteriegestelle oder -schränke** aus Metall müssen an den Schutzleiter angeschlossen oder gegen die Batterie und den Aufstellungsort isoliert sein.
- **Kriechstrecken** und **Sicherheitsabstände** nach IEC 60664; **Hochspannungsprüfung** ist mit AC 4000 V, 50 Hz, 1 Minute auszuführen.

Explosionsgefahr

- Während der Ladung, Erhaltungsladung und bei Überladung treten Gase aus allen Zellen aus.
- Eine **explosive Mischung** entsteht, wenn die Wasserstoffkonzentration in der Luft 4 % übersteigt.
- **Batterieräume** und **Schränke** sind durch natürliche oder technische **Lüftung** unter dem oben genannten Grenzwert zu halten.

Elektrolyt

- **Bleibatterien:** Wässrige Lösung aus **Schwefelsäure**
- **NiCd-Batterien:** Wässrige Lösung aus **Kaliumhydroxid**
- Gefahr: **Starke Verätzungen** auf der Haut und in den Augen
- Schutz: Schutzbrille (Schutzschild), Schutzhandschuhe, Schürze zum Schutz der Haut
- **Ausgetretener Elektrolyt** ist umgehend mit saugfähigen Materialien (neutralisierend) aufzunehmen.

Kurzschluss

- Gespeicherte Energie wird freigesetzt und kann zum Schmelzen von Metallen, zu Funkenbildung, zu Explosionen oder zum Verdampfen des Elektrolyten führen.
- Der **Isolationswiderstand** zwischen dem Batteriekreis und anderen leitfähigen örtlichen Teilen muss größer als 100 Ω/V der Batteriespannung sein (Leckstromstärke < 10 mA).

Wartungsarbeiten

- Bei **Arbeiten in der Anlage** darf nur isoliertes Werkzeug verwendet werden.
- Für **ungefährliche Wartungsarbeiten** sind Batterieanlagen wie folgt auszurüsten:
  - **Abdeckungen** für die Batteriepole
  - **Mindestabstand** von 1,5 m zwischen berührbaren, aktiven Leitern der Batterien, die ein Potenzial von mehr als 1500 V führen
  - **Vorrichtung zur Auftrennung** von Zellengruppen

Merkmale

- Ladekennlinien für Akkumulatoren beschreiben den Verlauf von **Ladespannung** und **Ladestromstärke** in Abhängigkeit von der **Ladezeit**.
- Aufgrund der verschiedenen Akkumulatortechnologien (z.B. Blei- oder Lithiumakkumulator) gibt es unterschiedliche Ladekennlinien.
- In der Regel sind von den Batterieherstellern die Ladekennlinien vorgegeben.
- Anforderungen an Ladegeräte siehe z. B. DIN 41773 und DIN 41774 (Blei-Säure-Akkumulator).

Kurzzeichen für Ladekennlinien

Grund-Ladekennlinien werden mit den nachfolgend genannten Kennbuchstaben bezeichnet.

Buchstabe	Bedeutung
I	Konstantstromkennlinie
U	Konstantspannungskennlinie
W	Widerstandskennlinie
0 (null)	Selbsttätige Kennlinienumschaltung
a	Selbsttätige Abschaltung

Ladewirkungsgrad

- Ist das Verhältnis von **entnehmbarer** Ladungsmenge Q_{ela} zu **zugeführter** Ladungsmenge Q_{lad} (übliche Werte: 0,6 bis 0,8).
- Die Differenz von entnehmbarer zu zugeführter Ladungsmenge wird im Akkumulator in Wärme umgesetzt, trägt zu dessen Temperaturerhöhung bei und reduziert somit seine Brauchbarkeitsdauer.

$$\eta = \frac{Q_{ela}}{Q_{lad}}$$

Q_{ela} in Ah; Q_{lad} in Ah

Ladefaktor

- Der Ladefaktor kennzeichnet das Verhältnis von **eingeladener** Ladungsmenge Q_{lad} beim Laden zu **entnehmbarer** Ladungsmenge Q_{ela} beim Entladen.

$$LF = \frac{Q_{lad}}{Q_{ela}}$$

- Typische Ladefaktoren:

Blei-Säure Akkumulator	1,05 bis 1,2
Lithium-Ionen Akkumulator	1,001
Nickel-Cadmium Akkumulator	1,03

Beispiel:
Akkumulator (500 Ah, LF = 1,2) ist auf 60 % entladen und soll wieder voll aufgeladen werden.

Erforderliche Ladungsmenge:

Q_{ela} = 500 Ah · 0,4
Q_{ela} = 200 Ah

$Q_{lad} = LF \cdot Q_{ela}$
Q_{lad} = 1,2 · 200 Ah
Q_{lad} = 240 Ah

Kennlinien (Beispiele)

- W-Kennlinie

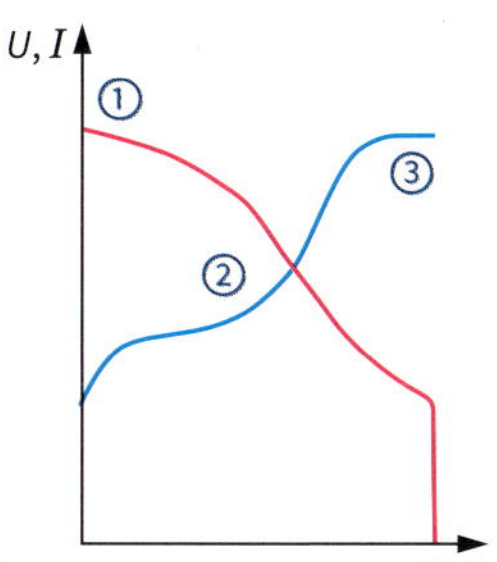

① Ladebeginn mit max. zulässiger Ladestromstärke
② Während der Ladung steigt die Zellenspannung an und die Ladestromstärke fällt ab.
③ Nach Erreichen der Zellenendspannung wird der Ladestrom von Hand (W-Kennlinie) oder automatisch (Wa-Kennlinie) abgeschaltet.
Anwendung: Geschlossene Blei-Säure Akkumulatoren

- I-Kennlinie

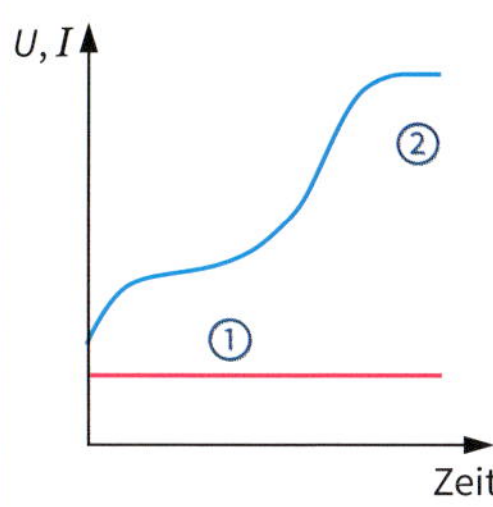

① Die Stromstärke wird während der gesamten Ladezeit konstant gehalten.
② Nach Ende der Ladezeit erfolgt die Abschaltung per Hand oder automatisch (Ia-Kennlinie).
Anwendung: Inbetriebsetzungsladung

- IU-Kennlinie

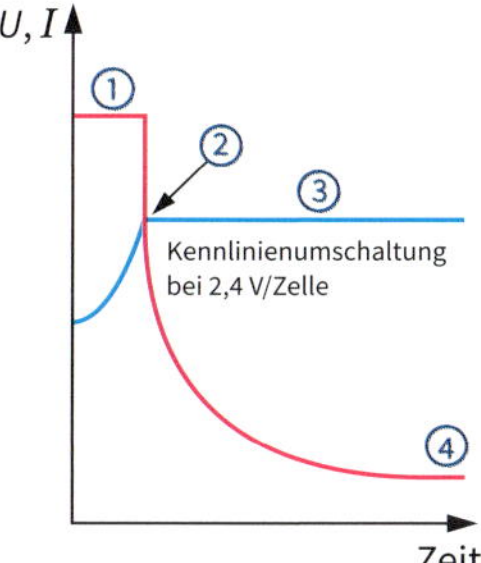

① Ladebeginn mit konstanter Stromstärke bis zum Erreichen der Gasungsspannung ②.
③ Umschaltung auf konstante Ladespannung.
④ Die Ladestromstärke sinkt bis auf einen Beharrungswert ab.
Anwendung: Schnelle Teilladung und Parallelladung von mehreren Akkumulatoren möglich.

- IUIa-Kennlinie

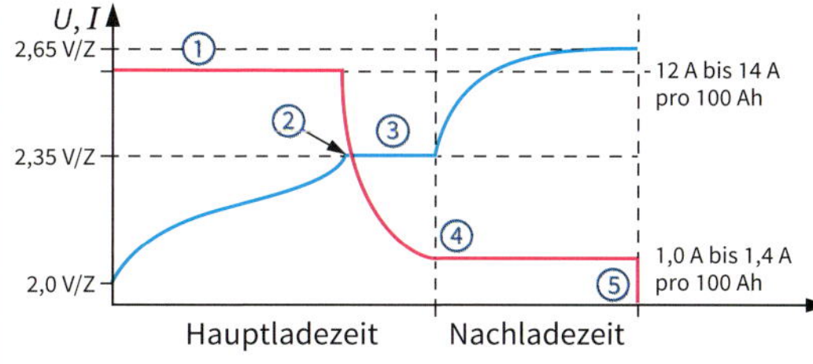

① Die Anfangsladung erfolgt mit konstanter Stromstärke bis zum Erreichen der Gasungsspannung.
② Automatische Umschaltung auf konstante Ladespannung ③, bis die Ladestromstärke auf einen festgelegten Wert abfällt.
④ Umschaltung auf konstante Ladestromstärke, die bis zur Volladung beibehalten wird.
⑤ Automatische Abschaltung nach Volladung.

Anwendung: Einzelladung von Fahrzeug-Antriebsakkumulatoren (geschlossene und verschlossene Akkumulatoren).

Anwendung

- Energiespeicherung und Ladungserhaltung für
  - DC-Anwendungen (z. B. Kraftwerks-Eigenbedarf)
  - Zwischenkreisversorgung (z. B. USV)
- Laden von Traktionsbatterien
  - Einzelladeplätze
  - Ladestationen (z. B. Flurförderzeuge)

Gefahren

- Gefährliche Spannung bei $U > 60$ V DC
- Lichtbogen, z. B. durch Kurzschluss bei Wartungsarbeiten
- Explosionsgefahr durch Ansammlung von Gasen und elektrischen Zündquellen

Schutzmaßnahmen und Installationsanforderungen

- Schutz gegen direktes Berühren, wegen Lichtbogengefahr
- Verbindungsleitungen zwischen Ladegerät/Batteriesicherung und Batterie, erd-/kurzschlusssichere Bauart und Verlegung
- Anschluss direkt an Ladegerät oder Fußpunkt der Batteriesicherung
- Zugentlastung und Verdrehschutz an Batteriepolen
- Schutz durch RCD auch für Ladegeräte empfohlen
- Einstufung als feuergefährdete Betriebsstätte prüfen
- Empfehlung: Schutzart IP54
- Ausreichende mech. Beständigkeit, z. B. für Leuchten (Schutzkorb)
- Ablage für Ladeleitungen aus Isolierstoffen

Lüftung

- Gasfreisetzung (Wasserstoff) beim Laden von Batterien mit wässrigen Lösungen
- Ab 4 % Wasserstoffgehalt ist das Gas explosionsfähig.
- Durch ausreichende Lüftung wird die Explosionsgefahr vermieden. Absaugung muss oben erfolgen.
- Gasansammlungen (z. B. durch Unterzüge, Kassettendecken, ...) vermeiden
- Minimaler Volumenstrom Q der Lüftung:

$$Q = 0{,}05 \cdot n \cdot I_{ges} \cdot C_n/100 \text{ in m}^3/\text{h}$$

n: Anzahl der Zellen
I_{ges}: Stromstärke in A in der Gasungsphase beim Laden (siehe Tabelle)
C_n: Nennkapazität in Ah

Ladekennlinie	I_{ges} nach Batterietyp	
	geschlossen	verschlossen
IU-Ladung	2 A [1]	1 A [1]
IUI-Ladung	max. 6 A [2]	max. 1,5 A [2]
W-Ladung	5 A ... 7 A	— [3]

[1] Spannungsbegrenzung 2,4 V/Zelle
[2] gültig für 2. Ladestufe
[3] kein typisches Ladeverfahren, Herstellerangaben beachten

Natürliche Lüftung

- Natürliche Lüftung ist zu bevorzugen.
- Zu- und Abluftöffnung
  - Anordnung an gegenüberliegenden Wänden oder mindestens 2 m Abstand bei gleicher Wand
  - Zuluft unten, Abluft oben anordnen
  - Mindestquerschnitt $A = 28 \cdot Q$ cm² Q in m³/h
  - Luftgeschwindigkeit
    Standardwert: $v = 0{,}1$ m/s
    im Freien, große Hallen $v > 0{,}1$ m/s möglich
- Kann der Mindestvolumenstrom nicht erreicht werden, ist technische Lüftung erforderlich.
- Natürliche Lüftung meist ausreichend bei Einzelladeplätzen (z. B. Kfz) oder Verwendung verschlossener Batterien.

Technische Lüftung

- Lüftung muss beim Laden in Betrieb sein.
- Nachlaufzeit nach Ladeende min. 1 Stunde
- Lüftung ist zu überwachen durch Strömungswächter oder Gaswarnanlage
- Bei Lüftungsausfall sind Ladegeräte abzuschalten und eine Warnung muss erfolgen.
- Sauglüfter müssen explosionsgeschützt sein.

Raumausstattung

- Fußbodenwiderstand
  - Ableitungswiderstand < 10^8 MΩ
  - Isolationswiderstand: $R_{iso} > 50$ kΩ ($U_{Batt} \leq 500$ V)
    $R_{iso} > 100$ kΩ ($U_{Batt} > 500$ V)
  - Elektrolytbeständigkeit bei geschlossenen Batterien (alternativ säurebeständige Auffangwanne)
- Raumtemperatur 10 °C ... 25 °C
- Mindestabstände:

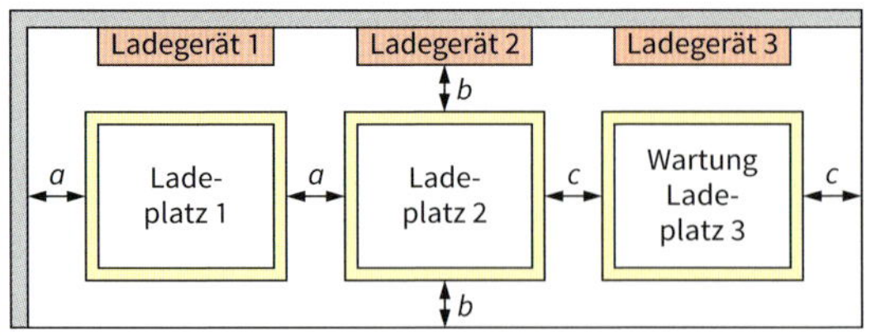

$a > 0{,}6$ m; $b > 0{,}6$ m; zur Batterie > 1,0 m; $c > 0{,}8$ m
Raumhöhe > 2 m

Betrieb

- Prüfung
  - Isolationswiderstand (Batteriepol zu Fahrzeugrahmen bzw. leitfähiger Unterlage)
    Neuzustand: $R_{iso} > 1$ MΩ
    allgemein: $R_{iso} > 50$ (Ω/V) $\cdot U_N$
- Nur isoliertes Werkzeug verwenden.
- Schmuck ablegen.
- Kennzeichnung
  - Gebrauchsanweisung beachten (Gebot)
  - Schutzkleidung, Schutzbrille
  - Gefährliche Spannung ($U > 60$ V DC)
  - Offene Flamme verboten
  - Warnschild Batterien
  - Hochkorrosiver Elektrolyt
  - ggf. Explosionsgefahr
- Besondere säurebeständige Schutzkleidung bei Umgang mit Elektrolyten
- Erste Hilfe-Ausrüstung bei Bedarf z. B. mit Augendusche, Notdusche

Messen, Prüfen, Montieren

Messtechnik

230 Grundbegriffe der Messtechnik
230 Skalensymbole
231 Messfehler
232 Messen elektrischer Grundgrößen
233 Messen elektrischer Widerstände
234 Dynamische Fehlersuche
234 Statische Fehlersuche
235 Oszilloskop
236 Messen mit dem Elektronenstrahl-Oszilloskop
237 Messwandler
237 Messen von Mischspannungen und Mischströmen
238 Leistungs- und Leistungsfaktormessung
239 Messen, Eichen, Kalibrieren
240 Elektrizitätszähler
241 Zählerschaltungen
242 Mess- und Überwachungsrelais
243 Stromwandler
244 Drehmomentmessung
245 Datenlogger
246 PXI-Hardwarearchitektur
247 LabView – Laboratory Virtual Instruments Engineering Workbench

Prüftechnik

248 Geräteprüfung
249 Geräteprüfung – Messschaltungen
250 Anlagenprüfung
251 Prüfen von Maschinen
252 Wartungs- und Inspektionsgeräte
253 EMV-Prüfung
254 Zustandsüberwachung
255 Zustandsbeurteilung
256 Instandhaltung
257 Gefährdungsbeurteilung

Montage

258 Bohren und Gewindeschneiden
259 Befestigungstechnik
260 Crimpen
261 Wire-wrap
262 Kabelschuhe
263 Flachbaugruppensteckverbinder
264 Verbindungstechniken
265 Geräteanschluss
266 Steckverbindungen
267 19" Aufbautechnik
268 Schaltschrankaufbau
269 Schaltschrankklimatisierung
270 Schaltschrankklimatisierung, Prinzipien
271 Korrosionsschutz
272 Funkentstörung

Grundbegriffe der Messtechnik
Basic Terms in Measurement Technique

- **Messen**
  Experimenteller Vorgang zur Ermittlung eines speziellen Wertes einer physikalischen Größe als Vielfaches einer Einheit oder eines Bezugswertes
- **Messgröße**
  Durch Messung erfasste physikalische Größe, z. B. Spannung
- **Messwert**
  Speziell zu ermittelnder Wert der Messgröße in Zahlenwert und Einheit, z. B. 12 kWh
- **Messprinzip**
  Nutzung einer charakteristischen physikalischen Erscheinung zur Messung, z. B. Drehmomentbildung beim elektrodynamischen Motorzähler zur Messung der elektrischen Arbeit
- **Messverfahren**
  Praktische Anwendung und Auswertung eines Messprinzips
- **Direktes Messverfahren**
  Messwertlieferung durch unmittelbaren Vergleich mit einem Bezugswert derselben Messgröße, z. B. Massenvergleich mit Gewichten
- **Indirektes Messverfahren**
  Rückführung des gesuchten Messwertes auf andere physikalische Größen, z. B. drehzahlproportionale Arbeit beim Motorzähler
- **Messeinrichtung** (Messanordnung)
  Besteht aus einem oder mehreren zusammenhängenden Messgeräten mit Zusatzeinrichtungen und Zubehör
- **Analoges Messverfahren**
  Eindeutige punktweise stetige Darstellung der Messgröße, z. B. stetig veränderbare Zeigerstellung
- **Digitales Messverfahren**
  Zahlenmäßige Darstellung der Messgröße bei gegebenem kleinsten Messschritt
- **Zählen**
  Ermittlung der Anzahl von gleichartigen Elementen oder Ereignissen, die bei der Untersuchung eines Vorganges auftreten
- **Prüfen**
  Feststellung, ob Prüfgegenstand eine oder mehrere vereinbarte oder vorgeschriebene Bedingungen erfüllt

Skalensymbole
Scale Symbols

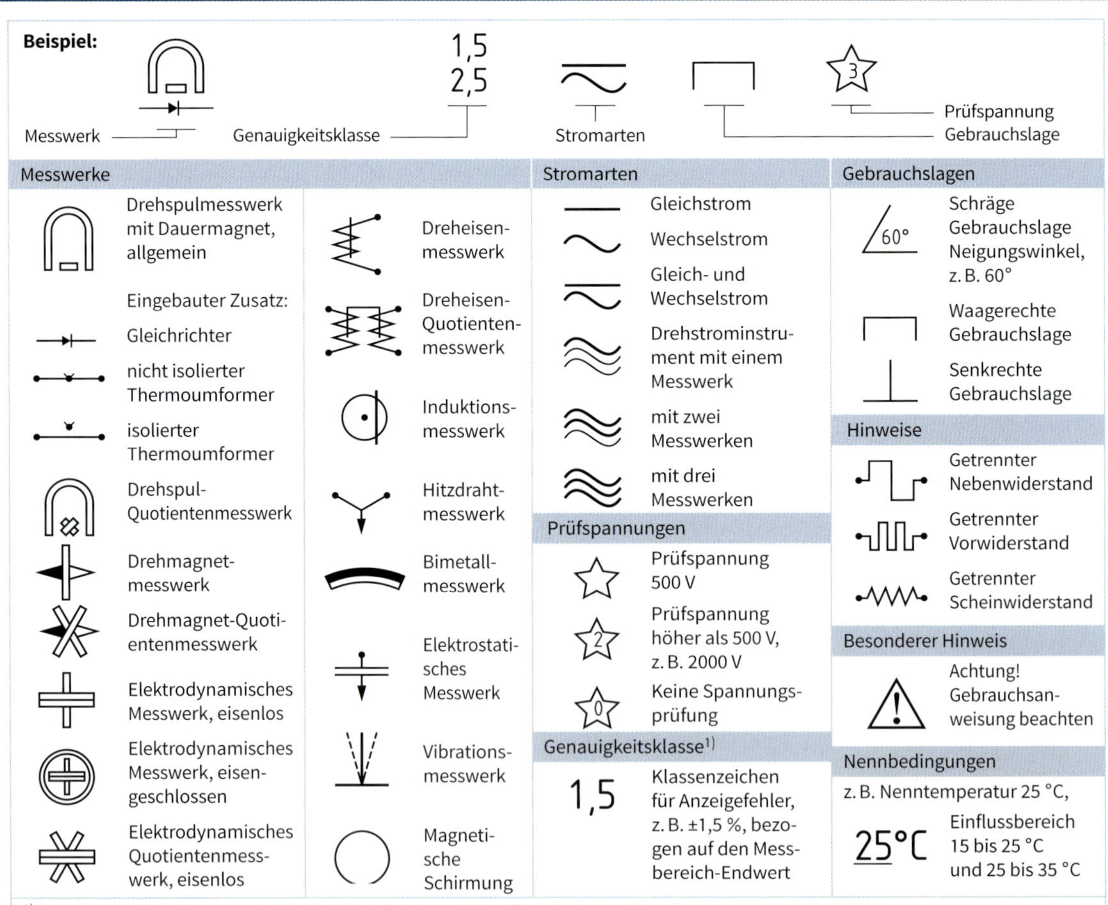

[1] Feinmessgeräte: Klassen 0,1; 0,2; 0,5 Betriebsmessgeräte: Klassen 1; 1,5; 2,5

Definitionen

Begriff	Bedeutung
Wahrer Wert x_W	Es handelt sich um den Wert der physikalisch vorliegt. Dieser kann aufgrund von Messfehlern in der Praxis nicht exakt ermittelt werden.
Angezeigter Messwert x_a	Wert der Messgröße und die Ausgabe eines Messgerätes
absoluter Fehler F	$F = x_a - x_W$
relativer Fehler f	$f = \frac{F}{x_W}$
Echteffektivwert/True RMS	Einfache Messgeräte sind auf vorgegebene Strom-/Spannungsformen (DC oder Sinusform) geeicht. Abweichende Kurvenformen wie bei Oberschwingungsbelastung führen zu Messfehlern. Geräte mit True RMS berücksichtigen unterschiedliche Kurvenformen.

Fehlerursachen

Systematische Fehler	Zufällige Fehler	Grobe Fehler
▪ Sie ergeben bei Wiederholung der Messung gleiche Abweichungen (Größe und Vorzeichen). ▪ Sie entstehen z. B. durch unvollkommene Messgeräte oder Messverfahren. ▪ Beispiel: A V Spannungsrichtige Messung führt zu systematischem Messfehler bei Strommessung	▪ Bei wiederholenden Messungen ergeben sich auch bei konstanten Bedingungen unterschiedliche Abweichungen. ▪ Ursachen sind nicht erfassbare Änderungen bei Messgeräten, Messobjekt oder Beobachter. ▪ Die Messwerte streuen und die Fehler unterscheiden sich in Betrag und Vorzeichen. ▪ Beispiel: – letztes Bit bei Digitalanzeigen – Ableseungenauigkeit bei Zeigerinstrumenten	▪ Sind im allgmeinen vermeidbare Fehler ▪ Sie sind von Vorzeichen und Betrag nicht zu bestimmen. ▪ Beispiele: – Irrtümer – Fehlüberlegungen – Missverständnisse – Schreibfehler bei der Dokumentation – Programmierfehler bei der Auswertungen

Messgenauigkeit (Beispiele)

Digitales Multimeter	Anzeige	Fehlerrechnung
	▪ 4stellige Anzeige ▪ Messbereich: 2000 V (größtmögliche Anzeige = 1 999,9 V) ▪ Anzeigenumfang: 19 999 Digits (20 000 Messschritte á 0,1 V)	▪ Fehler: +/– 0,5 %, +/– 4 Digits[1)] ▪ Anzeige: 600,0 V ▪ minimaler Messwert: $600\text{ V} - 600\text{ V}\,\frac{0{,}5}{100} - 0{,}4\text{ V} = 596{,}6\text{ V}$ ▪ maximaler Messwert: $600\text{ V} + 600\text{ V}\,\frac{0{,}5}{100} + 0{,}4\text{ V} = 603{,}4\text{ V}$
	[1)] Digit: kleinster anzuzeigender Messschritt (im Beispiel 0,1 V)	
Analoges Multimeter	**Anzeige**	**Fehlerrechnung**
	▪ Maximalwert je nach Messbereichseinstellung ▪ Ablesefehler minimieren, durch senkrechten Blick auf den Zeiger (Zeiger und Zeigerspiegelbild in Deckung) ▪ Je nach Messaufgabe lineare/logarithmische Skala benutzen. ▪ Absoluter Fehler ist im ganzen Messbereich gleich. ▪ Relativer Fehler wird umso kleiner, je weiter die Skala ausgenutzt wird.	▪ Güteklasse gibt den absoluten Fehler an. ▪ $F = \frac{\text{Güteklasse}}{100} \cdot MBEW$ $MBEW$: Messbereichsendwert Beispiel: ▪ Güteklasse 2,5 ▪ Messbereichsendwert = 1,5 A $F = \frac{2{,}5}{100} \cdot 1{,}5\text{ A}$ $F = 0{,}0375\text{ A}$ ▪ Anzeige: 0,9 A Minimaler Messwert 0,9 A – 0,0375 A = 0,8625 A Maximaler Messwert 0,9 A + 0,0375 A = 0,9375 A

Gleichspannung

Messschaltung

Form der Messspannung:

U 8 V t

Messergebnisse:
Drehspulmessinstrument

Gleichspannungsbereich  $U = 8\,V$

Oszilloskop:

Stellung DC
$A_Y = 2\,V/cm$ $U = 8\,V$

Stellung AC
$A_Y = 2\,V/cm$ $U = 0\,V$

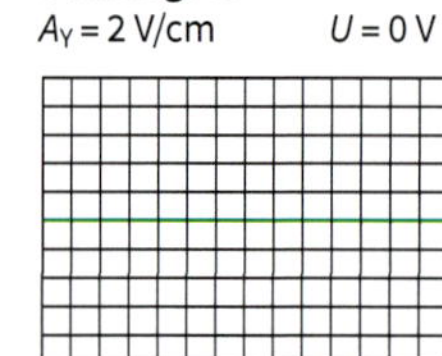

Wechselspannung

Messschaltung

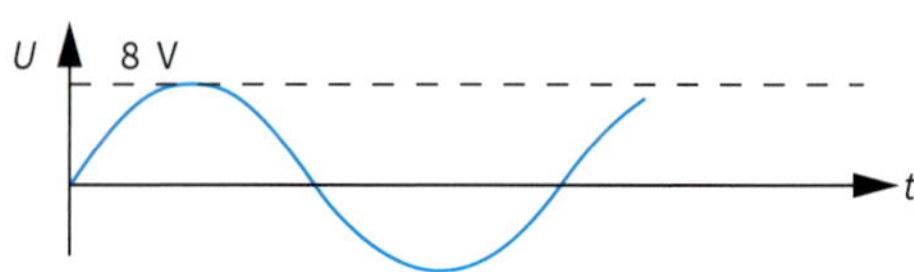

Form der Messspannung:

U 8 V t

Messergebnisse:
Drehspulmessinstrument

Gleichspannungsbereich 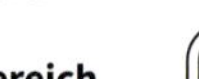 $U = 0\,V$

Wechselspannungsbereich  $U = 5{,}7\,V$
Effektivwert

Oszilloskop:

Stellung AC bzw. DC
$A_Y = 2\,V/cm$ $\hat{u} = 8\,V$

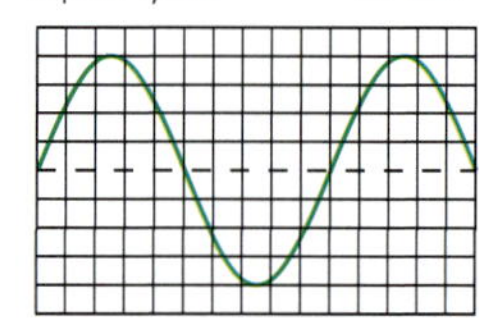

Stromstärke und Spannung

- Das Stromstärkemessgerät wird in Reihe direkt in den Stromkreis geschaltet.

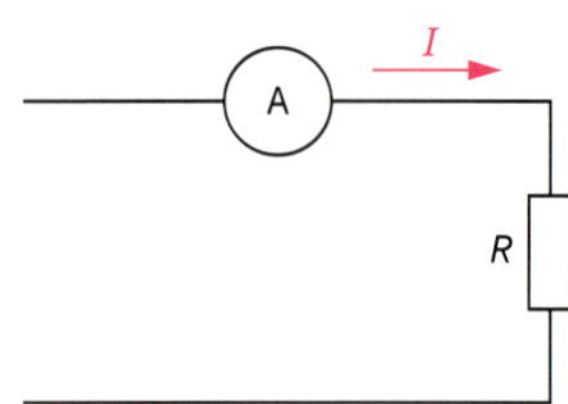

- Das Spannungsmessgerät wird parallel geschaltet.

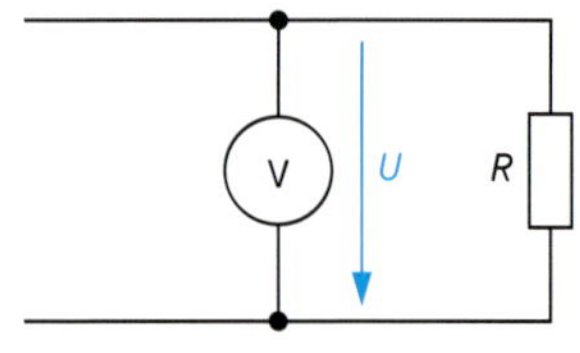

Leistung (Wirkleistung)

- Im Leistungsmessgerät werden Spannung und Stromstärke gleichzeitig gemessen, das Produkt gebildet und als Leistung angezeigt.
  Es sind drei bzw. vier Anschlüsse vorhanden.

Beispiel:
Messung einer Geräteleistung (z. B. Monitor) im Wechselstromkreis.

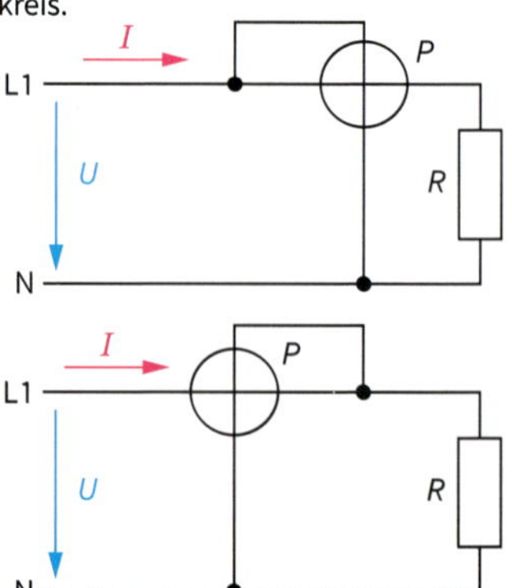

Stromstärke- und Spannungsmessung

Messschaltung	Messgrößen	Einheit	Auswerteformel
Spannungsfehlerschaltung (für große Widerstände)	U: gemessene Spannung I: gemessene Stromstärke $R_{i(I)}$: Widerstand des Stromstärkemessgerätes	V A Ω	$R = \frac{U - I \cdot R_{i(I)}}{I}$
Stromfehlerschaltung (für kleine Widerstände)	U: gemessene Spannung I: gemessene Stromstärke $R_{i(U)}$: Widerstand des Spannungsmessgerätes	V A Ω	$R = \frac{U}{I - \frac{U}{R_{i(U)}}}$

Direkte Widerstandsmessung

Arbeitsweise	Prinzipschaltung
■ Die Stromstärke wird gemessen und angezeigt. ■ Auf der Skala sind entsprechend der Stromstärke die dazugehörigen Widerstände angegeben. ■ Die Anzeige 0 Ω erhält man bei Vollausschlag. ■ Aufgrund der Alterung der Spannungsquelle muss der Nullpunkt nachgestellt werden.	Widerstandsmessgerät

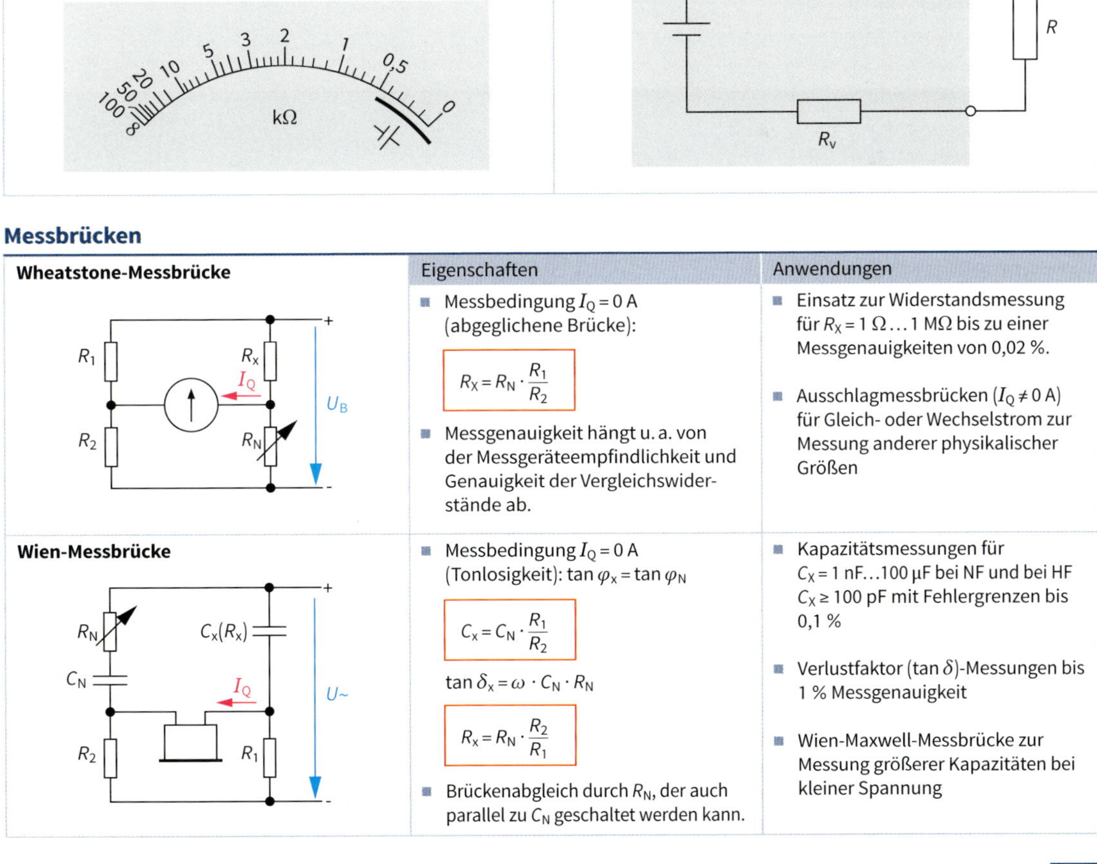

Messbrücken

	Eigenschaften	Anwendungen
Wheatstone-Messbrücke	■ Messbedingung $I_Q = 0$ A (abgeglichene Brücke): $R_x = R_N \cdot \frac{R_1}{R_2}$ ■ Messgenauigkeit hängt u. a. von der Messgeräteempfindlichkeit und Genauigkeit der Vergleichswiderstände ab.	■ Einsatz zur Widerstandsmessung für $R_X = 1\ \Omega \ldots 1\ \text{M}\Omega$ bis zu einer Messgenauigkeiten von 0,02 %. ■ Ausschlagmessbrücken ($I_Q \neq 0$ A) für Gleich- oder Wechselstrom zur Messung anderer physikalischer Größen
Wien-Messbrücke	■ Messbedingung $I_Q = 0$ A (Tonlosigkeit): $\tan \varphi_x = \tan \varphi_N$ $C_x = C_N \cdot \frac{R_1}{R_2}$ $\tan \delta_x = \omega \cdot C_N \cdot R_N$ $R_x = R_N \cdot \frac{R_2}{R_1}$ ■ Brückenabgleich durch R_N, der auch parallel zu C_N geschaltet werden kann.	■ Kapazitätsmessungen für $C_X = 1$ nF…100 µF bei NF und bei HF $C_X \geq 100$ pF mit Fehlergrenzen bis 0,1 % ■ Verlustfaktor ($\tan \delta$)-Messungen bis 1 % Messgenauigkeit ■ Wien-Maxwell-Messbrücke zur Messung größerer Kapazitäten bei kleiner Spannung

Dynamische Fehlersuche
Dynamic Fault Locating

Prinzip

Stufenweise Signalzuführung

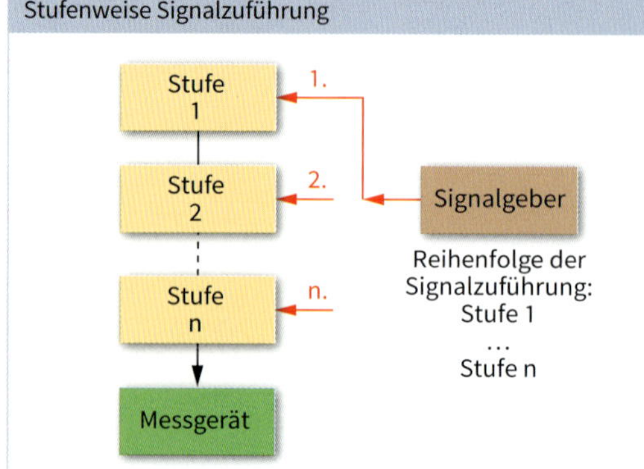

- Ziel: Überprüfung der Funktion einzelner Stufen.
- Das Messgerät befindet sich am Ende einer Signalkette.
- Signale werden den einzelnen Stufen zugeführt.
- Signalgeber darf keine unzulässige Belastung für die Stufen verursachen.

Stufenweise Signalmessung

Signalgeber
Stufe 1 — 1.
Stufe 2 — 2.
Stufe n — n.
Messgerät

Reihenfolge der Messungen: Stufe 1 … Stufe n

Beispiel:
- Signalgeber: Wechselspannungsgenerator
- Stufen: z. B. Antennensteckdosen einer Gemeinschaftsantennenanlage
- Messgerät: Wechselspannungsmessgerät

- Ziel: Überprüfung der Funktion einzelner Stufen.
- Das Signal wird der Eingangsstufe zugeführt.
- Der Signalgeber muss so an die Eingangsstufe angepasst sein, dass keine Verfälschungen auftreten.
- Das Signal wird nach den einzelnen Stufen gemessen.

Merkmale

- Voraussetzungen:
  Gerät, Baugruppe, Stufe müssen sich im Betriebszustand befinden.
- Anwendung:
  Signale durchlaufen mehrere Stufen.
- Signalgeber:
  Generatoren für Spannungen, Impulse, Logikpegelgeber, …
- Messgeräte:
  Spannungsmessgerät, Oszilloskop, Logikanalysator, …

Statische Fehlersuche
Static Fault Locating

Durchgangsprüfung

- Anwendung:
  Reihenschaltung von Widerständen, Leitungen usw.
- Messgeräte:
  Einfaches Widerstandsmessgerät oder Durchgangsprüfer
- Auswertung:
  Durchgang ①…② vorhanden, ja/nein

Fehlerfall: R_3 hat Unterbrechung
①…⑥: Messpunkte

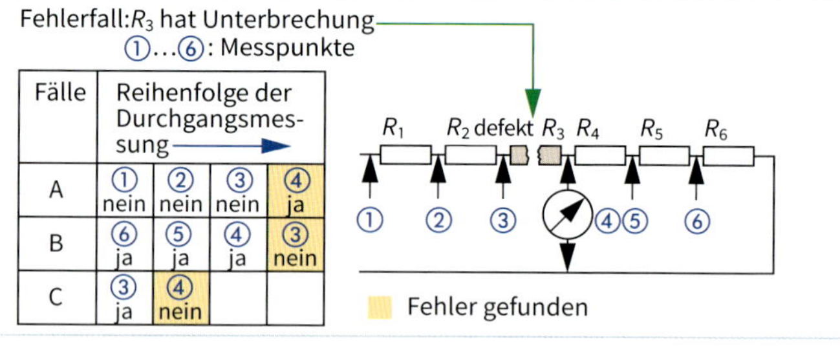

Fälle	Reihenfolge der Durchgangsmessung →			
A	① nein	② nein	③ nein	④ ja
B	⑥ ja	⑤ ja	④ ja	③ nein
C	③ ja	④ nein		

Schlussprüfung

- Anwendung:
  Parallelschaltung von Widerständen, Geräten, Anlagen usw.
- Messgeräte:
  Einfaches Widerstandsgerät, Durchgangsprüfer
- Unterbrechungen ① … vornehmen, Messgerät beobachten.
  Auswertung: Schluss vorhanden, ja/nein; Ausschlag ändert sich, wenn defektes Element abgetrennt wird.

Fehlerfall: R_3 hat Schluss
①…⑥: Unterbrechungen herstellen

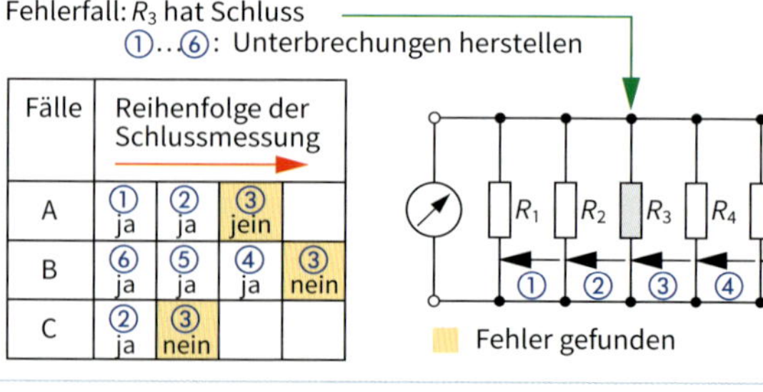

Fälle	Reihenfolge der Schlussmessung →			
A	① ja	② ja	③ jein	
B	⑥ ja	⑤ ja	④ ja	③ nein
C	② ja	③ nein		

- Messgerät zur Darstellung zeitlicher Spannungsverläufe
- Kennliniendarstellung (eine Spannung wirkt auf X-Ablenkung)
- Mit Wandlervorsätzen können auch andere physikalische Größen erfasst werden.

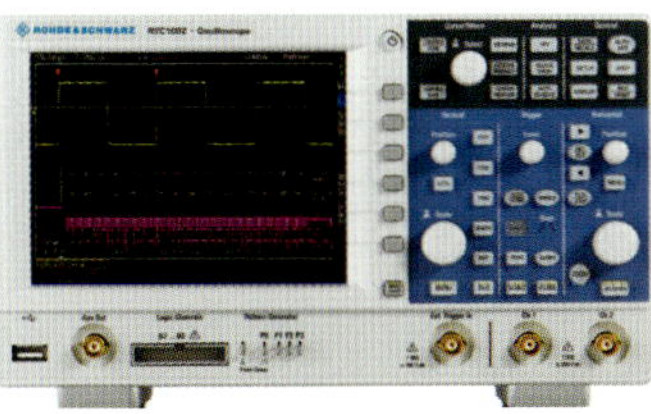

digital
- Darstellung einzelner Messpunkte (begrenzte Auflösung)
- Bei hohen Frequenzen können durch Aliasing (zu geringe Abtastrate) nicht vorhandene überlagerte Signale angezeigt werden.
- Möglichkeit von mehrfarbiger Darstellung, Rechen-, Speicherfunktionen, …

analog
- kontinuierliche Darstellung
- nur periodisch widerkehrende Signale darstellbar (keine einmaligen Verläufe)
- einfarbige Bildschirmdarstellung

Bedienelemente

Beschriftung	Bedeutung
POWER	Netzschalter, Ein-Aus, Rasterbeleuchtung
INTENS HELLIGK	Helligkeitssteuerung des Oszillogrammes
FOCUS	Schärfeeinstellung des Oszillogrammes
INPUT A (B)	Eingangsbuchse für Kanal A (Kanal B), oft Kanal 1 und 2
AC-DC-GND	Eingang: über Kondensator – direkt – auf Masse geschaltet
CHOP	Strahlumschaltung mit Festfrequenz von einem Vertikalkanal zum anderen
ALT	Strahlumschaltung am Ende des Zeitablenkzykluses von einem Vertikalkanal zum anderen
INVERT CH.B	Messsignal auf Kanal B wird invertiert
ADD	Addition der Signale von Kanal A und B
POSITION ↕ ↔	Vertikale Bildverschiebung Horizontale Bildverschiebung

Beschriftung	Bedeutung
X-MAGN	Dehnung der Zeitablenkung
Triggerung: A; B EXT TRIG Line	Zeitablenkung wird getriggert durch – Signal von Kanal A (B) – externes Triggersignal – Signal von der Netzspannung
LEVEL NIVEAU	Einstellung des Triggersignalpegels
AUTO	Endstellung der LEVEL-Einstellungen; Automatische Triggerung der Zeitablenkung beim Spitzenpegel. Ohne Triggersignal ist die Zeitablenkung frei laufend.
+ / –	Triggerung auf positiver bzw. negativer Flanke
TIME/DIV ZEIT/Skt	Zeitmaßstab in µs/DIV, ms/Skt oder ms/cm
VOLTS/DIV V/SkT; V/cm	Vertikalabschwächer für Kanal A und B in mV/DIV oder mV/SkT oder V/cm
CAL	Eichpunkt für Maßstabsfaktoren bei Rechtsanschlag

Funktionen eines Digitaloszilloskops

- **Pre-Trigger**
  Durch fortlaufende Messwertspeicherung können Signale vor dem Triggerzeitpunkt dargestellt werden.
- **Speicher**
  Die Speicherung der Messwerte ermöglicht die Darstellung von einmaligen Signalverläufen.
- **Mathematische Funktion**
  Die Eingangsgrößen können z. B. addiert oder subtrahiert werden.
- **Zoom**
  Nach der Messung können Signalverläufe vergrößert werden.
- **Cursormessung**
  Mit Hilfe eines Cursors können die Messwerte eines Punktes genau ermittelt werden (kein Ablesefehler).
- **Externe Schnittstellen**
  z. B. für Fernbedienung, externe Datenspeicherung/-übertragung

Auswahlkriterien

Allgemein
- Eingangsempfindlichkeit
- Eingangsimpedanz
- Eingangskopplung
- Anstiegzeit
- Bandbreite
- Anzahl der Kanäle
- Triggermöglichkeiten
- Baugröße

Digitaloszilloskop
- Abtastrate
- Speichertiefe
- Binäre Wortlänge
- Schnittstellen
- Displayauflösung

Spannungs- und Strommessung mit dem Zweikanaloszilloskop

Beispiel:
Da beide Y-Ablenksysteme eine gemeinsame Masse besitzen, müssen die Messleitungen einen gemeinsamen Bezugspunkt haben (z. B. Ⓒ).

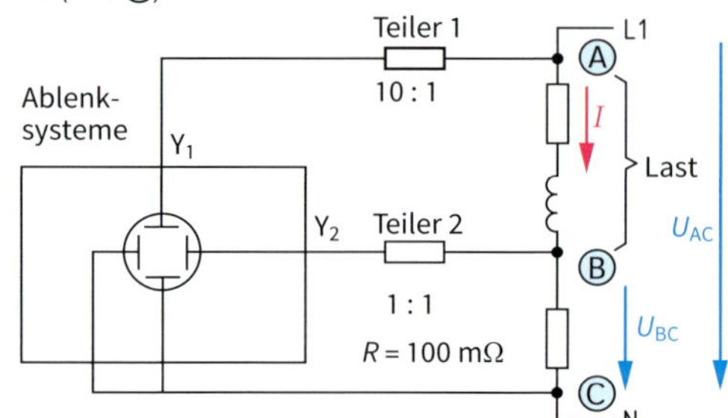

In der Praxis gilt:

$u_{AC} \gg u_{BC}$ und damit $u_{AB} \approx u_{AC}$

Die Spannung u_{AB} kann mit einem Zweikanaloszilloskop auch als Differenzspannung gemessen werden.

Dabei ist
- für beide Kanäle der gleiche Vertikal-Maßstab einzustellen ($k_{Y1} = k_{Y2}$),
- ein Y-Eingangssignal zu invertieren und
- die Addition beider Y-Signale (Add) zu veranlassen.

$k_x = 2\,\frac{\text{ms}}{\text{SkT}}$; $k_{Y1} = 10\,\frac{\text{V}}{\text{SkT}}$; $k_{Y2} = 0{,}2\,\frac{\text{V}}{\text{SkT}}$ [1)]

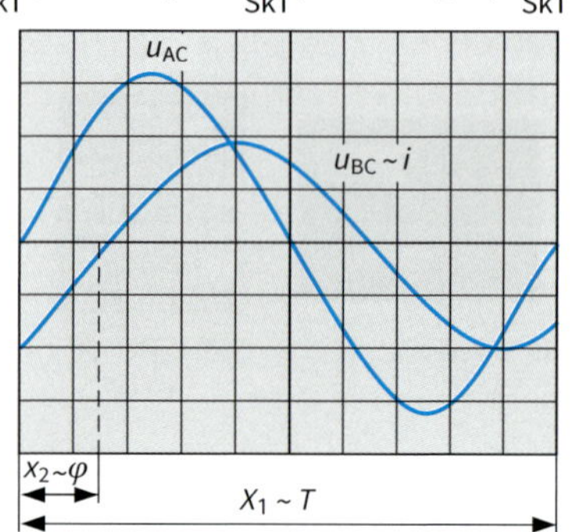

Auswertung: $T = X_1 \cdot k_x = 10\ \text{SkT} \cdot 2\,\frac{\text{ms}}{\text{SkT}} = 20\ \text{ms}$

$f = \frac{1}{T} = \frac{1}{20\ \text{ms}} = 50\ \text{Hz}$

$\hat{u}_{AC} = Y_1 \cdot k_{Y1} \cdot k_{T1} = 3{,}1\ \text{SkT} \cdot 10\,\frac{\text{V}}{\text{SkT}} \cdot \frac{10}{1} = 310\ \text{V}$

$\hat{u}_{BC} = Y_1 \cdot k_{Y2} \cdot k_{T2} = 2\ \text{SkT} \cdot 0{,}2\,\frac{\text{V}}{\text{SkT}} \cdot \frac{1}{1} = 400\ \text{mV}$

$\hat{i} = \frac{\hat{u}_{BC}}{R_{Mess}} = \frac{400\ \text{mV}}{100\ \text{m}\Omega} = 4\ \text{A}$

$\varphi = X_2 \cdot k_x \cdot \frac{360°}{20\ \text{ms}} = 1{,}5\ \text{SkT} \cdot 2\,\frac{\text{ms}}{\text{SkT}} \cdot \frac{360°}{20\ \text{ms}} = 54°$

1) k_X Ablenkfaktor in X-Richtung; k_{Y1}; k_{Y2} Ablenkfaktor in Y-Richtung für Kanal 1; 2

Messung im Niederspannungsnetz

- Bei Geräten mit Anschluss an das Niederspannungsnetz werden Oszilloskope vorzugsweise über Trenntransformatoren versorgt. So kann jeder Punkt des geerdeten Niederspannungsnetzes mit der Masse des Oszilloskops verbunden werden.
- Die Abbildung zeigt, wie gefährlich die Messung ist. ①
  Die Massebuchsen der Frontplatte und ein metallene Gehäuse nehmen Netzpotenzial an.
- Um die Berührungsgefahr zu beseitigen, ist das Oszilloskop mit isolierenden Materialien abzudecken oder die Messspannung über einen Trennverstärker (z. B. mit Optokoppler) zu führen.

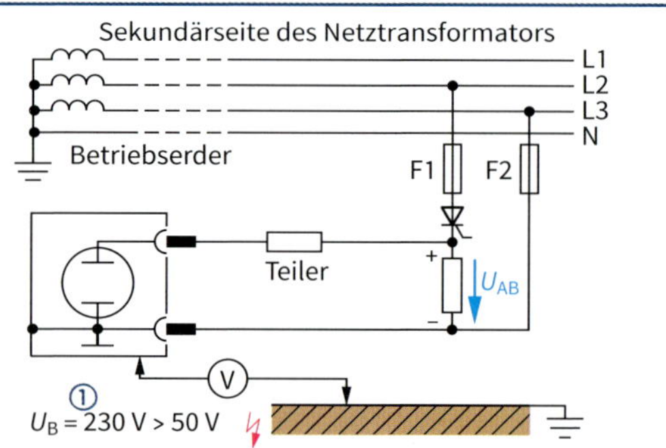

Kennliniendarstellung einer Diode

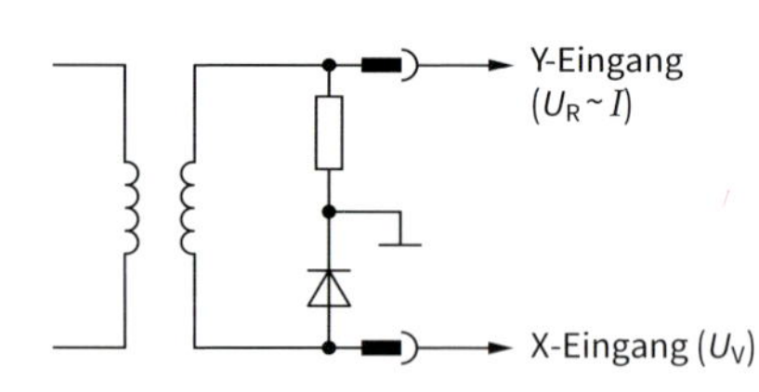

Beispiel:
Diodenkennlinie

$k_x = 0{,}5\,\frac{\text{V}}{\text{SkT}}$ $k_y \triangleq 5\,\frac{\text{mA}}{\text{SkT}}$

- Einstellung „X über Y" wählen.

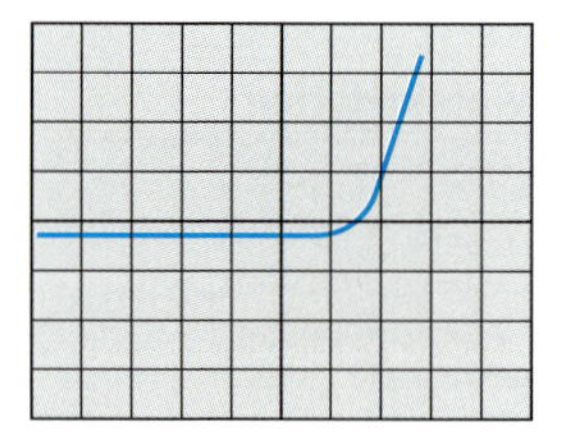

Messwandler: Transformator zur Speisung von Messgeräten, Elektrizitätszählern, Schutzrelais u.ä.

Begriffe	Stromwandler	Spannungswandler
U-/I-Wandler	Wandler, bei dem der Sekundärstrom dem Primärstrom proportional ist.	Wandler, bei dem die Sekundärspannung der Primärspannung proportional ist.
Bürde	Admittanz Y des Sekundärkreises in S	Impedanz Z des Sekundärkreises in Ω
Bemessungsgrößen, Normwerte (primär)	Bemessungsstromstärken in A **10** 12,5 **15** **20** 25 **30** 40 **50** 60 **75** sowie dezimale Teile oder Vielfache	■ Bemessungsspannungen bis 1 kV in V 230/400 277/480 400/690 1000 (gegen Neutralleiter/zwischen Außenleiter) ■ Bemessungsspannungen über 1 kV in kV 3,6 7,2 12 (17,5) 24 36 40,5 (Spannung zwischen Außenleitern)
(sekundär)	1 2 **5** Bei im Dreieck geschalteten Sekundärwicklungen sind auch die durch 3 geteilten Werte genormt.	Europa: **100** 110 200 (bei erweiterten Sekundärkreisen) USA/Kanada: 120 (Verteilungsnetze) 115 (Übertragungsnetze) 230 (bei erweiterten Sekundärkreisen)
Bemessungsleistung	Wert der Scheinleistung in VA bei festem Leistungsfaktor, Bemessungsbürde und sekundärer Bemessungsstromstärke. Normwerte bei Leistungsfaktor 0,8 induktiv: **10** 15 **25** 30 **50** 75 **100** 150 **200** 300 400 **500**	Der Wert der Scheinleistung in VA ist festgelegt bei festem Leistungsfaktor, Bemessungsbürde und sekundärer Bemessungsspannung.
Anschlussbezeichnungen (primär) (sekundär)	P1 (K) — P2 (L) 1S1 (1k) 1S2 (1l) 2S1 (2k) 2S2 ($2l_2$) 2S3 ($2l_1$) 2S1 – Nr. der Anschlüsse (1 hat an allen Wicklungen gleiche Polarität) – P (primär), S (sekundär) – Nr. bei mehreren Wicklungen	A B C N (U) (U) (U) (V) (V) (V) (V) (V) (V) a b c n (u) (u) (u) (x) mehrere Sekundärwicklungen 1a, 2a, …, 1b, 2b, … Sekundärwicklung mit Anzapfungen a1, a2, …, b1, b2, … Anschluss zur Erdschlusserfassung (Dreieckschaltung) da, dn

Messen von Mischspannungen und Mischströmen
Measuring of Pulsating Voltages and Pulsating Currents

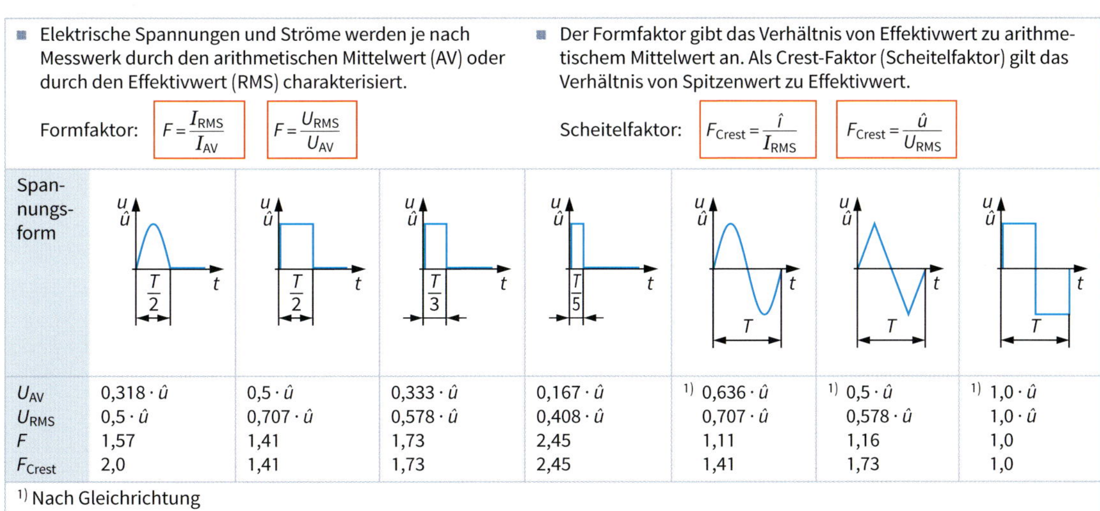

■ Elektrische Spannungen und Ströme werden je nach Messwerk durch den arithmetischen Mittelwert (AV) oder durch den Effektivwert (RMS) charakterisiert.

Formfaktor: $F = \frac{I_{RMS}}{I_{AV}}$ $F = \frac{U_{RMS}}{U_{AV}}$

■ Der Formfaktor gibt das Verhältnis von Effektivwert zu arithmetischem Mittelwert an. Als Crest-Faktor (Scheitelfaktor) gilt das Verhältnis von Spitzenwert zu Effektivwert.

Scheitelfaktor: $F_{Crest} = \frac{\hat{\imath}}{I_{RMS}}$ $F_{Crest} = \frac{\hat{u}}{U_{RMS}}$

Spannungsform	$T/2$	$T/2$	$T/3$	$T/5$	T	T	T
U_{AV}	$0{,}318 \cdot \hat{u}$	$0{,}5 \cdot \hat{u}$	$0{,}333 \cdot \hat{u}$	$0{,}167 \cdot \hat{u}$	[1] $0{,}636 \cdot \hat{u}$	[1] $0{,}5 \cdot \hat{u}$	[1] $1{,}0 \cdot \hat{u}$
U_{RMS}	$0{,}5 \cdot \hat{u}$	$0{,}707 \cdot \hat{u}$	$0{,}578 \cdot \hat{u}$	$0{,}408 \cdot \hat{u}$	$0{,}707 \cdot \hat{u}$	$0{,}578 \cdot \hat{u}$	$1{,}0 \cdot \hat{u}$
F	1,57	1,41	1,73	2,45	1,11	1,16	1,0
F_{Crest}	2,0	1,41	1,73	2,45	1,41	1,73	1,0

[1] Nach Gleichrichtung

Schaltungsnummern für Leistungs- und Leistungsfaktormessgeräte

Kennzeichnungsbeispiel: 6 2 0 1

- 6 – Stromart
- 2 – Messgröße
- 0 – Messart
- 1 – Anschlussart

Ziffer	Stromart	Messgröße	Messart	Anschlussart
0		Stromstärke	alle Fälle, außer 1…6.	unmittelbar
1	Gleichstrom-Zweileiter	Spannung	L+ Leiter in Stromspule	an Stromwandler
2	Gleichstrom-Dreileiter	Wirkleistung	L– Leiter in Stromspule	an Strom- und Sp.-Wandl.
3	Einph.-Wechselstrom	Blindleistung	ohne angeschl. N-Leiter	an Nebenwiderstände
4	Dreileiter-Drehstrom symmetrische Belastung	Leistungsfaktor	mit angeschlossenem N-Leiter	
5	Dreileiter-Drehstrom beliebige Belastung		eingebauter Nullpunkt-Widerstand	
6	Vierleiter-Drehstrom beliebige Belastung		eingebaute Kunstschaltung	

Messschaltungen

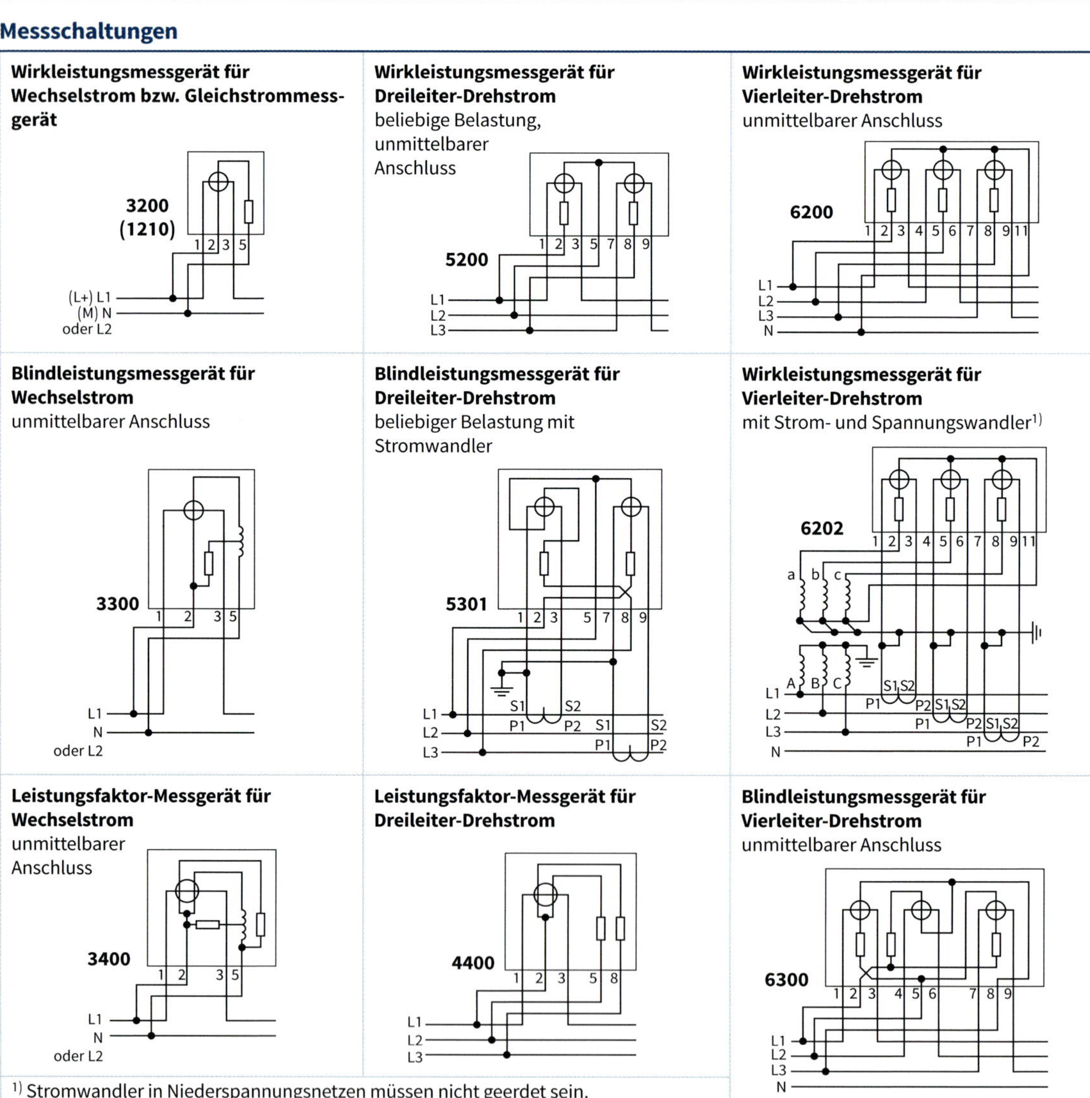

[1] Stromwandler in Niederspannungsnetzen müssen nicht geerdet sein.

Begriffe

- Messen ist das Ermitteln (vergleichen) des Wertes einer physikalischen Größe mit einer festgelegten gleichartigen **Bezugsgröße**.
- Die **Messgröße** ist eine physikalische Größe, die durch eine Messung erfasst wird.
- **Messwert** ist der zu ermittelnde Wert der Messgröße (Produkt aus Zahlenwert und Einheit).
- **Messergebnisse** sind die Messwerte einer Messgröße einschließlich der Messunsicherheit oder Fehlergrenzen.
- **Messverfahren** werden unterschieden in
  - analoge Messverfahren,
  - digitale Messverfahren,
  - direkte Messverfahren und
  - indirekte Messverfahren.

Messverfahren

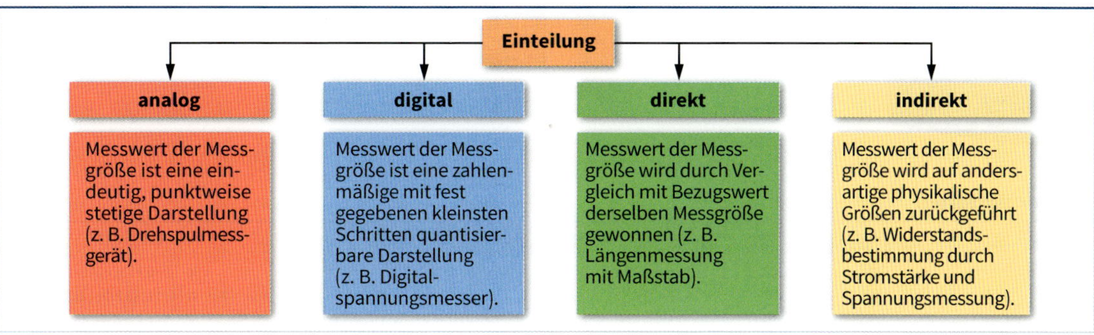

Messwerte und Messergebnisse

- Messwerte sind mit Messfehlern behaftet.
- Die Ursachen hierfür sind u. a.
  - **systematische** Messfehler (erfasste Ursachen),
  - **zufällige** Messfehler (nicht erfasste Ursachen) und
  - **grobe** Messfehler (vermeidbare Ursachen).
- Die Angabe eines Messergebnisses beinhaltet auch die Angabe der Messunsicherheit (Toleranz).

Messwert	Vollständiges Messergebnis
$x = x_w + e_r + e_s$	$y = M \pm u$
x: Messwert x_w: wahrer Wert e_r: zufällige Messabweichung e_s: systematische Messabweichung	y: Messgröße M: Messergebnis u: Messunsicherheit Beispiel: 2,5 V ± 0,3 V

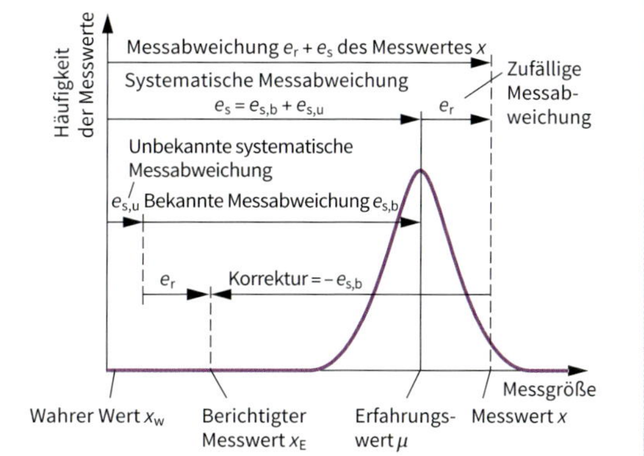

Eichen, Kalibrieren

- Bei der **Kalibrierung** wird der Zusammenhang zwischen dem Messwert der Ausgangsgröße und dem zugehörigen wahren Wert der als Eingangsgröße vorliegenden Messgröße ermittelt.
- Es erfolgt bei der Kalibrierung kein Eingriff in das Messgerät zwecks Einstellung.
- Kalibrieren dient zur Erstellung einer Korrektionstabelle oder zur Ermittlung von Kalibrierfaktoren.
- Bei der **Eichung** werden Messgeräte nach den gesetzlich vorgegebenen Eichvorschriften (Eichgesetz) überprüft. Dabei wird u. a. überprüft, ob die Beträge der Messabweichung die Eichfehlergrenzen nicht überschreiten.
- Die Gültigkeit der Eichung ist zeitlich befristet.
- Die Eichung kann nur bei Geräten erfolgen, die von der PTB (Physikalisch Technischen Bundesanstalt) eine entsprechende Zulassung haben.

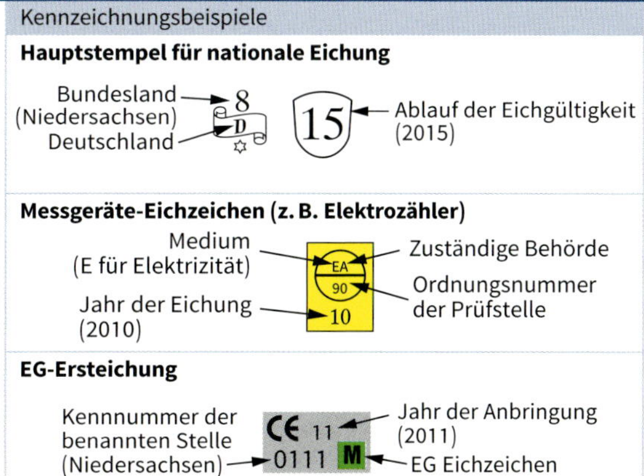

Induktionszähler

Wirkungsweise:

- Lastströme erzeugen Magnetfelder und Wirbelströme in einer Aluminiumscheibe. Daraus entstehende Drehfelder treiben diese an.
- Das mechanische Zählwerk wird durch die Aluminiumscheibe bewegt.
- Die Drehzahl ist proportional zur Leistung.
- Wirk- und Blindarbeit sind messbar.
- Ein-/Mehrtarifmessung sind möglich.

Elektronische Zähler

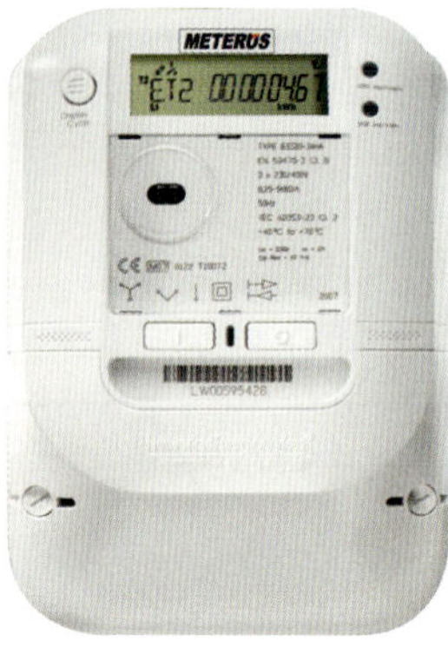

- Neben Energiemessung sind zahlreiche Zusatzfunktionen möglich.
- **Beispiele:**
  - 1 bis 4 Tarifmessung
  - Fernauslesung durch Kunden und/oder VNB
  - Busankopplung (optischer Bus, M-Bus, LAN, GSM, ...)
  - Lastgangermittlung
  - Unterbrechungsfreier Zählertausch (bei geeignetem Zählerplatz)

Auswahlkriterien

Montage	Funktionsprinzip	Eichung	Zusatzfunktionen	Genauigkeit
▪ Zählerplatz ▪ Schalttafeleinbau ▪ Hutschiene/Reiheneinbaugerät	▪ Elektromechanisch ▪ Elektronisch	▪ Vorhanden ▪ Möglich ▪ Nicht möglich ▪ Eichfrist	▪ Kommunikation (Bus, ...) ▪ Mehrtarifbetrieb ▪ Leistungs-, Stromstärke-, Spannungsanzeige ▪ Messdatenspeicher ▪ Spannungsqualitätsüberwachung	▪ 2 % Haushalt ▪ 1 %, 0,5 %, 0,2 % bei großen Energiemengen (z. B. VNB, Kraftwerk, ...)

Anforderungen

EnWG

- VNBs betreiben selbst Messstellen oder beauftragen spezialisierte Firmen (Messstellenbetreiber).
- Seit 1.1.2010 müssen die Messstellenbetreiber (z. B. VNBs) bei Neubauten, nach größeren Renovierungen oder auf Wunsch des Kunden Zähler einzubauen, die
  - den tatsächlichen Energieverbrauch und
  - die tatsächliche Nutzungszeit

  anzeigen.
- Seit 1.1.2010 müssen die Messstellenbetreiber elektronische Zähler mit o. g. Funktionen anbieten.
- Der Kunde kann den nachträglichen Einbau von Zählern mit diesen Funktionen ablehnen und statt dessen einen konventionellen Zähler erhalten.
- Energieversorger müssen spätestens zum 30.12.2010 lastvariable und tageszeitabhängige Stromtarife anbieten.

Eichung

- Neue Zähler werden vom Hersteller nach Messgeräte-Richtlinie (2014/34/EU) in Verkehr gebracht. Hersteller unterliegen der Überwachung durch benannte Stellen (z. B. PTB). Eine Ersteichung ist daher nicht erforderlich.
- Kennzeichnung der Zähler gemäß EU-Richtlinie:
  - CE-Zeichen
  - Meteorologiezeichen M + - Jahreszahl der Konformitätsbewertung, schwarz eingerahmt
  - Nummer der benannten Stelle
- Die Festlegung der Frist bis zur Nacheichung ist in nationalem Recht geregelt (Eichgesetz).
- Eichfrist für
  - Induktionszähler: 12 Jahre
  - Elektronische Zähler: 8 Jahre
  - Durch Stichprobenprüfung ist eine Fristverlängerungen um 5 Jahre möglich.

Leistungsmessung mit Induktionszähler

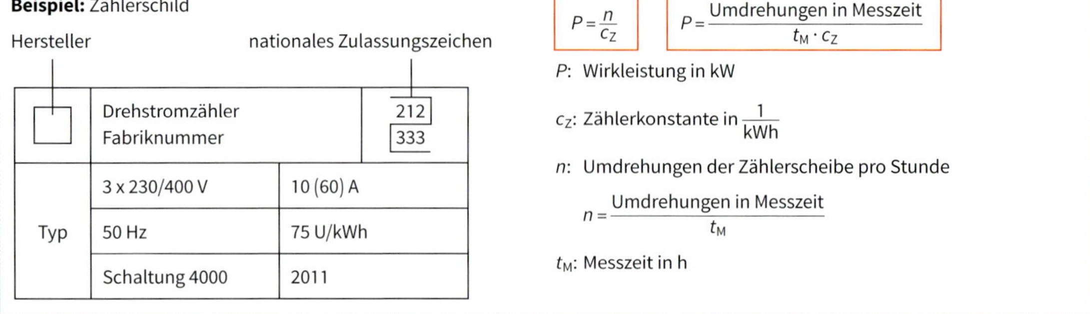

$$P = \frac{n}{c_Z} \qquad P = \frac{\text{Umdrehungen in Messzeit}}{t_M \cdot c_Z}$$

P: Wirkleistung in kW

c_Z: Zählerkonstante in $\frac{1}{\text{kWh}}$

n: Umdrehungen der Zählerscheibe pro Stunde

$$n = \frac{\text{Umdrehungen in Messzeit}}{t_M}$$

t_M: Messzeit in h

Schaltungsnummern für Elektrizitätszähler, Tarifschaltuhren und Rundsteuerempfänger

Kennzeichnungsbeispiel: 4 1 2 2

① Zähler-Grundart → 4
② Zusatzeinrichtung → 1
Anschluss ④ → 2
Schaltung der Zusatzeinrichtung ③ → 2

Ziffer		Grundart ①	Zusatzeinrichtung ②		Schaltung der Zusatzeinrichtung ③
0		…	keine		kein äußerer Anschluss
1	Wirkverbrauchszähler	L/N (Klemmen: 1…6)	Zweitarif (Klemmen: 13, 15)		einpoliger Innerer Anschluss (Klemmen: 13 oder 14)
2	Wirkverbrauchszähler	L1/L2 (Klemmen: 1…6)	Maximum (Klemmen: 14, 16)		äußerer Anschluss (Klemmen: 13, 15 oder 14, 16)
3	Wirkverbrauchszähler	L1/L2/L3 (Klemmen: 1…9)	Zweitarif und Maximum (Klemmen: 13…16)	innerer Anschluss	Maximum-Auslöser in Öffnungsschaltung
4	Wirkverbrauchszähler	L1/L2/L3/N (Klemmen: 1…12)	Maximum mit elektrischer Rückstellung (Klemmen: 13…16)	innerer Anschluss	Maximum-Auslöser in Kurzschließschaltung
5	Blindverbrauchszähler	L1/L2/L3 60° Abgleich (Klemmen: 1…9)	Zweitarif und Maximum mit elektrischer Rückstellung (Klemmen: 13…15, 18, 19)	äußerer Anschluss	Maximum-Auslöser in Öffnungsschaltung
6	Blindverbrauchszähler	L1/L2/L3 90° Abgleich (Klemmen: 1…9)		äußerer Anschluss	Maximum-Auslöser in Kurzschließschaltung
7	Blindverbrauchszähler	L1/L2/L3/N 90° Abgleich (Klemmen: 1…12)			

Ziffer	0	1	2
Anschluss ④	direkt	Stromwandler	Strom- und Spannungswandler

Schaltungsnummer	Bedeutung
Tarifschaltuhr mit	
01	Tagesschalter
02	Maximumschalter
03	Tages- und Maximumschalter
04	Tages- und Wochenschalter
05	Maximum- und Wochenschalter
06	Tages- und Maximumschalter
07	Wochenschalter
Rundsteuerempfänger mit	
11	einem Umschalter
12	zwei Umschaltern
13	drei Umschaltern
14	vier Umschaltern

Zusätzliche Kennzeichen

Symbol	Bedeutung
Z	Zweitarif-Auslöser für Zählwerke
d	Tagesschalter für Zweitarifauslöser
w	Wochenschalter
M	Maximum-Auslöser für Maximum-Mitnehmer
ML	Maximum-Laufwerk
mo	Maximum-Schalter zum Betätigen der Maximum-Auslöser in Öffnungsschaltung
mk	Maximum-Schalter zum Betätigen der Maximum-Auslöser in Kurzschließschaltung
(M)	Antriebsmotor
[E]	Empfangsteil des Rundsteuerempfängers

Beispiele:

Vierleiter-Drehstrom-Wirkverbrauchszähler		Vierleiter-Drehstrom-Blindverbrauchszähler
Direkter Anschluss	Mit Stromwandler	Mit Strom- und Spannungswandler
4000	4010	7020

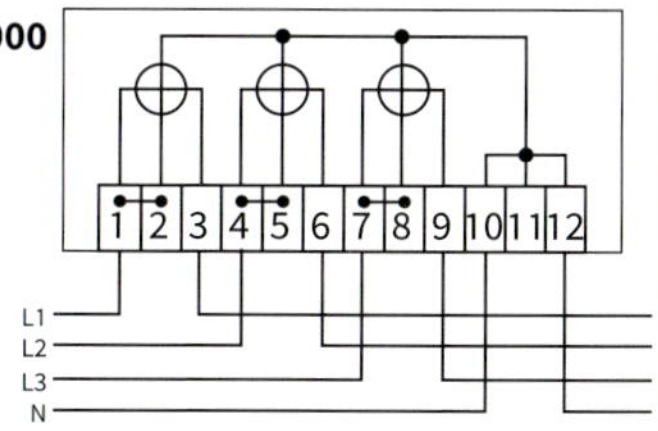

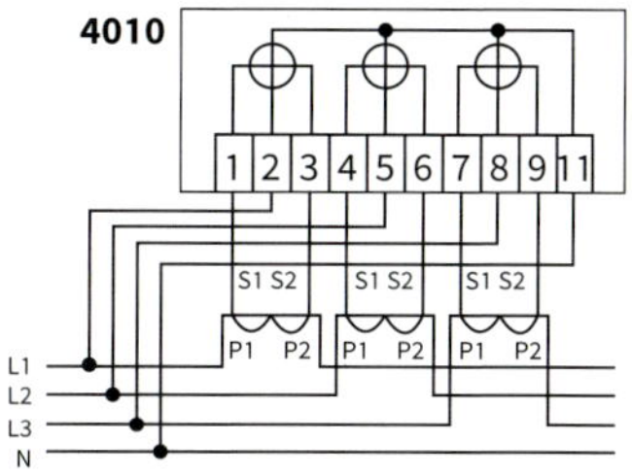

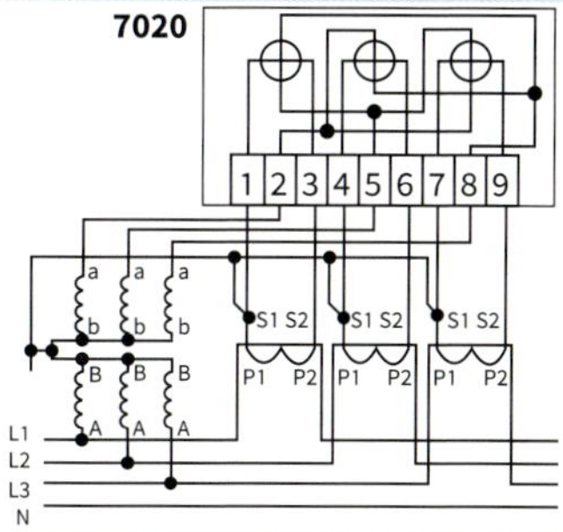

Merkmale

- Messrelais sind kompakt aufgebaute und anschlussfertige **ortsfeste Messeinrichtungen**, die z. B. im Schaltschrank eingebaut werden.

Funktionen

- Erfassung von elektrischen oder physikalischen Größen (z. B. Spannung, Stromstärke, Frequenz, Zeit)
- Signalisierung von z. B. Über- oder Unterschreitung eines einstellbaren Messbereiches durch eine Ausgabeschaltung (mechanischer Kontakt oder Halbleiterschalter)

Spannung

Über- und Unterspannung (U_O, U_U) sind unabhängig voneinander in Prozent der Nominalspannung (U_{NOM}) einstellbar.

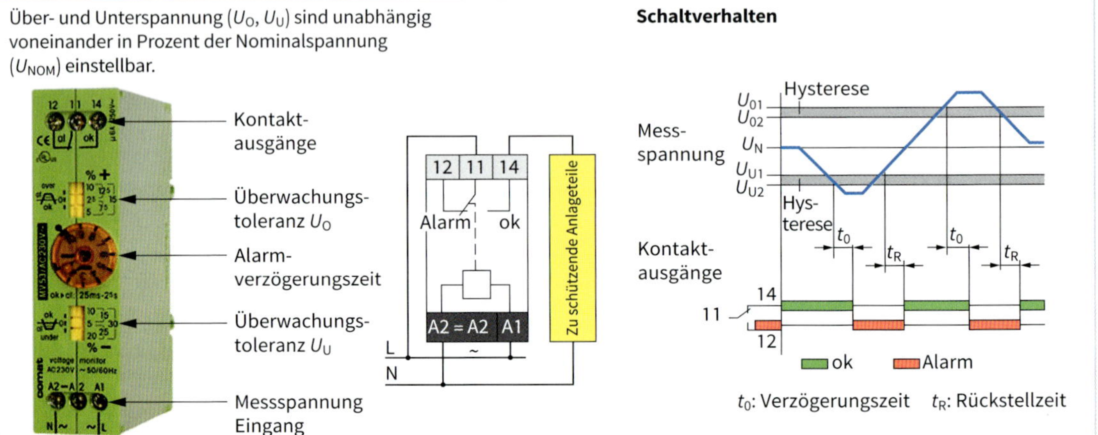

Stromstärke

Über- oder Unterstromstärke (I_o bzw. I_u) einstellbar.
Die Stromwandler sind fest eingebaut.

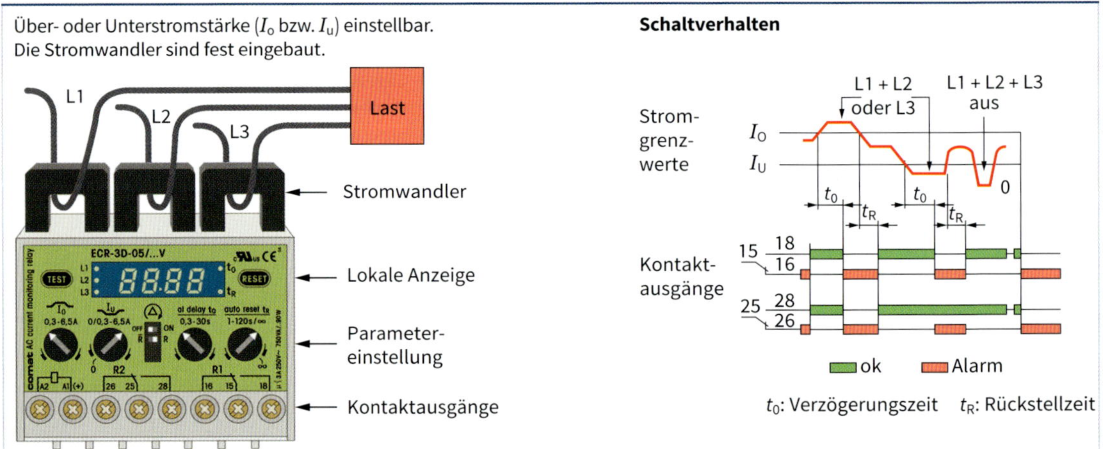

Thermo-Schutz

Überwachung der Wicklungstemperatur von
- Motoren,
- Generatoren und
- Transformatoren.

Der Fühlerkreis wird auf Drahtbruch und Erdschluss überwacht.

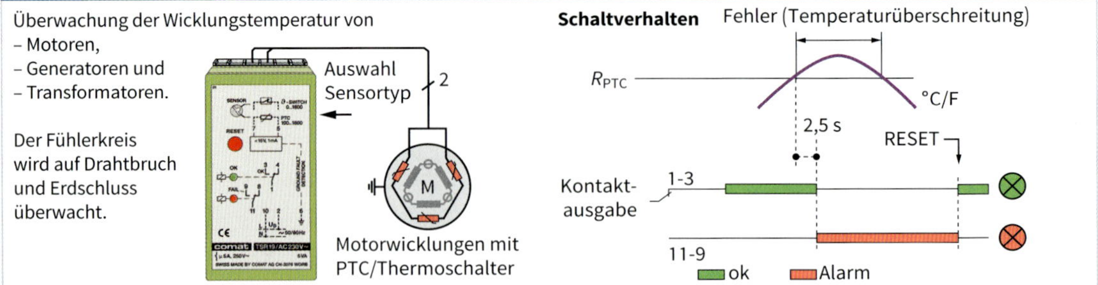

Merkmale

- Stromwandler sind ein wesentlicher Bestandteil u. a. in der Mess- und Regelungstechnik.
  Sie werden eingesetzt zur Erfassung von Wechsel- und Gleichströmen **beliebiger Kurvenform**.
- Die Messsignalauswertung erfolgt in den jeweils nachgeschalteten Auswerteeinrichtungen.
- Die verfügbaren Stromwandler beinhalten, je nach geforderter Genauigkeit, unterschiedliche Prinzipien für den Sensorteil wie
  - Hall-Effekt,
  - Fluxgate (magnetische Flussmessung) und
  - Luftspule (Rogowski Spule).
- Zu den wesentlichen Funktionen zählt die detailgetreue Wiedergabe der gemessenen Stromstärke mit engen Toleranzen und über einen großen Messstromwertebereich.
- Der Messkreis ist galvanisch vom Auswertekreis getrennt.
- Die Baugrößen richten sich nach der Höhe der zu messenden Stromstärke.
- Neben den Durchsteckwandlern (Transformatorprinzip) gibt es für den Aufbau auf Flachbaugruppen entsprechend kleine Bauformen zur Direktmontage.
- Die Auswahl eines Stromwandlers erfolgt anwendungsspezifisch anhand der jeweils gestellten Messanforderung.

Auswahlkriterien

Elektrisch	Mechanisch	Thermisch	Umgebung
– Zu messende Stromart (DC/AC, Frequenz) – Externe Spannungsversorgung – Messbereich – Ansprechzeit – Stromsteilheit – Spannungssteilheit – Isolationsfestigkeit	– Gehäuseabmessungen – Masse – Materialien – Gehäusebefestigung (Leiterplatte, Stromschiene) – Elektrische Anschlüsse, Durchführungsöffnung	– Maximaler Effektivwert – Thermische Widerstände – Lastprofil der zu messenden Größe – Kühlung – Lager-/Transporttemperatur	– Elektromagnetische Störungen durch benachbarte Leitungen – Externe Magnetfelder – Temperatureinflüsse – Vibrationen – Chemische Einflüsse

Hall-Effekt-Wandler

- Basis für diese Wandlertypen ist ein **Hall-Element**, das in dem Luftspalt eines Magnetkreises zur Erfassung der magnetischen Flussdichte angebracht ist. ③
- Die Realisierung erfolgt als **Open Loop-** oder **Closed Loop-**Messkreis.
- Bei Open Loop liefert das Sensorelement eine Hallspannung, die proportional zur gemessenen Stromstärke I_p ist (**direkte Abbildung**).
- Vorteil: einfache Auswerteelektronik, (Günstiges Preis-/Leistungsverhältnis)
- Nachteil: Kleiner Frequenzbereich und die geringere Messgenauigkeit
- Bei Closed Loop wird durch eine **Kompensationsspule** ② auf dem Magnetkreis der primäre magnetische Fluss des zu messenden Stroms durch einen Strom in der Spule kompensiert.
- Die Kompensationsstromstärke wird durch eine elektronische Auswertung soweit nachgeregelt, bis das Hallelement keinen magnetischen Fluss mehr „erkennt".
- Vorteile:
  - Große Bandbreite (bis zu 100 kHz) durch Stromtransformator-Effekt
  - Hohe Genauigkeit
  - Keine Drift der Verstäkung
  - Verstärkung nur abhängig von der Windungszahl
  - Einfügungsinduktivität ist vernachlässigbar
- Nachteile:
  - Externe Stromversorgung muss die Kompensationsstromstärke liefern
  - Elektronik ist für die Leistungsendstufe erforderlich

Closed Loop Prinzip

① Messleiter ② Magnetkreis und Kompensationsspule
③ Hall-Element ④ Auswerteelektronik ⑤ Ausgang

Beispiele für Leiterplattenmontage

Durchsteckwandler

SMD-Bauform (direkt über Leiterbahn)

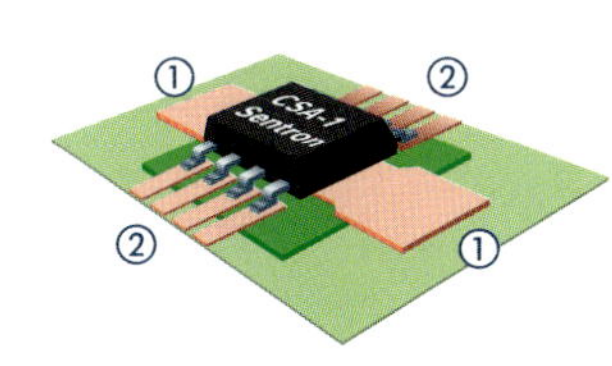

① Messstromanschlüsse
② Auswerteausgänge und externe Stromversorgung

Merkmale

Bei der Drehmomentmessung wird unterschieden in

- **Reaktionsdrehmomentmessung**: Es wird die Kraft am Ende eines Hebelarms gemessen (Prinzip: Kraft · Weg) und
- **Aktionsdrehmomentmessung**: Sie wird zur Messung an rotierenden Wellen und zur Erfassung von statischen und dynamischen Belastungen eingesetzt (Prinzip: Torsionsspannungsmessung an der Welle).

- Als **Messgeber** werden z. B. Dehnmessstreifen (DMS) eingesetzt
  - die auf der Welle angeklebt sind und
  - elektrisch in einer Vollbrückenschaltung zusammengeschaltet sind.
- Die Energie- und die Signalübertragung zwischen Messgeber und Auswerteinrichtung erfolgt über
  - Schleifringgeber oder
  - transformatorische Ankopplung.

Torsionsspannungsmessung

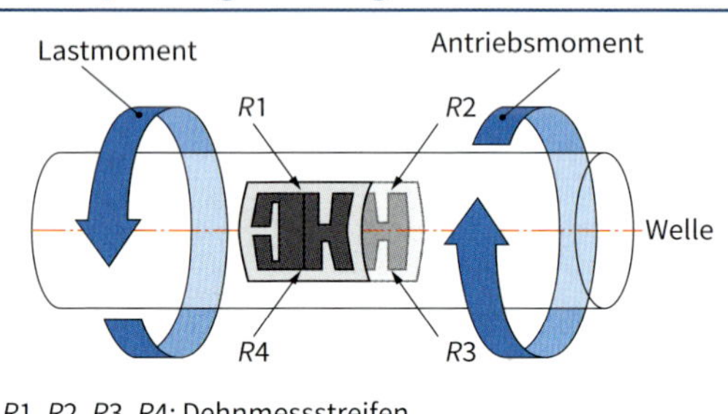

$R1$, $R2$, $R3$, $R4$: Dehnmessstreifen

Drehmomentsensor Aufbau

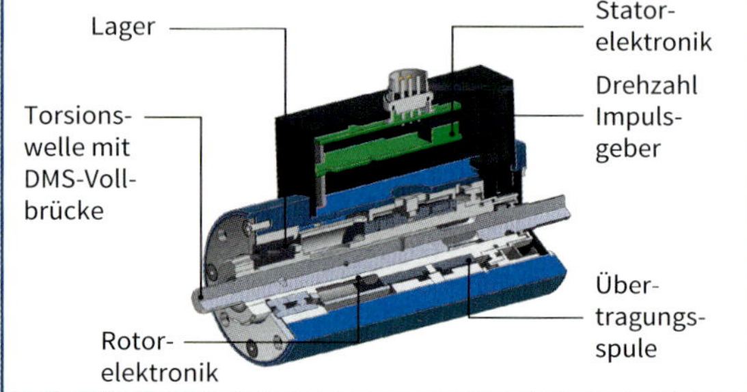

Anordnung

Beispiel: Motorprüfung

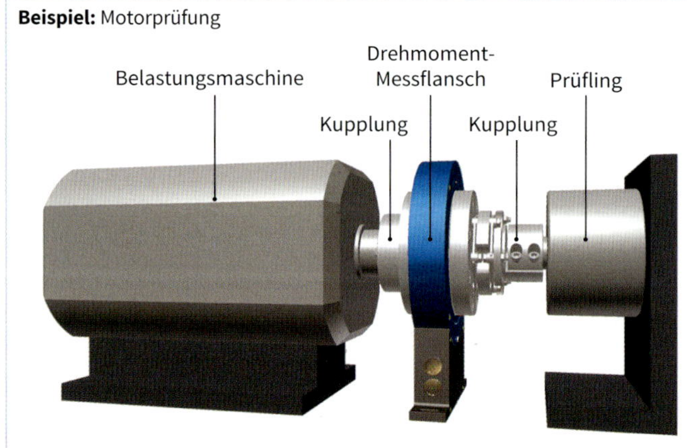

Drehmoment-Messflansch

Typische Daten:

Elektrisches Ausgangssignal:	± 0 V ... 10 V
Bemessungsdrehmoment M_{nom}:	100 Nm
Grenzdrehmoment M_{op}:	265 Nm
Bemessungsdrehzahl n_{nom}:	12 000 min^{-1}
Übertragenes Drehmoment an der Schrumpfscheibe:	570 Nm

Energie- und Datenübertragung

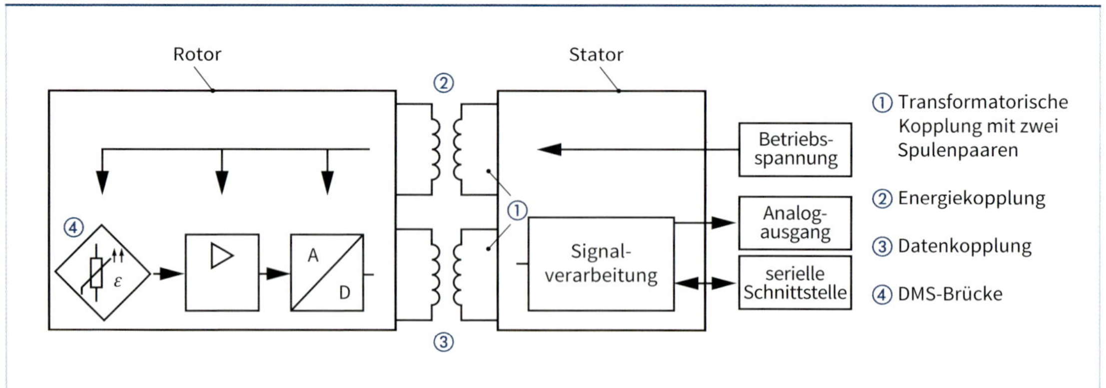

① Transformatorische Kopplung mit zwei Spulenpaaren
② Energiekopplung
③ Datenkopplung
④ DMS-Brücke

Funktion und Aufbau

- Ein Datenlogger ist ein Aufzeichnungsgerät, das in der Lage ist, Messwerte kontinuierlich zu erfassen und in zyklischen Abständen aufzuzeichnen.
- Datenlogger bestehen aus einem **Mikrocontroller** ①, einem **Datenspeicher** ② sowie einer **Kommunikationsschnittstelle** ③.
- Die zu messenden Größen (analog/digital) werden mit Hilfe von
  - externen Sensoren ④ oder
  - den im Gerät eingebauten speziellen Sensoren (z. B. Temperatursensor)

  erfasst und gespeichert.
- Externe analoge Signale ⑤ werden dazu in digitale Werte gewandelt.
- Als Datenspeicher dienen folgende Medien:
  - Speicherkarte (z. B. SD-Karte)
  - Festplatte
  - USB-Stick oder
  - EEPROM
- Auf einem Display lassen sich Statusmeldungen des Datenloggers anzeigen.
- Die Messwerte können auf unterschiedlichen Wegen zum auswertenden Computer übertragen werden:
  - Auslesen über die Schnittstelle (RS 232, USB, LAN, Bluetooth) direkt aus dem Speicher des Datenloggers.
  - Anschluss des Wechselspeichers (z. B. SD-Karte) direkt am Computer
  - Übertragung der Daten per Funk
- Die Auswertung der Daten erfolgt entweder mit Hilfe einer speziellen Software oder aber die Daten werden direkt vom Datenlogger in ein anzeigbares Datenformat (z. B. PDF-Format) aufbereitet.
- Über die Schnittstelle erfolgt auch die Konfiguration des Datenloggers (Start und Ende der Messung, Messintervalle, usw.).
- Die Energieversorgung erfolgt in der Regel über ein Netzteil und ist über Batterien gepuffert.

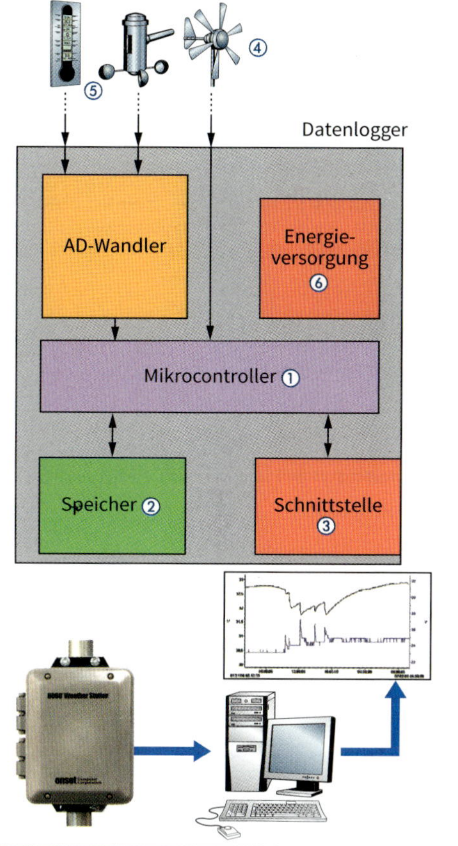

Auswahlkriterien

Messwerterfassung	Geräteeigenschaften	Datenauswertung
▪ Anzahl der Messkanäle	▪ Art der Energieversorgung	▪ Alarmausgänge vorhanden
▪ Speichergröße	▪ Abmessungen	▪ Möglichkeit zur Fernabfrage
▪ Auflösung der Analogmesswerte	▪ Art des Speichers	▪ Präzise interne Uhr
▪ Größe der Messintervalle	▪ Schnittstelle	▪ Art der Datenauswertung
▪ Messgenauigkeit	▪ Standardisierte Eingänge	▪ ISO-Zertifizierung
▪ Größe des Messbereiches	▪ Schutzart	

Einsatzbereiche

- Klimaüberwachung
- Medikamentenüberwachung
- Überwachung einer Kühlkette
- Feuchtigkeitsmessung (z. B. Schadensanalyse)
- Elektrische Größen (Spannung, Stromstärke, elektrische Arbeit)
- Druck-, Licht-, Bewegungsmessungen
- Schallmessungen
- Beschleunigungsmessung (z. B. Erschütterungen)
- Umweltmessungen (z. B. CO, CO_2, UV)
- Positionsmessungen (GPS-Daten)
- Sporadisch auftretende Fehler analysieren
- Auswertung eines Datenstromes zur Fehleranalyse

Datenauswertung

- Die Auswertung und Analyse der Daten erfolgt mit speziellen Softwareprogrammen, die z. B. den Verlauf der Messwerte über die Zeit darstellen.
- Über- bzw. Unterschreitung von Grenzwerten lassen sich so anzeigen und dokumentieren.

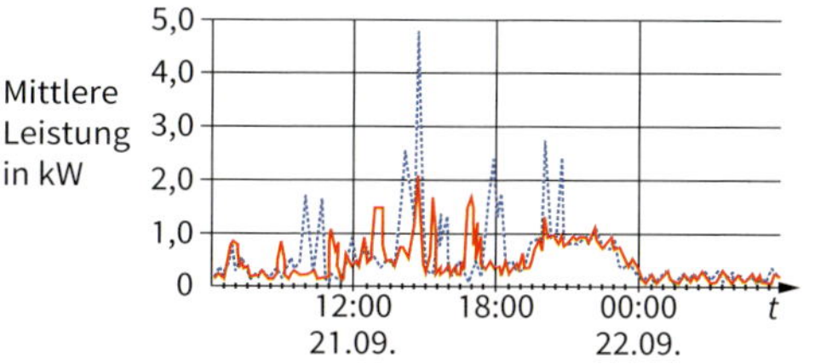

Entwicklung

- **PXI** (**P**CI e**X**tensions for **I**nstrumentation) ist ein offener Industriestandard, der die seit 1998 ständig wachsenden Anforderungen an komplexe Mess- und Automatisierungssysteme erfüllt.
- Die Geräte basieren als PXI-Module auf dem Standard CompactPCI bzw. als PXI-Express-Module auf CompactPCI Express-Standard.
- Die **PXISA** (**PXI S**ystem **A**lliance) ist ein Industriekonsortium zur Förderung der PXI-Spezifikation sowie zur Überwachung der Kompatibilität.

PXI-Peripherie-Module

- Analoge/digitale Ein- und Ausgänge
- Oszilloskope und Multimeter
- Datenerfassungsgeräte
- Signalgeneratoren
- Schaltfunktionen

Modulgrößen

- 6 Höheneinheiten (233,35 mm x 160 mm)
- 3 Höheneinheiten (100 mm x 160 mm)

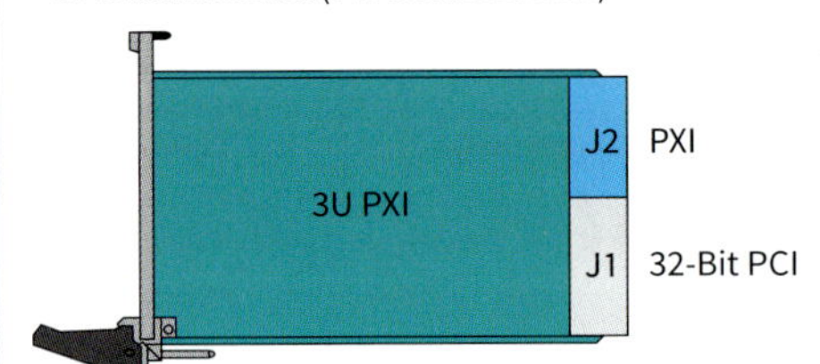

Hardwarearchitektur

- Eine PXI-System besteht aus folgenden Komponenten:
  - Chassis ①
  - System-Controller ②
  - PXI-Peripheriemodul ③
- Das Chassis ist ein genormtes mechanisches Gehäuse zur Aufnahme von 4 bis maximal 18 Modulen.
- Auf dem ersten Steckplatz (ganz links ⚠) befindet sich der System-Controller.
- Die Ansteuerung des Systems erfolgt entweder über einen externen Rechner oder über einen im System integrierten Controller.
- Über eine spezielles MXI-4-Verbindungsmodul (Measurement extensions for Instrumentation) können mehrere Chassis miteinander verbunden werden.
- Das Chassis und die PXI-Module werden in der Bauform 6U und 3U gefertigt (6 bzw. 3 Höheneinheiten).

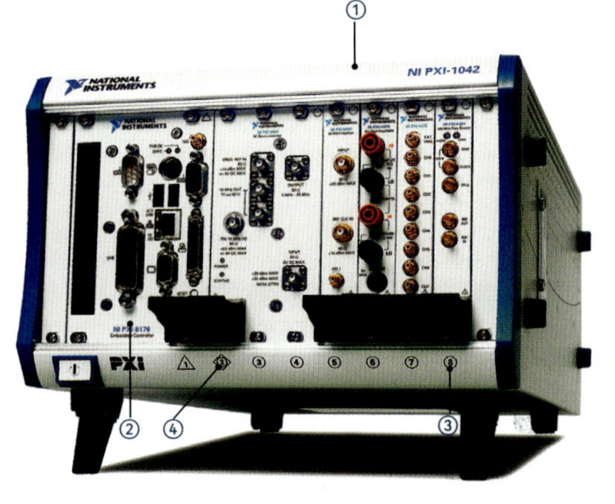

Elektrische Eigenschaften

- Der **PXI-Backplane** auf der Rückseite beinhaltet die
  - Verbindung des PCI-Bus sowie
  - Synchronisation und Kommunikation der Module.
- Bestandteile der PXI-Backplane:
  - **System-Referenz-Takt**
    Er wird zur Synchronisation mehrerer Module verwendet. Die Taktfrequenz ist vom Chassis abhängig. Die Genauigkeit kann durch den Einsatz eines Star-Trigger-Moduls erhöht werden.
  - **PCI-Bus**
    Kompatibel zum PCI-Bus im Desktop-PC. Hier sind jedoch sieben anstatt drei Peripherieslots in jedem Bus-Segment möglich.
  - **Local Bus**
    13 Busleitungen, die zur Kommunikation benachbarter PXI-Module miteinander dienen. Die maximal zulässige Messspannung liegt bei 42 V.

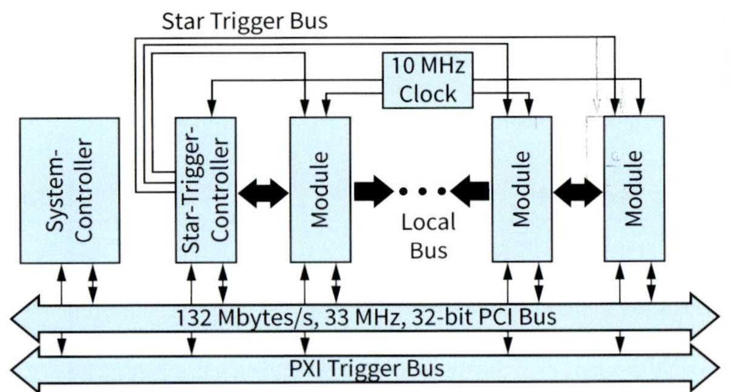

- **PXI-Trigger Bus**
  8 Triggerleitungen zur Synchronisation der Module untereinander (z. B. Master an Slave Messmodul).
- **Star-Trigger Bus**
  Unabhängige Triggerleitung zu jedem Steckplatz zur High-Speed-Synchronisation. Dazu ist ein zusätzliches spezielles Modul im Star-Trigger-Steckplatz ◈② ④ erforderlich.

Eigenschaften

- LabVIEW ist eine grafische Programmierumgebung zur Erstellung von Prüf-, Mess- und Regelungsanwendungen.
- Die Programmierung erfolgt mit Hilfe einer grafischen datenflussorientierten Programmierumgebung.
- Das Programm gliedert sich in ein **Frontpanel** (Benutzeroberfläche) und ein **Blockdiagramm** (Datenflussmodell).
- Die Anbindung der Messgeräte an die Software LabVIEW erfolgt entweder mit Hilfe spezieller Treiber oder dem direkten Zugriff über die unterstützten Schnittstellen (z. B. GPIB).

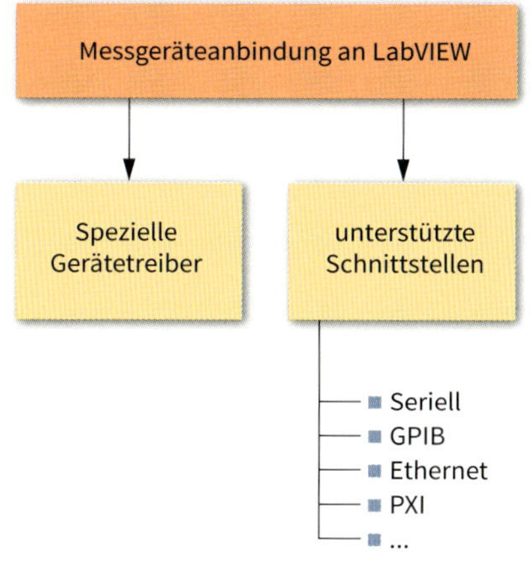

Anwendungsbereiche

- Datenerfassung und Signalverarbeitung
- Gerätesteuerung
- Automatisierte Prüf- und Validierungssysteme
- Industrielle Mess-, Steuer- und Regelungssysteme
- Motorsteuerung
- Datenüberwachung und Alarmierung

Vorteile

- Grafische Programmierung mit Hilfe von Funktionsblöcken
- Umfangreiche Unterstützung von Messgeräten
- Unterstützung zahlreicher Schnittstellen (z. B. RS232, USB, GPIB)
- Integration unterschiedlicher I/O-Funktionen
- Unterstützung von Desktop- (z. B. Windows, Linux, Mac) und Echtzeitbetriebssystemen (z. B. VxWorks)
- Bibliotheken mit erweiterten Analyse- und Darstellungsfunktionen, z. B.:

– Signalverlauf

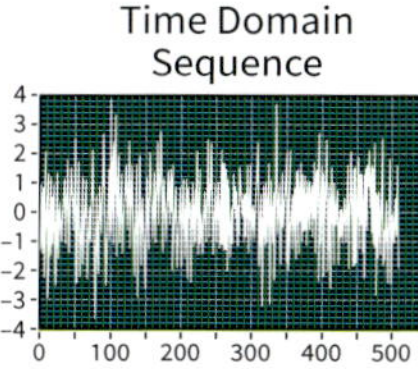

– Fourieranalyse

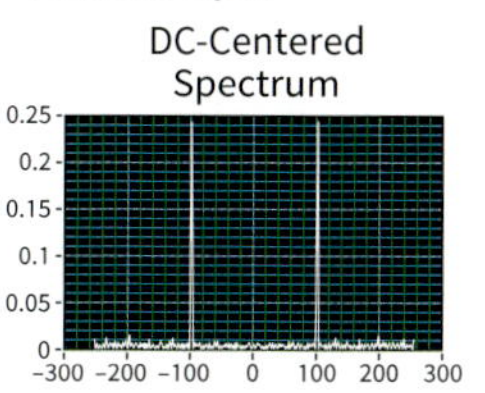

Programmoberfläche

Blockdiagramm

100
signal type
Enum
Reset
RESET
TF
Frequenz
DBL
Amplitude
Signalverlauf
Betrieb
Power

Funktionspalette mit den verfügbaren Funktionen, z. B.
- Programmstrukturen
- Datenerfassung
- Instrument I/O
- Mathematische Funktionen

Frontpanel eines virtuellen Messgerätes

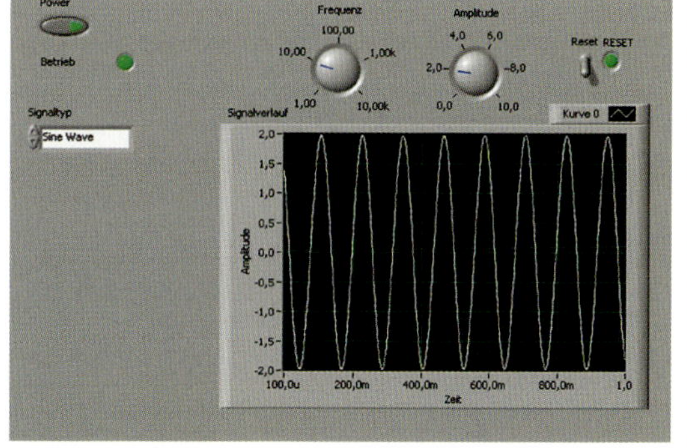

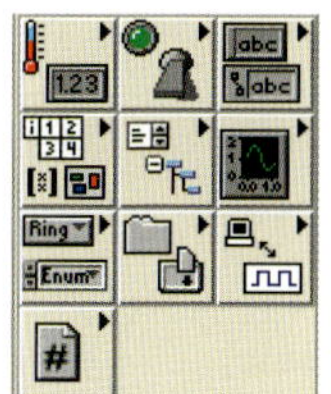

Elementepalette mit den verfügbaren Bedien- und Anzeigeelemente, z. B.
- Schalter
- LED
- Drehregler
- Kurvendiagramme

Geräteprüfung
Inspection of Electrical Appliances

DIN VDE 0701-0702: 2008-06, DGUV Vorschrift 3

Was ist zu prüfen?

- Elektrische Geräte mit Bemessungsspannung bis 1000 V (Wechselspannung) und 1500 V (Gleichspannung)
- Z. B. Laborgeräte, Mess-/Steuer-/Regelgeräte, Haushaltsgeräte, Elektrowerkzeuge, Verlängerungsleitung, …

Wann ist zu prüfen?

- Nach Instandsetzung
- Nach Änderung
- Wiederkehrend nach festgelegten Prüffristen
- Der Arbeitgeber muss eine Gefährdungsbeurteilung durchführen und Prüffristen festlegen.
- Prüffristen aus der DGUV Vorschrift 3 dienen nur noch als Erfahrungswert und ersetzen die Prüffristermittlung nicht!

Sichtprüfung

Prüfen auf sichtbare Mängel und Eignung für den Einsatzort:

- Schäden an Anschlussleitung
- Schäden an Isolierung
- Mängel an Knick-, Biegeschutz
- Bestimmungsgemäße Verwendung von Stecker und Leitungen
- Mängel an Zugentlastung
- Gehäuse/Schutzabdeckung unbeschädigt
- Anzeichen von Überlastung
- Unzulässige Eingriffe
- Verschmutzung
- Zustand von Luftfiltern
- Dichtigkeit von Behältern für Wasser, Luft, …
- …

Messungen

Schutzleiterwiderstand

- Ordnungsgemäßer Zustand der elektrischen Verbindung zwischen Geräteanschluss und allen mit dem Schutzleiter verbundenen berührbaren leitfähigen Teilen.
- Bei Messung Anschlussleitungen bewegen.

Betriebsstrom	Grenzwert
> 16 A	berechneter Widerstand des Schutzleiters
< 16 A	abhängig von Leitungslänge

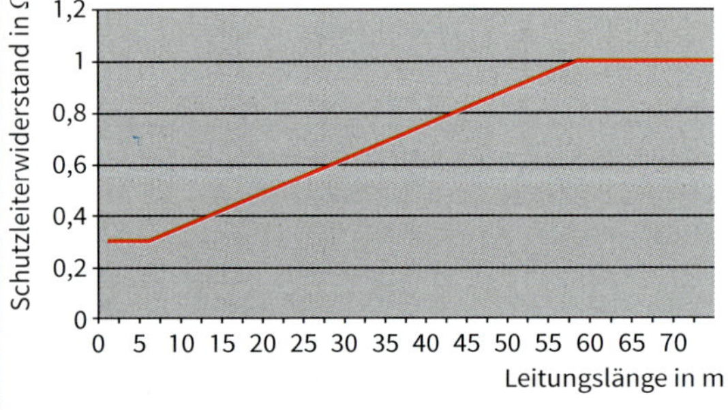

Isolationswiderstand

- Messung zwischen aktiven Teilen und jedem berührbaren leitfähigem Teil
- Grenzwerte für Prüfobjekte:

Prüfobjekt		Grenzwert
Aktive Teile, die nicht zu SELV- oder PELV-Stromkreisen gehören, gegen den Schutzleiter und die mit dem Schutzleiter verbundenen berührbaren leitfähigen Teile.	allgemein	1,0 MΩ
	Geräte mit Heizelementen	0,3 MΩ
	Geräte mit Heizelementen und $P > 3{,}5$ kW	0,3 MΩ [1]
Aktive Teile gegen die nicht mit dem Schutzleiter verbundenen berührbaren leitfähigen Teile (hauptsächlich bei Schutzklasse II, aber auch bei Schutzklasse I möglich)		2,0 MΩ
Aktive Teile die nicht zu SELV- oder PELV-Stromkreisen gehören, gegen berührbare leitfähige Teile mit der Schutzmaßnahme SELV/PELV (außer Geräte der Schutzklasse III)		
Bei der Instandsetzung/Änderung zwischen den aktiven Teilen eines SELV-/PELV-Stromkreises und den aktiven Teilen des Primärstromkreises		
Aktive Teile mit der Schutzmaßnahme SELV/PELV		0,25 MΩ

[1] Wird der Grenzwert verletzt, ist die Prüfung dennoch bestanden, falls der Schutzleiterstrom den Grenzwert einhällt.

Schutzleiterstrom

- Messung mit direktem Verfahren oder Differenzstromverfahren.
- Ersatzableitstromverfahren nur in Sonderfällen
- Grenzwerte:
  - allgemein: ≤ 3,5 mA
  - Geräte mit eingeschaltetem Heizelement > 3,5 kW: 1 mA/kW; max. 10 mA
  - Bei Überschreitung prüfen, ob ggf. Produktnormen andere Werte vorgeben.

Berührungsstrom

- Messung an jedem berührbaren leitfähigen Teil, das nicht mit dem Schutzleiter verbunden ist.
- Messung mit direktem oder Differenzstromverfahren
- Ersatzableitstromverfahren nur in Sonderfällen
- Grenzwerte
  - allgemein 0,5 mA
  - Geräte mit Schutzklasse III: Messung nicht erforderlich

weitere Prüfschritte

- Nachweis der sicheren Trennung (SELV und PELV)
- Wirksamkeit weiter Schutzeinrichtungen
- Funktionsprüfung
- Aufschriften (Typenschild, Sicherheitshinweise)

Auswertung und Dokumentation

- Die Prüfung ist bestanden, wenn alle Einzelprüfungen bestanden sind.
- Durchgefallene Prüflinge kennzeichnen und Betreiber informieren.
- Dokumentation mit Prüfplakette oder elektronische Systeme inkl. Messwerte und Prüfgerät

Schutzleiterwiderstand

Direkte Messung	Externer Messpunkt	
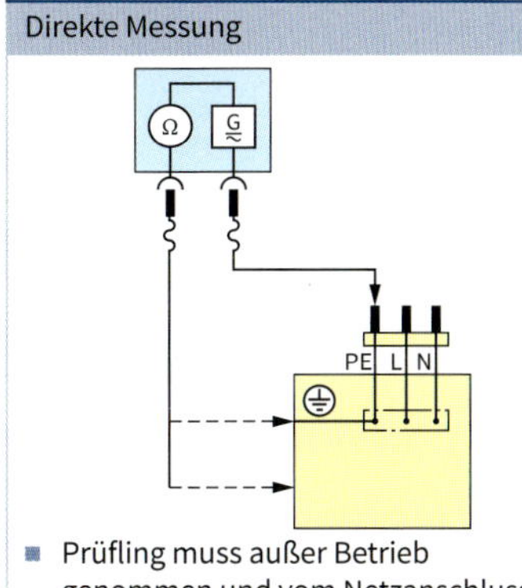 ■ Prüfling muss außer Betrieb genommen und vom Netzanschluss getrennt werden.	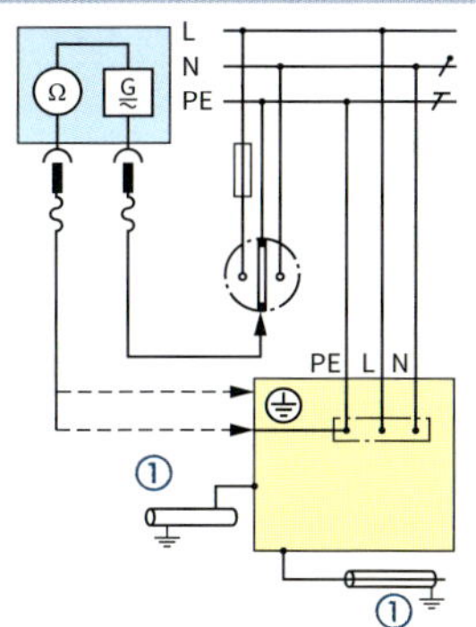	■ Prüfling ist fest angeschlossen oder kann nicht außer Betrieb genommen werden. ■ Als Zugang zum Schutzleiter ist ein Messpunkt zu suchen, z. B. benachbarte Steckdose. ■ Achtung! – Parallele Erdverbindungen können das Messergebnis beeinflussen (z. B. Schirm von Datenleitungen, Wasserrohre) ① ■ Im Extremfall können parallele Erdverbindungen einen Schutzleiter vortäuschen, obwohl dieser fehlt bzw. defekt ist.
Messspannung: AC oder DC, $U_0 = 4\text{ V} \dots 24\text{ V}$; Messstromstärke: min. 0,2 A		

Isolationswiderstand

Mit Schutzleiter	Ohne Schutzleiter	Nachweis sicherer Trennung
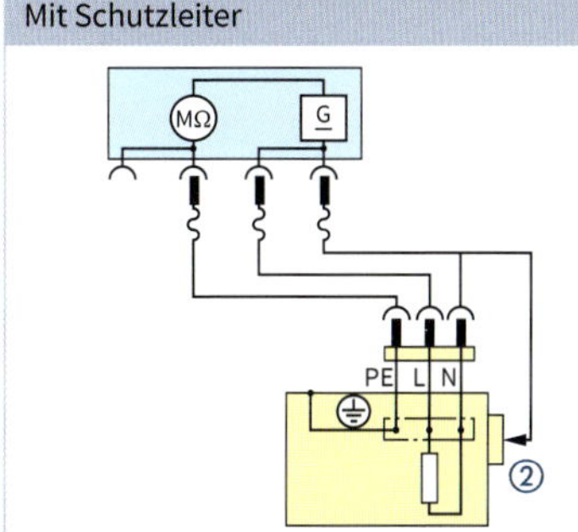	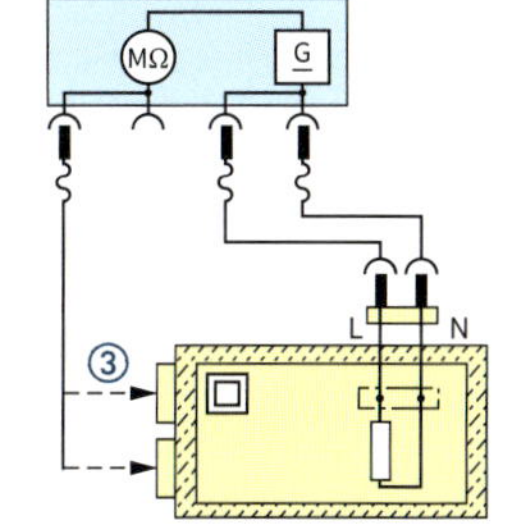	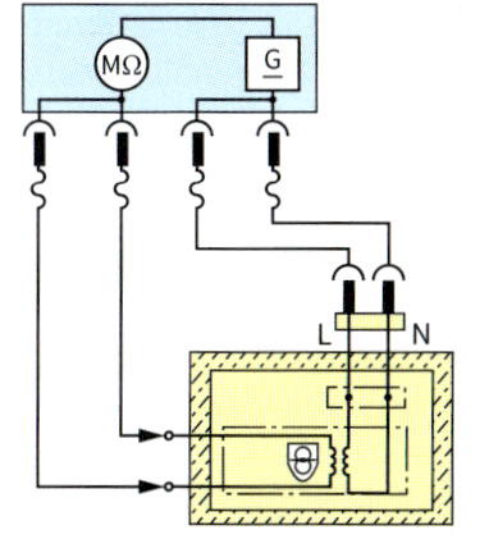
■ Messung zwischen PE und aktiven Leitern. ■ Zusätzlich leitfähige Teile abtasten, die nicht mit dem Schutzleiter verbunden sind ②.	■ Berührbare, leitfähige Teile werden mit Prüfsonde abgetastet ③.	■ Isolationswiderstand zwischen Primär-/Sekundärseite gewährleistet die sichere Trennung (Sicherheitskleinspannung)

Schutzleiter-/Berührungsstrom

Schutzleiterstrom		Berührungsstrom	
Direktes Messverfahren	Differenzstromverfahren	Direktes Messverfahren	Differenzstromverfahren
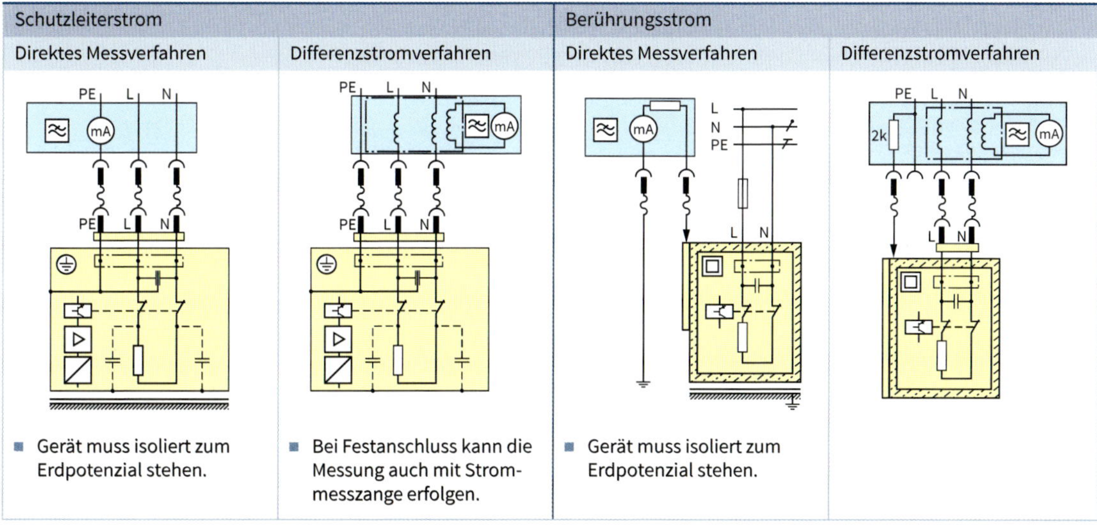			
■ Gerät muss isoliert zum Erdpotenzial stehen.	■ Bei Festanschluss kann die Messung auch mit Strommesszange erfolgen.	■ Gerät muss isoliert zum Erdpotenzial stehen.	

Prüfgrundlage		Dokumentation
Energiewirtschaftsgesetz (EnWG) – Es fordert, Energieanlagen so zu errichten und zu betreiben, dass die technische Sicherheit gewährleistet ist. – Die Einhaltung der anerkannten Regeln der Technik wird durch Anwendung des VDE-Regelwerkes erreicht.	**Berufsgenossenschaften** – Sie fordern in der DGUV Vorschrift 3, dass elektrische Anlagen auf ordnungsgemäßen Zustand geprüft werden. – Prüfanlass: – vor der ersten Inbetriebnahme, – nach einer Änderung, – vor Wiederinbetriebnahme und – in bestimmten Zeitabständen.	– Name, Anschrift und Auftraggeber und Auftragnehmer – Bezeichnung des Prüfobjekts – Verwendete Mess-/Prüfgeräte – Prüfergebnisse einschließlich relevanter Messwerte – Prüfstelle, Prüfer, Prüfdatum – Unterschrift des Prüfers

Prüfablauf	Anforderungen	Grundregel
1. Besichtigen 2. Erproben 3. Messen	– Prüfer muss Elektrofachkraft sein. – Prüfer muss Berufserfahrung haben. – Prüfgeräte müssen DIN EN 61557 (VDE0413) entsprechen.	Durch Vorkehrungen bei den Prüfungen sind Gefahren für Personen oder Nutztiere auszuschließen sowie Beschädigungen an fremdem Eigentum sowie Betriebsmitteln zu vermeiden. Dies gilt auch, falls im Stromkreis ein Fehler vorliegt.

Prüfinhalte

Allgemeine Hinweise	
Erstprüfung	**Wiederholungsprüfung**
■ Anlagen während der Errichtung und nach Fertigstellung prüfen, bevor sie dem Nutzer übergeben werden. ■ Es ist zu prüfen, ob Anforderungen aus der Normreihe DIN VDE 0100 eingehalten werden.	■ Bestätigung, dass keine Beschädigungen oder Zustandsverschlechterungen vorliegen, welche die Sicherheit beeinträchtigen. ■ Beurteilen, ob sich Umgebungsbedingungen verändert haben und die Anlage noch geeignet ist. ■ Die Prüfungen dürfen stichprobenartig sein, wenn der Anlagenzustand dadurch zu beurteilen ist.
Besichtigen und Bewerten (Auswahl)	**Erproben**
■ Prüfen, ob die Anlage – den Sicherheitsanforderungen für Betriebsmittel entspricht, – gemäß DIN VDE 0100 ausgewählt und errichtet wurde und – ohne sichtbare Mängel und Beschädigung ist. ■ Ordnungsgemäße Dokumentation ■ Schutzmaßnahmen eingehalten? ■ Eignung von Kabeln, Leitungen und Stromschienen[1)] ■ Eignung und Einstellung von Schutz-/Überwachungsgeräten[1)] ■ Vorhandensein und Anordnung von Trenn-/Schaltgeräten[1)] ■ Eignung elektrischer Betriebsmittel und Schutzmaßnahme bezüglich äußerer Einflüsse ■ Ordnungsgemäße Kennzeichnung von Neutral- und Schutzleiter ■ Anordnung einpoliger Schaltgeräte in Außenleitern ■ Vorhandensein von Schaltungsunterlagen, Warnhinweisen und ähnlichen Informationen ■ Zuordnung Überstromschutz zu Leiterquerschnitt ■ Brandschotts bezüglich Ausführung, Belegung ■ Schaltpläne, Beschriftung, Kennzeichnung vorhanden und aktuell?	■ Isolationsüberwachung ■ RCD durch Prüftaste[2)] ■ Not-Abschaltung ■ Verriegelungen ■ Anzeige-/Meldeleuchten ■ Allgemeine Funktions- und Betriebsprüfungen **Messen** ■ Durchgängigkeit der Leiter[1)] ■ Isolationswiderstand der Anlage ■ Schutz durch SELV, PELV oder Schutztrennung ■ Widerstand von isolierenden Fußböden/Wänden ■ Schutz durch automatische Abschaltung ■ Zusätzlicher Schutz ■ Spannungspolarität ■ Phasenfolge der Außenleiter ■ Spannungsfall[1)] ■ Abschaltbedingungen prüfen durch Messung von – Schleifenwiderstand, – Schutzleiterwiderstand, Erdungswiderstand (TT-System) und – Auslöse-Fehlerstromstärke und Abschaltzeit der RCD

[1)] vorzugsweise Erstprüfung [2)] vorzugsweise Wiederholungsprüfung

Prüffristen

■ Prüffristen sind individuell vom Betreiber zu ermitteln.
■ Auftretende Fehler müssen rechtzeitig erkannt werden.
■ DGUV Vorschrift 3 ist Richtlinie, muss jedoch an betriebliche Anforderungen angepasst werden.

Anlagen	Max. Frist (DGUV Vorschrift 3)
Elektrische Anlagen und ortsfeste Betriebsmittel	4 Jahre
Räume, Anlagen besonderer Art	1 Jahr
RCD in nichtstationären Anlagen (z. B. Baustelle) auf Wirksamkeit	1 Monat
RCD, Differenzstrom-, Fehlerspannungs-Schutzschalter auf Funktion – stationären Anlagen – nichtstationären Anlagen	 – 6 Monate – arbeitstäglich

Anforderungen

Prüfungsgrundlagen

Produkt-norm vorhanden? — ja → Prüfung anhand der Produkt-normen

↓ nein

Prüfung nach EN 60204 (IEC 204, VDE 0113)
- Mindest-Prüffunktionen; **1, 2, 6**
- Ergänzungs-Prüffunktionen: **3, 4, 5** (Entscheidung durch Elektrofachkraft vor Ort)

- Prüfung z. B. für
  - Metallbearbeitungs- und -verarbeitungsmachinen
  - Druck-, Papier- und Kartonmaschinen
  - Montagemaschinen, Förder- und Handhabungstechnik (Roboter, Regalbedienungsgeräte)
  - Kompressoren, Pumpen, Kräne
- **Prüffristen:** Wiederholungsprüfung maximal 4 Jahre (DGUV Vorschrift 3) bzw. verkürzt oder verlängert in Abhängigkeit vom Ergebnis einer Risikoanalyse (BetrSichV).
- Weitere Normen (z. B. DIN EN 1037: 1996): Sicherheit von Maschinen, Vermeidung von unerwartetem Anlauf.
- **Checkliste** beim Berufsgenossenschaftlichen Institut für Arbeitsschutz (BGIA Handbuch 02/2007).

Prüfgeräte

- Die Geräte sind mit einer Anzeige-, Eingabe- und Messeinheit ausgerüstet.
- Über die **Eingabeeinheit** erfolgt die
  - Auswahl der jeweiligen Messaufgabe,
  - Konfiguration an die jeweilige Messaufgabe und
  - Messbereichsauswahl.
- In einem **Messwertspeicher** können die erfassten Messwerte von mehreren Maschinen aufgezeichnet und über eine Datenschnittstelle zwecks **Protokollerstellung** ausgegeben werden.
- Die ordnungsgemäße Funktionsfähigkeit der Prüfgeräte ist zu überprüfen.

Gerätebeispiel:

Funktionen

1. Besichtigung und Überprüfung der elektrischen Ausrüstung auf Übereinstimmung mit der Dokumentation

- Feststellen des ordnungsgemäßen Zustandes
- Überprüfen der
  - Übereinstimmung der elektrischen Ausrüstung mit der vorhandenen Dokumentation (z. B. Bedienungsanleitung in Landessprache, Wartungs-, Einstell-, Instandhaltungsanleitung, Installations-/Stromlaufpläne, Schnittstellenverbindungen [für Fachpersonal verständlich]).
  - Daten zur Auswahl von Art, Kennwerten, Bemessungsstromstärke der Überstrom-Schutzeinrichtungen.

2. Überprüfung der Bedingungen für den Schutz durch automatische Abschaltung

- Durchgängigkeit des Schutzleitersystems (bevorzugt mit Prüfstromstärke 10 A aus SELV-Versorgung mit 24 V Wechsel- oder Gleichspannung)
- Impedanz der Fehlerschleife nach DIN EN 60204-1 durch Messung oder Berechnung

3. Isolationswiderstandsprüfung

- Der Isolationswiderstand zwischen den Leitern aller Stromkreise und dem Schutzleitersystem muss bei einer Messspannung von 500 V DC ≥ 1 MΩ sein. (Bei Sammelschienen und Schleifringsystemen ≥ 50 kΩ).

4. Hochspannungsprüfung (Isolationsfestigkeit)

- Maximale Prüfspannung: zweifacher Wert der Bemessungsspannung (oder 1000 V, 50 Hz oder 60 Hz, 1 s)

  Hinweis: Baugruppen oder Geräte, die nicht dafür bemessen sind oder anhand der zugehörigen Produktnorm bereits geprüft sind, werden vor der Prüfung abgetrennt.

5. Schutz gegen Restspannung

- Berührbare aktive Teile einer Maschine mit einer Spannung von mehr als 60 V während des Betriebes.
- Nach dem Abschalten der Versorgungsspannung muss die Restspannung auf einen Wert von max. 60 V innerhalb von 5 s abgesunken sein.

6. Funktionsprüfungen

- Alle elektrischen Stromkreise, die eine Sicherheitsfunktion gewährleisten, wie z. B
  - Erdschlussüberwachung und
  - Stopp-/Steuerungsfunktionen.

Hinweis: Durch Steckverbinder abgetrennte Komponenten sind vor der Durchführung der Funktionsprüfung wieder zu verbinden!

Nachprüfungen sind erforderlich, wenn ein Teil der Maschine und der zugehörigen Ausrüstung ausgewechselt, geändert oder instandgesetzt wurde.

Endoskop

- Die Endoskopie dient zur **visuellen Inspektion** von Anlagenteilen, die nicht direkt in Augenschein genommen werden können.
- Endoskop-Bauformen

starr | flexibel | Videoskop

- **Starre Endoskope (Boreskope):**
  Die Bildübertragung erfolgt mit einem
  - Stablinsen-System (Länge der Linse größer als deren Durchmesser) oder einem
  - Achromaten-Linsensystem (Linsensystem mit verschieden starker Dispersion).
- **Flexible Endoskope:**
  Die Bildübertragung wird mittels Lichtleiterbündeln (z. B. 12 000 Einzelfasern, jede Einzelfaser ein Objektpunkt) realisiert. Die Bildpunkte werden am Okular wieder zu einem Gesamtbild zusammengesetzt.
- **Videoskop:**
  Die Bilderfassung erfolgt direkt an einem in der Endoskopspitze integrierten Bildsensor (**CCD** Chip: **C**harge **C**oupled **D**evice). Die Übertragung erfolgt elektrisch zu der Auswerteeinrichtung (z. B. LCD Display oder Kamera).
- Lichtquellen für den Betrachtungsbereich:
  - Kaltlichtquellen
  - Miniaturlampen (direkt an Endoskopspitze)

Beispiel: Flexibles Endoskop

Bedien-/Anzeigeeinheit
flexibles Endoskoprohr
Handgriff
Endoskopkopf mit LED-Beleuchtung und integriertem Bildsensor

Strahlungsthermometer

- Bei der **kontaktlosen Temperaturmessung** wird die **infrarote Strahlung** (Wellenlänge 0,78 µm bis 1000 µm) verwendet (Strahlungsthermometrie).
- **Infrarotdetektoren:** z. B thermische Detektoren (**pyroelektrische Detektoren, Thermosäulen**), die die auftreffende elektromagnetische Strahlung absorbieren.
- Die **Pyrometerbauarten** sind unterteilt in **Spektral-, Bandstrahlungs-, Gesamtstrahlungs-** und **Quotientenpyrometer.**
- Der **Emissionsgrad**
  - definiert die Fähigkeit eines Körpers infrarote Strahlung abzugeben und
  - ist vom jeweiligen Werkstoff und seiner Oberflächenbeschaffenheit abhängig.

Beispiele:

Handmessgerät

Stationäre Messeinrichtung mit Datenanschluss

Datenanschluss
Objektiv

Infrarotkamera

- Sie zeigt die Temperaturverteilung an einem Objekt in **bildgebender Darstellung** an.
- Der zur Messung genutzte Spektralbereich liegt zwischen 3,5 µm und 14 µm (mittleres Infrarot).
- Die gemessenen Temperaturen (Grauwerte) werden in einer **Falschfarbendarstellung** in
  - weiß (hohe Temperaturen, warm),
  - gelb bzw. rot (mittlere Temperaturen) und
  - blau (niedrige Temperaturen)

  dargestellt.
- Unterschiedliche **Reflexionseigenschaften** von Materialoberflächen erfolgen durch Korrektur des **Emissionsgrades** (Tabellenwerte)
- Transparente Abdeckungen (z. B. **Sichtfenster**) müssen für Infrarotstrahlung durchlässig sein.
- Anwendung: präventive Instandhaltung, Zustandserfassung

Beispiel: Elektromotor mit Antriebswelle

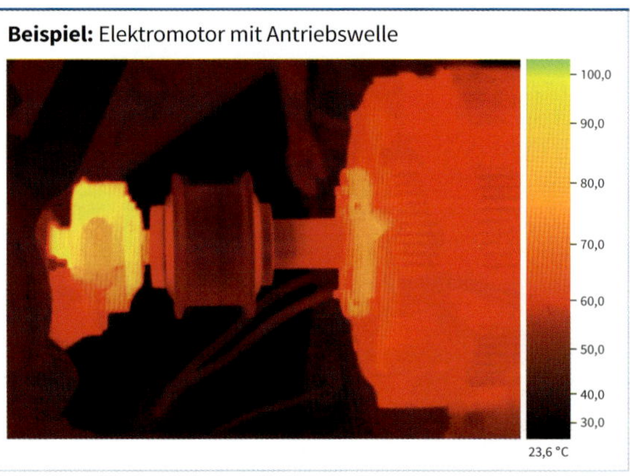

Merkmale

- Durch die EMV-Prüfung wird das Verhalten eines Gerätes/Systems unter elektromagnetischen Bedingungen überprüft.
- Die Prüfung wird in die beiden Kategorien
  - **Störfestigkeit** (electromagnetic immunity) und
  - **Störaussendung** (emission)

  eingeteilt.
- **Störfestigkeit** beschreibt die Unempfindlichkeit des Gerätes gegen äußere elektromagnetische Beeinflussungen.
- **Störaussendung** beschreibt die elektromagnetische Ausstrahlung des bestimmten Gerätes in die Umwelt.
- Für die Kopplung zwischen Störquelle und Störsenke gibt es vier Modelle.
- Die Störungen können auftreten als
  - **leitungsgebundene Störung** und/oder
  - **feldgebundene Störung.**
- Für die EMV-Prüfung des spezifischen Gerätes/Systems sind die anzuwendenden Normen aus der Vielzahl der vorliegenden Normen auszuwählen.
- Grundlage für die Auswahl sind z. B. die
  - zu erwartenden Umgebungsbedingungen (Störgrößen),
  - Eigenschaften des Gerätes (Systems),
  - geforderte Zuverlässigkeit des Gerätes (Systems),
  - vertraglichen Bedingungen und
  - Marktanforderungen (EU-Richtline, CE-Kennzeichnung).
- Die Normen für die EMV-Prüfung sind gegliedert in die Normengruppen
  - **Produktfamilien/Produktnormen,**
  - **Fachgrundnormen und**
  - **Grundnormen.**
- Produktfamilien-/Produktnormen
  - beziehen sich auf eine spezielle Produktfamilie oder ein spezielles Produkt (berücksichtigen die spezifischen Eigenschaften).
  - Für die Prüf- und Messmethoden wird auch auf diese Normen verwiesen, sie haben Vorrang vor der Fachgrundnorm.
- Fachgrundnormen
  - definieren EMV-Anforderungen (einschließlich Prüfmethoden und Grenzwerte) für Produkte in einer bestimmten Umgebung (Industrie, Wohnbereich) und
  - verweisen für Prüf- und Messmethoden auf die Grundnormen.
- Grundnormen
  - beschreiben allgemeine Festlegungen (Begriffsdefinitionen, Beschreibung der Störphänomene, Mess- und Prüfmethoden) und
  - enthalten keine Festlegungen für Grenzwerte und keine produktspezifischen Regelungen.

Kopplungsmodelle

Impedanzkopplung (galvanische Kopplung)

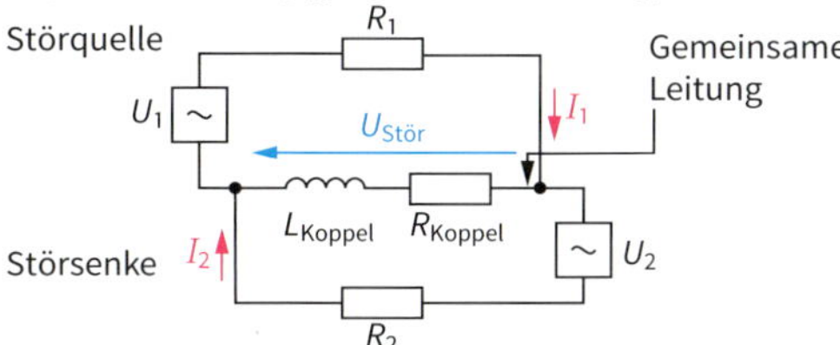

- Die galvanische Kopplung ist leitungsgebunden.
- Die Kopplungsimpedanz ist frequenzabhängig und entsteht durch gemeinsame Nutzung eines Leiterabschnittes durch zwei Stromkreise.
- **Beispiele:**
  Gemeinsame Rückleitung von Schaltkreisen auf einer Flachbaugruppe; Stromversorgungsleitungen (Erdschleifen)

Kapazitive Kopplung

E-Feld
Störquelle
R_L
1
2
$C_{1,2}$
Störsenke
$C_{1,Masse}$
$C_{2,Masse}$
R_i
R_i
Gemeinsame Rückleitung

- Kapazitive Kopplung
  - tritt auf zwischen Stromkreisen, deren Leiter auf unterschiedlichen Potenzialen liegen und
  - wird dargestellt durch Koppelkapazität ($C_{1,2}$), über die Verschiebungsströme von der Störquelle auf die Störsenke eingekoppelt werden und über die gemeinsame Masseverbindung wieder zurückfließen.
- **Beispiel:** parallele Busleitungen

Induktive Kopplung

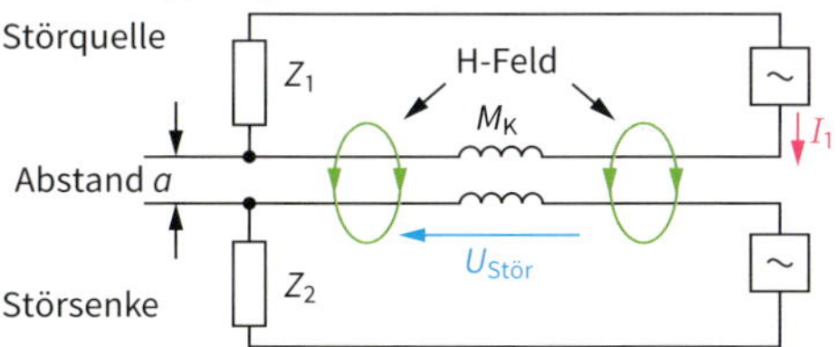

- Die Beeinflussung entsteht durch elektrischen Wechselstrom, der ein Magnetfeld erzeugt.
- Dieses Magnetfeld induziert in benachbarten parallel laufenden Leiterschleifen Störspannungen.
- Sie wird dargestellt über die Koppelinduktivität M_K, die von der Geometrie der Stromkreise abhängig ist.
  Beispiel: Stromversorgungsleitung (hohe Ströme) parallel zur Signalleitung (niedrige Pegel).

Strahlungskopplung

- Die Strahlungskopplung erfolgt über elektromagnetische Wellen (Fernfeld).
- Elektrische und magnetische Felder können dabei nicht mehr getrennt betrachtet werden (keine quasistationären Felder).
- Der Grenzabstand zwischen Nah- und Fernfeld ist frequenzabhängig (ca. 3 m bei 10 MHz).
  Beispiel: Sendeanlagen, Mikrowellengeräte

Merkmale

- Bei der **Zustandsüberwachung** wird der aktuelle Betriebszustand einer Maschine oder Anlage gemessen und mit dem Sollzustand verglichen.
- Festgestellte **Abweichungen** (Veränderungen) können somit frühzeitig im Rahmen einer **präventiven** (vorbeugenden) **Instandhaltungsmaßnahme** beseitigt werden.
- **Rotierende Maschinen** (z. B. Motoren, Pumpen, Ventilatoren) laufen unrund (mechanische Schwingungen) durch veränderte Kraftumsetzungsprozesse (Kräfte, Drehmomente).

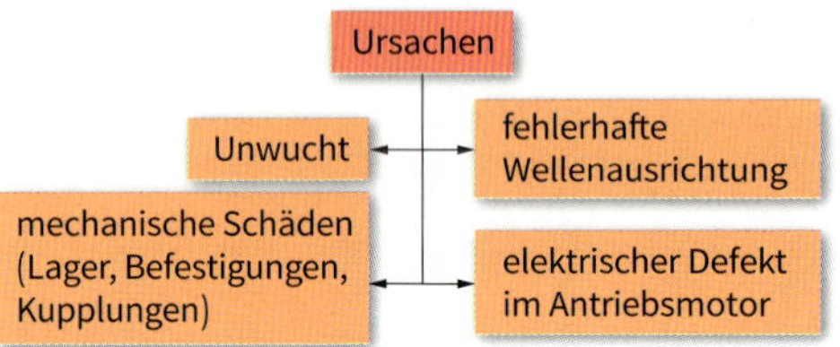

- Als **Kenngrößen** werden verwendet
  - der Schwingweg *s* (sichtbare Schwingungsauslenkung in mm),
  - die Schwinggeschwindigkeit *v* (in mm/s),
  - die Schwingbeschleunigung *a* (in mm/s² und m/s²) und
  - die Umdrehungsfrequenz, Schwingungsfrequenz.
- Die Messung erfolgt
  - kontaktbehaftet oder
  - kontaktlos.
- Bei der **kontaktbehafteten Messung** werden piezoelektrische Sensoren als
  - **Relativbewegungsaufnehmer** (Messung gegen einen äußeren Festpunkt) oder
  - **Absolutbewegungsaufnehmer** (Messung gegen ein gedämpftes Feder-Masse-System) eingesetzt.
- Die **kontaktlose Messung** beruht auf der Anwendung von Laserstrahlen mit dem Doppler-Effekt.
  Damit sind Geschwindigkeiten, Vibrationen und Längen von festen Oberflächen erfassbar.

- Die Umwandlung von der Zeitbereichsdarstellung in die jeweils andere Darstellung erfolgt durch mathematische Operationen (z. B. FFT: Fast Fourier Transformation).
- Die möglichen Schäden sind anhand von charakteristischen Signaldarstellungen (**Schadensfrequenzen**, Fehlerprofil) erkennbar.
- Als **Messgeräte** sind Handmessgeräte für die zyklische Messung und stationäre Einrichtungen für die kontinuierliche Überwachung verfügbar.
- Die Speicherung der Daten von vorangegangenen Messungen als Vergleichswert zur aktuellen Messung ermöglicht eine Zustands-Trenderkennung.

Typische Fehlerstellen

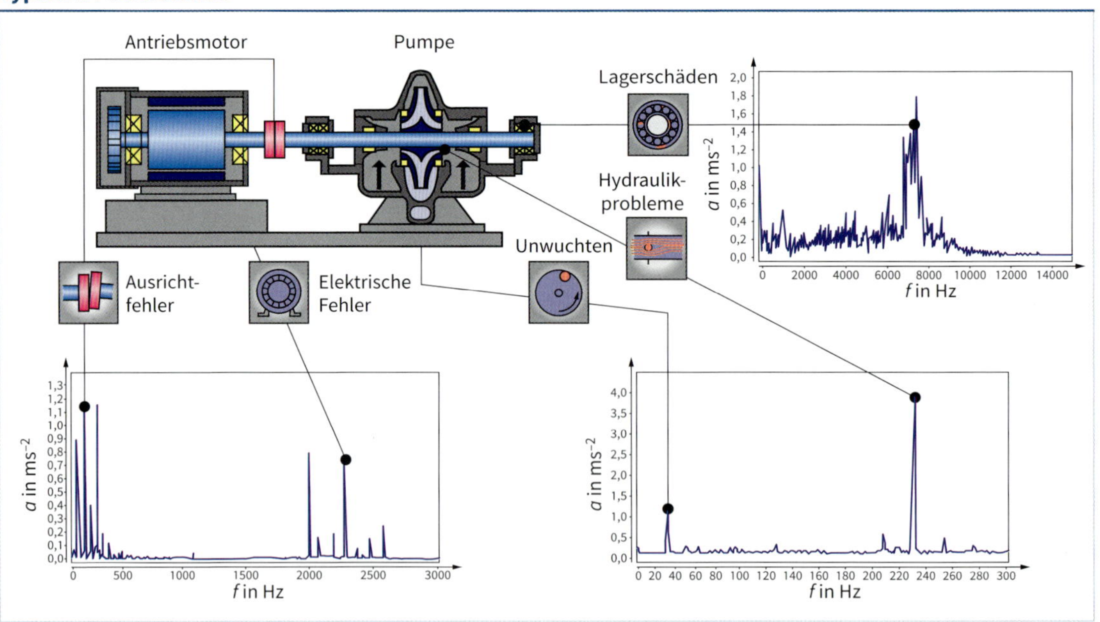

Merkmale

- Für die Zustandsbeurteilung von rotierenden Maschinen sind mehrere Kriterien im Rahmen der Normung festgelegt.
- Die **Grenzwerte** für die jeweils zulässige Betriebsart sind anhand der Schwinggeschwindigkeit quantitativ in der Pegelbewertung erfasst.
- Dabei wird unterschieden:
  - Art der Maschine (elektrische Maschine, Pumpe),
  - Bemessungsleistung und
  - Art des Maschinenfundaments (starr oder weich).

Pegel in mm/s RMS 10 Hz bis 100 Hz bei > 600 min^{-1}	Große elektrische Maschinen Gruppe 1		Mittelgroße elektrische Maschinen Gruppe 2		Pumpen mit mehrschaufligen Laufrädern Gruppe 3		Pumpen mit mehrschaufligen Laufrädern Gruppe 4	
	P = 300 kW … 50 MW		P = 15 kW … 300 kW		P > 15 kW		P > 15 kW	
	Maschinen mit Achshöhe > 315 mm		Maschinen mit Achshöhe 160 … 315 mm		Zwischenwelle Riemenantrieb		Direkter Antrieb	
	starr	weich	starr	weich	starr	weich	starr	weich
≥ 11,00	D	D	D	D	D	D	D	D
7,10 … 11,00	D	C	D	D	D	C	D	D
4,50 … 7,10	C	B	D	C	C	B	D	C
3,50 … 4,50	B	B	C	B	B	B	C	B
2,80 … 3,50	B	A	C	B	B	A	C	B
2,30 … 2,80	B	A	B	B	B	A	B	B
1,40 … 2,30	A	A	B	A	A	A	B	A
0,00 … 1,40	A	A	A	A	A	A	A	A

Auswertung:

- A Werte neuer Maschinen
- B Dauerbetrieb zulässig, eingelaufene Maschine
- C temporärer Betrieb zulässig, erhöhter Verschleiss, Ausfall zu erwarten
- D Maschine schadhaft, Austausch/Instandsetzung erforderlich

Messanordnung

Handmessgerät **Messstelle**

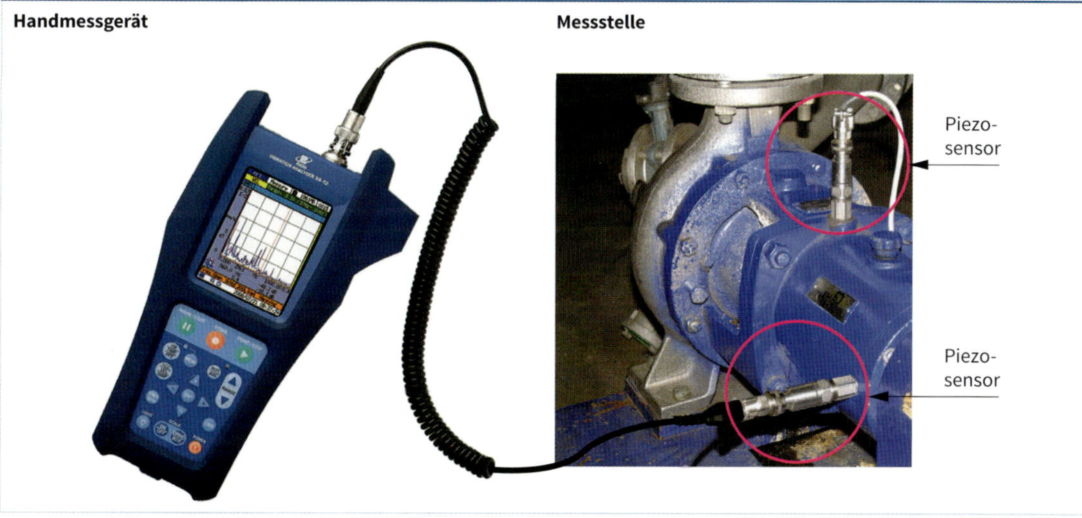

Eigenresonanzfrequenz

- Jede Maschine hat eine Eigenfrequenz (bestimmt durch Materialen und Konstruktion).
- Eine Schwingungsanregung im Bereich der Eigenfrequenz führt zu **Resonanzschwingungen** mit starken Resonanzüberhöhungen und ggf. zur Zerstörung der Maschine.
- Die Ermittlung der Eigenfrequenz erfolgt mit dem sogenannten **Anschlagverfahren**.
- Durch externes Anschlagen der in Ruhe befindlichen Maschine mit einem Hammer wird eine Schwingungsanregung durchgeführt und gemessen.
- Mittels Frequenzanalyse werden die Resonanzgrundschwingung und die zugehörigen Oberschwingungen ermittelt. Sie dienen als Grundlage für konstruktive Änderungen oder ggf. zusätzlich zu installierende Dämpfungen in der Maschinenlagerung.

Instandhaltungselemente

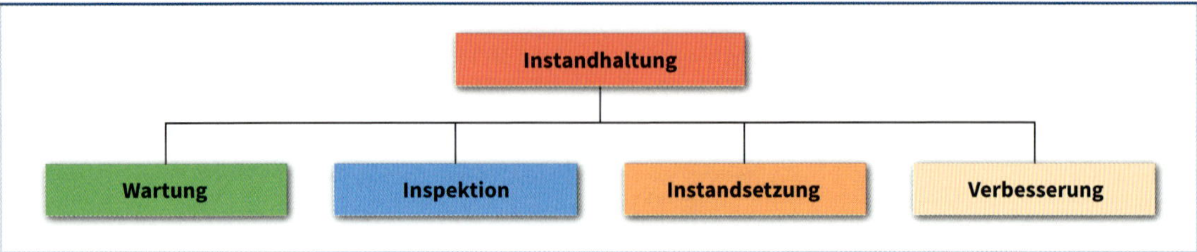

Begriffe

Instandhaltung	Kombination aller Maßnahmen (technisch, administrativ, Management) zur Erhaltung oder Wiederherstellung des funktionsfähigen Zustandes	Abnutzung	Abbau des Abnutzungsvorrates durch physikalische/chemische Einwirkungen (z. B. Verschleiß, Alterung, Rost, …)
Wartung	Maßnahmen zur Verzögerung des Abbaus eines vorhandenen Abnutzungsvorrates	Abnutzungsvorrat	Vorrat möglicher Abnutzung bei gleichzeitiger Funktionserfüllung
Inspektion	Feststellung und Beurteilung des Ist-Zustandes einschließlich Ursachenbestimmung der Abnutzung und Ableitung notwendiger Konsequenzen	Funktion	Durch den Verwendungszweck bedingte Aufgabe (z. B. Pumpen von mind. 50 l/min)
		Fehler	Zustand, in dem das System unfähig ist, die geforderte Funktion zu erfüllen
Instandsetzung	Wiederherstellung des funktionsfähigen Zustandes (außer Verbesserungen)	Fehleranalyse	Nach Fehlerdiagnose (Erkennung, Ortung, Ursachenermittlung) erfolgt eine Prüfung, ob eine Verbesserung machbar und wirtschaftlich ist
Verbesserung	Kombination aller Maßnahmen zur Steigerung der Funktionsfähigkeit, ohne die geforderte Funktion zu ändern	Schwachstelle	System, bei dem ein Ausfall häufiger auftritt, als dies nach der geforderten Verfügbarkeit zu erwarten ist

Einfluss der Instandhaltung

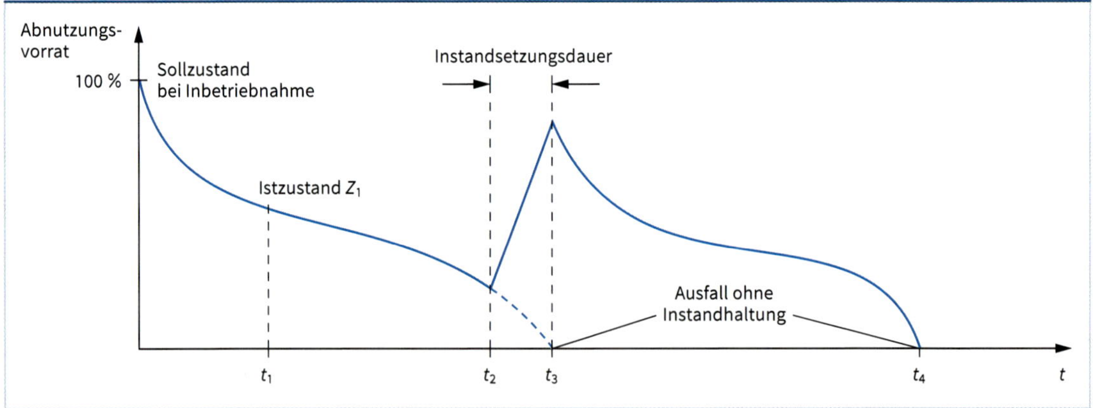

Instandhaltungsstrategien

vorbeugend		störungsbedingt
■ **zeitorientiert** Instandhaltungsmaßnahmen in festen Zeitabständen (z. B. durch Hersteller vorgegeben).	■ **zustandsorientiert** Instandhaltungsmaßnahmen sind abhängig vom technischen Zustand des Systems; erfordert Überwachung, Inspektionen oder Abnutzungsmodelle.	■ **ereignisorientiert** Instandhaltungsmaßnahmen bei Störungen des Systems.

RCM (**R**eliability **C**entered **M**aintenance): zuverlässigkeitsorientierte oder auch vorausschauende Instandhaltung kombiniert die o. g. Strategien zu einem wirtschaftlichen Optimum.

Begriffe

- **Gefährdung** ist der mögliche Schaden oder die eventuelle gesundheitliche Beeinträchtigung von Personen.
- **Gefährdungsbeurteilung** ist der systematische Prozess zur Ermittlung und Bewertung von Gefährdungen der Beschäftigten.

Anforderungen

- Der **Arbeitgeber**
  - ist zur Erstellung einer Gefährdungsbeurteilung für die Arbeitsmittel am Arbeitsplatz verpflichtet (§5 ArbSchG).
  - muss die notwendigen Maßnahmen für die sichere Bereitstellung und Benutzung der Arbeitsmittel ermitteln (§3 BetrSichV).
  - muss Prüfart-, -umfang und -frist ermitteln.
  - muss die Voraussetzungen für den Prüfenden festlegen.
- Gefährdungsbeurteilungen sind z. B. erforderlich
  - bei neuen Arbeitsmitteln,
  - zur Bestimmung von Prüffristen und
  - nach Stör- bzw. Unfällen.
- Die **Ergebnisse** der Gefährdungsbeurteilung müssen **dokumentiert** werden (§6 ArbSchG, §3 BetrSichV).

Durchführung

Checklistenauswertung:

1. **Gefährdungsmerkmale bewerten**:
   Für das jeweilige Arbeitsmittel/Gerät jedes Merkmal in der Liste mit den Gefährdungsklassen 1 … 7 ① bewerten.

2. **Gesamtgefährdungsklasse bestimmen**:
   - Haben **alle Merkmale die gleiche Gefährdungsklasse**, so bestimmt diese auch die gesamte Gefährdungsklasse.
   - Liegen **alle Merkmale im Bereich 1 bis 4**, so ist zusammenfassend die Gefährdungsklasse 3 oder 4 auszuwählen.
   - Wurde **ein Merkmal mit 5 oder 6** bewertet, so bestimmt dies in der Regel die Gefährdungsklasse des Gerätes.
   - Liegen **mehrere Merkmale bei 5, 6 oder auch 7**, so ist zusammenfassend die Gefährdungsklasse mit 7 anzugeben oder zu entscheiden, ob das Gerät instandgesetzt bzw. ausgesondert wird.

3. **Gefährdungsklasse und nächsten Prüftermin ② festlegen.**

Checkliste zur Prüffristenermittlung (Beispiel)

Bewertung: Zustand und Beanspruchung des Arbeitsmittels und Gefährdung des Anwenders/Ermitteln Prüfturnus

		1	2	3	4	5	6	7
	Gefährdungsklasse →	1	2	3	4	5	6	7 ①
	Zustand →	Spitzenniv.	sehr gut	gut	normal	beeinträchtigt	schlecht	sehr schlecht
	Einwirkung/Gefährdung →	keine	s. niedrig	niedrig	normal	erhöht	hoch	sehr hoch
	MERKMALE	**BEWERTUNG DER MERKMALE**						
STAND	Prüf- und CE-Zeichen	ja, beide X	---- -	--- -	nur CE	--- -	--- -	keins
STAND	Gesamteindruck	Spitze	s. gut	gut X	wie üblich	mäßig	schlecht	Mängel der Sicherheit
STAND	Verschleiß	keiner	kaum X	wenig	keine Beeinträchtigung	bedenklich	erheblich	
STAND	Befestigungen Körper	Spitze	sehr gut	wenig X	üblich, ausreichen	bedenklich	schlecht	vorhanden
GEFÄHRDUNG	Ordnung	Spitze	s. gut	gut X	wie üblich	schlecht	s. schlecht	Gefahr
GEFÄHRDUNG	Schwere der Arbeit	nicht	kaum X	wenig	normal	erhöht	hoch	s. hoch
GEFÄHRDUNG	Temperatur, (Schweiß)	kein	----	----- -	wie üblich X	mäßig	stark	s. stark
GEFÄHRDUNG	Hoher Standort	nein X	----	gut -	gering	erhöht	erheblich	s. hoch
GEFÄHRDUNG	Anwenderkontakt mit Arbeitsm. leitenden Teilen	keine X	selten schwach	wenig schwach	normales Anfassen	öfter, fester	viel oder kräftig o. großfläch.	viel und groß-flächig
GEFÄHRDUNG	Fachkunde d. Anwend.	Spitze	s. gut X	gut	ausreichend	wenig	zu wenig	negativ
ERGEBNIS	**Gefährdungsklasse** Entscheidung →	1	2	3	(4)	5	6	7
ERGEBNIS	**Prüfturnus** ② Vorschlag →	...7J........6J........5J........4J........3J........2J........1J........6M........1M........1W........?.						
ERGEBNIS	**Prüfturnus** Entscheidung →	2 Jahre						

(Vordruck: Pflaum Verlag)

Zusammenhang zwischen Material und Bohrer

	Holz	Kunststoff: Thermoplast	Kunststoff: Duroplast		Metall: Stahl … 900 N/mm²		Metall: Gusseisen		Metall: Aluminium		Metall: Kupfer	Stein: Ziegel u. ä.	Stein: Beton, Fliesen
Bohrermaterial	HSS	HSS	HSS	HM	HSS	HM	HSS	HM	HSS	HM	HSS	HM	HM
Spitzenwinkel	180°	80°…110°	100°…120°		130°		118°		140°		140°	140°	140°
Spiralwinkel	ca. 20°	10°…13°	16°…30°		16°…30°		16°…30°		35°…40°		20°…40°	16°…30°	16°…30°
Schnittgeschwindigkeit in m/min	ca. 100	30…80	30…40	100…120	15…20	40…70	12…40	25…80	50…200	2000…400	35…70	25…50	20…40
Vorschub in mm/Umdrehung	1	0,1…0,5	0,04…0,6		0,03…0,35	0,02…0,12	0,05…1,3	0,1…0,3	0,15…0,6	0,05…0,25	0,15…0,5	0,1…0,4	0,1…0,3

HSS: Bohrer aus **H**ochleistungs-**S**chnellarbeit**s**stahl **HM:** Bohrer mit **H**art**m**etallschneide

Gewindeschneiden

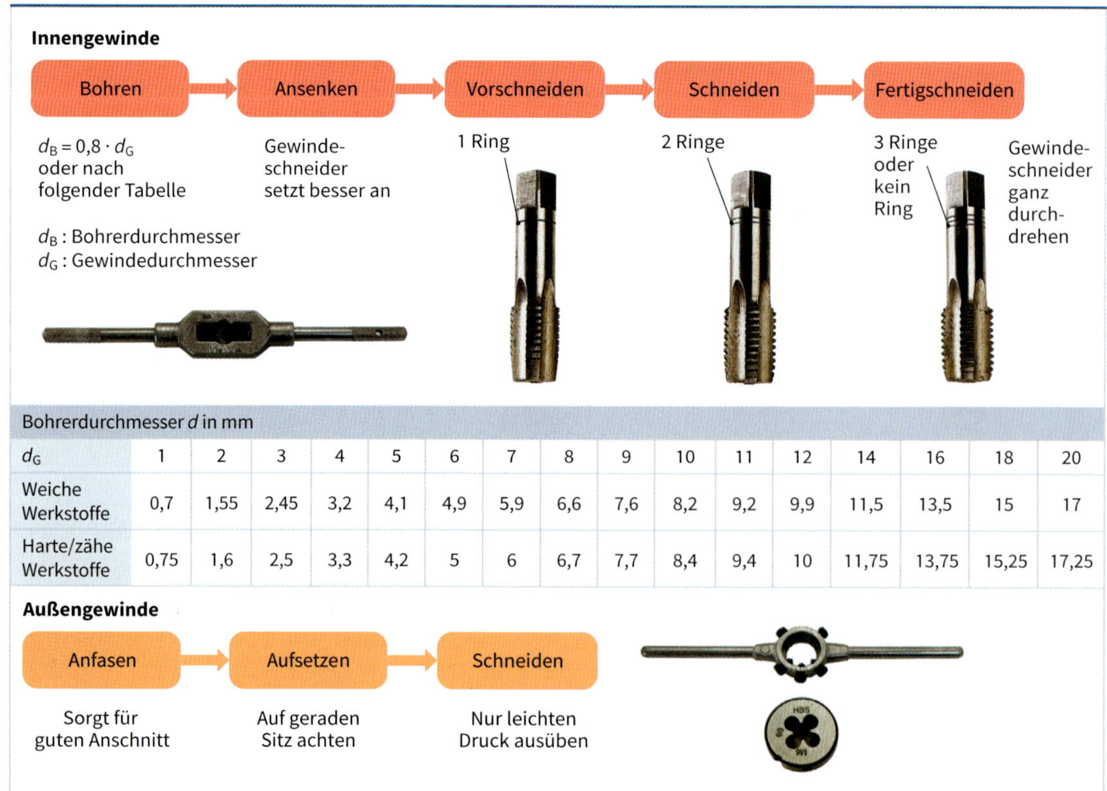

Innengewinde

Bohren → Ansenken → Vorschneiden → Schneiden → Fertigschneiden

Bohren: $d_B = 0{,}8 \cdot d_G$ oder nach folgender Tabelle

d_B : Bohrerdurchmesser
d_G : Gewindedurchmesser

Ansenken: Gewindeschneider setzt besser an

Vorschneiden: 1 Ring

Schneiden: 2 Ringe

Fertigschneiden: 3 Ringe oder kein Ring

Gewindeschneider ganz durchdrehen

Bohrerdurchmesser *d* in mm																
d_G	1	2	3	4	5	6	7	8	9	10	11	12	14	16	18	20
Weiche Werkstoffe	0,7	1,55	2,45	3,2	4,1	4,9	5,9	6,6	7,6	8,2	9,2	9,9	11,5	13,5	15	17
Harte/zähe Werkstoffe	0,75	1,6	2,5	3,3	4,2	5	6	6,7	7,7	8,4	9,4	10	11,75	13,75	15,25	17,25

Außengewinde

Anfasen → Aufsetzen → Schneiden

Anfasen: Sorgt für guten Anschnitt

Aufsetzen: Auf geraden Sitz achten

Schneiden: Nur leichten Druck ausüben

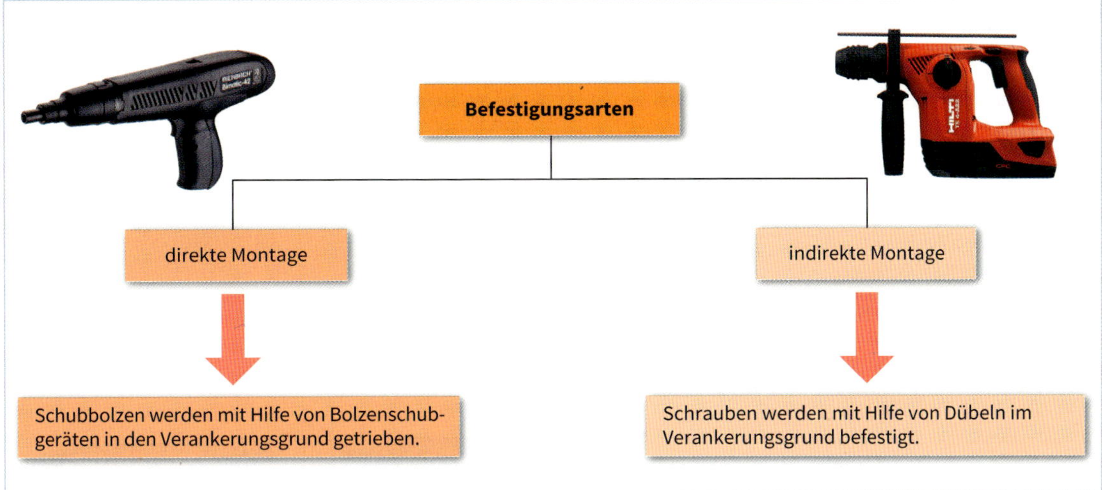

Direkte Montage

Untergrund:
- Beton C12/15 … C40/50 (Festigkeitsklassen)
- Stahl H < 450 N/mm² (Festigkeit)
- Kalksandvollstein

Schubbolzentypen:

Nagel

Gewindebolzen

Bolzenschubgerät:
Treibladung (Kartusche oder Druckluft) treibt Kolben schlagartig gegen Schubbolzen, dadurch wird dieser in den Untergrund getrieben.

- Sicherheitsvorschriften:
  - Schubbereitschaft darf erst nach Anpressen der Mündung vorhanden sein.
  - Anpressen darf kein Schieben bewirken.
  - Beim Herunterfallen des Gerätes darf kein Auslösen erfolgen.
  - Schieben nur bei geschlossenem Gerät.
- Notwendige Angaben:
  - Zulassungszeichen der PTB ①
  - Wiederholungsprüfungszeichen ②
  - Warenzeichen des Herstellers
  - Typenbezeichnung
  - Seriennummer
  - Vorgeschriebene Kartusche

PTB
S 800 ①

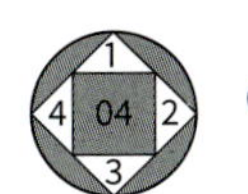

②

- Hinweis:
  Vorbohren mit geringer Tiefe erhöht die mögliche Tragkraft und vermeidet bei Beton eventuelle Setzausfälle durch Sandkörner.
- Anwender:
  - Mindestalter 18 Jahre oder unter Aufsicht
  - Vertrautheit mit Handhabung und Einsatz des Gerätes
  - Kenntnis der Gefahren

Indirekte Montage

Untergrund:
- Beton
- Porenbeton
- Mauerwerk
- Naturstein

Gründe für Dübelauswahl:
- Untergrund-Material
- Untergrund-Geometrie, z. B. Randnähe
- Umgebung, z. B. Feuchtigkeit
- Montageart, z. B. Einzeln, Gruppen
- Tragkraft
- Belastung, z. B. Schrägbelastung
- Sicherheit, z. B. Gefahr für Menschen
- Verhalten bei Brand

Dübelarten:
- Kunststoffdübel
  für leichte und mittlere Belastung

z. B. Spreizdübel

- Metalldübel
  für leichte bis schwere Belastung
  Beim Anziehen der Schraube auf richtiges Drehmoment achten

z. B. Schwerlastanker

- Injektionsdübel
  für schwere Belastung und bei kleinen Randabständen

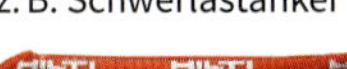

z. B. Patronensystem

1. Verbundmasse wird entweder als Patrone oder mit einer Kartusche in das Bohrloch eingeführt.
2. Anschließend wird das Metallteil eingeschraubt.
3. Die Verbundmasse härtet dann aus.

Hinweise:
- Bohrloch-Durchmesser muss mit Dübel-Durchmesser übereinstimmen.
- Bohrloch vor dem Setzen des Dübels unbedingt reinigen.

Merkmale

- Crimpen (pressen, eindrücken) dient zur Herstellung von **lötfreien** elektrischen Verbindungen in der Elektrotechnik.
- Dazu werden der Verbinder und die Anschlussleitung **mechanisch** miteinander **verpresst**.
- Die einmal hergestellte Verbindung ist nur durch Zerstörung lösbar.
- Voraussetzung für eine ordnungsgemäße Verbindung ist die korrekte Auswahl der Komponenten Leiter, Verbinder, Werkzeug und Werkzeugeinstellung.
- Bei **gasdichten** Verbindungen kann unter normalen atmosphärischen Bedingungen weder ein flüssiges noch ein gasförmiges Medium in die Crimpstelle eindringen.
- **Ausziehkraft** ist die Kraft, die erforderlich ist, um den vercrimpten Leiter aus dem Verbinder zu ziehen.
- Die Messung der Ausziehkraft liefert Aussagen über die mechanische Festigkeit und Haltekraft der Crimpverbindung.
- Die jeweilige **Crimpform** wird bestimmt durch den Verbinder und den anzuschließenden Leiter.
- Zur manuellen Fertigung von Crimpverbindungen werden Handwerkszeuge eingesetzt, die u. a. über wechselbare Crimpeinsätze und Zwangsführungen für die vollständig durchgeführte Crimpung verfügen.

Crimpverbindung

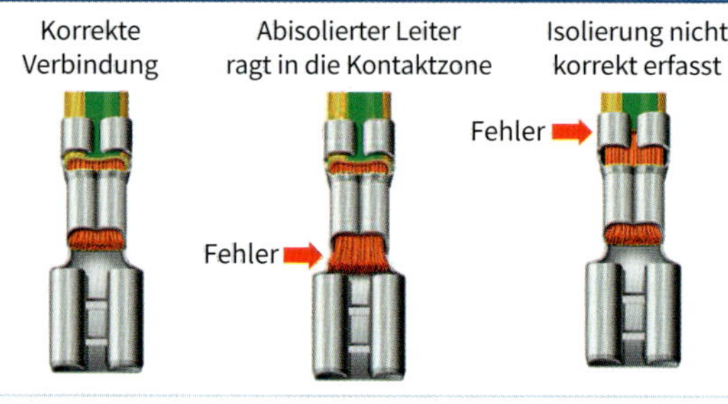

Handcrimpzange

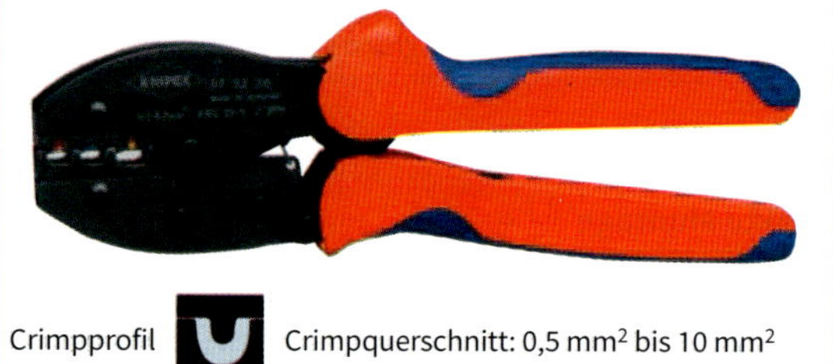

Crimpprofil Crimpquerschnitt: 0,5 mm² bis 10 mm²

Gasdichtheit

- **Nicht ausreichende** Verpressung führt zur Oxidation und somit zur Erhöhung des Übergangswiderstandes.
- **Korrekte Verpressung** wird erreicht durch ausreichenden Druck beim Crimp-Vorgang.

Hohlräume

Schliffbild

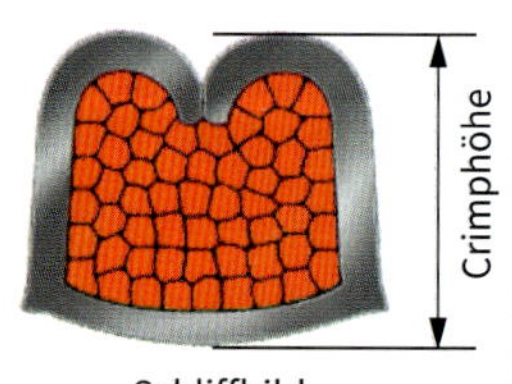

Schliffbild

Crimphöhe

- Der elektrische Leitwert (G) und die Auszugskraft (F) werden durch die Crimphöhe definiert.
- Zwischen beiden Idealzuständen liegt der optimale Bereich.
- Messungen erfolgen z. B. mit Crimphöhenmessschieber.

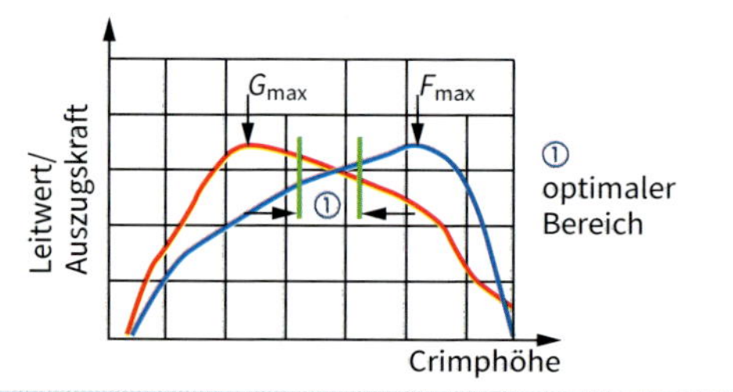

Crimpverbinder und Schliffbilder

Aderendhülse	Vierkant-Crimpung	Flachsteckverbinder	F-Crimpung
Kabelschuh (unisoliert)	W-Crimpung	Stoßverbinder	Sechskant-Crimpung

Farbcode isolierte Aderendhülsen

Zuordnung der genormten Leiterquerschnitte zu farbigen Isolierungen (DIN 46288)

Querschnitt in mm²		Querschnitt in mm²	
0,14	grau	4	grau
0,25	gelb	6	gelb
0,34	türkis	10	rot
0,50	weiß	16	blau
0,75	grau	25	gelb
1	rot	35	rot
1,5	schwarz	50	blau
2,5	blau		

Merkmale

- Wire-wrap (Drahtwickel) dient zur elektrischen Verbindung eines **massiven runden** Leiters mit einem massiven Vierkantstift.
- Der Leiter wird dabei in mehreren Windungen durch das Werkzeug unter **mechanischer Spannung** fest um den Stift gewickelt.
- An den Kanten des Stifts entsteht eine **korrosionsfreie** und **gasdichte** Verbindung.
- Der Leiter muss eine genügend hohe **Bruchdehnung** aufweisen (mind. 15 % bei 0,5 mm bzw. 20 % bei größerem Durchmesser).
- Wickeleinsätze werden unterschieden nach **Standard-**, **Modifizierter Standard-** und **K.A.A.**-Einsatz (**K**ombiniert **A**bschneiden und **A**bisolieren).
- Für korrekte Verbindungen sind der Wickeleinsatz, der Leiterdurchmesser und der Stiftdurchmesser aufeinander abzustimmen (Tabellenwerte).
- Als Werkzeug werden handgeführte und maschinelle Werkzeuge eingesetzt.
- Die **Qualitätsprüfung** erfolgt durch Abzugskraft- und Abwickelprüfung (u. a. Wickelverschiebung und Sprödigkeit des Leiters, z. B. durch Überdehnung).

Wickeleinsatz

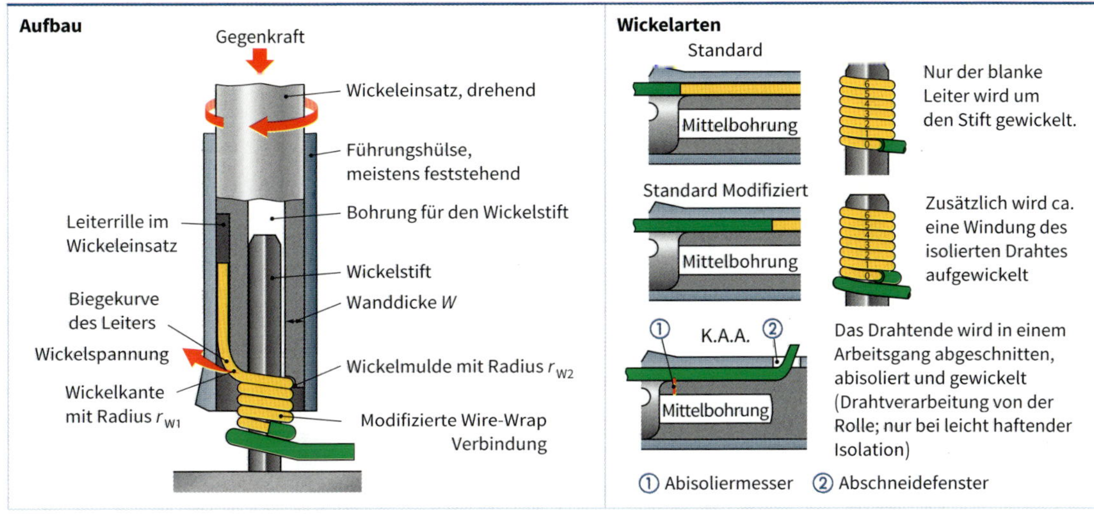

Arbeitsschritte (maschinell)

Abisoliertes Drahtende in Wickeleinsatz einführen

Wickeleinsatz über Wickelstift führen und wickeln

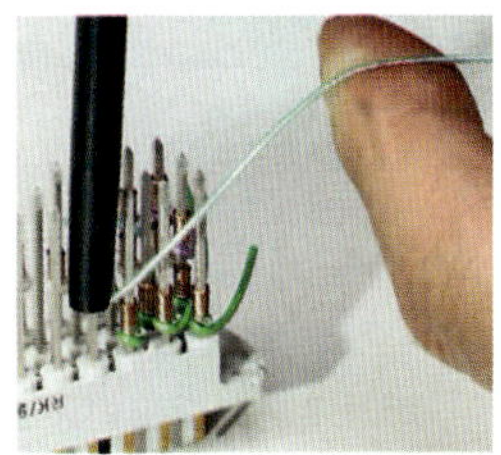

Arbeitsschritte (manuell)

Handwicklung/Entdrahtung

- Erfolgt mit Handwickelstift
- Kombinierte Werkzeuge ermöglichen
  - abisolieren,
  - wickeln und
  - entdrahten.
- Anwendung u. a. bei Verdrahtungsänderungen bzw. Verdrahtungsergänzungen.

Fehlerhafte Wickel

Ungenügende Isolationsbewicklung

Leiter zu kurz in Wicklungseinsatz eingeführt

Auseinandergezogene Wicklung

Werkzeug beim Wickeln nicht richtig geführt

Überwicklung

Schlecht angepasster Wickeleinsatz

Schweineschwänzchen am Ende der Wicklung

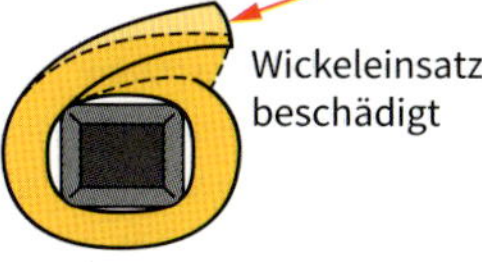

Wickeleinsatz beschädigt

Merkmale

- Kabelschuhe werden eingesetzt zur Verbindung von Leitern an Schraubanschlüssen.
- Sie unterscheiden sich in
  - den mechanischen Abmessungen,
  - der Bauform und
  - den zulässigen Einsatzbereichen (Verbindungen von Kupferleitern, Aluminiumleitern, Kombination Kupfer- und Aluminiumleiter oder Edelstahlausführungen).

Arten

- Presskabelschuhe (DIN 46235) ①
- Rohrkabelschuhe (handelsübliche Normalausführungen) ②
- Quetschkabelschuhe (DIN 46234) ③

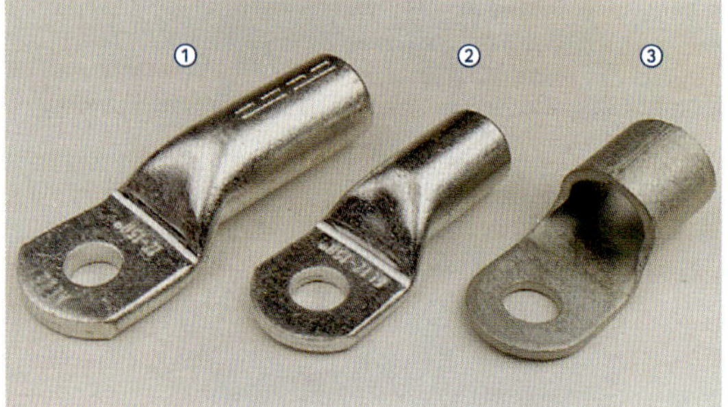

- **Presskabelschuhe**
  - Anwendung:
    Pressverbindung von ein-, mehr-, fein- und feinstdrähtigen Kupferleitungen.
    Markierungen:

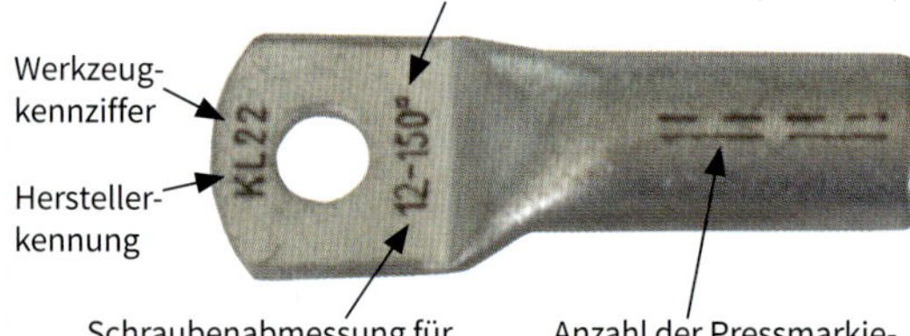

  - Einsatz:
    Überwiegend bei Installationen im Bereich der Versorgungsnetzbetreiber
- **Rohrkabelschuhe**
  - Auch als handelsübliche Normalausführung bezeichnet.
  - Sind kürzer als Presskabelschuhe und haben andere Rohrabmessungen.
  - Die Haltbarkeit der elektrischen und mechanischen Verbindung ist gleich wie bei Presskabelschuhen.
- **Quetschkabelschuhe**
  - Bestehen aus geformten Blechen mit einer Lötnaht.
  - Anwendung für mehr-, fein- und feinstdrähtige Leiter.
  - **Nicht** für eindrähtige Massivleiter geeignet.

Pressformen

- Bei DIN-Kabelschuhen sind die **Presswerkzeuge** mit **Kennziffereinsätzen** zu verwenden (DIN 48083).
- Für die Verarbeitung von **Rohrkabelschuhen** sind die **Verarbeitungsangaben** der **Hersteller** einzuhalten.
- **Sechskantpressung**
  - Verpressung für Kupfer- und Aluminiumleiter.
  - **Keine** gasdichte Verpressung.

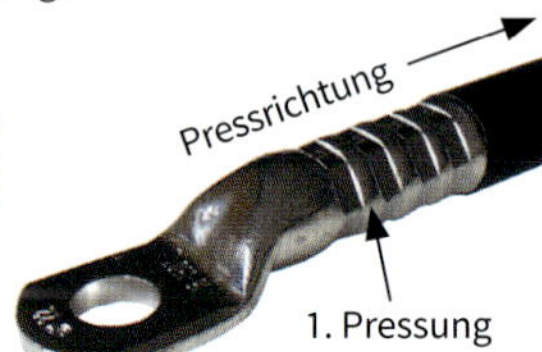

④ Schmalpressung
⑤ Breitpressung

- **Ovalpressung**

  - Die Verbindung ist **gasdicht**.
  - Keine Oxidation zwischen den Einzeldrähten unter normalen atmosphärischen Bedingungen.
  - Dauerhaft hoher Leitwert.
- **Kerbung**

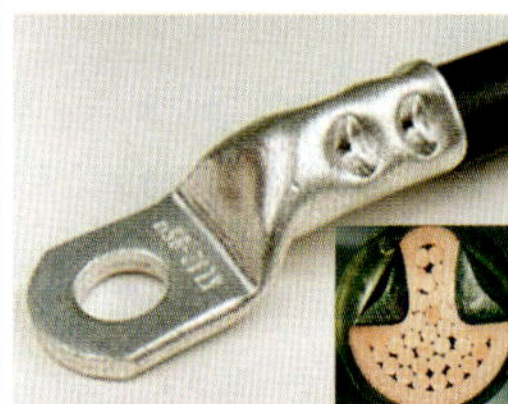

  - Anwendung für fein- und feinstdrähtige Leiter (häufig im Schaltschrankbau).
  - Nur für Kupferleiter.
  - Keine genormte Pressform.
- **Dornpressung**

  - Für Verbindungen mit Quetschkabelschuhen.
  - Geeignet für isolierte Kabelschuhe.
  - Keine genormte Pressform.

Verbindung von Aluminium- und Kupferleitern

- Spezielle Pressverbinder (Al/Cu-Kabelschuhe bzw. Kabelverbinder) erforderlich.
- Die materialspezifischen Verabeitungsvorgaben (Werkzeuge und Pressvorgaben je Materialseite) unbedingt einzuhalten.

Beispiel: Al/Cu-Reduzierverbinder

Merkmale

- Elektrische Steckverbinder sind in der Elektrotechnik ein wesentlicher Bestandteil zur Herstellung elektrisch leitender Verbindungen unterschiedlicher Komponenten.
- Wesentliche **Kriterien** für die Auswahl eines Steckverbinders sind u. a.
  - Anzahl der Kontakte,
  - Strombelastbarkeit und
  - Spannungsfestigkeit.
- Im **industriellen Bereich** werden für die Verbindung von Flachbaugruppen mit dem jeweiligen Aufbausystem Steckverbinder nach DIN EN 60603 eingesetzt.
- Diese Steckverbinderfamilie zeichnet sich u. a. durch eine große Vielfalt an Anschlusstechniken und Kontaktvarianten aus.
- Definitionsgemäß sind diese Verbinder festgelegt auf eine **maximale Betriebsfrequenz** von 3 MHz.

Bauform

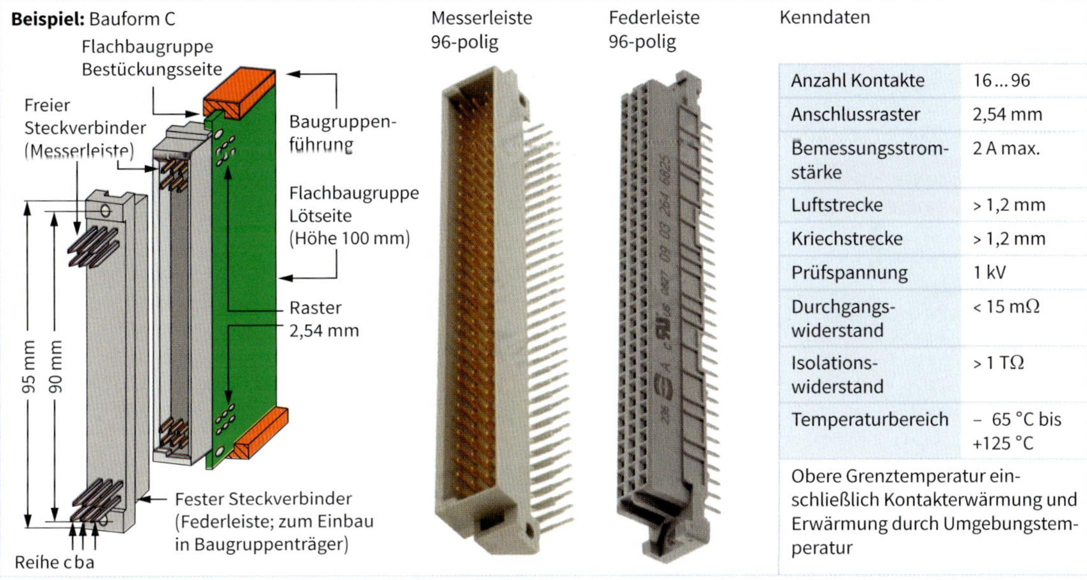

Kenndaten

Anzahl Kontakte	16 ... 96
Anschlussraster	2,54 mm
Bemessungsstromstärke	2 A max.
Luftstrecke	> 1,2 mm
Kriechstrecke	> 1,2 mm
Prüfspannung	1 kV
Durchgangswiderstand	< 15 mΩ
Isolationswiderstand	> 1 TΩ
Temperaturbereich	– 65 °C bis +125 °C

Obere Grenztemperatur einschließlich Kontakterwärmung und Erwärmung durch Umgebungstemperatur

Bezeichnungsschema

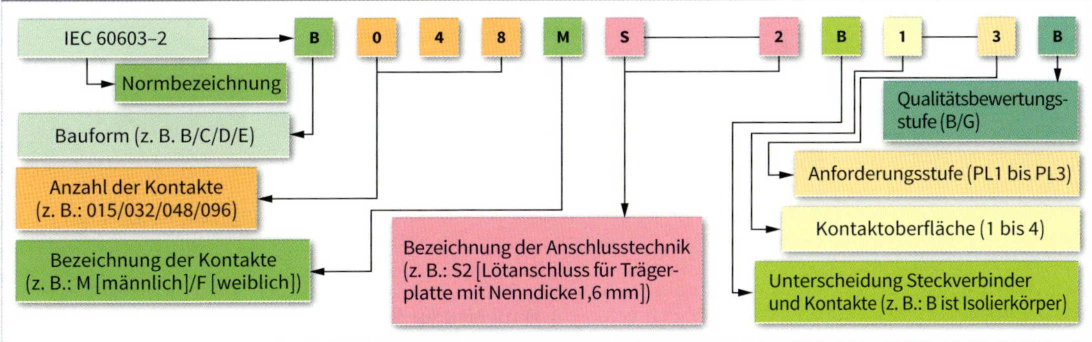

Verbindungstechniken

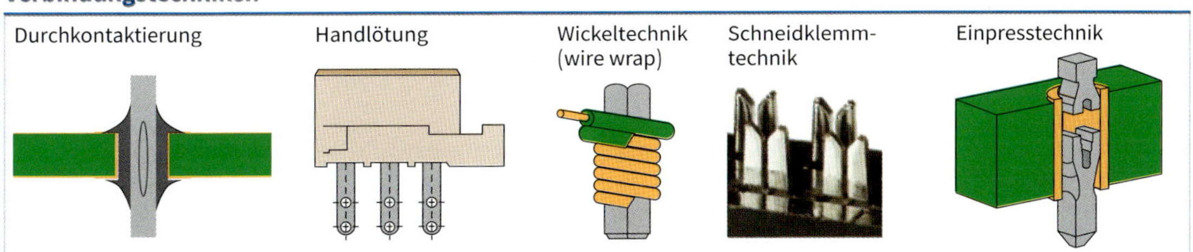

Anforderungen

- Übergangswiderstand gering halten
  - Steckverbindungen: Oxidation erhöht den Widerstand
- Korrosion vermeiden
  - Keine Feuchtigkeit in der Verbindungsstelle zulassen.
- Schwingungen vermeiden
  - Kann zu Brüchen führen.
  - Kann Klammern lockern.
- Verschleiß vermeiden
  - Bei Steckverbindungen sind die Oberflächen entsprechend zu behandeln.
- Elektrochemische Elemente vermeiden
  - Nach Möglichkeit nur gleiche Metalle verbinden.
- Temperaturwechsel vermeiden
  - Feste Verbindungen können sich lockern.

Arten

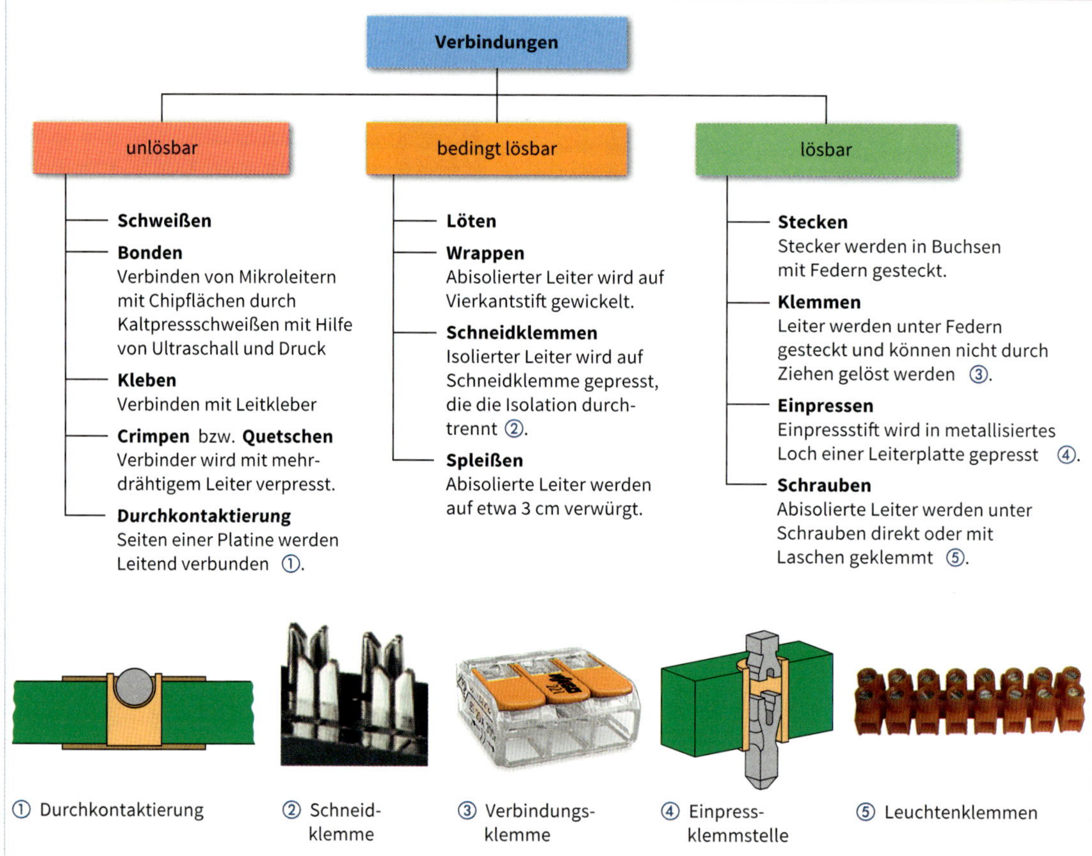

① Durchkontaktierung ② Schneidklemme ③ Verbindungsklemme ④ Einpressklemmstelle ⑤ Leuchtenklemmen

Anwendungen

- Für **starre** (r: rigid) **Leiter** können alle Verbindungsarten verwendet werden.
- Für **flexible** (f: flexible) **Leiter** können nur die Verbindungsarten Kleben, Crimpen, Löten, Spleißen, Klemmen[1] und Schrauben eingesetzt werden.
- Für **mehrdrähtige** (s: stranded) **Leiter** können nur die Verbindungsarten Kleben, Crimpen, Löten, Klemmen[1] und Schrauben benutzt werden.

[1] Hierbei sind häufig Aderendhülsen erforderlich

Hinweise für Klemmstellen

- Klemmstellen können außer dem Bemessungsquerschnitt (**Bemessungs-Anschlussvermögen**) auch die beiden nächstniedrigen Leiterquerschnitte aufnehmen.
- Länge der **Abisolierung** genau nach Herstellerangaben vornehmen.
- Auf Klemmstellen dürfen **keine Zugkräfte** wirken.
- Klemmstellen, die mit dem Buchstaben **r** gekennzeichnet sind, dürfen nur für **starre Leiter** verwendet werden.

Anschlusskomponenten

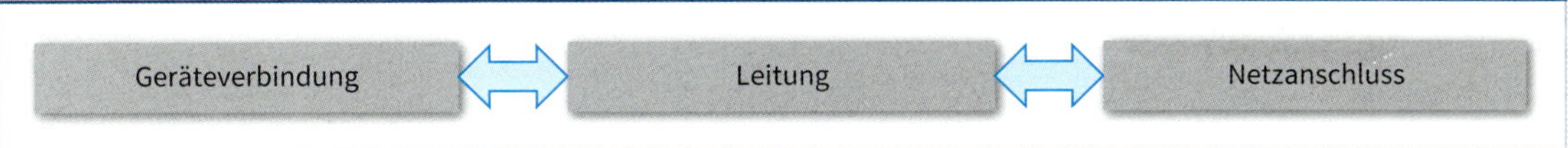

Geräteverbindung

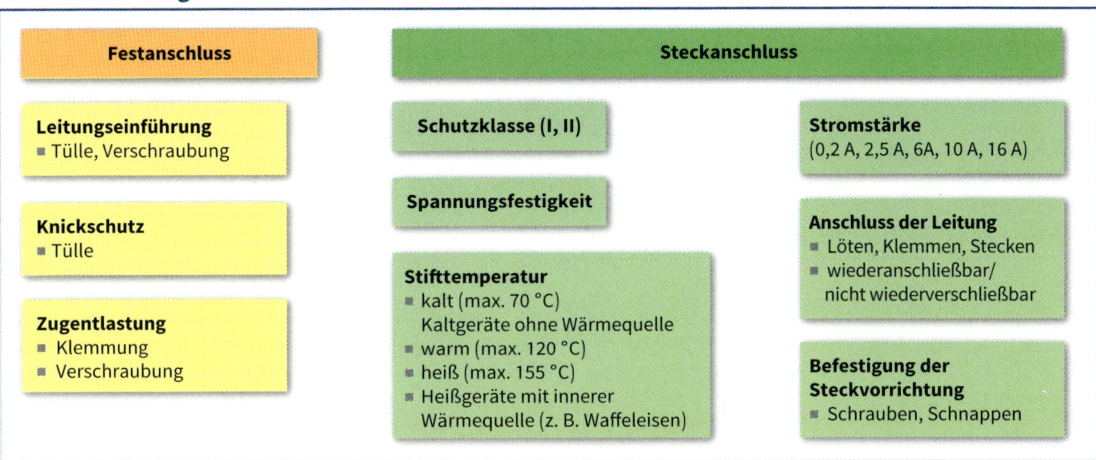

Geräteverbindung

Steckanschlüsse	DIN EN 60320-1: 2016-04
■ $I_r = 0{,}2$ A ■ $\vartheta_{max} = 70$ °C ■ Schutzklasse II	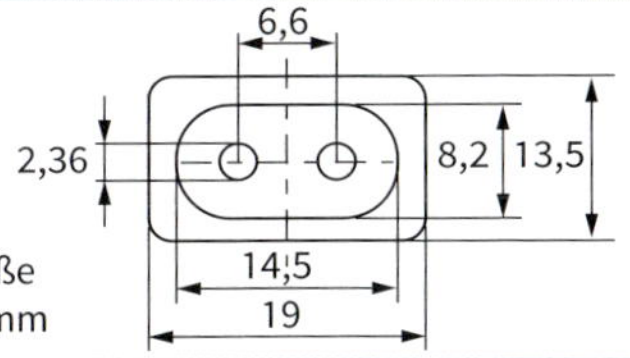 6,6; 2,36; 8,2; 13,5; 14,5; 19 Maße in mm
■ $I_r = 2{,}5$ A ■ $\vartheta_{max} = 70$ °C ■ Schutzklasse II	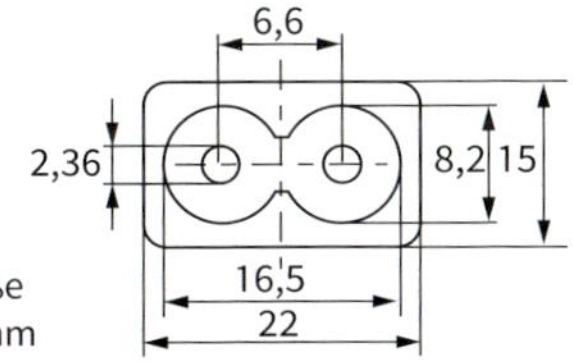 6,6; 2,36; 8,2; 15; 16,5; 22 Maße in mm
■ $I_r = 2{,}5$ A ■ $\vartheta_{max} = 70$ °C ■ Schutzklasse I	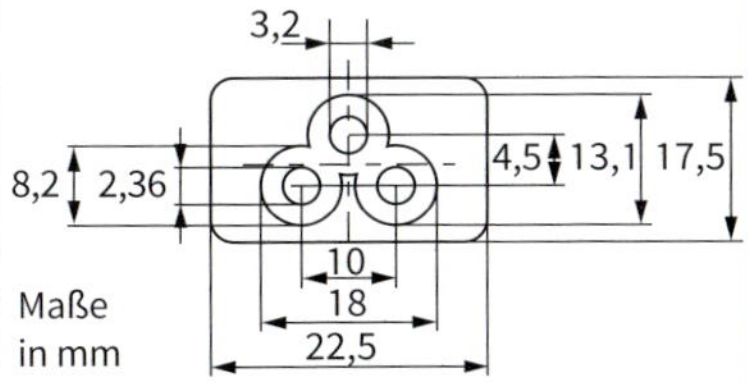 3,2; 8,2; 2,36; 4,5; 13,1; 17,5; 10; 18; 22,5 Maße in mm
■ $I_r = 16$ A ■ $\vartheta_{max} = 155$ °C ■ Schutzklasse I	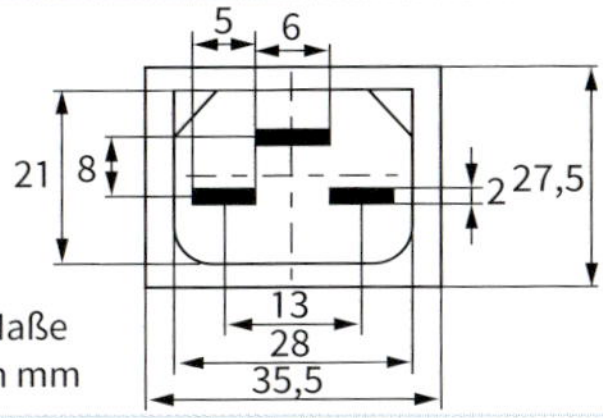 5; 6; 21; 8; 2; 27,5; 13; 28; 35,5 Maße in mm

Netzanschluss

Steckanschlüsse	DIN VDE 0620-1: 2016-01
■ Stecker sollten europäisch vereinheitlicht werden. ■ Diese Vorhaben war nicht erfolgreich. Als Ergebniss wurden verschiedene europäische Steckverbinder festgelegt (CEE-System). ■ CEE[1]: Commission on the Rules for the Approval of the Electrical Equipment (Europäische Behörde für die Regelung der Zulassung elektrischer Ausrüstungen)	
Eurostecker: ■ $I_{max} = 2{,}5$ A ■ Schutzklasse II ■ Typ: CEE 7/16	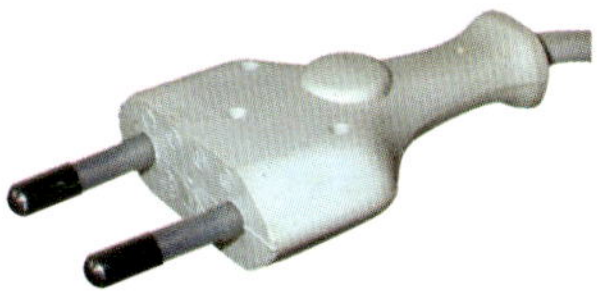
Konturenstecker: ■ $I_{max} = 10$ A ■ Schutzklasse II ■ ohne Schutzleiter ■ Typ CEE 7/17	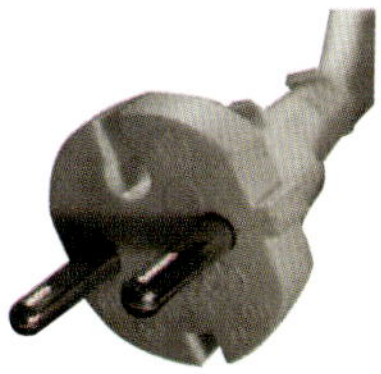
Schukostecker: ■ $I_{max} = 16$ A ■ Schutzklasse I ■ Typ: CEE 7/4	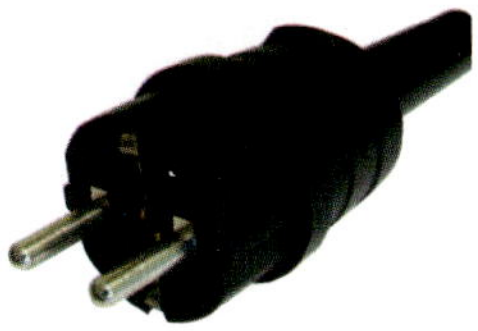

[1] CEE: Communauté Economique Européene

Unterscheidungsmerkmale

- Steckverbinder werden nach folgenden Merkmalen unterschieden:
  - Bemessungsspannung
  - Bemessungsstromstärke
  - Frequenz
  - Schutzart
  - Kontaktanzahl
  - Lage des Schutzkontaktes
  - Klemm- bzw. Schraubanschlüsse

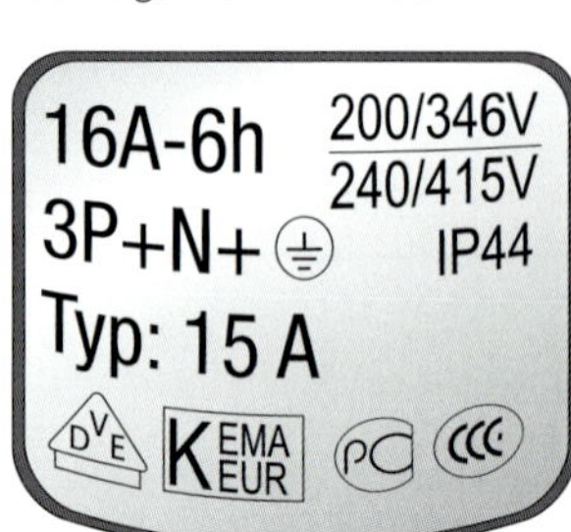

Gehäusekennfarben

Kennfarbe	Bemessungsspannung
lila	20 V … 25 V
weiß	40 V … 50 V
gelb	100 V … 130 V
blau	200 V … 250 V
rot	380 V … 480 V
schwarz	500 V … 690 V
grün	für Stecker und Buchsen mit einer Frequenz größer 60 Hz bis maximal 500 Hz
grau	für Sonderfälle, bei denen eine passende Farbzuordnung fehlt

Position des Schutzleiterkontaktes

- Durch die Lage des Schutzleiterkontaktes wird sichergestellt, dass nur der Stecker eines bestimmten Typs in die Steckdose desselben Typs passt.
- Die Angabe erfolgt in Form einer Uhrzeit (z. B. 6h), d. h. der Schutzleiterkontakt befindet sich an der 6-Uhr-Position auf einem Ziffernblatt.
- Diese Festlegung in Verbindung mit der Farbe und den elektrischen Betriebswerten verhindern eine Verwechslung der Stecksysteme.

Beispiel: Ansicht Vorderseite der Steckdose

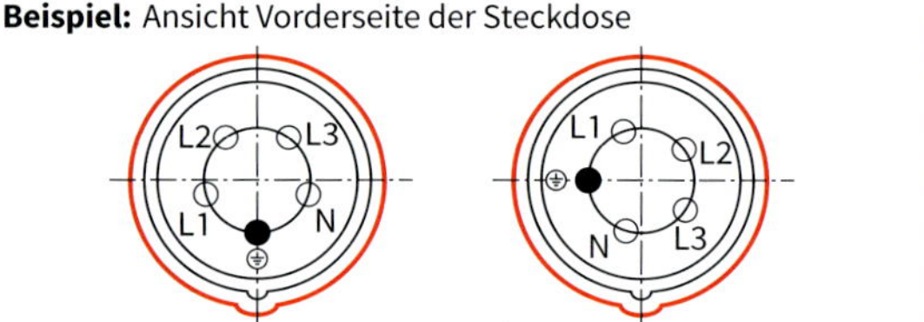

400 V = 6h   230 V = 9h

Lage des Schutzleiterkontaktes	Anzahl der Kontakte 2P + PE	3P + PE	3P + N + PE
1 h	[1]	[1]	[1]
2 h	> 50 V; 16/32 A 300 … 500 Hz	> 50 V; 16/32 A 300 … 500 Hz	> 50 V; 16/32 A 300 … 500 Hz
3 h	> 50 … 250 V	380 V, 16 A/32 A, 50 Hz 440 V, 16 A/32 A, 60 Hz	220/380 V, 16 A/32 A, 50 Hz 250/440 V, 16 A/32 A, 60 Hz
4 h	100 … 130 V, 50/60 Hz	100 … 130 V, 50/60 Hz	57/100 … 75 V /130 V, 50/60 Hz
5 h	[1]	600 … 690 V, 50/60 Hz	347/600 … 400 V/690 V, 50/60 Hz
6 h	200 … 250 V, 50 … 60 Hz	380 … 415 V, 50/60 Hz	200/346 … 240V/415V, 50/60 Hz
7 h	480 … 500 V, 50 … 60 Hz	480 … 500 V, 50/60 Hz	277/480 … 288 V/500 V, 50/60 Hz
8 h	> 250 V	[1]	[1]
9 h	380 … 415 V, 50 … 60 Hz	200 … 250 V, 50/60 Hz	120/208 … 144 V/250 V, 50/60 Hz
10 h	[1]	> 50 V, 16/32 A; 100 … 300 Hz	[1]
11 h	[1]	440 … 460 V, 60 Hz	250/400 … 265 V/460 V, 60 Hz
12 h	Ausgang eines Trenntransformators $U > 50$ V	[1]	[1]

[1] Lage des Schutzleiterkontaktes ist nicht genormt (frei für Sonderanwendungen).

- Steckverbinder für Bemessungsspannungen ≤ 50 V besitzen keinen Schutzleiterkontakt. Zur Unterscheidung hat der Steckverbinder eine Hilfsnase. Hier entspricht die Hilfsnase der Uhrzeitstellung (z. B. 12 h).

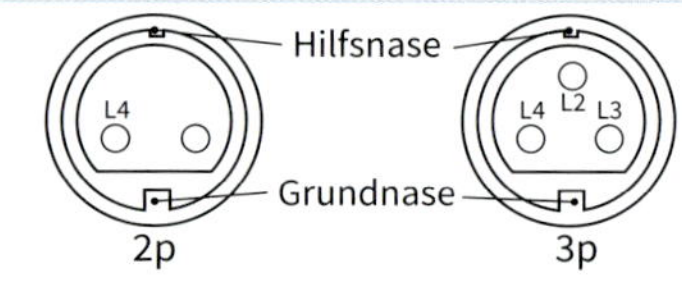

Merkmale

- Das 19"-Aufbausystem umfasst mechanische und elektromechanische Bauteile, die maßlich aufeinander abgestimmt sind.
- Es dient zur Aufnahme von **Flachbaugruppen**, **Kassetten** und **Einschüben**, die mit elektrischen und/oder elektronischen Komponenten bestückt sind.
- Die Bezeichnung leitet sich ab aus der maximalen äußeren Breite eines Baugruppenträgers mit 482,6 mm (einschließlich Befestigungsflansch).
- Die Breite hinter dem Befestigungsflansch ist festgelegt auf max. 449 mm (einschließlich Schrauben).
- Die Breite der **Baugruppenträgeröffnung** wird durch **Teilungseinheiten** (TE) festgelegt: 1 TE = 5,08 mm (2/10").
- Die **Baugruppenträgerhöhe** wird durch ein Vielfaches einer Höheneinheit (HE) definiert: 1 HE = 44,45 mm (13/4").
- Die **Tiefe** ist nicht festgelegt und u.a. abhängig von der Baugruppenlänge oder den rückseitigen Eingangs-/Ausgangsbaugruppen.
- Die **Steckplatzbreite (Slot)**, in den eine Baugruppe eingesteckt werden kann, ist das Vielfache einer horizontalen Teilungseinheit und hängt ab von der „Dicke“ (Angabe in TE) der Baugruppe.
- Je nach Anforderung können die Baugruppenträger mit speziellem Zubehör wie z. B. zusätzlicher EMV-Schutz in Form von horizontalen Abdeckblechen ausgerüstet werden.

Komponenten

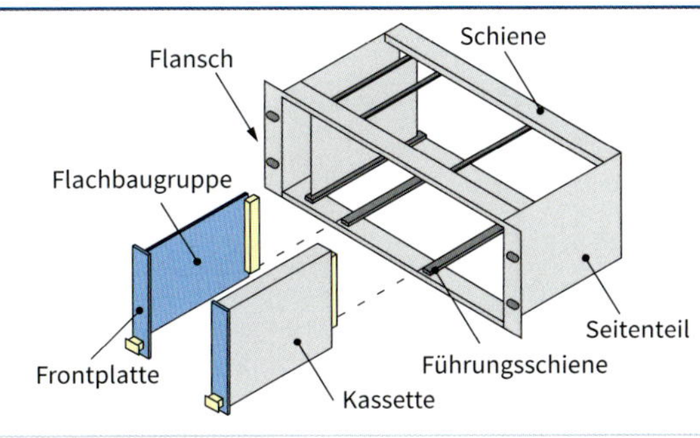

Abmaße

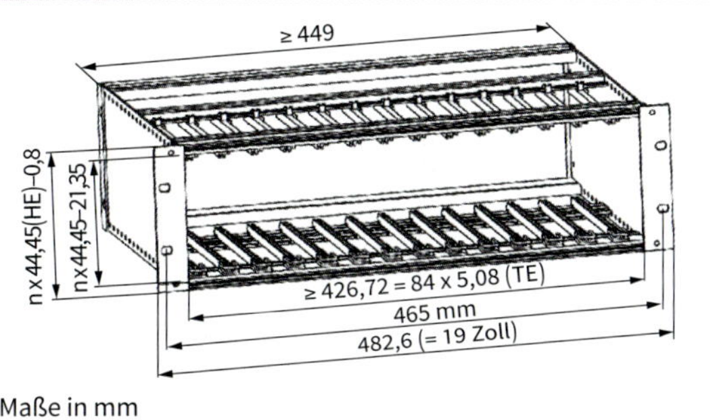

Maße in mm

Grundmaße Frontansicht

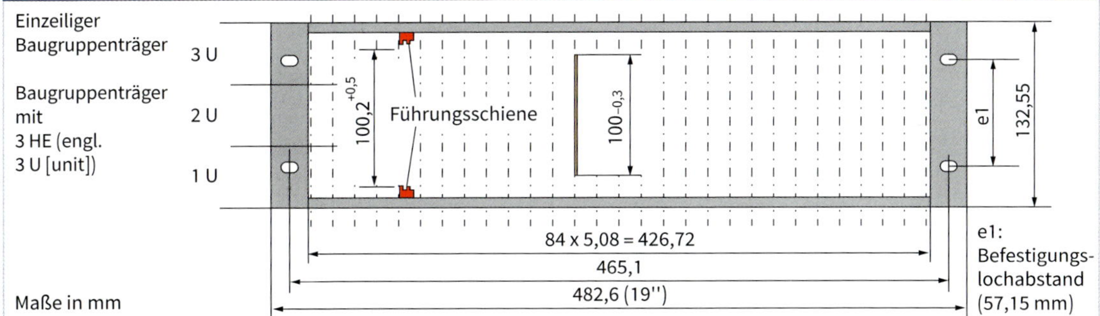

Maße in mm

Führungsschienen

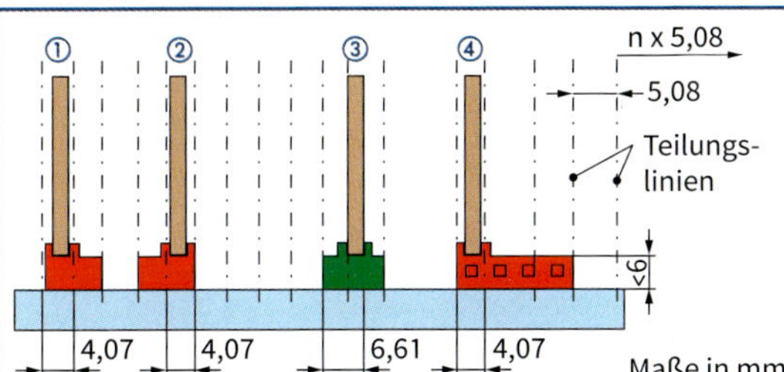

Maße in mm

① Führungsschiene für Steckbaugruppen
② Spiegelbildlich zu 1, z. B. Ausbau von rechts
③ Führungsschienen mit versetzter Position
④ Führungsschiene mit Codierkeilen und Zentrierpin

Codierungen/Zentrierung

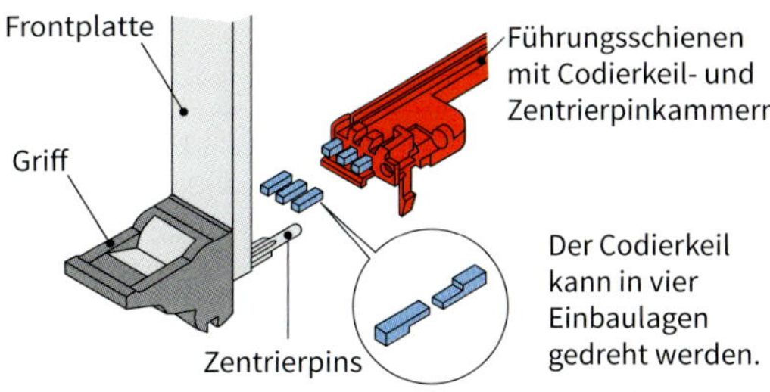

- Codierkeile ermöglichen eine Codierung der jeweiligen Baugruppe für einen spezifischen Einbauplatz.
- Zentrierpins dienen der richtigen Positionierung der Frontplatte.

Merkmale

- Schaltschränke werden eingesetzt zur Aufnahme von Geräten (u. a. elektrische Betriebsmittel).
- Je nach Aufgabenstellung werden in einem Schrank unterschiedliche Funktionseinheiten kombiniert wie z. B.
  - Steuerungen,
  - Leistungsschalter,
  - Frequenzumrichter
- Die Aufstellung erfolgt in der Regel in der unmittelbaren Nähe der zu steuernden Einrichtung (z. B. Maschine).
- Zu den wesentliche Aspekten, die beim Entwurf bzw. der Ausführung des Aufbaus zu berücksichtigen sind, gehören u. a. die Anforderungen aus
  - der elektrischen Sicherheit (z. B. Berührungsschutz, Schutzpotenzialausgleich),
  - der elektromagnetischen Verträglichkeit (Störaussendung und Störempfindlichkeit),
  - den Temperaturbedingungen (Entwärmung bzw. Klimatisierung).
- Die anzuwendenden Normen sind immer unter Berücksichtigung der jeweiligen Anwendung festzulegen.

Schrankaufbau

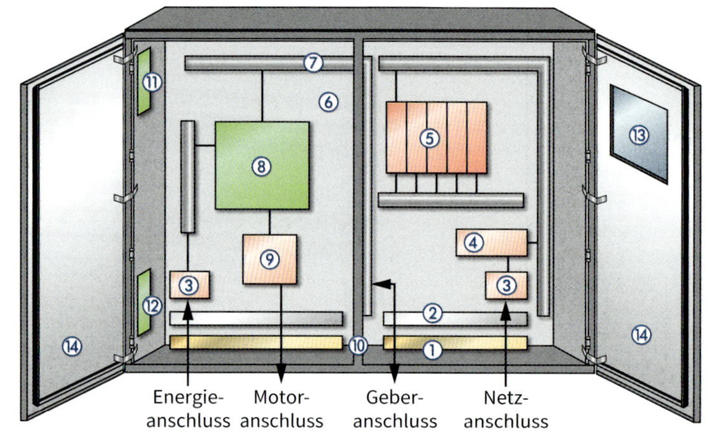

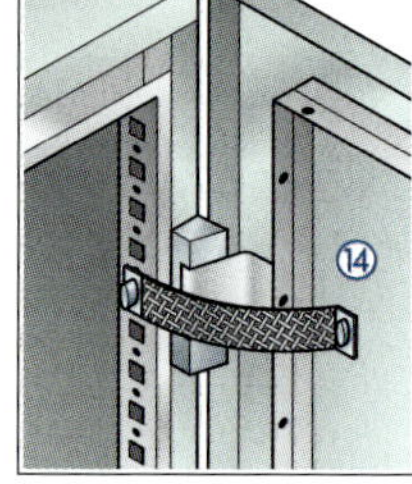

Masseband
(z. B. Türanschluss)

① Erdungsschiene
② Klemmleiste
③ Netzfilter
④ Netzteil
⑤ Speicherprogrammierbare Steuerung
⑥ Montageplatte
⑦ Kabelkanal
⑧ Motorsteuerung
⑨ Ausgangsfilter
⑩ Trennwand
⑪ Lüfteraustritt
⑫ Lüftereintritt
⑬ Sichtfenster
⑭ Tür

Planungshinweise zur Elektromagnetischen Verträglichkeit

- Vorrangig ist eine **Frequenz- und Pegelbetrachtung** der einzubauenden Komponenten und Verträglichkeitsbetrachtung der Komponenten zueinander durchzuführen.
- Daraus sind die entsprechenden **Entkopplungsmaßnahmen** festzulegen, wie z. B.
  - räumliche Trennung (Frequenzen bis 10 MHz),
  - räumliche Trennung und Schirmung (Frequenzen über 10 MHz) und
  - EMV-geschirmte Gehäuse (Frequenzen > 1 GHz)
- **Metallene Teile** sind flächig und gut leitend miteinander zu verbinden.
- Die **Schaltschranktür** über mehrere Massebänder (keine Einzeldrahtverbindung) möglichst kurz mit dem Schrankrahmen (Gehäuse) verbinden.
- **Montageplatten** (sofern vorhanden) in verzinkter Ausführung und als gemeinsamen Sternpunkt für das Erdpotenzial verwenden.
- Bei Einbau von Leistungsgeräten und elektronischen Steuerungen **räumliche Trennung** (ggf. über zusätzliche Schirmwand mit großflächiger Kontaktierung) realisieren.
- **Leistungsleitungen** und **Steuerleitungen** räumlich getrennt verlegen (auch bei der Schrankeinführung).
- Zuleitung zu Antrieben als **geschirmte Kabel** ausführen. Den Schirm beidseitig großflächig erden.
- Signalleitungen nur von einer Ebene bzw. Seite in den Schrank einführen und die Schirme unmittelbar am Schrankeingang mit **Schirmungsschiene** verbinden.
- Geschirmte Leitungen nur mit **metallenen** oder metallisierten **Steckern** ausrüsten.
- **Leitungstrennstellen** von geschirmten Leitungen mit durchgehender Schirmanbindung realisieren.
- **Leitungslängen** möglichst kurz halten, um Koppelkapazitäten und Koppelinduktivitäten gering zu halten.
- Adern von **Reserveleitungen** mindestens an einem Leitungsende auf ein Potenzial legen (vorzugsweise erden).
- Alle **geschalteten Induktivitäten** (Schütze, Bremsmagnete usw.) mit Entstörgliedern (z. B. R-C-Glieder) beschalten.
- **Funkentstörfilter** mit flächigem Kontakt zur Erde (Montageplatte) unmittelbar in der Nähe des störenden Gerätes (kurze Leitungsverbindung) montieren.
- **Netzfilter** für Versorgungsspannung unmittelbar an der Kabeleinführung montieren und großflächig mit der Schrankerde verbinden.
- Schutz gegen **Überspannung** (z. B. Blitzeinschlag) durch entsprechende Wahl des Aufstellortes bzw. geeignete Gebäudeausrüstung sicherstellen.

Merkmale

- Elektronische Systeme werden zum Schutz gegen Umwelteinflüsse (z. B. Staub, Hitze, Kälte, Feuchtigkeit) in der Regel in Schaltschränke oder Gehäuse eingebaut.
- Bedingt durch die damit verbundene Leistungsdichte innerhalb des Schrankes entstehen Temperaturen, die die Lebensdauer der eingebauten Komponenten verkürzen.
- Zum Schutz der Komponenten ist eine entsprechende Kühlung bzw. Klimatisierung des Schrankes erforderlich.
- Die Wärmeabfuhr kann dabei auf verschiedene Arten realisiert werden und ist abhängig von der abzuführenden Wärmemenge.
- Grundsätzlich erfolgt die Wärmeübertragung nach drei Prinzipien:
  - Konvektion
  - Wärmeleitung
  - Strahlung

Wärmeübertragung

- **Konvektion**
  - Transportiert thermische Energie mittels Teilchen, die die Wärme mitführen (Materialtransport)
  - Tritt in der Regel bei Flüssigkeiten und Gasen (z. B. Luft) auf

Beispiel: Schaltschrank

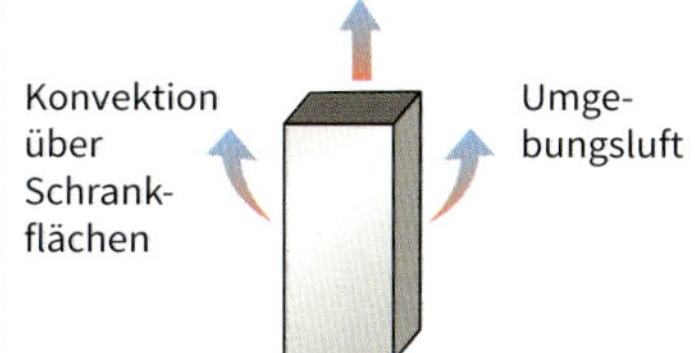

- **Wärmeleitung**
  - Transportiert thermische Energie **ohne** Transport von Teilchen
  - Energie wird durch ungeordnete Teilchenstöße übertragen
  - Gute Wärmeleiter sind z. B. Metalle

Beispiel: Kühlkörper

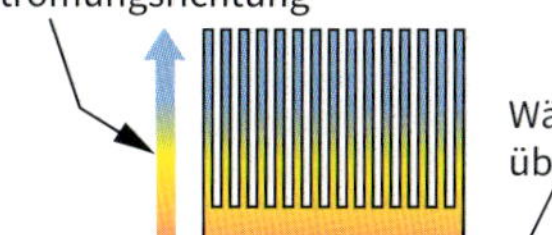

- **Wärmestrahlung**
  - Transportiert thermische Energie **ohne** Transport von Teilchen
  - Ist auch im Vakuum vorhanden
  - Je heißer ein Körper, desto intensiver die Strahlung (z. B. Sonne)

Beispiel: Glühlampe

Vorauswahl Schrankkühlverfahren

- Die Vorauswahl für das einzusetzende Kühlverfahren ist abhängig von der
  - Umgebungstemperatur am Aufstellort bzw.
  - gewünschten (erforderlichen) Innentemperatur und
  - erforderlichen Schutzart (IP-Klasse) des Schrankes.

T: Temperatur

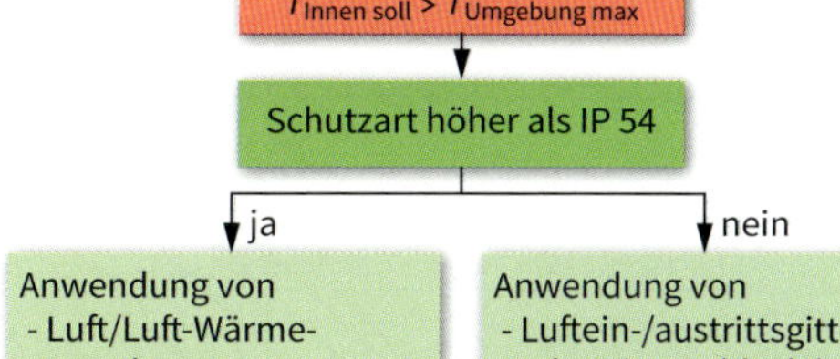

$T_{Innen\ soll} \leq T_{Umgebung\ max}$

Kühlwasserkreislauf am Aufstellort vorhanden?

ja: Anwendung von
- Luft/Wasser-Wärmetauscher

nein: Anwendung von
- Kühlgerät
- Rückkühlanlage

Effektive Schaltschrankoberfläche

- Die effektive Schaltschrankoberfläche ist die wirksame Oberfläche des Schrankes unter Berücksichtigung des Aufstellortes im Raum. Die Formeln zur Berechnung der effektiven Oberfläche berücksichtigen deshalb die spezifischen Aufstellbedingungen (siehe Tabelle).

	Aufstellung	Formel	
	Einzelgehäuse allseitig freistehend	$A = 1{,}8 \times H \times (B + T)$	$+ 1{,}4 \times B \times T$
	Einzelgehäuse für Wandanbau	$A = 1{,}4 \times B \times (H + T)$	$+ 1{,}8 \times T \times H$
	Anfangs- oder Endgehäuse freistehend	$A = 1{,}4 \times T \times (H + B)$	$+ 1{,}8 \times B \times H$
	Anfangs- oder Endgehäuse für Wandanbau	$A = 1{,}4 \times H \times (B + T)$	$+ 1{,}4 \times B \times T$
	Mittelgehäuse freistehend	$A = 1{,}8 \times B \times H$	$+ 1{,}4 \times B \times T + T \times H$
	Mittelgehäuse für Wandbau	$A = 1{,}4 \times B \times (H + T)$	$+ T \times H$
	Mittelgehäuse für Wandbau, abgedeckte Dachflächen	$A = 1{,}4 \times B \times H$	$+ 0{,}7 \times B \times T + T \times H$

A: Effektive Schaltschrankoberfläche in m^2
H: Schaltschrankhöhe in m
B: Schaltschrankbreite in m
T: Schaltschranktiefe in m

Filterlüfter

- **Außentemperatur ist niedriger als Innentemperatur**
- Die erzeugte Wärme wird über die Schaltschrankwände nach außen abgeführt.
- Konvektion entsteht als **freie Konvektion** (freie Luftströmung) oder **erzwungene Konvektion** (z. B. durch Einsatz von Lüftereinschüben).

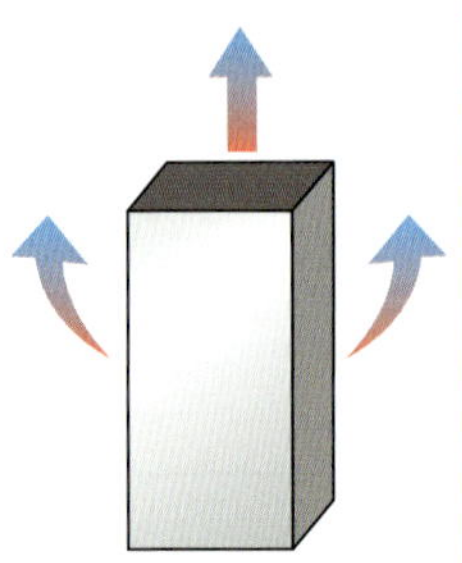

Luft/Luft-Wärmetauscher

- **Außentemperatur ist niedriger als Innentemperatur**
- Sie verfügen über zwei vollständig getrennte Luftkreisläufe mit Wärmetauscher (indirekte Schaltschrankkühlung).
- Die eingebauten Komponenten sind somit gegen Umgebungseinflüsse geschützt.

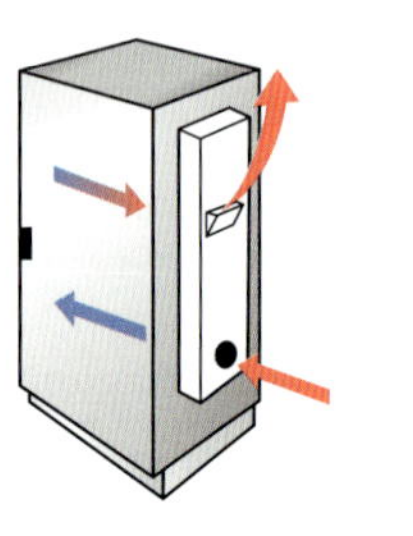

Luft/Wasser-Wärmetauscher

- **Innentemperatur ist niedriger als Außentemperatur**
- Kühlung der Innenluft erfolgt über ein außen am Schrank installiertes Kühlgerät.
- Wärme wird über Wärmerücklaufleitung zur Wärmerückgewinnungsanlage transportiert und dort wieder gekühlt.
- Zu beachten sind
  - Qualität des Kühlwassers (z.B. Wasserhärte)
  - Kühlwasserrichtlinie (VGB-R 455P).

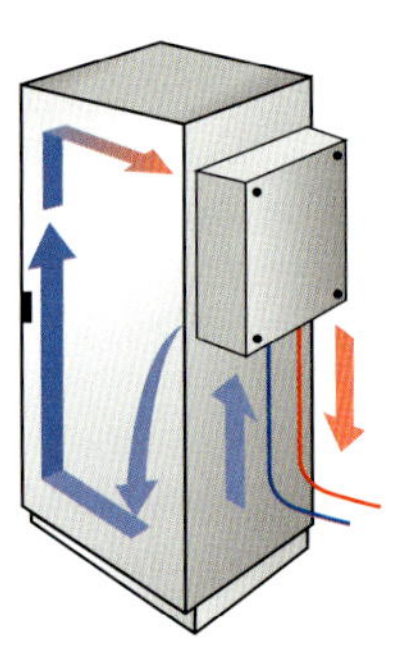

Schaltschrankkühlgeräte

- **Innentemperatur ist niedriger als Außentemperatur**
- Arbeitsprinzip: Kältekompressionsmaschine
- Kühlmedium: Kältemittel
- Die Innentemperatur kann konstant gehalten werden.
- Kühlende Luft wird am Verdampfer entfeuchtet.
- Die Menge des anfallenden Kondenswassers ist abhängig von der relativen Luftfeuchte, der Lufttemperatur im Schaltschrank und am Verdampfer und der im Schrank vorhandenen Luftmenge.

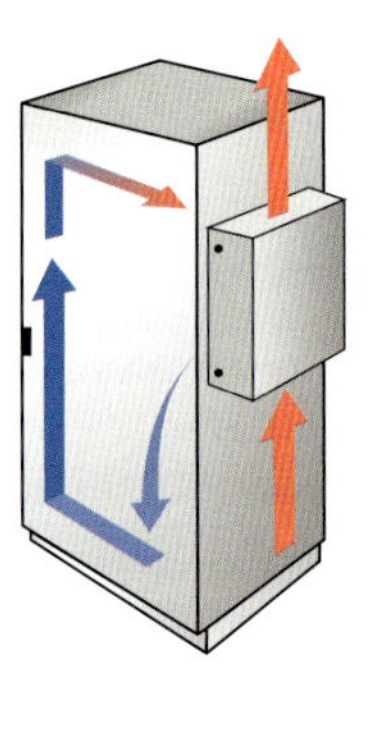

Filterlüfter

- **Außentemperatur ist niedriger als Innentemperatur**
- Eingesetzt bei kleinen abzuführenden Wärmeleistungen
- Ungünstig bei Staubanfall, Feuchtigkeit oder chemischen Stoffen in der Umgebungsluft, da diese lediglich über Filtermatten angesaugt wird.

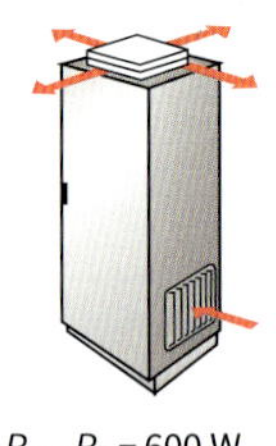

Dimensionierungsbeispiel

Vorgaben:

1. $P_V = 940$ W $P_S = 340$ W => $P_V - P_S = 600$ W
2. $T_U = 30$ °C $T_I = 50$ °C => $\Delta T = 20$ °C = 20 K

Ergebnis (aus Nomogramm):

3. Erforderlicher Volumenstrom: V_{min} 90 m³/h

Nomogramm

$P_V - P_S$ in W
3000
2000
1000
800
600
500
400
300
200
100
ΔT in K
25K 20K 15K 10K 5K
3 4 5 6 7 8 9 10 20 30 40 50 60 80 100 200 300 400 500 600 800
Volumenstrom in m³/h

P_V: Wärmeabgabe der Geräte im Schrank
P_S: Strahlungsleistung Schrank
V: Luftfördermenge (Volumenstrom) Filterlüfter
ΔT: Differenz Schrankinnentemperatur und Umgebungstemperatur ($\Delta T = T_I - T_U$)

Schaltschrankheizungen

- Schaltschrankheizungen werden eingesetzt, wenn die internen Geräte für einen bestimmten minimalen Temperaturbereich spezifiziert sind, der praktische Einsatz aber niedrigere Außentemperaturen erwarten lässt
- Ziel: Erreichen der Mindesttemperatur und Vermeidung von Kondenswasser

Entstehung von Korrosion

- Korrosion ist die Zerstörung von Werkstoffen durch chemische oder elektrochemische Reaktionen mit der Umgebung.
- Wasser oder andere im Erdreich befindliche ionisierte Flüssigkeiten wirken auf Metalloberflächen (z. B. Leitungen, Rohre) wie ein Elektrolyt. Es entstehen galvanische Elemente (**Lokalelemente**). Es fließt Strom.
- Metallionen ① (positiv) treten dabei aus dem Kristallgitter aus und hinterlassen ein oder mehrere Elektronen (negativ). Das Metall löst sich an diesen Stellen auf.
- Die Stelle, an der die Metallionen das Gefüge verlassen, wirkt wie eine Anode (Pluspol). Der übrige Teil wie eine Katode ② (Minuspol).

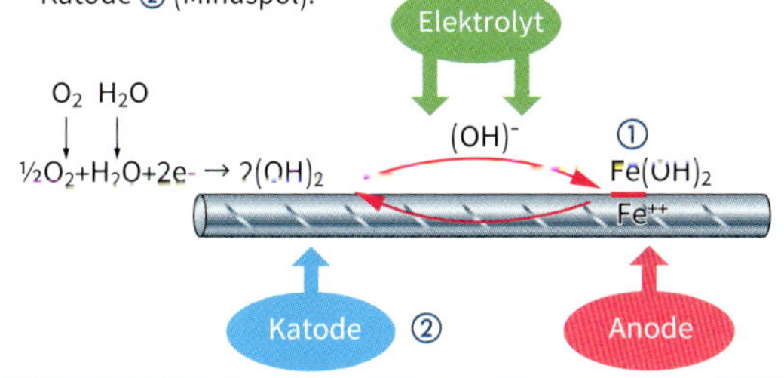

Passiver Korrosionsschutz (Beispiele)

- Beschichtung des Werkstoffes durch z. B. Lack, Email, Eloxal, damit kein Elektrolyt an die Metalloberfläche gelangt.
- Übergangszonen zwischen unterschiedlichen Metallen z. B. bei Kupfer- und Aluminiumleitungen werden emailliert.

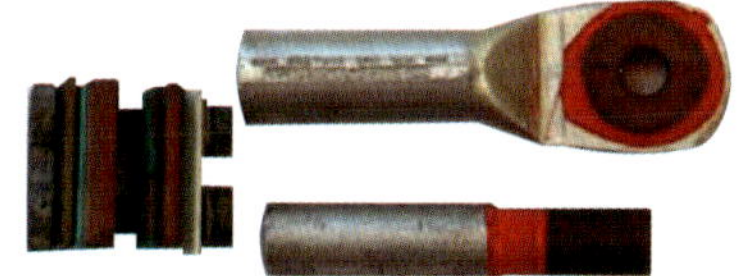

Aktiver (katodischer) Korrosionsschutz

- Prinzip:
  Das zu schützende Objekt wird gezwungen, Elektronen abzugeben und wird dadurch zur Katode. Grundsätzlich sind zwei Maßnahmen möglich:
  - Verbindung mit einer sich auflösenden Anode (**Opferanode**, unedleres Material)
  - **Fremdstromeinspeisung** ① (Schutzstrom)
- Durch den elektrischen Strom der Fremdstromquelle wird das Potenzial des zu schützenden Objekts dauerhaft negativ. Der Korrosionsprozess wird verhindert.
- Anwendungen für:
  Erdverlegte Rohrleitungen, mit Erde bedeckte Behälter, Flachbodentanks, Rohrleitungen für Hochspannungskabel in der Erde, Wasserbauwerke aus Stahl und Stahl-/Betonbauwerke

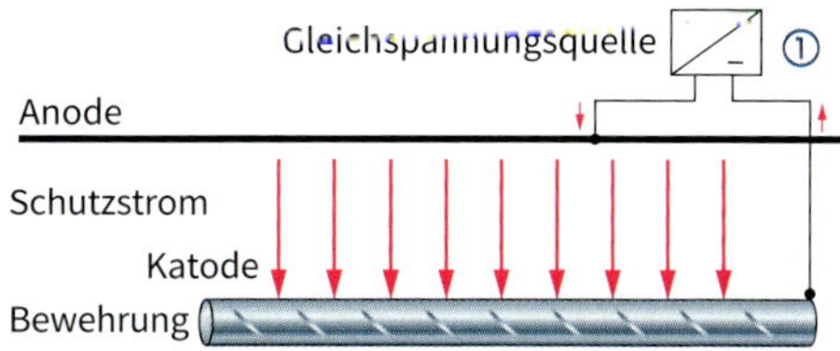

Schutzstrombedarf

Schutzobjekt	Umhüllung bzw. Außenisolation	Schutzstromdichte in mA/m²
Rohrleitung oder Tank aus Stahl im Erdboden	Kunststoffisolation	0,1 … 0,5
Rohrleitung aus Stahl im Wasser	keine	5 … 20
Bewehrungseisen im Beton	keine	2 … 10

Korrosionsschutzmaßnahmen

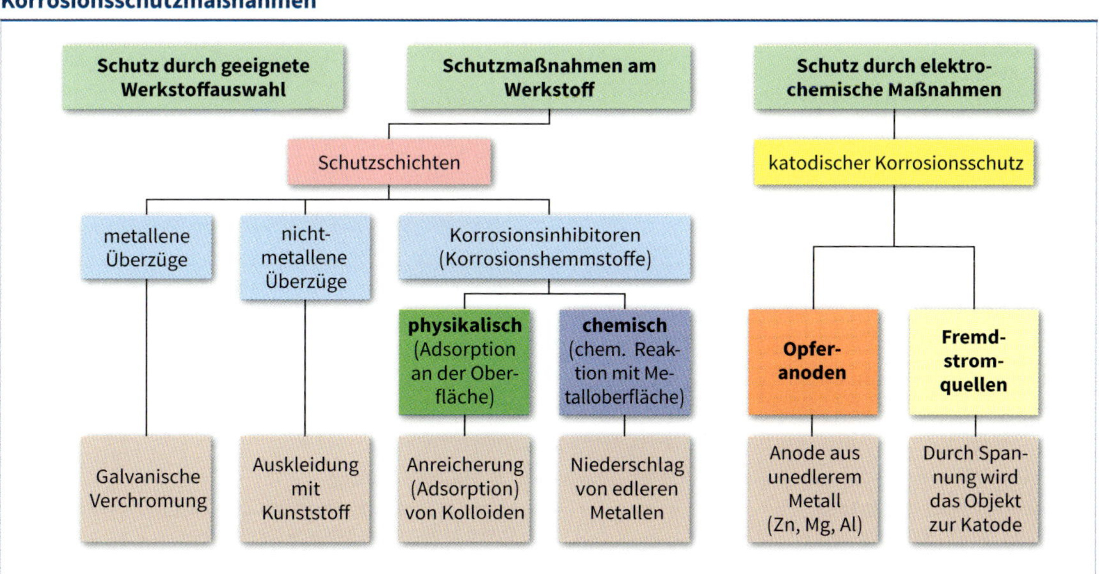

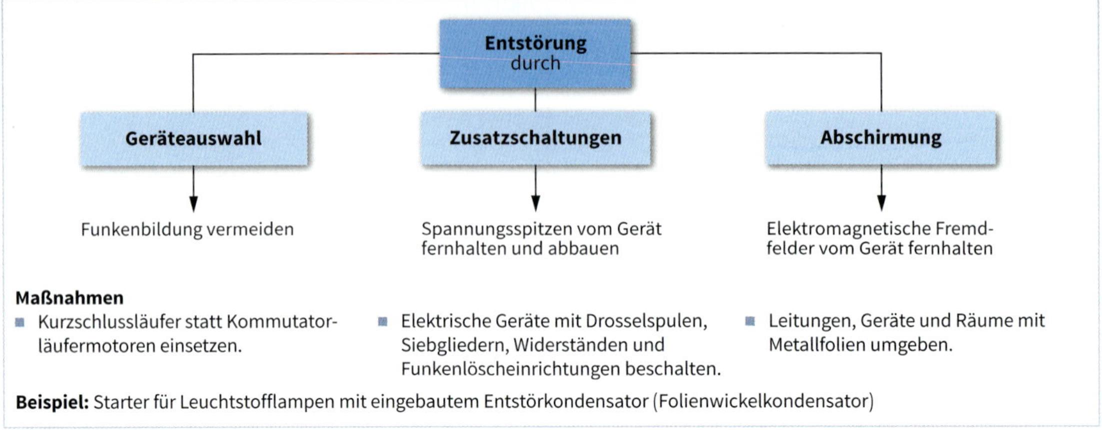

Maßnahmen

- Kurzschlussläufer statt Kommutatorläufermotoren einsetzen.
- Elektrische Geräte mit Drosselspulen, Siebgliedern, Widerständen und Funkenlöscheinrichtungen beschalten.
- Leitungen, Geräte und Räume mit Metallfolien umgeben.

Beispiel: Starter für Leuchtstofflampen mit eingebautem Entstörkondensator (Folienwickelkondensator)

Begriffe

- **Funkstörung** ist eine hochfrequente Störung (0,15 MHz … 300 MHz) des Funkempfanges.
- Eine **Dauerstörung** ist eine Funkstörung, die länger als 200 ms andauert.
- **Grenzwertpegel** L (s. Diagramm)
- Die **Knackrate** N ist die Anzahl der Funkstörungen pro Minute.
- Die **Knackstörung** ist eine Funkstörung, die weniger als 200 ms dauert (s. Richtlinie). Der Grenzwertpegel L_Q ist wie folgt zu berechnen:

$L_Q = L + 44$ für $N < 0{,}2$
$L_Q = L + 20 \lg \frac{30}{N}$ für $0{,}2 < N < 30$
$L_Q = L$ für $30 < N$

Einheit für L_Q:
- dB (µV) für 0,15 MHz < 1 < 30 MHz
- dB (pW) für 30 MHz < 1 < 300 MHz

- Der **Funkstörgrad** ist eine frequenzabhängige Grenze für Funkstörungen.
  0 funkstörfrei
  N funkentstört (Normalstörgrad)
  K funkentstört (Kleinststörgrad)
  G grobentstört (Einsatz beschränkt)

Funkschutzzeichen mit Angabe des Störgrades

Grenzwertpegel

a: **Haushaltsgeräte**
b: **Halbleiterstellglieder**
  1: am Netz
  2: am Verbraucher
c: **Elektrowerkzeuge**
  1: bis 700 W
  2: 700 W … 1 000 W
  3: 1000 W … 2 000 W

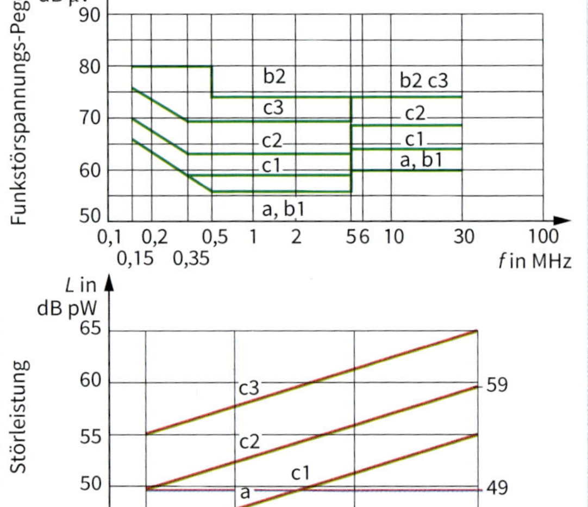

Schaltungen

Beispiel: Funkentstörung am Wechselstrommotor

Störquelle M 1~ ① X ② Y Y L1 PE N

Beispiel: Funkenlöschung bei Schaltern

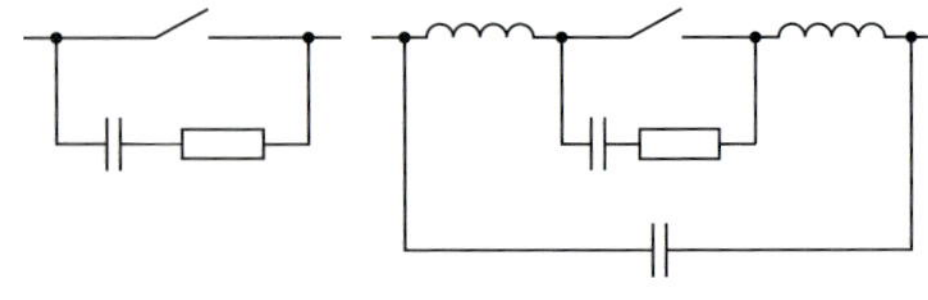

Es ist nur die Verwendung spezieller Funkentstörkondensatoren nach DIN VDE 0565 zulässig:

- **Klasse X**, parallel zum Netz ①
  - X1 für Spitzenspannung $u_{max} \geq 1200$ V
  - X2 für $u_{max} < 1200$ V
- **Klasse Y**, Schaltung zwischen Außenleiter und Neutralleiter sowie Außenleiter und Schutzleiter ②

Automatisierungstechnik

7

Steuerungstechnik

274 Leittechnik, Prozessleittechnik
275 SPS – Speicherprogrammierbare Steuerung
279 Ablaufsteuerungen
280 GRAFCET-Ablaufsteuerungen
281 Mikrocontroller

Regelungstechnik

282 Regelungsprinzip
283 Zeitverhalten
284 Zeitverhalten von Regelstrecken
285 Stetige Regeleinrichtungen
286 Unstetige Regeleinrichtungen
287 Einstellung von Reglern
288 Digitale Regelung

Bussysteme

289 Feldbussysteme
290 PROFIBUS
291 PROFINET
292 Interbus
293 CAN-Bus
294 MOST-Bus
295 ASI-Bus
296 ASIsafe
296 PROFIsafe
297 P-Net
298 SafetyBus
299 Foundation Fieldbus
300 M-Bus
301 GPIB – General Purpose Interface Bus
302 IO-Link
303 EIA 485 (RS 485)

Aktoren

304 Aktorprinzip
305 Piezoelektrische Aktoren
306 Thermische Aktoren
307 Elektro- und magnetorheologische Aktoren
308 Magnetostriktive Aktoren
308 Linearantriebe
309 Robotertechnik
310 Industrieroboter

Begriffe

Prozess

Gesamtheit von aufeinander einwirkenden Vorgängen in einem System, durch die Materie, Energie oder auch Informationen umgeformt, transportiert oder auch gespeichert werden.

Beispiele:

- Erzeugung elektrischer Energie im Kraftwerk
- Verteilung von Energie
- Verarbeitung von Daten in einer Rechenanlage
- Fertigung in einem Betrieb

Leiteinrichtung

Zur Leiteinrichtung gehören alle für die Aufgaben des Leitens verwendeten Geräte und Programme.

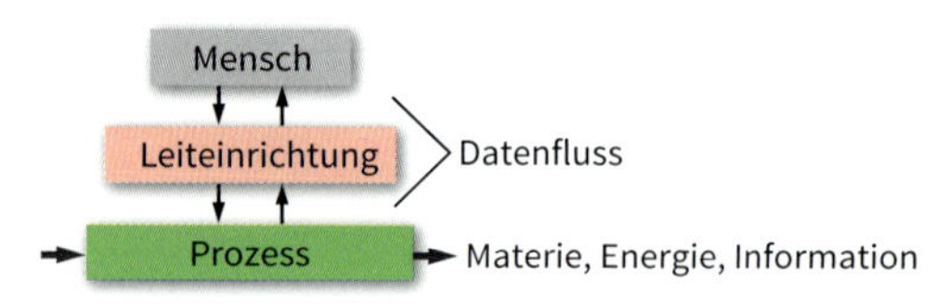

Leittechnik

Es handelt sich dabei um ein gezieltes Einwirken auf den Ablauf eines Prozesses durch technische Einrichtungen.

Leiten

Leiten ist die Gesamtheit aller Maßnahmen, die einen im Sinne festgelegter Ziele erwünschten Ablauf eines Prozesses bewirken. Die Maßnahmen werden vorwiegend unter Mitwirkung des Menschen aufgrund der aus dem Prozess erhaltenen Daten mit Hilfe einer Leiteinrichtung getroffen.

Aufgaben des Leitens

Priorität:
1. Schützen
2. Eingreifen
3. Steuern
4. Regeln
5. Optimieren

Weitere Aufgaben:
Messen, Zählen, Überwachen, Auswerten, Anzeigen, Melden, Aufzeichnen, Protokollieren, Stellen, Daten erfassen, Daten eingeben, Daten verarbeiten, Daten übertragen, Daten ausgeben

Beispiel für die Struktur eines Prozessleitsystems

Prozessführung	Ebene
Bedienen und Beobachten Technische Betriebsführung Überwachung, Langzeitarchivierung, Kenngrößenberechnung Strukturierung, Dokumentation, Diagnose	**Leitwarte**
Leitprogramme, Leistungsregelung	**Blockleitebene**
Gruppensteuerung, Teilsteuerung, Führungsregelung, Systemschutz, Aggregateschutz	**Gruppenleitebene**
Signalaufbereitung, Einzelsteuerung, Einzelregelung, Aggregateschutz	**Einzelleitebene**
	Schaltanlage, Buskoppler
	Prozess

Beobachtung, Bediensystem, Informationssystem

A, B, C: Zentraleinheiten

Automatisierungssystem, Eingabe/Ausgabe, Bus

Systemkopplung, Bussteuerung, Ein-/Ausgabe

S: Signalgruppen

F: Funktionsbaugruppen

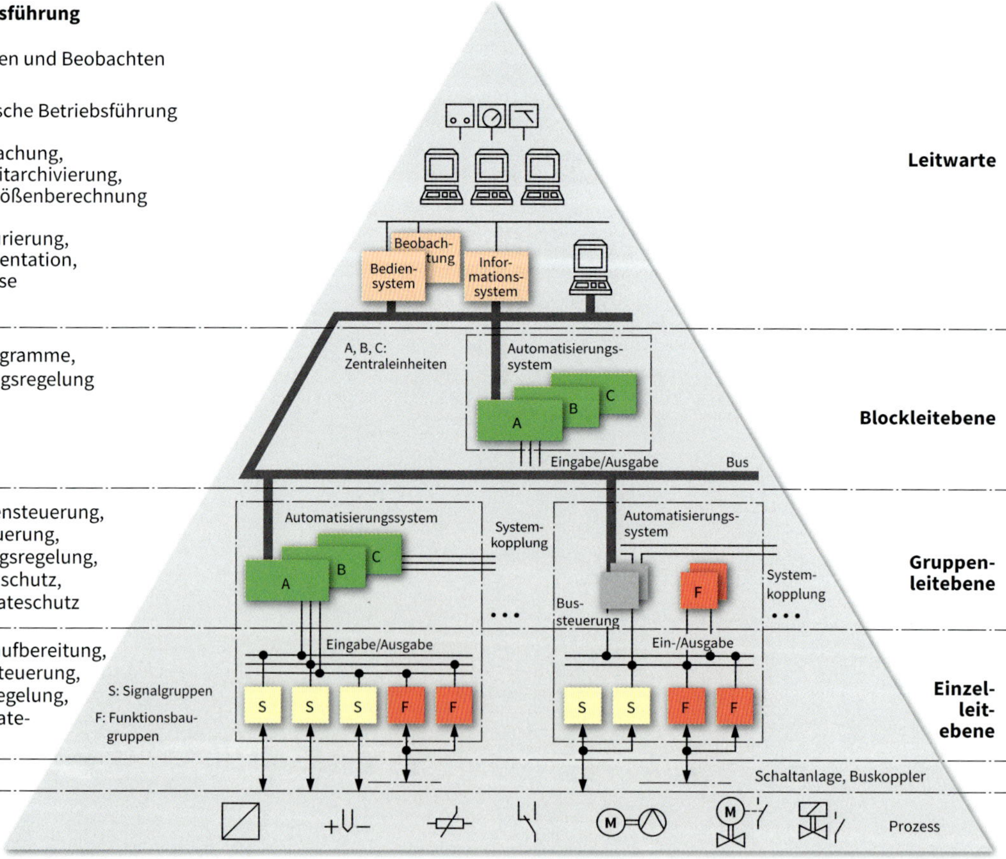

Aufbau

- Eine einfache Form einer speicherprogrammierbaren Steuerung (z. B. SIMATIC S7-1500 besteht aus den Baugruppen
  - **PS** ① (**P**ower **S**upply: Stromversorgung),
  - **CPU** ② (**C**entral **P**rocessing **U**nit: Zentraleinheit)
  - **SM** ③ (**S**ignal **M**odule: Signalbaugruppe)
- Die Eingangssignale der Sensoren werden von der SPS erfasst, im Steuerungsprogramm verarbeitet und die Ausgänge gesteuert.
- Die Zentralbaugruppe beinhaltet folgende Bereiche:
  Funktionsbereiche
  PAE: **P**rozess**a**bbild der **E**ingänge
  PAA: **P**rozess**a**bbild der **A**usgänge
  Interner Bus: Informationsaustausch in der Zentralbaugruppe
  Steuerwerk: Verarbeitung des Steuerprogramms

  Speicherbereiche
  Programmspeicher: Enthält das Anwenderprogramm
  Merker: Speicherung der programmspezifischen Zwischenergebnisse
  Zähler: Speicherung der Ergebnisse aus Zähloperationen
  Zeitglieder: Speicherung der Ergebnisse aus Zeitoperationen
- Übertragung des Programms vom PC zur SPS über eine Netzwerkverbindung (z. B. LAN)
- Einsatz von Bussystemen (PROFIBUS, ASI-Bus, Industrial Ethernet) zur Ankopplung der externen Prozessperipherie an die SPS

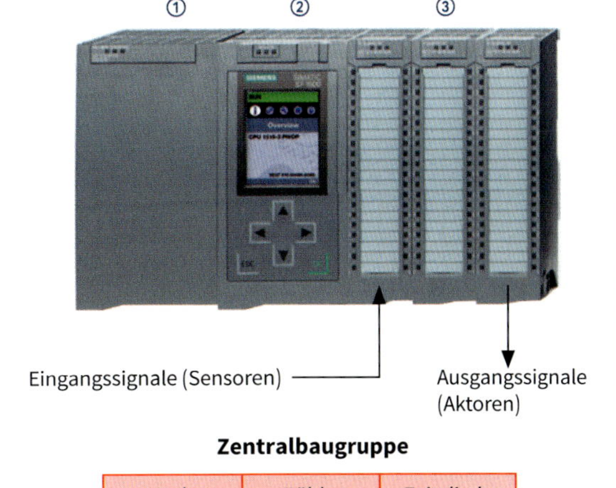

Zentralbaugruppe

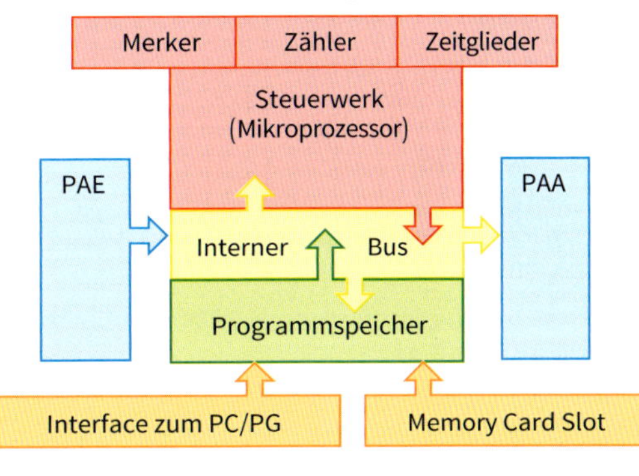

Programmiersprachen für SPS

Bezeichnung	Abk.	Eigenschaften	Beispiel

Anweisungs**l**iste	**AWL**	Die Anweisungen werden als Text formuliert und in der Reihenfolge notiert, in der sie von der CPU abgearbeitet werden. Die Beispielanweisungen entsprechen der Step7-Syntax, die sich von der Norm IEC 61131-3 unterscheidet.	`U E 0.1`
			`U E 0.2`
			`O E 0.3`
			`= A 0.1`

Strukturierter **T**ext	**ST**	Textorientierte Hochsprache zur Realisierung komplexer Funktionen und mathematischer Algorithmen.	`A0.1 := E0.1 & E0.2` `OR E0.3`
Funktions**b**au**s**teinsprache	**FBS**	Grafisch orientierte Programmiersprache, die die aus der boolschen Algebra bekannten Logiksymbole verwendet. Sie ist besonders für Verknüpfungssteuerungen geeignet.	E0.1 E0.2 & E0.3 >=1 A0.1 =
Kontakt**p**lan	**KOP**	Grafisch orientierte Programmiersprache, die der Darstellung in Stromlaufplänen nachempfunden ist. Sie ist besonders für Verknüpfungssteuerungen geeignet.	E0.1 E0.2 A0.1 E0.3
Ablauf**s**prache	**AS**	Grafisch orientierte Darstellung zur Realisierung von Ablaufsteuerungen. Die Einzelschritte (Aktionen) werden in einer Schrittkette aufgelistet, die durch Weiterschaltbedingungen (Transitionen) miteinander verbunden sind.	6 2M1 1s/X6 7 3M1 := 0 3M2 := 1 3B2

Baugruppen

Beispiel: Simatic S7

- Die Baugruppen werden auf einer Profilschiene montiert.
- Die Anordnung der Baugruppen auf der Profilschiene ist fest vorgegeben:
  Steckplatz 1: Netzteil ①
  Steckplatz 2: Zentralbaugruppe ②
  Steckplatz 3: Anschaltbaugruppe (optional) ③
  Steckplatz 4-11 bzw. 3-10: weitere Baugruppen
- Über eine **MPI**-Schnittstelle ④ (**M**ulti **P**oint **I**nterface), PROFIBUS- oder PCP/IP-Verbindung können mehrere SIMATIC S7-Steuerungen miteinander kommunizieren.
- MPI-Schnittstelle:
  Herstellerspezifische Schnittstelle zur Kommunikation zwischen SIMATIC-Geräten, z. B. CPUs.
- Zur Programmierung der SPS wird ein Computer über die MPI-Schnittstelle ⑤ oder über das lokale Netzwerk mit der SPS verbunden.
- Das MPI-Netzwerk kann aus mehreren Segmenten mit bis zu 127 Teilnehmern bestehen (max. 32 pro Segment). Die Entfernung zwischen den Teilnehmern kann max. 50 m (ohne Repeater) betragen.
- Die Verbindungen werden über PROFIBUS-Leitungen (geschirmte Zweidrahtleitungen nach dem RS485 Standard) und PROFIBUS-Stecker hergestellt.
- Es werden Übertragungsraten von 19,2 kbit/s bis 12 Mbit/s erreicht.
- Baugruppen einer SPS sind offene Betriebsmittel und dürfen daher nur in geschlossenen Gehäusen, Schränken oder in elektrischen Betriebsräumen montiert werden.
- Werden zum Aufbau mehrere Profilschienen erforderlich (max. 4 Schienen), leitet die Anschaltbaugruppe den Rückwandbus der SPS zur nächsten Baugruppe weiter.

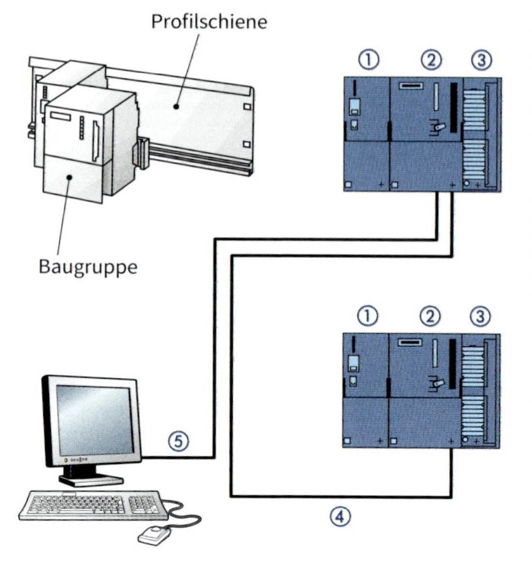

MPI-Stecker:

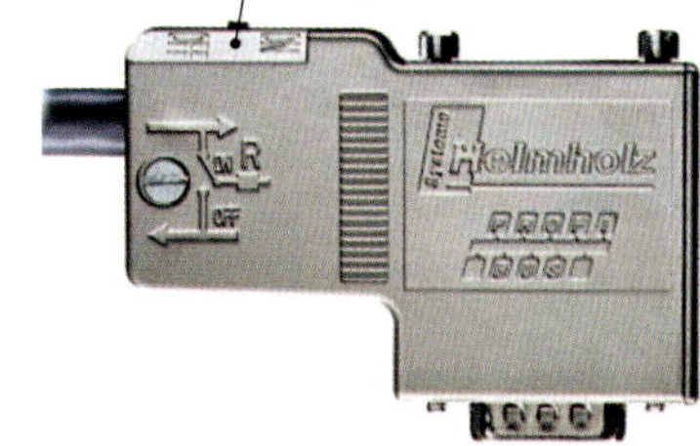

Beispiele für S7 300/400

Komponente	Funktion	Abbildung	Komponente	Funktion	Abbildung
PS (Power Supply)	Stellt die Betriebsspannung von 24 V DC zur Verfügung und versorgt die Laststromkreise		IM (Interface Module)	Verbindung des Rückwandbus bei Anwendung mehrerer Baugruppenträger (Profilschienen)	
CPU (Central Processing Unit)	Führt das Anwendungsprogramm aus; Spannungsversorgung des Rückwandbus		CP (Communication Processor)	Entlastung der CPU von Kommunikationsaufgaben, z. B. zur Anschaltung vom PROFIBUS-DP	
SM (Signal Module)	Anpassung unterschiedlicher Prozesssignalpegel (Ein-/Ausgabebaugruppe)		RS485 Repeater	Verstärkung der Signale in einem MPI bzw. PROFIBUS Netzwerk	
FM (Function Module)	Realisierung zeitkritischer und speicherintensiver Aufgaben (z. B. Regler)		Profilschiene	Baugruppenträger zur Aufnahme der Module	

Programmstrukturen

- Die **strukturierte Programmierung** dient zur Effizienzsteigerung bei der Programmerstellung, da die Teilaufgaben des Projektes in wiederverwendbare Bestandteile gegliedert werden.
- Das Anwenderprogramm ist in Form von **Code-** und **Datenbausteinen** im Speicher der SPS abgelegt.
- In einem **Programmzyklus** wird jeweils das Prozessabbild der Eingänge (PAE) eingelesen, schrittweise verarbeitet und das Ergebnis des Prozessabbildes der Ausgänge (PAA) an der Ausgabebaugruppe ausgegeben.
- Beim **linearen Programm** ① befinden sich alle Anweisungen im **Organisationsbaustein** OB1. Die verwendeten Operanden sind überall im Programm gültig (Globale Variablen).
- Die **Organisationsbausteine** werden ereignisgesteuert vom Betriebssystem gestartet.
- Bei der strukturierten Programmierung ② wird zwischen der Programmierung mit bzw. ohne wiederverwendbaren Bausteinen unterschieden.
- Die Programmfunktionen werden dazu in **Funktionen (FC)** und **Funktionsbausteine (FB)** programmiert und auch als bibliotheksfähige Bausteine bezeichnet.
- Wiederverwendbare FCs bzw. FBs verwenden lokale anstatt globale Variablen. Dadurch kann der gleiche Programmcode in verschiedenen SPS-Programmen verwendet werden.
- **Lokale Variable** sind durch ein Rautezeichen (z. B. #EIN) vor dem Variablennamen gekennzeichnet und erfordern eine Zuordnung der Variablen zu den Ein- und Ausgängen der Anlage.

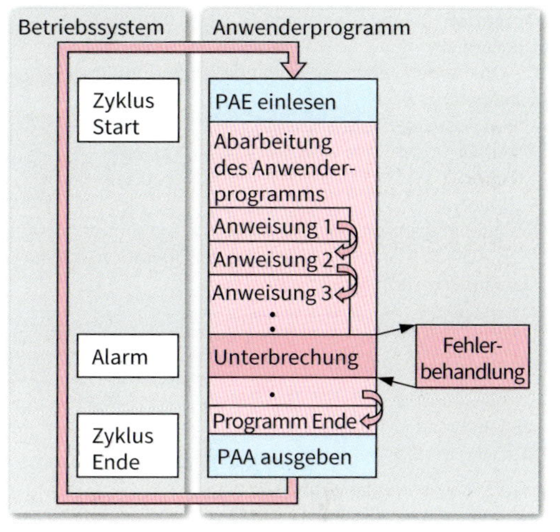

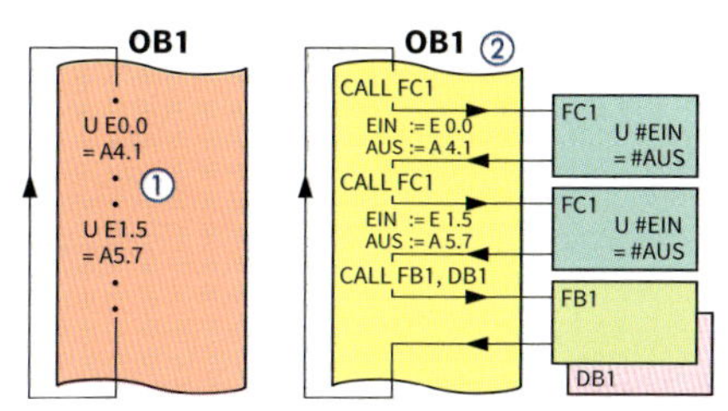

Codebausteine	
OB (**O**rganisations**b**austein)	Software-Schnittstelle zwischen dem Betriebssystem der CPU und dem Anwenderprogramm
FC (**F**unktionen)	Abgeschlossener Programmteil z. B. für Berechnungen oder Verknüpfungen. Kann mehrfach aufgerufen werden. Alle internen Daten werden nach Verlassen des Bausteins gelöscht.
FB (**F**unktions**b**austein)	Enthält, wie ein FC, einen abgeschlossenen Programmteil, allerdings werden die Signalzustände, Zählerstände usw. in einem Datenbaustein (Instanz-DB) gespeichert.
SFC und **SFB** (**S**ystem**f**unktionen)	Vom Hersteller vordefinierte Codebausteine (z. B. Regler, Wandler).
Datenbausteine	
Instanz-DB (Instanz-Datenbaustein)	Dieser Baustein speichert die Daten der zugehörigen Instanz (z. B. FB).
Global-DB (Global-Datenbaustein)	Der Global-DB ist ein gemeinsamer Datenspeicher für OBs, FBs und FCs.

Organisationsbausteine (Auswahl für S7 300/400)

Anlauf-OBs	
OB 100	Neustart (Warmstart)
OB 101	Wiederanlauf
OB 102	Kaltstart
Zyklischer Programmlauf	
OB 1	Hauptprogramm
Periodische Programmunterbrechung	
OB 10-17	Uhrzeitalarme
OB 30-38	Weckalarme

Ereignisgesteuerte Programmunterbrechung	
OB 20-23	Verzögerungsalarme
OB 40-47	Prozessalarme
OB 80	Zeitfehler
OB 81	Stromversorgungsfehler
OB 82	Drahtbruch am Eingang einer diagnosefähigen Baugruppe
OB 83	Ziehen/Stecken einer Baugruppe
OB 84	CPU Hardware-Fehler
OB 85	Programmablauffehler
OB 87	Kommunikationsfehler

Programmierung

- Jede Programmanweisung enthält neben der eigentlichen **Operation** (Befehl) zusätzliche Angaben bezüglich der **Operanden**.
- Die Operanden geben an, womit die Verknüpfung durchgeführt wird, z. B.:
  - Ein-/Ausgangssignale der SPS
  - Merker
  - Timer
  - Zähler
- In Abhängigkeit von der verwendeten Programmdarstellung (FBS, KOP, AWL) erfolgt die Angabe der Operation und der Operanden in unterschiedlicher Form.

Beispielbefehl in AWL:

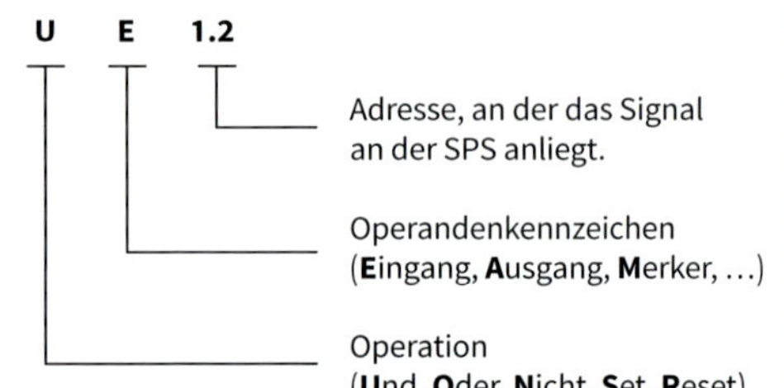

Übersicht			
Operation	**FBS**	**KOP**	**AWL**
Logische Verknüpfung	E0.0, E0.1 → & E0.2, E0.3 → ≥1	E0.0 E0.1 E0.2 E0.3	U E 0.0 U E 0.1 ... O E 0.2 O E 0.3 ...
Zuweisung	A0.0 =	A0.0 ( )	... = A 0.0
Invertierung	E0.2, E0.3 → ≥1	E0.2 E0.3	O E 0.2 ON E 0.3 ...
Speicheroperation Set/Reset	A2.0 E1.1 S E1.0 R Q → A2.0 = Das Beispiel zeigt vorrangiges Rücksetzen, wenn S = R = 1	E1.1 A2.0 (S) E1.0 A2.0 (R)	U E 1.1 S A 2.0 U E 1.0 R A 2.0

Bibliotheksfähige Bausteine

- Als bibliotheksfähig wird ein Baustein bezeichnet, wenn er sich in jedem anderen Programm mit gleicher Funktion wiederverwenden lässt.
- Der Programmcode muss frei von anlagenspezifischen Bedingungen sein (z. B. Operanden, Ein-/Ausgänge usw.).
- Globale Variablen werden nur im OB1 verwendet.
- In einer Funktion (FC) bzw. im Funktionsbaustein (FB) werden nur lokale Variablen verwendet.
- Jede Variable ist einem Variablentyp und einem Datentyp (z. B. BOOL, BYTE, WORD, REAL, INT, CHAR, TIME) zugeordnet.
- Jeder Datentyp belegt einen bestimmten Speicherbereich. Hierüber kommuniziert der Baustein mit seinen aufrufenden Instanzen.
- Gemäß DIN EN 61131-3 hat eine Funktion (FC) nur einen Rückgabewert #RET_VAL vom Typ RETURN.
- Über den Befehl CALL wird der Baustein aufgerufen.

Variablentyp		Verwendung
STEP 7	DIN EN 61131-3	
IN	VAR_INPUT	**Eingangsparameter**, Variable wird im Baustein nur gelesen.
OUT	VAR_OUTPUT	**Ausgangsparameter**, Variable wird im Baustein nur beschrieben.
IN_OUT	VAR_IN_OUT	**Durchgangsparameter**, Variable wird im Baustein gelesen und beschrieben.
TEMP	VAR_TEMP	**Lokalvariable**, zur temporären Speicherung innerhalb des Bausteins

Beispieldeklaration

```
Netzwerk 1: Aufruf von FC1

CALL   FC       1
AUS      :=E0.0
EIN      :=E0.1
MELDER   :=A4.1
LUEFTER  :=A4.0
```

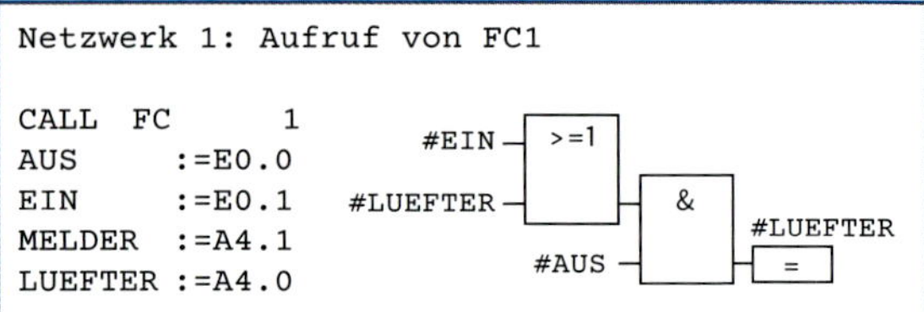

Prinzipien

- Ein Prozess kann mit Hilfe einer Ablaufsteuerung beschrieben werden, wenn dessen Ablauf als eine Abfolge eindeutiger Zustände beschrieben werden kann.
- In der Ablaufsteuerung ist definiert, wann ein bestimmter Zustand auftritt, welche Folgezustände es gibt und wodurch sie ausgelöst werden.
- Die Ablaufsteuerung kann durch **GRAFCET** (**GRA**phe **F**onctionnel de **C**ommande **E**tape **T**ransition) unabhängig von der verwendeten SPS und der Programmiersoftware dargestellt werden.
- Die Programmierung einer **Ablaufsteuerung** erfolgt nach DIN EN 61131-3 in der Ablaufsprache (AS) oder in S7-Graph (Step 7).
- Die Abfolge der Prozessschritte wird in einer **Schrittkette** beschrieben. Der Initialschritt kennzeichnet den Startpunkt.
- Die Weiterschaltbedingungen zwischen den Schritten werden als **Transitionen** bezeichnet.
- Die Eigenschaften der Aktionen eines Schrittes werden im **Aktionsblock** beschrieben.

Beispiel:

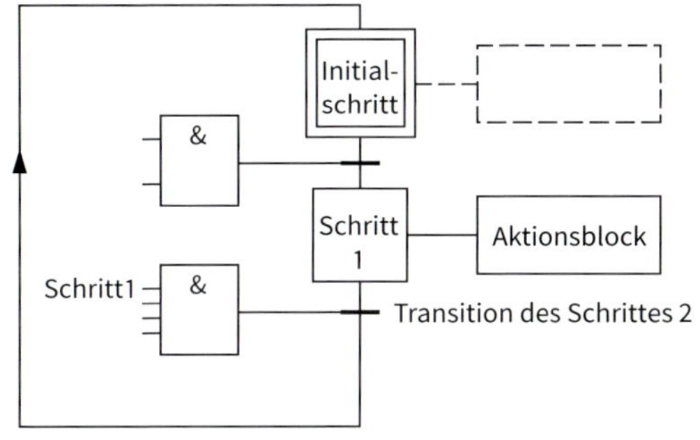

Ablaufsteuerungsarten

- Es wird zwischen zwei Arten der Ablaufsteuerung unterschieden:
  - **Zeitgeführte Ablaufsteuerung**
    Die abzuarbeitenden Schritte werden nur von der Zeit gesteuert.
  - **Prozessgeführte Ablaufsteuerung**
    Die Weiterschaltung zwischen den Schritten wird von den Zuständen der SPS beeinflusst.
- Die Programmstruktur der Abläufe kann linear, verzweigt oder als Schleife programmiert werden.
- Bei der **linearen Struktur** ist immer nur ein Schritt aktiv.
- Die **verzweigte Ablaufsteuerung** kann als Simultanverzweigung (mehrere parallele Schritte sind aktiv) oder als Alternativverzweigung (nur ein Schritt von mehreren Alternativen ist aktiv) vorkommen.

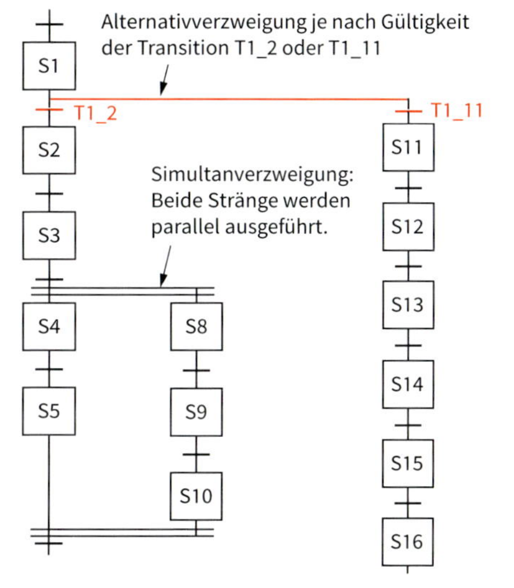

Betriebsarten einer Steuerung

- Betriebsarten definieren die Art und den Umfang, in der das Bedienpersonal in ein Steuerungssystem eingreift bzw. Rückmeldung aus der Anlage erhält.
- Die gewünschte Betriebsart wird über Bedienpanels, Wahlschalter oder Taster eingestellt.
- Die für die Realisierung der Betriebsarten erforderlichen Bedingungen und Verriegelungen werden in einem eigenen Betriebsartenteil programmiert.

Betriebsarten

Bezeichnung	Merkmal	Bezeichnung	Merkmal
Automatik	Der Steuerungsablauf arbeitet programmgemäß ohne Eingriff des Bedienpersonals. Der Startbefehl erfolgt z. B. über einen Taster.	Einrichtung	Die Stellglieder werden einzeln durch das Einrichtungspersonal unter Umgehung vorhandener Verriegelungen gesteuert.
Teilautomatik	Nur Teile des Steuerungsablaufes arbeiten selbsttätig ohne Eingriff des Bedienpersonals. Nachfolgende Schritte müssen von Hand gestartet werden.	Schritt setzen	Die Schrittkette innerhalb einer Ablaufsteuerung kann durch das Bedienpersonal auf einen beliebigen Schritt gesetzt werden.
Hand	Der Steuerungsablauf arbeitet nur durch den Eingriff des Bedienpersonals unter Berücksichtigung etwaiger Verriegelungen.	Tippen	Die Weiterschaltung der Ablaufsteuerung in den folgenden Schritt wird durch das Bedienpersonal ausgelöst, z. B. über einen Taster.

Merkmale

- GRAFCET (**GRA**phe **F**onctionnel de **C**ommande **E**tape **T**ransition) ist für den Planer ein rein grafisches und technologieunabhängiges System zur Darstellung von Ablaufsteuerungen mit Hilfe von
  - Schritten,
  - Aktionen und
  - Weiterschaltbedingungen.
- Der GRAFCET-Plan berücksichtigt die Betriebsarten, gibt allerdings keinerlei Aufschluss über die Betriebsmittel.

GRAFCET-Plan

Beispiel:

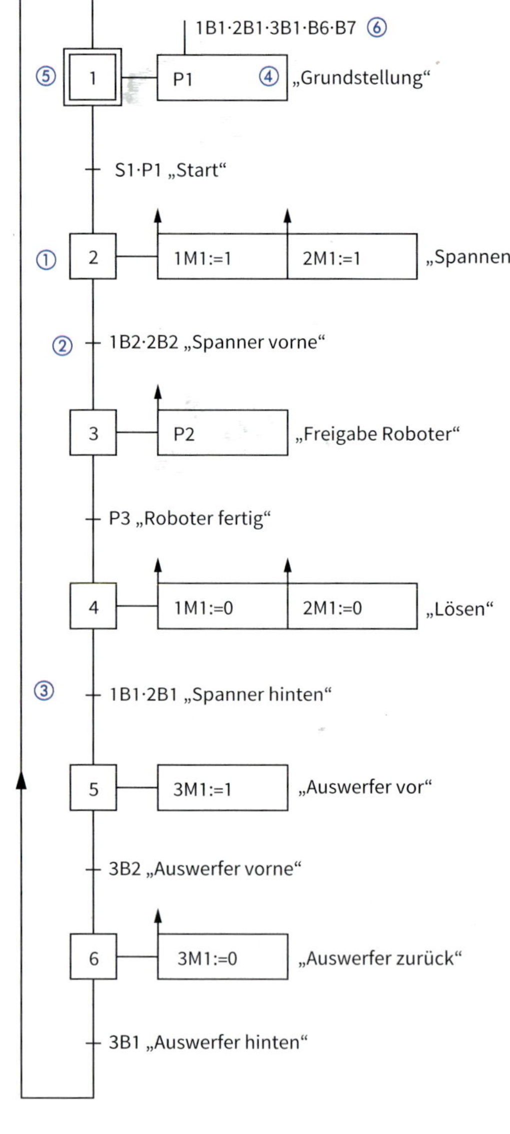

Regeln

- Der Plan besteht aus Schritten ① und Transitionen ②.
- Die Schritte und Transitionen (Weiterschaltbedingungen) sind durch Wirkungslinien ③ miteinander verbunden.
- Den Schritten sind Aktionen ④ zugeordnet, die ausgeführt werden, wenn der zugehörige Schritt aktiv wird.
- Die Schritte werden mit einer alphanumerischen Bezeichnung versehen.
- Schritte sind entweder aktiv oder inaktiv und werden von oben nach unten durchlaufen.
- Jede Ablaufsteuerung besitzt einen Initialschritt ⑤, der beim Start aktiviert wird.
- Kommentare werden in Anführungszeichen geschrieben.

Transition

- Die Transition (Weiterschaltbedingung) kann umgangssprachlich oder mit Hilfe von Symbolen erfolgen.
  Eine Weiterschaltung von einem zum nächsten Schritt erfolgt, wenn der davorliegende Schritt aktiv ist und die Transitionsbedingung erfüllt ist (z. B. 1B1 · 2B1 · 3B1 · B6 · B7 ⑥).
- Zwischen zwei Schritten muss stets eine Transition eingefügt werden.
- Ein- bzw. Ausschaltverzögerungen werden durch die Angabe der Zeitverzögerung vor oder nach der Bedingung angegeben, z. B. 4s/1B1.
- Steigende und fallende Flanken eines Signals werden durch Pfeile gekennzeichnet. ↑↓
- Wird eine Schrittnummer als Variable in einer Bedingung gewünscht, wird vor die Schrittnummer ein X gestellt, z. B. 5s/X2 (Bedeutung: Es wird 5 Sekunden nach Aktivierung von Schritt 2 in Schritt 3 weitergeschaltet.)

Aktion

- Die Zuweisung steht in einem Rechteck neben der Aktion:

nicht speichernde Wirkung | speichernde Wirkung

- Pfeile zeigen an, ob die Aktion zu Beginn oder am Ende des Schrittes erfolgt:

Beginn | Ende

- Durch einen senkrechten Strich kann zusätzlich eine Bedingung definiert werden:

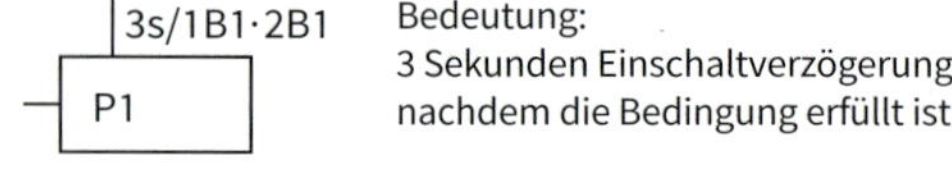

Bedeutung:
3 Sekunden Einschaltverzögerung, nachdem die Bedingung erfüllt ist.

- Mehrere Schritte in einer Aktion werden in getrennten Rechtecken dargestellt:

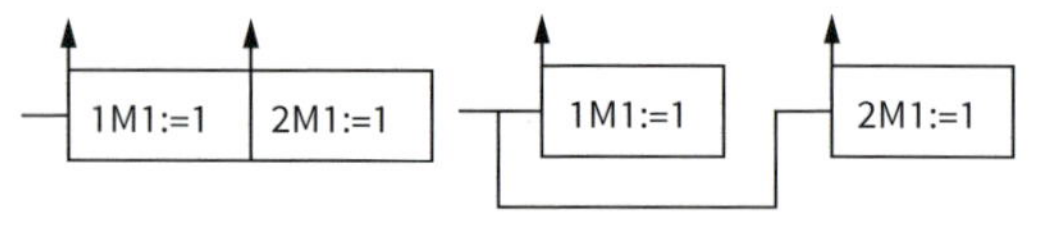

Merkmale

- Mikrocontroller sind Mikroprozessoren, die mit **zusätzlichen Funktionseinheiten** auf einem einzigen Halbleiterkristall integriert sind.
- Sie sind oft Bestandteil elektronischer Geräte (z. B. Waschmaschinen) bzw. Steuerungen und in unterschiedlchen Ausprägungen von Halbleiterherstellern verfügbar.
- Die **grundsätzlichen** Bestandteile eines Mikrocontrollers sind
  - CPU (Central Processing Unit: Zentrale Verarbeitungseinheit),
  - Programm- und Datenspeicher (program and data memory),
  - Takterzeugung/Taktverstärkung und
  - Unterbrechungssteuerung.
- Als **ergänzende** Funktionseinheiten sind mindestens integriert:
  - Ein-/Ausgaberegister (Ports)
  - Timer für Zeitfunktionen
  - spezifische Register für die Programmbearbeitung bzw. Zwischenspeicherung von Daten
- Je nach Anwendungsgebiet sind **optionale** Funktionseinheiten integriert, wie z. B.
  - Digital-/Analogwandler,
  - Pulsweitenmodulationssteuerung und
  - Kommunikationsschnittstellen.
- Die Verarbeitungsbreite (Wortbreite) beträgt 4 Bit, 8 Bit, 16 Bit oder 32 Bit.
- Die Taktfrequenzen reichen bis zu 200 MHz.
- Die auf dem Chip integrierten **Speicher** sind in unterschiedlichen Größen und Technologien verfügbar.
- Der **Programmspeicher** ist überwiegend als Flash-Speicher (EEPROM) und der Datenspeicher als statischer Speicher (Datenverlust nach Spannungsausfall) aufgebaut.
- Programme sind in der Regel durch Programmierungssteuerung auf dem Chip im System ladbar (**ISP: I**n **S**ystem **P**rogramming).
- Der Befehlsvorrat ist auf die internen Registerstrukturen (**RISC: R**educed **I**nstruction **S**et **C**omputer) optimiert.
- Die **Programm- und Ein-/Ausgabesteuerung** sind im Rahmen der Programmerstellung zu realisieren.
- Die **Programmierung** erfolgt in Assembler, einer höheren Programmiersprache (z. B. C) oder unter Anwendung von grafischen Editoren.
- Die angebotenen **Entwicklungssysteme** ermöglichen einen Programmtest sowohl auf der Simulationsebene als auch in entsprechenden Ablaufumgebungen mit der zugehörigen Hardware.
- Mit dem Begriff **Embedded Controller** (eingebettete Controller) werden Mikrocontroller bezeichnet, die als Bestandteil in Geräten integriert sind.
- Der größte Marktanteil wird derzeit durch 8 Bit Mikrocontroller belegt, wobei die 16 Bit Controller zunehmend angewendet werden (bedingt durch höhere funktionale Anforderungen).
- Die Anwendung von Mikrocontrollern erfolgt **funktionsspezifisch** für eine definierte Aufgabe (z. B. Ansteuerung eines Displays oder Motors).
- Bedingt durch die verfügbaren Speichergrößen sind Betriebssysteme, wie vom PC bekannt, nicht anwendbar.

Marktsegmentierung

- Eine grobe Marktsegmentierung ist anhand der Prozessor-Wortbreite für die interne Verarbeitung möglich.
- Bedingt durch die unterschiedlichen Leistungsmerkmale in den jeweiligen Segmenten ist eine exakte Abgrenzung zu benachbarten Segmenten nur schwer möglich

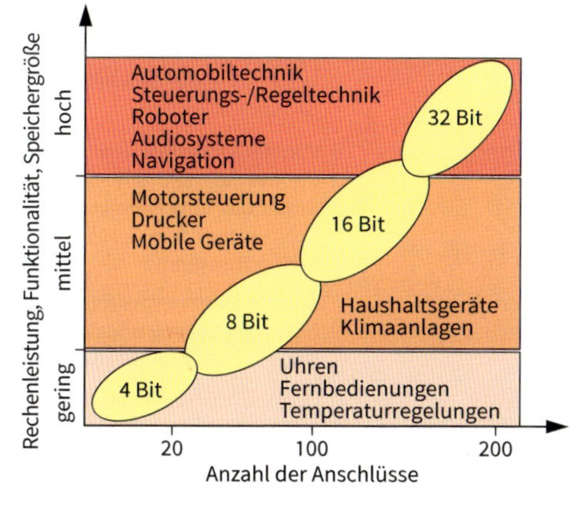

Funktionseinheiten

Beispiel:
Renesas R8C
(mit 16 Bit CPU)

Vcc
RES
GND
XIN
XOUT
Timer
User Flash
POR
LVD
CPU
RAM
High-Speed Oscillator
Peripherals

V_{CC}	Positive Betriebsspannung
RES (Reset)	Rücksetzeingang
GND (Ground)	0 V Betriebsspannung
X_{IN}/X_{OUT}	Taktanschluss
POR (Power on Reset)	Spannungseinschaltung Rücksetzsteuerung
LVD (Low Voltage Detection)	Unterspannungserkennung
User Flash	Programmspeicher
Timer	Zeitgeber
RAM	Arbeitsspeicher
Peripherals	Ein-/Ausgabeschaltungen

Kennzeichen des Regelns

- Fortlaufende Erfassung der zu regelnden Größe
- Vergleichen der Regelgröße mit der Führungsgröße
- Angleichen der Regelgröße an die Führungsgröße
- Geschlossener Wirkungsablauf (Regelkreis)

Elemente der Regelungstechnik

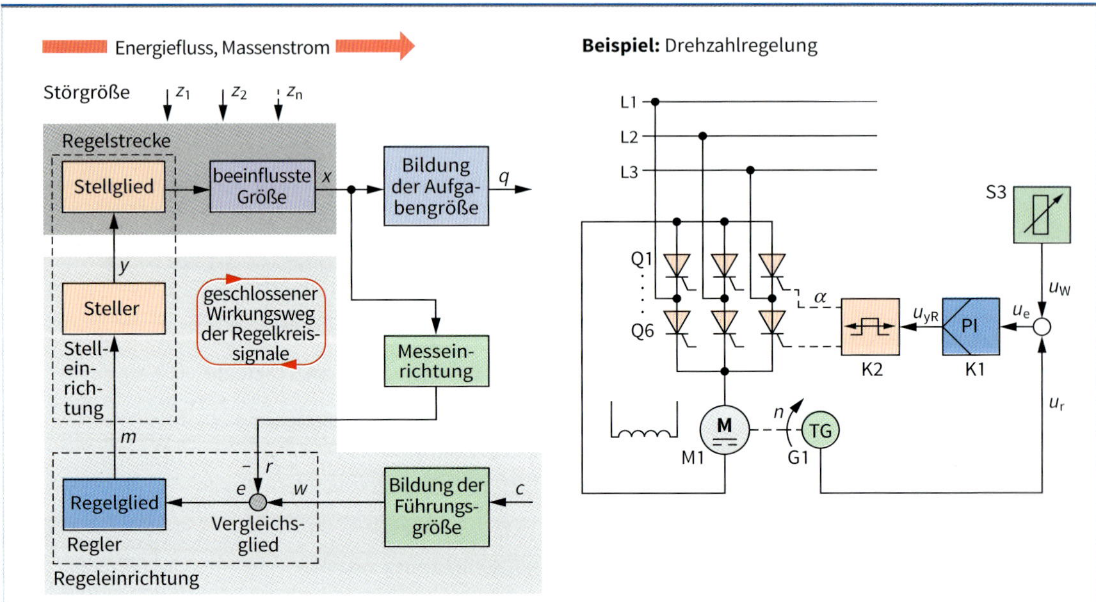

Bezeichnung	Erklärung	Beispiel
Regelstrecke	Sie ist Teil des Systems oder Wirkungsplans, der beeinflusst werden soll.	Q1 ... Q6, M1
Regler	Er besteht aus Vergleichsglied und Regelglied.	K1
Regeleinrichtung	Teil des Wirkungsweges, der die aufgabengemäße Beeinflussung der Strecke über das Stellglied bewirkt.	Vergleichsglied, K1, K2, S3
Steller	Er ist eine Funktionseinheit, in der aus der Reglerausgangsgröße die zur Aussteuerung des Stellgliedes erforderliche Stellgröße gebildet wird.	K2
Stellglied	Es ist eine Funktionseinheit am Eingang der Regelstrecke, die in den Massenstrom oder Energiefluss eingreift. Das Stellglied gehört zur Strecke.	Q1 ... Q6

Größen der Steuerungs- und Regelungstechnik

Größe	Zeichen	Erklärung
Regelgröße	x	Größe der Regelstrecke, die zum Regeln erfasst und der Messeinrichtung zugeführt wird.
Aufgabengröße	q	Von der Steuerung oder Regelung zu beeinflussende Größe, die mit der Regelgröße verknüpft sein muss, aber nicht unbedingt zum Regelkreis gehört.
Stellgröße	y	Ausgangsgröße der Steuer- oder Regeleinrichtung, zugleich Eingangsgröße der Strecke. Sie überträgt die steuernde Wirkung der Einrichtung auf die Strecke.
Reglerausgangsgröße	m	Ausgangsgröße des Reglers und Eingangsgröße der Stelleinrichtung
Störgröße	z	Von außen wirkende Größe, die die beabsichtigte Beeinflussung in der Steuerung oder Regelung beeinträchtigt.
Führungsgröße	w	Von der Steuerung oder Regelung unbeeinflusste Größe, der die Steuerung oder Regelung folgen soll. Sie wird dem Regelkreis von außen zugeführt.
Rückführgröße	r	Aus der Messung der Regelgröße hervorgegangene und dem Vergleichsglied zugeführte Größe.
Regeldifferenz	e	Differenz zwischen der Führungsgröße w und der Rückführgröße r $e = w - r$
Zielgröße	c	Sollwert für die Aufgabengröße q

Zeitverhalten von Führungsgrößen

Bezeichnung	Erklärung	Beispiel
Folgeregelung	Die Regelgröße folgt der von außen vorgegebenen, zeitlich veränderlichen Führungsgröße.	Witterungsgeführte Heizungsregelung
Zeitplanregelung	Die Führungsgröße wird nach einem Zeitplan vorgegeben.	Heizungsregelung mit tage- oder wochenweiser Programmierung
Festwertregelung	Die Führungsgröße ist auf einen festen Wert eingestellt bzw. innerhalb des Führungsbereiches einstellbar.	Drehzahlregelung, Spannungsstabilisierung

Zeitverhalten von Regelkreisgliedern

Um optimales Zusammenwirken von Regelstrecke und Regeleinrichtung zu erreichen, ist die Kenntnis des zeitlichen Verhaltens der einzelnen Glieder notwendig. Zur Untersuchung wird vorzugsweise die Regelstrecke mit verschiedenartigen Änderungen der Eingangsgröße beaufschlagt und die Ausgangsgröße im zeitlichen Verlauf beobachtet.

Verfahren	Erklärung	Zeitlicher Verlauf
Sprungantwort	Zeitlicher Verlauf der Ausgangsgröße ① nach einer sprungartigen Änderung der Eingangsgröße ②.	y ② t_0 t; x ② ① t_0 t
Impulsantwort	Zeitlicher Verlauf der Ausgangsgröße ① bei einem Nadelimpuls ③ der Eingangsgröße.	y ③ t_0 t; x ① t_0 t
Anstiegsantwort	Zeitlicher Verlauf der Ausgangsgröße ① bei einer Anstiegsfunktion mit definierter Änderungsgeschwindigkeit ④ als Eingangsgröße.	y ④ t_0 t; x ① t_0 t
Sinusantwort	Zeitlicher Verlauf der Ausgangsgröße ① bei sinusförmigem Verlauf ⑤ und Durchfahren der Frequenzen $\omega = 0$ bis $\omega = \infty$, ($\omega = 2\pi f$, Kreisfrequenz) der Eingangsgröße. Der Frequenzgang ($\lvert G(\omega)\rvert = \lvert x/y\rvert$) und der Phasengang (Phasenwinkelverlauf $\varrho = f(\omega)$) werden im Bode-Diagramm zur Beurteilung der Stabilität des Regelkreises dargestellt.	y, x ① ② φ t

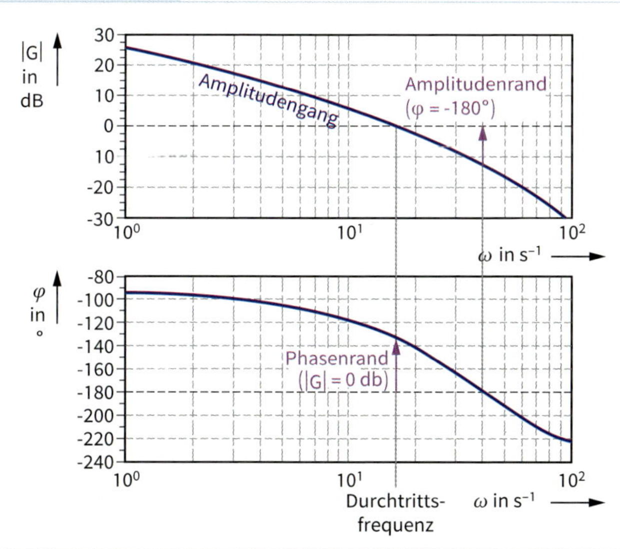

Regelkreisverhalten:

- Es werden der Betrag der Übertragungsfunktion (Amplitudengang) und der Phasenwinkel (Phasengang) bei verschiedenen Frequenzen der Sinusanregung dargestellt.

Reglerauslegung/Stabilitätsbetrachtung:

- **Reihenschaltung** mehrerer Strecken und Regler können durch Addition der Einzelkurven dargestellt werden.
- Größen zur Reglerauslegung
  - Durchgangsfrequenz: *f* bei $\lvert G\rvert = 0$
  - Phasenrand: bei Durchtrittsfrequenz
- Bei **positivem Phasenrand** ist der Regler stabil.
- **Höherer Phasenrand** ergibt Stabilitätsreserven.
  20 % … 50 %: gutes Störungsverhalten
  40 % … 70 %: gutes Führungsverhalten
- **Durchtrittsfrequenz** ist Maß für die Reglerschnelligkeit.

Zeitverhalten von Regelstrecken
Time Behaviour of Controlled Systems

Sprungantwort-Verfahren
Dem Sprungantwort-Verfahren kommt in der Praxis die größte Bedeutung zu, da sich damit die Übergangsfunktion meist mit geringem Aufwand experimentell ermitteln lässt.

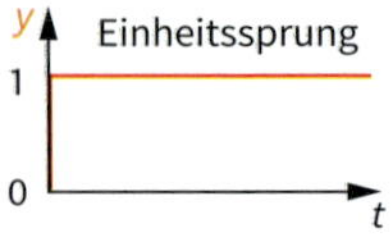

	Bezeichnung, Kenngrößen	Sprungantwort	Beispiel	Übergangsverhalten
P-Strecken (Strecken mit Ausgleich)	**P_0-Strecke** Proportional-Beiwert $K_P = x/y$	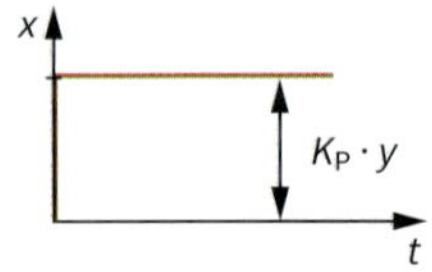	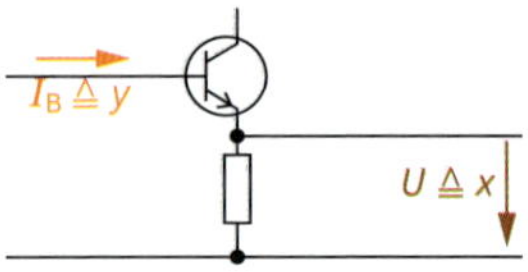	x folgt proportional unverzögert der Eingangsgröße y.
	PT_1-Strecke Proportional-Beiwert $K_{PS} = x_\infty/y$ T: Zeitkonstante $x = 63\,\%$ von x_∞	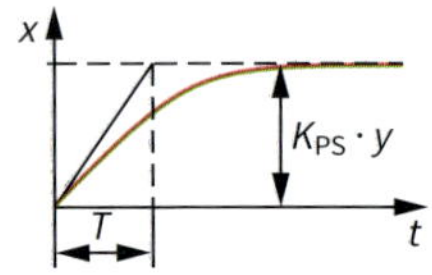	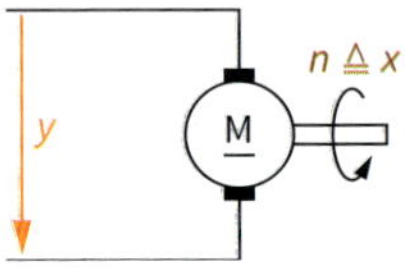	x folgt proportional, nach einer e-Funktion verzögert, der Eingangsgröße y.
	PT_2-Strecke Proportional-Beiwert $K_{PS} = x_\infty/y$ T_e: Verzugszeit T_b: Ausgleichszeit p: Wendepunkt	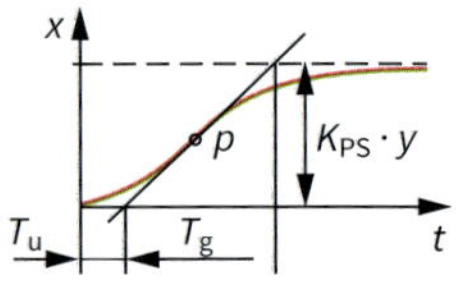	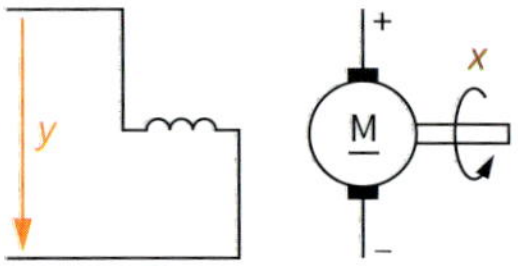	x folgt proportional, mit zwei Zeitkonstanten verzögert, der Eingangsgröße y.
	PT_t-Strecke Proportional-Beiwert $K_{PS} = \Delta x/\Delta y$ T_t: Totzeit	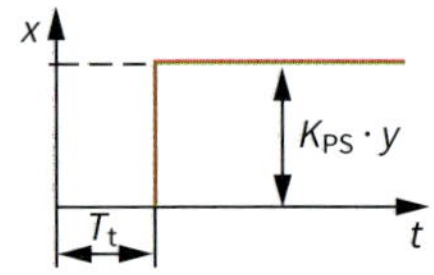	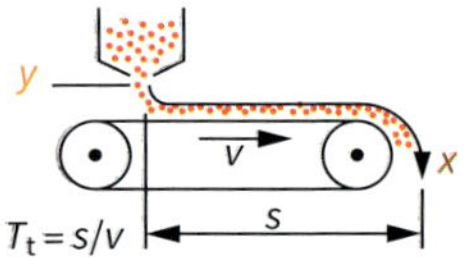	x folgt proportional, um die Zeit T_t verzögert, der Eingangsgröße y.
	PT_t-T_1-Strecke Proportional-Beiwert $K_{PS} = x_\infty/y$ T_t: Totzeit T: Zeitkonstante	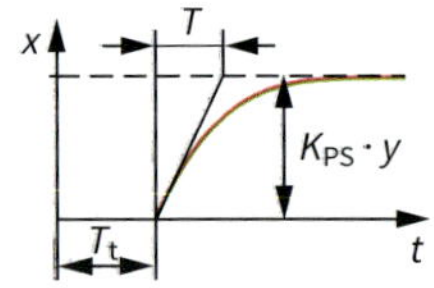		x folgt proportional, mit einer e-Funktion und einer Totzeit verzögert, der Eingangsgröße y.
I-Strecken (Strecken ohne Ausgleich)	**I_0-Strecke** Integrierzeit T_{IS} Integrierbeiwert $K_{IS} = v_x \cdot \frac{1}{y}$ $v_x = \frac{\Delta x}{\Delta t}$	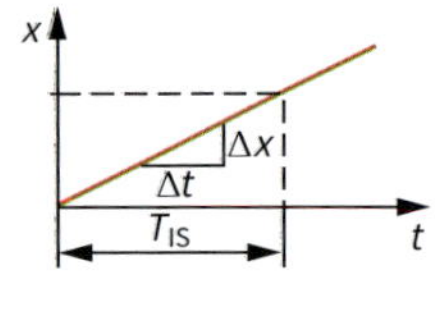	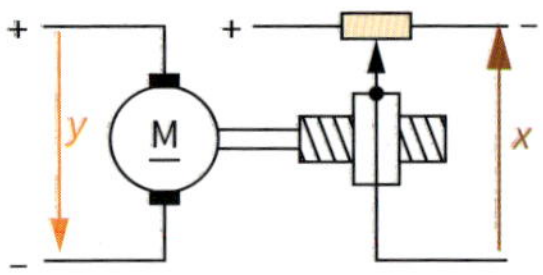	x ist das Zeitintegral der Eingangsgröße y.
	IT_1-Strecke T_{IS}: Integrierzeit T: Verzögerungs-zeitkonstante	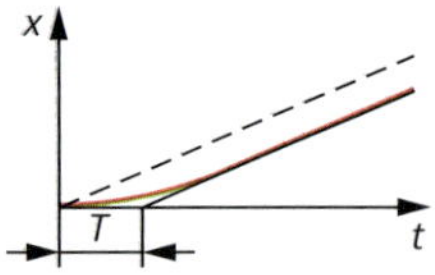	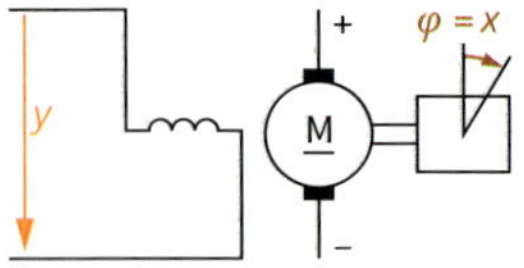	x ist das Zeitintegral, verzögert mit einer Zeitkonstanten, der Eingangsgröße y.
	IT_t-Strecke T_{IS}: Integrierzeit T_t: Totzeit	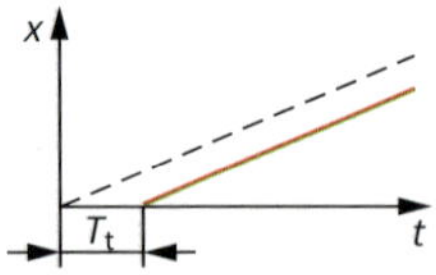	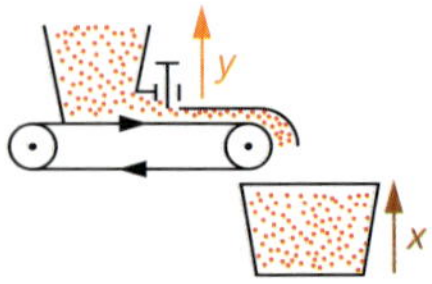	x ist das Zeitintegral, verzögert mit der Totzeit T_t, der Eingangsgröße y.

Stetige Regeleinrichtungen
Continuous Action Control Assemblies

Bei stetig wirkenden Regeleinrichtungen kann die Stellgröße y innerhalb des Stellbereiches Y_h jeden Wert annehmen. Die mit elektronischen Reglern relativ einfach realisierbaren gewünschten Eigenschaften werden hier stellvertretend auch für nicht elektronisch (mechanisch, pneumatisch, hydraulisch) arbeitende Regeleinrichtungen behandelt.

Regler: Typ	Regler: Kenngrößen	Reglerantwort	Erklärung
P	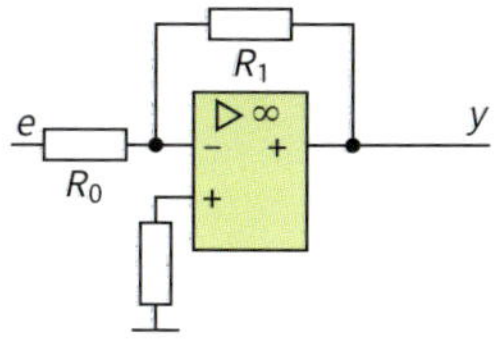 $K_p = \frac{R_1}{R_0} = \frac{y - y_0}{e}$	Sprungantwort 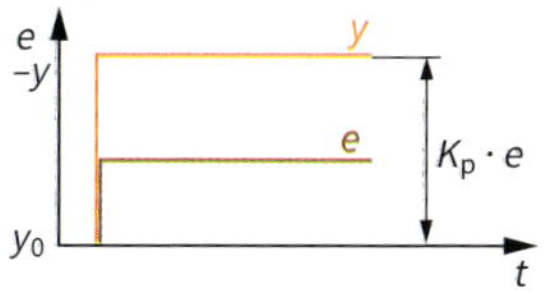	Die Regeldifferenz bewirkt eine proportionale Stellgröße. K_p: Proportionalbeiwert
D	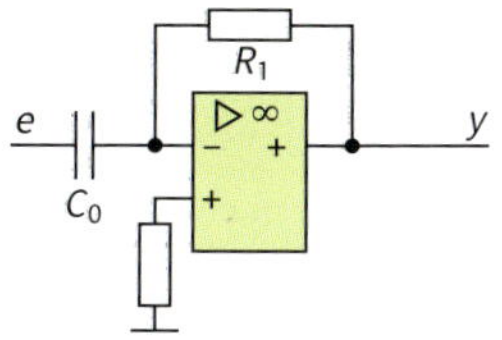 $K_D = (y - y_0)\,\frac{\Delta t}{\Delta e}$ $K_D = R_1 \cdot C_0 = T_D$	Anstiegsantwort 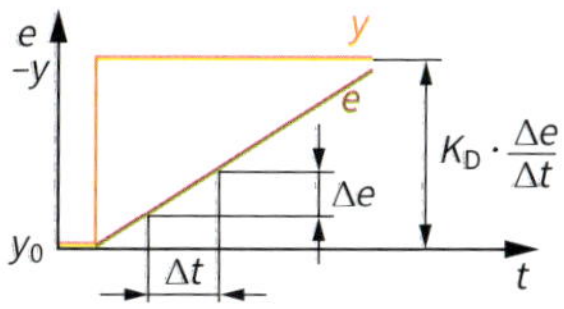	Die Änderungsgeschwindigkeit der Regeldifferenz bewirkt einen bestimmten Wert der Stellgröße. K_D: Differenzierbeiwert T_D: Differenzierzeit
I	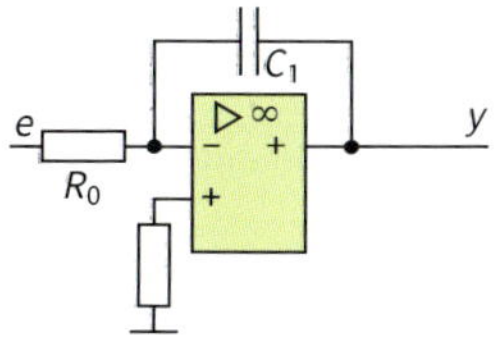 $K_I = \frac{1}{e} \cdot \frac{\Delta y}{\Delta t}$ $K_I = \frac{1}{R_0 \cdot C_1} = \frac{1}{T_I}$	Sprungantwort 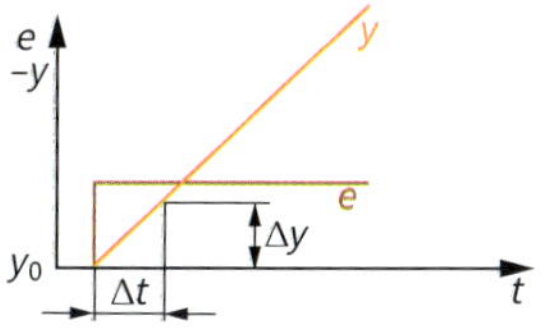	Die Regeldifferenz bewirkt eine bestimmte Änderungsgeschwindigkeit der Stellgröße. K_I: Integrierbeiwert T_I: Integrierzeit
PD	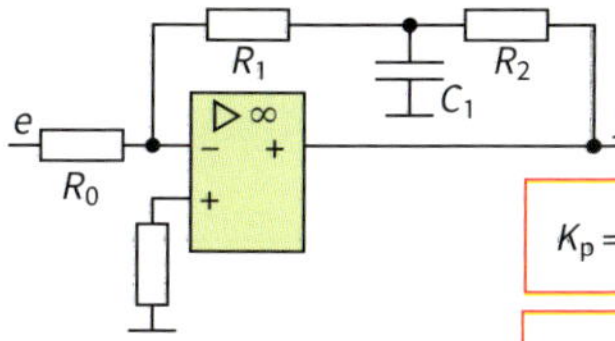 $K_p = \frac{R_1 + R_2}{R_0} = \frac{K_D}{T_v}$ $T_v = \frac{R_1 \cdot R_2}{R_1 + R_2} \cdot C_1$	Anstiegsantwort 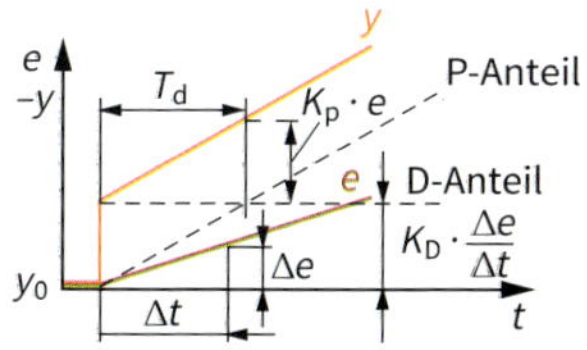	Die Regeldifferenz bewirkt eine Stellgrößenänderung mit P- und D-Anteil. K_p: Proportionalbeiwert T_d: Vorhaltezeit
PI	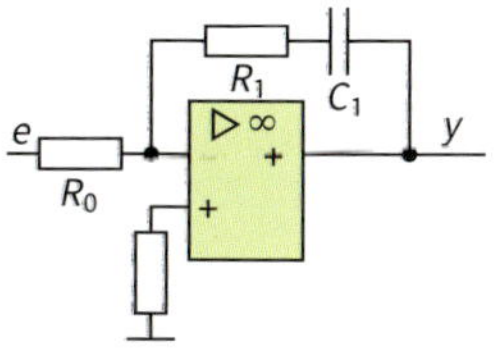 $T_n = R_1 \cdot C_1$ $T_I = R_0 \cdot C_1$ $K_p = \frac{y_p}{e} = \frac{R_1}{R_0}$ $K_I = \frac{K_p}{T_n} = \frac{1}{R_0 \cdot C_1}$	Sprungantwort 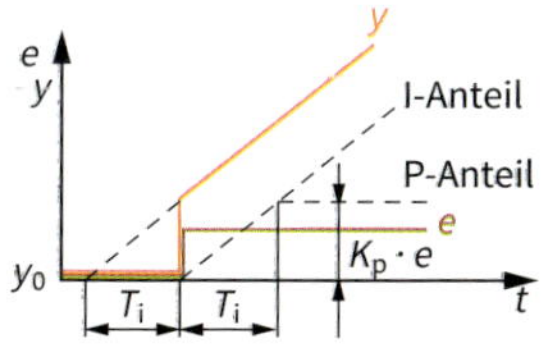	Die Regeldifferenz bewirkt eine Stellgrößenänderung mit P- und I-Anteil. T_i: Nachstellzeit
PID	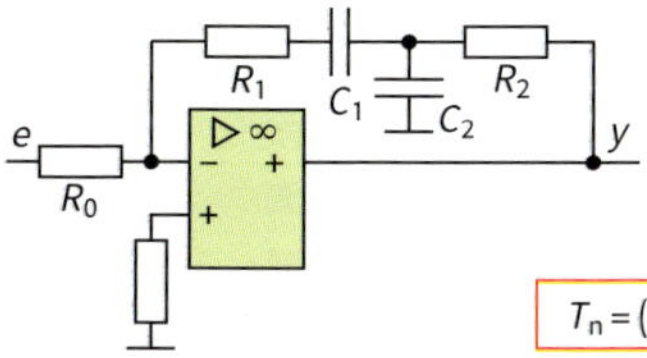 $T_n = (R_1 + R_2)\,C_1$ $K_p = \frac{R_1 + R_2}{R_0}$ $T_v = \frac{R_1 \cdot R_2}{R_1 + R_2} \cdot C_2$	Sprungantwort 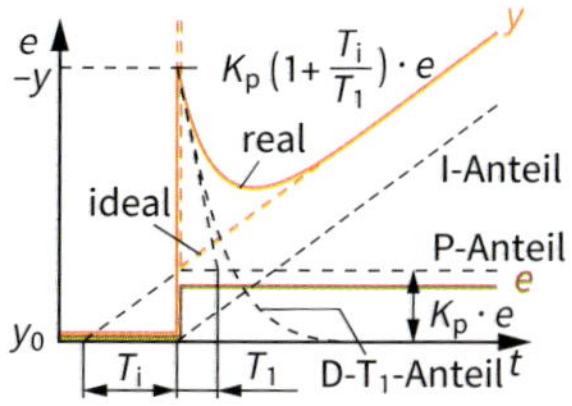	Die Regeldifferenz bewirkt eine Stellgrößenänderung mit P-, I- und D-Anteil (idealer Regler). Ein realer Regler besitzt die Zeitkonstante T_1, die mit zusätzlichem R (in Reihe zu C_2, nicht dargestellt) gezielt eingestellt werden kann. PI(D – T₁) -Verhalten

- **Zweipunkt-Regeleinrichtung**
  - Die Stellgröße kann beim Zweipunktregler nur zwei Zustände annehmen: EIN und AUS.
  - Zweipunktregler eignen sich aufgrund des unstetigen Verhaltens nur zum Betrieb an solchen Regelstrecken, deren Veränderung der Regelgröße zeitbehaftet (verzögert) erfolgt.
- **Dreipunkt-Regeleinrichtung**
  - Dreipunktregeleinrichtungen verfügen über drei Schaltzustände: Zustand I – AUS – Zustand II.
  - Auch diese Reglerart kann nur an verzögerten Regelstrecken und Regelstrecken mit I-Verhalten betrieben werden.

Zweipunktregler

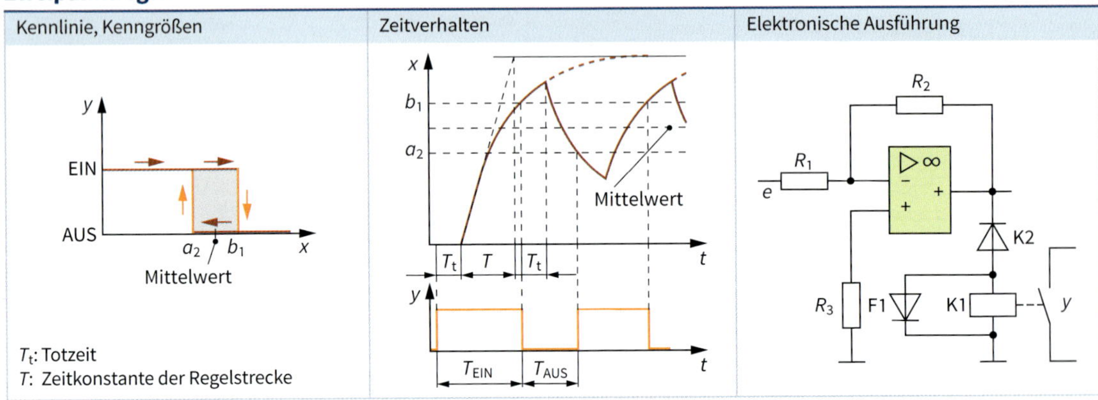

Dreipunktregler

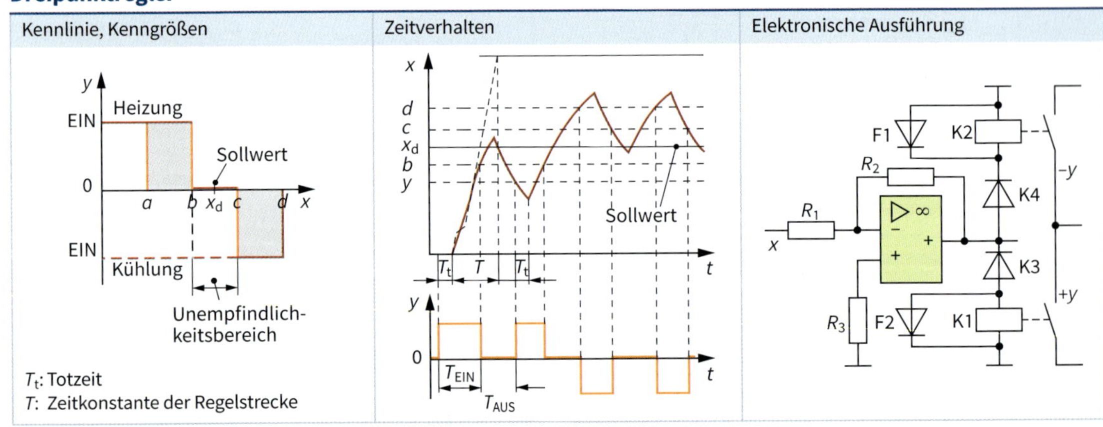

Eignung von Reglern bei gegebener Strecke

	Strecke		Regler: P	I	PI	PD	PID	2-Punkt-regler
P-Strecken	P_0		ungeeignet	geeignet	besonders geeignet	ungeeignet	ungeeignet	ungeeignet
	PT_1		geeignet	geeignet	geeignet	ungeeignet	ungeeignet	geeignet
	PT_2		ungeeignet	ungeeignet	geeignet	ungeeignet	besonders geeignet	geeignet
	PT_T		ungeeignet	geeignet	besonders geeignet	ungeeignet	ungeeignet	ungeeignet
	PT_tT_1	$\tau \gg T_t$	geeignet	ungeeignet	besonders geeignet	geeignet	geeignet	geeignet
		$\tau > T_t$	ungeeignet	ungeeignet	geeignet	ungeeignet	geeignet	ungeeignet
I-Strecken	I_0		geeignet	ungeeignet	geeignet	ungeeignet	ungeeignet	geeignet
	IT_1		ungeeignet	ungeeignet	geeignet	geeignet	besonders geeignet	geeignet
	IT_t		ungeeignet	ungeeignet	ungeeignet	geeignet	geeignet	ungeeignet

besonders geeignet – geeignet – ungeeignet

Kriterien

- Eine Regeleinrichtung ist um so besser eingestellt,
  - je kleiner die bleibende Regeldifferenz e,
  - je kürzer die Einschwingzeit und
  - je kleiner die Überschwingweite x_m ist.

Bei zu großer (Regel-)Kreisverstärkung kann der Regelkreis instabil werden.

$V_0 = K_{PR} \cdot K_{PS}$

K_{PR}: P-Beiwert (Regler) T_b: Ausgleichszeit[1] T_{cr}: Ausgleichszeit
K_{PS}: P-Beiwert (Strecke) T_e: Verzugszeit T_{cs}: Ausgleichszeit

[1] Zur Reglereinstellung werden diese Werte an der Regelstrecke ermittelt (offener Regelkreis).

Sprungantwort des Regelkreises

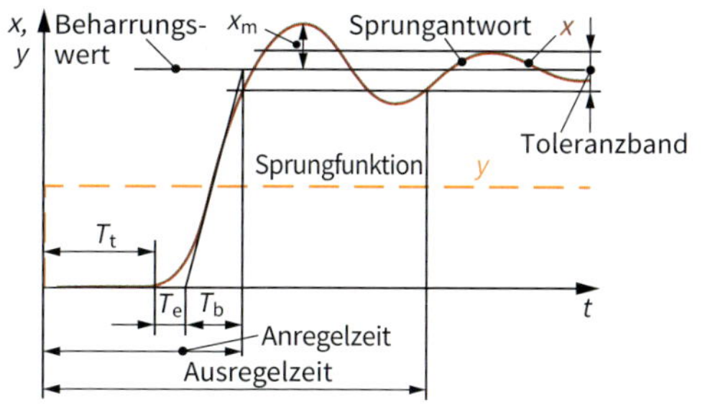

Verläufe von Regelungsvorgängen

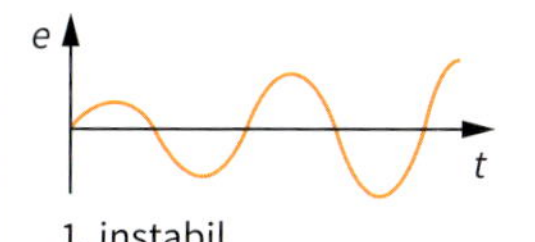

1. instabil

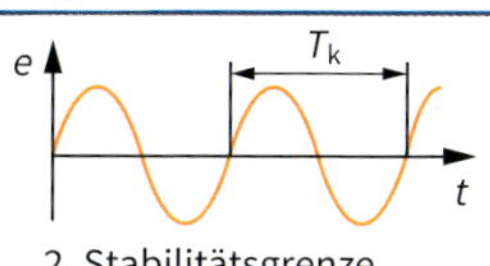

2. Stabilitätsgrenze

3. stabil, periodisch

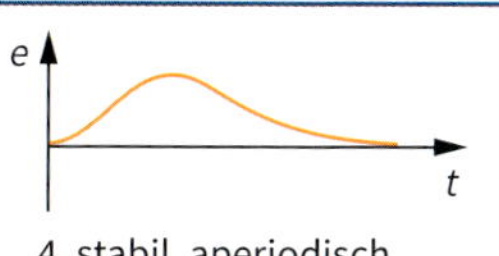

4. stabil, aperiodisch

Verfahren von Ziegler und Nichols

Anwendung des Verfahrens bei nicht bekannten Kennwerten.

1. Regler als P-Regler im geschlossenen Regelkreis betreiben ($T_i = \infty$; $T_d = 0$ eingestellt).
2. Proportionalbeiwert K_{PR} erhöhen bis Regeldifferenz e Dauerschwingungen mit konstanter Amplitude ausführt.
3. In diesem Zustand Schwingungsdauer T_K und kritischen P-Beiwert K_{PRK} bestimmen.
4. Geeignete Reglereinstellung aus Tabelle entnehmen.

Reglertyp	P-Wert K_{PR}	Vorhaltzeit T_d	Nachstellzeit T_i
P	$0{,}5 \cdot K_{PRK}$	–	–
PD	$0{,}8 \cdot K_{PRK}$	$0{,}12 \cdot T_K$	–
PI	$0{,}45 \cdot K_{PRK}$	–	$0{,}85 \cdot T_K$
PID	$0{,}6 \cdot K_{PRK}$	$0{,}12 \cdot T_K$	$0{,}5 \cdot T_K$

Verfahren von Chien, Hrones und Reswick

- Kennwerte einer Regelstrecke ggf. durch Sprungantwort ermitteln und in nachstehender Tabelle einsetzen. Dabei unterscheiden, ob
  - der Regelverlauf aperiodisch oder periodisch, mit ca. 20 % Überschwingen erfolgen soll, bzw. ob
  - der Regelverlauf, aperiodisch oder periodisch sein soll.
  - Optimierung auf Ausregeln von Störungen (durch Störgrößen) oder Änderung der Führungsgröße

Angestrebt wird die kleinstmögliche Dauer des Ausregelvorganges.

Totzeit T_t und Verzugszeit T_e, die bei Strecken mit PT_t-T_n-Charakter zusammen die Ersatztotzeit T_{tE} bilden ($T_t + T_e = T_{tE}$), beeinträchtigen die Regelbarkeit einer Strecke, wenn sie im Verhältnis zur Ausgleichszeit T_b groß sind.

Richtwerte: gut regelbar: $T_b/T_e > 10$
mäßig regelbar: $T_b/T_e > 4 \ldots 9$
schlecht regelbar: $T_b/T_e < 3$

Ist keine Totzeit vorhanden, wird für T_{tE} in den Gleichungen (siehe Tabelle) T_e eingesetzt.
Bei Regelstrecken ohne Ausgleich $\frac{1}{K_I}$ für $\frac{T_b}{K_{PS}}$ einsetzen.

Reglertyp	Störung		Führung	
	Aperiodischer Regelungsvorgang	Periodisch mit ≈ 20 % Überschwingen	Aperiodischer Regelungsvorgang	Periodisch mit ≈ 20 % Überschwingen
P	$K_{PR} = 0{,}3 \cdot \frac{T_b}{K_{PS} \cdot T_e}$	$K_{PR} = 0{,}7 \cdot \frac{T_b}{K_{PS} \cdot T_e}$	$K_{PR} = 0{,}3 \cdot \frac{T_b}{K_{PS} \cdot T_e}$	$K_{PR} = 0{,}7 \cdot \frac{T_b}{K_{PS} \cdot T_e}$
PI	$K_{PR} = 0{,}6 \cdot \frac{T_b}{K_{PS} \cdot T_e}$	$K_{PR} = 0{,}7 \cdot \frac{T_b}{K_{PS} \cdot T_e}$	$K_{PR} = 0{,}35 \cdot \frac{T_b}{K_{PS} \cdot T_e}$	$K_{PR} = 0{,}6 \cdot \frac{T_b}{K_{PS} \cdot T_e}$
	$T_n = 4 \cdot T_{tE}$	$T_n = 2{,}3 \cdot T_{tE}$	$T_n = 1{,}2 \cdot T_{tg}$	$T_n = T_b$
PID	$K_{PR} = 0{,}95 \cdot \frac{T_b}{K_{PS} \cdot T_e}$	$K_{PR} = 1{,}2 \cdot \frac{T_b}{K_{PS} \cdot T_e}$	$K_{PR} = 0{,}6 \cdot \frac{T_b}{K_{PS} \cdot T_e}$	$K_{PR} = 0{,}95 \cdot \frac{T_b}{K_{PS} \cdot T_e}$
	$T_v = 0{,}42 \cdot T_e$	$T_v = 0{,}42 \cdot T_e$	$T_v = 0{,}5 \cdot T_e$	$T_v = 0{,}47 \cdot T_e$
	$T_n = 2{,}4 \cdot T_e$	$T_n = 2 \cdot T_e$	$T_n = T_b$	$T_n = 1{,}35 \cdot T_b$

Digitale Regelung
Digital Closed Loop Control

Signalformen

wertdiskret-zeitkontinuierlich	wertdiskret-zeitdiskret

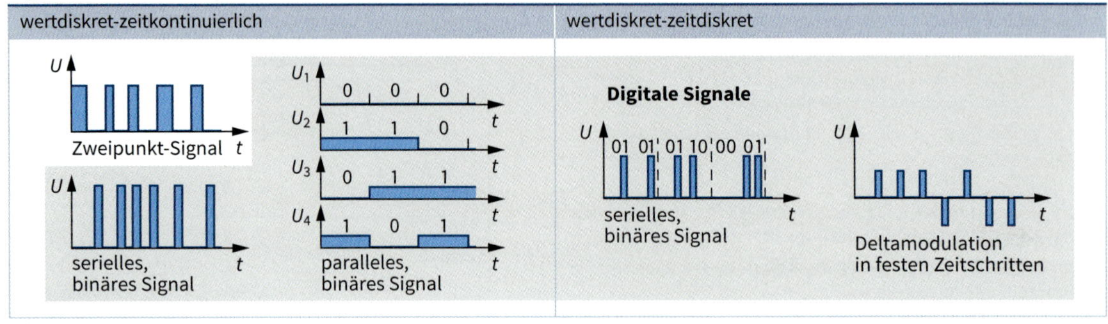

Arbeitsprinzip

Regelkreis mit Digitalregler

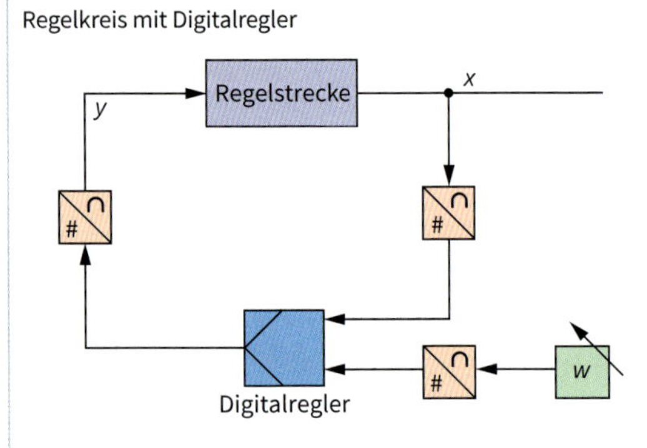

- Führungsgröße *w* und Regelgröße *x* sind in Form digital codierter Zahlenwerte erforderlich.
- Eventuell müssen diese Größen mittels Analog-/Digital-umsetzern erzeugt werden.
- Die Berechnung der Stellgröße *y* benötigt eine endliche Zeit.
- Die Regelgröße wird in zeitlichen Abständen gemessen und gespeichert.
- Bei der Rechnerregelung sind der Regelalgorithmus und die Regelparameter in Form eines Programms im Speicher des Digitalreglers abgelegt.
- Die errechnete Stellgröße *y* wird bis zum nächsten Schritt gespeichert, ggf. digital/analog umgesetzt und der Regelstrecke.

Begriffe

Begriff	Erklärung	Begriff	Erklärung
Abtastregelung, zyklisch (polling)	Messstelle wird in festen Zeitabständen T_A abgefragt.	Algorithmus	Vollständig festgelegte endliche Folge von Vorschriften, nach denen aus zulässigen Eingangsgrößen eines Systems gewünschte Ausgangsgrößen erzeugt werden.
Abtastregelung, azyklisch (interrupt)	Messstelle wird nur bei Bedarf abgefragt (Programmunterbrechung).		
Adaptive Regelung	Regeleinrichtung passt sich dem veränderlichen Betriebsbedingungen (auch Struktur- und Parameteränderungen in der Regelstrecke) selbsttätig an.	Parameteridentifizierung	Ermittlung von Systemparametern aus der Messung zeitveränderlicher Größen des Systems.

Selbstoptimierung (Adaption)

Erklärung	Regelkreis mit adaptivem Regler

Verfahren zur selbsttätigen Anpassung der Reglerparameter an die Regelstrecke.
Die Anpassung kann einmalig erfolgen (bei invariablen Regelstrecken) oder ständig mit volladaptiven Reglern an Regelstrecken mit veränderlichen Streckenparametern.
Mögliche Verfahren:

- Nach Ziegler/Nichols werden K_{PRK} und T_K gemessen, die Reglerparameter errechnet und der Regler eingestellt.
- Im Sprungantwortverfahren werden die Regelstreckenparameter aufgenommen, für die der Regler optimal angepasst wird.
- Optimierung mit Parameterschätzung und mathematischen Modellen (Prozessrechner).

Regelstrecke
y
x
Identifikation, Parameter-optimierung
m
w
Digitalregler

Herkömmliche Automatisierungs-Struktur

- Feldgeräte ① sind z. B. Sensoren, Aktoren, Ein- und Ausgabegeräte, die in einem Automatisierungsprozess eingesetzt werden.
- Sie sind über Schnittstellen (z. B. 4…20 mA) an Rangierverteiler ② angeschlossen (parallele Verdrahtung).
- Regler ③ übertragen die Ein- bzw. Ausgangssignale an die Rechner ④ (**DCS: D**ata **C**ollecting **S**ystem).
- Nachteile:
  - Aufwändige Verdrahtung
  - Eingeschränkte Kommunikation, sie erfolgt vorwiegend nur in eine Richtung (unidirektional) z. B.: Sensor → Steuerung, Steuerung → Aktor

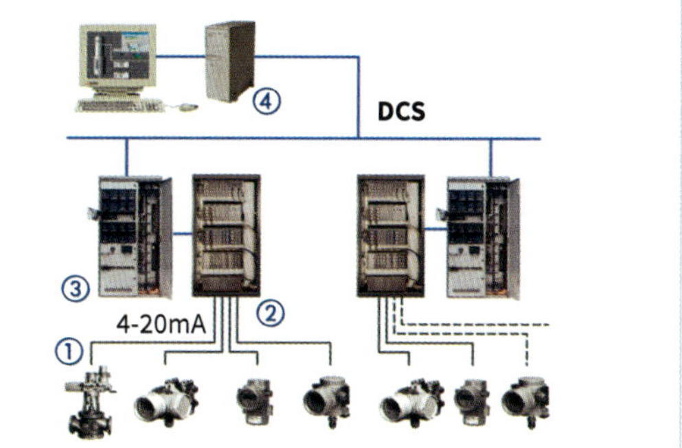

Feldbus

- Es gibt zahlreiche Feldbusausführungen. Deshalb ist „Feldbus" ein Gattungsbegriff.
- Für die Feldgeräte wird ein Bus ⑤ zur Datenübertragung verwendet (eine Busleitung).
  → geringer Verdrahtungsaufwand
- Busse mit unterschiedlichen Datenraten können über ein Verbindungsmodul ⑥ vernetzt werden.
- Die Daten werden digital in Form von Telegrammen übertragen.
- Die Kommunikation erfolgt bidirektional.
- Die Gesamtheit aller Vorgänge kann erfasst und beeinflusst werden (z. B. Prozessdaten, Zustandsdaten, Wartungs- und Störungssignale).
- Je nach Feldbus werden 2, 4 oder 5-adrige Leitungen verwendet.
- Vorteile:
  - Geringere Installationskosten
  - Flexible Handhabung (z. B. Konfiguration im Offline-Betrieb, Erweiterung)

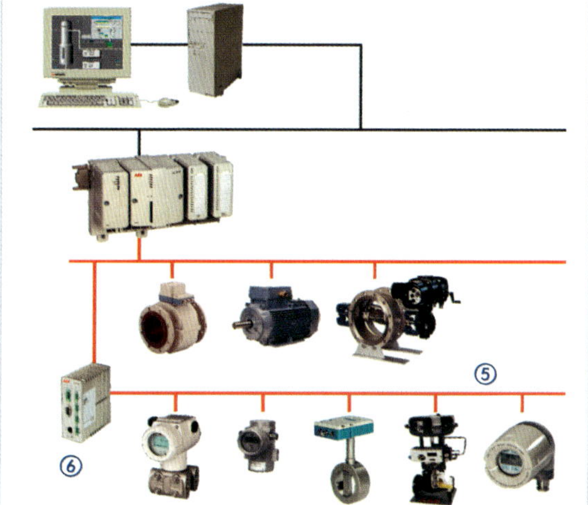

Feldbusarten

Bezeichnung		Anwendungsbereiche
ARCNET:	**A**ttached **R**esources **C**omputer **Net**work	Automotive-Bereich[1], Industrieautomatisierung, Medizintechnik
ASI, AS-i:	**A**ctuator-**S**ensor-**I**nterface	Anschluss von Sensoren und Aktoren
BACnet:	**B**uilding **A**utomation and **C**ontrol **Net**work	Gebäudeautomation
BITBUS		Automatisierungstechnik
ByteFlight		Sicherheitskritische Anwendungen im Automotive-Bereich[1]
CAN:	**C**ontroller **A**rea **N**etwork	Vernetzung von Steuergeräten im Automotive-Bereich[1]
CANopen		Basiert auf CAN, Automotive-Bereich[1], Embedded Systems
DALI:	**D**igital **A**ddressable **L**ighting **I**nterface	Beleuchtungstechnik in der Gebäudeautomatisierung
DIN-Messbus		Fertigungstechnik, Qualitätssicherung, Prozesskontrolle
EIB (KNX):	**E**uropean **I**nstallation **B**us	Hausinstallation
FlexRay		Automotive-Bereich[1]
Foundation Fieldbus		Prozessautomatisierung
Interbus		Maschinenbau, Anlagenbau
LCN:	**L**ocal **C**ontrol **N**etwork	Universelles Gebäudeleitsystem
LIN:	**L**ocal **I**nterconnect **N**etwork	Kommunikation von intelligenten Sensoren und Aktoren im KFZ
LON:	**L**ocal **O**perating **N**etwork	Gebäudeautomation
M-Bus:	**M**eter-**Bus**	Verbrauchserfassung (Wärme, Wasser, Strom, Gas)
MOST:	**M**edia **O**riented **S**ystems **T**ransport	Multimedia im Automotive-Bereich[1]
P-NET:	**P**rocess **Net**	Prozessautomation, Vernetzung verteilter Prozesskomponenten
PROFIBUS:	**Pro**cess **Fi**eld **Bus**	Maschinen- und Anlagenbau, Prozessautomation
SafetyBUS		Sicherheitsrelevante Anwendungen in der Steuerungstechnik
TCN:	**T**rain **C**ommuncation **N**etwork	Fernsteuerung, Eisenbahnfahrzeuge

[1] Oberbegriff für Fahrzeuge, die von Kraftmaschinen angetrieben werden, spurgebunden oder nicht spurgebunden

Busstruktur

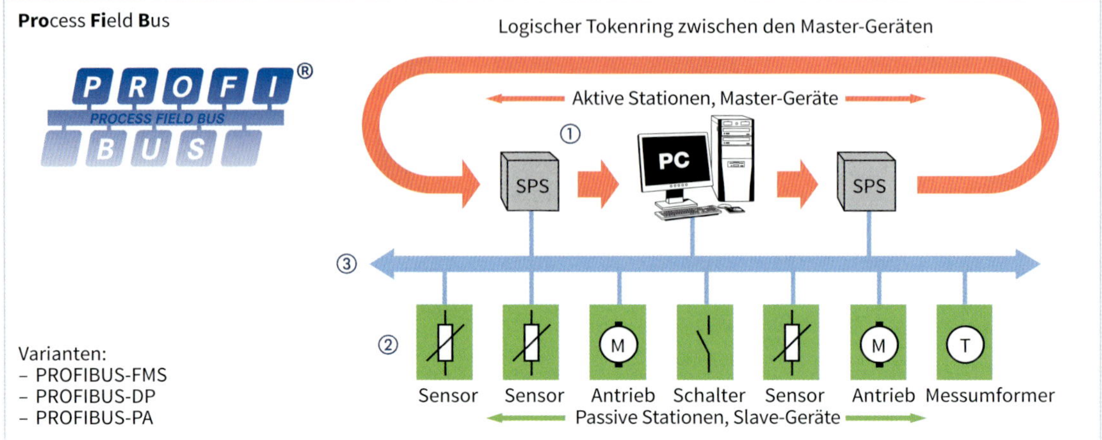

PROFIBUS-FMS (Fieldbus Message Specification)

- Entwickelt von 14 Herstellern und 5 wissenschaftlichen Instituten
- Anwendung: Feldnahe Automatisierungstechnik zur Datenkommunikation zwischen Automatisierungs- und Feldgeräten, Master-Slave-Zugriffsverfahren
- Linienstruktur mit passiver Buskopplung, keine Verzweigungen
- Der Buszugriff erfolgt nach dem Token-Passing-Verfahren. Sendeberechtigung wird durch einen umlaufenden „Token" zyklisch erteilt.
- Multi-Master-Bus mit logischem Tokenring unter den aktiven Teilnehmern (Busmaster z. B. SPS, PC ①)
  - Busmaster kann mit passiven Teilnehmern (Slave, Sensoren, Aktoren ②) kommunizieren.
  - Dauer der Kommunikation hängt von der Token-Soll-Umlaufzeit ab. Sie wird mit der vom Master gemessenen (tatsächlichen) Umlaufzeit verglichen.
  - Wenn die Token-Soll-Umlaufzeit noch nicht überschritten ist, darf jeder Master mindestens eine Nachricht höchster Priorität und weitere normale Nachrichten absenden.
  - Buszykluszeit: < 100 ms
  - Reaktionszeit: Minimal 1,9 ms; bis 10 ms
- Aktive Teilnehmer: max. 32
- Teilnehmerzahl: Maximal 124 (4 Bussegmente mit je 32 Teilnehmern)
- RS485 Schnittstelle, 9-polige SUB-D-Steckverbindung
- Buslänge 1200 m (ohne Repeater), bis 4800 m erweiterbar
- Codierung: NRZ-Code
- Übertragungsleitung:
  - Zweidrahtleitung (geschirmt und verdrillt), Lichtwellenleiter,
  - Kurze Stichleitungen
  - Abschlusswiderstände an beiden Leitungsenden (Cu-Leiter ③)
- Datenrate: 9,6 kbit/s bis 500 kbit/s
- An- und Abkopplung der Slaves ist im laufenden Betrieb möglich (nicht bei LWL).
- Konfiguration und Parametrieren der Peripheriegeräte mit STEP 7 und COM PROFIBUS

PROFIBUS-DP (Dezentrale Peripherie)

- Erweiterung des PROFIBUS-FMS (objektnaher Systembereich, anspruchsvolle Sensoren, weit verteilte Sensoren/Aktoren)
- Erweiterungen gegenüber PROFIBUS-FMS; max. Ausdehnung:
  - Cu-Leiter: 9,6 km
  - LWL: 90 km
- Schneller zyklischer Datenaustausch mit Feldgeräten bis 12 Mbit/s
- Die Aufteilung des Bussystems kann in max. 5 Bussegmente erfolgen.
- Umfangreiche Diagnosemöglichkeiten
- Codierung: NRZ-Code

PROFIBUS-PA (Prozessautomatisierung)

- Erweiterung gegenüber dem PROFIBUS-DP
- Linien und/oder Baumstruktur
- Ankopplung an Profibus DP durch Segmentkoppler ④ mit Trenner für die Spannungsversorgung

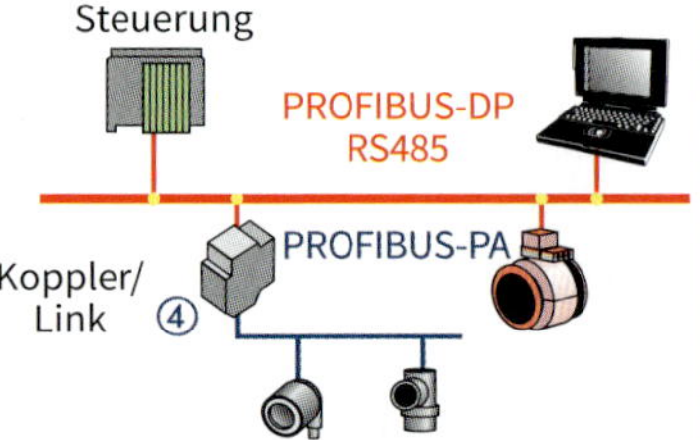

- Anwendungen:
  - Prozessautomatisierung, insbesondere chemische Industrie
  - Eigensicherer Bereich (explosionsgefährdeter Bereich)
  - Schneller zyklischer Datenaustausch mit Feldgeräten
- Explosions-Gruppe IIC: 6 bis 12 Teilnehmer; Explosions-Gruppe IIB: 20 Teilnehmer (Stromversorgung über den Bus, Fernspeisung)
- Datenrate: 31,25 kbit/s, bitsynchron
- Codierung: Manchester-Codierung

Merkmale

- PROFINET: **Pro**cess **F**ield Ether**net**
- Offener Industrial Ethernet Standard
  - Nutzung von Industrial Ethernet für die Leit-, Zell- und Feldebene in der Automatisierungstechnik
  - Anwendung von IT-Diensten
  - Integration in bestehende Feldbussysteme (z. B. PROFIBUS DP, Interbus)
  - Echtzeitfähiges Ethernet möglich
  - Sicherheitstechnik über Bussystem ist möglich (z. B. Not-Halt)
- Datenverkehr
  - Zyklisch:
    Datenverkehr findet mit festen Taktzeiten statt, von der Zentraleinheit an die Peripheriegeräte
  - Azyklisch:
    Verwendung für Ereignisse, z. B. Senden von Parametrierungs- und Konfigurationsdaten zwischen Zentraleinheit und Peripheriegeräten
- Es gibt zwei Funktionsklassen:
  - **PROFINET-IO** (dezentrale Feldgeräte, **I**n **O**ut), gedacht als Nachfolger von PROFIBUS DP
  - **PROFINET-CBA** (autonom arbeitende Teilanlagen, **C**omponent **B**ased **A**utomation)

  Beide Funktionsklassen können separat oder kombiniert zur gleichen Zeit am selben Bus kommunizieren.
- Es gibt drei **Protokollvarianten**:
  - **TCP/IP**: Reaktionszeiten im Bereich von 100 ms, z. B. für die Inbetriebnahme einer Anlage (PROFINET-CBA)
  - **RT** (**Re**al **T**ime): Anwendungen im Bereich bis 100 ms Zykluszeiten für PROFINET-IO und -CBA, ohne Taktsynchronität
  - **IRT** (**I**sochronous **R**eal **T**ime): Anwendungen im Bereich < 1 ms Zykluszeiten für PROFINET-IO, mit Taktsynchronität

PROFINET-IO

- Datenaustausch zwischen Controllern (Master-Funktion) und Ethernet-basierten Feldgeräten (Devices, Slave-Funktion)
- Parametrierung und Diagnose
- Provider-Consumer-Verfahren:
  - Die Teilnehmer sind gleichberechtigt.
  - Der Sender ist ein Provider, der seine Dienste an die Kommunikationspartner überträgt.
    Über die Projektierung wird die Gleichberechtigung eingeschränkt.

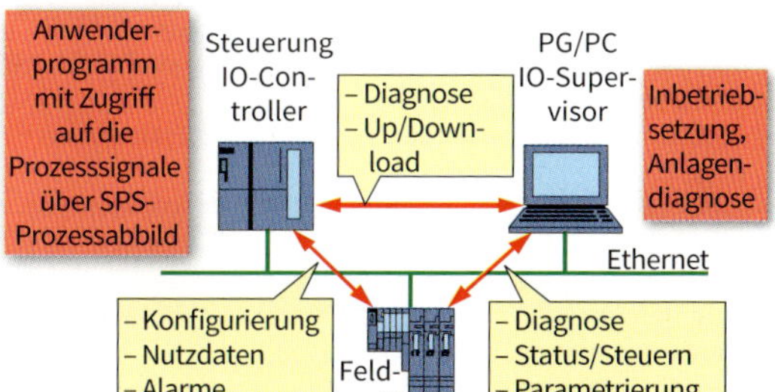

Komponenten für PROFINET-IO

- **IO-Controller:**
  Steuergerät für Automatisierungsaufgaben (z. B. zentrale SPS), in dem das Programm abläuft
- **IO-Device:**
  - Dezentrales Feldgerät, das vom IO-Controller gesteuert und kontrolliert wird.
  - Ein IO-Device kann aus mehreren Modulen bestehen. Die Eigenschaften werden durch eine **GSD**-Datei (**G**eneric **S**tation **D**escription) in **XML** (e**X**tensible **M**arkup **L**anguage) beschrieben (GSDML).
- **IO-Supervisor:**
  Entwicklungswerkzeug, z. B. Programmier-, Diagnose und Parametriergerät (HMI-, Diagnose-Station)
- Die Komponenten erhalten IP-Adressen.
- Die Nachrichten- oder Telegrammverteilung erfolgt über Switches (z. B. als Stern oder Baum).

Applikationsbeziehung

AR: Application **R**elation
Durch die Applikationsbeziehung wird die Kommunikation zwischen den Komponenten gekennzeichnet. Der gegenseitige Datenaustausch erfolgt über Datenkanäle.

Kommunikationsbeziehung

CR: Communication **R**elation

- **IO CR:**
  Sensor- und Aktorsignale eines IO-Device werden vom IO-Controller in Echtzeit zyklisch gelesen bzw. geschrieben.
- **Alarm CR:**
  Alarme werden in Echtzeit azyklisch vom IO-Device zum IO-Controller übertragen.
- **Record Data CR:**
  Konfigurationsdaten eines IO-Device werden vom Provider azyklisch ohne Echtzeit gelesen und geschrieben.

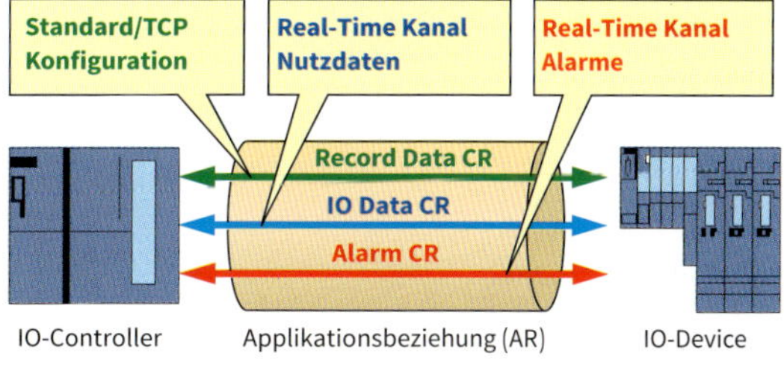

PROFINET-CBA

- Das System besteht aus verschiedenen Automatisierungskomponenten (mechanisch, elektrisch, informationstechnisch).
- Die Komponentenbeschreibung erfolgt mit einer **PCD**-Datei (**P**ROFINET **C**omponent **D**escription) in XML.
- In parallel angeordneten RT-Kanälen sind Datenzyklen wie bei PROFINET-IO möglich.

Busstruktur

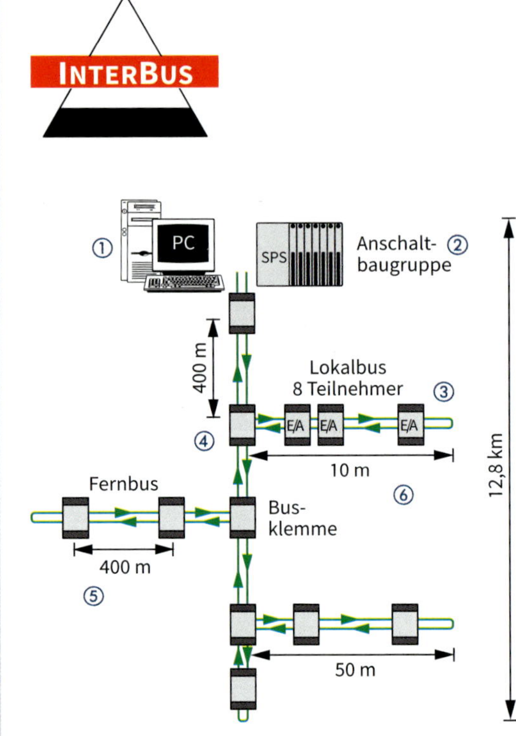

Merkmale

- Aktive Ringstruktur (Ring-Topologie) aus Master ① (SPS, PC) und Anschaltbaugruppen (Slaves) ② mit Ein-/Ausgabemodulen ③. Sie bilden zusammen ein großes Schieberegister, dessen Daten einmal pro Zyklus vollständig verschoben werden. Die Daten des Masters befinden sich dann in allen Slaves und die Daten der Slaves befinden sich im Master.
- Maximal 512 Teilnehmer (Slaves), pro Slave max. 8 Sensoren bzw. Aktoren.
  → Maximal 4096 Ein-/Ausgabepunkte
- Busklemmen ④ (Buskoppler) schaffen Verzweigungen, die ein An- und Abkoppeln von Teilnehmern zulassen.
- Anwendung:
  Anschluss von Sensoren und Aktoren im Maschinen- und Anlagenbau, Verfahrenstechnik
- Hohe Datensicherheit, mehrere Schutzmechanismen
- Jeder Teilnehmer regeneriert das ankommende Signal und leitet es weiter.
- Feste Telegrammlänge, Adressierung der Teilnehmer entsprechend der Anordnung ihrer Reihenfolge im Ring
- Buslänge
  - Fernbus ⑤: 400 m zwischen zwei Teilnehmern
  - Gesamtlänge: Kupfer 13 km, LWL 100 km
  - Lokalbus ⑥: 10 m, Abstand zwischen zwei Geräten maximal 1,5 m
- Übertragungsrate
  - Fernbus: 500 kbit/s, RS485
  - Lokalbus: 300 kbit/s, 4 Adernpaare CMOS-Pegel
- Keine Abschlusswiderstände erforderlich, da Punkt-zu-Punkt Verbindung.

Einzelkomponenten (Beispiel)

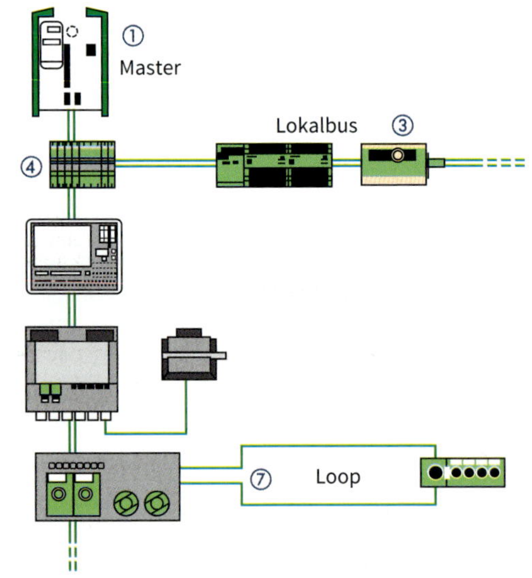

Loop ⑦:
Einsatz für dezentral an Maschinen und Anlagen verteilte Sensoren und Aktoren. Eine zweiadrige und ungeschirmte Leitung übernimmt gleichzeitig den Datentransport und die Energieversorgung der Teilnehmer.

Summenrahmenverfahren

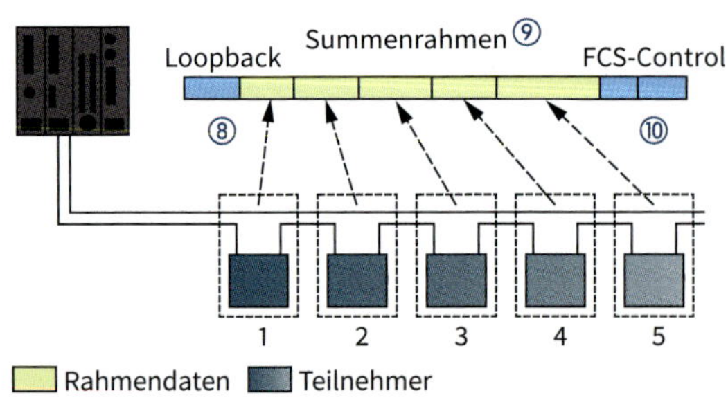

- Es wird ein Protokollrahmen für die Nachrichten aller Teilnehmer verwendet. Die Daten aller verbundenen Teilnehmer sind also zu einem Block zusammengefasst.
- Zusatzinformationen werden nur einmal pro Zyklus übertragen.
- Gleichzeitiges Senden und Empfangen (Vollduplexbetrieb) ist möglich.
- Konstante Abtastintervalle für Soll- und Istwerte
- Datenrahmen:
  - Anfangskennung (Loopback-Wort ⑧)
  - Summenrahmen (total frame ⑨)
  - Datensicherungs- und Endinformation (FCS Control ⑩)
- Datensicherung durch **CRC**-Register (**C**yclic-**R**edundancy **C**heck)

Busstruktur

CAN

- **CAN: C**ontroller **A**rea **N**etwork
- Ursprünglich für den Automobilbereich von Intel und Bosch (1981) entwickelt.
  Zielsetzung:
  Gewichtsverringerung, vereinfachte Kabelführung, einfache Erweiterung
- Heute offenes System.
  Beispiele: Haushaltsgeräte, Textilmaschinen, Medizintechnik, Automatisierungstechnik, Automobilbereich.
- Durch hohe Stückzahlen sind Komponenten für die Busankopplung preisgünstig.

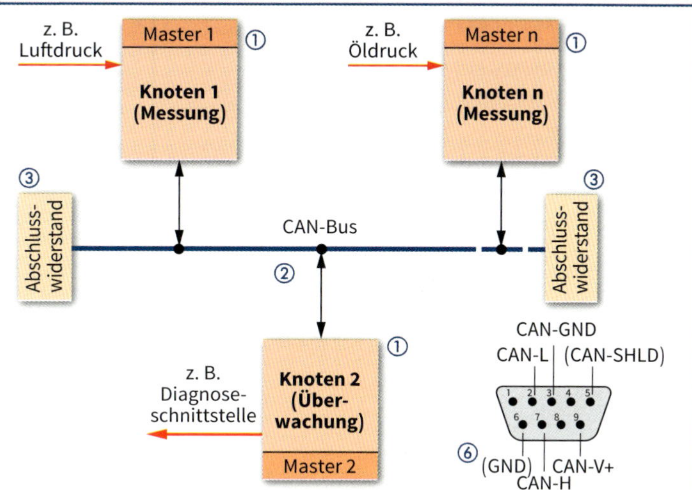

Merkmale

- **Multimaster-Betrieb**
  Jeder Teilnehmer (Knoten) ① kann über den seriellen Bus ② mit jedem Teilnehmer kommunizieren, 9-polige Sub-D-Steckverbinder ⑥.
- Die Ankopplung (Sende-/Empfangsstufe) an den Bus erfolgt durch CAN-Controller („intelligente" Ein-/Ausgabeeinheiten, Sensoren, Aktoren) ④.
- **Objektorientierte Adressierung:** Der Sender der Nachricht ordnet seiner Nachricht eine eindeutige Nachrichtennummer (**Identifier**) zu und sendet diese. Er legt also die Priorität seiner Nachricht fest. Aufgrund der Software entscheiden die Teilnehmer (Einzel- oder Mehrfachempfang), ob die Nachricht für sie bedeutsam ist.
- Busteilnehmer sind gleichberechtigt.
  Bus wird ständig überwacht, ob gleichzeitig gesendet wird (**CSMA/CD**-Verfahren, **C**arrier **S**ense **M**ultiple **A**ccess with **C**ollision **D**etection).
- **Datenkollision** wird durch rezessive (nachgebend „1") und dominante (überschreibend „0") Bits vermieden. Wenn zwei Teilnehmer gleichzeitig senden, dominiert derjenige, dessen Bitkombination in der ersten Stelle eine „0" aufweist (CSMA/**CA**; ... with **C**ollision **A**voidance).
- Topologie in Linienstruktur (Zweidrahtleitung, ungeschirmt bzw. geschirmt, LWL) mit Abschlusswiderständen (Bus-Termination) ③ bei Zweidrahtleitung.
- Die Teilnehmerzahl wird nur durch die Leistungsfähigkeit der angekoppelten Bausteine begrenzt.
- Passive Abschlüsse: CAN-High (CANH) und CAN-Low (CANL). Die Datenübertragung erfolgt durch Spannungsdifferenzsignale zwischen den Busleitungen (dadurch hohe Störsicherheit).
- Übertragungsraten:
  - 1 Mbit/s bei 40 m
  - 50 kbit/s bei 1 km
  (CAN High-Speed 125 kbit/s bis 1 Mbit/s; CAN Low-Speed bis 125 kbit/s)

Physikalische Bus-Ankopplung

Beispiel:

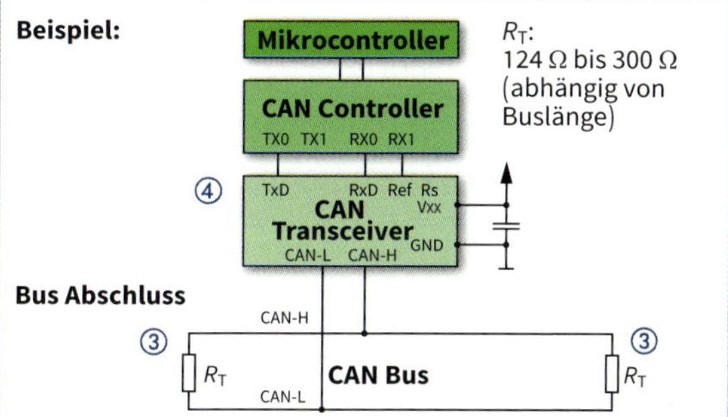

R_T: 124 Ω bis 300 Ω (abhängig von Buslänge)

Bus Abschluss

Datenrahmen

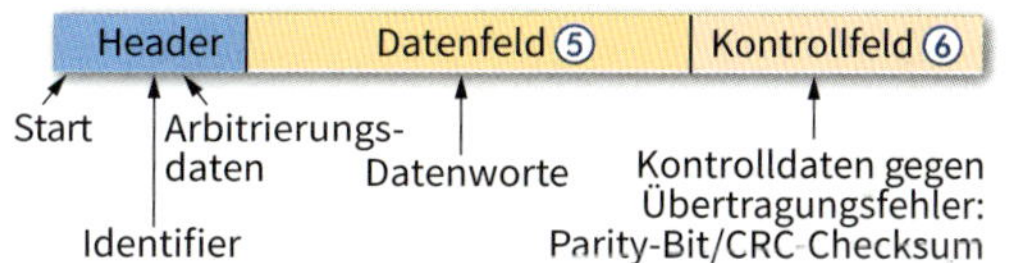

- Zwei Standards: CAN 2.0 A (Identifier 11 Bit) und 2.0 B (Identifier 29 Bit)
- Arbitration ist ein Zugangsverfahren, bei dem sich die Nutzer nach einer gegenseitigen Vereinbarung das Zugangsrecht übertragen.
- Datenwort ⑤: bis 64 Bit (8 Byte)
- Kontrollfeld: 27 Bit ⑥
- Es werden kurze Nachrichten von 110 Bit (CAN 2.0 A) gesendet, jedoch mit geringer Datenübertragungszeit (z. B. bei 40 m Buslänge und 1 Mbit/s und hochpriorer Nachricht 134 µs). Dadurch sind Echtzeit-Anwendungen möglich.
- Bitcodierung: NRZ-Verfahren (Non-Return-to-Zero, Buspegel bleibt konstant)
- OSI-Schichten 1, 2 und 7

Anwendungen

- **MOST: M**edia **O**riented **S**ystems **T**ransport (Datentransport in medienorientierten Systemen)
- Verwendet für Multimedia-Daten, Navigation und Telekommunikation im Automobil

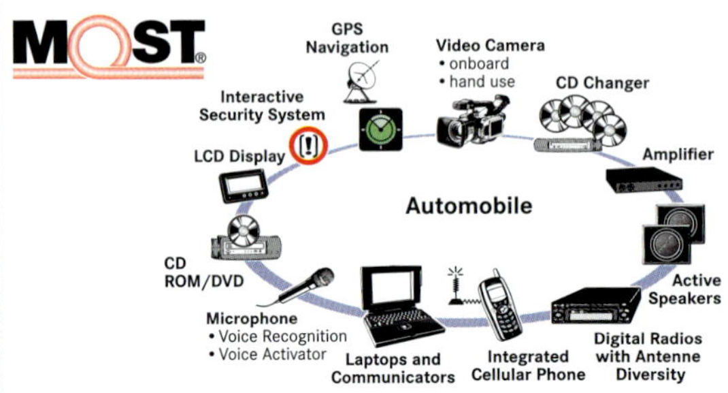

Eigenschaften

- Serieller Multi-Master-Bus in Ringtopologie
- Bei sicherheitskritischen Anwendungen kommen auch Doppelringe zum Einsatz.
- Alle sieben Schichten des OSI-Modells werden abgedeckt.
- Bis zu 64 Geräte (Knoten) können über Transceiver angeschlossen werden.
- Power-Management und Plug & Play werden unterstützt.
- Die Datenübertragung erfolgt über Lichtwellenleiter (MOST25 und MOST150) oder elektrische Leiter (MOST50).
- Jedem Gerät wird eine Adresse zugeordnet.
- Zum Anschluss handelsüblicher Geräte sind MOST-ISO-Adapter erforderlich.
- Die Fehlererkennung erfolgt durch Parity-Bits, Status-Flags, CRC-Prüfsumme und ACK-Flags.

Datenübertragung

- Für den Bus-Takt ist ein einzelnes Gerät verantwortlich (Zeitmaster). Er erzeugt ein Synchronisationssignal. Daran orientieren sich alle anderen Geräte (Slaves).
- Jedes Gerät kann als Zeitmaster eingesetzt werden.
- Die Frequenz des Zeittaktes beträgt 44,1 kHz.
- Die Datenübertragung erfolgt zyklisch ① und in drei logischen Kanälen:
  - synchron bis 24,8 Mbit/s (hauptsächlich Audio- und Videodaten in Echtzeit im synchronen Kanal ②),
  - asynchron bis 14,4 Mbit/s (hauptsächlich Nachrichten im asynchronen Kanal ③) und
  - asynchron im Kontrollkanal ④ mit bis zu 705,6 kbit/s.

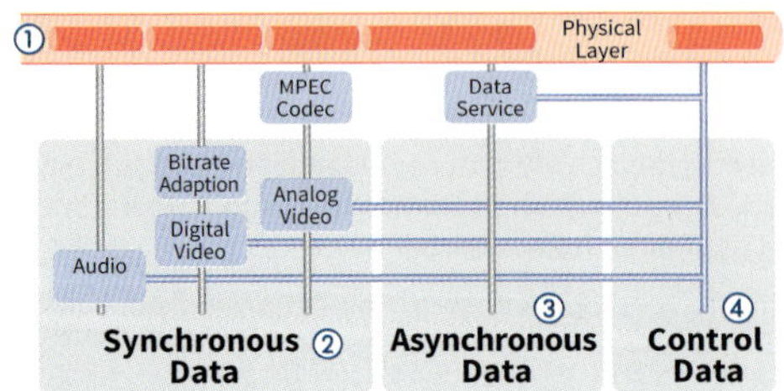

MOST25

- Frame (Datenrahmen)

22,67 µs; 44,1 kHz Framerate

1 Byte	24 bis 60 Bytes	0 bis 36 Bytes	2 Bytes	1 Byte
⑤	⑥	⑦	⑧	⑨

  - **Synchronisationssignal** (Bit 0 – 3) ⑤ (Präambel) und **Boundary Descriptor** (Bit 4 – 7)
    Mit Hilfe des Boundary Descriptors wird die Bandbreite den jeweiligen Anforderungen angepasst.
  - Daten des **synchronen Kanals** ⑥ mit konstant hoher Bandbreite, z. B. Audio- und Videodaten für kontinuierliche Datenströme (Streaming-Formate)
  - Daten des **asynchronen Kanals** ⑦, z. B. Grafiken, Kartendaten Anwendungsdaten als Pakete mit fester Länge (zeitweise hoher Bandbreitenbedarf)
  - Daten des **Kontrollkanals** ⑧
  - Paritäts- **und Statusbits** ⑨
- Bandbreite ca. 23 Mbit/s
- Die Datenübertragung von
  - synchronen Streaming-Daten und
  - asynchronen Paket-Daten

  erfolgt in bis zu 60 logischen Kanälen, die vom Anwender in Gruppen zu vier Bytes selektiert und konfiguriert werden können.
- Bis zu 15 unkomprimierte Stereo-Audio-Kanäle in CD-Qualität bzw. 15 MPEG-1-Kanäle zur Audio-Video-Übertragung sind möglich.
- Der Kontrolldatenkanal verfügt über eine Bandbreite von 705,6 kbit/s (44,1 kHz).

MOST50

- Verdoppelte Bandbreite gegenüber MOST25
- 1024 Bit pro Frame
- Drei Kanäle wie bei MOST25, Kontrollkanal mit flexibler Länge und Aufteilung zwischen synchronem und asynchronem Kanal
- Übertragung vorzugsweise mit elektrischen und ungeschirmten Leitungen (UTP)

MOST150

- 3072 Bit pro Frame
- Zusätzlich zu den drei Kanälen von MOST25 ist ein Ethernet-Kanal integriert.

Adapter (Beispiele)

DVD Multimedia Interface Adapter (abhängig vom Automobil)

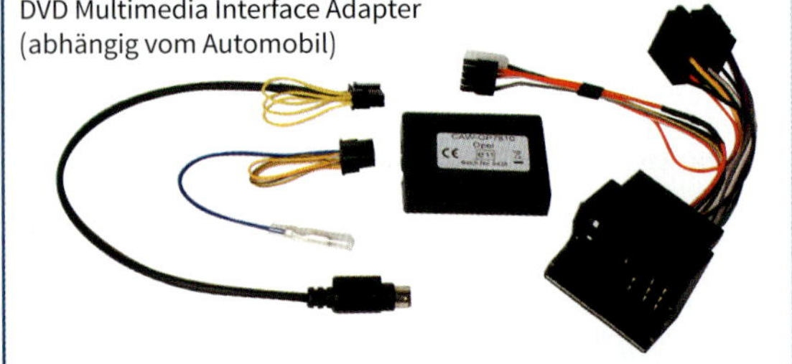

Aktuator-Sensor-Interface (ASI)

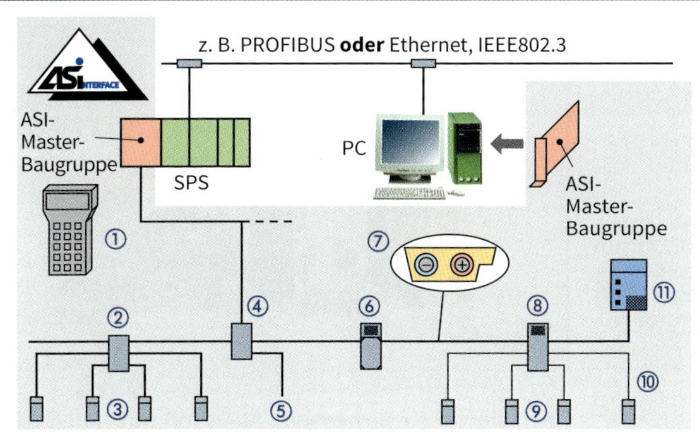

① Adressprogrammier- und Diagnosegerät
② Passives ASI-Modul (ohne Slave-IC)
③ Binäre Sensoren/Aktoren (mit Slave-IC)
④ Aktives oder passives ASI-Modul
⑤ Abzweigung der ASI-Profilleitung
⑥ Aktor/Sensor mit Direktanschluss und Slave-IC; integrierter Slave
⑦ ASI-Profilleitung, Energie und Daten
⑧ Aktives Slave-Modul (mit Slave-IC)
⑨ Aktor/Sensor (ohne Slave-IC)
⑩ Herkömmliche Leitung
⑪ ASI-Netzteil (versorgt Slaves)

Eigenschaften

- Master/Slave-Prinzip für untere Prozessebene
- Busstruktur, keine Parallelverdrahtung
- Verbindung der Komponenten über zweiadrige Profilleitung, zugleich Datenleitung und Energieversorgung
- Betrieb von binären Aktoren und Sensoren und solchen mit ASI-Modul an PC oder SPS
- Übertragung von z. B. Diagnosedaten aus Selbsttest möglich
- Kontaktierung mit Durchdringungselementen (Schneidklemmen)

Komponenten

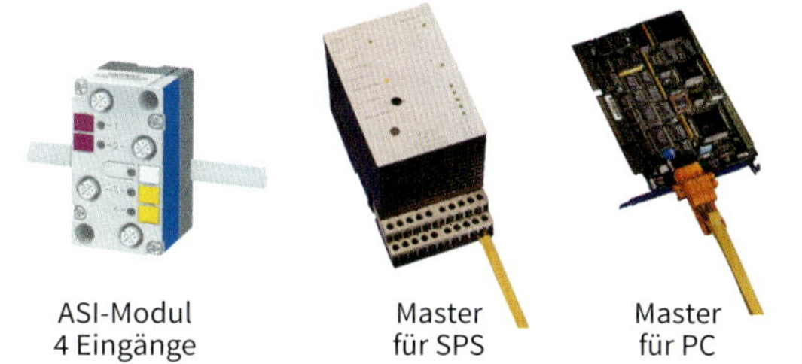

ASI-Modul 4 Eingänge — Master für SPS — Master für PC

Module

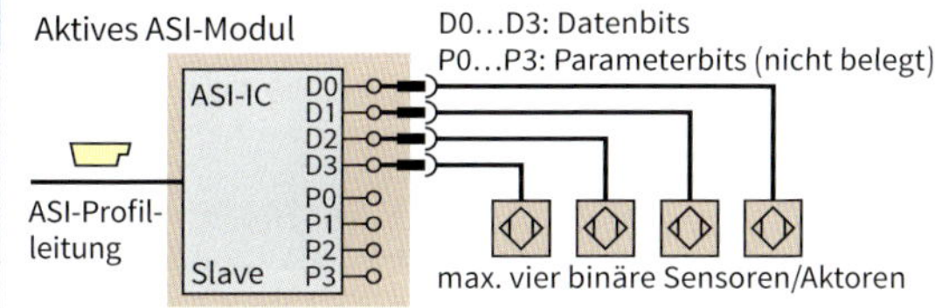

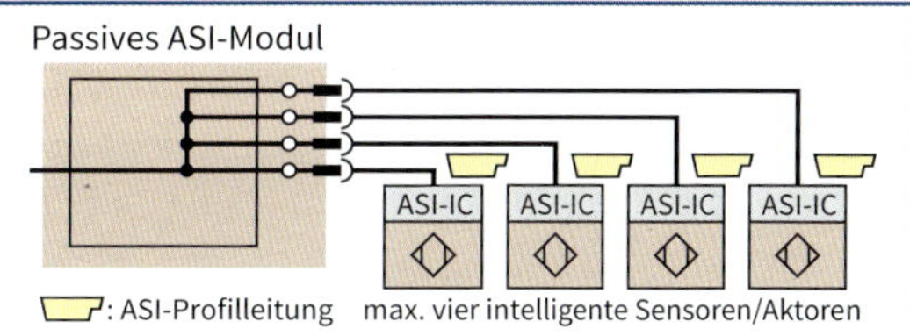

Kenndaten, Funktionen

Begriff	Erklärung
Netzstruktur Übertragungsmedium	Linien- und Baumstruktur, ungeschirmte geometrisch codierte Zweidrahtleitung
Leitungslänge	max. 100 m, darüber mit Repeater bzw. Extender
Zahl der Slaves	max. 31 je Segment
Zahl anschließbarer Sensoren/Aktuatoren	Bis zu vier je Slave (max. 124 Binärelemente je Segment)
Adressierung	Feste Adresse je Teilnehmer,
Nachrichten	Einstellung über Adressiergerät, Nachricht vom Master mit direkter Antwort des Slave
Nettodatenrate	4 Bit pro Aufruf eines Slave,
Zykluszeit	< 5 ms bei 31 Slaves
Fehlersicherung	Identifikation und Wiederholung gestörter Telegramme

Begriff	Erklärung
Geräteschnittstelle	Vier konfigurierbare Ein-/Ausgänge für Daten sowie vier Parameterausgänge und zwei Steuerausgänge (Strobe)
Dienste des Masters	Zyklische Abfrage aller Teilnehmer (Polling), zyklische Datenweitergabe an bzw. Übernahme von SPS und PC.
Managementfunktionen des Masters	Initialisierung des Netzes, Identifikation der Teilnehmer, azyklische Vergabe von Parameterwerten an die Teilnehmer, Diagnose der Datenübertragung und der ASI-Slaves, Fehlermeldung an die Steuerung, Adressierung neuer oder ausgewechselter Slaves

Merkmale

- Mit dem ASIsafe-Konzept (**AS-I**nterface **S**afety at Work) lassen sich sicherheitsgerichtete Komponenten in ein ASI-Netz integrieren.
- Die Komponenten ersetzen elektromechanische Einrichtung durch ein Sicherheitssystem über den ASI-Bus.
- Beispiele für sicherheitsgerichtete Komponenten:
  - Not-Halt-Schalter
  - Schutztür-Schalter, Sicherheits-Lichtgitter
- Die Komponenten sind voll kompatibel zu den bekannten ASI-Komponenten (Master, Slaves, Netzteil usw.) und können gemeinsam an der gelben ASI-Leitung betrieben werden.
- Die Sicherheitsschaltgeräte besitzen entweder einen ASI-Chip zum direkten Busanschluss oder werden über Sicherheits-Slaves angeschlossen.

Komponenten

Funktion

- Kernstück von ASIsafe ist der **Sicherheitsmonitor**, der unabhängig von der SPS ständig die Sicherheits-Slaves und ihre Signale überwacht.
- Sendet ein Sicherheitsschaltgerät ein Signal, schaltet der Monitor die geführten Anlagenteile über seine Freigabekontakte in max. 40 ms ab.
- Mehrere Sicherheitsmonitore sind möglich, um eine Anlage selektiv abschalten zu können.
- Die Sicherheitsapplikation (z. B. Not-Halt-Funktion) wird mittels Software erstellt und in den Monitor geladen.
- Sollen die Monitorsignale über den ASI-Master in die SPS übertragen und weiterverarbeitet werden, braucht der Monitor eine ASI-Adresse.
- Sicherheitsmonitor und Sicherheits-Slaves können an beliebiger Stelle an das ASI-Netz angeschlossen werden.

Beispiel für ein Sicherheits-Slave mit Not-Halt-Taster

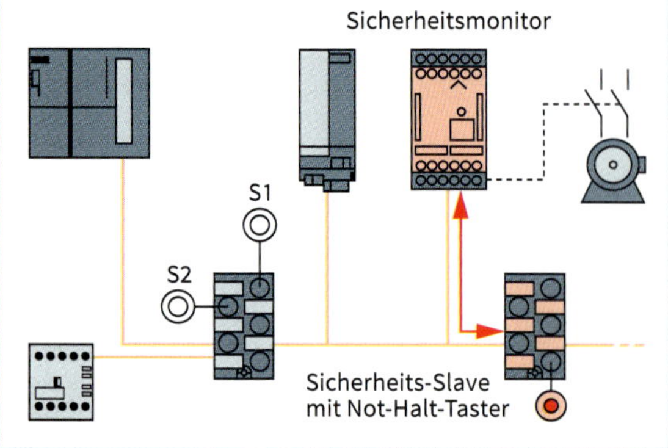

PROFIsafe

Merkmale und Funktion

- PROFIsafe wird für eine fehlersichere Kommunikation über PROFINET und PROFIBUS genutzt (IEC 61508) und erfüllt die höchsten Sicherheitsanforderungen für die Prozess- und Fertigungsindustrie.
- PROFIsafe ist eine Softwarelösung, die als zusätzliche Schicht (**PROFIsafe Layer**) in den Geräten (z. B. Betriebssystem der fehlersicheren CPU 315F-2PN/DP) eingefügt ist.
- Die Sicherheitsdaten werden zusätzlich zu den Standarddaten in das Telegramm aufgenommen und bilden so das PROFIsafe-Telegramm. Dadurch können Standarddaten und fehlersichere Daten über denselben Bus ohne zusätzliche Hardware übertragen werden.
- Fehlermöglichkeiten beim Übertragen von Daten (z. B. Adressverfälschung, Verlust, Verzögerung) begegnet das System mit folgenden Maßnahmen:
  - Fortlaufende Durchnummerierung der PROFIsafe-Daten
  - Zeitüberwachung (Watch-Dog)
  - Kennung zwischen Sender und Empfänger, z. B. über eindeutige PROFIsafe-Adressen
  - Optimierte Erkennung verfälschter Datenbits eines Telegramms (CRC: Cyclic-Redundancy-Check)

PROFIsafe Layer

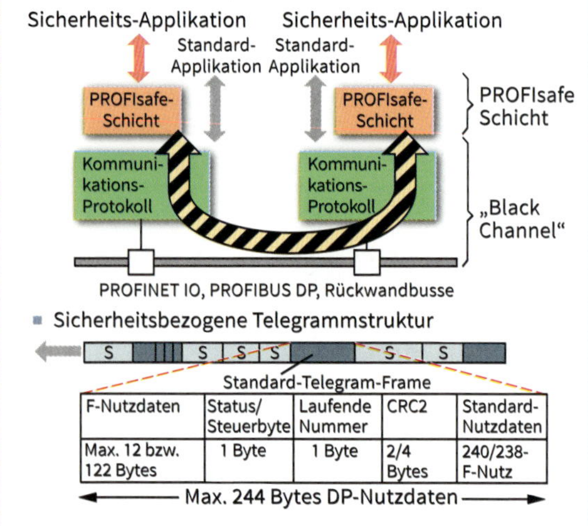

F-Nutzdaten	Status/ Steuerbyte	Laufende Nummer	CRC2	Standard-Nutzdaten
Max. 12 bzw. 122 Bytes	1 Byte	1 Byte	2/4 Bytes	240/238-F-Nutz

Busstruktur

- **Multimaster-Feldbus** für die Prozessautomation zur Vernetzung verteilter Prozesskomponenten (PCs, „intelligente" Sensoren und Aktoren, Ein- und Ausgabemodule)
- 32 Master pro Bussegment
- Multinetfähiger Feldbus
- Antwortzeiten bis zu einigen Millisekunden
- Buslänge bis zu einem Kilometer

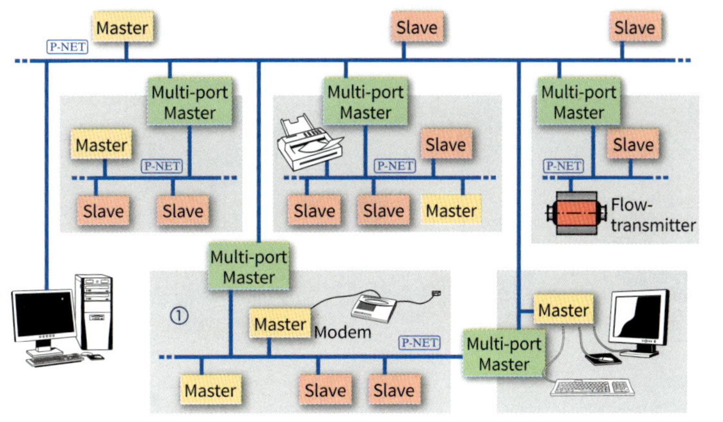

Merkmale

- Anwendungen:
  - Übertragung digitaler Prozessdaten (Messwerte, Statusinformationen, Grenzwerte, Fehlermeldungen, ...)
  - Datenerfassung
  - Konfiguration von Modulen, Sensoren
  - Download von Programmen
- Die Busstruktur besteht aus einzelnen Zellen ①, die bestimmten Abschnitten einer Anlage entsprechen. Zellen können ausfallen, ohne dass andere beeinflusst werden.
- Innerhalb jeder Zelle werden Daten erfasst und Regelungen vorgenommen (verteilte „Intelligenz"). Dadurch verringert sich der Datenaustausch mit „höheren" Ebenen.
- Rechenleistung des gesamten Systems kann durch Hinzufügen zusätzlicher Master vergrößert werden.
- **Multi-Net-Struktur**:
  Direkte Adressierung zwischen verschiedenen Bussegmenten
- Hierarchische Strukturierung der Bussegmente ist nicht erforderlich.
- Daten können als komplette Prozesswerte (z. B. Temperatur, Druck, Stromstärke) oder als Blöcke (typisch 32 unabhängige binäre Signale) übertragen werden.
- Slaves können Daten verarbeiten und parallel Datenrahmen übertragen. Die Bearbeitung einer Anfrage wird vom Slave gestartet, sobald das erste Datenbyte empfangen wird.
- Slave muss auf eine Anfrage innerhalb von 390 µs antworten (dadurch keine Notwendigkeit für Mehrfachanfragen).
- Kommunikation: Master sendet Anfrage und adressierter Slave gibt Anwort sofort zurück. Anfragetypen: Lesen oder Schreiben
- Zugriffsberechtigung auf den Bus geschieht durch „virtuelles token passing" (benötigt keine über den Bus zu versendende Nachricht). Jeder Master erhält eine Adresse (zwischen 1 und Gesamtzahl der vorhandenen Master). Wenn ein Master seinen Buszugriff beendet hat, wird der Token automatisch an den nächsten Master durch einen zyklischen und zeitbasierten Mechanismus weitergegeben. Komponenten – einschließlich der Master – können abgeschaltet werden, ohne dass das verbleibende Bussystem beeinflusst wird. Programmausführung kann innerhalb einer Zelle auf einen anderen Prozessor übertragen werden.
- Geschirmte Zweidrahtleitung
- RS485
- Buslänge von bis zu 1200 m ohne Repeater
- Asynchrone Daten im NRZ-Code
- OSI-Schichten 1, 2, 3, 4 und 7
- Datenrahmen ist auf 56 Bytes begrenzt. Wenn größere Datenmengen erforderlich sind, werden die Daten automatisch auf mehrere nachfolgende Übertragungen aufgeteilt.
- Datenrate bis zu 76,8 kbit/s

P-NET-Modul (Beispiel)

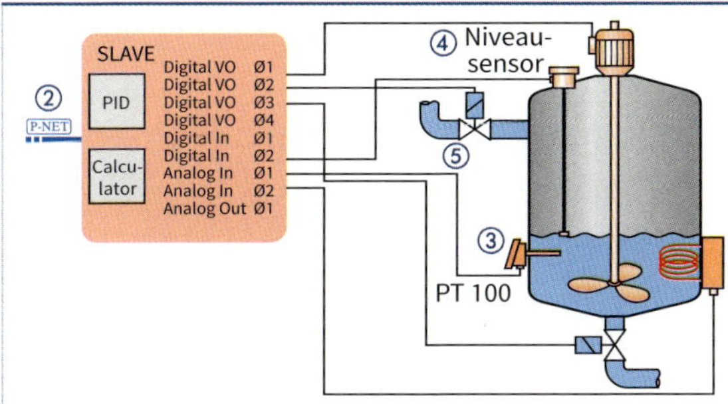

- Vom Master werden die Sollwerte für Temperatur und Füllstand über den Bus vorgegeben ②.
- Das Modul übernimmt folgende selbstständige Aufgaben:
  - Temperaturregelung ③
  - Füllstandsregelung ④
  - Steuerung des Befüllvorgangs ⑤

Busstruktur

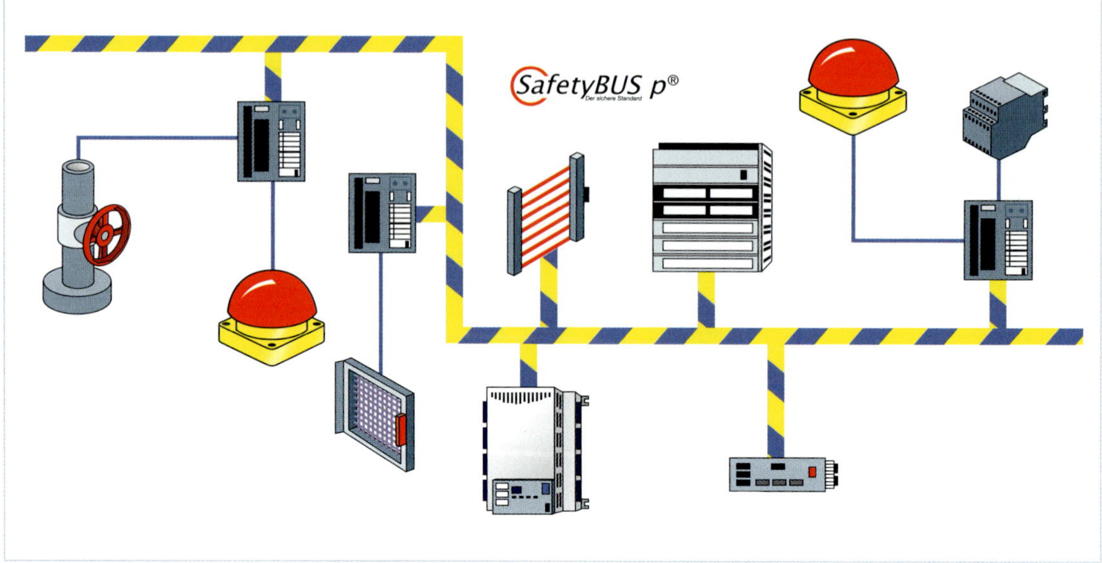

Merkmale

- Offenes und sicheres Bussystem entsprechend der Sicherheitskategorie 4 der EN 954-1 (ein Fehler darf nicht zum Verlust der Sicherheitsfunktion führen). Der SafetyBUS erfüllt SIL 3 der IEC 61508.
- Verwendbar für sicherheitsgerichtete Anwendungen
- Ereignisorientiertes Multi-Master System (Nachrichten werden nur gesendet, wenn sich ein Zustand geändert hat), basierend auf dem CAN-Bus. Die Kontaktbelegung der 9-poligen Sub-D-Steckverbinder entspricht dem CAN-Bus.
- Kurze Reaktionszeiten, bis zu 25 ms
- Datenübertragungsraten
  - Bei 100 m 500 kbit/s
  - Bei 3500 m 20 kbit/s
- Lineare Bustopologie, der Bus wird mit einem Widerstand abgeschlossen. Mit einem Router kann der Bus verlängert oder in logische Segmente aufgeteilt werden.
- Durch Netzstrukturelemente (Active Junction) können Stern- und Baumstrukturen aufgebaut werden (bis zu 64 Teilnehmer, in 32 Gruppen unterteilbar).
- Zusammenhängende Komponenten können als Gruppen konfiguriert und im Störfall abgeschaltet werden.
- Die Anbindung der Aktoren erfolgt zweikanalig. Die Busverbindung ist einkanalig und erfolgt über ein sicheres Telegramm. Die Auswertung in der Sicherheitssteuerung erfolgt zwei- oder dreikanalig.
- Prinzipien:
  - Die Dezentralisierung der Sicherheitssteuerung erfolgt über dezentrale Ein-/Ausgabeeinheiten.
  - Es wird eine Direktanbindung der sicherheitsgerichteten Sensoren und Aktoren an den Bus vorgenommen.
  - Es erfolgt eine sicherheitsgerichtete Kopplung mehrerer Sicherheitssteuerungen.

Leitungen

- Mehrfachgeschirmte Vierdrahtleitung (+ Schirmleitung)
  - Daten: braun und grün
  - Energie: rot (+) und schwarz (GND)
    30 m: max. 2,5 A; 100 m: max. 0,8 A

Beispiel:
High-Current-Ausführung für feste Installationen (z. B. Kabelkanal)

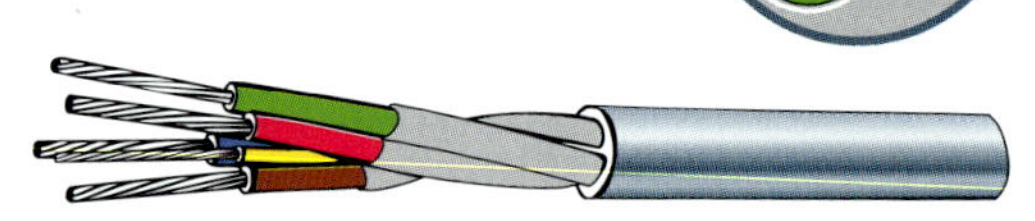

Busstecker (Beispiel)

Stecker zum Anschluss von SafetyBUS p-Teilnehmern an ein Buskabel aus Kupfer (9-poliger Sub-D-Steckverbinder)

Merkmale:
- Von außen zuschaltbarer Abschlusswiderstand (automatische Trennung des abgehenden Busstranges)
- Integrierte Zugentlastung
- Robustes Kunststoffgehäuse

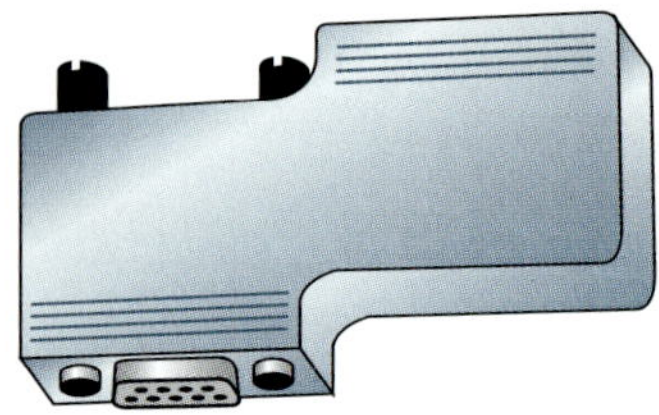

Foundation Fieldbus

Eigenschaften

- Linien- oder Baumtopologie möglich
- Speisung der Feldgeräte über den Bus
- Einsatz im Ex-Bereich möglich (Eigensicherheit)
- Automationsaufgaben durch Feldgerät ausführbar
- An-/Abklemmen von Teilnehmern im Betrieb möglich

Kommunikationseigenschaften

- Multi-Master fähig
- Zeitliches Verhalten vorhersagbar (deterministisch)
- **DDT** (**D**istributed **D**ata **T**ransfer): verteilte Datenübertragung
- Datenrate 31,25 kbit/s
- Codierung im Manchestercode

Zertifizierung

- Fieldbus Foundation ist eine unabhängige Organisation.
- Ziel ist die Entwicklung eines internationalen Einheitsfeldbuses für Automatisierungssysteme.
- Zertifizierte Foundation-Fieldbus-Mitglieder dürfen ein Logo tragen.

Funktionsblöcke

Jedes Gerät enthält vorgegebene, standardisierte Funktionsblöcke.

Dies sind z. B.:

- Analogeingang, Digitaleingang (Sensoren)
- Analogausgang, Digitalausgang (Aktoren)
- PD-Regler, PID-Regler

Topologie

Konfiguration

- Maximale Buslänge je Segment 1900 m
- Mit Repeater können max. fünf Bussegmente gekoppelt werden.
- Maximal 32 Teilnehmer je Bussegment
- Im Ex-Bereich deutlich weniger als 32 Teilnehmer je Segment; Eigensicherheit muss im Einzelfall nachgewiesen werden.
- Bussegmente immer beidseitig mit Busabschluss (Terminator) abschließen.
- Stichleitungen möglichst über Verbindungsbaugruppen (Junction Box) anschließen.
- Schirmung nicht zwingend erforderlich aber empfohlen
- Schirm einseitig erden.

HSE (High-Speed-Ethernet)
Bridge
H1 Bus
Terminator
Power supply/ conditioner
Field Device 1
Field Device 2
Repeater
Terminator
Field Device 3
Field Device 4
Strang 1
Terminator
Field Device 5
Field Device 6
Ex-Bereich
Barrier
Field Device 7
Terminator
Strang 2

Maximale Stichlängen

Geräte anzahl	1 Gerät je Stichleitung	2 Geräte je Stichleitung	3 Geräte je Stichleitung	4 Geräte je Stichleitung
25–32	1 m	1 m	1 m	1 m
19–24	30 m	1 m	1 m	1 m
15–18	60 m	30 m	1 m	1 m
13–14	90 m	60 m	30 m	1 m
1–12	120 m	90 m	60 m	30 m

Busleitungen

Typ	A	B	C	D
Kabel-aufbau	verdrilltes Adern-paar, geschirmt	einzelne oder mehrere verdrillte Adernpaa-re, Gesamt-schirm	mehrere verdrillte Adern-paare, nicht geschirmt	mehrere nicht verdrillte Leitungen, nicht geschirmt
Aderquer-schnitt	0,8 mm^2 (AWG 18)	0,32 mm^2 (AWG 22)	0,13 mm^2 (AWG 26)	1,25 mm^2 (AWG 16)
Kabellänge inkl. Stich-leitungen	1900 m	1200 m	400 m	200 m

Komponenten

Bridge	Verbindet den relativ langsamen H1-Bus mit übergeordnetem schnellen Bussystem
Power supply	Versorgung aller Busteilnehmer mit elektrischer Energie
Power conditioner	Begrenzung der eingespeisten Energie und Vermeidung von Signalverzerrungen durch Energiequelle
Terminator	Busabschluss zur Vermeidung von Reflexionen
Repeater	Verbindung zwischen mehreren Bussegmenten
Barrier	Barriere zum Ex-Bereich; stellt Eigen-sicherheit sicher

Merkmale

- Der **M**-Bus (**m**eter bus: Zähler-Bus) ist ein einfaches und kostengünstiges serielles Bussystem zur **Fernauslesung** der Zählwerksstände und Parametrierung von Zählern (z. B. Wasserzähler, Elektro-Energiezähler), die mit der M-Bus-Schnittstelle ausgerüstet sind.
- Die Übertragungsprotokolle sind nach IEC 60870-5 (Protokolle für Fernwirkeinrichtungen und -systeme) standardisiert.
- Die Endgeräte sind vernetzbar in Stern-, Baum-, Netz- und Linienstruktur.

Kommunikation

- **Kommunikationsmedium:**
  Einfache Standardleitung mit zwei Adern oder eine Funkübertragung (868 MHz-Bereich).
- Über die Leitung kann auch die Versorgung der Endgeräteschnittstellen mit elektrischer Energie erfolgen.
- Die Busschnittstellen sind **kurzschlussfest** und die Polarität ist unempfindlich gegen Vertauschung.
- Es sind bis zu 250 Endgeräte pro Segment bei einer maximalen Kabellänge von 1000 m installierbar.
- Die Datenraten liegen zwischen 300 bit/s und 9600 bit/s (abhängig von Endgeräteanzahl und Kabellänge).
- Jedes Telegramm hat eine Länge von 11 Bit (1 Start-, 1 Stopp-, 8 Daten- und 1 Paritätsbit (gerade Parität)).
- Die **Telegrammformate** sind eingeteilt in **Single Character** (einzelnes Zeichen), **Short Frame** (kurzer Rahmen), **Control Frame** (Steuerrahmen) und **Long Frame** (Langer Rahmen).
- Die Datenübertragung erfolgt **bidirektional** im Halbduplexverfahren als **Spannungs-** und/oder **Strommodulation**.
- Der Master (**Pegelwandler**) organisiert die Kommunikationssteuerung.
- Die Verbindung zur **Leitstelle** erfolgt über Modem, GSM oder Internet (TCP/IP).
- Die **lokale Auslesung** kann über LAN oder Funkdatenübertragung erfolgen.
- Bei Zählern mit einer **Impulsschnittstelle** (z. B. S0-Schnittstelle) werden Konverter zur Wandlung auf das M-Bus-Format verwendet.
- Analogwerte werden über Analogwandler angeschaltet
- Der **Mini-Bus** dient zur Punkt-zu Punkt-Kommunikation zwischen Endgerät und z. B. einem Funksender zur drahtlosen Zählerabfrage.
- Die Protokolle entsprechen denen des M-Bus, lediglich mit anderen elektrischen Signalpegeln.

Aufbau

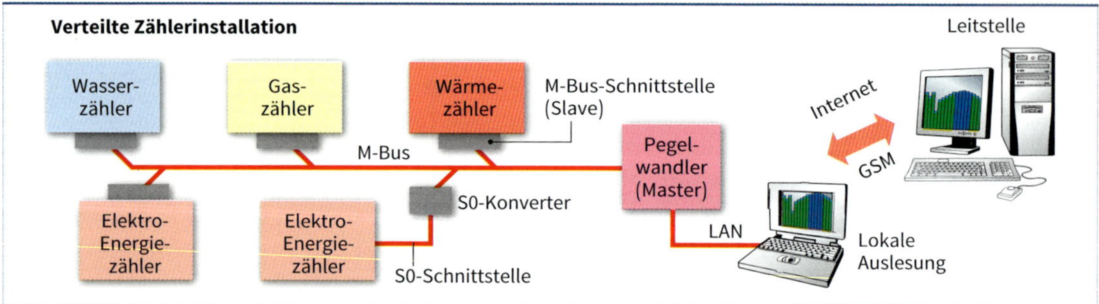

Bit-Übertragung

Ruhezustand M-Bus: logisch 1
Bus-Spannung: +36 V (Bemessungswert)
Max. Ruhestromstärke: 1,5 mA (pro Zähler)

Bit-Übertragung **Master → Slave**
logisch 1: +36 V; logisch 0: +24 V

Absenkung der Busspannung durch Stromerhöhung
Bus-spannung in V
36
24
1 0 1 0 1
t

Bit-Übertragung **Slave → Master**
logisch 1: < 1,5 mA; logisch 0: 11 mA bis 20 mA

Bus-stromstärke in mA
20
11
< 1,5
1 0 0
t

Netzauslegung

- Die Anzahl der Endgeräte und die mögliche Bus-Länge sind abhängig vom Leitungstyp und der Übertragungsrate.

Anzahl Endgeräte
Leitungstyp 1,5 mm², 300 Baud
Leitungstyp 1,0 mm², 300 Baud
Leitungstyp 0,5 mm², 2400 Baud
250
125
64
Beispiel:
125 Endgeräte
1800 m Segmentausdehnung
350 1000 2000 3000 4000
Segmentausdehnung in m

Entwicklung

- Bussystem zur externen parallelen Datenübertragung z. B. zwischen Messgeräten und Computern
- Das Bussystem ist durch die IEEE 488.1 sowie IEC 488.2 standardisiert
- Zur Gewährleistung der Systemkompatibilität kommunizieren die Messgeräte mit standardisierten Befehlen nach **SCPI** (**S**tandard **C**ommands for **P**rogrammable **I**nstrumentation).

Schnittstelle

24-poliger GPIB Centronics Steckverbinder

Buchse

Stecker

Aufbau

- 8-Bit paralleler Datenbus
- Maximal 15 Geräte können an einen Controller angeschlossen werden.
- Signalleitungen zur Kommunikationssteuerung
- Signalpegel: TTL (negative Logik)
- Jedem Gerät wird eine von 30 Adressen zugewiesen (per DIP-Schalter oder Firmware).
- Nur ein Gerät (Talker) ist gleichzeitig sendeberechtigt und sendet an die übrigen Geräte (Listener). Der Controller steuert die Kommunikation.
- Übertragungsgeschwindigkeit: max. 1 MByte/s (max. 8 MByte/s mit High-Speed GPIB (HS488))
- Das langsamste Gerät bestimmt die Übertragungsgeschwindigkeit.
- Die Kommunikation zwischen den Geräten erfolgt über ein 3-Phasen-Handshake: Bereit – Daten gültig – Daten akzeptiert
- Die GPIB-Leitungen sind in der Regel mit einer stapelbaren Steckerausführung erhältlich. Hiermit wird das Durchschleifen von einem Gerät zum nächsten erleichtert, z. B. wenn das Gerät nicht über zwei Anschlüsse verfügt.
- Die Geräte können als Bus- ①, Sternnetz ② oder als Kombination aus beiden verbunden werden.

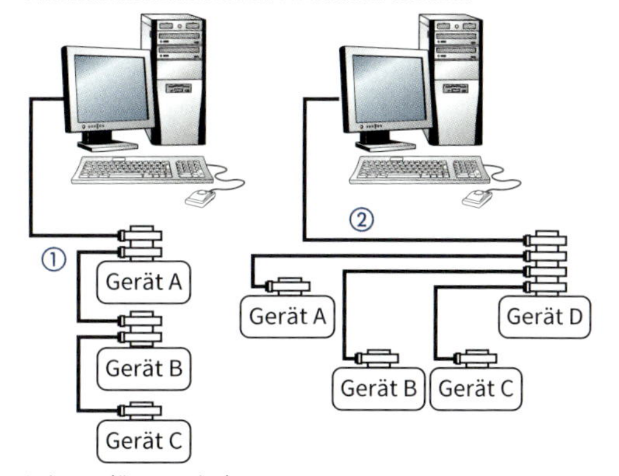

- Leitungslänge zwischen
  - den Geräten ≤ 2 m
  - Controller und Gerät ≤ 20 m

Pinbelegung

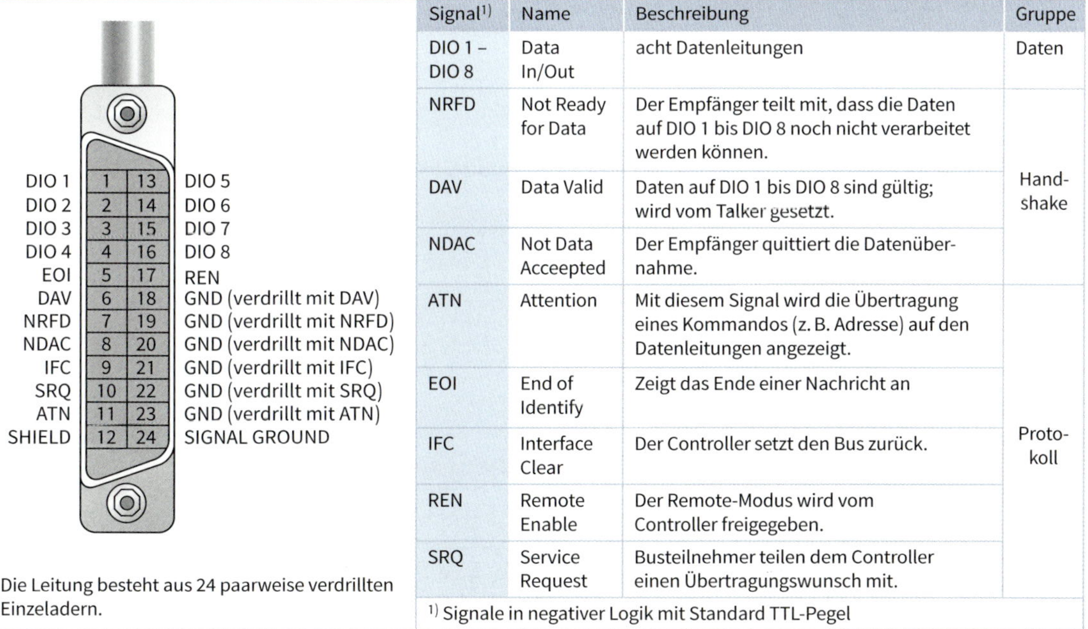

Die Leitung besteht aus 24 paarweise verdrillten Einzeladern.

Signal[1]	Name	Beschreibung	Gruppe
DIO 1 – DIO 8	Data In/Out	acht Datenleitungen	Daten
NRFD	Not Ready for Data	Der Empfänger teilt mit, dass die Daten auf DIO 1 bis DIO 8 noch nicht verarbeitet werden können.	Handshake
DAV	Data Valid	Daten auf DIO 1 bis DIO 8 sind gültig; wird vom Talker gesetzt.	
NDAC	Not Data Accepted	Der Empfänger quittiert die Datenübernahme.	
ATN	Attention	Mit diesem Signal wird die Übertragung eines Kommandos (z. B. Adresse) auf den Datenleitungen angezeigt.	Protokoll
EOI	End of Identify	Zeigt das Ende einer Nachricht an	
IFC	Interface Clear	Der Controller setzt den Bus zurück.	
REN	Remote Enable	Der Remote-Modus wird vom Controller freigegeben.	
SRQ	Service Request	Busteilnehmer teilen dem Controller einen Übertragungswunsch mit.	

[1] Signale in negativer Logik mit Standard TTL-Pegel

Merkmale

- Bei IO-Link handelt es sich um ein **standardisiertes Kommunikationssystem** zwischen Sensoren und Aktoren.
- Die Standardisierung umfasst
  - die elektrischen Anschlussdaten und
  - das Kommunikationsprotokoll.
- Die „Intelligenz" der Sensoren ist gekennzeichnet durch z. B. Seriennummern oder Parameterdaten (z. B. Empfindlichkeiten, Schaltverzögerung, Kennlinie).
- IO-Link lässt sich in gängige Feldbus- und Automatisierungssysteme integrieren.
- Ein IO-Link-System besteht aus einem Master ①, entsprechenden Sensoren ② und Aktoren.
- Der IO-Master ist die Schnittstelle zur übergeordneten Steuerungseinheit (z. B. SPS ③) und kann in die SPS integriert oder separat eingefügt sein ④. Der IO-Master ist verantwortlich für die Kommunikation mit den angeschlossenen Geräten.
- Der IO-Master besitzt einen oder mehrere Ports ⑤. An jedem Port kann ein IO-Link-Gerät angeschlossen werden. Dadurch kann zwischen der E/A-Baugruppe und seinem Sensor oder Aktor eine **Punkt-zu-Punkt-Verbindung** hergestellt werden. Es handelt sich dabei nicht um eine Busverdrahtung, sondern um eine **Parallelverdrahtung**.
- Durch einheitliche und ungeschirmte 3-Leiter-Verbindungen für Sensoren und Aktoren ist der Verdrahtungsaufwand gering.
- Steckverbinder und ihre Pinbelegung entsprechen Standardsensoren ⑥.
- Möglichkeiten/Vorteile durch IO-Link:
  - Zentrale Fehlerdiagnose und -ortung bis zur Sensor-/Aktorebene
  - Die Inbetriebnahme und Instandhaltung werden erleichtert, indem sich Parameter direkt aus der Applikation dynamisch ändern lassen.
  - Durch zentral verwaltete Daten und die Reproduzierbarkeit von Parametern ist eine schnellere Projektierung möglich.
  - Umrüst-/Stillstandszeiten lassen sich reduzieren.
  - Abwärtskompabilität mit Standardkomponenten ist gegeben.
  - Einfacher Austausch ohne zusätzliche Softwareänderung ist möglich.

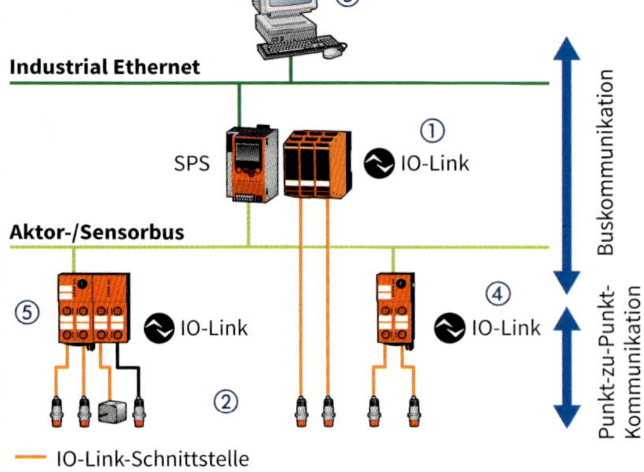

Anwendungsbeispiel IO-Link und E/A-Module

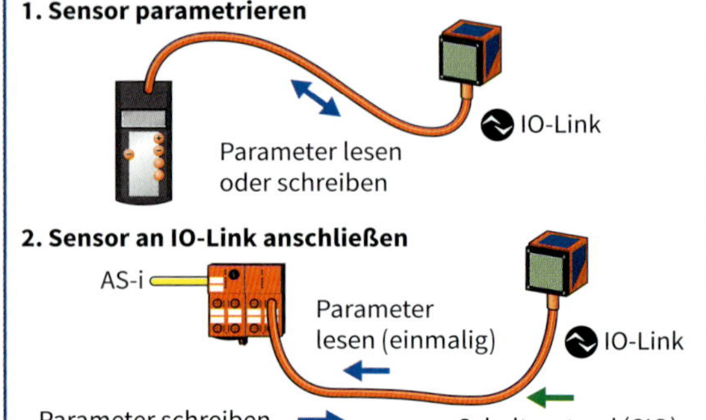

Betriebsarten der IO-Link-Schnittstelle

- Die Kommunikation erfolgt über Pin 4 ⑥ (M12-Stecker). Der Signalpegel liegt bei standardisierten 24 V DC. Über Pin 4 sind zwei Betriebsarten möglich, die sich beliebig kombinieren lasssen:
  - **SIO**-Modus (**S**tandard **IO** Modus) ⑦
    Damit lassen sich Schaltzustände realisieren.
  - **COM**-Modus ⑧
    Kommunikation der Prozessdaten, Geräteparameter mit drei unterschiedlichen Datenraten
- Kommunikationsbeispiel:
  - Ein optischer Entfernungssensor wird azyklisch und seriell mit Parameterdaten über den IO-Master versorgt.
  - Danach kann bei einer Objekterkennung der Sensor ein zyklisch binäres Signal liefern.

Betriebsarten	Datenaustausch	Nettodaten (typisch)	Übertragungszeit bei 38,4 kbit/s
SIO	zyklisch binär	1 Bit	< 0,1 s
Prozessdaten	zyklisch seriell	1 … 32 Byte	2,3 … 32 ms
Geräteparameter	azyklisch seriell	1 … 32 Byte	2,3 … 32 ms

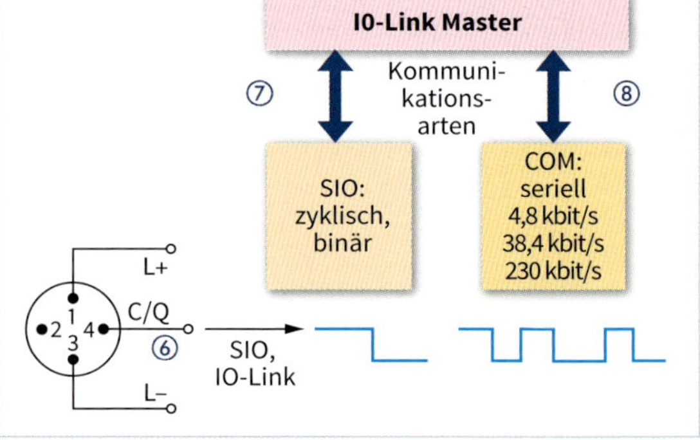

Merkmale

- Der Standard TIA-EIA-485 (alte Bezeichnung: RS 485) definiert die **elektrischen Eigenschaften** einer Datenübertragungsschnittstelle (Sender, Empfänger, Leitung), die
  - leitungsgebunden,
  - digital (ohne Modulation) und
  - seriell

  arbeitet.
- Übertragungssignal: **Differenzielles Signal** (invertiertes und nicht invertiertes Datensignal) über ein verdrilltes, geschirmtes **Aderpaar**.
- Die Signalamplitude beträgt +/– 200 mV bezogen auf die halbe Betriebsspannung.
- **Punkt-zu-Punkt-** und **Multipunktverbindungen** ist realisierbar.
- Multipunktverbindungen: Mehrere Teilnehmer sind an die gemeinsame Verbindungsleitung angeschlossen.
- Halbduplexkommunikation erfordert ein Aderpaar.
- Vollduplexkommunikation benötigt zwei Aderpaare.
- Die Anzahl der gemeinsam an einem Verbindungskabel betreibbaren Transceiver (Transmitter/Receiver) ist abhängig von dem Eingangswiderstand (**Unit Load**) der einzelnen Transceiver.
- Ursprünglich waren max. 32 Transceiver mit je 1 Unit Load spezifiziert.

Aufbaurichtlinie

- Bei Transceivern mit z. B. 1/8 Unit Load sind bis zu 256 Transceiver an einem Bus betreibbar.
- Die max. **Leitungslänge** ist auf 1200 m (max. 90 kbit/s)festgelegt.
- Als max. **Datenrate** sind 10 Mbit/s spezifiziert (Leitungslänge von max. 12 m).
- Der Aufbau des Verbindungsnetzes ist als Liniennetz vorzunehmen (kurze Stichleitungen zulässig).
- Als **Verbindungsleitung** ist eine verdrillte Bauform mit 120 Ω Leitungswiderstand anzuwenden.
- Die Verbindungsleitung ist an beiden Enden mindestens mit je einem **passiven Abschlusswiderstand** (120 Ω) zu versehen, um Signalreflexionen zu vermeiden.
- Bei räumlich ausgedehnten Netzen sind die entsprechenden **Potenzialunterschiede** und **Spannungsfälle** zu berücksichtigen.
- Angewendet werden u. a. die Trennung über Optokoppler oder zusätzliche Masseverbindungen zum Potenzialausgleich (zusätzliche Ausgleichsverbindung).
- Repeater werden zur Reichweitenverlängerung eingesetzt.
- Der Standard spezifiziert **keine Festlegung** für die Art des Datenaustausches (Übertragungsprotokolle) und auch keine Belegung der Verbindungsstecker.
- Diese Informationen sind, sofern erforderlich, aus den einschlägigen Dokumenten zu entnehmen.

Halbduplex-Bus

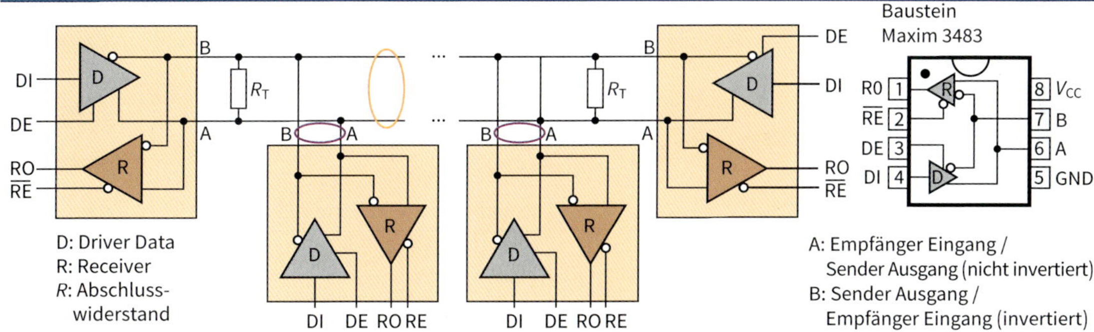

Vollduplex-Bus

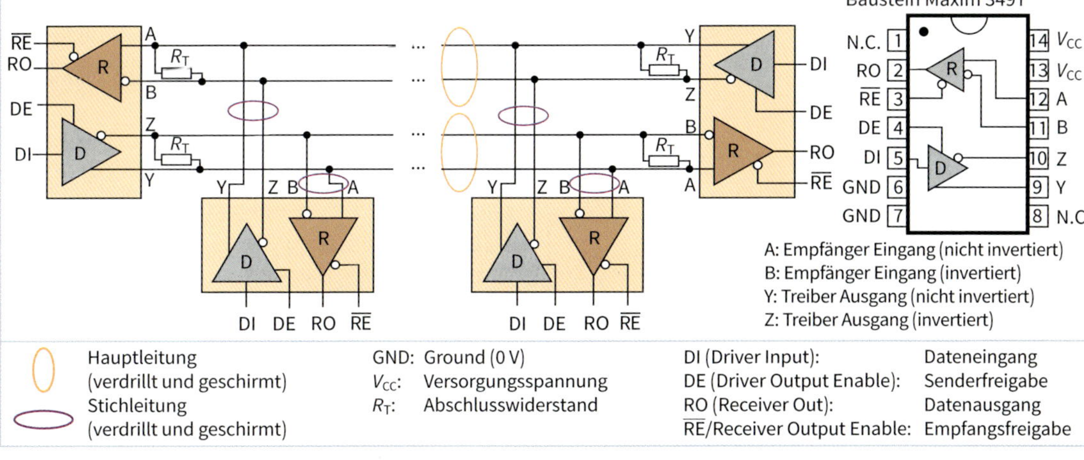

Merkmale:

- Ein Aktor (Aktuator) ist ein System (Stellglied), mit dem eine physikalische Größe beeinflusst wird.
- Die Steuerung (Stellsignal, Eingangsinformation) erfolgt in der Regel mit elektrischen Signalen.
- Die Eingangsinformation wird verarbeitet.
- Zur Funktion muss in der Regel Energie separat zugeführt werden (Hilfsenergie). Die Hilfsenergie wird in eine andere Energie umgewandelt.

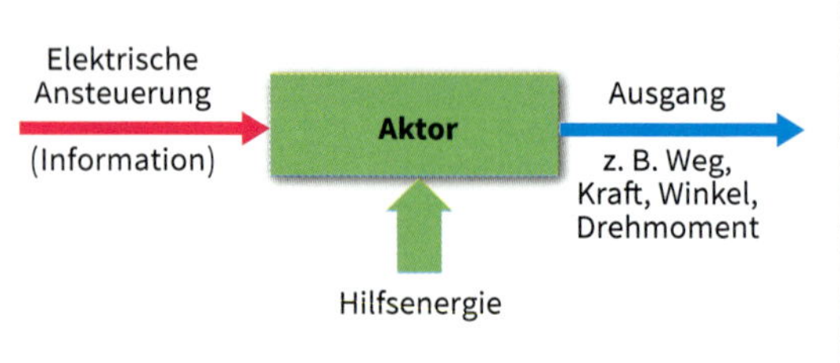

Einteilung nach der Hilfsenergie

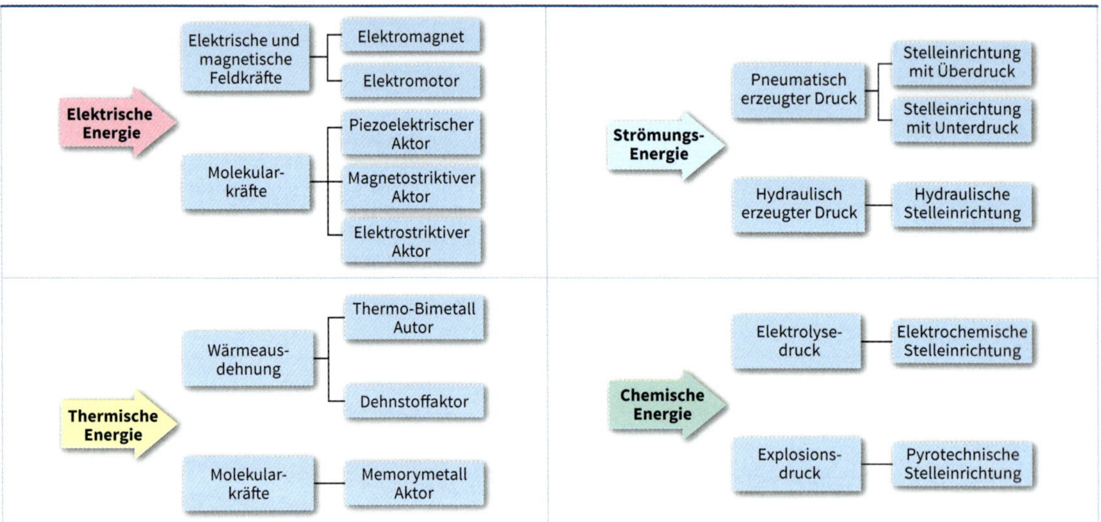

Funktionen von Aktoren

- Bewegen
  - Translation
  - Rotation
  - Schwingung
  - Bremsen
  - Bewegung in Bahnen
  - …
- Halten
- Positionieren
- Bearbeiten
- Fördern
  - Gase
  - Flüssigkeiten
  - feste Körper, Partikel
  - …
- Heizen und Kühlen
- Beschallen
- Beleuchten
- Ionisieren, Bestrahlen
- …

Fluidische Aktoren

Mit Hilfe von gasförmigen oder flüssigen Medien lassen sich Kräfte und Bewegungen erzeugen. Die Medien besitzen dabei kinetische (Strömung) oder potenzielle Energie.

- Geradlinige Bewegung wird erzeugt mit
  - einfachwirkenden und
  - doppeltwirkenden Zylindern.
- Drehbewegung (Rotation) wird erzeugt mit
  - Luft- bzw. Hydromotoren,
  - Drehzylindern und
  - Schwenkantrieben.

Physikalische Effekte bei Aktoren

- **Piezoelektrisch**
  Bei bestimmten Kristallen lassen sich durch ein äußeres elektrisches Feld geometrische Veränderungen hervorrufen.
- **Elektrodynamisch**
  Auf einen stromdurchflossenen Leiter im Magnetfeld wirkt eine Kraft (z. B. Motor).
- **Elektromagnetisch**
  Zwischen ungleichnamigen Polen eines Magneten treten Anziehungskräfte und zwischen gleichnamigen Polen Abstoßungskräfte auf (z. B. Reluktanzmotor, Hubmagnet).
- **Elektrostriktiv**
  Durch ein externes elektrisches Feld kommt es zur Polarisation in bestimmten Kristallen. Die Symmetrie der Kristalle ändert sich und es verändern sich die geometrischen Abmessungen.
- **Magnetostriktiv**
  Durch ein externes Magnetfeld werden Moleküle in bestimmten ferromagnetischen Werkstoffen (z. B. Terfenol TbDyFe) ausgerichtet. Es kommt zu geometrischen Veränderungen.
- **Magneto- und elektrorheologisch**
  Die Viskosität von Flüssigkeiten lässt sich durch magnetische bzw. elektrische Felder verändern.

Piezo-Effekt

- Piezo (griechisch): Druck
- Sensorprinzip: Bestimmte Kristalle (z. B. Quarz) und Keramiken geben bei Krafteinwirkung Ladungen ab (Sensor). Der Effekt wird durch Ionenverschiebung im Innern des Kristalls erreicht (piezoelektrischer Effekt).
- Aktorprinzip: Umkehrung (inverser piezoelektrischer Effekt); wenn Ladungen (elektrisches Feld) auf die Oberfläche gebracht werden, deformieren sich die Kristalle. Unter Einfluss des elektrischen Feldes verändern sich die Abmessungen. Wenn die Verformung behindert wird, treten entsprechende Kräfte auf.
- Werkstoffe:
  - Natürliche Kristalle: Quarz, Turmalin, Seignettesalz
  - Synthetische Keramiken: z. B. PZT (Blei-Zirkonat-Titanat)
- Legt man eine Wechselspannung an, beginnt das Material zu schwingen (Schwingquarz).
- Längenänderung: $\Delta l / l_0 = 10^{-3}$
  - Hochvolt-Aktoren (...1500 V): Anfangslänge 1 mm → Δl = 1 µm
  - Niedervolt-Aktoren (ab 60 V): Anfangslänge 0,1 mm → Δl = 0,1 µm

Merkmale

- Bei großen Kräften können geringe Stellwege realisiert werden (z. B. Stapelbauweise).
- Bei relativ großen Stellwegen können nur geringe Kräfte realisiert werden (Biegewandler).
- Nichtlineares Verhalten:

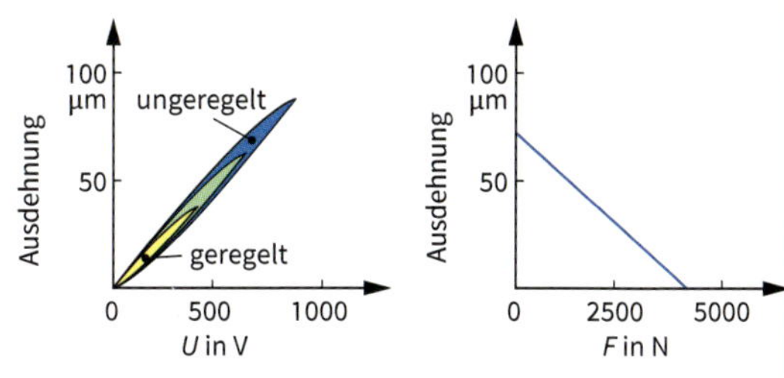

- Elektrische Ansteuerung erforderlich
- Geringe Leistung und Dichte, geringes Gewicht
- Hohe Steifigkeit
- Sehr kleine Positionsänderungen (nm-Bereich)
- Große Ausdehnungsgeschwindigkeit
- Keine Verschleißteile
- Hoher Wirkungsgrad (etwa 50 %)
- Relativ hohe Betriebsspannung

Bauformen

Stapel	Stapel mit Hebelübersetzung
Δl = 20 µm ... 200 µm $F \leq$ 30 kN $U \leq$ 1 kV	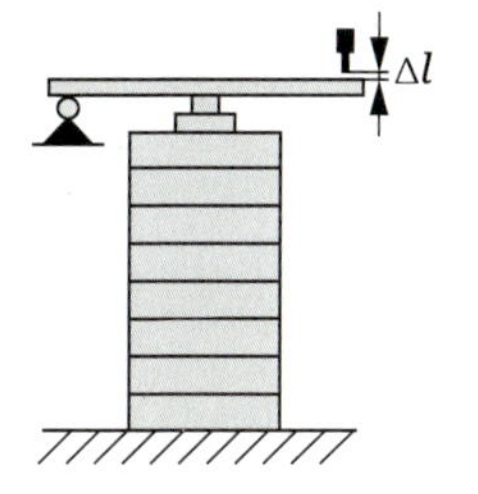 $\Delta l \leq$ 1 mm $F \leq$ 3,5 kN $U \leq$ 1 kV
Streifen	**Biegescheibe, -wandler**
$\Delta l \leq$ 50 µm $F \leq$ 1 kN $U \leq$ 500 V	Aufbau: bimorphe Bauweise Streifen ①: z. B. Stahl Streifen ②: Piezokeramik 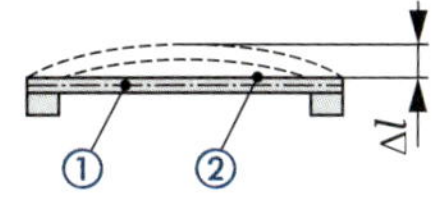 $\Delta l \leq$ 0,5 mm; $F \leq$ 50 N $U \leq$ 500 V 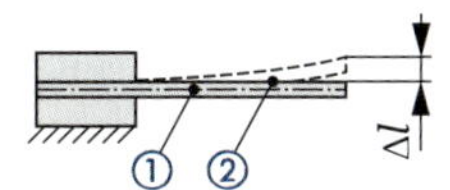 $\Delta l \leq$ 1 mm; $F \leq$ 5 N $U \leq$ 400 V

Anwendungen

- Schalter
  Vorteile: geringes Gewicht, geringes Volumen, keine magnetischen Felder
  Nachteile: last- und temperaturabhängig

- Mikropositionierung
- Schwingungsdämpfung
- Rotationsantriebe

Beispiele

- Ventilsteuerung
  - Monolithischer Vielschichtaktor
  - Kräfte im kN-Bereich
  - Stellwege bis 50 µm
  - Ansprechzeiten < 1 ms (erheblich geringer als bei magnetischen Akoren)

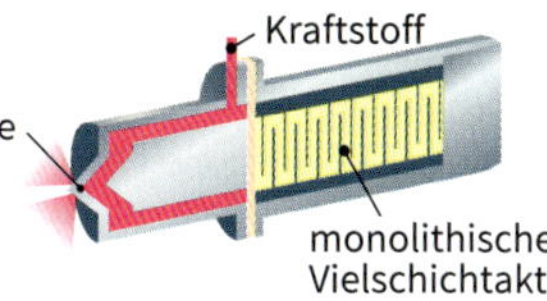

- Lichtwellenleiterjustierung

  Wenn Lichtwellenleiter mit wenigen µm Durchmesser miteinander verbunden werden müssen, muss die Positionierung durch eine Regelung auf 0,1 µm möglich sein.

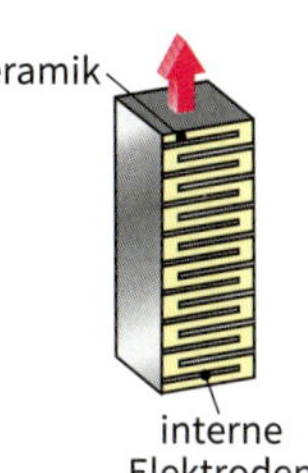

Thermobimetalle

Aufbau und Verhalten

- Thermobimetalle sind Verbundstoffe aus mindestens zwei Metallen mit unterschiedlichen Wärmeausdehnungskoeffizienten α.
- Bei Temperaturänderung kommt es zu einer Krümmung. Diese Krümmung kann je nach Aufbau zu einer Hub- oder Drehbewegung führen.

Material:
Nickel-Eisen-Legierungen
- FeNi36 (Handelsname Invar)
- FeNi42, FeNi48 (für höhere Temperaturen)

Merkmale:
Große Stabilität, geringer Preis, geringe Stellkraft

Ausführungsformen

Streifen | Streifen in U-Form | Spirale

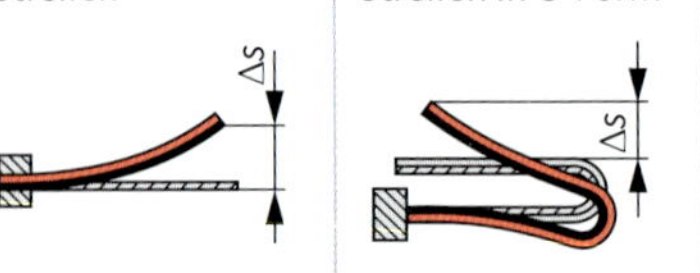

Anwendungsbeispiel

Thermoschalter

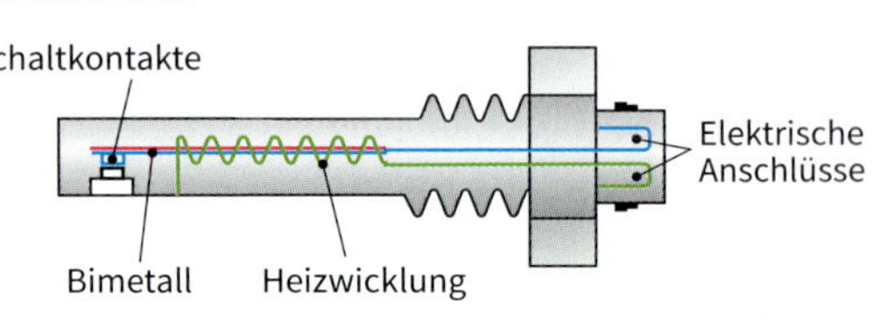

Dehnstoff Aktoren

Funktion

- Der Druckbehälter ist mit einem Stoff gefüllt, der einen großen Volumenausdehnungskoeffizienten γ besitzt, z. B. Wachs, Paraffin, Silikonöl ①.
- Bei Erwärmung (z. B. Schmelzen) nimmt das Volumen zu. Es wirkt eine Kraft auf den Kolben und es kommt zu einer Hubbewegung ②.
- Bei Abkühlung wird der Kolben durch eine Rückholfeder in die Ausgangslage zurückgeführt.

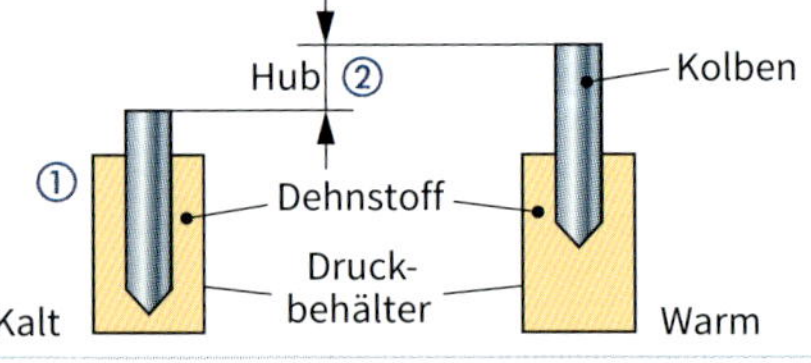

Anwendungsbeispiel

Dehnstoffantrieb (Kolben mit Hubbewegung)

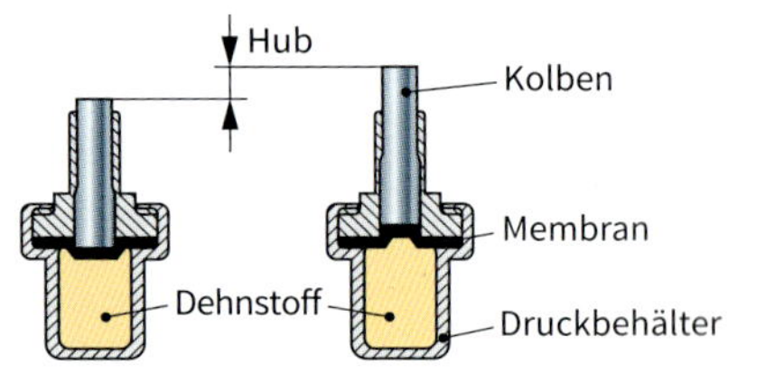

Merkmale:
- Mechanisch robust
- Kein Einfluss von elektromagnetischen Feldern
- Großer Hub, große Stellkraft
- Geringe Dynamik
- Einsatz in begrenzten Temperaturbereichen

Formgedächtnis-Legierungen

- Legierungen mit Formgedächtnis (**SMA: S**hape **M**emory **A**lloy) aus Nickel-Titan (Handelsname Nitinol)
- **Erscheinung**
  Ein plastisch verformter Draht oder Blechstreifen kann verbogen werden, nimmt aber bei Erwärmung wieder seine ursprüngliche Form an.
- **Erklärung**
  - Der thermische Formgedächtniseffekt (Shape-Memory) wird durch rasches Abkühlen des Werkstoffes eingestellt. Dabei erfolgt eine Gefügeumwandlung des Austenits in Martensit. Bei Erwärmung stellt sich das ursprünglich austenitische Gefüge wieder ein.
  - Die Umwandlung der Struktur ist mit einem Energieumsatz verbunden. Zur Bildung von Austenit wird während der Erwärmung Energie benötigt. Sie wird beim Abkühlen und der Umwandlung in Martensit wieder frei.
  - Bei Behinderung der Rückverformung können große Kräfte erzeugt werden (Aktor).

- **Umwandlungsbeispiel**

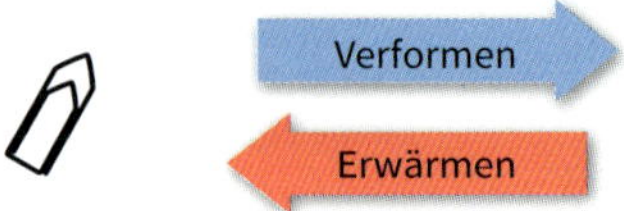

- **Einsatzgebiet**
  Mikroaktorik (Medizin-, Elektro-, Automobil-, Mess- und Regelungstechnik)
- **Probleme und Einschränkungen**
  - Stabilität des Formgedächtniseffektes (zur Zeit begrenzte Zyklenzahl)
  - Begrenzter Temperaturbereich (bis ca. 100 °C)
- **Anwendung**
  - Aktor zur Erzeugung großer Kräfte bei großen Stellwegen
  - Die Betätigung kann durch eine elektrische Direktheizung über die Formgedächtnislegierung erfolgen.

Merkmale

- **Rheologie:** Teilgebiet der Physik, das sich mit dem Fließverhalten von Substanzen (insbesondere Flüssigkeiten) befasst.
- Elektrorheologische (**ERF**) bzw. magnetorheologische Flüssigkeiten (**MRF**) sind Flüssigkeiten, deren Fließverhalten durch äußere elektrische bzw. magnetische Felder beeinflussbar ist. Der Fließwiderstand steigt mit der elektrischen bzw. magnetischen Feldstärke. Der Effekt tritt bei Gleich- und Wechselfeldern auf.
- Nach Abschalten der Felder wird der ursprüngliche Zustand wieder eingenommen. Die Reaktionszeiten betragen wenige Millisekunden (2 bis 3 ms).
- Zusammensetzung: Isolierende Silikonöle- und synthetische Öle (Suspensionen), Stabilisator und polarisierte bzw. ferromagnetische Partikel (20 % bis 60 %, Durchmesser 1 bis 10 μm).
- Anforderungen an Stoffe: Alterungsstabilität, Wasserfreiheit, geringe elektrische Leitfähigkeit, einfache Entsorgung usw.

Anwendungsmöglichkeiten des rheologischen Effektes

Schermodus	Fließmodus	Quetschmodus
▪ Flüssigkeit befindet sich zwischen zwei entgegengesetzt gepolten Elektroden. Eine ist beweglich. ▪ Die Flüssigkeit wird zwischen zwei parallelen Platten geschert. Der Strömungswiderstand zwischen den Flüssigkeitsschichten ist veränderbar. ▪ Anwendung: Übertragenes Moment ist steuerbar → Kupplung.	▪ Flüssigkeit befindet sich zwischen zwei entgegengesetzt gepolten und feststehenden Platten. ▪ Der Strömungswiderstand wird in einem Kanal beeinflusst. ▪ Anwendung: Ventil	▪ Flüssigkeit befindet sich zwischen zwei entgegengesetzt gepolten Platten. ▪ Eine Platte ist in zwei Richtungen beweglich (Quetschvorgang). ▪ Anwendung: Druckpolster → Dämpfung von Schwingungen

Elektrorheologische Flüssigkeiten

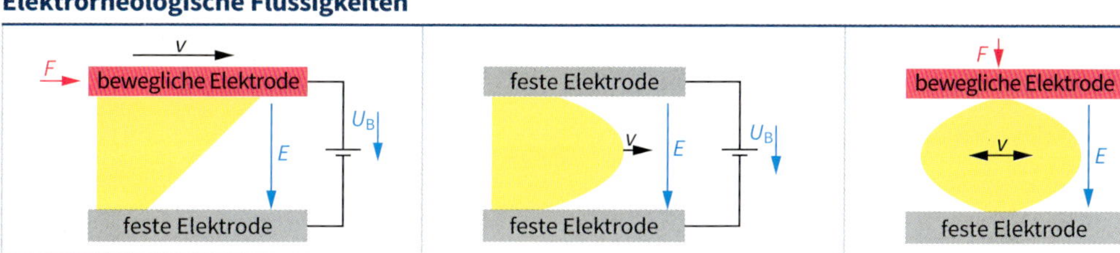

Magnetorheologische Flüssigkeiten

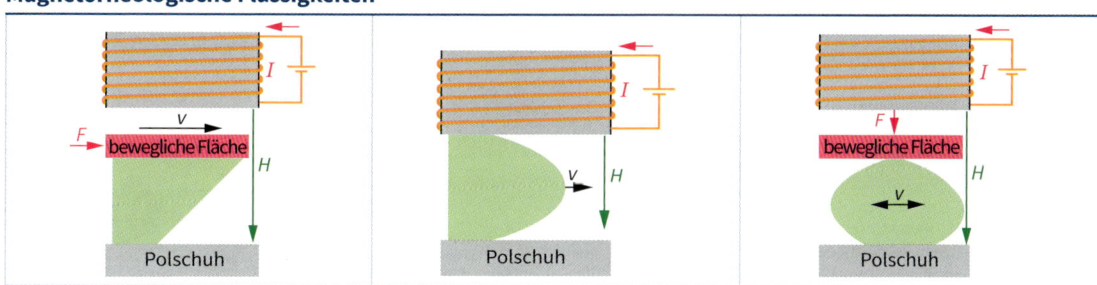

Prinzip Scheibenkupplung mit ERF

Anwendung

Fließkurve MRF

Prinzip Dämpfer mit MRF

Anwendung

Magnetostriktive Aktoren
Magnetostrictive Actuators

Merkmale magnetostriktiver Materialien

- **Magnetostriktion**
  Änderung der mechanischen Abmessungen (volumeninvariante Längenänderungen) eines ferromagnetischen Materials auf Grund eines äußeren Magnetfeldes (maximal ca. 80 kA/m)

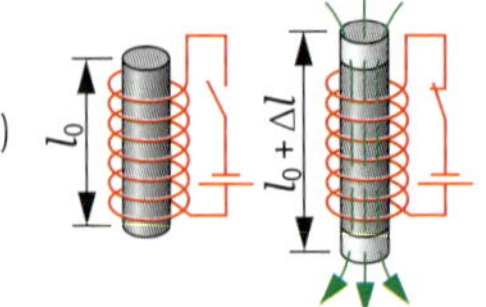

- **Längenänderungen**
  $\Delta l / l_0 = 0{,}15 \ldots 0{,}2\ \%$

- **Werkstoff**
  - Eisen-Selten-Erden-Verbindungen (Handelsname z. B. Terfenol-D: Terbium-Ferrum-Dysprosium, $Tb_{0,3}Dy_{0,7}Fe_2$)
  - Amorphe Einzel- und Viellagenschichten (Stäbe, Rohre)
  - Spröde (keine spanende Bearbeitung) und zugkraftempfindlich
  - Korrosionsgefährdet
  - Schlecht zu bearbeiten
  - Zulässige Druckbelastung erheblich größer als Zugbelastung
  - Temperaturabhängigkeit:
    Bei $\Delta\vartheta$ von 100 °C liegt die thermische Dehnung im Bereich der Längenänderung durch Magnetostriktion
  - Permeabilität ist klein, $\mu_r < 10$

Aktoren

- **Eigenschaften**
  - Große Kräfte (z. B. 500 N) und große Dynamik
  - Kurze Stellwege mit hoher Positionsgenauigkeit (Ansteuerung von Ventilen und Stellelementen in Maschinen)
  - Bei gewünschter positiver und negativer Auslenkung muss das Material mechanisch vorgespannt und vormagnetisiert werden (Permanent- oder Elektromagnet)
  - Sehr kurze Reaktionszeiten (µs-Bereich)
  - Hoher Wirkungsgrad (75 %)
  - Effekt bis ca. 400 °C Umgebungstemperatur nutzbar
  - Starke Magnetfelder erforderlich, kein leistungsloses Halten
  - Nichtlinearität (Sättigung, Hysterese) → Kompensation durch nichtlineare Regelung

- **Anwendungen**
  - Mikropositionierung
  - Linearmotor
  - Wurmmotor
  - Rotatorische Antriebe
  - Servoventile
  - Einspritzventile
  - Aktive Schwingungsdämpfung

Motorbeispiel

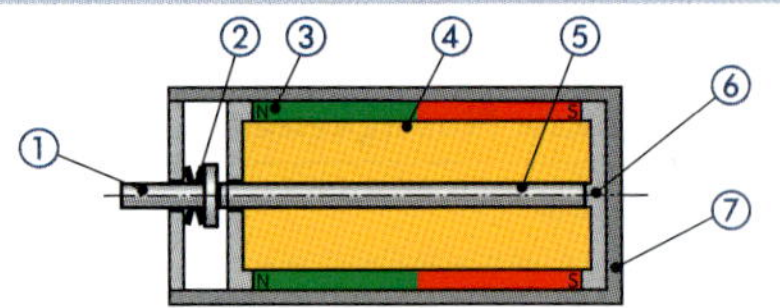

① Abtrieb ② Vorspannfeder ③ Permanentmagnet ④ Wicklung ⑤ Terfenol-D-Stab ⑥ Magnetischer Kreis ⑦ Gehäuse

Linearantriebe
Linear Drives

Direkte lineare Bewegung

- **Pneumatik- und Hydraulikzylinder**
  Die Kolbenbewegung wird kraftschlüssig mit einer magnetischen Kupplung auf den Außenläufer übertragen.
- **Linearmotor**
  Mechanische Übersetzungselemente entfallen, Achse des Linearmotors besteht aus einer einfachen Konstruktion mit geringer Masse (große Dynamik), minimale Wartung.

Umformung einer Drehbewegung

- **Gewindespindel**
  Eine Mutter wird durch die Drehbewegung einer Spindel linear bewegt.
- **Kugelgewindeantrieb**
  Kugeln wälzen sich durch Laufrillen in der Spindel und der Mutter (mit Rückführkanal).
- **Zahnstangenantrieb**
  Zahnstange wird durch die Drehbewegung eines Zahnrades verschoben.
- **Bandgetriebe**
  Ein Flachriemen oder eine Kette wird durch einen Motor angetrieben.

Beispiele

Keilwellen, Kreuzrollenlager

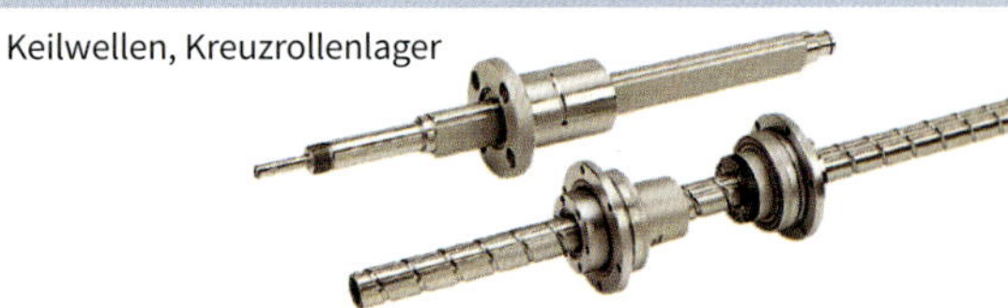

Kugelgewindegetriebe, Linearachsen

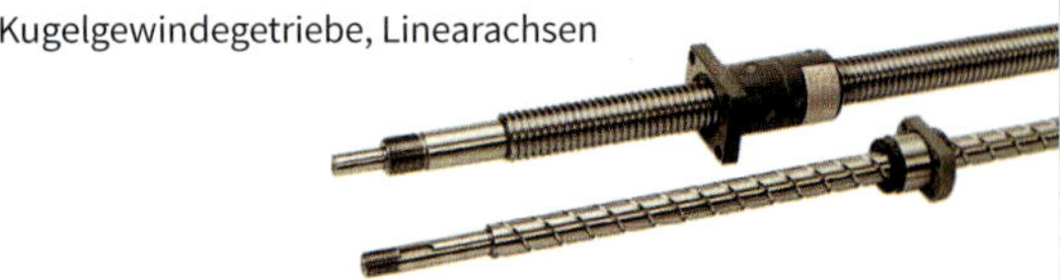

Linearführungen, Kugelbüchsen (mit und ohne Ketten)

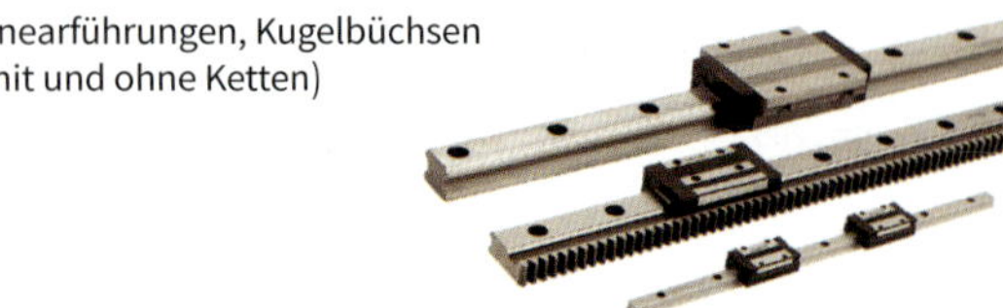

Freiheitsgrade

- **Freiheitsgrad *f***:
  Anzahl der voneinander unabhängigen Bewegungsmöglichkeiten eines Systems (Körpers) gegenüber einem Bezugskoordinatensystem.
- **Translatorische Bewegung**:
  Bewegung in Richtung der Achsen X, Y, Z
- **Rotatorische Bewegung**:
  Drehung um jede Achse A, B, C
- Maximal erreichbarer Freiheitsgrad: $f = 6$

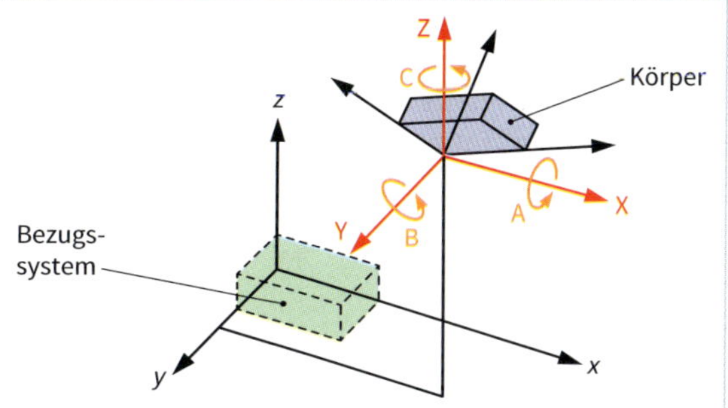

Achsen

- **Achsen**:
  geführte, unabhängig voneinander angetriebene Glieder
- **Positionieren** und **Orientieren**:
  definierte Bewegungen der Achsen
- **Hauptachsen**, **Grundachsen**:
  bestimmen den Arbeitsraum des Roboters
- **Nebenachsen (Hand- oder Kopfachsen)**:
  bestimmen die Werkzeug-Orientierung

Beispiel: 8-Achsen Industrieroboter
- Translatorisch in den Hauptachsen: X, Y, Z (3)
- Rotatorisch in den Hauptachsen: B, C (2)
- Rotatorisch in den Nebenachsen: A, B, C (3)

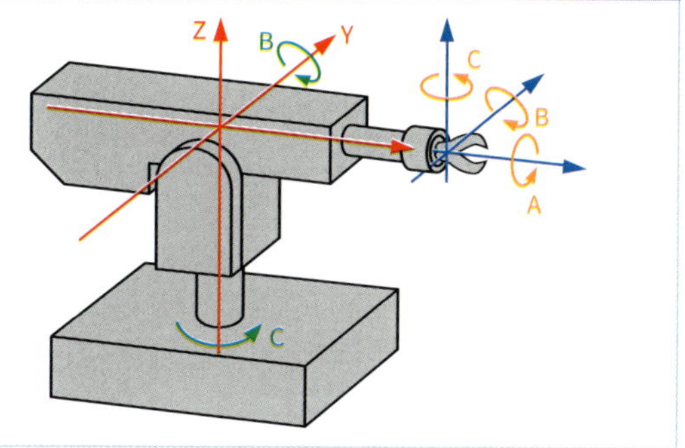

Symbolik

Bezeichnung	Symbol	Beispiel
Translationsachse		
Translation fluchtend (Teleskop)		
Translation nicht fluchtend		
Verfahrensachse		
Rotationsachse		
Rotation fluchtend		
Rotation nicht fluchtend		
Werkzeuge		Spritzpistole, Schweißzange
Greifer		Zangengreifer
Kennzeichnung von **Systemgrenzen**		echte Schnittstelle, z. B. auswechselbare Werkzeuge
Ternnung zwischen Haupt- und Nebenachsen		Nebenachse Hauptachse

Darstellung

rotatorische Achse

translatorische Achsen

Achsen DIN 66217

Z (Bezugsachse)
U
E
D
Z
F
Y
C
Y (Bezugsachse)
X (Bezugsachse)

X, Y, Z	Haupttranslationsachsen, parallel zum Bezugskoordinatensystem
… U, V, W	Nebentranslationsachsen, parallel zu X, Y, Z oder beliebiger Achse
A, B, C	Hauptrotationsachsen um X, Y, Z oder andere Achsen drehend
D, E, F …	rotatorische Nebenachsen

Kartesischer (Linear)-Roboter (TTT)[1]

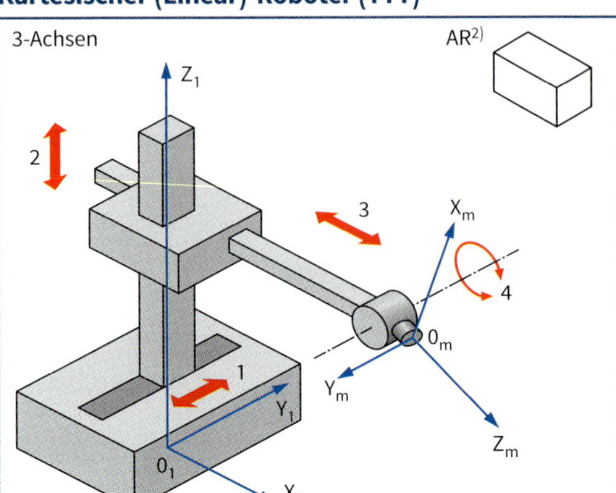

Zylindrischer-Roboter (RTT)[1]

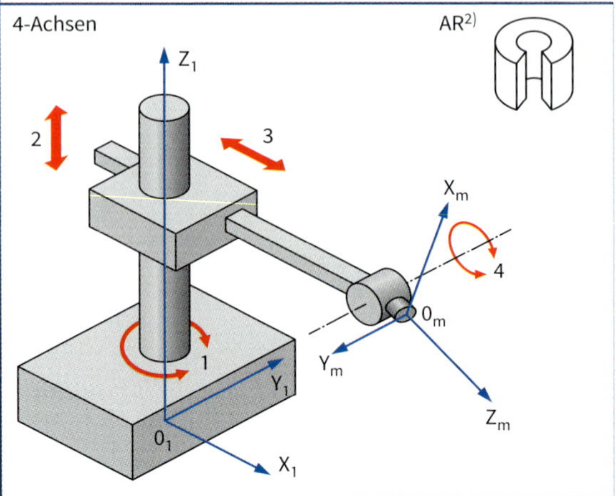

Knickarm-Roboter (RRR)

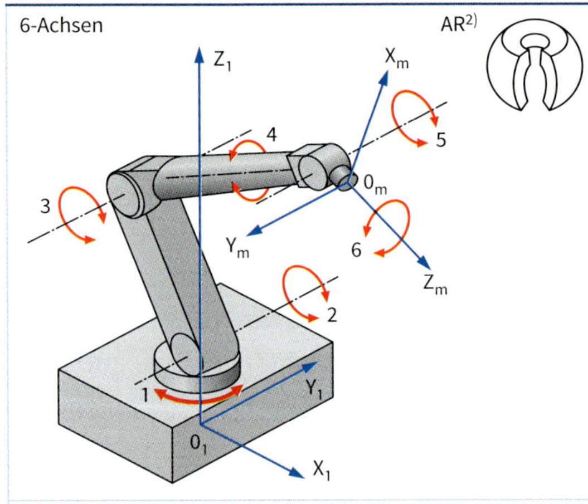

Parallel-Roboter (Hexapod)

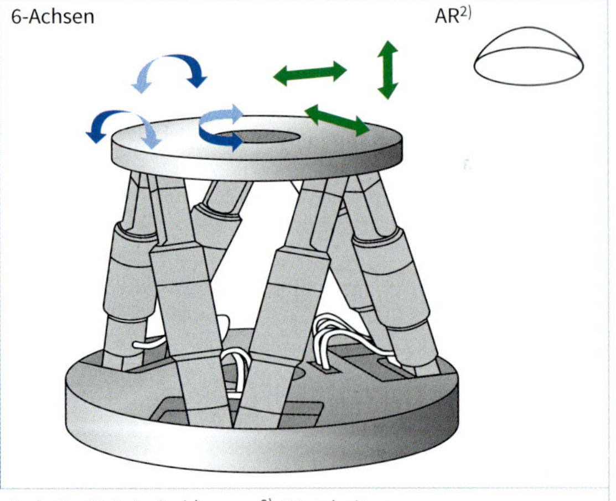

[1] Klassifizierungsschema: Anhand der Hauptachsen (T = Translatorisch, R = Rotatorisch)

[2] AR: Arbeitsraum

Mensch-Roboter-Interaktion (MRI)

- Die Formen der Zusammenarbeit (**MRI**: **M**ensch-**R**oboter-**I**nteraktion) zwischen Menschen und Robotern werden eingeteilt in:
  - **Kollaboration**:
    Roboter (**COBOT**: **Co**operative Ro**bot**) und Menschen arbeiten in unmittelbarer Nähe gemeinsam. Roboter sind nicht durch Schutzeinrichtungen von den Menschen getrennt. Die **Aufgaben** von Mensch und Roboter sind **abhängig voneinander**.
  - **Kooperation**:
    Mensch und Roboter arbeiten zusammen, um ein gemeinsames Ziel zu erreichen. Die Aufgaben sind **nicht direkt voneinander abhängig**.
  - **Koexistenz**:
    Es besteht **keine direkte MRI**.
    Mensch und Roboter teilen sich einen Raum.
    Der Mensch benötigt ein mentales Verständnis von den Aufgaben des Roboters und wie er diese ausführt.

Beispiel: Kollaborativer Zweiarmroboter

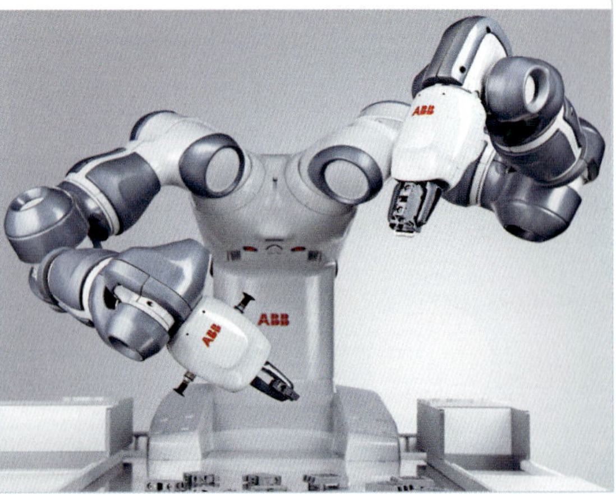

Antriebssysteme

8

Grundlagen

312 Maschinenrichtlinie
313 Sicherheit von Maschinen
314 Elektrische Ausrüstung von Maschinen
315 Effizienzklassen für Drehstrommotoren
316 Codes elektrischer Maschinen
317 Kennzeichen für Bauformen
318 Leistungsschilder
319 Betriebsarten von elektrischen Maschinen
320 Sichere Antriebsfunktionen

Motoren

321 Betriebswerte von Motoren
322 Drehstrom-Asynchronmaschinen
323 Standardgrößen von Drehstrom-Asynchronmaschinen
324 Drehstrom-Synchronmaschinen
325 Polumschaltbare Drehstrommotoren
326 Gleichstrommotoren
327 Wechselstrommotoren
327 Bemessungsspannungen und Prüfspannungen für Maschinen
328 Anschlussbezeichnungen und Drehsinn
329 Motorschutz
330 Schaltgeräte – Motorschutz

Steuerung von Motoren

331 Anlassen von Motoren
332 Anlassverfahren
333 Bremsen von Motoren
334 Stromrichter
335 Stromrichterbenennungen und -kennzeichen
335 Kennzeichen von Stromrichtersätzen und -geräten
336 Ungesteuerte Stromrichter (Gleichrichter)
337 Halbgesteuerte Stromrichter (Gleichrichter)
338 Vollgesteuerte Stromrichter
339 Steuerkennlinien von vollgesteuerten Stromrichtern
340 Gleichstromsteller
340 Steuerarten von Gleichstromstellern
341 Elektronische Antriebstechnik
342 Wechselstromsteller
343 Sanftanlasser
344 Elektronische Drehzahlsteuerung von Drehfeldmaschinen
345 Frequenzumrichter
346 Ausgangsfilter für Frequenzumrichter
347 Fehler bei Motoren

Spezialantriebe

348 Linearmotoren
349 Schrittmotor
350 Servoantriebe

Arbeitsmaschinen

351 Ventilatoren
352 Pumpen

- Die Maschinenrichtlinie (Richtlinie 2006/42/EG) dient zur Angleichung der Rechts- und Verwaltungsvorschriften der EU-Mitgliedsstaaten für den Bereich Maschinen.
- Die Richtline ist durch die nationale **Maschinenverordnung** (9. ProdSV) in nationales Recht umgesetzt und muss durch den Maschinenhersteller mit Wirkung vom 29. Dezember 2009 angewendet werden.
- Ziel der Richtlinie/Verordnung ist die Realisierung grundlegender Sicherheits- und Gesundheitsschutzanforderungen beim Einsatz von Maschinen.
- Grundlegender Bestandteil im Rahmen der Entwicklung einer Maschine ist die Durchführung einer Risikoermittlung und Risikobeurteilung für die Maschine.
- Bei der Konstruktion sind die Ergebnisse dieser Risikoermittlung/-beurteilung zu berücksichtigen und entsprechend der Richtlinie/Verordnung zu reduzieren.
- In der Maschinenrichtlinie sind u. a. Definitionen enthalten
  - zu Maschine,
  - zu unvollständige Maschine,
  - zu Sicherheitsbauteilen (Bauteil mit Sicherheitsfunktion),
  - zum Anwendungsbereich der Richtlinie und
  - zu Ausnahmen (Maschinen oder Einrichtungen, die nicht unter die Maschinenrichtlinie fallen).

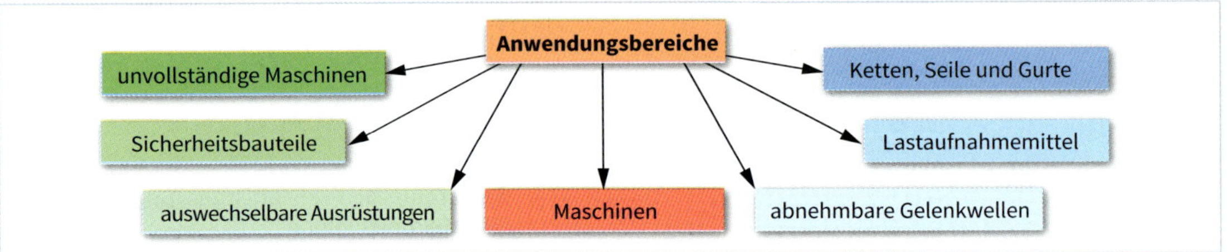

Richtlinienstruktur

- Die Maschinenrichtlinie ist in die drei Teile gegliedert:
  - Erwägungsgründe,
  - Rechtstexte und
  - Anhänge.
- Der **erste Teil** (Erwägungsgründe) ist **nicht rechtsverbindlich.**
- Der **zweite Teil** (Rechtstext) und der **dritte Teil** (Anhänge) sind **rechtsverbindliche** Ausführungen, die im Fall der Anwendung der Maschinenrichtlinie zu berücksichtigen sind.

Teil 1 (Erwägungsgründe)
Beinhaltet Erläuterungen zum Zweck der Richtlinie.

Teil 2 (Rechtstexte)
Definiert die rechtlichen Anforderungen für das Inverkehrbringen von Maschinen im europäischen Binnenmarkt.

Teil 3 (Anhänge)
Dient zur Verdeutlichung und Klarstellung der Aussagen, die in den Artikeln zum Rechtstext gemacht werden.

Rechtstexte (Auszüge)

Artikel	Inhalt
1	Anwendungsbereich
2	Begriffsbestimmungen
3	Spezielle Richtlinien
5	Inverkehrbringen und Inbetriebnahme
7	Konformitätsvermutung und harmonisierte Normen
9	Besondere Maßnahmen für Maschinen mit besonderem Gefahrenpotenzial
12	Konformitätsbewertungsverfahren für Maschinen
13	Verfahren für unvollständige Maschinen
15	Installation und Verwendung der Maschinen
16	CE-Kennzeichnung
17	Nicht vorschriftsmäßige Kennzeichnung
23	Sanktionen
25	Aufgehobene Rechtsvorschriften
27	Ausnahmen
28	Inkrafttreten

Anhänge (Auszüge)

Anhang	Inhalt
I	Grundlegende Sicherheits- und Gesundheitsschutzanforderungen für die **Konstruktion** und den **Bau** von Maschinen
V	Liste der Sicherheitsbauteile
VI	Montageanleitung für eine unvollständige Maschine
VII	Technische Unterlagen für Maschinen
IX	EG-Baumusterprüfung

Ausnahmen

- Sicherheitsbauteile, die als Ersatzteile zum Ersetzen identischer Bauteile bestimmt sind
- Hochspannungsausrüstungen
- Maschinen zu Forschungszwecken
- Elektrische und elektronische Erzeugnisse (z. B. Haushaltsgeräte, informationstechnische Geräte, Transformatoren)

Merkmale

- Ausgangspunkt für die Sicherheit von Maschinen ist die Maschinenrichtlinie 2006/42/EG (seit 29.12.2009).
- Die anzuwendenden Sicherheitsnormen werden eingeteilt in
  - Sicherheitsgrundnormen (**Typ A**-Normen),
  - Sicherheitsgruppennormen (**TYP B1**- und **Typ B2**-Normen) und
  - Maschinenspezifische Fachnormen (**Typ C**-Normen).
- Typ A-Normen
  - sind für alle Maschinen verbindlich und
  - beinhalten u. a. Anleitungen zur Ermittlung von Risiken, Verfahrenweisen und Reihenfolgen zur Vermeidung von Risiken.
- Typ B1-Normen beinhalten allgemeine Sicherheitsaspekte und dazu gehörende Lösungen (z. B. Ausgestaltung von Schutzzäunen).
- Typ B2-Normen beinhalten normative Anforderungen an spezielle Schutzeinrichtungen (z. B. NOT-AUS-Taster).
- Typ C-Normen beschreiben spezifische Risiken und Maßnahmen zur Reduzierung dieser Risiken von einzelnen Maschinen bzw. Maschinengattungen.
- Eine Typ C-Norm für eine Maschinenart hat Vorrang vor einer Typ A- oder Typ B-Norm.

Hierarchie Sicherheitsnormen

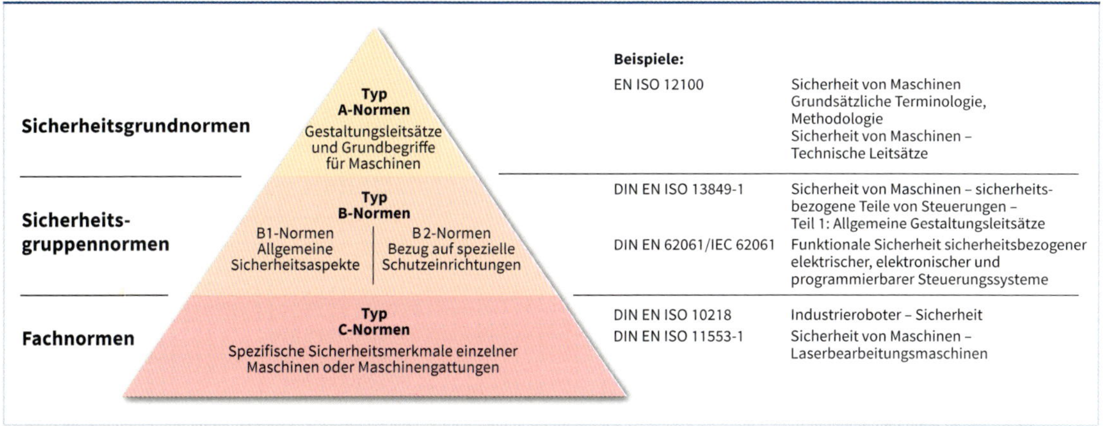

Risikobeurteilung

- Im Rahmen der Maschinenkonstruktion gibt es eine definierte Vorgehensweise, um die geforderte Sicherheit zu erreichen.
- Am Anfang steht dabei die **Risikobeurteilung**, die Aussagen darüber liefert, welche Risiken von der Maschine bzw. den einzelnen Teilen der Maschine ausgehen.
- Abhängig von der Höhe des Risikos werden dann entsprechende Maßnahmen (z. B. konstruktive Änderungen) zur größtmöglichen **Risikominderung** unter Berücksichtigung verschiedener Faktoren definiert.
- Diese Vorgehensweise ist ein iterativer (wiederholender) Prozess.
- Die **Rangfolge** der Maßnahmen zur Risikoreduzierung ist dabei wie folgt zu realisieren
  - Reduzierung durch den Entwurf (höchste Priorität)
  - Reduzierung durch Schutzeinrichtungen und ergänzende Schutzmaßnahmen
  - Reduzierung durch Bereitstellung der Benutzerinformation über das Restrisiko (niedrigste Priorität)
- Werden **elektrische** oder **elektronische Steuerungen** (z. B. SPS) zur Steuerung von sicherheitsrelevanten Funktionen eingesetzt, ist der Entwurf dieser Steuerungen ein Bestandteil des Entwurfsprozesses für die Maschine.
- Das sicherheitsrelevante Steuerungssystem stellt somit die Sicherheitsfunktionen bereit.
- Die erreichbare **Sicherheitsstufe** eines sicherheitsrelevanten Steuerungssytems wird dabei eingestuft nach
  - EN IEC 62061 in **SIL1** bis **SIL3** (**S**afety **I**ntegrity **L**evel: Sicherheitsstufe) oder
  - EN ISO 13849-1 in **PLa** bis **PLe** (**P**erformance **L**evel: Leistungsklasse).

Vorgehensweise

Start

Abgrenzung des Systems
Grenzen und bestimmungsgemäße Verwendung der Maschine festlegen

Gefährdungsanalyse
Gefährdungen und die zugehörigen Gefährdungssituationen identifizieren

Risikoabschätzung
Risiko für jede Gefährdung und Gefährdungssituation einschätzen

Risikoanalyse

Risikobewertung
Risiko bewerten und Entscheidungen über Notwendigkeit der Risikominderung treffen

Maschine ausreichend sicher? – nein → Risikominderung → Abgrenzung des Systems; ja → Ende

Merkmale

- Die elektrische Ausrüstung einer Maschine muss u. a. unter Berücksichtigung der
  - **physikalischen Umgebungsbedingungen** (z. B. Umgebungstemperatur am Aufstellort),
  - **Betriebsbedingungen** (z. B. Dauerbetrieb),
  - **elektrischen Versorgung** (z. B. Anschlussleistung) und
  - Transport und Lagerung

  ausgelegt sein.
- Die Anforderungen an die elektrische Ausrüstung sind Teil der Gesamtanforderungen an die Sicherheit von Maschinen und daher im Rahmen der **Risikobeurteilung** der Maschine zu bewerten.
- Die eingesetzten elektrischen Komponenten müssen somit
  - für den vorgesehenen Einsatz geeignet sein (Auswahl geeigneter Komponenten),
  - die jeweiligen Normen erfüllen und
  - entsprechend der Vorgaben der Lieferanten angewendet werden.
- **Spezielle Anforderungen** (z. B. Wartungsvorgaben oder Errichtungsanforderungen) sind grundsätzlich zwischen dem Maschinenhersteller und dem Maschinenbetreiber zu vereinbaren.

Übersicht

Effizienzklassen

- Die EN 60034-30-1 definiert weltweit die Wirkungsgradklassen bzw. Effizienzklassen **IE1**, **IE2** und **IE3** [1] für netzgespeiste Niederspannungs-Drehstrommotoren (50 Hz und 60 Hz, Leistungsbereich 0,75 kW bis 375 kW, 2-, 4- und 6-polig).
  IE1: Standard Efficiency (standard Wirkungsgrad)
  IE2: High Efficiency (hoher Wirkungsgrad)
  EI3: Premium Efficiency (premium Wirkungsgrad)
  IE4: Super Premium Efficiency
- Die IE4-Effizienzklasse befindet sich noch in der Abstimmungsphase der Normungsgremien, IEC 60034-31 (**IEC**: **I**nternational **E**lectronical **C**ommission)
- Die IE-Effizienzklassen sind nur ansatzweise vergleichbar mit den bisher selbstverpflichtenden EFF-Klassifizierungen [2] nach CEMEP (**CEMEP**: **C**omité **E**uropéen de Constructeurs de **M**achines **É**lectriques et d'Électronique de **P**uissance)

[1] **IE**: **I**nternational **E**fficiency

Zusammenhang zwischen IE und EFF [2]

IE-Klasse		EFF-Klasse	
Wirkungsgrad	Code	Wirkungsgrad	Code
Super Premium	IE4		
Premium	IE3		
Hoch	IE2	hoch	EFF1 [2]
Standard	IE1	verbessert	EFF2
unterer Standard	ohne Kennung	normal	EFF3

[2] **EFF**: **E**lectronic **F**rontier **F**oundation (Nichtregierungsorganisation in den USA)

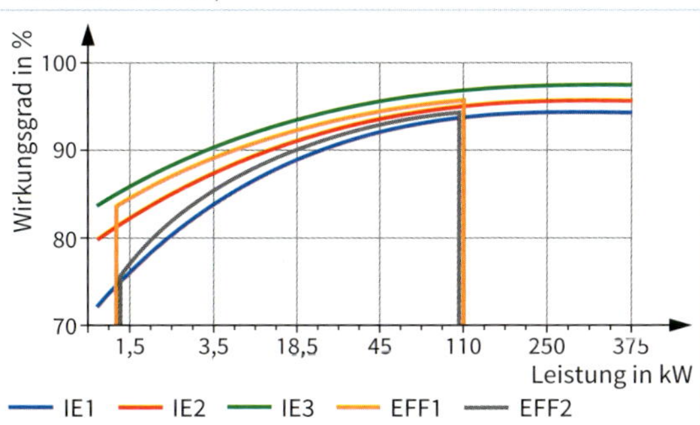

Wirkungsgrad

- Die IEC 60034-2-1: 2015-02 enthält Methoden zur Bestimmung des Wirkungsgrades. Diese Verfahren führen zu höherer Genauigkeit und besserer Vergleichbarkeit.
- Bei den Messmethoden werden die Zusatzverluste nicht mehr pauschal mit 0,5 % angesetzt.
- Die Angabe der Verluste erfolgt bei 100 % Nennlast und der Bemessungsstromstärke (nicht Spannungsbereich).
- Beispiel:
  Ein 4-poliger 11 kW EFF1 Motor mit 91 % Wirkungsgrad ist identisch mit einem zukünftigen IE2 Motor mit 89,8 % Wirkungsgrad.

Gesetzliche Vorgaben

Die Ausführungsrichtlinie EC 640/2009 (Artikel 3) schreibt in drei Stufen vor, dass neu in den Verkehr gebrachte Motoren

- ab 16.06.2011 mindestens der Effizienzklasse IE2 (0,75 kW bis 375 kW),
- ab 01.01.2015 mit Bemessungsleistungen von 7,5 kW bis 375 kW mindestens IE3 oder IE2, letztere nur mit einer elektronischen Drehzahlregelung, und
- ab dem 01.01.2017 mit Bemessungsausgangsleistungen von 0,75 kW bis 375 kW mindestens IE3 oder IE2, letztere nur mit einer elektronischen Drehzahlregelung, entsprechen müssen.

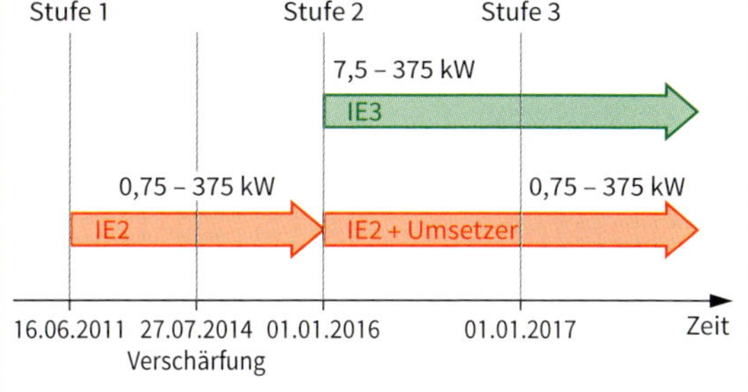

Typenschilder

Es wird nicht wie bisher ein Spannungsbereich, sondern die Bemessungsspannung 230 V, 400 V, 690 V angegeben ①.

Beispiele:

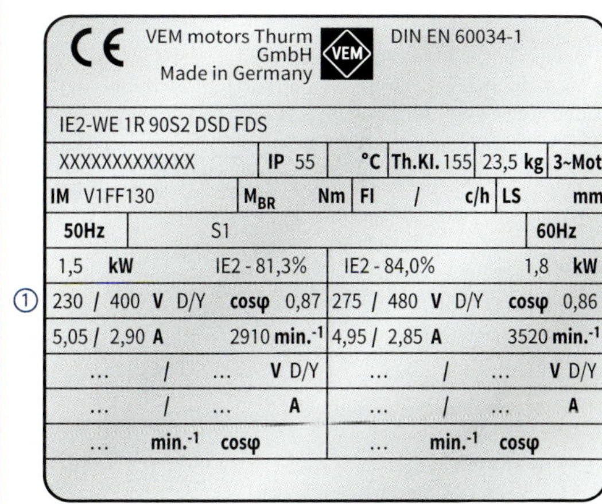

Leistungsschild Europa 50 Hz/60 Hz

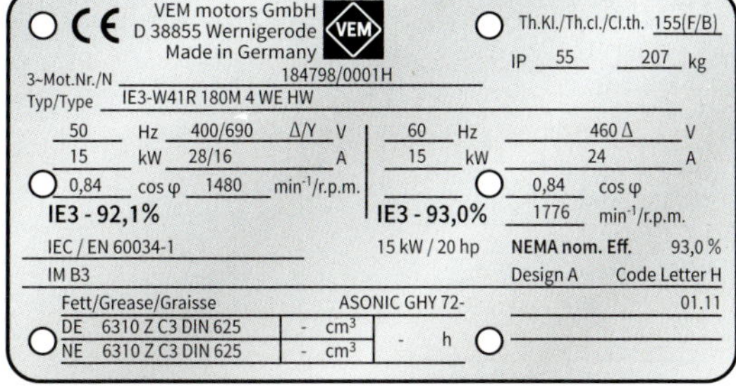

Leistungsschild Europa/USA IE3 50 Hz/60 Hz

Übersicht

IP-Code	IM-Code	IC-Code	IK-Code
▪ DIN EN 60034-5: 2007-09 ▪ Schutzarten aufgrund der Gesamtkonstruktion von drehenden elektrischen Maschinen ▪ **IP:** International Protection	▪ DIN EN 60034-7: 2001-12 ▪ Klassifizierung der Bauarten, der Aufstellungsarten und der Klemmkasten-Lage ▪ **IM:** International Mounting	▪ DIN EN 60034-6: 1996-08 ▪ Einteilung der Kühlverfahren ▪ **IC:** International Cooling	▪ DIN EN 50102: 1997-09 ▪ Schutzarten durch Gehäuse für elektrische Betriebsmittel gegen äußere mechanische Beanspruchungen ▪ **IK:** K ist die phonetische Ableitung von „CA" (casser = zerbrechen)

Einteilung der Kühlverfahren (IC-Code)

▪ Bezeichnungssystem (Beispiel)

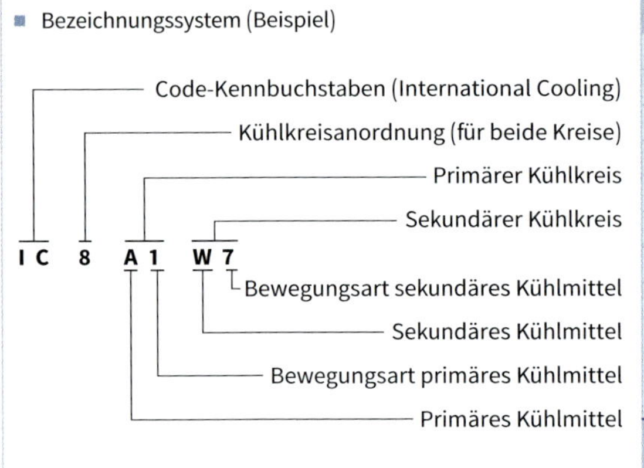

▪ **Beispiel:** IC 6 (Fremdinnenkühlung)
Die Kühlluft wird durch ein Fremdluftgebläse durch den Motor geblasen.

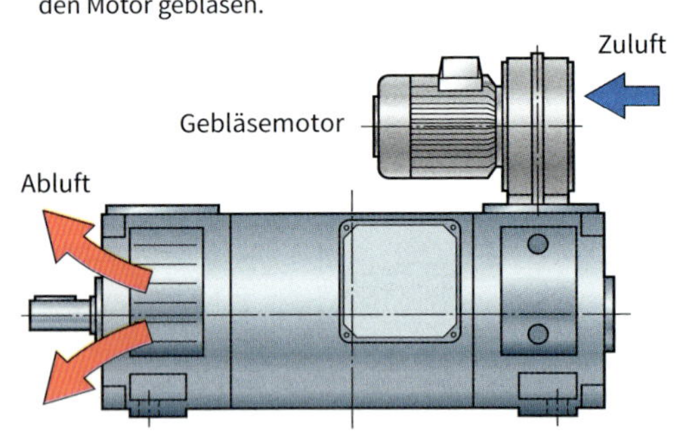

Kennziffern für Kühlkreisanordnung	
0	Freier Kühlkreis
1	Kühlkreis mit Zuführung über Rohr oder Kanal
2	Kühlkreis mit Abführung über Rohr oder Kanal
3	Kühlkreis mit Zu- und Abführung über Rohre oder Kanäle
4	Oberflächenkühlung
5	Eingebauter Wärmetauscher (umgebendes Kühlmittel)
6	Angebauter Wärmetauscher (umgebendes Kühlmittel)
7	Eingebauter Wärmetauscher (zugeführtes Kühlmittel)
8	Angebauter Wärmetauscher (zugeführtes Kühlmittel)
9	Getrennter Wärmetauscher (umgebendes oder nicht umgebendes Kühlmittel)

Kennbuchstaben für das Kühlmittel	
A	Luft
F	Frigen
H	Wasserstoff
N	Stickstoff
C	Kohlendioxid
W	Wasser
U	Öl
S	Alles andere

Kennziffern für Bewegungsart des Kühlmittels	
0	Freie Kühlung
1	Eigenkühlung
2, 3, 4	Nicht festgelegt
5	Eingebaute, unabhängige Baugruppe
6	Angebaute, unabhängige Baugruppe
7	Getrennte, unabhängige Baugruppe oder Kühlmittel-Betriebsdruck
8	Antrieb durch relative Bewegung
9	Antrieb durch sonstige Bewegungsarten

Schutz gegen äußere mechanische Beanspruchung (IK-Code)

▪ Bezeichnungssystem (Beispiel)

IK 05

- Code-Buchstaben (internationaler mechanischer Schutz) → IK
- Charakteristische Zifferngruppe (00 bis 10) → 05

[1] 1 J (Joule) = 1 Nm

IK	Energie in Joule[1]
IK 00	0
IK 01	0,15
IK 02	0,2
IK 03	0,35
IK 04	0,5
IK 05	0,7
IK 06	1
IK 07	2
IK 08	5
IK 09	10
IK 10	20

▪ **Beispiel:**
Schlagprüfung mit Freifallhammer

▪ Auftreffende Energie:
$W = m \cdot g \cdot h$

▪ Weitere Prüfgeräte:
Pendelhammer und Federhammer
(DIN EN 60068-2-2: 2008-05, Teil 62 und 63)

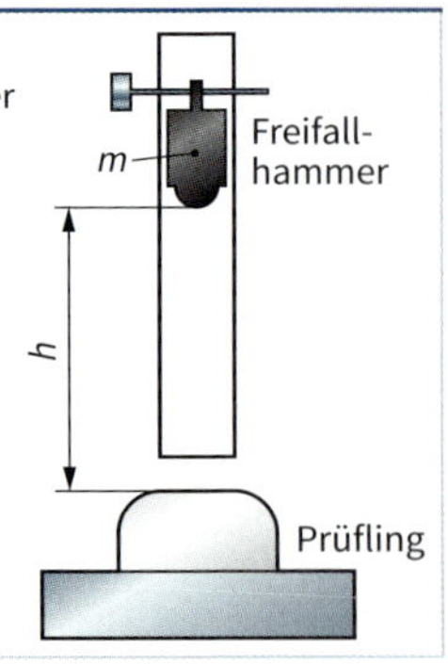

Bezeichnungssystem

- Die Bauformen und Aufstellungsarten werden durch **IM-Codes** (**I**nternational **M**ounting) klassifiziert.

Code I (alphanumerische Bezeichnung)

Maschinen mit Lagerschild – Lager und nur einem Wellenende

Grundzeichen IM ① ②

① B: Mit Lagerschildern und horizontaler Welle; V: Mit Lagerschildern und vertikaler Welle
② Angabe über Lagerung, Befestigung und Art des Wellenendes

Beispiele: IM B3 Fußbefestigung, waagerechte Lage, zwei Lagerschilde, mit Füßen
IM V5 Fußbefestigung, senkrechte Lage, mit Füßen, zwei Lagerschilde, Wandbefestigung

Code II (numerische Bezeichnung)

Dieser Code deckt einen größeren Bereich der Maschinen ab und beinhaltet Maschinen nach Code I

Grundzeichen IM ① ② ③ ④

① 1: Fußanbau, Schildlager; 2: Fuß- und Flanschanbau, Schildlager; 3: Schildlager, Flanschanbau (am Lagerschild); 4: wie 3, Flansch am Gehäuse; 5: ohne Lager; 6: Schildlager und Stehlager; 7: nur Stehlager; 8: vertikal (nicht durch 1 bis 4 abgedeckt); 9: besondere Aufstellung
② Art der Befestigung und Lagerung (z. B. 6)
③ Lage des Wellenendes und der Befestigung (z. B. 3) ④ Art des Wellenendes (z. B. 1)

Arten

Motoren mit Füßen Code		Motoren mit Flansch und Durchgangslöchern Code		Motoren mit Flansch und Gewindebohrungen Code	
IM B3 IM 1001	Fußbefestigung, waagerechte Lage, zwei Lagerschilde	IM B5 IM 3001	Flanschbefestigung auf Antriebsseite, waagerechte Lage, zwei Lagerschilde, ohne Füße	IM B14 IM 3601	Flanschbefestigung auf Antriebsseite, waagerechte Lage, zwei Lagerschilde, ohne Füße
IM V5 IM 1011	Fußbefestigung, senkrechte Lage, zwei Lagerschilde, Wandbefestigung, Antriebsseite unten	IM V1 IM 3011	Flanschbefestigung auf Antriebsseite, senkrechte Lage, zwei Lagerschilde, Antriebsseite unten, ohne Füße	IM V18 IM 3611	Flanschbefestigung auf Antriebsseite, senkrechte Lage, Antriebsseite unten, ohne Füße
IM V6 IM 1031	Fußbefestigung, senkrechte Lage, zwei Lagerschilde, Wandbefestigung, Antriebsseite oben	IM V3 IM 3031	Flanschbefestigung auf Antriebsseite, senkrechte Lage, zwei Lagerschilde, Antriebsseite oben, ohne Füße	IM V19 IM 3631	Flanschbefestigung auf Antriebsseite, senkrechte Lage, Antriebsseite oben, ohne Füße
IM B6 IM 1051	Fußbefestigung, waagerechte Lage, zwei Lagerschilde, Füße links (von Antriebsseite aus gesehen) Wandbefestigung	IM B35 IM 2001	Fußbefestigung mit zusätzlichem Flanschanbau auf Antriebsseite, waagerechte Lage, Füße unten, zwei Lagerschilde	IM B34 IM 2101	Fußbefestigung mit zusätzlichem Flanschanbau auf Antriebsseite, waagerechte Lage, mit Füßen, zwei Lagerschilde
IM B7 IM 1061	Fußbefestigung, waagerechte Lage, zwei Lagerschilde, Füße rechts (von Antriebsseite aus gesehen) Wandbefestigung	IM V15 IM 2011	Fußbefestigung mit zusätzlichem Flanschanbau auf Antriebsseite, Antriebsseite unten, senkrechte Lage, zwei Lagerschilde	IM V15 IM 2111	Fußbefestigung mit zusätzlichem Flanschanbau auf Antriebsseite, senkrechte Lage, Antriebsseite unten, mit Füßen, zwei Lagerschilde
IM B8 IM 1071	Fußbefestigung, zwei Lagerschilde, waagerechte Lage, Deckenbefestigung (Füße oben)	IM V36 IM 2031	Fußbefestigung mit zusätzlichem Flanschanbau auf Antriebsseite, Antriebsseite oben, senkrechte Lage, zwei Lagerschilde	IM V36 IM 2131	Fußbefestigung mit zusätzlichem Flanschanbau auf Antriebsseite, senkrechte Lage, Antriebsseite oben, mit Füßen, zwei Lagerschilde

Kennzeichnungen: Fuß Klemmenkasten Flansch

Motoren

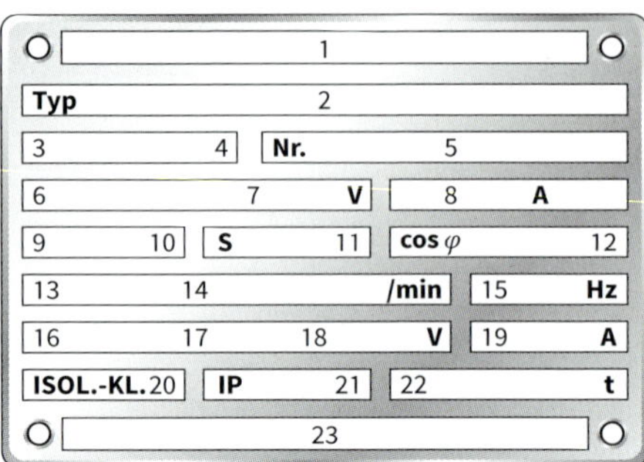

1. Name des Herstellers
2. Maschinentyp, ergänzt durch Bauform und -größe
3. Stromart
4. Arbeitsweise z. B. Motor, Generator
5. Fertigungsnummer
6. Kennzeichnung der Schaltart der Wicklung
7. Bemessungsspannung
8. Bemessungsstromstärke
9. Bemessungsleistung[1]
10. Einheit der Leistung
11. Betriebsart
12. Leistungsfaktor
13. Drehrichtung
14. Drehzahl
15. Bemessungsfrequenz
16. „Err" (Erreger) bei Gleichstrom- und Synchronmaschinen, „Lfr" (Läufer) bei Asynchronmaschinen
17. Schaltart der Läuferwicklung
18. Erregerspannung (bei Gleichstrom- und Synchronmaschinen), Läuferspannung (bei Schleifringläufermotoren)
19. Erregerstromstärke (bei Gleichstrom- und Synchronmaschinen), Läuferstromstärke (bei Schleifringläufermotoren)
20. Isolierstoffklasse
21. Schutzart
22. Masse
23. VDE-Nr., evtl. zusätzliche Vermerke

Beispiel: Drehstrom-Asynchronmotor

Wirkungsgradklasse High Efficiency IE 2[1]

CE Motor & Co GmbH IE 2 - 91 %
IEC/EN 60034-1
3~Mot.Nr./N° 174724/0001 H
Typ/Type IE2-WE1R 160L 2 TPM HW
18.5 kW cos φ 0.91
400/690 D/Y +/−5 % (ZoneA) V 32.0 / 18.5 A
2935 min⁻¹/r.p.m. 50 Hz
Th.Kl./Th.cl. 155 (F) IP 55 139 kg
IM B3 05.11
Fett/Grease -
DE 6310 ZZ C3 DIN625 - cm³
NE 6309 ZZ C3 DIN625 - cm³ h

[1] Die Teilwirkungsgrade bei 100 %/75 % und 50 % Last werden aus Platzgründen in den Dokumentationsunterlagen angegeben.

Schaltbilder

– Sternschaltung

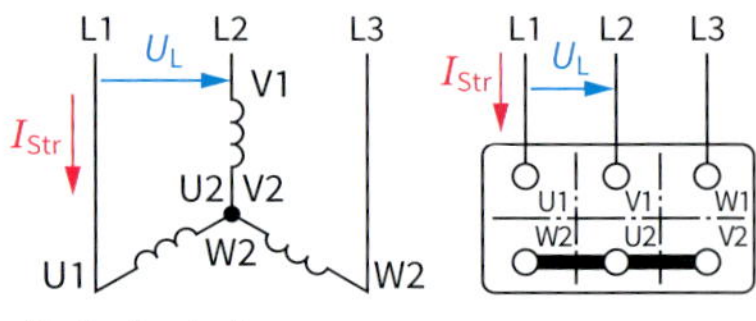

– Dreieckschaltung

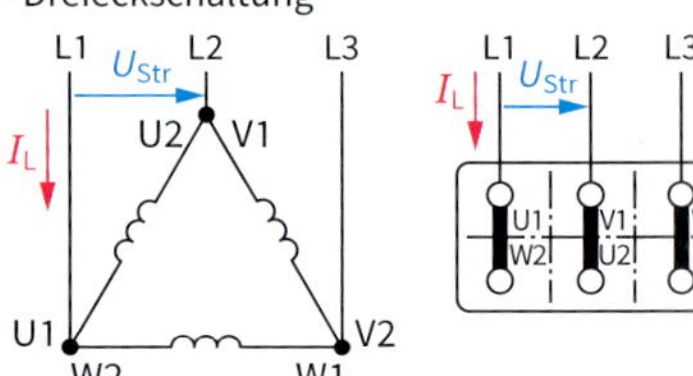

[1] Auf Motor-Typenschildern wird immer die abgegebene Bemessungsleistung, d. h. die mechanische Leistung an der Welle angegeben.

Transformatoren

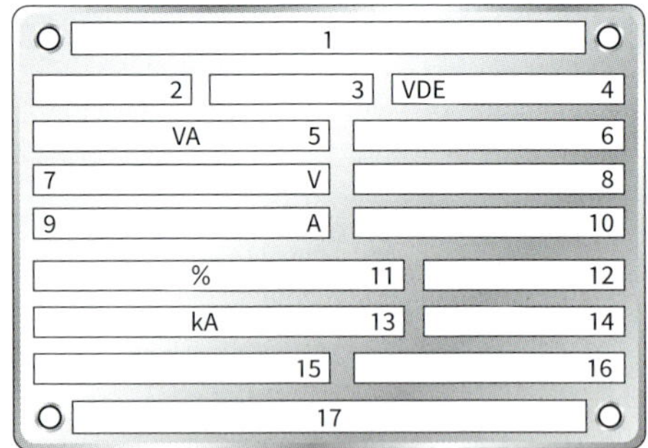

1. Name des Herstellers
2. Art des Transformators
3. Baujahr
4. VDE-Nummer
5. Scheinleistung[2]
6. Bemessungsfrequenz
7. Bemessungsspannung
8. Schaltgruppe
9. Bemessungsstromstärke
10. Isolierklasse
11. Bemessungskurzschlussspannung
12. IP-Schutzart
13. Dauerkurzschlussstromstärken
14. Gesamtgewicht (Masse)
15. Isolierklasse
16. weitere Angaben z. B. Isolierflüssigkeit
17. weitere Angaben

Beispiel: Drehstromtransformator

PAUWELS TRAFO BELGIUM
TRANSFORMATOR

	kVA	ERW.	kVA	ERW.	NORM	
LEISTUNG IP00 AN	250				DIN 42523	
AF					BAUJAHR	1996
					FREQUENZ	50 Hz
					MAT. KLASSE	F
		O.S.		U.S.	REIHE	12 kV
SPANNUNG V	1	11440			B.I.L.	60 kV
	2	11220			BETRIEB	DAUER
	3	11000		400	PHASEN	3
	4	10780			MAX. UMG. TEMP.	°C
	5	10560			KÜHLUNGSART	AN
					SCHUTZART	IP00
					SCHALTGRUPPE	Dyn5
STROM A	250	13.1		361	KURZSCHL. SPG.	4,0 %
MAX. STROM	250				KURZSCHL. STROM	xIn
TRANSFORMATOR GEWICHT	1020	kg			KURZSCHL. DAUER	s
				NR.	96 5 3282	

[2] Auf Transformator-Typenschildern wird immer die abgegebene Scheinleistung angegeben.

Betriebsarten von elektrischen Maschinen[1]

Operating Modes of Electrical Machines

S1: Dauerbetrieb

S2: Kurzzeitbetrieb

S3: Periodischer Aussetzbetrieb ohne Einfluss des Anlaufvorganges

$$t_r = \frac{\Delta t_P}{T_C}$$

S4: Periodischer Aussetzbereich mit Einfluss des Anlaufvorganges

$$t_r = \frac{\Delta t_D + \Delta t_P}{T_C}$$

S5: Wie S4, zusätzlich mit Einfluss elektrischen Bremsens

$$t_r = \frac{\Delta t_D + \Delta t_P + \Delta t_F}{T_C}$$

S6: Ununterbrochener periodischer Betrieb mit Aussetzbelastung

$$t_r = \frac{\Delta t_P}{T_C}$$

S7: Ununterbrochener periodischer Betrieb mit Anlauf und elektrischer Bremsung

$$t_r = 1$$

S8: Ununterbrochener periodischer Betrieb mit periodischer Drehzahländerung

$$t_{r1} = \frac{\Delta t_D + \Delta t_{P1}}{T_C}$$

$$t_{r2} = \frac{\Delta t_{F1} + \Delta t_{P2}}{T_C}$$

$$t_{r3} = \frac{\Delta t_{F2} + \Delta t_{P3}}{T_C}$$

S9: Betrieb mit nichtperiodischer Last- und Drehzahländerung

S10: Betrieb mit einzelnen konstanten Belastungen

t_r: relative Einschaltdauer P_V: Verlustleistung Θ: Maschinentemperatur

[1] Bei fehlender Angabe der Betriebsart auf dem Leistungsschild des Motors handelt es sich um die Betriebsart S1.

- Sichere Antriebsfunktionen sind Teil der funktionalen Sicherheit von Maschinen und Anlagen.
- Die **Stopp-Kategorien** sind definiert in Stopp-Kategorie 0, 1 und 2.
- Die zugehörigen **Stopp-Funktionen** sind festgelegt mit **STO** (**S**afe **T**orque **O**ff), **SS1** (**S**afe **S**top **1**) und **SS2** (**S**afe **S**top **2**).
- Sichere **Bewegungsfunktionen** sind
  - die sichere Überwachung von kinematischen Größen (z. B. Beschleunigung, Geschwindigkeit, Weg),
  - kurze Reaktionszeiten zur Reduzierung der Nachlaufwege und
  - variable Grenzwerte, die zur Laufzeit angepasst werden können.

Sicher abgeschaltetes Moment

STO (**S**afe **T**orque **O**ff)

- Energieversorgung zum Motor wird direkt im Servoverstärker sicher unterbrochen.
- Der Antrieb kann keine gefährlichen Bewegungen erzeugen.
- Wird STO bei einem bewegten Antrieb aktiviert, trudelt der Motor unkontrolliert aus.
- Entspricht Stopp-Kategorie 0

Sichere Bewegungsrichtung

SDI (**S**afe **D**irection)

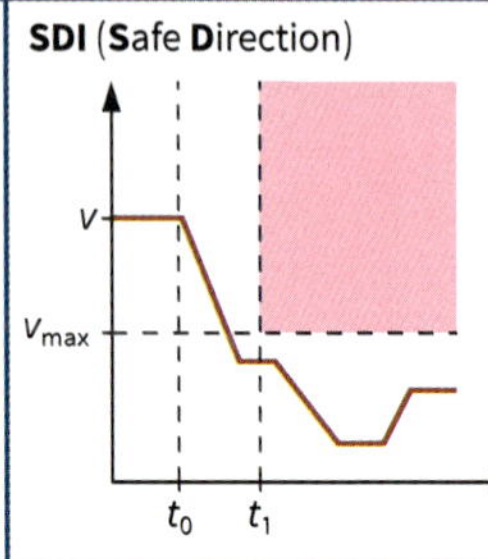

- Die Bewegung des Antriebs kann nur in eine definierte Richtung erfolgen.
- Bei Störung der definierten Drehrichtung wird der Antrieb sicher abgeschaltet.

Sicherer Stopp 1

SS1 (**S**afe **S**top **1**)

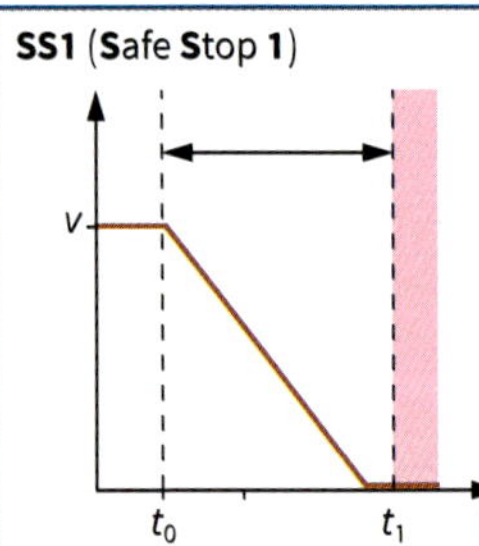

- Der Antrieb wird geregelt heruntergefahren.
- Danach wird die Energiezufuhr zum Motor sicher unterbrochen.
- Der Antrieb kann im Stillstand keine gefährlichen Bewegungen erzeugen.
- Entspricht Stopp-Kategorie 1

Sicherer Betriebshalt

SOS (**S**afe **O**perating **S**top)

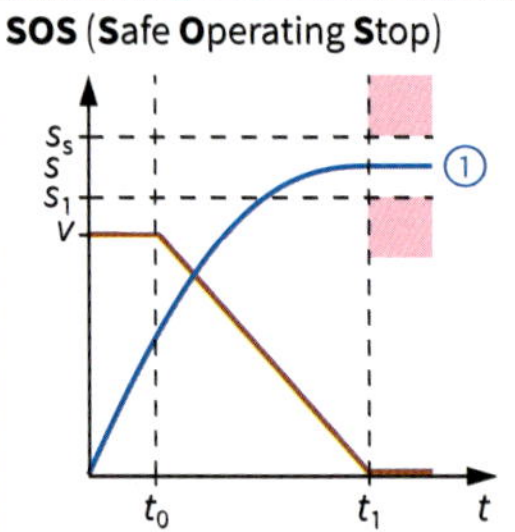

- Überwacht wird die erreichte Stopp-Position der Achse.
- Verhindert ein Verlassen des Positionsfensters ①.
- Die Regelfunktionen des Antriebs bleiben dabei vollständig erhalten.
- Bei Verlassen des überwachten Postionsfensters wird der Antrieb sicher abgeschaltet.

Sicherer Stopp 2

SS2 (**S**afe **S**top **2**)

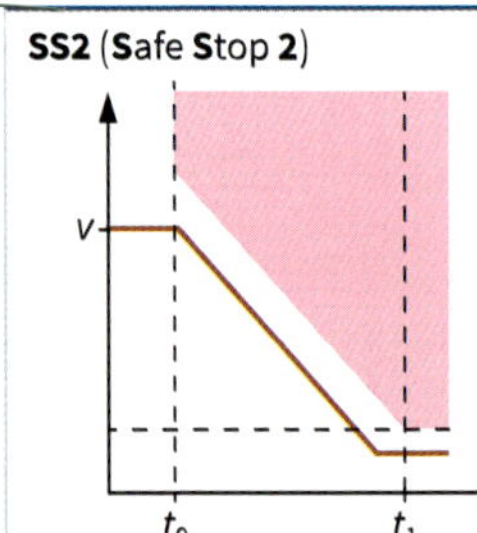

- Der Antrieb wird geregelt heruntergefahren.
- Danach der „Sichere Betriebshalt“ eingeleitet.
- Im „Sicheren Betriebshalt“ bleiben die Regelfunktionen des Antriebs vollständig erhalten (durch den Motor fließt Strom).
- Entspricht Stopp-Kategorie 2

Sichere Bremsansteuerung

SBC (**S**afe **B**rake **C**ontrol)

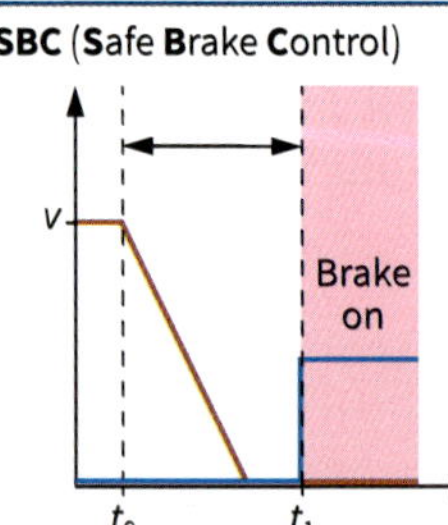

- Sichere Ansteuerung von Bremsen.
- Verhindert z. B. einen Absturz von hängenden Lasten.
- Muss ggf. um die Ansteuerung einer externen Arbeitsbremse ergänzt werden.

Sicher begrenzte Geschwindigkeit

SLS (**S**afety **L**imited **S**peed)

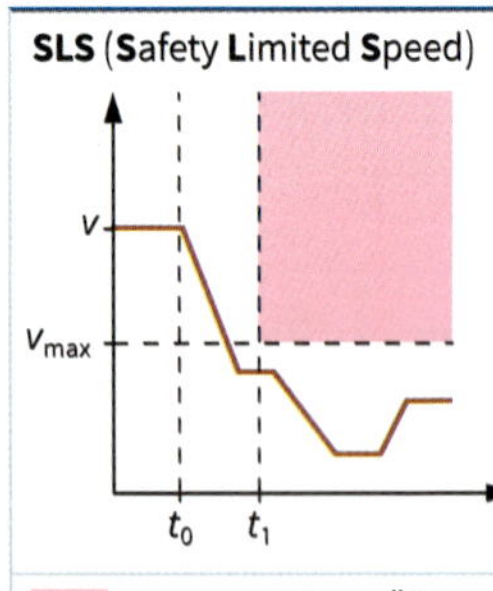

- Überwacht den Antrieb auf Einhaltung einer definierten Maximalgeschwindigkeit.
- Bei Überschreiten des Geschwindigkeitsgrenzwertes wird der Antrieb sicher abgeschaltet.

Sicherer Geschwindigkeitsbereich

SSR (**S**afe **S**peed **R**ange)

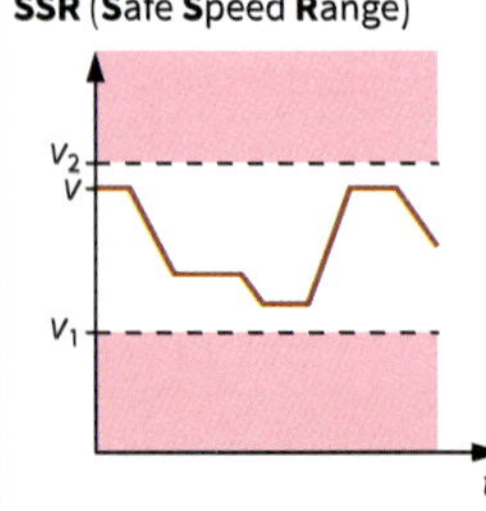

- Überwachung auf eine Minimalgeschwindigkeit.
- Es darf ein maximaler Geschwindigkeitswert nicht überschritten und ein minimaler Geschwindigkeitswert nicht unterschritten werden.

Grenzwert bzw. Überwachungsbereich; *v*: Geschwindigkeit, *S*: Position

Wechselstrommotoren

Motoren mit Betriebskondensator 230 V/50 Hz

	Baugröße	P_n in kW	n_n in min^{-1}	I_n in A	cos φ	$\frac{I_A}{I_n}$	$\frac{M_A}{M_n}$	C_B in µF	U_C in V	m in kg
n_f = 3000 min^{-1}	63	0,120	2800	1,2	0,9	3,0	0,6	4	400	5
	71	0,3	2760	2,4	0,98	3,0	0,45	10	400	7
	71	0,5	2790	3,6	0,95	3,5	0,46	12	400	8
	80	0,9	2800	6,2	0,95	4,0	0,35	20	400	11
	90S	1,1	2740	7,4	0,97	3,4	0,38	30	400	14
	90L	1,7	2700	11	0,97	3,5	0,35	40	400	17
n_f = 1500 min^{-1}	63	0,12	1390	1,3	0,98	2	0,54	5	400	5
	63	0,18	1390	1,85	0,86	2,8	0,51	6	400	5
	71	0,3	1380	3	0,92	2,6	0,52	12	400	8
	80	0,55	1380	4,2	0,91	3,3	0,64	16	400	11
	90S	0,9	1370	6,0	0,97	3,3	0,38	30	400	14
	90L	1,25	1380	8,5	0,95	3,8	0,42	40	400	17

Drehstrommotoren

Anwendungen

- Motoren mit einer Drehzahl
  - Direktanlauf vom Versorgungsnetz
- Motoren mit mehreren Drehzahlen mit
  - Mehrfachwicklungen,
  - umschaltbaren Wicklungen oder
  - unterschiedlichen Polzahlen.
- Getriebemotoren
  - ohne Kupplung direkt am Getriebe
- Motoren mit veränderbarer Drehzahl durch
  - Änderungen der Bemessungsspannung oder
  - Frequenzänderung
- Bremsmotoren
  - mit elektromechanischer Bremsrichtung direkt an der Welle
- Pumpenmotoren
  - ohne Kupplung direkt an der Pumpe

Wirkungsgrade nach Effizienzklassen (Auswahl)

P_n in kW	IE 1 Wirkungsgrad in %				IE 2 Wirkungsgard in %				IE 3 Wirkungsgrad in %			
	$p=2$	$p=4$	$p=6$	$p=8$	$p=2$	$p=4$	$p=6$	$p=8$	$p=2$	$p=4$	$p=6$	$p=8$
0,75	72,1	72,1	70,0	61,2	77,4	79,6	75,9	66,2	80,7	82,5	78,9	75,0
1,1	75,0	75,0	72,9	66,5	79,6	81,4	78,1	70,8	82,7	84,1	81,0	77,7
1,5	77,2	77,2	75,2	70,2	81,3	82,8	79,8	74,1	84,2	85,3	82,5	79,7
2,2	79,7	79,7	77,7	74,2	83,2	84,3	81,8	77,6	85,9	86,7	84,3	81,9
3	81,5	81,5	79,7	77,0	84,6	85,5	83,3	80,0	87,1	87,7	85,6	83,5
4	83,1	83,1	81,4	79,2	85,8	86,6	84,6	81,9	88,1	88,6	86,8	84,8
5,5	84,7	84,7	83,1	81,4	87,0	87,7	86,0	83,8	89,2	89,6	88,0	86,2
7,5	86,0	86,0	84,7	83,1	88,1	88,7	87,2	85,3	90,1	90,4	89,1	87,3
11	87,6	87,6	86,4	85,0	89,4	89,8	88,7	86,9	91,2	91,4	90,3	88,6
15	88,7	88,7	87,7	86,2	90,3	90,6	89,7	88,0	91,9	92,1	91,2	89,6
18,5	89,3	89,3	88,6	86,9	90,9	91,2	90,4	88,6	92,4	92,6	91,7	90,1
22	89,9	89,9	89,2	87,4	91,3	91,6	90,9	89,1	92,7	93,0	92,2	90,6
30	90,7	90,7	90,2	88,3	92,0	92,3	91,7	89,8	93,3	93,6	92,9	91,3
37	91,2	91,2	90,8	88,8	92,5	92,7	92,2	90,3	93,7	93,9	93,3	91,8
45	91,7	91,7	91,4	89,2	92,9	93,1	92,7	90,7	94,0	94,2	93,7	92,2
55	92,1	92,1	91,9	89,7	93,2	93,5	93,1	91,0	94,3	94,6	94,1	92,5
75	92,7	92,7	92,6	90,3	93,8	94,0	93,7	91,6	94,7	95,0	94,6	93,1
90	93,0	93,0	92,9	90,7	94,1	94,2	94,0	91,9	95,0	95,2	94,9	93,4
110	93,3	93,3	93,3	91,1	94,3	94,5	94,3	92,3	95,2	95,4	95,1	93,7
132	93,5	93,5	93,5	91,5	94,6	94,7	94,6	92,6	95,4	95,6	95,4	94,0
160	93,8	93,8	93,8	91,9	94,8	94,9	94,8	93,0	95,6	95,8	95,6	94,3
200 – 1000	94,0	94,0	94,0	92,5	95,0	95,1	95,0	93,5	95,8	96,0	95,8	94,6

Kurzschlussläufer-Motor

- **Eigenschaften**
  - robust
  - wartungsarm
  - kompakt
  - schlechtes Anlaufverhalten
  - Drehzahlsteuerung über Umrichter
  - Nebenschlussverhalten

- **Schaltungen**

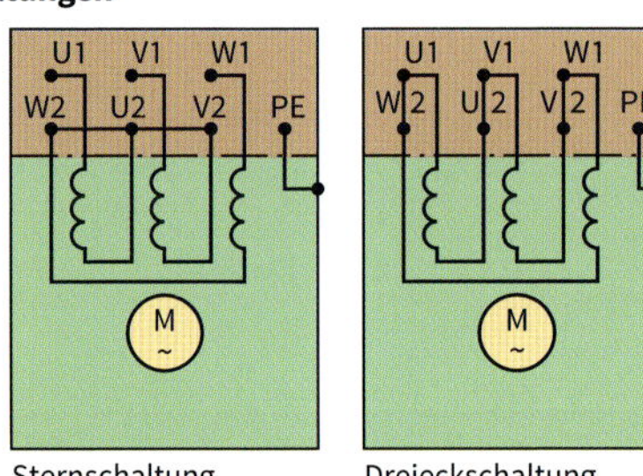

Sternschaltung Dreieckschaltung

- **Hochlaufkennlinien**

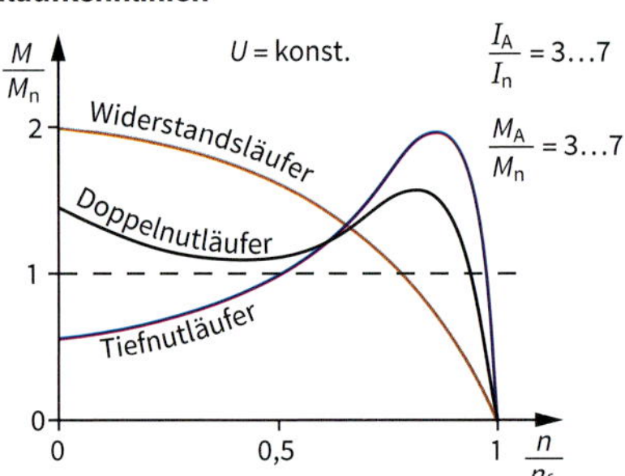

Schleifringläufer-Motor

- **Eigenschaften**
  - relativ wartungsarm
  - guter Anlauf
  - Drehzahlsteuerung durch einen Widerstand im Läuferkreis möglich
  - Nebenschlussverhalten

- **Schaltungen**

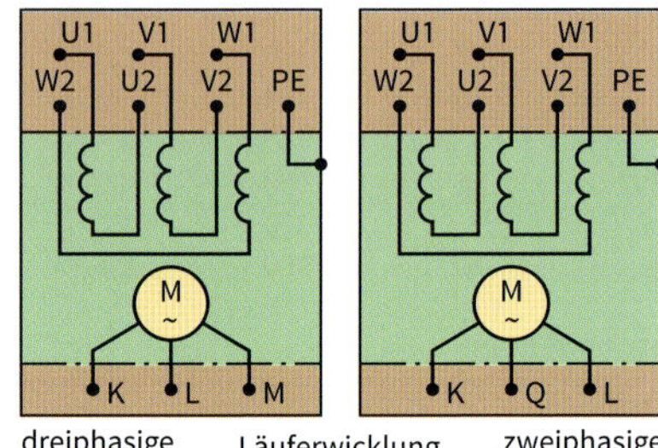

dreiphasige Läuferwicklung zweiphasige

- **Hochlaufkennlinien**

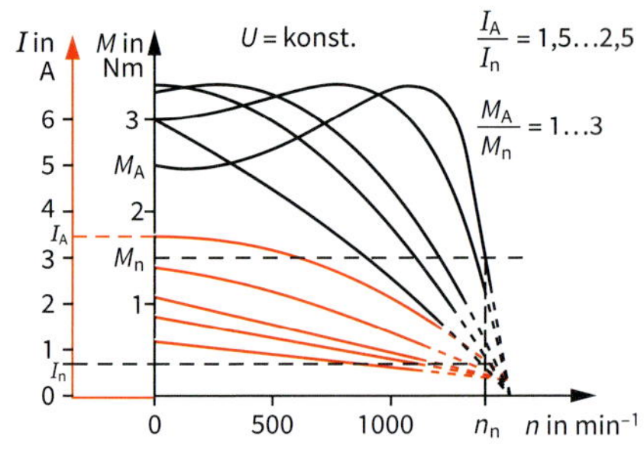

- Anwendungen für Kurzschlussläufer-Motor
  - Werkzeugmaschinen
  - kleine Hebezeuge
  - Verarbeitungsmaschinen
  - landwirtschaftliche Maschinen

- Anwendungen für Schleifringläufer-Motor
  - große Werkzeugmaschinen
  - Hebezeuge
  - Schweranlauf
  - Maschinen mit großen Schwungmassen

I_A: Anlaufstromstärke
I_n: Bemessungsstromstärke
M_A: Anlaufdrehmoment
M_n: Bemessungsdrehmoment

Betriebskenngrößen und Kennlinien

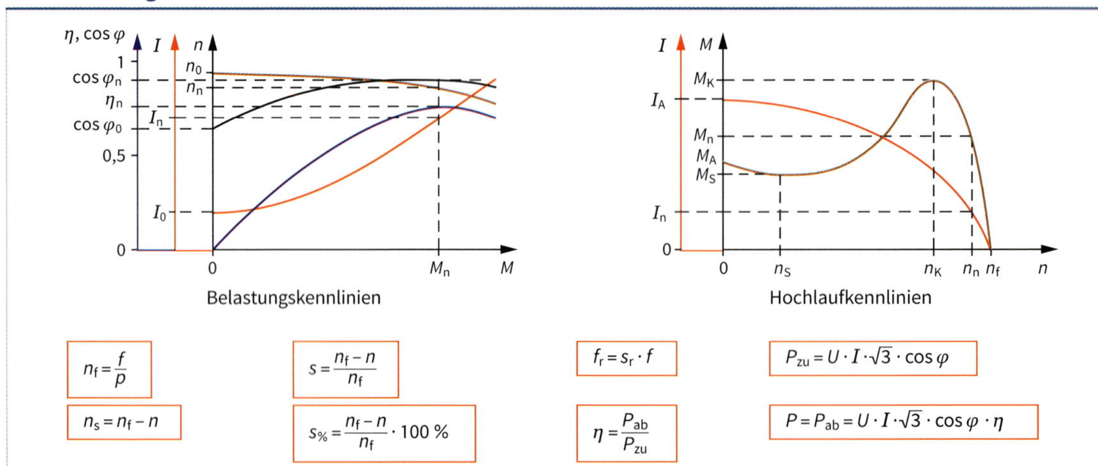

Belastungskennlinien Hochlaufkennlinien

$$n_f = \frac{f}{p}$$

$$n_s = n_f - n$$

$$s = \frac{n_f - n}{n_f}$$

$$s_{\%} = \frac{n_f - n}{n_f} \cdot 100\,\%$$

$$f_r = s_r \cdot f$$

$$\eta = \frac{P_{ab}}{P_{zu}}$$

$$P_{zu} = U \cdot I \cdot \sqrt{3} \cdot \cos\varphi$$

$$P = P_{ab} = U \cdot I \cdot \sqrt{3} \cdot \cos\varphi \cdot \eta$$

Standardgrößen von Drehstrom-Asynchronmaschinen
Standard Dimensions of Three-Phase Asynchronous Machines

DIN EN 50347: 2003-09

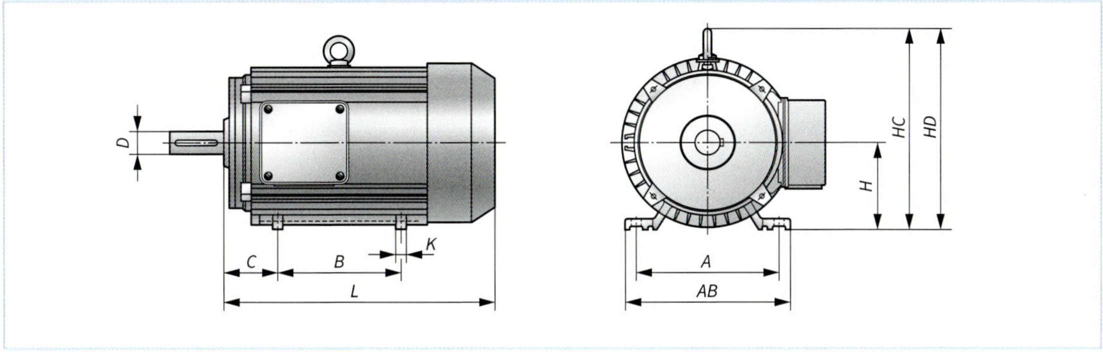

Angaben für Maschinen mit Füßen

Baugröße	*A* in mm	*AB* in mm	*H* in mm	*B* in mm	*C* in mm	*D* in mm	*L* in mm	Bolzen
56M	90	112	56	71	36	9	174	M5
63M	100	128	63	80	40	11	210	M6
71M	112	138	71	90	45	14	224	
80M	125	157	80	100	50	19	256	
90S	140	175	90		56	24	286	M8
90L				125			298	
100L	160	198	100	140	63	28	342	M10
112M	190	227	112		70		372	
132S	216	262	132		89	38	406	
132M				178			440	
160M	254	320	160	210	108	42	542	M12
160L				254			562	
180M	279	355	180	241	121	48	602	
180L				279			632	
200M	318	395	200	267	133	55	680	M16
200L				305				
225S	356	435	225	286	149	60	764	
225M				311				
250S	406	490	250		168	65	874	M20
250M				349				
280S	457	550	280	368	190	75	984	
280M				419			1036	
315S	508	635	315	406	216	80	1050	M24
315M				457			1100	

Vergleich aktuelle und bisherige Bemaßung

DIN EN 50347	*A*	*AB*	*B*	*C*	*D*	*H*	*K*	*L*
DIN 42673-1[1)]	*b*	*XA* + *XB*	*a*	w_1	*d*	*h*	*s*	*Y*

[1)] zurückgezogen 2003–09

Bemessungsleistungen in kW

Baugröße	3000 min^{-1}	1500 min^{-1}	1000 min^{-1}	750 min^{-1}	Baugröße	3000 min^{-1}	1500 min^{-1}	1000 min^{-1}	750 min^{-1}
56M	0,09/0,12	0,06/0,09	–	–	180M	22	18,5	–	–
63M	0,18/0,25	0,12/0,18	–	–	180L		22	15	11
71M	0,37/0,55	0,25/0,37	–	–	200M	30	–	18,5	–
80M	0,75/1,1	0,55/0,75	0,37/0,55	–	200L	37	30	22	15
90S	1,5	1,1	0,75	–	225S	–	37	–	18,5
90L	2,2	1,5	1,1	–	225M	45	45	30	22
100L	3	2,2/3	1,5	0,75/1,1	250S				–
112M	4	4	2,2	1,5	250M	55	55	37	30
132S	5,5/7,5	5,5	3	2,2	280S	75	75	45	37
132M	–	7,5	4/5,5	3	280M	90	90	55	45
160M	11/15	11	7,5	4/5,5	315S	110	110	75	55
160L	18,5	15	11	7,5	315M	132	132	90	75

Drehstrom-Synchronmotor

- **Eigenschaften**
  - Selbstanlauf nur durch zusätzliche Anlaufkäfigwicklung oder durch Kurzschluss der Erregerwicklung möglich
  - Drehzahl ist abhängig von der Frequenz, aber unabhängig von der Belastung
  - Fällt bei Überlast außer Tritt
  - Blindstromanteil durch Erregerstrom steuerbar (Phasenschieber)

- **Kennlinien**

Drehzahl-Drehmoment-Kennlinie

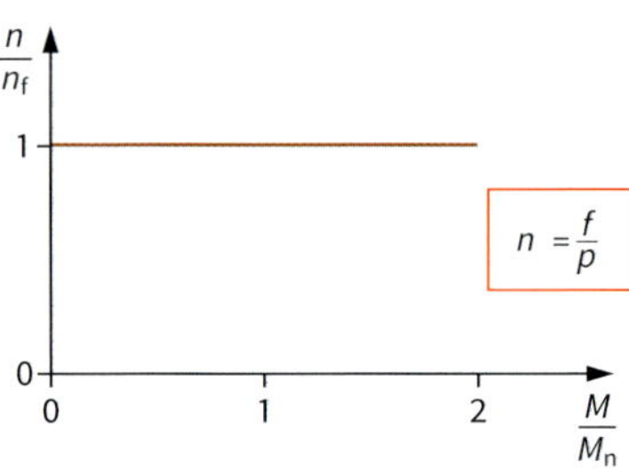

Stromstärke in Abhängigkeit von Belastung und Feldstromstärke

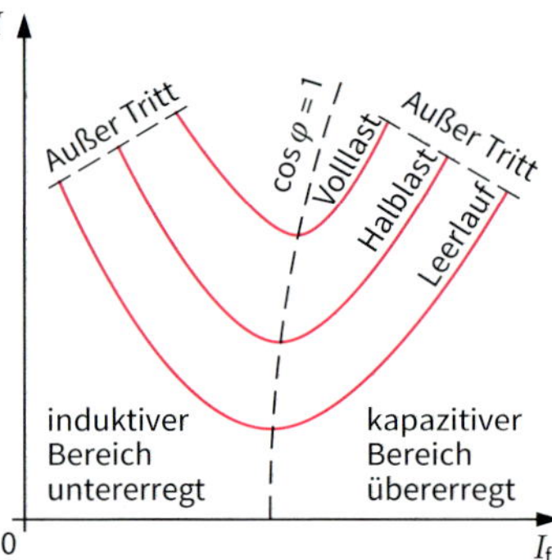

- **Anwendungen**
  - Kolbenverdichter
  - Umformersätze
  - Maschinenantrieb mit hoher Drehzahlkonstanz
  - Phasenschieber

Drehstrom-Synchrongenerator

- **Eigenschaften**
  - Klemmenspannung ist abhängig von der Drehzahl und der Belastungsart
  - Frequenz ist abhängig von der Drehzahl und der Polpaarzahl

- **Kennlinien**

Belastungskennlinie

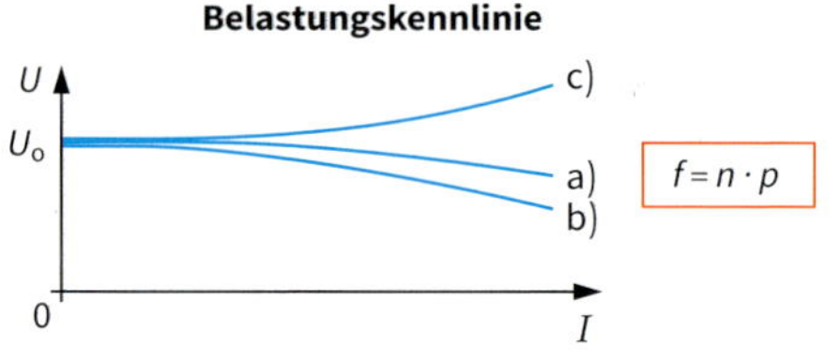

- **Zeigerbild bei Belastung**

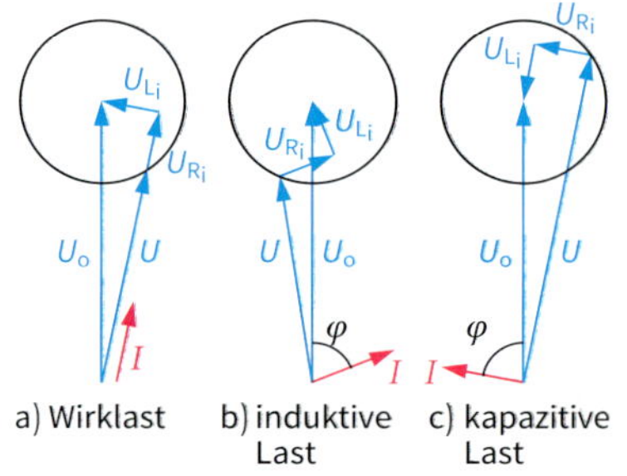

Ersatzschaltbild

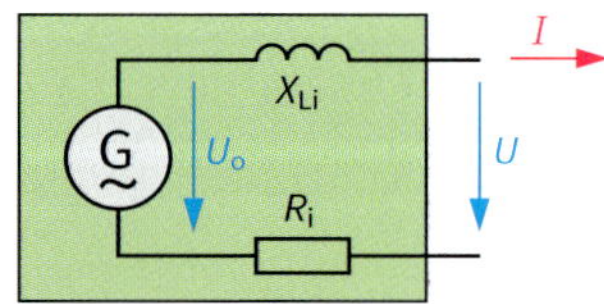

- **Anwendungen**
  - Erzeugung von Drehstrom in Kraftwerken
  - Notstromaggregate

Anschlussklemmen

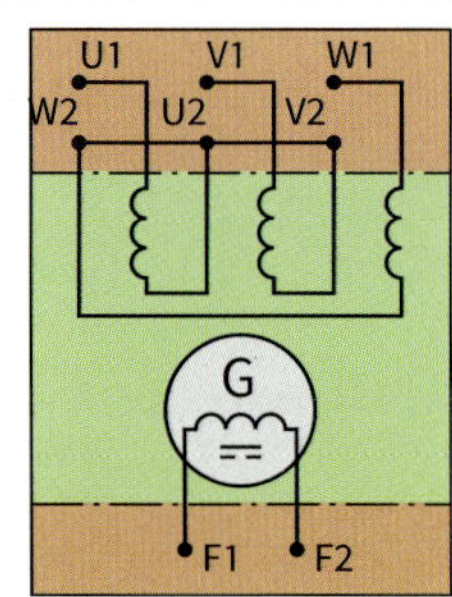

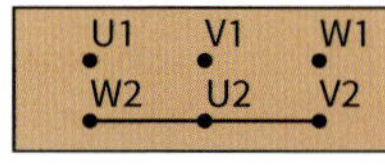

Sternschaltung

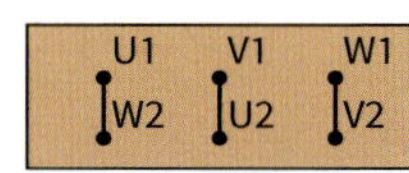

Dreieckschaltung

F1, F2: Fremderregung des Läufers (Bei Kleinmotoren auch mit Hilfe eines Dauermagneten)

f	p	1	2	3	4	5	6	8	10	12	16
$16\frac{2}{3}$ Hz	$n_f = \frac{f}{p} \cdot 60 \frac{s}{min}$	1000	500	333	250	200	166	125	100	83,3	62,6
50 Hz		3000	1500	1000	750	600	500	375	300	250	188
60 Hz	in min^{-1}	3600	1800	1200	900	720	600	450	360	300	225

p: Polpaarzahl

Dahlanderschaltung

Drehzahl	Klemmenbrett	Wicklung	Schaltung	p
Niedrig	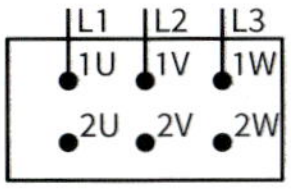	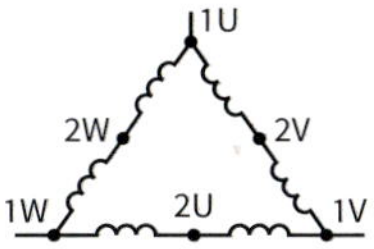	Δ/⅄⅄ ⅄/⅄⅄	2/1 4/2 6/3
Hoch	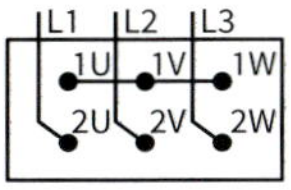	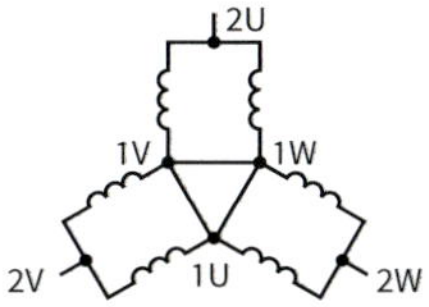		

Zwei Wicklungen/zwei Drehzahlen

Drehzahl	Klemmenbrett	Wicklung	Schaltung	p
Niedrig	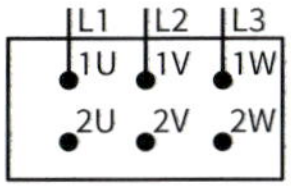	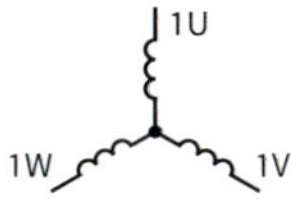	⅄/⅄	3/1 3/2 4/1 4/3 6/1 6/2
Hoch	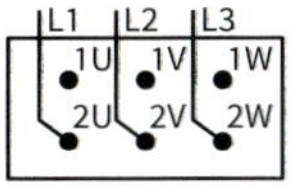	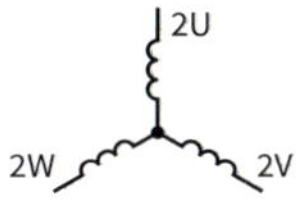		

Zwei getrennte Wicklungen/drei Drehzahlen

Drehzahl	Klemmenbrett	Wicklung	Schaltung	p
Niedrig	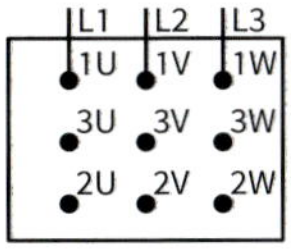	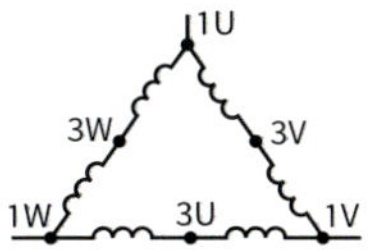	Δ/⅄/⅄⅄	4/3/2 6/4/3 8/6/4
Mittel	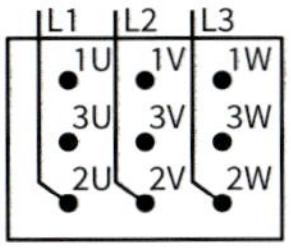	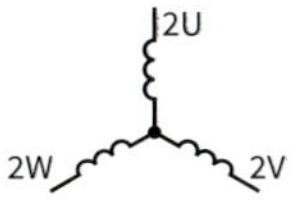	⅄/Δ/⅄⅄	3/2/1 6/2/1 6/4/2 8/2/1 10/2/1 10/4/2
Hoch	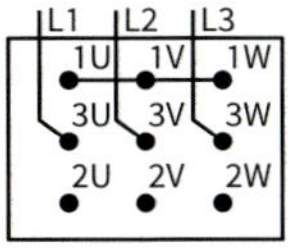	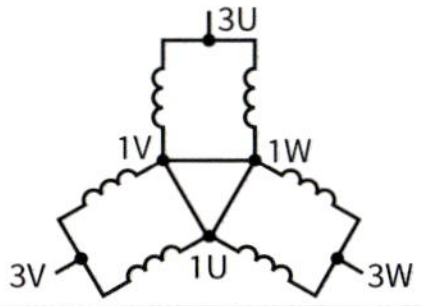	Δ/⅄⅄/⅄	4/2/1 6/3/1 6/3/2 8/4/1 8/4/2 8/4/3 10/5/1 10/5/2

Aufbau

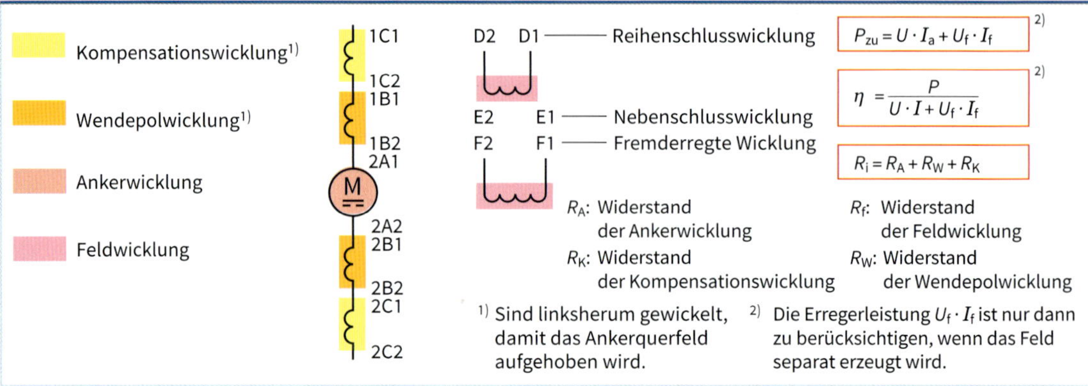

Motorarten

Fremderregter Motor	Nebenschlussmotor	Reihenschlussmotor	Doppelschlussmotor
Eigenschaften			
■ Geringfügige Drehzahländerung bei Belastungsänderung ■ Drehzahlsteuerung über Ankerspannung oder Feldstrom ■ Ankerwicklung und Feldwicklung haben eventuell unterschiedliche Spannungen.		■ Hohes Anlaufdrehmoment ■ Drehzahl lastabhängig ■ Geht bei Leerlauf eventuell durch ■ Drehzahlsteuerung über Ankerspannung oder Feldstrom	■ Je nach Kompoundierung vorwiegend Reihenschluss- oder Nebenschlussverhalten. ■ Bei Gegenkompoundierung kommt es zur Instabilität.
Schaltungen			
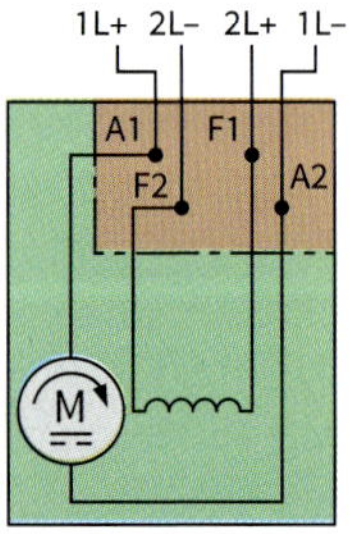 1L+ 2L− 2L+ 1L− A1 F1 F2 A2 M	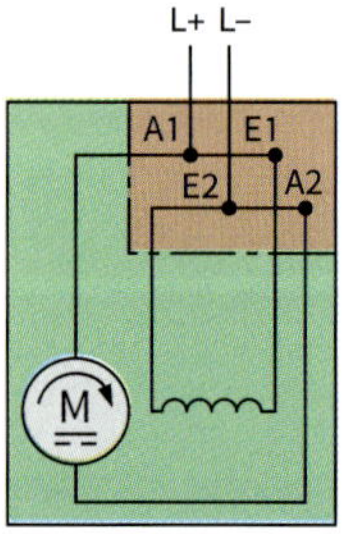 L+ L− A1 E1 E2 A2 M	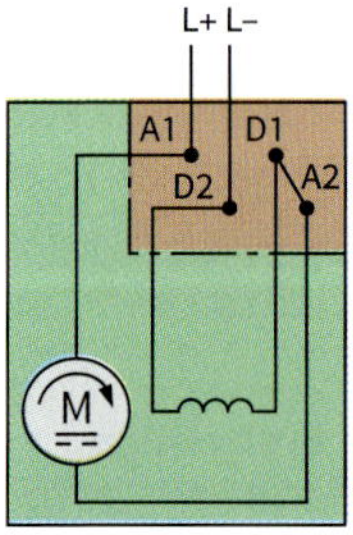 L+ L− A1 D1 D2 A2 M	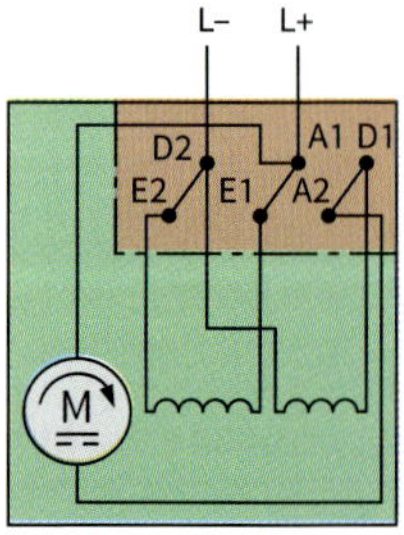 L− L+ D2 A1 D1 E2 E1 A2 M
Kennlinien			
$I_A = \frac{U}{R_i}$	$I_A = \frac{U}{R_i} + \frac{U}{R_f}$	$I_A = \frac{U}{R_i + R_f}$	$I_A = \frac{U}{R_i + R_{f,ser}} + \frac{U}{R_{f,par}}$
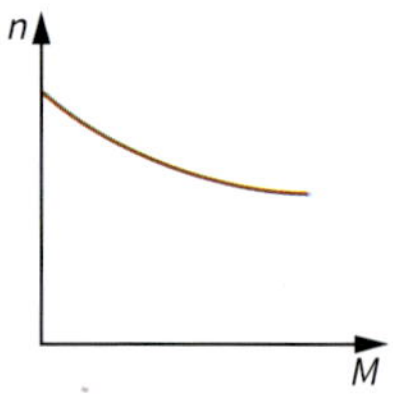 n, M	n, M	n, M	n, M
Anwendungen			
– Drehzahlsteuerung über Leonard-Umformer oder gesteuerte Gleichrichter	– Werkzeugmaschinen – Förderanlagen	– Elektrische Fahrzeuge – Hebezeuge – Anlasser im Kraftfahrzeug	– Werkzeugmaschinen – Antrieb von Schwungmassen z. B. Pressen, Stanzen, Scheren – Walzwerkantriebe

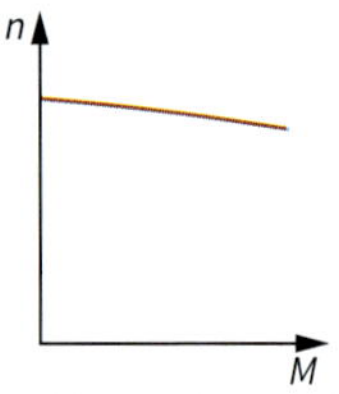

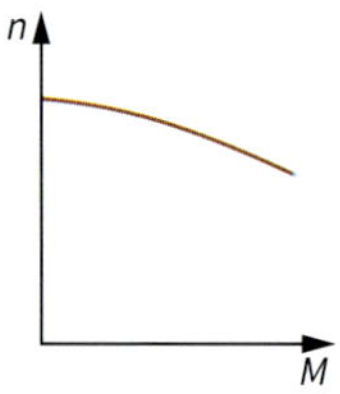

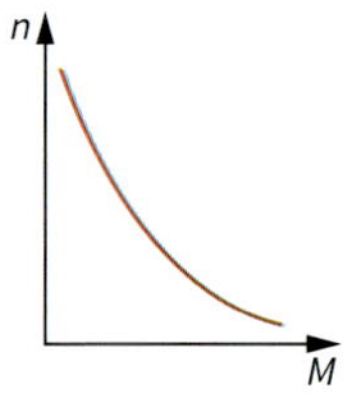

Motorarten

Drehstrommotor an Wechselspannung (Steinmetzschaltung)	Kondensatormotor	Spaltpolmotor	Universalmotor
Eigenschaften			
▪ Nebenschlussverhalten ▪ schlechter Wirkungsgrad	▪ Nebenschlussverhalten ▪ mit C_A hohes Anlaufdrehmoment	▪ Nebenschlussverhalten ▪ einfache Bauweise ▪ schlechter Wirkungsgrad	▪ Reihenschlussverhalten
L1, n>, N, C_B, C_A, U1, V1, W1, W2, U2, V2, M	L1, n>, N, C_A, C_B, U1, Z2, Z1, U2, M	L1, N, U1, U2, M	L+ L1, N L–, A1 A2, 2D2 2D3 2D1, 1D2 1D3 1D1, M
M, n, Drehstrom, Wechselstrom	M, n, mit C_A, ohne C_A	M, n	M, n
$U = 230V \quad C_B = 70 \frac{\mu F}{kW} \cdot P$ $U = 400V \quad C_B = 20 \frac{\mu F}{kW} \cdot P$ $C_A = 2 \cdot C_B$	$Q_{CB} = \frac{1\ kvar}{kW} \cdot P$ $C_A = 3 \cdot C_B$		
Anwendungen			
Baumaschinen	Haushaltsgeräte (z. B. Waschmaschinen)	Haushaltsgeräte mit kleiner Leistung	Haushaltsgeräte, Elektrowerkzeuge

Bemessungsspannungen und Prüfspannungen für Maschinen
Rated Voltages and Test Voltages for Machines

DIN EN 60034-1: 2011-02; DIN 40030: 1993-09

Bemessungsspannungen

Gleichspannungen für stromrichtergespeiste Motoren				
Netzanschluss einphasig		dreiphasig		
Netzspannung in V				
260	400	400	500	690
160 180	280 310	420 470	520 600	720 810
empfohlene Erregerspannungen in V				
200	310	310		

Prüfspannungen

Maschinenart		Effektivwerte
$P \leq 1$ kW bzw. 1 kVA oder $U < 100$ V		$2 \cdot U_n + 500$ V
$P < 10$ MW bzw. 10 MVA		$2 \cdot U_n + 1000$ V
$P \geq 10$ MW bzw. 10 MVA	$U \leq 24$ kV	$2 \cdot U_n + 1000$ V
	$U > 24$ kV	nach Vereinbarung
Fremderregte Erregerwicklung Gleichstrommaschinen		$2 \cdot U_f + 1000\ V \geq 1500$ V
Erregerwicklung von Synchronmaschinen	$U_f \leq 500$ V $U_f > 500$ V	$10 \cdot U_n$ mind. 1500 V 4000 V + 2 U_f
Läuferwicklung von Schleifringläufer-Motoren		$2 \cdot U_r + 1000\ V \geq 1500$ V
Erregermaschinen		$2 \cdot U_n + 1000\ V \geq 1500$ V
Maschinensätze und Geräte		Entsprechend der Art der verwendeten Maschinen und Geräte

Prinzipien

- Wicklungsteil: Lateinische Großbuchstaben zuordnen
- Gleichstrommaschinen und Einphasen-Wechselstrom-Kommutatormaschinen: A bis J
- Kommutatorlose Wechselstrommaschinen: K bis Z mit Ausnahme von O
- Anfang, Ende und Anzapfungen durch nachgestellte Zahlen kennzeichnen:
  Anfang: 1
  Ende: 2

Anzapfungen:
1. Wicklung 11; 12; 13; …
2. Wicklung 31; 32; 33; …
3. Wicklung 51; 52; 53; …

⋮

Mit niedrigster Ziffer neben dem Wicklungsanfang beginnen.

- Räumlich getrennte oder verschiedenen Stromsystemen angehörende Wicklungsteile mit ähnlicher Aufgabe durch vorgesetzte Zahlen kennzeichnen.
- Zahlen weglassen, wenn Missverständnisse ausgeschlossen sind.

Wicklungskennzeichnung

Kommutatorlose Wechselstrommaschinen		
Wicklung		**Kennbuchstabe**
primär	Strang 1	U
	Strang 2	V
	Strang 3	W
	Sternpunkt	N
sekundär	Strang 1	K
	Strang 2	L
	Strang 3	M
	Sternpunkt	Q
sonstige		R, S, T, X, Y, Z
gleichstromdurchflossen		F

Rechtslauf: Alphabetische Reihenfolge der Buchstaben und zeitliche Phasenfolge der Spannungen stimmen überein.

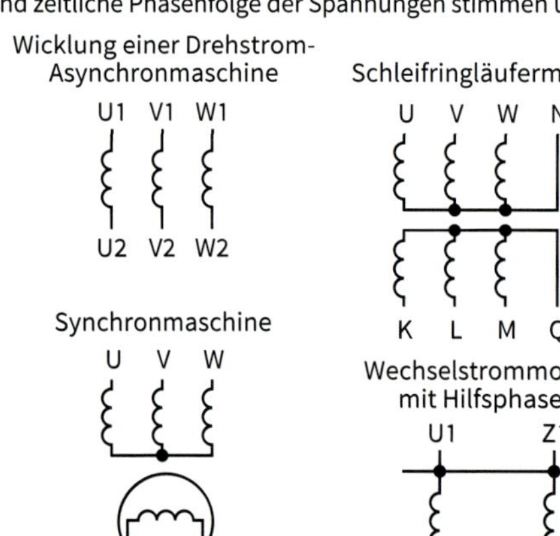

Gleichstrommaschinen	
Wicklung	**Kennbuchstabe**
Ankerwicklung	A
Wendepolwicklung	B
Kompensationswicklung	C
Reihenschlusswicklung	D
Nebenschlusswicklung	E
fremderregte Wicklung	F
Hilfswicklung (Längsachse)	H
Hilfswicklung (Querachse)	J

Rechtslauf: Ankerwicklung und Feldwicklung werden von einem Strom gleicher Richtung durchflossen.

Beispiel: Kompoundierter Gleichstromgenerator mit Kompensations- und Wendepolwicklung

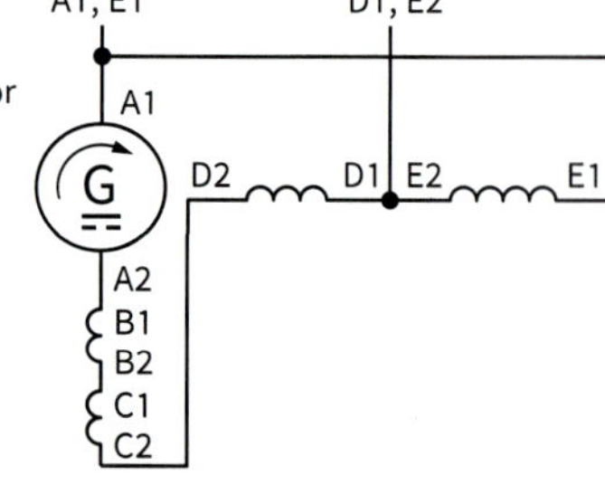

Beispiel: Gleichstrom-Nebenschluss-motor für Rechtslauf geschaltet

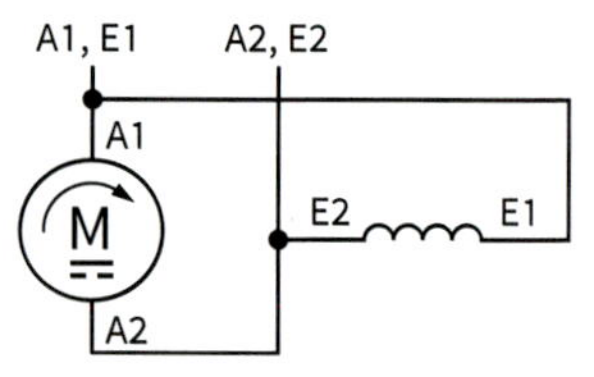

Drehsinn

Wellenart	Blickrichtung auf	Rechtsdrehung
Ein Wellenende	Stirnseite des Wellenendes	
Zwei ungleiche Wellenenden	Stirnseite des dickeren Wellenendes	
Zwei gleiche Wellenenden	Stirnseite des Wellenendes, das nicht auf der Seite des Kommutators oder der Schleifringe liegt; sonst Vereinbarung treffen	

Fehler am Motor

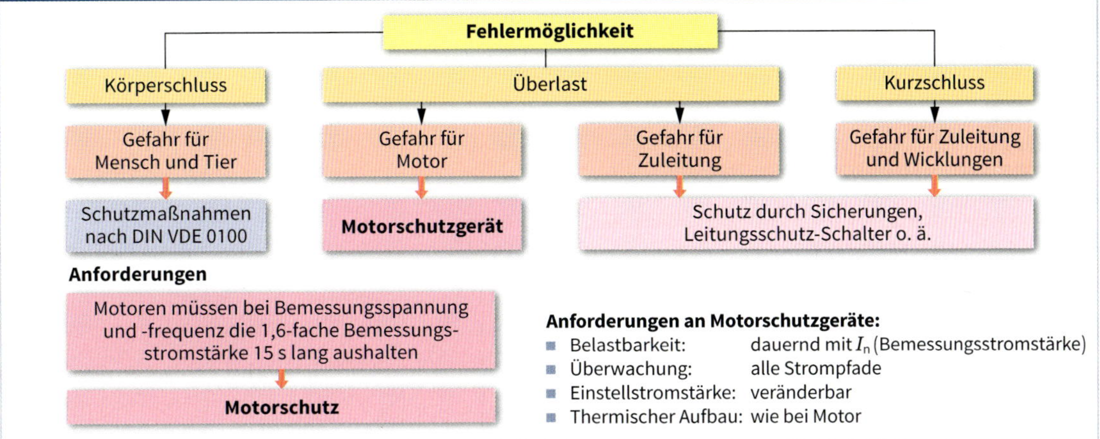

Verfahren

Schutzart	Schaltungen	Besonderheiten
Motorschutzschalter	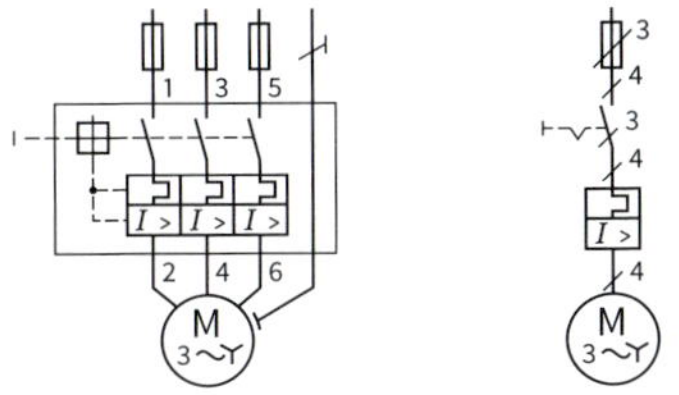	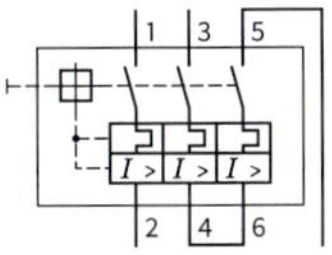 zweipolige Belastung; 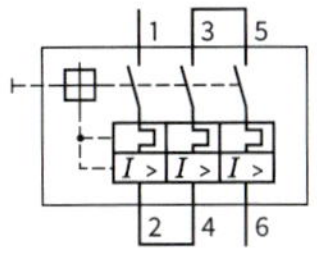 einpolige Belastung
Motorschutzrelais	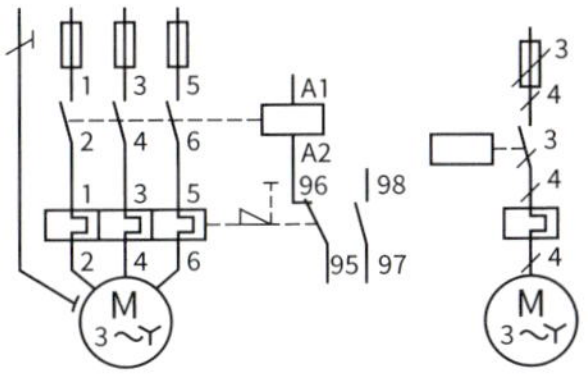	Motorschutzrelais haben eine mechanische Wiedereinschaltsperre, denn sonst würde nach dem Erkalten der Bimetalle das Relais wieder selbsttätig einschalten. Die Sperre wird durch Entsperrungstaste wieder aufgehoben.
Thermischer Motorschutz (Motorvollschutz)	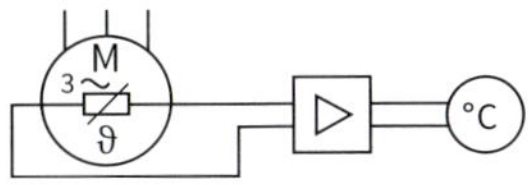	**Widerstandsthermometer** Dienen zum Überwachen der Wicklungs- und Lagertemperaturen
	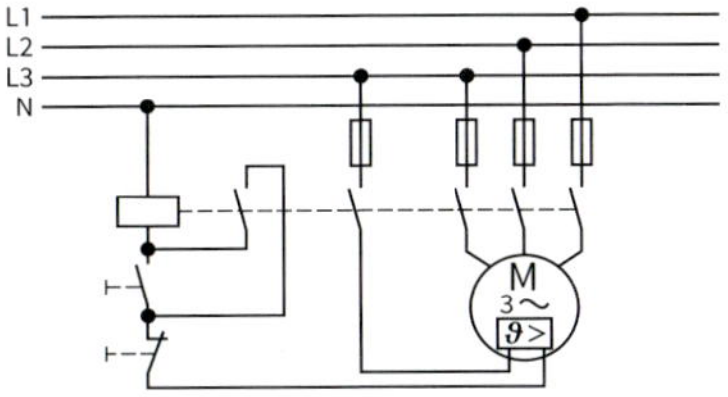 L1, L2, L3, N	**Thermostat** Die Bimetall-Temperatursensoren mit Öffner oder Schließer sind in die Wicklung eingebaut. Diese schalten das Motorschütz.
	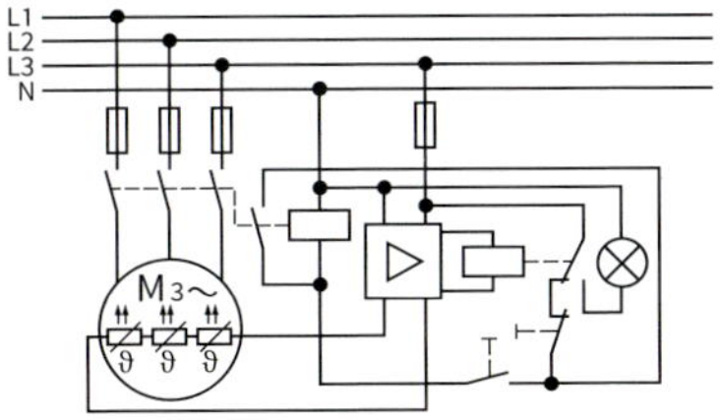 L1, L2, L3, N	**Thermistor-Motorschutz** Die Halbleiter-Temperatursensoren, die in der Motorwicklung eingebaut sind, wirken auf das Auslösegerät ein. Das schaltet das Motorschütz.

Motorschutzrelais

Funktionsprinzip

- Schutz bei Überlast und Phasenausfall
- Ermittlung der Motortemperatur über den Motorstrom (stromabhängiger Motorschutz).
- Motorbemessungsstromstärke am Motorschutzrelais einstellbar.
- **Abschaltung** des Laststromes über ein Leistungsschütz.

Bimetallprinzip:

- Intergrierter Widerstand wird von Motorstrom durchflossen und erwärmt die Bimetallstreifen.
- Bei übermäßiger oder unsymmetrischer Erwärmung wird der Hilfskontakt ausgelöst.

Elektronisches Prinzip:

- Motorstromstärke wird durch integrierten Stromwandler erfasst.
- Über die Stromstärke wird eine Motortemperatur errechnet.
- Sie haben meist größere Einstellbereiche als Bimetallrelais.
- Kennlinien sind wählbar CLASS 10 … 30 (z. B. für Schweranlauf)

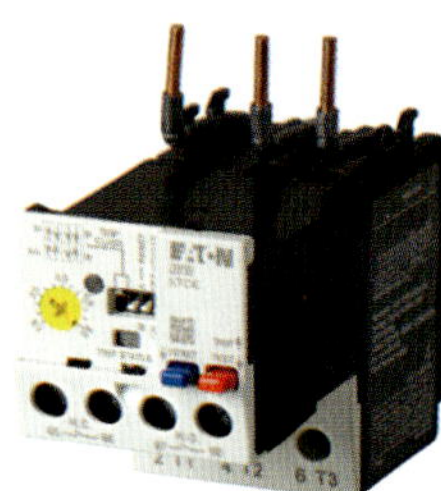

Kennlinienbeispiele

Auslöseprinzip:

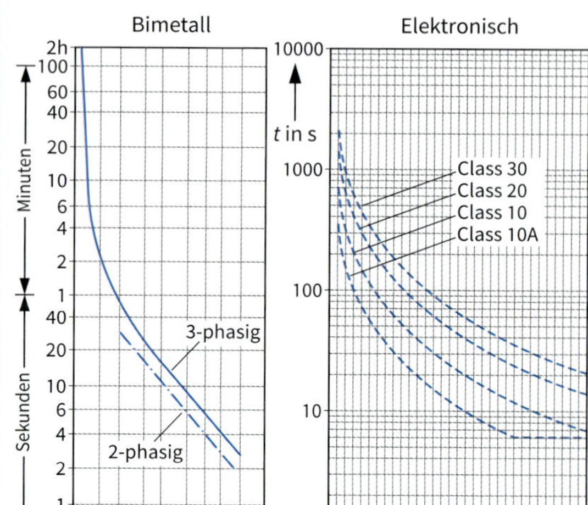

Motorschutzschalter

Funktionsprinzip

- Schutz bei Überlast und Phasenausfall
- Ermittlung der Motortemperatur über den Motorstrom.
- **Integrierter Schalter** schaltet den Motor direkt ab.
- Bedienung der Schaltfunktion wird direkt am Gerät ausgeführt.
- Je nach Kurzschlussstromstärke am Einbauort kann auf eine Vorsicherung verzichtet werden.
- Angegebene Schaltleistungen gelten nur für TN-Systeme.
- In IT-Sytemen gelten reduzierte Werte.

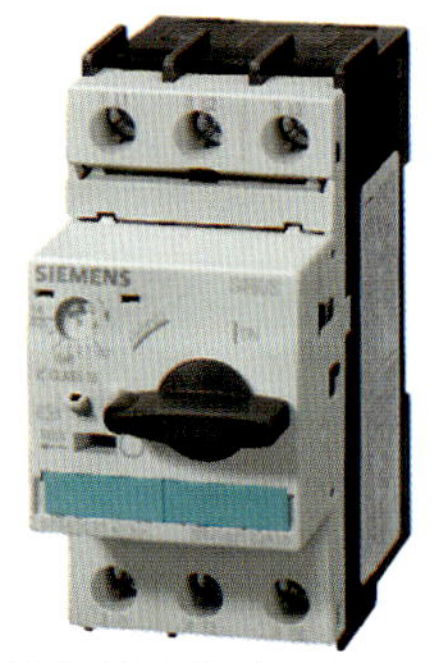

Thermistorschutzrelais

Funktionsprinzip

- Motorwicklung enthält je Phase einen integrierten PTC-Widerstand.
- Dieser PTC hat im Temperaturbereich der Auslösung eine große Steigung in der Kennlinie.
- Thermistorschutzrelais wertet den PTC-Widerstand aus und veranlasst Abschaltung über Leistungsschütz.
- Durch die direkte Temperaturerfassung besonders geeignet für spezielle Anwendungen, wie Schweranlauf, Bremsbetrieb, Frequenzumrichterbetrieb und behinderte Kühlung.
- Für explosionsgeschützte Motoren ist eine EX-Variante erforderlich.

Elektronische Motorschutzsysteme

Funktionsprinzip

- Schutz bei Überlast und Phasenausfall
- Ermittlung der Motortemperatur über den Motorstrom.
- Modulares System; Anpassung an Motorgröße über Softwareparameter und/oder Wandlerbaugruppe
- Universelle Schutzfunktion; wahlweise Motorstromüberwachung oder direkte Temperaturerfassung über PTC-Widerstand bzw. PT100-Auswertung
- Kommunikationsfunktion über Bussystem für verdrahtungsarme Installation und Integration in Leitsysteme
- Zusatzfunktionen sind z. B.
  - Fernauslesung,
  - Fernsteuerung,
  - Blockierüberwachung,
  - Überlastwarnung vor Auslösung und
  - Zähler für Betriebsstunden, Starts, Überlastauslösungen.

Beispiel

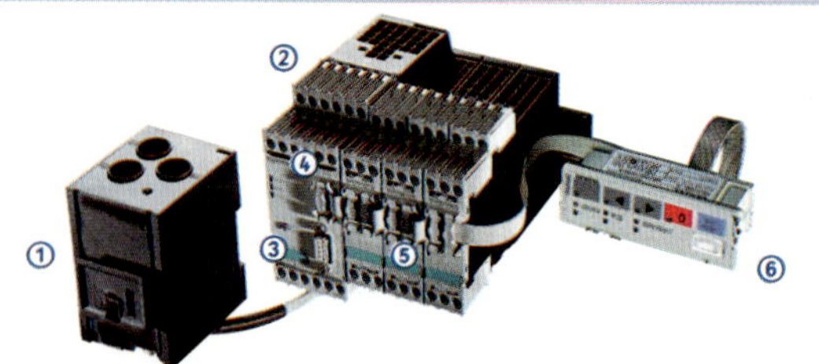

① Stromwandlerbaugruppe
② Zentraleinheit mit Mikroprozessor für Schutz- und Steuerfunktionen
③ Digitale I/O-Baugruppe
④ Busschnittstelle
⑤ Erweiterung für weitere Ein-/Ausgänge
⑥ Vor-Ort-Bedienung

Bedingungen zum Anlassen

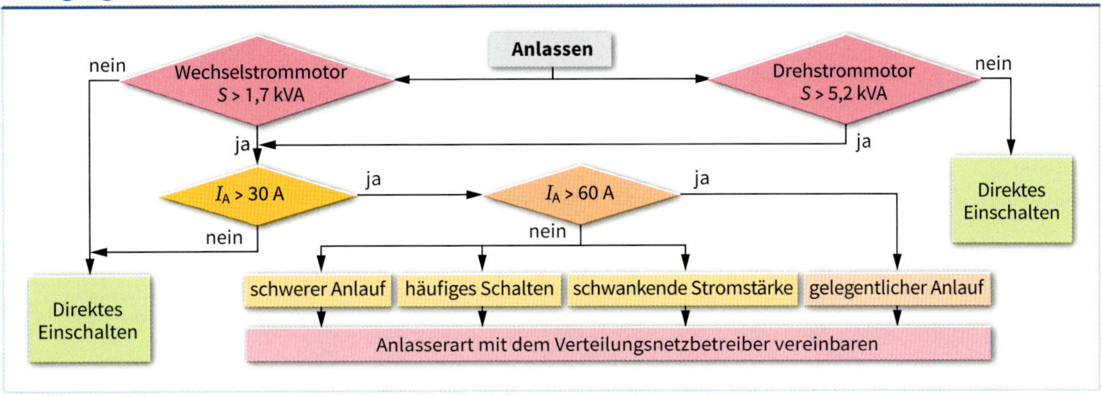

Anlassverfahren für Drehstrommotoren

Motorarten	Anwendungen	Anlassarten	Schaltungen	Eigenschaften
Kurzschluss-läufermotor	Normaler Anlauf	Stern-Dreieck-Schaltung	L1 L2 L3 M 3~	$I_{AY} = \frac{1}{3} \cdot I_{A\Delta}$ $M_{AY} = \frac{1}{3} \cdot M_{A\Delta}$ Einstellstrom-stärke $= 0{,}58 \cdot I_n$
	Überlanger Anlauf		L1 L2 L3 M 3~	
	Schwerer Anlauf		L1 L2 L3 M 3~	$I_{AY} = \frac{1}{3} \cdot I_{A\Delta}$ $M_{AY} = \frac{1}{3} \cdot M_{A\Delta}$ Einstellstrom-stärke $= I_n$
	Hochspannungs-motoren	Anlasstrans-formator	M 3~	$I_A \sim U$ $M_A \sim U^2$ relativ teuer
	Füllanlagen, Textilindustrie, Verpackungs-anlagen, Automatisierung	Sanftanlauf	3 3~ 3~ 3 M 3~	I_A bzw. M_A werden elektronisch durch Umrichter eingestellt.
	Maschinen mit hohem Anlauf-drehmoment, z. B. Aufzug	Frequenz-umformer	3 ~ U f ~ 3 M 3~	U und f werden elektronisch gesteuert
Schleifring-läufermotor	Große Werkzeug-maschinen, Pumpen, Hebezeuge	Läuferanlasser	M M L K	– Niedrige Anlauf-stromstärke, – hohes Anlauf-drehmoment, – Drehzahlsteue-rung mit den Widerständen möglich

Arten

Anlassart	Direktstart	Stern-Dreieck Start	Softstart	Frequenzumrichter
Merkmale	▪ Starke Beschleunigung bei hoher Anlaufstromstärke ▪ Hohe mechanische Belastung ▪ Hochlaufzeit: – Normalanlauf 0,2 s…5 s – Schweranlauf 5 s…30 s	▪ Anlauf mit reduzierter Stromstärke und Drehmoment ▪ Stromstärke- und Drehmomentspitze beim Umschalten ▪ Hochlaufzeit: – Normalanlauf 2 s…15 s – Schweranlauf 15 s…60 s	▪ Einstellbare Anlaufcharakteristik ▪ Gesteuerter Auslauf möglich ▪ Hochlaufzeit: – Normalanlauf 0,5 s…10 s – Schweranlauf 10 s…60 s	▪ Hohes Drehmoment bei geringer Stromstärke ▪ Anlaufcharakteristik einstellbar ▪ Hochlaufzeit: – Normalanlauf 0,5 s…10 s – Schweranlauf 5 s…60 s
Spannungen	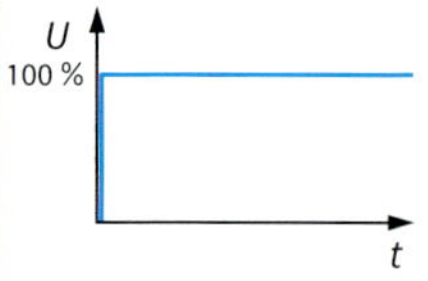	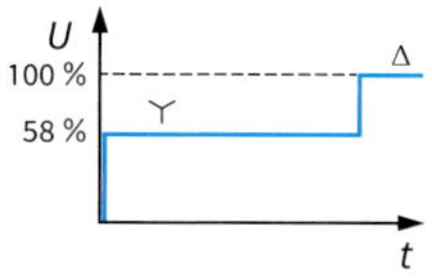	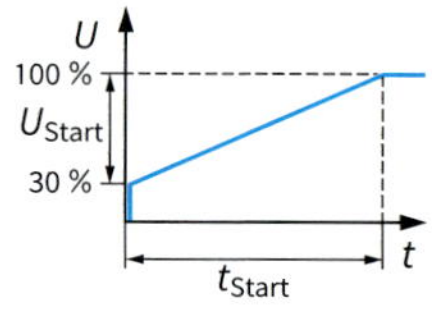	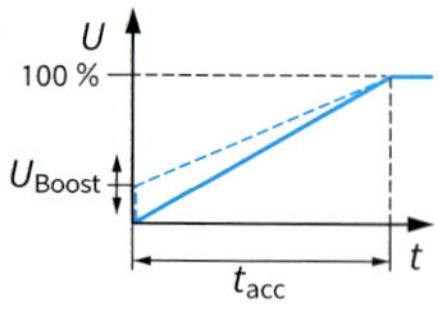
	U: Motorspannung	t_{Start}: Startzeit	t_{acc}: Hochlaufzeit	[1] U_{Boost}: Spannungsanhebung
Stromstärken	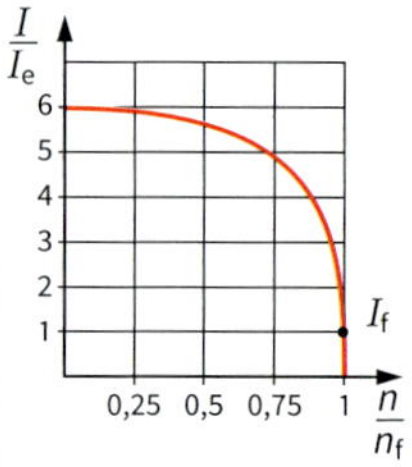	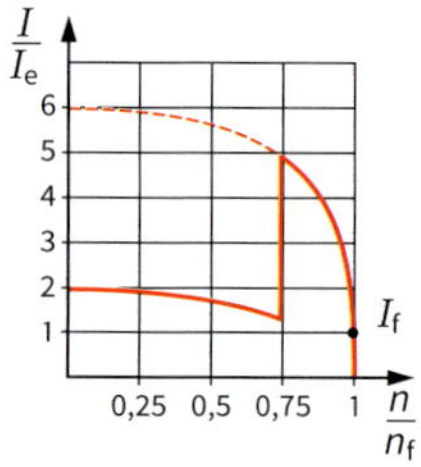	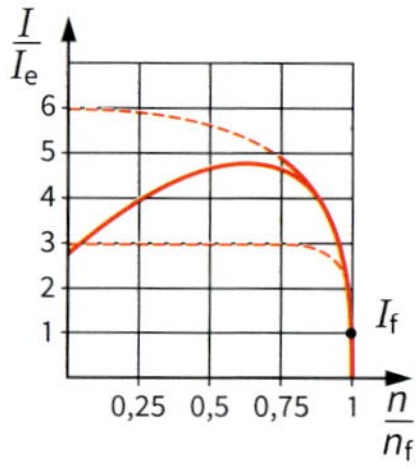	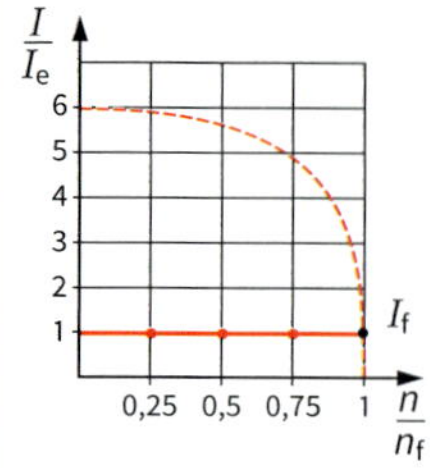
Relative Anlaufstromstärken	$I_A = I_{AD} = 4 \cdot I_e \ldots 8 \cdot I_e$ (motorabhängig)	$I_A = 0{,}33 \cdot I_{AD}$ ($I_A = 1{,}3 \cdot I_e \ldots 2{,}7 \cdot I_e$)	$I_A = k \cdot I_{AD}$ (typ. $2 \cdot I_e \ldots 6 \cdot I_e$)	$I_A \leq 1 \cdot I_e \ldots 2 \cdot I_e$ (einstellbar)
	I_A: Motoranlaufstromstärke I_e: Bemessungsstromstärke des Motors		I_{AD}: Motoranlaufstromstärke bei Direkteinschaltung k: Spannungsreduktionsfaktor	
Drehmomente	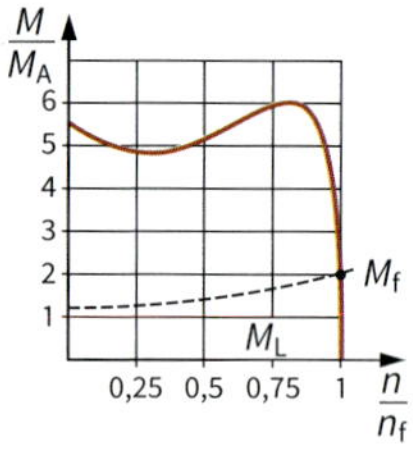	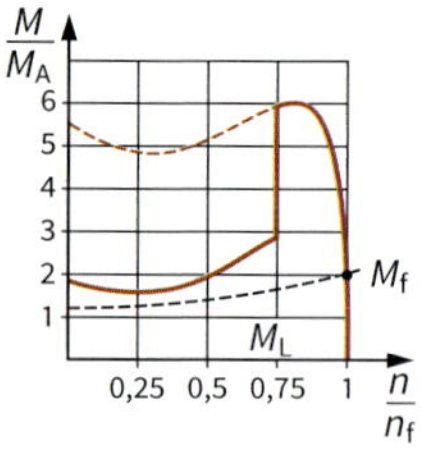	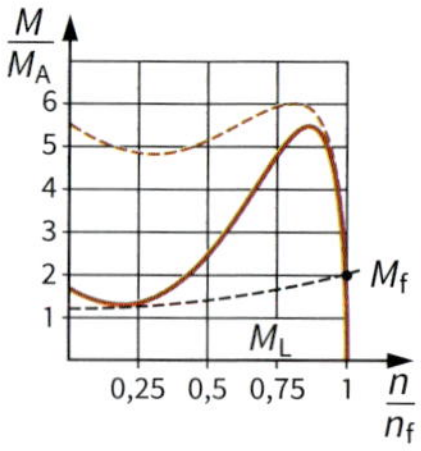	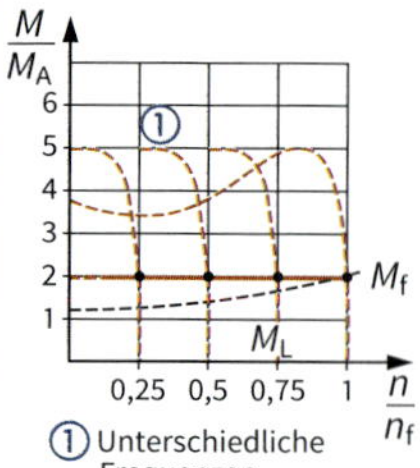 ① Unterschiedliche Frequenzen
Relative Anlaufdrehmomente	$M_{AD} = 1{,}5 \cdot M_e \ldots 3 \cdot M_e$ (motorabhängig)	$M_A = 0{,}33 \cdot$ MAD ($M_A = 0{,}5 \cdot M_e \ldots 1{,}0 \cdot M_e$)	$M_A = k^2 \cdot M_{AD}$	$M_A \sim 0{,}1 \cdot M_{AD}$ ($M \sim U/f$, einstellbares Drehmoment)
	M_{AD}: Anlaufdrehmoment bei Direkteinschaltung M_A: Anlaufdrehmoment	k: Spannungsreduktionsfaktor	M_e: Bemessungsdrehmoment M_L: Lastdrehmoment	
Anwendungen	Antriebe an starren Netzen, die hohe Anlaufströme (Anlaufmomente) zulassen.	Antriebe, die erst nach dem Hochlauf belastet werden bei begrenzter Leistungsfähigkeit des Netzes.	Antriebe, die einen sanften Drehmomentverlauf oder Stromreduzierung erfordern.	Antriebe, die einen geführten Sanftanlauf und eine stufenlose Drehzahlverstellung erfordern.

Bremsarten	Maschinenarten	Schaltungen/Abbildungen	Eigenschaften	Anwendungen
Mechanische Bremsung	Bremslüfter ①	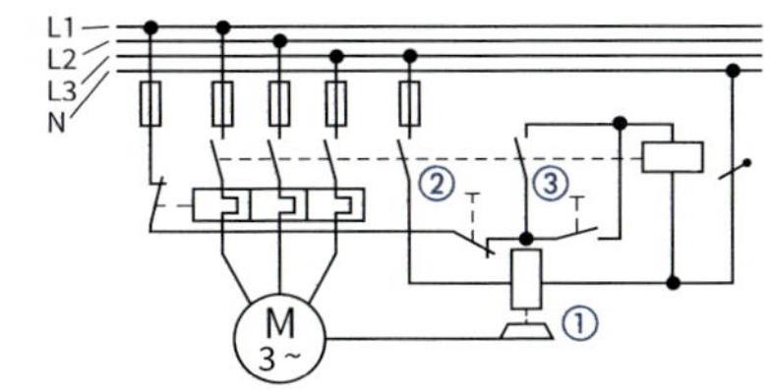 L1 L2 L3 N ② ③ M 3~ ①	Bremsen können an allen Motoren angebaut werden. Motor wird durch Bremsung thermisch nicht beansprucht.	Werkzeugmaschinen mit kleiner bis mittlerer Leistung
	Bremsmotoren	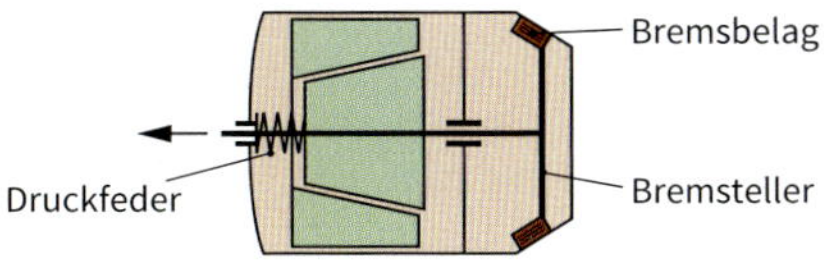 Bremsbelag Druckfeder Bremsteller	Motor wird durch Bremsung thermisch nicht beansprucht, hohe Schalthäufigkeit	Werkzeugmaschinen zum Bohren, Fräsen, Hebezeuge
Gegenstrombremsung	Wechsel- und Drehstrommotoren Gleichstrommotoren	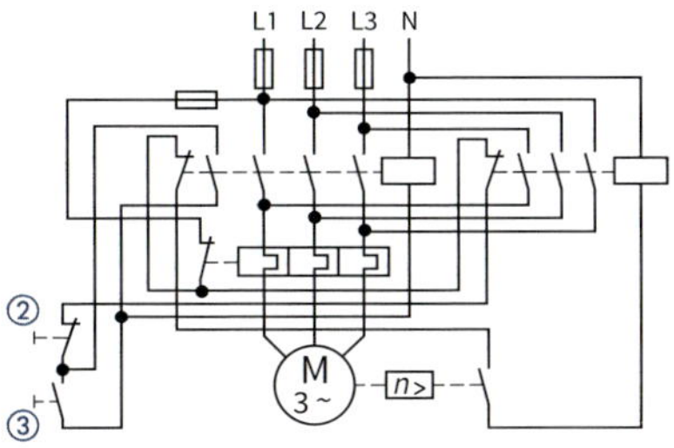 L1 L2 L3 N ② ③ M 3~ n>	Hohe thermische Beanspruchung, große Kräfte an der Befestigung, einfach, unkompliziert, hohe Motorströme, keine Haltbremsung[1)], feinfühlig	Hebezeuge, Tippbetrieb
Nutzbremsung	Wechsel- und Drehstrommotoren Gleichstrommotoren	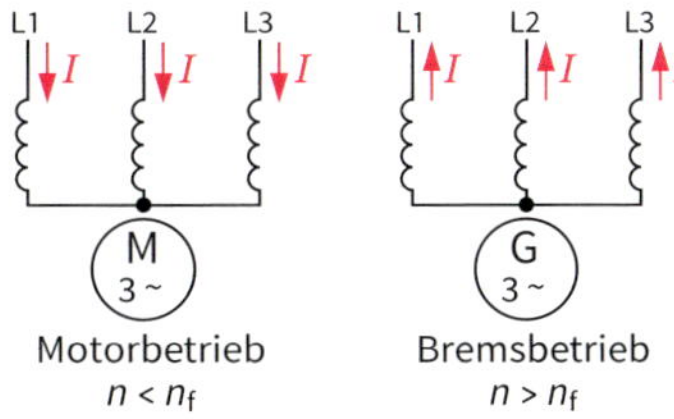 L1 L2 L3 I M 3~ Motorbetrieb $n < n_f$ L1 L2 L3 I G 3~ Bremsbetrieb $n > n_f$	Keine Haltbremsung[1)]	Bahnen bei Talfahrten als Zusatzbremse
Widerstandsbremsung	Gleichstrommotoren	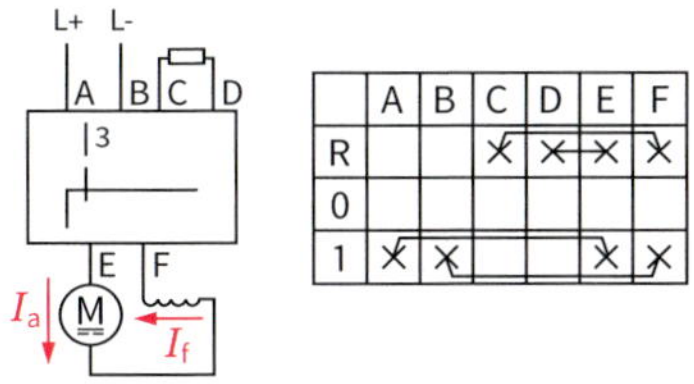 L+ L- A B C D 3 E F M I_a I_f Tabelle: A B C D E F; R: C, D–E, F ×; 0: –; 1: A, B, E, F ×	Motor arbeitet als Generator mit angeschlossenen Widerständen, keine Haltbremsung[1)]	- Fahrzeuge (Nachlaufbremse) - Hebezeuge (Senkbremsung)
Gleichstrombremsung	Wechsel- und Drehstrommotoren	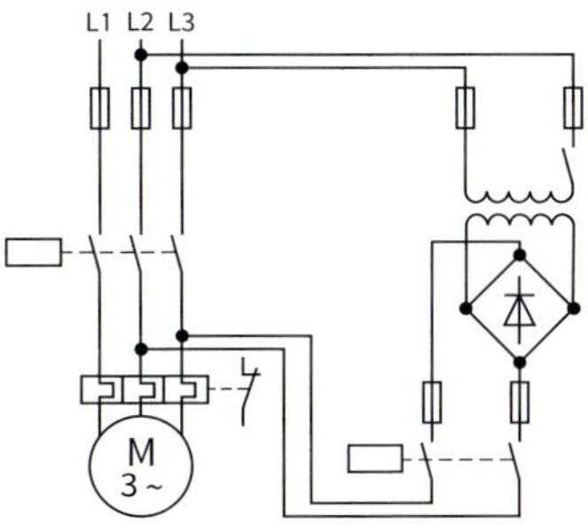 L1 L2 L3 M 3~	Hohe thermische Beanspruchung, keine Haltbremsung[1)]	- Hebezeuge - Bahnen

[1)] Haltbremsung: Bremsen bis Stillstand ② Manuelles Bremsen ③ Manuelles Lösen der Bremse

Umwandlungsarten der elektrischen Energie

Die Umwandlung elektrischer Energie ermöglicht einen Energiefluss zwischen Systemen mit unterschiedlicher Stromart.

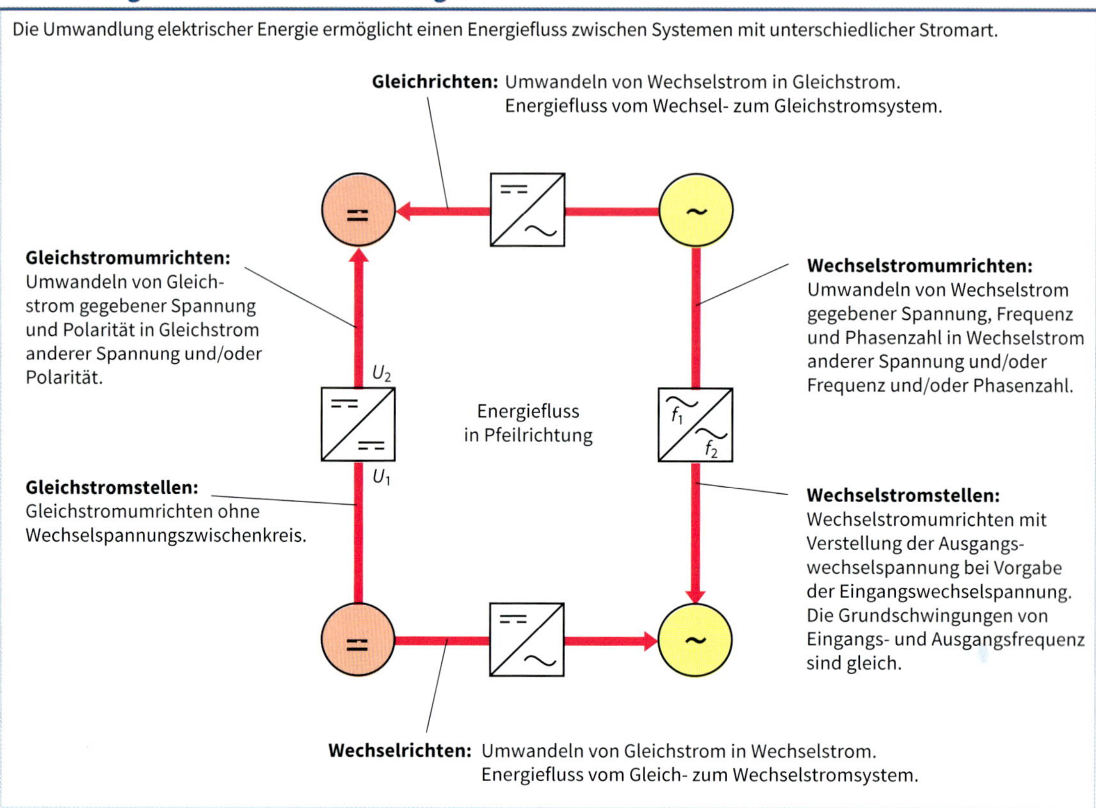

Anwendungen

Art	Gleichrichter	Wechselrichter	Gleichstromsteller
Netzgeführte Stromrichter ■ ungesteuert	Gleichspannung nur von Netzspannung und Last abhängig	–	–
Netzgeführte Stromrichter ■ gesteuert	Gleichspannung kann in der Höhe verstellt werden	Nur bei eingeprägtem Gleichstrom möglich	–
Selbstgeführte Stromrichter	Gleichspannung/-strom in Höhe und Polarität einstellbar	Gleichspannung/-stromstärke in Höhe und Polarität einstellbar	Je nach Anforderung sind nur Teile einer vollständigen Brückenschaltung erforderlich

Wechselstromsteller	Wechselstromumrichter
Wechselstromsteller – Phasenanschnittsteuerung – Nullspannungsschalter – Schwingungspaketsteuerung	**Wechselstromumrichter** – Direktumrichter – Zwischenkreisumrichter

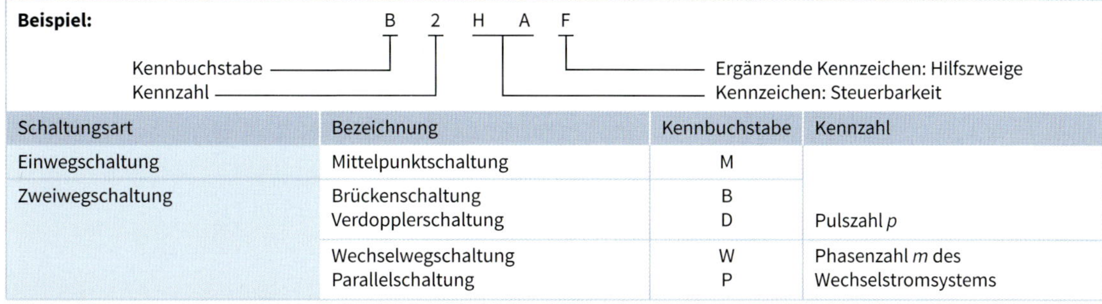

Schaltungsart	Bezeichnung	Kennbuchstabe	Kennzahl
Einwegschaltung	Mittelpunktschaltung	M	
Zweiwegschaltung	Brückenschaltung Verdopplerschaltung	B D	Pulszahl *p*
	Wechselwegschaltung Parallelschaltung	W P	Phasenzahl *m* des Wechselstromsystems

Ergänzende Kennzeichen

Steuerbarkeit		Haupt- und Hilfszweige	
Kurzzeichen	**Bedeutung**	**Kurzzeichen**	**Bedeutung**
U	ungesteuert	A (K)	anodenseitige (katodenseitige) Zusammenfassung der Hauptzweige
C	vollgesteuert		
H	halbgesteuert	Q	Löschzweig
HA (HK)	halbgesteuert mit anodenseitiger (katodenseitiger) Zusammenfassung der gesteuerten Ventile	R	Rücklaufzweig
		F	Freilaufzweig
		FC	Freilaufzweig gesteuert
HZ	Zweigpaar halbgesteuert	n	Vervielfachungsfaktor

Kennzeichen von Stromrichtersätzen und -geräten

Identifier of Current Converter Assemblies and Equipment DIN 41752: 1982-11; DIN 41762-2: 1974-02

Leistungskennzeichen für Vielkristallhalbleiter-Gleichrichtersätze

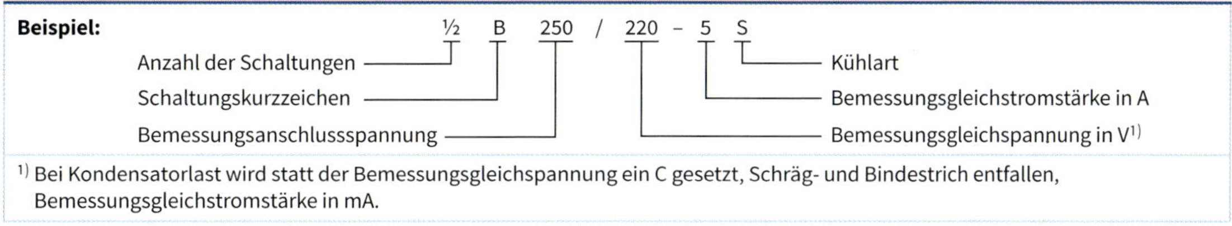

1) Bei Kondensatorlast wird statt der Bemessungsgleichspannung ein C gesetzt, Schräg- und Bindestrich entfallen, Bemessungsgleichstromstärke in mA.

Leistungskennzeichen für Einkristallhalbleiter-Stromrichtersätze

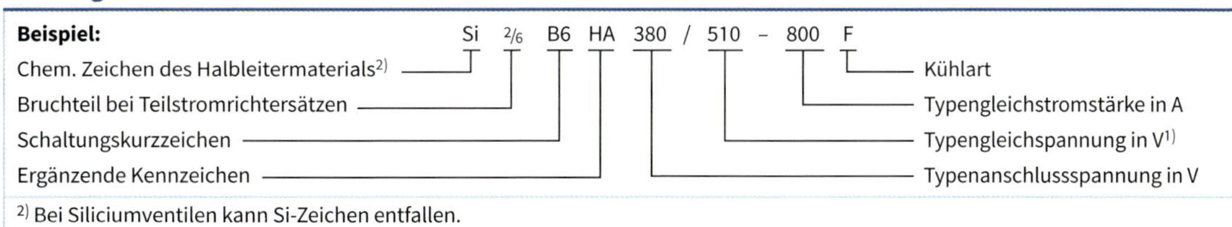

2) Bei Siliciumventilen kann Si-Zeichen entfallen.

Anschlusskennzeichen

Kurzzeichen	Bedeutung
A (K)	Anoden-(Katoden-)seitiger Anschluss von Stromrichterzweigen
AM (KM)	Anoden-(Katoden-)seitiger Zusammenschluss zum Gleichstromanschluss
AK	Wechselstromseitiger Mittelanschluss von Zweig- und Wechselwegpaaren
G (H)	Steueranschluss (Hilfskatode, Katode) von Thyristoren ohne Impulsübertrager
E, F	Eingangsanschlüsse von Impulsübertragern, E positives Potenzial gegenüber F
U, V (U, N)	Wechselstromanschlüsse von Hauptkreisen auf Eingangs- oder Ausgangsseite
U, V, W, ev. N	Drehstromanschlüsse von Hauptkreisen auf Eingangs- oder Ausgangsseite
C, D	Gleichstromanschlüsse der Hauptkreise; C positiv, D negativ im Gleichrichter-Betrieb[3]
C (D), D (C)	Zusammengefasste Gleichstromanschlüsse von Doppelstromrichtern bez. Vorzugsrichtung

3) Bei Gleichrichtergeräten kann C mit + oder roter Farbe und D mit – oder schwarzer Farbe gekennzeichnet werden.

Bezeichnung	Schaltung	Spannungsverlauf	Schaltungs- und Ventilkennwerte							
			p	$\frac{U_{di}}{U_{vo}}$	$\frac{U_{im}}{U_{di}}$	$\frac{I_v}{I_d}$	$\frac{I_{FV}}{I_d}$	$\frac{I_{FRMS}}{I_d}$	$\frac{S_{Li}}{U_{di} \cdot I_d}$	w_U[4]
Einpuls-Mittelpunkt-Schaltung **M1U**	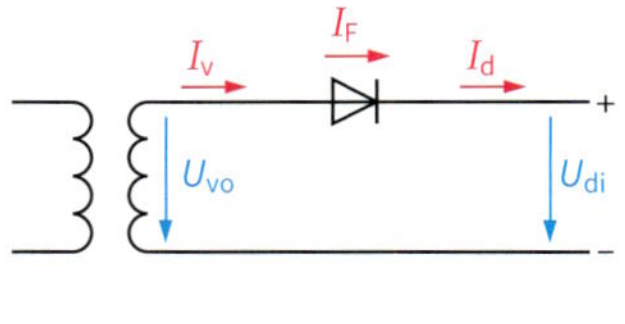	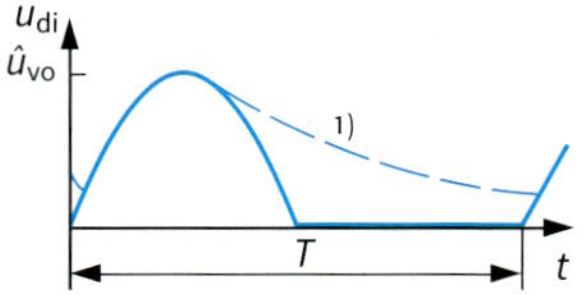	1	0,45	3,14 6,28[2]	1,57	1,0	1,57	3,49	1,21
Zweipuls-Mittelpunkt-Schaltung **M2U**	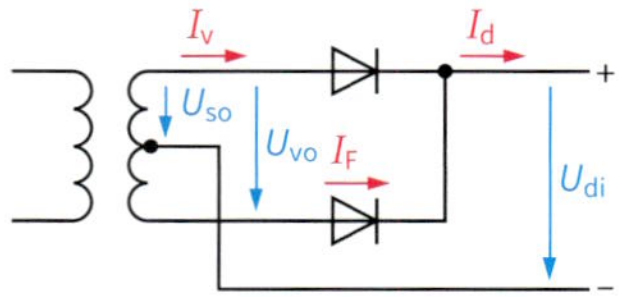	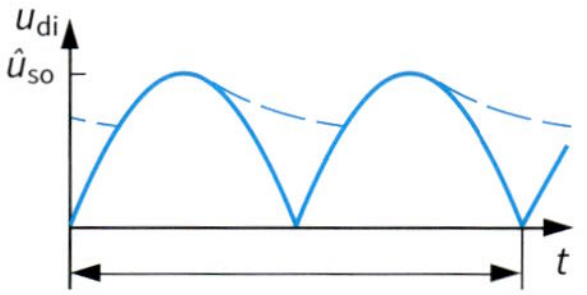	2	0,45	3,14 3,14[2]	0,785	0,50	0,785	1,23	0,48
Zweipuls-Brücken-Schaltung **B2U**	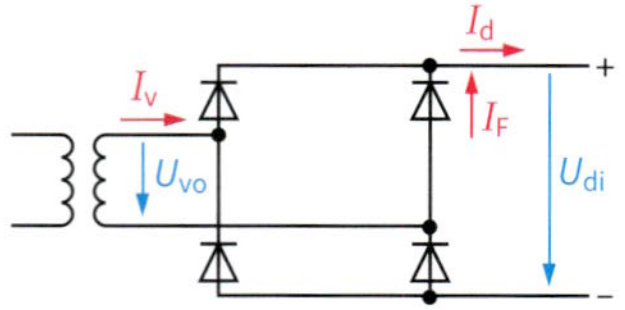	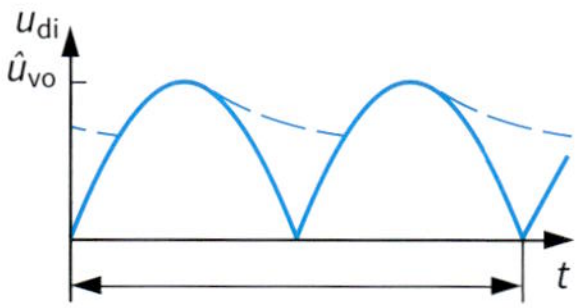	2	0,90	1,57 1,57[2]	1,11 1,0[3]	0,50	0,785 0,707[3]	1,23 1,11[3]	0,48
Dreipuls-Mittelpunkt-Schaltung **M3U**	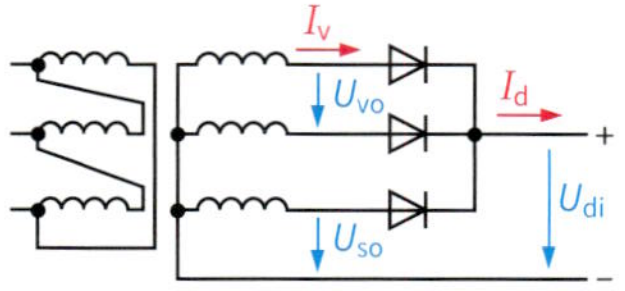	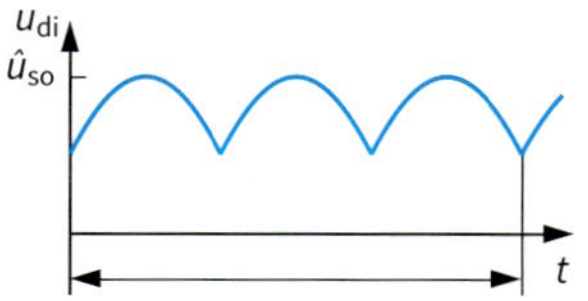	3	0,675	2,09	0,588 0,577[3]	0,333	0,588 0,577[3]	1,23 1,21[3]	0,18
Sechspuls-Brücken-Schaltung **B6U**	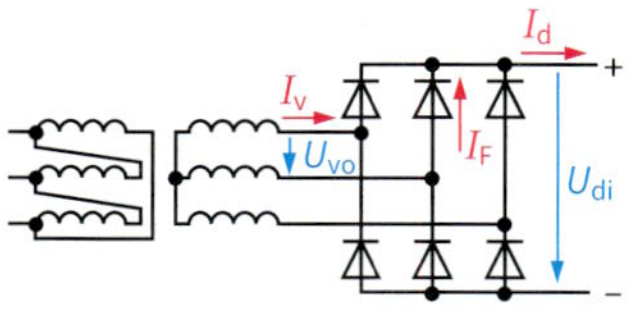	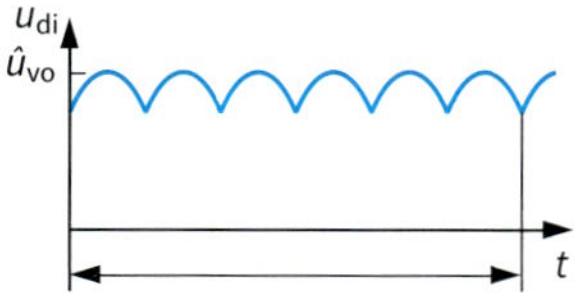	6	1,35	1,05	0,820 0,816[3]	0,333	0,580 0,577[3]	1,06 1,05[3]	0,04

[1] Spannungsverlauf mit Glättungskondensator [2] Maximalwerte mit Glättungskondensator [3] Kennwerte bei induktiver Last [4] Spannungswelligkeit

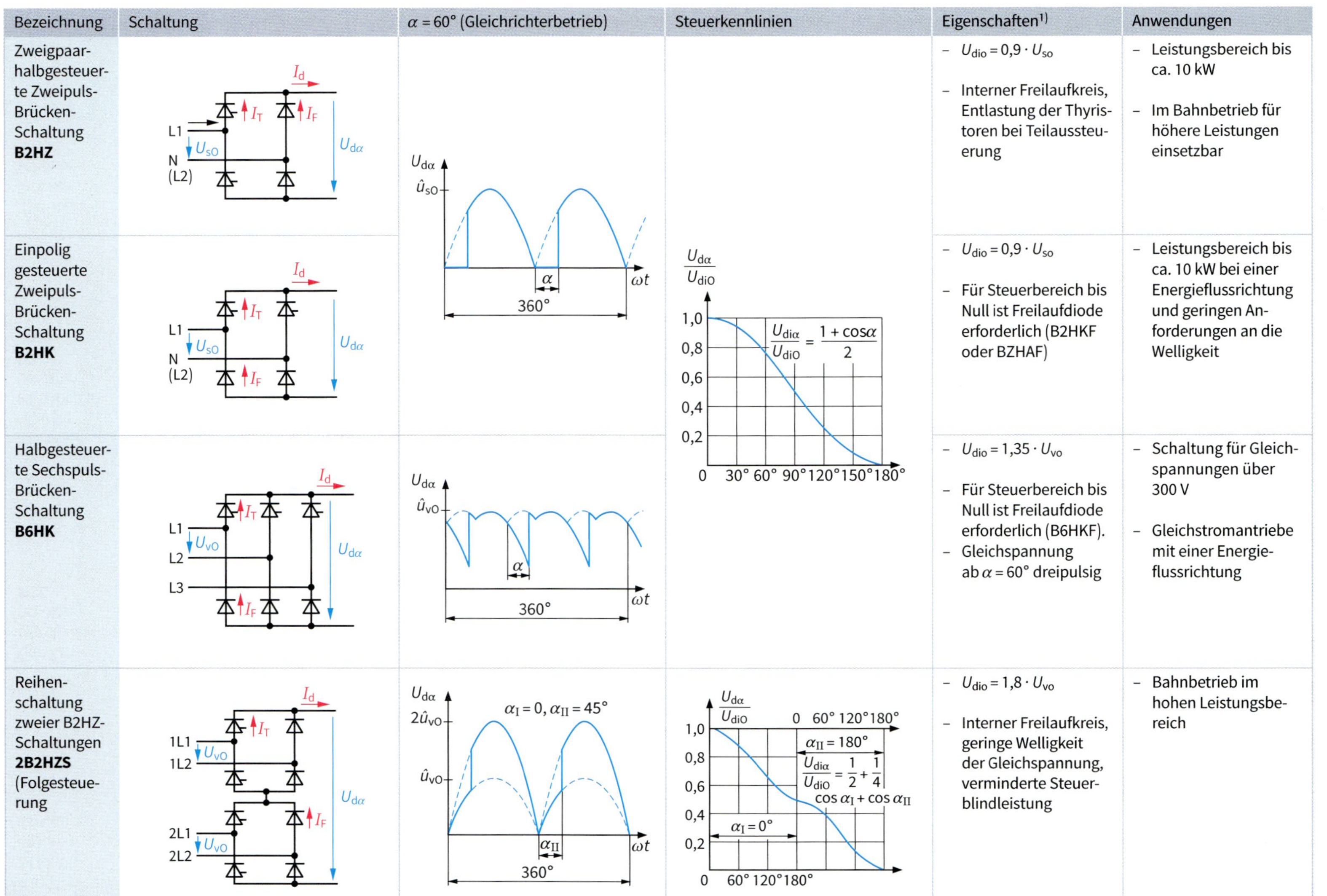

Bezeichnung	Schaltung	$\alpha = 60°$ (Gleichrichterbetrieb)	Steuerkennlinien	Eigenschaften[1]	Anwendungen
Zweigpaar-halbgesteuerte Zweipuls-Brücken-Schaltung **B2HZ**				– $U_{dio} = 0{,}9 \cdot U_{so}$ – Interner Freilaufkreis, Entlastung der Thyristoren bei Teilaussteuerung	– Leistungsbereich bis ca. 10 kW – Im Bahnbetrieb für höhere Leistungen einsetzbar
Einpolig gesteuerte Zweipuls-Brücken-Schaltung **B2HK**			$\frac{U_{di\alpha}}{U_{diO}} = \frac{1 + \cos\alpha}{2}$	– $U_{dio} = 0{,}9 \cdot U_{so}$ – Für Steuerbereich bis Null ist Freilaufdiode erforderlich (B2HKF oder BZHAF)	– Leistungsbereich bis ca. 10 kW bei einer Energieflussrichtung und geringen Anforderungen an die Welligkeit
Halbgesteuerte Sechspuls-Brücken-Schaltung **B6HK**				– $U_{dio} = 1{,}35 \cdot U_{vo}$ – Für Steuerbereich bis Null ist Freilaufdiode erforderlich (B6HKF). – Gleichspannung ab $\alpha = 60°$ dreipulsig	– Schaltung für Gleichspannungen über 300 V – Gleichstromantriebe mit einer Energieflussrichtung
Reihenschaltung zweier B2HZ-Schaltungen **2B2HZS** (Folgesteuerung		$\alpha_I = 0, \alpha_{II} = 45°$	$\alpha_{II} = 180°$, $\frac{U_{di\alpha}}{U_{diO}} = \frac{1}{2} + \frac{1}{4} \cos\alpha_I + \cos\alpha_{II}$; $\alpha_I = 0°$	– $U_{dio} = 1{,}8 \cdot U_{vo}$ – Interner Freilaufkreis, geringe Welligkeit der Gleichspannung, verminderte Steuerblindleistung	– Bahnbetrieb im hohen Leistungsbereich

[1] Für $\alpha = 0°$ gelten die Schaltungswerte der entsprechenden ungesteuerten Stromrichter.

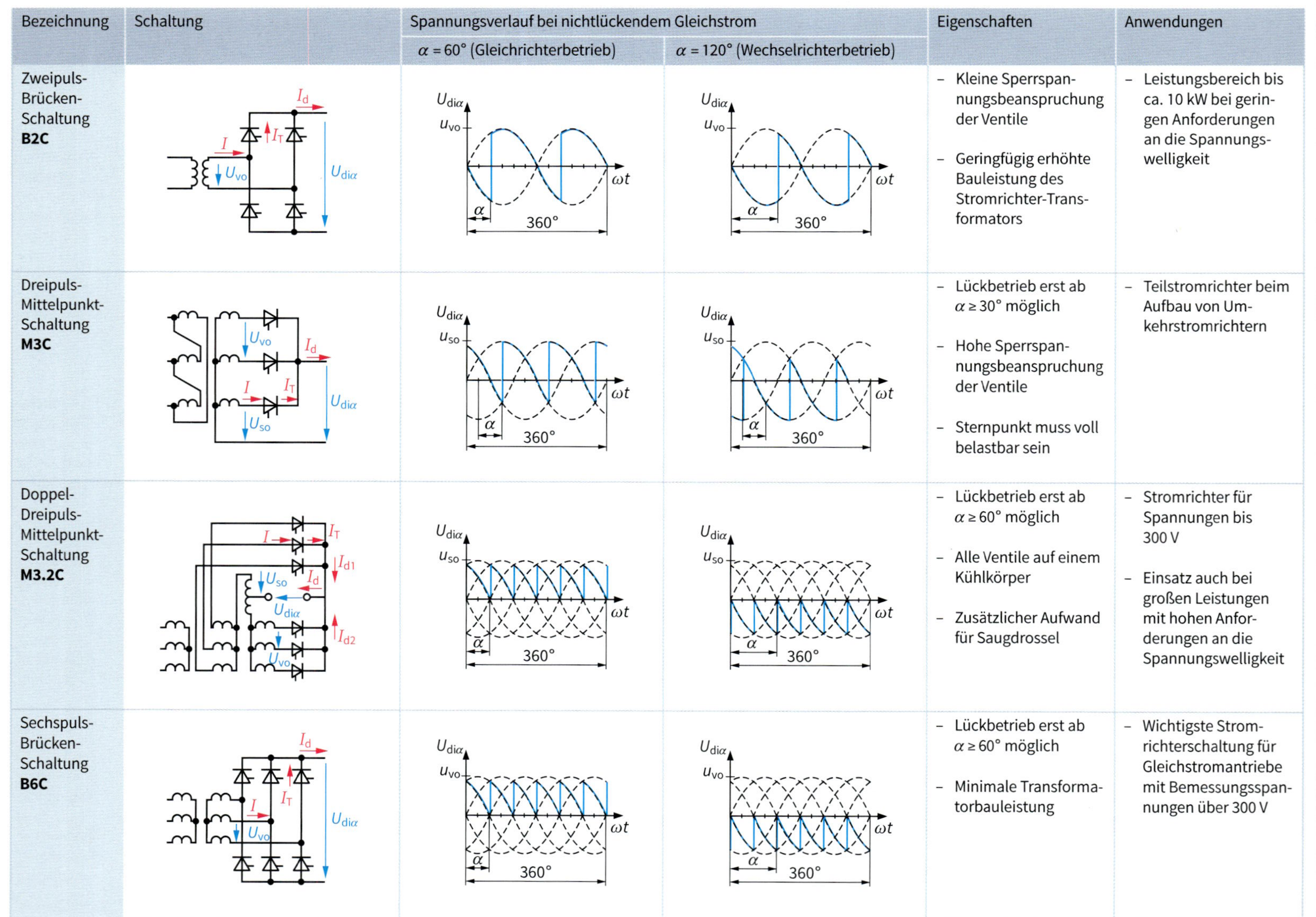

Bezeichnung	Schaltung	Spannungsverlauf bei nichtlückendem Gleichstrom		Eigenschaften	Anwendungen
		α = 60° (Gleichrichterbetrieb)	α = 120° (Wechselrichterbetrieb)		
Zweipuls-Brücken-Schaltung **B2C**				– Kleine Sperrspannungsbeanspruchung der Ventile – Geringfügig erhöhte Bauleistung des Stromrichter-Transformators	– Leistungsbereich bis ca. 10 kW bei geringen Anforderungen an die Spannungswelligkeit
Dreipuls-Mittelpunkt-Schaltung **M3C**				– Lückbetrieb erst ab $\alpha \geq 30°$ möglich – Hohe Sperrspannungsbeanspruchung der Ventile – Sternpunkt muss voll belastbar sein	– Teilstromrichter beim Aufbau von Umkehrstromrichtern
Doppel-Dreipuls-Mittelpunkt-Schaltung **M3.2C**				– Lückbetrieb erst ab $\alpha \geq 60°$ möglich – Alle Ventile auf einem Kühlkörper – Zusätzlicher Aufwand für Saugdrossel	– Stromrichter für Spannungen bis 300 V – Einsatz auch bei großen Leistungen mit hohen Anforderungen an die Spannungswelligkeit
Sechspuls-Brücken-Schaltung **B6C**				– Lückbetrieb erst ab $\alpha \geq 60°$ möglich – Minimale Transformatorbauleistung	– Wichtigste Stromrichterschaltung für Gleichstromantriebe mit Bemessungsspannungen über 300 V

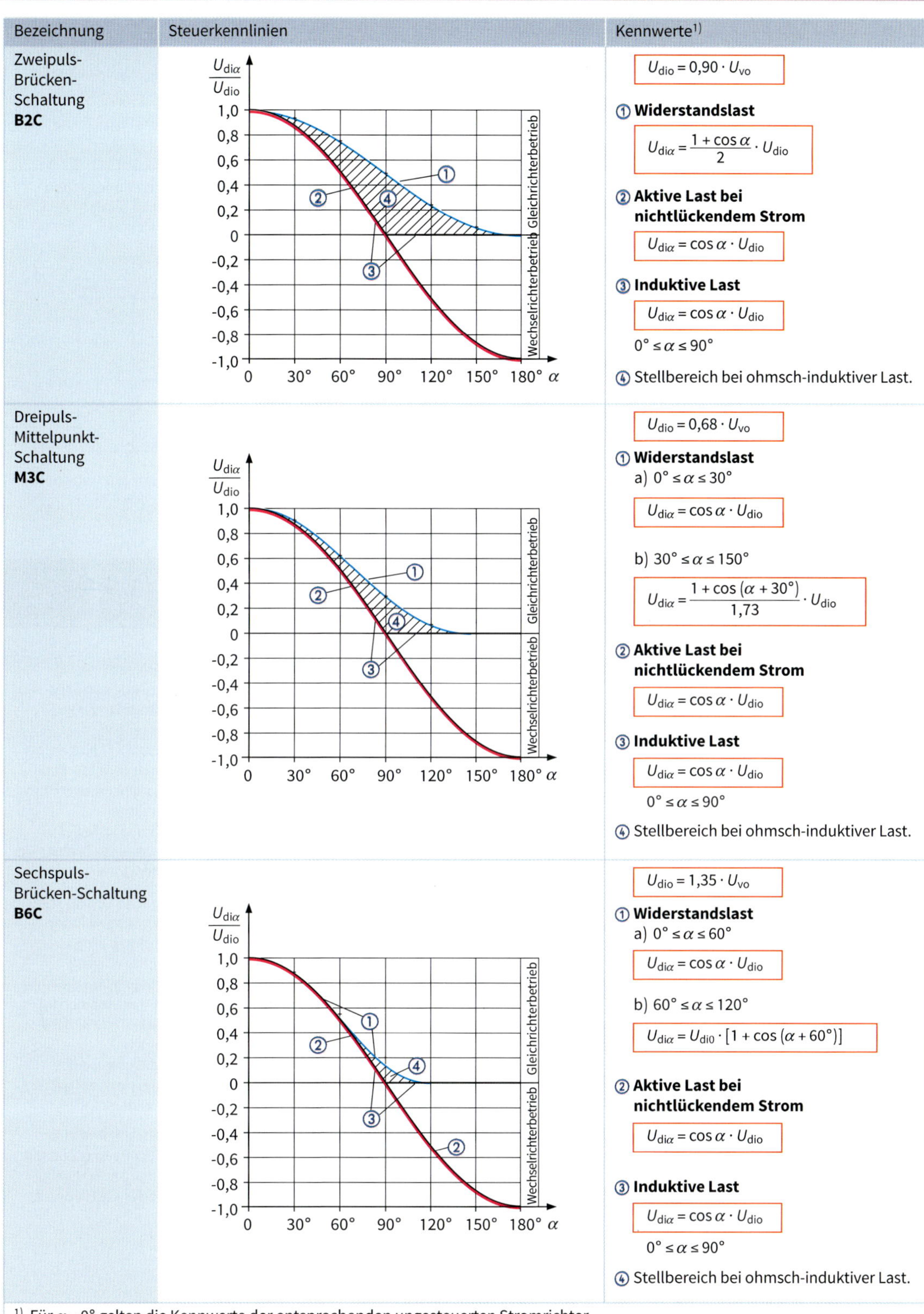

Bezeichnung	Steuerkennlinien	Kennwerte[1]
Zweipuls-Brücken-Schaltung **B2C**		$U_{dio} = 0{,}90 \cdot U_{vo}$ ① **Widerstandslast** $U_{di\alpha} = \frac{1 + \cos\alpha}{2} \cdot U_{dio}$ ② **Aktive Last bei nichtlückendem Strom** $U_{di\alpha} = \cos\alpha \cdot U_{dio}$ ③ **Induktive Last** $U_{di\alpha} = \cos\alpha \cdot U_{dio}$ $0° \leq \alpha \leq 90°$ ④ Stellbereich bei ohmsch-induktiver Last.
Dreipuls-Mittelpunkt-Schaltung **M3C**		$U_{dio} = 0{,}68 \cdot U_{vo}$ ① **Widerstandslast** a) $0° \leq \alpha \leq 30°$ $U_{di\alpha} = \cos\alpha \cdot U_{dio}$ b) $30° \leq \alpha \leq 150°$ $U_{di\alpha} = \frac{1 + \cos(\alpha + 30°)}{1{,}73} \cdot U_{dio}$ ② **Aktive Last bei nichtlückendem Strom** $U_{di\alpha} = \cos\alpha \cdot U_{dio}$ ③ **Induktive Last** $U_{di\alpha} = \cos\alpha \cdot U_{dio}$ $0° \leq \alpha \leq 90°$ ④ Stellbereich bei ohmsch-induktiver Last.
Sechspuls-Brücken-Schaltung **B6C**		$U_{dio} = 1{,}35 \cdot U_{vo}$ ① **Widerstandslast** a) $0° \leq \alpha \leq 60°$ $U_{di\alpha} = \cos\alpha \cdot U_{dio}$ b) $60° \leq \alpha \leq 120°$ $U_{di\alpha} = U_{dio} \cdot [1 + \cos(\alpha + 60°)]$ ② **Aktive Last bei nichtlückendem Strom** $U_{di\alpha} = \cos\alpha \cdot U_{dio}$ ③ **Induktive Last** $U_{di\alpha} = \cos\alpha \cdot U_{dio}$ $0° \leq \alpha \leq 90°$ ④ Stellbereich bei ohmsch-induktiver Last.

[1] Für $\alpha = 0°$ gelten die Kennwerte der entsprechenden ungesteuerten Stromrichter

Gleichstromsteller
D.C. Chopper Converter

- Gleichstromsteller (Chopper) sind periodisch arbeitende Gleichstromschalter.
- Beide Gleichstromseiten sind galvanisch miteinander verbunden.
- Der Einsatz erfolgt zunehmend in Stromrichtern für 1- und 4-Quadrantenbetrieb.
- Wegen geringer Totzeit sind Gleichstromsteller ideale Stellglieder bei Servoantrieben.

Tiefsetzsteller

Bei gegebener fester Eingangsgleichspannung U_d ist eine verminderte variable Ausgangsgleichspannung U_L verlustarm lieferbar.

Beispiel: Einpulsiger Tiefsetzsteller E1C F

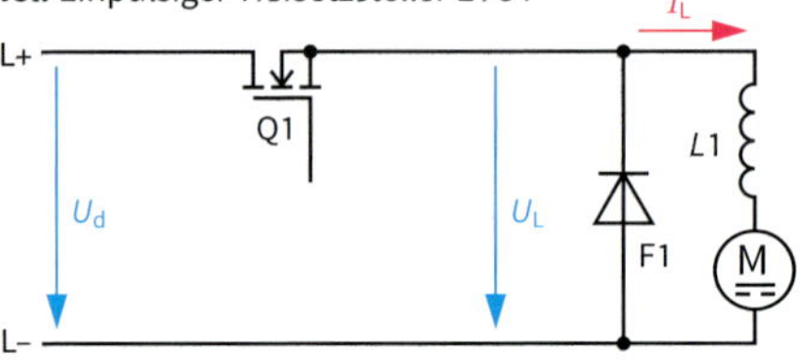

Ausführung des Stellgliedes Q1 bei Schaltleistungen

≤ 10 kVA: MOFSET

≤ 150 kVA: IGBT

≤ 12 MVA: GTO, Thyristoren

Hochsetzsteller

Einsatz von Induktivitäten als Energiespeicher ermöglichen eine Ausgangsgleichspannung U_L, die höher ist als die Eingangsspannung U_d.

Beispiel: Parallelschaltung zweier Hochsetzsteller

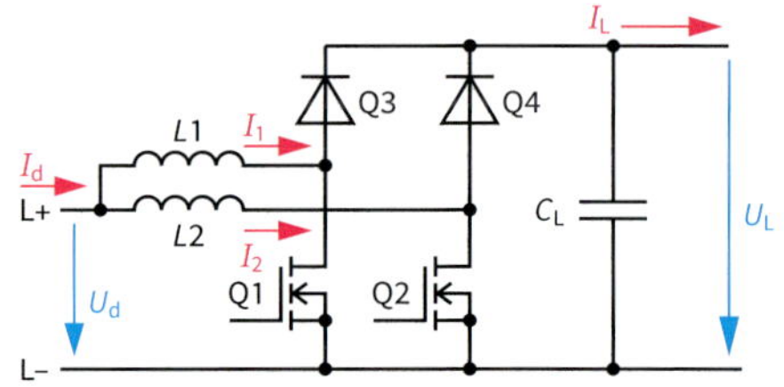

Eine Versetzte Ansteuerung von Q1 und Q2 um 180° reduziert die Welligkeit von I_d.

Steuerarten von Gleichstromstellern
Control Modes of D.C. Chopper Converters

Bezeichnung	Spannungs- und Stromverlauf	Eigenschaften	Anwendungen
Pulsbreitensteuerung	U_L, U_d, T, T, t; i_L, T_{e1}, T_{e2}, T_{e3}, t	■ Konstante Periodendauer T ■ Variable Einschaltdauer T_e ■ Konstantes Verhältnis von Lastkreiszeitkonstante $\tau = \frac{L}{R}$ und Periodendauer T	■ Speisung von Fahrmotoren in Elektrofahrzeugen ■ Einsatz in Anlagen, bei denen veränderliche Frequenzen zu Störungen führen ■ Spannungsregler für bürstenlose Drehstromgeneratoren
Pulsfolgesteuerung	U_L, U_d, T_1, T_2, T_3, t; i_L, T_e, T_e, T_e, t	■ Variable Periodendauer T ■ Konstante Einschaltdauer T_e ■ Kommutierungsverluste erreichen Maximalwert erst bei höchster Aussteuerung	■ Einfache Schaltkreise mit geringen Anforderungen an die Stromwelligkeit ■ Speisung von Gleichstrommaschinen im Anker- und Feldstellbereich ■ Regulierung eines Widerstandes (gepulster Widerstand)
Zweipunkt-Regelung	U_L, U_d, T_1, T_2, T_3, t; i_L, I_{L1}, I_{L2}, T_{e1}, T_{e2}, T_{e3}, t	■ Zweipunkt-Regelung nur möglich, wenn im Lastkreis ein Energiespeicher vorhanden ist. ■ Variable Periodendauer T und variable Einschaltdauer T_e	■ Drehzahl- und stromgeregelte Antriebe mit zulässiger Restwelligkeit des Laststromes

Betriebsdiagramm von Stromrichterantrieben

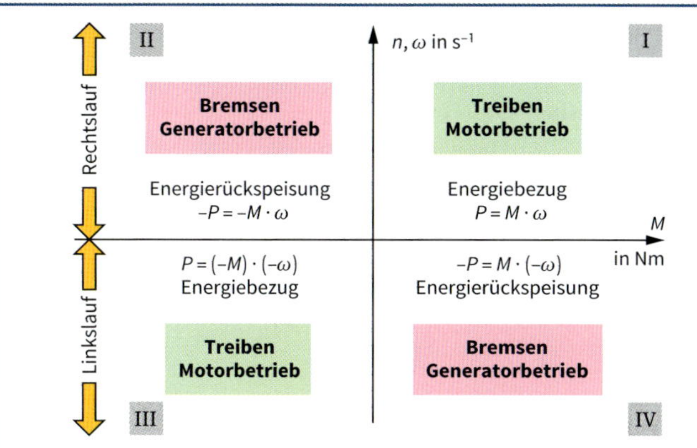

- Die Betriebsarten von Stromrichterantrieben bilden ein Vierquadrantenfeld.
- **Einquadrantenantrieb**:
  - Nur für Treiben, also je nach Drehrichtung I. oder III. Quadrant.
  - Definition gilt auch für Bremsbetrieb, wenn Energie nicht dem Netz, sondern z. B. einem Bremswiderstand zugeführt wird.
- **Zweiquadrantenantrieb**:
  Bei Rechtslauf mit Treiben und Nutzbremsen
- **Vierquadrantenantrieb**:
  Rechts- und Linkslauf, Treiben und Nutzbremsen

Drehmoment-Drehzahl-Kennlinien von Arbeitsmaschinen

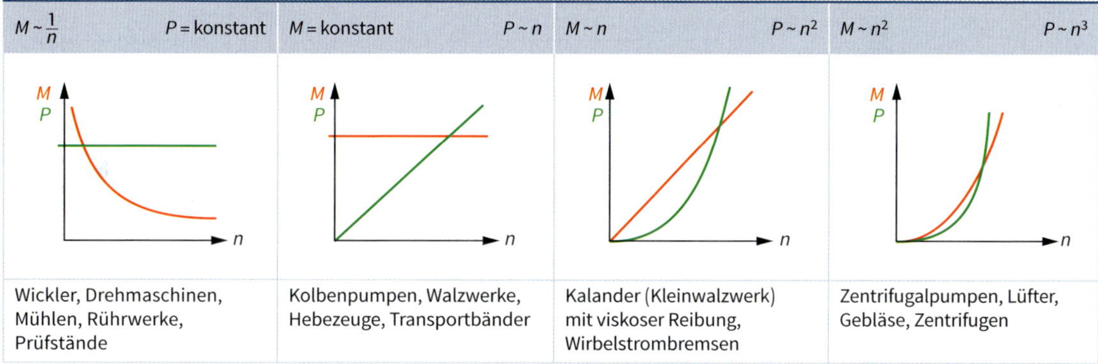

$M \sim \frac{1}{n}$ P = konstant	M = konstant $P \sim n$	$M \sim n$ $P \sim n^2$	$M \sim n^2$ $P \sim n^3$
Wickler, Drehmaschinen, Mühlen, Rührwerke, Prüfstände	Kolbenpumpen, Walzwerke, Hebezeuge, Transportbänder	Kalander (Kleinwalzwerk) mit viskoser Reibung, Wirbelstrombremsen	Zentrifugalpumpen, Lüfter, Gebläse, Zentrifugen

Elektronische Gleichstromantriebe

- Fremderregter Gleichstrommotor ist eine häufig verwendete Antriebsmaschine.
- Drehzahlsteuerung erfolgt üblicherweise durch Veränderung der Ankerspannung U_a.
- Eine Spannungsversorgung ist über netzgeführte Stromrichter bzw. über Steller (Chopper) mit Gleichspannungszwischenkreis möglich.

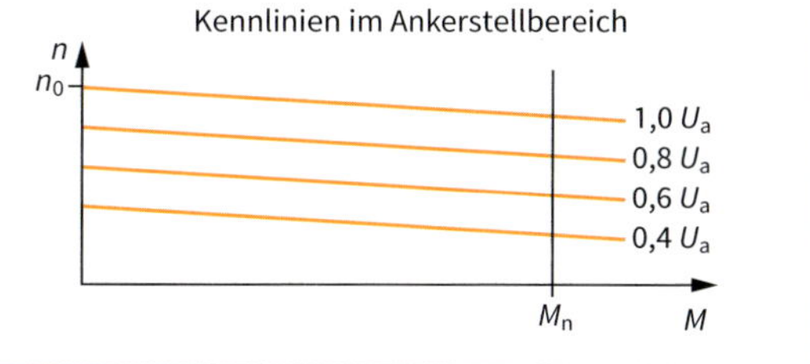

Elektronische Drehstromantriebe

- Drehstrom-Asynchronmotor mit Käfigläufer ist die häufigste Antriebsmaschine, da besonders wartungsarm.
- Kontinuierliche und verlustarme Drehzahlveränderung durch variable Frequenz und Spannung.
- Versorgung überwiegend durch Umrichter mit Spannungszwischenkreis, da diese Einzelantrieb und Antriebsverbund ermöglichen.

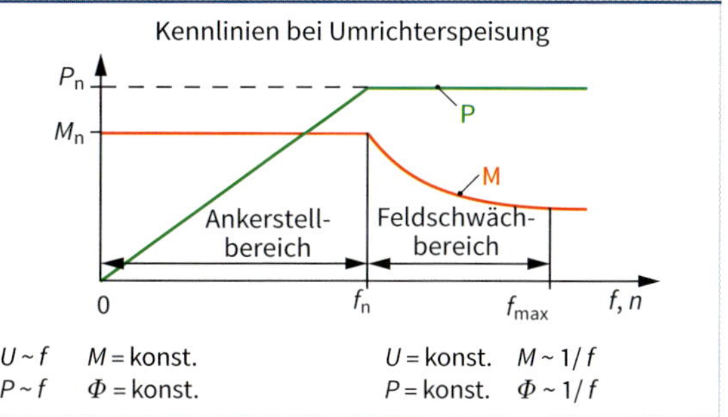

	Phasenanschnittsteuerung	Nullspannungsschalter	Schwingungspaketsteuerung
Beschreibung	Netzspannung wird erst bei Erreichen des Steuerwinkels α zugeschaltet. Dadurch wird der Spannungseffektivwert zwischen 0 und 100 % eingestellt.	Unabhängig vom Zeitpunkt des Steuersignals erfolgt die Einschaltung beim nächsten Spannungsnulldurchgang über der Schaltstrecke.	Einschaltvorgang des Schalters erfolgt so, dass immer eine komplette Spannungsschwingung die Last versorgt.
Anwendung	■ Einsatz im Dimmer ■ Stellglied für Anker-/Erregerkreis von Gleichstrommotoren ■ Zwischenkreiseinspeisung bei Frequenzumformern ■ Hochspannungs-Gleichstrom-übertragung	■ elektronisches Lastrelais ■ beliebige Lasten ■ Vermeidung von Ausgleichsvorgängen	■ Heizungs-/Temperaturregelung z. B. bei Schmelz- und Trockenöfen, Elektroheizungen, Lötkolben usw.
Schaltverhalten	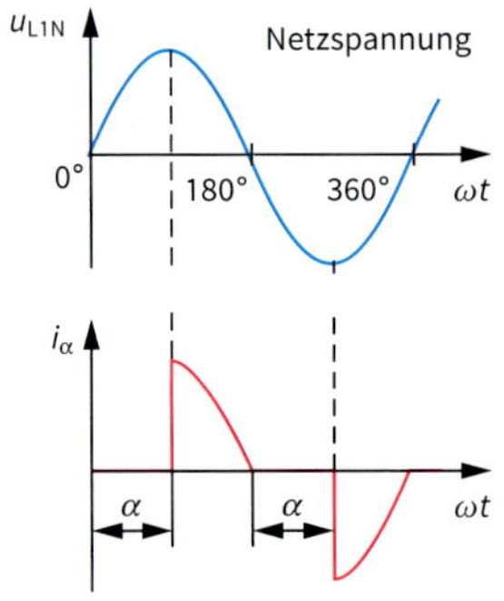 u_{L1N} Netzspannung 0° 180° 360° ωt i_α α α ωt Laststrom bei α = 90°	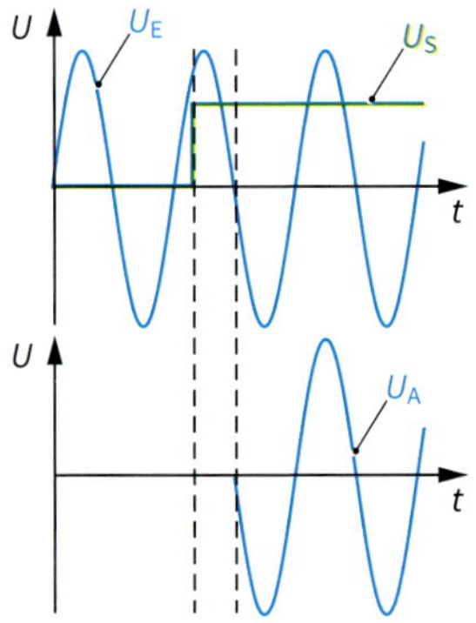 U U_E U_S t U U_A t	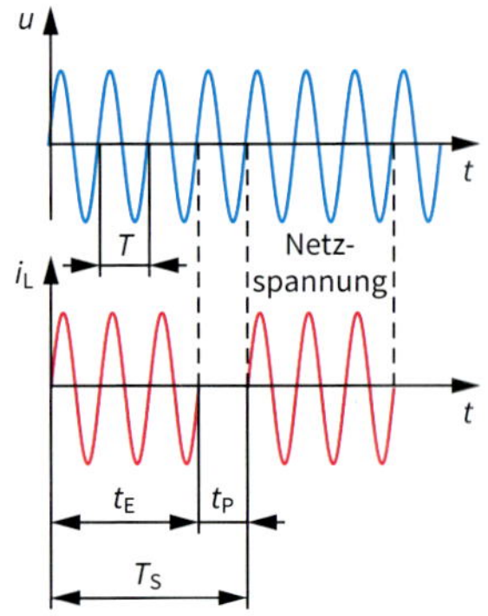 u t T Netz-spannung i_L t t_E t_P T_S
Eigenschaften	■ Verursacht Stromoberschwingungen und Steuerblindleistung. ■ Verbraucher mit hoher Leistung nur mit Sondergenehmigung des VNB zu betreiben. ■ Nach TAB 2007 max. 1,7 kW Glühlampenleistung pro Außenleiter; bei induktivem Vorschaltgerät bzw. Motoren max. 3,4 kVA	■ Prellfreies Schalten möglich ■ Ausschaltung nach natürlichem Stromnulldurchgang ■ Geringe Funkstörung und Netzrückwirkungen ■ Hohe Schaltgeschwindigkeit ■ Geräuscharmes Schalten	■ Keine Stromoberschwingungen, keine Steuerblindleistung ■ Verursacht Flicker (optisch wahrnehmbare Beleuchtungsstärkeschwankung) durch schnelle Änderung der Netzspannung ■ Max. Anschlussleistung beschränkt; abhängig von Schalthäufigkeit und Netzform
Beispiele	W1C-Schaltung mit Triac als Dimmer 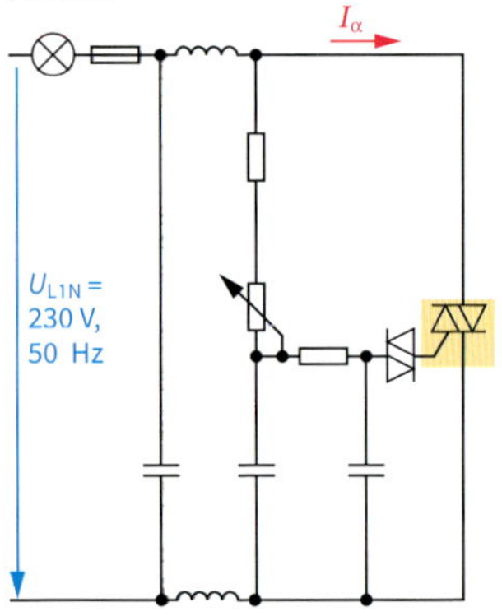 I_α U_{L1N} = 230 V, 50 Hz	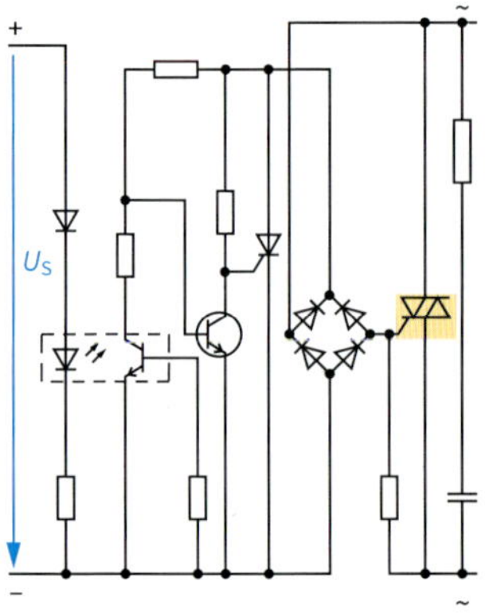 + ~ U_S – ~	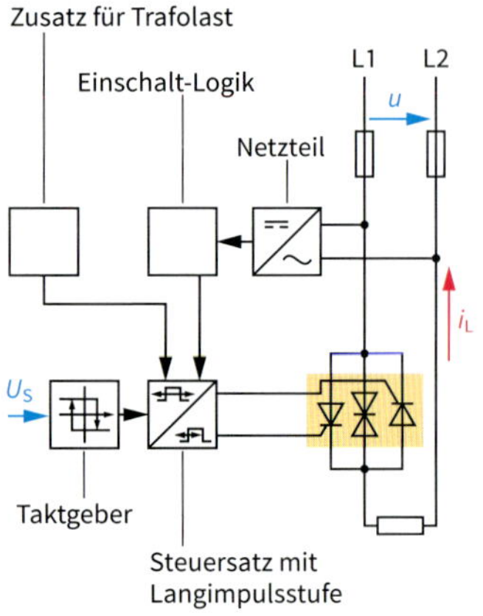 Zusatz für Trafolast Einschalt-Logik Netzteil L1 L2 u i_L U_S Taktgeber Steuersatz mit Langimpulsstufe

Anwendung

- Ersatz für konventionelle Anlassverfahren (Direktanlauf, Stern-Dreieck-Anlauf)
- Verminderung von hohen Anlaufstromstärken, Strom-/Drehmomentspitzen
- Funktionsprinzip der Phasenanschnittsteuerung
- Kostengünstiger als Frequenzumformer

Anlaufverhalten

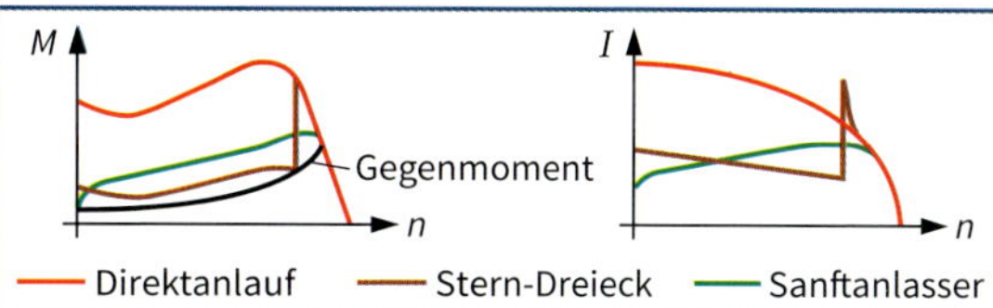

Schaltungsvarianten

Sparschaltung

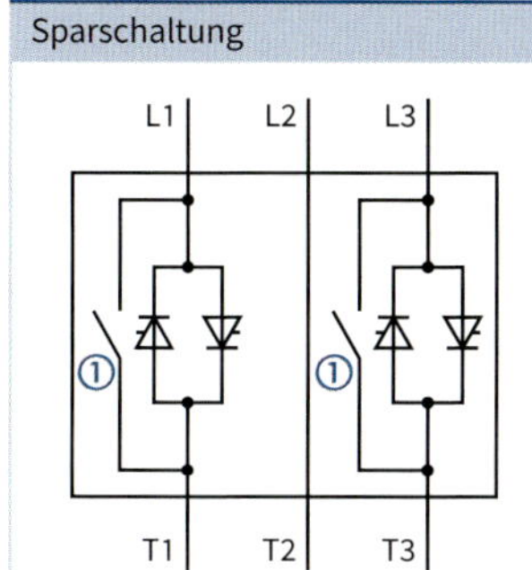

- **Vorteile:**
  - Günstiger als Vollbrücken
- **Nachteile:**
  - Unsymmetrie zwischen Phasenstömen möglich
  - Gleichstromanteil im Motorstrom möglich
  - Erhöhte Geräusche und Verluste beim Anlauf

Vollbrücke

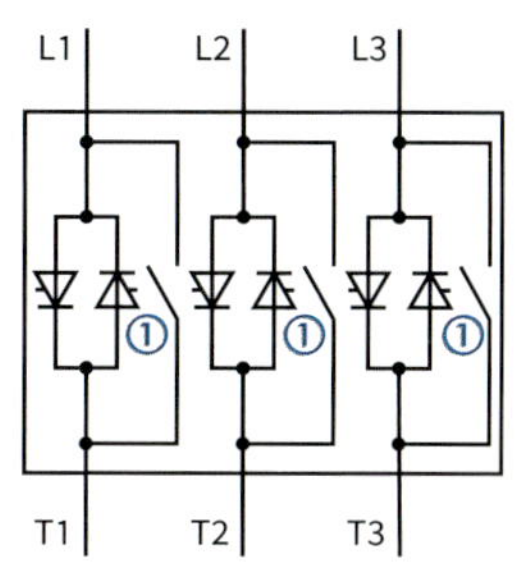

- **Vorteile:**
  - Symmetrischer Betrieb
- **Nachteile:**
  - Teurer als Sparschaltung

Kontakte des Bypass-Schütz ① werden geschlossen, wenn der Anlauf abgeschlossen.
→ Vermeidung der Verluste in Halbleitern. Nicht bei allen Sanftanlassern integriert.

Anschlussvarianten

Standardschaltung

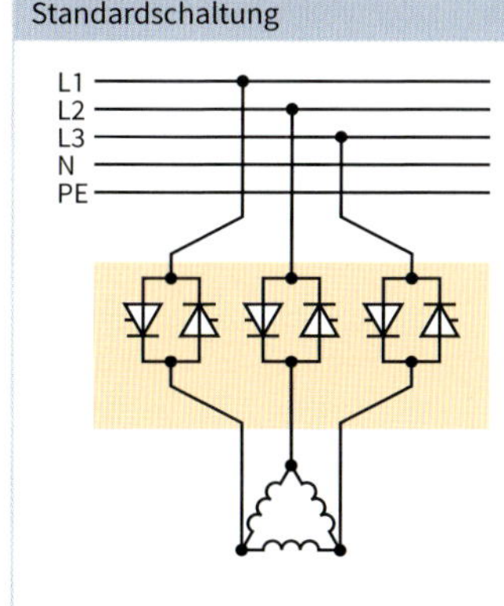

Vorteile:
- Geringer Verdrahtungsaufwand
- Bremsbetrieb möglich

Nachteile:
- Sanftanlasser muss auf Motorbemessungsstrom ausgelegt sein.

$I_{rG} = I_{rM}$

I_{rG}: Bemessungsstrom, Sanftanlasser
I_{rM}: Bemessungsstrom, Motor

√3-Schaltung

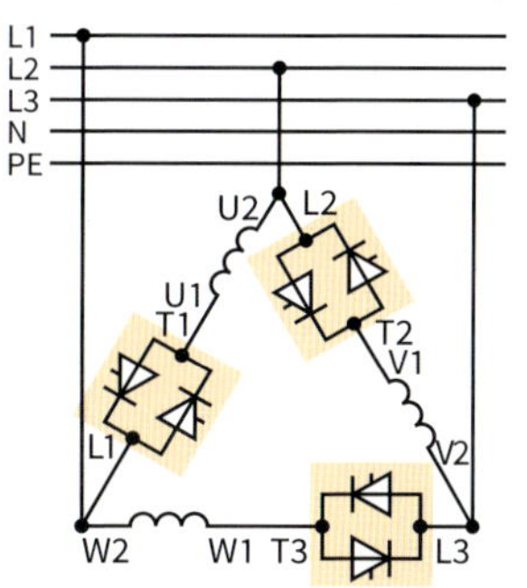

Vorteile:
- Sanftanlasser muss nur auf ca. 58 % des Motorbemessungsstroms ausgelegt sein.

$I_{rG} = 58\,\% \cdot I_{rM}$

Nachteile:
- Erhöhter Verdrahtungsaufwand
- Kein Bremsbetrieb möglich

Regelgrößen

Regelgrößen können durch Sanftanlasser begrenzt werden bzw. über eine parametrierbare Rampe ohne Sprung verändert werden.

Spannung	Stromstärke	Wirkleistung (Drehmoment)
▪ Einfachste Variante (häufig nur als Steuerung nicht als Regelung ausgeführt) ▪ Spannung wird über Veränderung des Zündwinkels langsam gesteigert.	▪ Strombegrenzung auf Maximalwert möglich. ▪ Anwendung wenn Anlaufströme wegen Netzrückwirkungen oder TAB-Anforderungen begrenzt werden müssen.	▪ Drehmoment kann begrenzt bzw. langsam geändert werden. ▪ Einsatz bei empfindlicher Mechanik

Option als Zusatzfunktionen

- Integrierter Motor-Überlastschutz
- Kompensation von Gleichstromanteilen
- Programmierbare Grenzwerte und Rampen U, I, M
- Feldbusanbindung

Elektronische Drehzahlsteuerung von Drehfeldmaschinen
Electronic Speed Control of Polyphase Machines

Bezeichnung	Drehstromsteller	Gepulster Läuferwiderstand	Untersynchrone Stromrichterkaskade	Direktumrichter
Schaltung	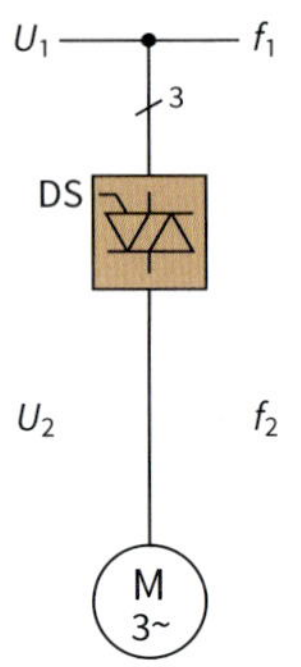	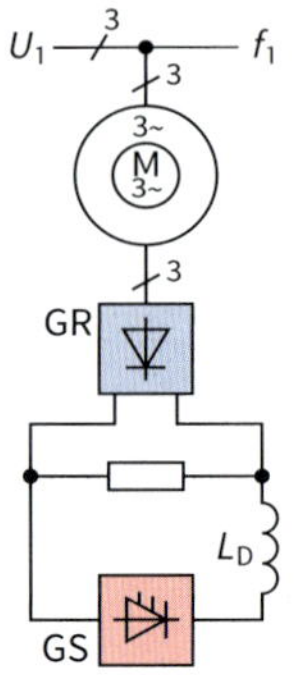	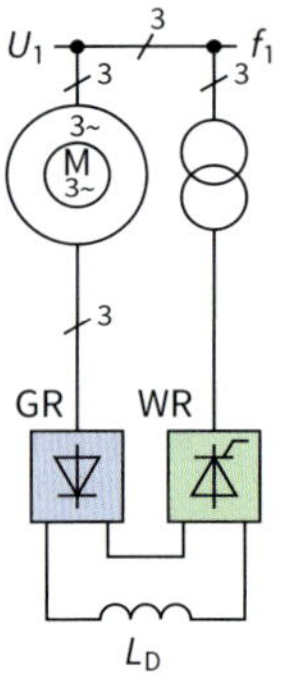	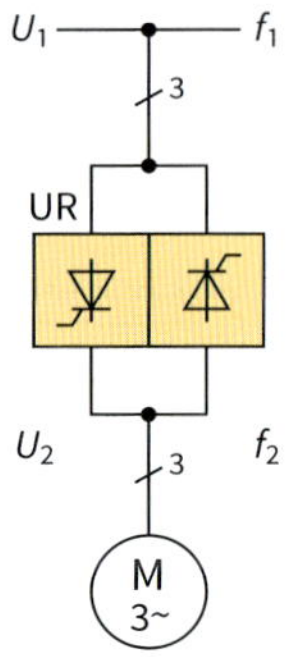
Eigenschaften	Reduzierte Ständerspannung senkt magnetischen Fluss. Größerer Schlupf erzeugt höheren Läuferstrom, für ein konstantes Moment bei niedrigerer Drehzahl.	Beeinflussung des Läuferwiderstandes durch pulsgesteuerten Widerstand. Schlupfleistung wird im Läuferkreis in Wärme umgesetzt.	Schlupfleistung wird über Stromrichterkaskade ins Drehstromnetz zurückgeführt.	▪ Vollgesteuerte Umkehrstromrichter erzeugen Wechselspannung und -strom. ▪ Ständerfrequenz $f_2 \leq 0{,}5\ f_1$
Anwendung	Lüfter- und Kreiselpumpenantriebe bis ca. 10 kW	Schleifringläuferantriebe bis ca. 20 kW	Verlustarme Schleifringläuferantriebe bis MW-Bereich, z. B. Pumpen- und Lüfterantriebe	Versorgung von Reisezügen mit Diesellokomotive, Rohrmühlenantrieb im MW-Bereich

Bezeichnung	Umrichter mit Spannungszwischenkreis	Umrichter mit Stromzwischenkreis	Stromrichtermotor	Pulsumrichter
Schaltung	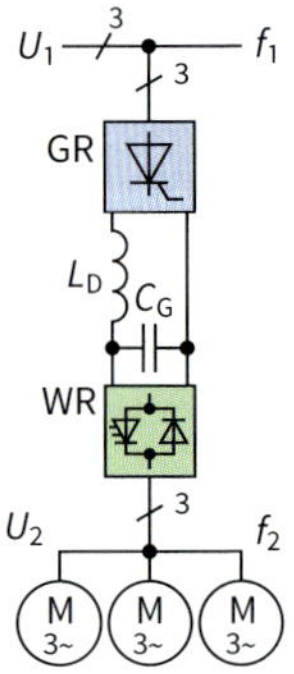	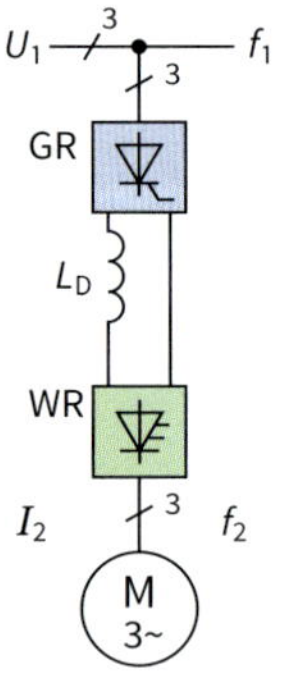	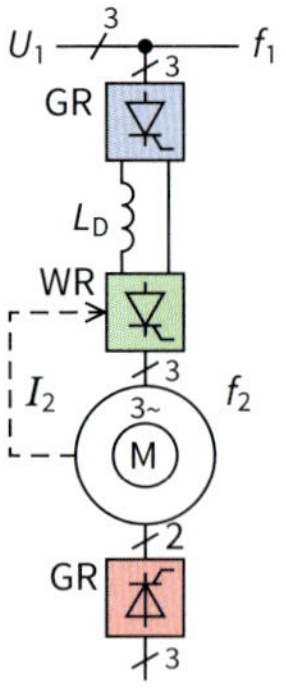	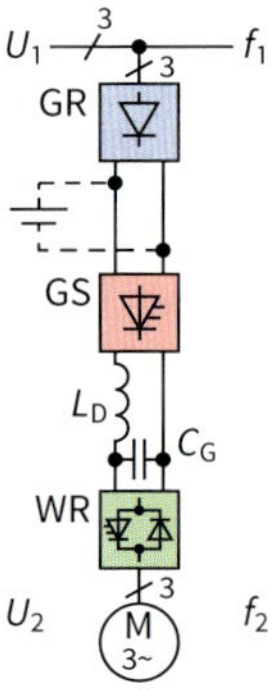
Eigenschaften	Lastspannung wird durch Spannungszwischenkreis eingeprägt. Netz wird durch Steuerblindleistung belastet.	Geringerer Stromrichteraufwand. Bedingt durch eingeprägten Strom nur Speisung von dauernd eingeschalteten Einzellasten möglich.	Eingeprägter Strom versorgt Synchronmaschine. Polradstellung taktet Maschinenstromrichter, kein Kippen bei Laststößen.	Ungesteuerter Netzstromrichter verhindert Steuerblindleistung. Gepulste Ausgangsspannung ist oberschwingungsarm.
Anwendung	Gruppenantriebe mit hoher Gleichlaufanforderung bis $f_2 \leq 600$ Hz	Einmotorantriebe bis 1 MW im Drehzahlstellbereich von 1: 20	Antriebe bis MW-Bereich; kleine Antriebe z. B. in Tonbandgeräten, Plattenspielern	Konst. Zwischenkreissp. kann durch Gleichsp.-Netz gestützt werden; bis 10 kW Transistor-Pulsumrichter

GR: Gleichrichter, gesteuert oder ungesteuert; WR: Wechselrichter, selbst- oder netzgeführt; GS: Gleichstromsteller; UR: Direktumrichter; DS: Drehstromsteller

Wechselrichterprinzip

Beispiel	Eigenschaften
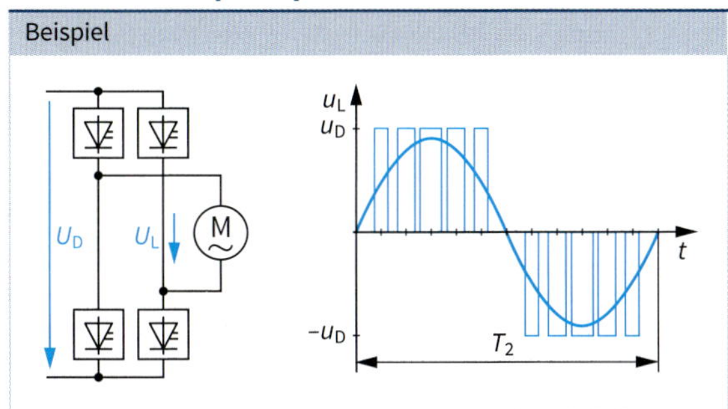	■ Jede Phase wird wechselweise auf + oder – geschaltet. ■ U-Umrichter: Eingeprägte Spannung am Eingang ■ I-Umrichter: Eingeprägter Strom am Eingang ■ Rechteckförmige Strom-/Spannungsverläufe am Ausgang ■ Bei hoher Schaltfrequenz Glättung durch Lastinduktivitäten und -kapazitäten. ■ Der Lastfluss ist in beiden Richtungen möglich. ■ Bei Antriebsanwendung ist 4-Quadrantenantrieb möglich.

Einteilung

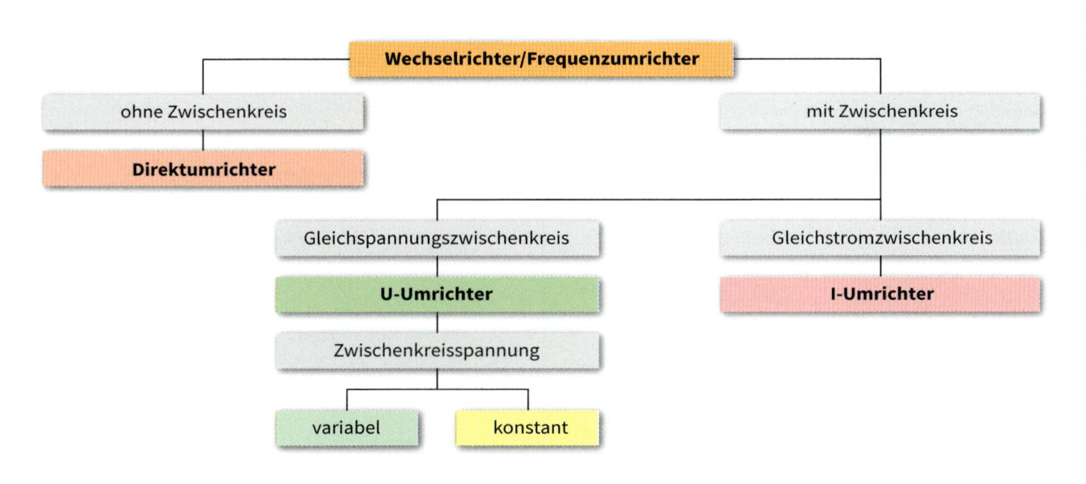

Direktumrichter
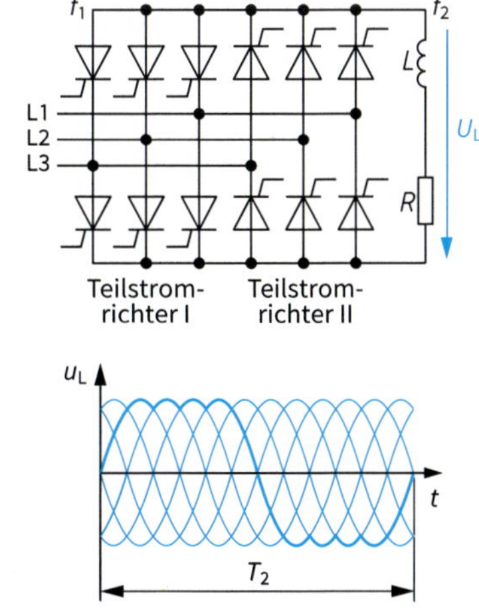
■ Zwei antiparallele Teilstromrichter erzeugen eine Ausgangswechselspannung ($f_2 < f_1$). ■ Für Drehstromerzeugung sind sechs Teilstromrichter erforderlich.

Zwischenkreisumrichter Gleichrichter (GR) + Zwischenkreis (ZK) + Wechselrichter (WR)			
	I-Umrichter	U-Umrichter (variabel)	U-Umrichter (konstant)
GR	– vollgesteuert, – selbstgeführt	– vollgesteuert, – selbstgeführt	– ungesteuert – vollgesteuert –selbstgeführt
ZK	GR – WR	GR – WR	GR – WR
WR	Brückenschaltung mit abschaltbaren Bauelementen		
Bremsen/ Energierückspeisung	Vollgesteuerte oder selbstgeführte Gleichrichter können zwei Leistungsflussrichtungen einstellen. Dadurch kann Bremsenergie ins Netz zurück gespeist werden. Bei netzgeführten Gleichrichtern ist ein Bremschopper mit Widerstand oder Rückspeisestromrichter erforderlich.		Bremsen mit Bremschopper und Widerstand oder separatem Rückspeisestromrichter.

Aufgaben

- Ausgangsfilter bei Frequenzumrichtern werden u. a. eingesetzt zur Reduzierung von
  - hochfrequenten Störemissionen
  - Motorgeräuschen
  - Spannungsüberhöhungen durch die Leitungsbeläge (parasitäre Schwingkreise)
- Die verschiedenen Filterarten weisen unterschiedliche Leistungsmerkmale auf und sind in Abhängigkeit von den Anforderungen (z. B. EMV-Vorgaben) einzusetzen.

Ferritringe

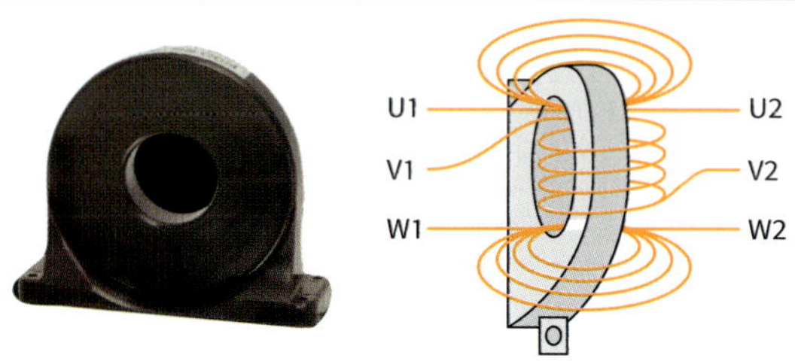

- Dämpfung von Störemissionen der Motorleitungen
- Reduzierung von Ableit- und Lagerströmen
- Wirksam gegen asymmetrische Störgrößen
- Kann Überstromabschaltungen des Umrichters verhindern
- Reduziert Störeinkopplungen auf die Netzzuleitung
- Kostengünstig
- Geringe Wirksamkeit gegen symmetrische Störgrößen
- Kaum Reduzierung der Schaltflanken (*du*/*dt*)
- Keine sinusformenden Eigenschaften

du/*dt*-Drossel

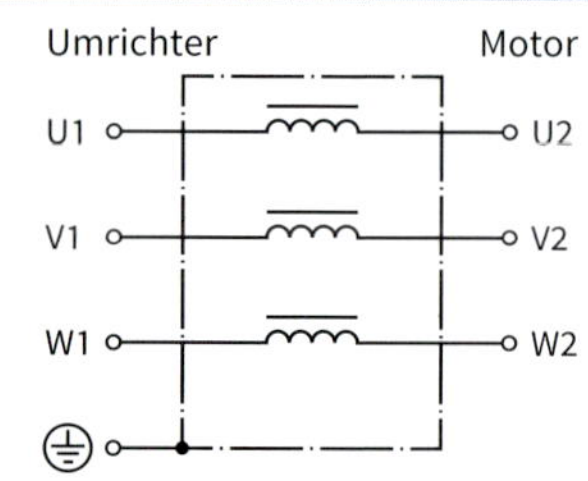

- Deutliche Reduzierung der Schaltflanken (*du*/*dt*)
- Dämpfung von Störemissionen der Motorleitung
- Wirksam gegen symmetrische Störgrößen
- Niedriger Spannungsfall
- Preisgünstiger als ein Sinusausgangsfilter
- Geringe Wirksamkeit gegen asymmetrische Störgrößen
- Keine sinusformenden Eigenschaften
- Bei längeren Motorleitungslängen größere Bauformen notwendig
- Zusätzlicher Spannungsfall durch die Längsinduktivität

Sinusausgangsfilter

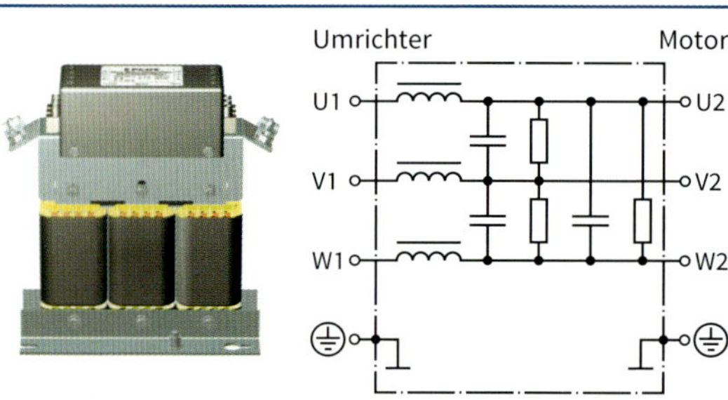

- Ausgangsspannung annähernd sinusförmig
- Schont den Motor
- Schaltflanken (*du*/*dt*) werden komplett „verschliffen"
- Hohe Dämpfung von Störemissionen der Leitungen
- Wirksam gegen symmetrische Störgrößen
- Für sehr lange Motorleitungen geeignet
- Auf geschirmte Motorleitungen kann u. U. verzichtet werden (Kosteneinsparung)
- Reduzierung der Motorgeräusche und Wirbelstromverluste
- Geringe Wirksamkeit gegen asymmetrische Störgrößen
- Geringe Reduzierung der Ableitströme
- Zusätzlicher Spannungsfall durch die Längsinduktivität (Drossel)

Sinus-EMV-Filter

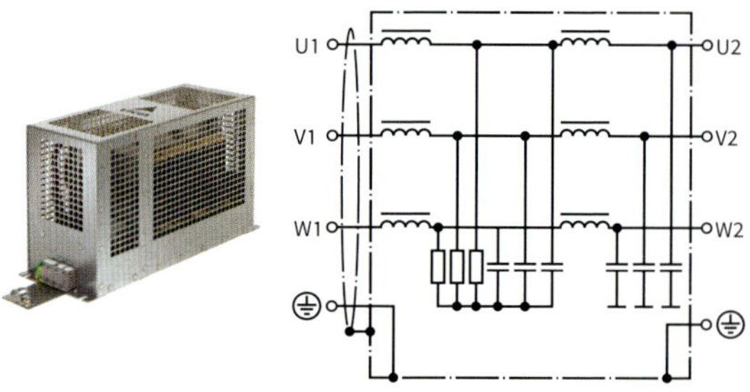

- Ausgangsspannung annähernd sinusförmig
- Verringerung des *du*/*dt* auf < 500 V/µs
- Deutliche Verminderung der Wirbelstromverluste
- Wesentliche Verringerung der Lagerströme
- Funkstörstrahlung innerhalb der normativen Grenzen
- Bestmögliche Reduzierung der Störungen (leitungsgebunden und abgestrahlt) im Vergleich zu anderen Ausgangsfilterlösungen
- Keine geschirmten Motorleitungen erforderlich
- Zusätzlicher Spannungsfall durch Längsinduktivität
- Höhere Gerätekosten als andere Filterlösungen

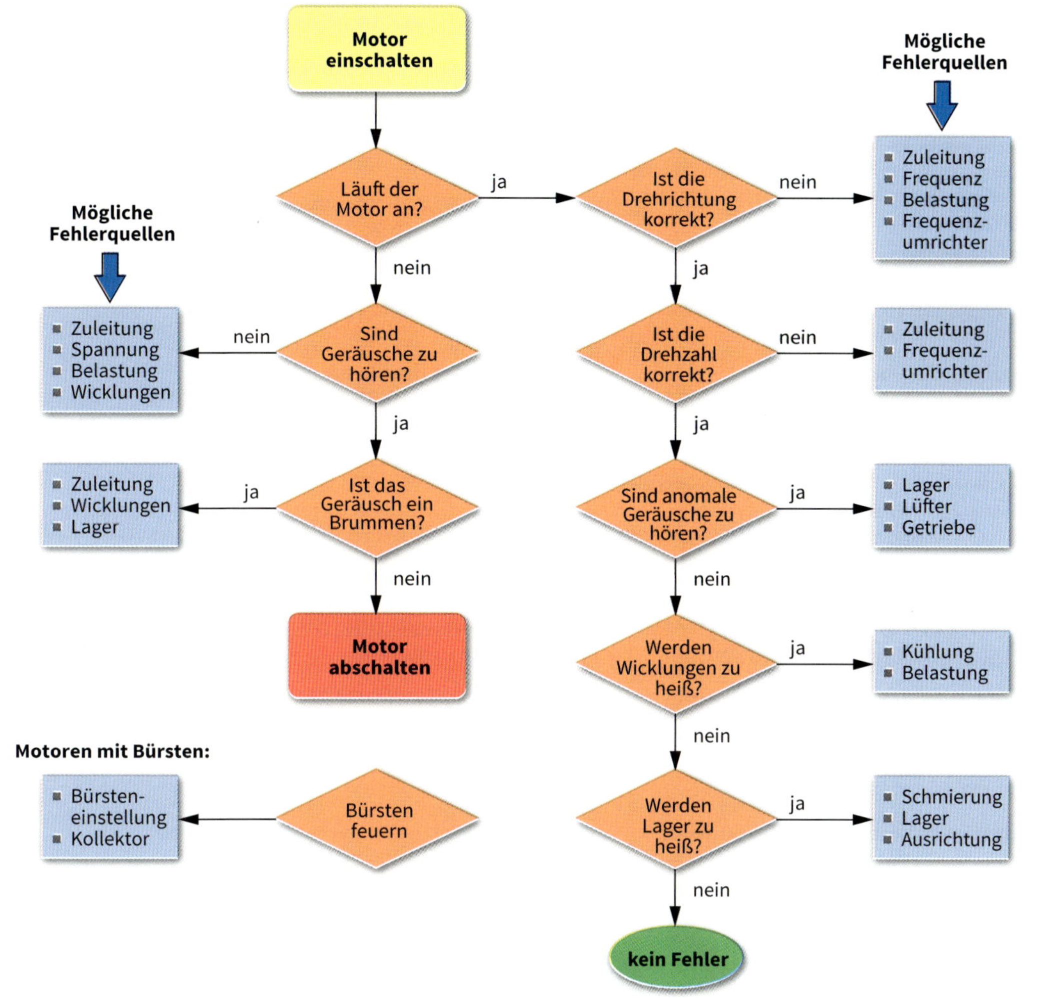

Motor einschalten

Läuft der Motor an?
- ja → **Ist die Drehrichtung korrekt?**
  - nein → Mögliche Fehlerquellen: Zuleitung, Frequenz, Belastung, Frequenzumrichter
  - ja → **Ist die Drehzahl korrekt?**
    - nein → Zuleitung, Frequenzumrichter
    - ja → **Sind anomale Geräusche zu hören?**
      - ja → Lager, Lüfter, Getriebe
      - nein → **Werden Wicklungen zu heiß?**
        - ja → Kühlung, Belastung
        - nein → **Werden Lager zu heiß?**
          - ja → Schmierung, Lager, Ausrichtung
          - nein → **kein Fehler**
- nein → **Sind Geräusche zu hören?**
  - nein → Mögliche Fehlerquellen: Zuleitung, Spannung, Belastung, Wicklungen
  - ja → **Ist das Geräusch ein Brummen?**
    - ja → Zuleitung, Wicklungen, Lager
    - nein → **Motor abschalten**

Motoren mit Bürsten:

Bürsten feuern → Bürsteneinstellung, Kollektor

Institute of Electrical and Electronics Engineers (IEEE)[1)]

Häufigkeiten von Fehlern bei Motoren (Untersuchung aus dem Jahr 2004)

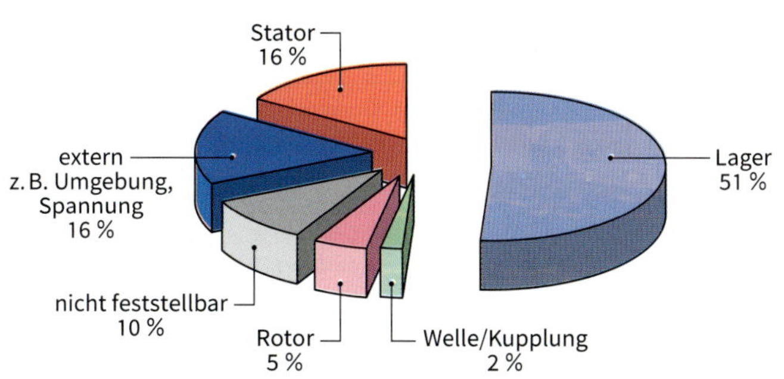

[1)] Die Organisation ist ein internationaler Zusammenschluss von Beschäftigten im Bereich der Elektrotechnik und Informatik.

Prinzip

Aufbau
Ständer und Läufer eines Elektromotors sind auf einer Ebene ausgebreitet („abgewickelt"). Sie werden als Primär- (beweglich) und Sekundärelement (fest) bezeichnet.
An Stelle eines Drehfeldes entsteht ein lineares Wanderfeld.

- **Asynchronprinzip**
  - Beweglicher Schlitten mit dreiphasiger „Ständerwicklung"
  - Maschinenbett (Stahl) mit Kurzschlussgitter aus Aluminiumstäben
- **Synchronprinzip**
  - Permanentmagnete (Neodyn) bzw. Elektromagnete im Maschinenbett

Systemkomponenten

Linearmotor (Primärteil + Sekundärteil)
Kühlung
Linearcoder
Führungssystem
Regler

- **Linearcoder**
  - Maßstab mit Abtastkopf (optisch, magnetisch oder induktiv)
  - Inkrementelle Positionsinformation aus zwei sinusförmigen 90° phasenverschobenen Analogsignalen
- **Regler**
  Motorstrom, Geschwindigkeit, Position

Eisenbehaftet (Ironcore)

- Sekundärteil (Stator) besitzt eine ein- oder zweiseitige Magnetanordnung ①.
- Primärteil (Läufer ②) besteht aus einer dreiphasigen Wicklung, die in Nuten eines Blechlaminats eingelegt und vergossen ist. Sie wird durch einen Servoregler angesteuert.

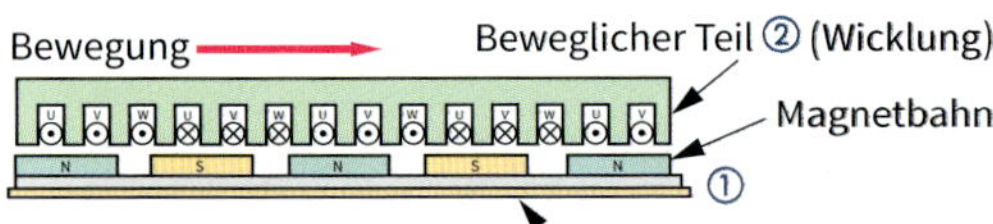

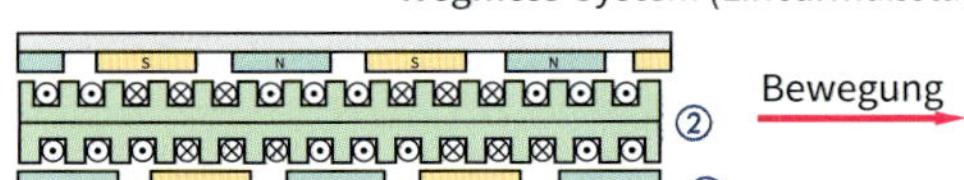

Beispiel: Hauptachsen für Werkzeugmaschinen

Bauformen

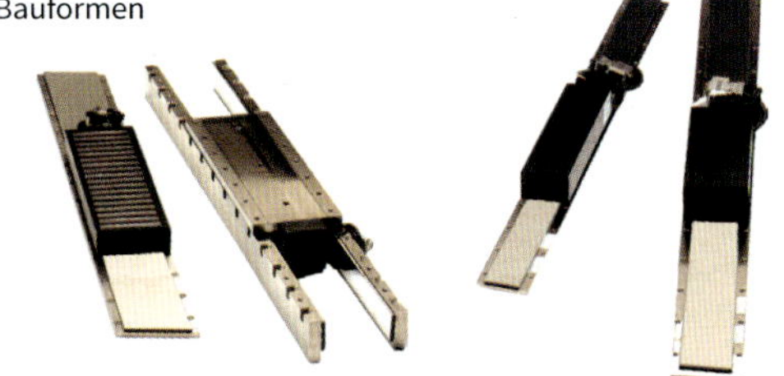

Eisenlos (Ironless)

- Sekundärteil (Stator ①) besteht aus einem U-förmigen Profil, das auf beiden Seiten mit Magneten bestückt ist. Nord- und Südpole sind abwechselnd angeordnet.
- Primärteil (Läufer ②) besteht aus einer dreiphasigen Wicklung, die in Epoxidharz eingegossen ist. Sie wird von einem Servoregler angesteuert.
- Das Kommutierungssignal wird über ein angebrachtes Längenmesssystem oder durch Hallsensoren erzeugt (im Läufer integriert).

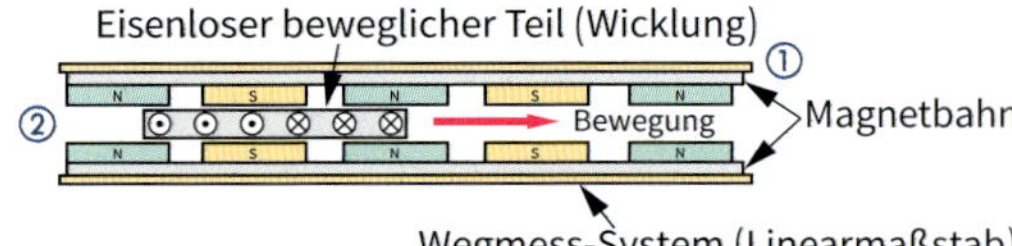

Beispiel: Schnelle und hochgenaue Aufgaben, z. B. für Bestückungsmaschinen

Bauformen

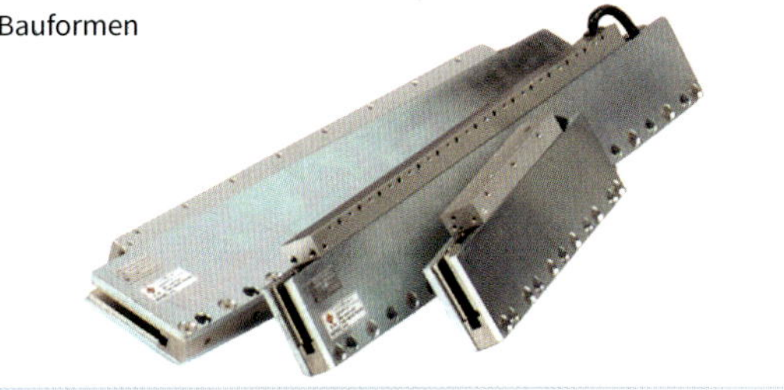

Gegenüberstellung

Merkmale	Ironcore	Ironless
	Beispiele	
Bewegbare Masse	> 50 kg	< 5 kg
Beschleunigung	2 *g*	10 *g*
Kraft	> 1 kN	< 500 N
Geschwindigkeit	> 3 m/s	7 m/s
Verfahrweg	2 m	0,5 m
Positionierungsgenauigkeit	5 µm	0,5 µm
Bewegbare Masse	groß	klein
Dauerleistung	hoch	gering

Qualitätskriterien

- Genauigkeit (DIN EN ISO 9283)
  - Punkt-zu-Punkt-Bewegung
  - Bewegung entlang der Bahn
- Positionssteifigkeit
  - Statisch: Fähigkeit, die aktuelle Position auch unter dauerhaft wirkender Kraft zu halten (z. B. Bearbeitungskräfte)
  - Dynamisch: Verhalten des Systems bei einem impulsartigen Krafteinfluss
- Einschwingverhalten
  Zeitraum zwischen dem erstmaligen Erreichen der Soll-Position und dem endgültigen Verbleib in der Endposition

Begriffe und Formelzeichen

n	Drehzahl, Umdrehungsfrequenz
z	Schrittzahl, Schritte je Umdrehung
α	Schrittwinkel, Winkel je Steuerimpuls
p	Polpaarzahl
m	Phasenzahl
f_z	Schrittfrequenz, Schritte je Sekunde (f_s = konstant)
f_s	Steuerfrequenz entspricht f_z, wenn kein Schrittfehler
f_{AOm}	Maximale Steuerfrequenz, höchste Steuerfrequenz, bei welcher der unbelastete Motor ohne Schrittfehler starten und stoppen kann.
M_L	Lastdrehmoment
J_{Lm}	Grenz-Lastträgheitsmoment im Startbereich

$$n = 60 \frac{f_z}{z} \qquad \alpha = \frac{360°}{z} \qquad \alpha = \frac{360°}{2 \cdot m \cdot p}$$

Kennlinien

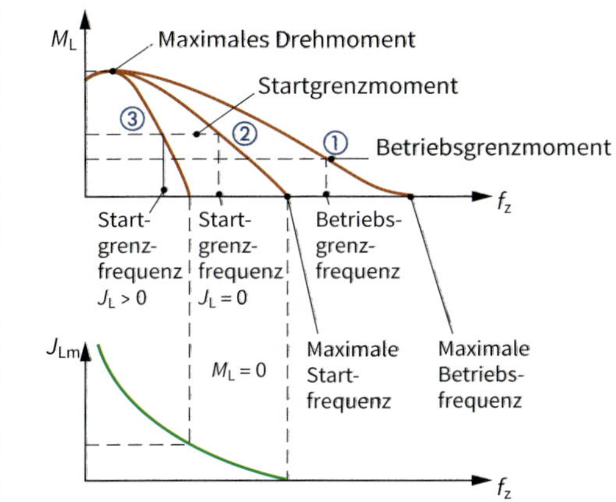

① Begrenzung für Betriebsbereich

② Begrenzung für Startbereich, $J_L = 0$

③ Begrenzung für Startbereich, $J_L > 0$

Eigenschaften der Ansteuerungsarten

Ansteuerungsart	Vorteile
unipolar	Einfache Leistungsschaltstufen (einfacher Umschalter)
bipolar	Cu-Volumen gut genutzt, höheres Drehmoment, höhere Schrittfrequenz
Konstantspannungs-(L/R-)Steuerung	Höhere Schrittfrequenz durch kleinere Zeitkonstante L/R, preiswerte Stromstärkebegrenzung durch Widerstand
Konstantstrom-(Chopper-)Steuerung	Optimale Motorleistung, hohe Schrittfrequenz, hohes Drehmoment, hoher Wirkungsgrad
Vollschrittbetrieb	Höheres Drehmoment
Halbschrittbetrieb	Doppelte Schrittzahl gegenüber Vollschrittbetrieb, geringeres Überschwingen

Ansteuerungsarten

unipolar
mit R_S: L/R-Steuerung

bipolar
mit R_S: L/R-Steuerung

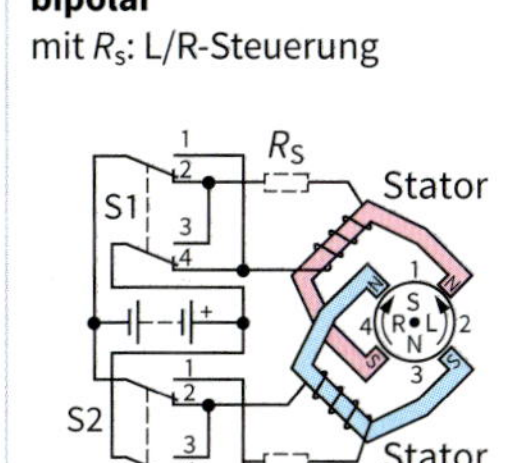

Schritt-Nr. bei Drehrichtung		Halbschrittbetrieb							
		unipolar				bipolar			
		S1	S1	S2	S2	S1	S1	S2	S2
R	L	1	2	1	2	1,3	2,4	1,3	2,4
1	1	x	–	x	–	–	x	–	x
1 ½	½	x	–	–	–	–	x	–	–
2	4	x	–	–	x	–	x	x	–
2 ½	3 ½	–	–	–	x	–	–	x	–
3	3	–	x	–	x	x	–	x	–
3 ½	3 ½	–	x	–	–	x	–	–	–
4	2	–	x	x	–	x	–	–	x
½	1 ½	–	–	x	–	–	–	–	x
1	1	x	–	x	–	–	x	–	x

Vollschrittbetrieb ergibt sich, wenn die roten Zahlen entfallen.

Konstantstrom-(Chopper-)Steuerung

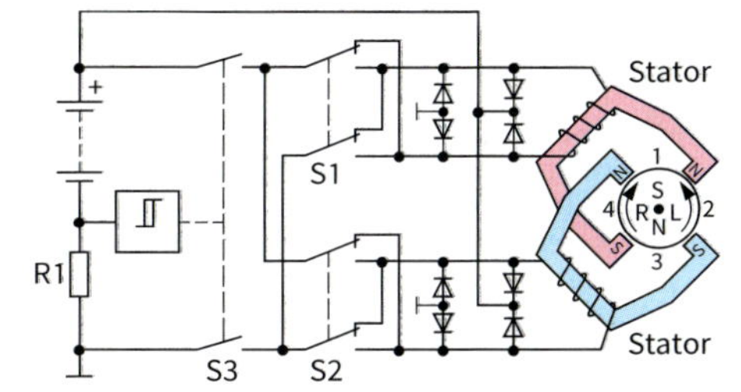

Schalter S3 wird nach Erreichen des zulässigen Steuerstromes geöffnet. Die Freilaufdioden führen den abklingenden Strom, bis S3 nach Erreichen der unteren Schaltschwelle schließt usw.

Schrittmotorsteuerung, bipolar

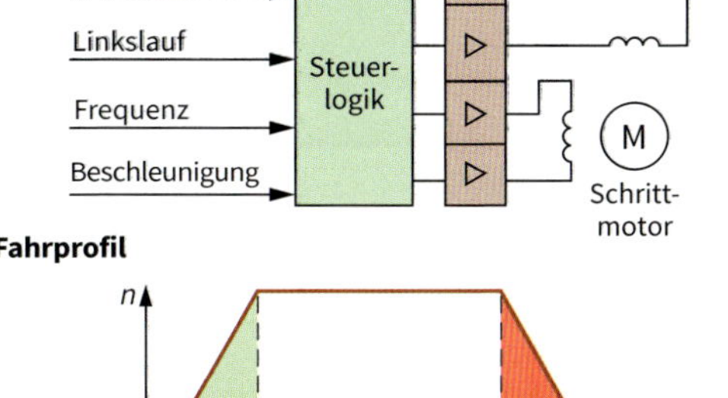

Komponenten

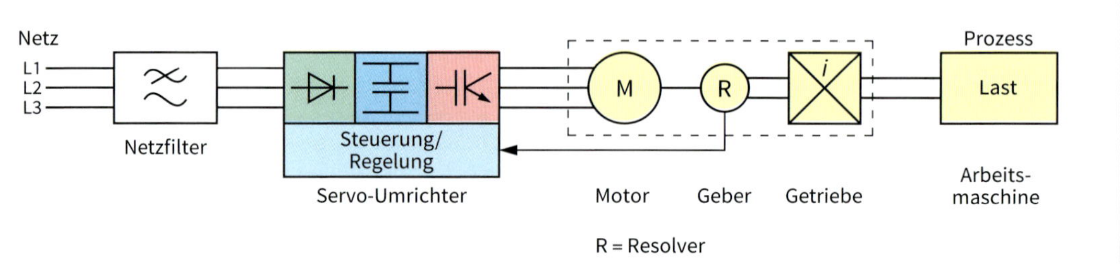

R = Resolver

<table>
<tr><th>Servo-Umrichter</th><th colspan="2">Motor</th></tr>
<tr><td>Schrittmotor-Ansteuerung</td><td colspan="2">Schrittmotor (Geber kann entfallen, Sonderanwendungen)</td></tr>
<tr><td>2- oder 4-Quadranten Gleichstromsteller</td><td colspan="2">Gleichstrommotor (nur noch bei Sonderanwendungen wegen Wartungsaufwand der Bürsten)</td></tr>
<tr><td>3 separate Wechselrichter mit integriertem Brems-Chopper oder rückspeisefähigem Zwischenkreisgleichrichter</td><td>Asynchronmotor
■ geringes Trägheitsmoment
■ hohe Überlastfähigkeit
■ hohe Maximaldrehzahl</td><td>Synchronmotor
■ hohes Beschleunigungsvermögen
■ hoher Wirkungsgrad
■ kleines Bauvolumen mit hohem Drehmoment</td></tr>
<tr><th colspan="3">Geber</th></tr>
<tr><td colspan="2">digital</td><td>analog</td></tr>
<tr><td>Inkrementalgeber</td><td colspan="2">Absolutwertgeber (Winkel als Absolutwert erfassbar)</td></tr>
<tr><td>Inkrementalgeber
■ Lichtschranke wird durch Lochblende ① unterbrochen.
■ Jeder Lichtimpuls entspricht einem definierten Winkelschritt.
■ Zweite Spur ist um ¼ der Schrittweite c versetzt. Mit Auswertelogik ist Drehrichtungserkennung möglich.
■ Absoluter Messwert ist nur im Speicher vorhanden. Nach Spannungsunterbrechung muss der Messwert neu justiert werden.
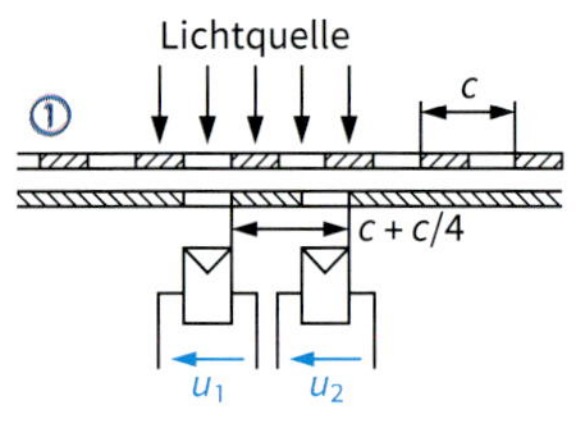
</td><td>Encoder
■ Codescheibe ② enthält die Information des Winkels in Helldunkel-Feldern
■ Lichtschranken ③ werten den Wert der Codescheibe aus.
■ Aus dem Digitalwert lässt sich der aktuelle Winkel errechnen.
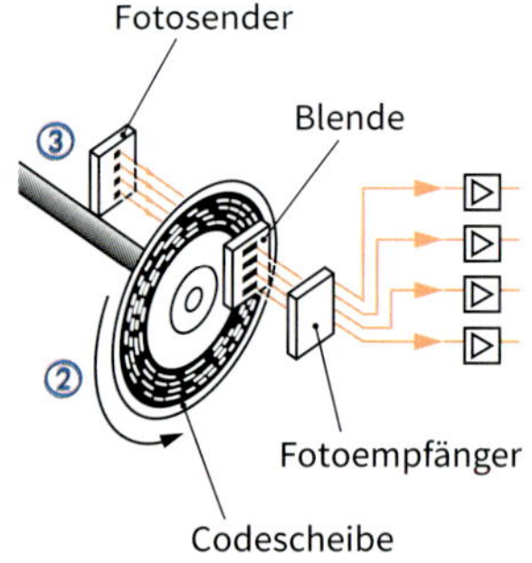
</td><td>Resolver
■ Zwei Statorwicklungen sind geometrisch um 90° versetzt.
■ Drehwinkel zwischen 0 und 360° absolut bestimmbar
■ u_{S1} und u_{S2} haben eine Phasenverschiebung von 90°.
■ Je nach Drehwinkel der Rotorwicklung ergibt sich eine Phasenlage zwischen u_R und u_{S1} in Abhängigkeit des Drehwinkels φ.
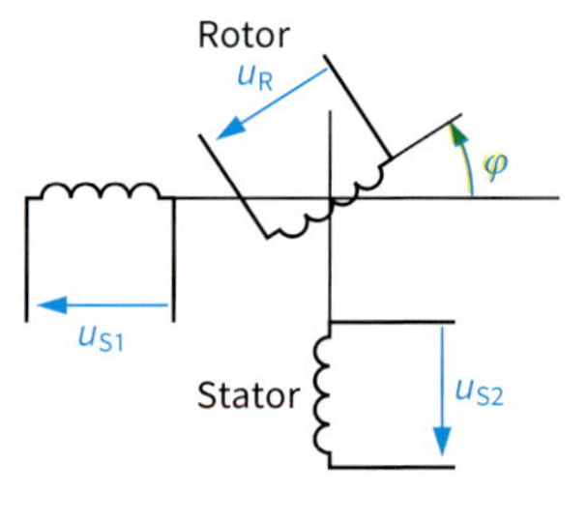
</td></tr>
</table>

Merkmale

- Großer Drehzahlstellbereich 0,01 …10000 1/min
- Hohes Drehmoment und Dynamik (kurzzeitige Spitzendrehmomente)
- Hohe Kurzzeitüberlastbarkeit
- Gute Rundlaufeigenschaften im gesamten Drehzahlbereich
- Hohe Genauigkeit bei Positionierung bzw. Winkelgleichlauf
- Hohe Schutzart

Anwendungen

- Antriebssysteme mit mehreren zu koordinierenden Bewegungen
- Positionieraufgaben mit hoher Genauigkeit (z. B. Roboter, Werkzeugmaschinen, Handhabungsgeräte)
- Verkettung mehrerer Antriebe mit hohen Anforderungen an Winkelgleichlauf (z. B. Druckmaschinen, Transportanlagen, Schneideeinrichtungen)
- Elektronische Kurvenscheiben

Funktion

- Transport des Volumenstroms Q eines gasförmigen Mediums (in der Regel Luft) durch eine Anlage.
- Die Anlage setzt dem Transport einen Widerstand entgegen, der durch Druckaufbau (Totaldruckerhöhung) im Ventilator überwunden werden muss.
- Anwendungen:
  - Absaugen (Be-/Entlüften, Entstauben, Entrauchen)
  - Kühlen (Wärmeabführung)
  - Heizen (Wärmezuführung)
- Arten werden nach dem Prinzip der Luftumlenkung unterschieden.

Arten

Axialventilator	Radialventilator	Querstromventilator
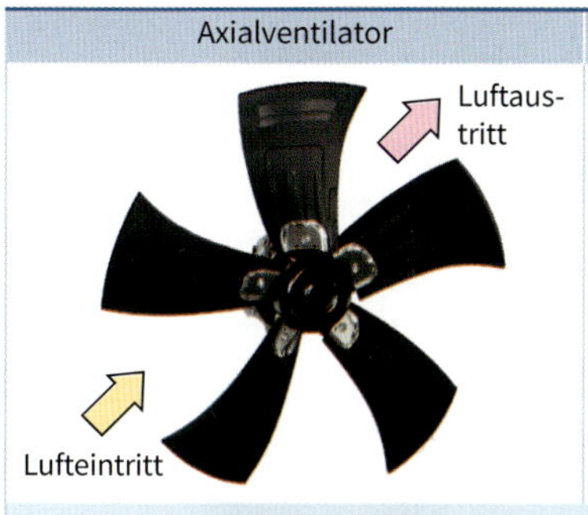	Luftaustritt Lufteintritt	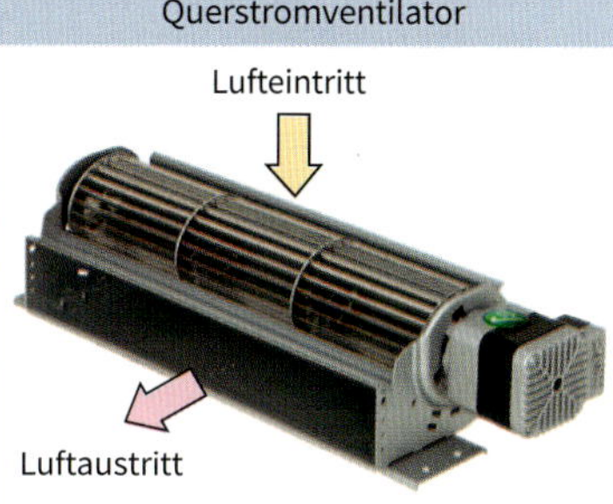
	Eigenschaften und Anwendung	
– Strömungsmedium in axialer Richtung durch das Laufrad – Hoher Volumendurchsatz – Geringere Druckerhöhung als Radialventilator – Einsatz z. B. in Kraftwerken, Bergbau, Tunnelentlüftung, Lüftungsanlagen, Schaltschrank	– Strömungsmedium rechtwinklig zur Antriebsachse durch das Laufrad – Hohe spezifische Leistung – Hohes Druckvermögen – Stabile Druck-Volumen-Kennlinie – Hoher Wirkungsgrad – Einsatz z. B. in Zementfabriken, Umwälzgebläse für Heißluft	– Strömungsmedium wird tangential angesaugt und tangential abgegeben. – Flächenmäßiger Luftaustritt – Hoher Luftdurchsatz – Niedrige Strömungsgeschwindigkeiten – Geräuscharm – Einsatz z. B. in Klimageräten

Kenngrößen[1)]

Volumenstrom Q in $m^3 \cdot h^{-1}$ ($m^3 \cdot s^{-1}$)

$$Q = \frac{V}{\Delta t}$$

Totaldruckerhöhung ΔP_t in Pa

$$\Delta P_t = \Delta P_{fa} + \Delta P_d$$

Statische Druckdifferenz[2)] ΔP_{fa} in Pa

$$\Delta P_{fa} = \Delta P_t - \Delta P_d$$

Dynamischer Druck[3)] P_d (am Ausgang) in Pa

$$P_d = 0{,}5 \cdot \varrho \cdot c^2$$

Wellenleistung P_W in W (Q in $m^3 \cdot s^{-1}$, P_t in Pa)

$$P_W = \frac{Q \cdot \Delta P_t}{\eta_{Lü}}$$

Motorleistungsaufnahme P_M in W (kW)

$$P_M = \frac{P_W}{\eta_M}$$

V: Volumen in m^3
Δt: Zeit in h
$\eta_{Lü}$: Wirkungsgrad des Lüfters
η_M: Wirkungsgrad des Motors
c: Strömungsgeschwindigkeit an der Ausgangsseite in $m \cdot s^{-1}$
ϱ: Dichte des Transportmediums in $kg \cdot m^{-3}$

1) Werte werden auf Kammerprüfstand ermittelt und in Kennlinien aufgetragen.
2) Entspricht dem Druckverlust der Anlage (Rohrreibung)
3) Strömungsverluste im Ventilator

Betriebskennlinien

Beispiel: Radialventilator, regelbar, zum Einbau in Luftkanal

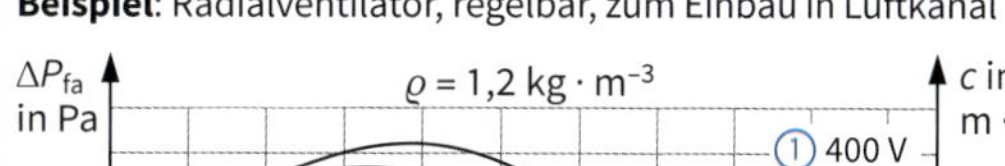
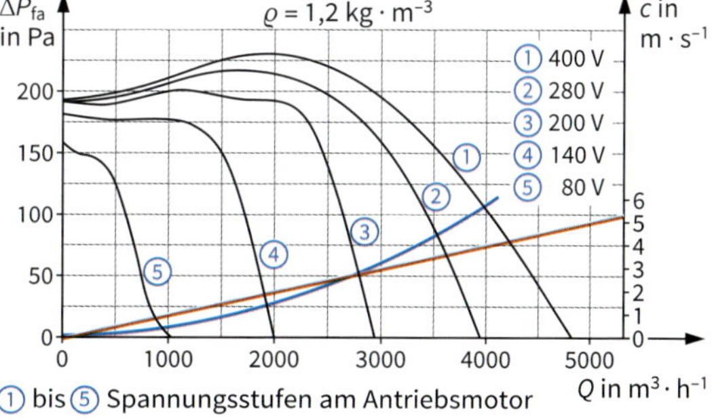

① bis ⑤ Spannungsstufen am Antriebsmotor
— Strömungsgeschwindigkeit — Anlagenkennlinie

Zuluft-Volumenstromermittlung

- Der Zuluft-Voluemenstrom wird ermittelt aus dem Raumvolumen V_R und der Luftwechselrate n.
- Die Luftwechselrate ist abhängig u. a. von der Schadstoff-, Geruchs- und Temperaturbelastung.

Beispiel: Ermittlung über Luftwechselrate

Q: Volumenstrom in $m^3 \cdot h^{-1}$
V_R: Raumvolumen in m^3
n: Luftwechselrate in h^{-1}
(z. B. Klassenraum: 5 h^{-1} bis 7 h^{-1})

$$Q = V_R \cdot n$$

Arten

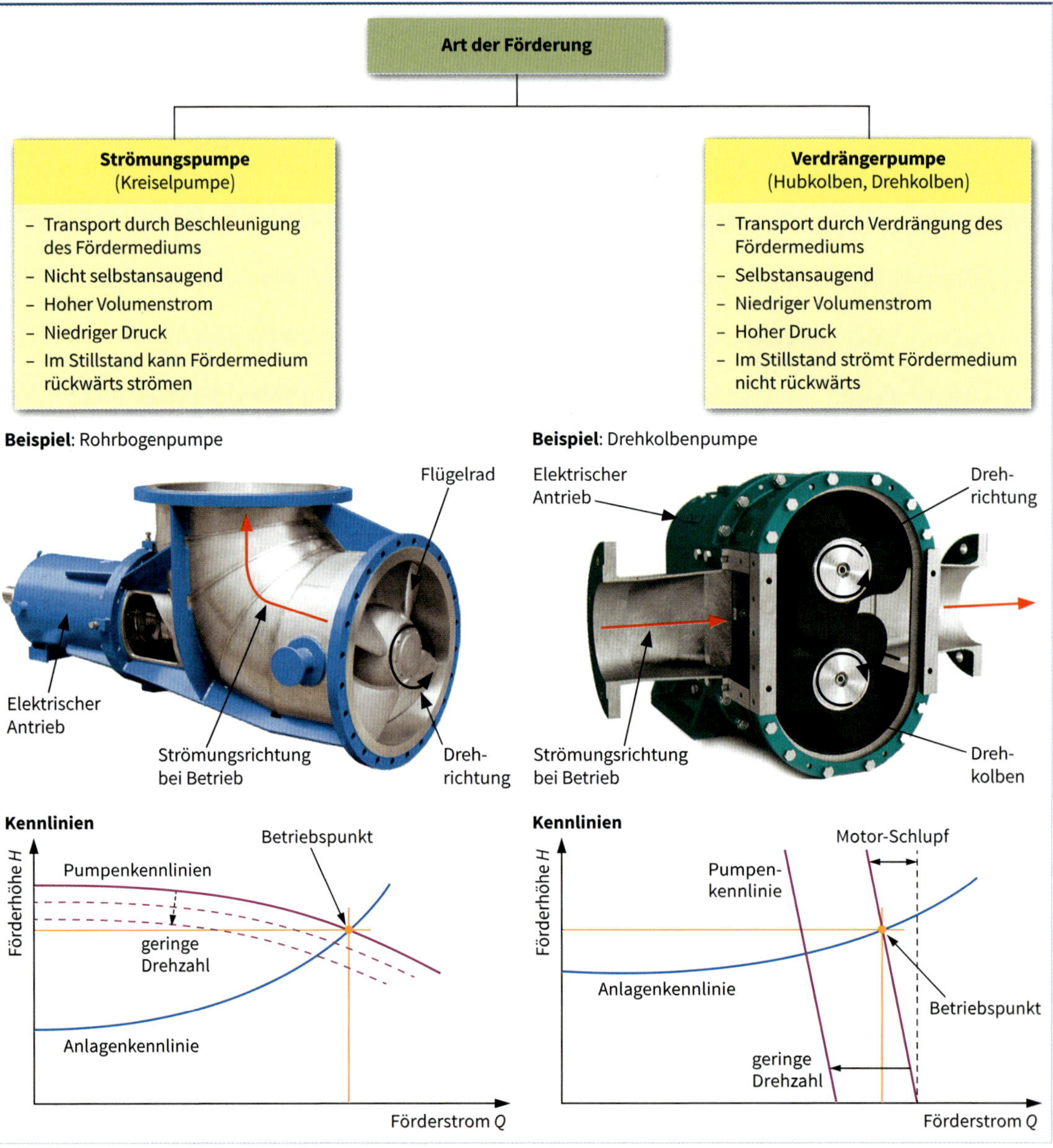

Berechnung

Leistung an der Welle	$P_{Welle} = \dfrac{\varrho \cdot g \cdot Q \cdot H}{\eta}$	
Förderhöhe	$H = H_{geo} + H_v + H_p$	
Leistung Pumpenmotor	$P_{Mot} = \dfrac{P_{Welle}}{\eta_{Mot}}$	

P_{Welle}: Wellenleistung in W (kg · m^2 · s^{-3})
ϱ: Dichte des Fördermediums in kg · m^{-3}
g: Fallbeschleunigung 9,81 m · s^{-2}
Q: Förderstrom in m^3 · s^{-1}
H: Förderhöhe in m
η: Wirkungsgrad der Pumpe
H_{geo}: Geodätischer Höhenunterschied zwischen Austritts- und Eintrittsquerschnitt in m
H_v: Druckverlusthöhe durch Reibungsverluste in m
H_p: Druckverlusthöhe bei geschlossenen Behältern in m

Kommunikationstechnik

Telekommunikation

354 Anschluss analoger Telekommunikationsgeräte

355 ISDN-Dienste und -Anschlüsse

356 Anschluss von ISDN-Geräten

357 ADSL – Asymmetric Digital Subscriber Line

358 VDSL – Very High Speed Digital Subscriber Line

Empfangs- und Verteilanlagen

359 Dämpfung, Übertragung, Pegel

360 Nachrichtenkabel (Kupfer)

361 Kabel für Kommunikationsanlagen

362 Koaxialkabel und Steckverbinder

363 Potenzialausgleich und Erdung für Kabelnetze und Antennen

364 Verkabelung in Kommunikationsanlagen

366 EMV-gerechte Kommunikationsverkabelung

367 LWL-Lichtwellenleiter

369 Laserschutz in LWL-Kommunikationssystemen

370 Digital TV

371 Breitbandkommunikation

372 Multimedia-Netze

Überwachung und Kommunikation

373 CCTV-Überwachungstechnik

375 Videokonferenzsysteme

Funk

376 Frequenz- und Wellenlängenbereiche

377 Kurzstreckenfunk

378 Bündelfunk-TETRA

TAE

TAE:

- Steckdose zum Anschluss analoger Endgeräte an das **TK**-Netz (**Tele**kommunikations-Netz).
- Für die Zulassung der Geräte ist in Deutschland die **Bundesnetzagentur** (BNetzA) zuständig.

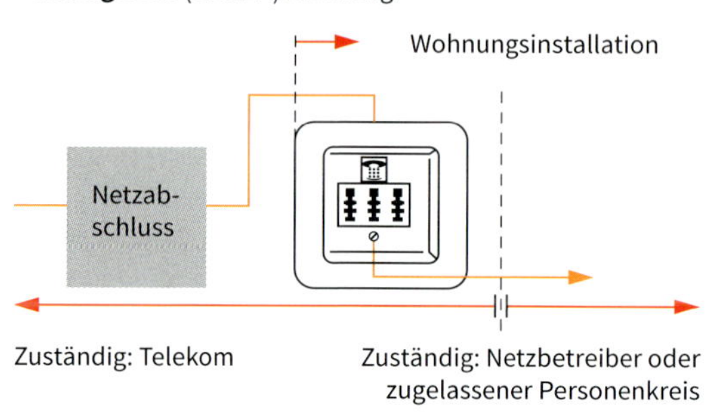

TAE 3 x 6 NFN

Mechanische Codierung:

- **N: N**icht-Fernsprechbetrieb, z. B. Anrufbeantworter, Fax, Modem
- **F: F**ernsprechbetrieb, z. B. Telefon, TK-Anlage

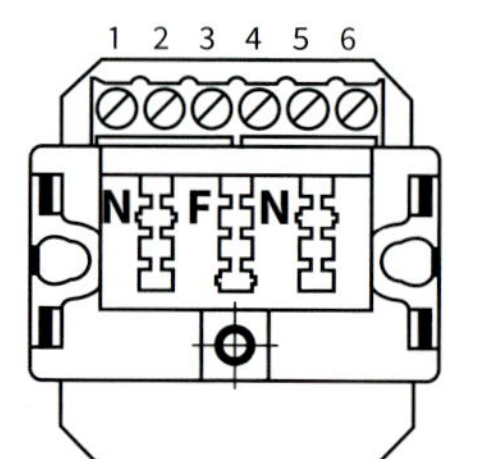

Innenschaltung der TAE 3 x 6 NFN

Durch die Stecker werden in der Dose Schalter betätigt (Schaltbuchsen), die den Signalfluss unterbrechen.

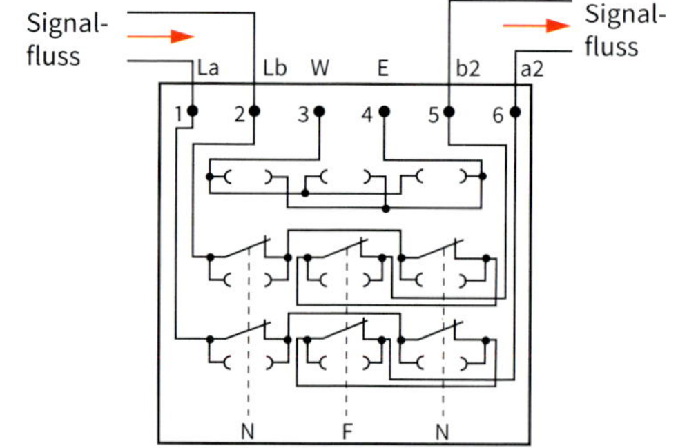

Kontakte der TAE-Stecker

Kontakt	Bedeutung der Anschlüsse	Farbe DIN 47100
1	La, a-Ader, Signalleitung	weiß (ws)
2	Lb, b-Ader, Signalleitung	braun (br)
3	W, Tonrufzweitgerät	grün (gn)
4	E, Erde, Nebenstelle	gelb (ge)
5	b2, b-Ader, Weiterführung	grau (gr)
6	a2, a-Ader, Weiterführung	rosa (rs)

TAE-Stecker

F-Codierung

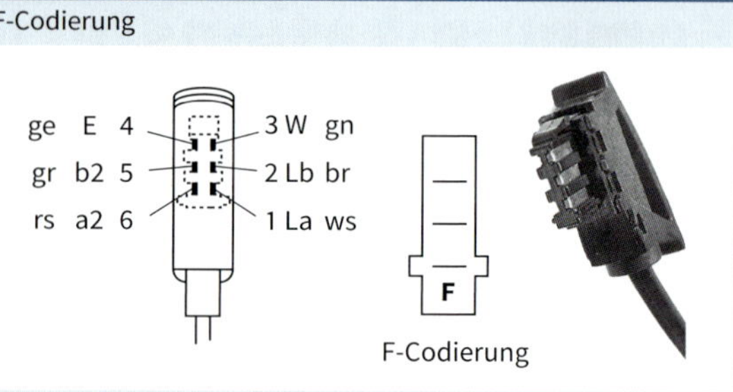

N-Codierung

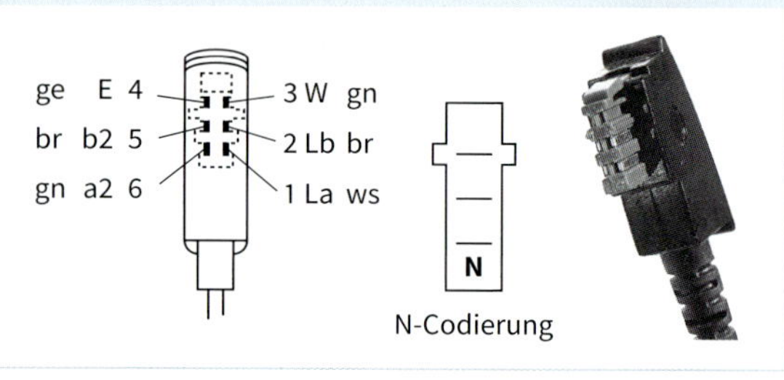

Western-Steckverbindung

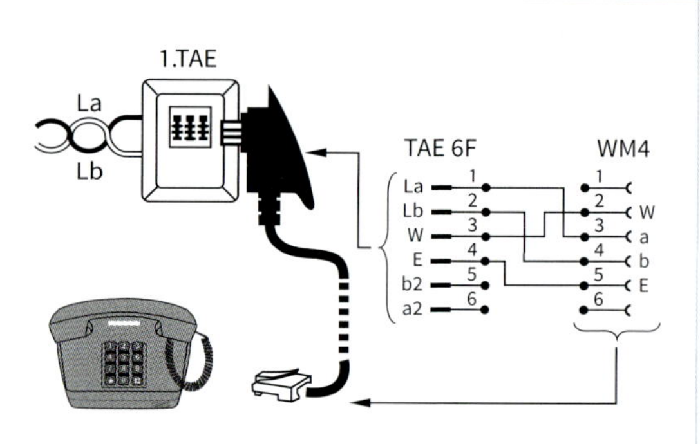

Telefonkabel (Sternvierer)

Ringcodierung bei einem Sternvierer (Farbe: Rot)

1. Paar: 1a, a-Ader, ohne Ring
1b, b-Ader, ein Ring

2. Paar: 2a, a-Ader, zwei Ringe mit großen Intervallen
2b, b-Ader, zwei Ringe mit kleinen Intervallen

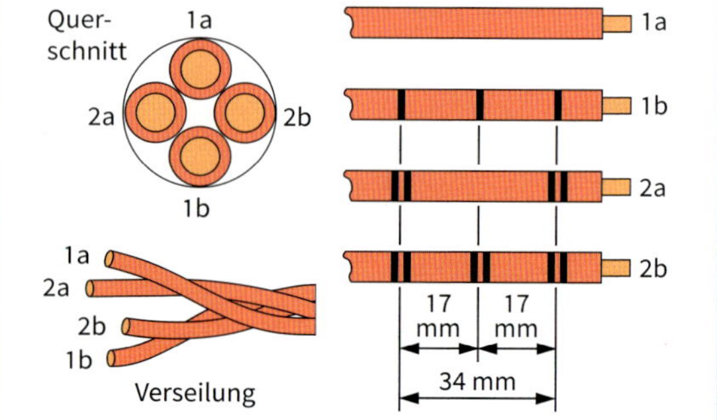

Merkmale

- Bei **ISDN** (**I**ntegrated **S**ervices **D**igital **N**etwork) handelt es sich um ein diensteintegrierendes digitales Telekommunikationsnetz für die Sprach- und Datenübertragung.
- Ab dem Jahr 1997 ist dieses System in der Bundesrepublik Deutschland flächendeckend verfügbar.
- ISDN soll durch die **IP-basierte Telekommunikation** ersetzt werden.

Basisanschluss (BaAs)

NTBA: Network **T**ermination for ISDN **B**asic **A**ccess (Netzabschlussgerät für den ISDN-Basisanschluss)

- U_{k0}: Netzseitige ISDN-Schnittstelle
- S_0: Kundenseitige ISDN-Schnittstelle
- B1, B2: Nutzkanäle mit jeweils 64 kbit/s
- D: Steuer- und Zeichengabekanal mit 16 kbit/s (DSS1-Protokoll)

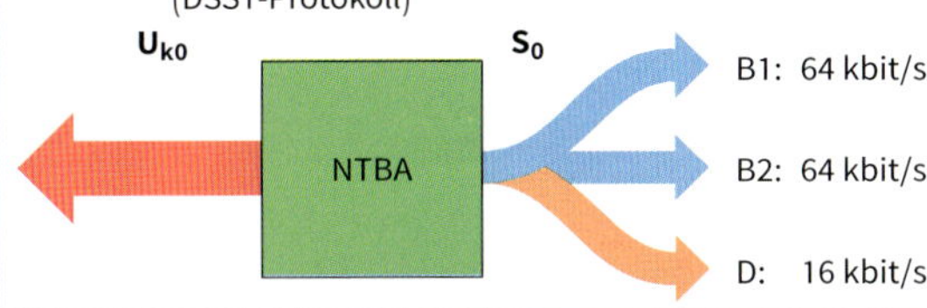

Primärmultiplexanschluss

NTPMA: Network **T**ermination for ISDN-**Prim**ary Rate **A**ccess

- U_{2M}: Netzseitige ISDN-Schnittstelle
- S_{2M}: Kundenseitige ISDN-Schnittstelle
- Synchronisationskanal mit 64 kbit/s
- B1 bis B15: Nutzkanäle mit jeweils 64 kbit/s
- B16 bis B30: Nutzkanäle mit jeweils 64 kbit/s
- D-Kanal: 64 kbit/s (DSS1-Protokoll)

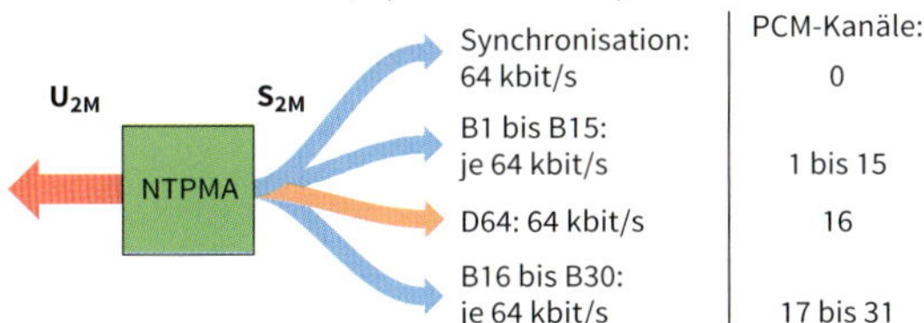

Mehrgeräteanschluss

- Bis zu zwölf Anschlusssteckdosen (IEA) können installiert werden.
- Acht ISDN-Endgeräte oder eine TK-Anlage können gleichzeitig eingesteckt/angeschlossen sein (maximal vier Telefone).
- Drei Rufnummern (**Mehrfachnummern**, **MSN: M**ultiple **S**ubscriber **N**umber) stehen zur Verfügung. Sieben weitere können beantragt werden.
- Entfernung vom NTBA zur letzten Dose: ≤ 180 m

Beispiel:

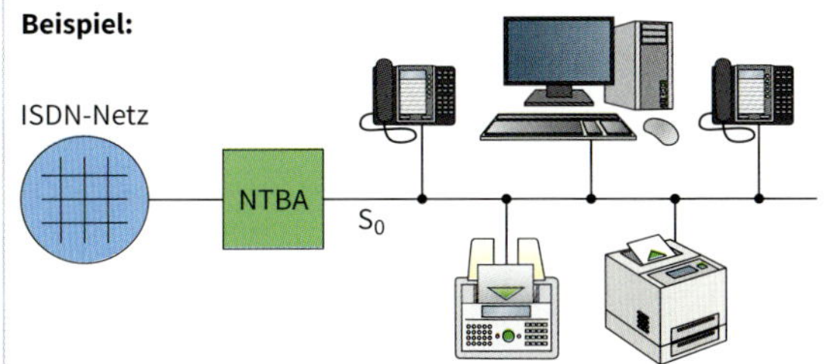

Anlagenanschluss

- Anschluss einer TK-Anlage:
  - Eine Durchwahl zu jedem Teilnehmer der Nebenstelle ist möglich.
  - Entfernung vom NTBA zur letzten Dose: ≤ 1 km
  - Keine Einschränkung der Zahl der anzuschließenden Telefone
  - Kostenlose interne Gespräche
  - Mehrere Basiskanäle sind möglich

Beispiel:

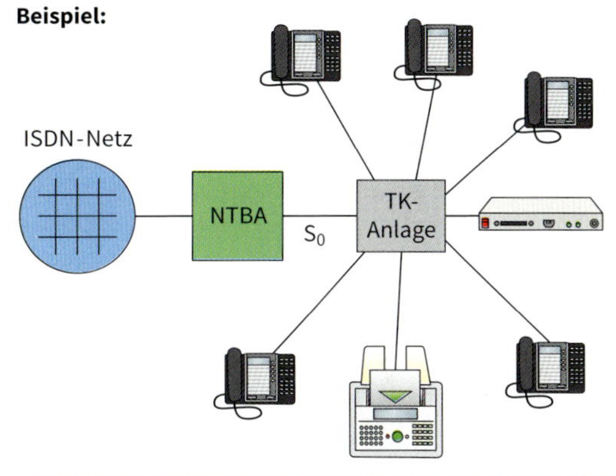

ISDN-Adapter

- Bei einem IP-basierten Telekommunikationsanschluss erfolgt die Telekommunikation über das Internetprotokoll (IP).
- Bezeichnungen dieser Art der Telekommunikation sind auch Voice-over IP (**VoIP**). Die Sprachübertragung erfolgt dabei nicht wie bei einer leitungsgebundenen Übertragung kontinuierlich, sondern in Datenpaketen.
- Diese werden auf der Empfängerseite wieder zu einem kontinuierlichen Datenstrom vereinigt. Zum Ausgleich zeitlicher Schwankungen werden Pufferspeicher verwendet.

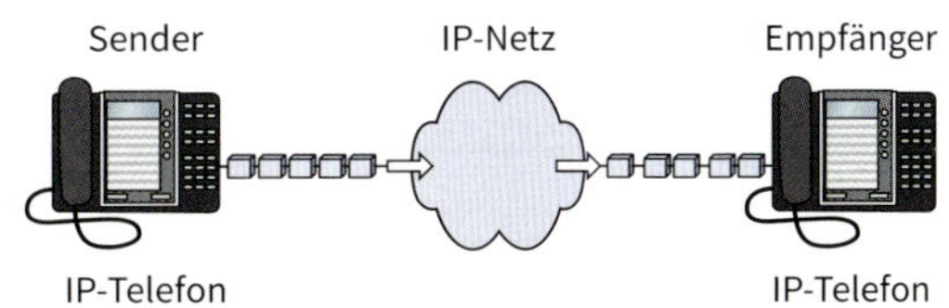

- Um die vorhandenen ISDN-Geräte weiterhin nutzen zu können, steht ein ISDN-Adapter zur Verfügung, z. B. mit zwei S_0-Bussen.

NTBA

NTBA: Network **T**ermination for ISDN **B**asic **A**ccess (Netzabschlussgerät für den ISDN-Basisanschluss)
Mit ihm erfolgt die Umsetzung der 2-Draht-Leitung in eine hausinterne 4-Draht-Leitung (S_0-Schnittstelle).

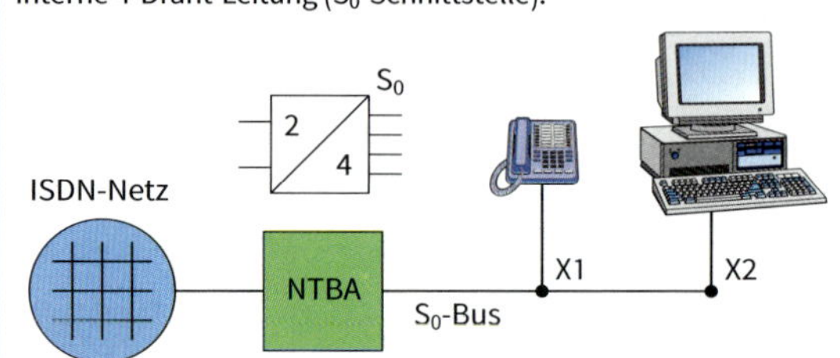

ISDN-Anschlusseinheit IAE

Beispiel: IAE 8 (4) (8-polig, 4 Buchsenkanäle)

Buchse 8 (4)
8 7 6 5 4 3 2 1
Anschluss-klemmen
4 5 3 6
S_0-Bus 1a 1b 2a 2b

S_0-Bus

- Für die Leitungsverlegung vom NTBA muss die Busstruktur eingehalten werden (s. Abb. unten).
- Leitungen:
  - 1a und 1b (Sendeleitungen)
  - 2a und 2b (Empfangsleitungen)
- Die Anschlussdosen werden mit **IAE** (**I**SDN-**A**nschluss**e**inheiten) bezeichnet.
- Zwölf IAEs sind möglich, acht ISDN-Endgeräte können gleichzeitig angeschlossen sein, zwei können gleichzeitig betrieben werden.
- Die Leitung in der letzten IAE muss mit zwei Widerständen von 100 Ω ± 5 % abgeschlossen werden.
- Die Anschlussleitung für ein Gerät darf 10 m nicht überschreiten.
- Die Gesamtlänge des Busses darf 180 m nicht überschreiten (hängt vom Leitungstyp ab).

Bus-Strukturen

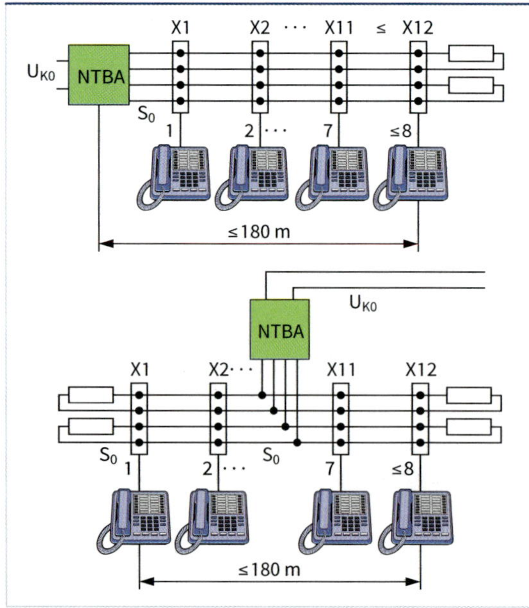

Universal-Anschlusseinheit UAE

UAE: Universal **A**nschluss**e**inheit

Beispiel: UAE 8 (4)
(8-polig, 4 Buchsenkontakte)

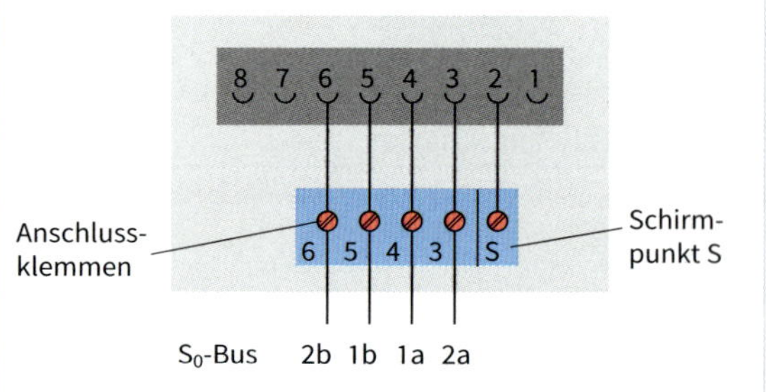

Western-Steckverbinder

- Sie wurden von der US-Telefongesellschaft Western Bell entwickelt.
- Die Steckerform entspricht einem 8-poligen Stecker, wie sie für ISDN-Geräte zum Anschluss an die IAE bzw. UAE verwendet werden.
- Andere Bezeichnung: RJ-45.
- Verwendet werden auch Stecker mit 4 (IAE-Stecker) oder 6 Kontakten.
- Vierpolige Stecker werden auch für Telefonhörer verwendet.

Belegung der Buchsenkontakte

Klemmen-Nummer	4	5	3	6
ISDN-Anschluss	1a	1b	2a	2b
Analoger Anschluss	a	b	E	W

Buchse **Stecker**

Buchsen-Formen

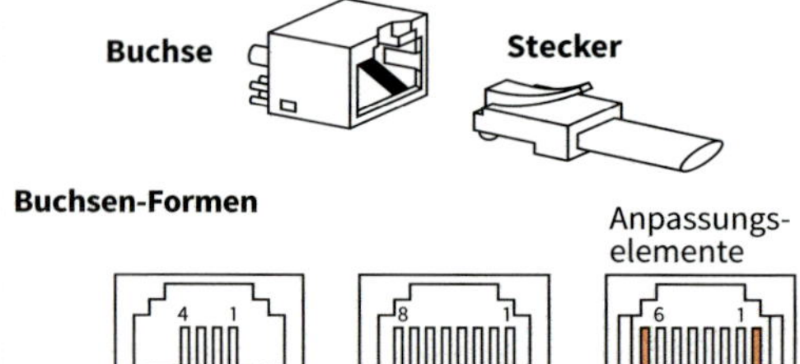

Merkmale

- Die **ADSL**-Technik (**A**symmetric **D**igital **S**ubsciber **L**ine) wird angewendet, um digitale Signale mit hoher Geschwindigkeit zu übertragen.
- Der zur Verfügung stehende Frequenzbereich wird in 224 einzelne Kanäle von jeweils 4,3 kHz unterteilt und die Daten auf einzelne Träger mit unterschiedlichen digitalen Verfahren aufgeprägt (moduliert).

  Dabei werden zwei Kanäle unterschieden:
  - **Upstream**-Kanal (Aufwärtskanal) Sendekanal vom Teilnehmer
  - **Downstream**-Kanal (Abwärtskanal) Empfangskanal zum Teilnehmer

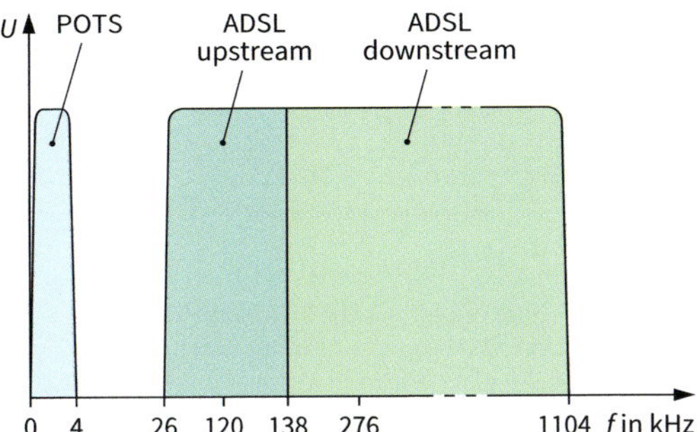

- Mit **POTS** (**P**lain **O**ld **T**elephone **S**ervice) wird der Frequenzbereich für analoge Sprachsignale bezeichnet.
- Für die jeweils angewendete Technik werden vom Netzbetreiber Datenübertragungsraten angegeben. Diese sind jedoch nicht konstant. Sie hängen im Wesentlichen ab von der
  - Leitungsdämpfung,
  - Entfernung des Nutzers bis zur Vermittlungsstelle und
  - induktiven Signalübertragung zwischen den Leitungen (Übersprechen).

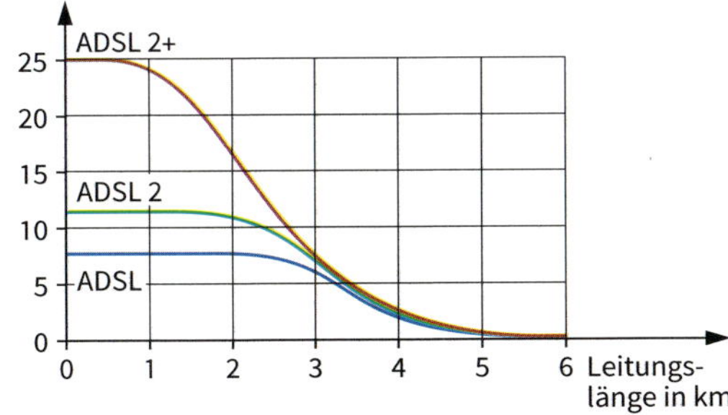

- Da unterschiedliche Frequenzbereiche verarbeitet werden müssen, setzt man Weichen ein, die als **Splitter** oder **B**reit**b**and**a**nschluss**e**inheit bezeichnet werden (**BBAE**).
- Auf der Teilnehmerseite wird ein DSL-Modem verwendet, das heute häufig in einem Router integriert ist.
- Das Modem wird auch als **NTBBA** (**N**etzwerk**t**erminationspunkt **B**reit**b**and**a**ngebot) bezeichnet und ist der Netzabschluss (Netzschnittstelle) des Betreibers. Die im NTBBA enthaltenen elektronischen Schaltungen setzen die DSL-Signale von der Netzschnittstelle auf eine für den PC geeignete Schnittstelle um (Modulation bzw. Demodulation).

DSL-Installation mit externen Komponenten

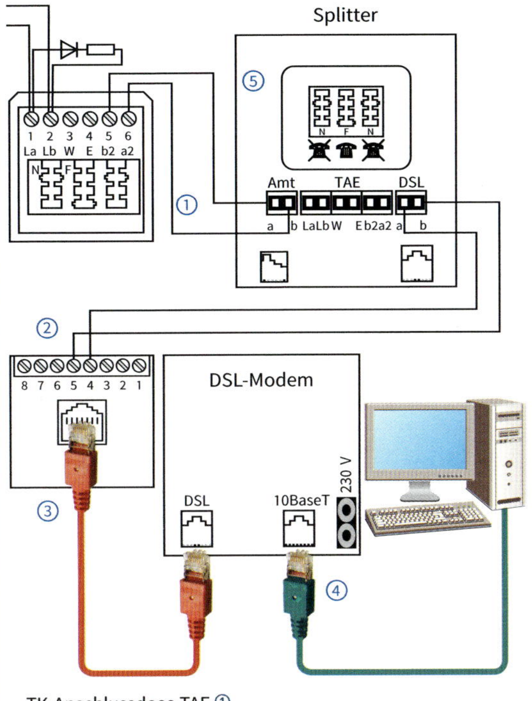

- TK-Anschlussdose TAE ①
- Verbindungsleitung ②
- Datensteckdose RJ45 ③
- DSL-Modem ④
- Splitter ⑤

DSL-Installation mit Router

Technische Weiterentwicklungen haben zu einer höher integrierten Gerätetechnik geführt, sodass nur noch ein IP-basierter Anschluss und ein Router erforderlich sind.

Routerbeispiel:
- IP-basierter TK-Anschluss (TAE) ①
- Integrierter WLAN-Router ②
- Glasfaser-Anschluss ③
- DECT-Basisstation
- Analogtelefon-Anschluss ④
- Ethernet-LAN-Anschlüsse (1 Gbit/s und 100 Mbit/s) ⑤
- USB-Anschluss für Drucker oder Speichermedien ⑥
- UMTS-Zugang über USB-Modem bei DSL-Ausfall

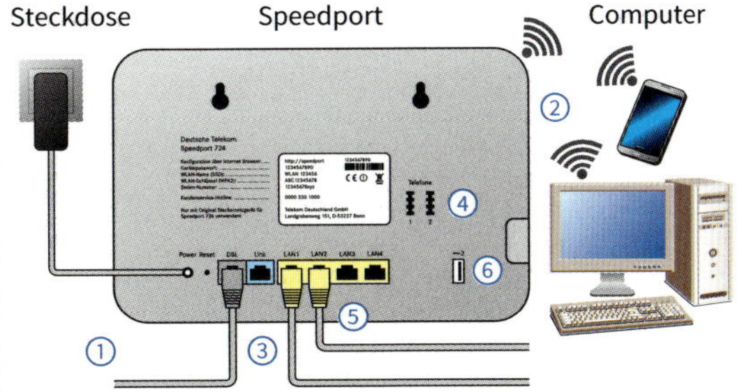

Merkmale

- VDSL-Techniken werden besonders in hybriden Netzen (Glasfaser-/Kupferkabelnetzen) für Datenraten bis 100 Mbit/s bei Downstream (Downlink) und Upstream (Uplink) eingesetzt.
- Die Datenrate von 100 Mbit/s ist ein theoretischer Wert ①. Die tatsächliche Datenrate hängt von der Entfernung sowie von der Länge und Qualität der Kupferleitung vom Kabelverzweiger ② bis zum Teilnehmeranschluss ab.

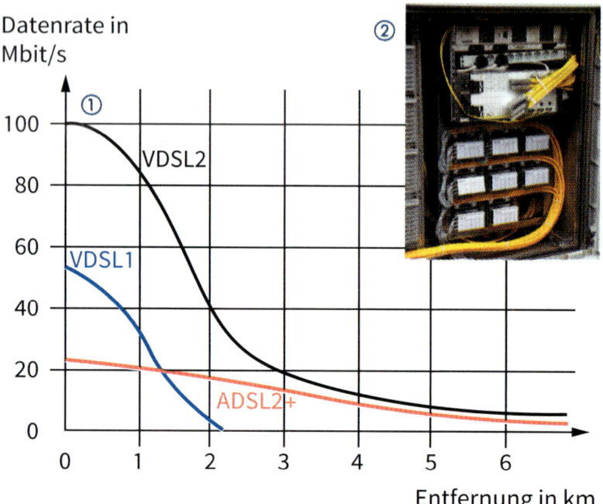

- Das schnelle VDSL-Übertragunsverfahren wird auch als Breitband-Internet bezeichnet und bei **Triple Play** eingesetzt (gemeinsames Angebot von Internet, Telefonie (VoIP) und Fernsehen (IPTV)).
- VDSL1 hat sich in Deutschland nicht durchgesetzt. Es ist nicht kompatibel zu VDSL2.
- VDSL2 reicht bis zum Frequenzbereich von 30 MHz, ist zu ADSL, ADSL2 und ADSL2+ abwärtskompatibel und kann mit symmetrischer oder asymmetrischer Übertragung arbeiten.
- Die symmetrische Übertragung wird vor allem von Unternehmen genutzt, die nicht nur Informationen aus dem Internet beziehen, sondern auch als Informationsanbieter agieren.

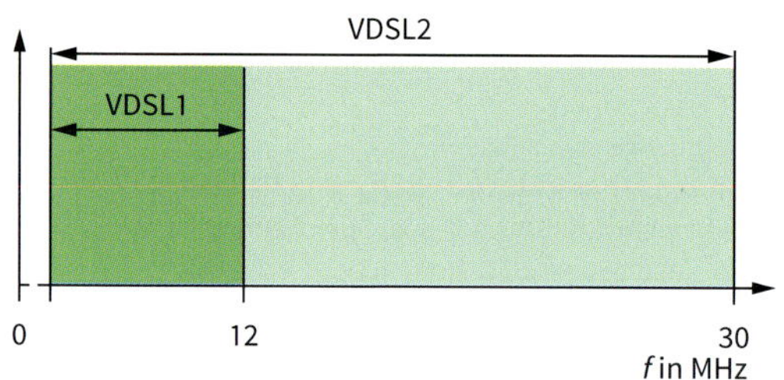

- VDSL2 ermöglicht garantierte Datenraten (**QoS: Q**uality **o**f **S**ervice).
- Das Netz wird vorwiegend in Baumstruktur aufgebaut. Die DSL-Vermittlungsstelle (**DSLAM: D**igital **S**ubscriber **L**ine **A**ccess **M**ultiplexer) befindet sich nicht in der Ortsvermittlungsstelle, sondern in den Kabelverzweigern (KVz, Ortsverteiler), z. B. am Straßenrand (FTTC).
- Ein DSLAM kann ca. 100 Haushalte versorgen.

VDSL-Profile und Frequenzen

- In den Profilen sind u. a. die Grenzfrequenz, der Trägerabstand und die Signalstärke definiert.
- Der Netzbetreiber legt sein jeweiliges Profil fest.
- Zusätzlich zum Profil gibt es einen Frequenzbandplan, in dem die gemeinsame Nutzung der Frequenzen mit POTS, ISDN, ADSL … festgelegt ist.

Profil	Bandbreite in MHz	Anzahl der genutzten Frequenzen ③	Frequenzabstand in kHz ④	Übertragungspegel in dBm[2]	Max. Datenrate ⑤ [1]
8a	8,832	2047	4,3125	+ 17,5	50
8b	8,832	2047	4,3125	+ 20,5	50
8c	8,5	1971	4,3125	+ 11,5	50
8d	8,832	2047	4,3125	+ 14,5	50
12a	12	2782	4,3125	+ 14,5	68
12b	12	2782	4,3125	+ 14,5	68
17a	17,6604	4096	4,3125	+ 14,5	100
30a	30	3478	8,625	+ 14,5	200

[1] symmetrisch [2] dB Milliwatt

- Die Modulation erfolgt mit **DMT** (**D**iscrete **M**ultitone **T**ransmission, **QAM: Q**uadratur**a**mplituden**m**odulation). Dabei wird der genutzte Frequenzbereich in bis zu 4096 Träger unterteilt ③. Die Bandbreite beträgt 4,3125 bzw. 8,625 kHz ④.
- Der gesamte Frequenzbereich wird in unterschiedliche Downstream- und Upstream-Bereiche aufgeteilt ⑤.
- In Deutschland wird der Frequenzbereich bis mindestens 138 kHz für POTS (analoges Telefon) und ISDN ausgeblendet, um gegenseitige Störungen zu vermeiden.

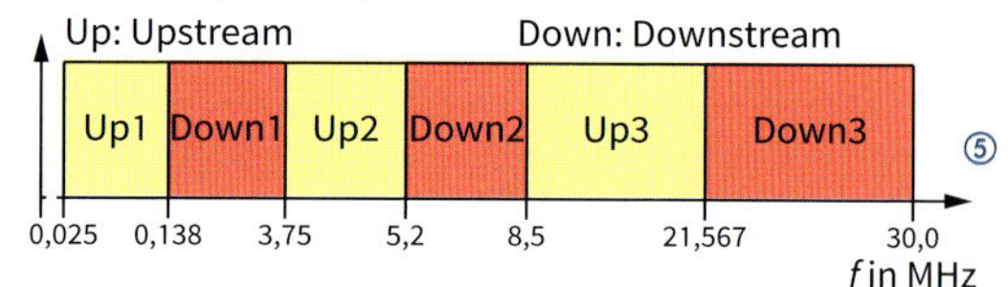

Netzarchitekturen

- **FTTN** (**F**iber-**t**o-**t**he-**n**ode, node: Knoten)
  Das Glasfaserkabel ist weit entfernt vom Endkunden, bis zu mehreren Kilometern.
- **FTTC** (**F**iber-**t**o-**t**he-**c**abinet, cabinet: Schrank)
  Das Glasfaserkabel endet in einer Straße (am Bürgersteig), typischerweise 300 m von dem Standort des Kunden. Die endgültige Anschlussleitung ist aus Kupfer (städtischer Bereich ⑥).
- **FTTP** (**F**iber-**t**o-**t**he-**p**remises, premises: Gelände)
  Glasfaserkabel reicht bis zum Gelände
- **FTTB** (**F**iber-**t**o-**t**he-**b**uilding, building: Gebäude)
  Glasfaserkabel reicht bis zur Grenze des Gebäudes
- **FTTH** (**F**iber-**t**o-**t**he-**h**ome, home: Wohnraum)
  Glasfaserkabel reicht bis zur Grenze des Wohnraums ⑦

ca. 1700 m | ca. 300 m | Endkunde
Kabelverzweiger | Endverzweiger
Teilnehmervermittlungsstelle für Hauptverteiler
Glasfaser | Kupferkabel ⑥ | ADSL
Glasfaser | Glasfaser für VDSL | Kupferkabel | FTTC
Glasfaser ⑦ | FTTH

Dämpfungs- und Übertragungsfaktoren

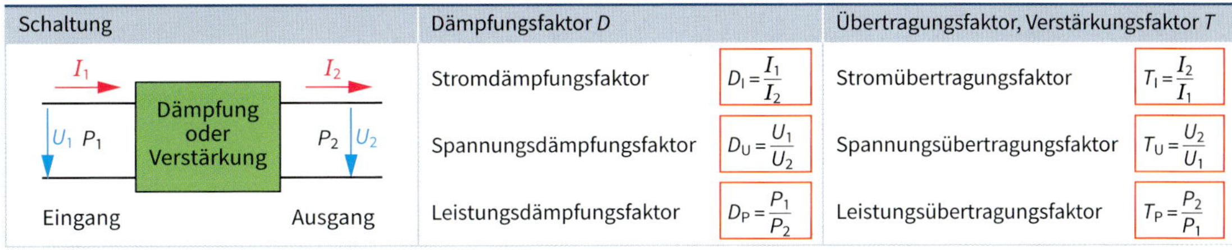

Schaltung	Dämpfungsfaktor D		Übertragungsfaktor, Verstärkungsfaktor T	
	Stromdämpfungsfaktor	$D_I = \frac{I_1}{I_2}$	Stromübertragungsfaktor	$T_I = \frac{I_2}{I_1}$
	Spannungsdämpfungsfaktor	$D_U = \frac{U_1}{U_2}$	Spannungsübertragungsfaktor	$T_U = \frac{U_2}{U_1}$
	Leistungsdämpfungsfaktor	$D_P = \frac{P_1}{P_2}$	Leistungsübertragungsfaktor	$T_P = \frac{P_2}{P_1}$

Dämpfungs- und Übertragungsmaße

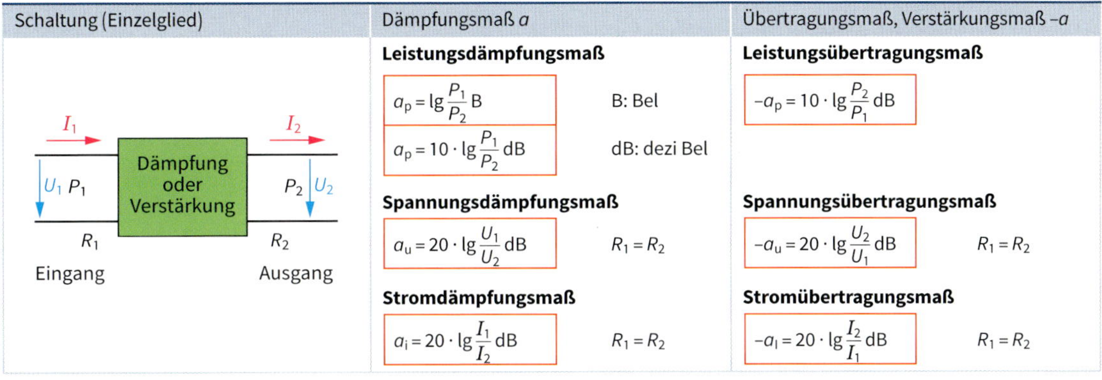

Schaltung (Einzelglied)	Dämpfungsmaß a		Übertragungsmaß, Verstärkungsmaß $-a$	
	Leistungsdämpfungsmaß		**Leistungsübertragungsmaß**	
	$a_p = \lg \frac{P_1}{P_2}$ B	B: Bel	$-a_p = 10 \cdot \lg \frac{P_2}{P_1}$ dB	
	$a_p = 10 \cdot \lg \frac{P_1}{P_2}$ dB	dB: dezi Bel		
	Spannungsdämpfungsmaß		**Spannungsübertragungsmaß**	
	$a_u = 20 \cdot \lg \frac{U_1}{U_2}$ dB	$R_1 = R_2$	$-a_u = 20 \cdot \lg \frac{U_2}{U_1}$ dB	$R_1 = R_2$
	Stromdämpfungsmaß		**Stromübertragungsmaß**	
	$a_i = 20 \cdot \lg \frac{I_1}{I_2}$ dB	$R_1 = R_2$	$-a_I = 20 \cdot \lg \frac{I_2}{I_1}$ dB	$R_1 = R_2$

Zusammenhang zwischen Dämpfungsfaktoren und Dämpfungsmaßen

Dämpfungsmaß in dB	a	0	1	3	6	10	20	30	40
Leistungsdämpfungsfaktor	D_p	0	1,26	2	4	10	100	1000	10000
Spannungsdämpfungsfaktor	D_u	1	1,12	1,41	2	3,16	10	31,6	100

Absoluter Pegel L_{abs}

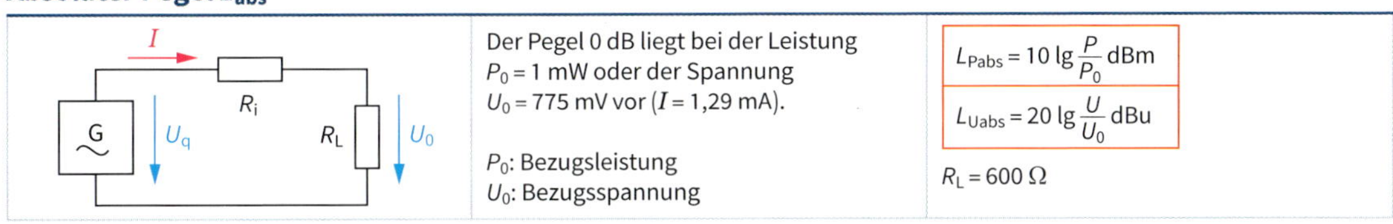

Der Pegel 0 dB liegt bei der Leistung $P_0 = 1$ mW oder der Spannung $U_0 = 775$ mV vor ($I = 1{,}29$ mA).

P_0: Bezugsleistung
U_0: Bezugsspannung

$$L_{Pabs} = 10 \lg \frac{P}{P_0} \text{ dBm}$$

$$L_{Uabs} = 20 \lg \frac{U}{U_0} \text{ dBu}$$

$R_L = 600\ \Omega$

Pegelplan

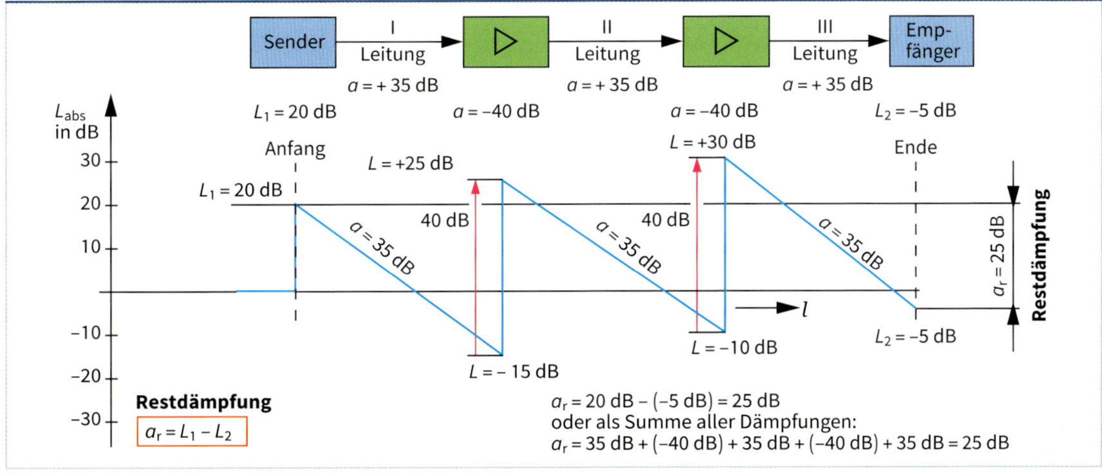

Übertragungseigenschaften

Niedrige Frequenzen	Hohe Frequenzen
▪ Die Übertragungseigenschaften sind bestimmt durch – **Leiterwiderstand**, – **Isolationswiderstand** und – **Betriebskapazität**. ▪ Der Leiterwiderstand ist abhängig von – dem Leiterquerschnitt, – der Leiterlänge und – der Qualität des Kupfers. ▪ Der Isolationswiderstand – wird bestimmt durch den verwendeten Isolierstoff und – wird kleiner bei zunehmender Länge. ▪ Die Betriebskapazität – ergibt sich aus den Kapazitäten der Einzeladern untereinander und gegen den Kabelschirm und – steigt linear mit der Kabellänge (längenabhängig).	Bei hohen Frequenzen sind zu berücksichtigen: ▪ **Wellenwiderstand**: Setzt sich u. a. zusammen aus Kapazitäts- und Induktivitätsbelag der Leitung und ist unabhängig von der Leitungslänge. ▪ **Leitungsdämpfung**: Ist abhängig von Leiterwiderstand und Betriebskapazität und nimmt linear mit der Leitungslänge zu. ▪ **Nebensprechen**: Entsteht durch die gegenseitige Beeinflussung benachbarter Adernpaare durch Induktionsspannungen und ist abhängig von der Frequenz, jedoch unabhängig von der Leitungslänge. ▪ **Übersprechdämpfung** (**ACR: A**ttenuation **C**ross **R**atio): Ist das Verhältnis des Nutzsignalpegels am Empfängereingang zum Störpegel. ▪ **Erdunsymmetrie**: Wird verursacht durch mechanische Unsymmetrien im Kabel oder unterschiedliche Wirkwiderstände.

Beeinflussungen und Gefährdungen

- Nachrichtenkabel werden beeinflusst durch Überspannungen in Energieanlagen, Blitzeinschlag, Feuchtigkeit und Bränden.
- **Gefährdende elektrische Beeinflussungen** in unsymmetrischen Kreisen von Kabeln (Leiter gegen Erde) werden hervorgerufen durch **Langzeiteinflüsse** (z. B. dauernde Betriebsströme von Bahnanlagen) und/oder **Kurzzeiteinflüsse** (z. B. Erdkurzschlüsse in Energieanlagen).
- **Störende elektrische Beeinflussungen** treten in symmetrischen Kreisen (Leiter gegen Leiter) des Nachrichtenkabels auf.
- Grundlage für **gefährdende** und **störende** Beeinflussung sind **induktive Kopplungen** bei Parallelführung von Energiekabeln oder galvanische Kopplung (gleiche Leitungsabschnitte).
- **Kapazitive Kopplungen** sind für geschirmte Nachrichtenkabel unkritisch, für Fernmeldefreileitungen jedoch möglich.
- **Fremd-** und **Geräuschspannungen** sind **niederfrequente Störungen**.
- **Fremdspannungen** bestehen aus einem Frequenzgemisch mit Oberschwingungen und Grundschwingungen. Es handelt sich um die **effektive Spannungssumme** aus allen Amplituden. Gestört werden hauptsächlich **Signalkreise**.
- Bei **Geräuschspannungen** werden alle Frequenzanteile entsprechend der Empfindlichkeit des menschlichen Ohres im Zusammenhang mit der Übertragungscharakteristik des Fernhörers betrachtet (Bezugsfrequenz ist 800 Hz).
- **Hochfrequente Störungen** entstehen durch Sendeanlagen oder Schaltvorgänge (z. B. Thyristorschalter).
- Für Kabelanlagen sind **Grenzwerte für die zulässigen Beeinflussungsspannungen** zum Schutz von Personen und entsprechende Schutzmaßnahmen festgelegt.

Beeinflussungsspannungen

Gefährdende Spannungen nach	DIN VDE 0845	ITU K.21
Langzeitbeeinflussung von Nachrichtenkreisen ohne Abschluss durch Trennübertrager	65 V	60 V
Langzeitbeeinflussung von Nachrichtenkreisen mit Abschluss durch Trennübertrager	250 V	150 V
Kurzzeitbeeinflussung (max. 0,5 s) von Nachrichtenkreisen mit spannungssicheren Abschlusskreisen	300 V (öffentl. Netze)/500 V	430 V
Bewertete Störspannung		
Fernsprechkreise des öffentlichen Verkehrs	0,5 mV	0,5 mV
Fernsprechkreise des nichtöffentlichen Verkehrs	2,5 mV	2,5 mV

Brandverhalten

Aspekt	Deutsche Norm	Internationale Norm
Einaderbrennprüfung	DIN EN 60332	IEC 60332
Einkabelbrennprüfung	DIN EN 60332	IEC 60332
Mehrkabelbrennprüfung	DIN EN 60322	IEC 60332
Entstehende Gase (Halogenwasserstoffsäure)	DIN EN 607541-1	IEC 60754
Entstehende Gase (Azidität)	DIN EN 60754-2	IEC 69754
Messung der Rauchdichte	DIN EN 61034-1-2	IEC 61034
Analytisch-toxokologische Prüfung	DIN 53436	IEC 60695-7
Isolationserhalt	DIN VDE 0472-814	IEC 60331

Verwendung

- Installationskabel mit statischer Abschirmung für Sprechstellen, Signal- und Messdatenübertragung; Inneninstallation in trockenen und feuchten Räumen
- Im Freien zur festen Verlegung an Außenwänden von Gebäuden

Beispiel: J-Y(St)Y...Lg

- Schaltkabel mit statischer Abschirmung als Verbindungskabel zwischen Sprechstellen
- Übertragung von Nachrichten und Steuersignalen im Niederfrequenzbereich

Beispiel: S-Y(St)Y...Bd

Kurzzeichen

Bd: Bündelverseilung
J: Installationskabel
Lg: Lagenverseilung
S: Schaltkabel
(St): Statischer Schirm
Y: Isolierhülle oder Mantel aus PVC

Kabelaufbau

Beispiel: Installationskabel J-Y(St)Y 6x2x0,8 Lg

- **Lagenverseilung:**
  - 6 Leiterpaare, Kupfer mit $d = 0{,}8$ mm
  - ein Paar bildet einen Leitungskreis (Schleife)
- **Kennzeichnung der Paare:**
  - a-Ader beim ersten Paar (Zählpaar) in jeder Lage rot, bei allen anderen Paaren weiß
  - b-Ader in weiterer Reihenfolge blau, gelb, grün, braun, schwarz

Lagenverseilung

Zahl der Doppeladern	Zahl der Paare in Lage					
	1	2	3	4	5	6
2	2					
4	4					
6	6					
10	2	8				
16	5	11				
20	1	6	13			
24	2	8	14			
30	4	10	16			
40	1	7	13	19		
50	4	10	15	21		
60	1	6	12	18	23	
80	4	10	16	22	28	
100	2	8	14	20	25	31

Eigenschaften

Typ	J-Y(St)Y...Lg		S-Y(St)Y...Bd
d in mm	0,6	0,8	0,6
Leiterwiderstand in Ω/km	Schleife		
	130	73,2	130
Isolationswiderstand in MΩ/km	100		
Mindestbiegeradius mal d_{Kabel} z. B. $2{,}5 \cdot 0{,}6$ mm $= 1{,}5$ mm	einmal Biegen ohne Zug 2,5 mehrmals Biegen unter Zug 7,5		bei Verlegung 7,5
Prüfwechselspannung U bei 50 Hz	Ader gegen Ader: 800 V Ader gegen Schirm: 800 V		

Verseilelemente

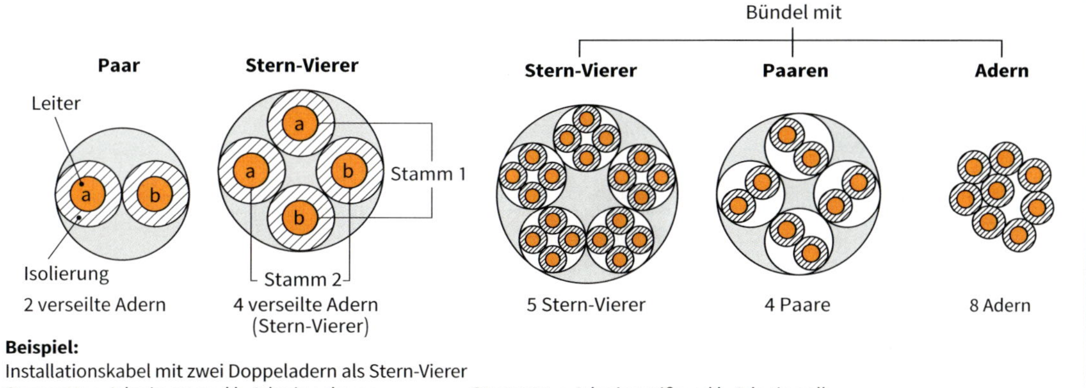

Beispiel:
Installationskabel mit zwei Doppeladern als Stern-Vierer
Stamm 1: a-Ader in rot und b-Ader in schwarz
Stamm 2: a-Ader in weiß und b-Ader in gelb

Verwendung

Verwendung		Hausverlegung					Außenverlegung	Erdkabel
Koaxialkabel Impedanz 75 Ω								
Innenleiter	Ø in mm	0,75 Cu	0,4 Staku	1,13 Cu	0,75 Cu	1,13 Cu	1,63 Cu	1,1 Cu
Isolation	Ø in mm	3,2 Cell-PE	2,65 PE	4,8 Cell-PE	4,8 PE	4,8 Cell-PE	7,2 Cell-PE	7,25 PE
Außenleiter	Ø in mm	3,8 Al + CuSn[1]	3,3 Al + CuSn[1]	5,3 Al + CuSn[1]	5,5 Al + CuSn[1]	5,3 Al + CuSn[1]	7,9 Al + CuSn[1]	7,5 Cu
Außenmantel	Ø in mm	5,0 PVC weiß	4,1 PVC weiß	6,8 PVC weiß	6,8 PVC weiß	6,8 PE schwarz	10,4 PE schwarz	10,2 PE schwarz
Kupferanteil	in kg/km	10,6	3,6	14,0	8,3	30,0	42,0	41,0
Biegeradius	in mm	≥ 25	≥ 30	≥ 35	≥ 35	≥ 35	≥ 50	≥ 110
Dämpfung in dB/100 m bei 20 °C	5 MHz	2	4	1	3	1	1	1
	50 MHz	7	10	4	6	4	3	4
	100 MHz	9	15	6	9	6	4	5
	450 MHz	18	32	13	19	12	9	12
	1000 MHz	28	48	21	29	19	14	19
	2050 MHz	40	72	31	43	28	21	30
	3000 MHz	50	88	39	53	36	28	–
Gleichstromwiderstand in Ω/km		≤ 90	≤ 375	≤ 45	≤ 100	≤ 30	≤ 20	≤ 25,5
Schirmungsmaß in dB	47–108 MHz	≥ 70	≥ 70	≥ 75	≥ 70	≥ 90	≥ 90	≥ 90
	108–470 MHz	≥ 75	≥ 75	≥ 75	≥ 75			
	1000–2400 MHz	≥ 65	≥ 65	≥ 65	≥ 65			

[1] Folie beidseitig mit Aluminium beschichtet + verzinntes Kupfergeflecht
[2] **IEC: I**nternational **E**lectrotechnical **C**ommission

F-Stecker

schraubbar	crimpbar

IEC-Stecker[2]

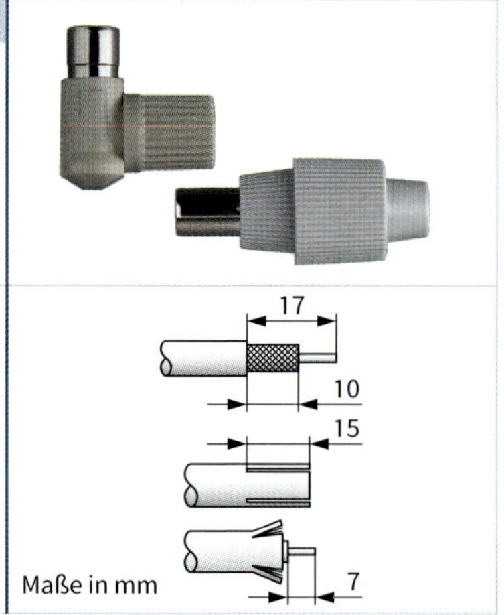

Maße in mm

Vorschriften

- DIN EN 50083-1 und DIN EN 50083-1/A1 (VDE 0855 Teil1 und Teil1/A1)
  Kabelnetze für Fernsehsignale, Tonsignale und interaktive Dienste
  (Leitfaden für Potenzialausgleich in vernetzten Systemen)
  Teil 1: Sicherheitsanforderungen
- DIN EN 60728-11: 2005-10 (VDE 0855-1)
  Kabelnetze und Antennen für Fernsehsignale, Tonsignale und interaktive Dienste
  Teil 11: Sicherheitsanforderungen (Einzelempfangsanlagen (z. B. Satellitenantenne), Verteilanlagen (z. B. Gemeinschaftsantennenanlagen), Großgemeinschaftsantennenanlagen, Satelliten-Gemeinschaftsantennenanlagen, Breitbandkabel mit allen Netzebenen bis zum Signaleingang des Empfängers
- DIN EN 62305 (VDE 0185-305: 2006): 2006-10
  Blitzschutznorm

Antennenbereiche

- **Geschützter Bereich**
  Die Erdung kann entfallen, wenn
  - die Antenne mehr als 2 m unterhalb der Dacheindeckung oder Dachkante liegt und weniger als 1,5 m vom Gebäude herausragt
  - oder wenn sich die Antenne innerhalb des Gebäudes befindet.

  Metallene Teile (z. B. Leitungsabschirmungen) sollten mit dem Potenzialausgleich verbunden werden ①.

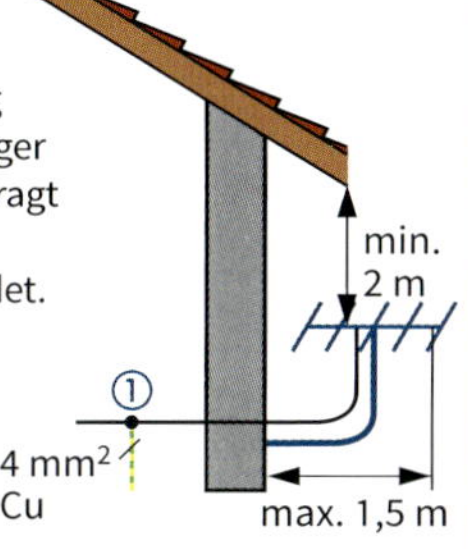

- **Außenbereich**
  - Bei Gebäuden mit einer Blitzschutzanlage muss die Antennenanlage in das Blitzschutzkonzept einbezogen werden.
  - Bei Gebäuden ohne Blitzschutzanlage sind der Mast ② und Kabelabschirmungen ③ zu erden (Erdungsleitungen s. Tabelle rechte Spalte).
  - Kabelabschirmungen und alle metallenen Teile der Antennenanlage (Gehäuse von Verteilern, Multischalter usw.) sind über einen Potenzialausgleichsleiter (≥ 4 mm²) mit dem Schutzpotenzialausgleich des Gebäudes zu verbinden (Haupterdungsschiene ④).

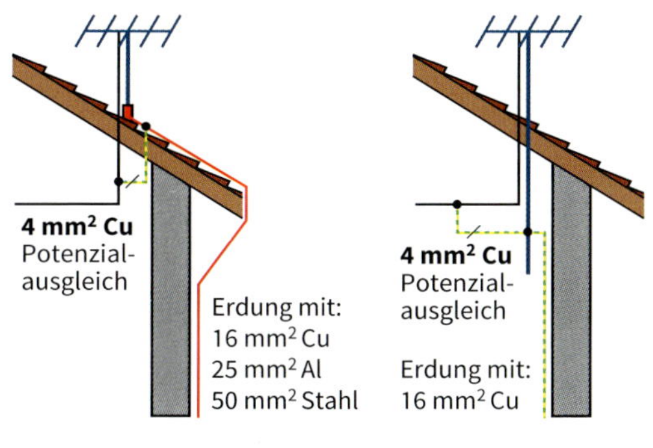

Beispiel

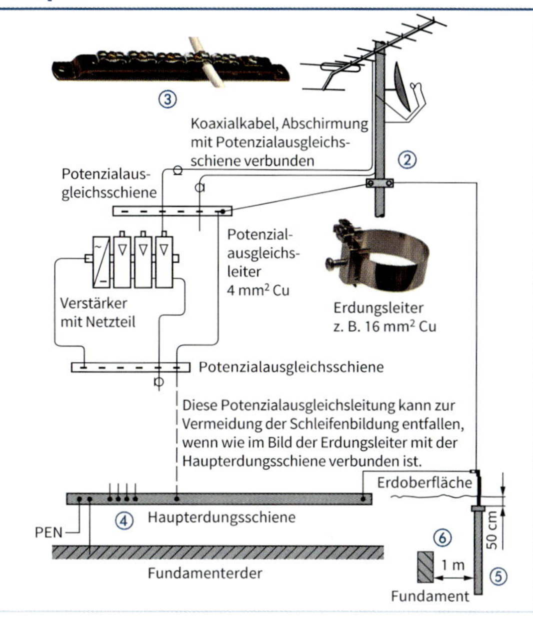

Erdungs- und Schutzpotenzialausgleichsleiter

Erdungsleiter			
Material	Querschnitt	Durchmesser	Beschaffenheit
Kupfer[1]	≥ 16 mm²	≥ 4,6 mm	blank oder isoliert
Aluminium[2]	≥ 25 mm²	≥ 5,7 mm	
Aluminium	≥ 50 mm²	≥ 8,0 mm	Knet-Legierung
Stahldraht Stahlband	– 2,5 x 20 mm	≥ 8,0 mm	verzinkt verzinkt
Schutzpotenzialausgleichsleiter			
Kupfer[3]	mind. 4 mm²	2,3 mm	blank oder isoliert

Beispiele: [1] H 07 V-U, H 07 V-R (NYA); [2] NAYY, NYM
[3] H07 V-U (NYA)

Erdungsanlage

- **Mindestquerschnitte der Erder**
  - Kupfer: 50 mm²
  - Stahl: 80 mm², bevorzugt verzinkter Bandstahl (30 x 3,5 mm), Kreuzerder ⑤ (50 x 50 x 3 mm) oder Tiefenerder (20 mm)
- **Aufbau** (Beispiele)
  - Ein Erder von mindestens 2,5 m Länge wird vertikal oder schräg im Erdreich verlegt; Abstand vom Fundament 1 m ⑥.
  - Zwei Erder von mindestens 1,5 m Länge werden in 3 m Abstand senkrecht im Erdreich verlegt; Abstand vom Fundament 1,5 m.
  - Zwei Erder von mindestens 2,5 m Länge werden horizontal mit einem Winkel von 60°, 0,5 m tief und mindestens 1 m vom Fundament entfernt verlegt.

Anwendungsbereich

- Die DIN EN Normen 50174 beschreiben die technischen Regeln zur Verkabelung von
  - informationstechnischen Kommunikationskabelanlagen (Cat 5, Cat 6 oder Cat 7) und
  - anwendungsneutralen Kommunikationsverkabelungen für Sprache und Daten.

Kabelführung

- Anforderungen:
  - **Räumliche Trennung** der unterschiedlichen Kabelsysteme muss dauerhaft erhalten bleiben.
  - **Instandhaltung** muss ohne Gefahr möglich sein.
  - Kabelwege müssen **frei zugänglich** sein.
  - Ausreichend Raum für **Kabelvorratslängen** einplanen.
  - Bei der **Erstbelegung** mit Kabeln sollen höchstens 40 % der nutzbaren Fläche belegt werden.
  - **minimale Biegeradien *r*** einhalten:
    4-paarige symmetrische Kabel: $r = 8 \cdot d$
    LWL oder Koaxialkabel: $r = 10 \cdot d$
    Andere metallene Datenkabel: $r = 8 \cdot d$

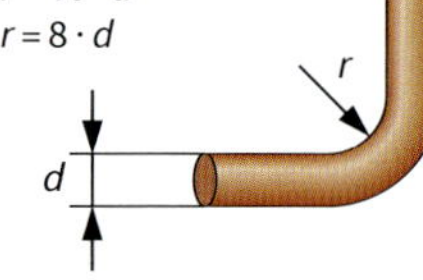

- **Stapelhöhe *h*** der Kabel in Kabelwegsystemen:
  a) mit kontinuierlicher Auflagefläche (z. B. Wannen)

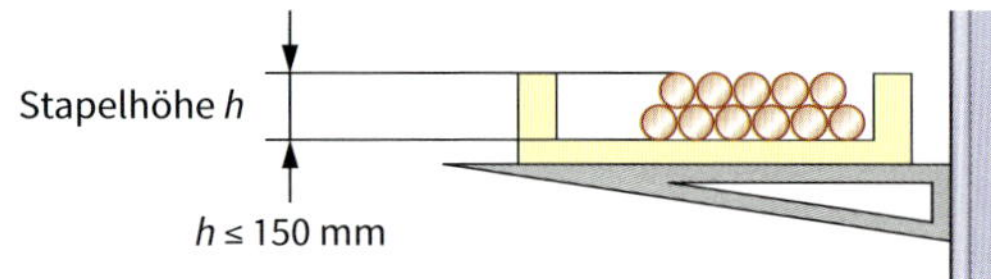

  b) ohne kontinuierliche Auflagefläche (z. B. Haken, Körbe)

Stapelhöhe ohne kontinuierliche Auflagefläche					
Befestigungsabstand l in mm	100	150	250	500	750
h in mm	140	136	128	111	98

Mindesttrennabstände zu Stromversorgungskabeln

- Informationstechnische Kabel und Stromversorgungskabel sollen durch **Mindesttrennanforderung *A*** voneinander getrennt verlegt werden.
- Die Mindesttrennanforderung ist abhängig vom **Mindesttrennabstand *S*** und dem **Faktor *P*** für die Stromversorgungskabel.

$$A = S \cdot P \qquad A, S \text{ in mm}$$

1. Bestimmung der Trennklasse

Trennklasse von STP/UTP Datenkabel und unsymmetrischen Kabeln	
Kabelkategorie	Trennklasse
Kategorie 7 nach DIN EN 50173-1	d
Kategorie 6 nach DIN EN 50173-1	c
Kategorie 5 nach DIN EN 50174-1	b
Kabel mit einer Dämpfung < 40 dB	a[1]

[1] Trennklasse a ist zu wählen, wenn die Kabelqualität bzw. Vielfalt und Art der Verkabelung unbekannt ist.

2. Bestimmung des Mindesttrennabstands

Mindesttrennabstand S in nm				
Trennklasse	Trennung ohne Barrieren	offener metallener Kabelkanal	Lochblechkanal	massiver metallener Kabelkanal
d	10	8	5	0
c	50	38	25	0
b	100	75	50	0
a	300	225	150	0

3. Bestimmung des Faktors *P*

Für den Faktor P wird die Anzahl der einphasigen 230 V Stromkreise mit $I_n \leq 20$ A zugrunde gelegt:
- Dreiphasige Kabel zählen wie drei einphasige und
- Kabel mit $I_n > 20$ A werden als Vielfache von 20 A behandelt.

Beispiel:
3 Drehstromkabel mit $I_n = 63$ A zählen wie 27 Stromkreise mit je 20 A
3 Kabel · 3 Außenleiter · 3 (20 A-Vielfache) = 27

Mindesttrennabstand S in nm			
Anzahl der Stromkreise	Faktor P	Anzahl der Stromkreise	Faktor P
1 bis 3	0,2	16 bis 30	2,0
4 bis 6	0,4	31 bis 45	3,0
7 bis 9	0,6	46 bis 60	4,0
10 bis 12	0,8	61 bis 75	5,0
13 bis 15	1,0	> 75	6,0

4. Technische Umsetzung

Der Trennstab ist durch Trennsteg oder Lagefixierung (z. B. durch Kabelbinder) zu erreichen.

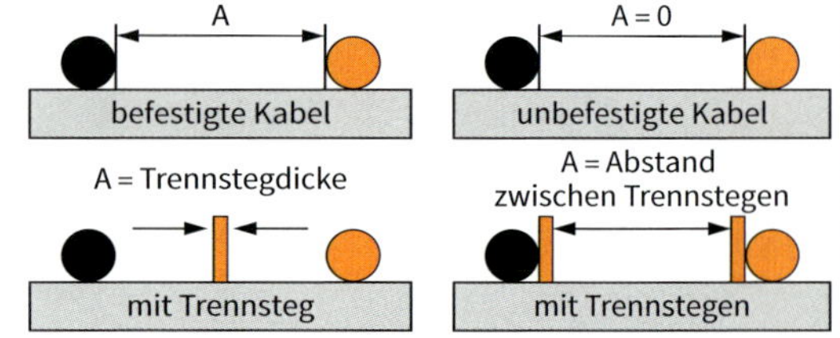

Normen

- **DIN EN 50173-1: 2011-09**

  Anwendungsneutrale Kommunikationverkabelungen

  Teil 1: Allgemeine Anforderungen

Beiblatt 1 zu DIN EN 50173-1: 2008-05 Verkabelungsleitfaden zur Unterstützung von 10 GBASE-T	DIN EN 50173-2: 2011-09 Bürogebäude
DIN EN 50173-3: 2011-09 Industriell genutzte Standorte	DIN EN 50173-4: 2013-04 Wohnungen
Beiblatt 1 zu DIN EN 50173-4: 2011-06 Realisierung von RuK-Netzanwendungen mit Verkabelung nach EN 50173-4	Beiblatt 2 zu DIN EN 50173-4: 2013-04 Infrastruktur von Heimverkabelungen bis zu 50 m Länge zur gleichzeitigen oder nichtgleichzeitigen Bereitstellung von Netzanwendungen
DIN EN 50173-5: 2013-04 Rechenzentren	DIN EN 50173-6: 2014-05 Verteilte Gebäudedienste

- **DIN EN 50174-1: 2015-02 (VDE 0800-174-1)**

  Informationstechnik – Installation von Kommunikationsverkabelung

  Teil 1: Installationsspezifikation und Qualitätssicherung

- **DIN EN 50174-2: 2015-02 (VDE 0800-174-2)**

  Informationstechnik – Installation von Kommunikationsverkabelung

  Teil 2: Installationsplanung und -praktiken in Gebäuden

- **DIN EN 50174-3: 2014-05 (VDE 0800-174-2)**

  Informationstechnik – Installation von Kommunikationsverkabelung

  Teil 3: Installationsplanung und -praktiken in Gebäuden

- **DIN EN 50346: 2010-02**

  Informationstechnik – Installation von Kommunikationsverkabelung

  Prüfen von installierter Verkabelung

- **DIN EN 50310: 2017-02 (VDE 0800-2-310)**

  Telekommunikationstechnische Potentialausgleichsanlagen für Gebäude und andere Strukturen

- USA-Standards, EIA/TIA 568

  EIA: **E**lectronics **I**ndustry **A**ssociation

  TIA: **T**elecommunications **I**ndustry **A**ssociation

  Der internationale Standard ist weitestgehend in die DIN EN 50173 übernommen worden.

Tertiäre Verkabelung

- Der Tertiärbereich umfasst einzelne Etagen (Etagenverkabelung). Unterschieden werden
  - Verkabelungsstrecken (**Permanent Links**) und
  - Übertragungsstrecken (**Channel Links**).
- Die **Verkabelungsstrecke** beinhaltet das festverlegte Kommunikationskabel und reicht vom Rangierfeld bis zur Anschlussdose.
  Kabellänge 15 m bis maximal 90 m.
- Für die **Übertragungsstrecke** wird zusätzlich zur Verkabelungsstrecke an beiden Enden noch jeweils ein Anschlusskabel hinzugerechnet. Die Anschlusskabel dürfen dabei maximal 5 m lang sein. Insgesamt ergibt sich für die Übertragungsstrecke eine Länge von maximal 100 m.

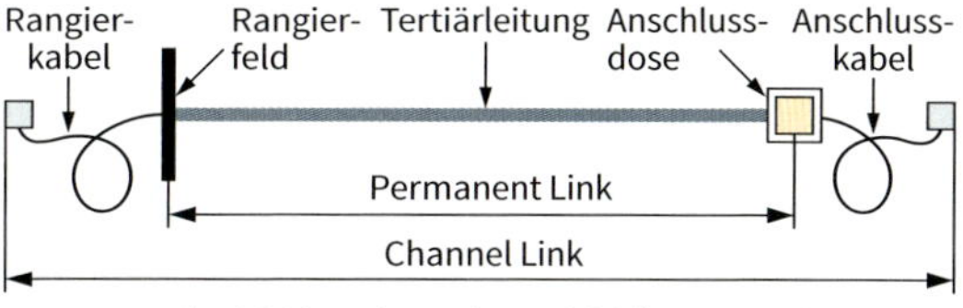

- Das **Rangierfeld** (Patchpanel, Patchfeld) ist ein Verbindungselement (Steckfeld) für Netzwerkkabel.

Klassifizierungssysteme

Komponenten für die Verkabelung müssen bestimmten Qualitätsanforderungen genügen. Hersteller ordnen dazu ihre Komponenten in Klassifizierungssysteme (kurz: Klassen) ein.

- Mit einer **Link-Klasse** wird das Übertragungsverhalten einer kompletten Übertragungstrecke spezifiziert (Ende-zu-Ende-Verbindung).
  EIA/TIA 568: Categorie (**Cat**)
- DIN EN 50173-1: Kabel und Anschlusskomponenten werden in Kategorien **Kat** 1 bis **Kat** 8 eingeteilt.
- ISO/IEC 11801: TP-Kabel (Twisted Pair) werden eingeteilt in Klassen A bis D.

Zusammenhänge

f in Hz bis …	Categorie EIA/TIA 568	DIN EN 50173-1	
		Klasse Strecke	Kategorie Komponente
100	Cat 5, 5e	Klasse D	Kat 5
250	Cat 6	Klasse E	Kat 6
500	Cat 6a	Klasse E_A	Kat 6_A
600	Cat 7	Klasse F	Kat 7
1000	Cat 7a	Klasse F_A	Kat 7_A
1600 – 2000	Cat 8	Klasse F erweitert	Kat 8.1
2000			Kat 8.2

Geschirmte Kabel und Leitungen

- Bei metallenen **Kabelführungssystemen** bieten die inneren Ecken die größte elektromagnetische Schirmwirkung. Hohe Seitenwände vergrößern den Schutz.
- Der **Schirm** muss
  - in der ganzen Länge durchgängig sein,
  - an beiden Enden angeschlossen sein und
  - einen möglichst geringen Kopplungswiderstand besitzen.
- Der Anschluss des Schirms zum Potentialausgleich muss beidseitig erfolgen.
- **Schirmanschlüsse** sind großflächig auszuführen.
- Durch die notwendige Luftzirkulation kann es durch **elektrostatische Entladungen** zu Gefährdungen kommen. Deshalb sind alle teilweise leitfähigen und nichtmetallenen Kabelführungssysteme untereinander und mit dem Potenzialausgleich zu verbinden.

Gemeinsamer Potenzialausgleich

- Mit einem gemeinsamen Potenzialausgleich (**CBN**: **C**ommon **B**onding **N**etwork) wird
  - der Schutz vor elektrischen Gefahren sichergestellt und
  - ein einwandfreies Signal-Bezugspotenzial zwischen allen informationstechnischen Komponenten hergestellt.
- Am besten geeignet sind untereinander vermaschte Potenzialausgleichsanlagen (**MESH-BN**: **Mesh**ed **B**onding **N**etwork).
- Die Schirme der informationstechnischen Kabel sind mit möglichst **kurzen Verbindungen** an die Haupterdungsklemme oder Potenzialausgleichsschiene (**MET**: **M**ain **E**arthing **T**erminal) des Gebäudes anzuschließen.
- Bei großen Anlagen kann die Potenzialausgleichsschiene zu einem Potentialgleiter erweitert werden.
- Alle metallenen Schränke, Gestellreihen, Kabelpritschen, Kabelwannen usw. sind in den **Potenzialausgleich** einzubeziehen. Dabei sind Leitungen mit einer möglichst großen Oberfläche (nicht Querschnitt) wichtig, weil hochfrequente Ströme nicht durch den gesamten Leiterquerschnitt, sondern überwiegend an der Oberfläche des Leiters fließen (**Skin-Effekt**).

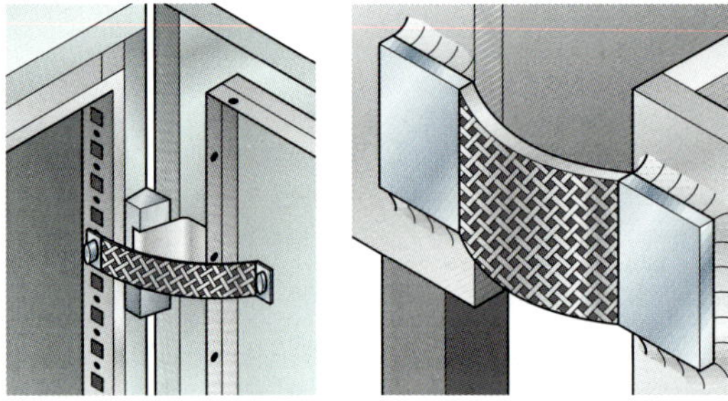

- Die Farbe des **Funktionspotenzialausgleichs** darf nicht grün/gelb sein. Blanke Formstücke oder Metallbänder können verwendet werden.

Anschluss des Schutzleiters

- Geeignete Energieversorgungssysteme für Anlagen mit Kommunikationsverkabelung sind das
  - **TN-S-System** und
  - **TT-System**.
- Beim TN-S-System erfolgt die Erdung des Neutralleiters nur an einer einzigen Stelle des Versorgungssystems. Damit ist sichergestellt, dass die Betriebsströme nur in den Außenleitern und dem Neutralleiter des Systems fließen.
- **Stromverläufe im TN-S-System**

I_1 und I_2 Betriebsströme der EDV-Geräte

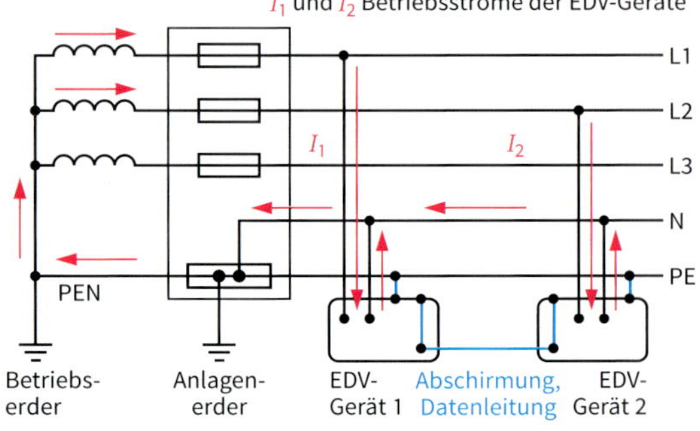

- **Stromverläufe im TT-System**

I_1 und I_2 Betriebsströme der EDV-Geräte

L1
L2
L3
N
PE
I_1
I_2
Betriebs-erder
Anlagen-erder
EDV-Gerät 1
Abschirmung, Datenleitung
EDV-Gerät 2

- In Gebäuden mit einem TN-C-System und informationstechnischen Anlagen können unkontrollierte Ströme über den Potenzialausgleich, die Kabelschirme oder sonstige leitfähige Verbindungen fließen.
- **Stromverläufe im TN-C-System**

I_1 und I_2 Betriebsströme der EDV-Geräte
I_A Ausgleichsströme über die Abschirmungen der Datenleitungen und über den Potentialausgleich

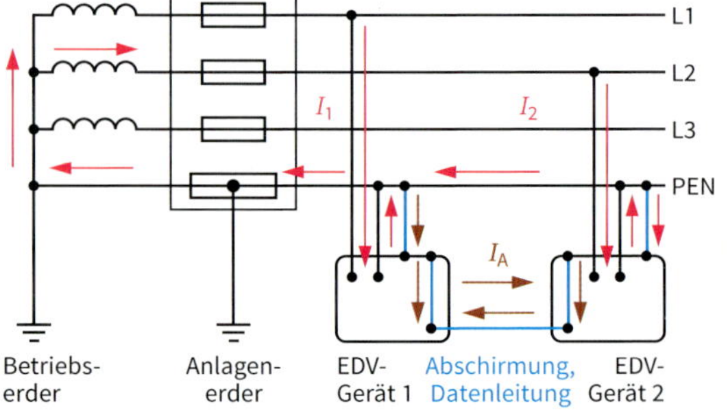

Aufbau und Kenndaten

Modenausbreitung

Mehrmoden-Stufenfaser

Stufenindex-Profil

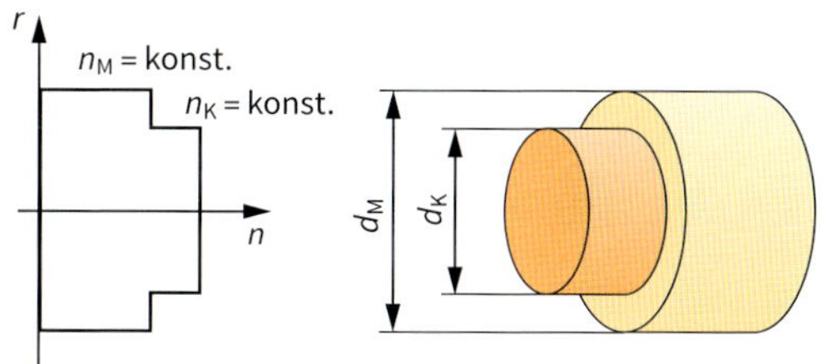

Typische Werte:
n_M = 1,517 (Mantel)
n_K = 1,527 (Kern)

n: Brechzahl

Typische Werte:
d_K: 100 µm, 200 µm, 400 µm

d_M: 200 µm, 300 µm, 500 µm

Multimode

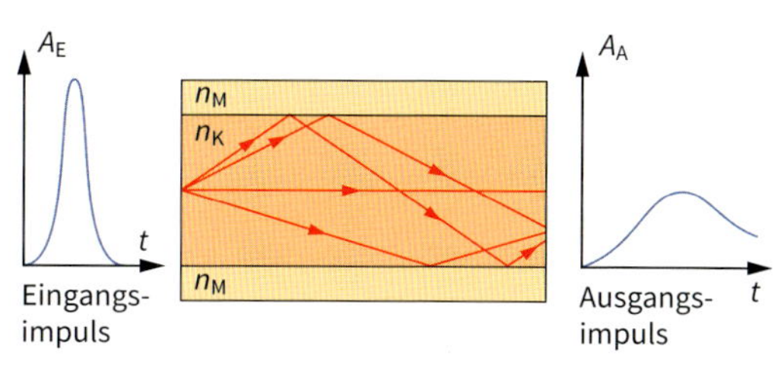

- Große Laufzeitunterschiede der Lichtstrahlen
- Starke Impulsverbreiterung
- Bandbreite–Reichweite–Produkt
  $B \cdot l > 100$ MHz · km
- Einsatzbereich: Kurzstrecken, in Gebäuden

Mehrmoden-Gradientenfaser

Gradientenindex-Profil

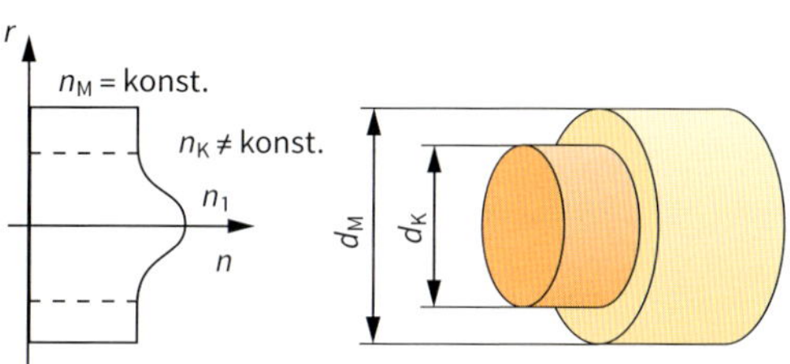

Typische Werte:
n_M = 1,417 (Mantel)
n_K = 1,457 (Kern)

Typische Werte:
d_K = 50 εm
d_M = 125 εm

Multimode

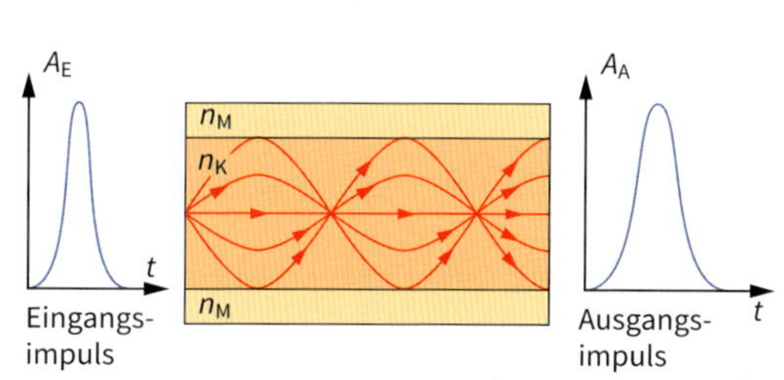

- Geringe Laufzeitunterschiede der Lichtstrahlen
- Geringe Impulsverbreiterung
  $B \cdot l > 1$ GHz · km
- Einsatzbereich: Ortsnetz, Bezirksnetz

Einmoden-Stufenfaser

Stufenindex-Profil

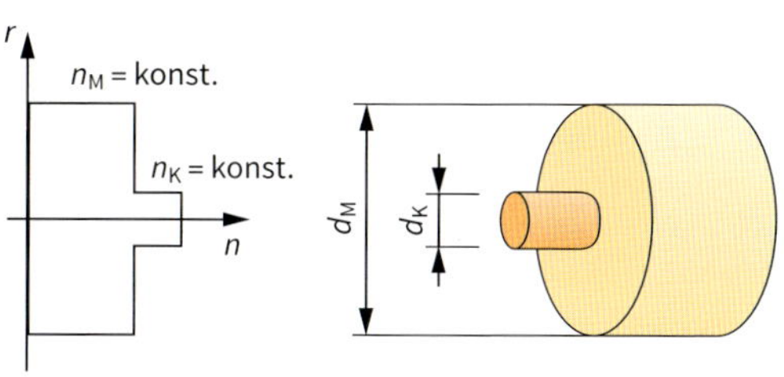

Typische Werte:
n_M = 1,417 (Mantel)
n_K = 1,457 (Kern)

Typische Werte:
d_K = 10 µm
d_M = 125 µm

Singlemode

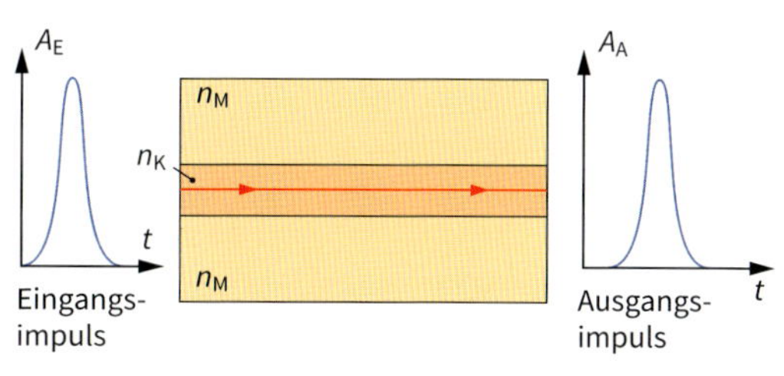

- Keine Laufzeitunterschiede, da nur eine Ausbreitungsrichtung
- Formtreue Impulsübertragung
  $B \cdot l > 10$ GHz · km
- Einsatzbereich: Fernverkehr

Aufbau

Anwendungen	Beispiel	Aufbau
▪ Verbindung zwischen Endverteilern und/oder Endgeräten ▪ kurze Übertragungswege ▪ direkte Steckermontage möglich (häufig vorkonfektioniert)	Duplex-Patchkabel (innen) ④ ③ ② ①	① LWL-Faser mit Primärcoating (Primärbeschichtung) ② Sekundärcoating ③ Zugentlastung (Aramid oder Glasfaser) ④ Außenmantel (ggf. mit Nagetierschutz) ⑤ nummerierter Mantel ⑥ Polyesterfolie ⑦ LWL-Faserbündel mit Primärcoating ⑧ mit Gel gefüllte Zentralbündelader
▪ Verbindung zwischen Haupt- und Nebenverteiler ▪ direkte Steckermontage je Faser möglich ▪ aufspleißbar für Kabelendverteiler	Breakout-Innenkabel mit Kompaktadern ④ ⑥ ⑤ ③ ② ①	
▪ Telekommunikations-/Kabelfernsehanwendung ▪ Computernetzwerke ▪ große Entfernungen/Datenmengen	Zentral-Bündeladerkabel (außen) ④ ③ ⑧ ⑦	

Kurzbezeichnung

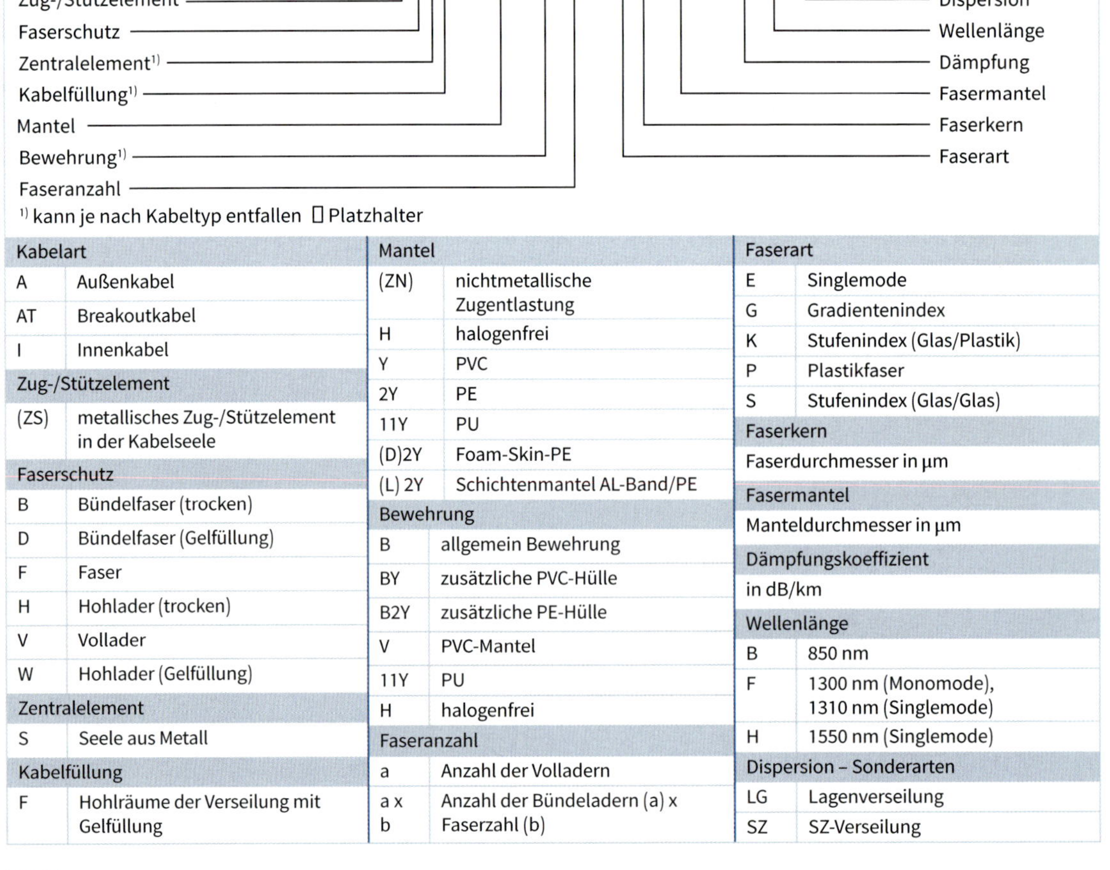

[1] kann je nach Kabeltyp entfallen □ Platzhalter

Kabelart	
A	Außenkabel
AT	Breakoutkabel
I	Innenkabel
Zug-/Stützelement	
(ZS)	metallisches Zug-/Stützelement in der Kabelseele
Faserschutz	
B	Bündelfaser (trocken)
D	Bündelfaser (Gelfüllung)
F	Faser
H	Hohlader (trocken)
V	Vollader
W	Hohlader (Gelfüllung)
Zentralelement	
S	Seele aus Metall
Kabelfüllung	
F	Hohlräume der Verseilung mit Gelfüllung

Mantel	
(ZN)	nichtmetallische Zugentlastung
H	halogenfrei
Y	PVC
2Y	PE
11Y	PU
(D)2Y	Foam-Skin-PE
(L) 2Y	Schichtenmantel AL-Band/PE
Bewehrung	
B	allgemein Bewehrung
BY	zusätzliche PVC-Hülle
B2Y	zusätzliche PE-Hülle
V	PVC-Mantel
11Y	PU
H	halogenfrei
Faseranzahl	
a	Anzahl der Volladern
a x b	Anzahl der Bündeladern (a) x Faserzahl (b)

Faserart	
E	Singlemode
G	Gradientenindex
K	Stufenindex (Glas/Plastik)
P	Plastikfaser
S	Stufenindex (Glas/Glas)
Faserkern	
Faserdurchmesser in µm	
Fasermantel	
Manteldurchmesser in µm	
Dämpfungskoeffizient	
in dB/km	
Wellenlänge	
B	850 nm
F	1300 nm (Monomode), 1310 nm (Singlemode)
H	1550 nm (Singlemode)
Dispersion – Sonderarten	
LG	Lagenverseilung
SZ	SZ-Verseilung

Merkmale

- **L**icht**w**ellen**l**eiter **K**ommunikations**s**ysteme (**LWLKS**) werden eingesetzt im Nah- und Weitverkehrsbereich sowie im LAN-Bereich (**FTTH: F**ibre **T**o **T**he **H**ome, **FTTD: F**ibre **T**o **T**he **D**esk, Ethernet usw.).
- Bestandteile sind u. a. Sendeelemente auf Basis von **LED** (**L**ight **E**mitting **D**iode), Laserdioden (**L**ight **A**mplification by **S**timulated **E**mission of **R**adiation), optische Verstärker und Pumplaser.
- Wesentliche Eigenschaft dieser Komponenten ist die Erzeugung von energiereichen und schmalbandigen optischen Strahlungen im sichtbaren und unsichtbaren Wellenlängenbereich, die über Lichtwellenleiter (Kunststofffaser oder Glasfaser) übertragen werden.
- Diese optische Strahlung (zugänglich z. B. am Kabelende), stellt primär eine Gefahrenquelle für das menschliche Auge und die menschliche Haut dar.
- Der Grund dafür ist die Fokussierung des kohärenten (gleichförmigen) Lichtstrahls durch die Augenlinse auf die Netzhaut.
- Die Höhe der Gefährdung ist u. a. abhängig von der Wellenlänge, dem Betrachtungsabstand zur Austrittsquelle, der Betrachtungsdauer und der Strahlungsleistung.

Definitionen

- Zum Schutz gegen diese Gefährdung sind Maßnahmen zu treffen, die die Bereiche Betrieb, Wartung, Instandhaltung, Entwicklung und Herstellung abdecken.
- **MZB** (**M**aximal **z**ulässige **B**estrahlung) definiert den Grenzwert von Laserstrahlung (400 nm bis 1400 nm), dem Personen ausgesetzt werden dürfen, ohne schädliche Folgen zu erleiden.
- **GZB** (**G**renzwerte **z**ugänglicher **B**estrahlung) ist der Maximalwert zugänglicher Strahlung, der innerhalb einer bestimmten Klasse zugelassen ist (abgeleitet aus MZB).
- Grundsätzlich sind sämtliche Systeme auf Basis optischer Übertragungstechnik zu bewerten und zu klassifizieren.
- Für Lasersysteme sind deshalb Laserklassen festgelegt.
- **Zusätzlich** sind für LWLKS **Gefährdungsgrade** definiert.
- Standorte mit **uneingeschränktem Zugang**: 1, 1M, 2 oder 2M haben.
- Standorte mit **eingeschränktem Zugang**: 1, 1M, 2, 2M oder 3R haben.
- Standorte mit **kontrolliertem Zugang**: 1, 1M, 2, 2M, 3R oder 3B haben.
- Die erforderlichen Schutzmaßnahmen ergeben sich aus dem Gefährdungsgrad und einer kategorisierten Zugänglichkeit des jeweiligen Standortes.
- Folgende Schutzmaßnahmen (in der Reihenfolge) sind einzuhalten
  1. technische (z. B. Abschirmung)
  2. organisatorische (z. B. Betriebsanweisung)
  3. persönliche (z. B. Schutzbrillen)

Laser-Klassifizierung

Steigende Gefährdung ↓

Laser-Klasse	Wellenlänge in nm	Potenzielle Gefahren	**G**renzwerte **z**ulässiger **B**estrahlung (**GZB**)
1	alle	Augensicher (auch bei längerer Bestrahlung)	40 µW im blauen Spektralbereich 40 µW im roten Spektralbereich
		Gekapselte Laser höherer Leistung	Kein Strahlaustritt
1M	302,5 … 4000	Augensicher für das freie Auge (Augenschaden möglich bei Betrachtung mit Lupen)	wie Klasse 1 (Messblende für das freie Auge)
2	400 … 700	Augensicher innerhalb 0,25 s (Lidschlussreflex) (auch bei Betrachtung mit Lupen)	max. 1 mW
2M	400 … 700	Augensicher innerhalb 0,25 s (Lidschlussreflex)	wie Klasse 2; max. 1 mW auf Netzhaut
3R	400 … 700 302,5 … 1x10^6	Praktisch keine Gefahr bei kurzzeitiger unabsichtlicher Bestrahlung Gefahr bei unsachgemäßer Verwendung	5-facher Wert von Klasse 2 im sichtbaren Bereich 5-facher Wert von Klasse 1 außerhalb des sichtbaren Bereichs
3B	200 … 1x10^6	Gefahr für Augen durch direkten Strahl und spiegelnde Reflexionen; geringfügige Hautverletzungen nahe der Leistungsobergrenze	< 500 mW
4	alle	Gefahr für Augen durch direkten und diffus reflektierten Strahl; Gefahr für Haut; Brandgefahr	nach oben hin offen

Kennzeichnung

Zugänglicher Gefährdungsgrad	Standort		
	uneingeschränkt	eingeschränkt	kontrolliert
1	nein	nein	nein
1M	nein	ja	nein
2	ja	ja	ja
2M	ja	ja	ja
3R	nicht zulässig	ja	ja
3B	nicht zulässig	nicht zulässig	ja
4	nicht vorgesehen		

Beispiel

Laser Klasse 2
Standort uneingeschränkt, eingeschränkt oder kontrolliert

allg. Gefahrensymbol

LASERSTRAHLUNG
NICHT IN DEN STRAHL BLICKEN
LASER KLASSE 2
NACH EN 60825-1;2001
P ≤ 1 mW; λ = 632,8 nm

Hinweisschild (zusätzlich)

DVB

- **DVB: D**igital **V**ideo **B**roadcasting (Digitaler Fernsehempfang)
- **DVB-T2** (**DVB T**errestrial **2**)
  - Drahtlose Ausbreitung über terrestrische Sender auch in HDTV
  - Kompatibel zu DVB-T, höhere Qualität
  - Frequenzbereich wie DVB-T
  - Videokompressionsverfahren wie z. B. MPEG-4 AVC (H.264, H.265)
- **DVB-C** (**DVB C**able)
  - Ausbreitung über Kabelnetze
  - Hyperbandkanäle S21 bis S41
  - Datenrate bis 51 Mbit/s, Bandbreite 8 MHz
  - Modulation QAM-64, QAM-256
- **DVB-C2**
  - Effektivere Datenreduktion durch MPEG-4 (H.264), dadurch Steigerung der Übertragungskapazität
  - Neue Dienste wie z. B. Video on Demand, interaktive Angebote
- **DVB-S** (**DVB S**atellite)
  - Drahtlose Ausbreitung über Satelliten
  - Transponder zwischen 26 MHz und 54 MHz
  - Modulation QPSK, Datenrate bis 65 Mbit/s
- **DVB-S2**
  - Andere Modulationsverfahren als bei DVB-S (z. B. PSK, APSK)
  - Datenübertragungsrate um ca. 30 % höher als bei DVB-S

HDTV

- **HDTV: H**igh **D**efinition **T**ele**v**ision (hochauflösendes Fernsehen)
- Größere Bildauflösung (s. Tabelle rechts) im Vergleich zum analogen PAL-Fernsehen
- Bildformat 16:9 (Kinoformat), PAL-Fernsehen 4:3
- Verbesserte Tonübertragung (Dolby Digital 5.1 oder Dolby Digital Plus)
- Die Datenraten betragen bis zu 25 Mbit/s. Der Bandbreitenbedarf steigt dadurch auf das Vierfache gegenüber SDTV.
- Datenreduktion (Codecs) mit MPEG-2, MPEG-4, H.264/AVC
- Bei der Abtastung der Bildvorlage werden folgende Verfahren angewendet:
  - **Vollbildverfahren** (Kennzeichnung: **p**)
    Jede Zeile wird nacheinander abgetastet (**progressive scan**).
  - **Zeilensprungverfahren** (Kennzeichnung: **i**)
    Das Bild wird in zwei Teilbilder zerlegt, wobei beim ersten Halbbild die geraden Zeilen und beim zweiten Halbbild die ungeraden Zeilen abgetastet und übertragen werden (**interlaced**).

HDTV Standards

HD ready 1080p

- Auflösung: 1.920 x 1.080 Bildpunkte
- Analoge Eingänge **YUV** (Y: Helligkeit und Farbdifferenzsignale; U: Rot; V: Blau). Signale werden direkt über Cinch-Verbindung weitergegeben (seit 2007).
- Digitale Eingänge mit
  - **HDMI** (**H**igh **D**efinition **M**ultimedia **I**nterface)
  - oder **DVI** (**D**igital **V**isual **I**nterface), rein digitales Signal, bis zu 4,9 Gbit/s und
  - mit Kopierschutz **HDCP** (**H**igh Bandwidth **D**igital **C**ontent **P**rotection).
- **Overscan** (Bereich an den äußeren Rändern eines Videobildes) ist im Setup-Menü abschaltbar.
- **Auflösungen**, die über YUV unterstützt werden müssen:
  - 720p (1.280 x 720 Pixel progressiv) und
  - 1080i (1.920 x 1.080 interlaced) mit 50 Hz und 60 Hz
- **Auflösungen**, die über HDMI oder DVI unterstützt werden müssen:
  - 720p (1.280 x 720 Pixel progressive[1])
  - 1080i (1.920 x 1.080 interlaced[2]) mit 50 Hz und 60 Hz
  - 1080p (1.920 x 1.080 progressive) mit 50 Hz und 60 Hz
  - 1080p/24 Hz (24p) (1.920 x 1.080 progressive)

[1] Progressive Scan: Vollbildverfahren
[2] Interlaced: Zeilensprungverfahren

HDTV 1080p

- Es gelten die gleichen Bedingungen wie beim Logo „HD ready 1080p".
- Zusätzlich muss das Gerät direkt HDTV-Signale über DVB-C, DVB-S und DVB-S2 verarbeiten können und in 720p/1080i an das Display weiterleiten können.
- Die Decodierung von MPEG-2 und MPEG-4/AVC muss unterstützt werden.

Vergleich

Merkmale	PAL	720p	1080i
Auflösung	786 x 576	1.280 x 720	1.920 x 1.080
Pixel gesamt	442.368	921.600	2.073.600
Pixel/s	11.059.200	46.080.000	51.840.000
Bildaufbau	Halbbild (interlaced)	Vollbild (progressive)	Halbbild (interlaced)
Bildfrequenz	50 Hz	50 Hz	50 Hz
Bildformat	4:3	16:9	16:9

TV-Standards

Qualität	**LDTV** **L**ow **D**efinition **T**elevision VHS-Qualität	**SDTV** **S**tandard **D**efinition **T**elevision PAL-Qualität	**EDTV** **E**nhanced **D**efinition **T**elevision Studioqualität	**HDTV** **H**igh **D**efinition **T**elevision – Hochauflösendes Fernsehen	**UHD** **U**ltra **H**igh **D**efinition Television
Auflösung in Pixel x Pixel	376 x 282	640 x 480	704 x 480	1920 x 1080	3840 x 2160
Datenrate in Mbit/s	1,5	4…6	8	24… 30	ca. 300

BK-Rundfunk-Übertragung

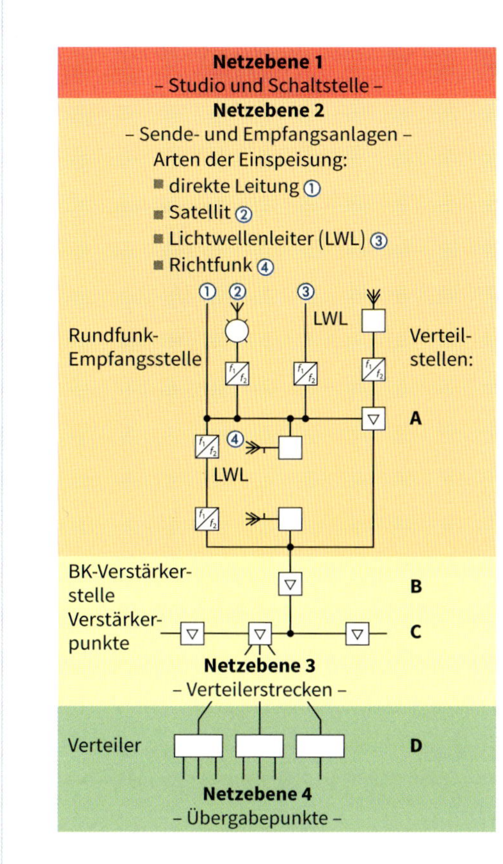

Einspeisung in das Hausnetz

- **Systemarten**

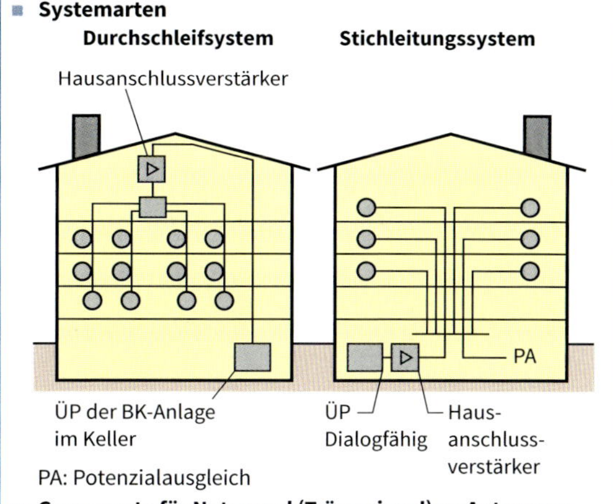

- **Grenzwerte für Nutzpegel (Trägersignal) an Antrennensteckdosen (DIN EN 60728-1)**

System	Modulation	Pegel in dBμV	
		minimal	maximal
UKW Mono	FM	40	70
UKW Stereo	FM	50	70
DVB-C	64/128/256 QAM	47	77
DVB-C	QPSK	47	77
TV (SAT-ZF) 950 MHz – 2150 MHz	FM	47	77
TV 47 MHz – 862 MHz	AM	60	80
Internet Downstream[1]		50	67
Internet Upstream[1]		90	107

[1] Empfehlung, nicht genormt, abhängig vom System

Kanalraster des BK-Netzes

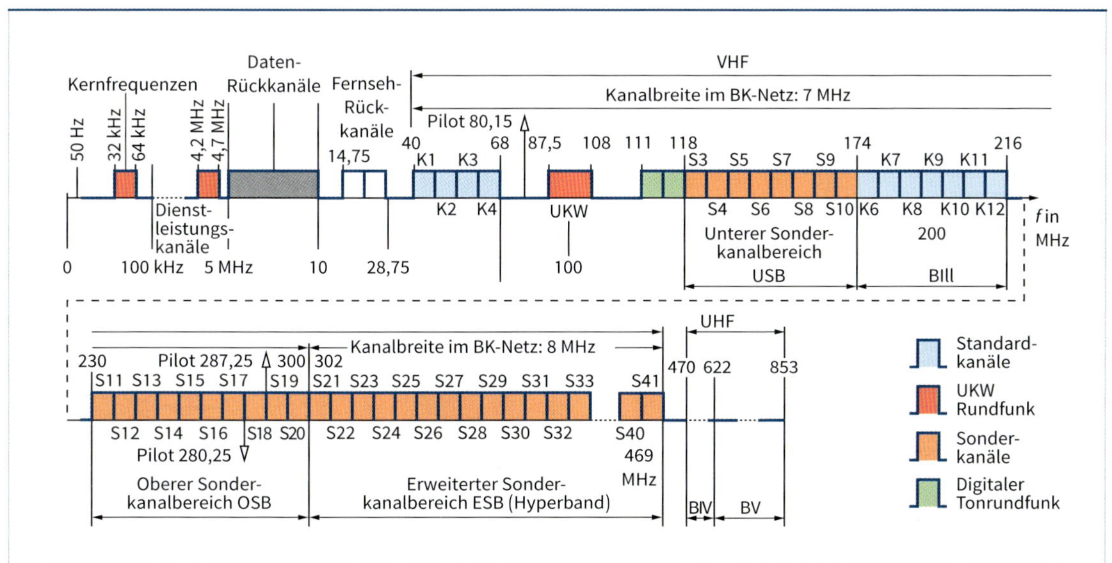

Breitbandkabelnetz

- Breitbandkabelnetze (BK-Netze) sind in der Regel Hausverteilanlagen bis zu einer Frequenz von 862 MHz mit einem Rückkanal (z. B. das bestehende analoge Kabelnetz) in Baumtopologie.
- Anbieterseite:
  CMTS (**C**able **M**odem **T**ermination **S**ystem)
  Diese Einheit befindet sich in der Regel an oder in der Nähe der Kopfstelle und ist für die bidirektionale Datenübertragung im Hin- und Rückkanal verantwortlich. Sie arbeitet wie eine Vermittlungsstelle.
- Jede CMTS besitzt nur eine bestimmte Anzahl von Modulatoren für die Hinkanäle und eine entsprechende Zahl von Demodulatoren für die Rückkanäle. Deshalb kann nur eine begrenzte Teilnehmerzahl angeschlossen werden (z. B. 5000 bis 10000).
- Bei großen Kabelnetzen werden Teilnetze (Cluster) gebildet.
- Die Up- und Downstreamdaten liegen in unterschiedlichen Frequenzbändern.
  - Downstream: Kanäle oberhalb 450 MHz, Quadraturamplitudenmodulation (QAM)
  - Upstream (Rückkanal): 10 MHz bis 65 MHz, Quadraturphasenumtastung (QPSK)
- Auf der Teilnehmerseite befindet sich das Kabelmodem.

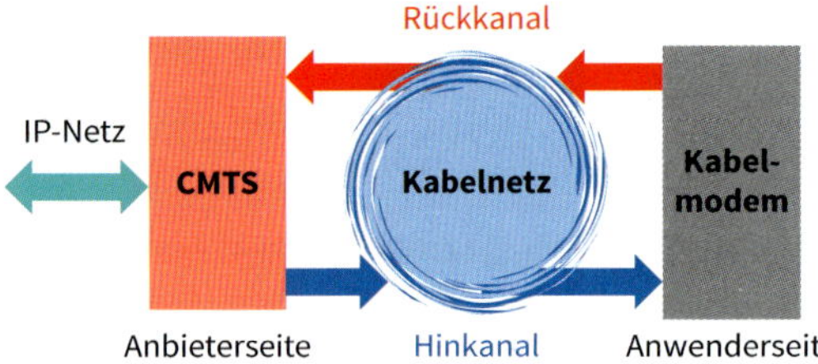

- Für das Zusammenwirken zwischen CMTS und Kabelmodem wird der **DOCSIS**-Standard (**D**ata **O**ver **C**able **S**ervice **I**nterface **S**pecification) verwendet. Mit DOCSIS werden Kabelinternet und -telefonie realisisert (Voice over Cable, Variante von IP-Telefonie).
- Die DOCSIS-Komponente **MAC** (**M**edia **A**ccess **C**ontrol) steuert folgende Funktionen:
  - Konfiguration des Kabelmodems
  - Aktivierung und Deaktivierung der Dienste
  - Verschlüsselung (Data Encryption Standard)
- DOCSIS 3.0:
  - Hinkanal max. 200 Mbit/s bei Bündelung von vier Kanälen
  - Rückkanal max. 120 Mbit/s

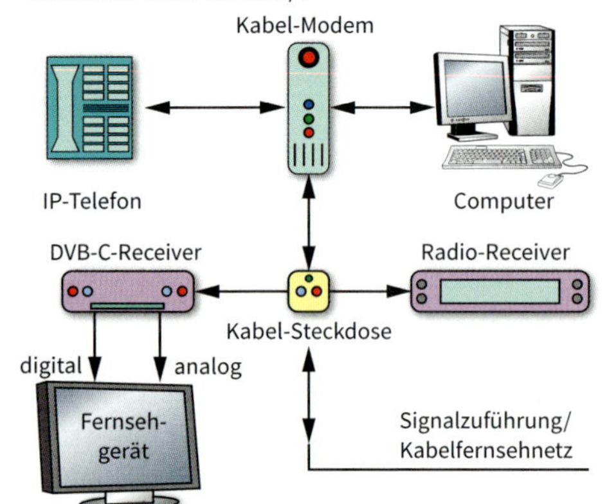

Kabelmodem

- Das Kabelmodem ist ein Gerät, mit dem Daten im Breitbandkabelnetz übertragen werden. Es befindet sich zwischen dem Kabelanschluss und dem Router bzw. PC.
- Ein Splitter zur Frequenztrennung ist nicht erforderlich.
- Die Verbindung mit dem Netz erfolgt über Ethernet oder die USB-Schnittstelle.
- Der Netzwerkanschluss für den PC wird nicht benötigt.

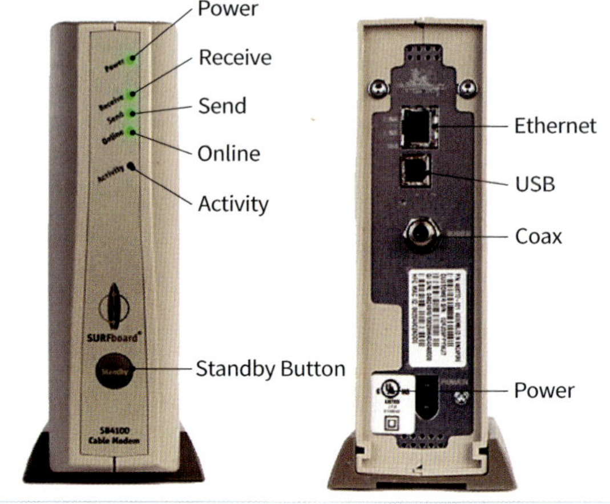

TK-Netz

- Breitbandige, zuverlässige und verzögerungsarme IP-basierte Zugänge (ADSL, VDSL, Glasfasern) sind für die Übertragung erforderlich.
- Leistungsfähige Datenreduktionen werden angewendet (z. B. MPEG-4, AVC).

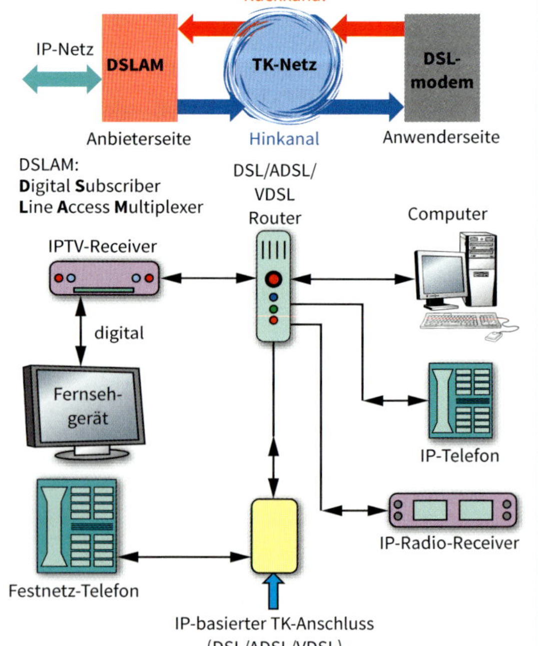

Überwachungsanlage

- Für Videoüberwachungsanlagen wird der Begriff **CCTV**-Überwachungsanlage (**C**losed **C**ircuit **T**ele**v**ision) verwendet. Es handelt sich um eine **geschlossene Fernsehanlage**.
- Bei der Auswahl der Übertragungsart der Signale sollen die in der Quelle (Videokamera) erzeugten Signale möglichst verlustarm an den Empfänger (Monitor) übertragen werden.
- Eine CCTV-Überwachungsanlage lässt sich in folgende Funktionsgruppen einteilen:

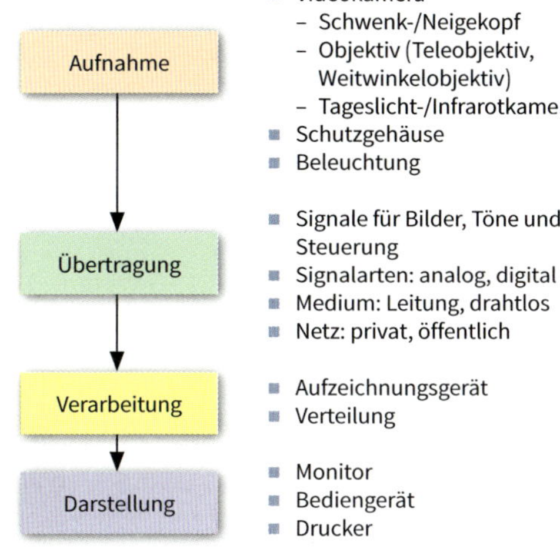

- Videokamera
  - Schwenk-/Neigekopf
  - Objektiv (Teleobjektiv, Weitwinkelobjektiv)
  - Tageslicht-/Infrarotkamera
- Schutzgehäuse
- Beleuchtung

- Signale für Bilder, Töne und Steuerung
- Signalarten: analog, digital
- Medium: Leitung, drahtlos
- Netz: privat, öffentlich

- Aufzeichnungsgerät
- Verteilung

- Monitor
- Bediengerät
- Drucker

CCD-Kamera und Anforderungen

- **CCD: C**harge **C**oupled **D**evice (Halbleitersensor, der mit Ladungsverschiebungen arbeitet)
- Konstante optische und elektrische Eigenschaften
- Keine Schäden durch Überbelichtung und Einbrennen
- Keine Beeinflussung durch elektrische oder magnetische Felder
- Stoß- und vibrationsfest
- Genormte Anschlüsse (Objektiv, Videoausgang)
- Bild wird in horizontale und vertikale Bildelemente zerlegt (Pixel) und zeilenweise ausgelesen.
- Anzahl der Pixel ist ein Maß für die Qualität der Bildauflösung.
- Bildauflösungsbereiche in Horizontallinien.
  - 220 bis 400 Linien: Einsatz für nahen und mittleren Aufnahmebereich, Standardübertragung (2 bis 25 m)
  - 400 bis 500 Linien: Für eine sehr gute Erkennbarkeit
  - > 500 Linien: Für den professionellen Einsatz.
- Frequenzbereich bei 400 Linien etwa 5 MHz
- Sensorformate der Kameras (in Zoll): ½"-, ⅓"-, ¼"- Format
- Kameratypen und Ausgangssignale
  - Analoge Kamera mit FBAS-Signal (Farb-Bild-Austast-Synchronsignal), S- und/oder Composite-Ausgang
  - Digitale Kamera mit analogem und/oder digitalem Ausgang (Datenreduktion, z. B. MPEG); IP

Datenübertragung

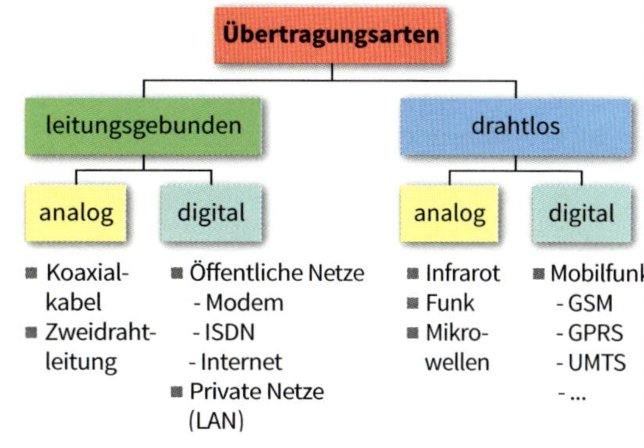

- leitungsgebunden, analog: Koaxialkabel; Zweidrahtleitung
- leitungsgebunden, digital: Öffentliche Netze (- Modem, - ISDN, - Internet); Private Netze (LAN)
- drahtlos, analog: Infrarot; Funk; Mikrowellen
- drahtlos, digital: Mobilfunk (- GSM, - GPRS, - UMTS, - ...)

- **Koaxialkabel**
  Die Dämpfung hängt vom Leitungstyp und der Länge ab.
  - Bis 3 dB ist keine Beeinträchtigung wahrnehmbar.
  - Bei > 6 dB werden feine Strukturen weniger gut erkannt.
  - Bei größeren Strecken ist ein Verstärker erforderlich.
- **Zweidrahtleitung** (verdrillte Kupferleitung)
  - Das unsymmetrische Videosignal muss in ein symmetrisches Videosignal umgewandelt werden.
  - „Zweidraht-Sender“ und „Zweidraht-Empfänger“ sind erforderlich.
- **Lichtwellenleiter**
  Vorteile gegenüber Kupferleitungen:
  - Abhörsicher und störstrahlungsfrei, geringes Gewicht, große Reichweite (ca. 15 km ohne Verstärker)
  - Unempfindlich gegenüber elektrischen und magnetischen Störfeldern

  Nachteil gegenüber Kupferleitungen:
  - Höhere Kosten durch Leitungspreis und aufwändigere Anschlusstechnik als bei der Zweidrahtleitung.
- **Funkübertragung**
  - Frequenz 2,4 GHz; 4 Kanäle
  - Zulässig ist nur eine geringe Sendeleistung.
  - Die Reichweite beträgt innerhalb von Gebäuden ca. 50 m, außerhalb ca. 300 m.

Rechtlicher Rahmen

- Unterscheidung:
  - **Öffentlich zugänglicher Raum**, z. B. Plätze, Straßen, Tiefgaragen, Kauf- und Warenhäuser
  - **Privater Raum** (nicht öffentlicher Raum), z. B. private Wohnungen, Grundstücke, Büros, Werkhallen
- Grundgesetz (Artikel 2, Abs. 1 in Verbindung mit Artikel 1, Abs. 1)
- Recht auf Privatheit (Artikel 8 der Grundrechte-Charta der EU)
- Europäische Datenschutzrichtlinie
- Rechte des Betroffenen (Bundesdatenschutzgesetz § 6b)
- Bürgerliches Gesetzbuch (§ 1004: Beseitigungs- und Überlassungsanspruch)
- Arbeitsrecht

Analoges CCTV

- Der Anschluss der Kameras und Geräte erfolgt mit Koaxialkabeln (Abschlusswiderstand 75 Ω).
- Zur Bilddarstellung kann ein Multiplexer verwendet werden ①, so dass auf dem Bildschirm (CCTV-Monitor) vier Bilder erscheinen ②.
- Die Aufzeichnung erfolgt mit einem Video-Recorder ③.
- Nachteile:
  - Kein Fernzugriff und keine Fernverwaltung
  - Bildspeicherung erfolgt auf Videokassetten
  - Begrenzte Reichweite durch Leitungsdämpfung

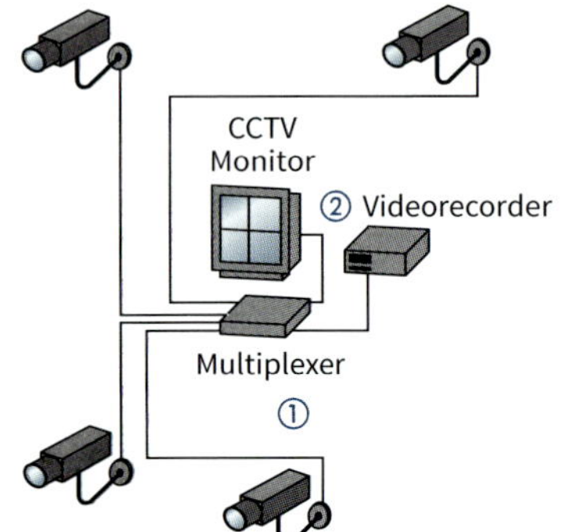

Signalverarbeitung

- Die Geräte (Aufzeichnungsgerät, Monitor, Steuerung, ...) sind in der Regel in der **Überwachungszentrale** untergebracht.
- Bei der Signalwiedergabe werden im Wesentlichen folgende Funktionen unterschieden:
  - Umschalten
  - Darstellen in Quadranten (Quads)
  - Multiplexen
  - Aufzeichnen (zeit- oder ereignisgesteuert)
- Umschalten
  - **Manueller Modus**: Die Kamera kann direkt gewählt und das Bild dann einzeln angezeigt werden.
  - **Automatischer Modus**: Das Bild jeder Kamera wird in einer bestimmten Reihenfolge für einen kurzen Zeitabschnitt angezeigt bzw. aufgenommen.

- **Quads**
  Mit diesen Umschaltern können gleichzeitig mehrere Bilder von unterschiedlichen Kameras auf einem geteilten Bildschirm angezeigt werden. Jedes Bildschirmviertel kann für die volle Bildschirmanzeige einzeln oder in einer Reihenfolge genutzt werden (mit Umschaltfunktion).

IP-CCTV

- Die Übertragung kann mit UTP-Netzwerkkabeln (Unshielded Twisted Pair) erfolgen. Eine gleichzeitige Übertragung von verschiedenen Kameras (IP-Adresse) ist möglich.
- Ein vorhandenes IP-Netz (auch WLAN) kann genutzt werden.
- Dem System können weitere Netzwerk-Kameras hinzugefügt werden.
- Das Betrachten (mit Standard-Browser), Aufzeichnen und Verwalten von Live-Bildern ist mit Netzwerk-PCs möglich, an einem beliebigen Ort, auch über das Internet.
- Die Bilder können auf einer Festplatte aufgezeichnet werden (Suchlauf, einfaches Speichern ohne Verschlechterung der Bildqualität ist möglich). Aus Sicherheitsgründen kann sich die Festplatte an einem entfernten Ort befinden.
- Die Bildqualität ist nicht wie bei der analogen Übertragung von der Leitungslänge abhängig.
- Probleme: Datensicherheit, Datenschutz

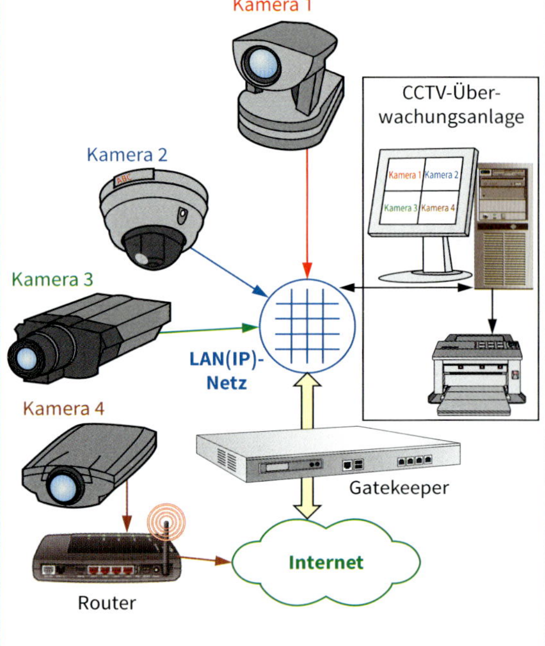

Multiplexing

- Beim Multiplexing können gleichzeitig Bilder von einer bis zu 16 Kameras auf dem Anzeigegerät abgebildet werden. Die Bilder können im Vollbild-, Quad- oder im geteilten Anzeigemodus mit bis zu 16 Teilen (Splits) dargestellt werden.
- Der Multiplexer kann zur Bildaufzeichnung an einen Videorecorder angeschlossen werden.
- Alle Kamerabilder können gleichzeitig in voller Größe aufgezeichnet werden.
- Die Aufnahme wird durch das Umschalten des Anzeigemodus nicht beeinflusst. Auch während des Abspielens können alle Anzeigemodi, also Vollbild, Quad oder Split, nachträglich ausgewählt werden.
- Multiplexer sind in der Anschaffung teurer als Quads und besitzen eine geringfügig niedrigere Auflösung.

Desktopsysteme

- Alle notwendigen Komponenten sind am PC vorhanden oder eingebaut (Lautsprecher, Mikrofon evtl. als Headset und Kamera, Webcam).
- Die Codierung/Decodierung erfolgt über eine Software bzw. Hardware (Steckkarte).
- Geringe Kosten
- Zugriff auf die PC-Daten
- Hauptanwendung: Point-to-Point-Verbindung vom Schreibtisch aus oder vom Heimarbeitsplatz

Gruppen-Videokonferenzsysteme (Settop-Systeme)

- Alle Hardware- und Software-Komponenten sind als Einheit zusammengefasst (Kompaktanlage).
- Wiedergabegeräte können handelsübliche Fernsehgeräte sein (CRT, LCD).
- Vielfältige Zusatzgeräte sind möglich (Dokumentenkamera, zweiter Monitor).
- Die Übertragung (Bild und Ton) ist steuerbar.
- Eine Bildschirmteilung ist möglich. Die Teilnehmer können dadurch ausgewählte Szenen sehen.
- Die **MCU** (**M**ultipoint **C**ontrol **U**nit, Vielfachverbindungs- und Steuerungseinheit) ist häufig integriert und dient als Sternverteiler für Gruppenvideokonferenzen. Es gibt sie als Hard- und/oder Softwarelösungen. Die MCU ist mit allen Teilnehmern verbunden ①, verwaltet und regelt die ein- und ausgehenden Datenströme.
- Steuerungsarten:
  - **Continuous Presence**
    Alle Videodatenströme werden zusammengefasst und an alle Teilnehmer zurück gesendet. So können sich mehrere Teilnehmer gleichzeitig gegenseitig sehen.
  - **Voice Switching**
    In dieser Betriebsart wird immer nur der Videostrom des momentan sprechenden Teilnehmers an alle anderen Teilnehmer gesendet.

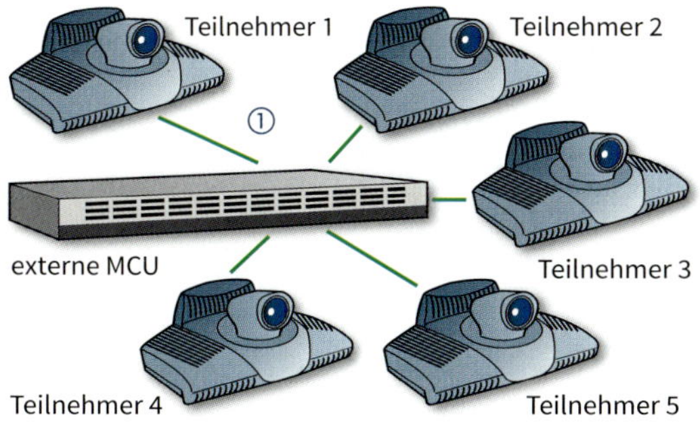

Standards nach ITU-T[2]

Standard	H.320	H.322	H.323
Datennetz	ISDN	LAN mit QoS[1]	LAN ohne QoS[1]
Videocodierung	H.261 H.263	H.261	
Audiocodierung	G.711, G.722, G.728		
Kontrolle, MCU	H.230 H.243	H.230 H.242	H.245
Mehrpunktverbindung	H.231 H.243	H.231 H.243	H.323
Datenübertragung	T.120		
Schnittstelle	I.400	I.400 TCP/IP	I.400 TCP/IP

[1] QoS: Quality of Service
[2] ITU: International Telecommunication Union

Videocodierung

- **H.261**
  - Bildwiederholrate 7,5; 10; 15 oder 30 Bilder pro Sekunde
  - n x 64 kbit/s (64 kbit/s bis 1920 kbit/s)
  - **CIF** (**C**ommon **I**ntermediate **F**ormat, Bezeichnung für das Bildformat 352 x 288 Pixel)
  - QCIF (Quarter CIF: 176 x 144 Pixel)
- **H.263**
  - Nachfolger von H.261
  - Zusätzlich SQCIF (128 x 96 Pixel)
  - 4CIF (4-fach CIF, 704 x 576 Pixel)
  - 16CIF(16-fach CIF, 1.408 x 1.152 Pixel)
- **H.264**
  - HD Anwendungen (hochauflösend)

Audiocodierung

- **G.711:** 3,4 kHz (Frequenzobergrenze), 64 kbit/s
- **G.728:** 3,4 kHz (Frequenzobergrenze), 16 kbit/s
- **G.722:** 7 kHz (Frequenzobergrenze), 64 kbit/s

Kontrolle, MCU

- **H.243**
  Kommunikationsaufbau zwischen mindestens drei Videokonferenzsystemen, Steuerung der MCU von einem Endgerät aus (Chairman-Steuerung)

Datenübertragung

- **T.120**
  Protokoll zum Datenaustausch zwischen Videokonferenzsystemen

Anschlüsse an einem Videokonferenzsystem

- Netzanschluss, Netzteil ①
- Netzschalter ②
- Zusätzliches Anzeigegerät (Monitor, Projektor) ③
- Videorecorder- oder DVD-Eingang ④
- S-Videoausgang ⑤
- Audioausgang ⑥
- Composite-Videoausgang ⑦
- Netzwerk (LAN-Port, IP) ⑧
- Konferenzverbindung (Mikrofon) ⑨

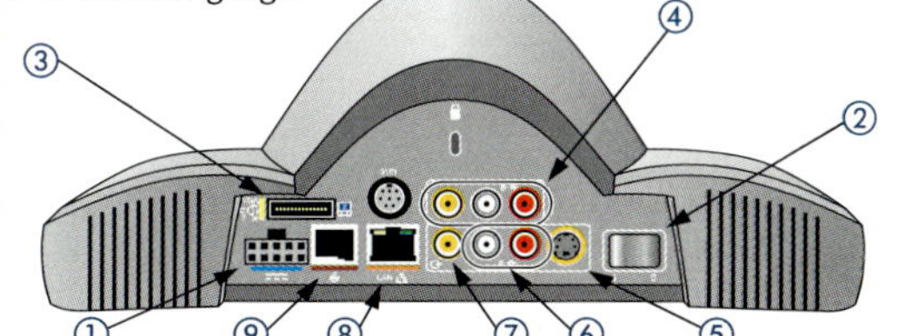

Elektromagnetischer Frequenz- und Wellenlängenbereich

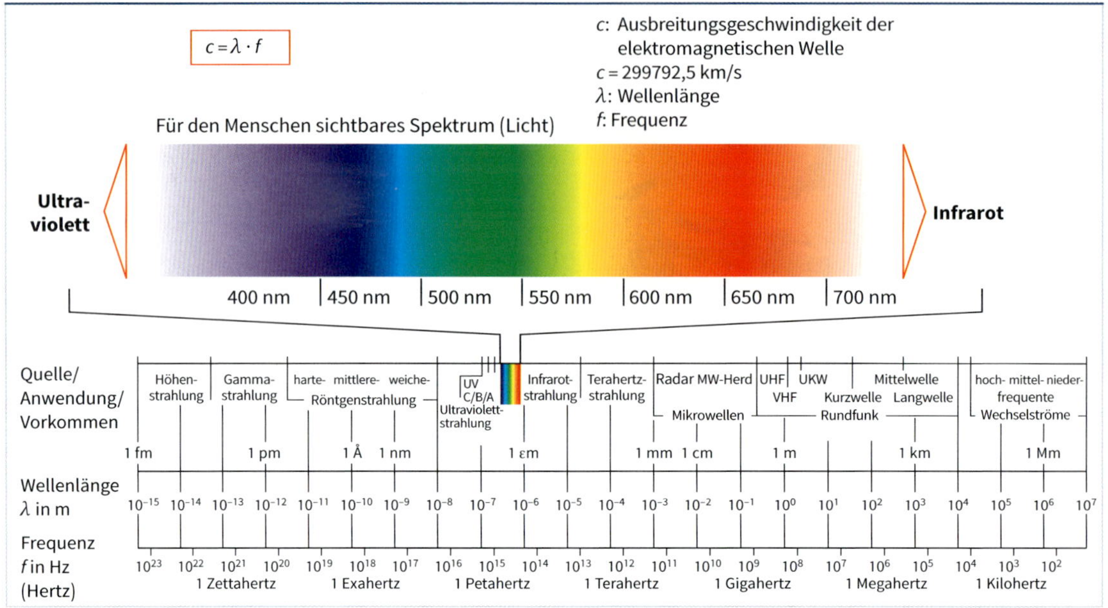

Frequenzbänder von Mobilfunksystemen

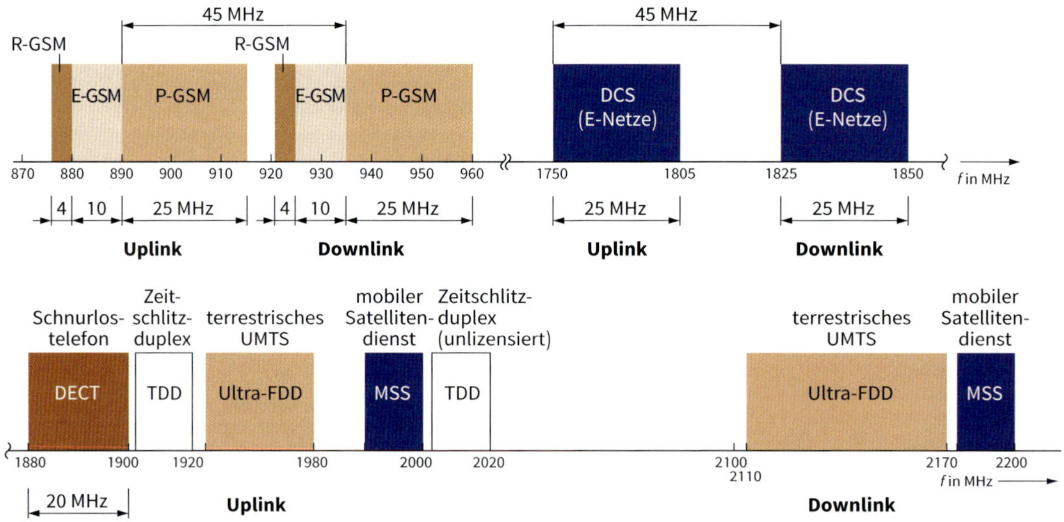

45 MHz
45 MHz
R-GSM
R-GSM
E-GSM
P-GSM
E-GSM
P-GSM
DCS (E-Netze)
DCS (E-Netze)
870 880 890 900 910 920 930 940 950 960 1750 1805 1825 1850
f in MHz
4 | 10 | 25 MHz
4 | 10 | 25 MHz
25 MHz
25 MHz
Uplink **Downlink** **Uplink** **Downlink**

Schnurlos-telefon
Zeit-schlitz-duplex
terrestrisches UMTS
mobiler Satelliten-dienst
Zeitschlitz-duplex (unlizensiert)
terrestrisches UMTS
mobiler Satelliten-dienst
DECT
TDD
Ultra-FDD
MSS
TDD
Ultra-FDD
MSS
1880 1900 1920 1980 2000 2020 2100 2110 2170 2200
f in MHz
20 MHz
Uplink **Downlink**

GSM: **G**lobal **S**ystem for **M**obile Communication (Mobilfunksystem)
R-GSM: **R**ail (Eisenbahn) **GSM**
E-GSM: **E**xtended (erweitert) **GSM**
P-GSM: **P**ublic (öffentlich) **GSM**
DCS: **D**igital **C**ommunication **S**ystems (GSM-System im E-Netz)
DECT: **D**igital **E**nhanced **C**ordless **T**elephone (schnurlose Telekommunikation)
TDD: **T**ime **D**ivison **D**uplex (Zeitmultiplex-Zugriff mit zeitgesteuertem Duplexbetrieb)
Ultra-FDD: **U**ltra **F**requency **D**ivision **D**uplexing (Verfahren im Verkehrsfunk)
MSS: **M**obile **S**atellite **S**ervice (Versorgung ländlicher Gebiete mit Internet, Fernsehen und Radio)
UMTS: **U**niversal **M**obile **T**elecommunications **S**ystem

Merkmale

- Die Frequenzbereiche des Kurzstreckenfunks (**SRD**) können lizenzfrei von jeder Person für Sprach- und Datenübertragung genutzt werden.
- Die effektive Sendeleistung **ERP** (**E**ffective **R**adiated **P**ower) in Watt ist das Produkt der in eine Sendeantenne eingespeisten Leistung *P* multipliziert mit dem Antennengewinn *G*, bezogen auf einen Halbwellendipol ($ERP = P \cdot G$).
  Ein Halbwellendipol besitzt einen Antennengewinn von 1. Dies entspricht einem Wert von 0 dB.
- Je nach Umgebungsbedingungen können Entfernungen bis 2 km überbrückt werden.
- Die verwendeten Geräte besitzen eine geringe Sendeleistung. Sie werden als **LPD**-Geräte (**L**ow **P**ower **D**evices) bezeichnet.
  Merkmale sind
  - 10 mW Sendeleistung,
  - im Frequenzbereich von 433,075 MHz bis 434,775 MHz 69 schaltbare Frequenzen und
  - Frequenzmodulation.
- Empfehlung: Keine Audio- und Sprachanwendungen im Frequenzbereich von 433,05 MHz bis 434,79 MHz

Frequenzbereiche, Bundesnetzagentur, November 2005

Frequenzbereiche in MHz		Maximal zulässige Sendesleistung *ERP* bzw. magnetische Feldstärke
6,765 ... 6,795	ISM-Band	42 dBµA/m in 10 m Entfernung
13,553 ... 13,567	ISM-Band	42 dBµA/m in 10 m Entfernung
26,957 ... 27,283	ISM-Band	42 dBµA/m in 10 m Entfernung oder 10 mW
40,660 ... 40,700	ISM-Band	10 mW
433,050 ... 434,790	ISM-Band	10 mW
868,000 ... 870,000	ISM-Band	s. Diagramm unten
Frequenzbereiche in GHz		
2,400 ... 2,4835	ISM-Band	10 mW
5,725 ... 5,875	ISM-Band	25 mW
24,000 ... 24,250	ISM-Band	100 mW
61,000 ... 61,500	ISM-Band	100 mW
122,000 ... 123,000	ISM-Band	100 mW
244,000 ... 246,000	ISM-Band	100 mW

Es bestehen keine Einschränkungen hinsichtlich der Kanalbandbreite.

ISM-Band

- **ISM**-Bänder (**I**ndustrial, **S**cientific and **M**edical Band) Frequenzbereiche, in denen Hochfrequenz-Geräte in Industrie, Wissenschaft, Medizin, in häuslichen und ähnlichen Bereichen genutzt werden können.
- ISM-Geräte (z. B. Mikrowellenherde, medizinische Geräte zur Kurzwellenbestrahlung) benötigen keine spezielle Zulassung.
- Nutzungsbeispiele:
  - **13,56 MHz:** Funketiketten (RFID), Kunststoffschweißen, CO_2-Gasentladung für Laser
  - **27 MHz:** Babyphone, Modellbau-Fernsteuerung
  - **433 MHz:** Babyphone, Funk-Thermometer, Funk-Schalter (Autoschlüssel), Funk-Steckdosen, Funk-Alarmanlagen, Funk-Kopfhörer und Funk-Lautsprecher (auslaufend)
  - **2,4 GHz:** Drahtlose Videoübertragung, Mikrowellengerät, CO_2-Gasentladung für Laser, Modellbau-Fernsteuerung
  - **24 GHz:** Radar-Bewegungsmelder
  - WLAN (IEEE 802.11b, 802.11g), Bluetooth und IEEE 802.15.4 (z. B. in Verbindung mit ZigBee) sind keine ISM-Anwendungen.
    Diese Anwendungen unterliegen eigenen Bestimmungen.
- Das ISM-Band von 433 MHz darf in Deutschland noch bis 2013 für die Sprach- und Datenübertragung verwendet werden. Danach ist das Band nur für technische Anwendungen reserviert.
- Das Band von 433,05 MHz bis 434,90 MHz kann gebührenpflichtig mit 500 mW betrieben werden (25 kHz Kanalraster). Es liegt innerhalb des 70 cm-Amateurfunkbandes.
- Audio- und Videoanwendungen:
  - Der Frequenzbereich von 868 MHz bis 870 MHz ist für die Übertragung von Audio- und Videosignalen nicht erlaubt.
  - Video-Anwendungen sind nur oberhalb von 2,4 GHz erlaubt.
- Die Einhaltung der Bestimmungen wird durch das CE-Kennzeichen dokumentiert.

Frequenzbereich von 868 MHz bis 870 MHz

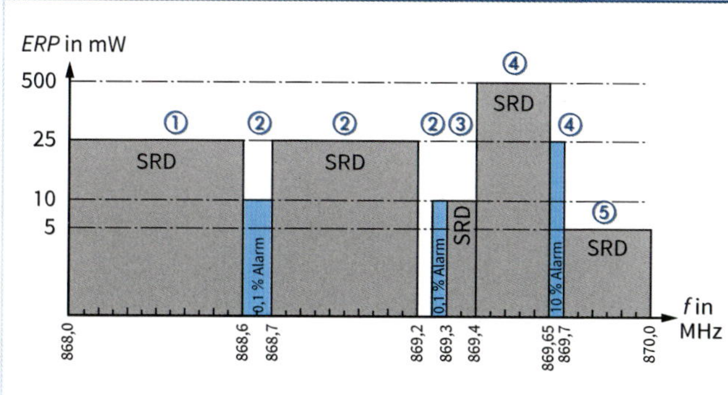

- Durch **Duty Cycle (relative Frequenzbelegungsdauer)** wird sichergestellt, dass das Band nur für eine bestimmte Zeit belegt wird. Der in Prozent angegebene Wert legt fest, wie lange das einzelne Funkgerät bezogen auf eine Stunde senden darf.
- Duty Cycle:
  - ① ≤ 1,0 %[1)]
  - ② ≤ 0,1 %[1)]
  - ③ keine Einschränkung (100 %)
  - ④ ≤ 10 %[1)]
  - ⑤ keine Einschränkung (100 %)

1) wenn kein **LBT** (**L**isten **be**fore **T**alk, Prüfung der Kanalbelegung) angewendet wird.

Merkmale

- **TETRA** (**Te**rrestrial **T**runked **Ra**dio: „gebündelter irdischer Funk") ist ein zellulares digitales **Bündelfunksystem** für Sprach- und Datenübertragung
- TETRA wird eingesetzt für private und öffentliche **Betriebsfunknetze** (z. B. Taxi- und Fuhrunternehmen) und für Sicherheitsfunkanwendungen (z. B. Polizei und Feuerwehr) in Form geschlossener Benutzergruppen
- Standardisiert durch ETSI in
  - ETS 300 392 TETRA **V**oice + **D**ata
  - ETS 300 383 TETRA **P**acket **D**ata **O**ptimised
  - ETS 300 396 TETRA **D**irect **M**ode **O**peration
  - ETS 300 394 TETRA **T**esting
- Im Gegensatz zu öffentlichen Mobilfunksystemen bietet TETRA einen schnellen Verbindungsaufbau (max. 500 ms)
- Angebotene Dienste (Teledienste):
  - Individual Call (Individualruf)
  - Group Call (Gruppenruf)
  - Broadcast Call (Punkt-zu Multipunkt-Ruf)
  - Emergency Call (Notruf)
  - Open Channel (Offener Sprechkanal)
- **Datendienste:**
  - Status Transmission (Zustandsmeldung)
  - Short Data Service (Kurz-Daten Dienst)
  - Leitungsvermittelte Datendienste (ungeschützte, geschützte und hochgeschützte Datenübertragung)
  - Paketvermittelte Datendienste (verbindungsorientiert, verbindungslos und TCP/IP-Zugriff)
- **Zusatzdienste** sind u. a. Priority Call (Vorrangruf), Discreet (diskretes Mithören) und Ambience Listening (Umgebungs-Mithören).
- Frequenzbereiche in Europa:
  - 410 ... 430 MHz; 450 ... 470 MHz
  - 870 ... 876 MHz gepaart mit 915 ... 921 MHz
  - 385 ... 390 MHz gepaart mit 395 ... 399,9 MHz
- Pro Zelle werden typisch vier bis fünf Träger (16 bis 20 logische Kanäle) aufgebaut.

Netzstruktur

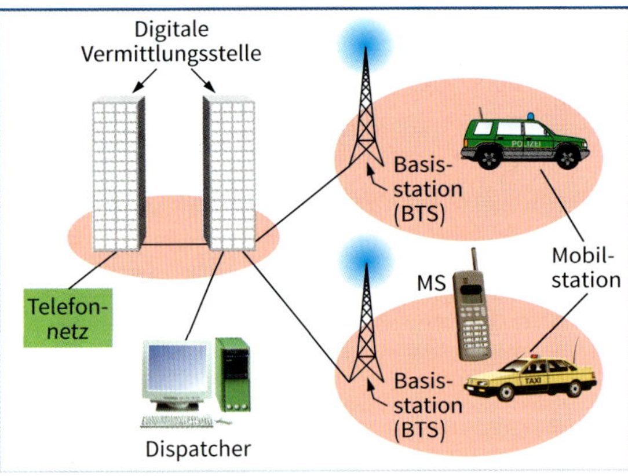

Betriebsarten

DMO (**Direct** **M**ode **O**peration)

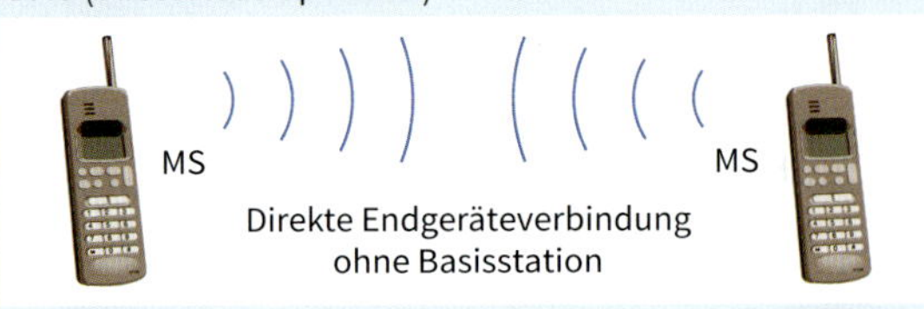

DMO mit Repeater

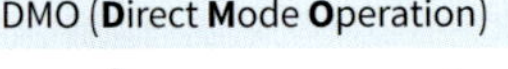
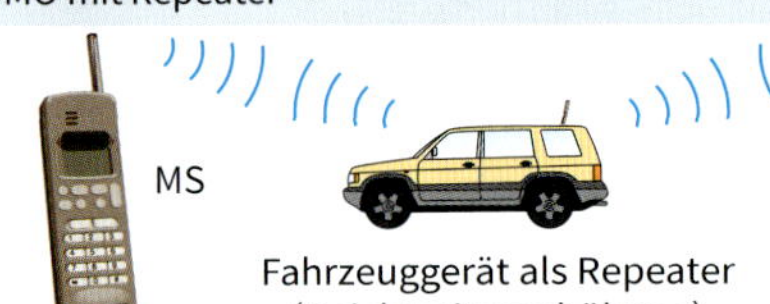

Kenndaten

Parameter	Wert
Kanalraster	25 kHz
Sendeleistung Basisstation pro Trägerfrequenz (typisch)	25 W Equivalent Radiated Power
Sendeleistung Mobilgerät	1 W, 3 W, 10 W
Empfängerempfindichkeit statisch (Bit Error Rate = 1,2 %; 4,8 kBit/s)	MS: –113 dBm BTS: –115 dBm
Empfängerempfindichkeit dynamisch (TU50; Bit Error Rate = 1,2 %; 4,8 kBit/s)	MS: –104 dBm BTS: –106 dBm
Betriebsart	Semi-, Vollduplex
Kanalzugriffsverfahren	TDMA
Modulation	π/4-DQPSK
Kanalbitrate	36 kbit/s
Maximale Datenrate, ungeschützt (gross bit rate)	28,8 kbit/s

Parameter	Wert
Netto-Datenrate: – non-protected – low-protected – high-protected	(n = 1, 2, 3, 4) n x 7,2 kbit/s n x 4,8 kbit/s n x 2,4 kbit/s
Sprachcodierung (**A-CELP: A**lgebraic **C**ode-**E**xcited **L**inear **P**redictive)	4,567 kbit/s
Spektrumseffiziens in interferenzbegrenzter Umgebung (viel Verkehr, viele Zellen)	50 bit/(s · kHz · Zelle)
Spektrumseffiziens in rauschbegrenzter Umgebung (eine isolierte Zelle)	384 bit/(s · kHz)
Reichweite: – Rural (ländlich) – Suburban (Vorort)	 ca. 14 km ca. 14,5 km

Gebäudetechnik

10

Beleuchtung

380 Lichtgrößen
381 Beleuchtung für Innenräume
382 Lichtstärkeverteilungskurven
383 Arbeitsplatzbeleuchtung
384 Kennzeichnung von Leuchten
386 Lampenbezeichnungen
387 LED-Leuchtmittel
389 LEDOTRON
390 Schaltungen mit Leuchtstofflampen
391 Schaltungen mit Metalldampflampen
391 Vorschaltgeräte für Leuchtstofflampen
392 Installationsschaltungen mit Lampen
394 Niedervoltanlagen
395 Sicherheitsbeleuchtung

Schutz

396 Schutzarten durch Gehäuse
397 Überspannungsschutz
399 Blitzschutzanlagen
400 Blitzschutzzonen
401 Explosionsschutz
403 Brandschutz
404 Wärmemelder
405 Feuerlöschanlagen
406 Funktionserhalt
407 Elektrische Begleitheizung

Steuerung

408 Gebäudesystemtechnik (KNX)
411 Powernet KNX
412 LON – Local Operating Network
413 LCN – Local Control Network
414 Funksysteme für die Gebäudeautomatisierung

Sicherheit

415 Sicherheitstechniken
416 Brandmeldeanlagen
417 Einbruchmelder und Meldelinien
418 Einbruchmeldeanlagen

Klimatisierung

419 Raumklimatisierung
420 Mechanische Lüftung

Begriffe

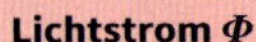

Lichtstrom Φ
Gesamte Lichtstrahlung einer Lichtquelle

Einheit: lm (Lumen)

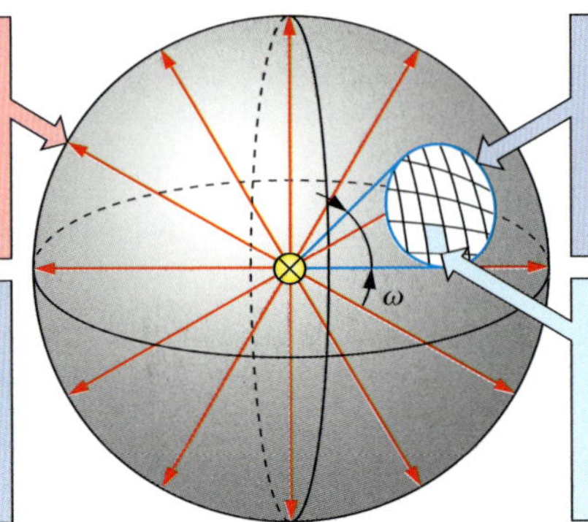

Lichtstärke I
Lichtstrahlung in eine Richtung

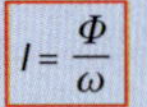

$I = \frac{\Phi}{\omega}$ ω: Raumwinkel

Einheit: cd (Candela)

Lichtstärkeverteilungskurven
Darstellung der Lichtstärke von Leuchten in Polardiagrammen (bezogen auf 1000 lm)

Leuchtdichte L
Lichtstärke bezogen auf eine Fläche

$L = \frac{I}{A}$

Einheit: $\frac{\text{cd}}{\text{m}^2}$

Beleuchtungsstärke E

- Auftreffender Lichtstrom Φ bezogen auf die beleuchtete Fläche A

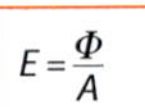

$E = \frac{\Phi}{A}$

- Beleuchtungsstärke eines Punktes ist die Lichtstärke I bezogen auf das Quadrat der Entfernung r von der Lichtquelle

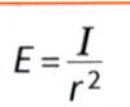

$E = \frac{I}{r^2}$

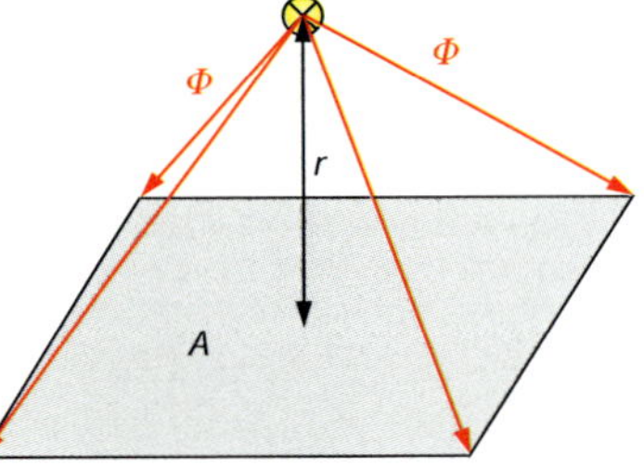

Einheit: lx (Lux)
$1\ \text{lx} = 1\ \frac{\text{lm}}{\text{m}^2}$

Mittlere Beleuchtungsstärke $\bar{E}$
Mittelwert der Beleuchtungsstärke E bezogen auf eine Fläche

Bemessungs-Beleuchtungsstärke E_n
Vorgeschriebene Beleuchtungsstärke für bestimmte Tätigkeiten oder Raumarten

Absorbtionsgrad α
Verhältnis des vom Material aufgenommenen Lichtstroms Φ_a zum auftreffenden Lichtstrom Φ

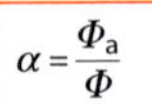

$\alpha = \frac{\Phi_a}{\Phi}$

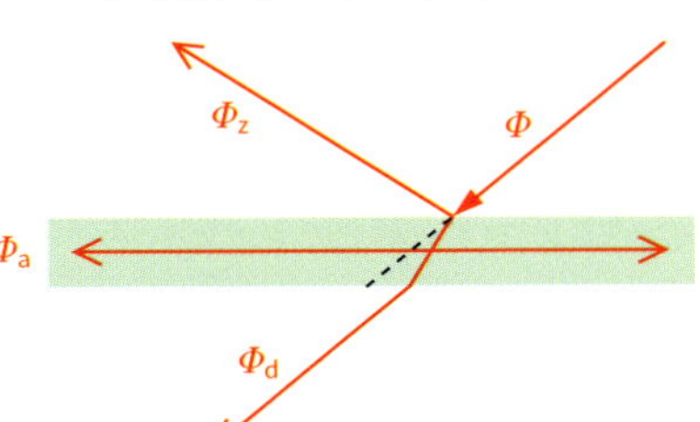

Reflexionsgrad ϱ

$\varrho = \frac{\Phi_z}{\Phi}$ Φ_z: zurückgeworfener Lichtstrom

Transmissionsgrad τ

$\tau = \frac{\Phi_d}{\Phi}$ Φ_d: durchgehender Lichtstrom

Wirkungsgrade

Lichtausbeute η	Leuchten-Betriebswirkungsgrad η_{LB}	Raumwirkungsgrad η_R	Beleuchtungswirkungsgrad η_B
$\eta = \frac{\Phi}{P}$ P: Lampenleistung	$\eta_{LB} = \frac{\Phi_{Le}}{\Phi_{La} \cdot MF}$ Φ_{Le} : Leuchten-Lichtstrom Φ_{La} : Lampen-Lichtstrom MF : Wartungsfaktor	η_R hängt von den Farben und den Wandoberflächen des Raumes ab.	$\eta_B = \eta_{LB} \cdot \eta_R$

Beleuchtungsgüte

Beleuchtungsstärke	Lichtrichtung	Schatten	Blendung	Lichtfarbe
Möglichst geringe Unterschiede von E im Raum	Arbeitsplatz-Licht: Möglichst von links bzw. rechts oben	Weiche Schatten → großflächige Leuchten	Leuchtdichte-Unterschied von < 100 : 1	Lichtfarbe bestimmt wesentlich die Farbe der Gegenstände.

Anforderungen

- **Bemessungs-Beleuchtungsstärke E_n** für Räume bzw. Tätigkeiten festgelegt in DIN EN 12464-1
- **Mittlere Beleuchtungsstärke** $\bar{E} > 0{,}8 \cdot E_n$
- **Tatsächliche Beleuchtungsstärke** $E > 0{,}6 \cdot E_n$ an allen Punkten im Raum
- **Wartungsfaktor MF** (Maintenance Factor) ist das Verhältnis der Beleuchtungsstärke nach dem Wartungsintervall zur Beleuchtungsstärke am Anfang. Dadurch wird die Alterung und die Verschmutzung berücksichtigt.
- **Reflexionsgrad ϱ** so wählen, dass $L_{\text{Arbeitsfeld}} \leq L_{\text{Umgebung}}$

Minderung von E	Wartungsfaktor MF
kaum	0,80
normal	0,67
erhöht	0,57
stark	0,50

Berechnung der Leuchten-Anzahl

Wirkungsgrad-Methode

Mittlere Beleuchtungsstärke $\bar{E}$ festlegen
Tätigkeit bzw. Raumart → $\bar{E}$

↓

Raumfläche A berechnen
$A = a \cdot b$
a: Breite des Raumes
b: Länge des Raumes

↓

Raumindex k berechnen
h: Höhe der Leuchte über der Arbeitsfläche
$$k = \frac{A}{(a+b) \cdot h}$$

↓

Reflexionsgrade ρ bestimmen
siehe Tabelle

↓

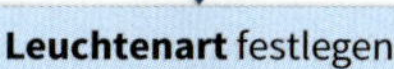

Leuchtenart festlegen

↓

Raumwirkungsgrad η_R bestimmen
Reflexionsgrade → Firmenunterlagen

↓

Betriebswirkungsgrad η_{LB} bestimmen
Reflexionsgrade → Firmenunterlagen

↓

Beleuchtungswirkungsgrad η_B berechnen
$\eta_B = \eta_{LB} \cdot \eta_R$

↓

Wartungsfaktor MF festlegen
Verminderung von E → MF

↓

Gesamt-Lichtstrom Φ berechnen
$$\Phi = \frac{\bar{E} \cdot A}{\eta_B \cdot \text{MF}}$$

↓

Leuchten-Anzahl n berechnen
Φ_{Le}: Lichtstrom einer Leuchte aus Firmenunterlagen
$$n = \frac{\Phi}{\Phi_{Le}}$$

Reflexionsgrade

Farbe bzw. Material	ϱ in %
weiß	70…80
hellgelb	55…65
hellgrün rosa	45…50
himmelblau hellgrau	40…45
beige olivgrün	25…35
orange mittelgau	20…25
dunkelgrün dunkelgrau dunkelrot	10…15
dunkelgrau	10…15
schwarz	4
Silberspiegel	80…90
Lack, weiß, Aluminium, eloxiert	80…85
Emaille, weiß	75…85
Aluminium, poliert	65 … 75
Zeichenkarton	70… 75
Marmor, weiß Chrom, poliert	60…70

Material	ϱ in %
Stahl, poliert	55…65
Schallschluckdecke, weiß	50…65
Aluminium, matt	55…60
Ahorn Birke	50…60
Messing, poliert	60
Beton, hell	30…50
Mörtel, hell	35…55
Sandstein, hell	30…40
Ziegel, hell	30…40
Eiche, hell	30… 40
Mörtel, dunkel	20…30
Ziegel, dunkel Sandstein, dunkel Granit Beton, dunkel	15…25
Nussbaum	15…20
Teerdecke	8…15
Klarglas	6…10
Samt, schwarz	2…4

Hinweis:
Leuchtenhersteller bieten Programme zur Berechnung der Leuchtenanzahl an. Nach Eingabe der Daten, z. B. Beleuchtungsstärke und Raumgeometrie wird neben der Anzahl der Leuchten auch die Lichtstärkeverteilung ermittelt.

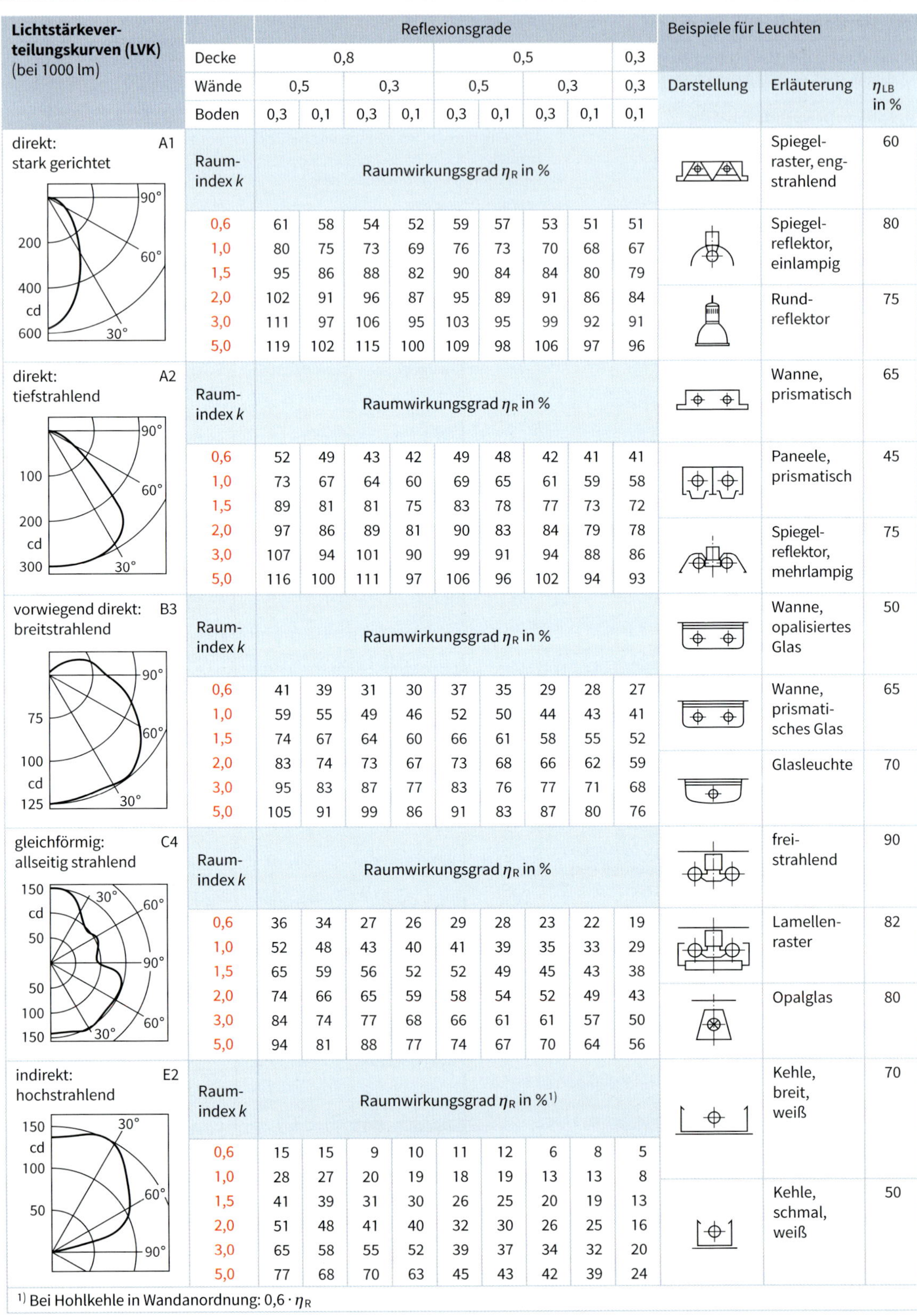

Lichtstärkeverteilungskurven (LVK) (bei 1000 lm)		Reflexionsgrade								
	Decke	0,8				0,5				0,3
	Wände	0,5		0,3		0,5		0,3		0,3
	Boden	0,3	0,1	0,3	0,1	0,3	0,1	0,3	0,1	0,1
direkt: stark gerichtet A1	Raumindex k	Raumwirkungsgrad η_R in %								
	0,6	61	58	54	52	59	57	53	51	51
	1,0	80	75	73	69	76	73	70	68	67
	1,5	95	86	88	82	90	84	84	80	79
	2,0	102	91	96	87	95	89	91	86	84
	3,0	111	97	106	95	103	95	99	92	91
	5,0	119	102	115	100	109	98	106	97	96
direkt: tiefstrahlend A2	Raumindex k	Raumwirkungsgrad η_R in %								
	0,6	52	49	43	42	49	48	42	41	41
	1,0	73	67	64	60	69	65	61	59	58
	1,5	89	81	81	75	83	78	77	73	72
	2,0	97	86	89	81	90	83	84	79	78
	3,0	107	94	101	90	99	91	94	88	86
	5,0	116	100	111	97	106	96	102	94	93
vorwiegend direkt: breitstrahlend B3	Raumindex k	Raumwirkungsgrad η_R in %								
	0,6	41	39	31	30	37	35	29	28	27
	1,0	59	55	49	46	52	50	44	43	41
	1,5	74	67	64	60	66	61	58	55	52
	2,0	83	74	73	67	73	68	66	62	59
	3,0	95	83	87	77	83	76	77	71	68
	5,0	105	91	99	86	91	83	87	80	76
gleichförmig: allseitig strahlend C4	Raumindex k	Raumwirkungsgrad η_R in %								
	0,6	36	34	27	26	29	28	23	22	19
	1,0	52	48	43	40	41	39	35	33	29
	1,5	65	59	56	52	52	49	45	43	38
	2,0	74	66	65	59	58	54	52	49	43
	3,0	84	74	77	68	66	61	61	57	50
	5,0	94	81	88	77	74	67	70	64	56
indirekt: hochstrahlend E2	Raumindex k	Raumwirkungsgrad η_R in %[1)]								
	0,6	15	15	9	10	11	12	6	8	5
	1,0	28	27	20	19	18	19	13	13	8
	1,5	41	39	31	30	26	25	20	19	13
	2,0	51	48	41	40	32	30	26	25	16
	3,0	65	58	55	52	39	37	34	32	20
	5,0	77	68	70	63	45	43	42	39	24

Beispiele für Leuchten: Darstellung	Erläuterung	η_{LB} in %
	Spiegelraster, engstrahlend	60
	Spiegelreflektor, einlampig	80
	Rundreflektor	75
	Wanne, prismatisch	65
	Paneele, prismatisch	45
	Spiegelreflektor, mehrlampig	75
	Wanne, opalisiertes Glas	50
	Wanne, prismatisches Glas	65
	Glasleuchte	70
	freistrahlend	90
	Lamellenraster	82
	Opalglas	80
	Kehle, breit, weiß	70
	Kehle, schmal, weiß	50

1) Bei Hohlkehle in Wandanordnung: $0{,}6 \cdot \eta_R$

Ziele der Beleuchtung

Die Mitarbeiter sollen

- keinen **Gefahren** ausgesetzt werden,
- ihre **Arbeitsaufgaben** erfüllen können,
- keine **Ermüdung** erleiden,
- keine gesundheitlichen **Schäden** erleiden,
- ihr **Wohlbefinden** steigern und
- visuell **kommunizieren** können.

Arbeitsstätten-Bereiche

Die Anforderungen an die Beleuchtung in den verschiedenen Bereichen innerhalb der Arbeitsstätte sind unterschiedlich. Es werden deshalb je nach Anforderung mehrere Konzepte für die Beleuchtungsplanung unterschieden.

- **Arbeitsfläche** ①:
  Fläche in Arbeitshöhe ②, wo die Arbeitsaufgabe erfüllt wird
- **Teil der Arbeitsfläche** ③:
  Fläche, auf der eine höhere Beleuchtungsstärke notwendig ist
- **Benutzerfläche** ④:
  Bewegungsbereich des Mitarbeiters um die Arbeitsfläche
- **Arbeitsbereich**:
  Arbeitsfläche und Benutzerfläche ① ④
- **Umgebungsbereich** ⑤:
  An die Benutzerfläche anschließende Fläche
- **Sonstige Bereiche**:
  Flächen ohne Arbeitsplätze, z. B. Wege, Lagerflächen

Beleuchtungsstärken

Räume bzw. Tätigkeiten	Wartungswerte[1] der Beleuchtungsstärken in lx			
	nach DIN EN 12464-1	nach ASR 3.4[2]		
	Bewertungsfläche	Arbeitsbereich	Teilfläche ③	Umgebungsbereich ⑤
Büro	500	500	–	500
CAD	500	500	–	500
Elektronik	1500	500	1500	300
Endkontrolle	1000	500	1000	300
Gravieren	750	500	750	300
Holzbearbeitung	500	500	–	500
Justieren	1500	500	1500	300
Karosseriebau	500	500	–	500
Kasse	500	500	–	500
Labor	500	500	–	500
Prüfen	1500	500	1500	300
Untersuchung	1000	500	1000	300

[1] Diese Beleuchtungsstärken dürfen trotz Alterung und Verschmutzung von Leuchten nicht unterschritten werden.
[2] Technische Regeln für Arbeitsstätten ASR A3.4 „Beleuchtung“

Einteilung

Beispiel:

B 3 1

Kennbuchstabe für Lichtstromverteilung — B
1. Kennziffer: Lichtstrom-Anteil auf Nutzebene — 3
2. Kennziffer: Lichtstrom-Anteil gegen Decke — 1

Einbauleuchte
geeignet zur Montage auf normal entflammbarem Baustoff, z. B. in Möbeln

Kennbuchstabe	Beleuchtungsart	Lichtstrom-Anteil bezogen auf Horizontale	
		unten Φ_u	oben Φ_o
A	direkt	0,9 … 1	0 … 0,1
B	vorwiegend direkt	0,6 … 0,9	0,1 … 0,4
C	direkt-indirekt	0,4 … 0,6	0,4 … 0,6
D	vorwiegend indirekt	0,1 … 0,4	0,6 … 0,9
E	indirekt	0 … 0,1	0,9 … 1

Kennziffer	Anteil des auftreffenden Lichtstroms auf	
	Nutzebene bezogen auf Φ_u	Decke bezogen auf Φ_o
1	0 … 0,3	0 … 0,5
2	0,3 … 0,4	0,5 … 0,7
3	0,4 … 0,5	0,7 … 0,9
4	0,5 … 0,6	0,9 … 1
5	0,6 … 0,7	
6	0,7 … 1	

Kennzeichnung

- Hersteller
- Typ bzw. Nummer
- Bemessungsspannung
- Bemessungsfrequenz
- Bemessungsleistung (ohne Vorschaltgerät)
- Schutzart
- Schutzklasse
- Brandsicherheit
- Sonderanforderungen
- Funkentstörung
- Montageart (Leuchten in Möbeln)

Kennzeichnung der Brandsicherheit

bis 12.04.2012	DIN EN 60598-1: 2015-10	
F-Zeichen	keine	**Anbauleuchten** geeignet zur Montage auf normal entflammbarem Baustoff
durchgestrichenes F-Zeichen oder Warnhinweis	Symbol	**nicht** geeignet zur Montage auf normal entflammbarem Baustoff
F-Zeichen, Zusätzlich Warnhinweis	NO INSULATION	**Einbauleuchten** geeignet zur Montage auf normal entflammbarem Baustoff. Leuchte darf nicht mit Wärmedämmung bedeckt werden.
durchgestrichenes F-Zeichen oder Warnhinweis	Symbol	**nicht** geeignet zur Montage auf normal entflammbarem Baustoff
F-Zeichen mit Balken	keine	geeignet zur Montage auf normal entflammbarem Baustoff. Leuchte darf mit Wärmedämmung bedeckt werden.

Kennzeichnung der Montageart in Möbeln

Symbol	Montageart
	an Decke
	waagerecht an Wand
	senkrecht an Wand
	Ecke waagerecht, Lampe seitlich
	Ecke waagerecht, Lampe unterhalb
	auf Boden
	in U-Profil
	nicht zur Montage an der Decke geeignet

Kennzeichnung der Sonderanforderungen

	Leuchten für rauhe Betriebsstätten
Ex	Leuchten für explosionsgefährdete Betriebsstätten
T	Leuchten für erhöhte Umgebungstemperatur
	ballwurfsicher nach VDE Mit Öffnungen > 60 mm: für Tennis nicht geeignet

Kennzeichnung der Vorschaltgeräte

Kennzeichnung von Wicklungstemperaturen

Beispiel: t_w 90/55/125

90 °C Grenztemperatur
55 °C Übertemperatur im Normalfall
125 °C Übertemperatur im anomalen Betriebsfall

(F) flammsicher

(FP) flamm- und platzsicher

Zulässige Temperaturen (Grenztemperaturen)

- Zulässige Temperaturen (Grenztemperaturen) bei Leuchten sind festgelegt für die
  - Befestigungsoberfläche bzw.
  - Oberfläche der Leuchten (vgl. GDV: Gesamtverband der Deutschen Versicherungswirtschaft e. V.).
- Grenztemperaturen werden direkt angegeben oder durch Symbole verdeutlicht.

Betriebsart	Leuchten	Leuchten ohne Kennzeichnung
	[Symbole]	Grenztemperatur an der Befestigungsfläche in °C
normal	keine Temperaturangaben	90 [1]
anormal (abweichend)		130 [1]
Fehlerfall		180 [1)2]

[1] Der Schutz vor Wärme kann auch durch einen vorgegebenen Abstand zur Befestigungsfläche oder durch eine Temperaturschutzeinrichtung erfolgen.

[2] Bei einer angenommenen Wicklungstemperatur von 350 °C darf sich die Befestigungsfläche in den ersten 15 Minuten auf nicht mehr als 180 °C erwärmen.

Betriebsart	Leuchten mit begrenzter Oberflächentemperatur	Möbelleuchten	
	Grenztemperatur an Oberflächen DIN EN 60598-2-11: 2014-04	Grenztemperatur an Befestigungsflächen und benachbarten Flächen in °C DIN 57710-14 VDE 0710-14: 1982-04	
	Symbol: D	M	M M
normal	90 [3]	90	95
	150 [4)5]		
anormal (abweichend)	90 [3]	130	115
	150 [4)5]		
Fehlerfall	115 [3]	180	115
	150 [4)5]		

[3] Grenztemperatur an waagerechten Flächen

[4] Grenztemperatur an senkrechten Flächen und an Glasoberflächen von Leuchtstofflampen

[5] Können äußere Oberflächen eine Temperatur zwischen 90 °C und 150 °C annehmen, muss in der Montageanleitung vor entsprechenden Montagearten gewarnt werden.

Beispiele:

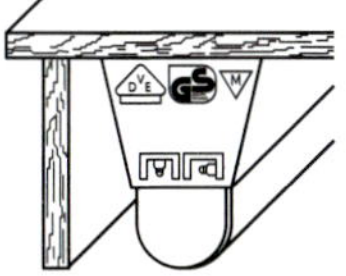

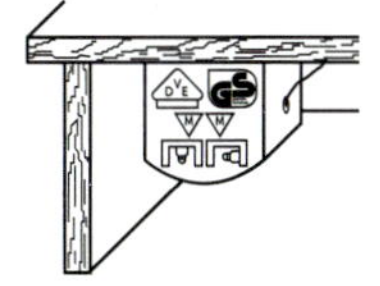

Leuchten und Lampenbetriebsgeräte bezüglich der Installationsorte/-flächen

Installationsorte, Installationflächen			Leuchten	Betriebsgeräte als unabhängiges Zubehör
			DIN EN 60598-2-22: 11: 2009-10; DIN VDE 0711-2	DIN EN 61347-1: 2016-05; VDE 0712-30: 2016-05
Nicht brennbar Werkstoff, der eine Verbrennung nicht unterstützt (DIN EN 60598). Baustoff nach DIN EN 13501 bzw. DIN 4102.			D M, M M Keine Kennzeichnung [Symbole] oder Warnhinweis	[Symbol] Kennzeichen für Lampenbetriebsgerät, z. B. Vorschaltgerät
Schwer oder normal entflammbar [1]			D, M M M Keine Kennzeichnung	[Symbol] 110 [Symbol] 130
Besondere Bereiche	Überdeckung mit Wärmedämmung		Keine Kennzeichnung	[3] [Symbol] F
	Überdeckung mit Wärmedämmung nicht gestattet		[Symbol]	
	Einrichtungsgegenstände (Möbel) DIN VDE 0100-724		[4] M, M M	[Symbol] 130 [Symbol] 110
	feuergefährdete Betriebsstätten [2]		M M, D	[Symbol] 110
		Staub- und/oder Faseranfall	D Nur zulässig, wenn Leuchten einschließlich der Lampen dem Schutzgrad IP 5X genügen	[3] [Symbol] F F [3] [Symbol] D

[1] Entzündungstemperatur ≥ 200 °C, z. B. Holz mit einer Materialdicke > 2 mm (Baustoffe nach DIN EN 13501 bzw. DIN 4102)
[2] DIN VDE 0100-420
[3] Diese Kennzeichnungskombinationen sind nicht genormt; die Sicherheitskriterien des Betriebsgerätes müssen denen der Leuchte entsprechen; Bestätigung vom Hersteller einholen
[4] Nur zulässig, wenn der Werkstoff mindestens normal entflammbar ist.

ILCO-System

- Lampen werden nach dem Internationalen Lampenbezeichnungssytem **ILCOS** (**I**nternational **L**amp **Co**ding **S**ystem) bezeichnet.
- Für die meisten Bezeichnungen reicht die kurze Version ILCOS L aus. Sie besteht nur aus dem **Buchstabenblock**. Die Standardversion ILCOS D beinhaltet alle Bezeichnungselemente.

Bestandteile

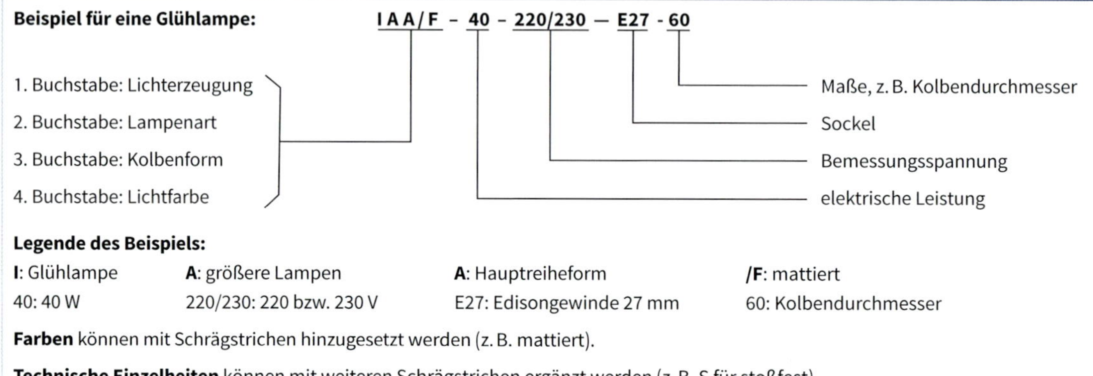

Legende des Beispiels:

I: Glühlampe	**A**: größere Lampen	**A**: Hauptreiheform	**/F**: mattiert
40: 40 W	220/230: 220 bzw. 230 V	E27: Edisongewinde 27 mm	60: Kolbendurchmesser

Farben können mit Schrägstrichen hinzugesetzt werden (z. B. mattiert).

Technische Einzelheiten können mit weiteren Schrägstrichen ergänzt werden (z. B. S für stoßfest)

Lichterzeugung

Kennbuchstabe	D	F	H	I	L	M	S	Q	X
Lampenkategorie	LED-Modul	Leuchtstofflampe	Halogenlampe	Glühlampe	Natrium-Niederdrucklampe	Halogen-Metalldampflampe	Natrium-Hochdrucklampe	Quecksilber-Hochdrucklampe	Lampe für spezielle Zwecke

Kolbenformen

Hauptreiheform	Kerzenform	Kerzenform, konisch	Zweirohrform	Ellipsoidform	Kugelform	Linienform
A	B	C	D	E	G	L
Pilzform	**Tropfenform**	**Vierrohrform**	**Reflektorform**	**Birnenform**	**Röhrenform**	**U-Form**
M	P	Q	R	S	T	U

Fassungen (Sockelformen)

Maße in mm

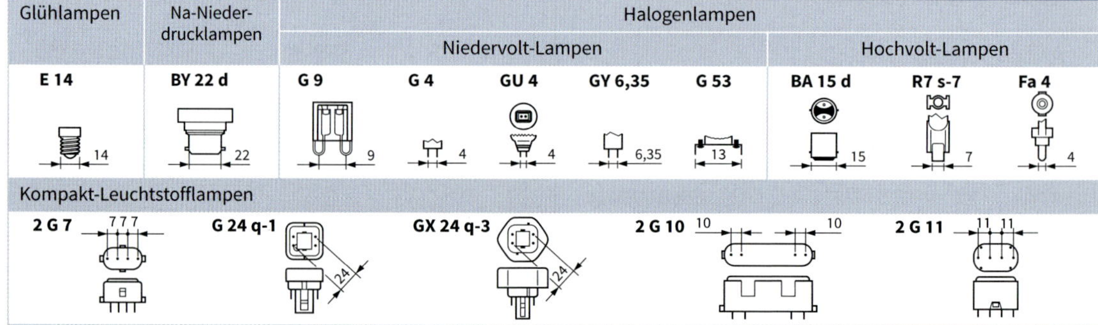

Merkmale

- Im Rahmen der **Ökodesign-Richtlinie** (Richtlinie 2009/125/EG u. a. für Leuchtmittel) wird die Steigerung der Energieeffizienz vorgeschrieben.
- Als alternative Leuchtmittel werden vermehrt Leuchtdioden (LED) und Organische Leuchtdioden (OLED) in unterschiedlichen Anwendungsbereichen (u. a. Allgemein-, Architektur-, Sicherheitsbeleuchtung) eingesetzt.
- Die **Farbart** wird definiert durch die Koordinaten (Farbort) im Farbdiagramm (C.I.E. Norm-Farbtafel).
- Für die farbigen LEDs geben die Hersteller entweder die zu einer bestimmten Farbe gehörende **Wellenlänge** (z. B. 525 nm für Echt-Grün) oder die entsprechenden x- und y-Koordinaten (z. B. x = 0,15; y = 0,82) an.

Lichtausbeute

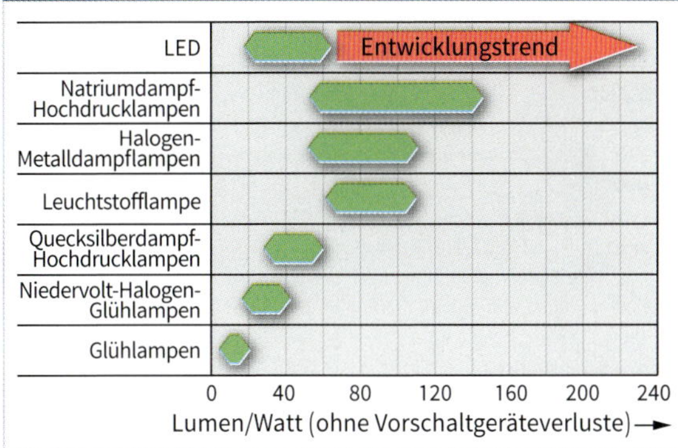

System-Effizienz LED-Leuchte

Die System-Effizienz einer LED-Leuchte ist abhängig von den nachfolgend gezeigten Verlusten in den einzelnen Systemkomponenten.

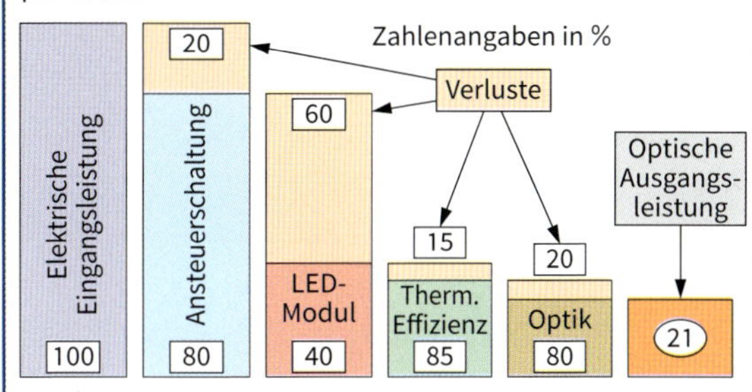

LED-Spektren

- Die Farberzeugung bei farbigen LEDs erfolgt durch die Anwendung bestimmter Halbleitermaterialien.
- Die Farbtemperatur wird dabei in **Kelvin** angegeben.
- Die Einstufung z. B. der Farbstreuung, die durch Fertigungstoleranzen entsteht, erfolgt in Klassen (**Binning**: Angabe in den Datenblättern der Hersteller).

Halbleitermaterialien

Farbe	Material	Abkürzung
Rot	Aluminium-Galliumarsenid	AlGaAs
Rot, Orange,	Aluminium Indium Gallium Phosphid	AlInGaP
Gelb	Galliumarsenid Phosphid	GaAsP
Grün, Blau	Indium Gallium Nitrid	InGaN

- Bei den **weißen LEDs** (unbunt) erfolgt die Lichterzeugung entweder durch **additive Mischung** der drei Primärfarben rot, grün und blau auf drei getrennten Chips oder durch blaue LEDs, die mit einem gelben Leuchtstoff (**Fluoreszenzfarbstoff**) überzogen werden.
- Weiße LEDs sind in unterschiedlichen **Weißtönen** (ähnlich wie Leuchtstofflampen) verfügbar.

Spektren farbiger und weißer LEDs

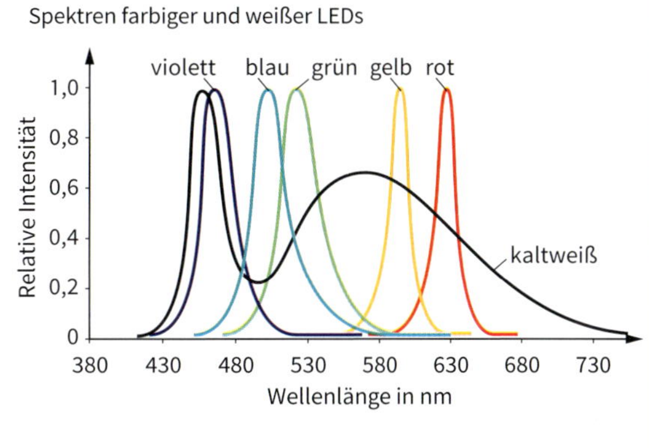

Farbtemperatur verschiedener Weißtöne

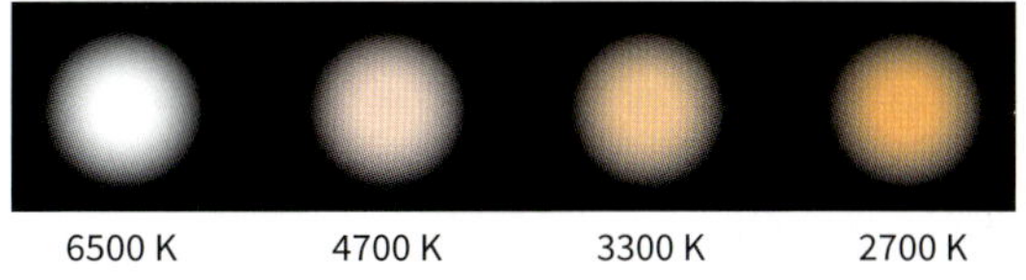

6500 K	4700 K	3300 K	2700 K
Tageslichtweiß	Neutralweiß		Warmweiß

Netzbetriebene LED

- Sie wird direkt an 230 V Wechselspannung betrieben
  - mit Vorwiderständen ① zur Strombegrenzung und
  - mit interner Reihenschaltung mehrerer LED-Chips (Stränge antiparallel geschaltet, Ausnutzung beider Halbschwingungen).
- Daten für Beispiel (Gesamtmodul): 580 Lumen/3000 K/40 mA/cos φ = 0,93

Beispiel:

① 230VAC

LED-Straßenbeleuchtung

- Die elektrischen und optischen Werte sind abhängig von den verwendeten LEDs und der jeweiligen konstruktiven Ausgestaltung (Linsenform, Lichtführung).
- Vorteile gegenüber herkömmlichen Leuchten:
  - geringere elektrische Anschlussleistung,
  - höhere Lebensdauer, geringere Erwärmung,
  - kein Streulicht nach oben und
  - keine Insektenfalle, da keine UV- bzw. IR-Strahlung ausgesendet wird.

Beispiel:

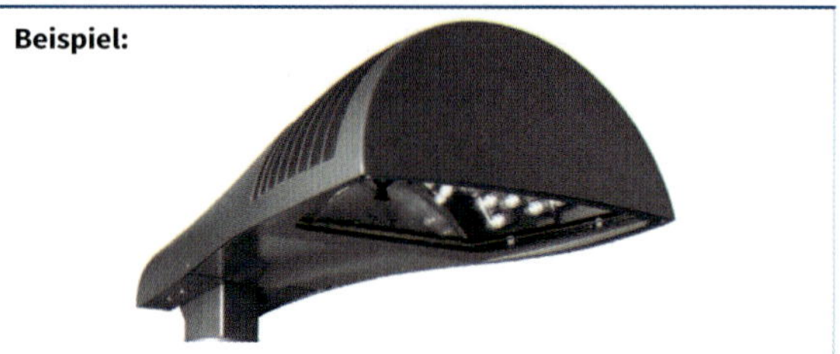

T8-Form

- Die LED-Röhrenbauform
  - ist **bauformkompatibel** zur Leuchstofflampe,
  - benötigt weniger elektrische Energie,
  - hat eine höhere Lebensdauer,
  - erzeugt kein Flackern (sofort startklar) und
  - keine IR-/UV-Strahlung.

	T8-Form	
	Leuchtstofflampe	LED-Lampe
Lichtstrom in Lumen	1350	1600
Betriebsspannung in V	230	230
Bemessungs-leistung in W	18 (Leistungsaufnahme ohne EVG)	18
$\cos\varphi$	> 0,9 (mit EVG)	> 0,9
Lebensdauer in h	24 000	50 000

- Vorteil: **Direkte Abstrahlung** nach unten durch gerichtete Strahlungsabgabe der eingesetzten LED ergibt höhere Beleuchtungsstärke (Lichtstrom pro Flächeneinheit).
- Nachteil: keine allseitige Lichtabstrahlung

Beispiel:

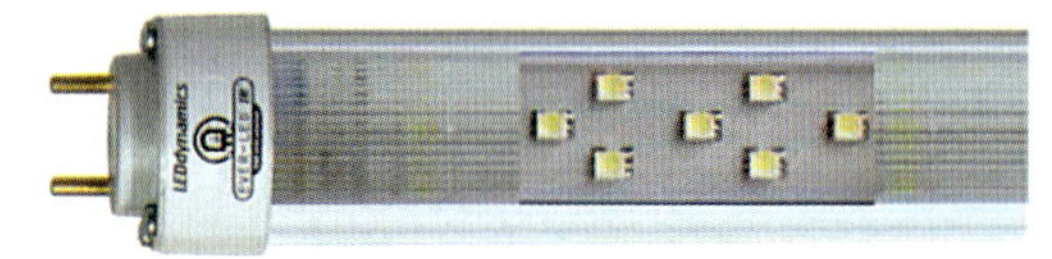

LED-Röhre Schaltung

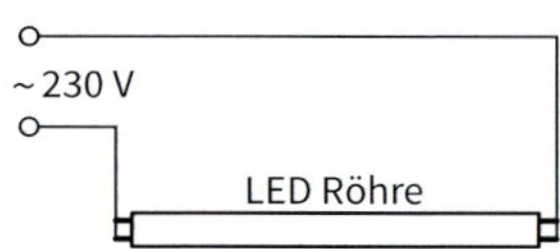

Hinweis:
Bei Einbau in vorhandene Leuchten sind folgende Umbaumaßnahmen erforderlich:
- Vorschaltgerät ausbauen oder überbrücken,
- Starter entfernen,
- ggf. vorhandenen Kondensator entfernen bzw. überbrücken

Strahler

- Aufgebaut aus **Einzelchips auf Trägerplatine** (Ansteuereinrichtung im Lampenkörper eingebaut).
- Verfügbar in gängigen Weiß- und Farbtönen.
- Daten:
  - 570 bis 600 Lumen
  - 230 V AC
  - $\cos\varphi = 0{,}6$
  - typische Anschlussleistung 20 W
- Ersatz für 75 W Glühlampe bzw. 26 Watt Leuchtstofflampe
- Anwendung als Effektbeleuchtung (Verkaufsräume/Architekturbeleuchtung); in der Regel dimmbar
- Geeignet für Innen- und Außeneinsatz

Beispiel:

LED-Trägermodul für Farbton kaltweiß

LED-Ansteuerung

- Bedingt durch die **steile Durchlasskurve** der LED ist die elektrische Ansteuerung vorzugsweise durch einen geregelten **Konstantstrom** zu realisieren.
- Auf eine **ausreichende Wärmeabfuhr** in Form einer Kühlung mittels geeigneter **Kühlkörper** ist zu achten. Dadurch wird die **thermische Überlastung** verhindert.

Beispiel:

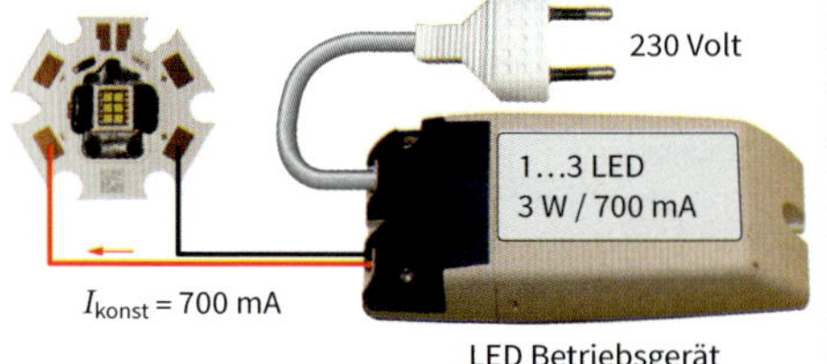

LED Betriebsgerät

Merkmale

Das Steuergerät LEDOTRON (neuer DIMM-Standard) wurde entwickelt, um LED-Lampen und Kompaktleuchtstofflampen dimmen zu können.
Diese neu entwickelten Leuchtmittel können durch die bisher verwendeten Dimmer nicht gedimmt werden.

Beispiel: LED-Lampe

Technische Daten:

- 230 V/50…60 Hz
- 12 W
- 810 lm (Lichtstrom)
- 2700 K (Farbtemperatur)
- $R_a = 80$ (Farbwiedergabe-index)
- Warm-Weiß (Lichtfarbe)
- dimmbar (LEDOTRON)

Funktion

Blockdiagramm:

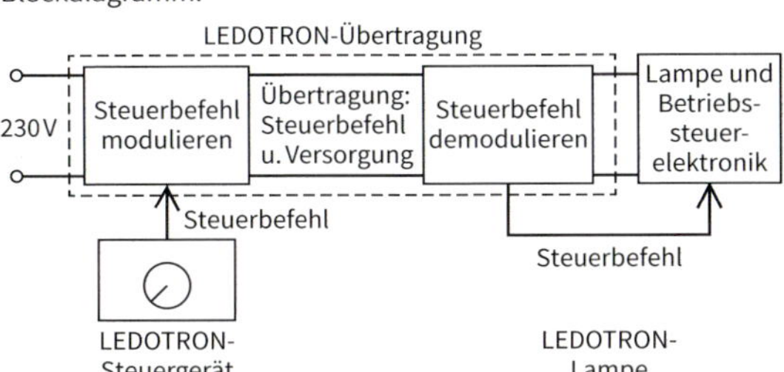

Signalverlauf:

- konstanter Anstieg ① zur Energieversorgung des Steuergerätes
- Telegrammübertragung ② der Helligkeits- und/oder Farbinformation vom Encoder im Steuergerät über die Sinuslinie zum Decoder in der geeigneten LED-Lampe

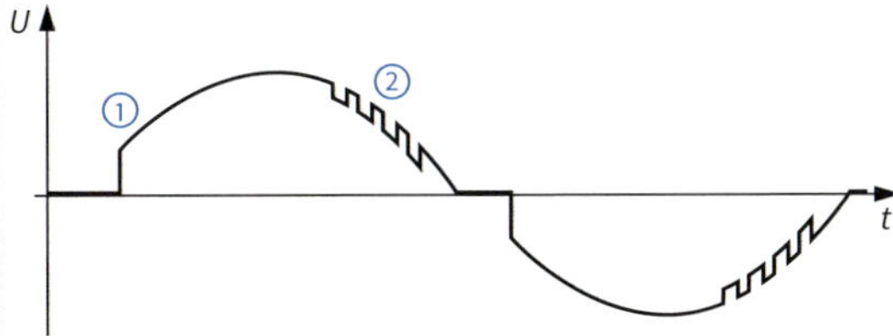

Schaltung zur Beleuchtungssteuerung

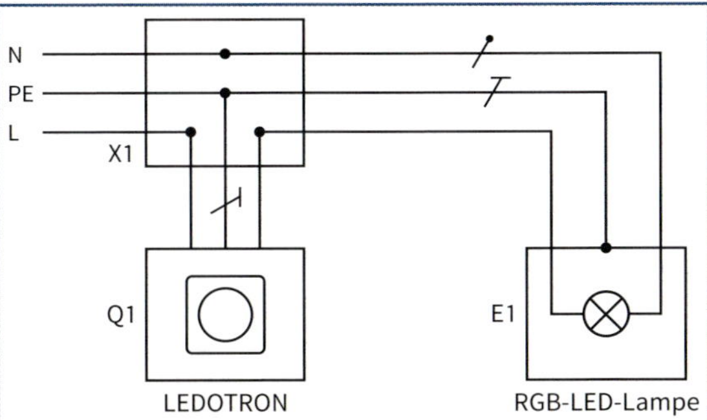

Steuergerät

LEDOTRON-**Bildmarke** (Firmenbezeichnung)

Technische Daten:

- Bemessungsspannung: 230 V AC
- Umgebungstemperatur: +5 °C bis +35 °C
- Anschlussleistung:
  Dimmen von LEDOTRON-Lampen: 3 W bis 200 W
- Anzahl der LEDOTRON-Lampen: max. 25
- Anschluss: Schraubklemmen
  Eindrähtig: 0,5 mm² bis 2,5 mm²
  Feindrähtig ohne Aderendhülsen: 0,34 mm² bis 4 mm²
  Mehrdrähtig mit Aderendhülsen: 0,14 mm² bis 2,5 mm²

Eigenschaften

- Helligkeitssteuerung möglich bei monochromen LED- und CFLi-Lampen [1)]
- Steuerung der Farbe und Farbtemperatur bei RGB [2)]-LED-Lampen (vgl. Firmenangabe)
- Installation in vorhandenen Schalterdosen
- Nutzung der Energieleitungen zur Signalübertragung mit 2-Draht-Installation vom Steuergerät
- Digitale Datenübertragung über die Energieleitung
- Kein Flackern
- Leuchtmittel von 0 % bis 100 % dimmbar
- Zur Steuerung, z. B. der Helligkeit (RGB-LED-Lampe) und Farbe (CFLi-Lampe), sind geeignete LED-Lampentypen erforderlich.

Betrieb von LEDOTRON-Lampentypen

- Kontrolle vor der Installation:
  Steuergerät und Lampe mit gleicher **Bildmarke** (siehe oben)
- Umrüstung auf LEDOTRON:
  gleichzeitiger Austausch von Steuergerät und RGB-LED-Lampe im Stromkreis erforderlich
- Austausch des Steuergerätes und nicht geeignete Lampe: nur Ein- und Ausschalten mit Steuergerät möglich
- Max. 100 m Entfernung zwischen Steuergerät und Lampe
- Anschluss mehrerer LEDOTRON-Stromkreise an einem Außenleiter ist möglich.

1) **CFLi**: **C**ompact **F**luorescent **L**amp with **i**ntegrated balast
2) **RGB**: Bezeichnung der Farbmischung der Grundfarben **R**OT, **G**RÜN, und **B**LAU in LEDs

Vorschaltgeräte

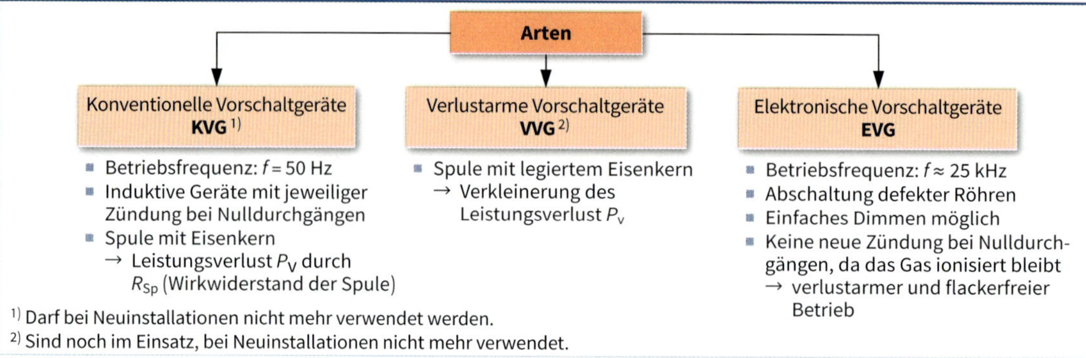

Arten

Konventionelle Vorschaltgeräte KVG [1)]
- Betriebsfrequenz: $f = 50$ Hz
- Induktive Geräte mit jeweiliger Zündung bei Nulldurchgängen
- Spule mit Eisenkern
  → Leistungsverlust P_V durch R_{Sp} (Wirkwiderstand der Spule)

Verlustarme Vorschaltgeräte VVG [2)]
- Spule mit legiertem Eisenkern
  → Verkleinerung des Leistungsverlust P_V

Elektronische Vorschaltgeräte EVG
- Betriebsfrequenz: $f \approx 25$ kHz
- Abschaltung defekter Röhren
- Einfaches Dimmen möglich
- Keine neue Zündung bei Nulldurchgängen, da das Gas ionisiert bleibt
  → verlustarmer und flackerfreier Betrieb

[1)] Darf bei Neuinstallationen nicht mehr verwendet werden.
[2)] Sind noch im Einsatz, bei Neuinstallationen nicht mehr verwendet.

Grundschaltungen

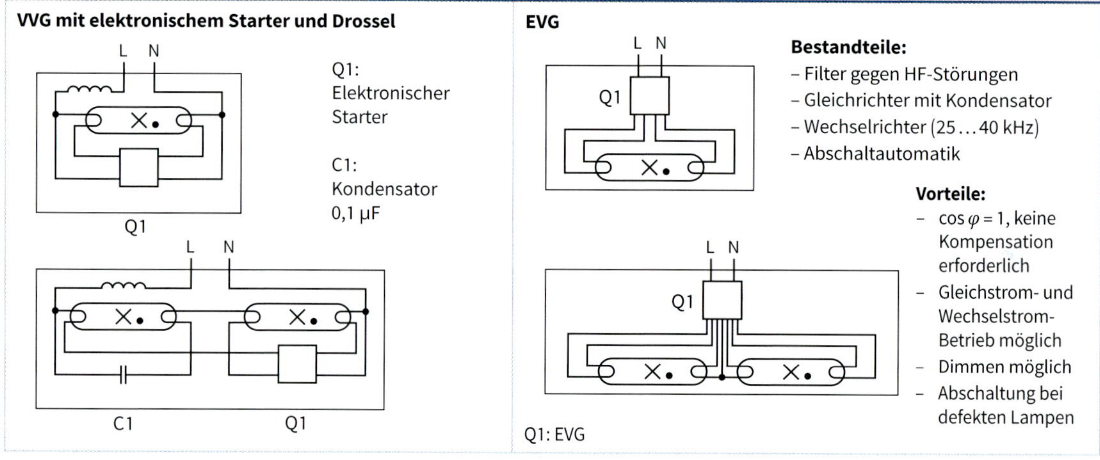

VVG mit elektronischem Starter und Drossel

Q1: Elektronischer Starter

C1: Kondensator 0,1 µF

EVG

Q1: EVG

Bestandteile:
- Filter gegen HF-Störungen
- Gleichrichter mit Kondensator
- Wechselrichter (25 … 40 kHz)
- Abschaltautomatik

Vorteile:
- $\cos\varphi = 1$, keine Kompensation erforderlich
- Gleichstrom- und Wechselstrom-Betrieb möglich
- Dimmen möglich
- Abschaltung bei defekten Lampen

Lampen mit Vorschaltgeräten – Bestimmungen nach EG-Verordnung 245/2009

- **Einteilung der Vorschaltgeräte:**
  - 7 Klassen nach EEI (Energie-Effizienz-Index)
  - Dimmbare Vorschaltgeräte: A1 (auch A1 BAT [3)])
  - Nicht dimmbare Vorschaltgeräte: A2 (auch A2 BAT), A3, B1, B2, C, D
    (Vorschaltgeräte der Klassen C und D: laut EU-Richtl. 2000/55/EG nicht mehr im Verkauf)
- **Zuordnung der VVGs und EVGs:**
  - Verlustarme induktive Vorschaltgeräte (VVG) in den Klassen B1 und B2
  - Elektronische Vorschaltgeräte (EVG) in den Klassen A1, A1 BAT, A2, A2 BAT, A3

[3)] **BAT: B**est **A**vailable **T**echnology (Beste verfügbare Technik)

- **Regelung laut Verordnung**, nach der ab 2011 u. a. für nicht dimmbare Vorschaltgeräte gilt:
  - Bedingung muss mindestens den EEI von B2 erfüllen, z. B. darf bei einer 58 W-Leuchtstofflampe mit Vorschaltgerät die höchstzulässige Leistung (Systemleistung) $P \leq 67$ W sein.
- **Energielabel** für alle Lampen, die mit einem Vorschaltgerät betrieben werden:
  - Leuchtstofflampen und Lampen des Typs z. B. HQL, HQI (Gasentladungslampen)
  - Klassen (Reihenfolge nach Effizienz): A1, A1 BAT, A2, A2 BAT, A3, B1, B2

Ab **Mitte 2010** ist der Aufdruck des Labels auf der Verpackung für alle Hersteller in der EU verpflichtend.

Wirkungsgrad von Leuchtstofflampen (Auswahl)

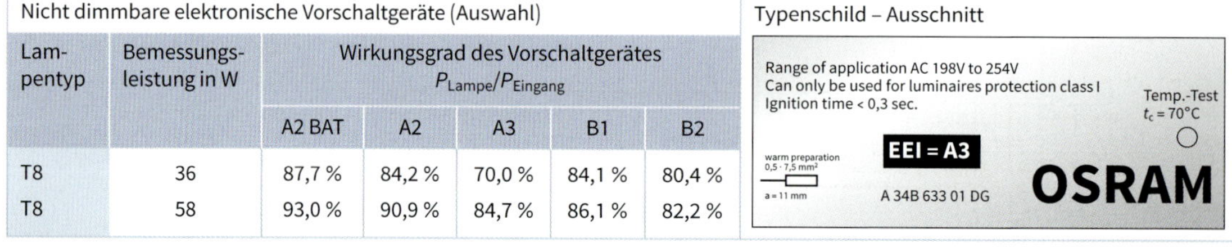

Nicht dimmbare elektronische Vorschaltgeräte (Auswahl)

Lampentyp	Bemessungsleistung in W	Wirkungsgrad des Vorschaltgerätes $P_{Lampe}/P_{Eingang}$				
		A2 BAT	A2	A3	B1	B2
T8	36	87,7 %	84,2 %	70,0 %	84,1 %	80,4 %
T8	58	93,0 %	90,9 %	84,7 %	86,1 %	82,2 %

Typenschild – Ausschnitt

Schaltungen mit Metalldampflampen
Circuits with Metal Vapour Lamps

Lampenarten

- Natrium-Niederdrucklampen
- Quecksilber-Hochdrucklampen

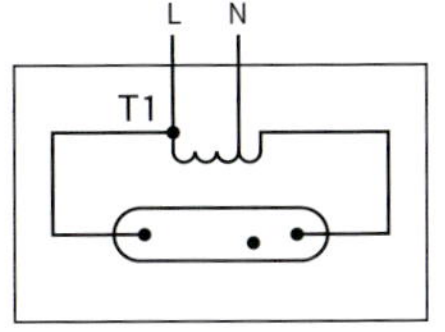

T1: Streufeldtransformator

- Halogenlampen
- Natrium-Niederdrucklampen (stabförmig)

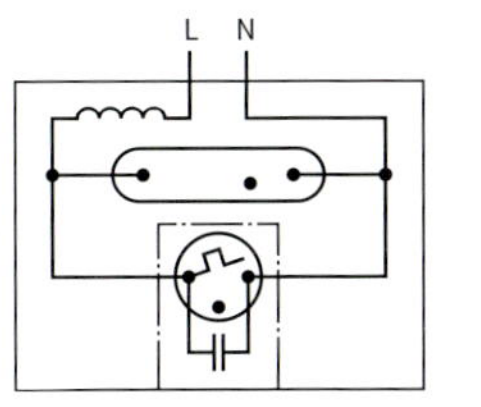

Schaltungen mit elektronischen Zündgeräten

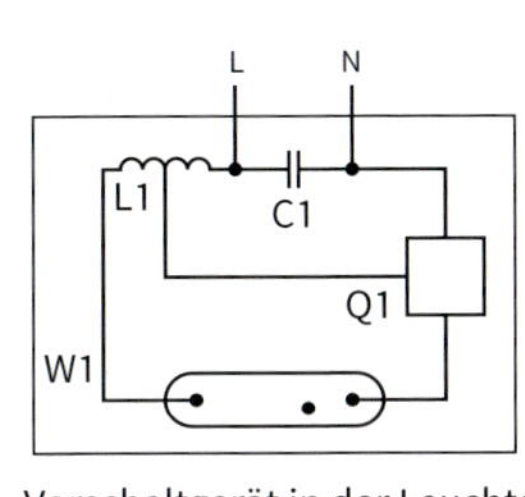

Vorschaltgerät in der Leuchte

C1 : Rückschluss-Kondensator für HF
Q1 : Impulsgenerator (Zündgerät)
L1 : Vorschaltgerät
L2 : Dämpfungsdrossel
W1 : HF-Zündleitung

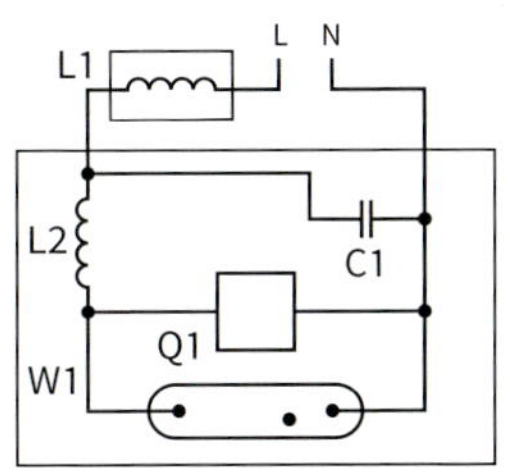

Vorschaltgerät außerhalb der Leuchte

Vorschaltgeräte für Leuchtstofflampen
Ballasts for Fluorescent Lamps

Einphasiger Betrieb mit Potenziometer

PE
N
L
DIMM-EVG
DIMM-EVG
Schalter
L N ⏚ – +

Potenziometer $R = \frac{100\ \text{k}\Omega}{n}$ n: Zahl der angeschlossenen EVGs

Hinweis: Potenziometer so anschließen, dass bei Rechtsanschlag das volle Beleuchtungsniveau erreicht wird.

Dreiphasiger Betrieb mit Schütz und Dimmer

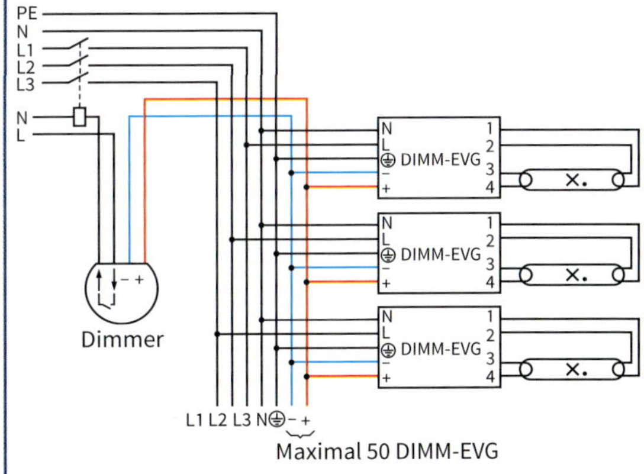

Maximal 50 DIMM-EVG

Steuerung mit DIMM-EVG

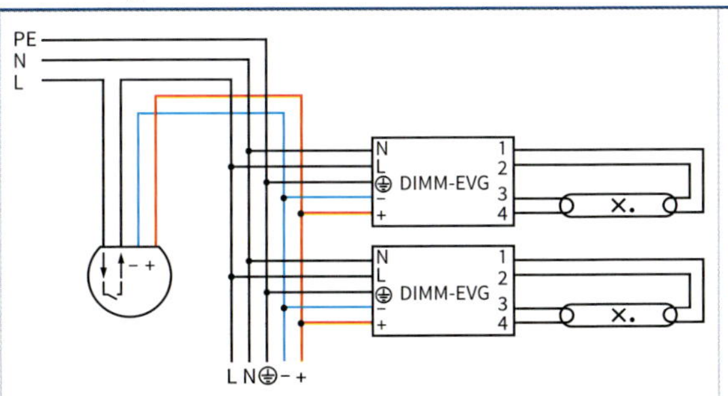

Maximale Anzahl von schaltbaren EVGs abhängig von der

- Belastbarkeit der Leitungsschutz-Schalter und
- Belastbarkeit des Schützes.

(Herstellerangaben beachten)

Anschluss:

- EVG muss geerdet sein.
- Beim Anschließen des EVG mindestens 5 cm Abstand zum Ende der Leuchtstofflampe einhalten.

Ausschaltung mit Kontrolllampe

Kontrolllampe ① leuchtet bei
- eingeschalteter Leuchte E1
- ausgeschalteter Leuchte E1, wenn sie parallel zum Ausschalter Q1 liegt.

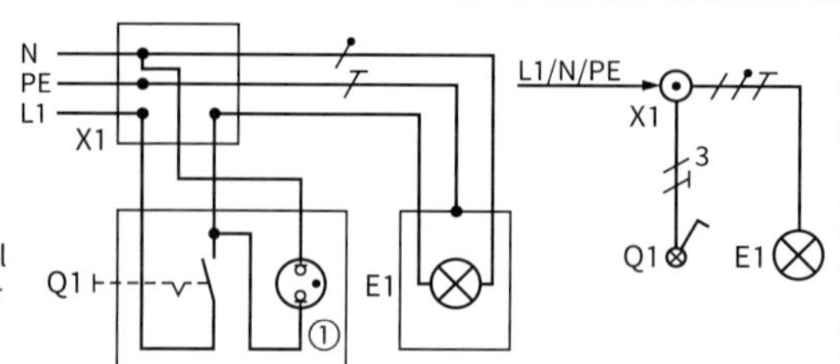

Hinweis zur Installation

In Installationsgeräten der Schutzklasse II (Schutzisolierung), z. B. Schalterdosen, muss nach DIN VDE 0100-410 der Schutzleiter PE mitgeführt werden. Für die Funktion der Schaltung ist er nicht erforderlich und wurde in die folgenden Stromlaufpläne nicht eingezeichnet. In den Übersichtsschaltplänen muss der PE-Leiter berücksichtigt werden, weil damit die für die Installation wichtige Aderzahl der Leitung kenntlich gemacht wird.

Wechselschaltung mit Kontrolllampe

Kontrolllampen leuchten bei ausgeschalteter Leuchte (Orientierungslicht).

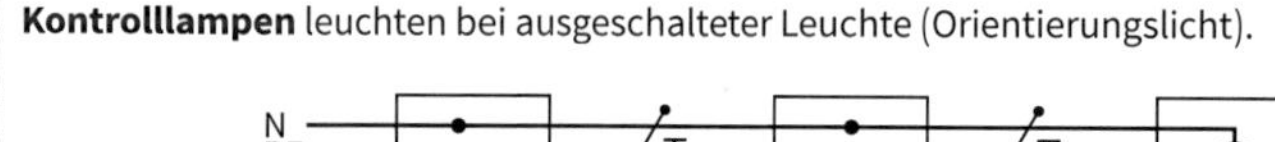

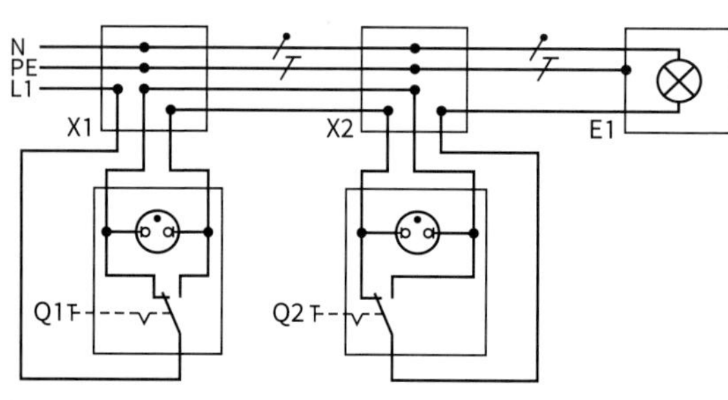

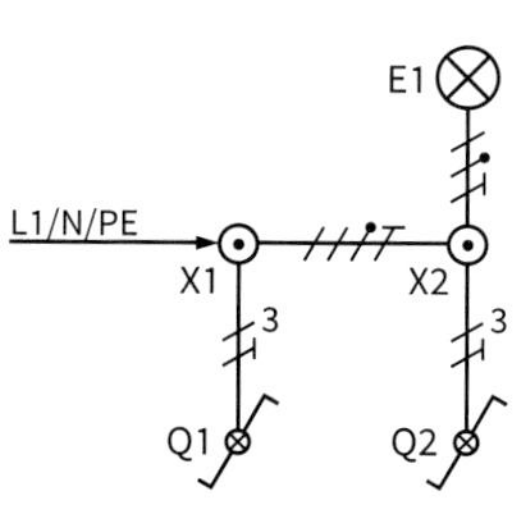

Gruppenschaltung

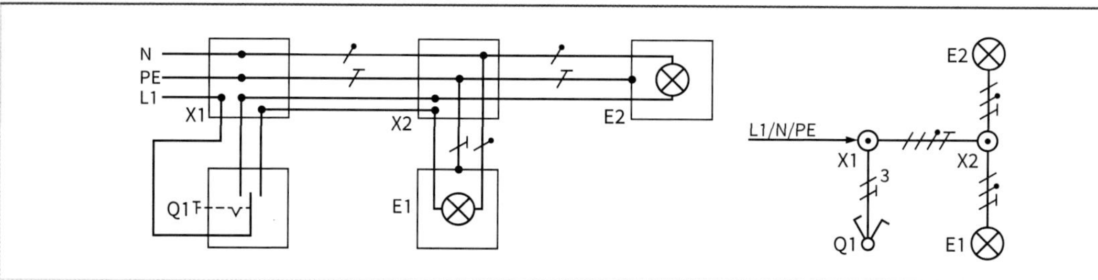

Stromstoßschaltung mit beleuchteten Tastern

Kontrolllampen leuchten bei unbetätigtem Taster.

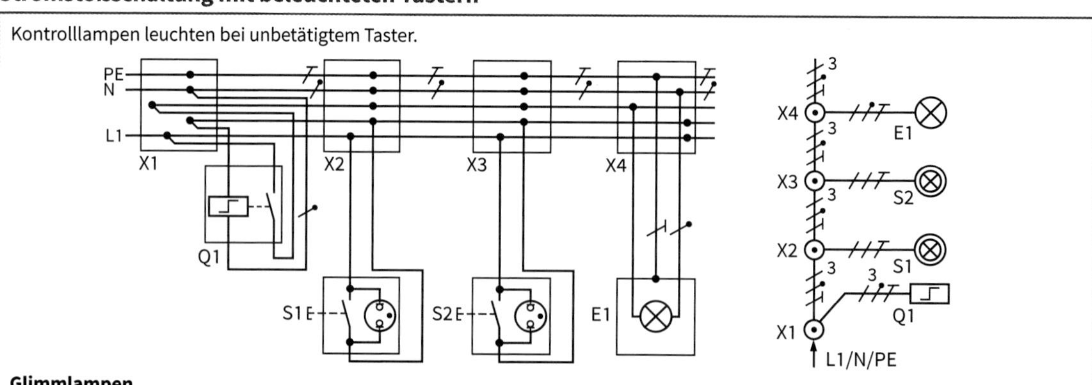

Glimmlampen

- Bei geräuscharmen Stromstoßschaltern parallel zu den Tastern (maximal 30 Glimmlampen mit 1 mA) oder **Ansteuerung** von geeigneten Stromstoßschaltern auch mit Kleinspannung möglich.
- In Tastern an L- und N-Leiter anschließen, um optimale Leuchtkraft und sichere Funktion zu erzielen.

Sparwechselschaltung mit Schutzkontaktsteckdose

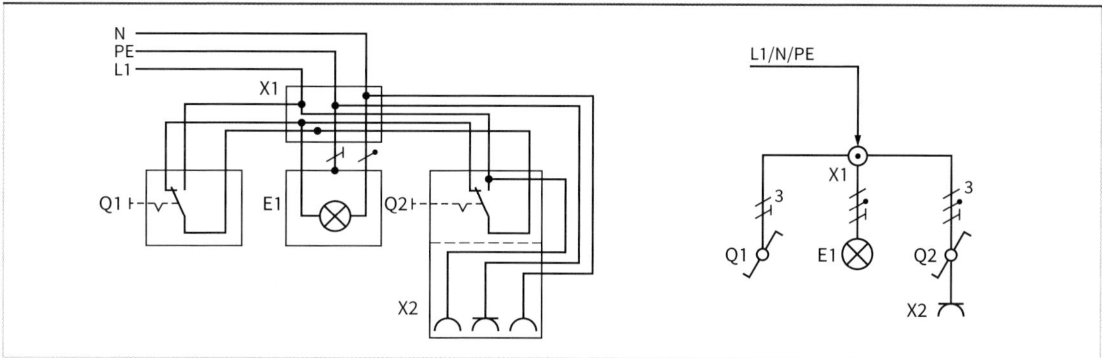

Ausschaltung mit Tastdimmer

Einstellung mit **Einstellschalter** am Tastdimmer, z. B. **Memory-Funktion** (Lichtwertspeicherung)
- Kurzer Tastendruck: Beim Einschalten wird die vor dem Ausschalten eingestellte Helligkeit wieder hergestellt.
- Langer Tastendruck: Licht wird gedimmt.

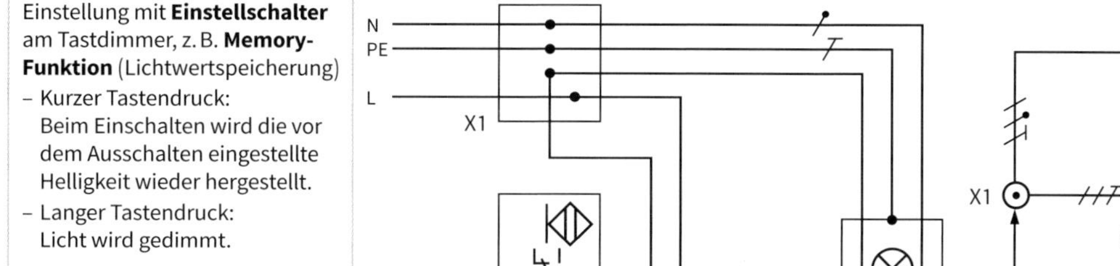

Wechselschaltung mit Tastdimmer

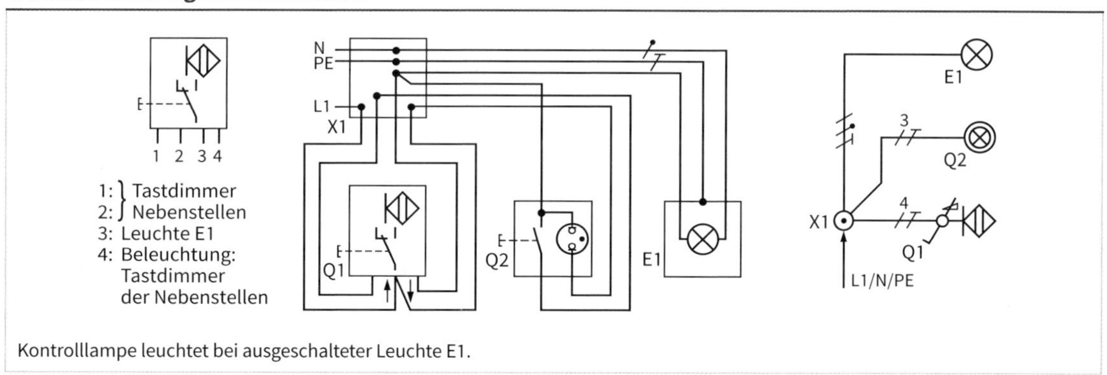

Kontrolllampe leuchtet bei ausgeschalteter Leuchte E1.

Stromstoßschaltung mit Sensortastern

Hinweis zur Installation: In Installationsgeräten der Schutzklasse II (Schutzisolierung), z. B. Schalterdosen, muss nach DIN VDE 0100-410 der Schutzleiter PE mitgeführt werden. Für die Funktion der Schaltung ist er nicht erforderlich und wurde deshalb in die folgenden Stromlaufpläne nicht eingezeichnet. In den Übersichtsschaltplänen muss der PE-Leiter berücksichtigt werden, weil damit die für die Installation wichtige Aderzahl der Leitung kenntlich gemacht wird.

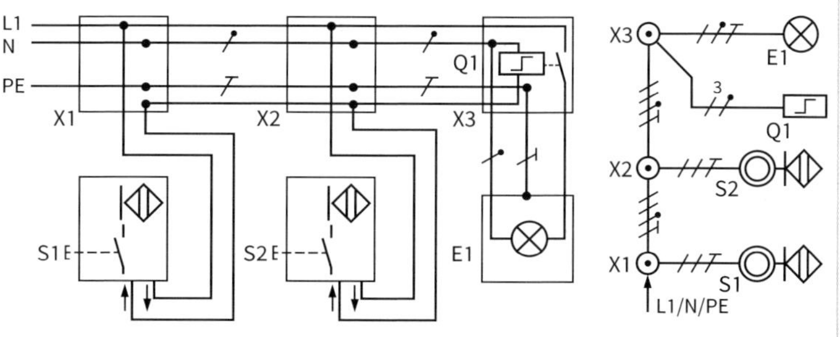

Systembauteile

- **Transformator** (kurzschlussfester Sicherheitstransformator oder elektronischer Transformator) z. B. für 230 V/12 V verwenden ①.
  Bemessungsleistung/Bemessungsstromstärke:
  35 VA/0,16 A; 70 VA/0,33 A; 105 VA/0,49 A; 150 VA/0,71 A
  Maximale Umgebungstemperatur:
  50 °C bzw. 65 °C je nach Typ
- **Befestigungselemente** für Decken- und Wand-Befestigung
- **Trägerelemente**: Seile, Stangen und Stromschienen für Strahler und Leuchten
- **Verbindungselemente** für Träger und Verbindung der Strahler und Leuchten über Steckadapter
- **Einspeiseelemente** für End- und Mitteleinspeisung
- **Montage** horizontal oder vertikal, meist an zwei Befestigungspunkten

Auswahl und Installation des Transformators

- Elektronischer Transformator mit Symbol, Überlastschutz durch Feinsicherung auf der Primärseite, lastunabhängige Sekundärspannung, Verwendung ab Lampenleistung von 50 W 110
- Belastung des Transformators mit Bemessungslast, z. B. bis
  35 VA → 3 x 10 W oder 1 x 10 W + 1 x 20 W;
  50 VA → 5 x 10 W oder 1 x 10 W + 2 x 20 W;
  60 VA → 6 x 10 W oder 3 x 20 W
- Nähe zum Einspeisepunkt ≤ 1 m
- Verlegung auf Holz oder anderen entflammbaren Stoffen

Kennzeichen:

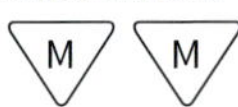

Sicherheitsabstände		
Bauform	zur Decke in mm	zur Wand in mm
Sicherheitstransformator	20	100
Elektronischer Transformator	10	20

Leitungen

- Auswahl nach DIN VDE 0298-4 bzw. DIN VDE 0100-430, z. B. NYM 3 · 1,5 mm² oder 3 · 2,5 mm² je nach Länge der Zuleitung von der Verteilerdose zu den NV-Leuchten
- Maximaler Spannungsfall 4 % (empfohlener Wert nach DIN VDE 0100-520)

Maximale Leitungslängen

Sternförmige Verlegung, angenommener Spannungsfall 4 %, 12 V

P in V	*I* in A	Abstand vom Transformator				
		1 m	2,5 m	5 m	10 m	15 m
		Leiterquerschnitt in mm²				
20	1,7	1,5	1,5	1,5	1,5	2,5
50	4,2	1,5	1,5	2,5	4,0	–
100	8,3	1,5	2,5	4,0	–	–
150	12,5	1,5	2,5	–	–	–

NV-Lampen

- Halogen-Glühlampe mit und ohne Reflektor
- Kaltlichtspiegel-Reflektorlampe
- LED-Lampen
- NV-Lampen mit Steck- und Schraubsockel

Arten der Stromzuführung

- Leitung, z. B. NYM
- NV-Stangen- oder Seilsystem
- NV-Stromschiene
- NV-Metallband

Dimmen

- Dimmer nach der Scheinleistung des Transformators bemessen.
- Phasenabschnittdimmer auf der Eingangsseite des Transformators anschließen.

Symbol: 

Schaltungen

- Ringförmige Verlegung

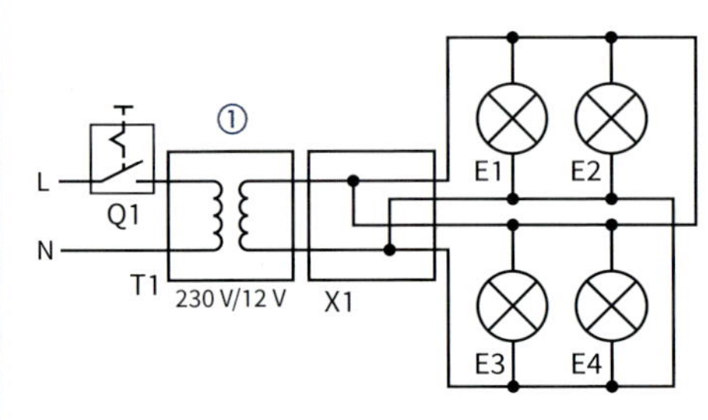

- Sternförmige Verlegung

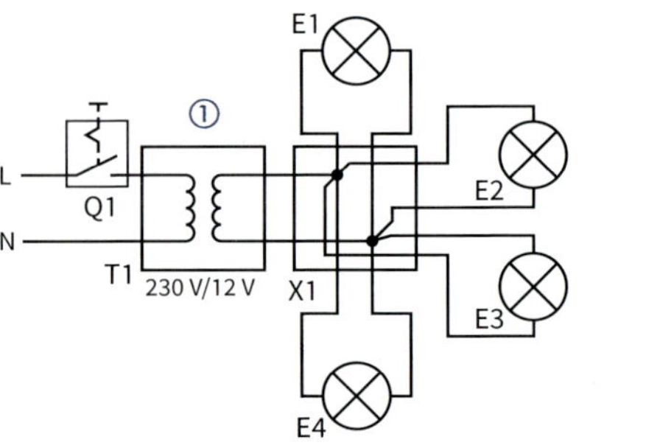

Arten

- **Sicherheitsbeleuchtung für**
  - Rettungswege zum gefahrlosen Verlassen von Räumen oder Bereichen, z. B. Tiefgarage
  - Erkennen von Hindernissen, z. B. Treppen
  - Anti-Panik-Beleuchtung (Mindest-Grundbeleuchtungsstärke 0,5 lx), z. B. im Kino
  - Arbeitsplätze mit besonderer Gefährdung, z. B. Erkennen von Bauteilen (Messgeräte, rotierende Maschinen), sichere Beendigung des Arbeitsvorgangs
- **Ersatzbeleuchtung für**
  - Unterbrechungsfreie Fortsetzung der Arbeit, z. B. in Operationssälen (Umschaltzeit $t \leq 0,5$ s)

Schaltung zur Sicherheitsbeleuchtung

- Energieversorgung über
  - Versorgungsnetz oder
  - Akkumulator bei Netzausfall

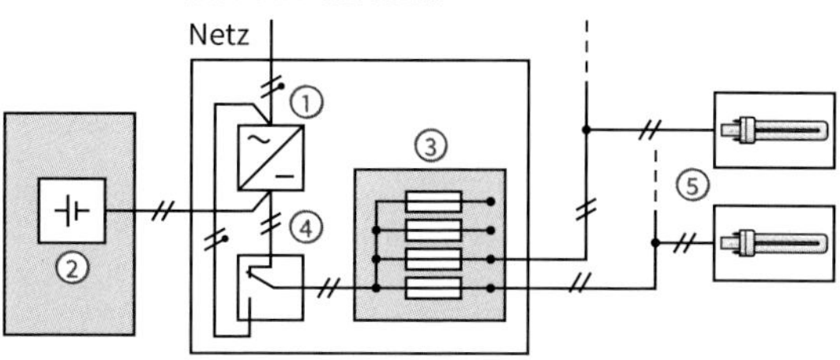

Bauelemente:
① Lade- und Steuergerät
② Batterie
③ Stromkreisverteilung
④ Umschalter von Netz- auf Batteriebetrieb
⑤ Kompakt-Leuchtstofflampen

Ersatzstromquellen

Batteriesysteme	Notstromaggregat	Besonders gesichertes Netz
Einzelbatterie	Ersatzstrom-aggreat	Zwei unabhängige Einspeisungen
Gruppen- oder Zentralbatterie mit Netzvorrangsschaltung[1]	Schnell- oder Sofortbereitschafts-aggregat	

[1] Bei Ausfall der Energieversorgung im Gebäudeteil erfolgt die Versorgung der Sicherheitsbeleuchtung in Bereitschaftsschaltung aus der allgemeinen Stromversorgung („Vorrang zur Versorgung aus Batterie“).

Ersatzstromaggregat (stationär oder nicht stationär)

Einsatz/Start	Einschaltzeit t in s	Eigenschaft/Anwendung
normal	≤ 15	Einzel- oder Gesamtversorgung in Krankenhäusern und Kaufhäusern
schnell	≤ 1	Dieselgenerator ständig in Betrieb für Flughafen- und Tunnelbeleuchtung
sofort	0	Dieselgenerator treibt Synchrongenerator für Telekom- und Computeranlage in Betrieben.

Besondere Bestimmungen

Anlagen Größen	Versammlungsstätten, Geschäftshäuser, Gaststätten	Hotels, Hochhäuser, Schulen	Bühnen, Szenenflächen	Rettungswege in Arbeitsstätten	Geschlossene Großgaragen	Arbeitsplätze mit besonderer Gefährdung
Beleuchtungsstärke E_{min} in lx	1	1	3	1	1	10 % von E_n, mindestens 15
Umschaltzeit t in s	1	15	1	15	15	0,5
Betriebsdauer der Ersatzquelle t in h	3	3	3	1	3	mindestens 1/60[3]
Dauerschaltung für Rettungszeichen-Bel.	ja	ja	ja	nein	ja	nein
Dauerschaltung für Rettungswege-Bel.	ja[2]	nein	nein	nein	nein	nein

[2] Nur für Rettungswege außerhalb von Versammlungsstätten [3] Dauer der Gefährdung

Vorschriften

Eigenschaften	Einzelbatterie	Gruppenbatterie	Zentralbatterie
Leuchtenzahl	≤ 2 Leuchten	≤ 20 Leuchten	> 2 Leuchten
Batteriegröße	keine Begrenzung	900 W	keine Begrenzung
Batterieart	wartungsfrei	wartungsfrei und ortsfest	offen und ortsfest
Aufstellungsort	nahe der Leuchte	gesonderter Betriebsraum	
Umschaltung	automatisch, wenn Netzspannung für $t \leq 0,5$ s auf 85 % von U_n sinkt		
Funktionsprüfung	wöchentlich	täglich	
Betriebsdauerprüfung	jährlich, Betriebsdauertest außerhalb der Betriebsarbeitszeit		

Kennzeichnung

IP 2 3 C H

Kennbuchstaben (**I**nternational **P**rotection)

1. Kennziffer
(Schutz gegen Eindringen von Fremdkörpern und Staub)

2. Kennziffer
(Schutz gegen Eindringen von Wasser)

Wird eine Kennziffer nicht angegeben, so ist sie durch ein X zu ersetzen.

Ergänzender Buchstabe (Schutz gegen Zugang zu gefährlichen Teilen)

Zusätzlicher Buchstabe

Ergänzender/zusätzlicher Buchstabe kann entfallen. Mehrere Buchstaben sind in alphabetischer Reihenfolge zu nennen.

1. Kennziffer	Bildzeichen[1)]	Beschreibung	2. Kennziffer	Bildzeichen[1)]	Beschreibung
0		Kein Schutz	0		Kein Schutz
1		Schutz gegen Eindringen großer Fremdkörper ($d \geq 50$ mm)	1		Schutz gegen senkrecht fallendes Wasser (Tropfwasser)
2		Schutz gegen Eindringen mittelgroßer Fremdkörper ($d \geq 12$ mm)	2		Schutz gegen schräg fallendes Wasser (Tropfwasser) bis zu 15° Neigung
3		Schutz gegen Eindringen kleiner Fremdkörper ($d \geq 2{,}5$ mm)	3		Schutz gegen Sprühwasser mit max. 60° zur Senkrechten
4		Schutz gegen Eindringen kornförmiger Fremdkörper ($d \geq 1$ mm)	4		Schutz gegen Spritzwasser aus allen Richtungen
5		Schutz gegen Staubablagerungen (staubgeschützt) und vollständiger Berührungsschutz	5		Schutz gegen Wasserstrahl aus allen Richtungen
6		Schutz gegen Eindringen von Staub (staubdicht), vollständiger Berührungsschutz	6		Schutz gegen starken Wasserstrahl aus allen Richtungen
			7		Schutz bei zeitweiligem Untertauchen
			8	bar...m	Schutz bei dauerndem Untertauchen
			9		Schutz gegen Hochdruck und hohe Strahlwassertemperatur

ergänzender Buchstabe	Beschreibung	zusätzlicher Buchstabe	Beschreibung
A	Schutz gegen Zugang mit Handrücken	H	Hochspannungs-Betriebsmittel
B	Schutz gegen Zugang mit Finger	M	Schutz gegen Wasser geprüft bei bewegten Teilen
C	Schutz gegen Zugang mit Werkzeug	S	Schutz gegen Wasser geprüft bei stillstehenden, beweglichen Teilen
D	Schutz gegen Zugang mit Draht	W	Schutz vor festgelegten Wetterbedingungen, mit zusätzlichen Schutzmaßnahmen

1) Übliche Kennzeichnung bei Leuchten; sie geben ungefähr den Schutz der 2. Kennziffer wieder.

Störursachen

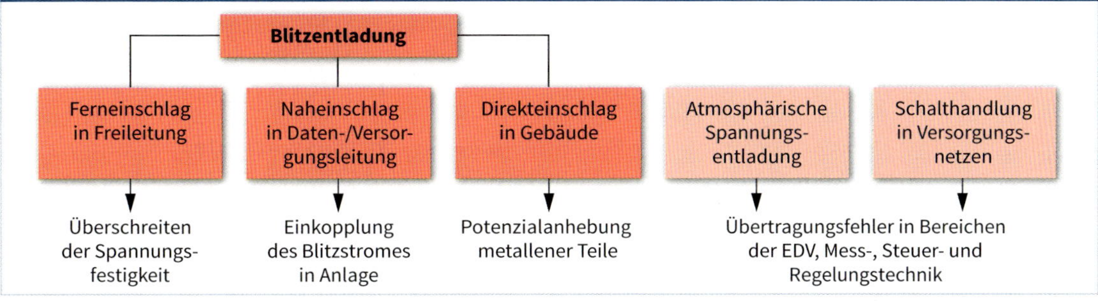

Schutzgeräte

Installationsort	Schutzmaßnahme	Funktion der Schutzmaßnahme	Schutzgerät/ Anforderungsklasse	Überspannungsbegrenzung	Abb.
Hauptverteilung zwischen HAK und Zähler	Blitzschutz, Schutzpotenzialausgleich	Schutz gegen Eindringen von Blitzströmen	Blitzstromableiter, Typ 1 (Grobschutz)	$U \leq 6$ kV	①
Unterverteilung vor RCD	Überspannungsschutz in Verteileranlage	Schutz gegen Überspannung zwischen L und PE sowie N und PE	Überspannungsschutzgerät, Typ 2 (Mittelschutz)	$U \leq 4$ kV	②
Steckdose, Geräteanschluss	Überspannungsschutz am Endgerät	Geräteschutz	Überspannungsschutzgerät, Typ 3 (Feinschutz)	$U \leq 1{,}5$ kV	③

Blitzstromableiter ①

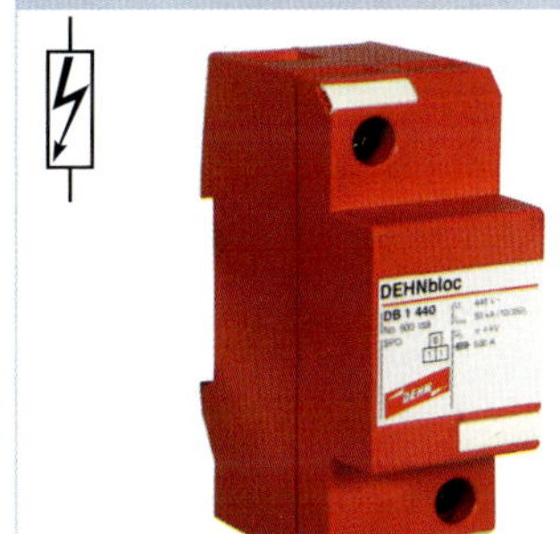

- Blitzstromableiter in separatem Gehäuse

Überspannungsschutzgerät ②

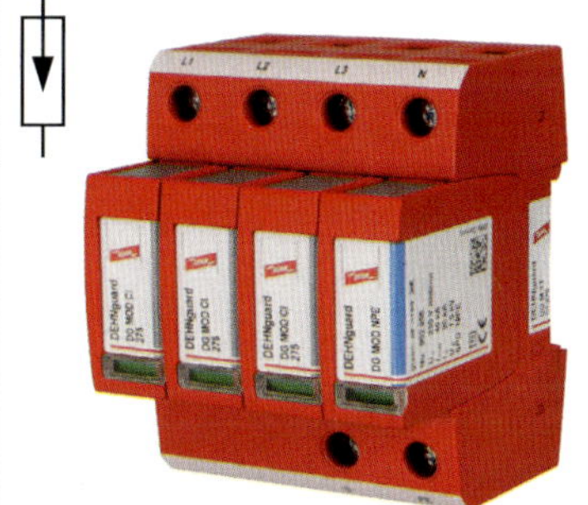

- Montage im Verteiler
- Anzeige bei Auslösung der Vorsicherung
- Überspannungsschutzgerät mit Meldekontakten (Wechsler) einsetzen

Geräteschutzadapter ③

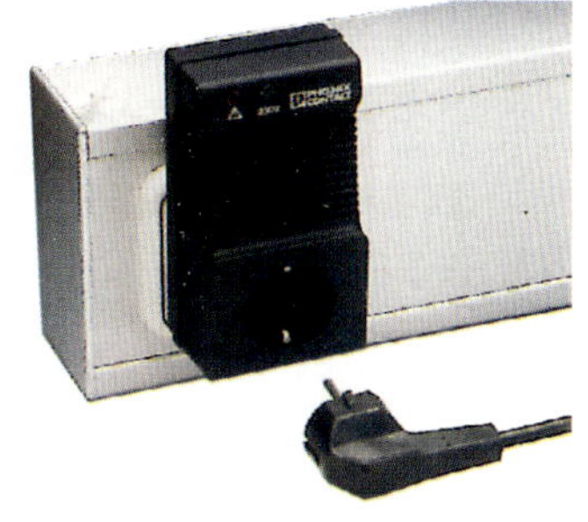

- Montage am Endgerät
- Schutz gegen Überspannungen
- Adapter mit Schutzschaltung einbauen

Schutzgeräte vor Endgeräten

- Einbau z. B. im TN-System
  - bei Kabelkanälen mit sichtbarer Kontrollanzeige

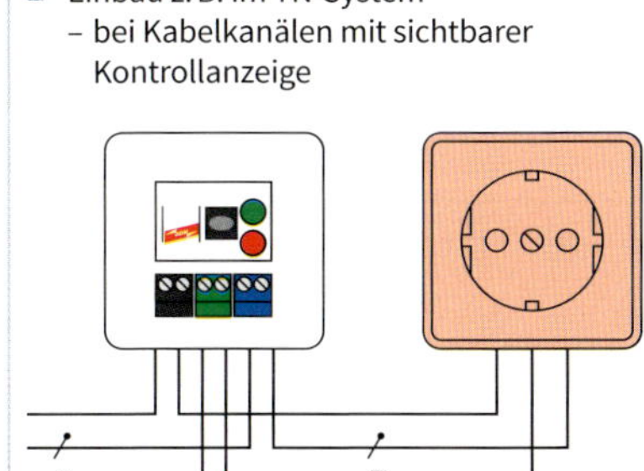

  - bei Einbau in Installationsdosen

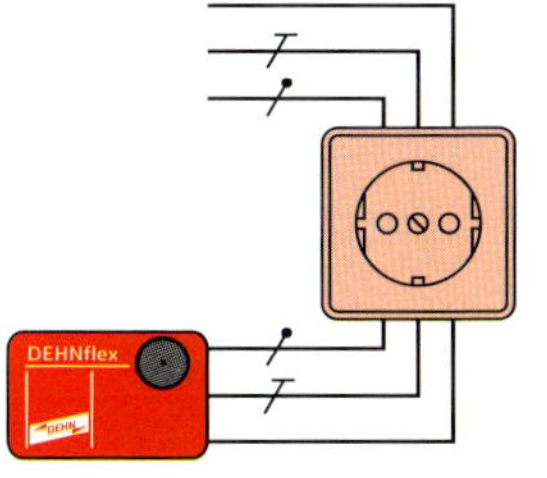

  - als Steckdoseneinsatz

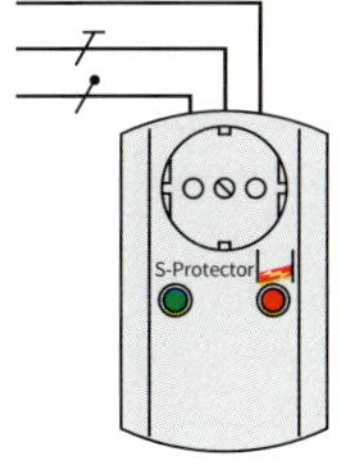

Übersicht

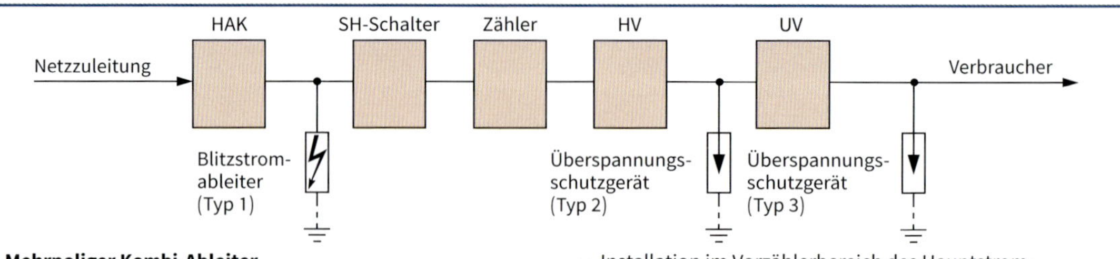

- **Mehrpoliger Kombi-Ableiter**
  - Schutz von Niederspannungs-Verbraucheranlagen bei direkten Blitzeinschlägen und vor Überspannungen
  - einsetzbar an den Schnittstellen 0 bis 2 des Blitz-Schutzzonen-Konzepts (s. Blitz-Schutzzone)
  - Ersatz für Schutzgeräte des Typs 1 und 2
  - Installation im Vorzählerbereich des Hauptstrom-Versorgungssystems
  - 3-polig für TN-C-Systeme
  - 4-polig für TT-Systeme und TN-S-Systeme
  - ohne Werkzeug auf das Sammelschienensystem aufrastbar

Blitzstromableiter in Verbindung mit dem HAK

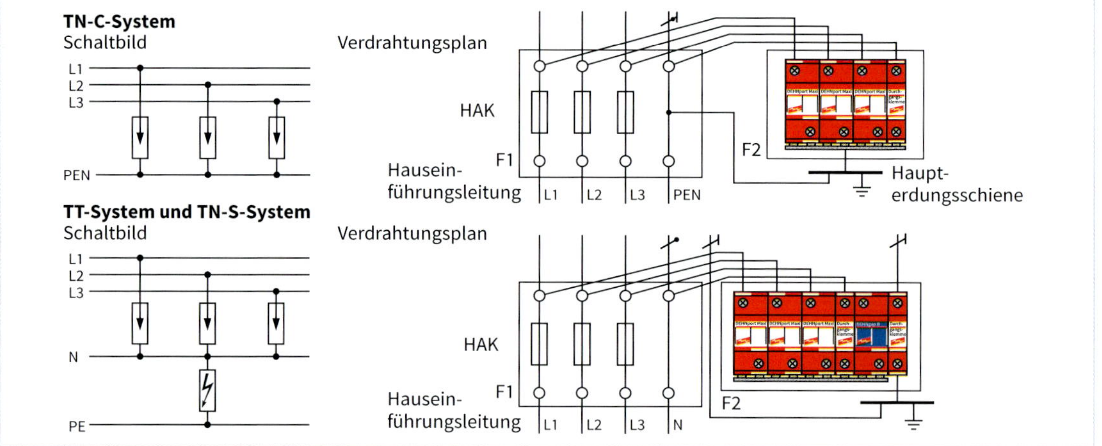

Erweiterung des Überspannungsschutzes

Vorgaben für die Errichtung:

- Überspannungsschutz ist ab 12.2018 in **allen neu** errichteten Gebäuden verpflichtend.
- Überspannungs-Schutzeinrichtungen sind gefordert, wenn kurzzeitige Überspannungen (DIN VDE 0100-443) Auswirkungen haben können auf z. B.
  - **Ansammlungen von Personen** (z. B. in großen (Wohn-) Gebäuden, Büros, Schulen)
  - **Einzelpersonen** (z. B. in Wohngebäuden und kleinen Büros (Gebäude mit Betriebsmitteln der Überspannungskategorie I oder II (Haushaltsgeräte, tragbare Werkzeuge und empfindliche elektronische Geräte))
  - **Freileitungsversorgung**
  - **Eigenerzeugte Schaltüberspannungen** (z. B. Schalten hoher induktiver Lasten; bisher nur Schutzmaßnahmen für Überspannungen von außen über die Netzversorgung)

Installation der Überspannungsschutzgeräte:

- In der Nähe des Energie-Einspeisepunktes (DIN VDE 0100-534) im
  - Zähler-Anschlussraum bei Wohngebäuden
  - Zählerschrank mit 40 mm-Sammelschienensystem
- Bei Störquellen wie Schaltüberspannungen in der Anlage muss die Installation nahe des **Verursachers** erfolgen. Die **Leitungslänge** zwischen Überspannungsableiter und dem zu schützenden Gerät soll nicht mehr als 10 m betragen.

Verbindungsleitungen

Bemessungsstromstärke der Hausanschlusssicherung I_n in A	25	35	40	50	63	80	100	125	160	200	250	315
Leiterquerschnitt der Versorgungsleitungen ① q_1 in mm²	6				10		16		25	35		50
Leiterquerschnitt der Schutzpotenzialausgleichsleitungen ② q_2 in mm²	16								25	35		50
Hinweis: Möglichst kurze Anschlussleitungen zu den Blitzstromableitern und den Überspannungsschutzgeräten												

Merkmale

- **Blitzschutzanlagen** sind stets erforderlich, z. B. bei
  - Krankenhäusern,
  - Hochhäusern,
  - Schulen,
  - Bahnhöfen und
  - Ex-Anlagen.
- Im Rahmen einer **Risikoabschätzung** werden die Notwendigkeit und die spezifische Ausprägung der zu errichtenden Blitzschutzanlage ermittelt.
- Die **Risikoberechnung** setzt sich aus einer Vielzahl von einzelnen Parametern zusammen, die aus vorliegenden Tabellen bzw. durch Anwendung von Berechnungsformeln gewonnen werden.
- **Grundsatz:**
  Falls das ermittelte Schadensrisiko höher ist als das akzeptierte Schadensrisiko, sind geeignete Schutzmaßnahmen zu installieren.

Hinweis: Für die Durchführung der umfangreichen Berechnungen ist im Anhang J der Norm DIN EN 62305-2 ein Berechnungsprogramm enthalten (IEC-Blitz-Risiko-Rechner SIRAC).

Arten

- Der **Überspannungsschutz** ist eine Ergänzung des inneren Blitzschutzes und wird im **Blitz-Schutzzonen-Konzept** berücksichtigt.

Äußerer Blitzschutz	Innerer Blitzschutz
Fangeinrichtungen Ableiteinrichtungen Erdungsanlage	Schutzpotenzialausgleich Geschirmte Räume Blitzstrom-/Überspannungsableiter

Gefährdungspegel

- Blitzschutzsysteme sind in vier **Gefährdungspegel** (**LPL: L**ightning **P**rotection **L**evel; frühere Bezeichnung Blitzschutzklasse) eingeteilt.

Gefährdungspegel	Scheitelwert der Blitzstromstärke max./min. in kA	Radius der Blitzkugel in m
I	200/3	20
II	150/5	30
III	100/10	45
IV	100/16	60

Äußerer Blitzschutz

- **Fangeinrichtungen**
  - Stangen, gespannte Seile/Drähte und vermaschte Leiter
  - Sie werden dimensioniert nach dem **Blitzkugelverfahren** (universell anwendbare Planungsmethode), dem **Maschen-** oder dem **Schutzwinkelverfahren.**
- **Ableiteinrichtungen**
  - Massive Leiter bilden **parallele Strompfade** vom Einschlagpunkt zur Erdungslage (**Stromaufteilung**) mit möglichst **kurzen Stromwegen** (gerade, senkrechte Anordnung).

Beispiel: Gebäude mit Flachdach und aufgesetztem Aufbau

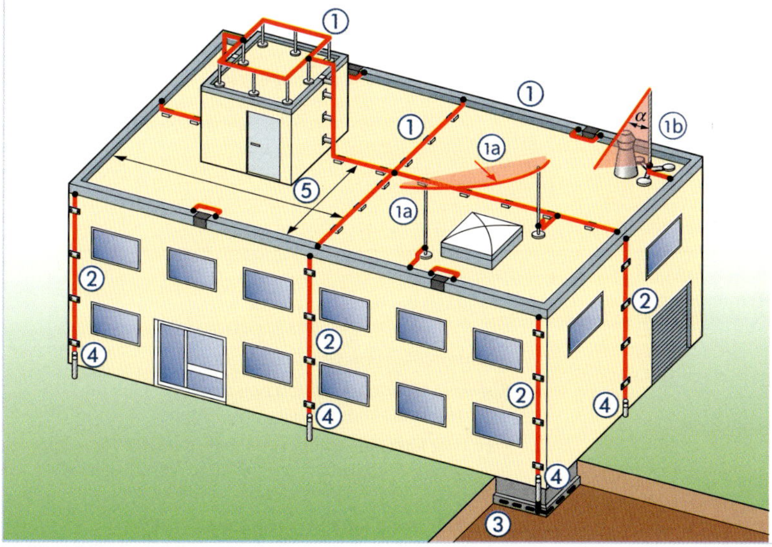

- Die **Erdungsanlage** ist abhängig von der Bodenleitfähigkeit und wird unterschieden in
  - **Oberflächen-** bzw. **Tiefenerder** (Typ A) und
  - **Ring-** bzw. **Fundamenterder** (Typ B).
- Empfohlener **Erdwiderstand** < 10 Ω (bei Messung mit Niederfrequenz)
- **Wiederholungsprüfung**

Gefährdungspegel	Sichtprüfung	Umfassende Sichtprüfung	
			Kritische Anlagen
I und II	1 Jahr	2 Jahre	1 Jahr
III und IV	2 Jahre	4 Jahre	1 Jahr

① Fangeinrichtung

Gefährdungspegel	Maschenweite in m
I	5 x 5
II	10 x 10
III	15 x 15
IV	20 x 20

(1a) Fangeinrichtung; Standort ermittelt nach Blitzkugelverfahren
(1b) Fangstangenhöhe abhängig von Schutzwinkel α (z. B. $\alpha = 70°$ bei Gefährdungspegel I ergibt Höhe von 2 m)
② Ableiteinrichtung
③ Erdungsanlage
④ Verbindungspunkt Ableiteinrichtung mit Erdungsanlage (Messstelle, mit Werkzeug trennbar, zur Überprüfung z. B. des Erdausbreitungswiderstandes)
⑤ Maschenweite (z. B. 20 m x 20 m bei Gefärdungspegel IV)

Konzept

- Dieses **EMV-gerechte** Blitzschutzkonzept umfasst den
  - äußeren Blitzschutz
  - inneren Blitzschutz und
  - Überspannungsschutz

  für energie- und informationstechnische Geräte bzw. Einrichtungen.
- Es werden unterschiedliche **Schutzzonen** (Schutzbereiche) mit abgestimmten Schutzmaßnahmen für den insgesamt zu schützenden Bereich definiert. Grundlage sind die zu erwartenden Gefährdungen bei Blitz- und Überspannungseinflüssen.
- Die erforderlichen **Schutzmaßnahmen** für die jeweiligen Zonen können somit unter **wirtschaftlichen Gesichtspunkten** entsprechend geplant, ausgeführt und überwacht werden.

Zoneneinteilung

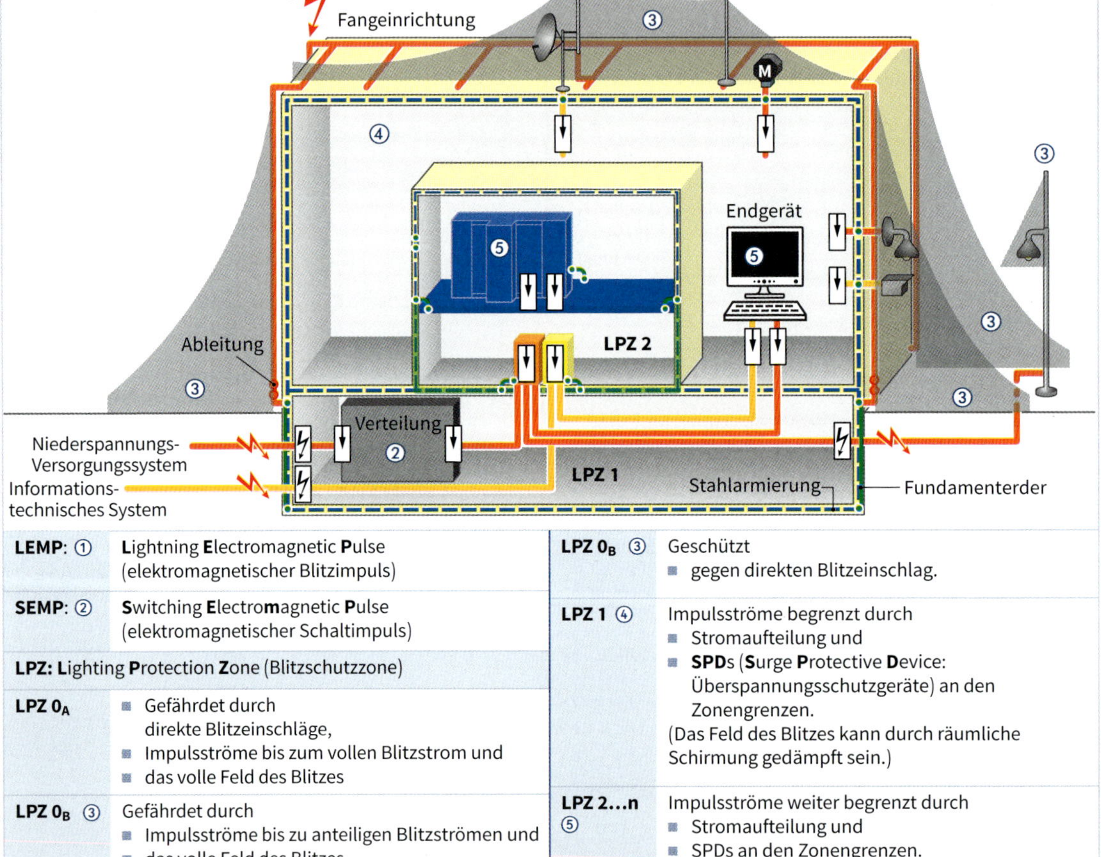

LEMP: ①	**L**ightning **E**lectromagnetic **P**ulse (elektromagnetischer Blitzimpuls)	**LPZ 0_B** ③	Geschützt ■ gegen direkten Blitzeinschlag.
SEMP: ②	**S**witching **E**lectro**m**agnetic **P**ulse (elektromagnetischer Schaltimpuls)	**LPZ 1** ④	Impulsströme begrenzt durch ■ Stromaufteilung und ■ **SPD**s (**S**urge **P**rotective **D**evice: Überspannungsschutzgeräte) an den Zonengrenzen. (Das Feld des Blitzes kann durch räumliche Schirmung gedämpft sein.)
LPZ: Lighting **P**rotection **Z**one (Blitzschutzzone)			
LPZ 0_A	■ Gefährdet durch direkte Blitzeinschläge, ■ Impulsströme bis zum vollen Blitzstrom und ■ das volle Feld des Blitzes	**LPZ 2...n** ⑤	Impulsströme weiter begrenzt durch ■ Stromaufteilung und ■ SPDs an den Zonengrenzen.
LPZ 0_B ③	Gefährdet durch ■ Impulsströme bis zu anteiligen Blitzströmen und ■ das volle Feld des Blitzes.		

Trennungsabstand

- Der **Trennungsabstand *S***
  - ist der Abstand zwischen den äußeren Teilen des Blitzschutzsystems und elektrischen sowie metallenen Installationen im/am Gebäude.
  - **verhindert** Über- und Durchschläge (Funkenbildung) zwischen dem äußeren Blitzschutzsystem und elektrischen sowie metallenen Installationen im/am Gebäude.

Berechnungsformel (überschlägig)

$$S = \frac{k_i \cdot k_c}{k_m} \cdot l$$

S: Trennungsabstand

k_i: Koeffizient der Blitzschutzklasse

k_c: Koeffizient für die Blitzstromverteilung (Anzahl der Ableitungen, Gebäudehöhe)

k_m: Koeffizient für den Werkstoff zwischen der Ableitung und dem nächsten elektrisch leitenden Material.

l: Vertikaler Abstand von dem Punkt, an dem der Trennungsabstand ermittelt werden soll, bis zum nächstliegenden Punkt des Potenzialausgleichs.

Koeffizienten: Siehe Tabellenwerte DIN EN 62305-3

Voraussetzungen

- Zündwillige Gemische aus Sauerstoff und brennbaren Stoffen (Gase, Dämpfe, Stäube) und
- Zündquelle mit ausreichender Zündenergie

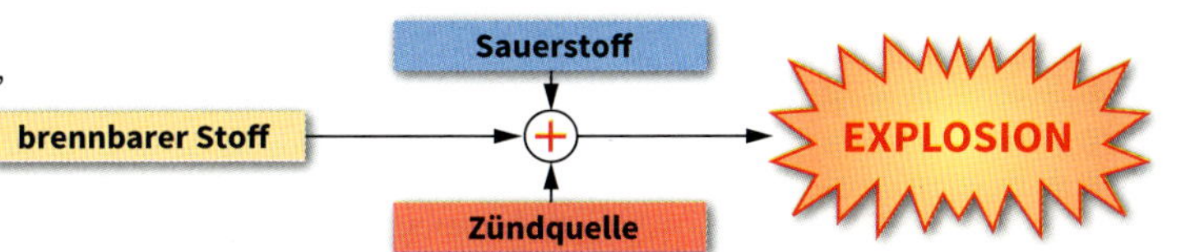

Schutzkonzepte

Primär	Sekundär	Tertiär
■ Bildung einer explosionsfähigen Atmosphäre vermeiden durch: – Substitution brennbarer Stoffe – Inertisierung (Sauerstoff verdrängen durch z. B. Stickstoff oder Kohlendioxid) – Konzentration des brennbaren Stoffes begrenzen – natürliche oder technische Lüftung	■ Zündung der explosionsfähigen Atmosphäre verhindern. ■ Beispielmaßnahmen: – EX-Zonen geben Wahrscheinlichkeit und Dauer des Auftretens von EX-Atmosphäre an. – Explosionsgeschütze Geräte vermeiden die Bildung einer wirksamen Zündquelle	■ Anlagen halten einer Explosion stand und stellen keine Gefahr dar. ■ Beispielmaßnahmen: – explosionsdruckstoßfeste Geräte halten einmalig Explosionsdruck aus – explosionsfeste Anlagen halten Explosionsdruck mehrmals ohne Beschädigung stand.

Explosionskenngrößen (Auswahl)

- Stoffe unterscheiden sich bezüglich ihrer Explosionseigenschaften.
- Für die Beurteilung der Explosionsgefahr sind die Explosionskenngrößen erforderlich.
- Sie werden für Stäube und Gase/Dämpfe unterschieden und sind aus Stoffdatenblättern oder Datenbanken zu entnehmen.

Gase und Dämpfe	Stäube
■ **Zündtemperatur** gibt an, ab welcher Temperatur ein zündfähiges Gemisch explodiert. Die Zündtemperaturen sind in Temperaturklassen (T1 … T6) eingeteilt. ■ **Explosionsgruppen** geben an, welche Zündenergie (z. B. bei Funken) nötig ist, um das Gemisch zu zünden. Sie sagt auch aus, welche Zündspaltweiten vor Ausbreitung der Explosion schützt.	■ **Glimmtemperatur** gibt an, ab welcher Temperatur sich eine 5 mm dicke Staubschicht entzünden kann. Sie reduziert sich mit zunehmender Staubdicke. Geräte müssen mindestens 75 K kühler als die Glimmtemperatur sein. ■ **Mindestzündtemperatur** gibt an, bei welcher Temperatur das Staub-Luftgemisch zündet. Gerätetemperatur darf maximal ⅔ der Mindestzündtemperatursein.

Kenngrößen von Gasen und Dämpfen

Temperaturklasse	Explosionsgruppen				Zündtemperatur der Stoffe
	I	II A	II B	II C	
T1	Methan	Aceton, Aethan, Ethylacetat, Ammoniak, Benzol (rein), Essigsäure, Kohlenoxyd, Methanol, Propan, Toluol	Stadtgas (Leuchtgas)	Wasserstoff	> 450 °C
T2	–	Ethylalkohol, i-Amylacetat, n-Butan, n-Butylalkohol	Ethylen	Acetylen	300 °C … 450 °C
T3	–	Benzin, Dieselkraftstoff, Flugzeugkraftstoff, Heizöl, n-Hexan	–	–	200 °C … 300 °C
T4	–	Acetaldehyd, Ethylether	–	–	135 °C … 200 °C
T5	–	–	–	–	100 °C … 135 °C
T6	–	–	–	Schwefelkohlenstoff	85 °C … 100 °C

Zoneneinteilung

Gerätegruppe I		Gerätegruppe II				
für den Einsatz unter Tage		Häufigkeit vorhandener explosionsfähiger Atmosphäre	brennbare Gase, Dämpfe und Nebel	Gerätekategorie	brennbare Stäube	Gerätekategorie
M1	Betrieb bei EX-Atmosphäre	ständig, langzeitig	Zone 0	II 1G	Zone 20	II 1D
M2	Abschaltung beim Auftreten explosionsfähiger Atmosphäre	gelegentlich	Zone 1	II 2G	Zone 21	II 2D
		selten, kurzzeitig	Zone 2	II 3G	Zone 22	II 3D

Zündschutzarten

	Schutzart, Kurzzeichen		Zone	Funktionsprinzip, Anwendung
Gase/Dämpfe	erhöhte Sicherheit	e eb[1]	1	■ Nur bei Geräten einsetzbar, die im Normalbetrieb keine Funken bilden. Funkenbildung bei Fehlern wird durch verstärkte Konstruktion vermieden ■ Verstärkte Ausführung von Querschnitten, mechanischer Beständigkeit, elektrostatischer Ableitfähigkeit, … ■ Anwendung bei Geräten mit nichtfunkenden Komponenten z. B. Kurzschlussläufer-Motoren, Klemmendosen, …
	druckfeste Kapselung	d db[1]	1	■ Gehäuse hält möglichen Explosionen stand. ■ Über definierte Spalte baut sich der Explosionsdruck nach außen ab und begrenzt bei der Explosionsausbreitung die Energie. So wird die Zündung der EX-Atmosphäre außerhalb des Gerätes vermieden. ■ Anwendung bei funkenden Geräten, z. B: Stecker, Schalter, Leuchten
	Überdruck-Kapselung	px pxb[1] py pyb[1] pz pzb[1]	1 1 2	■ Gehäuse wird mit Luft oder inertem Gas gespült, so dass innerhalb keine EX-Atmosphäre besteht. ■ Elektrische Komponenten werden erst nach vorgegebener Spülzeit zugeschaltet. Bei Ausfall der Spülung oder Öffnen des Gehäuses erfolgt eine Abschaltung. ■ Anwendung z. B. von Standardgeräten (Schütze, Drucker, Regler, große Motoren …) in explosionsgefährdeten Bereichen.
	Eigensicherheit	ia ib ic	0 1 2	■ Die Energie im eigensicheren Stromkreis ist so gering, dass die Zündenergie der Gase/Dämpfe nicht erreicht wird. ■ Mögliche Funken bei Kurzschluss oder Leiterunterbrechung führen nicht zur Explosion. ■ Anwendung bei Mess-, Steuer- und Regelungsanwendungen
	Flüssigkeitskapselung	o ob[1]	1	■ Zündfähige Komponenten werden in einem Ölbad gehalten. ■ Der Zündfunke ist damit von der EX-Atmosphäre entkoppelt und wird bei seiner Ausbreitung vom Ölbad gekühlt. ■ Anwendung z. B. bei Transformatoren, Anlasswiderständen
	Sandkapselung	q qb[1]	1	■ Zündfähige Komponenten werden in einem Gehäuse von Sand oder Glaskörnern umgeben. ■ Zündfunke muss durch die Zwischenräume und verliert Energie ■ Anwendung bei elektronischen Schaltungen, Kondensatoren, …
	Vergusskapselung	ma mb mc	0 1 2	■ Zündfähige Komponenten werden vergossen. ■ Die EX-Atmosphäre wird so von der Zündquelle entkoppelt. ■ Anwendung, z. B. bei elektronischen Schaltungen
	„n"	nA nC nR	2 2 2	■ Reduzierte Anforderungen für Zone 2 ■ Ausschließlich für nichtfunkende Betriebsmittel ■ Anwendung z. B. bei Leuchten, Klemmdosen, …
	optische Strahlung	op opA[1] opB[1] opB[1]	0 1 2	■ Optische Strahlung wird entweder in der Energie begrenzt (Vergleichbar mit Eigensicherheit), gegen Beschädigung geschützt oder so abgesperrt, dass sie nicht zündwirksam wird. ■ Anwendung z. B. bei Laserübertragungen, LWL-Anbindungen, …
Staub	Schutz durch Gehäuse	ta tb tc	20 21 22	■ Gehäuse wird vor Eindringen explosionsfähiger Atmosphäre geschützt. ■ Oberflächentemperatur wird begrenzt. ■ Anwendung bei Klemmkästen, Leuchten, Motoren

■ Zündschutzarten werden einzeln oder kombiniert angewendet. [1] Alternatives Kurzzeichen der Zündschutzart

Kennzeichnung explosionsgeschützter Betriebsmittel

Beispiel:

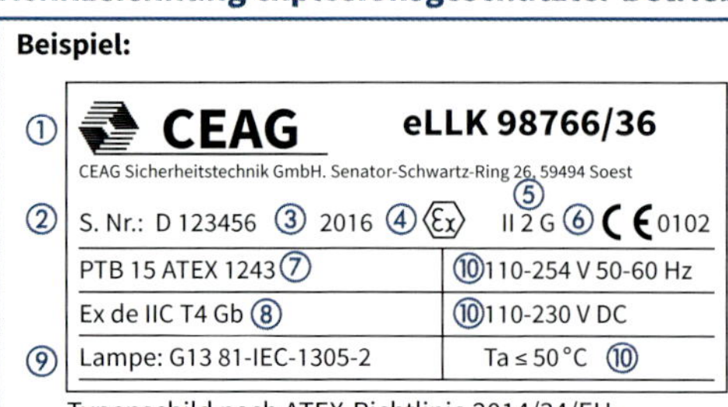

Typenschild nach ATEX-Richtlinie 2014/34/EU

① Herstellername, -anschrift (ggf. Internetadresse) und Logo
② Seriennummer
③ Baujahr
④ Kennzeichnung für explosionsgeschützte Geräte in Verbindung mit ⑤
⑤ Gerätegruppe
⑥ CE-Zeichen mit Nr. der Prüfstelle für Fertigungsüberwachung
⑦ Prüfnummer
⑧ Zündschutzart, Temperaturklasse
⑨ Betriebsmittelkennzeichnung
⑩ Betriebsparameter

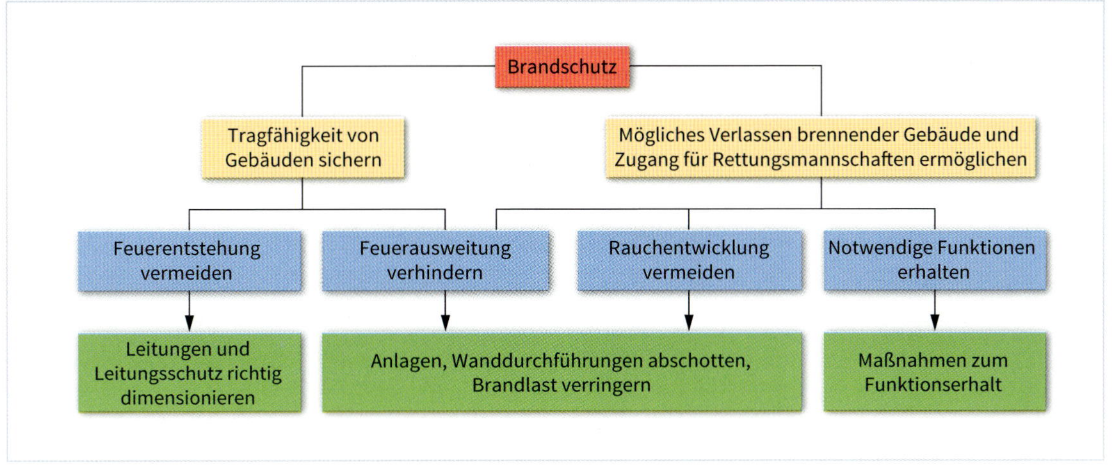

Begriffe

Brandabschnitt	Abschnitt eines Gebäudekomplexes, der durch Brandwände abgegrenzt ist.	Feuerwiderstandsklasse	Mindestdauer, die ein Bauteil genormter Anforderungen bei definiertem Brandversuch widersteht.
Brandwand	Wand zwischen Brandabschnitten mit dem Ziel, die Ausbreitung von Feuer und Rauch zu verhindern.	Kurzzeichen	**Beispiel:** F 90 — Dauer in Min. F: Brandwände T: Türen, Tore, Klappen S: Kabelabschottungen E: Funktionserhalt elektrische Leitungen I: Installationsschächte/-kanäle
Brandlast	Energiemenge von Baustoffen, die bei Verbrennung freigesetzt wird.		

Durchführung durch Brandwände

Brandschutzrahmen	Brandschutzmörtel/-spachtel	Brandschutzkissen

▪ Rahmen kann geöffnet und wieder verschlossen werden. ▪ Einfache Nachinstallation möglich.	▪ Dauerhafte Schottungen, nur durch Zerstören zu öffnen.	▪ Einzelne Kissen werden um die Kabel gelegt. ▪ Einfache Nachinstallation möglich. ▪ Kissen quellen im Brandfall auf und verschließen die Durchführung.
Installationen müssen von Fachfirmen durchgeführt und mit Firmenname, Funktionserhaltungsklasse, Prüfzeugnisnummer und Herstellungsjahr gekennzeichnet sein.		

Brandlast verringern

Kabel geringer Brandlast	Abschottung
▪ sind schwer entflammbar, ▪ setzen wenig toxische und korrosive Gase frei und ▪ hemmen Brandfortleitung.	▪ Anlage wird durch schwer entflammbare Materialien umbaut. ▪ Brände können Leitungen nicht entflammen. ▪ Unterbau (Wand, Decke) muss massiver Beton sein.

Merkmale und Arten

- Wärmemelder (**Thermomelder**) erfassen die bei einem Brand entstehende Veränderung der **Umgebungstemperatur**.
- Einsatz in rauchigen und staubigen Räumen (z. B. Werkstätten, Küchen), in denen Rauchwarnmelder Fehlalarme auslösen.
- Wärmemelder in Form von Sensorkabeln (**lineare Wärmemelder**) ermöglichen die Abdeckung von großen Überwachungsflächen (z. B. Parkhäuser, Lagerhallen).
- Wärmemelder sind **nicht geeignet** für Personenschutz, da keine Brandgase erkannt werden.

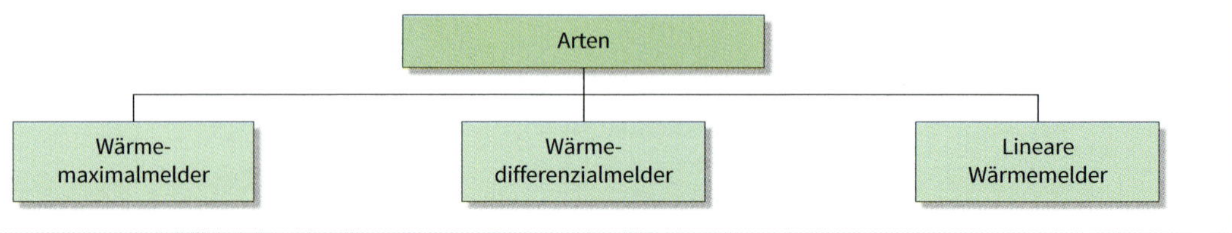

Wärmemaximalmelder

- Schaltet bei festgelegter Temperatur in den Alarmzustand, unabhängig von anderen Brandgrößen (z. B. Rauchdichte).
- Sensorelemente sind
  - Thermistor (Temperaturabhängiger Widerstand),
  - Schmelzlotsicherung,
  - Bimetallstreifen oder
  - Flüssigkeitsröhrchen.
- Klassifikation nach EN 54-5 mit den Buchstaben A1, A2 und B bis G.
- Klassifizierung nach DIN EN 54-5 beinhaltet Angaben u. a. über
  - typische **Anwendungs**temperatur,
  - maximale **Anwendungs**temperatur,
  - minimale statische **Ansprech**temperatur,
  - maximale statische **Ansprech**temperatur.
- Klassifikation erfolgt mit den Buchstaben A1, A2 und B bis G

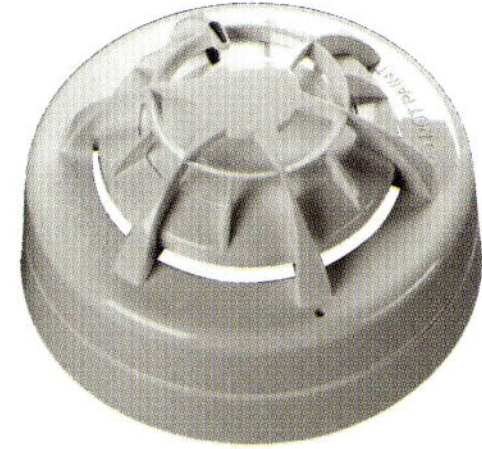

Beispiel: Klasse A1R

Anwendungstemperatur: typ. 25 °C, max. 50 °C

Statische Ansprechtemperatur: typ. 57 °C

Symbol

- Zusätzlich:
  - **Klassenindex R**: Objekte mit sehr stark schwankenden Umgebungsbedingungen
  - **Klassenindex S**: Objekte, in denen über längere Zeiten stärkere Temperaturanstiege stattfinden

Wärmedifferenzialmelder

- Melder schaltet bei
  - festgelegtem **Temperaturanstieg** pro Zeiteinheit (°C/min) und
  - Überschreitung einer maximalen Temperatur in den Alarmzustand, unabhängig von anderen Brandgrößen (z. B. Rauchdichte).
- Sensorelemente: Thermistoren

Symbol 

Lineare Wärmemelder

- **Wärmeempfindliches Sensorkabel**:
  - Es besteht aus zwei parallelen elektrischen Leitern, die mit einem wärmeempfindlichen Polymer umhüllt sind.
  - Bei Erreichen der entsprechenden Temperatur schmilzt die Isolierung und die Leiter werden kurzgeschlossen.
  - Auslösetemperatur ist abhängig von der Art des Polymers.
  - Sensorlänge bis zu 2 km
  - Lokalisierung der Brandstelle durch Messung des Leiterwiderstandes.
  - Bei hintereinander liegenden Brandstellen kann nur die der Auswerteeinheit am nächsten gelegene Brandstelle ermittelt werden.
- **Lichtwellenleitersensor**
  - Sensorelement: Lichtwellenleiter
  - Eingekoppelte Laserstrahlung wird, abhängig von der Temperatur des Lichtwellenleiters, reflektiert.
  - Die Position der Wärmequelle wird über die empfangenen Reflexionsmuster ausgewertet.
  - Sensorlänge: Bis zu 30 km; in 1000 Messzonen einteilbar.
  - Erfasst werden sowohl **Wärmestrahlung** als auch **Wärmeströmung** (Konvektion).
  - Unempfindlich gegen Feuchtigkeit, Korrosion, Schmutz und elektromagnetische Störfelder.
  - Anwendungsbereiche: z. B. Tunnel, Kabeltrassen

Beispiel: Lichtwellenleitersensor

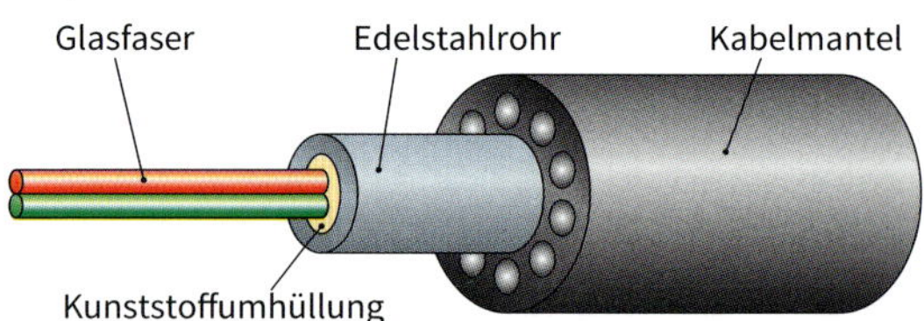

- Weitere lineare Wärmemelder:
  - Kabel mit mehreren integrierten Sensoren
  - Rohrsysteme (Fühlerrohr mit eingefülltem Medium, das sich bei Wärmeeinwirkung ausdehnt) und die Schaltfunktion auslöst.

Arten

Trockenlöschanlagen	Nasslöschanlagen
Löschmittel: ▪ Kohlendioxid (CO_2) ▪ Argon (Ar) ▪ Stickstoff (N_2) ▪ Spezialgase ▪ Pulver	Löschmittel: ▪ Wasser ▪ Löschschaum ▪ wässrige Lösungen mit Schaum (Schwer-, Mittel- und Leichtschaum)

Anwendung

- Die **Festlegung** auf eine bestimmte Löschtechnik ist abhängig von den brennbaren Materialien und den **Umweltbedingungen** bzw. Umweltanforderungen.
- Die **Ansteuerung** der Löschanlagen erfolgt durch
  - eine **eigenständige Überwachungszentrale** (mit Ansteuerung durch eine Brandmeldeanlage über eine Standardschnittstelle),
  - eine **Brandmeldeanlage mit integrierten Funktionen** zur Ansteuerung/Überwachung der Löschanlage oder
  - durch **Handauslösung**.
- **Hinweis:**
  Bei Gaslöschanlagen sind **Sicherheitsmaßnahmen** zum Schutz von Personen erforderlich, die sich im Löschbereich aufhalten (**Räumungswarnung**).

Gaslöschanlage

Handauslösung
Stopp-Taster
Überwachte Hupe
Nichtüberwachte Hupe
Pneumatische Hupe
Lösch-bereich
Pneumatische Verzögerungs-einheit
Blockiereinrichtung
Haupt- Stoppventil
Steuerflasche
Schwund-überwachung

① Brandmeldezentrale mit kombinierter Löschzentrale
② Manuelle Bedien- und Alarmierungseinrichtungen
③ Löschgasflaschenbatterie

Löschgase

- Sie **verdrängen** den Luftsauerstoff (Inertisierung) auf einen Volumenanteil kleiner 13 %.
- Die Gaskonzentration muss über mindestens 10 Minuten aufrecht erhalten werden (Rückzündung vermeiden).
- **Kohlendioxid** (CO_2)
  - ist elektrisch nicht leitend,
  - führt zu erhöhter Konzentration in tieferliegenden Bereichen und
  - wird eingesetzt in Räumen ohne Anwesenheit von Personen (z. B. Trafostationen).
- **Argon** (Ar)
  - ist reaktionsunfähig,
  - erzeugt eine homogene Dichte im Flutungsbereich und
  - kommt bei Spezialanwendungen (z. B. Metallbränden) zum Einsatz.
- **Stickstoff** (N_2)
  - wird eingesetzt für die Löschung von Flüssigkeits- und Feststoffbränden (z. B. Mühlen),
  - wird auch angewendet zur **Permanentinertisierung** (Luftsauerstoff von 22,9 % auf ca. 13 % reduziert), um eine Brandentstehung von Beginn an zu verhindern. Anwendungen in geschlossenen Räumen, die selten von Personen betreten werden, wie z. B. IT-Serverräume, Chemiereaktoren.
- Löschauslösung erfolgt verzögert, um Personen die Flucht zu ermöglichen.

Sprinkleranlagen

- Sie sind autonom wirkende Feuerlöschanlagen, bei denen die Auslösung durch Temperaturerhöhung lokal erfolgt.
- Als Löschmittel wird Wasser versprüht.
- **Nassanlagen**
  - Rohrnetz vor und hinter der Ventilstation ist ständig mit Wasser gefüllt
  - Anwendung, wenn keine Frostgefahr besteht und
- **Trockenanlagen**
  - Rohrnetz ist hinter der Ventilstation mit Druckluft gefüllt
  - bei Sprinklerauslösung entweicht die Druckluft und das Löschwasser strömt nach
  - Anwendung bei Frostgefahr und hohen Umgebungstemperaturen
- Die Auslöseelemente sind **Schmelzlot**- oder **Glasfasssprinkler**.

Glasfasssprinkler

- Die Flüssigkeit im Glasfass dehnt sich bei Erwärmung aus und sprengt den Glaskörper (Löschwasser tritt aus).
- Die Auslösetemperatur ist durch Farbe ④ gekennzeichet.

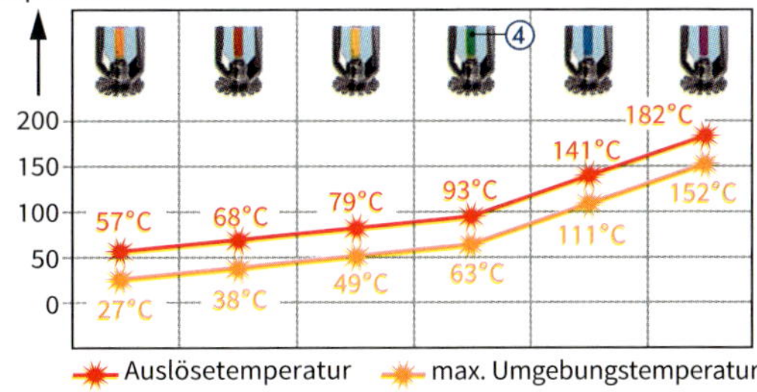

- Aufrechterhaltung der Stromversorgung im Brandfall
- Funktion muss bei Brand definierte Zeit erhalten bleiben.
- Forderung für Gebäude mit erhöhtem Sicherheitsrisiko (Versammlungsstätten, Krankenhäuser, Hotels, Industrieanlagen, Rechenzentren)
- **MLAR** (**M**uster **L**eitungs **A**nlagen **R**ichtlinie) durch deutsches Institut für Baurecht veröffentlicht.
- MLAR ist Basis für die Umsetzung in bundeslandspezifisches Baurecht.

Dauer des Funktionserhalts

E30 (30 Minuten für Evakuierung)	E90 (90 Minuten für Brandbekämpfung)
▪ Sicherheitsbeleuchtungsanlagen ▪ Brandmeldeanlagen ▪ Alarmierungs-/Lautsprecheranlagen (ELA) ▪ Lüftungs-, Rauchabzugsanlagen	▪ Feuerwehraufzüge ▪ Bettenaufzüge in Krankenhäusern ▪ maschinelle Rauchabzugsanlagen ▪ Wasserdruckerhöhungsanlagen ▪ Sprinkleranlagen

Installationsanforderungen

- Leitungsanlagen inkl. Verteiler, zentraler Notlicht-/ELA-Anlagen in Funktionserhalt installieren.
- Sicherheitsbeleuchtungsanlagen, die ausschließlich zur Versorgung des betroffenen Brandabschnittes dienen, sind von den Anforderungen ausgenommen.
- Bei Leitungsdimensionierung ist für die längste Brandabschnittsdurchquerung eine erhöhte Leitertemperatur/-widerstand zu berücksichtigen (im Beispiel Leitung durch Brandabschnitt 2).

Beispiel:

Notlicht-gerät
z. B. NYM möglich
Brand-abschnitt 2
E30
F30
T30
F30
z. B. NYM möglich
Brandabschnitt 3
Brandabschnitt 1

Installation

Integrierter Funktionserhalt

- Leitungsanlage kann direkt einem Brand ausgesetzt werden.
- Verwendung feuerbeständiger, geprüfter Leitungen

Beispiele:

Aderumhüllung
Polyolefin
flammwidrig
halogenfrei

Flammbarriere
Keram-Hochleistungs-compound, flammwidrig
halogenfrei

Mantel
Polyolefin
flammwidrig
halogenfrei

Aderisolation
Spezialcompound
flammwidrig
halogenfrei

Adern
Ein-/Mehr-drähtig

- Installation nur mit geprüften und zugelassenen Trage- und Befestigungseinheiten

Beispiele:

zugelassene Metalldübel und Metallschellen

Abschottung

- Leitungsanlage wird durch feuerwiderstandsfähiges Material umbaut.
- Installation nur mit geprüften und zugelassenen Trageeinheiten ausführen.
- Es können Standardleitungen verwendet werden.

Beispiel:

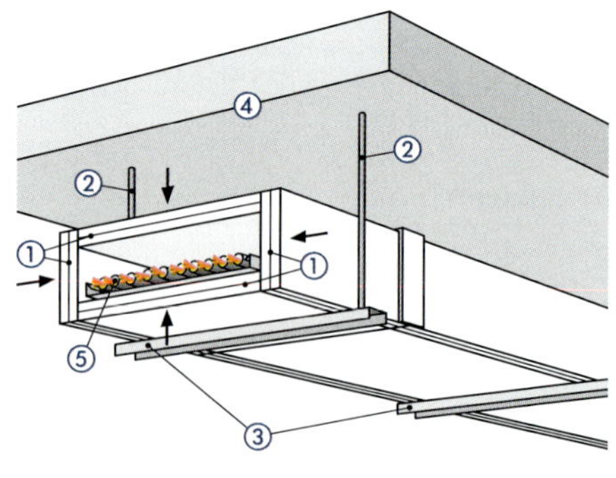

① feuerbeständige Platten
② Gewindestab
③ U-Profil
④ Decke
⑤ konventionelle Leitungen

Merkmale

- Begleitheizungen werden eingesetzt, um bestimmte Temperaturbedingungen (z. B. Frostschutz, Medientemperatur) einzuhalten.
- Anwendung: im Industrie- und Privatbereich für die Beheizung von z. B.
  - Rohren, Ventilen, Pipelines, Abwasserrohren
  - Warmwassererhaltung, Öltanks, Freiflächen.

Technologien

- Verfügbare Technologien:
  - Selbstregulierende Heizkabel,
  - Konstantleistungs-Heizkabel und
  - Serielle Widerstandskabel.
- Die Auswahl der Technologie für eine bestimmte Heizaufgabe ist u. a. abhängig von der erforderlichen Heizleistung und der Längenausdehnung.

Selbstregulierende Heizkabel

Aufbau

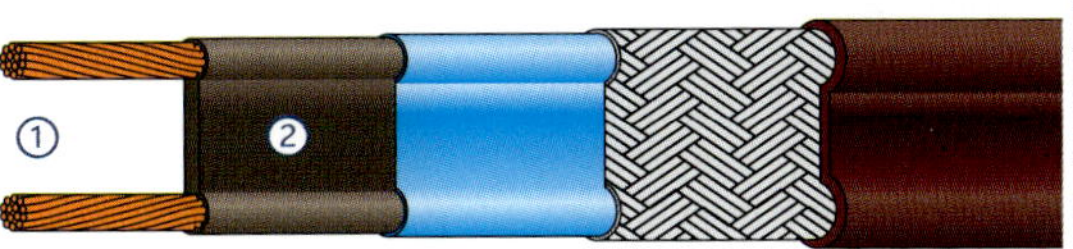

- Kupferleiter ① sind am Ende nicht miteinander verbunden
- Elektrischer Widerstandskern ② (kohlenstoffhaltiger Kunststoff) zwischen den Leitern

Funktion

- **Hohe Umgebungstemperatur**: Kunststoffkern dehnt sich aus (molekulare Expansion), Widerstand steigt, Heizleistung sinkt
- **Niedrige Umgebungstemperatur**: Kunststoffkern zieht sich zusammen, Widerstand sinkt, Heizleistung steigt

Heizleistungsbemessung

Erforderliche Angaben:

- Durchmesser, Länge und Art des Rohres
- Qualität und Dicke der Isolation
- Umgebungstemperatur
- Erforderliche Temperatur der zu erwärmenden Flüssigkeit

Beispiel: Heizkabel für Sprinklerrohr

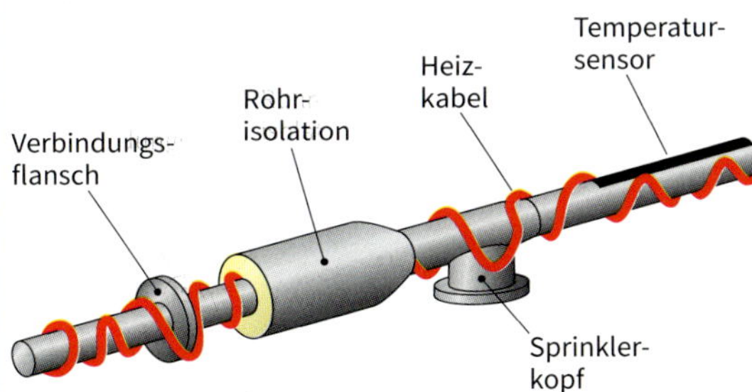

Beispiel:

Bemessungsspannung	230 V
Mittlere Leistung bei 10 °C pro m	22 W
Selbstregulierende Temperatur gleichmässig	65 °C
Maximal zulässige Temperatur	85 °C
Maximal zulässige Länge des Heizkabels	150 m
Anlaufstromstärke (kalter Zustand bei +10 °C)	0,14 A
Anlaufstromstärke (kalter Zustand bei −10 °C)	0,21 A

Konstantleistungs-Heizkabel

Aufbau

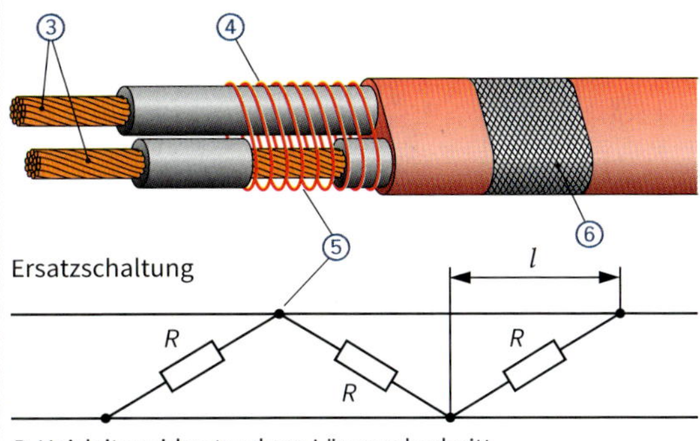

R: Heizleiterwiderstand pro Längenabschnitt

- Kupferleiter ③ (Stromzufuhr) sind am Ende **nicht** miteinander verbunden
- Heizleiter ④ (Ni-Chrome-Widerstandsdraht)
- Verbindungspunkt ⑤ zwischen Heizleiter und Kupferleiter (Leiterisolierung in festgelegten Abständen / abwechselnd einpolig unterbrochen und mit Kupferleiter verschweißt: Parallelschaltung der Heizleiterabschnitte)
- Gesamtschirmung ⑥

Funktion

- Erzeugt konstante Heizleistung pro Meter
- Kabel an beliebiger Stelle kürzbar

Serielles Widerstandskabel

Aufbau

Beispiel: Drehstromausführung

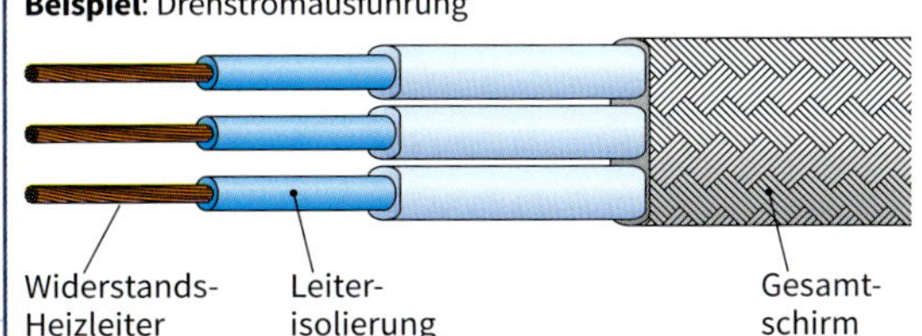

Funktion und Bemessung

- Endpunkte der Widerstandsheizleiter werden in Sternschaltung verbunden
- Heizleistung **muss** über Temperaturregeleinrichtung gesteuert werden
- Kabellänge ist speziell für die Anforderungen zu bemessen (elektrische Leistung bzw. erforderliche Wärmemenge pro m)

Systemarten

- KNX ist die Abkürzung für Konnex und ist der Nachfolgestandard (ISO/IEC 14543-3) des Europäischen Installationsbus (EIB).
- Powernet KNX
  Powerline KNX
- Funk KNX

Merkmale des KNX

- Vereinfachte Planung und geringere Montagezeiten
- Reduzierung des Verdrahtungsaufwandes
- Einfaches Nachrüsten und Erweitern des Systems
- Flexible Funktionserweiterung
- Senkung des Energiebedarfs durch Energiemanagement
- Hoher Bedienkomfort

EIB

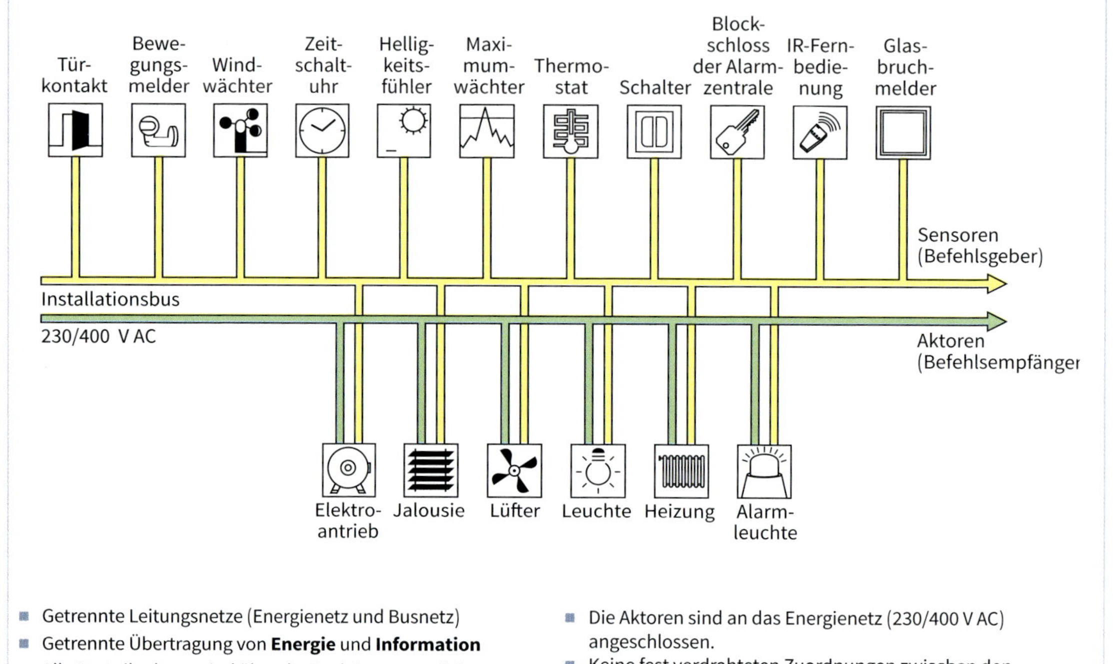

- Getrennte Leitungsnetze (Energienetz und Busnetz)
- Getrennte Übertragung von **Energie** und **Information**
- Alle Busteilnehmer sind über die Busleitung parallel miteinander verbunden.
- Die Aktoren sind an das Energienetz (230/400 V AC) angeschlossen.
- Keine fest verdrahteten Zuordnungen zwischen den Sensoren und Aktoren.
- Die Zuordnung der Schaltfunktion zwischen den Busteilnehmern wird über ein Programm gesteuert.

Unterteilung der Busteilnehmer

Betriebsmittelarten	Funktion	**Beispiel**
Systemgeräte	Geräte zur Spannungsversorgung der Busteilnehmer und Programmierung bzw. Inbetriebnahme des KNX-Systems	Spannungsversorgung; Linien- und Bereichskoppler; PC-Schnittstelle; Drossel
Sensoren (Befehlsgeber)	Erfassung von Informationen (Binäre Meldungen und analoge Messwerte) und Senden des Datentelegramms	Taster; Schalter; Temperatur-, Helligkeits- und Bewegungsfühler; Binäreingang
Aktoren (Befehlsempfänger)	Empfangen die Datentelegramme und führen in Abhängigkeit der Aufgabe eine Aktion aus.	Schaltaktor; Dimmaktor; Jalousieaktor; Heizkörperstellventil
Controller	Bearbeitung von komplexen Steuer- und Regelungsfunktionen	Zeitschaltuhr
Anzeige- und Bediengeräte	Anzeigegeräte dienen der Visualisierung des aktuellen Systemzustandes; Bediengeräte vereinfachen die Eingabe der Schaltbefehle in das KNX-System.	Bedien- und Meldetableaus; Displays; Touch-Screen

Merkmale

- **Spannungsversorgung SV** mit eingebauter **Drossel** in jeder Linie (Linien, Hauptlinien und Bereichslinien)
- Busteilnehmer werden mit Sicherheitskleinspannung (SELV) von maximal 32 V DC versorgt.
- Minimale Versorgungsspannung am Busteilnehmer 21 V DC
- **Linien- und Bereichskoppler** (LK und BK) sorgen für galvanische Trennung, um Störungen zu vermeiden.
- **Koppler** verhindern die Übertragung der Schaltbefehle über die jeweilige Linie hinaus.
- **Sensoren** erstellen ein Datentelegramm.
- **Aktoren** werten die Telegramme aus und erzeugen den entsprechenden Befehl (z. B. Schalten, Dimmen).
- Schaltbefehle werden am Computer programmiert und über die Datenschnittstelle zu den Busteilnehmern übertragen.
- In jeder Linie sind Reserven für spätere Erweiterungen einzuplanen.

Beispiel

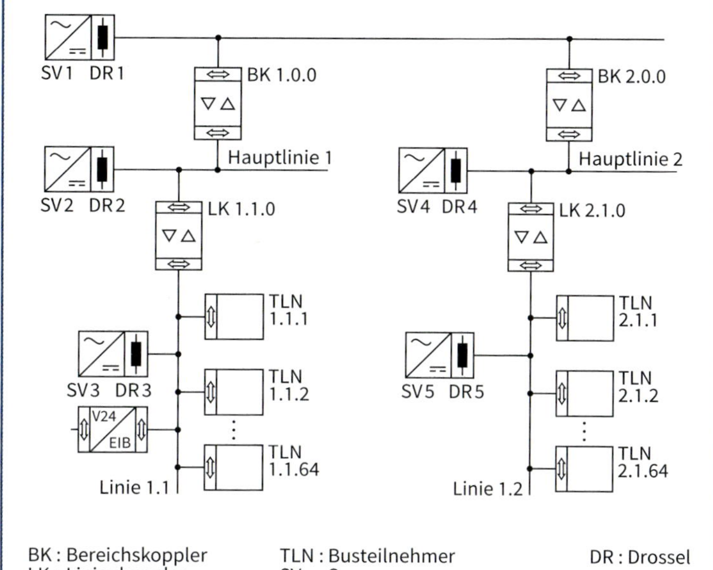

BK : Bereichskoppler
LK : Linienkoppler
TLN : Busteilnehmer
SV : Spannungsversorgung
DR : Drossel

Physikalische Adresse

- Die physikalische Adresse kennzeichnet jeden Busteilnehmer im System eindeutig.
- Die Adresse besteht aus drei Zahlen:

Beispiel: 1 . 1 . 12

- 12 – Teilnehmer innerhalb der Linie
- 1 (zweite Zahl) – Liniennummer
- 1 (erste Zahl) – Bereichsnummer

- Die physikalische Adresse wird von der Programmier-Software erzeugt.
- Bei Inbetriebnahme werden die physikalischen Adressen an den jeweiligen Busteilnehmer gesendet und dort per Hand quittiert.

Leitungsverlegung

- EMV-Störungen werden vermieden, wenn Energie- und Busleitungen möglichst dicht nebeneinander verlegt werden.
- Nur Leitungen mit geeigneter Prüfspannung verlegen.
- Klemmdosen dürfen nur Busleitungen oder Energieleitungen enthalten (Ausnahme: spezielle Kombidosen).
- Schirmungen der Busleitung werden nicht miteinander bzw. mit dem Schutzpotenzialausgleichsleiter verbunden.
- Überspannungsschutz der Busleitung mit Hilfe von Überspannungsableiterklemmen ① ist dringend erforderlich.

Gruppenadresse

- Die Zuordnung der Steuerfunktionen zwischen Sensor und Aktor wird über die Gruppenadresse getroffen, z. B. 2/1/2.
- Die Gruppenadresse kennzeichnet dabei eine Funktion, z. B. Licht Hausflur EIN/AUS.
- Die Gruppenadresse ist in drei Bereiche untergliedert:

Beispiel: 2 / 1 / 2

- 2 (letzte Zahl) – Untergruppe (Licht EIN/AUS)
- 1 – Mittelgruppe (Hausflur)
- 2 (erste Zahl) – Hauptgruppe (Beleuchtung)

Programmierumgebung (ETS)

- Die Programmierung erfolgt mit Hilfe der Software ETS.
- Die Software erfüllt folgende Grundfunktionen:
  - **Projektverwaltung**
  - **Produktdatenbankverwaltung**
  - **Projektierung** und Programmierung des Systems (Erstellen der verschiedenen Ansichten, Einfügen der EIB-Betriebsmittel, Programmierung der Funktionen)
  - **Inbetriebnahme**
    Übertragung der physikalischen Adressen, Funktionstest
  - **Fehlersuche**

Netzstruktur

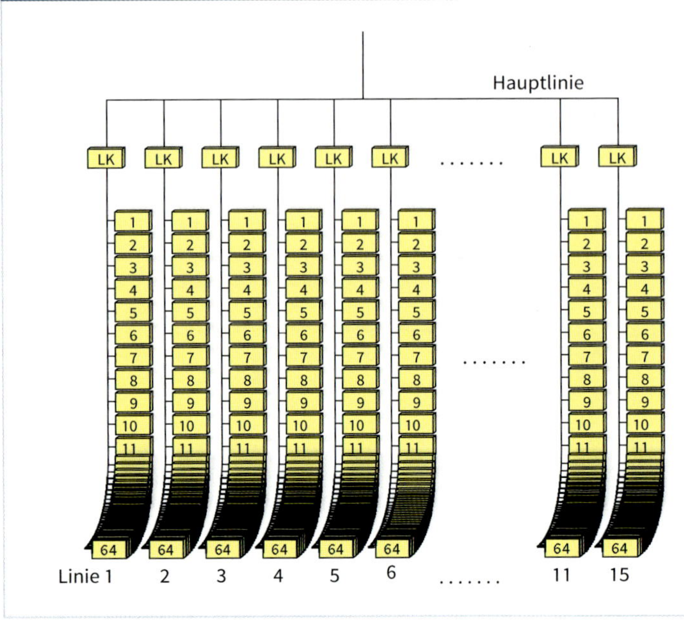

Geräteanzahl

- In jeder **Linie** können 64 Geräte (63 Busteilnehmer + 1 Linienkoppler) angeschlossen werden.
- Jeweils 15 Linien werden zu einem **Bereich** zusammengefasst.
- Die einzelnen Linien in einem Bereich werden über Linienkoppler (LK) zu einer **Hauptlinie** verbunden.
- In dieser Hauptlinie können ebenfalls 63 Busteilnehmer angeschlossen werden.
- Mit Hilfe von Bereichskopplern (BK) können maximal 15 Bereiche miteinander verbunden werden.
- Die Linie oberhalb der Bereichskoppler wird als Bereichslinie (Backbone) bezeichnet.
- Die Bereichslinie kann 64 Busteilnehmer aufnehmen.
- Maximale Anzahl n der Busteilnehmer im Grundausbau:
  $n = (((63 \cdot 15) + 63) \cdot 15) + 64$
  $n = 15\,184$

Busleitungen und -klemmen

Funktionen der Busleitung:
- Einwandfreie Kommunikation
- Sichere Trennung zum Energienetz

Leitungsart	Verlegung
YCYM 2x2x0,8	Feste Verlegung: Trockene, feuchte und nasse Räume; auf, in und unter Putz; Im Freien, wenn vor Sonneneinstrahlung geschützt
J-Y(St)Y 2x2x0,8 (KNX-Ausführung)	Feste Verlegung: Trockene und feuchte Räume; auf bzw. unter Putz und in Rohren; Im Freien: in und unter Putz

Die Busleitung ist nach DIN VDE 0100-510 mit einer dauerhaften Kennzeichnung zu versehen.

KNX T:12 L:2 B:4

Bus – Bus +

Notwendige Kennzeichnung:
- Bereich (B : 4)
- Linie (L:2)
- Teilnehmer (T : 12)

Bus +
Bus –

Busanschlussklemme:
Bus + auf „Rot“
Bus – auf „Schwarz“

Leitungslängen

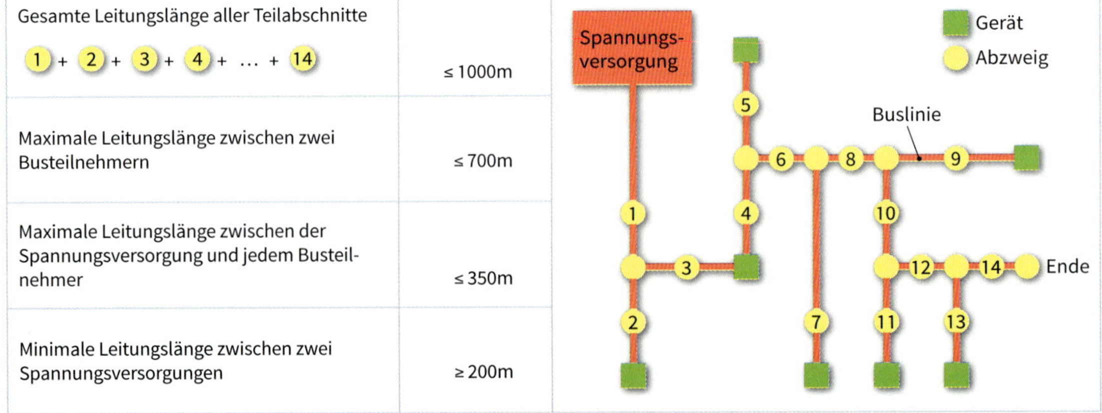

Gesamte Leitungslänge aller Teilabschnitte 1 + 2 + 3 + 4 + … + 14	≤ 1000m
Maximale Leitungslänge zwischen zwei Busteilnehmern	≤ 700m
Maximale Leitungslänge zwischen der Spannungsversorgung und jedem Busteilnehmer	≤ 350m
Minimale Leitungslänge zwischen zwei Spannungsversorgungen	≥ 200m

Aufbau

- Keine getrennte Busleitung zur Übertragung der Informationen erforderlich.
- Die Übertragung der Daten erfolgt über das Energienetz.
- Die Netzstruktur ist mit KNX vergleichbar (Aufteilung in Linien und Bereiche).
- In einer Linie sind maximal 256 Busteilnehmer enthalten.
- 16 Linien bilden einen Powernet-Bereich.
- Die Daten werden in Telegrammform der Netzspannung von 230 V überlagert.
- Die Telegramme werden mit 1200 bit/s übertragen.
- Übertragungsstörungen werden korrigiert.

Einschränkungen

- Der Betrieb von Powernet KNX über eine Trafostation hinaus ist nicht möglich.
- Alle Geräte müssen vorschriftsmäßig entstört sein.
- Es sind maximal 4096 KNX-Betriebsmittel pro Bereich möglich.
- Die Leitungslänge zwischen zwei Busteilnehmern darf nicht länger als 500 m sein.
- Zur Datenübertragung ist erforderlich, dass Neutral- und Außenleiter in jeder Abzweigdose vorhanden sind.
- Um Störungen zu vermeiden, müssen die Netzschwankungen innerhalb eines Toleranzbereiches bleiben:
  Netzspannung: $U = 230\ \text{V} \pm 10\ \%$
  Netzfrequenz: $f = 50\ \text{Hz} \pm 0{,}5\ \%$

Systemübersicht

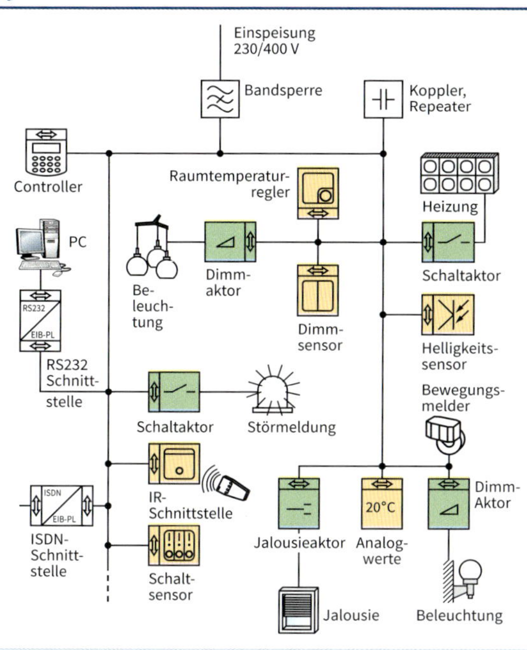

Übertragungsverfahren

- Datenübertragung: **SFSK**-Verfahren (**S**pread **F**requency **S**hift **K**eying)
- Übertragung in zwei getrennten Frequenzen 105,6 kHz und 115,2 kHz

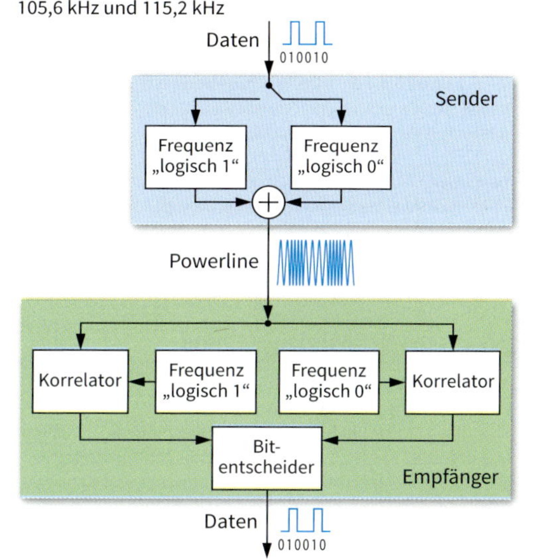

Funk KNX

- Datenübertragung per Funksignal (868 MHz … 870 MHz)
- Flexibler Einsatz auch bei schwierigen Installationssituationen.
- Kompatibel zu den bestehenden KNX-Systemen
- Die Komponenten werden über das 230 V-Netz oder Batterie versorgt.
- 15 Bereiche mit jeweils 6 Linien und maximal 64 Teilnehmern in jeder Linie möglich
- Die Reichweite beträgt bis zu 300 m (im Freiraum).
- Jeder Teilnehmer empfängt das Funksignal und sendet es wieder aus. Durch diese Retransmitter-Technik erhöht sich die Reichweite innerhalb eines Gebäudes.
- Adressierung der Geräte über die physikalische Adresse bzw. Gruppenadresse

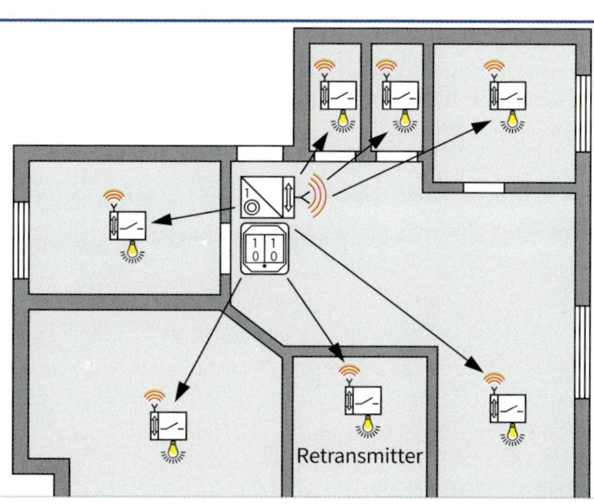

Merkmale

- Es dient zum Aufbau weitverzweigter dezentraler Netze in der Gebäudeautomation.
- Integration unterschiedlicher Gewerke in einem Netz
- Anbindung an das Internet/Intranet möglich
- Die LONWORKS-Technologie wird von einem Standardisierungsgremium (LONMARK) überwacht.
- Die Datenübertragung zwischen den Sensoren und Aktoren kann über folgende Medien erfolgen:
  - Twisted Pair Kabel
  - Lichtwellenleiter
  - Funkverbindung
  - Powerline (230 V)
  - Koaxialleitungen
  - LAN-Netzwerke

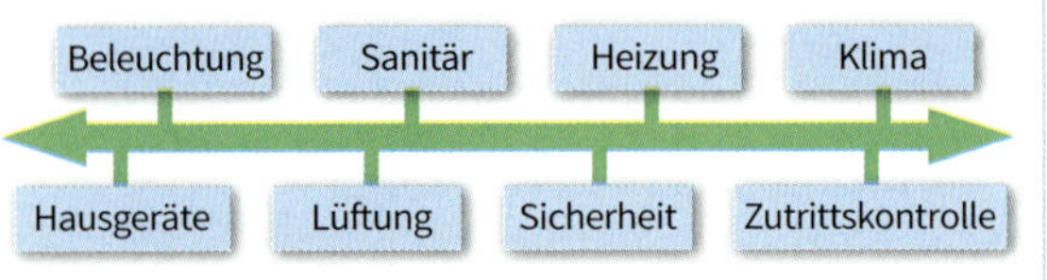

Anwendungsbeispiele:
- Produktionsdaten und Betriebsstörungen erfassen
- Klimadaten überwachen
- Fernwirken und Energieüberwachung

Aufbau der Netzwerkknoten

- Die Knoten bilden die zentrale Funktionseinheit mit eigener „Intelligenz".
- Die Anbindung des Knoten an die Busverbindung erfolgt über den **Neuron-Chip**. Jeder Chip wird über eine weltweit eindeutige ID (Kennung) angesprochen.
- Die Schnittstelle zum Netzwerk wird als **Transceiver** bezeichnet.
- Für die unterschiedlichen Anschlussmöglichkeiten sind verschiedene Transceiverschnittstellen mit entsprechenden Übertragungsraten definiert (z. B. **TP/FT** (**T**wisted **P**air/**F**ree **To**pology).
- Über die Anwendungsschnittstelle werden die entsprechenden Eingangs- (z. B. Taster) und Ausgangsbausteine (z. B. Relais) angeschlossen.

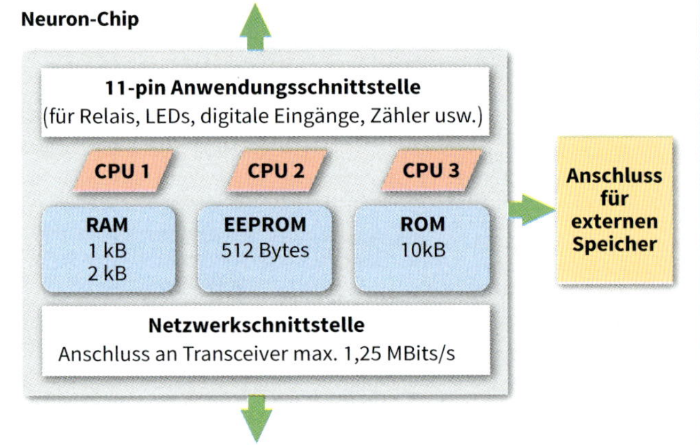

Physikalische Netzwerkauslegung

- Ausführung der Kommunikationsverbindungen als Linien-, Ring- bzw. Sternnetz oder einer Mischform
- Maximal 127 Knoten bilden ein **Teilnetz** (Subnet).
- Maximal 255 Teilnetze bilden einen **Bereich** (Domain).
- Die Leitungslänge der einzelnen Teilnetze ist von den jeweils verwendeten Transceivern und dem Kabeltyp abhängig.
- Durch **Repeater** kann die maximale Leitungslänge bzw. die maximale Anzahl der Knoten erhöht werden.
- Zur Terminierung der Bussegmente sind jeweils Abschlusswiderstände notwendig (52,3 Ω oder 105 Ω).
- Die Daten werden über das Protokoll **LONTalk** übertragen.
- Der Datenaustausch zwischen Sensor und Aktor erfolgt über standardisierte **Netzwerkvariablen** (**SNVT** **S**tandard **N**etwork **V**ariable **T**ypes).
- Die Projektierung und Programmierung des Systems erfolgt über eine spezielle Software, z. B. LON-Maker.

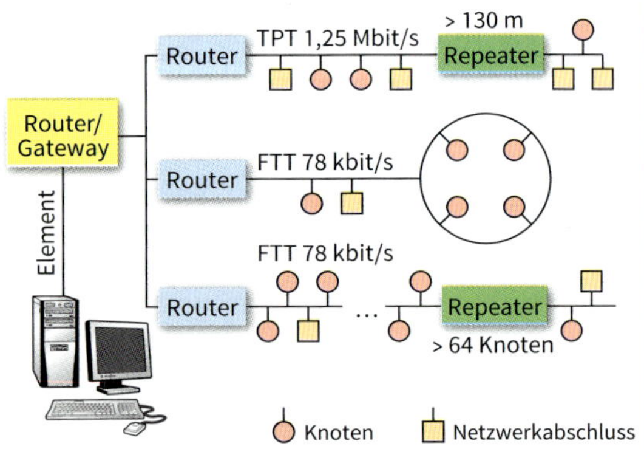

Transceiver und Netzausdehnung

Netztyp	Transceiver	Übertragungsrate in kbit/s	Kabeltyp	Topologie	max. Netzausdehnung	max. Geräteabstand
TP/FT	FTT10 LPT11	78	J-Y(St)Y 2 x 2 x 0,8	frei	500 m	320 m
				Linie	900 m	900 m
			Cat 5	frei	450 m	250 m
				Linie	900 m	900 m
			Belden[1)] 8471/85102	frei	500 m	400 m
				Linie	2700 m	2700 m
TP/XF	XF-1250	1250	Cat 5	Linie	130 m	130 m

[1)] Herstellerbezeichnung

Merkmale

- Flexibles Installationsbussystem für Wohn- und Zweckbauten.
- Es ist kein getrenntes Busnetz erforderlich.
- Die Kommunikation erfolgt über einen zusätzlichen Leiter (Datenleiter), der mit der 230 V-Versorgungsleitung geführt wird.
- Alle LCN-Module werden an 230 V angeschlossen.
- Das System ist modular aufgebaut und kompatibel mit konventionellen Installationen.
- Anwendungsbeispiele:
  - Lichtsteuerung
  - Fernsteuerung und Visualisierung
  - Rollladensteuerung
  - Energiemanagement
  - Heizungs-, Lüftungs- und Klimasteuerung
  - Überwachungsfunktionen

Installationsbeispiel:

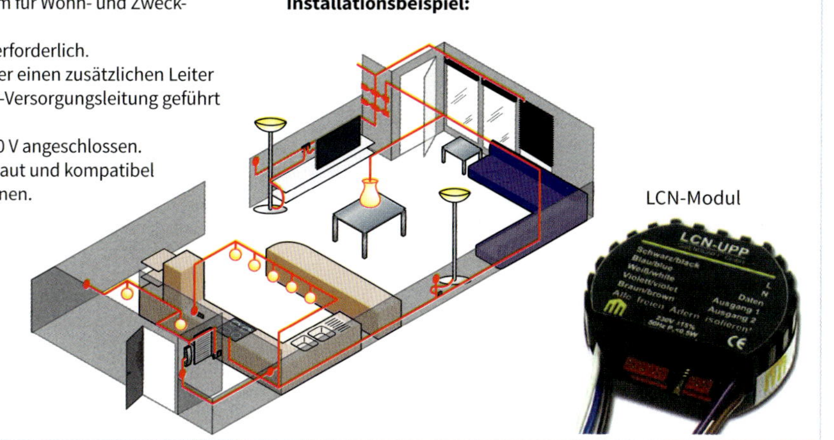

Busmodule

- Die Schalter, Taster usw. der konventionellen Installation werden durch **Busmodule** ergänzt bzw. ersetzt.
- Jedes Modul erhält eine eindeutige Adresse, die zwischen 5 und 254 liegt.
- Das Modul wird direkt mit dem 230 V-Netz verbunden und kann sowohl als Sensor und Aktor eingesetzt werden.
- Die Module sind zur Installation in einer Unterputzdose und als Reiheneinbaugerät erhältlich.
- Der Datenanschluss D ist mit einem Überspannungsschutz bis 2/4 kV versehen.
- Die Verbraucher werden direkt an den Ausgängen angeschlossen. Dazu verfügen die Module über zusätzliche Kontakte zum Anschluss externer Peripheriegeräte:
  - 2 dimmbare 230 V-Ausgänge
  - Eingang für maximal 8 Taster (T-Port)
  - Impulseingang zum Anschluss von maximal 5 parallelen Sensoren (I-Port)
  - bis zu 8 binäre Ein- und Ausgänge steuerbar (P-Port nur bei Reiheneinbaugeräten vorhanden)

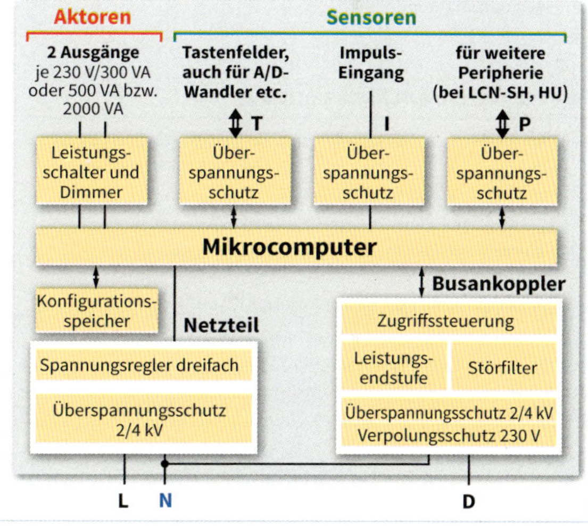

Installation

- 250 Module werden zu einem Segment (untere Busebene) zusammengefasst.
- In größeren Projekten können 120 Segmente durch Segmentkoppler ① miteinander verbunden werden. Dies ermöglicht einen maximalen Ausbau auf 30000 Busmodule.
- Die Struktur, mit der die einzelnen Module über den Datenleiter miteinander verbunden werden, ist beliebig (linien-, stern- oder baumförmig).
- Die maximale Leitungslänge pro Segment liegt bei 1000 m (ohne zusätzliche Verstärker bei einem Leiterquerschnitt von 1,5 mm^2).
- Die Übertragung der Daten erfolgt über den Datenleiter in Verbindung mit dem Neutralleiter mit einer maximalen Spitzenspannung von ± 30 V.
- Die Datenleitung muss in der Verteilung über einen Hilfskontakt mit dem Außenleiter gemeinsam abgesichert werden und darf nicht an der Sicherung bzw. RCD vorbeigeführt werden.
- Die Programmierung des Systems erfolgt mit Hilfe der speziellen Software **LCN-PRO**.

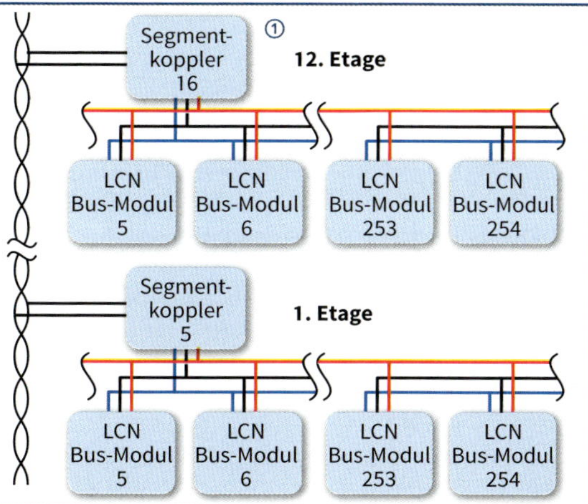

Gründe für den Einsatz

- Der Aufwand bei der Installation und/oder die Kosten drahtgebundener Systeme sind hoch.
- Eine Modernisierung bzw. Erweiterung bestehender Funksysteme ist leichter.
- Der Aufwand (Zeit und Kosten) bei Änderung bestehender Funksysteme ist gering.
- Der Komfort bestehender Anlagen kann mit Funksystemen erhöht werden.
- Die ermittelten Daten im Funksystem können angepasst, gut dokumentiert und an beliebigen Orten verarbeitet werden.

Hauptanwendungsgebiete

- Sicherheitstechnik (Meldung von Brand, Einbruch, allgemeine Zustandsüberwachung, …)
- Komfort (Bedienung von beliebigen Orten, Übersichtlichkeit, Einfachheit, …)
- Multimedia, Verteilung akustischer und visueller Signale
- Energiemanagement (Steuerung von Heizung, Licht, Wasser, …)

Eigenschaften von Funksignalen

- Als Funksignale werden elektromagnetische Wellen von 433 MHz und 868 MHz (letztere vorwiegend) verwendet. Sie breiten sich geradlinig aus.
- Bei 868 MHz im Einsatz befindlicher Funksysteme beträgt die maximale Reichweite der Signale im Freiraum etwa 30 m. Aufgrund der Dämpfung in Gebäuden sollten Sender und Empfänger maximal 15 m voneinander entfernt sein.
- Die Wellen werden durch Materialien verschieden stark gedämpft und von Metallen reflektiert.

Material	Dämpfung in %
Holz, Gipsplatten, Glas	0 bis 10
Mauerwerk, Spanplatten	5 bis 35
Beton mit Eisenarmierung	10 bis 90
Metall	90 bis 100

Standards (Auswahl)

- **EN 50090**: Offener europäischer Standard, herausgegeben von CENELEC, elektrische Systemtechnik für Heim und Gebäude
- **EnOcean**: Batterielose Funksensoren, Reichweite bis zu 30 m im Gebäude, 300 m im Freifeld
- **HomeMatic**: Funksystem für die Hausautomation, ähnliche Leistungsmerkmale wie KNX-Systeme
- **KNX-RF**: Funkversion des KNX-Standards
- **ZigBee**: System mit geringem Datenaufkommen, Netzwerke von 10 m bis 100 m
- **Z-Wave**: System mit geringem Energiebedarf, hohe Kommunikationssicherheit

Kriterien für die Auswahl und Einrichtung

- Konfiguration über PC (Schnittstellen, Internetzugang, Registrierung, …)
- Konfigurationsoberfläche (Übersichtlichkeit, Einarbeitungszeit, Hilfefunktionen, …)
- Internetzugriff
- Kommunikation bidirektional
- Energieversorgung (drahtgebunden, autark, ohne)
- Servicematerial des Herstellers
- Funkprotokoll (Standard, systemspezifisch)
- Gateway-Einsatz (Übergang zu KNX, LON, BACnet, …)

Planungs- und Montagehinweise

- Eine **Abschottung** der Signale kann ggf. durch Brandschutzwände, Aufzugschächte, Treppenhäuser hervorgerufen werden. Abhilfe: Repeater

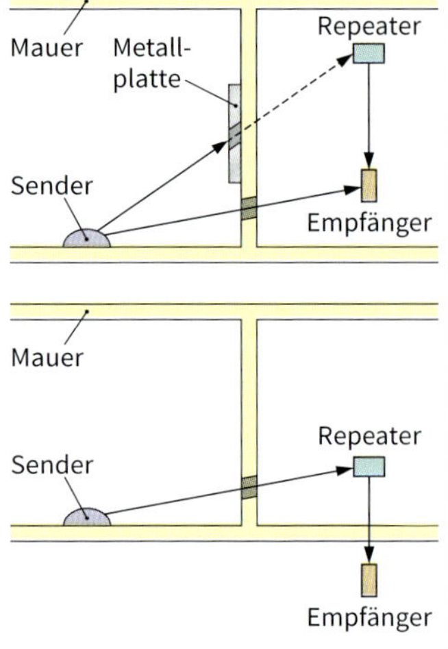

- Der Winkel, mit dem das gesendete Signal auf die Wand trifft (**Durchdringungswinkel**), verändert die effektive Wandstärke. Nach Möglichkeit sollte das Signal senkrecht durch die Wand laufen.
- Durch zentral platzierte Repeater erreicht man eine optimale **Funkabdeckung** in Gebäuden.

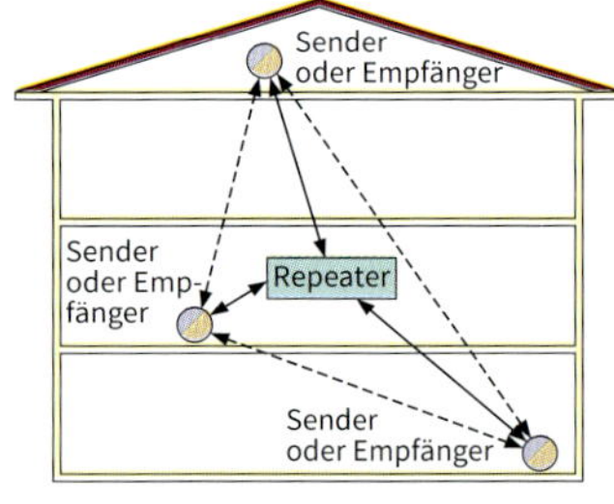

- Vor der Installation sollten **Reichweitentests** durchgeführt werden, um „ungünstige" Bedingungen herauszufinden.

- Die **Empfangsantennen** des Sensors sollten nicht an der gleichen Wand wie der Sender montiert sein. Sinnvoll sind gegenüberliegende Wandflächen.

Bestimmungen und Vorschriften

- DIN VDE 0833: 2009
  Gefahrenanlagen für Brand, Einbruch und Überfall

Gefahrenmeldeanlagen (GMA)
Sie sind Fernmeldeanlagen, die Gefahren für Leben und Sachwerte melden. Dazu gehören auch die
– Erfassung von Störungen in der Anlage und
– Überwachung der Übertragungswege.

Brandmeldeanlagen (BMA)

Einbruch- (EMA) und Überfallmeldeanlagen (ÜMA)

- **V**erband **d**er **S**chadensversicherer (**VdS**)
  - Prinzip, Aufbau, Installation und Betrieb von GMA
  - Unterschieden werden dabei die Sicherheitsklassen A, B und C.
- Unfallverhütungsvorschriften
- Polizei-Richtlinien, Landeskriminalamt
- Bundesamt für Sicherheit in der Informationstechnik (BSI)
- EX-Schutz
- Baurecht

Brandmeldeanlage

- Aufgabe: Brand und Feuer sollen frühzeitig erkannt und gemeldet werden. Die automatischen bzw. nichtautomatischen Sensoren sind ständig aktiv und mit der Zentrale verbunden.
- Eine zusätzliche Löschanlage kann ggf. durch die BMA ausgelöst werden.
- Energieversorgung:
  - Wechselspannungsnetz mit separatem und rot gekennzeichneten Leitungs-Schutzschalter
  - Unterbrechungsfreie Stromversorgung bei Netzausfall (Akkumulatoren)
  - Der Ausfall einer der beiden Energiequellen muss akustisch und optisch signalisiert werden.
- Die in der Peripherie angeschlossenen Geräte müssen mit einem eigenen Leitungsnetz betrieben werden.
- Die Leitungen sind in der Regel rot gekennzeichnet.
- Bei Verlegung von Brandmeldeleitungen mit anderen Leitungen müssen diese besonders gekennzeichnet werden.

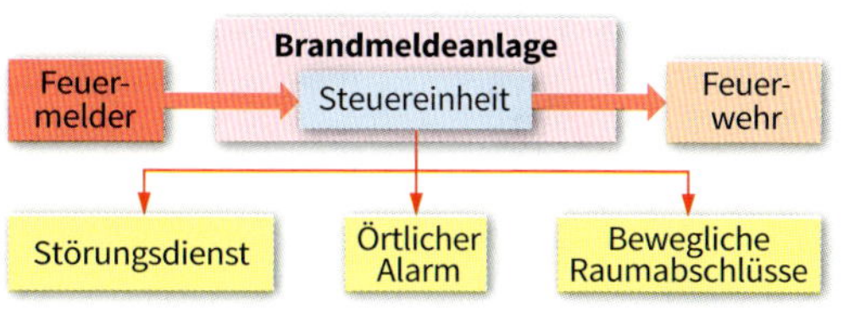

Gefahrenmeldeanlage

Empfangszentrale
Hilfeleistung

Primärleitung als Standleitung

Hauptmelder
Übertragungseinrichtung

Sekundärleitung, Rückmeldung bei BMA

BMA EMA ÜMA

automatische/nichtautomatische **Melder**

Steuer- oder Alarmierungseinrichtungen

Anzeige

- **Primärleitungen:**
  Eine Leitung, die ständig auf Unterbrechung und Kurzschluss überwacht wird.
- **Sekundärleitung:**
  Eine nicht überwachte Leitung, die als Signal- und Meldeleitung verwendet wird.
- **Scharfschaltung:**
  Über einen mechanischen oder automatischen Schlüsselschalter wird die Anlage in Alarmbereitschaft geschaltet.
- **Stiller Arm:**
  Alarmauslösung erfolgt ohne optische oder akustische Signalisierung bei der örtlichen Meldeanlage.

Einbruchmeldeanlage

- Aufgabe:
  Automtische Überwachung von Gegenständen auf Diebstahl oder Flächen bzw. Räumen auf unbefugtes Eindringen.
- Sensoren in Meldegruppen sind ständig aktiv oder werden über eine Scharfstellung ein- bzw. ausgeschaltet.
- Die Ergebnisse der Sensorüberwachung werden ausgewertet, signalisiert oder weitergeleitet.
- Zugängliche Türen und die Deckel der Anlage müssen im scharf geschalteten Zustand gegen Sabotage überwacht werden.

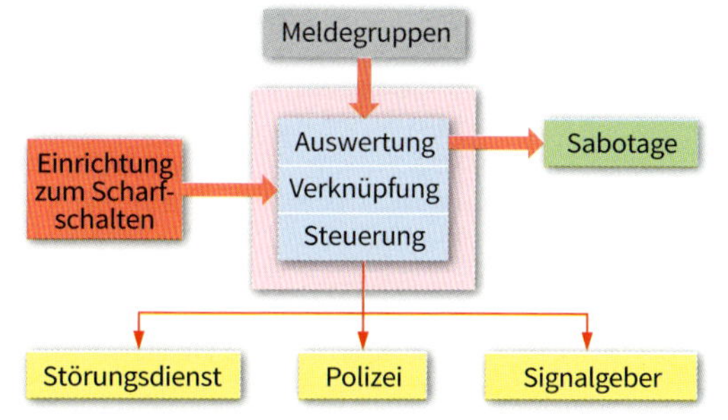

Überfallmeldeanlage

- In der Regel ist sie Bestandteil einer Einbruchmeldeanlage und dient dem direkten Hilferuf von Personen bei einem Überfall.
- Die Anlage hat die Aufgabe, die Meldung von einem Alarmauslöser bzw. Überfallmelder auszuwerten und weiterzuleiten, in der Regel an die Polizei.

Merkmale

- **Brandmeldeanlagen** (BMA) bestehen aus
  - der Brandmeldezentrale (**BMZ**; als Steuereinrichtung),
  - den automatischen/manuellen **Brandmeldern** und
  - einer entsprechenden **Leitungsanlage**.
- Die **automatischen Brandmelder** unterscheiden sich
  - in der Art der Erkennung verschiedener **Brandkenngrößen** und
  - in unterschiedlichem **Ansprechverhalten**.
- **Manuelle Meldeeinrichtungen** werden durch Handauslösung bedient.
- Zur **Brandbekämpfung** können automatisch wirkende **Brandlöschanlagen** mit Brandmeldeanlagen gekoppelt werden.
- **Rechtliche Grundlagen** für die Errichtung einer BMA sind in den Landesbauverordnungen zu finden und z. B. vorgeschrieben für Versammlungsstätten mit mehr als 200 Personen in einem Raum, Schulen, Krankenhäuser, Pflegeeinrichtungen, Flughafengebäuden.
- Bei der **Planung**, **Errichtung** und **Prüfung** sind die Normen und Vorschriften u. a. der lokalen Aufsichtsbehörde (Bauamt, Feuerwehr), des VdS (Verband der Sachversicherer), DIN/VDE-Normen zu berücksichtigen.

Struktur

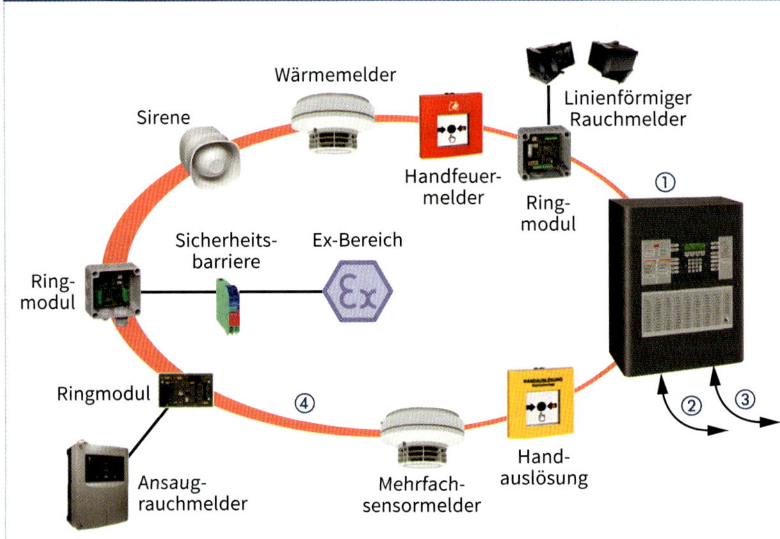

① BMZ mit
- Bedien- und Anzeigefeld,
- Ansteuer-, Überwachungs- und Auswerteelektronik für die Meldeschleifen und
- Stromversorgung (Netz und Batterie).

② Kommunkationsschnittstelle (z. B. Ethernet)

③ Standardschnittstelle zur Feuerlöschanlage

④ Meldeschleife mit
- Standardbrandmeldekabel J-Y (ST)Y 2 x 2 x 0,8 mit Aufschrift: Brandmeldekabel
- bis zu 2000 m Länge bei
- maximal 126 Teilnehmer pro Schleife

Brandmelderarten

Art	Wirkprinzip	Anwendung
Optische Rauchmelder	Erkennen von Rauchaerosolen; Streulichtmessung	Private Haushalte; Büroräume; Hotels
Differenzial-Maximal-Wärmemelder	Temperaturerhöhung bzw. Maximaltemperatur	Werkstätten; Hotelküchen
Ionisations-Rauchmelder	Erkennen von sicht- und unsichtbaren Rauchpartikeln; Leitfähigkeitserhöhung der ionisierten Strahlung	Offene Flamme; Brandausbruch mit Glimmerscheinungen; nicht im privaten Bereich
Funken-/Flammenmelder	Erkennen optischer Strahlung	Schnelle Entwicklung offener Flammen; Absauganlagen
Brandgasmelder	Erkennen von Brandgasen (Kohlenstoffmonoxid, Kohlenstoffdioxid)	Brandfrüherkennung; Rechenzentrum; Industriebetrieb

Beispiel: Handfeuermelder für Gleichstromlinientechnik (Prinzip Stromerhöhung)

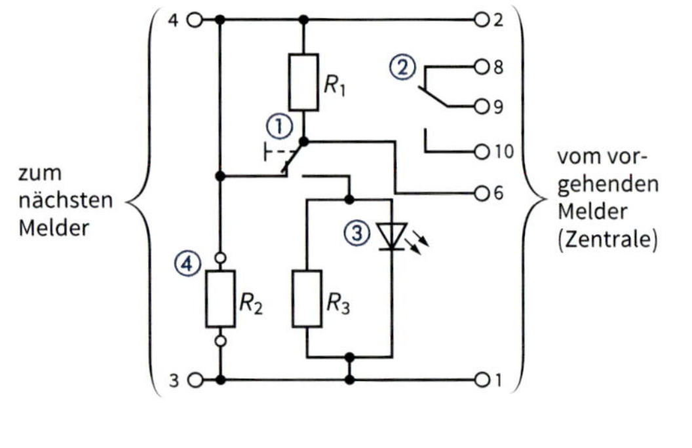

① S1: Auslösetaster
② S2: Hilfskontakte von S1
③ LED
④ Abschlusswiderstand nur im letzten Melder

R_1: 820 Ω
R_3: 150 Ω
R_2: 3,9 kΩ

Einbruchmelder

- **Kontaktüberwachung**
  - **M**agnet**k**ontakte (**MK**)
  - Schließblechkontakte
  - Elektromechanische Kontakte
  - Übergangskontakte
- **Flächenüberwachung**
  - Vibrationskontakte
  - Folien (aus Metallstreifen)
  - Alarmdrahttapeten, Bespannungen und Kunststoff-Folien mit Alarmdrahteinlage
  - Alarmglas
  - Fadenzugkontakte
  - Passive **G**lasbruch**m**elder (**GM**)
  - Aktive Glasbruchmelder
  - Körperschallmelder
- **Feldmäßige Überwachung**
  - Kapazitive Feldänderungsmelder
- **Streckenüberwachung**
  - Lichtschranken
- **Räumliche Überwachung**
  - Bewegungsmelder
  - Mikrowellen-Bewegungsmelder
  - Ultraschall-Bewegungsmelder
  - Infrarot-Bewegungsmelder

Melder mit 4-Leiter-Anschluss

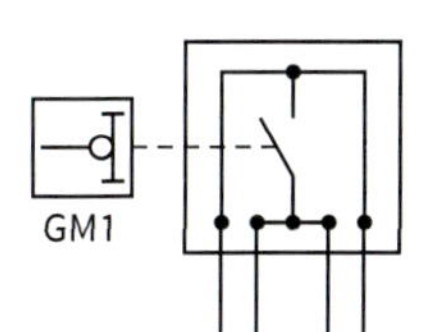

Vorteil: Höhere Sabotagesicherheit durch Einbindung der zusätzlichen Anschlüsse in die Meldelinien.

Melder mit Betriebsspannung

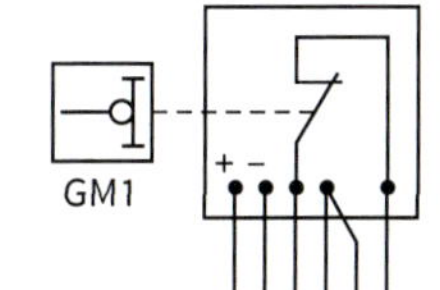

Elektronischer Glasbruchmelder in 4-Leiter-Technik.

Meldelinien

Ruhestromprinzip mit Magnetkontakten

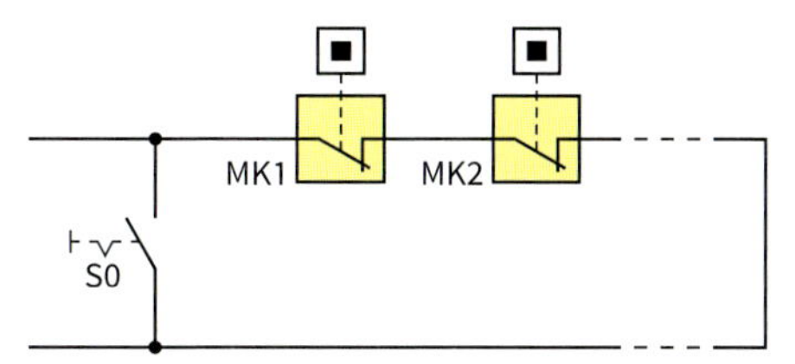

Nachteil:
Sabotagemöglichkeit durch Überbrückung der Melder.

Arbeitsstromprinzip mit Glasbruchmeldern

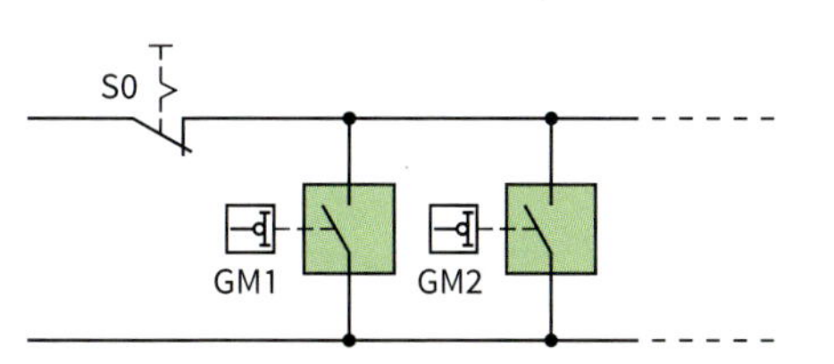

Nachteil:
Sabotagemöglichkeit durch Unterbrechung am Melder.

Differenzialprinzip

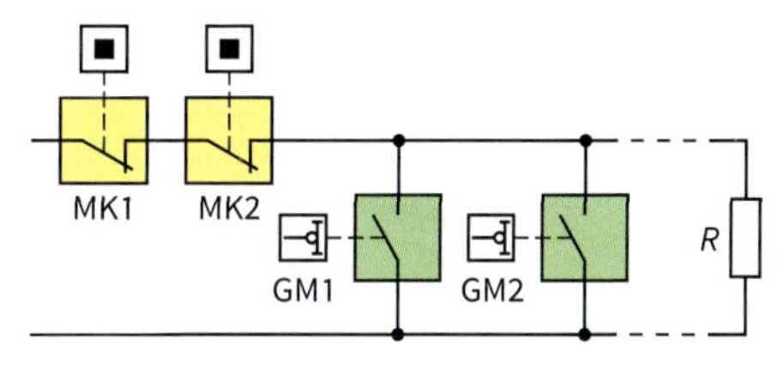

Ein oder mehrere Widerstände werden in die Meldelinie eingefügt. Der Widerstandswert wird von der Zentrale (Brückenschaltung) ständig überwacht.

Symbole für Einbruchmeldeanalgen (EMA)

Symbol	Bezeichnung	Symbol	Bezeichnung	Symbol	Bezeichnung	Symbol	Bezeichnung
■	Magnetkontakt **MK**		Flächenschutz **FÜ**		Schließblechkontakt **SK**	□···□	Lichtschranke **LS**
●	Öffnungskontakt **ÖK**		Alarmglas **ADG**		Glasbruchmelder, passiv **GMp**	Z	Zentrale **Z**
	Vibrationskontakt **VK**		Druckmelder **DM**		Körperschallmelder **KM**	V	Verteiler **V**
	Pendelkontakt **PK**		Bildermelder **BM**		Überfallmelder **ÜM**		Optischer Signalgeber **SO**
	Fadenzugkontakt **FK**		Schalteinricht. mit materiellem Informationsmerkmalträger **SM**		Feldänderungsmelder **FM**		Hochfrequenzschranke **HFS**
	Ultraschall-Bewegungsmelder **UM**		Infrarot-Bewegungsmelder **IM**		Mikrowellen-Bewegungsmelder **MM**		Mikrowellenschranke **MS**

Begriffe

- **Alarmschleife**
  Ein Stromkreis, der bei einer Unterbrechung oder bei einer definierten Widerstandsänderung zu einer Meldung führt.
- **AWAG**
  Automatisches **W**ähl- und **A**nsage**g**erät (Telefonwählgerät, bei dem die Information durch Sprache übertragen wird).
- **Blockschloss**
  Ein Schloss für das Scharf- bzw. Unscharfschalten von Einbruchmeldeanlagen mit gleichzeitiger mechanischer Ver- bzw. Entriegelung sowie mit Möglichkeiten der Sperrung des Zu- bzw. Aufschließvorganges.
- **Klassifizierung**
  Einteilung der Einbruchmeldeanlagen in Klassen (A: einfacher Schutz; B: mittlerer Schutz; C: erhöhter Schutz).
- **Sabotagemeldung**
  Meldung des Ansprechens von Sabotagemeldern (z. B. Deckelkontakt).
- **Scharfschalten**
  Durchschalten der Einbruchmeldeanlage oder von Teilen der Anlage zu den Alarmierungseinrichtungen (z. B. Melder).
- **Schließblechkontakt**
  Am Schließblech angeordnete Einrichtung (z. B. Kontakt, Sensor), der bei der Verriegelung des Schlosses durch den Riegel betätigt wird.
- **Überfallmeldeanlage (ÜMA)**
  Eine Anlage, die Personen zum direkten Hilferuf bei Überfällen dient.
- **Unscharfschalten**
  Rücknahme der Durchschaltung der Einbruchmeldeanlage oder von Teilen der Anlage zu den Alarmierungseinrichtungen

Beispiel für Melder im Fensterbereich

—: J-Y (St) 6 x 2 x 0,6 mm
—: LiYY 4 x 0,14 mm²
J-Y (St) 3 x 2 x 0,6
J-Y (St) Y 6 x 2 x 0,6 mm
IM1
V1
V2
MK1
MK2
MK3
MK4
GM1
GM2
GM3
GM4

Leitung LiYY

0,14 mm² x Aderzahl	Durchmesser in mm
2x2	4,9
3x2	5,0
4x2	5,4
5x2	5,9
6x2	6,3

Flexible PVC Signalleitung für den Anschluss von Geräten und Bauteilen.

Beispiel für Melder an Türen

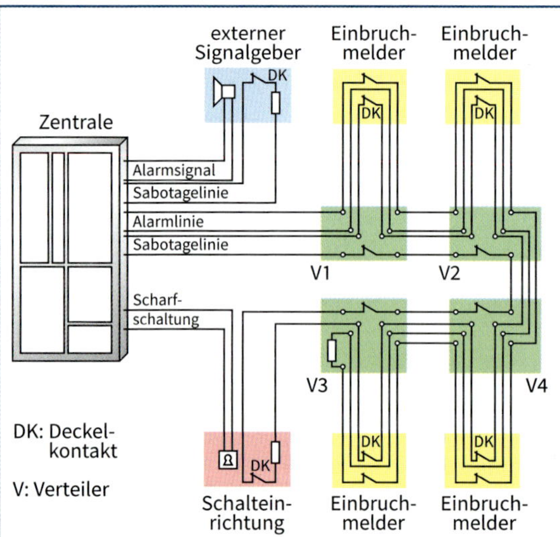

Stromlaufplan einer Einbruchmeldeanlage

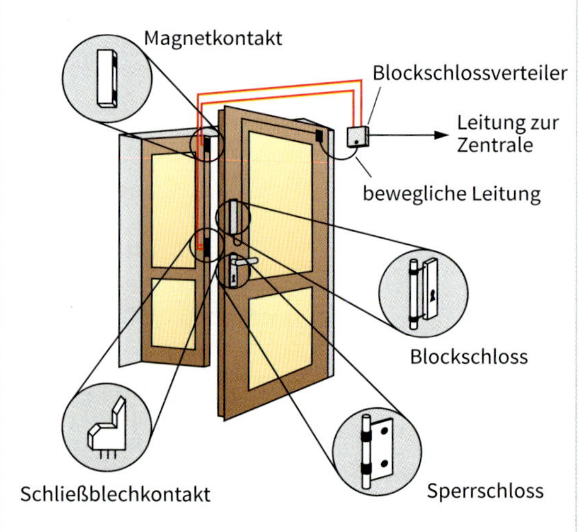

Behaglichkeit

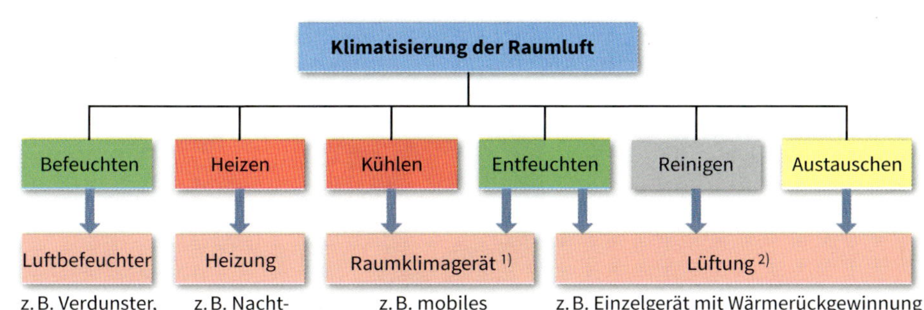

[1] Diese Bezeichnung ist irreführend, da diese Geräte nicht „Klimatisieren".
[2] In Lüftungsgeräten können Geräte eingebaut sein, die die Zuluft erhitzen.

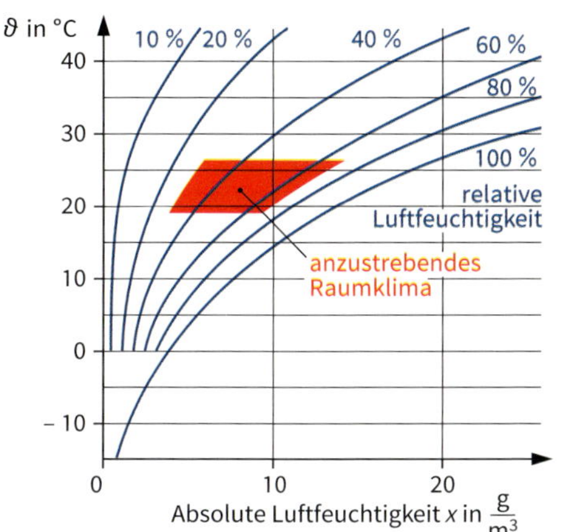

Einflussgrößen:

- **Gleichmäßige Temperatur**
  Im gesamten Raum soll die Temperatur möglichst gleich hoch sein.
- **Empfundene Temperatur**
  liegt ungefähr im Mittel zwischen Raumtemperatur und Gebäudewand-Temperatur.
- **Luftströmung**
  Werte über 0,2 m/s werden als unangenehmer „Zug" empfunden.
- **Relative Luftfeuchtigkeit**
  ist das Verhältnis des vorhandenen Wasserdampfes in der Luft zu maximal speicherbaren Wasserdampf. Je höher die Temperatur der Luft ist, desto größer ist die speicherbare Wassermenge.
- **Absolute Luftfeuchtigkeit**
  ist der vorhandene Wasserdampf in g bezogen auf das Luftvolumen in m³.

Raumlüftung

- **Belastungen:**
  - Stoffwechselprodukte des Menschen
    z. B. H_2O, CO_2, Ausdünstung
  - Tätigkeiten des Menschen
    z. B. H_2O, Geruch (Kochen)
  - Baumaterialien, Möbel, Teppiche u. ä.
    z. B. Schadstoffe
  - Textilien
    z. B. Staub, Keime
  - Verbrennungen
    z. B. Tabakrauch
  - Maschinentätigkeit
    z. B. Geruch
- **Folgen:**
  - Unwohlsein durch CO_2-Konzentration
  - Schimmel durch Wasserniederschlag

Luftaustausch erforderlich
mindestens alle 3 h
→ **Lüftung durch Anlagen** →

- **Vorteile mechanischer Belüftungsanlagen:**
  - Energieeinsparung durch Wärmerückgewinnung
  - Dämpfung der Außengeräusche
  - Reinigung der Raumluft
  - Reinigung der Außenluft
  - Verringerung der Luftströmung

Prinzip

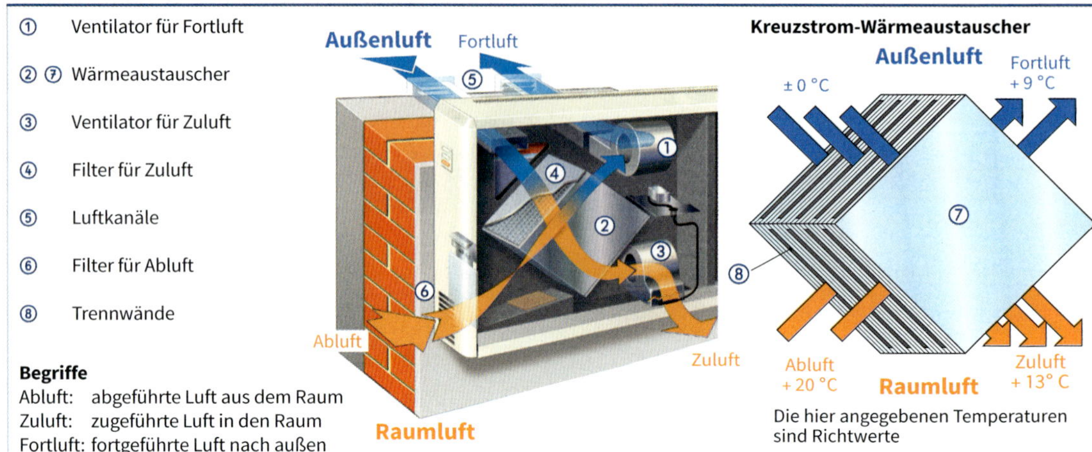

Komponenten

- **Ein-/Auslässe**
  müssen so platziert werden, dass die Frischluft gut verteilt wird. Sie können an der Decke oder im oberen Wandteil sitzen, für Zuluft auch im Boden.

- **Kanäle/Rohre**
  sollen glatte Innenflächen haben.
  Flexible Rohre besitzen große Strömungswiderstände. Zum Vermeiden von Geräuschübertragungen sind Schalldämpfer eingebaut.

- **Filter**
  werden als Faser-, Kohle- oder Elektrofilter eingebaut. Sie erhöhen den Luftwiderstand.

  Wirkungsgrade:
  Grobfilter (G1 ... G4) 65 % ... 90 %,
  Feinfilter (F5 ... F9) 60 % ... 95 %.

  Wartung:
  3 ... 6 Monate

- **Ventilatoren**
  müssen leise und energiesparend sein.
  Es werden 0,5 W Leistung je m^3 beförderte Luft benötigt. Die eingesetzte Ventilatorenergie verhält sich zur gewonnenen Wärmeenergie etwa wie 1 : 5.
  Wartung: 1...2 Jahre

- **Wärmeaustauscher**
  übertragen die Wärmeenergie der Abluft in die Zuluft.

  Bei den **Rekuperatoren** (Wärmeaustauscher) werden die beiden Luftströme durch getrennte Kammern geführt. Der Wärmeaustausch erfolgt dabei über die Trennwände ⑧. **Kreuzstrom-Wärmeaustauscher** werden dabei am häufigsten eingesetzt. Sie haben eine Rückwärmezahl (Temperaturdifferenz der Zuluft und der Außenluft geteilt durch die Differenz der Abluft und der Außenluft) von 65 %. Beim **Gegenstrom-Verfahren** werden bis zu 80 % erreicht.

  Regenerative Wärmeaustauscher arbeiten mit Speichermedien.
  Wartung: 1...2 Jahre

Arten

Einzelraumlüftung		Zentrale Gebäudelüftung	
ohne	mit	ohne	mit
Wärmerückgewinnung		Wärmerückgewinnung	
▪ Schalldämmlüfter mit Ventilator z. B. Fensterbankgerät	▪ Kompaktgerät für – Außenmontage, – Innenmontage oder – Wanddurchlass	▪ Ventilator saugt Raumluft ab. ▪ Entstandener Unterdruck saugt Außenluft über Durchlässe in die Räume.	▪ Ventilator führt Abluft durch Wärmeaustauscher und/oder Wärmepumpe. ▪ Zuluft wird erwärmt. ▪ Energienutzung für Warmwasserversorgung möglich.
Anwendung bei ▪ starkem Außenlärm ▪ starker Emission im Raum ▪ hoher Feuchtigkeit im Raum		**Anwendung** in ▪ Wohnhäusern ▪ Wohnungen in Mehrfamilienhäusern ▪ Werkstätten, Maschinenhallen	

Betrieb und Umfeld

11

Unternehmen

422 EU-Datenschutz-Grundverordnung
423 Rechtsformen von Unternehmen
424 AGB – Allgemeine Geschäftsbedingungen
424 Rechtsgeschäfte
425 Kalkulation und Kosten
426 Kundengespräch

Arbeitsprozesse

427 Arbeitsorganisation
428 Arbeiten an elektrischen Anlagen
429 Nutzereinweisung
430 Betriebsanweisung
431 Teamarbeit
432 Kontinuierlicher Verbesserungsprozess (KVP)

Darstellung von Ergebnissen

433 Informationsquellen
434 Urheber- und Medienrecht
435 Umgang mit Texten
436 Textaufbau, Bericht, Protokolle
437 Präsentation
438 Visualisierung
439 Kommunikation
440 Moderation
441 Vortrag, Referat

Projekte, Qualität

442 Projektstruktur
443 Projektmanagement
444 Qualitätsmanagement (QM)
445 DIN EN ISO 9001
446 Lastenheft, Pflichtenheft
447 Zeitmanagement
448 Industrie 4.0
449 3D-Druck

Arbeitssicherheit

450 Betriebssicherheitsverordnung (BetrSichV)
451 Arbeitsschutz- und Umweltschutzrecht
452 Arbeitsschutz
453 Arbeitsverantwortlichkeiten
454 Verhalten bei Notfällen
455 Bildschirm- und Büroarbeitsplätze
456 Tritte und Leitern
457 Heben und Tragen
458 Brandschutzordnung
459 Wirkungen elektrischer und magnetischer Felder
460 Strahlenschutz
461 Unfall und Unfallschutz

Vorschriften

462 Verpackung und Umweltschutz
463 Recycling
464 Umweltvorschriften
465 Gefahrstoffverordnung
466 Einstufungs- und Kennzeichnungssystem für Chemikalien nach GHS
466 REACH-Verordnung

- Die **DSGVO** regelt **EU-weit** die Verarbeitung von personenbezogenen Daten durch private Unternehmen und öffentliche Stellen.
- Die Datenschutz-Grundverordnung ist unmittelbar in allen EU-Mitgliedstaaten ab dem 25. Mai 2018 gültig.
- **Nationale** Regelungen dürfen den von der DSGVO festgeschriebenen Datenschutz **nicht** abschwächen oder verstärken.
- **Öffnungsklauseln** (s. u.) ermöglichen nationale Anpassungen.

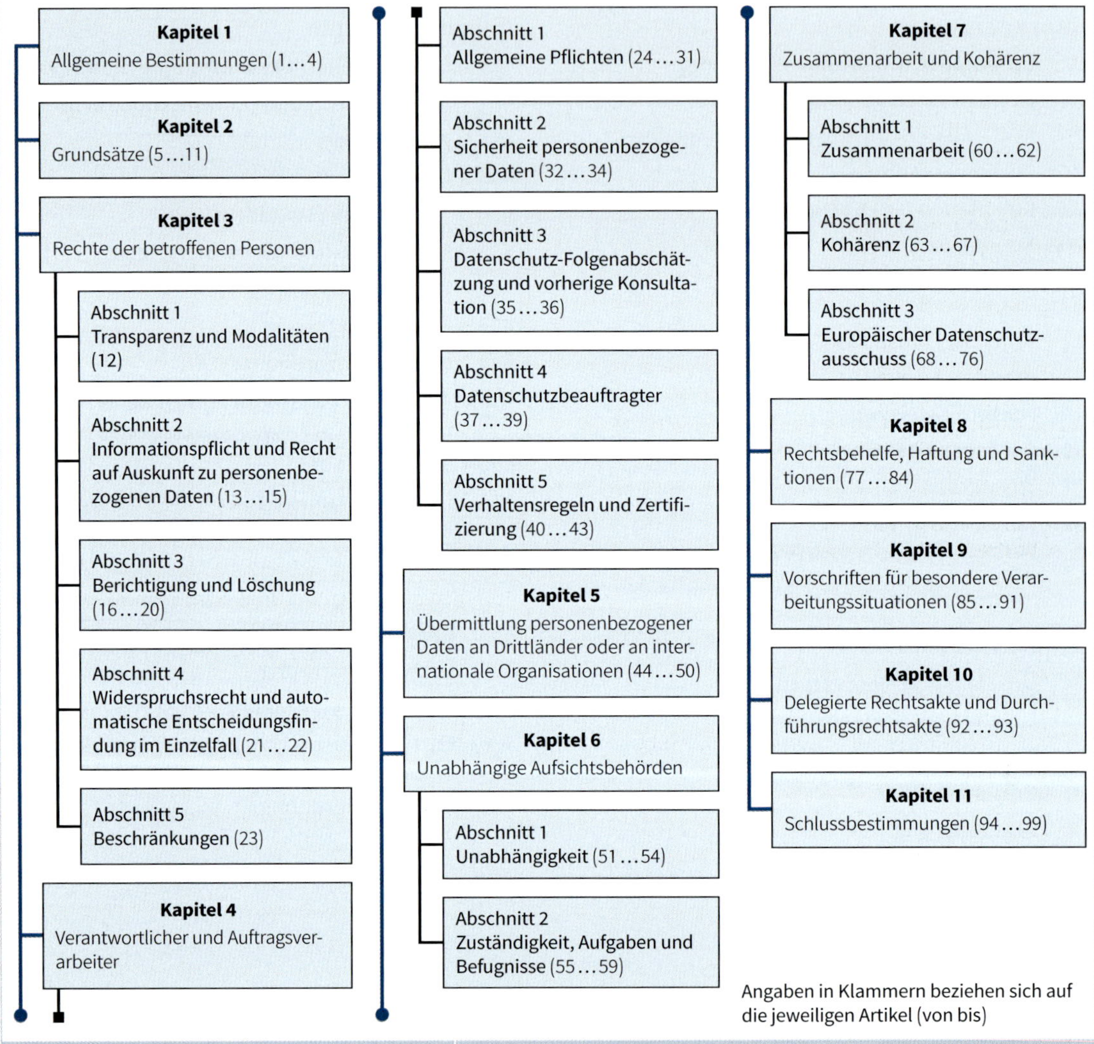

Angaben in Klammern beziehen sich auf die jeweiligen Artikel (von bis)

Anpassungen an die EU-DSGVO

- Das **Bundesdatenschutzgesetz** (BDSG) ist durch das **D**aten**s**chutz-**Anp**assungs- und **U**msetzungs**g**esetz **EU** (**DSAnpUG-EU**) 2017 an die DSGVO angepasst worden.
- Mit **Öffnungsklauseln** lässt die DSGVO den einzelnen EU-Mitgliedsstaaten in bestimmten Datenschutzfragen einen Spielraum.
- Öffnungsklauseln sind erkennbar an der Fromulierung *kann* oder *können*.

Aufbau des Bundesdatenschutzgesetzes

Teil 1
Gemeinsame Bestimmungen

Teil 2
Durchführungsbestimmungen für Verarbeitungen zu Zwecken gemäß Artikel 2 der Verordnung EU 2016/679

Teil 3
Bestimmungen für Verarbeitung zu Zwecken Artikel 1 Absatz 1 der Richtlinie EU 2016/680

Teil 4
Besondere Bestimmungen für Verarbeitungen im Rahmen von nicht in die Anwendungsbereiche der Verordnung EU 2016/679 und der Richtlinie EU 2016/680 fallenden Tätigkeiten

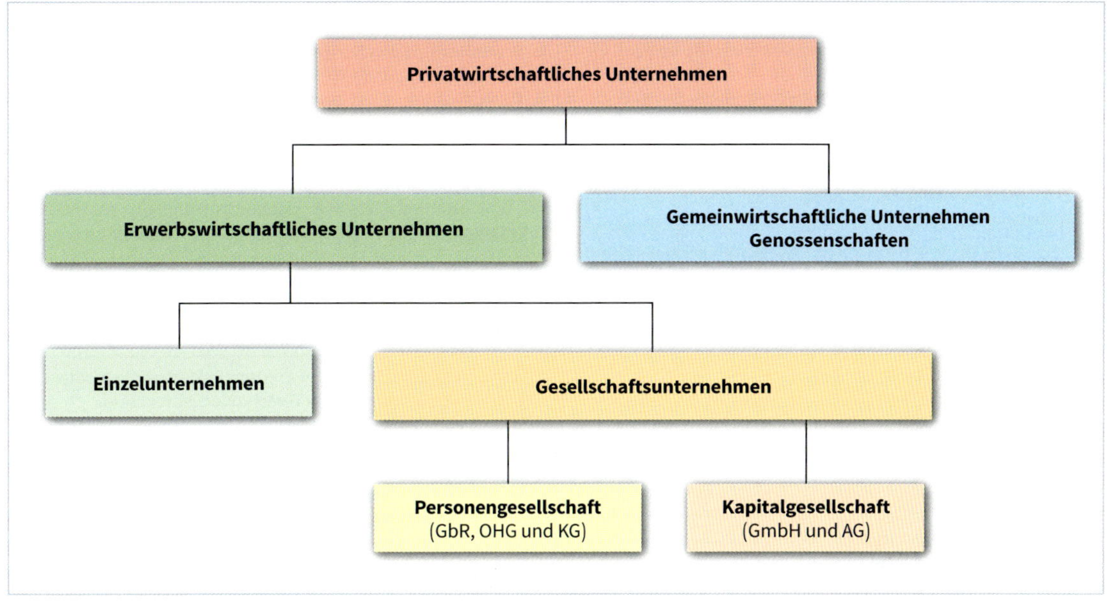

Unternehmen/Unternehmung

Marktwirtschaftliche Einheit mit
- selbstständiger Wirtschaftsplanbestimmung und
- Verfolgung des erwerbswirtschaftlichen Prinzips (Gewinnmaximierung) bei eigenem Risiko.

Ein Unternehmen kann aus mehreren Betrieben bestehen.

Betrieb

- Örtlich begrenzte Wirtschaftseinheit zur Erstellung von Sachgütern und Dienstleistungen.
- Durch Kombination der Produktionsfaktoren werden die Leistungen unter Beachtung des Wirtschaftlichkeitsprinzips erstellt und vertrieben.

Rechtsform einer Unternehmung

Die Rechtsform legt die Unternehmensstruktur mit externer und interner Wirksamkeit fest.

- **Extern** werden die Rechtsbeziehungen zwischen der Unternehmung mit außenstehenden Personen, anderen Unternehmen und dem Staat festgelegt.
- **Intern** werden durch die Rechtsform u. a. die Rechte und Pflichten der einzelnen Gesellschafter zueinander festgelegt.
- Im Rahmen der inneren Organisation wird durch die Rechtsform u. a. die Leitungsbefugnis vorgegeben.

Rechtsform	Gründung/Führung	Merkmale
Einzelunternehmung	▪ Einzelne Person gründet und leitet das Unternehmen. ▪ Eigentümer ist voll verantwortlich und haftet mit seinem Gesamtvermögen.	▪ Kein Eintrag ins Handelsregister. ▪ Kein Mindestkapital erforderlich.
Gesellschaft bürgerlichen Rechts (**GbR**) auch BGB-Gesellschaft	▪ Mindestens zwei Gesellschafter gründen und leiten die GbR. ▪ Bei gemeinsamen Gesellschaftsvermögen besteht gemeinsame Haftung.	▪ Kein Eintrag ins Handelsregister, daher kein offizieller Firmenname. ▪ Es reicht ein formfreier Gesellschaftsvertrag ohne Vorgabe von Mindestkapital.
Gesellschaft mit begrenzter Haftung (**GmbH**)	▪ Gesellschafter legen im Gesellschaftsvertrag die Höhe des Stammkapitals (mindestens 25.000 €) und die Geschäftsführer fest. Grundsätzlich genügt ein Gesellschafter. ▪ Die Haftung ist auf das Gesellschaftsvermögen beschränkt. Von diesem ist die Kreditwürdigkeit abhängig. ▪ Anteil eines Gesellschafters, auch Stammkapital beträgt mindestens 250 €.	▪ Gesellschaftsvertrag (auch Satzung) muss notariell beurkundet werden. ▪ Die Eintragung ins Handelsregister ist vorgeschrieben. Dadurch wird die GmbH zur juristischen Person. ▪ Pro Geschäftsjahr sind eine Bilanz sowie eine Gewinn- und Verlustrechnung zu erstellen.

AGB – Allgemeine Geschäftsbedingungen
General Standard Terms and Conditions

Merkmale

- Eine AGB wird von einer Vertragspartei einseitig aufgestellt, ohne dass vorher die einzelnen Punkte im Einzelnen zwischen den Vertragsparteien ausgehandelt worden sind.
- AGBs können von einzelnen Wirtschaftsbereichen bzw. Unternehmen aufgestellt werden (z. B. Groß- und Einzelhandel, Transportunternehmen, Banken).

Ausführung:
Oft in klein gedruckter Form auf der Rückseite von Angeboten bzw. Verträgen

Absichten

- Vereinfachung von Massenverträgen durch vorformulierte Verkaufsbedingungen, Pflichten usw.
- Risikobegrenzung für den Verkäufer durch Einschränkung von Vertragspflichten

Vereinbarungsbeispiele:
Liefer- und Zahlungsbedingungen, Zahlungsweise, Erfüllungsort, Gerichtsstand, Lieferzeit, Eigentumsvorbehalt, Gewährleistungsansprüche bei Mängeln, Verpackungs- und Beförderungskosten.

Schutz gegenüber unangemessener Benachteiligung durch AGB

- Verkäufer muss auf AGB hinweisen.
- AGB müssen für die Käufer leicht erreichbar und gut lesbar sein.
- Käufer muss den AGB zustimmen.
- Persönliche Absprachen haben Vorrang (auch mündliche Absprachen).
  Problem: Beweis unter Umständen schwierig
- Ausschluss oder Einschränkung von Reklamationsrechten sowie Haftung bei grobem Verschulden ist verboten.
- Verbot von Preiserhöhungen innerhalb der ersten vier Monate. Danach sind begründete Erhöhungen möglich.
- Rücktritt bzw. das Recht auf Schadenersatz bei zu später Lieferung darf nicht ausgeschlossen werden.

Rechtsgeschäfte
Legal Transactions

Einteilung

Mehrseitige Rechtsgeschäfte (Verträge)

Sie werden rechtswirksam durch
- mindestens **zwei** übereinstimmende Willenserklärungen (Antrag und Annahme).

Beispiele für Vertragsarten:
- Darlehensvertrag
- Dienstvertrag
- Kaufvertrag
- Leihvertrag
- Mietvertrag
- Pachtvertrag
- Reisevertrag
- Schenkung
- Tauschvertrag
- Werklieferungsvertrag

Einseitige Rechtsgeschäfte

Sie werden rechtswirksam durch
- die Willenserklärung einer Person.

Empfangsbestätigung erforderlich	Empfangsbestätigung nicht erforderlich
Das Rechtsgeschäft	
wird erst wirksam, wenn die Empfangsbestätigung der anderen Person zugeht. **Beispiele:** Kündigung, Mahnung	wird gültig, ohne dass die Empfangsbestätigung einer anderen Person zugeht. **Beispiel:** Testament

Nichtigkeit von Rechtsgeschäften

Ein Rechtsgeschäft ist von Anfang an ungültig bei einer **Willenserklärung**
- von Geschäftsunfähigen,
- von beschränkt Geschäftsfähigen gegen den Willen des gesetzlichen Vertreters,
- die bei Störung der Geistesfähigkeit abgegeben wurde,
- die gegenüber einer anderen Person mit deren Einverständnis nur zum Schein (Scheinvertrag) abgegeben wurde,
- die nicht ernst gemeint war,
- die nicht in der vorgeschriebenen Form abgeschlossen wurde,
- die gegen Gesetze verstößt und
- die gegen gute Sitten verstößt.

Anfechtung von Rechtsgeschäften

Rechtsgeschäfte können im Nachhinein durch Anfechtung ungültig werden.
Sie sind jedoch bis zur Klärung gültig!

Anfechtungsgründe bei:
- Irrtum
  - in Erklärungen (z. B. Mengenbestellung)
  - über die Eigenschaften einer Person oder Sache
  - bei der Übermittlung (z. B. falsche Weitergabe)
- Drohungen zur Abgabe einer Willenserklärung.
- Arglistiger Täuschung
  Beispiel: gebrauchter PKW wird als unfallfrei angegeben, obwohl dieses nicht zutrifft.

Merkmale

Prinzipien einer soliden Betriebsführung sind:

- einwandfreie Wertarbeit,
- tragbare und angemessene Preisgestaltung,
- Kostenrechnung und Kalkulation (Teilgebiete des betrieblichen Rechnungswesens),
- Ermittlung der Selbstkosten und
- marktgerechte Preisgestaltung bei Leistungs- oder Produktionseinheiten.

Zuschlagskalkulation

Sie eignet sich besonders für Betriebe mit unterschiedlichen Produkten bzw. Leistungen (z. B. Montagebetrieb). Dabei werden die gesamten Jahreskosten auf die Kundenleistungen bzw. das Produkt umgelegt und aufgeteilt nach:

- **Einzelkosten**
  Diese zeichnen sich durch Auftragsnähe aus. Sie sind direkt verrechenbar (Material, Lohn).
- **Gemeinkosten**
  Sie haben keinen unmittelbaren Auftragsbezug und können nur indirekt (aus Betriebsabrechnungen; BAB) ermittelt werden.
- **Zuschlagsätze**
  Sie sind Prozentsätze, mit denen die Gemeinkosten anteilig auf die Einzelkosten pro Auftrag umgelegt werden.

Beispiel:

	100,00 €	Materialkosten
+	5,00 €	5 % Materialgemeinkosten
=	105,00 €	**Materialgesamtkosten**
+	500,00 €	Arbeitslohn
+	35,00 €	7 % Lohngemeinkosten
+	150,00 €	Produktionssonderkosten
=	790,00 €	**Herstellungskosten**
+	23,70 €	3 % Zuschlag für Verwaltung und Vertrieb
=	813,70 €	**Selbstkosten**
+	40,69 €	5 % Zuschlag für Gewinn und Wagnis
=	854,39 €	**Nettopreis des Angebotes**
+	162,33 €	19 % Umsatzsteuer
=	**1016,72 €**	**Bruttopreis des Angebotes**

Kostenrechnungsarten

Vollkostenrechnung

- Alle Kosten werden dem Produkt bzw. der Leistung (auch Kostenträger) zugerechnet.
- Die Genauigkeit der Kalkulation ist umso besser, je differenzierter die Zuschlagsätze der einzelnen Kalkulationen sind.
- Nachteil: Durch Ermittlung der Zuschlagsätze aus dem zurückliegenden Geschäftsjahr werden laufende Veränderungen der betrieblichen Gegebenheiten nicht erfasst. Dennoch ist die Vollkostenrechnung im Handwerk noch dominierend.

Teilkostenrechnung

- Die Mängel der Vollkostenrechnung werden vermieden, indem man dem Produkt oder Auftrag nur die variablen Kosten anlastet.
- **Variable Kosten** steigen oder sinken mit der Veränderung der Auftragslage linear, progressiv oder degressiv.
- **Fixe Kosten** sind unabhängig vom Beschaffungsgrad. Der Fixkostenanteil ist dann am geringsten, wenn der Betrieb maximal ausgelastet ist.

Deckungsbeitragsrechnung

- **Deckungsbeitrag** ist bei der Teilkostenrechnung die Differenz von Auftragserlös und variablen Kosten.
- **Gewinn** entsteht dann, wenn im Abrechnungszeitraum die Deckungsbeiträge höher sind als die Fixkosten.
- **Konkurrenzsituation** erfordert die Kenntnis der unteren Kosten- und Preisgrenze.
- **Kalkulatorischer Ausgleich** liegt dann vor, wenn Aufträge mit relativ hohem Deckungsbeitrag solche ausgleichen, bei denen nur ein geringer Teil der Fixkosten gedeckt wird.

Beispiel:

Auftrag	Erlös	variable Kosten	Deckungsbeitrag (D)	fixe Kosten (F)	Gewinn (=D–F)
1	9 500,00 €	6 500,00 €	3 000,00 €	–	–
2	11 500,00 €	7 500,00 €	4 000,00 €	–	–
3	6 000,00 €	4 500,00 €	1 500,00 €	–	–
4	8 500,00 €	6 000,00 €	2 500,00 €	–	– ①
Summe	35 500,00 €	24 500,00 €	11 000,00 €	11 100,00 €	**–100,00 €**
⋮	⋮	⋮	⋮	⋮	⋮
5	10 000,00 €	9 000,00 €	1 000,00 €	–	– ②
Summe	45 500,00 €	33 500,00 €	12 000,00 €	11 100,00 €	**900,00 €**

Aufträge 1 ... 4 ergeben Verlust ①.
Ausführung des 5. Auftrages führt zum Gewinn ②.

Kundengespräch
Customer Conversation

Ablauf

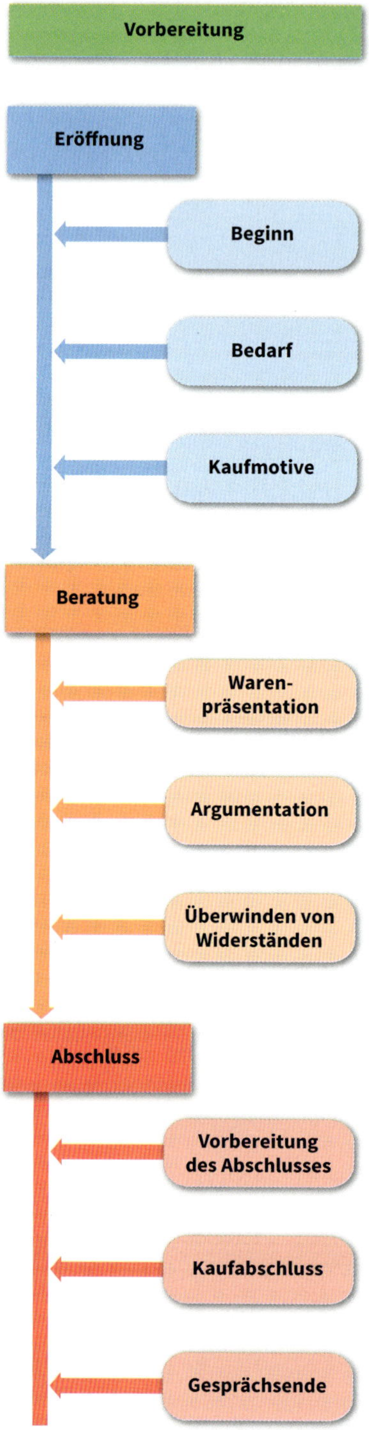

- Vorbereitung
- Eröffnung
  - Beginn
  - Bedarf
  - Kaufmotive
- Beratung
  - Waren-präsentation
  - Argumentation
  - Überwinden von Widerständen
- Abschluss
  - Vorbereitung des Abschlusses
  - Kaufabschluss
  - Gesprächsende

Erläuterungen

Vorbereitung
- Intensive Auseinandersetzung mit dem Gesprächsziel und dem möglichen Kunden
- Gesprächsstrategie entwickeln

Beginn
- Kunden zur Kenntnis nehmen (Blickkontakt)
- Kontakt aufnehmen, ihn positiv ansprechen
- Beratung anbieten
- Fachkundige Erstinformationen

Bedarf
- Offene Fragen zum Bedarf stellen
- Offene Fragen zum Nutzen stellen
- Präzisierung der Wünsche vornehmen
- Keine peinlichen oder indiskreten Fragen stellen
- Fragen nach Preisvorstellungen noch vermeiden

Kaufmotive
- Aufmerksam zuhören, Verständnisfragen stellen
- Kaufmotive erforschen
- Kaufmotive rationaler und emotionaler Art unterscheiden
- Argumente kundenorientiert und motivationsfördernd einbringen

Warenpräsentation (evtl. Originiale oder Modelle)
- Präsentation dem Auffassungsvermögen des Kunden anpassen
- Auswahl und Vergleich ermöglichen
- Unterstützende Materialien (Prospekte usw.) zur Veranschaulichung einsetzen
- Vielfältige Sinne ansprechen
- Beginn mit mittlerer Preisklasse

Argumentation
- Preis-Nutzen-Relation herausstellen
- Entscheidungshilfen vorbereiten
- Kenntnisse über Produkte gezielt einsetzen

Überwinden von Widerständen
- Argumente des Kunden wahrnehmen
- Argumentationsketten aufbauen (Behauptung mit Begründung)
- Qualitätsbestimmende Merkmale und Eigenschaften hervorheben
- Nutzungsargumente betonen
- Zusatzangebote, Serviceleistungen hervorheben

Vorbereitung des Abschlusses
- Einwände beachten und eventuell entkräften
- Dem Kunden die Entscheidung überlassen

Kaufabschluss
- Zügige Abwicklung
- Kaufentscheidung positiv herausstellen
- Zufriedenheit artikulieren

Gesprächsende
- Dank aussprechen und Verabschiedung
- Wunsch für weitere Besuche zum Ausdruck bringen

Planvolle Arbeitsorganisation

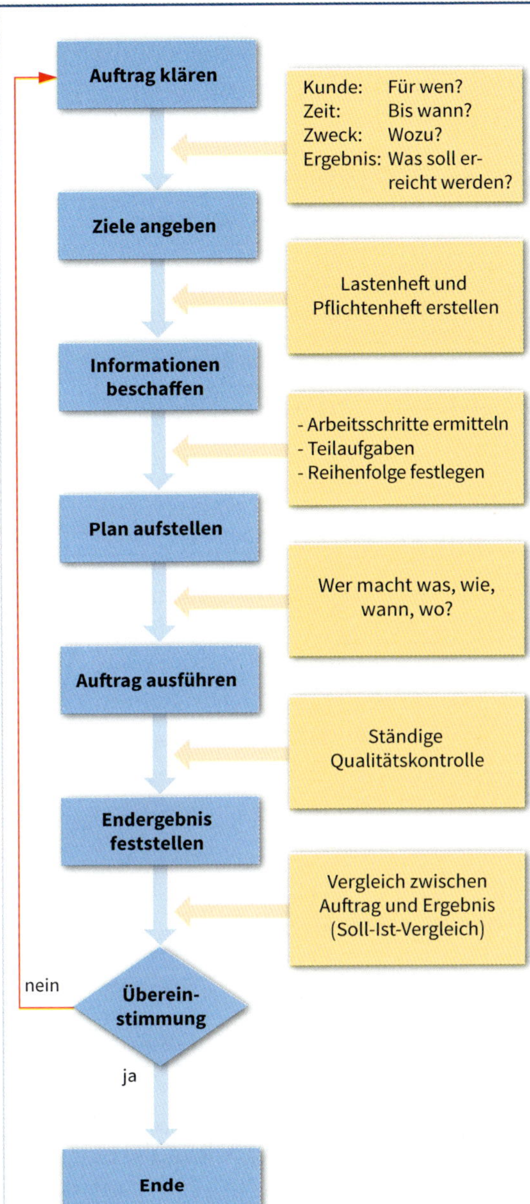

- **Ziele ergonomischer[1] Arbeitsorganisation**
  - Arbeitsprozesse an menschliche Bedürfnisse anpassen
  - Individueller Gesundheitsschutz
  - Humane Arbeitsplatzgestaltung

- **Gefahren nichtergonomischer[1] Arbeitsorganisation**
  - Körperliche Beschwerden
  - Gefährdung des Sehvermögens, Hörvermögens, …
  - Psychische Belastungen

[1] Ergonomie = Wissenschaft von der menschlichen Arbeit

Regeln

- **Vermeidung von psychischen Beanspruchungen**
  Abbau von
  - Monotonie
  - sinnlosen Wiederholungen
  - sinnentleerter Arbeit
  - hohem Arbeitstempo und Arbeitsverdichtung
  - Informationsüberflutung
  - sozialer Isolation
  - Lärmbelästigung

- **Vermeidung von einseitiger Arbeit** durch
  - Mischarbeit (abwechslungsreiche Arbeit) und
  - Pausen.

- **Arbeit soll**
  - ausführbar,
  - erträglich,
  - zumutbar und
  - persönlichkeitsfördernd sein.

- **Beachtung der Leistungskurve**

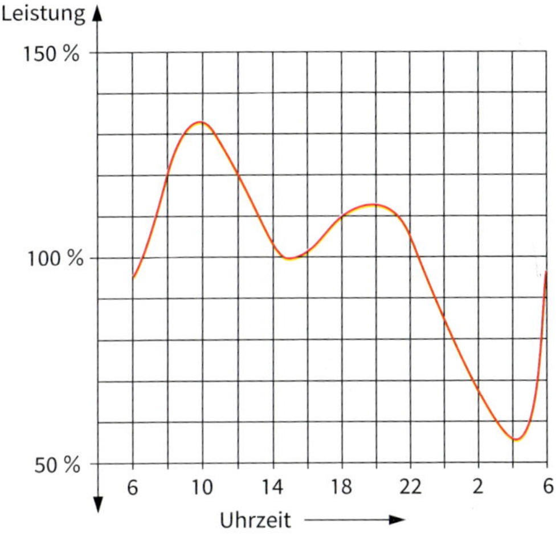

- **Aktivitätsplanung (60:40 Regel)**

60 % für geplante Aktivitäten
20 % für unerwartete Aktivitäten (Reserve, Puffer)
20 % für kreative Aktivitäten

- **Bewertung der Aufgaben nach Wichtigkeit**
  - Äußerst wichtig
    → Ich tue es selbst und delegiere nicht!
  - Durchschnittlich wichtig
    → Ich versuche es fallweise zu delegieren!
  - Weniger wichtig, unwichtig
    → Ich delegiere, verkürze den Aufwand oder streiche das Vorhaben!

Arbeiten an elektrischen Anlagen
Working on Electrical Installations

DIN VDE 0105-100: 2015-10

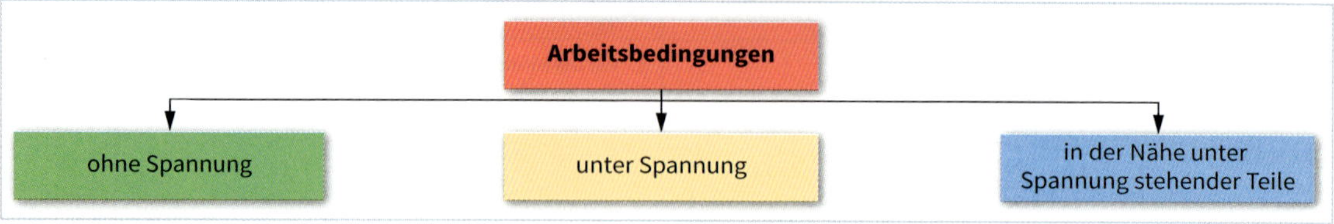

Arbeit ohne Spannung

Der Arbeitsverantwortliche veranlasst das
- Aufstellen des Sicherheitsschildes und
- Befolgen der Sicherheitsregeln.

5 Sicherheitsregeln

1. **Freischalten**
   Das Anlagenteil muss allpolig und allseitig abgeschaltet werden.
2. **Gegen Wiedereinschalten sichern**
   Nur die an der Anlage tätigen Personen dürfen das betreffende Anlagenteil wieder in Betrieb nehmen.
3. **Spannungsfreiheit feststellen**
   Durch Messung mit Messgerät oder zweipoligem Spannungsprüfer vergewissern, dass keine Spannung gegen Erde am betreffenden Anlagenteil vorhanden ist.
4. **Erden und Kurzschließen**[1)]
   Von der Erdungsklemme ausgehend alle Leiter untereinander verbinden.
5. **Benachbarte, unter Spannung stehende Teile abdecken oder abschranken**
   Abdecken oder Abschranken verhindern, dass Anlagenteile nicht berührt werden können.

[1)] In Anlagen mit Bemessungsspannungen bis 1 kV darf unter bestimmten Umständen hiervon abgewichen werden (vgl. DIN VDE 0105-100)

Maßnahmen vor Wiedereinschalten nach beendeter Arbeit

1. Werkzeug und Hilfsmittel entfernen.
2. Gefahrenbereich verlassen.
3. Kurzschließen und Erdung zuerst an der Arbeitsstelle, dann an den übrigen Stellen entfernen ①.
4. Anlagenteile und Leitungen ohne Erdungsseil dürfen nicht berührt werden.
5. Entfernte Schutzverkleidungen und Sicherheitsschilder wieder anbringen.
6. Schutzmaßnahmen an den Schaltstellen erst nach Freimeldung von den Arbeitsstellen aufheben.

①

Arbeiten unter Spannung

Ausführung nur unter folgenden Bedingungen:
- Keine Brand- oder Explosionsgefahr
- Keine ungünstigen Witterungsverhältnisse (z. B. hohe Luftfeuchtigkeit)

Voraussetzungen für Elektrofachkraft und Werkzeug:
- Spezielle Ausbildung
- Vorgeschriebene persönliche Schutzausrüstung
- Geeignetes Werkzeug für die Betriebsspannung
- Regelmäßige Überprüfung von Werkzeug und Schutzausrüstung
- Spezielle Anweisung an die ausführende Person durch den Verantwortlichen

Arbeiten in der Nähe unter Spannung stehender Teile

Arbeiten in elektrischen Anlagen, bei denen Personen mit Körperteilen, Werkzeug oder anderen Gegenständen in die Annäherungszone gelangen können, die Gefahrenzone aber nicht erreichen.

- **Annäherungszone**
  - hängt ab von der Bemessungsspannung U_N und
  - wird begrenzt durch den Abstand D_V von unter Spannung stehenden Teilen.

  Dabei müssen alle unter Spannung stehenden Anlagenteile sicher abgedeckt werden (vgl. Sicherheitsregel 5).

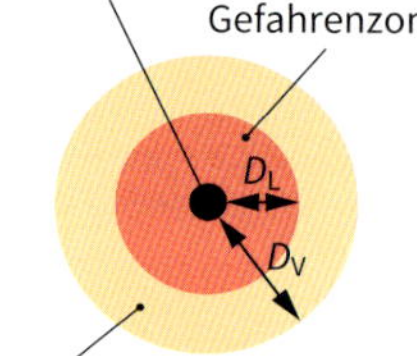

Arbeiten von Nicht-Elektrofachkräften innerhalb der Annäherungszone dürfen nur unter Aufsicht von Elektrofachkräften durchgeführt werden.

- **Gefahrenzone**
  - ist der Bereich, der durch Abstand D_L begrenzt wird und
  - in dem **keine Arbeiten** vorgenommen werden dürfen.

- **Richtwerte für die Abstände D_V und D_L** (Auswahl)

Bemessungsspannung U_N in kV	Mindestabstände in Luft	
	D_V in mm	D_L in mm
≤ 1	300	–
6	1120	90
10	1150	120
20	1220	220
110	2000	1000

- **Besondere Anforderungen**
  - Elektrofachkraft muss Zusatzqualifikation besitzen.
  - Arbeitsverantwortliche muss vor Ort die Arbeitenden einweisen und beaufsichtigen.
  - Arbeitsstelle muss nach außen durch Abschrankungen und Schilder kenntlich gemacht werden.

Tätigkeiten zum Betrieb einer elektrischen Anlage

Der Betrieb einer elektrischen Anlage umfasst laut DIN VDE 0105 folgende **Tätigkeiten**, in die der Nutzer bei der Übergabe eingewiesen werden muss:

In- bzw. Außerbetriebnahme	Überwachung	Schalten, Steuern und Regeln	Störungsbeseitigung	Instandhaltung – Inspektion – Warten	Wiederinbetriebnahme

Personenkreis

Anlage	Personen	Hinweise
Wohnhaus	Nutzer der Wohnung (Eigentümer, Mieter), Hausmeister	■ Der Nutzer einer Anlage ist in den meisten Fällen nicht identisch mit dem Betreiber. ■ Die Einweisung erfolgt in der Regel im Beisein einer Elektrofachkraft oder des Anlagenverantwortlichen. ■ Der Betreiber erhält die Anlage in einem ordnungsgemäßen und den Normen entsprechenden Zustand. ■ Der Betreiber überzeugt sich vom ordnungsgemäßen Zustand während der Nutzereinweisung. Sie ist Bestandteil der Übergabe.
Anlagen zur elektrischen Spannungsversorgung in Betrieben (Verteiler usw.)	Anlagenverantwortlicher, beauftragte Elektrofachkraft, Sicherheitsbeauftragter	
Sicherheitstechnische Einrichtungen	Anlagenverantwortlicher, Sicherheitsbeauftragter	
Frei zugängliche Einrichtungen zum Steuern, Schalten usw.	Bedienpersonal unter Aufsicht des Anlagenverantwortlichen	

Merkmale

- Ausreichend Zeit für die Einweisung einplanen.
- Den Betreiber bereits in der Planungsphase mit einbeziehen, damit er mit der Anlage vertraut wird.
- Eine kundenorientierte Sprache verwenden.
- Alle Anlagenteile ausführlich besprechen.
- Dem Kunden Gelegenheit zu Rückfragen geben.
- Eine Begehung der Örtlichkeiten vorsehen.
- Dokumentation auf Vollständigkeit und Übereinstimmung mit den örtlichen Gegebenheiten prüfen.
- Die Durchführung der Nutzereinweisung schriftlich bestätigen lassen (Protokoll/Checkliste)
- Bei wesentlichen Mängeln sollte die Übernahme verweigert werden.
- Die Einweisung kann in Abschnitten oder für das komplette Bauvorhaben vereinbart werden.

Checkliste zur Nutzereinweisung

KRUSKOP ELEKTROTECHNIK
Lindenstraße 3, 29553 Bienenbüttel
Telefon (0 58 23) 98 17-0
Telefax (0 58 23) 98 17-20

Projekt:

Ansprechpartner:

Teilnehmer/eingewiesene Personen:

Arbeiten an elektrische Anlagen (VDE 0105-100)
- Hinweis auf Anlagenverantwortlichen ☑
- Hinweis auf Arbeitsverantwortlichen ☑

Hauptverteilung
- Einweisung in die Schalthandlungen (5 Sicherheitsregeln, Schaltberechtigungen, Arbeitsschutz) ☑
- Einweisung in die Messeinrichtungen ☑
- Einweisung in die Schaltpläne/Dokumentation
  - Betriebsanleitungen ☑
  - Checklisten ☑
  - Kennzeichnung der Betriebsmittel ☑
  - Lage der Sicherungen in der Verteilung ☑
  - Größe und Bemessungsstrom von Sicherungen ☑
  - Einstellwerte der Schutzeinrichtungen ☑
  - Zielbezeichnung von Kabel und Leitungen ☑
  - Kabel- und Leitungstyp mit Angabe von Querschnitt und Aderzahl ☑
- Kontrolle der Beschilderung ☑
- Handlampe als Notbeleuchtung ☑
- Ersatzsicherungen ☑

Unterverteilungen (____ Verteiler)
- Einweisung in die Schaltpläne/Dokumentation
  - Betriebsanleitungen ☑

Trafostation
- Sicherheitsbestimmungen (Schutz gegen direktes Berühren)
- Sicherheitsabstände
- Zutrittsberechtigungen
- Verschlusspflicht der Räume
- Schlüsselmanagement
- Einweisung in den Arbeitsschutz

Notstromaggregat
- Startvorgang erläutern
- Einweisung in die Messeinrichtungen
- Kraftstoffvorrat
- Fehlermeldungen und Fehlerbehebung
- Wartungsintervalle

Batterieräume
- Einweisung in die Messeinrichtungen
- Fehlermeldungen und Fehlerbehebung
- Wartungsintervalle

Sicherheitsrelevante Einrichtungen
- ____________
- ____________

Mit der Unterschrift wird die Übergabe der nach den geltenden Vorschriften und Normen installierten Elektroanlage bestätigt. Die Ergebnisse der Prüfungen sind in einem separaten Prüfbericht dokumentiert.

Ort, Datum ____________ Unterschrift ____________

Original verbleibt beim Auftragnehmer!
Kopie verbleibt beim Auftraggeber!

Ort, Datum ____________ Unterschrift ____________

Ziele

- Personenschutz,
- Sachschutz und
- Umweltschutz

Grundsätze

- Betriebsanweisung (BA) in Schriftform erstellen.
- Die Betriebsanweisung ist den Arbeitnehmern zugänglich machen (z. B. Aushang) und regelmäßig unterweisen.

Arbeitgeberpflichten

- Durchführung einer Gefährdungsbeurteilung
- Unterweisung der Mitarbeiter über Sicherheit und Gesundheitsschutz (insbesondere mit der Arbeit verbundene Gefahren)
- Unterweisung muss mindestens jährlich wiederholt und dokumentiert werden.
- Bereitstellung von persönlicher Schutzausrüstung (PSA)
- Vorsätzliche oder fahrlässige Verstöße sind Ordnungswidrigkeiten.

Arbeitnehmerpflichten

- Die Beschäftigten sind verpflichtet, die Anweisungen zur Vermeidung von Unfällen, Krankheiten und Gefahren zu befolgen.
- Die Nichtbeachtung von Betriebsanweisungen kann arbeitsrechtliche Konsequenzen haben.
- Der Arbeitnehmer muss an regelmäßigen Unterweisungen teilnehmen.
- Vorsätzliche oder fahrlässige Verstöße sind Ordnungswidrigkeiten.

Arten von Betriebsanweisungen

- Betriebsanweisungen für gefährliche Arbeitsstoffe
  - chemisch nach § 14 GefStoffV sowie TRGS 555
  - biologisch nach § 12 BioStoffV
- Betriebsanweisungen für Arbeiten an Maschinen bzw. für besonders gefährliche Tätigkeiten (nach § 9 ArbSchG und § 9 BetrSichV)

Inhalte von Betriebsanweisungen

- Anwendungsbereich
- Gefahren für Mensch und Umwelt
- Schutzmaßnahmen und Verhaltensregeln
- Verhalten bei Störungen
- Verhalten bei Unfällen, Erste Hilfe
- Instandhaltung
- Folgen der Nichtbeachtung

Beispiel (Auszug aus Betriebsanweisung für gefährliche Tätigkeiten)

Nummer: 01234 Datum: 12.10.20.. Bearbeiter: Herr Müller Verantwortlich: Herr Meyer Arbeitsbereich: FB 6/FG 12 Arbeitsplatz/Tätigkeit: MA018/03	**Betriebsanweisung für Arbeiten an Maschinen**	Betrieb/Unterschrift Ersteller:

ANWENDUNGSBEREICH

Diese Betriebsanweisung enthält allgemeine Regeln für den Umgang mit Drehmaschinen.

GEFAHREN FÜR MENSCH UND UMWELT

Gefahren beim Arbeiten an CNC-Fräsmaschinen bestehen durch das mögliche Einziehen durch schnell rotierende Teile.

SCHUTZMASSNAHMEN UND VERHALTENSREGELN

- Beachten Sie die in Ihrem Arbeitsbereich gegebenen Anweisungen. Hierzu gehören auch Aushänge und Verbots-, Warn-, Gebots- und Hinweisschilder.
- Passen Sie auf, dass Sie durch Ihre Arbeit nicht sich selbst oder andere gefährden.
- Nehmen Sie während der Arbeitszeit keine alkoholischen Getränke zu sich.
- Halten Sie Ordnung an Ihrem Arbeitsplatz.

VERHALTEN BEI STÖRUNGEN

Bei Störungen und Auffälligkeiten die Maschine abschalten, sichern und den nächsten Vorgesetzten benachrichtigen.

Traditionelle Organisationseinheiten

- Abläufe und Vorgänge sind eindeutig festgelegt.
  Jeder weiß genau, wer was wie und bis wann zu tun hat.
- Die Aufgaben werden den einzelnen Mitarbeitern vom jeweiligen Vorgesetzten zugeteilt.
- Es gibt klare Kontrollmechanismen zur Sicherung der vorschriftsmäßigen Arbeitsdurchführung und der zu erwartenden Qualität.
- Kommunikation und übergreifende Problemlösungen mit anderen Abteilungen oder sonstigen Unternehmensbereichen erfolgen über den Vorgesetzten oder durch eine ausdrücklich von diesem bestimmte Person.
- Organisationseinheiten sind dauerhaft installiert.
  Diese haben klar umrissene Aufgaben- und Kompetenzbereiche.

Teamarbeit

- Teams sind Arbeitsgruppen, die sich mit Hilfe des Teamleiters selbst organisieren.
- Innerhalb eines Teams gibt es keine Hierarchiestufen. Jeder beteiligt sich nach persönlichen Fähigkeiten und Fertigkeiten an der gemeinsamen Aufgabe.
- Die Arbeit erfolgt in fach- und abteilungsübergreifenden Gruppen.
- Unterschiedliches Spezialistenwissen und unterschiedliche Erfahrungen werden im Team zur gemeinsamen Lösung komplexer Aufgaben kombiniert.
- Zwischen den Teams eines Unternehmens bestehen rege Kontakte. Informationen werden offen ausgetauscht.
- Teams werden nicht auf Dauer installiert, sondern für bestimmte Vorhaben oder Projekte zusammengestellt.
- Wenn das gemeinsame Ziel erreicht oder die gemeinsame Aufgabe gelöst ist, können die einzelnen Mitglieder neuen Teams zugeordnet werden.

Voraussetzungen an die Beteiligten:

Phasen der Teamentwicklung

Kontaktphase

Vorgesetzte und Teammitglieder:
- Klärung gegenseitiger Erwartungen, Ziele, Rahmenbedingungen

Notwendige Voraussetzungen der Beteiligten:
- Offenheit, Ehrlichkeit und Engagement

Forming
- Erstes Kennenlernen
- Individuelle Verhaltensmuster werden erprobt

Storming
- Gegensätzliche Meinungen werden deutlich
- Konflikte entstehen
- Machtkämpfe

Norming
- Widerstände sind überwunden
- Eingespielte Verhaltensweisen
- Regeln werden akzeptiert

Performing
- Geklärte Rollen
- Konzentration auf die Aufgaben
- Effiziente Arbeit mit höchster Leistung

Adjourning
- Auflösung der Strukturen durch Zu- und Abgänge
- Neubeginn

Kontinuierlicher Verbesserungsprozess (KVP)
Continuous Improvement Process

Begriff

KVP ist die Anpassung des japanischen Management-Prinzips **Kaizen** ① auf den westlichen Kulturkreis.

Der Prozess ist dauerhaft angelegt.

Ziel:
Verbesserung der Produkt- und Prozessqualität durch
- ständige Verbesserung der Organisations- und Arbeitsabläufe
- mit vielen kleinen Schritten, nicht in großen Sprüngen.

Alle Mitarbeiter und Führungskräfte werden einbezogen.

Notwendigkeiten zur ständigen Verbesserung ergeben sich aus Veränderungen der
- Anforderungen
- Bedingungen
- Umwelt
- …

Kaizen ① (Japanisch)

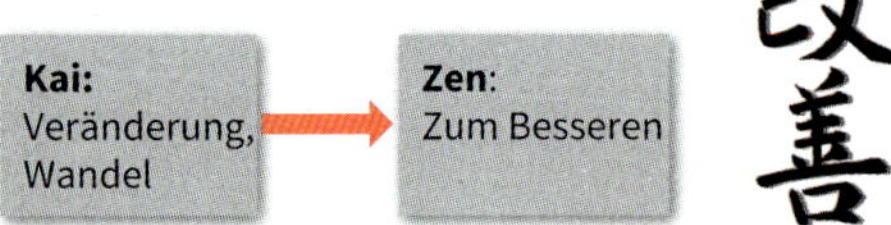

改善

- Jedes System ist ab dem Zeitpunkt seiner Einrichtung dem Zerfall preisgegeben, wenn es nicht ständig erneuert bzw. verbessert wird.
- Um auf Veränderungen zu reagieren, sind ständig Anpassungen und Flexibilität erforderlich.

Merkmale

- Ständiges Streben nach Perfektion
- Problembewusstsein ist Voraussetzung, wird gegebenenfalls geweckt.
- Probleme bzw. Schwachstellen werden identifiziert.
- Alle Hierarchieebenen werden einbezogen, jeder Mitarbeiter wird einbezogen.
- „Verborgene" Aktivitäts- und Innovationspotenziale werden freigesetzt.
- Motivierende Zusammenarbeit der Mitarbeiter
- Durch Fehler werden Verbesserungsmöglichkeiten erkannt.
- Bei Fehlentwicklungen werden Schuldige nicht gesucht, sondern Lösungen der Probleme angestrebt.
- Gemeinsam wird nach kostengünstigen Lösungen gesucht.
- KVP ist Bestandteil der täglichen Arbeitsabläufe.
- Die Umsetzung der Verbesserungen erfolgt durch die Mitarbeiterinnen und Mitarbeiter selbst.
- KVP ist überall anwendbar.

Moderation

Kontinuierliche Verbesserungsprozesse müssen durch geeignete Moderatorinnen bzw. Moderatoren begleitet werden.

Aufgaben der Moderation:
- Regelmäßige Zusammenkünfte der Mitarbeiterinnen und Mitarbeiter organisieren
- Arbeitsfähige Gruppen bilden (definierte Teams)
- Themen analysieren und aufbereiten
- Themen optisch darstellen und ordnen
- Fragen zur Auflösung von Interaktionen stellen
- Regeln vereinbaren
- Gruppe zu einem gemeinsamen Ergebnis führen
- Gruppenergebnisse festhalten
- Vereinbarungen mit der Gruppe treffen

Schritte im KVP-Prozess

Ablauf

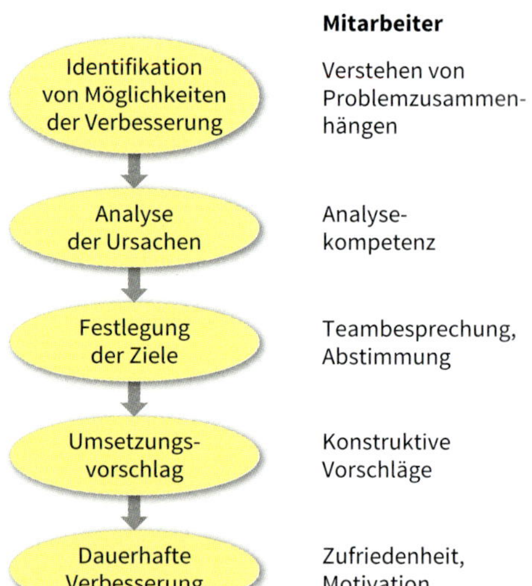

Auf jeden Durchlauf folgt ein weiterer.

Zyklischer Durchlauf

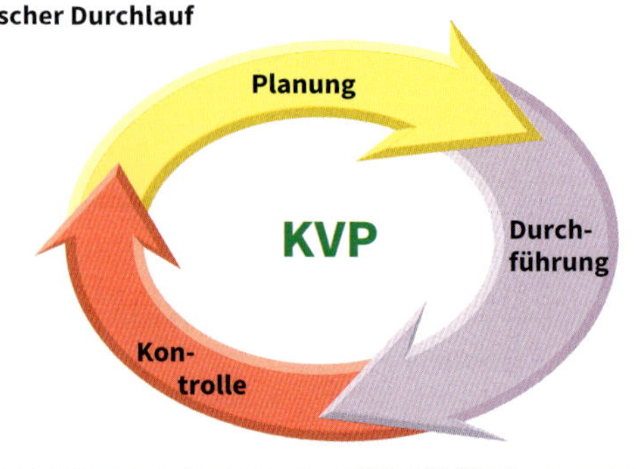

Druckmedien (Printmedien)

Fachbücher

- Der Inhalt ist systematisch, übersichtlich und im Zusammenhang dargestellt.
- Fachbücher sind gut geeignet zur Vorbereitung und Nachbereitung an beliebigen Orten.
- Dauerhafte und individuell eingefügte Markierungen erleichtern den Zugriff und die Handhabbarkeit.
- Fachbücher können auch über das Stichwortverzeichnis als Nachschlagewerk verwendet werden. Das Quellen- und Literaturverzeichnis liefert Hinweise zu weiterführender Literatur.

Fachzeitschriften

- Behandelt werden begrenzte Gebiete oder nur Teile eines Fachgebietes.
- Fachzeitschriften sind aktuelle Informationsquellen. Mitunter kann es sinnvoll sein, die reinen Fachaufsätze getrennt zu sammeln und zu archivieren.

Lexikon, Tabellenbuch, Handbuch

- Einzelne Fachgebiete sind geordnet, übersichtlich, anschaulich und mitunter in Tabellenform dargestellt. Ein schneller Zugriff auf wesentliche Informationen wird dadurch erleichtert.
- Sie eignen sich in der Regel zum Nachschlagen bestimmter Sachverhalte oder Themen. Alphabetische oder themenbezogene Gliederungen kommen vor.
- Ein sinnvoller Zugriff auf Themen oder Begriffe erfolgt in der Regel über das Sachwortverzeichnis.

Firmenunterlagen

Diese Informationsquellen sind in der Regel auf eine bestimmte Zielgruppe ausgerichtet, z. B.:

Käufer → Produktwerbung, Selbstdarstellung

Service → Technische Informationen und Bedienungsanleitungen

Multimedia

- Informationsquellen mit diesem Merkmal enthalten neben Text- und Bildinformationen auch akustische Informationen und Videosequenzen.
- Die Datenträger sind in der Regel CDs und DVDs.
- Mit Hilfe des Computers lassen sich einzelne Programmelemente bzw. Seiten abrufen (über Links) und dem eigenen Auffassungsvermögen (Schnelligkeit, Wiederholung, Standbild, usw.) anpassen.
- Der Benutzer kann aufgefordert werden, aktiv in die Darbietung einzugreifen (interaktiv).
- Bestimmte Teile lassen sich ausdrucken und können dann wie eine reine Textinformation benutzt werden.

Internet

Internet-Dienste:

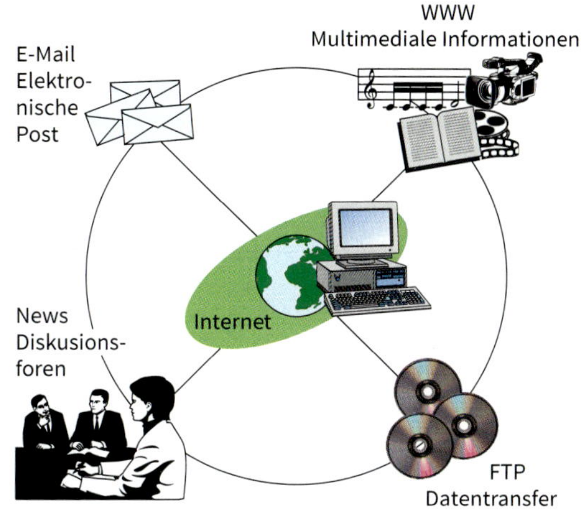

E-Mail

Elektronisches Versenden oder Empfangen von Nachrichten (Electronic Mail).
Die Nachricht kann gespeichert, ausgedruckt oder sofort beantwortet werden.
Alle Teilnehmer besitzen eine elektronische Postadresse, z. B.: **Schulservice@westermann.de.**

WWW (World-Wide-Web)

Multimediale Benutzeroberfläche des Internets.
Angebote und Informationen können aufgerufen, gespeichert oder ausgedruckt werden.
Die Informationen können umfassen: Texte, Bilder, grafische Symbole, Ton- und Videosequenzen
z. B.: **http://www.westermann.de**

FTP (File-Transfer-Protokoll)

FTP ist eine Abkürzung für ein Verfahren zum Datentransfer im Internet.
Mit diesem Verfahren können aus dem weltweiten Softwarepool des Internets die unterschiedlichsten Dateien direkt kopiert werden.
Hochschulen und größere Firmen bieten entsprechende Software über ihre FTP-Server an,
z. B.: **ftp://ftp.mcafee.com/**
(Hauptverzeichnis des Rechners der Firma McAfee)

News

- Im Internet finden sich Gruppen (Newsgroups) zum Gedanken- und Meinungsaustausch zusammen.
- Diskussionsbeiträge und Ratschläge zu unterschiedlichsten Themen werden ausgetauscht.
- In Diskussionsforen stellt jeder Teilnehmer seine Nachricht, Fotos, Dateien usw. für alle anderen als elektronische Post zur Verfügung („schwarzes Brett“).
- News-Server sind Computer, auf deren Festplatten die Nachrichten der Diskussionsforen gespeichert sind und abgerufen werden können.

Urheberrechtsgesetz

- Gesetz über das Urheberrecht und verwandte Schutzrechte vom 9.9.1965, letzte Änderung 20.12.2016
- Urheber erhalten Schutz für ihre Werke
- Urheberschutz für:
  - Literatur-
  - Wissenschafts- und
  - Kunstwerke
- Geschützte Werke sind insbesondere:
  - Schriftwerke
  - Computerprogramme
  - Werke der Baukunst, angewandten Kunst und zugehörige Entwürfe
  - Lichtbild- und Filmwerke
  - wissenschaftliche oder technische Zeichnungen, Pläne, Skizzen, Tabellen, Karten

Urheberpersönlichkeitsrechte

Veröffentlichungsrecht	Anerkennung der Urheberschaft	Entstellung des Werkes
■ Recht auf Festlegung, ob und wie das Werk veröffentlicht wird. ■ Mitteilungsrecht über das Werk, solange dies noch nicht veröffentlicht ist.	■ Recht auf Festlegung der Bezeichnung des Werkes und Entscheidung, ob Urheberbezeichnung angebracht wird.	■ Entstellung oder Beeinträchtigung des Werkes kann verboten werden, falls geistige oder persönliche Interessen am Werk gefährdet sind.

Verwertungsrechte

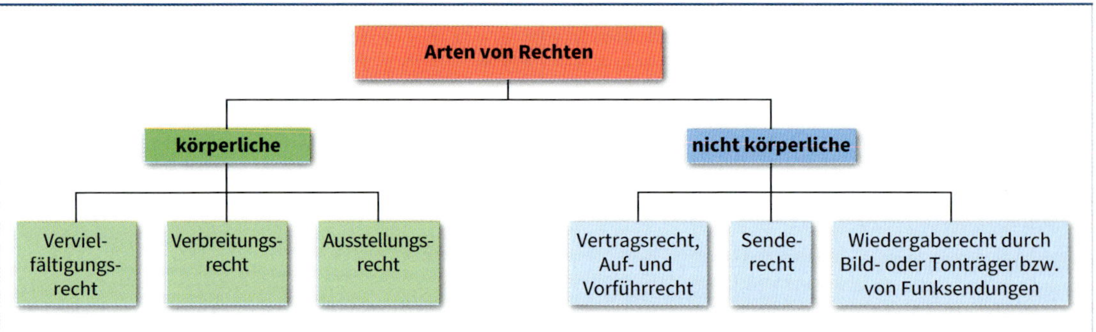

Schranken des Urheberrechts

Urheberrecht ist eingeschränkt, u. a. bei Vervielfältigungen zu privaten oder sonstigem eigenem Gebrauch.

Beispiele

Es ist zulässig, Vervielfältigungen

- von kleinen Teilen eines erschienenen Werkes oder von einzelnen Beiträgen in Zeitungen und Zeitschriften zu erstellen.
- eines mindestens seit zwei Jahren vergriffenen Werkes zu erstellen.
- in bestimmten Fällen (siehe a, b) von kleinen Teilen eines Druckwerkes oder Beiträgen in Zeitungen und Zeitschriften zum eigenen Gebrauch einzusetzen, soweit die Vervielfältigungen zu diesem Zweck geboten sind.

Fälle für eine begrenzte, zulässige Vervielfältigung

a) im Schulunterricht, in nichtgewerblichen Einrichtungen der Aus-/Weiterbildung sowie in Einrichtungen der Berufsbildung in der für eine Schulklasse erforderlichen Anzahl und

b) für staatliche Prüfungen und Prüfungen in Schulen, Hochschulen, nicht gewerblichen Einrichtungen der Aus-/Weiterbildung sowie in der Berufsausbildung.

Medienrecht

Begriff

- Oberbegriff für Teilgebiete des öffentlichen Zivilrechts

Beispiele:

- Pressegesetze der Länder
- Rundfunkstaatsvertrag
- Rundfunk- und Landesmediengesetze
- Medienstaatsvertrag
- Jugendmedienschutz-Staatsvertrag
- Telekommunikationsgesetz regelt im wesentlichen technische Kriterien zur Übermittlung von Inhalten

Gegenstände

Presse

- Rundfunk (Radio, Fernsehen)
- Film
- Multimedia (Internet)

Ziele: Die Nutzung der Medien regeln durch

- Gewährleistung einer allgemein zugänglichen Kommunikationsinfrastruktur,
- Sicherung der Meinungsvielfalt,
- Schutz der Mediennutzer,
- Daten- und Jugendschutz und
- Schutz geistigen Eigentums

1. Überblick verschaffen

Ziel: Erste Orientierung und Überblick.

- **Titel** (evtl. Untertitel), Verfasser bzw. Herausgeber, Verlag, Auflage, Erscheinungsort und Jahr
- **Inhaltsverzeichnis** (Gliederung, Aufbau und Gewichtung werden sichtbar)
- **Vorwort, Einführung** (Ziele und Inhalte werden deutlich).
- **Gestaltung** (flüchtiges „Durchblättern" verdeutlicht den Grad der Visualisierung)
- **Schluss** (Vergleich von Zielen und Ergebnissen)
- **Literaturverzeichnis** (Niveau wird sichtbar)
- **Stichwortverzeichnis** (Register), **Glossar, Personenverzeichnis,** ...
- **Anhang** (Tabellen, Übersichten, ...)

2. Text durcharbeiten

Ziel:
Eine strukturierte Übersicht erarbeiten und das Wesentliche herausfinden.

Lesetechniken
- **Diagonales Lesen** (rasches „Überfliegen" des Textes, anwendbar bei einem nicht völlig fremden Sachgebiet, erste Markierungen vornehmen)
- **Eiliges Lesen** (vollständiges und schnelles Lesen, Markierungen vornehmen)
- **Verweilendes Lesen** (gründliches und vollständiges Lesen, Satz für Satz, Gedanken des Autors nachvollziehen, sich Fragen stellen, Markierungen und Anmerkungen vornehmen)
- **Selektives Lesen** (Textpassagen mit unterschiedlicher Intensität lesen, evtl. vorher Fragestellungen festlegen)

Textmarkierungen
- **Grundregel:** Sparsam und gezielt markieren. Symbole und Farben verwenden. Markierungssystem beibehalten.
- **Vorteil:** Zugriff zu bestimmten Textstellen wird erleichtert, durch Visualisierung werden Strukturen sichtbar.
- **Im Text** Kernbegriffe bzw. Kernaussagen unterstreichen, hervorheben.
- **Am Rand** wiederkehrende Kurzzeichen verwenden.
  Beispiele:

!	Beachtenswert, Besonderheit, Achtung, ...
?	Bedenklich, fraglich, unklar, ...
1, 2, ...	Reihenfolge
Zus	Zusammenfassung
Def	Definition

Fragestellungen
- Welches sind die Absichten des Verfassers?
- Was sind die Kernaussagen, was sind Randbereiche?
- Was sind Meinungen, was sind Argumente?
- Welche Struktur liegt dem Text zugrunde?
- Kann das Gelesene mit den eigenen Vorkenntnissen in eine Beziehung gebracht werden?
- ...

3. Inhaltsauszug erstellen

Spezieller Inhaltsauszug:

Exzerpt
- Eigene Gliederung erstellen
- Fragestellung entwickeln, unter der der Inhaltsauszug erstellt werden soll
- Zusammentragen von Textauszügen, die im Zusammenhang mit der jeweiligen Fragestellung stehen
- Strukturen unter Umständen durch Grafiken verdeutlichen (z. B. Mind-Map, Flussdiagramm)
- Auszüge mit Seitenverweisen des Originaltextes versehen
- Stichwörter und knappe Formulierungen verwenden
- Möglichst eigene Formulierungen benutzen
- Zitate „sparsam" einsetzen (nur Kerngedanken)
- Wörtliche Übernahmen als Zitate kennzeichnen
- ...

Quellenangaben

Wörtliche Wiedergabe, Zitat:

Wörtliche Textübernahme.
Der übernommene Text wird durch Anführungszeichen („...") gekennzeichnet. Folgende Angaben sind zum Zitat erforderlich:

- Autor (Nachname und Vorname), evtl. Herausgeber (durch Hrsg. kennzeichnen)
- Vollständiger Titel, Nummer der Auflage (nur dann, wenn es sich nicht um die erste Auflage handelt)
- Erscheinungsort (evtl. noch Verlagsangabe)
- Erscheinungsjahr
- Seitenangabe

Singgemäße Wiedergabe:
- Größere Zusammenhänge werden sinngemäß und verkürzt dargestellt.
- Text wird mit eigenen Worten wiedergegeben. Quellenangabe wie beim Zitat, vorangestellter Zusatz: vgl. (vergleiche)
- **Vorgehensweise**

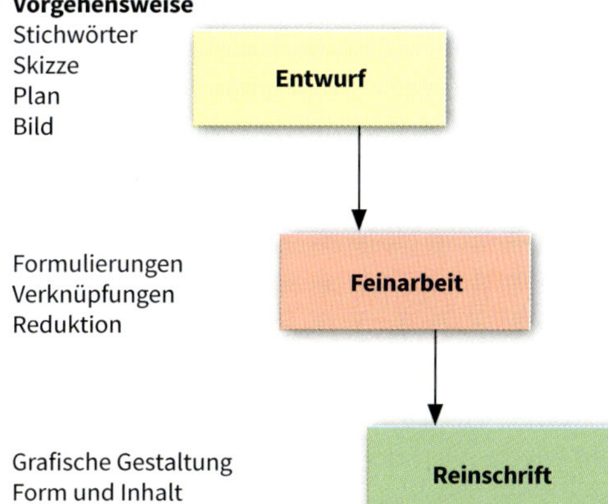

Textaufbau, Bericht, Protokolle
Text Structure, Report, Minutes of Meeting

Prinzipien

Verständlich ausdrücken durch:
- **Einfachheit**
- **Gliederung und Ordnung**
- **Kürze und Prägnanz**
- **Zusätzliche Stimulanz**

W-Fragen (Beispiele)

Wer war wann beteiligt?
Was kann wen interessieren?
Wann ist es geschehen?
Wie soll vorgegangen werden?
Wozu dient das Ergebnis?

Gliederung

Überschrift, Verfasser, Datum

- **Einleitung**
  Übersicht und Information, Thema mit kurzen Sätzen skizzieren, Zweck und Ziel angeben, evtl. auf Handlungen hinweisen.
- **Hauptteil**
  Kernbereiche herausstellen, zielorientierte klare Aussage mit Veranschaulichungen (Visualisieren).
- **Schluss**
  Zusammenfassung und Vertiefung, Ausblick.
- **Anhang, Quellenangaben**

Gliederungsbeispiele

- **Prozess**
  Materialanlieferung → Verteilung → Produktion
- **Zeitliche Abfolge**
  Vergangenheit → Gegenwart → Zukunft
- **Ursache – Wirkung**
  Ausgangssituation (Ursache) → Wirkung
- **Problemorientierung**
  Ist-Zustand → Lösung
- **Raum**
  Kernbereich (Mittelpunkt) → Randbereich (Umgebung)
- **Reihenfolge**
  Aufsteigend: Klein (elementhaft) → groß (komplex)
  Absteigend: Groß → klein
- **Empfehlung**
  Tatsachen → Schlussfolgerung → Empfehlung (sachlogischer Aufbau);
  Vorteile der Empfehlung → Empfehlung → Begründung
- **Zielsetzungen**

Analyse	→ Interpretation	→ Erklärung
Bitte	→ Empfehlung	→ Rückbesinnung
Dank	→ Bestätigung	→ Ausblick
Besprechung	→ Vorschlag	→ Ausblick

Gestaltung

- Kurze Absätze, Sätze und Wörter
- Leerräume
- Ausreichende Ränder
- Geeignete Schriftgröße (z. B.: 12 Punkt)
- Klare Formulierungen
- Überschriften und Gliederungspunkte
- Sachinformationen und persönliche Meinungen sorgfältig voneinander trennen.
- Bei Meinungsäußerungen: Meinung sollte klar erkennbar sein, taktvolle Formulierungen verwenden, objektive Darstellungen.
- Endkontrolle nicht vergessen (Korrekturlesen), Grammatik und Rechtschreibung.
- Nur notwendige Informationen angeben, Weitschweifigkeiten vermeiden.
- …

Überprüfung durch Endkontrollfragen

- Entspricht der Aufbau meiner ursprünglichen Zielsetzung?
- Gibt es überflüssige oder weitschweifige Anteile?
- Habe ich die Bedürfnisse der Leser genügend berücksichtigt?
- Tritt meine in dem Text zum Ausdruck gebrachte Position deutlich hervor?
- Gibt es noch weitere Möglichkeiten der Veranschaulichung?
- …

Ausdrucksweise

- **Verständlichkeit**
- **Überzeugend**
- **Ausdrucksstarke Verben**
  z. B.: „Ich stimme zu."
- **Aktive Verben**
  z. B.: „Wir haben entschieden."

Protokolle

Verlaufsprotokoll **Ergebnisprotokoll**

Protokollkopf
- Anlass bzw. Überschrift
- Datum, Beginn, Ende
- Ort, Raum
- Teilnehmerinnen und Teilnehmer, Leitung
- Protokollantin, Protokollant
- Tagesordnung

Protokolltext
- Verlauf (chronologisch) bzw. Ergebnis (Zusammenfassung, Ordnung nach Wichtigkeit, Übersichten, Tabellen usw.)
- Anlagen

Protokollende
- Unterschrift des Protokollanten, der Protokollantin
- Datum der Protokollerstellung
- Unterschrift des Gegenzeichnenden (z. B. Leiter/in der Konferenz dokumentiert damit die sachliche Richtigkeit)

Beschreibung

- Informationsübermittlung an einen bestimmten Adressatenkreis.
- Adressaten zeigen im Wesentlichen passives und konsumierendes Informationsverhalten.
- Hohe Behaltensrate wird erreicht durch Kombination von visuellen und verbalen Informationen.
- Vertiefung und Festigung der Präsentation wird erreicht durch
  - Dialog
  - Diskussion
  - Beantwortung zusätzlicher Fragen

Ziele

- Information
- Motivation
- Darstellung komplexer Sachverhalte
- Überzeugen
- Repräsentieren
- Aufbau eines Images
- Handlungen auslösen

Voraussetzungen

- Geeignete technische Hilfsmittel
  - Metaplanwand und -karten, Nadeln, Stifte, ...
  - Flipchart mit Papier, Stifte, ...
  - Schreibtafel mit Kreide, Karten, Plakate, Klebeband, ...
  - Overhead-Projektor mit Folien, Stifte, Tuch zum Löschen, ...
  - PC, Software, Daten-/Video-Projektor mit Leinwand, Laserpointer, ...
  - Whiteboards, Activeboards
- Übung im Umgang mit den technischen Hilfsmitteln

Vorbereitung

1. Ziel bzw. Absicht formulieren
2. Sammeln von Ideen, Informationen, Materialien
3. Auswählen geeigneter Materialien im Hinblick auf das Ziel
4. Sortieren der Materialien: Kernaussagen, Hintergrundinformationen
5. Gewichtung, Strukturierung
6. Geeignete Methoden und Medien für die Präsentation auswählen.
7. Besonderheiten der Adressaten und des Raumes beachten.
8. Informationen wirkungsvoll aufbereiten.
9. Präsentationsmanuskript erstellen
10. Abfolge „durchspielen“, Probelauf, Test, ...

Medien

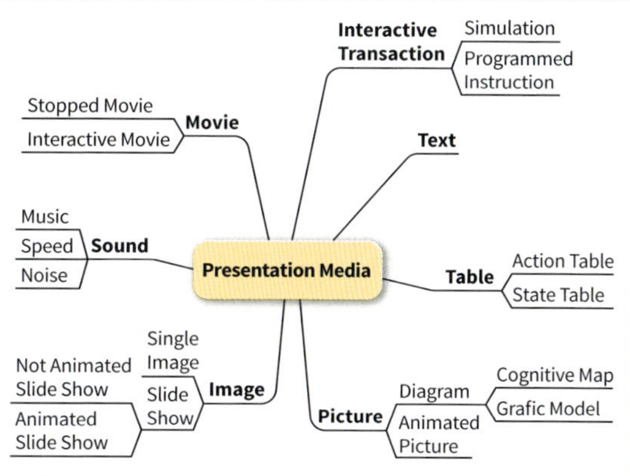

Durchführung

- „**Roten Faden**“ einhalten
- Zusammenspiel zwischen **verbalen Aussagen** und **Visualisierungen** einhalten
- Dramaturgie und Dynamik durch **Sprache** und geeignete Medien herstellen
- Funktion von **Sprechpausen**:
  Gelegenheit zum Atmen, eigene Gedanken neu ordnen, Denkpausen für Zuhörer, Aufmerksamkeit und Spannung
- Medien nacheinander (z. B. durch Aufdecken) präsentieren (**Abfolge**).
- Verschiedene menschliche Sinne ansprechen
- **Haltung, Körpersprache**
  - Stehend:

    Leicht geöffnete Füße auf gleicher Höhe, Gewicht gleichmäßig verlagern, nicht schaukeln oder wippen, mit Händen und Armen ruhig die Visualisierung unterstützen
  - Sitzend:

    Aufrechte Haltung, Arme und Hände ruhig halten, nicht mit Gegenständen spielen
- Nicht zum Medium, sondern zu den Zuhörern sprechen (**Konzentration**).

Visualisierungs-Regeln

- Zuhörer müssen alle Materialien gut sehen und Texte gut lesen können, evtl. Sitzordnung ändern. Materialien zielgerichtet einsetzen.
- Wirkung der Materialien bedenken (Pausen zum Betrachten einplanen).
- Texte übersichtlich und gut lesbar gestalten (Größe, Form, Farbe, Druckbuchstaben). Weniger ist oft mehr!
- Innere Ordnung muss durch Überschriften und Textanordnung deutlich werden.
- Dramaturgie durch geeignete Reihenfolge der Elemente herstellen.
- Verknüpfung verbaler Aussagen mit bildhaften Darstellungen herstellen.
- Blickkontakt während des Medieneinsatzes herstellen.
- Wenn Medien nicht mehr benötigt werden, diese entfernen.

Vorteile

- Sprachaussagen werden anschaulicher und verständlicher.
- Zusammenhänge werden deutlicher.
- Kernaussagen treten deutlich hervor.
- Redeanteil lässt sich verkürzen.
- Struktur tritt hervor.
- Bilder können komplexe Zusammenhänge auf „einen Blick“ verdeutlichen.

Visualisierung durch MindMap

- Bildhafte Darstellung von Gedankengängen (bildhafte Gedankenstütze).
- Grafische Strukturierung von Sachverhalten, Zusammenhängen, Ideen und Denkprozessen (Überblick).
- MindMaps lassen sich einzeln oder durch Gruppen erstellen.
- Innere Ordnung: Vom Abstrakten zum Konkreten, vom Allgemeinen zum Speziellen.
- Vielseitig verwendbar, fördert Kreativität.
- Viel auf einen „Blick“, nichts geht „verloren“. Geringer Aufwand.

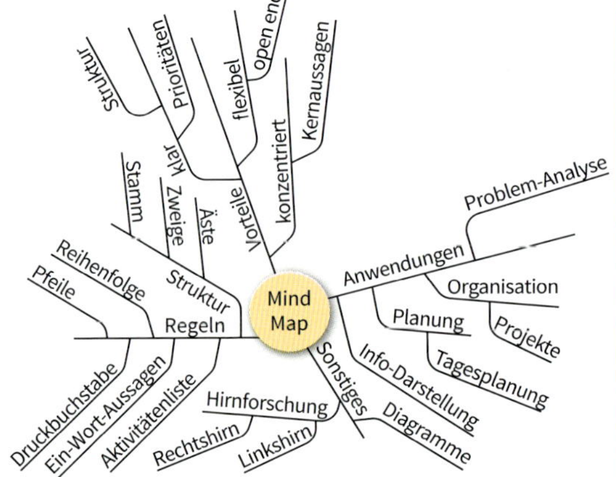

Möglichkeiten

Text: Unterstützung der Sprache durch Folien, Plakate, Karten.

Tabellen: „Ordnung“ von Zahlen

Bilder: Veranschaulichung komplexer Beziehungen, Assoziationen wecken.

Schaubilder: Strukturen und Abhängigkeiten

Symbole: Reduzierung auf das „Wesentliche“

Anordnung und Gestaltung von Textkarten

Reihung	Rhythmus
Themenstruktur wird deutlich	Erfassung von Zusammenhängen
Betonung	**Ballung und Streuung**
Blick wird auf wichtige Aussagen gelenkt.	Bearbeitungsschwerpunkte treten hervor.
Symmetrie und Asymmetrie	**Dynamik**
Ähnlichkeiten und Unterschiede treten hervor.	Offene Struktur

Modelle

- Im täglichen Umgang der Menschen untereinander ist Kommunikation (lat. communicare: mitteilen) ein selbstverständlicher Vorgang, bei der Informationen (Zeichen) zwischen Sendern und einem Empfänger ausgetauscht werden.

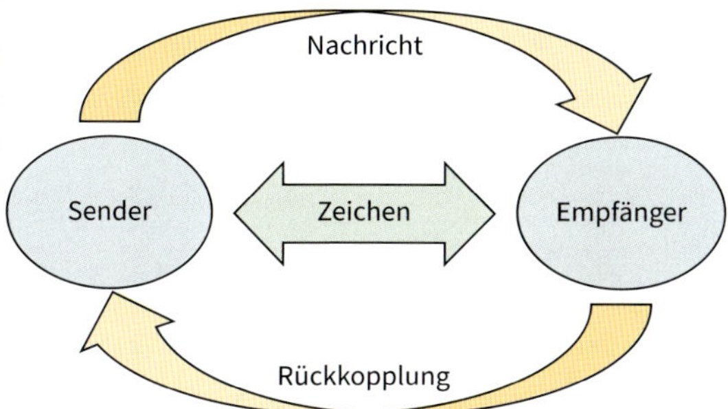

- Mit Kommunikationsmodellen lässt sich erklären, was Kommunikation ist, wie sie abläuft, welche Störungen vorkommen und wie man diese beseitigen kann. Je nach Forschungsansatz gibt es verschiedene Modelle.

Modell der Nachrichtenübertragung

In diesem Modell orientiert man sich an den technischen Aspekten der Signalübertragung und verwendet mathematische Theorien der Kommunikation der Mathematiker Warren Weaver (1894 – 1978) und Claude E. Shannon (1916 – 2001).

Kommunikation läuft damit wie folgt ab:

- Die codierte Nachricht wird vom Sender ausgesendet.
- Auf dem Weg zum Empfänger können „Störungen" die Nachricht verändern.
- Die Nachricht enthält sprachliche und nichtsprachliche (nonverbale) Anteile.
- Der Empfänger decodiert die Nachricht entsprechend seiner Wahrnehmung, mit seinem eigenen „Vorrat" an Decodiermöglichkeiten.
- Eine ungestörte Kommunikation kann nur dann stattfinden, wenn Sender und Empfänger den angewendeten Code aufeinander abstimmen.

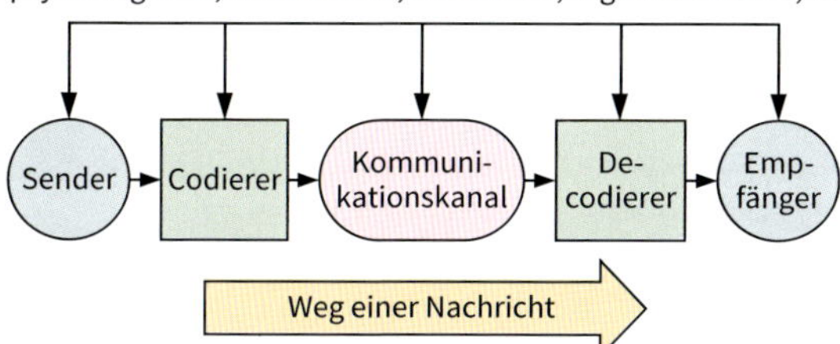

- Aufgrund der mehr „technischen" Sichtweise der Kommunikation werden die sozialen Aspekte der Kommunikation mit diesem Modell nicht berücksichtigt.

Modell der vier Seiten

Das Vier-Seiten-Modell ist vom Kommunikationspsychologen Friedemann Schulz von Thun (geb. 1944) entwickelt worden. Danach kann eine Nachricht im Kommunikationsprozess vier Seiten (Aspekte, Ebenen) besitzen:

Sachebene	**Appell**
Selbstoffenbarung	**Beziehungsebene**

- **Erklärungsbeispiel**
  Bevor in einer Reparaturwerkstatt für IT-Geräte ein Auszubildender das Gerät aufschraubt, sagt der Werkstattleiter laut und deutlich: „Sicherheitsaspekte beachten!"

  Der Werkstattleiter hat also eine Nachricht gesendet, die der Auszubildende empfangen hat. Je nach Vorerfahrungen mit dem Auszubildenden, den vorherrschenden Stimmungen usw. kann diese Nachricht auf verschiedene Weise vom Auszubildenden aufgenommen (decodiert) werden als:

- **Sachebene**
  Erinnerung an die Gefährlichkeit, reine Sachinformation („worüber ich informiere")

- **Appell**
  Aufforderung, dass auf jeden Fall Sicherheitsmaßnahmen einzuhalten sind („wozu ich dich veranlassen möchte")

- **Selbstoffenbarung**
  Ausdruck von Sorge und Angst, damit nichts passiert („was ich von mir selbst kundgebe")

- **Beziehungsebene (Beziehungsbotschaft)**
  Verantwortung und Fürsorgepflicht („was ich von dir halte, oder wie wir zueinander stehen")

- **Verallgemeinerung**
  Diese vier Interpretationsmöglichkeiten zeigen, dass man beim Aufnehmen von Nachrichten gewissermaßen mit „vier Ohren" hören kann. Je nach Absicht des Senders können die verschiedenen Aspekte unterschiedlich stark in Erscheinung treten (codiert sein) bzw. wahrgenommen werden.

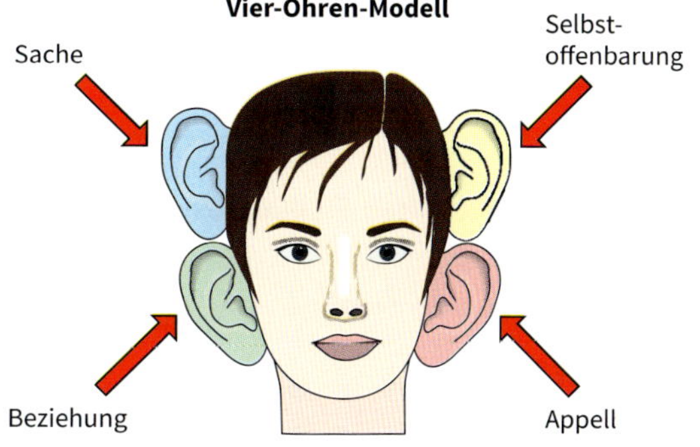

Merkmale

Die **Moderation** wird angewendet, um selbst organisiert und gemeinsam zielgerichtet Themen, Aufgaben, Probleme, … in einer hierarchiefreien Atmosphäre zu bearbeiten.
Das Ziel ist dabei eine möglichst vielfältige, breite und effektive Beteiligung unter Berücksichtigung der Bedürfnisse und Interessen der Gruppenmitglieder.

Der **Moderator**, die **Moderatorin**
- ist nur methodischer Helfer (Katalysator, Leiter ohne Funktion eines Vorgesetzten),
- ist Prozess- bzw. Lern-Helfer (und erbringt eine Dienstleistung),
- „öffnet" die Gruppe für das Thema,
- stellt eigene Meinungen und Ziele zurück,
- bewertet keine Meinungsäußerungen oder Verhaltensweisen,
- nimmt eine fragende Haltung ein (Aktivierung der Gruppe),
- hat Geduld und hört aufmerksam zu,
- stellt aktivierende Fragen und gibt Denkanstöße,
- verhindert Abschweifungen,
- fasst zusammen,
- visualisiert und akzentuiert,
- vergewissert sich, ob seine Visualisierungen mit den Beiträgen übereinstimmen,
- kann auch mit einer weiteren Person zusammenarbeiten,
- nimmt Rücksicht auf natürliche Bedürfnisse der Teilnehmerinnen und Teilnehmer (sinnvoller Wechsel von Arbeitsphasen und Pausen) und
- hat den Raum angemessen vorbereitet (Sitzordnung, Material, …).

Moderationsphasen

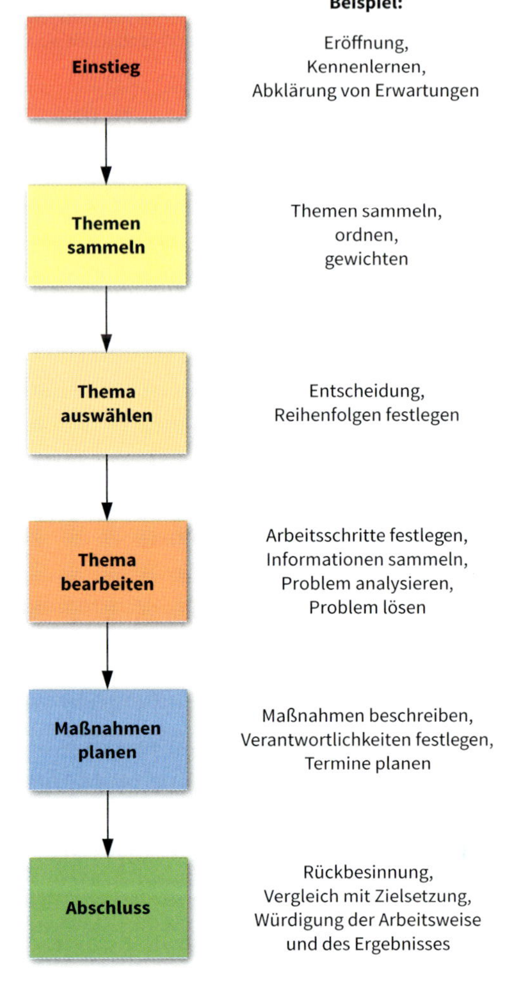

Medien und Methoden

- Visualisierungskarten (Rechtecke, Kreise, Ovale, …), Nadeln, Klebestifte, Schere, große Papierbögen, Klebepunkte, Stifte in verschiedenen Ausführungen, …
- Flip-Chart, Pinnwand
- Fragetechnik:
  Frage zurückgeben, offene und geschlossene Fragen, Suggestivfrage, Gegenfrage, rhetorische Frage, …
- Kennenlernen:
  Wir berichten über uns, „Steckbrief", …
- Erwartungen:
  Brainstorming, Kartenabfrage, was soll passieren – nicht passieren, ich erwarte, …
- Sammlung:
  Themenspeicher, Ein-Punkt- oder Mehrpunkt-Frage, …
- Problemanalyse:
  Ursache-Wirkungs-Diagramm, Gegenüberstellungen, Netzbilder, Matrix, MindMap, …
- Bearbeitung:
  Ablaufplan, Maßnahmenkatalog (z. B. was, wer, wozu, wann), …
- Abschluss:
  Reflexion, Stimmungsbarometer, Punktabfrage, Blitzlicht, …
- Nachbereitung:
  Vergleich Soll-Ist, Konsequenzen, …

Induktiv

1. Beginn: Konkretes Beispiel
2. Teilaussagen (Elemente des Ganzen)
3. Gesamtaussage

Vorteile
- Es entsteht „Spannung“, Zuhörer werden am Prozess beteiligt, der Ausgang ist zunächst offen.
- Konkrete Beispiele erhöhen die Anschaulichkeit.
- Bilder können gut die Gedankengänge verdeutlichen.

Nachteile
- Es ist mitunter schwierig, geeignete Beispiele zu finden.
- Beispiele enthalten mitunter nicht alle zu betrachtenden Aspekte.
- Auch aus Beispielen müssen Verallgemeinerungen abgeleitet werden.

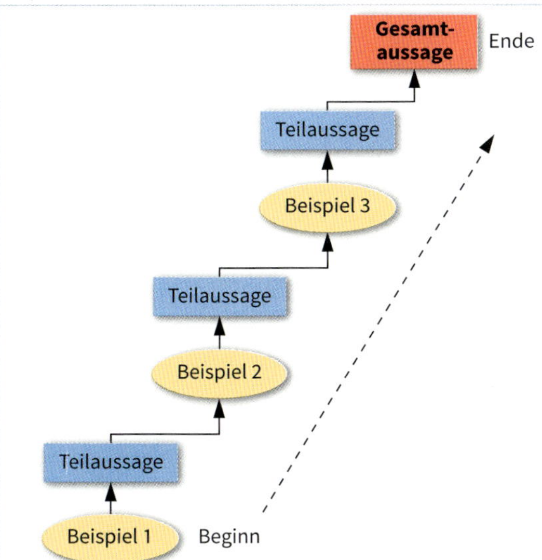

Deduktiv

1. Beginn: Hauptaussage
2. Teilaussagen (Thesen)
3. Begründung durch Beispiele und Argumente

Vorteile
- Information der Zuhörer zu Beginn
- Die Zeitplanung ist unproblematischer als bei der induktiven Methode, da bei Bedarf einzelne Beispiele entfallen können.

Nachteile
- Geringes „Spannungselement“ zu Beginn
- Gefahr der Überfrachtung mit vielen Details
- Verführung zur Abstraktion („Kopflastigkeit“, Praxisfremd)

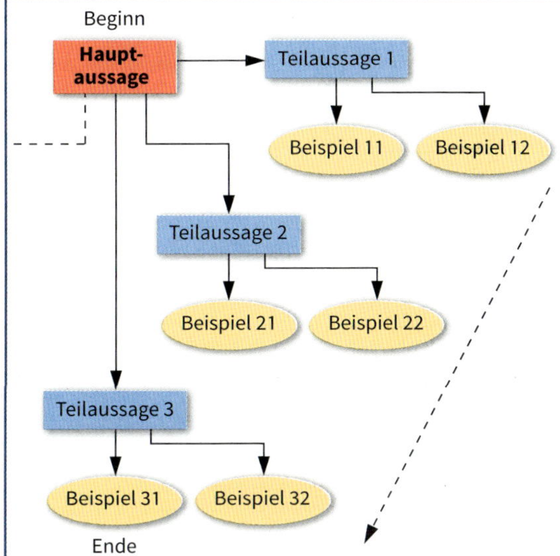

Regeln

- Pünktlichkeit, Zeiten einhalten
- Blickkontakt mit den Zuhörern aufnehmen und variieren
- Zuhörerinnen und Zuhörer mit Namen ansprechen
- Lautstärke, Sprechtempo und Dynamik der Situation anpassen
- Denkpausen einlegen
- Spannung aufbauen
- Offene Fragen verwenden
- Zur Beteiligung auffordern und Beiträge ernst nehmen
- Offene Mimik/Gestik
- Angemessene Kleidung
- Zugewandte Körperhaltung
- Sitzordnung der Zuhörer optimieren

Vergleiche und Metaphern

Anschaulichkeit lässt sich durch Vergleiche oder eine Metapher erzeugen.

Beispiel:
Herr Meier ist ein Fuchs;
Bedeutung: Er ist schlau wie ein Fuchs.

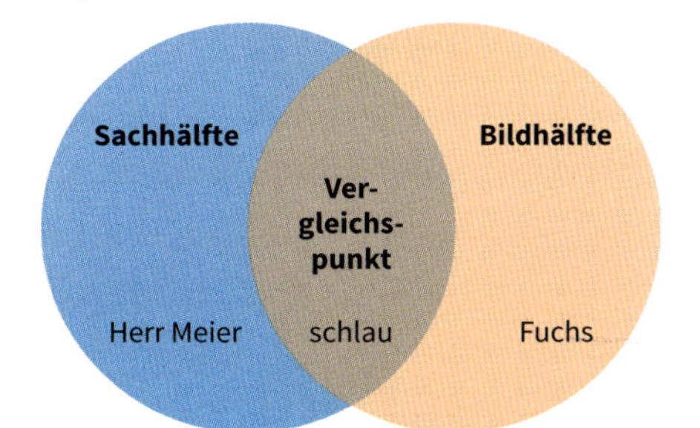

Definitionen

Projekt

- Ein **Projekt** ist ein Vorhaben
  - das ein bestimmtes Ziel realisieren soll (**Sachziele**),
  - dessen Anfangs- und Endpunkte festgelegt sind (**Termine**) und
  - das über begrenzte personelle und materielle Ressourcen verfügt (**Kosten**).
- Weitere Kennzeichen für Projekte sind:
  - **einmalig** und **neuartig** im Ablauf,
  - **komplex** in den Zusammenhängen und
  - **interdisziplinär** in der Zusammenarbeit.
- Projekte werden von **Projektleitern** mittels **Projektmanagementmethoden** geführt.

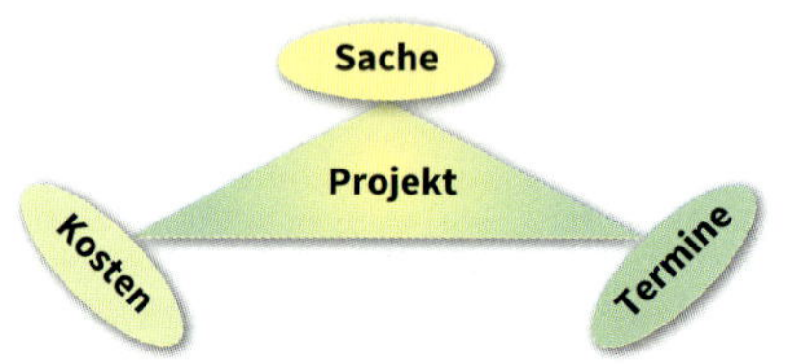

Projektmanagement

- Das **Projektmanagement** ist eine Methode zur optimalen Abwicklung von Projekten und wird vom **Projektleiter** angewendet zur
  - **Führung** der Projektmitarbeiter,
  - **Planung** der erforderlichen Projektaktivitäten,
  - **Koordinierung** der internen und externen Projektbeteiligten und
  - **Kontrolle** der erreichten Projektziele.
- Das Projektmanagement ist die **zentrale Funktion** im Rahmen einer Projektabwicklung.

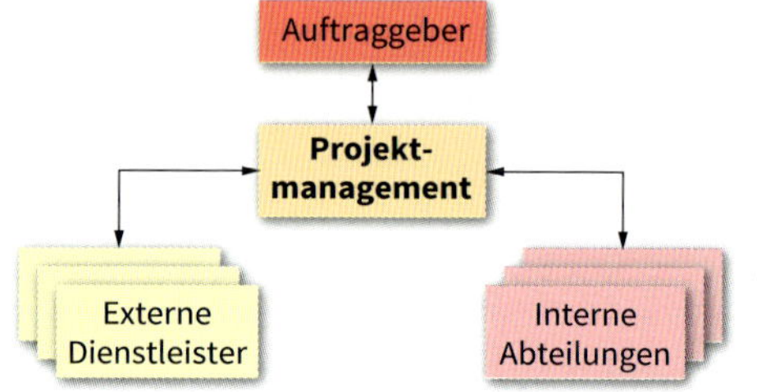

Projektarten

Innovations-/ Produktprojekte	Auftrags-/ Abwicklungsprojekte	Organisations-/ DV-Projekte
■ Entwicklung/Herstellung von (neuen) Produkten ■ Lösung des Projektziels erfolgt während des Projektes.	■ Bei Projektstart ist meist klar, was an Auftraggeber übergeben werden soll. ■ Schwerpunkte bei Detailprojektierung sind z. B., Montage und Inbetriebnahme	■ Meistens innerbetriebliche Projekte ■ Erfordert starkes Einfühlungsvermögen ■ Konsens und Akzeptanz sind besonders wichtig.

Organisationsformen

Reine Projektorganisation

Steuerungs-Komitee

Projektleiter

Fach-MA. 1 . . . Fach-MA. n

(MA: Mitarbeiter)

- **Vorteile:**
  - 100 % Zuteilung der Mitarbeiter,
  - klare Kompetenzteilung,
  - klare Verantwortlichkeiten.
- **Nachteile:**
  - Spezialisierungsgefahr,
  - zeitweise Überkapazitäten, wenn keine Projekte vorliegen/geplant sind
  - Ausgliederung aus der Firmenhierarchie.

Stab-Linien-Projektorganisation

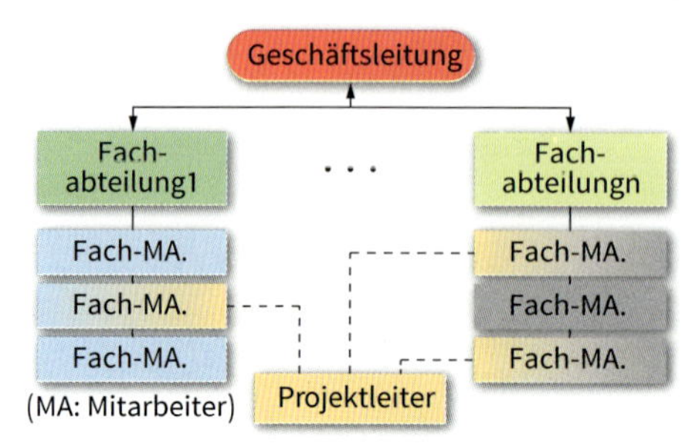

- **Vorteile:**
  - unwesentliche organisatorische Umstellung
  - hohe Flexibilität durch Mitarbeiter-Pool in den Fachabteilungen
  - kostengünstig
  - Wiedereingliederung der Mitarbeiter nach Projektende entfällt
- **Nachteile:**
  - ggf. umständliche Entscheidungsfindung
  - Interessenkonflikte zwischen Abteilungsleitung und Projektmitarbeitern
  - durch Dezentralisierung der Aufgaben ist starke Kontrolle erforderlich

Projektphasen

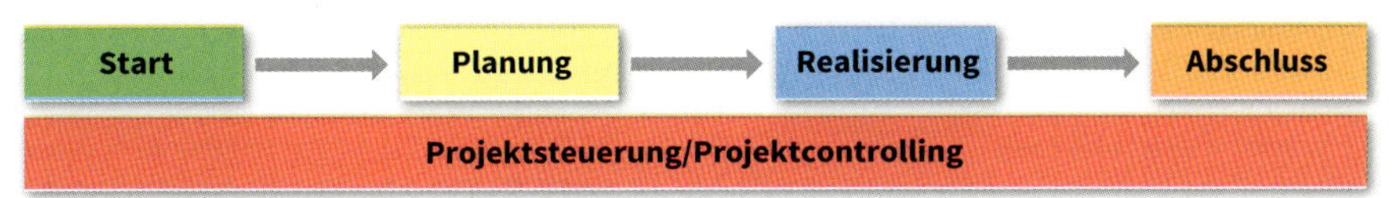

Projektstart

Frage: Was soll gemacht werden?
- Ziele für das Projekt festlegen (Abstimmung mit Auftraggeber und Projektteam)
- Ziele schriftlich fixieren und bestätigen lassen.
- Mehrere Lösungsmöglichkeiten analysieren.
- Die umzusetzende Lösung festlegen.

Anforderungen an Projektziele:
- Leitlinie für Messgröße aller Aktivitäten im Projekt
- Akzeptierbar für alle Beteiligten
- Messbar, überprüfbar
- Abnahmekriterien für Projektende
- Widerspruchsfrei
- Realistisch und machbar
- Möglichst Ziele vorgeben – keine Lösungen

Planung

Frage: Wie, wann und was soll gemacht werden?
- Inhaltliche und terminliche Struktur erstellen
- Zwischenziele (Meilensteine) festlegen
- Kostenrahmen festlegen
- Projektverantwortlichkeiten definieren
- Arbeitspakete und Aufgaben mit Verantwortung vergeben

Realisierung

- Organisation erstellen (Kompetenzen und Stellen zuweisen, Arbeitsumgebung bereitstellen, …)
- Personalbetreuung (Personalauswahl, Fortbildung, Verantwortung, Entlohnung)
- Führung (Abstimmungen im Projektteam zwischen allen Beteiligten, Konfliktmanagement, …)

Abschluss

- Abnahmetests durchführen, Dokumentation an den Auftraggeber übergeben
- Produktdokumentation prüfen
- Projektziele und Ergebnisse vergleichen
- Projektteam mit allen Ressourcen auflösen oder in neue/andere Projekte überführen
- Projektabschluss feiern

Review durchführen:
- Abschlusskalkulation erstellen
- Analyse des Projektablaufs (Stärken/Schwächen in Projektentwicklung, Projektmanagement, Projektleitung, …)
- Verbesserungspotenzial ermitteln und dokumentieren
- Ergebnisse der Projektanalyse dokumentieren

Projektsteuerung/-controlling

- Haupttätigkeit der Projektleitung gegebenenfalls mit Kontrollteams
- Aufgabe für Verantwortliche von Teilaufgaben
- Ständige Kontrolle von Soll- und Ist-Zuständen (Kosten, Projektfortschritt, Qualität, Dokumentation, …)
- Korrekturmaßnahmen veranlassen
- Nutzung von Analysemethoden: z. B. Projektstatusanalyse (Termine), Kostentrend-Analyse, Meilenstein-Trendanalyse)
- Änderungsmanagement

Terminverfolgung:
- z. B. mit Projektstrukturplan aus der Planung
- Kritischer Pfad (Ablauf mit kürzester zeitlicher Reihenfolge) ist besonders intensiv zu überwachen.

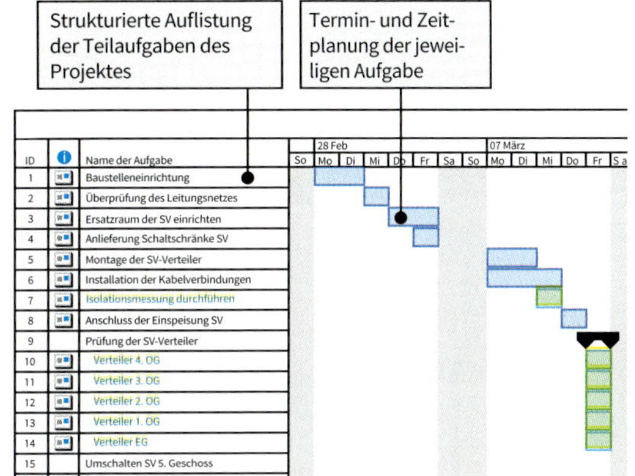

Meilenstein-Trendanalyse:
- Geplante Meilensteintermine eintragen
- Im Projektverlauf korrigierte Meilensteintermine eintragen
- Ergebnis: gerade Linien → Termin OK
steigende Linien → Termin verzögert
fallende Linien → Termin vorgezogen

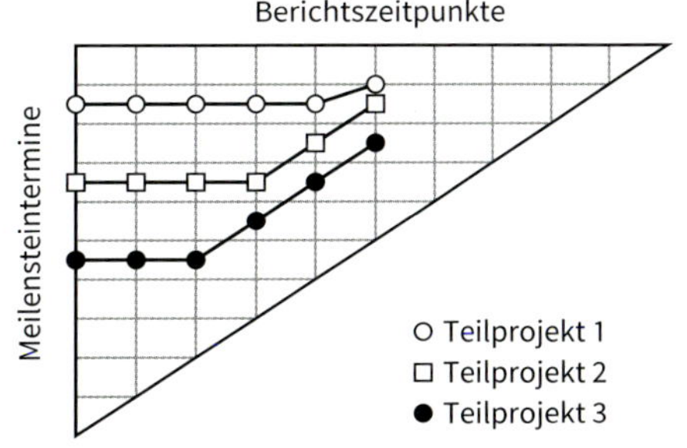

Qualitätsmanagement (QM)
Quality Management

Kennzeichen

- Unter **Qualitätsmanagement** werden alle Maßnahmen **organisatorischer Art** verstanden, mit dem Ziel die Effektivität und Effizienz
  - einer Arbeit (Arbeitsqualität) und/oder
  - von Geschäftsprozessen

  zu erhöhen.
- Qualitätsmanagement führt nicht zwangsläufig zu einem höheren wirtschaftlichen Betriebsergebnis, sondern stellt nur die vorgegebene Qualität sicher.
- Beispiele für **Qualitätsmanagementmodelle** sind:
  - ISO/TS 16949: 2002 (Automobilindustrie)
  - **C**apability **M**aturity **M**odel **I**ntegration (**CMMI**) (Familie von Referenzmodellen, z. B. Reifegradmodell)
  - DIN EN ISO 9000 ff. (Qualitätsmanagementsysteme)
- Die DIN EN ISO 9000 ff. beinhaltet folgende Teilnormen:
  - **DIN EN ISO 9000**
    Qualitätsmanagementsysteme
    (Definiert Grundlagen und Begriffe zu Qualitätsmanagementsystemen und erläutert die acht Grundsätze des Qualitätsmanagements.)
  - **DIN EN ISO 9001**
    Qualitätsmanagementsysteme
    (Anforderungen an ein Qualitätsmanagementsystem)
  - **DIN EN ISO 9004**
    Leiten und Lenken für den nachhaltigen Erfolg einer Organisation – Ein Qualitätsmanagementansatz.
    (Effizienz des Qualitätsmanagementsystems)
- Die DIN EN ISO 9001 ist eine weltweit akzeptierte QM-Norm, die sich am **PDCA**-Zyklus (**P**lan-**D**o-**C**heck-**A**ct) orientiert.

Prozessmodell DIN EN ISO 9001

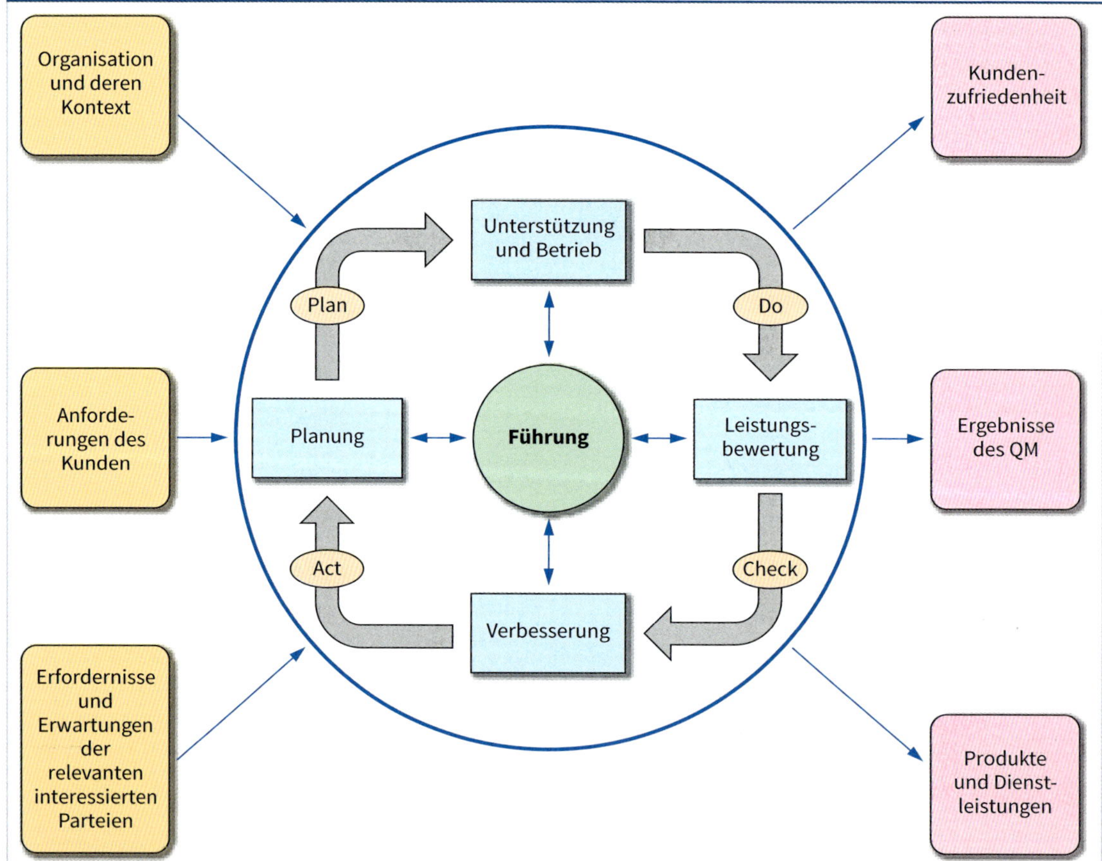

- **Qualitätssicherung**
  - ist Teil des Qualitätsmanagements und
  - gerichtet auf das Erzeugen von Vertrauen, dass Qualitätsanforderungen erfüllt werden.
- **Ständige Verbesserungen**
  sind wiederkehrende Tätigkeiten zum Erhöhen der Fähigkeiten, Anforderungen zu erfüllen.
- **Zertifizierung**
  erfolgt durch akkreditierte Zertifizierungsstellen.
- **Nationale Akkreditierungsstelle in Deutschland**:
  Deutsche Akkreditierungsstelle GmbH (DAkkS)
- **Konformität**
  ist Erfüllung einer Anforderung.

DIN EN ISO 9001: 2015

Inhalt

1. Anwendungsbereich

2. Normative Verweisungen

3. Begriffe (s. DIN EN ISO 9000: 2015)

Plan

4. Kontext der Organisation

- Verstehen der Organisation und ihres Kontextes
- Verstehen der Erfordernisse und Erwartungen interessierter Parteien
- Festlegen des Anwendungsbereichs des QM-Systems
- QM-System und dessen Prozesse

5. Führung

- Führung und Verpflichtung
- Kundenorientierung
- Politik
- Rollen, Verantwortlichkeiten und Befugnisse in der Organisation

6. Planung

- Maßnahmen zum Umgang mit Risiken und Chancen
- Qualitätsziele und Planung zu deren Erreichung
- Planung von Änderungen

7. Unterstützung

- Ressourcen
- Kompetenz
- Bewusstsein
- Kommunikation
- Dokumentierte Information

Do

8. Betrieb

- Betriebliche Planung und Steuerung
- Anforderungen an Produkte und Dienstleistungen
- Entwicklung von Produkten und Dienstleistungen
- Steuerung von extern bereitgestellten Prozessen, Produkten und Dienstleistungen
- Produktion und Dienstleistungserbringung
- Freigabe von Produkten und Dienstleistungen
- Steuerung nicht konformer Prozessergebnisse

Check

9. Bewertung der Leistung

- Überwachung, Messung, Analyse und Bewertung
- Internes Audit
- Managementbewertung

Act

10. Verbesserung

- Nichtkonformität und Korrekturmaßnahmen
- Fortlaufende Verbesserung

Begriffe und Definitionen

- **Qualitätsziele**
  Sie **müssen**
  - im Einklang mit der Qualitätspolitik stehen,
  - messbar sein,
  - zutreffende Anforderungen berücksichtigen,
  - für die Konformität von **Produkten** und **Dienstleistungen** relevant sein,
  - zur Erhöhung der Kundenzufriedenheit dienen,
  - überwacht, vermittelt und ggf. aktualisiert werden.
- **Wissen der Organisation**
  - Das Wissen einer Organisation wird benötigt, um ihre Prozesse durchzuführen und um die Konformität von Produkten und Dienstleistungen zu erreichen.
  - Das Wissen basiert auf **internen** Quellen (z. B. Erfahrung) und **externen** Quellen (z. B. Normen, Wissenserwerb von externen Anbietern).
- **Risikobasierter Ansatz**
  Risiken und Chancen in Bezug auf Konformität und Kundenzufriedenheit sind zu berücksichtigen.
- **Risiken**:
  - Vermeidung von Risiken
  - Beseitigung der Risikoquelle
  - Beibehaltung des Risikos durch eine fundierte Entscheidung
- **Chancen**:
  - Einsatz neuer Techniken
  - Neukundengewinnung
  - Markteinführung neuer Produkte
  - Aufbau von Partnerschaften

Quelle: DIN EN ISO 9001: 2015

Lastenheft

Definition

- Das Lastenheft enthält alle Forderungen des Auftraggebers (Kunden) an die Lieferungen und/oder Leistungen eines Auftragnehmers.
- Die Forderungen sind aus Anwendersicht einschließlich aller Randbedingungen zu beschreiben. Diese sollten quantifizierbar und prüfbar sein.
- Im Lastenheft wird definiert, was für eine Aufgabe vorliegt und wofür diese zu lösen ist.

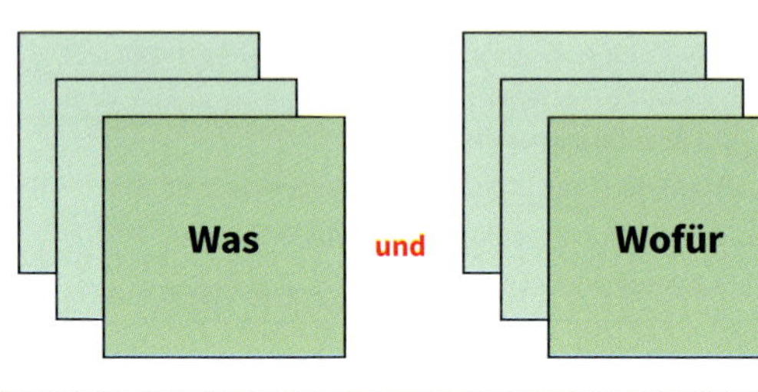

Pflichtenheft

Definition

- Das Pflichtenheft enthält das vom Auftragnehmer erarbeitete Realisierungsvorhaben auf der Grundlage des Lastenheftes.
- Das Pflichtenheft enthält als Anlage das Lastenheft.
- Im Pflichtenheft werden die Anwendervorgaben detailliert und in einer Erweiterung die Realisierungsforderungen unter Berücksichtigung konkreter Lösungsansätze beschrieben.
- Im Pflichtenheft wird definiert, wie und womit die Forderungen zu realisieren sind.

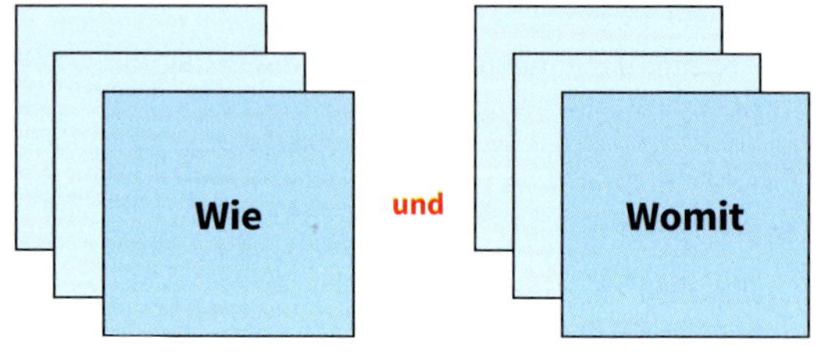

Voraussetzungen für die Erstellung

- Guten Kontakt zwischen allen Beteiligten herstellen
- Wesentliche Anforderungen durch Markt-, Kunden- und Umfeldanalyse ermitteln

Funktion

- „Roter Faden" während des Ablaufs der Entwicklung, Produktion, …

Durchführung

- Keine allgemeingültigen Vorgaben
- Umfang und Inhalt ist stark von der Zielsetzung abhängig. Beispiele: Ermittlung der
  - Anforderungsträger
  - Produktfaktoren aus Kundensicht
  - Kaufentscheidende Faktoren
  - Anforderungen aus dem Umfeld
  - Anforderungen aus dem Unternehmen
  - Anforderungen des Vertriebs
  - Anforderungen von Lieferanten und von Kooperationspartnern
  - Produktionsprofile

Vorteile

- Einheitliche Vorgabe für alle am Entwicklungsprozess Beteiligten
- Weniger Missverständnisse und Versäumnisse durch eine systematische Dokumentation
- Rechtsverbindliche Festlegungen

Nachteile

- Hoher Aufwand
- Individuelle Erstellung (keine Standardisierung)
- Statische Problemlösungsstruktur

Einsatzbereiche

- Dokumentation der Anforderungen als Abschluss der Planung eines Produktes bzw. einer Dienstleistung
- Prinzipiell für alle Produkte bzw. Dienstleistungen einsetzbar

Wesentliche Bestandteile

Beispiele:

- Name des Prozesses, Projektes, Vorhabens, …
- Verfasser des Pflichtenheftes
- Version
- Ablage der Datei, Dokumentation
- Ziele
  Beschreibung, Nutzen für den Auftraggeber (Kunden), aktuelle Situation (z. B. bisheriges System)
- Anforderungen
  - **Vollständigkeit**
    Alle Details der Anforderungen sind zu definieren. Es sollten so wenig wie möglich Aspekte als selbstverständlich eingeschätzt werden.
  - **Eindeutigkeit**
    Damit keine Missverständnisse entstehen, sind die Anforderungen möglichst mit einfachen Worten zu definieren.
  - **Testbarkeit**
    Alle Anforderungen müssen überprüfbar sein. Dieses ist eine Voraussetzung für die Abnahme durch den Auftraggeber.
- Schnittstellen
  (Verbindungen zu anderen Systemen, Projekten usw.)
- Randbedingungen
- Service- und Wartungshinweise
  (Kontaktadressen)
- Unterschriften
  (Projektauftraggeber/Projektleiter/…)

Probleme

- Aufschieben
  (Unangenehme Tätigkeiten werden nicht erledigt, sondern ständig aufgeschoben.)
- Ich habe gar keine Zeit für …

Grundsätze

- Jeder hat gleich viel Zeit.
- Die Nutzung der Zeit muss optimiert und mit den persönlichen Zielen abgestimmt werden.

Prioritäten setzen

- Häufiger Widerspruch:
  „Ich habe so viele dringende Aufträge, dass ich nicht dazu komme die wichtigen auszuführen."
- Prioritäten müssen dazu führen, wichtigen Aufgaben Freiraum zu geben.

Prioritäten planen

Alle Tätigkeiten klassifizieren nach

Wichtigkeit		
A	B	C

Dringlichkeit		
1	2	3

- Auf jedem Arbeitsauftrag, Telefonnotiz, Projektordner Klassifizierung notieren.
- Je nach Priorität die Umsetzung, Delegierung oder das Hinterfragen des Auftrages planen.

Prioritäten umsetzen

	A	B	C
1	sofort erledigen	Delegieren; Kontrollieren	Delegieren in Eigenverantwortung
2	selbst kurzfristig Termin setzen und halten	Delegieren; Rückfragen in Kontaktzeit	Prüfen, ob andere Aufgabe wichtiger
3	Zwischenziele planen	Delegieren; Zwischenziele vereinbaren	Prüfen, ob Aufgabe sinnvoll ist

Arbeitseinsatz optimieren

Tagesplan

- Abends einen Tagesplan für den kommenden Arbeitstag erstellen (schriftlich).
- Dabei maximal 60 % der Zeit fest verplanen.
- Punkte konsequent bearbeiten (nur A1-Aufgaben vorziehen).
- Unangenehme Tätigkeiten zuerst erledigen.

Tätigkeiten bündeln

- Gleichartige Tätigkeiten bündeln, da sie so effektiver ausgeführt werden.
- Organisation/Verwaltungstätigkeiten
- Rundgänge, Kurzbesprechungen
- Anrufe, E-Mailbearbeitung
- Alle B-Aufgaben

Pausen/Erholung planen

- Die Leistungsfähigkeit steigt, wenn regelmäßig kurze Pausen eingelegt werden, statt bis zur Erschöpfung zu arbeiten.
- Pausen sollten geplant werden, um auch eingehalten zu werden.
- Alle 20 Min.: 1 Min. Pause; alle 60 Min.: 5 Min. Pause; alle 180 Min.: 20 Min. Pause

Kontaktzeiten

- Feste Zeiten vereinbaren, in denen Sie für jedermann, jederzeit ansprechbar sind.
- Feste Telefonzeiten vereinbaren
- Kontaktzeit durch Symbole kenntlich machen (Tür auf/Tür zu)
- Reise-/Fahrzeit als Kontaktzeit nutzen (nur für B- und C-Aufgaben)

Zeitfallen vermeiden

Besprechungen optimieren

- Verbindliche Tagesordnung erstellen
- Beginn und Ende für jeden Tagesordnungspunkt und die gesamte Besprechung verbindlich festlegen.
- Ziel und Ansprechpartner für jeden Tagesordnungspunkt benennen.
- Pünktlich beginnen (der pünktliche wird belohnt, nicht der verspätete Teilnehmer)
- Ergebnissprotokoll mit Prioritäten, Terminen und Verantwortlichen erstellen.

Telefonieren

- Kontakt- und Sperrzeiten definieren, zu denen man sicher bzw. sicher nicht erreichbar ist.
- Häufige wiederkehrende Störungen gezielt selbst einleiten (z. B. selbst zu gewünschter Zeit anrufen).
- Anrufe planen (Zeit, Ziel, Inhalte)
- Störung abkürzen und Rückruf vereinbaren
  → Störung minimiert, Rückruf erfolgt vorbereitet.

Definition und Ziel

- **Industrie 4.0** ist ein Metabegriff und steht für die vierte industrielle Revolution.
- Damit wird eine neue Stufe der Organisation und Steuerung der gesamten Wertschöpfungskette über den Lebenszyklus von Produkten definiert.
- Durch die Verbindung von Menschen, Objekten und Systemen entstehen dynamische, echtzeitoptimierte und selbst organisierende, unternehmensübergreifende Wertschöpfungsnetzwerke.
- Diese lassen sich nach unterschiedlichen Kriterien wie z. B. Kosten, Verfügbarkeit und Ressourcenverbrauch optimieren.

Voraussetzungen

- Verfügbarkeit der relevanten Informationen in Echtzeit durch Vernetzung aller an der Wertschöpfung beteiligten Instanzen.
- Fähigkeit aus den Daten zu jedem Zeitpunkt optimalen Wertschöpfungsfluss abzuleiten.
- Sensoren und Aktoren sind als intelligente Systeme auszuführen.
- Daten (Informationen) von Fertigungsstraßen, Maschinen, Werkzeugen oder Vormaterialien müssen in Echtzeit bereitgestellt, abgerufen und verarbeitet werden können.
- Die gesamte Infrastruktur muss durch ein leistungsfähiges Sicherheitssystem geschützt werden.

Hierarchie

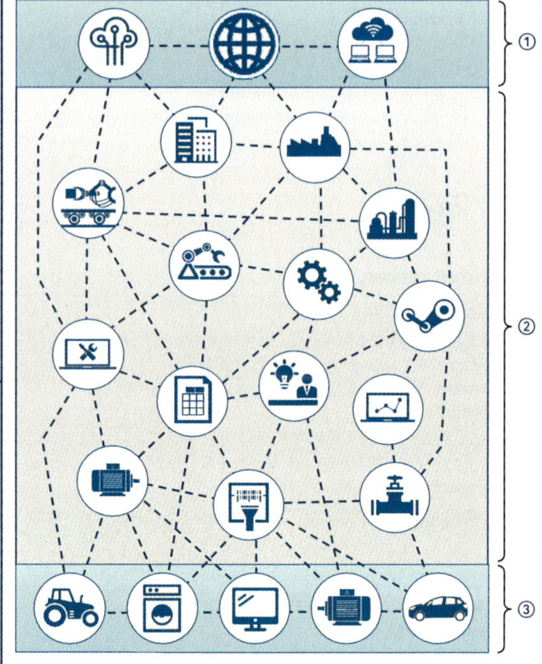

① Vernetzte Welt (Connected World)
② Intelligente Fabrik (Smart Factory)
③ Intelligente Produkte (Smart Products)

Begriffe[1)]

- **Asset**
  Gegenstand, der einen Wert für eine Organisation hat.
- **CPS**
  - Ein **CPS** (**C**yber-**P**hysical **S**ystem) ist ein System, bei dem mechanische / elektrische / elektronische (Teil-)Systeme mit informationstechnischen Systemen zu eigenständigen Einheiten zusammengefügt sind.
  - Diese Systeme können über Kommunikationsnetzwerke (Internet) autonom miteinander kommunizieren.
  - Kann lokal oder entfernt verfügbare Dienste nutzen, verfügt über Mensch-Maschine-Schnittstellen und bietet die Möglichkeit zur dynamischen Anpassung des Systems zur Laufzeit.
  - Hierzu gehören u. a. mobile und bewegliche Einrichtungen, Geräte und Maschinen (Roboter, Cobot), eingebettete Systeme und vernetzte Gegenstände (**IoT**: **I**nternet **o**f **T**hings).
- **CPPS**
  (**C**yber **P**hysical **P**roduction **S**ystem) ist ein CPS, das nach Industrie 4.0 bereits realisiert ist.
- **I4.0-Plattform**
  Implementierung einer (standardisierten) Kommunikations- und Systeminfrastruktur mit erforderlichen Management- und Produktivdiensten und definierten Quality of Service-Eigenschaften.
- **I4.0-Komponente**
  Weltweit eindeutig identifizierbarer kommunikationsfähiger Teilnehmer bestehend aus Verwaltungsschale und Asset (Gegenstand) mit digitaler Verbindung eines I4.0-Systems, der dort Dienste mit definierten **QoS** (**Q**uality **o**f **S**ervice)-Eigenschaften anbietet.
- **Virtuelle Repräsentation**
  Digitale Modelle der I4.0-Komponente über den gesamten Lebenszyklus.
- **Verwaltungsschale**
  Virtuelle digitale und aktive Repräsentanz einer I4.0-Komponente im I4.0-System.
- **Smart Factory**
  Fabrik, deren Integrationsgrad eine Tiefe erreicht hat, die Selbstorganisationsfunktionen in der Produktion und in allen die Produktion betreffenden Geschäftsprozessen ermöglicht.
- **Smart Product**
  Hergestelltes Produkt, das in einer Smart Factory die Kommunikationsfähigkeit (nach außen) zur Vernetzung und intelligente Interaktion mit anderen Produktionsteilnehmern mitbringt.
- **Smart Production**
  Dialog zwischen Smart Factory und Smart Product.

[1)] Begriffe nach VDI/VDE-Gesellschaft Mess- und Automatisierungstechnik. Aktuelle Versionen unter: http://i40.iosb.fraunhofer.de/

3D-Druck
3D Printing

Merkmale

- 3D ist die Abkürzung für dreidimensional.
- 3D-Druck ist ein Produktionsverfahren, bei dem physische 3D-Objekte durch schichtenweisen Materialauftrag von formlosen Stoffen erzeugt werden.
- Das Verfahren
  - zählt zu den additiven Fertigungsverfahren und
  - benötigt keine zusätzlichen formgebenden Fertigungswerkzeuge.
- Die Herstellung der Objekte erfolgt auf Basis digitaler 3D-CAD-Daten.

Anwendungen

- **Rapid Prototyping** (schneller Prototypenbau): Modellherstellung zu Anschauungszwecken und Vermeidung von Entwicklungsfehlern
- **Rapid Tooling** (schneller Werkzeugbau): Herstellung von Prototypen und Vorserien für Werkzeuge und Formen (z. B. Spritzgussformen)
- **Rapid Manufacturing** (schnelle Fertigung): Herstellung von Produkten mit (Klein-)Seriencharakter (z. B. Zahnimplantate, Hörgeräte)
- **Special Manufacturing** (spezielle Fertigung): Formenherstellung, die mit Zerspanung nicht machbar ist

Druckverfahren

Stereolithographie (STL)

- Material:
  - Lichtaushärtender Kunststoff in Wannenbad (z. B. Epoxidharz)
- Schichtenerzeugung:
  - Laserstrahl belichtet die der Form entsprechenden Bereiche, die dabei aushärten.
  - Objektplattform wird entsprechend der gewählten Schichtdicke abgesenkt.
  - Neues, flüssiges Material wird gleichmäßig über die Oberfläche verteilt und erneut belichtet.
- Schichtdicken: 10 µm bis 100 µm
- Vorteile:
  - Sehr hohe Auflösung (nm-Bereich)
  - Hohlräume möglich
- Nachteile:
  - Geringe Materialauswahl
  - Teilweise Stützstrukturen erforderlich

Umlenkspiegel
Laserstrahl
Wischer
Ausgehärtetes Objekt
Objektträger
Flüssiges Kunstharz
Laser
Verfahrrichtung

Schmelzschichtung (Fused Deposition Modelling – FDM)

- Material:
  - Diverse Kunststoffe (z.B. Acrylnitril-Butadien-Styrol, PolyLactic Acid, Nylon), Wachs und Metalle, die bei niedrigen Temperaturen schmelzen.
- Schichtenerzeugung:
  - Schichtenweiser Materialauftrag durch Extrudieren des drahtförmigen Werkstoffs (Filament).
- Schichtdicken: 25 µm bis 1200 µm
- Vorteile:
  - Große Materialpalette
  - Gleichzeitige Verwendung mehrerer (unterschiedlicher) Materialien durch mehrere Extruder.
  - Heizdüse in der Fertigungsebene frei verfahrbar.
- Nachteile:
  - Auflösung abhängig von Extrusionsbreite
  - Düsen können verstopfen
  - Objekte bei Standard-Kunststoffen nicht sehr belastbar

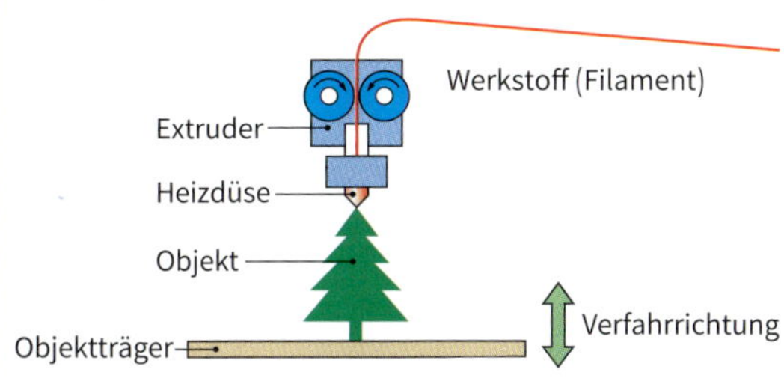

Selektives Lasersintern (SLS)
Selektives Laserschmelzen (SLM)

- Material:
  - Pulverförmige Rohmaterialien aus Kunststoff, Metall, Metall-Polymeren, Quarz-/Zirkonsand.
- Schichtenerzeugung:
  - Schichtenweise Bestrahlung und Aushärtung des Pulvers (siehe STL) mittels Laser.
- Schichtdicken: 20 µm bis 100 µm
- Vorteile:
  - Thermisch und mechanisch hochbelastbare Objekte möglich
  - Thermisch nicht belastetes Pulver kann wiederverwendet werden
- Nachteile:
  - Stützstrukturen bei Metallen erforderlich
  - Materialspannungen durch Temperaturdifferenzen

Weitere Druckverfahren

- **M**ulti**J**et-**M**odeling (**MJM**):
  - Material: Polymere (z. B. ABS)
  - Verwendet InkJet-Druckknöpfe, die Polymere schichtweise ausdrucken und mit UV-Licht aushärten
  - Mehrere Druckknöpfe mit unterschiedlichen Materialien möglich
  - Typische Auflösung liegt bei 600 dpi.
- **S**elective **D**eposition **L**aminating (**SDL**):
  - Verwendet Papierseiten, die lagenweise mittels Klebstoff aufeinander geklebt werden
  - Objektform wird für jede Seite mittels Messer ausgeschnitten
  - Farbige 3D-Objekte möglich

- Ziel der Verordnung ist es, die Sicherheit und den Gesundheitsschutz von Beschäftigten bei der Verwendung von Arbeitsmitteln zu gewährleisten.
- Dies soll besonders durch drei Kernaspekte erreicht werden:

1. Auswahl geeigneter Arbeitsmittel und deren Verwendung
2. Geeignete Gestaltung von Arbeits- und Fertigungsverfahren
3. Qualifikation und Unterweisung von Beschäftigten

Abschnitt 1 – Anwendungsbereich und Begriffsbestimmungen	Abschnitt 2 – Gefährdungsbeurteilung und Schutzmaßnahmen
§1 Anwendungsbereich §2 Begriffsbestimmung ■ **Arbeitsmittel (AM)** sind Werkzeuge, Geräte, Maschinen oder Anlagen, die für die Arbeit verwendet werden, sowie überwachungsbedürftige Anlagen. ■ **Verwendung** Jegliche Verwendung von AM, insbesondere Montieren, Installieren, Bedienen, An-/Abschalten, Einstellen, Gebrauchen, Betreiben, Instandhalten, Reinigen, Prüfen, Umbauen, Erproben, Demontieren, Transportieren und Überwachen ■ **Überwachungsbedürftige Anlagen** sind – Dampfkessel-, Druckbehälter-, Füllanlagen, Rohrleitungen – Aufzugsanlagen, – Anlagen in explosionsgefährdeten Bereichen, – Lageranlagen, Füllstellen, Tankstellen, Entleerstellen für entzündliche, leicht- oder hochentzündliche Stoffe	§3 Gefährdungsbeurteilung §4 Grundpflichten des Arbeitgebers §5 Anforderungen an die zur Verfügung gestellten AM §6 Grundlegende Schutzmaßnahmen bei der Verwendung von AM §7 Vereinfachte Vorgehensweise bei der Verwendung von AM §8 Schutzmaßnahmen bei Gefährdungen durch Energien, Ingangsetzen und Stillsetzen §9 Weitere Schutzmaßnahmen bei der Verwendung von AM §10 Instandhaltung und Änderung von Arbeitsmitteln §11 Besondere Betriebszustände, Betriebsstörungen und Unfälle §12 Unterweisung und besondere Beauftragung von Beschäftigten §13 Zusammenarbeit verschiedener Arbeitgeber §14 Prüfung von Arbeitsmitteln
Abschnitt 3 – Zusätzliche Vorschriften für überwachungsbedürftige Anlagen	**Abschnitt 4 – Vollzugsregelungen und Ausschuss für Betriebssicherheit**
§15 Prüfung vor Inbetriebnahme und vor Wiederinbetriebnahme nach prüfpflichtigen Änderungen §16 Wiederkehrende Prüfung §17 Prüfaufzeichnungen und -bescheinigungen §18 Erlaubnispflicht	§19 Mitteilungspflichten, behördliche Ausnahmen §20 Sonderbestimmungen für überwachungsbedürftige Anlagen des Bundes §21 Ausschuss für Betriebssicherheit
Abschnitt 5 – Ordnungswidrigkeiten und Straftaten	**Anhänge**
§22 Ordnungswidrigkeiten §23 Straftaten §24 Übergangsvorschriften	Anhang 1 – Besondere Vorschriften für bestimmte AM Anhang 2 – Prüfvorschriften für überwachungsbedürftige Anlagen Anhang 3 – Prüfvorschriften für bestimmte Arbeitsmittel

Technische Regel zur Betriebssicherheit (TRBS)

Bedeutung

- TRBSen konkretisieren die Anforderungen der BetrSichV.
- Sie geben den Stand der Technik und arbeitswissenschaftliche Erkenntnisse für die Bereitstellung und Benutzung von Arbeitsmitteln wieder.
- Veröffentlichung unter www.baua.de
- Bei Einhaltung der genannten Maßnahmen kann der Arbeitgeber von der Einhaltung der Vorschriften der BetrSichV ausgehen (juristisch: Vermutungswirkung).

Gefährdungsbeurteilung (TRBS 1111)

- Der Arbeitgeber muss mögliche Gefahren ermitteln und bewerten. Hieraus muss die Auswahl geeigneter Arbeitsmittel, sowie Festlegung von Maßnahmen zur sicheren Benutzung erfolgen.
- Informationen (rechtliche Grundlagen, Herstellerinformationen, Erfahrungen der Beschäftigten, …) sind zu berücksichtigen.
- Gefährdungen sind z. B.
  - mechanische, elektrische Gefährdungen und
  - Absturz von Personen, Lasten, Materialien.
- Maßnahmen sind festzulegen und umzusetzen, z. B.
  - zur Vermeidung der Gefährdung,
  - Schutz durch technische Maßnahmen,
  - Personen von Gefahrenbereich fern halten sowie Schulen und Unterweisen.
- Die Wirksamkeit der festgelegten Maßnahmen ist zu überprüfen, indem festgestellt wird, ob die Maßnahmen geeignet sind und ob sich keine neuen Gefährdungen ergeben.

Zur Prüfung befähigte Personen (BetrSichV/TRBS 1203)

- Prüfungen von AM dürfen nur von zur Prüfung befähigten Personen (b. P.) durchgeführt werden.
- B. P. unterliegen bei der Prüfung keinen fachlichen Weisungen und dürfen wegen ihrer Tätigkeit nicht benachteiligt werden.
- Allgemeine Anforderungen an die b. P.:
  - Berufsbildung
  - Berufserfahrung
  - zeitnahe berufliche Tätigkeit
- Spezielle Anforderungen bei elektrischen Prüfungen:
  - elektrotechnische Berufsausbildung
  - mindestens einjährige Erfahrung mit Errichtung, Zusammenbau oder Instandsetzung elektrischer Arbeitsmittel/Anlagen
  - relevante technische Regeln müssen verfügbar sein, Kenntnisse sind zu aktualisieren.
- Für Prüfungen bei Druck- und Explosionsgefahren bestehen weitere, spezielle Anforderungen.

Entstehung

- In Deutschland existieren u. a. in den Bereichen **Arbeitsschutz** und **Umweltrecht** eine Reihe von Gesetzen, Vorschriften, Regelungen, Richtlinien und Verordnungen, die auf der Basis von internationalem Recht, EU-Richtlinien und EU-Verordnungen erstellt wurden.
- **Änderungen**, **Weiterentwicklungen** oder **Neuerstellungen** im internationalen Recht, in den EU-Richtlinien und EU-Verordnungen haben direkten Einfluss auf die deutsche Gesetzgebung.

Anwendungsbereiche

- Zu den wesentlichen technisch orientierten Anwendungsbereichen gehören
  - Arbeitsschutz und Anlagensicherheit
  - Chemikalien- und Gefahrstoffrecht
  - Störfall- und Immissionsschutzrecht
  - Umweltmanagement, -schutz und -recht
  - Wasser-, Boden- und Abfallrecht
  - Gefahrguttransport Straße und Schiene
  - Baurecht und Brandschutz
  - Strahlenschutz und Kernenergierecht
  - Gentechnik und Biotechnologie

Rangfolge

	Beispiele:
Internationales Recht **EU-Richtlinien** **EU-Verordnungen**	RL 89/391 Rahmenrichtlinie Arbeitsschutz RL 89/654 Arbeitsstättenrichtlinie RL 2001/95 Allgemeine Produktsicherheit RL 2006/95 Niederspannungsrichtlinie
Vorschriften des Bundes (Gesetze, Verordnungen, Verwaltungsvorschriften)	**ProdHaftG**: **Prod**ukt**haft**ungs**g**esetz **ProdSG**: **Prod**ukt**s**icherheits**g**esetz **1. ProdSV**: **Prod**ukt**s**icherheits**v**erordnung (Bereitstellung elektrischer Betriebsmittel …
Vorschriften der Länder (Gesetze, Verordnungen, Verwaltungsvorschriften, Richtlinien)	Landesabfallgesetze, Landessonderabfallverordnungen Landesbauordnungen Landesimmissionsschutzgesetze
Autonomes Satzungsrecht der Unfallversicherer	**DGUV**-Regeln, -Vorschriften, -Informationen, -Grundsätze z. B. – DGUV Vorschrift 3: Elektrische Anlagen und Betriebsmittel – DGUV Regel 103-012 (GUV-R A3): Arbeiten unter Spannung an elektrischen Anlagen und Betriebsmitteln (**DGUV**: **D**eutsche **G**esetzliche **U**nfall**v**ersicherung e.V.)
Technische Regeln und Richtlinien staatlicher Ausschüsse	**TRBS**: **T**echnische **R**egeln für **B**etriebs**s**icherheit **ASR**: Technische **R**egeln für **A**rbeits**s**tätten **RAB**: **R**egeln zum **A**rbeitsschutz auf **B**austellen **TROS**: **T**echnische **R**egeln zur Arbeitsschutzverordnung zu künstlicher **o**ptischer **S**trahlung
Schriftenreihen, Merkblätter, nicht technische Richtlinien	**LAGA**: Schriften der **L**änder**a**rbeits**g**emeinschft **A**bfall **KAS**: Schriften der **K**ommission für **A**nlagen**s**icherheit
Sonstige Regeln der Technik	EN- und DIN-Normen, VDE-Bestimmungen, VDI-Richtlinien, VdS-Richtlinien, BauA-Veröffentlichungen, Berufsgenossenschaftliche Vorschriften, Regeln, Informationen und Grundsätze, Firmenspezifische Anordnungen usw.

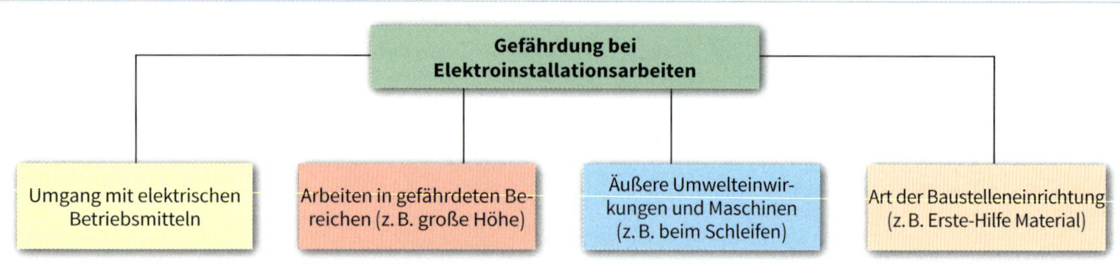

Gesetzliche Regelung im Arbeitsschutzgesetz (**ArbSchG**) und in der Betriebssicherheitsverordnung (**BetrSichV**) zur

- Regelung der grundlegenden Pflichten des Arbeitgebers,
- Festlegung der Pflichten und Rechte des Arbeitnehmers und
- Überwachung des Arbeitsschutzes durch die zuständigen Behörden und/oder Berufsgenossenschaften (**BG**).

Pflichten des Arbeitgebers

- Elektrische Anlagen und Betriebsmittel
  - nach den elektrotechnischen Regeln betreiben,
  - nur von einer Elektrofachkraft bzw. unter deren Aufsicht errichten, ändern und instandhalten,
  - auf einen ordnungsgemäßen Zustand prüfen und
  - Mängel unverzüglich beseitigen.
- Erforderliche persönliche Schutzkleidung dem Arbeitnehmer zur Verfügung stellen.
- Sicherheitsrelevante Arbeitsgeräte (z. B. Leitern) in ausreichender Anzahl und technisch einwandfreiem Zustand zur Verfügung stellen.

Pflichten des Arbeitnehmers

- Sicherheitstechnische Bestimmungen am Arbeitsplatz einhalten und Anweisungen befolgen.
- Vor Arbeitsbeginn alle sicherheitsrelevanten Arbeitsgeräte und Hilfsmittel überprüfen.
- Elektrotechnische Bestimmungen einhalten.
- Bei Übertragung der Unternehmerpflichten an die Elektrofachkraft deren Einhaltung kontrollieren. Die Übertragung muss schriftlich bestätigt werden.
- Persönliche Schutzausrüstung tragen.

Elektrotechnische Fachkräfte

Verantwortlich für den Betrieb einer elektrischen Anlage (Elektrofachkraft). DIN VDE 0105-100

Elektrofachkraft

Maßnahmen und Entscheidungen in eigener Verantwortung. Voraussetzung ist eine Fachausbildung.

Verantwortliche Elektrofachkraft

Fach- und Aufsichtsverantwortung bei Übertragung durch den Unternehmer. DIN VDE 1000-10

Arbeitsverantwortlicher

Für jede Arbeit benannt; verantwortet die Durchführung der Arbeiten. VDE 0105-100

Persönliche Schutzausrüstung

Zusätzlich zur Arbeitsschutzbekleidung muss je nach Arbeitsgefährdung folgende Schutzausrüstung getragen werden:

- **Kopfschutz** – Schutzhelm DIN EN 397
- **Augenschutz** – Schutzbrille DIN EN 166
- **Schallschutz** – Gehörschutzstöpsel bis 110 dB (A) bzw. Gehörschutzkapseln bis 120 dB (A)
- **Fußschutz** – Sicherheitsschuhe DIN EN ISO 20345
- **Handschutz** – Sicherheitshandschuhe DIN EN 60903
- **Atemschutz** – Filtergeräte DIN 3179
- **Absturzschutz** – Sicherheitsgeschirr (Halte- bzw. Auffanggurt) EN 358/EN 361

Elektrotechnisches Personal

Verantwortliche Elektrofachkraft | Elektrofachkraft | Facharbeiter/ Geselle | Elektrofachkraft für festgelegte Tätigkeiten | Elektrotechnisch unterwiesene Person | Elektrotechnischer Laie

befähigte Person

zunehmende Qualifizierung

Bezeichnung	Merkmale	Gesetzliche Regelung	Tätigkeiten
Elektrofachkraft (**EFK**)	■ fachliche Ausbildung, Kenntnisse und Erfahrungen, sowie Kenntnis der einschlägigen Normen, zur Beurteilung der übertragenen Arbeiten sowie möglicher Gefahren	DGUV Vorschrift 3, DIN VDE 0105-100, DIN VDE 1000-10	Planung; Einrichtung; Inbetriebnahme; Prüfung und Instandsetzung; Fehler suchen; Messwerte erfassen und beurteilen; Reparaturen durchführen
Elektrofachkraft für festgelegte Tätigkeiten	■ fachliche Ausbildung in Theorie und Praxis ■ Kenntnisse und Erfahrungen über die bei der festgelegten Tätigkeit zu beachtenden Bestimmungen ■ erkennt und beurteilt mögliche Gefahren bei den Arbeiten	Durchführungsanweisung zur DGUV Vorschrift 3, DGUV Grundsatz 303-001	Gleichartige, sich wiederholende elektrotechnische Arbeiten an Betriebsmitteln, die in einer Arbeitsanweisung festgelegt sind, z. B. Anschluss eines Elektroherdes bei der Küchenmontage
Verantwortliche Elektrofachkraft (**vEFK**)	■ Elektrofachkraft, die eine vom Unternehmer übertragene Fach- und Aufsichtsverantwortung für die im Unternehmen tätigen Fachkräfte sowie für bestimmte Betriebs- und Anlagenteile übernimmt ■ ist vom Vorgesetzten weisungsfrei	DGUV Vorschrift 3, DIN VDE 0105-100, DIN VDE 1000-10	Erstellen von Arbeitsanweisungen; Unterweisung und Belehrung von Mitarbeitern; Organisation von Prüfung elektrischer Maschinen; Anlagen und Betriebsmittel
Befähigte Person (**bP**)	■ verfügt auf Grund der Berufsausbildung, der Berufserfahrung und der zeitnahen beruflichen Tätigkeit über die erforderlichen Fachkenntnisse zur Prüfung der Arbeitsmittel	BetrSichV TRBS 1203	Prüfungen von Arbeitsmitteln, (z. B. Geräte, Maschinen).
Elektrotechnisch unterwiesene Person (**EuP**)	■ wird von einer Elektrofachkraft über die ihr übertragenen Aufgaben und die möglichen Gefahren bei unsachgemäßem Verhalten unterrichtet ■ wird über die erforderlichen Schutzeinrichtungen und -maßnahmen belehrt ■ arbeitet stets unter Leitung und Aufsicht einer EFK	DIN VDE 0105-100, DIN VDE 1000-10	Auswechseln von Schaltern und Steckdosen; Arbeiten in der Nähe unter Spannung stehender Teile (z. B. Auswechseln von Sicherungseinsätzen, Betätigen von Motorschutzschaltern, Sichtkontrollen bei geöffneten Verteilungen)
Elektrotechnischer Laie (**L**)	■ ist weder Elektrofachkraft noch elektrotechnisch unterwiesene Person	DIN VDE 0105-100	ein-/ausschalten; Funktionssicherheit feststellen; Glühlampen auswechseln; Schraubsicherungen einsetzen;
Anlagenverantwortlicher	■ Person muss EFK sein ■ besitzt Weisungsbefugnis auf Führungsebene ■ trägt die unmittelbare Verantwortung für die betreffende Starkstromanlage	DIN VDE 0105-100	Vorbereitung der Arbeitsstelle (z. B. Schalthandlungen, Sicherheitsmaßnahmen); Einweisung in die Anlage; Pflicht zur Sicherheitsüberwachung;
Arbeitsverantwortlicher	■ Person ist in der Regel EFK ■ besitzt Kenntnis der anzuwendenden Normen und erkennt mögliche Gefahren ■ hat Weisungsbefugnis im Rahmen der Arbeiten ■ Benennung eines Arbeitsverantwortlichen erfolgt mündlich und ist erforderlich bei mehreren tätigen Personen an einer Arbeitsstätte. ■ beurteilt durchzuführende Arbeiten	DIN VDE 0105-100	Koordinierung der durchzuführenden Arbeiten sowie Maßnahmen der Arbeitssicherheit unter Einhaltung der relevanten Vorschriften; aufgabenbezogene Unterweisung der Mitarbeiter; Freigabe der Arbeiten an die ausführenden Mitarbeiter

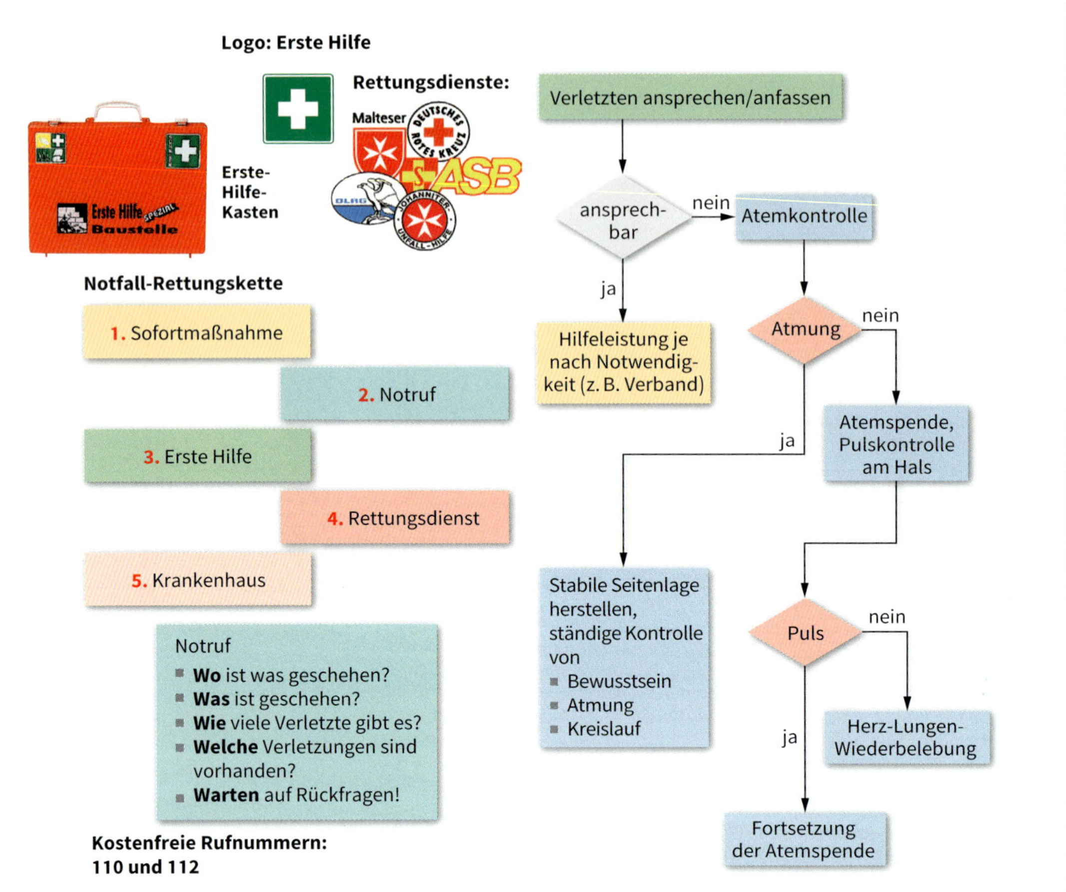

Kostenfreie Rufnummern:
110 und 112

	Versagen der Atmung/ Atemstillstand	Herzversagen/ Herzstillstand	Kreislaufversagen/Schock	Starke Blutung
Symptome	▪ Flache, unregelmäßige Atmung bzw. keine Atembewegung mehr wahrnehmbar ▪ keine Atemgeräusche hörbar ▪ bläuliche Verfärbung der Haut (Lippen, Ohrläppchen) ▪ Bewusstlosigkeit	▪ Bewusstlosigkeit ▪ erweiterte Pupillen ▪ blaue oder weißliche (blasse) Verfärbung der Haut	▪ Schwacher, beschleunigter Puls ▪ feuchte, blasse, kalte Haut ▪ Unruhe, Angst	▪ Bei Verletzung der Schlagader pulsierender Blutaustritt ▪ hellrote Farbe des Blutes
Maßnahmen	▪ Verletzten in stabile Seitenlage bringen ▪ Mund- und Rachenraum von Fremdkörpern (Speisereste, Erbrochenes) säubern ▪ Bei Atemstillstand mit der Atemspende beginnen ▪ Atmung überwachen	▪ Sofort mit Herzdruckmassage beginnen ▪ Achtung: Ersthelferausbildung ist hierfür unbedingt erforderlich	▪ Schocklage herstellen (Oberkörper flach legen, Beine schräg nach oben) ▪ Achtung: Schocklage nicht bei Verletzung der Beine oder Wirbelsäule ▪ vor Unterkühlung schützen ▪ durch Ansprache beruhigend wirken ▪ Atmung und Puls kontrollieren	▪ Druckverband anlegen, sterile Auflage (Einmalhandschuh verwenden!) ▪ leichte Blutung aus Nase: Kopf nach vorne neigen, Kinn in die Hand stützen lassen, kalter Umschlag auf den Nacken ▪ bei verletzter Schlagader die Ader abdrücken bzw. abbinden

Grundlagen

- Die **Bildschirmarbeitsverordnung** (BildscharbV) wurde durch die DGUV Information 215–410 konkretisiert.
- **DGUV Information 215–410**
  Ein Leitfaden als praktische Hilfe für die Gestaltung der Arbeit an Bildschirm- und Büroarbeitsplätzen (im Rahmen der Schriftenreihe „Prävention")
- **DIN EN ISO 9241**
  Ergonomie der Mensch-System-Interaktion, Ergonomische Anforderungen für Bürotätigkeiten mit Bildschirmgeräten
- **DIN EN 1335-1: 2002-08**
  Büromöbel – Büro-Arbeitsstuhl (Maße, Bestimmung der Maße)
- **DIN EN 527-1: 2011**
  Büromöbel – Büroarbeitstische

Sehraum

- Der Sehraum ist der Bereich, in dem Objekte durch Augen- und Kopfbewegungen wahrgenommen werden.
  A: bevorzugt B: zulässig

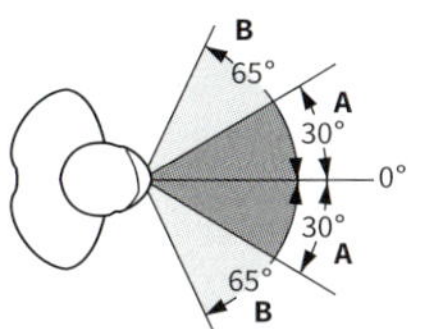

Greifraum

- Abmessungen für den Greifraum werden bestimmt aus den Maßen für die „Reichweite nach vorn" und die „Schulterbreite"
- DIN 33 402-2:2005-12, Ergonomie – Körpermaße des Menschen
  A: Bevorzugter Greifraum B: Zulässiger Greifraum
  A_b: beidhändig
  A_l: linke Hand
  A_r: rechte Hand

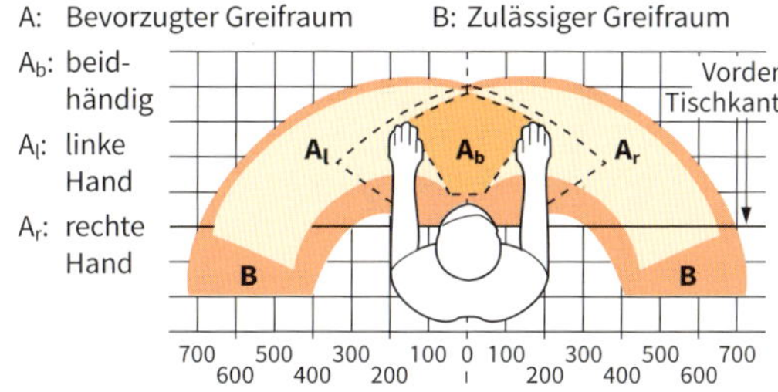

Beispiel für einen Büroarbeitsplatz

Maße in cm

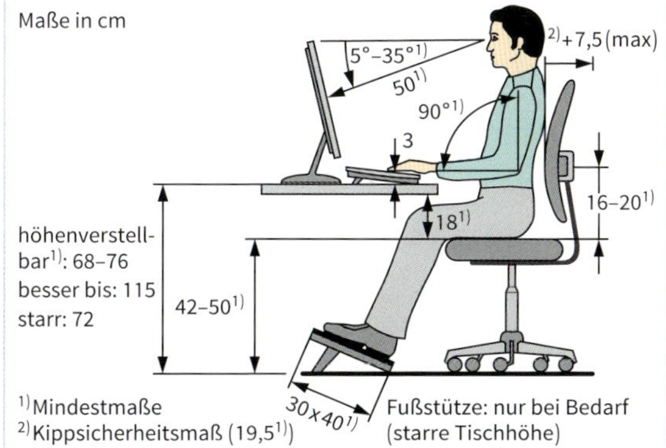

[1] Mindestmaße
[2] Kippsicherheitsmaß (19,5[1])

Ergonomische Anforderungen

- **Bildschirmgeräte**
  - Bildschirmdiagonale: 19 bis 21 Zoll (bei Grafik)
  - Bildschirm frei von Reflexionen und Blendungen
  - Bildschirm frei drehbar und neigbar (25 bis 30 Grad)
  - Bild stabil, flimmerfrei, ohne Verzerrungen
  - Zeichen scharf, deutlich und ausreichend groß, keine „verwaschenen" Konturen
    Zeichenbreite: mind. 50 % der Schrifthöhe
    Strichstärke: 10 % ... 20 % der Zeichenhöhe
    Zeichenabstand: mind. 15 % der Schrifthöhe
    Zeilenabstand: mind. 15 % der Schrifthöhe
    Rasterung: mind. 5 x 7 Punkte
  - Schrifthöhe

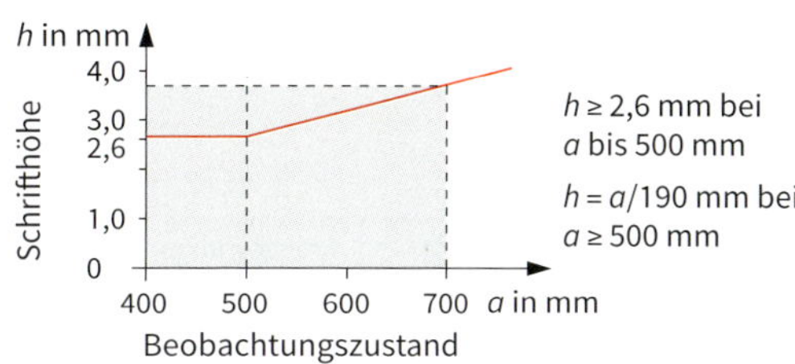

  - Helligkeit und Kontrast leicht der Umgebung anpassbar
  - Kontrast:
    Helle Zeichen auf dunklem Grund 5:1 bis 10:1
    Dunkle Zeichen auf hellem Grund: > 5:1
  - Farbwahl der Funktion angepasst (Verzicht auf gesättigte Farben bei großen Flächen)
- **Tastatur**
  - Ergonomische Bedienung
  - Vor Bildschirmgerät getrennt neigbar (bis 15 Grad)
  - Variabel anzuordnen
  - Auflegen der Hände möglich
  - Reflexionsarme Oberfläche (20 bis 50 %)
  - Tastendurchmesser 12 mm bis 15 mm
  - Tastenhub 2 mm bis 4 mm
- **Arbeitstisch**
  - Schreibfläche mindestens 1600 mm x 800 mm mit reflexionsfreier Oberfläche
  - Abgerundete Ecken, Tischplatte max. 30 mm stark
  - Ausreichender Raum für ergonomisch günstige Arbeitshaltung
  - Beinraum ohne Einschränkungen
  - Kabelkanäle zur einwandfreien Führung der Gerätezuleitungen
- **Arbeitsstuhl**
  - Ergonomisch gestaltet sowie stand- und kippsicher
  - Fünf Rollen, gegen unbeabsichtigtes Wegrollen gesichert
  - Rollenwiderstand angepasst an Fußbodenbelag
  - Sitzflächenhöhe 40 cm bis 50 cm, verstellbar
  - Verstellbare Armauflagen
- **Arbeitsumgebung**
  - Ausreichender Raum für wechselnde Arbeitshaltungen und Bewegungen
  - Beleuchtung der Sehaufgabe und an das Sehvermögen angepasst
  - Lichtschutzvorrichtungen verhindern Blendungen und Reflexionen
  - Kein Lärm durch Arbeitsmittel
  - Keine erhöhten Wärmebelastungen durch Arbeitsmittel

Anforderungen für Aufstiegshilfen

Bezeichnung	Tritt (DIN EN 14183) ①	Sprossen-/Stufenanlegeleiter ②	Schiebeleiter ohne Seilzug ③	Sprossen-/Stufenstehleiter ④	Stufenstehleiter ⑤	Mehrzweckleiter ⑥
Eigenschaften	bis 1 m Höhe mit einer zug- bzw. druckfesten Verbindung; obere Fläche zum Betreten geeignet	Leiter ohne eigene Abstützung; wird zur Benutzung angelegt; mit Sprossen oder Stufen	zwei- oder mehrteilige Sprossenanlegeleiter; obere Leiterteile von Hand ausschiebbar	zweischenklige freistehende Leiter; einseitig oder beidseitig besteigbar; mit Sprossen oder Stufen	mit Plattform und Haltevorrichtung; einseitig oder beidseitig besteigbar; mit Sprossen oder Stufen	Stehleiter mit aufgesetzter Schiebeleiter
Spreizsicherung erforderlich (z. B. Gurt)	–	–	–	ja	ja	ja
Benutzerinformation erforderlich	ja	ja	ja	ja	ja	ja
Hinweise	Schenkel fest miteinander verbunden; kein Verschieben beim Betreten	Anlegewinkel: $\alpha = 65° \dots 75°$ lichte Weite: min. 280 mm Sprossen-/Stufen-Abstand: 250 mm … 300 mm	Länge von Sprosse zu Sprosse verstellbar; nur an sicheren Stützpunkten anlegen	Leiterschenkel durch Gelenke verbunden; Sicherung gegen Auseinandergleiten	Leiterschenkel durch Gelenke verbunden; Sicherung gegen Auseinandergleiten; waagerechte Lage der Stufen in Gebrauchsstellung	Verwendung als Schiebeleiter, Stehleiter oder Stehleiter mit aufgesetzter Schiebeleiter

① ② ③ ④ ⑤ ⑥

Umgang mit Leitern und Gerüsten

Der Vorgesetzte

- stellt die richtige Leiter (z. B. Steh- oder Anlegeleiter) mit notwendigem Zubehör für sicheren Stand bereit,
- bringt Hinweise für die Benutzung der Leitern und Gerüste an und unterweist Mitarbeiter in deren Handhabung,
- garantiert einwandfreie Beschaffenheit und kontrolliert sichere Funktion und
- lässt beschädigte Teile reparieren bzw. ersetzen und untersagt einen bestimmungswidrigen Einsatz.

Der Mitarbeiter

- prüft ordnungsgemäßen Sicherheitszustand vor **jedem** Gebrauch,
- achtet auf Standsicherheit und zulässige Belastungen (Benutzungshinweise),
- setzt nach Möglichkeit Gerüste statt Leitern ein,
- berücksichtigt die Kraftrückwirkung, z. B. bei Stemmarbeiten auf einer Leiter,
- steigt nicht über das Ende einer Stehleiter hinaus und
- lehnt sich bei der Arbeit nicht seitlich hinaus.

Beurteilung der Arbeitsbedingungen beim Heben und Tragen von Lasten

1. Lastwichtung

Wirksame Last für Frauen	Wirksame Last für Männer	Lastwichtung
< 5 kg	< 10 kg	1
5 ... 10 kg	10 ... 20 kg	2 ①
10 ... 15 kg	20 ... 30 kg	4
15 ... 25 kg	30 ... 40 kg	7
> 25 kg	> 40 kg	25

2. Ausführungswichtung

Ausführungsbedingungen	Wichtung
gute ergonomische Bedingungen (z. B. ausreichend Platz)	0
Bewegungsfreiheit eingeschränkt (z. B. geringe Arbeitshöhe und -fläche)	1 ②
Bewegungsfreiheit stark eingeschränkt	2

3. Haltungswichtung

Lastposition und Körperhaltung		Haltungswichtung
	▪ Oberkörper aufrecht und nicht verdreht ▪ Last am Körper	1
	▪ geringe Vorneigung oder Verdrehung des Körpers ▪ Last am Körper bzw. körpernah	2
	▪ tiefes Beugen oder weites Vorneigen ▪ Last körperfern oder über Schulterhöhe	4 ③
	▪ weites Vorneigen mit gleichzeitigem Verdrehen des Oberkörpers ▪ Last körperfern ▪ hocken oder knien	8

4. Zeitwichtung

Tragen (> 5 m)		Halten (> 5 s)		Hebe- oder Umsetzvorgänge	
Gesamtweg pro Arbeitstag	Zeitwichtung	Gesamtdauer pro Arbeitstag	Zeitwichtung	Anzahl pro Arbeitstag	Zeitwichtung
< 300 m	1	< 5 min	1	< 10	1
300 m ... 1 km	2	5 ... 15 min	2	10 ... 40	2
1 km ... 4 km	4	15 min ... 1 h	4	40 ... 200	4
4 km ... 8 km	6	1 h ... 2 h	6	200 ... 500	6 ④
8 km ... 16 km	8	2 h ... 4 h	8	500 ... 1000	8
> 16 km	10	> 4 h	10	> 1000	10

5. Bewertung

Beispiel: Umsetzen von 300 Leuchten (12 kg) in 1,50 m Höhe

	2 ①	Lastwichtung
+	1 ②	Ausführungswichtung
+	4 ③	Haltungswichtung
=	7	× 6 ④ (Zeitwichtung) = 42 (Punktwert) →

Punktwert	Beschreibung
< 10	geringe Belastung
10 ... 25	erhöhte Belastung
25 ... 50	wesentlich erhöhte Belastung
> 50	hohe Belastung

Der tätigkeitsbezogene Punktwert gibt Aufschluss über die jeweilige Belastung.
Bei einem Punktwert > 10 sind Maßnahmen (Gewichtsverminderung, geringe zeitliche Belastung) erforderlich.

[1)] Verordnung über Sicherheit und Gesundheitsschutz bei der manuellen Handhabung von Lasten bei der Arbeit

Funktion

- Die Brandschutzordnung soll das Verhalten der Personen innerhalb eines Gebäudes oder Betriebes im Brandfall regeln. In ihr werden Maßnahmen zur Verhütung von Bränden angegeben. Sie gilt als Hausordnung bzw. allgemeine Geschäftsbedingung.
- Die Brandschutzordnung steht im Zusammenhang mit einem Branschutzplan
- Die DIN 14096: 2013-01 enthält Vorgaben für eine Brandschutzordnung und ist in die Teile A, B und C gegliedert.

DIN 14096, Teil A

- Es handelt sich um einen **Aushang**, der sich an **alle** im Gebäude aufhaltenden **Personen** (Beschäftigte, Besucher usw.) richtet.

Brandschutzordnung Teil A

Brände verhüten

Offenes Feuer verboten

Verhalten im Brandfall

Ruhe bewahren

Brand melden
Wo brennt es?
Was passiert?
Wieviele Verletzte?
Welche Arten von Verletzungen?

Druckknopfmelder

Pförtner 211

In Sicherheit bringen
Gefährdete Personen warnen
Hilflose mitnehmen
Türen schließen

Gekennzeichneten Fluchtwegen folgen

Auf Anweisungen achten

Löschversuch unternehmen

Feuerlöscher benutzen

Brandschutzmittel benutzen

DIN 14096, Teil B

- Teil B richtet sich vor allem an die **Mitarbeiter des Betriebes** und wird allen Miarbeitern in schriftlicher Form ausgehändigt.
- Aufgeführt sind wichtige Regeln zur Verhinderung von Brand- und Rauchausbreitung, zur Freihaltung der Flucht- und Rettungswege und Regeln über das Verhalten im Brandfall.

DIN 14096, Teil C

- Teil C richtet sich an die **Mitarbeiter des Betriebes**, die mit **Brandschutzaufgaben** betraut sind (Fachkräfte für Arbeitssicherheit, Sicherheitsbeauftragte, Brandschutzbeauftragte usw.)

Regeln zum Verhindern von Brand und Rauch

- **Brandverhütung**

Rauchen und Umgang mit offenem Licht und Feuer ist in allen Gebäudeteilen verboten.

- **Brand- und Rauchausbreitung**

Brandschutztür – Brandschutztüren befinden sich in den Fluren zwischen ...

Rauchschutztür – Sie dürfen nicht durch Verkeilen, Anbinden oder vorgestellte Gegenstände offengehalten werden.

Rauchabzug – Rauchabzugseinrichtungen befinden sich im .... Sie werden durch Rauchmelder ausgelöst.

- **Fluchtwege**

Feuerwehrzufahrt

Zufahrten und Aufstellflächen für Feuerwehr-Einsatzfahrzeuge sind unbedingt freizuhalten.

Flucht- und Rettungswege sind unbedingt freizuhalten.

Hinweise und Verbotsschilder dürfen nicht verdeckt oder verstellt werden.

- **Meldeeinrichtungen**

Nächstgelegenes Telefon oder Druckknopfmelder in den Fluren und Treppenhäusern.

- **Löscheinrichtungen**

Feuerlöscher in den Fluren

Löschdecke in den Fluren zwischen ...

- **Verhalten im Brandfall**

Ruhe bewahren!
Keine Panik durch unüberlegtes Handeln!

- **Brand melden**

Feuerwehr
Telefon 112
Wo brennt es?
Was brennt?

Einschlagen des Glases und betätigen des Druckknopfes

- **Meldeeinrichtungen**

Gefahrenbereich über gekennzeichnete Fluchtwege verlassen. Behinderte und verletzte Personen mitnehmen.

Aufzüge nicht benutzen.
Verqualmte Räume gebückt verlassen.
Am Sammelplatz einfinden.

- **Löschversuche unternehmen**

Feuerlöscher benutzen. Von vorne nach hinten und von unten nach oben löschen. Mehrere Löscher gleichzeitig einsetzen.

Personen mit brennender Kleidung am Fortlaufen hindern, sofort auf den Boden legen und die Flammen mit Löschdecken, ... ersticken.

Gesundheitliche Risiken

- Die **ICNIRP** (International **C**ommission on **N**on-**I**onizing **R**adiation **P**rotection) hat in Zusammenarbeit mit Gesundheitsorganisationen Richtlinien über Gesundheitskriterien für **nicht ionisierende** Strahlung herausgegeben.
- Gefahren bestehen für Personen
  - **unmittelbar** durch direkte Einwirkung bzw.
  - **mittelbar** durch Berühren von elektrisch leitfähigen Gegenständen.
- Gesundheitliche Risiken durch elektrische und magnetische Felder:
  - Gewebeerwärmung durch HF-Absorbtion
  - Wirkung induzierter Ströme (f < 500 kHz) auf Nerven- und Muskelzellen
  - Störung von Herzschrittmachern
  - Verbrennungen und Elektroschocks
  - Höreffekte
  - Krebsentstehung und -förderung
  - Wirkungen bei Modulation von HF-Strahlung mit ELF-Frequenzen (Extremely Low Frequency)

Spezifische Absorptionsrate

- Die spezifische Absorptionsrate **SAR** (**S**pecific **A**bsorption **R**ate) ist die physikalische Größe zur Bestimmung der Absorption von elektromagnetischen Feldern im Gewebe.

$$\text{SAR} = \frac{\text{absorbierte HF-Leistung}}{\text{Körpermasse}} \text{ in } \frac{\text{W}}{\text{kg}}$$

- Der SAR-Grenzwert bei einer absorbierten HF-Energie während sechs Minuten beträgt für den gesamten Körper im allgemeinen 0,08 W/kg bzw. im Arbeitsbereich 0,4 W/kg.
- Der SAR-Wert moderner Mobiltelefone liegt z. B. zwischen 0,1 und 1,94 W/kg.
- Der Wert lässt sich durch einen Versuchsaufbau rechnerisch bestimmen oder aber durch einen sogenannten **Messkopf** direkt messen.

Schutzmaßnahmen

- Maßnahmen für Bereiche, in denen die Grenzwerte überschritten werden:
  - absperren
  - Gefahrenhinweis
- Von unterwiesenen Personen zugängige Bereiche durch Kennzeichnung abgrenzen.
- Leistungsreduzierung, Abschirmung, Erdung u. ä.
- Nicht benötigte Geräte abschalten.
- Abstand zur Strahlungsquelle erhöhen.
- Verwendung spezieller Schutzkleidung

Typische Feldstärken

Hochfrequente Quellen				
Quelle	f in MHz	Abstand in m	S in W/m²	Grenz-Wert[1)] in W/m²
LW	0,2	500	0,050	–
MW	1	500	0,454	–
KW	18	500	0,379	2,0
UKW	100	500	0,160	2,0
VHF	80	500	0,959	2,0
UHF	600	500	4,543	3,1
D-Netz-Station	950	10	0,798	4,8
E-Netz-Station	1840	20	0,100	9,4
UMTS-Station	2140	20	0,063	10,9
D-Netz-Handy	950	1	0,159	4,8
E-Netz-Handy	1840	1	0,318	9,4
UMTS-Handy	2140	1	0,079	10,9
Richtfunk/Radar	2200	100	0,008	11,2

1) Grenzwerte laut 26. Bundesimmissionschutzverordnung (BImSchV)

S: Exposition Leistungsflussdichte

Grenzwerte zum Personenschutz bei unmittelbarer Gefährdung

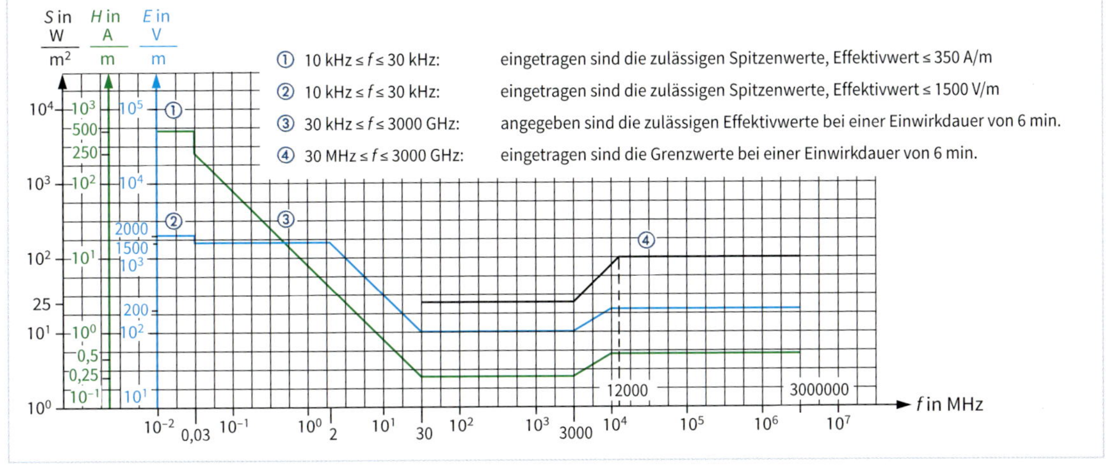

Definitionen

- Die **Strahlenschutzverordnung** (StrlSchV) regelt in Deutschland den Schutz des Menschen und der Umwelt vor der schädlichen Wirkung ionisierender Strahlung.
- Als **Strahlenbelastung** (Strahlenexposition) wird die Einwirkung von ionisierter Strahlung auf Lebewesen verstanden.
- **Strahlendosis** ist die Quantifizierung der Strahlenbelastung.
- **Energiedosis *D*** ist die Energiemenge, die von einer bestimmten Materiemenge durch Absorption aufgenommen wird.

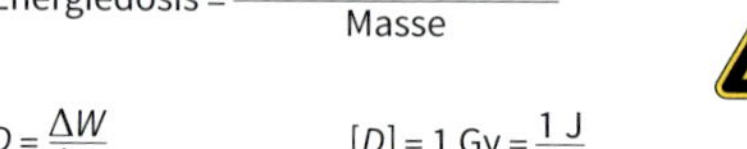

$$\text{Energiedosis} = \frac{\text{absorbierte Energie}}{\text{Masse}}$$

$$D = \frac{\Delta W}{\Delta m} \qquad [D] = 1\ \text{Gy} = \frac{1\ \text{J}}{\text{kg}}$$

Gy: Gray

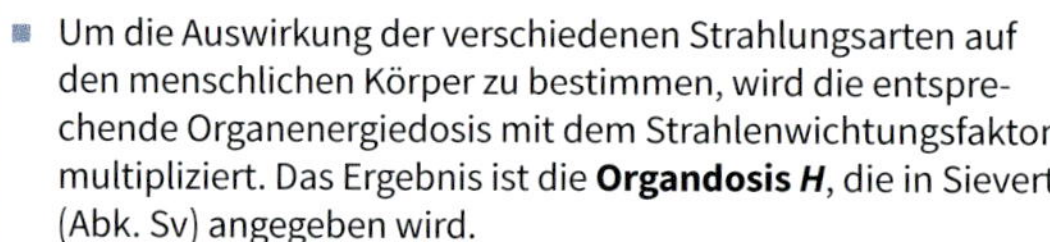

- Um die Auswirkung der verschiedenen Strahlungsarten auf den menschlichen Körper zu bestimmen, wird die entsprechende Organenergiedosis mit dem Strahlenwichtungsfaktor multipliziert. Das Ergebnis ist die **Organdosis *H***, die in Sievert (Abk. Sv) angegeben wird.
- Die **effektive Dosis D_{eff}** berücksichtigt den unterschiedlichen Einfluss der Strahlung auf das menschliche Gewebe. Sie errechnet sich aus der Summe aller Organdosen multipliziert mit dem Gewebe-Wichtungsfaktor *w*.

Gewebe-Wichtungsfaktoren

Organ, Gewebe	*w*	Organ, Gewebe	*w*
Keimdrüse	0,20	Magen	0,12
Knochenmark	0,12	Blase	0,05
Dickdarm	0,12	Schilddrüse	0,05
Lunge	0,12	Haut	0,01

Messverfahren

- In Strahlenschutzbereichen sind zur Ermittlung der Strahlenexposition entweder die Ortsdosis, die Ortsdosisleistung, die Konzentration radioaktiver Stoffe in der Luft oder die Kontamination des Arbeitsplatzes zu messen.
- Messverfahren:
  - **Ionisationskammer** ① zur Messung der Ortsdosisleistung von Gammastrahlung
  - **Auslösezählrohr** ② (Geiger-Müller-Zähler) Impulszähler zur Anzeige möglicher Strahlung
  - **Proportionalzählrohr** ③ zur Impulszählung und Energiemessung
  - **Thermolumineszendosimeter (TLD)** ④ zur Messung von Röntgen- und Gammastrahlung

Grenzwerte der Körperdosis

Körperteile	Werte für Personen, die mit strahlendem Material arbeiten[1]		Maximalwerte für die Bevölkerung
	Maximalwerte	Jugendliche unter 18 Jahren	
	in mSv pro Kalenderjahr		
Effektive Dosis	20	1	1
Keimdrüsen, Gebärmutter[2], Knochenmark (rot)	50	50	–
Haut, Hände, Unterarme, Füße, Knöchel	500	50	50 (Haut)
Augenlinse	150	15	15
Schilddrüse, Knochenoberfläche	300	50	–
Bisher nicht genannte Organe und Gewebe	150	50	–

[1] Die Berufserlebensdosis (Summe in allen Kalenderjahren ermittelten effektiven Dosen) darf dabei 400 mSv nicht überschreiten.

[2] Bei gebärfähigen Frauen beträgt der Grenzwert der Dosis an der Gebärmutter 2 mSv pro Monat. Die Dosis für ein ungeborenes Kind darf vom Zeitpunkt über die Mitteilung der Schwangerschaft bis zur Geburt 1 mSv nicht überschreiten.

Versicherungsschutz

- Die Berufsgenossenschaften sind die Träger der gesetzlichen Unfallversicherung für die Unternehmen der Privatwirtschaft und deren Beschäftigte.
- Sie haben die Aufgabe, Arbeitsunfälle und Berufskrankheiten sowie arbeitsbedingte Gesundheitsgefahren zu verhüten.
- Der Versicherungsschutz erstreckt sich auf:
  - **Arbeitsunfälle**
  - **Wegunfälle**
  - **Berufskrankheiten**
- Die Berufsgenossenschaft und die Unfallkassen sind in der **DGUV** (**D**eutschen **G**esetzlichen **U**nfall**v**ersicherung) organisiert.
- Das bestehende Vorschriften- und Regelwerk wurde ab dem 01.05.2014 in ein neues Bezeichnungssystem überführt. Dabei werden vier Kategorien unterschieden:
  - DGUV Vorschriften
  - DGUV Regeln
  - DGUV Informationen
  - DGUV Grundsätze

DGUV Deutsche Gesetzliche Unfallversicherung Spitzenverband

- Jede Publikation erhält eine eigene, in der Regel sechsstellige Kennzahl:
  - Vorschriften 1 bis 99
  - Regeln 100 bis 199
  - Informationen 200 bis 299
  - Grundsätze 300 und aufwärts

  Jeweils die zweite und dritte Stelle jeder Kennzahl zeigt die Zugehörigkeit in einem der 15 Fachbereiche der DGUV an.

Ausgewählte DGUV-Vorschriften

Bezeichnung		Titel, Erläuterungen
bisher	neu	
BGV A1	DGUV Vorschrift 1	Grundsätze der Prävention
BGV A3	DGUV Vorschrift 3	Elektrische Anlagen und Betriebsmittel
		Prüfung von in Betrieben verwendeten Elektrogeräten.
BGV A4	DGUV Vorschrift 6	Arbeitsmedizinische Vorsorge
		Arbeitsmedizinische Vorsorgeuntersuchungen sind aufgeführt.
BGV A8	DGUV Vorschrift 9	Sicherheits- und Gesundheitsschutzkennzeichnung am Arbeitsplatz
		Gefahrensymbole, Gebots- und Verbotszeichen sowie Kennzeichnung von Fluchtwegen, Erste-Hilfe-Einrichtungen usw.

Verhalten bei Unfällen

Betriebsanweisung zum Verhalten bei Unfällen:

Verhalten bei Unfällen
Ruhe bewahren

1. Unfall melden

Telefon (Tel.-Nr. einfügen)
oder/und ....
Wo geschah es?
Was geschah?
Wie viele Verletzte?
Welche Arten von Verletzungen?
Warten auf Rückfragen!

2. Erste Hilfe
Absicherung des Unfallortes

Versorgung der Verletzten
Anweisungen beachten

3. Weitere Maßnahmen
Rettungsdienste einweisen
Schaulustige entfernen

- Die **Betriebsanweisung** ist eine Anweisung an die Beschäftigten im Rahmen der Pflichten des Arbeitsgebers innerhalb des Arbeitsschutzgesetzes.
- Es wird darin das arbeitsplatz- und tätigkeitsbezogene Verhalten im Betrieb geregelt, mit dem Ziel, Unfall- und Gesundheitsverfahren zu vermeiden.

Hinweise zum Ausfüllen einer Unfallanzeige

- Die **Beschreibung des Unfallgeschehens** soll genaue Angaben zum Unfall und zu den näheren Umständen enthalten.
  Beispiele: wo, wie, warum, unter welchen Umständen, Angabe der beteiligten Geräte oder Maschinen
- **Wichtige Angaben** sind:
  Betriebsteil bzw. Organisationseinheit, in dem sich der Unfall ereignete.
  Beispiele: Büro, Werkstatt, Verkauf, Lager
- **Tätigkeit**, die die verletzte Person ausübte.
  Beispiele: Kundenberatung, Leitungsinstallation, Reparatur eines Servers in der Werkstatt
- **Umstände**, die den Verlauf des Unfalls besonders kennzeichnen (unfallauslösende Umstände, welche Arbeitsmittel wurden benutzt bzw. an welchen Maschinen und Anlagen wurde gearbeitet).
  Beispiele: … beugte sich zu weit zur Seite, dadurch rutschte die Leiter weg, … rutschte auf dem Fußboden aus, …
- **Arbeitsbedingungen**, die mit dem Unfall im Zusammenhang stehen könnten.
  Beispiele: Hitze, Kälte, Lärm, Staub
- **Gefahrstoffe**, die mit dem Unfall im Zusammenhang stehen.
  Beispiele: Akkusäure, Lösungsmittel
- **Verletzte Körperteile** genau bezeichnen
  Die Unfallbeschreibung kann auf der Rückseite des Vordrucks oder auf einem separaten Beiblatt erfolgen.

Verpackungsverordnung

- Verordnung über die Vermeidung und Verwertung von Verpackungsabfällen (VerpackV, Bundesrechtsverordnung)
- Zielsetzung:
  - Umweltbelastungen verringern
  - Wiederverwendung oder Verwertung von Verpackungen fördern
  - vorrangiger Einsatz verwertbarer Abfälle oder sekundärer Rohstoffe
  - Mehrfachverwertung
  - Einsatz langlebiger Produkte
- Geltungsbereich: Bundesrepublik Deutschland
- Letzte Änderung: 02.04.2008 (Inkrafttreten 01.01.2009) Alle Hersteller und Vertreiber von Gütern in Verpackungen, die beim privaten Endverbraucher landen, sind verpflichtet, sich am flächendeckenden Rücknahmesystem der Verpackung zu beteiligen (auch Versandhandel).

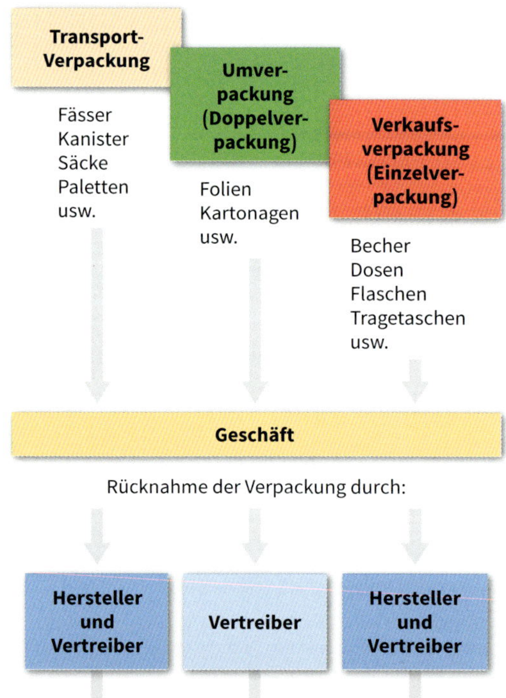

Duales System
Gebrauchte Verpackungen werden beim Verbraucher gesammelt und der stofflichen Verwertung (Recycling) zugeführt.

Grüner Punkt
Hersteller, die sich am dualen System beteiligen, kennzeichnen ihre Produkte mit dem grünen Punkt.

DER GRÜNE PUNKT

Kreislaufwirtschaft

1 Abfälle verringern

- **Produktion:**
  - „Abfallstoffe“ der Produktion wieder zuführen.
  - „Abfallarme“ Produktion durch Materialeinsparung, Einsatz langlebiger Produkte, „sparsame“ Verpackung usw.
- **Verbraucher:**
  Veränderung der Einstellungen gegenüber Abfällen (jeder kann etwas zur Verringerung beitragen).

2 Abfälle verwerten

- **Recycling:**
  Wiederverwertung von Abfallstoffen
  - im gleichen Produktionskreislauf und
  - in einem anderen Produktionsprozess.
- **Energetische Verwertung:**
  Abfälle als Ersatzbrennstoffe umweltverträglich nutzen.

3 Abfälle verwerten

- **Trennung:**
  Sortengerechte Trennung und Lagerung
- **Lagerung:**
  Umweltschonende Lagerung auf entsprechenden Deponien
- **Verbrennung:**
  Umweltschonende Verbrennung

Arbeitsweise Duales System
Verpackungen im Kreislauf

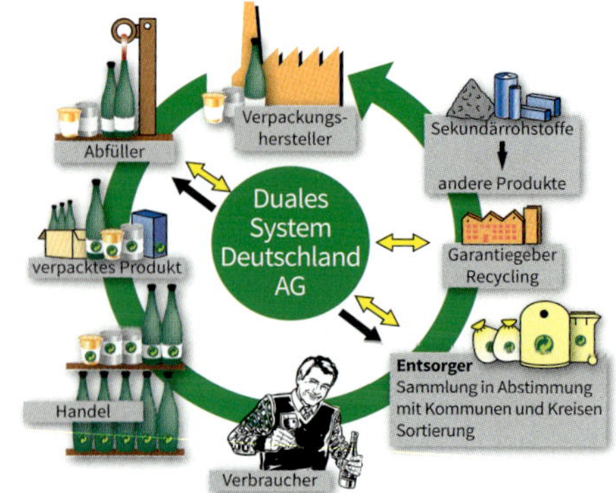

Vertragsbeziehungen
Finanzierung über Lizenzentgelte für den Grünen Punkt

Recycling-Code

- Der Recycling-Code wird zur Kennzeichnung verschiedener Materialien zwecks Rückführung in den Verwertungskreislauf verwendet.
- Das Recyclingsymbol besteht aus drei (oft grünen) Pfeilen und einer Nummer, die das Material kennzeichnet. Die Kürzel für Kunststoffe basieren auf den genormten Kurzzeichen der Kunststoffe.

Allgemeines Symbol

Beispiel: PVC

Recyclingcode		
01	PET	Polyethylenterephtalat
02	HDPE	Polyethylen hoher Dichte
03	PVC	Polyvinylchlorid
04	LDPE	Polyethylen niedriger Dichte
05	PP	Polypropylen
06	PS	Polystyrol
07	0	andere Kunststoffe
20	PAP	Wellpappe
21	PAP	sonstige Pappe
22	PAP	Papier
40	FE	Stahl
41	ALU	Aluminium
50	FOR	Holz
51	FOR	Kork
60	TEX	Baumwolle
61	TEX	Jute
70	GL	Farbloses Glas
71	GL	Grünes Glas
72	GL	Braunes Glas
80	–	Papier + Pappe/verschiedene Metalle
81	–	Papier + Pappe/Kunststoffe
82	–	Papier + Pappe/Aluminium
83	–	Papier + Pappe/Weißblech
84	–	Papier + Pappe/Kunststoff/Aluminium
85	–	Papier + Pappe/Kunststoff/Aluminium/Weißblech
90	–	Kunststoff/Aluminium
91	–	Kunststoff/Weißblech
92	–	Kunststoff/verschiedene Metalle
95	–	Glas/Kunststoff
96	–	Glas/Aluminium
97	–	Glas/Weißblech
98	–	Glas/verschiedene Metalle

Elektro- und Elektronikgerätegesetz ElektroG: 2005-03

Elektro- und Elektronikgerätegesetz

- EG-Richtlinie 2002/95 „Beschränkung der Verwendung bestimmter gefährlicher Stoffe in Elektro- und Elektronikgeräten" (RoHS[1])
- EG-Richtlinie 2002/96 „Elektro- und Elektronikalt-/schrottgeräte" (WEEE[2])

Beschränkung der Verwendung bestimmter gefährlicher Stoffe in Elektro- und Elektronikgeräten	
Giftige Substanzen dürfen in der Elektronik nur noch in maximal festgelegten Gewichtsprozenten verwendet werden.	
Cadmium	0,01 %
Blei	0,1 %
Quecksilber	
sechswertiges Chrom	
Polybromierte Biphenyle (PBB)	
Polybromierte Diphenylether (PBDE)	
Ausnahmen bestehen für Ersatzteile von Elektro- und Elektronikgeräten, die vor dem 1.6.2006 auf den Markt gebracht wurden.	

Elektro- und Elektronikalt-/schrottgeräte

Alle Hersteller von Elektro- und Elektronikgeräten in Deutschland müssen die Rücknahme und Entsorgung der Geräte sicherstellen, die nach dem 13.8.2005 in Verkehr gebracht wurden.

Gruppen	Beispiele
große Haushaltsgeräte	Backofen, Kühlschrank, Elektrische Heizgeräte
kleine Haushaltsgeräte	Staubsauger, Toaster, Bügeleisen, Haartrockner
Informations- und Kommunikationsgeräte	Computer, Drucker, Faxgeräte, Kopiergeräte, Telefone, Mobiltelefone
Geräte der Unterhaltungselektronik	Radiogeräte, Fernseher, HiFi-Anlagen, Videokamera
Leuchtmittel	stabförmige Leuchtstofflampen, Kompaktleuchtstofflampen
Elektrowerkzeuge	Bohrmaschinen, Nähmaschinen, Rasenmäher, Schweiß- und Lötwerkzeuge
Spiel- und Freizeitgeräte	Videospielkonsolen, Fitnessgeräte, Geldspielautomaten
Überwachungsgeräte	Rauchmelder, Thermostate
Ausgabesysteme	Geldautomaten, Getränkeautomaten

Elektro- und Elektronikgeräte müssen für die getrennte Sammlung mit einem sichtbaren, erkennbaren und dauerhaften Symbol gekennzeichnet sein (durchgestrichener Abfallbehälter).

[1] **RoHS**: **R**estriction **o**f the use of certain **h**azardous **s**ubstances in electrical and electronic equipment
[2] **WEEE**: **W**aste **E**lectrical and **E**lectronic **E**quipment

Ökodesign-Richtlinie 2009/125/EG

- Beim Ökodesign (**EcoDesign**) handelt es sich um einen umfassenden Ansatz für Produkte mit dem Ziel, die Umweltbelastungen über den gesamten Lebenszyklus (von der Produktion bis zur Entsorgung) durch verbessertes Produktdesign zu verringern sowie Energie und andere Ressourcen einzusparen.

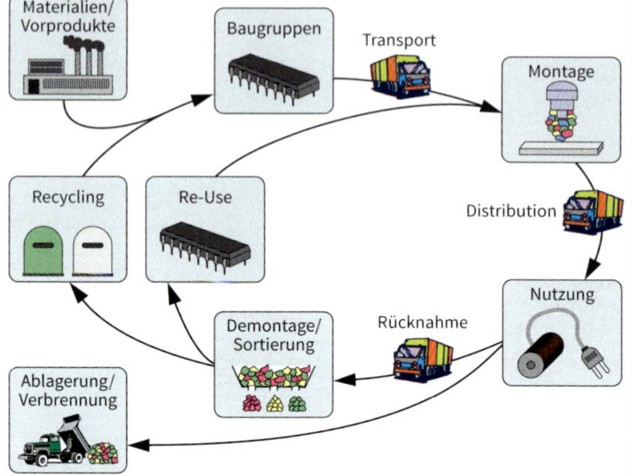

- Die **EcoDesign** wurde 2007 in Deutschland mit dem **EBPG** (**E**nergie**b**etriebene-**P**rodukte-**G**esetz) in nationales Recht umgesetzt.

Entsorgungswege der Altgeräte

- Vom Umweltbundesamt ist die privatwirtschaftlich organisierte Stiftung **EAR** (**E**lektro-**A**ltgeräte-**R**egister) betraut worden (06.07.2005), die Hersteller von Elektro- und Elektronikgeräten zu registrieren. Ohne Registrierung dürfen Hersteller nicht mehr am Markt teilnehmen.
- EAR vergibt **Registrierungsnummern** an die Hersteller, nimmt Meldungen über in Verkehr gebrachte Mengen an, berechnet daraus die Entsorgungsverpflichtung des einzelnen Herstellers und erhebt entsprechende Gebühren.
- EAR koordiniert auch die Bereitstellung der Sammelbehälter und die Abholung der Altgeräte bei den öffentlich-rechtlichen Entsorgungsträgern. Es wird zwischen privat oder ausschließlich kommerziell genutzten Geräten unterschieden.

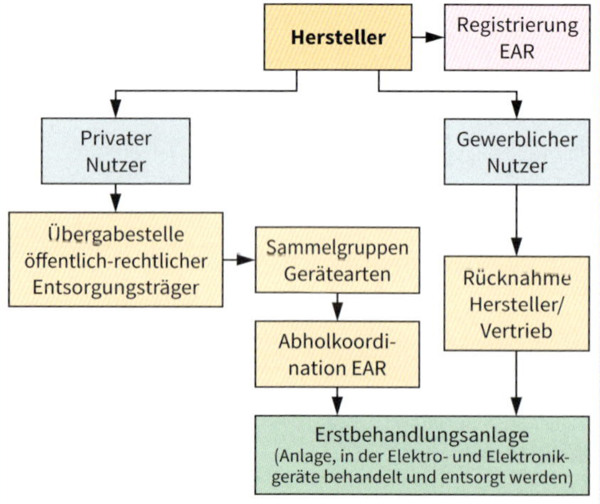

EG(EU)-Richtlinien

Rechtsakte der Europäischen Union

WEEE 2022/96/EG	Altgeräteentsorgung (**W**aste of **E**lectrical and **E**lectronic **E**quipment)
RoHS 2002/95/EG	Beschränkung der Verwendung bestimmter gefährlicher Stoffe in Elektro- und Elektronikgeräten (**R**estriction **o**f **H**azardous **S**ubstances)
94/62/EG	Verpackungen und Verpackungsabfälle
BattV 2006/66/EG	Verordnung über die Rücknahme und Entsorgung gebrauchter Batterien und Akkumulatoren (**Batt**erie**v**erordnung)

Verordnung des Europäischen Parlaments und des Rates

(EG) Nr. 842/2006	F-Gase-Verordnung Verordnung über bestimmte fluorierte Treibhausgase
(EG) Nr. 1907/2006 (REACH)	Registrierung, Bewertung, Zulassung und Beschränkung chemischer Stoffe

Gesetze (Deutschland)

ElektroG **Elektro**- und Elektronik-gesetz	Gesetz über das Inverkehrbringen, die Rücknahme und die umweltverträgliche Entsorgung von Elektro- und Elektronikgeräten
KrW-/AbfG **Kr**eislauf**w**irt-schafts und **Abf**all**g**esetz	Gesetz zur Förderung der Kreislaufwirtschaft und Sicherung der umweltverträglichen Beseitigung von Abfällen
ChemG **Chem**ikalien-**g**esetz	Gesetz zum Schutz vor gefährlichen Stoffen

Verordnungen (Deutschland)

VerpackV Verpackungs-verordnung	Verordnung über die Vermeidung und Verwertung von Verpackungsabfällen
BattV Batterie-verordnung	Verordnung über die Rücknahme und Entsorgung gebrauchter Batterien und Akkumulatoren
ChemVer-botsV Chemikalien-Verbots-verordnung	Verordnung über Verbote und Beschränkungen des Inverkehrbringens gefährlicher Stoffe, Zubereitungen und Erzeugnisse nach dem Chemikaliengesetz
GefStoffV Gefahrstoff-verordnung	Verordnung zum Schutz vor gefährlichen Stoffen

- Die Gefahrstoffverordnung (GefStoffV) dient dem Schutz vor gefährlichen Stoffen und ist im Arbeitsschutz verankert.
- Bei der Beurteilung der Gefährdung werden die physikalisch-chemischen und toxischen Eigenschaften sowie besondere Eigenschaften im Zusammenhang mit bestimmten Tätigkeiten unabhängig voneinander betrachtet.
- Um die Gefahren beim Arbeiten mit Gefahrstoffe abschätzen zu können, werden sie gekennzeichnet und in vier Schutzstufen eingeteilt:

1: Mindestmaßnahmen
2: Standardschutzstufe für Tätigkeiten mit Gefahrstoffen
3: Zusätzliche Anwendung bei Arbeiten mit giftigen und sehr giftigen Stoffen
4: Zusätzliche Anwendung bei Arbeiten mit krebserzeugenden, erbgutverändernden und fruchtbarkeitsschädigenden Stoffen

Kennzeichnung gefährlicher Stoffe (Beispiele)

Gefahren-bezeichnung; Gefahrensymbol	Kennbuchstabe; Hinweise auf besondere Gefahren
Sehr giftig	**T +** (T: toxic) R26 R27 R28 R39
Reizend	**Xi** (X: für Andreaskreuz i: irritating) R26 R37 R38 R41 R43
Explosionsgefährlich	**E** (E: explosive) R2 R3
Hochentzündlich	**F +** (F: flammable) R12
Ätzend	**C** (C: corrosive) R34 R35
Umweltgefährlich	**N** (N: nocious) R54 R55 R56
Brandfördernd	**O** (O: oxidizing) R8 R9 R11

Hinweise auf besondere Gefahren Risiko-Sätze (R-Sätze)

R1	In trockenem Zustand explosionsgefährlich
R2	Durch Schlag, Reibung, Feuer oder andere Zündquellen explosionsgefährlich
R3	Durch Schlag, Reibung, Feuer oder andere Zündquellen besonders explosionsgefährlich
R4	Bildet hochempfindliche explosionsgefährliche Metallverbindungen
R5	Beim Erwärmen explosionsfähig
R6	Mit und ohne Luft explosionsfähig
R7	Kann Brand verursachen
R8	Feuergefahr bei Berührung mit brennbaren Stoffen
R9	Explosionsgefahr bei Mischung mit brennbaren Stoffen
R10	Entzündlich
R11	Leichtentzündlich
R12	Hochentzündlich
R13	Hochentzündliches Flüssiggas
R14	Reagiert heftig mit Wasser
R15	Reagiert mit Wasser unter Bildung leichtentzündlicher Gase
R16	Explosionsgefährlich in Mischung mit brandfördernden Stoffen
R17	Selbstentzündlich an der Luft
R18	Bei Gebrauch Bildung explosionsfähiger/leichtentzündlicher Dampf-Luftgemische möglich
R19	Kann explosionsfähige Peroxide bilden
R20	Gesundheitsschädlich beim Einatmen
R21	Gesundheitsschädlich bei Berührung mit der Haut
R22	Gesundheitsschädlich beim Verschlucken
R23	Giftig beim Einatmen
R24	Giftig bei Berührung mit der Haut
R25	Giftig beim Verschlucken
R26	Sehr giftig beim Einatmen
R27	Sehr giftig bei Berührung mit der Haut
R28	Sehr giftig beim Verschlucken
R29	Entwickelt bei Berührung mit Wasser giftige Gase
R30	Kann bei Gebrauch leicht entzündlich werden
R31	Entwickelt bei Berührung mit Säure giftige Gase
R32	Entwickelt bei Berührung mit Säure sehr giftige Gase
R33	Gefahr kumulativer Wirkungen
R34	Verursacht Verätzungen
R35	Verursacht schwere Verätzungen
R36	Reizt die Augen
R37	Reizt die Atmungsorgane
R38	Reizt die Haut
R39	Ernste Gefahr irreversiblen Schadens
R40	Irreversibler Schaden möglich
R41	Gefahr ernster Augenschäden
R42	Sensibilisierung durch Einatmen möglich
R43	Sensibilisierung durch Hautkontakt möglich
R44	Explosionsgefahr bei Erhitzung unter Einschluss
R45	Kann Krebs erzeugen
R46	Kann vererbbare Schäden verursachen
R47	Kann Missbildungen verursachen
R48	Gefahr ernster Gesundheitsschäden bei längerer Exposition

Einstufungs- und Kennzeichnungssystem für Chemikalien nach GHS
Globally Harmonised System of Classification and Labelling Chemicals

Hinweise

- **GHS**: **G**lobally **H**armonised **S**ystem of Classification and Labelling of Chemicals
- Die GHS-Verordnung wird auch als CLP-Verordnung (Classification, Labelling and Packing) bezeichnet.
- Die Verordnung ist am 20.01.2009 in der EU in Kraft getreten und löst schrittweise bestehende Verordnungen ab.
- Zwischen der CLP-Verordnung und der REACH-Verordnung (s. unten) gibt es Berührungspunkte. Die REACH-Verordnung gilt in erster Linie für Stoffe und Stoffgemische. Die von ihr aufgestellten Pflichten sind in weiten Teilen an Mengenschwellen gebunden. Demgegenüber unterliegen alle Chemikalien vor dem Inverkehrbringen generell der Einstufungs- und Kennzeichnungspflicht nach GHS.

Gefahrenpiktogramme

Bezeichnung	Piktogramm	Kodierung
Explodierende Bombe		GHS01
Flamme		GHS02
Flamme über einem Kreis		GHS03
Gasflasche		GHS04
Ätzwirkung		GHS05
Totenkopf mit gekreuzten Knochen		GHS06
Ausrufezeichen		GHS07
Gesundheitsgefahr		GHS08
Umwelt		GHS09

Übergangsfristen

- Hinsichtlich der Übergangszeiten orientiert sich die CLP-Verordnung weitgehend an den Fristen zur Umsetzung der REACH-Verordnung.

	01.06.07 – 01.12.10	01.12.10 – 01.06.13	01.06.13 – 01.06.18
Registrierungsphasen der REACH-Verordnung	3½ Jahre	2½ Jahre	5 Jahre
Übergangsphasen der CLP-Verordnung	3½ Jahre	4½ Jahre	

Gefahrenklassen

Gefahrenklassen werden in Gefahrenkategorien unterteilt. Um den Schweregrad der einzelnen Gefährdungen zu erkennen, werden Gefahrenpiktogramme, Signalwörter und Gefahrenhinweise angegeben.

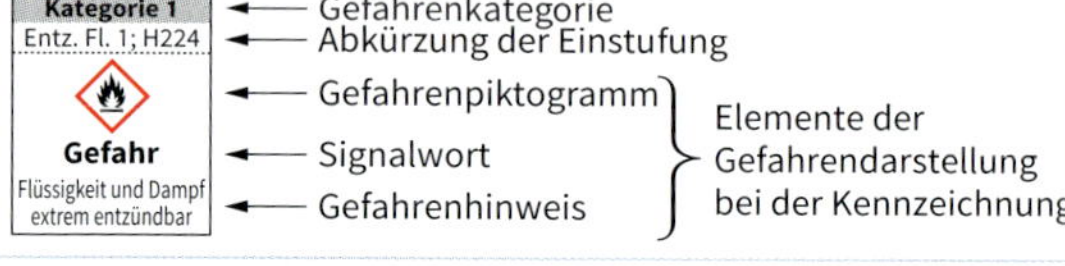

Gefahrenhinweise

Es handelt sich um einen standardisierten Text, der die Art und gegebenenfalls den Schweregrad der Gefährdung beschreibt. Gefahrenhinweise sind mit den R-Sätzen nach Gefahrstoffverordnung vergleichbar. Beispiel:

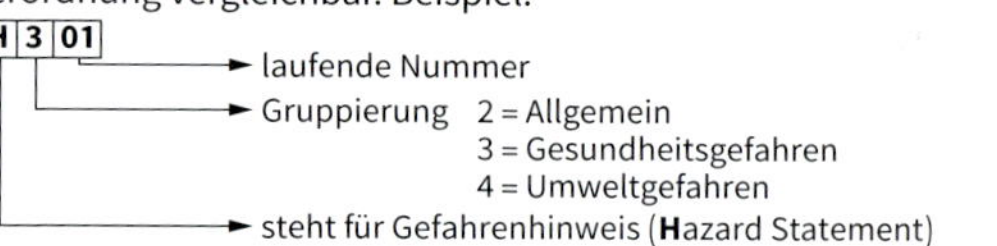

Sicherheitshinweise

Sicherheitshinweise beschreiben in standardisierter Form die empfohlenen Maßnahmen zur Begrenzung oder Vermeidung schädlicher Wirkungen. Sie sind mit den Sätzen der Gefahrstoffverordnung vergleichbar. Beispiel:

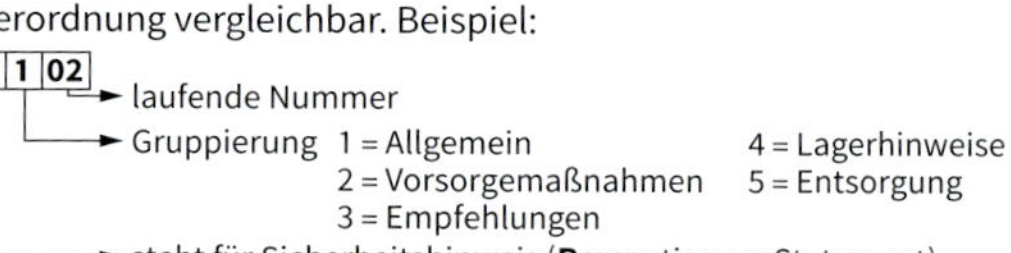

REACH-Verordnung
REACH Regulation

- EU-Chemikalienverordnung für die Registrierung, Bewertung, Zulassung und Beschränkung von Chemikalien (am 01.06.2007 in Kraft getreten)
- **REACH: R**egistration, **E**valuation, **A**uthorisation and Restriction of **Ch**emicals
- Grundsatz: Eigenverantwortlichkeit der Industrie
- Innerhalb der EU dürfen danach nur solche chemischen Stoffe in den Verkehr gebracht werden, die vorher registriert worden sind.
- Die Vorregistrierung erfolgt durch die Europäische Agentur für chemische Stoffe in Helsinki (**EACH: E**uropean **C**hemicals **A**gency). Sie dient der Bildung von Foren für Hersteller und Importeure von gleichen Stoffen.
- Die Vorregistrierung ist der eigentlichen Registrierung vorgeschaltet.
- Die Registrierung umfasst
  - die Einstufung und Kennzeichnung,
  - Informationen zur Herstellung und Verwendung,
  - Leitlinien für die sichere Verwendung des Stoffes usw.
- Für die Kommunikation in einer Lieferkette dient das Sicherheitsblatt (Registrierungsnummer, Beschränkung der Verwendung, usw.).

Technische Dokumentation und Formeln

12

Dokumentation und Kennzeichnungen

468 Normung
469 Liniendiagramme
470 Technische Zeichnungen
471 Darstellungen
472 Bauzeichnungen
473 Hydraulik und Pneumatik
474 Bildzeichen der Elektrotechnik
475 Prüfzeichen an elektrischen Betriebsmitteln und Geräten
475 CE-Kennzeichnung

Pläne

476 Pläne der Elektrotechnik
477 Stromlaufplan
478 Übersichtsschaltplan
479 Funktionsschaltplan und Diagramm
480 Verdrahtungsplan
481 Installationsplan
482 Informationsverarbeitung

Schaltzeichen

483 Kennzeichnung von elektrischen Betriebsmitteln (Objekte)
484 Kennzeichnung von elektrischen Betriebsmitteln (Objekte)
485 Symbolelemente und Kennzeichen
486 Passive Bauelemente
486 Halbleiter
487 Leitungen und Verbinder
488 Kontakte
488 Elektroinstallation
490 Melde- und Signaleinrichtungen
490 Grafische Symbole für KNX
491 Schaltgeräte und Schutzeinrichtungen
492 Mess- und Schutzeinrichtungen
493 Erzeugung und Umwandlung elektrischer Energie
494 Nachrichtentechnik
496 Binäre Elemente
498 Symbole und Kennbuchstaben der Prozessleittechnik
499 Grafische Symbole für die Prozessleittechnik
500 GRAFCET – Grafische Darstellung von Ablaufsteuerungen
502 Programmablaufplan, Struktogramm

Formeln

503 Mathematik
504 Mechanik
505 Elektrotechnik
506 Schaltungen mit Widerständen
507 Felder
508 Wechselspannung und Wechselstrom
508 Stern- und Dreieckschaltung im Drehstromnetz, symmetrische Belastung
509 RC- und RL-Schaltungen
509 RCL-Schaltungen
510 Transistoren

Normen

- Normen sind anerkannte und veröffentlichte Regeln zur Lösung von Sachverhalten.
- Durch Einbeziehung in Rechts-/Verwaltungsvorschriften oder Privatwirtschaftliche Verträge können diese verbindlich werden.
- Normen werden in festgelegten Verfahren verabschiedet.
- Internationale Normung dient dem Abbau von Handelshemmnissen.
- Internationale Normen werden europäischen Normungsgremien zur Übernahme vorgeschlagen.
- EU-Normen sind durch EWG-Vertrag auch für Deutschland bindend und entsprechen DIN-Normen.

Elektro- und informationstechnische Normungsgremien

International	Europäisch	National
■ **IEC** **I**nternational **E**lectrotechnical **C**omission, Genf – Wird gebildet aus Mitgliedern nationaler Normungsgremien (z. B. DKE). – Erstellt Standards als Basis für nationale Normung oder internationale Verträge. – www.iec.ch	■ **CENELEC** **C**omité **E**uropéen de **N**ormalisation **Elec**trotechnique, Brüssel – Mitglieder sind nationale Normungsinstitute der EU (z. B. DKE) – Erstellt Standards für die Umsetzung in nationale europäische Normen. – www.cenelec.org	■ **DKE** **D**eutsche **K**ommission **E**lektrotechnik Elektronik Informationstechnik im DIN und VDE – Ist ein Organ von DIN und VDE (Träger) – Erstellt nationale Normen und vertritt Deutschland in europäischen und internationalen Gremien. – www.dke.de

VDE-Vorschriftenwerk

- Wird vom DKE erarbeitet und herausgegeben.
- Bezeichnung von VDE-Vorschriften ist gegliedert nach Herausgeber (VDE, DIN VDE), Gruppe (0–8), Unternummerierung der Gruppen und Teilen.

Kennzeichnungsbeispiel

DIN VDE 0 1 05 - 100: 2009-10

- DIN VDE: Herausgeber
- 0: Blindnull
- 1: Gruppe
- 05: Nr. innerhalb der Gr.
- 100: Teil-Nummerierung
- 2009-10: Jahr-Monat des Inkrafttretens

Gruppen des VDE-Vorschriftenwerkes		
0 Allgemeines 1 Starkstromanlagen 2 Starkstromleitungen und -kabel	3 Isolierstoffe 4 Messung und Prüfung 5 Maschinen, Transformatoren, Umformer	6 Installationsmaterial, Schaltgeräte, 7 Hochspannungsgeräte 8 Verbrauchsgeräte Fernmelde- und Rundfunkanlagen

Auswahl wichtiger VDE-Vorschriften	
VDE 0100	Bestimmungen für das Errichten von Starkstromanlagen bis 1000 V
VDE 0105	Betrieb von elektrischen Anlagen
VDE 0185	Blitzschutz
VDE 0800	Fernmeldetechnik
VDE 0805	Einrichtungen der Informationstechnik
VDE 0808	Signalübertragung auf elektrischen Niederspannungsnetzen im Frequenzbereich von 3 kHz bis 148,5 kHz
VDE 0820	Geräteschutzsicherungen
VDE 0824	Elektrische Systemtechnik für Heim und Gebäude
VDE 0830	Alarm-/ Einbruchmeldeanlagen
VDE 0838 VDE 0834 VDE 0847	Elektromagnetische Verträglichkeit
VDE 0887	Koaxialkabel für Kabelverteilanlagen
VDE 0888	Lichtwellenleiterkabel

Kartesisches Koordinatensystem

Bezeichnungen

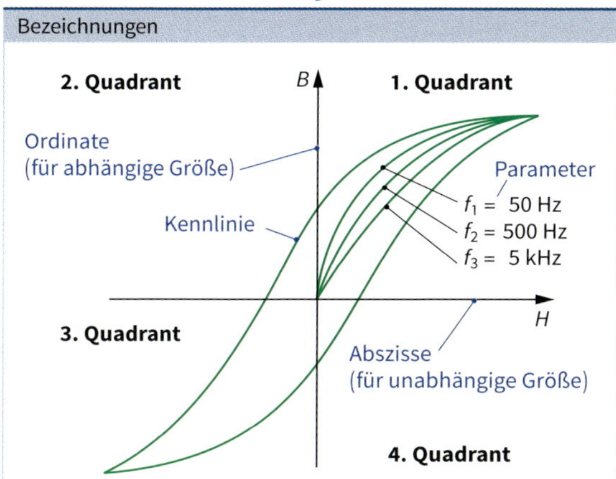

Achsenbeschriftung

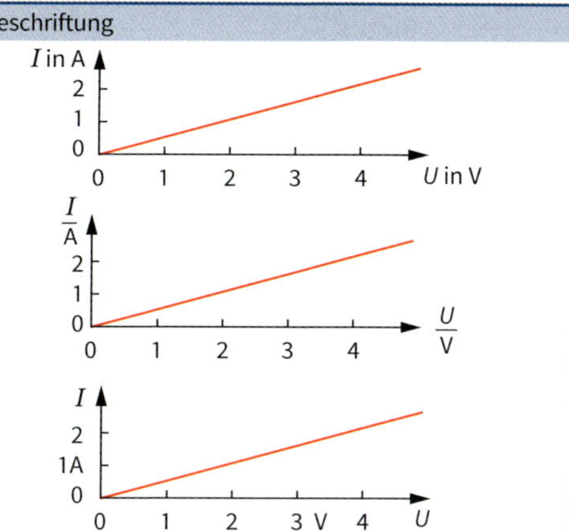

Normierte Achse

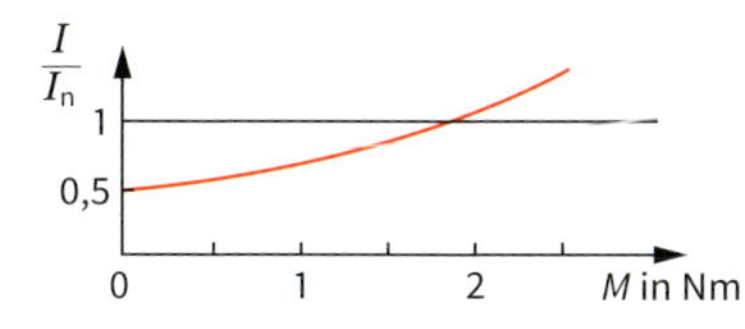

$\frac{I}{I_n}$ Stromstärke I bezogen auf Bemessungsstromstärke I_n

Linienbreiten

Kennlinie	:	Achse	:	Gitternetz
1	:	0,5	:	0,25
Beispiel: 0,7 mm	:	0,35 mm	:	0,2 mm

Unterbrochene Achsen

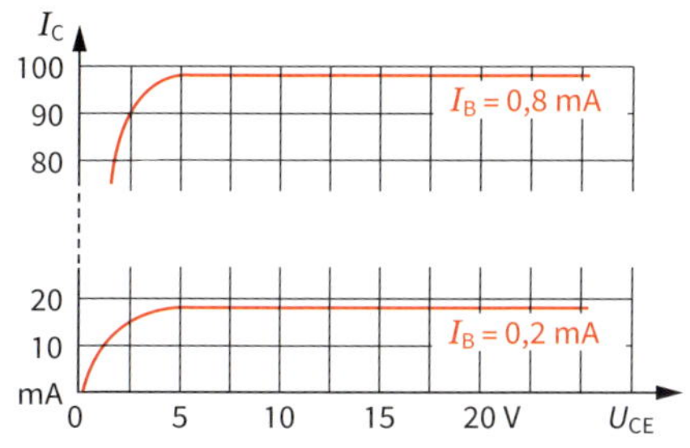

(dekadisch) logarithmische Teilung

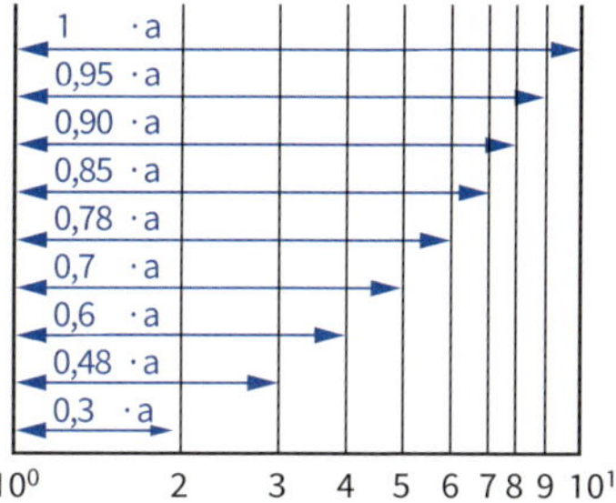

Polarkoordinaten

- Darstellung von Größen in Abhängigkeit von Winkeln und Abstand vom Pol

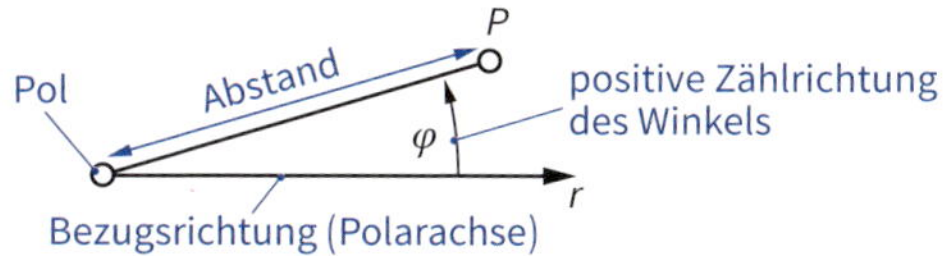

- Anwendungen: Richtcharakteristiken, Lichtstärkeverteilungskurven (LVK)

Beispiel: LVK einer Reflektorlampe 60 W/80°

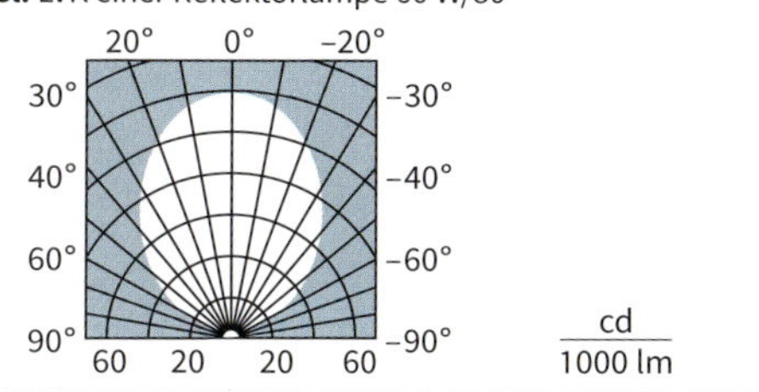

Netztafeln

Lösen von Aufgaben der Typen

- $y = \frac{x}{a}$ **Beispiel:** $I = \frac{U}{R}$
- $y = \frac{a}{x}$ **Beispiel:** $I = \frac{P}{U}$

Ablesebeispiele:

- $R = 500\ \Omega$; $U = 20\ V \rightarrow I = 40$ mA
- $P = 9$ W; $U = 30\ V \rightarrow I = 30$ mA

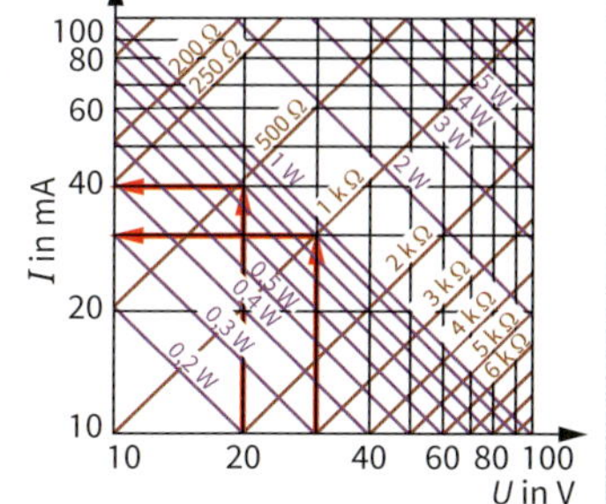

Blattformate

210
297
1189
841
A4 A5 A6
A2 A3
A1

A0
841 x 1189 mm²
= 1 m²

A4
210 x 297 mm²
≈ $\frac{1}{16}$ m²

Maße in mm

Schriftfeld

nach EN ISO 7200: 2004-05

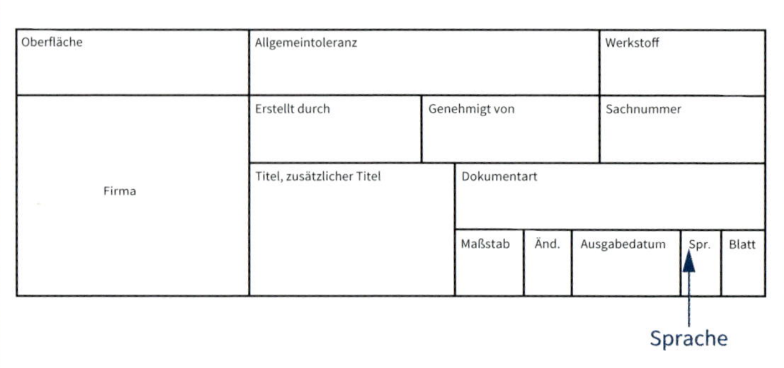

Darstellungsarten

Dimetrische Projektion

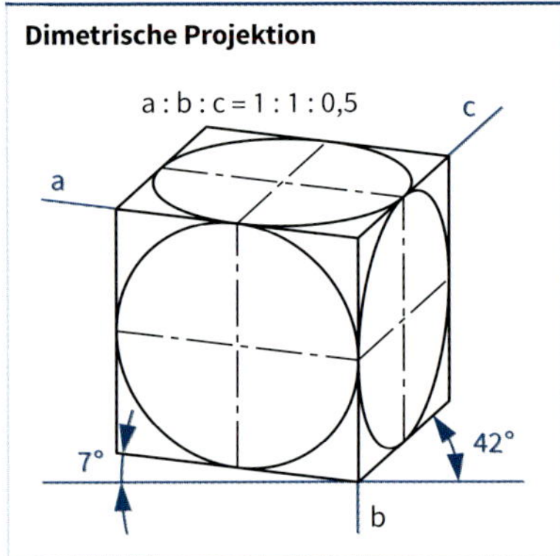

Drei Ansichten

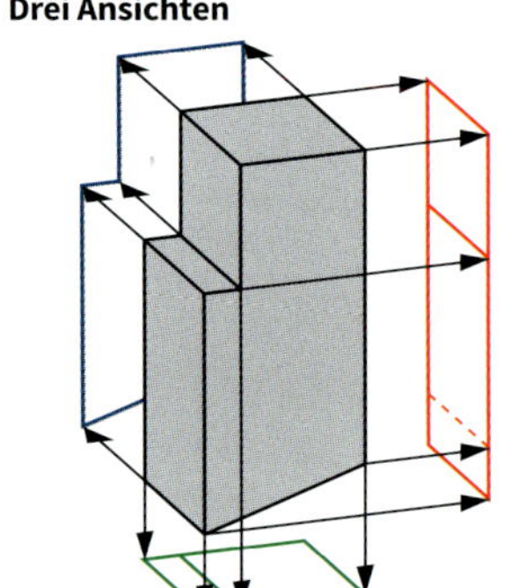

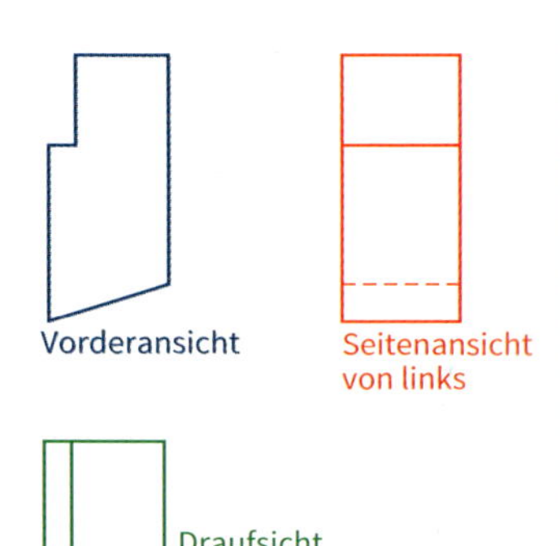

Linien

Linienart	Volllinie		Strichlinie		Strichpunktlinie		Freihandlinie	Zickzacklinie	Strich-Zweipunktlinie
	breit	schmal	breit	schmal	breit	schmal	schmal	schmal	schmal
Kennbuchstabe	A	B	E	F	J	G	C	D	K
Linienbreiten in mm	1 0,7 0,5	0,5 0,35 0,25	1 0,7 0,5	0,5 0,35 0,25	1 0,7 0,5	0,5 0,35 0,25	0,5 0,35 0,25	0,5 0,35 0,25	0,5 0,35 0,25
Anwendungsbeispiele	sichtbare Körperkanten ②, Gewindebegrenzung ⑤	Maßlinie ③, Maßhilfslinie ⑧, Schraffur ④, Gewindelinie ⑥	Kennzeichnung von Oberflächenbehandlung ⑩	verdeckte Körperkanten ⑨	Schnittverlauf ⑪	Mittellinie ⑬	Bruchlinie ⑦	Bruchlinie (alternativ zu C)	angrenzende Teile ①, Grenzstellung beweglicher Teile ⑫

20 23 M17 A
① ② ③ ④ ⑤ ⑥ ⑦ ⑧ ⑨ ⑩ ⑪ ⑫ ⑬

Bemaßungen

Regeln

- Keine Doppelbemaßung
- Keine Bemaßung an verdeckten Kanten
- Maß in der Ansicht, in der es am deutlichsten zu sehen ist
- Maßzahlen von unten oder von rechts lesbar
- Maßlinien sollen sich nicht kreuzen
- Keine Maße im markierten Bereich

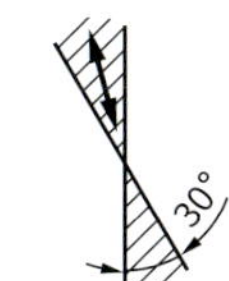

Begriffe

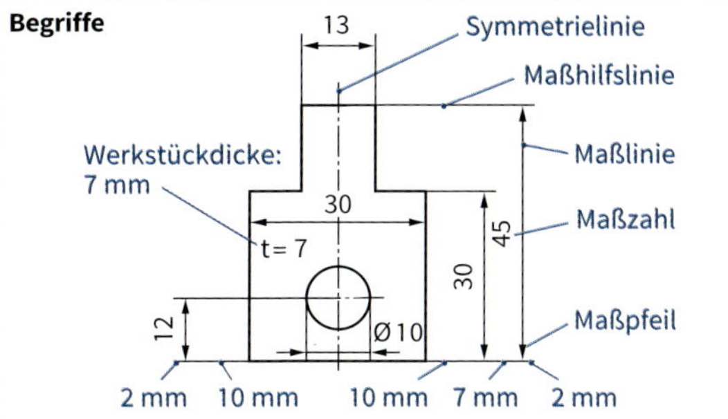

Bohrungen

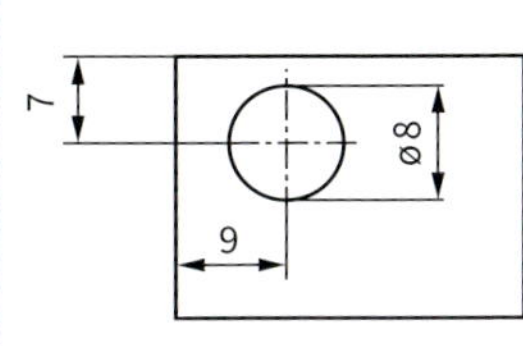

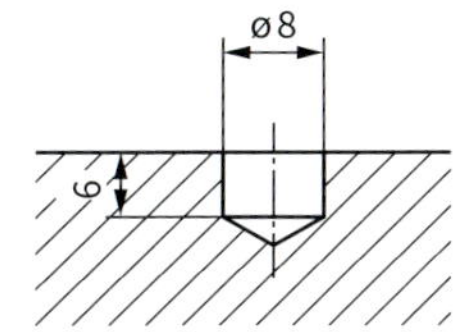

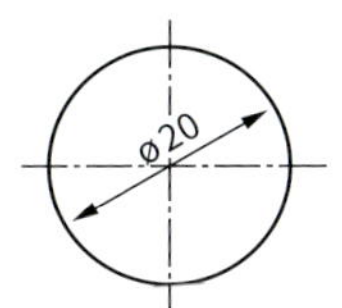

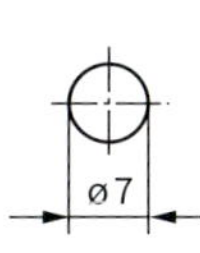

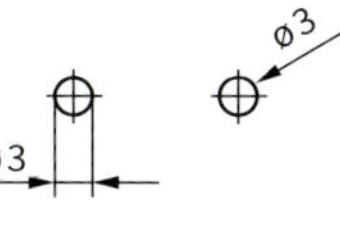

Gewinde

Sechskant-Schraube	Innengewinde

Vereinfachte Darstellung (ohne Fasen)

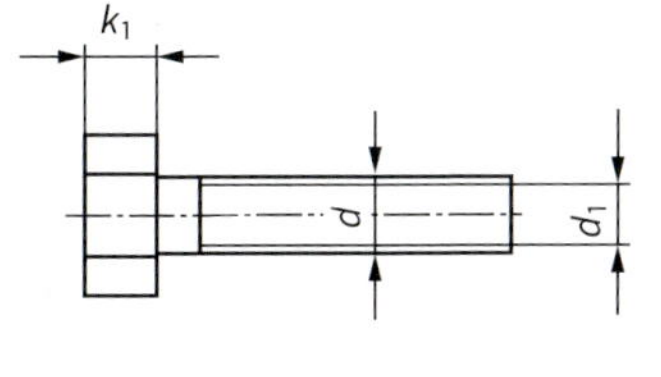

Richtwerte zum Zeichnen:

Eckmaß	$e = 2 \cdot d$	$d_1 = 0{,}8 \cdot d$
Schlüsselweite	$s = 1{,}7 \cdot d$	$k_1 = 0{,}7 \cdot d$

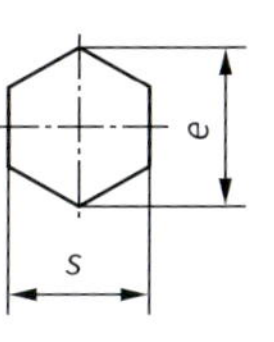

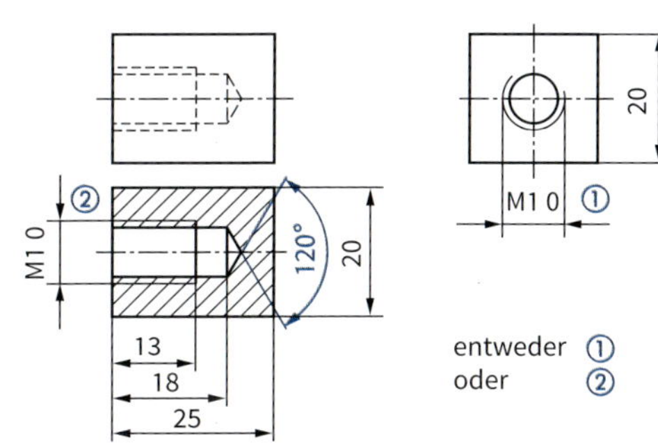

entweder ①
oder ②

Schnitte

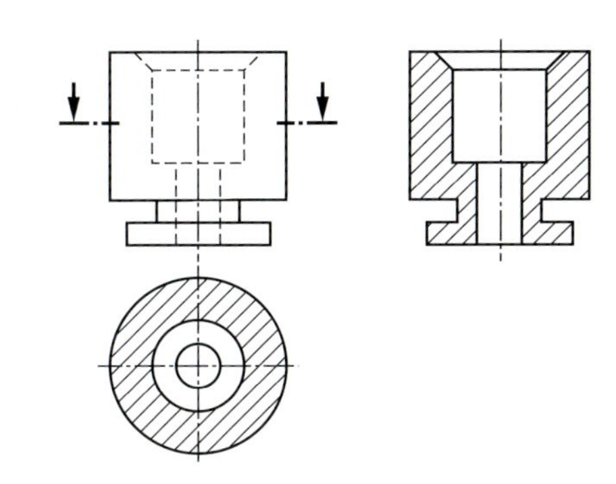

In Schnittdarstellungen werden keine verdeckten Körperkanten eingezeichnet.

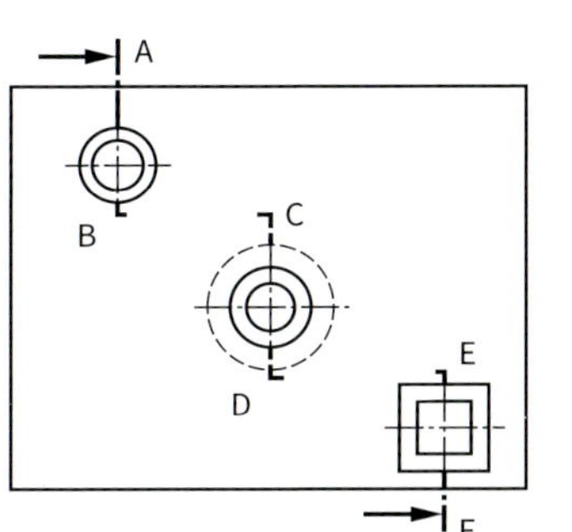

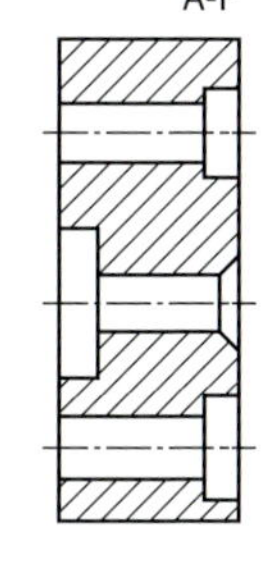

Normteile (s.o.) werden im Schnitt als Ansicht gezeichnet.

Beispiel: Grundriss einer Wohnung

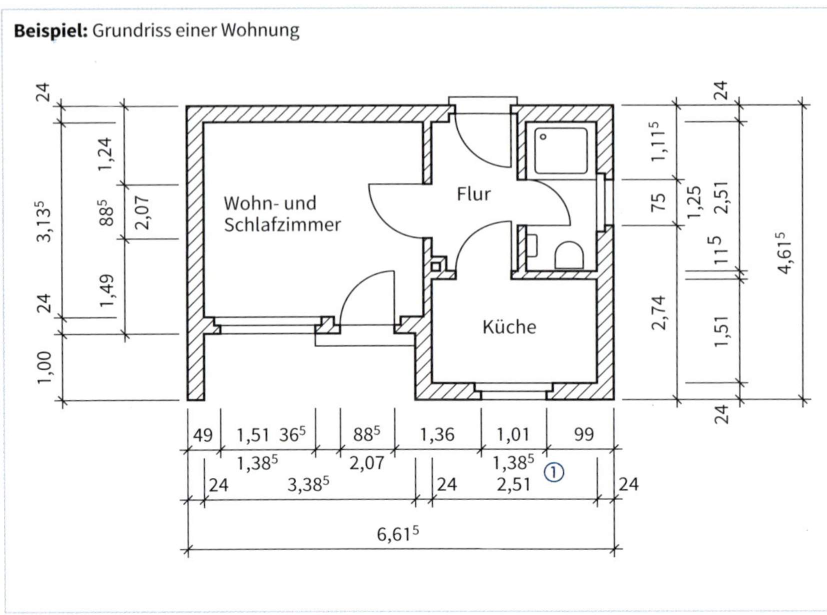

Hinweise:

- Maße werden üblicherweise in cm und m angegeben.
- Höhen von Fenstern und Türen werden direkt unter der Maßlinie angegeben ①.
- Öffnungsart von Fenstern wird im Grundriss nicht angegeben.
- Durchlässe können als Bruch bemaßt werden (Breite/Höhe).

Öffnungsarten

Flügelart	Türen im Grundriss	Türen und Fenster in der Ansicht	Flügelart	Türen im Grundriss	Türen und Fenster in der Ansicht
Drehflügel		Öffnung	Schwingflügel		
Kippflügel			Schiebeflügel		
Klappflügel			Hebe-Schiebeflügel		
Dreh-Kippflügel			Drehtür		
Hebe-Drehflügel			Falltür		

Treppen im Grundriss

Einläufige Treppe mit Zwischenpodest	
Zweiläufige Treppe	
Treppenlauf horizontal geschnitten	

Schächte im Grundriss

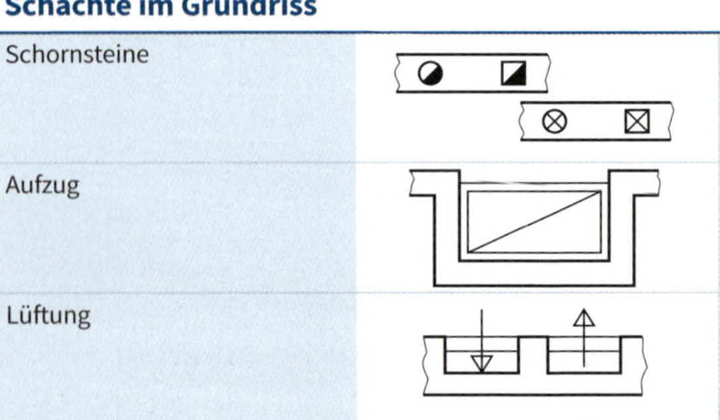

Funktionselemente

- Hydrostrom
- Druckluftstrom
- Anzeige einer Strömungsrichtung
- Anzeige einer Drehrichtung
- Anzeige einer Verstellbarkeit

Kompressor

- Kompressor mit konstantem Verdrängungsvolumen, eine Stromrichtung

Hydropumpe

- Hydropumpe mit konstantem Verdrängungsvolumen, eine Stromrichtung
- verstellbare Hydropumpe; zwei Stromrichtungen

Motoren

- konstanter Hydromotor, eine Förderrichtung
- verstellbarer Hydromotor, zwei Förderrichtungen
- konstanter Pneumatikmotor, zwei Förderrichtungen
- verstellbarer Pneumatikmotor, eine Förderrichtung

Mechanische Komponenten

- allgemein
- Druckknopf, Taster
- Taster, Stößel
- Rolle
- Feder
- Betätigung durch Elektromagnet
- direkte Druckbeaufschlagung, hydraulisch
- direkte Druckbeaufschlagung, pneumatisch

Wegeventile

Grundsinnbild
2-Stellungs-Wegeventil; Anschlüsse werden mit kurzen Linien markiert

Wegeventile: Bauarten

2/-Wegeventile
- 2/2-Wegeventil, Durchfluss-Ruhestellung
- 2/2-Wegeventil, Sperr-Ruhestellung; Handbetätigung, Federrückstellung

3/-Wegeventile
- 3/2-Wegeventil, Sperr-Ruhestellung
- 3/2-Wegeventil, Durchfluss-Ruhestellung, betätigt durch Elektromagnet, mit Rückholfeder
- 3/3-Wegeventil, Sperrmittelstellung

4/-Wegeventile
- 4/2-Wegeventil, druckbetätigt, in beide Richtungen
- 4/3-Wegeventil, Sperr-Mittelstellung
- 4/3-Wegeventil, Schwimm-Mittelstellung

5/-Wegeventil
5/2-Wegeventil, mit Taster gegen Rückholfelder wirkend

Sperrventile

- Rückschlagventil, unbelastet
- Rückschlagventil, federbelastet
- Wechselventil

Stromventile

- Drosselventil, fest
- Drosselventil, verstellbar
- Stromregelventil, verstellbar
- Absperrventil

Zyinder

einfach wirkend,
Rückhub durch Feder

doppelt wirkend,
- einseitige Kolbenstange
- zweiseitige Kolbenstange

gedämpft
- einfache, nicht einstellbare Dämpfung
- doppelte, einstellbare Dämpfung
- einfach wirkender Teleskopzylinder

Energieübertragung/Aufbereitung

- Hydraulikdruckquelle
- Pneumatikdruckquelle
- Arbeitsleitung
- Steuerleitung, Abfluss- oder Leckleitung
- umrahmt Komponenten einer Baugruppe
- Schnell-Kupplung, verbunden
- Schnell-Kupplung, verbunden mit Rückschlagventil
- Geräuschedämpfer
- Behälter, Rohrende über Flüssigkeitsspiegel
- Hydrospeicher
- Druckbehälter
- Filter oder Sieb
- Wasserabscheider, handbetätigt
- Filter mit Wasserabscheider
- Lufttrockner
- Öler

Aufbereitungseinheit
- vereinfachte Darstellung

Bildzeichen der Elektrotechnik
Symbols in Electrical Engineering

Bildzeichen	Benennung	Bildzeichen	Benennung	Bildzeichen	Benennung	Bildzeichen	Benennung
	Ein On		Wärmeenergie		Umschalteinrichtung		Aufnahme einer Information auf Informationsträger
	Aus Off		Pneumatische Energie		Akustisches Signal, Klingel		Wiedergabe einer Information von Informationsträger
	Vorbereiten		Elektrische Energie		Akustisches Signal, Wecker		Impulsmarkierung
	Ein-/Ausstellend		Hydraulische Energie		Feuer-Alarm mit Sirene		Löschen einer Information vom Informationsträger
	Ein-/Austastend		Bewegung in Pfeilrichtung		Akustisches Signal, Hupe		Tonabnehmer
	Start, Ingangsetzung		Bewegung in beiden Richtungen		Uhr, Zeitgeber, Zeitschalter		Lesekopf für Bildplatten
	Schnellstart		Wirkung auf einen Bezugspunkt zu		Ventilator		Monofon
	Stopp, Anhalten der Bewegung		Langsamer Lauf		Rauher Betrieb		Stereofon
	Handbetätigung		Kurzwiederholung		Zulässige Übertemperatur		Ton (Schall)
	Automatischer Ablauf		Einstellen		Notruf, Feuerwehr		Ohrhörer, Hörkapsel
	Fernbedienung		Oszilloskop		Warnblinkanlage		Hauptwaschen
	Verändern einer Größe		Messwertanzeiger, analog		Gefährliche elektrische Spannung	95	Waschen mit 95 °C Maximaltemperatur
	Regeln		Messwertanzeiger, digital		Lampe, Beleuchtung, Licht		Spülen
	Höhenstand; Niveau		Grafisches Aufzeichnungsgerät, Schreiber	IR	Bestrahlung, infrarot		Wasserstand (hoch)
	Strahlung, allgemein		Drucker		Farbfernsehen		Spezialbehandlung
	Lichtstrahlung		Elektrische Maschine		Mikrofon		Schleudern
	Lichtmessung		Handschalter		Lautsprecher		Normal verschmutztes Geschirr
	Mechanische Energie		Fußschalter		Telefon, Telefon-Adapter		Trocknen oder Wärmen

Prüfzeichen an elektrischen Betriebsmitteln und Geräten
Test Marks on Electrical Equipment and Devices

Nationale Prüfzeichen an elektrischen Betriebsmitteln und Geräten

Zeichen	Erklärung	Zeichen	Erklärung	Zeichen	Erklärung
D V E	Verband der Elektrotechnik, Elektronik und Informationstechnik e.V.	GS geprüfte Sicherheit	Sicherheitszeichen; Prüfzeichen für Geprüfte Sicherheit		Prüfzeichen für Bauelemente der Elektronik
◁ VDE ▷ ◁ HAR ▷	VDE-Harmonisierungszeichen für Kabel und Leitungen	DIN AGI	Qualitätszeichen für geräuscharme Ausführung elektrischer Geräte	Elektr. geprüft	Prüfzeichen; Sicherheitsprüfung z. B. bei elektrischen Geräten und Anlagen

Internationale Prüfzeichen an elektrischen Betriebsmitteln und Geräten

Zeichen			Bedeutung
Schweiz	USA (Einzelgeräte)	E 1	**ECE**: Kommission der UN für Europa mit Kennzahl des Landes, das Genehmigung erteilt hat, z. B. 1 für Deutschland
Frankreich	USA (Geräte in Anlagen)		**CCE**: Internationale Kommission für Regeln zur Begutachtung elektrotechnischer Erzeugnisse
Kanada	KEMA EUR Niederlande		**IEC**: International Electrotechnical Commission Internationale Elektrotechnische Kommission

CE-Kennzeichnung
CE Marking

- CE-Kennzeichung (Communauté Européenne = Europäische Gemeinschaft) bestätigt Übereinstimmung der Erzeugnisse mit relevanten EU-Richtlinien.
- CE-Kennzeichnungspflicht besteht für die Erzeugnisse, die in den Anwendungsbereich einer EU-Richtlinie fallen.
- Freiwillige CE-Kennzeichnungen sind ausgeschlossen.

Auswahl von Erzeugnissen mit CE-Kennzeichnungspflicht

Produktgruppe	EU-Richtlinie	Umsetzung in deutsches Recht
Geräte, die elektromagnetische Störungen verursachen oder deren Betrieb durch diese Störungen beeinträchtigt werden kann.	2014/30/EU	Gesetz über die elektromagnetische Verträglichkeit von Geräten (EMVG) vom 14.12.2016
Elektrische Betriebsmittel zur Verwendung bei einer Nennspannung zwischen 50 V und 1000 V (AC) oder zwischen 75 V und 1500 V (DC).	2014/35/EU	Verordnung über das Inverkehrbringen elektrischer Betriebsmittel zur Verwendung innerhalb bestimmter Spannungsgrenzen (1. Verordnung zum GPSG)
Geräte und Schutzsysteme zur bestimmungsgemäßen Verwendung in explosionsgefährdeten Bereichen.	2014/34/EU	Verordnung über das Inverkehrbringen von Geräten und Schutzsystemen für explosionsgefährdete Bereiche (12. Verordnung zum GPSG)

Weg zur CE-Kennzeichnung

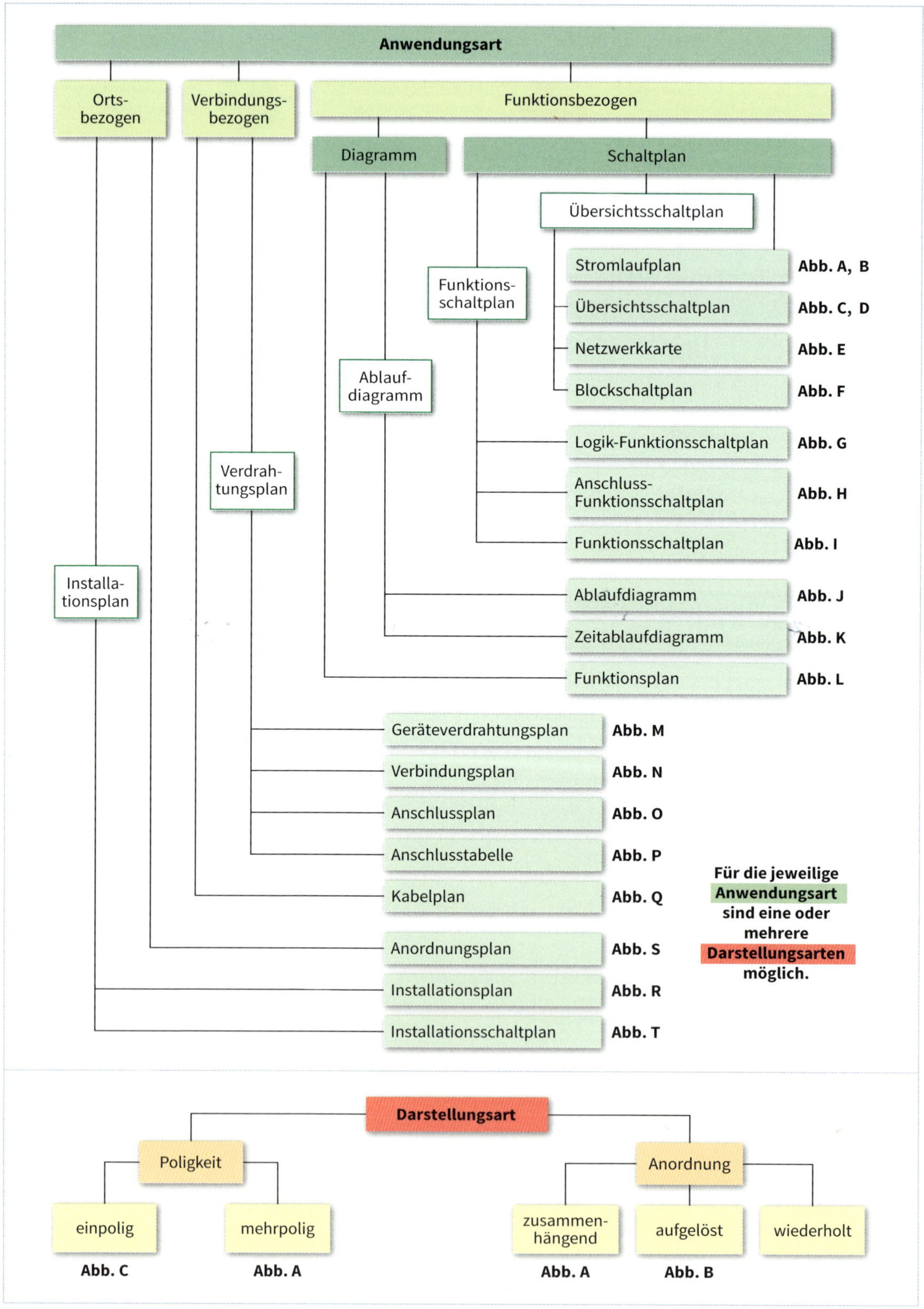
Anwendungsart
Orts-bezogen
Verbindungs-bezogen
Funktionsbezogen
Diagramm
Schaltplan
Übersichtsschaltplan
Funktions-schaltplan
Ablauf-diagramm
Verdrah-tungsplan
Installa-tionsplan
Stromlaufplan Abb. A, B
Übersichtsschaltplan Abb. C, D
Netzwerkkarte Abb. E
Blockschaltplan Abb. F
Logik-Funktionsschaltplan Abb. G
Anschluss-Funktionsschaltplan Abb. H
Funktionsschaltplan Abb. I
Ablaufdiagramm Abb. J
Zeitablaufdiagramm Abb. K
Funktionsplan Abb. L
Geräteverdrahtungsplan Abb. M
Verbindungsplan Abb. N
Anschlussplan Abb. O
Anschlusstabelle Abb. P
Kabelplan Abb. Q
Anordnungsplan Abb. S
Installationsplan Abb. R
Installationsschaltplan Abb. T
Für die jeweilige Anwendungsart sind eine oder mehrere Darstellungsarten möglich.
Darstellungsart
Poligkeit
einpolig
mehrpolig
Abb. C
Abb. A
Anordnung
zusammen-hängend
aufgelöst
wiederholt
Abb. A
Abb. B

Anwendungsart: funktionsbezogen

Alle Betriebsmittel und Leitungen sind mit allen Anschlüssen und Klemmen dargestellt.

Darstellungsart: mehrpolig

Alle Adern sind dargestellt.

Zusammenhängende Darstellung (Abb. A)

Die Schaltzeichen werden als Einheit dargestellt.

Beispiel:
Q1 ①

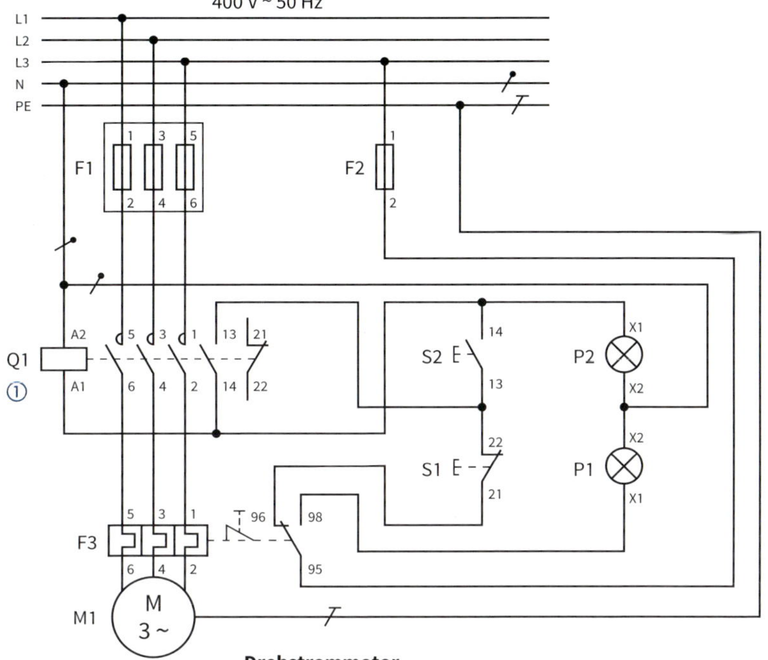

Drehstrommotor

Aufgelöste Darstellung (Abb. B)

Die Schaltzeichen werden in Teile aufgelöst dargestellt, um den Schaltplan übersichtlich zu gestalten.

Beispiel:
Q1 ②③④

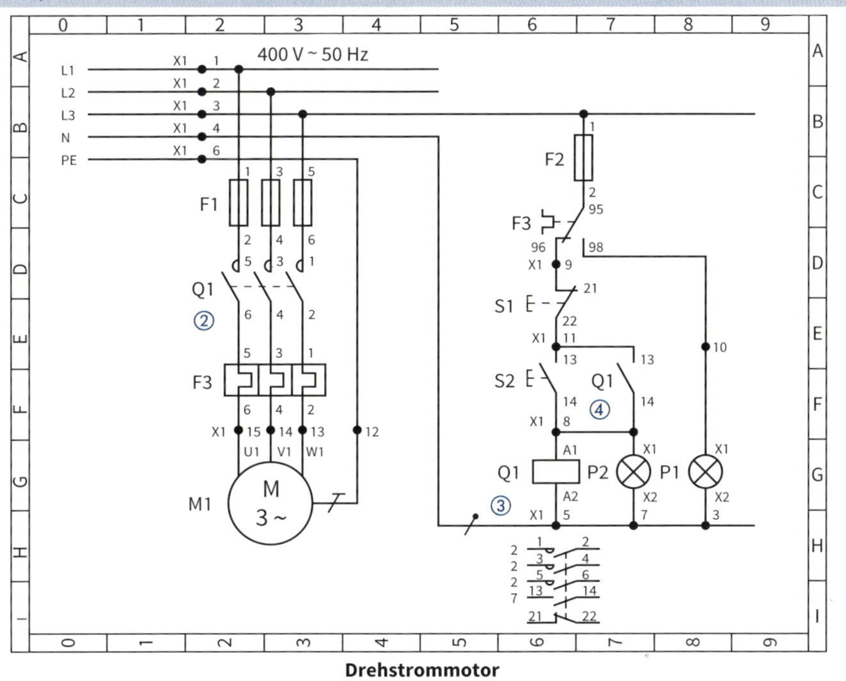

Drehstrommotor

Anwendungsart: funktionsbezogen

Darstellungsart: einpolig zusammenhängend

Nur die wichtigsten Betriebsmittel und deren Verbindungen sind dargestellt.

Abb. C

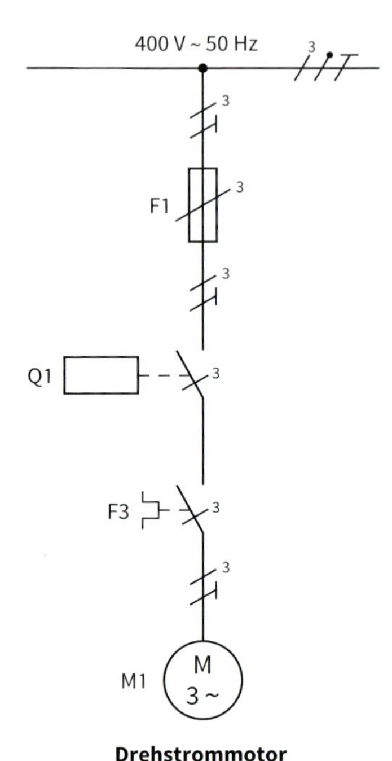

Drehstrommotor

Abb. D

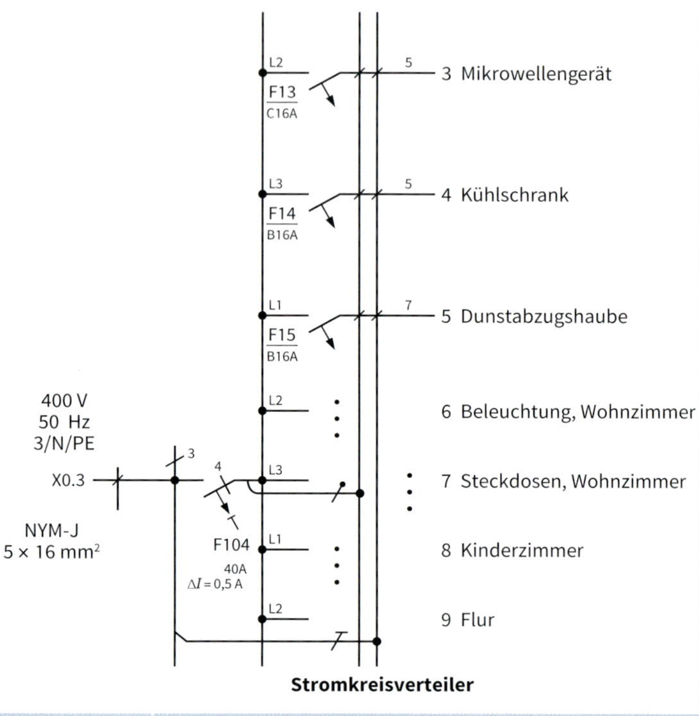

Stromkreisverteiler

Netzwerkkarte (Abb. E)

Die Gebäude und Leitungen sind in einer Karte lagerichtig dargestellt.

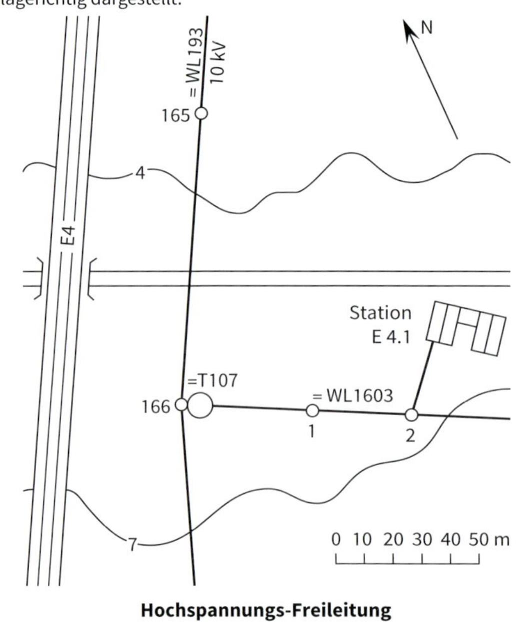

Hochspannungs-Freileitung

Blockschaltplan (Abb. F)

Die Funktionseinheiten der Betriebsmittel sind als Blocksymbole dargestellt.

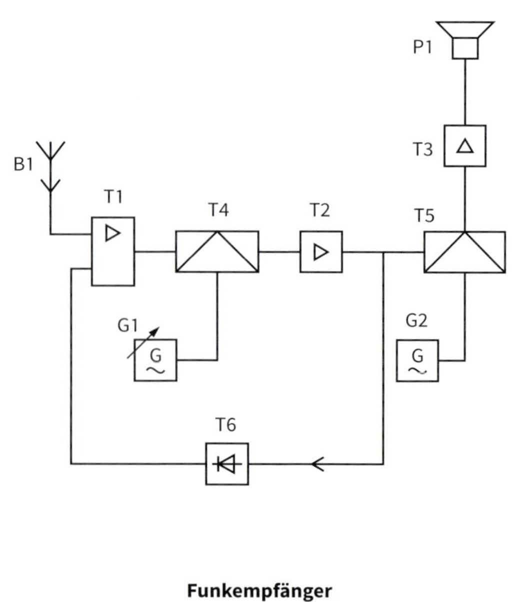

Funkempfänger

Logik-Funktionsschaltplan (Abb. G)

Das Verhalten von Steuerungs- und Regelungssystemen ist beschrieben.

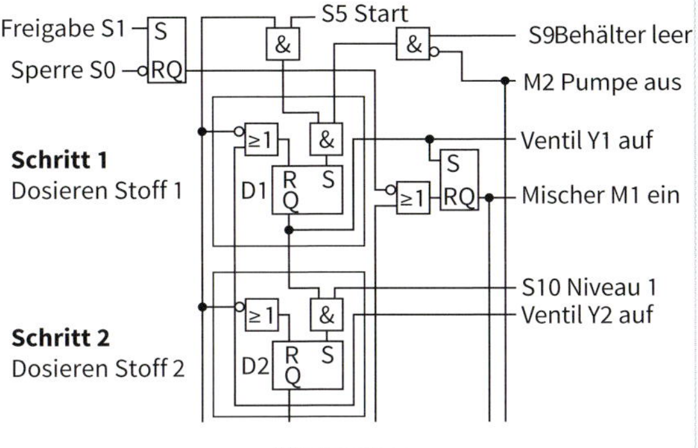

Mischanlage

Ablaufdiagramm (Abb. J)

Das Verhalten der Anlage ist in Abhängigkeit von Schritten beschrieben.

Schaltvorgang	S1	S2	F3		Q1			M1	P1	P2
	21	13	95	95	A1	1 3 5	13	U1 V1 W1	X1	X1
	22	14	96	98	A2	2 4 6	14	U2 V2 W2	X2	X2
S2 EIN										
S2 AUS										
Motor-Störung										

Drehstrommotor

Anschluss-Funktionsschaltplan (Abb. H)

Die Anschlusspunkte und die interne Funktion der Einheit sind dargestellt.

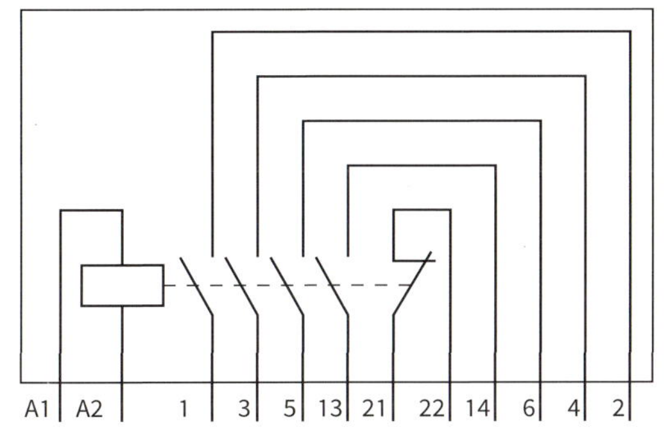

Hauptschütz Q1

Zeitablaufdiagramm (Abb. K)

Das Verhalten der Anlage ist in Abhängigkeit von der Zeit dargestellt.

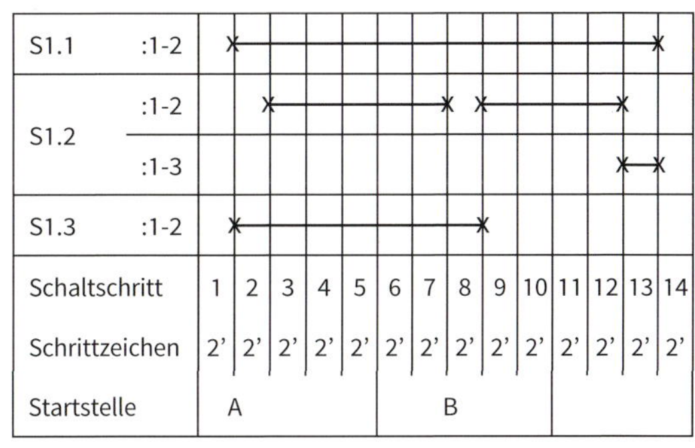

Schaltwerk einer Waschmaschine

Funktionsschaltplan (Abb. I)

Die Arbeitsweise der Anlage wird mit Hilfe von informationstechnischen Symbolen erläutert ohne Angabe der technischen Realisierung.

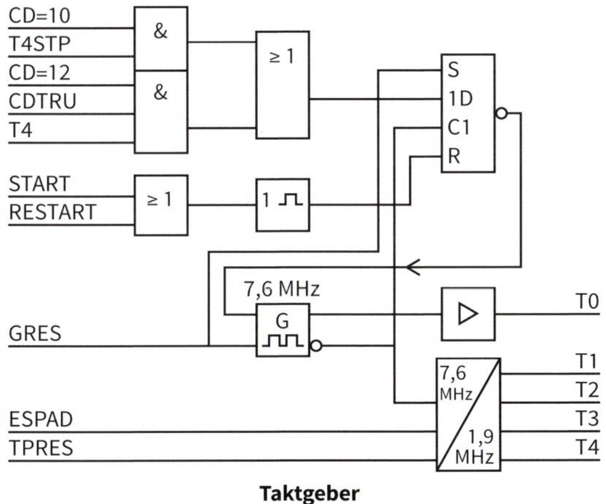

Taktgeber

Funktionsplan (Abb. L)

Das Verhalten von Steuerungs- bzw. Regelungssystemen ist mit Hilfe von Schritten beschrieben ohne Angabe der technischen Realisierung.

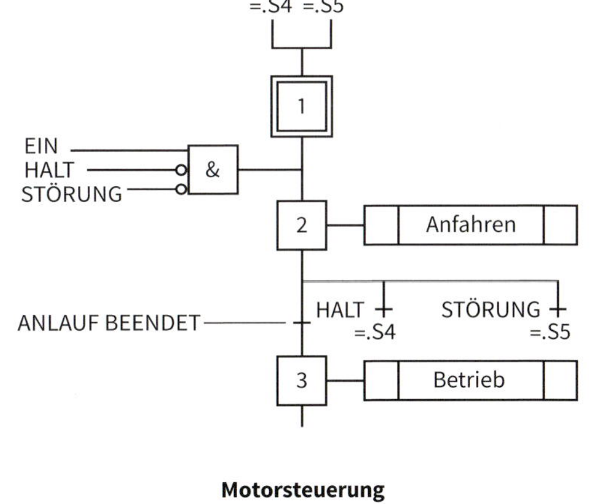

Motorsteuerung

Anwendungsart: verbindungsbezogen

Darstellungsart: mehrpolig

Geräteverdrahtungsplan (Abb. M)

Die Verdrahtung in einem Gerät ist mit allen Betriebsmitteln und deren Klemmen dargestellt.

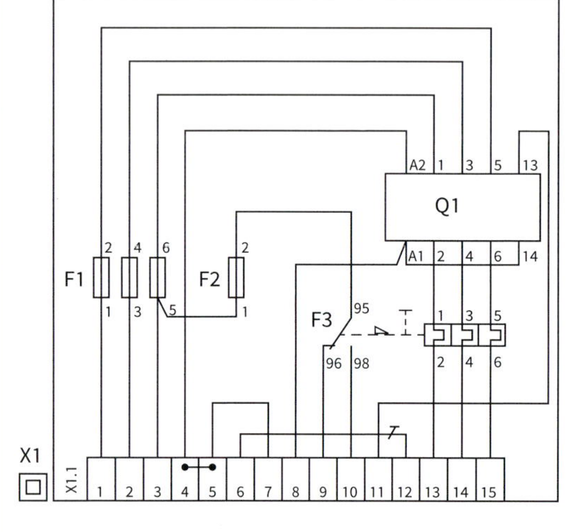

Schaltschrank X1
(hierzu auch Abbildung A)

Anschlussplan (Abb. O)

Die Verbindungen der Klemmen von der Baueinheit nach innen und außen sind dargestellt.

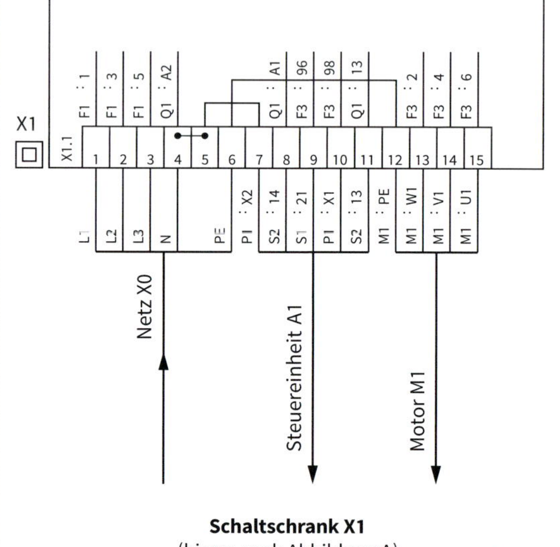

Schaltschrank X1
(hierzu auch Abbildung A)

Verbindungsplan (Abb. N)

Die Verbindungen zwischen den Klemmen der Baueinheiten sind dargestellt.

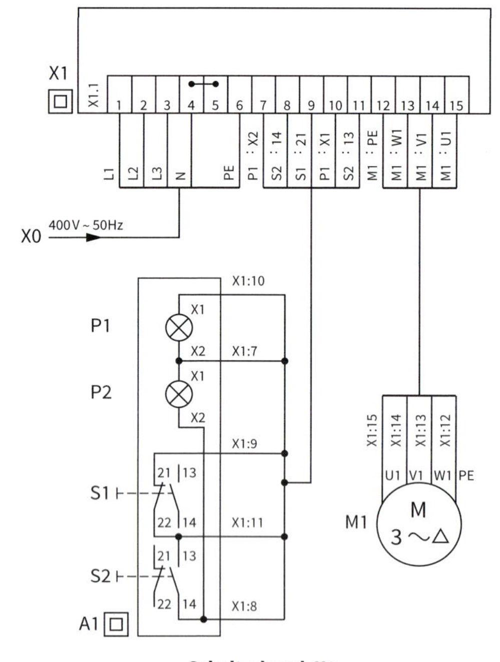

Schaltschrank X1
(hierzu auch Abbildung A)

Anschlusstabelle (Abb. P)

Die Verbindungen der Klemmen einer Baueinheit nach innen und außen sind dargestellt.

Klemmleiste: X1.1

Kabel		Ziel				Ziel		Kabel	
Nr.	Ader	Klemme	Betriebs-mittel	Lasche	Klemme	Betriebs-mittel	Klemme	Nr.	Ader
		1	F1		1	X0	L1	1	1
		3	F1		2	X0	L2	1	2
		5	F1		3	X0	L3	1	3
		A2	Q1		4	X0	N	1	4
		7	X1.1		5				
		12	X1.1		6	X0	PE	1	5
		5	X1.1		7	P1	2	1	6
		A1	Q1		8	S2	14	1	7
		96	F3		9	S1	21	1	8
		98	F3		10	P1	1	1	9
		13	Q1		11	S2	13	1	10
		6	X1.1		12	M1	PE	2	gnge
		2	F3		13	M1	W1	2	1
		4	F3		14	M1	V1	2	2
		6	F3		15	M1	U1	2	3

Schaltschrank X1
(hierzu auch Abbildung A)

Kabelplan (Abb. Q)

Anwendungsart: verbindungsbezogen

Darstellungsart: einpolig

Die Kabelführungen sind mit den Aderbelegungen dargestellt.

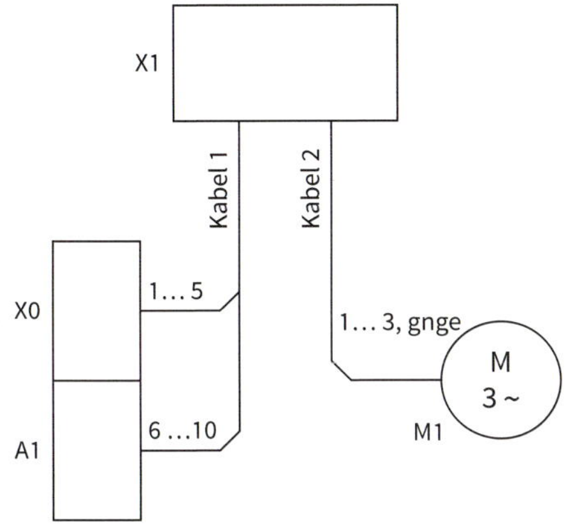

Drehstrommotor
(hierzu auch Abbildung A)

Anordnungsplan (Abb. S)

Anwendungsart: ortsbezogen

Darstellungsart: zusammenhängend

Die Betriebsmittel sind als geometrische Figuren lagerichtig dargestellt.

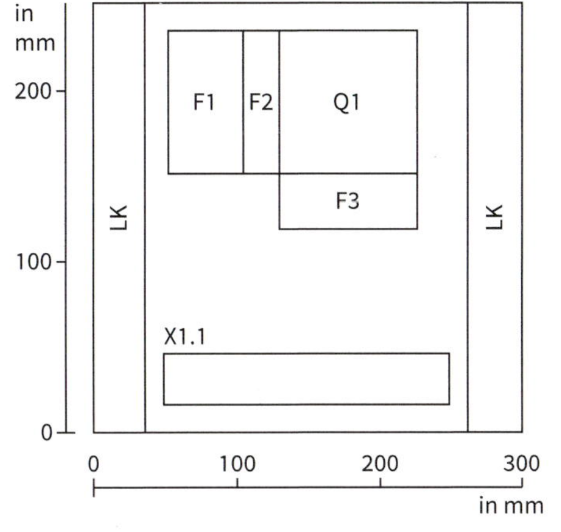

Schaltschrank X1
(hierzu auch Abbildung A)

Installationsplan (Abb. R)

Anwendungsart: ortsbezogen

Die Betriebsmittel sind in Grundrissen lagerichtig dargestellt, dabei werden die betreffenden Stromkreise ① angegeben.

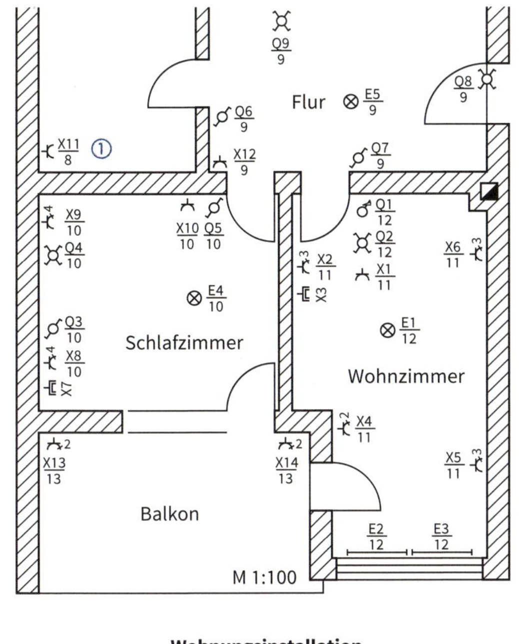

Wohnungsinstallation

Installationsschaltplan (Abb. T)

Darstellungsart: einpolig zusammenhängend

Die Leitungsführung zwischen Betriebsmitteln ist zusätzlich dargestellt.

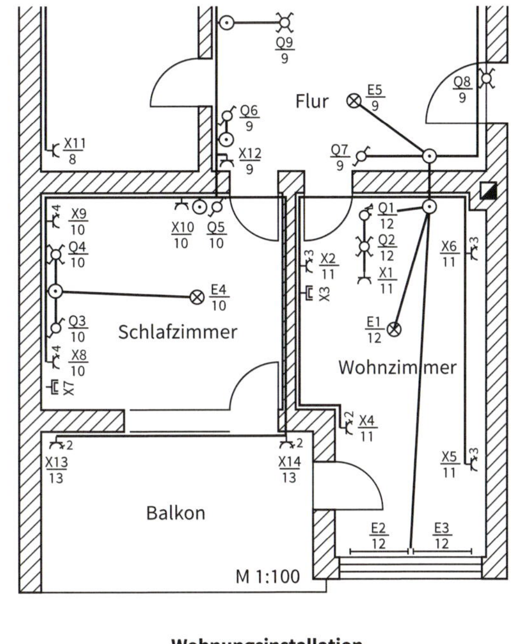

Wohnungsinstallation

Kontaktplan (KOP)

Die Arbeitsweise der Anlage wird mit stromlaufplanähnlichen Symbolen erläutert ohne Angabe der technischen Realisierung.

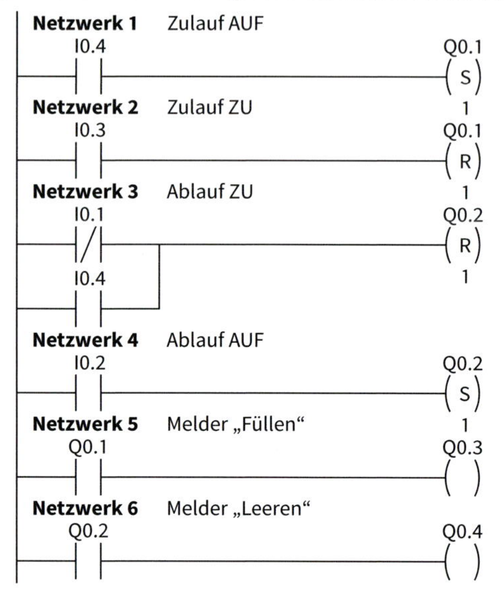

Behältersteuerung

Funktionsbaustein (FBS)

Die Arbeitsweise der Anlage wird mit Funktionsbausteinen erläutert ohne Angabe der technischen Realisierung.

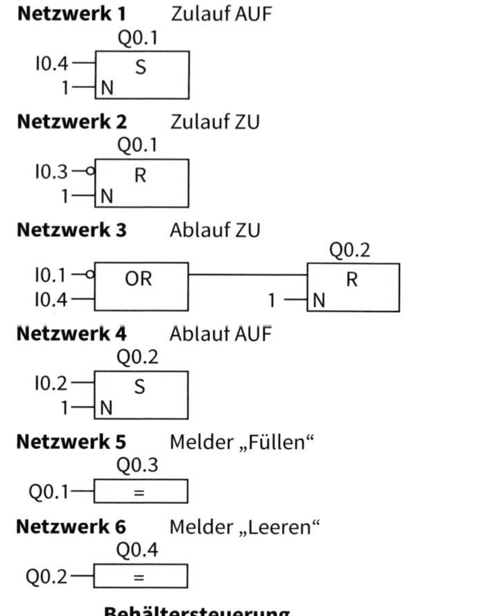

Behältersteuerung

Flussdiagramm

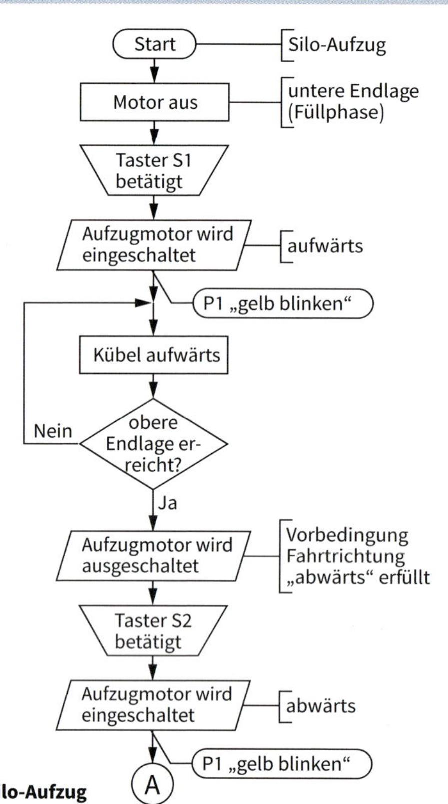

Silo-Aufzug

Bildzeichen für Flussdiagramme

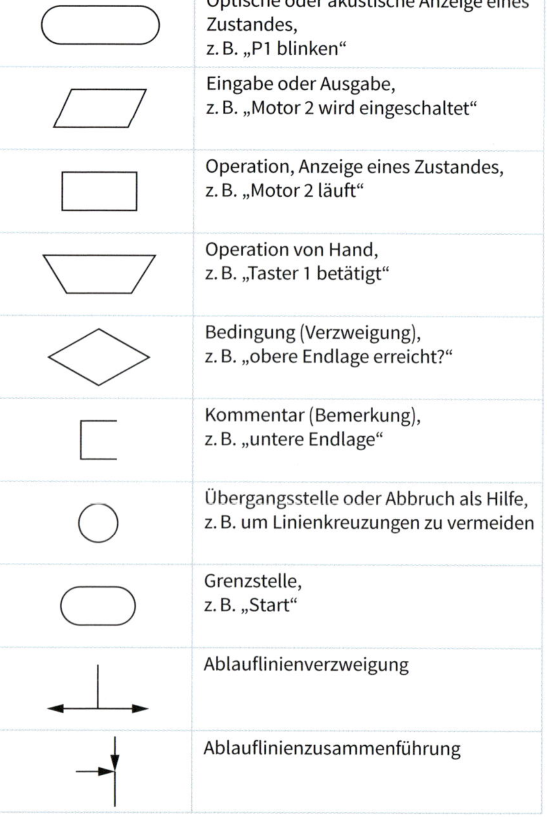

	Optische oder akustische Anzeige eines Zustandes, z. B. „P1 blinken“
	Eingabe oder Ausgabe, z. B. „Motor 2 wird eingeschaltet“
	Operation, Anzeige eines Zustandes, z. B. „Motor 2 läuft“
	Operation von Hand, z. B. „Taster 1 betätigt“
	Bedingung (Verzweigung), z. B. „obere Endlage erreicht?“
	Kommentar (Bemerkung), z. B. „untere Endlage“
	Übergangsstelle oder Abbruch als Hilfe, z. B. um Linienkreuzungen zu vermeiden
	Grenzstelle, z. B. „Start“
	Ablauflinienverzweigung
	Ablauflinienzusammenführung

Strukturierung

- Zur Kennzeichnung der elektrischen Betriebsmittel werden diese in eine Struktur eingebunden.
- Mit Hilfe dieser Struktur ist die Information über das System und dessen Dokumente organisiert, eine Navigation im System ist möglich und **Referenzkennzeichen** können gebildet werden.
- Die Strukturierung erfolgt in Form eines hierarchischen Baumes:
  - **Produktionsbezogen** (Vorzeichen: -)
    Die Struktur gibt den mechanischen und technischen Aufbau des Systems wieder.
  - **Funktionsbezogen** (Vorzeichen: =)
    Die Objekte werden entsprechend der Funktion unabhängig von der Realisierung beschrieben.
  - **Ortsbezogen** (Vorzeichen: +)
    Die räumliche Anordnung der Objekte (Platz, Raum, Gebäude, Gelände, usw.) wird dargestellt.
- Alle Objekte eines Systems sollten mindestens nach dem Produktaspekt strukturiert werden.
- Vorgehensweise zur Strukturierung:
  1. Abgrenzung und Benennung der Objekte
  2. Strukturierungsprinzip festlegen (Produktbezogen)
  3. Teilobjekte bestimmen (z. B. Schaltfeld 1)
  4. Unterteilung der Teilobjekte (z. B. Leistungsschalter)
  5. Klassifizierung und Kennzeichnung (-Q01 -QA1)

Referenzkennzeichnung

Beispiel: Produktionsbezogene Struktur mit Referenzkennzeichen einer Umspannstation

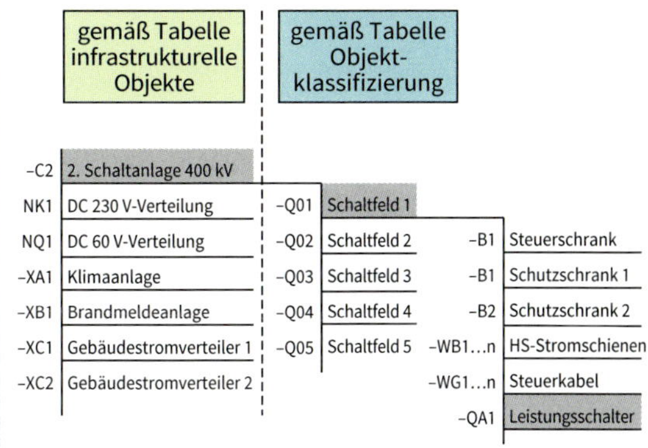

- Das Referenzkennzeichen eines Objektes besteht aus dem Vorzeichen (–, =, +), einem Kennbuchstaben für die betreffende Klasse bzw. Unterklasse und einer Nummer zur eindeutigen Identifizierung.

  Beispiel: -QA1 Leistungsschalter 1
  -Q01 -QA1 Leistungsschalter 1 im Schaltfeld 1

Klassen für infrastrukturelle Objekte

Objekte	Kennbuchstabe	Beschreibung	Beispiele
... für gemeinsame Aufgaben	A	Objekte, die mehreren Infrastrukturklassen zugeordnet werden	Fernwirkanlage, zentrale Leittechnikanlage
... für Hauptprozesseinrichtungen	B ... U	Die Buchstaben B bis U sind in der nebenstehenden Tabelle aufgeführt.	400/230 V Energieverteilung
... die nicht dem Hauptprozess zuzuordnen sind	V	Objekte für die Lagerung von Materialien	Fertigwarenlager, Müllager, Rohmateriallager
	W	Objekte mit administrativen oder sozialen Aufgaben	Büro, Garage, Kantine
	X	Objekte mit Hilfsaufgaben neben dem Hauptprozess	Alarmanlage, Brandschutzanlage, Beleuchtungseinrichtung, Elektroenergieverteilung, Gasversorgung, Klimaanlage, Wasserversorgung
	Y	Objekte mit Informations- oder Kommunikationsaufgaben	Antennenanlage, Computernetzwerk, Lautsprecheranlage, Telefonanlage
	Z	Objekte zur Unterbringung technischer Anlagen	Fabrikgelände, Gebäude, Straße, Zaun

Energieverteilstation	
Buchstabe	Spannungswerte
B	> 420 kV
C	400 kV ... ≤ 420 kV
D	230 kV ... < 400 kV
E	110 kV ... < 230 kV
F	60 kV ... < 110 kV
G	45 kV ... < 60 kV
H	30 kV ... < 45 kV
J	20 kV ... < 30 kV
K	10 kV ... < 20 kV
L	6 kV ... < 10 kV
M	1 kV ... < 6 kV
N	< 1 kV
P	Schutzpotenzialausgleich
T	Anlagen zum Umspannen

Kennbuchstaben zur Objektklassifizierung

Kennbuchstabe	Hauptaufgabe/-zweck	Beispiele
A	Hauptaufgabe lässt sich nicht eindeutig bestimmen	Schaltschrank, Sensorbildschirm
B	Umwandeln einer physikalischen Größe in ein Signal zur Weiterverarbeitung	Bewegungsmelder, Fotozelle, Fühler, Messrelais, Messwiderstand, Rauchmelder
C	Speichern von Energie bzw. Information	Festplatte, Kondensator, Pufferbatterie, RAM, Speicher
E	Kühlen, Heizen, Beleuchten, Strahlen	Boiler, Heizung, Lampe, Laser, Leuchte, Mikrowellengerät
F	Direktes Schützen von Personen oder Einrichtungen	Leitungsschutz-Schalter, Überspannungsableiter, RCD, Sicherung, SH-Schalter
G	Erzeugen von Energie, Materialfluss oder Signalen	Batterie, Brennstoffzelle, Dynamo, Generator, Lüfter, Solarzelle, Ventil
K	Verarbeiten von Signalen oder Informationen	Binärbaustein, Frequenzfilter, Hilfsschütz, Regler, Schaltrelais, Transistor, Zeitrelais
M	Bereitstellen von mechanischer Energie zu Antriebszwecken	Elektromotor, Stellantrieb
P	Darstellen von Informationen	Ampere- bzw. Voltmeter, Drucker, Klingel, Lautsprecher, LED, Uhr, Zähler
Q	Schalten und Variieren von Energie, Signal- und Materialfluss	Leistungsschalter, Motoranlasser, Leistungstransistor, Schütz, Stromstoßschalter, Thyristor, Trennschalter
R	Begrenzen oder Stabilisieren von Energie-, Informations- oder Materialfluss	Begrenzer, Diode, Drosselspule, Widerstand
S	Umwandeln manueller Betätigung in Signale	Steuerschalter, Tastschalter, Tastatur, Wahlschalter
T	Umwandeln von Energie bzw. Signalen unter Beibehaltung von Energieart bzw. Informationsgehalt	Antenne, Frequenzwandler, Gleichrichter, Ladegerät, Netzgerät, Transformator, Verstärker, Wandler, Wechselrichter
U	Halten von Objekten in einer definierten Lage	Isolator, Kabelpritsche, Mast, Montageschiene
V	Verarbeiten oder Behandeln von Material oder Produkten	Abscheider, Filter
W	Leiten oder Führen von Energie oder Signalen	Bussystem, Kabel, Leiter, Lichtwellenleiter, Sammelschiene
X	Verbinden	Klemme, Klemmleiste, Steckdose, Stecker, Verbindungsdose

Unterklassen

- Zur eindeutigen Beschreibung können weiterhin **Unterklassen** gebildet werden, die ebenfalls durch Kennbuchstaben gekennzeichnet werden.
- Die Unterklassen müssen von Anwendern festgelegt und dokumentiert werden, wobei die Buchstaben *I* und O wegen der Verwechslungsgefahr mit den Ziffern 1 und 0 nicht benutzt werden sollen.

Beispiel:
Ist für einen Leistungstransformator die Klassenbezeichnung T nicht ausreichend, kann zusätzlich die Unterklasse A (Leistung transformieren) eingeführt werden.

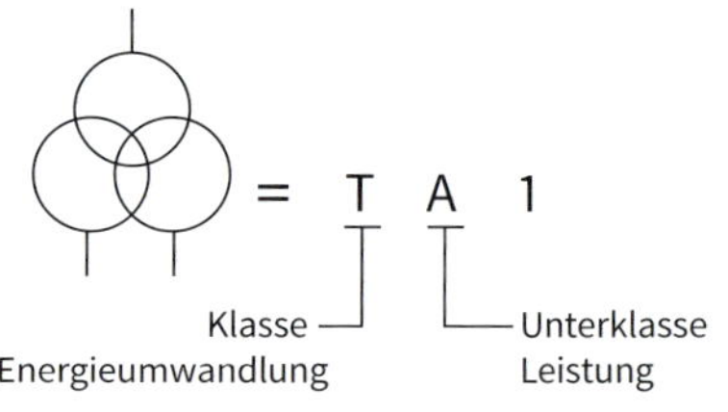

Die nachfolgende Tabelle zeigt beispielhafte Unterklassen

Buchstaben	Beispiele
Unterklassen B (Auszug)	
BA	Messrelais (Spannung), Schutzrelais (Spannung)
BC	Messrelais (Strom), Schutzrelais (Strom)
BG	Bewegungsmelder, Näherungsschalter
Unterklassen F (Auszug)	
FA	Überspannungsableiter
FB	Fehlerstrom-Schutzschalter
FC	Sicherung, LS-Schalter
Unterklassen R (Auszug)	
RA	Diode, Widerstand
RB	Glättungskondensator
RF	Filter, Tiefpass
Unterklassen T (Auszug)	
TA	DC/DC-Wandler, Transformator
TB	Wechselrichter, Gleichrichter
TF	Verstärker, Messumformer

Symbolelemente

Form 1 Form 2 Form 3	Betriebsmittel, Komponente, Funktionseinheit, Funktion
Form 1 Form 2	Hülle, Gehäuse, Kolben, Kessel
	Begrenzungslinie einer Gruppe zu sammengehöriger Objekte
	Schirm, Abschirmung

Arten von Strömen und Spannungen

	Gleichstrom
~ 50 Hz	Wechselstrom, 50 Hz
3N ~ 400/230 V 50 Hz	Dreiphasen-Vierleitersystem
	Wechselstrom
	Niedrige Frequenzen
	Mittlere Frequenzen
	Hohe Frequenzen
	Gleichgerichteter Strom mit Wechselstromanteil

Erde, Masse, Äquipotenzial

	Erde
	Schutzerde
	Masse Gehäuse

Kennzeichen

Wirkungen von Abhängigkeiten

	Thermische Wirkung
	Elektromagnetische Wirkung
	Verzögerung

Wirkungsrichtung

	Übertragung, Energiefluss, Signalfluss, in einer Richtung (simplex)

Veränderbarkeit

	allgemein, nicht inhärent
	nicht inhärent, nicht linear
	inhärent
	trimmbar
5	nicht inhärent, 5stufig

Mechanische Stellteile

Form 1 Form 2	Wirkverbindung, allgemein. Mechanische, pneumatische und hydraulische Wirkverbindung
	Verzögerte Wirkung
	Selbsttätiger Rückgang
	Raste, nichtselbsttätiger Rückgang
	Raste, eingerastet
	Sperre, nicht verklinkt
	Getriebe
	Blockiereinrichtung
	Kupplung, gelöst
M	Elektromotor mit eingelegter Bremse

Antriebsarten

	Schaltschloss, Auslöseeinrichtung
	Betätigung durch Pedal
	Handantrieb, allgemein
	Betätigung durch Ziehen
	Betätigung durch Drehen
	Betätigung durch Drücken
	Betätigung durch Annähern
	Betätigung durch Berühren
	Notschalter
	Betätigung durch Kurbel
	Betätigung durch Schlüssel
	Betätigung durch Rolle
	Betätigung durch Nocken
	Betätigung durch elektromagnetischen Antrieb
M	Betätigung durch Motor
	Kraftantrieb, allgemein

Strahlungen

	nicht ionisierend, elektromagnetisch

Passive Bauelemente
Passive Components

DIN EN 60617-4: 1997-08

- Widerstand, allgemein Dämpfungsglied
- Heizelement
- Widerstand mit Anzapfungen
- Nebenschluss-widerstand, Shunt
- Widerstand, veränderbar, allgemein
- Widerstand, spannungs-abhängig, Varistor
- Widerstand mit Schleifkontakt, Potenziometer
- Widerstand, einstellbar, mit Schleifkontakt
- Kondensator, allgemein
- Kondensator, gepolt, Elektrolyt-Kondensator
- Kondensator mit Voreinstellung
- Kondensator, veränderbar
- Kondensator, gepolt, spannungs-abhängig, Halbleiter-Kondensator
- Induktivität, Spule, Wicklung, Drossel
  - bevorzugte Form
  - frühere Form
- Induktivität mit Magnetkern
- Induktivität mit Luftspalt im Magnetkern
- Induktivität mit festen Anzapfungen
- Induktivität mit bewegbarem Kontakt, stufig veränderbar
- Koaxiale Drossel mit Magnetkern
- Magnetkern
- Magnetkern mit einer Wicklung
- Piezoelektrischer Kristall mit zwei Elektroden

Halbleiter
Semiconductors

DIN EN 60617-5: 1997-08

Halbleiterdioden

- Halbleiterdiode, allgemein
- Leuchtdiode, allgemein
- Kapazitätsdiode, Varactor
- Durchbruch-Diode, Z-Diode

Transistoren

- PNP-Transistor
- NPN-Transistor
- NPN-Transistor mit zwei Basisanschlüssen
- Sperrschicht-Feldeffekt-Transistor (JFET) mit N-Kanal
- Sperrschicht-Feldeffekt-Transistor (JFET) mit P-Kanal
- Isolierschicht-Feldeffekt-Transistor (IGFET), Anreicherungstyp
- Isolierschicht-Feldeffekt-Transistor (IGFET), Anreicherungstyp, Substratanschluss herausgeführt
- Isolierschicht-Feldeffekt-Transistor (IGFET), Substrat intern mit Source verbunden
- Isolierschicht-Feldeffekt-Transistor (IGFET), Verarmungstyp
- Insulated Gate Bipolar Transistor (IGBT)

Thyristoren

- Thyristordiode rückwärts sperrend
- Thyristordiode, rückwärts leitend
- Thyristordiode, bidirektional, Diac
- Thyristortriode, Thyristor
- Thyristortriode, rückwärts sperrend, Anode gesteuert (N-Gate)
- Thyristortriode, rückwärts sperrend, Katode gesteuert (P-Gate)

Thyristoren

- Abschalt-Thyristortriode
- Abschalt-Thyristortriode, Anode gesteuert (N-Gate)
- Thyristortetrode, rückwärts sperrend
- Thyristortriode, bidirektional, Triac
- Thyristortriode, rückwärts leitend
- Thyristortriode, rückwärts leitend, Anode gesteuert (N-Gate)

Sensoren

- Diode, lichtempfindlich, Photodiode
- Widerstand, lichtempfindlich Photowiderstand
- Photoelement, Photozelle
- Optokoppler, Leuchtdiode und Phototransistor
- Hall-Generator

Leiter	
	Leiter, Gruppe von Leitern, Leitung, Kabel, Stromweg, Übertragungsweg (z. B. für Mikrowellen)
Form 1 3 Form 2	Einpolige Darstellung, drei Leiter, Anzahl der Leiter durch kleine Striche oder durch einen Strich mit einer Zahl angezeigt
⎓ 110 V 2 × 120 mm² Al	Oberhalb der Linie: Stromart, Netzart, Frequenz und Spannung
3N ∼ 50 Hz 400 V 3 × 120 mm² + 1 × 50 mm² Cu	Unterhalb der Linie: Anzahl der Leiter, Multiplikationskreuz, Querschnitt der einzelnen Leiter und Leitermaterial durch sein chemisches Zeichen angeben
	Leiter, bewegbar
	Leiter, geschirmt
	Leiter, verdrillt, zwei Leiter dargestellt
	Leiter in einem Kabel, drei Leiter dargestellt
	Leiter, koaxial
	Koaxiale Leitung auf Anschlussstellen geführt
	Leiter, koaxial, geschirmt
	Lichtwellenleiter (LWL), allgemein Lichtwellenleiterkabel, allgemein

Bus, Datenleitung	
	Bus, unidirektional, Signalflussrichtung von links nach rechts
	Bus, Signalfluss in beiden Richtungen

Kennzeichen für Leiter	
	Neutralleiter (N) Mittelleiter (M)
	Schutzleiter (PE)
	Neutralleiter mit Schutzfunktion (PEN)
	Drei Leiter, ein Neutralleiter, ein Schutzleiter
	Leitung auf Putz
	im Putz
	unter Putz

Leitungen, Kabel	
	Leiter im Erdreich, Erdkabel
	Leiter im Gewässer Seekabel
	Leiter, oberirdisch Freileitung
	Kabelkanal Trasse Elektro-Installationsrohr
	Erdkabel mit Verbindungsstelle
	Abschottung in einem gas- oder ölisolierten Kabel

Verbinder	
	Buchse, Pol einer Steckdose
	Stecker, Pol eines Steckers
	Buchse und Stecker, Steckverbindung
	Steckverbinder, mit Kennzeichnung des Schutzleiteranschlusses

Verbinder	
	Steckverbindung, vielpolig allpolige Darstellung
3	einpolige Darstellung
	Steckverbinder, festes Teil
	Steckverbinder, bewegliches Teil
	Steckverbindung, zwei Buchsen durch einen Stecker verbunden
	Steckverbindung mit Adapter
Form 1 Form 2	Trennstelle, Lasche, geschlossen
	Trennstelle, Lasche, offen

Anschlüsse und Leiterverbindungen	
	Verbindung von Leitern
	Anschluss (z. B. Klemme)
	Klemmenleiste
1 2 3 4 5 6	Reihenklemmen, mit Anschlussbezeichnung und Funktion
Form 1 Form 2	Abzweig von Leitern
Form 1 Form 2	Doppelabzweig von Leitern
	Leiter-Verbindungsstück-Spleiß

Kontakte
Contacts

DIN EN 60617-7: 1997-08

Kennzeichen	
	Schütz-Funktion
	Leistungsschalter-Funktion
	Trennschalter-Funktion
	Lasttrennschalter-Funktion
	Selbsttätige Ausschaltung
	Endschalter-Funktion
	Funktion „selbsttätiger Rückgang“
	Funktion „nichtselbsttätiger Rückgang“

Symbolelemente	
Form 1 Form 2	Schließer, Schaltfunktion, allgemein Schalter
	Öffner
	Wechsler mit Unterbrechung
	Wechsler mit Mittelstellung „Aus“
Form 1 Form 2	Wechsler ohne Unterbrechung, Folgeumschaltglied
	Zwillingsschließer
	Wischer mit Kontaktgabe bei Betätigung
	Voreilender Schließer
	Nacheilender Schließer
	Nacheilender Öffner
	Schließer, anzugverzögert abfallverzögert
	Öffner, anzugverzögert abfallverzögert

Elektroinstallation
Electrical Installation

DIN EN 60617-11: 1997-08

Schalter	
	Schalter, allgemein
	Schalter mit Kontrollleuchte
	Ausschalter, einpolig
	Zeitschalter, einpolig
	Ausschalter, zweipolig,
	Serienschalter, einpolig
	Wechselschalter, einpolig
	Kreuzschalter, Zwischenschalter
	Dimmer
	Schalter mit Zugschnur
	Taster
	Taster mit Leuchte
t	Zeitrelais
	Stromstoßschalter
	Stromstoßrelais
	Schaltuhr
	Schlüsselschalter, Wächtermelder
Lx<	Dämmerungsschalter

Geräte für Installation	
	Leitung, nach oben führend
	Dose, allgemein Leerdose, allgemein
	Anschlussdose Verbindungsdose
	Hausanschlusskasten, allgemein dargestellt mit Leitung
	Verteiler, dargestellt mit fünf Anschlüssen

Steckdosen	
3 Form 1 Form 2	Mehrfachsteckdose, dargestellt als Dreifachsteckdose
	Schutzkontaktsteckdose
	Steckdose mit Abdeckung
	Steckdose mit verriegeltem Schalter
	Steckdose mit Trenntrafo, z. B. für Rasierapparat
3/N/PE	Schutzkontaktsteckdose, dargestellt für Drehstrom, 5-polig
TP	Fernmeldesteckdose, allgemein TP = Telefon M = Mikrofon = Lautsprecher FM = UKW-Rundfunk TV = Fernsehen TX = Telex

Leuchten	
	Leuchte, allgemein
	Leuchtenauslass, dargestellt mit Leitung
	Leuchtenauslass auf Putz
	Leuchte für Leuchtstofflampe, Leuchte mit drei Leuchtstofflampen, Leuchte mit fünf Leuchtstofflampen
	Leuchte mit Schalter
	Sicherheitsleuchte, Notleuchte mit getrenntem Stromkreis, Rettungszeichenleuchte
	Scheinwerfer, allgemein
	Punktleuchte
	Flutlichtleuchte
	Leuchte für Entladungslampe
	Vorschaltgerät für Entladungslampen

Verschiedenes	
	Heißwassergerät, dargestellt mit Leitung
	Ventilator, dargestellt mit Leitung
	Zeiterfassungsgerät
	Türöffner
	Wechselsprechstelle, Haus- oder Torsprechstelle, Gegensprechstelle

Elektro-Haushaltsgeräte	
	Heißwasserspeicher
	Durchlauferhitzer
	Infrarotgrill
	Futterdämpfer
	Waschmaschine
	Wäschetrockner
	Geschirrspülmaschine
	Händetrockner, Haartrockner
	Speicherheizgerät
	Infrarotstrahler
	Klimagerät
	Kühlgerät Tiefkühlgerät
	Gefriergerät
	Elektrogerät, allgemein
	Küchenmaschine
	Elektroherd, allgemein
	Mikrowellengerät
	Backofen
	Wärmeplatte
	Fritteuse

Ton- und Fernseh-Rundfunk	
	Abzweigdose, allgemein
	Stichdose
	Durchschleifdose
	Antenne, allgemein
	Antenne, Polarisation zirkular
	Antenne, Azimut variabel
	Richtantenne, Azimut fest. Polarisation vertikal, horizontales Strahlungsdiagramm
	Dipolantenne
	Faltdipolantenne, Schleifendipolantenne
	Funkstelle, allgemein
	Parabolantenne, dargestellt mit Rechteck-Hohlleiterzuleitung

Aufzeichnungs- und Wiedergabegeräte	
	Hörer, allgemein
	Mikrofon, allgemein
	Handapparat
	Lautsprecher, allgemein
	Lautsprecher/ Mikrofon

Melde- und Signaleinrichtungen
Alarm- and Signalling Devices

DIN EN 60617-8: 1997-08

Gefahrenmelde-, Melde-Signaleinrichtungen

	Kennzeichen:
	Hilferuf (z. B. an Polizei)
	Differenzialprinzip
	Uhr, allgemein Nebenuhr
1 0	Passierschloss für Schaltwege in Sicherheitsanlagen
	Lichtsender, Gleichlichtsender
	Lichtempfänger mit Hell-Schaltung und Kontaktausgang
	Lichtschranke ■ Lichtsender mit Wechsellicht ■ Lichtempfänger in Dunkelschaltung mit Kontaktausgang
	Leuchtmelder mit Glimmlampe
	Melder mit Fühleinrichtung, z. B. für Blinde
ϑ	Temperaturmelder
	Rauchmelder, selbsttätig, lichtabhängiges Prinzip
	Erschütterungsmelder, Tresorpendel
	Ruhestromschleife, als Brandfühler
	Polizeimelder, mit Sperrung und mit Fernsprecher
	Brandmelder
	Brandmelder, Polizeimelder, Laufwerk mit Sperrung, Polizeimelder mit Sperrung
	Leuchte, allgemein Leuchtmelder, allgemein

Neben dem Schaltzeichen darf die Farbe nach DIN IEC 60757 angegeben werden:

RD	rot	BU	blau	GN	grün
YE	gelb	WH	weiß		

	Leuchtmelder, blinkend
	Sichtmelder, elektromechanisch, Schauzeichen, Fallklappe
	Horn, Hupe
	Wecker, Klingel
	Gong, Einschlagwecker
	Sirene
	Schnarre, Summer

Fernsprecher

	Fernsprecher, allgemein

Grafische Symbole für KNX
Graphical Symbols for KNX

Basis und Systemkomponenten

	Busankoppler BA
	Linienkoppler LK
	Bereichskoppler BK
↔ com	Datenschnittstelle, Schnittstelle RS232
EIB	Externe Schnittstelle, Gateway, GAT
	Verbinder

Aktoren

	Aktor, allgemein
Δt	Aktor, allgemein mit Zeitverzögerung
INFO n	Anzeigetableau, Anzeigeeinheit
	Schaltaktor, potenzialfrei
n	Jalousieaktor, Jalousieschalter
n	Dimmaktor, Schalt-/Dimmaktor

Sensoren

n	Analogsensor, Analogeingang
n	Tastsensor, Taster
n	Dimmsensor, Dimmtaster
n	Steuertastsensor, Steuertaster
T	Temperatursensor
t	Zeitsensor, Uhr
b)	Binärsensor, Binäreingang, Binäreingabe
IR n	IR-Sender
n IR	IR-Decoder
n t	Zeitwertschalter, Zeitschaltuhr
n PIR	Bewegungsmelder, PIR: Passiv Infrarot
lx	Helligkeitssensor

Schalter – Schaltgeräte				Elektromagnetische Antriebe	
	Schließer mit selbsttätigem Rückgang		Druckschalter, Taster	Form 1 Form 2	Elektromechanischer Antrieb, Relaisspule
	Schließer mit nicht selbsttätigem Rückgang		Berührungsempfindlicher Schalter		Elektromechanischer Antrieb mit Rückfallverzögerung
	Öffner mit selbsttätigem Rückgang		Näherungsempfindlicher Schalter		Elektromechanischer Antrieb mit Ansprechverzögerung
	Grenzschalter, Endschalter (Schließer)		Schwimmerschalter		Elektromechanischer Antrieb mit Ansprech- und Rückfallverzögerung
	Grenzschalter, Endschalter, mechanische Betätigung in beiden Richtungen	3	Motorschutzschalter, dreipolig, mit thermischer und magnetischer Auslösung		Elektromechanischer Antrieb eines Stützrelais
	Öffner mit selbsttätiger thermischer Betätigung (Thermokontakt, z. B. Bimetall)	4	Fehlerstrom-Schutzschalter, vierpolig		Elektromechanischer Antrieb eines polarisierten Relais
	Gasentladungsröhre mit Thermokontakt, Starter für Leuchtstofflampe		Leitungsschutz-Schalter		Elektromechanischer Antrieb eines Thermorelais
	Schütz mit selbsttätiger Auslösung		Schließer, betätigt dargestellt		Fortschaltrelais, Stromstoßrelais
	Schütz (Öffner)		Öffner betätigt dargestellt		Antrieb eines elektronischen Relais
	Leistungsschalter		Pilz-Notdrucktaster mit zwangsläufiger Betätigung und Selbsthaltung des Öffners		Tonfrequenz-Rundsteuerrelais
	Trennschalter, Leerschalter		Tastschalter mit Schließer, handbetätigt		Stellschalter mit zwei Betätigungsstücken, handbetätigt (Serienschalter)
	Lasttrennschalter		Stellschalter mit Schließer, handbetätigt (**Ausschalter**)		Stellschalter mit zwei Schaltstellungen, Umschaltglied, Wechsler, handbetätigt (Wechselschalter)
	Erdungsschalter, allgemein		Stellschalter mit drei Schaltstellungen, Zweiwegschließer, handbetätigt, (**Gruppenschalter**)		Kreuzschalter
	Handbetätigter Schalter				

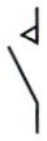

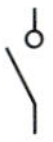

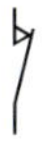

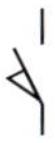

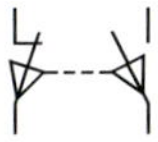

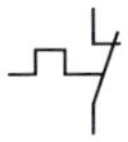

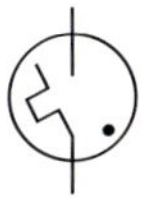

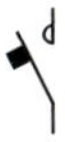

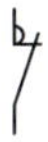

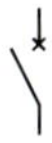

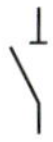

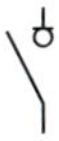

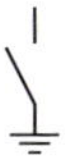

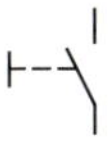

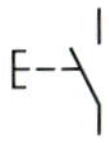

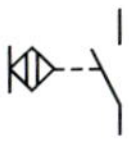

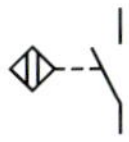

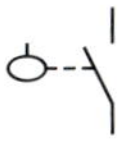

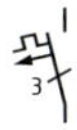

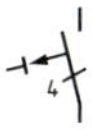

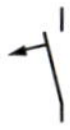

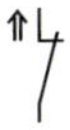

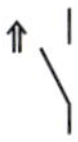

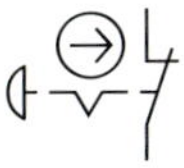

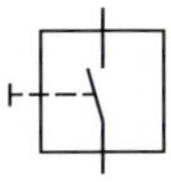

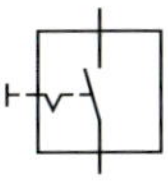

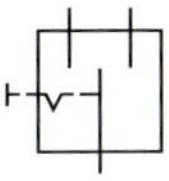

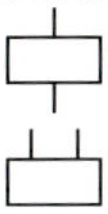

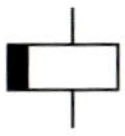

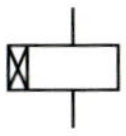

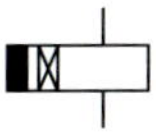

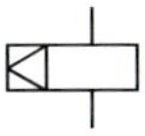

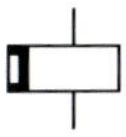

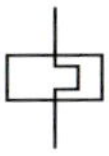

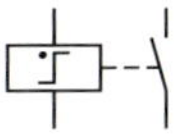

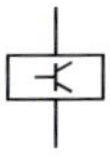

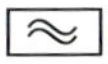

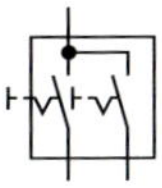

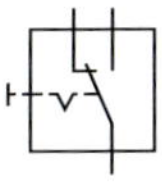

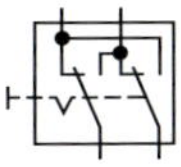

Schutzeinrichtungen

Symbol	Bezeichnung
	Sicherung, allgemein
	Sicherung, die breite Seite kennzeichnet den netzseitigen Anschluss
	Sicherung mit mechanischer Auslösemeldung (Schlagbolzensicherung)
	Sicherung mit Meldekontakt und drei Anschlüssen
	Sicherungsschalter
	Dreipoliger Schalter mit selbsttätiger Auslösung durch den Schlagbolzen jeder einzelnen Sicherung
	Sicherungstrennschalter
	Sicherungs-Lasttrennschalter
D II / 10A	Schraubsicherung, dargestellt 10 A, Typ D II, dreipolig
00 / 25A	Niederspannungs-Hochleistungssicherung (NH), dargestellt 25 A, Größe 00
* S	Selektiver Hauptleitungsschutz-Schalter
	Blitzstromableiter
	Funkenstrecke
	Überspannungsableiter
	Überspannungsableiter in einer Gasentladungsröhre

Aufzeichnende Messgeräte

Symbol	Bezeichnung
*	Messgerät, anzeigend, allgemein
V	Spannungsmessgerät
A	Amperemeter, Strommessgerät
W	Wattmeter, Leistungsmessgerät
var	Blindleistungsmessgerät
$\cos\varphi$	Leistungsfaktormessgerät
Hz	Frequenzmessgerät
n	Drehzahlmessgerät
	Galvanometer
	Synchronoskop
φ	Phasenwinkelmessgerät
	Oszilloskop
V / U_d	Differenzialspannungs-, Gleichspannungsmessgerät
A / $I\sin\varphi$	Blindstrommessgerät
Ω	Widerstandsmessgerät
Θ	Thermometer, Pyrometer
	Messwerk mit Spannungspfad
	Messwerk mit Strompfad
	Messwerk zur Summen- oder Differenzbildung
	Messwerk zur Produktbildung
	Messwerk zur Quotientenbildung
	Kreuzzeigerinstrument

Zähler

Symbol	Bezeichnung
h	Betriebsstundenzähler
Ah	Amperestundenzähler
Wh	Wattstundenzähler, Elektrizitätszähler
Wh	Mehrtarif-Wattstundenzähler, Zweitarifzähler dargestellt
Wh / P >	Wattstundenzähler, der nur zählt, wenn ein vorgegebener Wert überschritten wird
Wh	Wattstundenzähler mit Übertragungseinrichtung
varh	Blindverbrauchszähler
0	Impulszähler mit elektrischer Rückstellung auf Null

Messrelais

Symbol	Bezeichnung
$m < 3$	Phasenausfallrelais in einem Dreiphasensystem
$U = 0$	Nullspannungsrelais
$I >$	Überstromrelais, verzögert
	Näherungsempfindliche Einrichtung, kapazitiv, reagiert auf Näherung eines Festkörpers

Kennzeichnung der Schaltungsart

|	Eine Wicklung
|||	Drei getrennte Wicklungen
||| 3~	Drei getrennte Wicklungen, Dreiphasen-System
△	Dreieckschaltung
Y	Sternschaltung
Y (mit Punkt)	Sternschaltung, Neutralleiter herausgeführt

Maschinenarten

*	Maschine, allgemein. An die Stelle des Sterns (*) muss eines der folgenden Kennzeichen eingetragen werden: C = Umformer G = Generator GS = Synchrongenerator M = Motor MG = Als Generator oder als Motor nutzbare Maschine MS = Synchronmotor
M 1~	Wechselstrom-Reihenschlussmotor, einphasig
M	Linearmotor
M	Schrittmotor
M =	Gleichstrom-Reihenschlussmotor
M =	Gleichstrom-Nebenschlussmotor
G =	Gleichstrom-Doppelschlussgenerator, mit Anschlüssen und Bürsten
M 3~	Drehstrom-Reihenschlussmotor
MS 1~	Synchronmotor, einphasig
GS	Drehstrom-Synchrongenerator, Sternschaltung, Neutralleiter herausgeführt
M 3~	Drehstrom-Linearmotor, Bewegung in nur einer Richtung
M 3~	Drehstrom-Asynchronmotor mit Käfigläufer
M 1~	Asynchronmotor, einphasig, mit Käfigläufer, Enden für eine Anlaufwicklung herausgeführt
M 3~	Drehstrom-Asynchronmotor mit Schleifringläufer

Transformatoren und Drosseln

Form 1	Form 2	Bedeutung
		Transformator mit zwei Wicklungen, Spannungswandler Kennzeichnung gleicher Phasenlagen, gleichzeitig eintretende Ströme erzeugen Magnetflüsse in gleicher Richtung
		Transformator mit drei Wicklungen
		Spartransformator
		Spartransformator, einphasig
		Drossel
Y △		Drehstromtransformator mit Last-Stufenschalter, Stern/Dreieck-schaltung
		Stromwandler, Impulstransformator
		Einphasentransformator mit zwei Wicklungen und Schirm
		Transformator mit Mittenanzapfung an einer Wicklung
		Transformator mit veränderbarer Kopplung

Erzeugung und Umwandlung elektrischer Energie
Generation and Conversion of Electrical Energy

Symbol	Benennung
	Gleichstromumrichter
	Gleichrichter
	Gleichrichter in Brückenschaltung
	Wechselrichter
	Gleichrichter/ Wechselrichter (umschaltbar)
	Wechselstromumrichter
U const	Spannungskonstanthalter
	Primärzelle, Primärelement, Akkumulator
G	Generator, allgemein
	Heizquelle, allgemein
	VerbrennungsHeizquelle
G	Fotoelektrischer Generator

Nachrichtentechnik
Communication Engineering

Symbol	Signalgeneratoren
G 500 Hz	Sinusgenerator, 500 Hz
G 500 Hz	Sägezahngenerator, 500 Hz
G	Pulsgenerator

Symbol	Verstärker
Form 1, Form 2	Verstärker, allgemein
	Verstärker von außen veränderbar
	Verstärker mit Umgehung (Bypass)

Symbol	Umformer
f_1 / f_2	Frequenzumsetzer, Umsetzung von f_1 nach f_2
f / $\frac{f}{n}$	Frequenzteiler

Symbol	Vierpole
	Filter, allgemein
	Tiefpass
	Hochpass
	Bandpass
	Bandsperre
A	Dämpfungsglied, fest eingestellt
A	Dämpfungsglied, veränderbar
	Vorverzerrer Preemphase
	Nachentzerrer, Dreemphase
φ	Phasenschieber
	Entzerrer, allgemein
A	Amplituden-Entzerrer, Equalizer
	Zerhacker, elektronisch
	Begrenzer
	Mischer

Symbol	Sensoren
a, b, c	Modulator allgemein, Demodululator allgemein a = Signaleingang b = Signalausgang c = Eingang der Trägerwelle (optional)
G, 2^7	Pulscodemodulator, (7-Bit-Binärcode)

Fernsprecher	
	Fernsprecher mit Lautsprecher
	Fernsprecher für Zentralbatteriebetrieb
	Fernsprecher mit Verstärker
	Fernsprecher mit Tastwahlblock
	Münzfernsprecher
	Fernsprecher ohne Speisung, Fernsprecher, batterielos
	Fernsprecher für zwei oder mehr Amtsleitungen oder Nebenstellenleitungen

Sende- und Empfangsgeräte	
T	Telegrafen Sende- und Empfangsgerät, halbduplex
	Faksimile-Empfangsgerät (Faxgerät)

Übertragungseinrichtungen	
V+S+F	Funkstrecke, auf der Fernsehen (Bild und Ton) und Fernsprechen übertragen werden
F	Fernsprechen
T	Telegrafie und Datenübertragung
V	Bildübertragung (Fernsehen)
S	Tonübertragung (Fernsehrundfunk und Tonrundfunk)
	Zweidrahtverbindung, Verstärkung in einer Richtung
	Weltraumfunkstelle, aktiv Fernmeldesatellit
G	Laser als Generator
	Erdfunkstelle zur Bahnverfolgung einer Weltraumfunkstelle, mit Parabolantenne

Kennzeichen	
	Magnetischer Typ
	Tauchspulen- oder Bändchentyp
	Stereo
	Platte
	Band, Film
	Aufnehmen und Wiedergeben
	Löschen
	Zylinder, Walze Trommel
	Oberflächenwelle (SAW)

Aufzeichnungs- und Wiedergabegeräte	
	Aufzeichnungsgerät, Wiedergabegerät, allgemein
	Aufzeichnungs-/Wiedergabegerät mit Magnettrommelspeicher

Mikrowellentechnik	
	Rund-Hohlleiter
	Koaxial-Hohlleiter
	Streifenleiter, mit drei Leitern
	Rechteck-Hohlleiter
	Hohlleiter, flexibel

Pulsmodulation	
	Pulsamplitudenmodulation (PAM)
	Pulsfrequenzmodulation (PFM)
	Pulscodemodulation (PCM)
(7 3)	PCM 3-aus-7-Code

Aufzeichnungs- und Wiedergabegeräte	
	Ultraschall-Sender/-Empfänger Hydrophon
	Opto-elektronisches Aufzeichnungsgerät
	Wiedergabegerät mit Lichtabtastung, Compact-Disk-Gerät
	Tonabnehmer, stereofon
	Wiedergabekopf, lichtempfindlich, monofon
	Löschkopf
	Aufnahmekopf (Schreibkopf), magnetisch, monofon

Lichtwellenleiter	
	Lichtwellenleiter (LWL) allgemein, Lichtwellenleiterkabel allgemein
	Lichtwellenleiter für Mehrmoden-Stufenprofil
	Lichtwellenleiter für Einmoden-Stufenprofil
	Lichtwellenleiter für Gradientenprofil
a/b/c/d	Lichtwellenleiter mit Dimensionierungsangaben a = Kern b = Mantel c = 1. Beschichtung d = 2. Beschichtung
	Stecker für Lichtwellenleiter
	Buchse für Lichtwellenleiter
	Lichtwellenleiterverbindung, fest

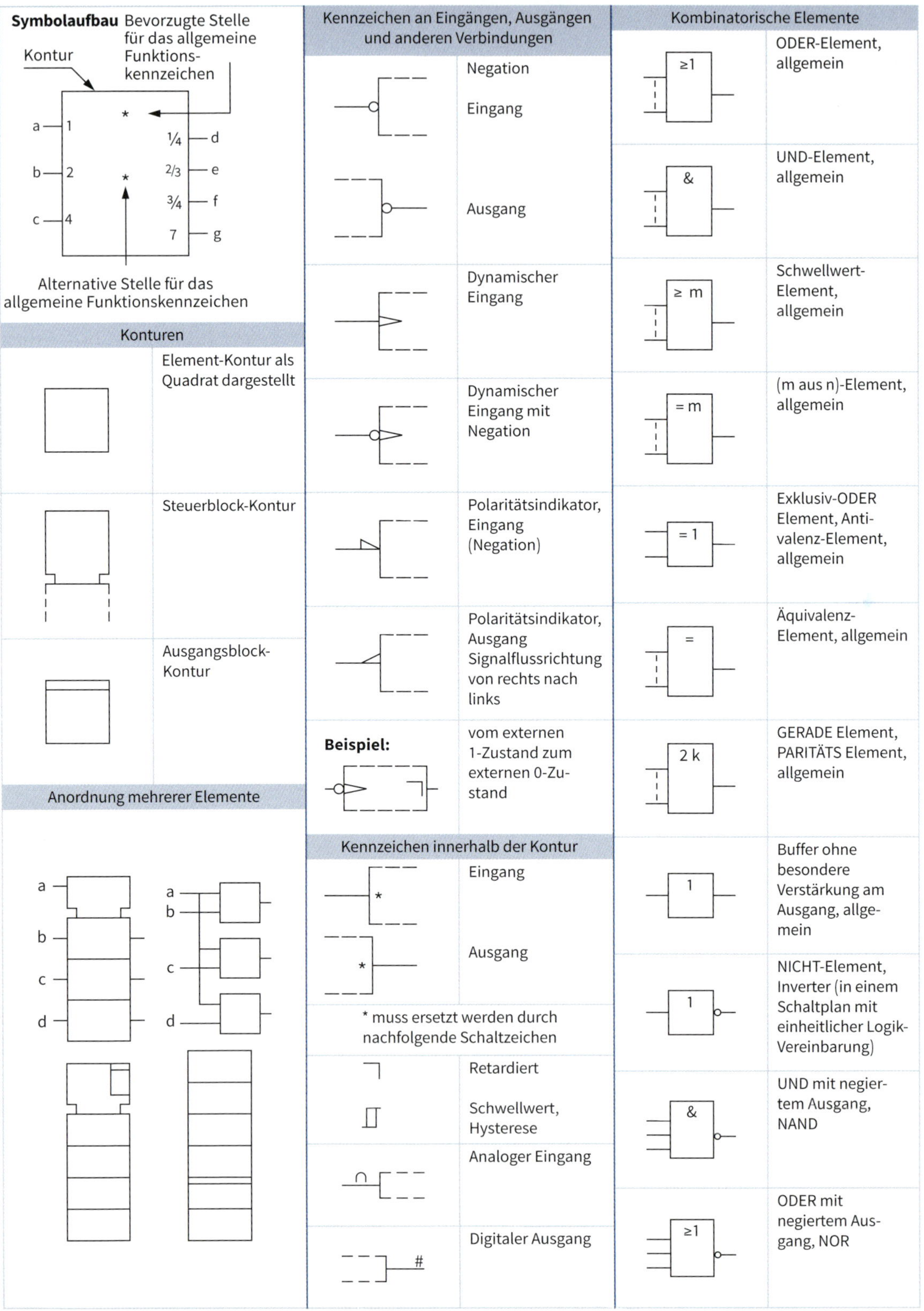
Symbolaufbau
Bevorzugte Stelle für das allgemeine Funktionskennzeichen
Kontur
Alternative Stelle für das allgemeine Funktionskennzeichen
Konturen
Element-Kontur als Quadrat dargestellt
Steuerblock-Kontur
Ausgangsblock-Kontur
Anordnung mehrerer Elemente
Kennzeichen an Eingängen, Ausgängen und anderen Verbindungen
Negation
Eingang
Ausgang
Dynamischer Eingang
Dynamischer Eingang mit Negation
Polaritätsindikator, Eingang (Negation)
Polaritätsindikator, Ausgang Signalflussrichtung von rechts nach links
Beispiel:
vom externen 1-Zustand zum externen 0-Zustand
Kennzeichen innerhalb der Kontur
Eingang
Ausgang
* muss ersetzt werden durch nachfolgende Schaltzeichen
Retardiert
Schwellwert, Hysterese
Analoger Eingang
Digitaler Ausgang
Kombinatorische Elemente
ODER-Element, allgemein
UND-Element, allgemein
Schwellwert-Element, allgemein
(m aus n)-Element, allgemein
Exklusiv-ODER Element, Antivalenz-Element, allgemein
Äquivalenz-Element, allgemein
GERADE Element, PARITÄTS Element, allgemein
Buffer ohne besondere Verstärkung am Ausgang, allgemein
NICHT-Element, Inverter (in einem Schaltplan mit einheitlicher Logik-Vereinbarung)
UND mit negiertem Ausgang, NAND
ODER mit negiertem Ausgang, NOR

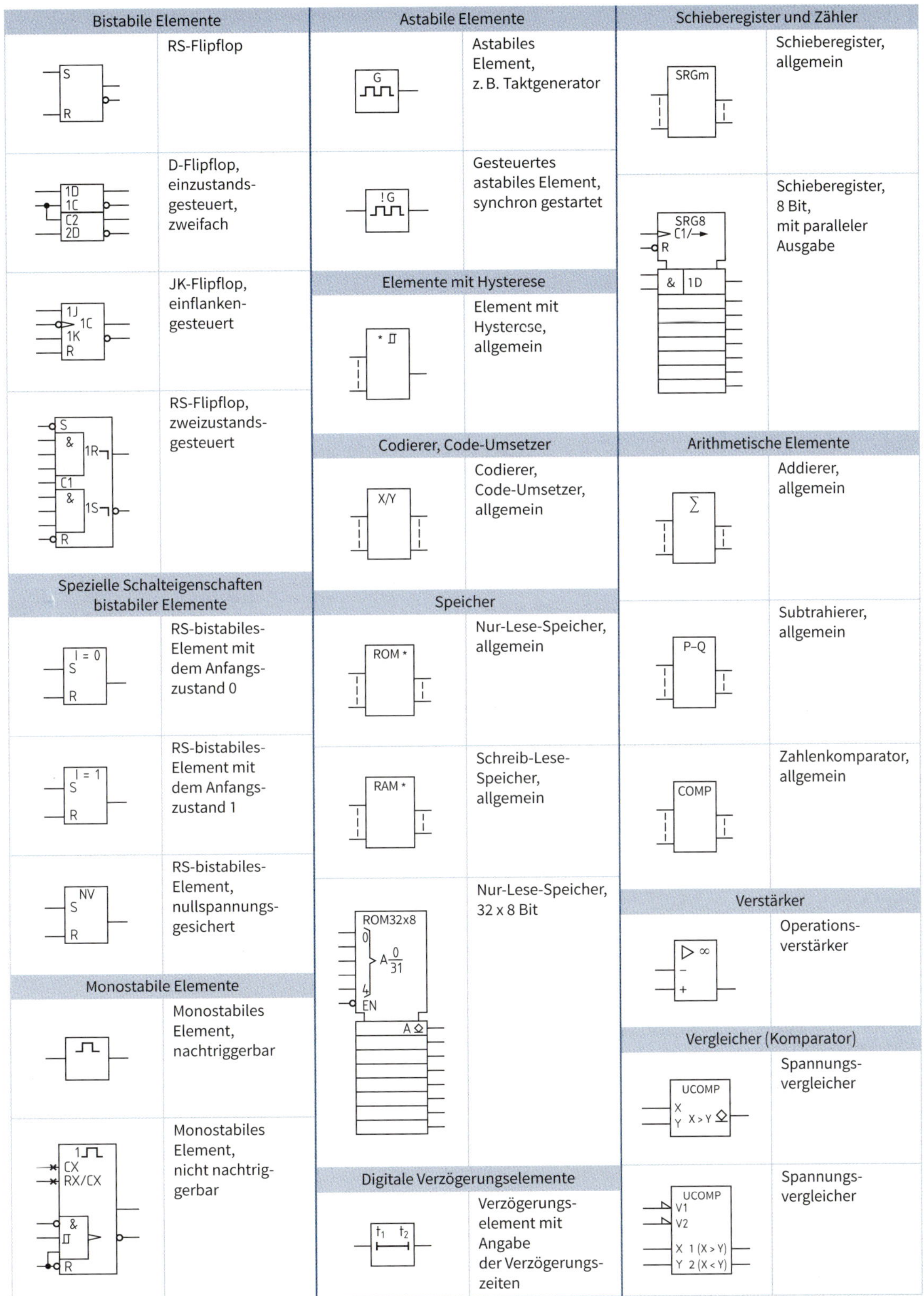

Bistabile Elemente

- RS-Flipflop
- D-Flipflop, einzustandsgesteuert, zweifach
- JK-Flipflop, einflankengesteuert
- RS-Flipflop, zweizustandsgesteuert

Spezielle Schalteigenschaften bistabiler Elemente

- RS-bistabiles-Element mit dem Anfangszustand 0
- RS-bistabiles-Element mit dem Anfangszustand 1
- RS-bistabiles-Element, nullspannungsgesichert

Monostabile Elemente

- Monostabiles Element, nachtriggerbar
- Monostabiles Element, nicht nachtriggerbar

Astabile Elemente

- Astabiles Element, z. B. Taktgenerator
- Gesteuertes astabiles Element, synchron gestartet

Elemente mit Hysterese

- Element mit Hysterese, allgemein

Codierer, Code-Umsetzer

- Codierer, Code-Umsetzer, allgemein

Speicher

- Nur-Lese-Speicher, allgemein
- Schreib-Lese-Speicher, allgemein
- Nur-Lese-Speicher, 32 x 8 Bit

Digitale Verzögerungselemente

- Verzögerungselement mit Angabe der Verzögerungszeiten

Schieberegister und Zähler

- Schieberegister, allgemein
- Schieberegister, 8 Bit, mit paralleler Ausgabe

Arithmetische Elemente

- Addierer, allgemein
- Subtrahierer, allgemein
- Zahlenkomparator, allgemein

Verstärker

- Operationsverstärker

Vergleicher (Komparator)

- Spannungsvergleicher
- Spannungsvergleicher

Aufgaben und Darstellungen

- Symbole, Kennbuchstaben und Fließbilder dienen der Darstellung eines Verfahrens bzw. einer verfahrenstechnischen Anlage.
- Mit ihnen wird der geräte- und informationstechnische Zusammenhang veranschaulicht.
- Gekennzeichnet werden prozessbezogene Komponenten der **E**lektro-, **M**ess-, **S**teuerungs- und **R**egelungstechnik (**EMSR**-Technik).

Grundsymbole für Ausgabe- und Bedienort

PCE: **P**rocess **C**ontrol **E**ngineering (ingenieurtechnische Auslegung der Prozessleittechnik)

	Lokale Bedienoberfläche	Zentraler Leitstand	Lokales Schaltpult
PCE-Aufgabe			
PCE-Leitfunktion			

Textfelder an graphischen Symbolen

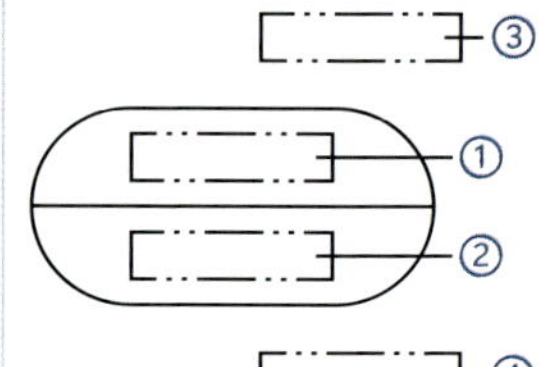

① PCE-Kategorie (Erstbuchstabe)
② Referenzkennzeichnung (Stellennummer, EMSR-Stellenkennzeichnung)
③ PCE-Verarbeitungsfunktion (Folgebuchstabe)
④ PCE-Verarbeitungsfunktion (Folgebuchstabe)

PCE-Kategorie (erster Kennbuchstabe ①)

A	Analyse	**N**	Motor
B	Flammenüberwachung	**O**	Frei verwendbar
C	Frei verwendbar	**P**	Druck (pressure)
D	Dichte	**Q**	Menge, Anzahl
E	Spannung, elektrisch	**R**	Strahlungsgröße (radiation)
F	Durchfluss (flow)	**S**	Geschwindigkeit, Drehzahl, Frequenz (speed)
G	Abstand, Länge, Stellung	**T**	Temperatur
H	Handeingabe, Handeingriff	**U**	Leitfunktion (komplexe Informationsverarbeitung)
I	Stromstärke, elektrisch	**V**	Schwingung
J	Leistung, elektrisch	**W**	Gewicht, Masse, Kraft (weight)
K	Zeitbasierte Funktion	**X**	Sonstige Größen
L	Füllstand (level)	**Y**	Stellventil
M	Feuchte (moisture)	**Z**	Frei verwendbar

PCE-Verarbeitungsfunktion (Folgebuchstabe ③, ④)

- **Innerhalb des Ovals**

B	Beschränkung, Eingrenzung
C	Regelung (control)
D	Differenz
F	Verhältnis
I	Analoganzeige
Q	Integration oder Summenbildung (Aufsummierung von kleinen Teilbeträgen)
R	Registrierung, Aufzeichnung
Y	Rechenfunktion

- **Außerhalb des Ovals**

A	Alarm, Meldung
H	Oberer Grenzwert, an, offen
L	Unterer Grenzwert, aus, geschlossen
I	Analoganzeige
O	Lokale oder Statusanzeige von Binärsignalen
S	Binäre Steuerungs- oder Schaltfunktion
Z	Binäre Steuerungsfunktion oder Schaltfunktion mit Sicherheitsrelevanz (Noteingriff)

Die Kennbuchstaben E, G, J, K, M, N, P, T, U, V, W und X sind frei verfügbar.

Darstellung von Messort und Stellgerätefunktion

- Der Messort ⑤
  - wird durch eine durchgezogene Bezugslinie mit dem Behälter verbunden und
  - kann durch einen Kreis hervorgehoben werden.
- Die Stellgerätefunktion ⑥ kann durch einen zusätzlichen Kreis dargestellt werden.

TI 101 ⑤ TI 102
FRC 103 ⑥

Beispiel

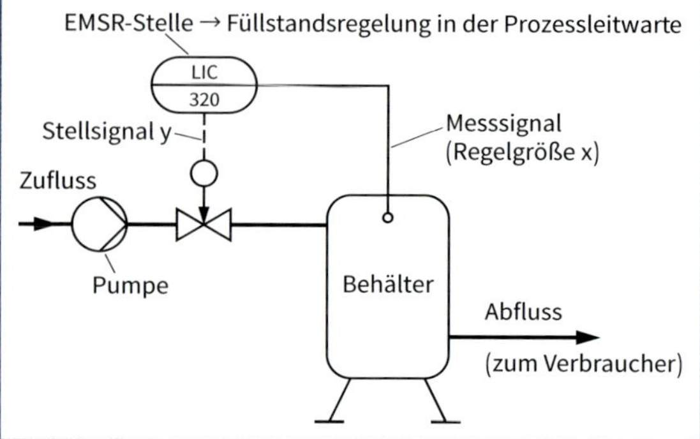

Grafische Symbole für die Prozessleittechnik

Graphical Symbols for Process Control Engineering

DIN EN 62424: 2010-01

Leitungen, Leitungsverbindungen, Anschlüsse, Signalkennzeichnung

Symbol	Bedeutung	Symbol	Bedeutung
	Rohrleitung, Linienbreite ≥ 1 mm	E	Einheitssignal, elektrisch
	EMSR-Leitung, allgemein, Linienbreite vorzugsweise 0,25 mm	A	Einheitssignal, pneumatisch
E	Einheitssignalleitung, elektrisch		Analogsignal
A	Einheitssignalleitung, pneumatisch	#	Digitalsignal
L	hydraulische Leitung		Binärsignal
	Lichtwellenleiter		Impulsgeber
- - - - - -	Wirkungslinie		Kreuzung ohne Verbindung
			Leitungsverbindung, allgemeine Verbindungsstelle

Regler

Ausführung wird dargestellt durch:

- Beschriftung
- Symbole aus anderen Normen
- Kennzeichnung der Wirkungsrichtung
- Kennzeichnung des Algorithmus (P, PI usw.)

Symbol	Bedeutung	Symbol	Bedeutung
	Regler allgemein (Grundsymbol) Ausgang: rechts		Dreipunktregler mit schaltendem Ausgang
PID	PID-Regler mit steigendem Ausgangssignal bei steigendem Eingangssignal	PD	Zweipunktregler mit schaltendem Ausgang
PI	PI-Regler mit fallendem Ausgangssignal bei steigendem Eingangssignal	x, w, y	Regler als Softwarefunktion mit Kennzeichnung der Ein- und Ausgangsgrößen

Einwirkung auf die Strecke

Symbol	Bedeutung	Symbol	Bedeutung
	Stellart, Stellglied		Stellantrieb, bei Ausfall der Hilfsenergie nimmt das Stellgerät die Stellung für maximalen Massenstrom oder Energiefluss ein.
	Stellantrieb, allgemein		Stellantrieb, bei Ausfall der Hilfsenergie nimmt das Stellgerät die Stellung für minimalen Massenstrom oder Energiefluss ein.
	Stellgerät mit Stellort bzw. Stellglied		Stellantrieb, bei Ausfall der Hilfsenergie bleibt das Stellgerät in der zuletzt eingenommenen Stellung.

Aufnehmer

Kennzeichnung durch Kennbuchstaben (rechte untere Ecke), Symbole oder Beschriftung

Symbol	Bedeutung	Symbol	Bedeutung
F	Aufnehmer für Durchfluss, allgemein	L	Aufnehmer für Stand, Empfänger für Licht
F	Turbinen-Durchflussaufnehmer	CO_2 Q	Aufnehmer für CO_2-Gehalt
F	Induktiver Durchflussaufnehmer	pH	Aufnehmer für pH-Wert
T	Aufnehmer für Temperatur, allgemein	R	Aufnehmer für Strahlung, allgemein
T	Thermoelement	S	Aufnehmer für Geschwindigkeit, Drehzahl, Frequenz, allgemein
P	Aufnehmer für Druck, allgemein	G	Aufnehmer für Abstand, Länge, Stellung, allgem.
L	Aufnehmer für Stand (Niveau), allgemein	FQ	Ovalradzähler Verdrängerprinzip
L	Kapazitiver Aufnehmer für Stand	Q	Aufnehmer für Leitfähigkeit
L	Aufnehmer für Stand mit Schwimmer	W	Aufnehmer für Gewichtskraft, Masse, allgem.

Bediengeräte

Ausführungsart ist darzustellen durch:

- Beschriftung
- Symbole aus anderen Normen
- Ausgabe der Einstellgröße

Symbol	Bedeutung	Symbol	Bedeutung
	Einsteller, allgemein		Schaltgerät, allgemein
E	Signaleinsteller für elektrisches Einheitssignal mit Anzeiger		Automatischer Messstellenabfrageschalter

Stellgeräte und Zubehör

Symbol	Bedeutung	Symbol	Bedeutung
	Membran-Stellantrieb		Kolben-Stellantrieb
M	Motor-Stellantrieb		Feder-Stellantrieb
	Magnet-Stellantrieb		Ventilstellglied

Steuergerät

Einzelheiten sind darzustellen durch:

- Beschriftung
- Symbole aus anderen Normen

	Steuergerät (Basissymbol)

Elemente und Grundformen

DIN EN 60848: 2002-12

- GRAFCET dient zur Darstellung von elektrischen, pneumatischen und hydraulischen oder mechanischen Systemen oder Teilsystemen.
- GRAFCET gibt nicht die Form der Realisierung (Betriebsmittel, Leitungsführung, Einbau) vor.

Elemente

Sinnbild	Bedeutung
*	**Schritt**, allgemein * zugeordnetes Kennzeichen, z. B. Schrittnummer
*	Anfangsschritt, allgemein
2	Schritt 2, gesetzt (im aktiven Zustand dargestellt)
*	einschließender Schritt, er enthält mehrere Schritte
M	Makroschritt Einzeldarstellung eines detaillierten Teils eines GRAFCET
*	**Übergang** (Transition) * Übergangsbedingung: als Text oder als logischer Ausdruck: TRUE oder FALSE TRUE, logisch 1; Weiterschaltbedingung erfüllt FALSE, logisch 0; Weiterschaltbedingung nicht erfüllt
1) 2)	**Wirkverbindung** 1) Ablauf von oben nach unten 2) Ablauf von unten nach oben

Freigeben und Auslösen von Übergängen

Sinnbild	Bedeutung
8, 9	Schritt 8 nicht gesetzt **Übergang nicht freigegeben** Die Übergangsbedingung kann erfüllt oder nicht erfüllt sein. Der Übergang 8–9 wird nicht freigegeben, weil der Schritt 9 nicht gesetzt ist.
8, 9	Schritt 8 gesetzt **Übergang freigegeben** Die Übergangsbedingung ist nicht erfüllt. Der Übergang 8–9 ist freigegeben, kann aber nicht ausgelöst werden, weil die Übergangsbedingung nicht erfüllt ist.
8, 9	**Übergang ausgelöst** Schritt 8 ist zurückgesetzt[3)] Die Übergangsbedingung ist erfüllt. Der Übergang wird jetzt ausgelöst, weil die Übergangsbedingung erfüllt ist. Schritt 9 wird gesetzt [3)] Nur ein Schritt kann gesetzt sein.

Grundformen

Sinnbild	Bedeutung
9, 11, 20, 10, 17	**Übergang ausgelöst** Transition von mehreren Schritten zu mehreren Schritten Übergang ausgelöst, weil Bedingung erfüllt Wird der Übergang ausgelöst, erfolgt gleichzeitig ein **Setzen** der unmittelbar folgenden und **Rücksetzen** der unmittelbar vorangehenden Schritte.

Grundformen der Schrittabläufe

Sinnbild	Bedeutung
6, e, 7, f, 8	**Ablaufkette** (sequentieller Betrieb) Die Ablaufkette besteht aus einer Reihe von Schritten, die nacheinander gesetzt werden. Beispiel: Der Ablauf von 6 nach 7 findet nur statt, wenn 6 gesetzt ist und die Bedingung „e“ erfüllt ist.
8, e, f, 10, 11, *	**Ablaufauswahl** (Alternativ-Verzweigung) Bei der Ablaufauswahl verzweigt sich die Schrittkette in zwei oder mehrere Abläufe. Ein Ablauf von Schritt 8 nach Schritt 10 erfolgt, wenn Schritt 8 gesetzt und „e“ erfüllt ist, oder von Schritt 8 nach Schritt 11, wenn Schritt 8 gesetzt und „f“ erfüllt ist.
8, e, 12, 14	**Gleichzeitige Abläufe** (Parallel-Betrieb) Im Parallel-Betrieb verzweigt sich die Schrittkette in zwei oder mehrere Abläufe, die gleichzeitig ausgelöst werden, aber unabhängig voneinander laufen. Sind alle Zweige durchlaufen, wird der nächste Einzelschritt ausgeführt.

Symbole

DIN EN 60848: 2002-12

Kontinuierlich wirkende Aktionen

Aktionskasten; er enthält die auszuführende **Aktion**

Die Aktion wirkt nur so lange, wie der auslösende Schritt aktiv ist. Ein Schritt kann auch mehrere Aktionen auslösen:

8
A
B
C

Die Kennzeichung einer Aktion kann in unterschiedlichen Formen erfolgen, ausführlich oder symbolisch:

8
Öffne Ventil 2
8
Ventil 2
8
YV2

Sollte der Ausgang den Wert TRUE besitzen, wird das Ventil 2 geöffnet.

Gespeichert wirkende Aktionen

∗ : = #

Zuordnung zu Variablen (Der Wert # wird der Variablen ∗ zugeordnet)

Aktion aktiviert (gespeichert)

Aktion deaktiviert

12
C : = 1

Aktion bei Aktivierung

Der booleschen Variablen C wird der Wert 1 zugeordnet, wenn ein Ereignis eintritt, das den Schritt 12 aktiviert.
Die Aktion bleibt im Regelfall über mehrere Schritte aktiv und muss zwingend an anderer Stelle der Ablaufkette durch einen anderen Schritt, ebenfalls speichernd, zurückgesetzt werden.

17
C : = 0

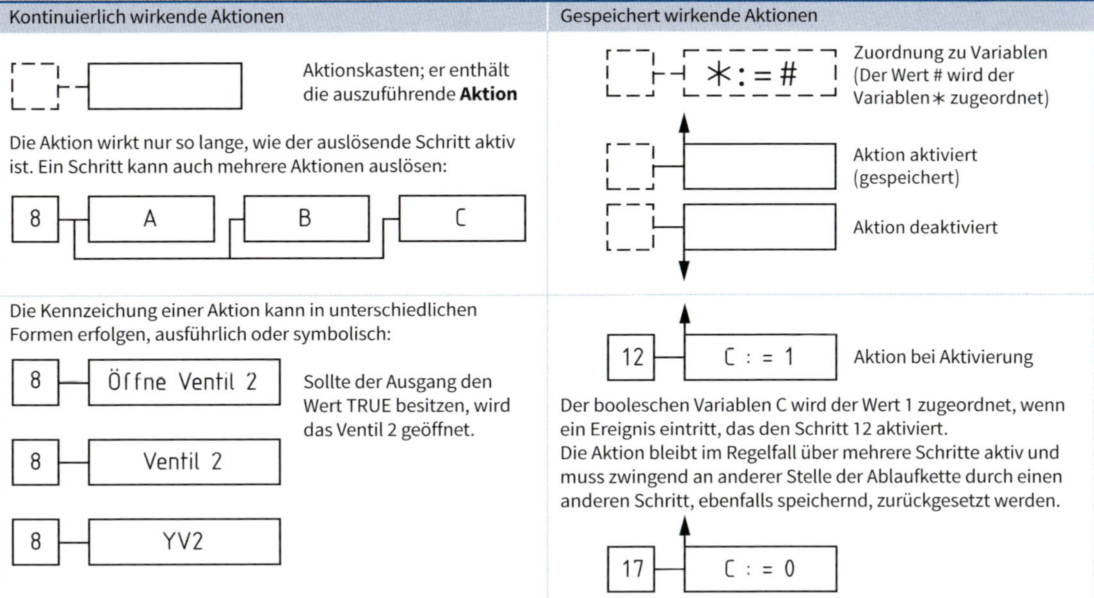

Beispiele

Ablaufkette (einfach)

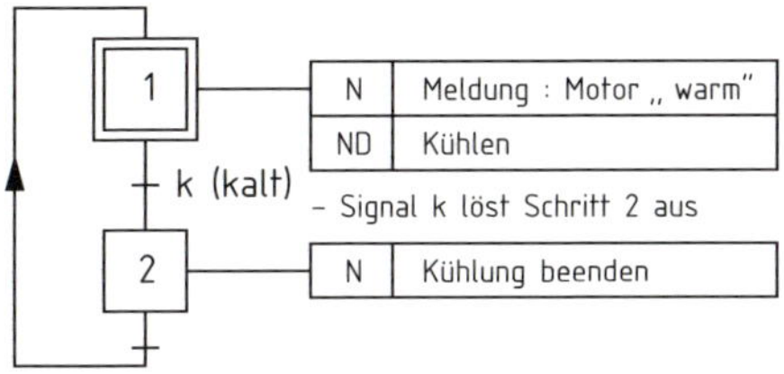

1
N
Meldung : Motor „ warm"
ND
Kühlen
k (kalt)
– Signal k löst Schritt 2 aus
2
N
Kühlung beenden

Aktion mit Zuweisungsbedingung

c
18
V3

Verzögerte Aktion

8s/X20
20
A

Zeitbegrenzte Aktion

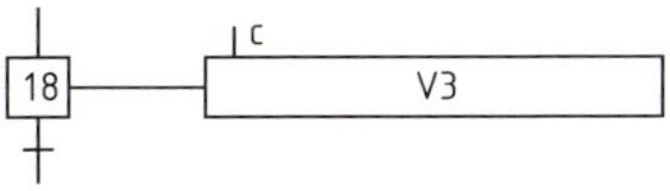

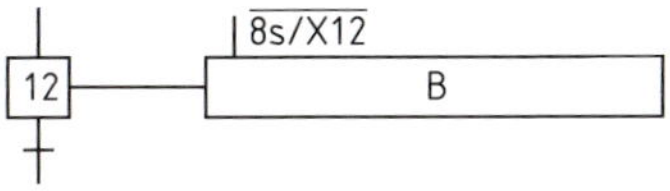

8s/X12
12
B

Zeitabhängige Zuweisungsbedingung

4s/a/8s
9
B

Ablaufstruktur

0
&
Bohrer eingespannt
Werkstück vorhanden
1
Starttaster S1
2
Werkstück spannen 1A:=1
Grenztaster 1S2
3
Bohrung 1 bohren 2A:=1
Grenztaster 2S2
4
Zylinder 2A einfahren 2A:=0
Grenztaster 2S1
5
Bohrung 2 bohren 3A:=1
Grenztaster 3S2
6
Zylinder 3A einfahren 3A:=0
Grenztaster 3S1
7
Werkstück lösen 1A:=0
&
1S1
2S1
3S1

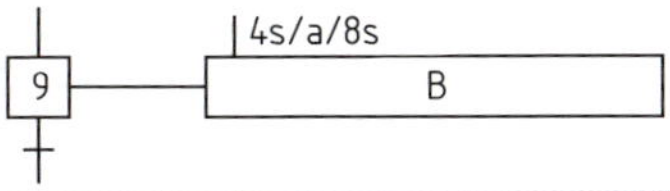

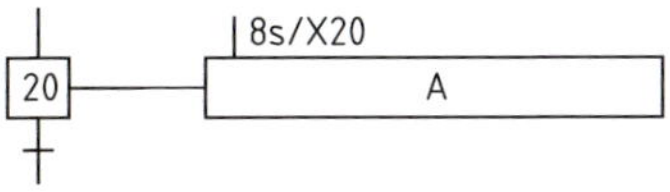

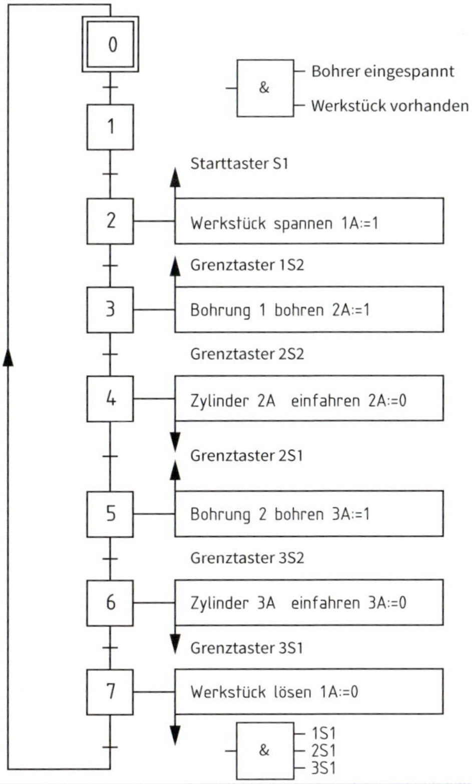

DIN EN 60848 (GRAFCET) hat DIN 40719 (gültig bis 2005) abgelöst

Übersicht

Programmablaufplan nach DIN 66001	Nassi-Shneidermann Struktogramm DIN 66261

Verarbeitung (allgemein, Strukturblock, Elementarblock)

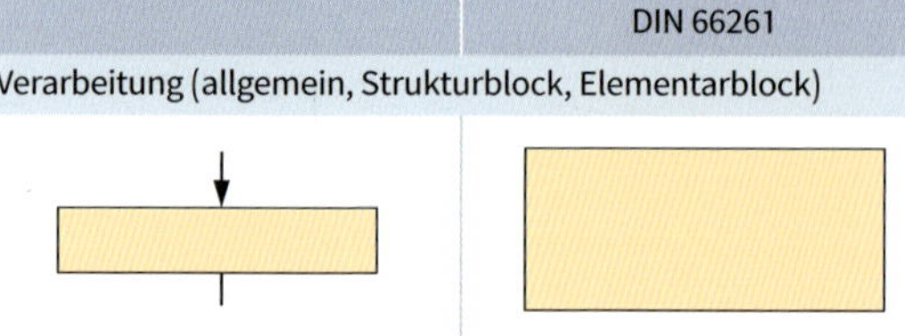

- Aufgabenkurzbeschreibungen
- Unterprogrammnamen
- Anweisungen, Programmiersprachenbefehle

Reihenfolge (Sequenz)

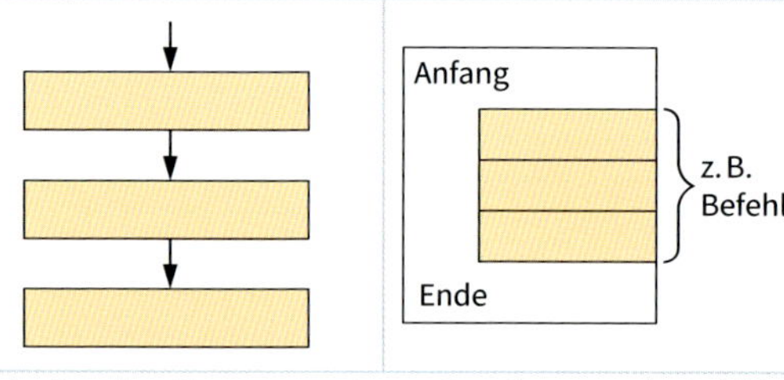

- Aneinanderreihung von mehreren Anweisungen oder Befehlen
- Aufzählung mehrerer nacheinander zu bearbeitender Aufgaben

Bedingte Verzweigung

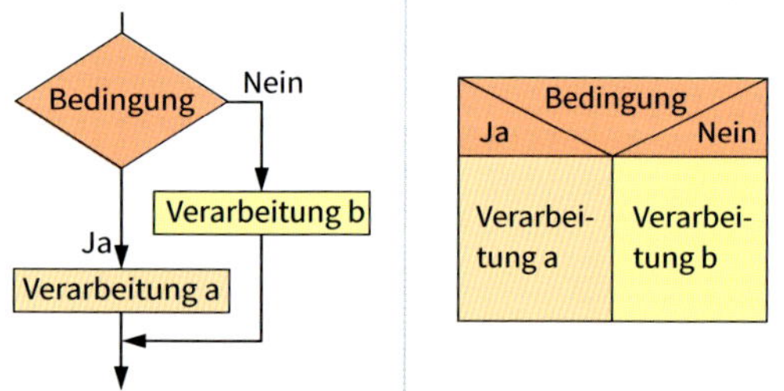

- Auswahl von einer Verarbeitung aus zwei möglichen, aufgrund einer logischen Entscheidung.
- Ist die Abfrage mit Ja beantwortet, dann Verarbeitung a, andernfalls Verarbeitung b. Diese Verzweigung wird auch als IF (wenn Bedingung erfüllt) THEN (dann Verarbeitung a) ELSE (sonst Verarbeitung b) Abfrage bezeichnet.

Fallabfrage, Fallunterscheidung

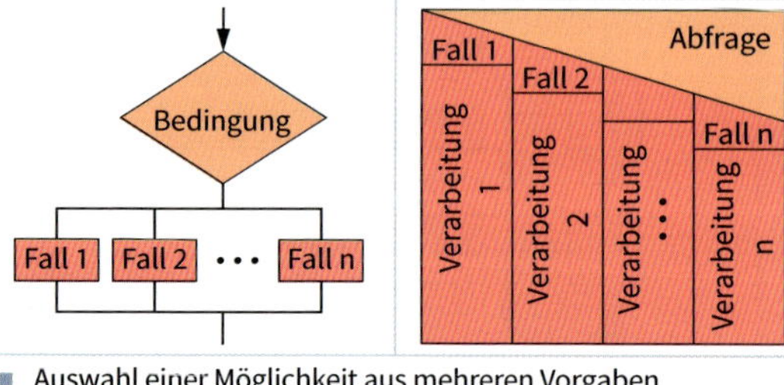

- Auswahl einer Möglichkeit aus mehreren Vorgaben (engl. Case-Block)

Programmablaufplan nach DIN 66001	Nassi-Shneidermann Struktogramm DIN 66261

Wiederholung (kopfgesteuerte Schleife)

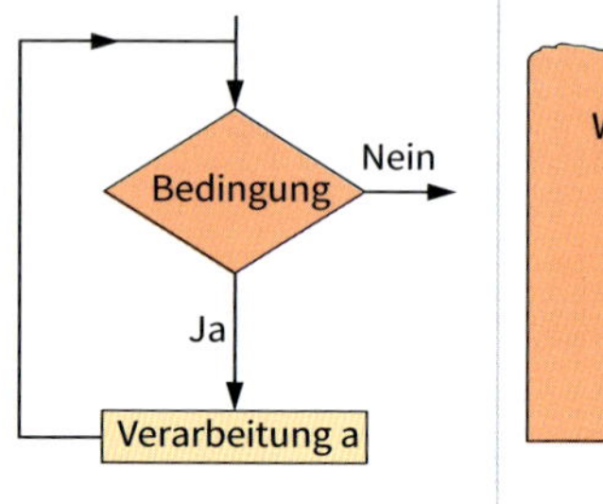

Wiederhole, solange Bedingung gültig

Verarbeitung a

- Schleifendurchläufe
  Abfrage der Bedingung erfolgt vor der Durchführung der Verarbeitung a. Ist die Bedingung bei der ersten Abfrage schon **nicht** erfüllt, erfolgt **keine** Durchführung der Verarbeitung a (engl. WHILE-Schleife).

Wiederholung (fußgesteuerte Schleife)

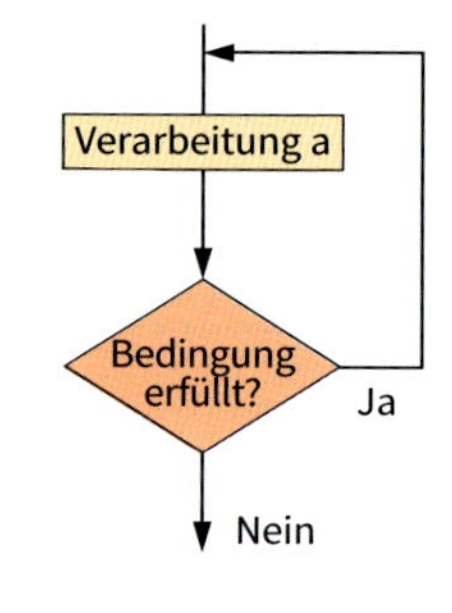

Verarbeitung a

Wiederhole, solange Bedingung gültig

- Schleifendurchläufe
  Abfrage der Bedingung nach dem Durchlauf der Verarbeitung a (engl. REPEAT- oder UNTIL-Schleife).

Schleife mit Unterbrechung

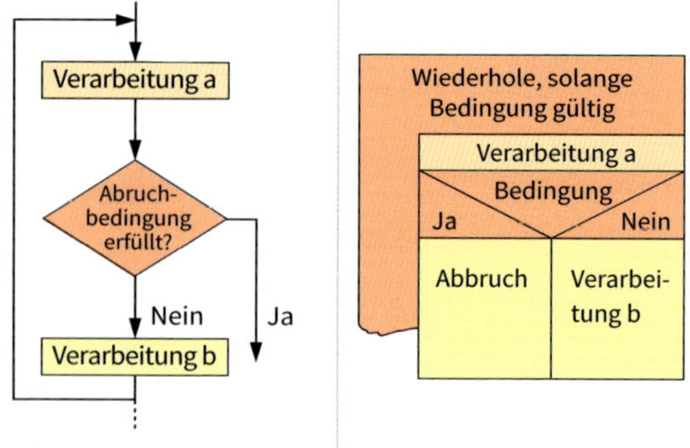

- Schleifendurchläufe
  Die Bedingung (Abbruch-Bedingung) wird während der Verarbeitung abgeprüft (engl. CYCLE-Schleife).

Operation	Regeln und Gesetze				
Addieren $a + b = c$ **Subtrahieren** $a - b = c$	**Kommutativgesetz:** $a + b = b + a$ **Assoziativgesetz:** $(a + b) + c = a + (b + c)$	**Vorzeichenregeln:**	$a + (-b) = a - b$ $a - (-b) = a + b$ $a - (b + c) = a - b - c$ $a - (b - c) = a - b + c$		
Multiplizieren $a \cdot b = c$ **Dividieren** $a : b = c$	**Kommutativgesetz:** $a \cdot b = b \cdot a$ **Assoziativgesetz:** $a \cdot (b \cdot c) = (a \cdot b) \cdot c$ **Klammerregeln:** $-(a + b - c) = -a - b + c$ $+(a + b - c) = a + b - c$	**Distributivgesetz:** $a \cdot (b + c) = ab + ac$ $(a + b) \cdot (c + d) = ac + ad + bc + bd$ ← Ausklammern Ausmultiplizieren → **Dividieren:** $\frac{a}{b} : \frac{c}{d} = \frac{a \cdot d}{b \cdot c}$	**Vorzeichenregeln:** $(+a) \cdot (+b) = ab$ $(-a) \cdot (+b) = -ab$ $(+a) \cdot (-b) = -ab$ $(-a) \cdot (-b) = ab$ **Multiplizieren:** $\frac{a}{b} \cdot \frac{c}{d} = \frac{a \cdot c}{b \cdot d}$		
Potenzieren $a^n = c$	$a^n \cdot a^m = a^{n+m}$	$a^n \cdot b^n = (a \cdot b)^n$	$\frac{a^n}{b^n} = \left(\frac{a}{b}\right)^n$	$\frac{a^n}{a^m} = a^{n-m}$	$(a^n)^m = a^{n \cdot m}$
Radizieren $\sqrt{a} = c$	$\sqrt[n]{ab} = \sqrt[n]{a} \cdot \sqrt[n]{b}$	$\sqrt[n]{\frac{a}{b}} = \frac{\sqrt[n]{a}}{\sqrt[n]{b}}$	$\sqrt[n]{b^m} = b^{\frac{m}{n}}$	$\sqrt[m]{\sqrt[n]{b}} = \sqrt[m \cdot n]{b}$	$\frac{1}{\sqrt[n]{a^m}} = a^{-\frac{m}{n}}$

Potenzen

Zehner	Binäre	Hexadezimale
$10^0 = 1$	$2^0 = 1$	$16^0 = 1$
$10^1 = 10$	$2^1 = 2$	$16^1 = 16$
$10^2 = 100$	$2^2 = 4$	$16^2 = 256$
$10^3 = 1000$	$2^3 = 8$	$16^3 = 4096$
$10^{-1} = 1/10$	$2^{-1} = 1/2$	$16^{-1} = 1/16$
$10^{-2} = 1/100$	$2^{-2} = 1/4$	$16^{-2} = 1/256$
$10^{-3} = 1/1000$	$2^{-3} = 1/8$	$16^{-3} = 1/4096$

Logarithmieren

Multiplizieren	Potenzieren
$\log(c \cdot d) = \log c + \log d$	$\log c^n = n \cdot \log c$
Dividieren	**Radizieren**
$\log \frac{c}{d} = \log c - \log d$	$\log \sqrt[m]{c} = \frac{1}{m} \log c$

Dreieck

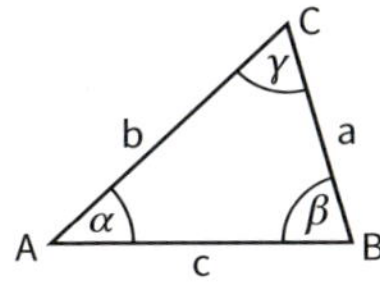

$\alpha + \beta + \gamma = 180°$

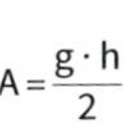

$A = \frac{g \cdot h}{2}$

Umfang:
$U = a + b + c$

Sinussatz: $\frac{\sin\alpha}{a} = \frac{\sin\beta}{b} = \frac{\sin\gamma}{c}$

Kosinussatz:
$a^2 = b^2 + c^2 - 2\,bc \cdot \cos\alpha$
$b^2 = a^2 + c^2 - 2\,ac \cdot \cos\beta$
$c^2 = a^2 + b^2 - 2\,ab \cdot \cos\gamma$

Komplexe Zahlen

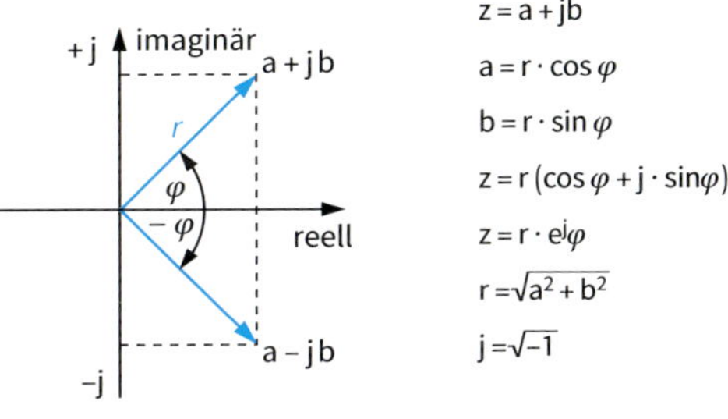

$z = a + jb$

$a = r \cdot \cos\varphi$

$b = r \cdot \sin\varphi$

$z = r(\cos\varphi + j \cdot \sin\varphi)$

$z = r \cdot e^{j\varphi}$

$r = \sqrt{a^2 + b^2}$

$j = \sqrt{-1}$

Trigonometrie

Einheitskreis

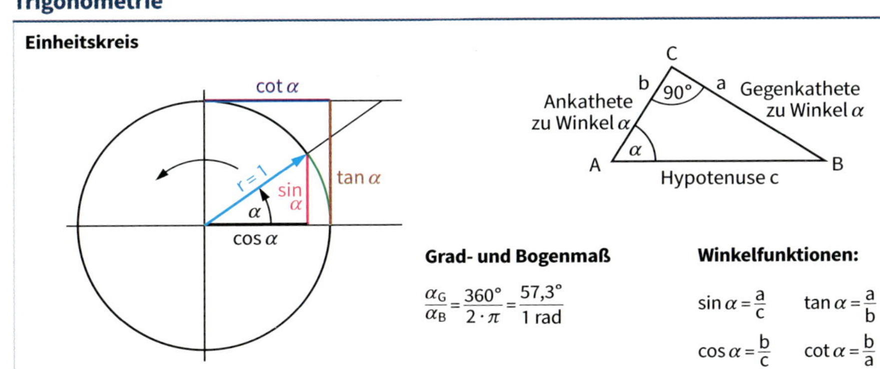

Satz des Pythagoras
$c^2 = a^2 + b^2$

Grad- und Bogenmaß

$\frac{\alpha_G}{\alpha_B} = \frac{360°}{2 \cdot \pi} = \frac{57{,}3°}{1\ \text{rad}}$

Winkelfunktionen:

$\sin\alpha = \frac{a}{c}$ $\tan\alpha = \frac{a}{b}$

$\cos\alpha = \frac{b}{c}$ $\cot\alpha = \frac{b}{a}$

$\sin(-\alpha) = -\sin\alpha$
$\cos(-\alpha) = \cos\alpha$
$\tan(-\alpha) = -\tan\alpha$
$\cot(-\alpha) = -\cot\alpha$

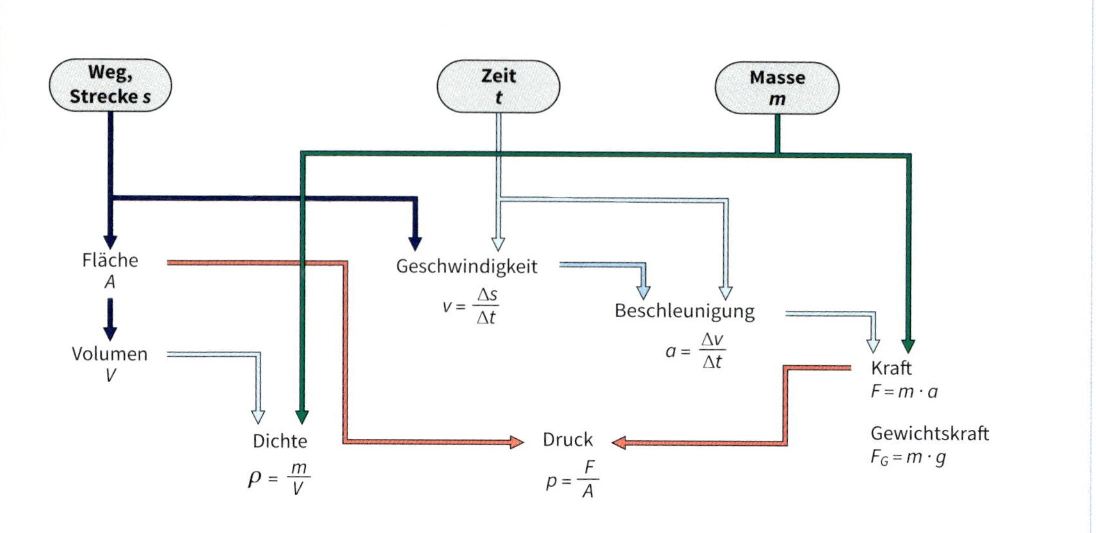

Geradlinig gleichmäßige Beschleunigung		
Kraft	$F = m \cdot a$	
Geschwindigkeit	$v = a \cdot t$	$v = \sqrt{2 \cdot s \cdot a}$
Beschleunigung	$a = \frac{v}{t}$	$a = \frac{2 \cdot s}{t^2}$
Wegstrecke	$s = \frac{a \cdot t^2}{2}$	
Arbeit und Kraft		
Allgemein	$W = F \cdot s$	
Hubarbeit	$W = F_G \cdot s$	$W = m \cdot g \cdot s$
Federspannarbeit	$W = \frac{F_F \cdot s}{2}$	
Beschleunigungsarbeit	$W = \frac{m \cdot v^2}{2}$	
Reibungsarbeit	$W = F_R \cdot s$	
Reibung	$F_R = \mu \cdot F_N$	
Schiefe Ebene	$F_H = \frac{F_G \cdot h}{l}$	
Leistung und Wirkungsgrad		
Leistung	$P = \frac{W}{t}$	$P = F \cdot v$
Wirkungsgrad	$\eta = \frac{W_{ab}}{W_{zu}}$ $W_V = W_{zu} - W_{ab}$ $P_V = P_{zu} - P_{ab}$	$\eta = \frac{P_{ab}}{P_{zu}}$
Gesamtwirkungsgrad	$\eta_{ges} = \eta_1 \cdot \eta_2 \cdot \ldots \cdot \eta_n$	
Antriebe		
Riemenantrieb	$d_1 \cdot n_1 = d_2 \cdot n_2$	
Zahnradantrieb	$z_1 \cdot n_1 = z_2 \cdot n_2$	
Schneckenantrieb	$z_1 \cdot n_1 = z_2 \cdot n_2$	

Gleichförmige Kreisbewegung			
Kraft	$F = m \cdot \omega^2 \cdot r$		$F = m \cdot \frac{v^2}{r}$
Geschwindigkeit	$v = d \cdot \pi \cdot n$		$v = \frac{2 \cdot \pi \cdot r}{T}$
Beschleunigung	$a_r = \frac{v^2}{r}$		
Winkelgeschwindigkeit	$\omega = 2 \cdot \pi \cdot f$	$f = \frac{1}{T}$	$n = \frac{1}{T}$
Energie			
Energieerhaltung	$E = W$		
Potenzielle Energie	$E_P = m \cdot g \cdot s$		
Spannenergie	$E_S = \frac{F_F \cdot s}{2}$		
Kinetische Energie	$E_K = \frac{m \cdot v^2}{2}$		
Drehmoment			
Drehmoment	$M = F \cdot r$		
Hebel	$F_1 \cdot s_1 = F_2 \cdot s_2$		
Feste Rolle	$F_1 = F_2$		
Lose Rolle	$F_1 = \frac{F_2}{2}$		
Flaschenzug	$F_1 = \frac{F_2}{n}$		
Leistung und Drehmoment	$P = 2 \cdot \pi \cdot n \cdot M$		
Hydraulik			
Hydrostatischer Druck	$p = \varrho \cdot g \cdot h$		
Hydraulische Anlagen	$\frac{F_1}{A_1} = \frac{F_2}{A_2}$		

Zusammenhang zwischen Größen

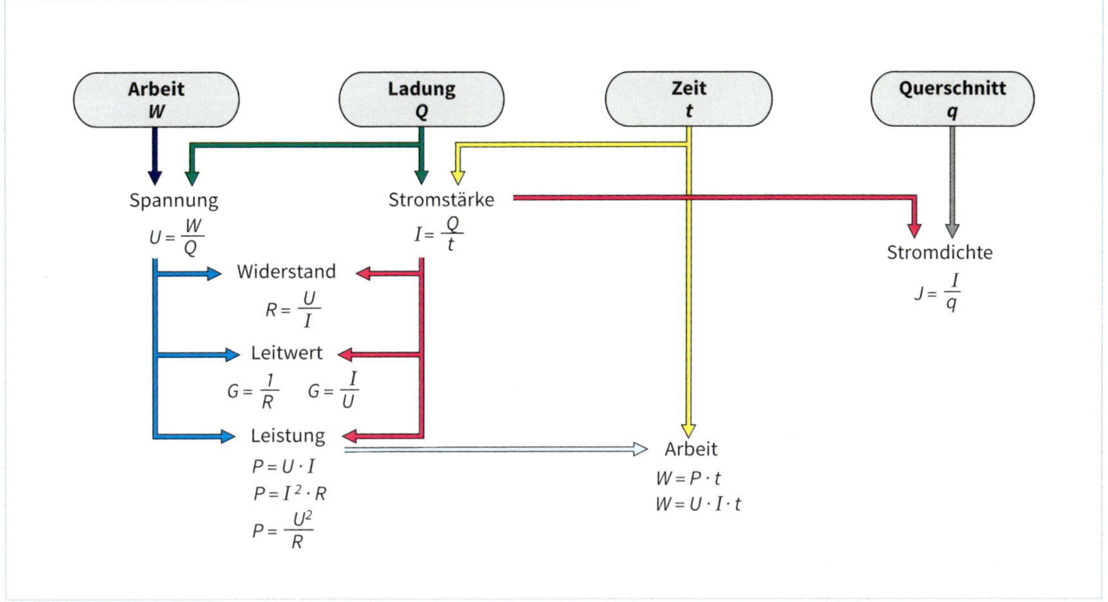

Elektrischer Stromkreis

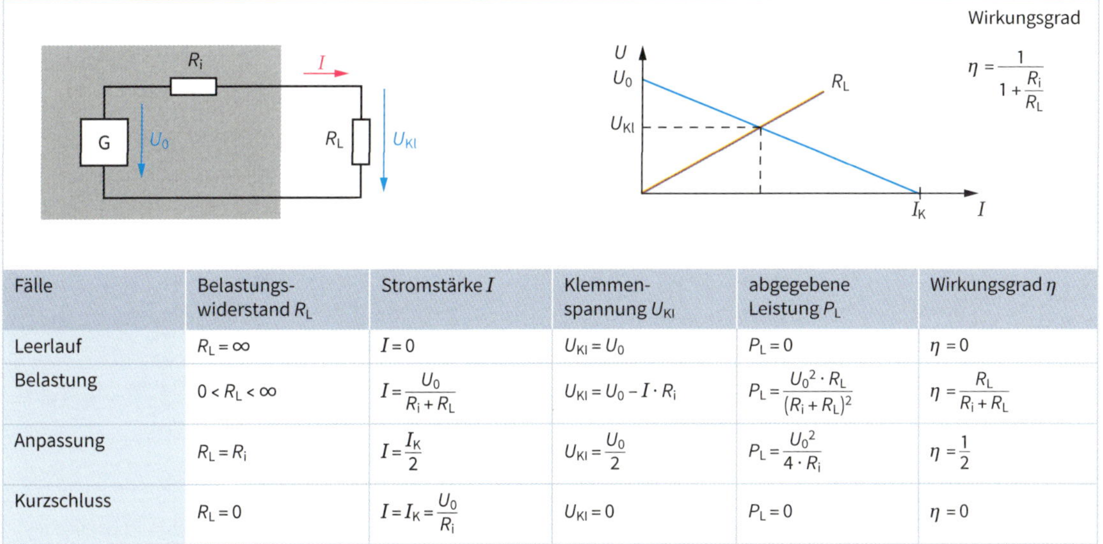

Fälle	Belastungs-widerstand R_L	Stromstärke I	Klemmen-spannung U_{Kl}	abgegebene Leistung P_L	Wirkungsgrad η
Leerlauf	$R_L = \infty$	$I = 0$	$U_{Kl} = U_0$	$P_L = 0$	$\eta = 0$
Belastung	$0 < R_L < \infty$	$I = \frac{U_0}{R_i + R_L}$	$U_{Kl} = U_0 - I \cdot R_i$	$P_L = \frac{U_0^2 \cdot R_L}{(R_i + R_L)^2}$	$\eta = \frac{R_L}{R_i + R_L}$
Anpassung	$R_L = R_i$	$I = \frac{I_K}{2}$	$U_{Kl} = \frac{U_0}{2}$	$P_L = \frac{U_0^2}{4 \cdot R_i}$	$\eta = \frac{1}{2}$
Kurzschluss	$R_L = 0$	$I = I_K = \frac{U_0}{R_i}$	$U_{Kl} = 0$	$P_L = 0$	$\eta = 0$

Elektrischer Widerstand

Ohmsches Gesetz	Differentieller Widerstand	Leiterwiderstand	Widerstand und Temperatur
$R = \frac{U}{I}$	$r = \frac{\Delta U}{\Delta I}$	$R = \frac{\varrho \cdot l}{q}$ $\varkappa = \frac{1}{\varrho}$ $R = \frac{l}{\varkappa \cdot q}$ Kreisfläche: $q = \frac{d^2 \cdot \pi}{4}$	$R_\vartheta = R_{20} + \Delta R$ $\Delta R = R_{20} \cdot \alpha \cdot \Delta\vartheta$ $R_\vartheta = R_{20}(1 + \alpha \cdot \Delta\vartheta + \beta \cdot \Delta\vartheta^2)$

Stromverzweigung
(Erstes Kirchhoffsches Gesetz)

$\Sigma I = 0$

Parallelschaltung

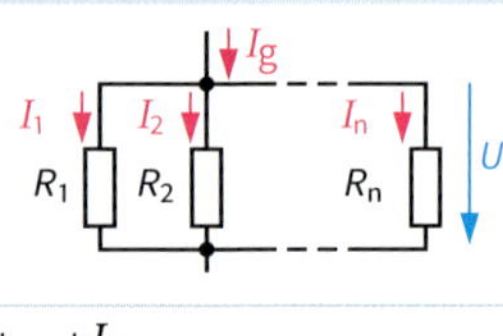

$U = U_1 = U_2 = \ldots = U_n$

$I_g = I_1 + I_2 + \ldots + I_n$

$\frac{1}{R_g} = \frac{1}{R_1} + \frac{1}{R_2} + \ldots + \frac{1}{R_n}$ $\qquad G_g = G_1 + G_2 + \ldots + G_n$

$\frac{I_1}{I_2} = \frac{R_2}{R_1}$ $\qquad \frac{I_1}{I_n} = \frac{R_n}{R_1}$ $\qquad \frac{I_1}{I_g} = \frac{R_g}{R_1} \ldots$

$P_g = P_1 + P_2 + \ldots + P_n$

$P_1 = U \cdot I_1$ $\qquad P_2 = U \cdot I_2$ $\qquad P_g = U \cdot I_g \ldots$

Maschenregel
(Zweites Kirchhoffsches Gesetz)

$\Sigma U = 0$

Reihenschaltung

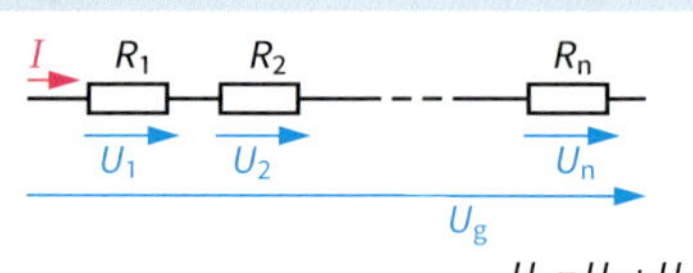

$U_g = U_1 + U_2 + \ldots + U_n$

$I = I_1 = I_2 = \ldots = I_n$

$R_g = R_1 + R_2 + \ldots + R_n$

$\frac{U_1}{U_2} = \frac{R_1}{R_2}$ $\qquad \frac{U_1}{U_n} = \frac{R_1}{R_n}$ $\qquad \frac{U_1}{U_g} = \frac{R_1}{R_g} \ldots$

$P_g = P_1 + P_2 + \ldots + P_n$

$P_1 = U_1 \cdot I$ $\qquad P_2 = U_2 \cdot I$ $\qquad P_g = U_g \cdot I \ldots$

Messbereichserweiterung

Strommessung	Spannungsmessung
$n = \frac{I}{I_M}$ $\qquad R_p = \frac{R_i}{(n-1)}$	$n = \frac{U}{U_M}$ $\qquad R_v = (n-1) \cdot R_i$

Gruppenschaltung

Beispiel:

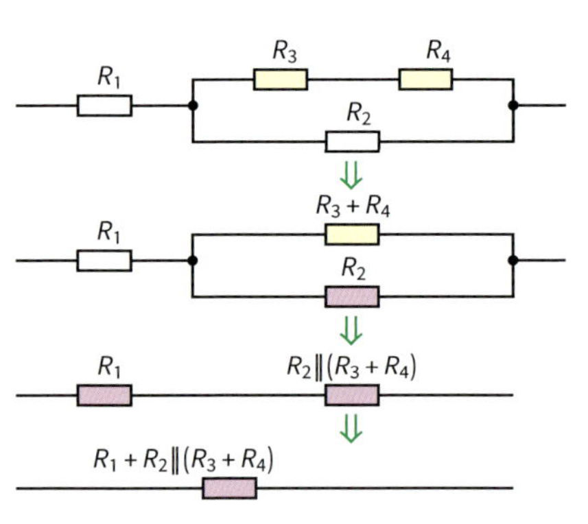

Stern-Dreieck-Umwandlung

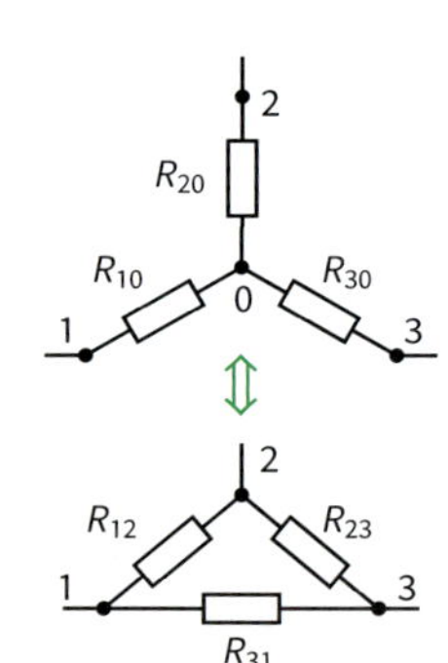

$R_{10} = \frac{R_{12} \cdot R_{31}}{R_{12} + R_{23} + R_{31}}$

$R_{20} = \frac{R_{12} \cdot R_{23}}{R_{12} + R_{23} + R_{31}}$

$R_{30} = \frac{R_{23} \cdot R_{31}}{R_{12} + R_{23} + R_{31}}$

$R_{12} = \frac{R_{10} \cdot R_{20}}{R_{30}} + R_{10} + R_{20}$

$R_{23} = \frac{R_{20} \cdot R_{30}}{R_{10}} + R_{20} + R_{30}$

$R_{31} = \frac{R_{10} \cdot R_{30}}{R_{20}} + R_{10} + R_{30}$

Spannungsteiler

unbelastet	belastet
$\frac{U_2}{U} = \frac{R_2}{R_1 + R_2}$	$\frac{U_2}{U} = \frac{R_2 \cdot R_L}{R_1 (R_2 + R_L) + R_2 \cdot R_L}$

Brückenschaltung

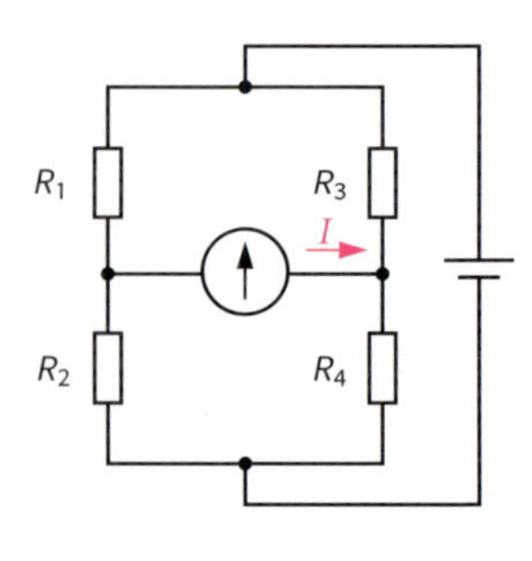

Abgleichbedingung:

$\frac{R_1}{R_2} = \frac{R_3}{R_4}$

$\Downarrow$

$I = 0$

Elektrisches Feld

Elektrische Feldstärke	$E=\frac{F}{Q}$	$E=\frac{U}{d}$
Elektrische Flussdichte	$D=\frac{Q}{A}$	
Verknüpfung	$D=\varepsilon\cdot E$	$\varepsilon=\varepsilon_0\cdot\varepsilon_r$
Kraft zwischen Ladungen	$F=\frac{Q_1\cdot Q_2}{4\pi\cdot\varepsilon\cdot l^2}$	
Kondensator, Kapazität		
Kapazität	$C=\frac{Q}{U}$ $\varepsilon=\varepsilon_0\cdot\varepsilon_r$	$C=\frac{\varepsilon\cdot A}{d}$
Elektrische Feldkonstante	$\varepsilon_0=8{,}86\cdot 10^{-12}\,\frac{\mathrm{As}}{\mathrm{Vm}}$	
Stromstärke	$I_c=C\cdot\frac{\Delta U}{\Delta t}$	
Elektrische Energie	$W_{el}=\frac{1}{2}\cdot C\cdot U^2$	

Magnetisches Feld

Magnetische Feldstärke	$H=\frac{\Theta}{l}$	$\Theta=I\cdot N$ Durchflutung
Magnetische Flussdichte	$B=\frac{\Phi}{A}$	
Verknüpfung	$B=\mu\cdot H$	$\mu=\mu_0\cdot\mu_r$
Kraft zwischen stromdurchflossenen Leitern	$F=\frac{\mu_0\cdot I_1\cdot I_2\cdot l}{2\pi\cdot a}$	
Tragkraft von Magneten	$F=\frac{B^2\cdot A}{2\mu_0}$	
Spule, Induktivität		
Induktivität	$L=\frac{\mu\cdot N^2\cdot A}{l}$ $\mu=\mu_0\cdot\mu_r$	$L=A_L\cdot N^2$
Magnetische Feldkonstante	$\mu_0=1{,}257\cdot 10^{-6}\,\frac{\mathrm{Vs}}{\mathrm{Am}}$	
Spannung	$U_L=L\cdot\frac{\Delta I}{\Delta t}$	
Magnetische Energie	$W_{mag}=\frac{1}{2}\cdot L\cdot I^2$	

Schaltungen mit Kondensatoren

Parallelschaltung	Reihenschaltung
$Q_g=Q_1+Q_2+\ldots+Q_n$	$Q_g=Q_1=Q_2=\ldots=Q_n$
$U=U_1=U_2=\ldots=U_n$	$U_g=U_1+U_2+\ldots+U_n$
$C_g=C_1+C_2+\ldots+C_n$	$\frac{1}{C_g}=\frac{1}{C_1}+\frac{1}{C_2}+\ldots+\frac{1}{C_n}$

Schaltungen mit Spulen

Parallelschaltung	Reihenschaltung
$I_g=I_1+I_2+\ldots+I_n$	$I=I_1=I_2=\ldots=I_n$
$U_g=U_1=U_2=\ldots=U_n$	$U_g=U_1+U_2+\ldots+U_n$
$\frac{1}{L_g}=\frac{1}{L_1}+\frac{1}{L_2}+\ldots+\frac{1}{L_n}$	$L_g=L_1+L_2+\ldots+L_n$

RC-Schaltung

Zeitkonstante	$\tau=R\cdot C$
Einschaltvorgang (Aufladung)	Ausschaltvorgang (Entladung)
$u_C=U\cdot(1-e^{-\frac{t}{\tau}})$	$u_C=U\cdot e^{-\frac{t}{\tau}}$
$i_C=\frac{U}{R}\cdot e^{-\frac{t}{\tau}}$	$i_C=-\frac{U}{R}\cdot e^{-\frac{t}{\tau}}$
Tiefpass/Hochpass	$f_g=\frac{1}{2\pi\cdot R\cdot C}$

RL-Schaltung

Zeitkonstante	$\tau=\frac{L}{R}$
Einschaltvorgang	Ausschaltvorgang
$u_L=U\cdot e^{-\frac{t}{\tau}}$	$u_L=-U\cdot e^{-\frac{t}{\tau}}$
$i_L=\frac{U}{R}\cdot(1-e^{-\frac{t}{\tau}})$	$i_L=\frac{U}{R}\cdot e^{-\frac{t}{\tau}}$
Tiefpass/Hochpass	$f_g=\frac{R}{2\pi\cdot L}$

Strom und Magnetfeld

Leiter im Magnetfeld	
Kraftwirkung	$F=B\cdot I\cdot l\cdot z$
Induktionsspannung	$U=B\cdot l\cdot v\cdot z$
Spule im Magnetfeld	
Drehmoment	$M=\frac{F\cdot a\cdot\sin\alpha}{2}$
Kraftwirkung	$F=2\cdot N\cdot B\cdot l\cdot I$
Induktionsspannung	$U=N\cdot\frac{\Delta\Phi}{\Delta t}$

Magnetischer Kreis

Magnetischer Widerstand	$R_m=\frac{\Theta}{\Phi}$
Magnetischer Leitwert	$\Lambda=\frac{1}{R_m}$
Magnetischer Gesamtwiderstand	$R_m=R_{m1}+R_{m2}+\ldots+R_{mn}$
Gesamtdurchflutung	$\Theta_g=\Theta_1+\Theta_2+\ldots+\Theta_n$

Sinusform

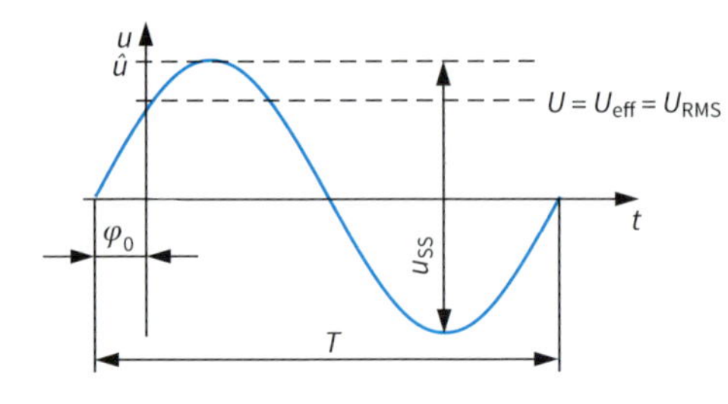

$u = \hat{u} \cdot \sin(\omega \cdot t + \varphi_0)$

$\omega = 2\pi \cdot f$ $\quad f = \frac{1}{T}$ $\quad \frac{\alpha_B}{\alpha_G} = \frac{2\pi}{360°}$

$U = \frac{\hat{u}}{\sqrt{2}}$ $\quad I = \frac{\hat{i}}{\sqrt{2}}$ $\quad u_{ss} = 2 \cdot \hat{u}$, $i_{ss} = 2 \cdot \hat{i}$

$U = \frac{u_{ss}}{2 \cdot \sqrt{2}}$ $\quad I = \frac{i_{ss}}{2 \cdot \sqrt{2}}$

eff: Effektivwert
RMS: Root Mean Square

Rechteckform

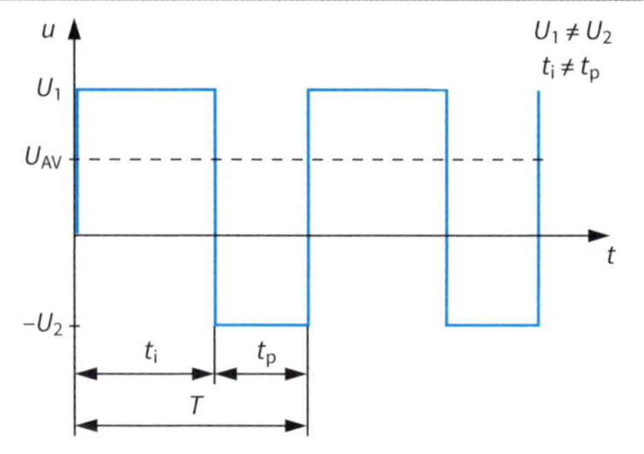

$g = \frac{t_i}{T}$ $\quad T = t_i + t_p$

$U_{AV} = \frac{U_1 \cdot t_i + U_2 \cdot t_p}{T}$ $\quad f = \frac{1}{T}$ $\quad$ AV: Average

Addition phasenverschobener Spannungen

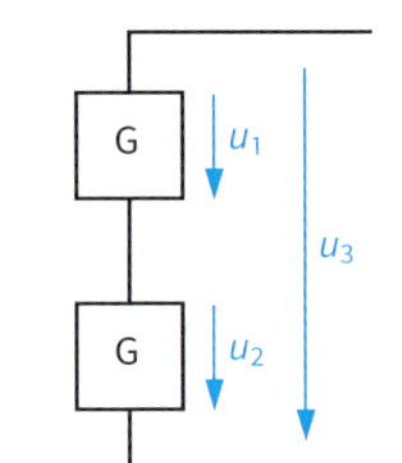

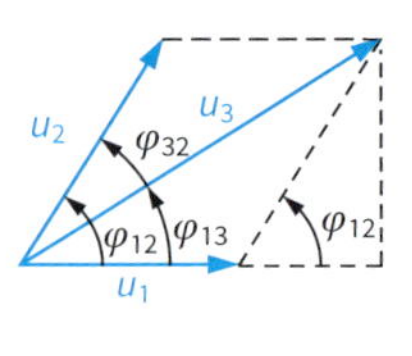

$\tan \varphi_{13} = \frac{u_1 \cdot \tan \varphi_{12}}{u_2 + u_1 \cdot \cos \varphi_{12}}$

$u_3^2 = u_1^2 + u_2^2 - 2 \cdot u_1 \cdot u_2 \cdot \cos(180° - \varphi_{12})$

Impulsform

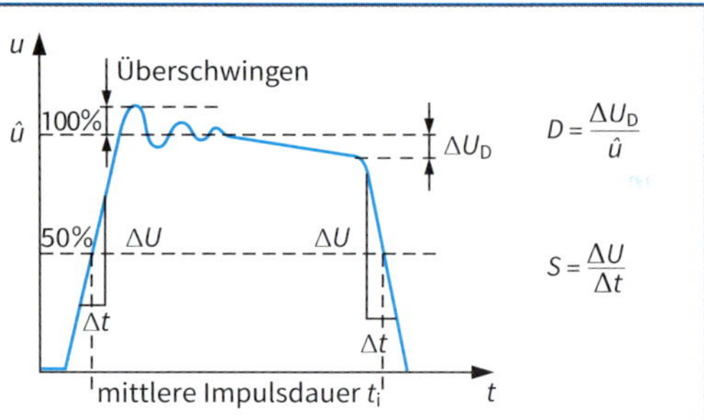

$D = \frac{\Delta U_D}{\hat{u}}$

$S = \frac{\Delta U}{\Delta t}$

Gleichgerichtete sinusförmige Spannung

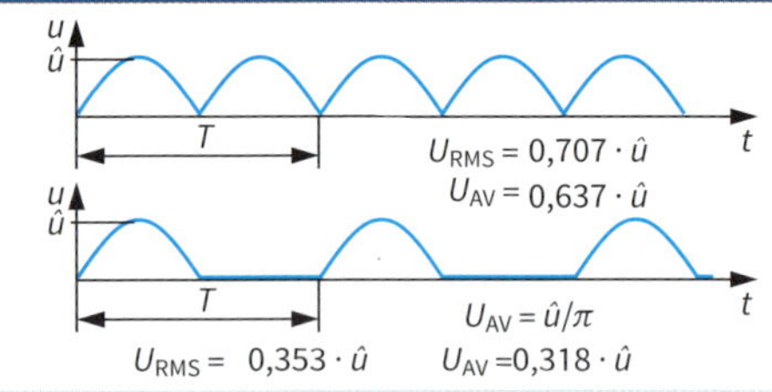

$U_{RMS} = 0{,}707 \cdot \hat{u}$
$U_{AV} = 0{,}637 \cdot \hat{u}$

$U_{AV} = \hat{u}/\pi$
$U_{RMS} = 0{,}353 \cdot \hat{u}$ $\quad U_{AV} = 0{,}318 \cdot \hat{u}$

Impulsverformung

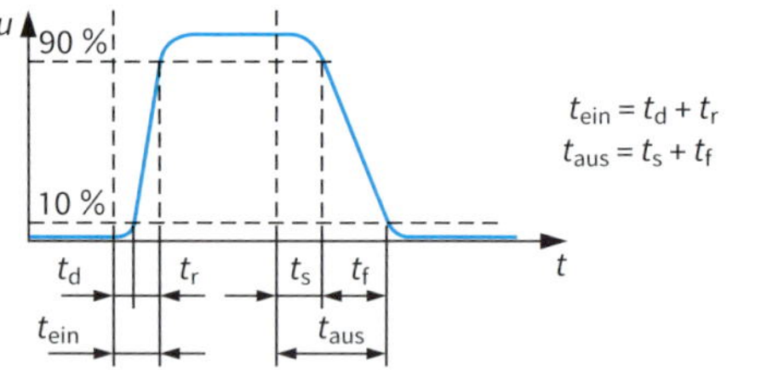

$t_{ein} = t_d + t_r$
$t_{aus} = t_s + t_f$

Stern- und Dreieckschaltung im Drehstromnetz, symmetrische Belastung
Star-Delta Circuit, Symmetrical Load

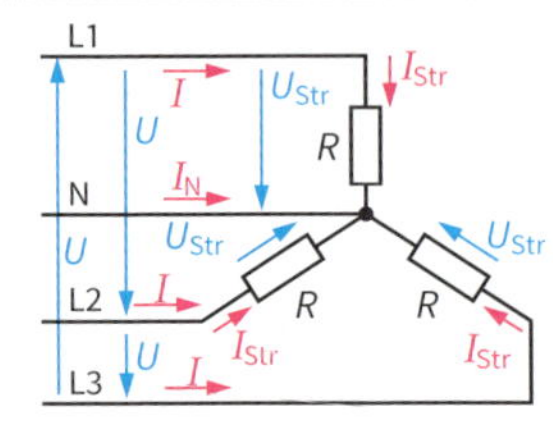

$U_{str} = \frac{U}{\sqrt{3}}$
$I = I_{Str}$
$S = \sqrt{3} \cdot U \cdot I$
$S = \sqrt{P^2 + Q^2}$
$P = \sqrt{3} \cdot U \cdot I \cdot \cos\varphi$
$Q = \sqrt{3} \cdot U \cdot I \cdot \sin\varphi$

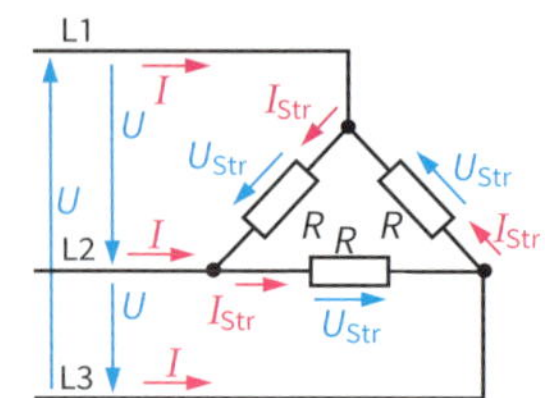

$U = U_{Str}$
$I = \sqrt{3} \cdot I_{Str}$
$S = \sqrt{3} \cdot U \cdot I$
$S = \sqrt{P^2 + Q^2}$
$P = \sqrt{3} \cdot U \cdot I \cdot \cos\varphi$
$Q = \sqrt{3} \cdot U \cdot I \cdot \sin\varphi$

Kapazitiver Blindwiderstand | Induktiver Blindwiderstand

$X_C = \frac{1}{2\pi \cdot f \cdot C}$ $\omega = 2\pi \cdot f$

$X_L = 2\pi \cdot f \cdot L$ $\omega = 2\pi \cdot f$

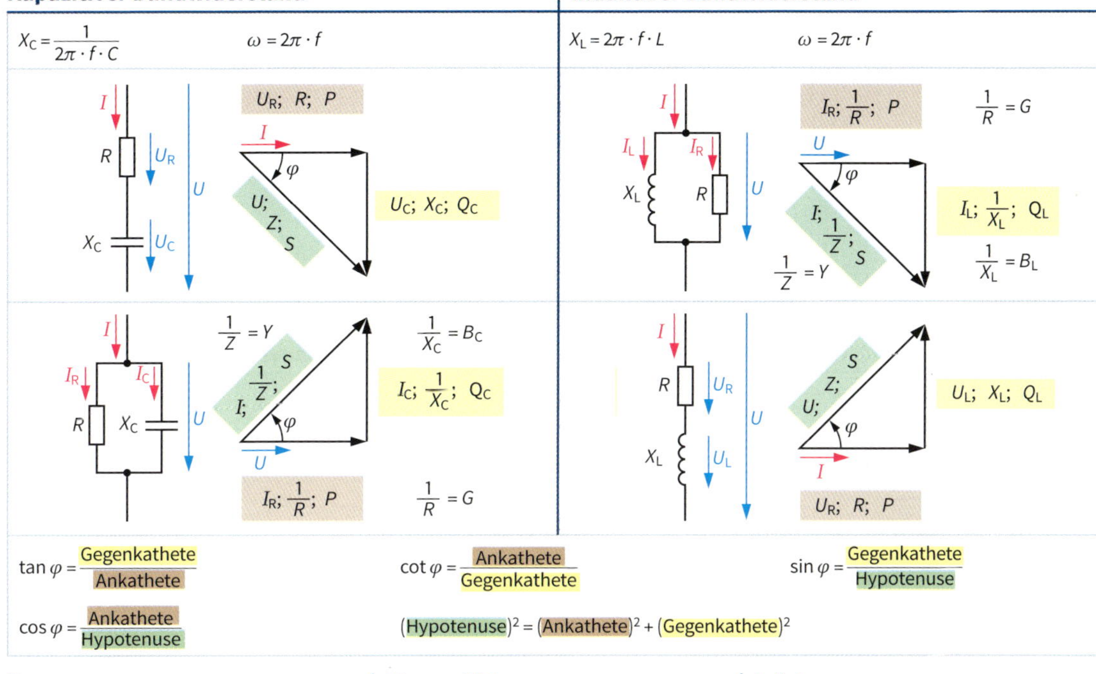

$\tan\varphi = \frac{\text{Gegenkathete}}{\text{Ankathete}}$ $\cot\varphi = \frac{\text{Ankathete}}{\text{Gegenkathete}}$ $\sin\varphi = \frac{\text{Gegenkathete}}{\text{Hypotenuse}}$

$\cos\varphi = \frac{\text{Ankathete}}{\text{Hypotenuse}}$ $(\text{Hypotenuse})^2 = (\text{Ankathete})^2 + (\text{Gegenkathete})^2$

Spannungen

Kapazitive Blindspannung	$U_C = I_C \cdot X_C$
Induktive Blindspannung	$U_L = I_L \cdot X_L$
Wirkspannung	$U_R = I_R \cdot R$
Gesamtspannung	$U = I \cdot Z$

Stromstärken

Kapazitiver Blindstrom	$I_C = \frac{U_C}{X_C}$
Induktiver Blindstrom	$I_L = \frac{U_L}{X_L}$
Wirkstrom	$I_R = \frac{U_R}{R}$
Gesamtstrom	$I = \frac{U}{Z}$

Leistungen

Kapazitive Blindleistung	$Q_C = U_C \cdot I_C$
Induktive Blindleistung	$Q_L = U_L \cdot I_L$
Wirkleistung	$P = U_R \cdot I_R$
Scheinleistung	$S = U \cdot I$

RCL-Schaltungen
RCL-Circuits

Reihenschaltung | Parallelschaltung

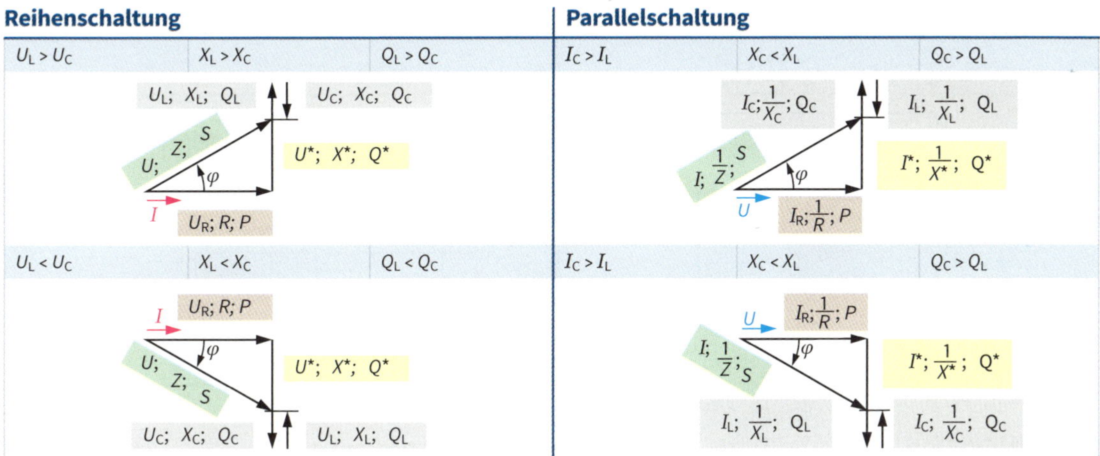

Bipolare Transistoren

NPN

$\Sigma I = 0 \qquad I_E = I_C + I_B$

$B = \dfrac{I_C}{I_B}$

$P_v = U_{CE} \cdot I_C + U_{BE} \cdot I_B$

$\Sigma U = 0$

$U_{CE} = U_{BE} + U_{CB}$

Bei PNP: Umkehrung der Vorzeichen I und U

Wechselstromkenngrößen:

$r_{BE} = \dfrac{\Delta U_{BE}}{\Delta I_B} \qquad r_{CE} = \dfrac{U_{CE}}{I_C} \qquad \beta = \dfrac{\Delta I_C}{\Delta I_B}$

Unipolare Transistoren (FET)

Sperrschicht FET, N-Kanal **Isolierschicht FET, N-Kanal-MOS-FET**

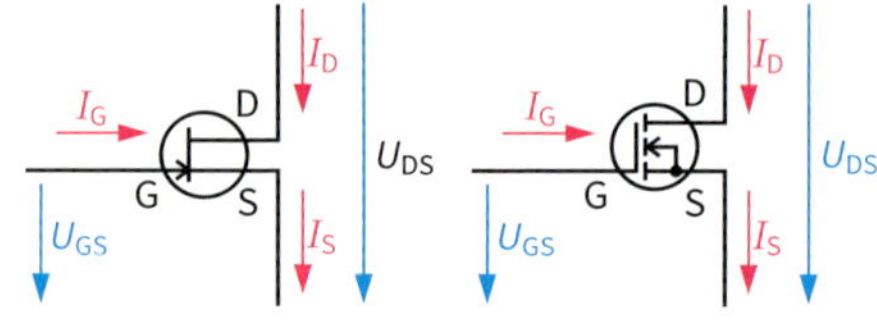

$I_G = 0 \qquad I_D = I_S \qquad S = \dfrac{\Delta I_D}{\Delta U_{GS}} \qquad r_{DS} = \dfrac{\Delta U_{DS}}{\Delta I_D}$

Emitterschaltung mit Vorwiderstand

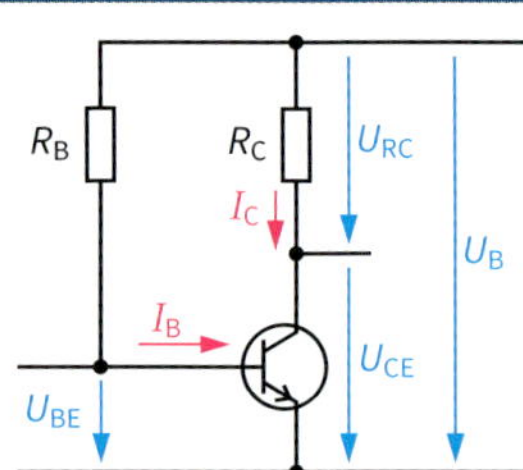

$U_B = U_{RC} + U_{CE}$

$R_B = \dfrac{U_B - U_{BE}}{I_B}$

$R_C = \dfrac{U_B - U_{CE}}{I_C}$

$r_e = R_B \parallel r_{BE}$

$r_a = R_C \parallel r_{CE}$

Sourceschaltung mit Sourcewiderstand

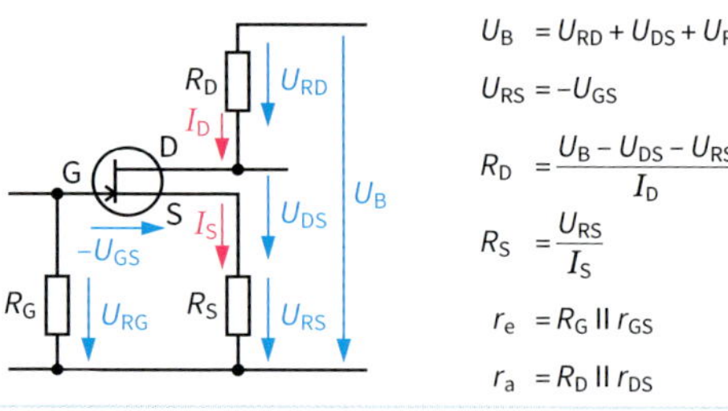

$U_B = U_{RD} + U_{DS} + U_{RS}$

$U_{RS} = -U_{GS}$

$R_D = \dfrac{U_B - U_{DS} - U_{RS}}{I_D}$

$R_S = \dfrac{U_{RS}}{I_S}$

$r_e = R_G \parallel r_{GS}$

$r_a = R_D \parallel r_{DS}$

Emitterschaltung mit Basisspannungsteiler

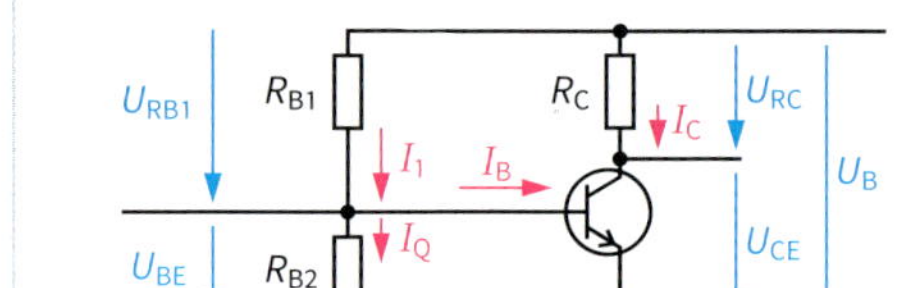

$I_1 = I_B + I_Q \qquad I_C = B \cdot I_B \qquad m = \dfrac{I_Q}{I_B}$

$U_{RB1} = I_1 \cdot R_{B1} \qquad R_{B1} = \dfrac{U_B - U_{BE}}{I_1}$

$U_{CE} = U_B - I_C \cdot R_C \qquad R_{B2} = \dfrac{U_B - U_{RB1}}{I_Q}$

$U_{RC} = I_C \cdot R_C$

$r_e = r_{BE} \parallel R_{B1} \parallel R_{B2} \qquad r_a = R_C \parallel r_{CE}$

Sourceschaltung mit Basisspannungsteiler

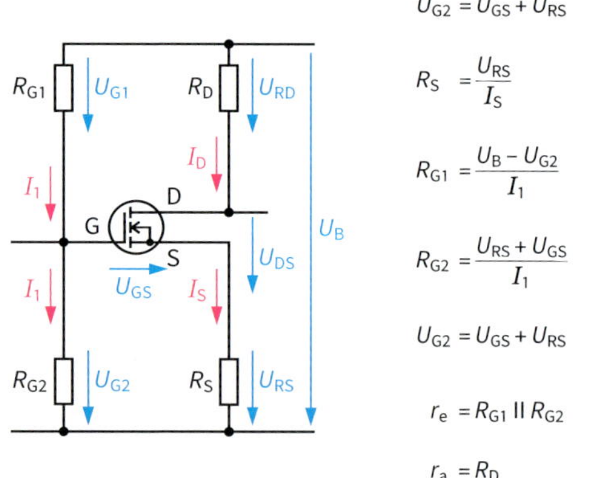

$U_{G2} = U_{GS} + U_{RS}$

$R_S = \dfrac{U_{RS}}{I_S}$

$R_{G1} = \dfrac{U_B - U_{G2}}{I_1}$

$R_{G2} = \dfrac{U_{RS} + U_{GS}}{I_1}$

$U_{G2} = U_{GS} + U_{RS}$

$r_e = R_{G1} \parallel R_{G2}$

$r_a = R_D$

Emitterschaltung mit Stromgegenkopplung

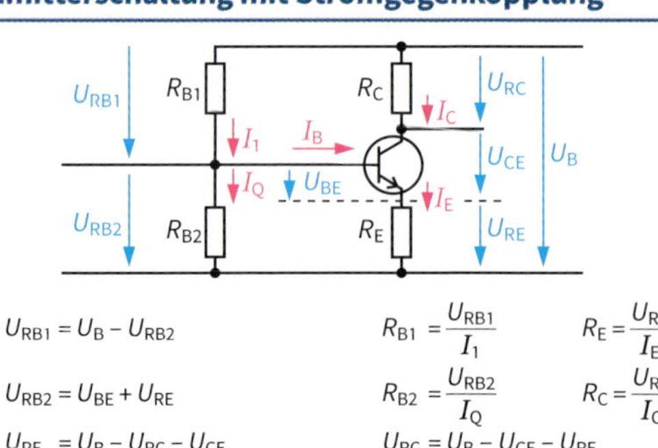

$U_{RB1} = U_B - U_{RB2} \qquad R_{B1} = \dfrac{U_{RB1}}{I_1} \qquad R_E = \dfrac{U_{RE}}{I_E}$

$U_{RB2} = U_{BE} + U_{RE} \qquad R_{B2} = \dfrac{U_{RB2}}{I_Q} \qquad R_C = \dfrac{U_{RC}}{I_C}$

$U_{RE} = U_B - U_{RC} - U_{CE} \qquad U_{RC} = U_B - U_{CE} - U_{RE}$

$r_e = (r_{BE} + \beta \cdot R_E) \parallel R_{B1} \parallel R_{B2} \qquad r_a = R_C \parallel r_{CE}$

Dual-Gate-MOS-FET mit Spannungsteiler

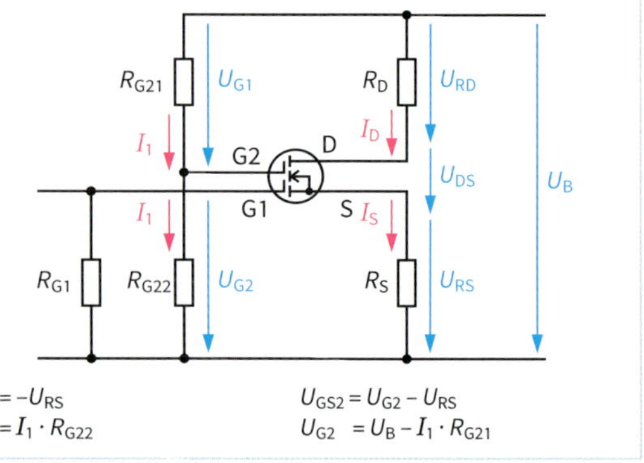

$U_{G1} = -U_{RS} \qquad U_{GS2} = U_{G2} - U_{RS}$

$U_{G2} = I_1 \cdot R_{G22} \qquad U_{G2} = U_B - I_1 \cdot R_{G21}$

Die fettgedruckten Begriffe entsprechen den Seitenüberschriften

Symbole

1 aus10-Code / 1 out of 10-code 157

19“ Aufbautechnik / 19“-rack system 267

2 aus 5-Code / 2 out of 5-code 157

2/2 Wegeventil / 2/2 way valve 143

3/2 Magnetwegeventil / 3/2 magnetic valve 146

3/2 Wegeventil / 3/2 way valve 143

3D-Druck / 3D Printing 449

4/2 Wegeventil / 4/2 way valve 144

5/2 Magnetwegeventil / 5/2 solenoid operated way valve 146

5/2 Wegeventil / 5/2 way valve 144

7-Segment-Anzeige / seven segment display 62

A

Abfallverzögerung / off-delay 149

Abhängiger Überstrom-Zeitschutz (AMZ) / inverse-time overcurrent protection 206

Ablaufdiagramm / flowchart 479

Ablaufkette / sequence control 500

Ablaufsprache / sequential function chart 275

Ablaufsteuerung / sequential control system 112

Ablaufsteuerungen / sequential control systems 279

Ablaufsteuerungsarten / types of sequential control systems 279

Ableiteinrichtungen / down conductor systems 399

Abluft / exhaust air 420

Abschaltbedingung / disconnecting condition 105

Abschaltzeiten / disconnecting times 94, 103

Abschottung / compartmentalisation 191

Absolutbewegungsaufnehmer / absolute motion detector 254

Absolutdrehgeber / absolute rotary encoder 138

Absolute Luftfeuchtigkeit / absolute air humidity 419

Absoluter Pegel / absolute level 359

Absorbtionsgrad / absorption coefficient 380

Absorption / absorption 460

Abstandssensor / distance sensor 135

Absturzschutz / fall protection equipment 452

Abszisse / abscissa 469

Abtastregelung, zyklisch / sampled data control, cyclic 288

Abtastung / sampling 120

A-CELP (Algebraic Code-Excited Linear Predictive) / A-CELP (Algebraic Code- Excited Linear Predictive) 378

Achsdrehgeber / shaft rotary encoder 138

ACR (Attenuation Cross Ratio) / ACR (Attenuation Cross Ratio) 360

ad hoc-mode / ad hoc-mode 174

Adaption / adoption 288

Adaptive Regelung / adaptive control 288

Addition / addition 7

Addition phasenverschobener Spannungen / addition of phase shifted voltages 508

Additionstheoreme / addition theorems 13

Aderendhülse / wire end sleeve 260, 264

Ader-Kennzeichnung / core marking 188

Adressbus / address bus 158

Adressprogrammiergerät / address programming device 295

ADSL – Asymmetric Digital Subscriber Line / ADSL 357

ADSL2+ / ADSL2+ 357

AFC / AFC 222

AGB – Allgemeine Geschäftsbedingungen / general standard terms and conditions 424

AGM / Absorbent Glass Matt 225

Aiken-Code / Aiken-Code 157

Akkumulatoren / rechargeable batteries 224

Aktion / action 280

Aktionsblock / action block 279

Aktionsdrehmomentmessung / action torque measurement 244

Aktive Filter / active filters 209

Aktive Sensoren / active sensors 127

Aktiver (katodischer) Korrosionsschutz / active corrosion protection 271

Aktivitätsplanung / activity planning 427

Aktivmatrix / active matrix 164

Aktoren / actuators 408, 490

Aktorprinzip / actuators principle 304

Alarmausgänge / alarm outputs 245

Alarmschleife / alarm loop 418

Algebraic Code-Excited Linear Predictive (A-CELP) / Algebraic Code-Excited Linear Predictive (A-CELP) 378

Alkali-Mangan-Rundzellen / alkaline manganese round cells 223

Allgemeine mathematische Begriffe / general mathematical terms 6

Allgemeine mathematische Zeichen / general mathematical signs 6

ALU / ALU 158

Aluminium / aluminium 73

Aluminium-Elektrolytkondensator / aluminium electrolytic capacitor 51

American Wire Gauge / American Wire Gauge 181

Ampere / ampere 26

Amplitude / amplitude 37

AMZ – Abhängiger Überstrom-Zeitschutz / inverse-time overcurrent protection 206

Analog-Digital-Umsetzer / analog-digital converter 120, 123

Ankerwicklung / armature winding 326

Anlagen im Freien / open air installations 79

Anlagenanschluss / system connection 355

Anlagenprüfung / system inspection 250

Anlagenverantwortlicher / nominated person in control of an electrical installation 452, 453

Anlassen von Motoren / starting of motors 331

Anlassverfahren / starting methods 332

Anlassverfahren für Drehstrommotoren / starting methods for three-phase motors 331

Anlegewinkel / supporting angle 456

Annäherungszone / vicinity zone 428

Anordnungsplan / arrangement diagram 481

Anpassung / matching 31

Anschaltbaugruppe / interface board 268

Anschlagverfahren / hammer principle 255

Anschluss analoger Telekommunikationsgeräte / connection of analog telecommunication devices 354

Anschluss von ISDN-Geräten / connection of ISDN equipment 356

Anschlussbezeichnungen und Drehsinn / terminal markings and sense of rotation 328

Anschlussbezeichnungen von Schützen und Relais / terminal markings of contactors and relays 113

Anschlusskennzeichen / connection identifiers 335

Anschlussleitungen zum Blitzschutz / connection cables for lightning protection 398

Anschlussplan / connection diagram 480

Anschlusstabelle / connection table 480

Anschlussvarianten / connection variants 343

Anstiegsantwort / ramp response 283

Antenne / aerial (antenna) 175, 489

Anti-Panik-Beleuchtung / anti-panic lighting 395

Antriebe / drives 504

Antriebsarten / types of drives 485

Anweisungsliste / instruction list 275

Anwendungsbereiche und Kenndaten von Kondensatoren / application fields and characteristic data of capacitors 52

Anwendungsklassen und Zuverlässigkeitsangaben für Bauelemente / utilization classes and reliability data for components 44

Anzugsverzögerung / on-delay 149

AP (Access Point) / AP (Access Point) 174

Arbeit / work 504

Arbeit ohne Spannung / de-energized work 428

Arbeiten an elektrischen Anlagen / working on electrical installations 428

Arbeiten unter Spannung / live working 428

Arbeitgeberpflichten / employer obligations 430

Arbeitnehmerpflichten / employees' responsibilities 430

Arbeitsbedingungen / work conditions 457

Arbeitsbereich / work area 383

Arbeitseinsatz optimieren / optimizing work assignment 447

Arbeitsfläche / work space 383

Arbeitsmiitel / work equipment 257, 450

Arbeitsorganisation / work organization 427

Arbeitsplatzbeleuchtung / workplace lighting 383

Arbeitspunkt / operating point 57

Arbeitsschutz / health and safety at work 452

Arbeitsschutz- und Umweltschutzrecht / occupational safety and environmental legislation 451

Arbeitsschutzgesetz / Occupational Health and Safety Act 452

Arbeitsschutzrecht / Occupational Health and Safety Legislation 451

Arbeitsstromprinzip / open circuit principle 417

Arbeitsunfall / occupational injury 461

Arbeitsverantwortlicher / nominated person in control of a work activity (supervisor) 428, 452, 453

Arbeitsverantwortlichkeiten / work responsibilities 453

AS / Sequential Function Chart 275

AS (Ablaufsprache) / SFC (Sequential Function Chart) 126

ASI – Aktuator-Sensor-Interface / ASI – Actuator-Sensor-Interface 295

ASI-Bus / ASI-bus 295

ASIC - anwendungsorientierte integrierte Schaltungen / ASIC - Application Specific Integrated Circuit 125

ASIsafe / ASIsafe 296

Assoziativgesetz / associative law 7

Astabile Elemente / astable elements 497

Astabile Kippstufe / astable flip-flop 497

Asymmetric Digital Subscriber Line / Asymmetric Digital Subscriber Line 357

Asynchrone Steuerung / asynchronous control 112

Asynchronmotoren / asynchronous motors 322

Atemschutz / breathing protection 452

Atomaufbau / atomic structure 69

Atomkern / atomic nucleus 69

Atommodell / atomic model 69

Atomsymbol / atomic symbol 69

Atomteilchen / subatomic particles 69

ATX-Format / ATX format 160

ATX-Standards / ATX standards 160

Audiocodierung / audio coding 375

Audio-Konfiguration / audio configuration 159

Aufgabengröße / task size 282

Aufgelöste Darstellung / detached representation 477

Aufladung / charging 36

Auflichtbeleuchtung / incident light illumination 140

Aufstiegshilfen / climbing aids 456

Augenschutz / eye guard 452

Ausbreitungsverzögerung / propagation delay 175

Ausbreitungswiderstand / ground resistance 108, 109

Ausdehnungs-Koeffizient / expansion coefficient 72

Ausführungswichtung / execution rating 457

Ausgangsfilter für **Frequenzumrichter / output filter for frequency converters 346**

Ausgangsparameter / output parameter 278

Auslösebedingungen / tripping conditions 94

Auslösecharakteristiken / tripping characteristics 94

Auslöseprinzipien, Geräteschutzschalter / tripping principles, CBE 100

Auslöseverhalten / tripping behaviour 94

Auslösezeiten / tripping times 96

Ausrichtfehler / misalignment 254

Ausschaltung / on-off circuit 392, 393

Ausschaltvorgang / switching-off operation 36, 194

Außengewinde / external thread 258

Außenleiter / phase conductor 103

Äußerer Blitzschutz / external lightning protection 399

Aussetzbetrieb / intermittend operation 319

Automatikbetrieb / automatic mode 279

automatische Brandmelder / automatic fire detectors 416

AWG / American Wire Gauge 181

AWL / IL (Instruction List) 126, 275

Axialventilator / axial fan 351

B

BaAs (Basisanschluss) / Basic Access 355

bar / bar 25

Barcodescanner / barcode scanner 136

Basic Input Output System / Basic Input Output System 171

Basis / base 9, 54, 57

Basisisolierung / basic insulation 104

Basisschaltung / base circuit 60

Basisschutz / basic electrical protection 104

Basisspannungsteiler / base voltage divider 510

Batterieanlagen / battery installations 226

Batteriegestützte zentrale Stromversorgungssysteme / battery based central power supply systems 225

Bauartnachweis / construction type certificate 189

Bauform C / style C 263

Baugröße / size 323

Baugruppen / modules 276

Baugruppenträgerhöhe / rack height 267

Bauleistung / design rating 201

Baum-Topologie / tree topology 179

Bauproduktenverordnung / Construction Products Regulation 86

BauPVO / CPR 86

Bauzeichnungen / architectural drawings 472

BBAE / Broadband Basic Access Unit 357

BCD- zu Dezimal-Decoder / BCD to decimal decoder 124

BCD-Code / Binary-Coded Decimal Code 157

BD / Blu-ray Disc 163

BDSG / FDPA 422

Bedingte Verzweigung / conditional branch 502

Beeinflussungsspannung / interference voltage 360

Befähigte Personen / competent person 450

Befestigungstechnik / fastening technology 259

Begriffe und Formeln zur Datenübertragung / terms and formulas in data transmission 173

Behaglichkeit / comfortableness 419

Belastbarkeit von Leitungen / load carrying capacity of cables 87

Belastung im Drehstromnetz, symmetrische / load in three-phase network, symmetrical 39

Belastung im Drehstromnetz, unsymmetrische / load in three-phase network, asymmetrical 39

Belastungskennlinie / load curve 322, 324

Beleuchtung für Innenräume / indoor lighting 381

Beleuchtungsgüte / lighting quality 380

Beleuchtungsstärke / illuminance 380, 383

Beleuchtungswirkungsgrad / lighting utilisation factor 380

Bemaßungen / dimensionings 471

Bemessungs-Anschlussvermögen / rated connection capacity 264

Bemessungsausschaltvermögen / rated short-circuit breaking capacity 194

Bemessungsdifferenzstromstärke / rated differential current intensity 97

Bemessungseinschaltvermögen / rated short-circuit making capacity 194

Bemessungsfehlerstromstärke / rated differential fault current intensity 106

Bemessungsleistung / rated power 199

Bemessungsleistungsverhältnis / rating power ratio 200

Bemessungsspannungen und Prüfspannungen für Maschinen / rated voltages and test voltages for machines 327

Bemessungsspannungen und Toleranzen von Kondensatoren / rated voltages and tolerances of capacitors 53

Bemessungsübersetzung / rating ratio 199

Benutzerfläche / user space 383

Bereich / area 410

Bereiche mit elektrischen Anlagen / areas with electrical installations 79, 80

Bereichskoppler / area coupler 409

Bericht / Report 436

Berufsgenossenschaften / professional associations 452

Berufskrankheit / occupational disease 461

Berührungsspannung / touch voltage 106

Berührungsstrom / touch current 248, 249

Beschleunigung / acceleration 23, 134, 504

Beschleunigungssensoren / acceleration sensors 134

Besichtigen / inspect 250

Beträge / absolute values 7

Betriebsanweisung / internal plant instruction 430, 461

Betriebsarten / operating modes 279

Betriebsarten von elektrischen Maschinen / operating modes of electrical machines 319

Betriebsbedingungen / operating conditions 314

Betriebsfunknetz / service radio network 378

Betriebskapazität / operating capacity 360

Betriebsklassen / operating classes 95, 96

Betriebssicherheitsverordnung (BetrSichV) / ordinance on industrial safety and health 450, 452

Betriebssysteme / operating systems 171

Betriebswerte von Motoren / operating characteristics of motors 321

Bewegungen / motions 23

Bewegungs-Energiewandler / kinetic energy converter 137

Bewegungsfunktionen / motion functions 320

Bezeichnung der Wegeventile / designation of directional valves 143

Bezeichnungsschema / designation scheme 122

Bezugsachse / reference axis 309

Bezugsgröße / reference quantity 239

BGV A1, A3, A4, A8 / Occupational Health and Safety Regulations A1, A3, A4, A8 461

BHKW – Blockheizkraftwerk / combined heat and power plant 216

Bibliotheksfähige Bausteine / library capable blocks 278

Bildschirm- und Büroarbeitsplätze / VDU based and office workplaces 455

Bildverarbeitungssysteme / image processing systems 140

Bildzeichen der Elektrotechnik / symbols in electrical engineering 474

Binäre Elemente / binary logic elements 494, **496, 497**

Binäre Potenzen / binary powers 9

Binäres Signal / binary signal 288

BIOS / Basic Input Output System 171

Bipolare Transistoren / bipolar transistors 54, 510

Bipolartransistor (Gleichstromverhalten) / bipolar transistor (d. c. behaviour) 57, **59**

Bipolartransistor (Wechselstromverhalten) / bipolar transistor (a.c. behaviour) 60

Biquinär-Code / biquinary code 157

Bistabile Elemente / bistable elements 497

Bistabile Kippstufe / bistable flip-flop 497

Bit / bit 120

B-Komplement / binary-complement 11

BK-Rundfunk-Übertragung / broadband cable radio transmission 371

Blattformate / sheet sizes 470

Blechschnitte / laminations 198

Blindarbeit / reactive energy 208

Blindleistung / reactive power 37

Blindleistungsfaktor / reactive power factor 37

Blindstrom-Kompensationsschaltungen / circuits for reactive-current compensation 208

Blitzentladung / lightning discharge 397

Blitzschutz / lightning protection 219

Blitzschutzanlagen / lightning protection installations 399

Blitzschutz-Potenzialausgleich / lightning protection equipotential bonding 219

Blitzschutzzonen / lightning protection zones 400

Blitz-Schutzzonen-Konzept / lightning protection zones concept 399

Blitzstromableiter / lightning arrester 397, 398

Blockdiagramm / block diagram 247

Blockheizkraftwerk / combined heat and power plant 216

Blockschaltplan / block diagram 478

Blu-ray Disc / Blu-ray Disc 163

BMA - Brandmeldeanlagen / FAS (Fire Alarm System) 416

BMZ - Brandmeldezentrale / FACP - Fire Alarm Control Panel 416

Bogenmaß / radian measure 503

Bohren und Gewindeschneiden / drilling and thread cutting 258

Bohrungen / holes 471

Bolzenschubgerät / stud driving tool 259

Bonden / bonding 264

BOOT-Vorgang / boot process 171

Boreskope / borescopes 252

Brandabschnitt / fire section 403

Brandgasmelder / fire gas detector 416

Brandlast / fire load 403

Brandlöschanlagen / fire extinguishing systems 416

Brandmeldeanlagen / fire alarm systems 416

Brandmelderarten / types of fire detectors 416

Brandschutz / fire protection 403, 458

Brandschutzordnung / fire protection regulation 458

Brandschutzschalter / arc fault detector 99

Brandverhalten / fire behaviour 360

Brandverhütung / fire prevention 458

Breitbandkabelnetz / broadband cable network 372

Breitbandkommunikation / broadband communication 371

Bremsen von Motoren / braking of motors 333

Bremslüfter / centrifugal brake operator 333

Brennstoffausnutzung / fuel utilisation 216

Brennstoffzelle / fuel cell 222

Bridge / bridge 179

Brüche / fractions 7

Brückenschaltung / bridge circuit 28, 336, 337, 338, 339

BSS (Basic Service Set) / BSS (Basic Service Set) 174

Buchholzschutz / Buchholz protection 206, 207

Bündelfunk-TETRA / trunked radio TETRA 378

Bundesdatenschutzgesetz / Federal Data Protection Act 176

Bundesimmissionsschutzverordnung / Federal Immission Protection Ordinance 459

Bundesnetzagentur (BNetzA) / Federal Network Agency 354

Bürde / apparent ohmic resistance 237

BUS / bus 158

Busankoppler / bus coupling unit 490

Busleitungen / bus cables 410

Busmodule / bus modules 413

Busnetz / bus network 408

Busteilnehmer / bus device 408, 409

Bus-Topologie / bus topology 179

Byte / byte 120

C

Cache / cache 158

CAD / Computer-Aided Design 170

CAN / Controller Area Network 293

CAN-Bus / CAN-Bus 293

Cat. / Cat. 365

Cathode Ray Tube (CRT) / Cathode Ray Tube (CRT) 164

CBE / CBE 100

CCCV / Constant Current Constant Voltage 224

CCD-Kamera / CCD camera 373

CCF / Common Cause Failure 152, 153

CCTV / Closed Circuit Television 373

CCTV-Überwachungstechnik / CCTV surveillance system 373, 374

CD / CD (Compact Disc) 163

CEE-Stecker / CEE plug 266

CE-Kennzeichnung / CE marking 475

Celsius-Temperatur / Celsius temperature 24

Centronics Steckverbinder / Centronics connector 301

Channel Link / channel link 365

Chemie, Grundlagen / chemistry, basics 69

Chemische Speicher / chemical storage devices 217

Chien-Hrones-Reswick-Verfahren / Chien-Hrones-Reswick method 287

Chipsatz / chipset 167

Closed Loop-Messkreis / closed loop measuring circuit 243

COBOT / Collaborative Robot 310

Cobot / cooperative robot 448

Code I (alphanumerische Bezeichnung) / Code I (alphanumeric designation) 317

Code II (numerische Bezeichnung) / Code II (numeric designation) 317

Codebausteine / code blocks 277

Codes elektrischer Maschinen / codes for electrical machines 316

Codescheiben / code disks 138

Codierer / encoder 497

Codierungen/Zentrierung / codings/centring 267

Common Mode / common mode 214

Compact Disc / Compact Disc 163

Computer-Aided Design / Computer-Aided Design 170

Cosinussatz / law of cosines 13

Coulomb / Coulomb 26

cPCI – compact PCI / cPCI 169

CPPS (Cyber Physical Production System) / CPPS (Cyber Physical Production System) 448

CPS (Cyber-Physical System) / CPS (Cyber-Physical System) 448

CPU / CPU 158

Crimpen / crimping 260, 264

Crimpverbinder / crimp terminal 260

Crimpverbindung / crimp connection 260

CRT (Cathode Ray Tube) / CRT (Cathode Ray Tube) 164

CU / CU 158

D

Dahlander-Schaltung / Dahlander circuit 118, 325

Dämpfung / attenuation 359

Dämpfungsfaktor / loss factor 359

Dämpfungsmaß / attenuation constant 359

Darlington-Schaltung / Darlington circuit 57

Darstellung pneumatischer Systeme / presentation of pneumatic systems 141, 142

Darstellungen / graphical representations 471

Dateiformate / file formats 170

Datenauswertung / data evaluation 245

Datenbaustein / data block 277

Datenbus / data bus 158

Datendienst / data service 378

Datenendeinrichtung (DEE) / Data Terminal Equipment (DTE) 173

Datenleitung / data cable 85

Datenlogger / data recorder 245

Datenpaket / data packet 180

Datenschutz / data protection 176

Datenschutz-Anpassungs- und Umsetzungsgesetz / Data Protection Adaptation and Implementation Act 422

Datensicherheit / data security 177

Datensicherung / data backup 178

Datenspeicher / data memory 245

Datenübertragung, Begriffe / data transmission, terms 173

Datenübertragungseinrichtung (DÜE) / Data Circuit Terminating Equipment (DCE) 173

Datenübertragungsrate / data transmission rate 173

Dauerbetrieb / continuous operation 319

Dauerkurzschlussstrom / sustained short-circuit current 198

DDR-RAM / Double Data Rate RAM 161

De Morgansches Gesetz / De Morgan‘s law 121

Deckungsbeitragsrechnung / contribution margin accounting 425

Dehnstoff Aktoren / elastic materials actuators 306

Dehnung / strain 71

Demultiplexer / demultiplexer 124

Desktop-Publishing-Programme / desktop publishing software 170

Desktopsysteme / desktop systems 375

Dezimales Teil / decimal part 15

Dezimalzahlen-System / decimal number system 11

D-Flipflop / D-flip-flop 497

DGUV-Vorschriften / German Social Accident Insurance Regulations 461

Diagnose-Deckungsgrad (DC) / diagnostic coverage degree 152, 153

Diagnosegerät / diagnostic device 295

Diazed-Sicherungssystem / Diazed fuse system 95

Dichte / density 25, 68, 71

Dielektrizitätskonstante / dielectric constant 52

Dieselgenerator / diesel generator 211

Differential Mode / differential mode 214

Differenz / difference 7

Differenzial-Maximal-Wärmemelder / differential maximum heat detectors 416

Differenzialschutz / differential protection 207

Differenzielles Signal / differential signal 303

Differenzierer / differentiator 66

Differenzstromverfahren / differential current principle 249

Differenzverstärker / differential amplifier 66

Digital Versatile Disc / Digital Versatile Disc 163

Digital Visual Interface / Digital Visual Interface 165

Digital-Analog-Umsetzer / digital to analog converter 120, 123

Digitale Funktionsbausteine / digital function blocks 124

Digitale Logik / digital logic 121

Digitale Regelung / digital closed loop control 288

Digitale Signalumsetzer / digital signal converters 123, 207

Digitales Sensorsystem / digital sensor system 128

Digitalisierung / digitalization 120

Digitaloszilloskop / digital oscilloscope 235

Digital-TV / Digital Television 370

Dimetrische Projektion / dimetric projection 470

DIMM (Dual In-line Memory Module) / DIMM (Dual In-line Memory Module) 161

Dimmer / dimmer 394, 488

DIMM-EVG / dimm EB (Electronic Ballast) 391

DIN EN ISO 9001 / DIN EN ISO 9001 445

Dioden / diodes 47, 54, **55,** 486

Direkte Widerstandsmessung / direct resistance measurement 233

Direktstart / direct start 332

Direktumrichter / direct converter 344, 345

Direkt-Umsetzer / direct converter 123

Disjunktion / disjunction 121

Display-Technologien / display technologies 164

Distanzschutz / distance protection 206

Division / division 7

DMO (Direct Mode Operation) / DMO (Direct Mode Operation) 378

Domain / domain 182

Domain Name System (DNS) / Domain Name System (DNS) 182

Doppelschlussmotor / compound wound motor 326

Doppeltwirkender Zylinder / double-acting cylinder 145

DO-System / DO system 95

Dotierung / doping 55

Double Data Rate RAM / Double Data Rate RAM 161

drahtloses LAN / wireless LAN 174

Drahtwiderstand / wire wound resistor 45

Drain / drain 57

DRAM (Dynamic RAM) / DRAM (Dynamic RAM) 161

Dreheisenmesswerk / moving-iron movement 230

Drehgeber / rotary encoders 138

Drehkolbenpumpe / rotary piston pump 352

Drehmagnetmesswerk / moving-magnet movement 230

Drehmoment / torque 20, 504

Drehmoment-Drehzahl-Kennlinien / torque-speed characteristics 341

Drehmoment-Kennlinie / torque characteristic 324

Drehmomentmessung / torque measurement 244

Drehrichtung / rotation direction 117

Drehsinn / sense of rotation 328

Drehspulmesswerk / moving-coil movement 230

Drehstrom-Asynchronmaschinen / three-phase asynchronous machines 322

Drehstrom-Asynchronmotor / three-phase asynchronous motors 318

Drehstrommotor / three-phase motor 322, 321, 327

Drehstromsteller / three-phase a.c. power controller 344

Drehstrom-Synchronmaschinen / three-phase synchronous machines 324

Drehstromtransformator / three-phase transformer 197, **199, 200,** 318, 493

Drehstromübertragung / three-phase current transmission 38

Drehstromzähler / three-phase current meter 240

Drehzahlen / rotational speeds 37, 138, 325

Drehzahlregelung / rotational speed control 282

Drehzylinder / turning cylinder 145

Drei Ansichten / three views 470

Dreieck / triangle 14, 503

Dreieckschaltung / delta circuit 39, 199, 318, 324, 508

Dreileitermessung / three wire measurement 107, 128

Dreipunktregler / three state controller 286

Drossel / inductor 409, 486, 493

Drosselrückschlagventil / one-way flow control valve 144

Drosselventil / flow control valve 144

Druck / pressure 25

druckfeste Kapselung / pressure-proof encapsulation 402

Druckmedien / print media 433

Drucksensor / pressure sensor 133

Druckventil / pressure limiting valve 143

DS (Distribution System) / DS (Distribution System) 174

DSAnpUG-EU / DPAIA-EU 422

DSLAM / Digital Subscriber Line Access Multiplexer 357, 372

D-System / D-system 95

du/dt – Drossel / dv/dt reactor 346

Dual-Code / binary code 157

Duales System / Dual System 462

Dual-Slope-Umsetzer / dual slope converter 123

Dualzahlen-System / binary number system 11

Dübel / dowel 259

Duo-Schaltung / twin-lamp circuit 208

Duplex-Betrieb / duplex mode 156

Duplex-Kabel / duplex cable 368

Durchflusswandler / forward converter 213

Durchgangsleistung / throughput load 201

Durchgangsparameter / in-out parameter 278

Durchgangsprüfung / continuity test 234

Durchkontaktieren / through hole plating 263

Durchkontaktierung / via 264

Durchlassspannung / forward voltage 55, 61

Durchlassstrom / forward current 55

Durchlichtverfahren / backlight principle 164

Durchschlag / disruptive discharge 400

Durchschleifsystem / loop-through system 371

Durchsteckwandler / ring type current transformer 243

Duroplaste / thermosetting plastics 75

DVB / Digital Video Broadcasting 370

DVB-C, -S, -T / Digital Video Broadcasting Cable, Satellite, Terrestrial 370

DVD / Digital Versatile Disc 163

DVI / Digital Visual Interface 165, 370

Dynamic RAM (DRAM) / Dynamic RAM (DRAM) 161

Dynamische Fehlersuche / dynamic fault locating 234

E

EAR / WEEER 464

EcoDesign / ecodesign 464

EDTV / Enhanced Definition Television 370

EEPL (Energy Efficiency Performance Level) / EEPL (Energy Efficiency Performance Level) 110

EFF / Electronic Frontier Foundation 315

effektive Dosis / effective dose 460

effektive Schaltschrankoberfläche / effective control cabinet surface 269

Effektivwert / root mean square value (r.m.s.) 37

Effiziensklassen / efficiency classes 321

Effizienzklassen für Drehstrommotoren / efficiency classes for three-phase motors 315

Effizienz-Maßnahmen / efficiency measures 110

EG-Verordnung 245/2009 / EC directive 245/2009 390

EIA 485 / EIA 485 303

Eichen / calibrate 239

Eichung / calibration 240

EIEC (Electrical Installation Efficiency Class) / EIEC (Electrical Installation Efficiency Class) 110

Eigenresonanzfrequenz / natural resonant frequency 255

Eigenschaften von Werkstoffen / characteristics of materials 71, 72

Eigensicherheit / intrinsic safety 402

Einbruchmeldeanlagen / burglar alarm systems 415, **418**

Einbruchmelder / burglar alarm sensors 417

Einfachwirkender Zylinder / single-acting cylinder 145

Eingangsparameter / input parameter 278

Eingebettete Controller / embedded controller 281

Einheitskreis / unit circle 503

Einphasentransformator / single phase transformer 35, 197

Einpressen / pressfiting 264

Einpresstechnik / press-fit technique 263

Einschaltvorgang / switching-on operation 36, 194

Einschübe / plug-in modules 267

Einseitig ungleicharmiger Hebel / lever of second order 22

Einstellbare Widerstände / adjustable resistors 48

Einstellung von Reglern / adjustment of controllers 287

Einstufungs- und Kennzeichnungssystem für Chemikalien nach GHS / Globally Harmonised System of Classification and Labelling Chemicals 466

Einweg-Lichtschranke / one-way light barrier 135

Einzelkompensation / individual compensation 208

Einzelraumlüftung / single room ventilation 420

Einzelunternehmen / individual enterprise 423

Elastizität / elasticity 71

elektrische Anlage / electrical system 429

Elektrische Ausrüstung von Maschinen / electrical equipment of machines 314

Elektrische Begleitheizung / electrical heat tracing 407

Elektrische Betriebsstätten / electrical operating areas 79

Elektrische Energieeffiziens / electrical energy efficiency 110

elektrische Felder / electric fields 459

Elektrische Feldstärke / electric field strength 32

Elektrische Leitfähigkeit / electrical conductivity 68, 88

Elektrische Speicher / electrical storage devices 217

Elektrische Versorgung / power supply 314

Elektrischer Stromkreis / electric circuit 505

Elektrischer Widerstand / electric resistance 28, 505

Elektrisches Feld / electric field 32, 507

Elektrizitätszähler / electricity meter 240, 241, 492

Elektro-Altgeräte-Register / Waste Electrical and Electronic Equipment Register 464

Elektrodynamisches Messwerk / electrodynamic movement 230

Elektrofachkraft / electrically skilled person 452

Elektrofachkraft für festgelegte Tätigkeiten / electrically skilled person for defined works 453

Elektrogesetz / electrical equipment act 463

Elektroinstallation / electrical installation 488, 489

Elektrolyt / electrolyte 226

Elektrolyt-Kondensator / electrolytic capacitor 52

Elektromagnetische Relais / electromagnetic relays 115

Elektromagnetischen Welle / electromagnetic wave 376

Elektron / electron 69

Elektronikgerätegesetz / electronic equipment act 463

Elektronische Antriebstechnik / electronic drive engineering 341

Elektronische Drehstromantriebe / electronic three-phase drives 341

Elektronische Drehzahlsteuerung von Drehfeldmaschinen / electronic speed control of polyphase machines 344

Elektronische Gleichstromantriebe / electronic d.c. drives 341

Elektronische Motorschutzsysteme / electronic motor protection systems 330

Elektronische Relais / electronic relays 116

Elektronische Vorschaltgeräte - EVG / Electronic Ballasts - EB 390

Elektronisches Lastrelais (ELR) / electronic power relay 116

Elektropneumatik / electropneumatics 146

Elektrorheologische Aktoren / electrorheological actuators 307

Elektrotechnik / electrical engineering 505

Elektrotechnisch unterwiesene Person / electrically instructed person 453

Elektrotechnischer Laie / electrically ordinary person 453

EM (Efficiency Measures) / EM (Efficiency Measures) 110

E-Mail / Electronic Mail 433

Emitter / emitter 54, 57

Emitterschaltung / emitter circuit 60, 510

Emitterschaltung mit Basisspannungsteiler / emitter circuit with base voltage divider 510

EMSR-Technik / electrical measuring and control technology 498

EMV-gerechte Kommunikationsverkabelung / EMC-compliant communication cabling 366

EMV-Prüfung / EMC test 253

Encoder / encoder 350

Encryption / encryption 178

Endoskop / endoscope 252

Energie / energy 504

Energieaufteilung / energy split-up 216

Energieautarke Funksensoren / energy self-sufficient radio sensors 137

Energiedosis / energy dose 460

Energieeffizienz, elektrische / energy efficiency, electrical 110

Energieeffizienzklasse / electrical installation efficiency class 110

Energieeffizienz-Leistungsmerkmale / energy efficiency performance levels 110

Energieerhaltung / energy conservation 21

Energie-Ernte / energy harvesting 137

Energieflussrichtungssensor / energy flow direction sensor 217

Energiemanagement / energy management 408

Energiespeicher im Niederspannungsnetz / energy storage units in low-voltage grid 217

Energiespeicher in PV-Systemen / energy storage units in PV systems 220

Energiespeicherarten / types of energy storage devices 217

Energieträger / energy source 184

Energieübertragung / power transmission 186

Energieumwandlung / energy conversion 185, 197

Energiewirtschaftsgesetz / energy management act 250

Energy-Harvesting-Prinzip / energy harvesting principle 137

EnFluRi / EnFloD 217

Entkopplungsmassnahmen / decoupling measures 268

Entladekurve / discharge curve 223

Entladung / discharge 36

Erdbeschleunigung / acceleration due to gravity 134

Erder / earth electrode 109

Erderverlegung / earth electrode installation 108

Erdfehlerfaktor / earth-fault factor 205

Erdkabel / underground cable 82
Erdschluss / earth fault 103
Erdschlusskompensation / earth-fault neutralization 205
Erdschlussstrom / earth-fault current 205
Erdungsanlagen / earthing arrangements 363, 399
Erdungstrennschalter / earthing disconnector 193
Erdungswiderstand / earthing resistivity 97, 107
Erdunsymmetrie / unbalanced to earth 360
Ergebnisprotokoll / record of results 436
Ergonomie / ergonomics 427 455
erhöhte Sicherheit / increased safety 402
Erproben / testing 250
Errichten von Niederspannungsanlagen / erection of low-voltage systems 79
Ersatzbeleuchtung / backup lighting 395
Ersatznetz / stand-by network 211
Ersatzstromaggregat / stand-by power generator 395
Ersatzstromquellen / stand-by power sources 395
Ersatztotzeit / equivalent dead time 287
Erstes Kirchhoffsches Gesetz / Kirchhoff's first law 29
Erstprüfung / initial test 250
Erzeuger-Pfeilsystem / producer arrow system 29
Erzeugung und Umwandlung elektrischer Energie / generation and conversion of electrical energy 493, 494
ESS (Extended Service Set) / ESS (Extended Service Set) 174
ETS / ETS 409
ETS4 / ETS4 409
EU-Datenschutzgrundverordnung / EU-General Data Protection Regulation 176, **422**
EU-DSGVO / EU-GDPR 422
Euroklassen / Euro classes 86
Eurostecker / Euro plug 265
EVG - Elektronische Vorschaltgeräte / EB - Electronic Ballasts 390
Exklusiv-ODER / exclusive OR 121
Explosionsgefahr / explosion risk 226
Explosionsgruppe / explosion group 401
Explosionskenngrößen / explosion characteristics 401
Explosionsschutz / explosion protection 401, 402
Exzerpt / excerpt 435

F

Facharbeiter / Geselle / skilled worker / assistant 453
Fachbuch / specialist book 433
Fachnormen / engineering standards 313
Fachzeitschrift / professional journal 433
Fahrenheit-Temperatur / Fahrenheit temperature 24
Fallabfrage / case query 502
Fallunterscheidung / case distinction 502
Falschfarbendarstellung / false colour representation 252
Fangeinrichtungen / air terminals 399
Farbart / chrominance 387
Farben für Drucktaster und Signalleuchten / colours for push-buttons and signal lamps 113
Farbkennzeichnung von Bauelementen / colour marking of components 47
Farbkennzeichnung von Widerständen / colour marking of resistors 46
Farbkurzzeichen / colour short marks 83
Farbschlüssel / colour code 46
Farbsensoren / colour sensors 136
Faser / fibre 368
Fassungen / holders 386
FBS (Funktionsbaustein) / FBD (Function Block Diagram) 126, 275
F-Codierung / voice encoding 354
Federleiste / female multipoint connector 263
Feder-Masse-System / spring-mass-system 134
Federspannarbeit / spring tension work 20
Federspeicherantrieb / spring operated mechanism 195
Fehler am Motor / motor faults 329
Fehler bei Motoren / motor faults 347
Fehlerhafte Wickel / faulty wire wrap 261
Fehlerlichtbogen-Schutzeinrichtung / arc fault detection device 99
Fehlerschutz / fault protection 104, **105**
Fehlerspannung / fault voltage 103
Fehlerstellen / point of failures 254
Fehlerströme / fault currents 97
Fehlerstromformen / residual current waveforms 98
Fehlerstrom-Schutzeinrichtung / residual current protective device 97, 98, 106
Fehlerstrom-Schutzschalter / residual current operated circuit breaker 491
Fehlerstrom-Schutzschalter - Fehlerstromformen / residual current devices – residual current waveforms 98
Fehlerstromstärke / residual current intensity 103
Feinsicherungen / miniature fuses 96
Feld, elektrisches / field, electric 32
Feld, magnetisches / field, magnetic 33, 34
Feldbussysteme / fieldbus systems 289
Feldeffekttransistor / field effect transistor 57
Felder / fields 507
Feldgebundene Störung / field caused interference 253
Feldprogrammierbare Logikbausteine / field programmable logic chips 125
Feldstärken / field strengths 459
Feldwicklung / field winding 326
FELV / FELV 104
Fenster / windows 472
Fernsprecher / telephone 495
Ferrite / ferrites 63
Ferritringe / ferrite rings 346
Festanschluss / permanent connection 265
Feste Rolle / fixed pulley 22
Festigkeit / strength 71
Festplatten / hard disks 162
Festwertregelung / setpoint control 283
Feuchte und nasse Bereiche / damp and wet locations 79
Feuergefährdete Betriebsstätten / fire hazardous locations 99
Feuerlöschanlagen / fire suppression systems 405
Feuerwiderstandsklasse / fire resistance class 403
FI/LS-Schalter / residual current operated miniature circuit breaker 97
Fiber-To-The-Building / Fiber-To-The- Building 358
Fiber-To-The-Cabinet / Fiber-To-The- Cabinet 358
Fiber-To-The-Home / Fiber-To-The- Home 358
Fiber-To-The-Node / Fiber-To-The-Node 358
Fiber-To-The-Premises / Fiber-To-The- Premises 358
Fieldbus Message Specification / Fieldbus Message Specification 290
Filter / filter 494
Filter-Leckstromstärke / filter leakage current intensity 214
Filterlüfter / filter fan 270
Filterschaltungen / filter circuits 42
Firewall / firewall 177
FI-Schutzschalter / residual current operated circuit breaker 97
Flachbaugruppen / printed circuit boards 267
Flachbaugruppensteckverbinder / printed circuit boards connectors 263
Flachbildschirm / flat screen display 165
Flächen- und Körperberechnungen / area and solid model calculations 14
Flachriemengetriebe / flat belt drive 22
Flachsteckverbinder / Faston terminal 260

Flaschenzug / pulley 22

Flexible Isolierrohre / flexible insulation tubes 93

flexible Leitungen / flexible cables 84, 85

Flicker / flicker 202

Flimmerschwelle / threshold of nonfibrillation 103

Flüchtige Halbleiterspeicher / volatile semiconductor memory 161

Flussdiagramm / flowchart 482

Flüssigkeitskapselung / liquid immersion 402

Fluxgate / fluxgate 243

FNN (Forum Netztechnik/Netzbetrieb) / FNN (Forum Network technology/Network operation) 220

Folgeregelung / follow-up control 283

Folienkondensatoren / foil capacitors 51

Formatierung / formatting 162

Formelzeichen und Einheiten / formula signs and units 16, 17, 18

Formfaktor / form factor 237

Formgedächtnis-Legierungen / reforming alloys 306

Fortluft / exhaust air 420

Fotodiode / photodiode 61

Fotoelement / photosensor 61

Fotothyristor / photothyristor 61

Fototransistor / phototransistor 61

Fotowiderstand / light dependent resistor 61

Foundation Fieldbus / Foundation Fieldbus 299

FPLD – Field Programmable Logic Device / FPLD – Field Programmable Logic Device 125

Fragestellung / questioning 435

Freier Fall / free fall 23

Freiheitsgrade / degrees of freedom 309

Freilaufdiode / freewheeling diode 115

Freileitungen, Kabel / overhead lines, cables 188

Freileitungswerkstoffe / overhead cable materials 188

Fremderregte Wicklung / separately excited winding 326

Fremderregter Motor / separately excited motor 326

Fremdspannung / interfering voltage 360

Frequenz / frequency 37

Frequenzbänder / frequency bands 376

Frequenzbereiche / frequencies 376

Frequenzbetrachtung / frequency analysis 268

Frequenzkompensation / frequency compensation 65

Frequenzteiler / frequency divider 494

Frequenzumrichter / frequency converter 332, **345**

Frequenzumrichter, Ausgangsfilter / frequency converter, output filter 346

Frontpanel / front panel 247

FTP / File-Transfer-Protocol 433

FTTB, -C, -H, -N, -P / Fiber-To-The-Building, Cabinet, Home, Node, Premises 358

FTTD / Fiber-To-The-Desk 369

Führungsgröße / reference variable 282

Führungsschienen / guide rails 267

Fundamenterder / foundation earth 81, 102, 108, 109

Funk KNX / radio KNX 408

Funkausleuchtung / radio coverage 175

Funken- / Flammenmelder / spark / flame detector 416

Funkenbildung / sparking 400

Funkentstörfilter / radio interference filter 268

Funkentstörung / radio interference suppression 272

Funknetz / radio network 174

Funkstörgrad / radio interference class 272

Funkstörung / radio interference 272

Funksysteme für die Gebäudeautomatisierung / radio systems for building automation 414

Funksysteme, Montage / radio systems, installation 414

Funksysteme, Planung / radio systems, planning 414

Funktionen / functions 7, 277

Funktionsbaustein / function block 277, 482

Funktionsbausteinsprache / function block diagram 275

Funktionsbezogene Betriebsmittelkennzeichnung / function related equipment designation 483

Funktionseinheiten / function units 281

Funktionserdung / functional earthing 219

Funktionserhalt / functional endurance 406

Funktionsklassen / function classes 95

Funktionskleinspannung / functional extra-low-voltage 104

Funktionsplan / function diagram (chart) 479

Funktionsprüfungen / functional tests 251

Funktionsschaltplan / functional cirduit diagram 479

Funktionsschaltplan und Diagramm / functional diagram and diagram 479

Funktionsstörungen / malfunctions 204

Fußbodenimpedanz / floor impedance 107

Fußbodenwiderstand / floor resistance 228

Fußschutz / foot protection 452

G

Gabellichtschranke / slot light barrier 135

Gammastrahlung / gamma radiation 460

GAN / Global Area Network 179

Ganzbereichssicherungen / full range fuses 95

ganzzahlige Vielfache / integer multiples 204

Gasdichte Verbindung / gas-tight connection 260

Gasdichte Zelle / valve regulated sealed cell 226

Gasentladung / gas discharge 164

Gasfreisetzung / gas release 228

Gaslöschanlage / gas extinguishing system 405

Gasturbine / gas turbine 216

Gate / gate 57

Gebäudeanschlussraum / service entrance room 102

Gebäudeautomation / building automation 412

Gebäudeklassen / building classes 86

Gebäudelüftung / building ventilation 420

Gebäudesystemtechnik (KNX) / building system engineering 408, 409, 410

Gebäudeverkabelung / building cabling 181

Gebrauchskategorien für Niederspannungs-Schaltgeräte / utilization categories of low-voltage switchgears 196

Gefährdung / hazard 257

Gefährdungsanalyse / hazard analysis 313

Gefährdungsbereich / zone of effects 103

Gefährdungsbeurteilung / hazard assessment 257, 450

Gefährdungsgrade / hazard rates 369

Gefährdungsklasse / hazard class 257

Gefährdungspegel / lightning protection level 399

Gefahrenklassen / hazard classes 466

Gefahrenmeldeanlage / alarm system 415

Gefahrenpiktogramme / hazard symbols 466

Gefahrenzone / danger zone 428

Gefahrstoffverordnung / hazardous substance regulation 465

Gegenbetrieb / duplex transmission 156

Gegenstrombremsung / plug braking 333

Gehäufte Leitungsverlegung / cumulated cable arrangement 89

Gehäusekennfarben / body colours 266

Geiger-Müller-Zähler / Geiger-Müller counter 460

Genauigkeit / accuracy 240

General Purpose Interface Bus / General Purpose Interface Bus 301

Generator / generator 494

Gepulster Läuferwiderstand / pulsed rotor resistance 344

Geräteanschluss / electrical appliance connection 265

Gerätegruppe-I / class-I devices 401

Geräteprüfung / inspection of electrical appliances 248

Geräteprüfung – Messschaltungen / inspection of electrical appliances – measuring circuits 249

Geräteschutzadapter / device protection adapter 397

Geräteschutzschalter / circuit breakers for equipment 100

Geräteschutzsicherungen / miniature fuses 96

Gerätestecker / appliance plug 265

Gerätetreiberinstallation / device driver installation 172

Geräteverbindung / appliance connection 265

Geräuschspannung / noise voltage 360

Gerüste / scaffoldings 456

Gesamtverzerrungsfaktor / total harmonic distortion factor 204

Gesamtwirkungsgrad / overall efficiency 184

Geschirmte Kabel / shielded cable 268

Geschlossene Zelle / vented cell 226

Geschlossener Wirkungsablauf / closed loop action flow 282

Geschwindigkeit / speed 23, 24, 138

Gesellschaft / company 423

Gesprächsregel / conversation rule 439

Gesundheitliche Risiken / health risks 459

Getriebe, Übersetzungen / gears, transmission ratios 22

Gewichtskraft / force due to gravity 19

Gewinde / threads 471

Gewindeschneiden / thread cutting 258

GHS / GHS 466

Glas / glass 76

Glasfasssprinkler / bulb-type sprinkler 405

Glättungsdrossel / smoothing coil 215

Gleichförmige Kreisbewegungen / uniform circular motions 24

Gleichgerichtete sinusförmige Spannung / rectified sinusoidal voltage 508

Gleichrichter / rectifier 212, 334, 336, 337, 494

Gleichspannung / d.c. voltage 232

Gleichspannungsansteuerung / direct voltage control 147

Gleichstrombremsung / d. c. braking 333

Gleichstrommaschinen / d.c. machines 328

Gleichstrommotoren / d.c. motors 326

Gleichstromsteller / d.c. chopper converter 334, **340**

Gleichungen / equations 10

Gleitreibung / sliding friction 21

Glimmtemperatur / smoulder temperature 401

Glixon-Code / Glixon code 157

Global Area Network / Global Area Network 179

Globale Variablen / global variables 278

GM - Passive Glasbruchmelder / GBD - passive glass breakage detector 417

GPIB – General Purpose Interface Bus / GPIB 301

Gradientenindex-Profil / graded index profile 367

Gradmaß / degree 503

GRAFCET - Ablaufsteuerungen / GRAFCET - sequential control systems 280, 279

GRAFCET – Grafische Darstellung von Ablaufsteuerungen / GRAFCET – graphic representation of sequential controls 500, 501

GRAFCET-Plan / GRAFCET diagram 280

Grafiksoftware / graphics software 170

Grafische Symbole für die Prozessleittechnik / graphical symbols for process control engineering 499

Grafische Symbole für KNX / graphical symbols for KNX 490

GRAphe Fonctionnel de Commande Etape Transition / GRAphe Fonctionnel de Commande Etape Transition 279

Gray-Code / Gray code 157

Greifraum / gripping space 455

Grenzfrequenz / cut-off frequency 42

Grenzspannweiten / limiting spans 188

Grenzwerte / limiting values 459

Grenzwertlinie / limiting value line 203

Grenzwertpegel / limiting level 272

Griechisches Alphabet / Greek alphabet 12

GroE - Batterie / GroE battery 225

Größen der Mechanik / quantities in mechanics 20

Größen und Formeln der Elektrotechnik / basic quantities and formulas in electrical engineering 26

Grundbegriffe der Messtechnik / basic terms in measurement technique 230

Grundlagen der Chemie / basics in chemistry 69

Grundlast / base load 184

Grundschaltungen der Pneumatik / basic circuits in pneumatics 148, 149

Grundschwingung / fundamental wave 204

Grüner Punkt / Green Dot 462

Gruppenadresse / group address 409

Gruppenkompensation / group compensation 208

Gruppenschaltung / group circuit 30, 392, 506

Gruppen-Videokonferenzsysteme / group video conference systems 375

Gütemerkmale, lichttechnische / quality characteristics, photometric 383

GZB (Grenzwerte zugänglicher Bestrahlung) / AEL (Accessible Emission Limits) 369

H

Haftreibung / sticking friction 21

Haftung / liability 423

HAK / service entrance box 81

Halbduplex-Betrieb / half-duplex operation 156

Halbduplex-Bus / half-duplex bus 303

Halbgesteuerte Stromrichter (Gleichrichter) / half-controlled converters (rectifiers) 337

Halbleiter / semiconductors 486

Halbleiter Dehnmessstreifen / semiconductor strain gauge 132

Halbleiterbauelemente / semiconductor components 54

Halbleiterbauelemente mit Schaltverhalten / semiconductor components with switching behaviour 54, **56**

Halbleiterrelais / semiconductor relay 116

Halbleiterspeicher / semiconductor memory 161

Halbschrittbetrieb / half-step operation 349

Halleffekt / Hall-effect 64

Hall-Effekt-Verfahren / Hall effect principle 134

Hall-Effekt-Wandler / Hall-effect converter 243

Hallkonstante / Hall-constant 64

Haltungswichtung / posture rating 457

Hamming-Code / Hamming code 157

Handbereich / arm´s reach 104

Handbetrieb / manual operated 279

Handbuch / manual 433

Handlungen im Notfall / emergency actions 151

Handschutz / hand protection 452

Handshake / handshake 301

Hard Disc Drive / Hard Disc Drive 162

Hardware Fehlertoleranz (HFT) / hardware fault tolerance 154

Hardwareinstallation / hardware installation 172

harmonische Schwingungen / harmonic waves 204

Härte / hardness 71

HART-Protokoll / HART protocol 139

Harvard-Architektur / Harvard architecture 158

Hauptachse / main axis 309
Hauptaufgabe / main task 484
Haupterdungsschiene / main earthing bar 81, 102, 398
Hauptgruppe / main group 409
Hauptleitungsquerschnitte / mains conductor cross sections 81
Hauptlinie / main line 410
Hauptpotenzialausgleichsleiter / main equipotential bonding conductor 81
Hauptschütze / main contactors 114
Hausanschluss / house service connection 81
Hausanschlusskasten / house service entrance box 81
Hausanschlussverstärker / house distribution amplifier 371
Haushaltsgeräte / household appliances 489
HDD / Hard Disc Drive 162
HDMI / High Definition Multimedia Interface 165, 370
HDTV / High Definition Television 370
Hebel / levers 22
Heben / lifting 457
Heben und Tragen / lifting and carrying 457
Heißleiter / negative temperature coefficient thermistor 49, 50
Heißwassergerät / boiler 489
Heizkabel, selbstregulierende / heat tracer, self regulating 407
Helligkeitssteuerung / brightness control 389
Herzkammerflimmern / heart fibrillation 103
Hexadezimale Potenzen / hexadecimal powers 9
Hexadezimal-Zahlensystem / hexadecimal number system 11
Hexapot / hexapod 310
HFT – Hardware Fehlertoleranz / HFT - Hardware Fault Tolerance 152, 153
HGÜ / high-voltage d.c. transmission 186
Hierarchie Sicherheitsnormen / hierarchical safety standards 313
Hilfsschütze / auxiliary contactors 114
Hintergrundbeleuchtung / background illumination 140
HIPER LAN (High Performance LAN) / HIPER LAN (High Performance LAN) 174
Hochfrequente Störung / high frequency interference 360
Hochlaufkennlinien / start-up characteristics 322
Hochpass / high-pass 42, 494
Hochsetzsteller / boost converter 213, 340
Hochspannungsebene / high-voltage level 185
Hochspannungs-Gleichstromübertragung / high-voltage d.c. transmission 186
Hochspannungsleitung / high-voltage line 186
Hochspannungsnetz / high-voltage grid 186
Hochspannungsprüfung (Isolationsfestigkeit) / high-voltage test (insulation resistance) 251
Hochspannungsübertragung / high-voltage transmission 186
Höchstzulässige Berührungsspannung / maximum permissible touch voltage 103
Hochtemperaturzellen / high-temperature cells 222
Hörer / earpiece 489
Hubarbeit / lifting work 20
Hubkolbenpumpe / reciprocating pump 352
Hydraulik / hydraulics 504
Hydraulik und Pneumatik / hydraulics and pneumatics 473
Hydraulikaggregat / hydraulic power unit 150
Hydropumpe / hydraulic pump 473
Hydrospeicher / hydraulic reservoir 150
Hydrostatischer Druck / hydrostatic pressure 25
Hydrosysteme / hydraulic systems 150

I

I/O Unit / I/O Unit 158
I_0-Strecke / I_0-controlled system 284
IAE / ISDN Access Unit 356
IBSS (Independent BSS) / IBSS (Independent BSS) 174
IC-Code / IC-Code 316
IE1, IE2, IE3, IE4 / IE1, IE2, IE3, IE4 315
IEC-Stecker / IEC connector 362
IEEE 1284 / IEEE 1284 166
IEEE 802 11 / IEEE 802 11 174
IE-Klasse / IE class 315
IK-Code / IK-Code 316
ILCO-System / ILCO system 386
IM-Codes / International Mounting codes 316, 317
Impedanzkopplung (galvanische Kopplung) / impedance coupling (galvanic coupling) 253
Impedanzwandler / impedance converter 66
Impulsantwort / impulse response 283
Impulsform / pulse shape 508
Impulsschnittstelle / impulse interface 300
Impulsverformung / pulse deformation 508
Indizes / indices 18
Induktion / induction 33
Induktion der Bewegung / motional e.m.f 35
Induktion der Ruhe / induced e.m.f 35
Induktionsspannung / induced voltage 35
Induktive Kopplung / inductive coupling 253
Induktive Sensoren / inductive sensors 129
Induktiver Blindwiderstand / inductive reactance 509
Induktivität / inductance 486
Induktivität der Spule / coil inductance 34
Induktivitäten / coils 47
Industrie 4.0 / Industry 4.0 448
Industrieroboter / industrial robots 310
Inertisierung / inertisation 401
Information und Kommunikation / information and communication 156
Informationsquellen / information sources 433
Informationsübertragung / information transmission 156
Informationsverarbeitung / information processing 482
Infrarotdetektoren / infrared sensors 252
Infrarotkamera / infrared camera 252
Infrastructure-Mode / infrastructure mode 174
infrastrukturelle Objekte / infra-structural objects 483
Inhaltsauszug / excerpt 435
Initialschritt / initial step 280
Injektionsdübel / injection anchors 259
Inkrementaldrehgeber / incremental rotary encoder 138
Inkrementalgeber / incremental encoder 350
Innengewinde / internal thread 258
Innenwiderstand / internal resistance 31
Innere Unterteilung / internal separation 191
Inselbetrieb / off-line operation 220
Inspektion / inspection 256
Inspektionsgeräte / inspection devices 252
Installationen / installations 87
Installationsanforderungen / installation requirements 406
Installationsbussystem / installation bus system 413
Installationskabel / installation cable 361
Installationsplan / installation plan 481
Installationsschaltplan / installation circuit diagram 481
Installationsschaltungen mit Lampen / installation circuits with lamps 392, 393
Installationszonen / installation zones 81
Installieren von Leitungen / installation of cables 92, 93
Instandhaltung / maintenance 256, 429
Instandsetzung / repair 256
Insulated Gate Bipolar Transistor (IGBT) / Insulated Gate Bipolar Transistor (IGBT) 486

Integrierer / integrator 66

Integrierzeit / integral action time 284

Interbus / Interbus 292

International Mounting / International Mounting 317

Internationales Recht / international law 451

Internet / internet 433

Internet Protokoll TCP/IP / internet protocol TCP/IP 180, 182

Internet Service Provider / Internet Service Provider 182

Internet-Dienst / internet service 433

Internetzugang / internet access 182

Invertierer / inverter 66

IO-Link / IO-link 302

IO-Link-Schnittstelle / IO-link interface 302

Ionisations-Rauchmelder / ionisation smoke detector 416

IP / Internet Protocol 180, 182

IP-Adresse / IP address 182

IP-CCTV / IP CCTV 374

IP-Code / IP-Code 316

IP-Schutz / IP protection 396

iron core / iron core 348

ironless / ironless 348

ISDN-Anschlüsse / ISDN connections 355

ISDN-Dienste / ISDN services 355

ISDN-NTBA / ISDN-NTBA 357

ISM-Bänder / Industrial Scientific and Medical bands 377

Isolationsüberwachung / insulation monitoring 105

Isolationsüberwachungseinrichtung / insulation monitoring device 105

Isolationswächter / insulation monitoring devices 101

Isolationswiderstand / insulation resistance 101,107, 248, 249, 360

Isolationswiderstandsprüfung / insulation resistance test 251

Isolierstoffe aus Keramik bzw. Glas / ceramic or glass insulating materials 76

Isolierstoffklassen / insulation classes 76

isolierte Leitungen / insulated cables 84, 85

Isolierter Sternpunkt / isolated neutral 205

ISP / Internet Service Provider 182

I-Strecke / I-controlled system 284

IT_1-Strecke / IT_1-controlled system 284

IT-System / IT system 78

IT-System / IT system 103

IT-System / IT system 105

IT_t-Strecke / IT_t-controlled system 284

J

Jahreswirkungsgrad / annual efficiency 197

K

Kabel / cable 82, 188, 487

Kabel für Kommunikationsanlagen / cables for communication installations 361

Kabelarten / cable types 82

Kabelaufbau / cable construction 361

Kabelbezeichnungen / cable designations 82

Kabelführung / cable routing 364

Kabelführungssysteme / cable routing systems 366

Kabelgarnituren / cable fittings 190

Kabelmodem / cable modem 372

Kabelplan / cable plan 481

Kabelpritschen / cable ladders 93

Kabelschuh / cable lug 260

Kabelschuhe / cable lugs 262

Kabeltragsystem / cable tray system 93

Käfigläufer-Motor / squirrel cage motor 119

Kaizen / Kaizen 432

Kalibrieren / calibration 239

Kalkulation und Kosten / calculation and costs 425

Kaltleiter / positive temperature coefficient thermistor 49

Kanalbreite / channel width 371

Kapazität / capacity 32, 507

Kapazitive Kopplung / capacitive coupling 253, 360

Kapazitive Sensoren / capacitive sensors 130

Kapazitiver Blindwiderstand / capacitive reactance 509

Kapazitives Verfahren / capacitive principle 134

Kapitalgesellschaft / corporation 423

Kartesischer-Roboter / Cartesian robot 310

Kartesisches Koordinatensystem / Cartesian coordinate system 469

Kassetten / cartridges 267

Kat / Cat 365

Katodenlumineszenz / cathode luminescence 164

Kelvin-Temperatur / Kelvin temperature 24

Kennbuchstaben der Prozessleittechnik / code letters in process control engineering 498

Kennbuchstaben, Geräteschutzschalter / code letters, CBE 100

Kenndaten / characteristic values 224

Kenndaten Logikfamilien / characteristic data logic families 122

Kenndaten von Kondensatoren / characteristic data of capacitors 52

Kennfarben von Leitern / core colour codes 83

Kennzeichen / qualifying symbols 485

Kennzeichen für Bauformen / classification codes for construction types 317

Kennzeichen von Stromrichtersätzen und -geräten / identifiers of converter assemblies and -equipment 335

Kennzeichnung der Anschlüsse für Kondensatoren bis 1000 V / designation of capacitors up to 1000 V 51

Kennzeichnung von elektrischen Betriebsmitteln (Objekten) / designation of electrical equipment (objects) 483, 484

Kennzeichnung von Kondensatoren / designation of capacitors 46

Kennzeichnung von Leuchten / labeling of lamps 384, 385

Kennzeichnung von Systempunkten und Leitern / designation of system points and conductors 38

Kennzeichnung von Widerständen und Kondensatoren / designation of resistors and capacitors 46

Keramik / ceramic 76

Keramik-Kondensator / ceramic capacitors 52

Keramische Drucksensoren / ceramic pressure sensors 132

Kernform / core type 63

Kernfrequenzen / core frequencies 371

Kleben / adhesive bonding 264

Kleinsteuerungen / compact controllers 126

Klemmenbrett / terminal board 325

Klimatisierung / air conditioning 419

Klimaüberwachung / climate monitoring 245

Knickarm-Roboter / articulated-arm robot 310

Knickschutz / bend protection 265

KNX / KNX 408

KNX, grafische Symbole / KNX, graphical symbols 490

Koaxialkabel und Steckverbinder / coaxial cables and connectors 362

Kolbenformen / bulb shapes 386

Kollektor / collector 54, 57

Kollektorschaltung / **collector circuit** 60

Kommunikation / communication 439

Kommunikationsmodell / communication model 439

Kommunikationsschnittstelle / communication interface 245

Kommutativgesetz / commutative law 7

Komparator / comparator 497

Kompensation / compensation 208

Kompensationsanlagen / compensation systems 209

Kompensationsspule / compensation coil 243

Kompensationswicklung / compensating field winding 326

Komplementbildung / complementation 11

Komplexe Zahlen / complex numbers 503

Kompressor / compressor 473

Kondensationskraftwerk / condensation power station 216

Kondensator / capacitor 32

Kondensatoren / capacitors 51, 486

Kondensatoren zum Betrieb von Entladungslampen / capacitors for operation of discharge lamps 53

Kondensatoren, Schaltvorgänge / capacitors, switching actions 36

Kondensatormotor / capacitor motor 327

Konjunktion / conjunction 121

Konstantleistungs-Heizkabel / constant wattage heat tracer 407

Konstantspannungsquelle / constant voltage source 215

Konstantstromquelle / constant current source 215

Kontakte / contacts 488

Kontaktplan / ladder diagram 275, 482

Kontaktwerkstoffe / contact materials 74

kontinuierlicher Datenstrom / continuous data stream 180

Kontinuierlicher Verbesserungsprozess (KVP) / continuous improvement process 432

Kontrastsensor / contrast sensor 136

Konturenstecker / contour plug 265

Konvektion / convection 269

Konventionelle Vorschaltgeräte - KVG / Conventional Ballasts - CB 390

KOP / LD (Ladder Diagram) 126, 275

Kopfbauform / top-assembly type 139

Kopfschutz / head protection 452

Koppelfaktor / current transfer ratio 62

Kopplungsmodelle / coupling models 253

Körperberechnung / solid model calculation 14

Körperdosis / body dose 460

Körperhaltung / posture 457

Körperwiderstand / body resistance 103

Korrosionsfreie Verbindung / corrosion free connection 261

Korrosionsschutz / corrosion protection 271

Korrosionsschutzmaßnahmen / corrosion protection measures 271

Kosten / costs 425

Kraft / force 19, 504

Kraft zwischen stromdurchflossenen Leitern / force between current carrying conductors 34

Kraftsensor / force sensor 133

Kraftstoffversorgung / fuel supply 211

Kraft-Wärme-Kopplung / combined heat and power 216

Kraftwerke / power plants 184

Kreis / circle 14

Kreisbewegung / circular motion 24, 504

Kreiselpumpe / centrifugal pump 352

Kreisfrequenz / angular frequency 37

Kreislaufwirtschaft / recirculation of materials 462

Kreisring / annulus 14

Kundengespräch / customer conversation 426

Kunststoffe / plastics 75

Kunststoffkondensator / film capacitor 51

Kupfer / copper 73

Kurzschließer / short-circuiter 191

Kurzschluss / short-circuit 198, 226

Kurzschlussfestigkeit / short-circuit strength 194

Kurzschlussläufer / squirrel-cage motor 322

Kurzschlussläufermotor / squirrel-cage motor 331

Kurzschlussring / short-circuiting ring 147

Kurzschlussschutz / short-circuit protection 94

Kurzschlussstromstärke / short-circuit current intensity 103

Kurzstreckenfunk / Short Range Radio 377

Kurzzeitbetrieb / short-time operation 319

Kurzzeiteinfluss / short-term interference 360

KVG - Konventionelle Vorschaltgeräte / CB - Conventional Ballasts 390

L

L2-Cache / L2-cache 158

L3-Cache / L3-cache 158

LabVIEW - Laboratory Virtual Instrument Engineering Workbench / LabVIEW 247

Lade- / Entladecharakteristik / charging / discharging characteristic 224

Ladefaktor / charging factor 227

Ladekennlinien von Akkumulatoren / charging characteristics of accumulators 227

Ladekondensator / charging capacitor 215

Ladeprinzip / charging principle 224

Ladespannung / charging voltage 227

Ladestationen / battery charging stations 228

Ladestromstärke / charging current 227

Ladewirkungsgrad / charging efficiency factor 227

Ladezeit / charging time 227

Ladung / charge 26

Lagenverseilung / stranding in layers 361

Lagerschäden / bearing failures 254

Lampenbezeichnungen / lamp designations 386

LAN / Local Area Network 179

Längenausdehnungskoeffizient / coefficient of linear expansion 68, 72

Langzeiteinfluss / long-term interference 360

Laser / Laser (Light Amplification by Stimulated Emission of Radiation) 369

Laserdiode / laser diode 62

Laser-Klassifizierung / laser classification 369

Laserschutz in Lichtwellenleiter Kommunikationssystemen / laser protection in fiber optic communication systems 369

Lastdrehmoment / load torque 349

Lasten / loads 457

Lastenheft, Pflichtenheft / requirement specification, system specification 446

Lastschalter / load interrupter switch 193

Lastträgheitsmoment / load inertia moment 349

Lasttrennschalter / switch disconnector 193, 491

Lastwichtung / load rating 457

Läuferanlasser / rotor starter 331

Lautsprecher / loudspeaker 489

LCD (Liquid Crystal Display) / LCD (Liquid Crystal Display) 164, 165

LCN – Local Control Network / LCN – Local Control Network 413

LDR, Fotowiderstand / LDR, Light Dependant-Resistor 61

LDTV / Low Definition Television 370

LED, Lumineszenzdiode / LED, Light- Emitting-Diode 61, 62

LED-Ansteuerung / LED control 388

LED-Anzeige / LED display 62

LED-Lampe / LED lamp 388

LED-Leuchtmittel / LED illuminants 387, 388

LEDOTRON / LEDOTRON 389

LEDOTRON Lampentypen / LEDOTRON lamp types 389

LED-Spektren / LED spectra 387

LED-Straßenbeleuchtung / LED street illumination 388

Leerlauf / no-load operation 198

Leerlaufhallspannung / no-load Hall voltage 64

Leerlaufspannung / no-load voltage 198

Leerschalter / off-load switch 193

Lehrsätze / theorems 13

Leistung / power 20, 232, 504

Leistungs- und Leistungsfaktormessung / power- and power factor measurement 238
Leistungsanpassung / power matching 31
Leistungserklärung / declaration of performance 86
Leistungs-Feldeffekttransistoren / power field-effect transistors 58
Leistungsflussdichte / power flux density 459
Leistungskennlinien / power characteristic curves 221
Leistungskurve / performance curve 427
Leistungsmessung / power measuring 232
Leistungsregelung / power control 221
Leistungsschalter / power circuit breaker 193, 491
Leistungsschalterantrieb / power circuit breaker drive 195
Leistungsschalterfeld / power circuit breaker cubicle 187
Leistungsschilder / rating plates 318
Leistungsselbstschalter / automatic power circuit breaker 193
Leistungstrennschalter / non-automatic circuit breaker 193
Leiteinrichtung / controlling system 274
Leiterart / conductor type 83
Leitern / ladders 456
Leiterwiderstand / conductor resistance 360
Leittechnik, Prozessleittechnik / instrumentation and control, process control engineering 274
Leitungen / conductors 83
Leitungen / cables 84, 85
Leitungen und Verbinder / conductors and connecting devices 487
Leitungsdämpfung / line attenuation 360
Leitungseinführung / cable gland 265
Leitungsgebundene Störung / conducted interference 253
Leitungskennzeichnung / cable designation code 83
Leitungsmaterial / conductor material 68
Leitungsschutz-Schalter / circuit breaker 94, 491
Leitungsschutz-Sicherungen / fuses 96
Leitungsseile / bare conductors 188
Leitungsverlegung / cable installation 93
LEMP / Lightning Electromagnetic Pulse 400
Lesetechnik / reading practice 435
Leuchtdichte / luminance 380
Leuchtdiode / light emitting diode 486
Leuchten / luminaires 489
Leuchten-Betriebswirkungsgrad / luminaires operating efficiency 380
Leuchtverfahren / lighting principle 164
Lexikon / lexicon 433
Libaw-Craig-Code / Libaw-Craig-Code 157
Lichtausbeute / luminous efficacy 380
Lichtbogen / electric arc 191
Lichtbogenenergie / electric arc energy 192
Licht-Energiewandler / light energy converter 137
Lichtgitter / light array 136
Lichtgrößen / lighting quantities 380
Lichtleiter / fibre optic 135
Lichtschnittsensor / split-beam sensor 135
Lichtschranke / light barrier 135
Lichtstärke / luminous intensity 380
Lichtstärkeverteilungskurven / light intensity distribution curves 380, **382**
Lichtstromverteilung / flux distribution 384
Lichttaster / diffuse sensor 135
Lichttechnische Gütemerkmale / photometric quality characteristics 383
Lichtwellenleiter / fiber optic cables 367, 368, 495
Lichtwellenleitersensor / fibre optic sensor 404
Lightning Electromagnetic Pulse / Lightning Electromagnetic Pulse 400
Lightning Protection Level / Lightning Protection Level 399
Lightning Protection Zone / Lightning Protection Zone 400
Linearantriebe / linear drives 308
Lineare Anpassung / linear adjustment 64
Lineare Wärmemelder / linear heat detector 404
Linearität / linearity 64
Linearmotoren / linear motors 348
Linien / lines 410, 470
Liniendiagramme / line diagrams 469
Linienkoppler / line coupler 409
Link-Klassen / link classes 365
Linux / Linux 171
Liquid Crystal Display / Liquid Crystal Display 165
Lithium Ionen Akkumulator / lithium-ion battery 224
Lithium-Zellen / lithium cells 223
Local Area Network / Local Area Network 179
Logarithmieren / take the logarithm 9, 503
Logarithmische Teilung / logarithmic scale 9
Logarithmus / logarithm 9
Logikfamilien / logic families 122
Lokale Variable / local variable 277
Lokalelemente / local elements 271
Lokalvariable / local variable 278
LON - Local Operating Network / LON - Local Operating Network 412
LONTalk / LONTalk 412
LONWORKS / LONWORKS 412
Löschgase / extinguishing gases 405
Löschmedien / extinguishing media 195
Lose Rolle / loose pulley 22
Loslassschwelle / let-go current 103
Lötfreie elektrische Verbindung / solderless electrical connection 260
LPL / Lightning Protection Level 399
LPZ / Lightning Protection Zone 400
LS-Auslösecharakteristik / circuit breaker tripping characteristic 97
LS-Schalter / circuit breaker 94, 97
Luft / Luft-Wärmetauscher / air / air heat exchanger 270
Luft / Wasser-Wärmetauscher / air / water heat exchanger 270
Luftdrosselung / air throttling 148
Luftfeuchtigkeit, absolute / air humidity, absolute 419
Luftfeuchtigkeit, relative / air humidity, relative 419
Luftisolierte Schaltanlagen / air insulated vacuum-breaker switchgears 187
Luftspule / air coil 243
Lüftung / ventilation 228
Luftwechselrate / air exchange rate 351
Lumineszenzdiode / luminescent diode 61
Lumineszenz-Prinzip / luminescent principle 62
Lumineszenztaster / luminescence detector 135
LWL - Lichtwellenleiter / FO - fibre optics 367, 368
LWLKS (Lichtwellenleiter Kommunikationssysteme) / LWLKS (fiber optic communication systems) 369

M

Mäander / meander 64
MacOS / MacOS 171
Magnetfeldabhängige Bauelemente / magnetic field dependent components 64
Magnetische Auslösung / magnetic tripping 94
Magnetische Felder / magnetic fields 459
Magnetische Feldstärke / magnetic field strength 33
Magnetische Flussdichte / magnetic flux density 33
Magnetischer Kreis / magnetic circuit 33, 507
Magnetisches Feld / magnetic field 33, 34, 507
Magnetorheologische Aktoren / magnetorheological actuators 307
Magnetostriktive Aktoren / magnetostrictive actuators 308

Magnetspeicherantrieb / magnetic operated mechanism 195
Magnetventile / solenoid valves 147
Magnetwerkstoffe / magnetic materials 74
MAN / Metropolitan Area Network 179
Mantelleitung / light plastic sheathed cable 84
Manuelle Meldeeinrichtungen / manual operated signalling devices 416
Marktsegmentierung / market segmentation 281
Maschenerder / mesh earth electrode 108
Maschennetz / mesh network 185
Maschenregel / mesh rule 506
Maschen-Topologie / mesh topology 179
Maschinelle Bildverarbeitung / machine vision 140
Maschinen / machines 312, 493
Maschinenarten / machine types 493
Maschinenrichtlinie / machinery directive 312
Maschinenrichtlinie 2006/42/EG / machinery directive 2006/42/EC 313
Maschinenverordnung / machinery ordinance 312
Masse und Kraft / mass and force 19
Master / master 295
Masttypen / pole types 186
Mathematik / mathematics 503
Mathematische Zeichen und Begriffe / mathematical signs and terms 6
Maximale Betriebsfrequenz / maximum operating frequency 263
Maximalwerte / maximum values 37
M-Bus / Meter bus 300
Mechanik / mechanics 504
Mechanische Arbeit / mechanical work 20
Mechanische Energie / mechanical energy 21
Mechanische Lüftung / mechanical ventilation 420
Mechanische Speicher / mechanical storage devices 217
Mechanische Stellteile / mechanical actuators 485
Media Oriented Systems Transport / Media Oriented Systems Transport 294
Medienkonverter / media converter 179
Medizinisch genutzte Bereiche / medical used locations 79
Mehrmoden-Gradientenfaser, -Stufenindexfaser / multi-mode graded index fiber, step index fiber 367
Mehrwegausbreitung / multi-path propagation 175
Mehrzweckleiter / universal ladder 456
Melde- und Signaleinrichtungen / alarm- and signalling devices 490
Meldeeinrichtung / fire detection device 458
Meldeeinrichtung / alarm device 490
Meldelinien / alarm lines 417
MEMS-Sensor / Micro-Electro-Mechanical Systems sensor 134
Mengenlehre, Zeichen und Begriffe / set theory, signs and terms 6
Mensch-Roboter-Interaktion / Human-Robot Interaction 310
Merker / flag 275
Mess- und Schutzeinrichtungen / measuring instruments and protective devices 492
Mess- und Überwachungsrelais / measuring and monitoring relays 242
Messbereichserweiterung / measuring range extension 30, 506
Messbrücken / measuring bridges 233
Messeinrichtungen / measuring instruments 230, 492
Messen / measurement (measuring) 230, 250
Messen elektrischer Grundgrößen / measuring of electrical quantities 232
Messen elektrischer Widerstände / measuring of electrical resistors 233
Messen mit dem Elektronenstrahl-Oszilloskop / measuring with the oscilloscope 236
Messen von Mischspannungen und Mischströmen / measuring of pulsating voltages and pulsating currents 237
Messen, Eichen, Kalibrieren / measurement, calibration 230, **239**
Messerleiste / male connector 263
Messfehler / measuring error 231
Messgerät / measuring device 492
Messgröße / measured quantity 230, 239
Messprinzip / measuring principle 230
Messrelais / measuring relay 492
Messschaltungen / measuring circuits 238, 249
Messtechnik / measurement technique 230
Messtrenner / isolating measuring device 139
Messumformer / measuring transducer 139
Messung elektrischer Widerstände / measurement of electrical resistors 28
Messverfahren / measurement methods 230, 239
Messwandler / instrument transformer 237
Messwerke / measuring elements 230
Messwert / measured value 230, 231
Messwertanalyse / measured value analysis 203
Messwertdarstellung / measured value representation 203
Messwerterfassung / measured value acquisition 203, 245
Metallene Dehnmessstreifen (DMS) / metallic strain gauges 132
Metallisierte Kunststoffkondensator / metalized film capacitor 52
Metallpapier-Gleichspannungskondensator / metalized paper d c. capacitor 52
Metallpapierkondensator / metalized paper capacitor 51
Metapher / metaphor 441
Metropolitan Area Network / Metropolitan Area Network 179
Mikrocontroller / microcontroller 245, **281**
Mikrofon / microphone 489
Mindestabsicherung / minimum fusing 81
Mindestrennabstand / minimum separation distance 364
Mindestzündtemperatur / minimum ignition temperature 401
MindMap / MindMap 438
Mini-Bus / Mini bus 300
Mittelgruppe / central group 409
Mittellast / intermediate load 184
Mittelpunktschaltung / centre tapped circuit 336, 337, 338, 339
Mittelspannungskabel / medium-voltage cable 82
Mittelspannungs-Leistungsschalter / medium-voltage circuit breaker 195
Mittelspannungsschaltanlagen / medium-voltage switchgear and controlgear installations 187
MK - Magnetkontakte / MC - Magnetic Contacts 417
Mobilfunksysteme / mobile radio systems 376
Modenausbreitung / mode propagation 367
Moderation / moderation 432, **440**
Moderationsphase / moderation phase 440
Moderator / moderator 440
Modulator / modulator 494
Modulkennzeichnung / module marking 161
Momentanwerte / instantaneous values 37
Monostabile Elemente / monostable elements 497
Monostabile Kippstufe / monostable flip-flop 497
Montage / fastening 259
MOST-Bus / Media Oriented Systems Transport 294
Motherboard / motherboard 159
Motorarten / motor types 327
Motoren / motors 473
Motoren mit Flansch und Durchgangslöchern / motors with flange and through holes 317

Motoren mit Flansch und Gewindebohrungen / motors with flange and tapped holes 317

Motoren mit Füßen / motors with feet 317

Motorschutz / motor protection 329

Motorschutzrelais / motor protective relay 329

Motorschutzschalter / motor protection switch 329, 491

MPI-Schnittstelle / MPI interface 276

MPP - Maximum Power Point / Maximum Power Point 218

MRI / Human-Robot Interaction 310

MSN (Multiple Subscriber Number) / MSN(Multiple Subscriber Number) 355

MTTF / Mean Time To Failure 152, 153

Muffe / splice 190

Mulitjet-Modelling / Multijet-Modelling 449

Multicast / multicast 180

Multimedia / multimedia 433

Multimedia-Netze / multimedia networks 372

Multimode / multi-mode 367

Multiplikation / multiplication 7

Multitasking / multitasking 171

Multithreading / multithreading 171

Multiusing / multiusing 171

MZB (Maximal zulässige Bestrahlung) / MPE (Maximum Permissible Exposure) 369

N

Nachricht / message 156

Nachrichtenkabel (Kupfer) / communication cable (copper) 360

Nachrichtentechnik / communication engineering 494, 495

Nachrichtenübertragung / message transfer 156, 439

Nachstellzeit / integral action time 285

NAND-Verknüpfung / NAND operation 121

Nassi-Shneidermann / Nassi- Shneidermann 502

Nasslöschanlagen / wet extinguishing systems 405

Natürliche Lüftung / natural ventilation 228

N-Codierung / non-voice encoding 354

Nebenachse / minor axis 309

Nebenschlussmotor / shunt-wound motor 326

Nebenschlussverhalten / shunt characteristic behaviour 322, 327

Nebenschlusswicklung / shunt winding 326

Nebensprechen / crosstalk 360

Negation / negation 121

Neozed-Sicherungssystem / Neozed fuse system 95

Netzanschlusstransformatoren / grid connection transformers 197

Netzarten / network types 185

Netzauslegung / network design 300

Netzebene / network level 371

Netzersatzanlagen / stand-by generating systems 211

Netzfilter / mains filter 214, 268

Netzformen / network types 185

Netzparallelbetrieb, Speicher / mains parallel operation, storage systems 220

Netzschutz / power system protection 206

Netzstruktur / network structure 410

Netztafeln / grid tables 469

Netzteile / power supplies 160, **212,** 214

Netztransformatoren / power transformers 201

Netzüberwachung / power system monitoring 202

Netzvorrangschaltung / mains priority circuit 395

Netzwerkadresse / network address 182

Netzwerkkarte / network card 478

Netzwerkknoten / network node 412

Netzwerkprotokolle / network protocols 180

Neuron-Chip / Neuron chip 412

Neutralleiter / neutral conductor 103

Neutron / neutron 69

News / news 433

NH-Sicherungen / low-voltage high breaking capacity fuses 81, 95

NH-Sicherungseinsätze / low-voltage high breaking capacity fuse units 194

NH-Sicherungssyteme / low-voltage high breaking capacity fuse systems 95

Nicht leitende Umgebung / non-conducting area 104

Nichtdekadische Codes / non-decadic codes 157

Nichteisen-Metalle / non-ferrous metals 73

NICHT-Element / NOT element 496

NICHT-Funktion / NOT-function 121

Nichtinvertierer / non-inverter 66

Niederspannungsebene / low-voltage level 185

Niederspannungskabel / low-voltage cable 82

Niederspannungsnetz / low-voltage grid 186

Niederspannungsschaltanlagen / low-voltage switchgear and controlgear installations 189

Niederspannungs-Sicherungen / low-voltage fuses 95

Niedertemperaturzellen / low-temperature cells 222

Niedervoltanlagen / low-voltage installations 394

Niedervolt-Systembauteile / low-voltage system components 394

Normalnetz / standard power system 211

Normalpotenziale / standard electrode potentials 70

Normauswertungsdiagramm / standard evaluation diagram 203

Normierte Achse / normalized axis 469

Normspannungen / standard voltages 27

Normung / standardisation 468

Not-Aus / emergency stop 151

Notbeleuchtung / emergency lighting 395

Notfall-Rettungskette / emergency rescue chain 454

Notstromaggregat / emergency power generator 395

NPN / NPN 54, 57

NTBA (Network Termination for ISDN Basic Access) / NTBA (Network Termination for ISDN Basic Access) 355, 357

NTC-Widerstand / negative temperature coefficient resistor 49

NTPRMA (Network Termination for ISDN-Primary Rate Access) / NTPRMA (Network Termination for ISDN-Primary Rate Access) 355

Nullspannungsschalter / zero voltage switch 342

Nutzbremsung / regenerative braking 333

Nutzereinweisung / user instruction 429

O

O'Brien-Code / O'Brien code 157

Oberflächenerder / upper earth electrode 108, 109

Oberschwingungen / harmonics 89, 202, **204,** 209

Oberschwingungsspannungen / harmonic voltages 204

Oberschwingungsströme / harmonic currents 204

Objektklassifizierung / object classification 484

ODER-Element / OR element 496

ODER-Funktion / OR function 121

ODER-Verknüpfung / OR operation 121

OGiV - Batterie / OGiV battery 225

Ohm / Ohm 26

Ohmsches Gesetz / Ohm's law 26

Ökodesign-Richtlinie / ecodesign directive 387, 464

Online-Provider / online provider 182

Open Loop-Messkreis / open loop measuring circuit 243

Operanden / operands 278

Operation / operation 278

Operationsverstärker / operational amplifier 65, 66

Optische Datenspeicher / optical data storages 163

Optische Rauchmelder / optical smoke detector 416

optische Strahlung / optical radiation 402

Optoelektronische Bauelemente / optoelectronic components 61, 62

Optoelektronische Sensoren / optoelectronic sensors 135, 136

Optokoppler / optocoupler 62, 486

OPZ - Batterie / OPZ battery 225

Ordinate / ordinate 469

Organdosis / organ absorbed dose 460

Organisationsbaustein / organizational block 277

Organisationsformen / organization structures 442

Organisatorische Maßnahme / organizational measure 175

Ortsbezogen / location oriented 476

Ortsbezogene Betriebsmittelkennzeichnung / location oriented equipment designation 483

Ortsfeste Messeinrichtungen / stationary measuring devices 242

Ortsnetzstation / secondary substation 185

Oszilloskop / oscilloscope 235, 492

P

P_0-Strecke / P_0-controlled system 284

paketorientiert / packet oriented 180

Papierkondensator / paper capacitor 51, 52

Parabolantenne / parabolic antenna 489

Parallele Fehlerlichtbögen / parallel arc faults 99

Parallele Schnittstellen / parallel interfaces 166

Paralleles Signal / parallel signal 288

Parallelogramm / parallelogram 14

Parallel-Roboter / parallel robot 310

Parallelschaltung von Drehstromtransformatoren / paralle connection of three-phase transformers 200

Parallelschaltung von Kondensatoren / parallel connection of capacitors 32

Parallelschaltung von Spulen / parallel connection of coils 34

Parallelschaltung, Widerstände / parallel connection, resistors 29

Parallelschwingkreis / parallel resonant circuit 43

Parameteridentifizierung / parameter identification 288

Parameteroptimierung / parameter optimisation 288

Partitionen / partitions 162

Pascal / Pascal 25

Passive Bauelemente / passive components 486

Passive Sensoren / passive sensors 127

Passiver Korrosionsschutz / passive corrosion protection 271

Passivmatrix / passive matrix 164

Patchpanel / patch panel 365

PC-Anschlüsse / PC-connectors 167

PCE / Process Control Engineering 498

PC-Netze / PC-networks 179

PC-Netzteil / PC power supply unit 160

PC-Netzteilstecker / PC power supply connectors 160

PC-Schnittstellen / PC-interfaces 167

PDCA-Zyklus / Plan-Do-Check-Act cycle 444

PDP / Plasma Display Panel 165

PD-Regler / PD-controller 285

Peer-to-Peer / Peer-to-Peer 180

Pegel / level 359

Pegelbetrachtung / level consideration 268

Pegelplan / level diagram 359

PELV / PELV 104

PEMFC / PEMFC 222

PEN-Leiter / PEN conductor 103

Performance Level / performance level 313

Periodendauer / cycle time 37

Periodensystem / periodic system 67

Permanent Link / permanent link 365

Permittivitätszahl / permittivity value 52

Personal System/2 / Personal System/2 161

Personalgesellschaften / partnerships 423

Personenschutz / personal protection 459

PFHD / Probability of Dangerous Failure per Hour 152, 153

Pflichtenheft / system specification 446

Phasenabschnittdimmer / trailing-edge phase dimmer 394

Phasenanschnittsteuerung / leading-edge phase control 342

Phasenvergleichsschutz / phase comparison protection 206

Phasenzahl / phase number 349

Photovoltaik / photovoltaics 218

Photozelle / photocell 486

Physikalische Adresse / physical address 409

Physikalische Einheiten / physical units of measurement 15

Physikalische Gleichung / physical equation 15

Physikalische Größen / physical quantities 15

Physikalische Konstanten / physical constants 18

Physikalische Umgebungsbedingungen / physical environment conditions 314

PICMG / PCI Industrial Computers Manufacturer's Group 169

Piezo-Effekt / piezo effect 305

Piezoelektrische Aktoren / piezoelectric actuators 305

Piezoelektrischer Drucksensor / piezoelectric pressure sensor 133

Piezoelektrischer Kraftsensor / piezoelectric force sensor 133

Piezoelektrisches Verfahren / piezoelectric principle 134

Piezoresistives Verfahren / piezoresistive principle 134

PI-Regler / PI-controller 285

Pixel-Grafiken / pixel graphics 170

PL – Performance Level / PL – Performance Level 152, 153

PLA / Programmable Logic Array 125

Pläne der Elektrotechnik / plans in electrical engineering 476

Planungshinweise Elektromagnetische Verträglichkeit / design notes electromagnetic compatibility 268

Plasma Display Panel / Plasma Display Panel 165

Plastizität / plasticity 71

P-NET / P-NET 297

Pneumatik / pneumatics 473

Pneumatische Ventile / pneumatic valves 143, 144

Pneumatische Zylinder / pneumatic cylinders 145

Pneumatisches System / pneumatic system 141, 142

PNP / PNP 54, 57

PN-Übergang / PN junction 55

Polarisationsfilter / polarisation filter 135

Polarkoordinaten / polar coordinates 469

Polling / polling 288

Polpaarzahl / number of pole pairs 37, 325, 349

Polumschaltbare Drehstrommotoren / pole-changing three-phase motors 118, **325**

Positionserfassung / position detection 64

POST / Power On Self-Test 171

Potenzen / powers 503

Potenzialausgleich / equipotenial bonding 109

Potenzialausgleich in PV-Anlagen / equipotential bonding in PV installations 219

Potenzialausgleich und Erdung für Kabelnetze und Antennen / equipotential bonding and grounding for cable networks and antennas 363

Potenzieren / raise to a power 8

Potenziometer / potentiometer 48

POTS (Plain Old Telephone Service) / POTS(Plain Old Telephone Service) 357

Power On Self-Test / Power On Self-Test 171

Powernet KNX / Powernet KNX 411

Präsentation / presentation 437

P-Regler / P-controller 285

Prelldauer / bouncing time 194

Pressformen / pressing styles 262

Pre-Trigger / pre-trigger 235

Primärbatterien / primary (galvanic) batteries 223

Primärbereich / primary area 181

Primärmultiplexanschluss / primary multiplex access 355

Printmedien / print media 433

Prioritäten setzen / setting priorities 447

Prioritäts-Decoder 8 zu 3 / priority decoder 8 to 3 124

Prisma / prism 14

Produkt / product 7

Produktionsbezogene Betriebsmittelkennzeichnung / production oriented equipment designation 483

PROFIBUS / Process Field Bus 276, **290**

PROFIBUS-DP, -FMS, -PA / PROFIBUS-DP, -FMS, -DP 290

Profilleitung / shaped conductor 295

Profilschiene / DIN rail 276

PROFINET / PROFINET 291

PROFINET-CBA, -IO / PROFINET-CBA, -IO 291

PROFIsafe / PROFIsafe 296

Programmablaufplan / program flowchart 502

Programmable Logic Array / Programmable Logic Array 125

Programmable Logic Device / Programmable Logic Device 125

Programmiersprachen / programming languages 170, 275

Programmierumgebung / programming environment 247

Programmierung / programming 278

Programmspeicher / program memory 275, 281

Programmstrukturen / program structures 277

Programmzyklus / program cycle 277

Projektarten / types of projects 442

Projektmanagement / project management 443

Projektphasen / project phases 443

Projektstruktur / project structure 442

Proportional-Beiwert / proportional action coefficient 284

Protokoll / minutes of meeting 436

Proton / proton 69

Prozent / percentage 10

Prozentrechnung / calculation of percentages 10

Prozess / process 274

Prozessgeführte Ablaufsteuerung / process controlled sequence control 279

Prozessleitsystem / process control system 274

Prozessleittechnik / process control engineering 274

Prozessmodell DIN ISO 9001 / process model DIN ISO 9001 444

Prozessorarchitektur / processor architecture 158

Prüfen / test 230

Prüfen von Maschinen / test of machines 251

Prüffristen / test periods 250, 251

Prüfgeräte / test equipment 251

Prüfspannungen für Maschinen / test voltages for machines 327

Prüftaste / test button 106

Prüftermin / inspection date 257

Prüfung / test 450

Prüfung von Schutzmaßnahmen / checking of protective measures 107

Prüfungen in Anlagen mit Fehlerstrom-Schutzeinrichtung / tests in installations with RCD 106

Prüfzeichen an elektrischen Betriebsmitteln und Geräten / test marks on electrical equipment and devices 475

PS/2SIMM (Personal System/2 SIMM) / PS/2SIMM (Personal System/2 SIMM) 161

P-Strecke / P- controlled system 284

PT_1-Strecke / PT_1-controlled system 284

PT_2-Strecke / PT_2-controlled system 284

PTC-Widerstand / PTC resistor 49

PT_t-T_1-Strecke / PT_t-T_1-controlled system 284

Pulsbreitensteuerung / pulse width control 340

Pulsfolgesteuerung / pulse frequency control 340

Pulsumrichter / pulse-controlled a.c. converter 344

Pumpen / pumps 352

PXI / PCI eXtensions for Instrumentation 246

PXI-Backplane / PXI backplane 246

PXI-Hardwarearchitektur / PXI hardware architecture 246

PXI-Module / PXI modules 246

PXI-Trigger Bus / PXI trigger bus 246

Pyramide / pyramid 14

Pyrometerbauarten / pyrometer types 252

Pythagoras / Pythagoras 13, 503

Q

QoS / Quality of Service 448

Quadrat / square 14

Quads / quads 374

Qualitätsmanagement (QM) / quality management 444

Qualitätsziele / quality objectives 445

Quantisierungsstufe / quantization level 120

Quarz / quartz (crystal) 67

Quellenangabe / source entry 435

Querstromventilator / tangential fan 351

Quetschkabelschuhe / compression cable lugs 262

Quotient / quotient 7

R

Radialventilator / radial fan 351

Radizieren / extract the root 8

RAID / Redundant Array of Inexpensive Disks 178

RAM (Random Access Memory) / RAM (Random Access Memory) 161

Rangierfeld / patch panel 365

Rastergrafiken / pixel graphics 170

Räume mit Badewanne oder Dusche / rooms with bathtub or shower 80

Raumindex / room index 381, 382

Raumklimatisierung / room air-conditioning 419

Räumliche Trennung / spatial separation 268

Raumlüftung / room ventilation 419

Raumwirkungsgrad / room efficiency 380, 382

Rauschfreier Kanal / noise-free channel 173

Raute / rhombus 14

RC- und RL-Schaltungen / RC- and RL circuits 509

RCD - Residual-Current protective Device / RCD - Residual-Current protective Device 97, 106

RCL-Schaltungen / RCL circuits 509

RC-Schaltungen / RC circuits 507, 509

RDRAM (Rambus DRAM) / RDRAM (Rambus DRAM) 161

REACH-Verordnung / REACH regulation 466

Reaktionsdrehmomentmessung / reaction torque measurement 244

Realer Transformator / real transformer 198

Rechteck / rectangle 14

Rechtecksignal / square wave signal 37

Rechtsformen von Unternehmen / legal forms of companies 423

Rechtsgeschäfte / legal transactions 424

Rechtstexte / legislative texts 312

Recycling / recycling 462, **463**

Recycling-Code / recycling code 463

Redundant Array of Inexpensive Disks / Redundant Array of Independent Disks 178

Reed-Relais / reed relay 115

Referat / presentation 441

Referenzkennzeichnung / reference designation 483

Reflexionsgrad / grade of reflection 380, 381

Reflexions-Lichtschranke / reflection light barrier 135

Reflexions-Lichttaster / reflection diffuse sensor 135

Reflexionsverfahren / reflection method 164

Regelbarkeit einer Strecke / adjustability of controlled system 287

Regeldifferenz / system deviation 282

Regeleinrichtung / controlling system 282

Regeleinrichtung, stetige / controlling system, continuous-action 285

Regeleinrichtung, unstetige / controlling system, discontinuous-action 285

Regelgrößen / controlled variables 343

Regelkreis / control loop 282, 283

Regelstrecke / controlled system 282

Regelungsprinzip / control principle 282

Regelungstechnik / control engineering 282

Registration Evaluation Authorisation and Restriction of Chemicals / Registration Evaluation Authorisation and Restriction of Chemicals 466

Regler / controller 282

Reibung / friction 21

Reibungsarbeit / friction work 20

Reibungszahl / friction coefficient 21

Reihenfolge (Sequenz) / sequence 502

Reihenschaltung von Kondensatoren / series connection of capacitors 32

Reihenschaltung von Spulen / series connection of coils 34

Reihenschaltung Widerstände / series connection, resistors 29

Reihenschlussmotor / series-wound motor 326

Reihenschlusswicklung / series winding 326

Relais / relays 115

Relaisspule / relay coil 491

Relativbewegungsaufnehmer / relative motion detector 254

Relative Atommasse / relative atomic mass 69

Relative Kurzschlussspannung / relative short-circuit voltage 198

Relative Luftfeuchtigkeit / relative air humidity 419

Relative Permittivität / relative permittivity 52

relativer Fehler / relative error 231

Repeater / repeater 179, 412

Resistive Kraft- und Drucksensoren / resistive force and pressure sensors 132

Resolver / resolver 350

Resonanz / resonance 43

Resonanzfrequenz / resonance frequency 43

Richtlinienstruktur / directive structure 312

Richtungsbetrieb / directional operation 156

RIMM (Rambus In-line Memory Module) / RIMM (Rambus In-line Memory Module) 161

Ringerder / ring earth electrode 108, 109

Ringnetz / ring network 185

Ring-Topologie / ring topology 179

RISC / Reduced Instruction Set Computer 281

Risikoabschätzung / risk assessment 154, 313, 399

Risikobasierter Ansatz / risk-based approach 445

Risikoberechnung / risk calculation 399

Risikobeurteilung / risk assessment 313, 314

Risikobewertung / risk evaluation 152, 153, 313

Risikograph / risk graph 152

Risikominderung / risk reduction 313

Risiko-Sätze / R-notes 465

RJ45 / RJ45 181

RL-Schaltungen / RL circuits 507, 509

Robotertechnik / robotics technology 309

Rohrkabelschuhe / tube cable lugs 262

Rollen / pulleys 22

Rollreibung / rolling friction 21

Römische Zahlen / Roman numbers 12

Röntgenstrahlung / x-rays 460

rotatorische Bewegung / rotatory motion 309

Roter Faden / central theme 446

rotierende Maschinen / rotating machines 255

RS 485 / RS 485 303

R-Sätze / R-notes 465

RS-Flipflop / RS-flip-flop 497

Rückführungsgröße / feedback variable 282

Rückschlagventil / non-return valve 144

Rückwandbus-Einheit / backplane unit 169

Ruhestromprinzip / closed circuit principle 417

Rundfunk / radio broadcast 489

Rundsteuerempfänger / ripple control receiver 241

S

S/PDIF / S/PDIF 159

S_0-Bus / S_0 bus 356

Sabotagemeldung / sabotage message 418

Safety Integrity Level / Safety Integrity Level 154

SafetyBUS / SafetyBUS 298

Sandkapselung / powder filling 402

Sanftanlasser / soft starter 343

Sanftanlauf / soft start 331

SATA (Serial ATA) / SATA (Serial ATA) 162

Schadensfrequenzen / damage frequencies 254

Schallschutz / noise insulation 452

Schaltalgebra / Boolean algebra 121

Schaltbilder / connection diagrams 318

Schaltdraht / interconnecting wire 85

Schalter / switches 193, 488

Schaltgeräte / switchgears 194

Schaltgeräte und Schutzeinrichtungen / switching devices and protective devices 491

Schaltgeräte - Motorschutz / switching equipment – motor protection 330

Schaltgerätekombination / switchgear and controlgear assembly 189

Schaltgruppe / vector group 199

Schaltnetzteile / switch-mode power supplies 212, **213**

Schaltplan / circuit diagram 476

Schaltschrankaufbau / control cabinet design 268

Schaltschrankheizungen / control cabinet heatings 270

Schaltschrankklimatisierung / control cabinet cooling 269

Schaltschrankklimatisierung, Prinzipien / control cabinet cooling, principles 270

Schaltschrankkühlgeräte / control cabinet cooling devices 270

Schaltüberspannungen / switching surges 398

Schaltung zur Beleuchtungssteuerung / circuits for illumination control 389

Schaltung zur Sicherheitsbeleuchtung / circuit for emergency lighting 395

Schaltungen mit Kondensatoren / circuits with capacitors 507

Schaltungen mit Leuchtstofflampen / circuits with fluorescent lamps 390

Schaltungen mit Metalldampflampen / circuits with metal vapour lamps 391

Schaltungen mit Niedervolt-Lampen / circuits with low-voltage lamps 394

Schaltungen mit Operationsverstärkern / circuits with operational amplifiers 66

Schaltungen mit Spannungsquellen / circuits with voltage sources 31

Schaltungen mit Spulen / circuits with coils 35, 507

Schaltungen mit Widerständen / circuits with resistors 29, 30, 506

Schaltungsbild / circuit diagram 199

Schaltungsnummern / circuit numbers 241

Schaltungsvarianten / circuits variants 343

Schaltvorgänge bei Kondensatoren und Spulen / switching actions of capacitors and coils 36

Scharfschalten / arming 418

Scheinleistung / apparent power 37

Scheitelfaktor / crest factor 237

Schichtwiderstand / film resistor 45

Schiebeleiter / extension ladder 456

Schieberegister / shift register 497

Schlauchleitung / flexible sheathed cable 84

Schleife mit Unterbrechung / loop with interrupt 502

Schleifenimpedanz / loop impedance 107

Schleifenwiderstand / loop resistance 107

Schleifringläufer / slip ring rotor 322

Schleifringläufermotor / slip ring rotor motor 119, 331

Schließzeit / closing time 194

Schlupf Polpaarzahl / slip pole pair number 322

Schlussprüfung / short-circuit test 234

Schmelzpunkt / melting point 68

Schmelzschichtung / Fused Deposition Modelling (FDM) 449

Schmelzsicherungen / fuses 95, 96

Schmelzwärme / melting heat 72

Schmelzzeit / melting time 96

Schmitt-Trigger / Schmitt-Trigger 123

Schneidklemmtechnik / insulation displacement technique 263

Schnellentlüftung / 148

Schnellentlüftungsventil / quick exhaust valve 144

Schnitte / sectional views 471

Schrankkühlverfahren / control cabinet cooling principles 269

Schriftfeld / title block 470

Schrittfrequenz / stepping rate 349

Schrittkette / sequence 279

Schrittmotor / stepper motor 349, 493

Schrittmotorsteuerung / stepper motor control 349

Schubbolzen / studs 259

Schukostecker / earth contact type plug 265

Schütz / contactor 491

Schutz durch Gehäuse / protection by enclosure 402

Schutz elektrischer Betriebsmittel / protection of electrical equipment 104

Schutz gegen elektrischen Schlag / protection against electric shock 79

Schutz gegen gefährliche Körperströme / protection against electric shocks 104

Schutzart / protection type 396

Schutzarten durch Gehäuse / degrees of protection provided by enclosures 396

Schutzausrüstung / protective equipment 452

Schutzbeschaltung / suppressor circuit 147

Schutzbrille / protective glasses 452

Schütze / contactors 114

Schutzeinrichtungen / protective devices 105, **491,** 492

Schutzerdung / protective earthing 219

Schutzfunktionen / protection functions 207

Schutzgeräte / protecting equipments 397

Schutzhelm / protection helmet 452

Schutzklassen / protection classes 104, 265

Schutzleiter / protective conductor 103

Schutzleiterkontakt / protective conductor contact 266

Schutzleiterstrom / protective conductor current 248, 249

Schutzleiterwiderstand / protective conductor resistance 248, 249

Schutzmaßnahmen / protective measures 103, 459

Schutzobjekte / objects being protected 95

Schutzpegel / protective level 192

Schutzpotenzialausgleich / protective equipotential bonding 102, 104

Schutzpotenzialausgleichsleiter / protective equipotential bonding conductor 102

Schutztrennung / protective separation 104

Schutzverfahren / protection principles 206

Schutzzonen / protection zones 400

Schwarze Wanne / black tank 109

Schweineschwänzchen / pig tail 261

Schweißtransformator / welding transformer 197, **200,** 201

Schwenkantrieb / semi-rotary drive 145

Schwimmbäder / swimming pools 80

Schwingkreise / resonant circuits 43

Schwingungspaketsteuerung / multicycle control 342

SD-Karte / SD card 245

SDRAM (Synchronous DRAM) / SDRAM (Synchronous DRAM) 161

SDTV / Standard Definition Television 370

Sechskantpressung / hexagonal pressing 262

Security Policy / security policy 175

Segmentkoppler / segment coupler 413

Sehraum / viewing space 455

Sekundärbereich / secondary area 181

Sekundäre Batterien / secondary cells 224

Selbstregulierende Heizkabel / self-regulating heat tracer 407

Selektiver Hauptleitungs-Schutzschalter / selective main line protection switch 193, 492

selektives Laserschmelzen / selective laser melting 449

selektives Lasersintern / selective laser sintering 449

Selektivität / selectivity 96

SELV / SELV 104

SEMP / Switching Electromagnetic Pulse 400

Sensoreinteilung / sensor classification 127

Sensoren / sensors 245, 408, 409, 486, 490, 494

Sensoren - Übersicht / sensors - overview 127

Sensorsysteme / sensor systems 128

Serial ATA (SATA) / Serial ATA (SATA) 162

Serielle Fehlerlichtbögen / series arc faults 99

Serielle Schnittstellen / serial interfaces 166

Serielles Signal / serial signal 288

Serielles Widerstandskabel / series resistance cable 407

Serienschwingkreis / series resonant circuit 43

Servoantriebe / servo drives 350

SF6-isolierte Schaltanlagen / SF6 insulated switchgear 187

SFC-Brennstoffzelle / SFC fuel cell 222

SFF / Safe Failure Fraction 152, 153

SFSK-Verfahren / SFSK method 411

SH-Schalter / selective main line circuit breaker 81, 193, 287

SI-Basiseinheit / SI-basic unit 15

Sichere Antriebsfunktionen / safe drive functions 320

Sicherheit von Maschinen / safety of machinery 313

Sicherheitsbauteile / safety components 312

Sicherheitsbeleuchtung / emergency escape lithing system 395

Sicherheitseinrichtungen / safety devices 126

Sicherheitsfunktion / safety function 126

Sicherheitsgerichtete Kleinsteuerungen / safety related compact controllers 126

Sicherheitsgeschirr / safety harness 452

Sicherheitsgrundnormen / basic safety standards 313

Sicherheitsgruppennormen / safety group standards 313

Sicherheitshandschuhe / safety gloves 452

Sicherheitskabel / safety cable 85

Sicherheitskleinspannung / safety extra low-voltage 80, 104
Sicherheitsnormen / safety standards 313
Sicherheitsregeln / safety rules 428
Sicherheitsrelais / safety relays 115
Sicherheitsschuhe / safety boots 452
Sicherheitsstufe / safety level 313
Sicherheitstechniken / alarm systems 415
Sicherheitstransformatoren / safety transformers 197, 201
Sicherungs-Lasttrennschalter / fuse interrupter 193
Sicherungsschalter / fuse switch 492
Sicherungssystem / fuse system 95
Sicherungstrennschalter / fuse disconnector 193, 492
Sichtprüfung / visual inspection 248
Sieb- und Stabilisierungsschaltungen / filter- and stabilizer circuits 215
Siebglied / filtering device 215
Siebschaltungen / filter circuits 215
Siedepunkt / boiling point 68
Siemens / Siemens 26
Sievert / Sievert 460
Signalbaugruppen / signal interface modules 275
Signaleinrichtung / signalling device 490
Signalgeneratoren / signal generators 494
Signalleuchten / signal lamps 113
Signalvergleichsschutz / signal comparison protection 206
SIL - Safety Integrity Level / SIL – Safety Integrity Level 154
SIL1 (Safety Integrity Level) / SIL1 (Safety Integrity Level) 313
Silberoxid-Knopfzellen / silver oxide cells 223
SIMM (Single In-line Memory Module) / SIMM (Single In-line Memory Module) 161
Simplex-Betrieb / simplex-operation 156
Single In-line Memory Module (SIMM) / Single In-line Memory Module (SIMM) 161
Single-Mode / single-mode 367
Sinusantwort / sinusoidal response 283
Sinusausgangsfilter / sine wave output filter 346
Sinusförmige Wechselspannung / sinusoidal alternating voltage 37
Sinussatz / law of sines 13
Skalar / scalar 15
Skalensymbole / scale symbols 230
SLA / Sealed Lead Acid 225
Small Outline DIMM (SO-DIMM) / Small Outline DIMM (SO-DIMM) 161
Smart Factory / Smart Factory 448
Smart Product / Smart Product 448
Smart Production / Smart Production 448
Sockelformen / socket styles 386
SO-DIMM (Small Outline DIMM) / SO-DIMM (Small Outline DIMM) 161
SOFC / SOFC 222
Softstart / soft start 332
Software – Übersicht / software – overview 170
Softwareinstallation / software installation 172
Solarzelle / solar cell 61, 218
Sondertransformatoren / special transformers 201
Source / source 57
Sourceschaltung / source circuit 510
Sourceschaltung mit Basisspannungsteiler / source circuit with base voltage divider 510
Spaltpolmotor / split pole motor 327
Spannung / voltage 26, 232
Spannungsabhängiger Widerstand / voltage dependent resistor 49, **50**
Spannungsanpassung / voltage matching 31
Spannungsebenen / voltage levels 185
Spannungseinbruch / voltage dip 202
Spannungsfall auf Leitungen / voltage drop on cables 88
Spannungsfehlerschaltung / voltage error circuit 28, 233
Spannungs-Komparator / voltage comparator 66
Spannungsmessung / voltage measurement 232, 233
Spannungsqualität / voltage quality 202
Spannungsqualitätsüberwachung / voltage quality monitoring 203
Spannungsquellen, Schaltungen / voltage sources, circuits 31
Spannungsregler / voltage controller 212, 215
Spannungsreihe der Elemente(Normalpotenziale) / electrochemical series (standard electrode potentials) 70
Spannungsschwankungen / voltage fluctuations 202
Spannungs-Stromwandler / voltage-current converter 66
Spannungssymbole / voltage symbols 27
Spannungsteiler / voltage divider 30, 506
Spannungsübersetzung / voltage transformation 197
Spannungsversorgung / voltage supply 409
Spannungswandler / voltage tranformer 237
Spartransformator / autotransformer 201, 493
Sparwechselschaltung / economic two-way switching 393
Speicher und Speichermodule / memory and memory modules 161, 281
Speichermodule / memory modules 161
Speicherprogrammierbare Bausteine / memory programmable blocks 125
Speicherprogrammierbare Steuerung / programmable logic controller 112, 275, 276
Sperrventile / non-return valves 143
Sperrwandler / flyback converter 213
Spezielle Funktionen / special functions 122
Spezifische Absorptionsrate / specific absorption rate 459
Spezifische Schmelzwärme / specific melting heat 68
spezifischer Erdwiderstand / specific earth resistivity 108
Spezifisches Volumen / specific volume 25
Spitzenlast / peak load 184
Spitzenwert / peak value 37
Splitter / splitter 357
Sprinkleranlagen / sprinkler systems 405
Sprungantwort / step response 283, 287
SPS – Speicherprogrammierbare Steuerungen / PLC – Programmable Logic Controllers 275, 276, 277, 278
Spule / coil (inductor) 34, 486
Spule im Magnetfeld / coil in magnetic field 34
Spulen / coils 35, **63**
Spulen, Schaltungen / coils, circuits 35
SRAM / SRAM (Static RAM) 161
SS1 / Safe Stop 1 320
SS2 / Safe Stop 2 320
SSR (Solid State Relay) / SSR (Solid State Relay) 116
ST / ST (Structured Text) 126, 275
Staberder / rod earth electrode 109
Stabilisierungsschaltung / stabilizer circuit 215
Stahlgittermast / steel lattice towers 186
Standardgrößen von Drehstrom- Asynchronmotoren / standard dimensions of three-phase asynchronous motors 323
Standard-Zahlenmengen / standard number sets 12
Stapelhöhe / stacking height 364
starre Isolierrohre / rigid insulation tubes 93
Startfrequenz / starting frequency 349
Startgrenzmoment / maximum start torque 349
Stationäre Bleibatterien / stationary lead-acid batteries 225
Statische Fehlersuche / static fault locating 234
Steckanschluss / plug-type connection 265
Steckdosen / sockets 488

Steckplatzbreite (Slot) / slot width 267

Steckverbinder / connector 181, 266

Steckverbindungen / plugs, sockets and couplers 266

Steckvorrichtung / plug and socket device 266

Steller / actuator 282

Stellglied / final control element 282

Stellgröße / manipulated variable 282

Stereolithographie (STL) / stereolithography 449

Stern- und Dreieckschaltung im Drehstromnetz, symmetrische Belastung / star-delta circuit in three-phase network, symmetrical load 508

Stern-Dreieck - Start / star-delta - start 332

Stern-Dreieck-Anlassen / star-delta starting 117

Stern-Dreieck-Schaltung / star-delta circuit 331

Stern-Dreieck-Umwandlung / star-delta conversion 506

Sternpunktbehandlung / method of neutral point connection 205

Sternschaltung / star connection 39199, 318, 322, 324, 508

Stern-Topologie / star topology 179

Sternvierer / star quad 354, 361

Stetige Regeleinrichtungen / continuous action control assemblies 285

Stetiges Signal / continuous signal 288

Steuerarten von Gleichstromstellern / control modes of d.c. chopper converters 340

Steuerbus / control bus 158

Steuereinrichtung / control device 112

Steuergerät / control device 389

Steuerkennlinien von vollgesteuerten Stromrichtern / control characteristics of fully controlled converters 339

Steuerkette / open control loop 112

Steuernennstrom / nominal control current 64

Steuerstrecke / controlled system 112

Steuertransformator / control transformer 201

Steuerung / controller 112

Steuerungen mit Schützen / contactor controllers 117, 118, 119

Steuerungsarten / controlling methods 112

Steuerungskategorie / controller category 126, 152, 153

Steuerungsprinzip / control engineering principle 112

Stichleitungssystem / stub-line system 371

STO / Safe Torque Off 320

Stoffabscheidung durch Elektrolyse (Galvanisieren) / material separation by electrolysis (electroplating) 70

Stoffeinteilung / material classification 69

Stoffwerte / physical characteristics 67, 68

Stoffwerte von chemisch reinen Elementen / physical characteristics of pure chemical elements 68

Stoffwerte von Werkstoffen / physical characteristics of materials 67

Stopp-Funktionen / stop functions 320

Stopp-Kategorie / stop category 151, 320

Störaussendung / interference emission 253

Störfestigkeit / electromagnetic immunity 253

Störgröße / disturbance variable 282

Störlichtbogen / arc fault 99

Störlichtbogen - PSA / arc fault – Personal Protection Equipment 192

Störlichtbogenschutz / arc fault protection 191

Störquelle / interference source 253

Störsenke / potentially susceptible device 253

Störstrahlungen / interfering radiations 214

Stoßkurzschlussstromstärke / sudden short-circuit current intensity 198

Stoßverbinder / line splice 260

Strahlenbelastung / radiation exposure 460

Strahlendosis / radiation dose 460

Strahlenerder / star-type earth electrode 108

Strahlenexposition / radiation exposure 460

Strahlennetz / radial network 185

Strahlensatz / theorem on intersecting lines 13

Strahlenschutz / radiation protection 460

Strahler / spotlight 388

Strahlung / radiation 459

Strahlungsarten / types of radiation 460

Strahlungskopplung / radiated emission coupling 253

Strahlungsquelle / radiation source 459

Strahlungsthermometer / radiation thermometer 252

Strom und Magnetfeld / current and magnetic field 507

Stromanpassung / current matching 31

Strombelastbarkeit / current carrying capacity 89

Strombelastbarkeit bei 25 °C / current carrying capacity at 25 °C 90

Strombelastbarkeit bei 30 °C / current carrying capacity at 30 °C 91

Stromdichte / current density 26

Strom-Differenzialschutz / current differential protection 206

Stromdurchflossener Leiter im Magnetfeld / current carrying conductor in magnetic field 34

Stromfehlerschaltung / current error circuit 28, 233

Stromkompensation / current compensation 63

Stromkreis / circuit 505

Stromlaufplan / circuit diagram 477

Stromrichter / current converter 334

Stromrichterantriebe / converter drives 341

Stromrichterbenennungen und -kennzeichen / current converter naming and designation 335

Stromrichtermotor / converter-fed motor 344

Strom-Spannungswandler / current-voltage converter 66

Stromstärke / current intensity 26, 232

Stromstärkemessung / current intensity measurement 232, 233

Stromstoßrelais / impulse relay 488

Stromstoßschalter / impulse relay switch 488

Stromstoßschaltung / impulse relay circuit 392, 393

Stromsymbole / current symbols 27

Stromsysteme / current systems 38

Stromübersetzung / current transformation 197

Stromübertragungsverhältnis / current transfer ratio 62

Strömungspumpe / flow pump 352

Stromventil / flow control valve 143, 144

Stromverzweigung / current branching 506

Stromwandler / current transformer 237, **243**

Stromzangen / current probes 107

Struktogramm / structured chart 502

strukturierte Programmierung / structured programming 277

Strukturierte Verkabelung / structured cabling 181

Strukturierter Text / structured text 275

Stufenindex-Profil / step-index profile 367

Stufen-Signal / step signal 288

Stufenstehleiter / step ladder 456

Subtraktion / subtraction 7

Summe / sum 7

Summierer / summing unit 66

Switch / switch 179

Switching Electromagnetic Pulse / Switching Electromagnetic Pulse 400

Symbole der Prozessleittechnik / symbols in process control engineering 498, 499

Symbole und Kennbuchstaben der Prozessleittechnik / symbols and code letters in process control engineering 498

Symbolelemente und Kennzeichen / symbol elements and qualifying symbols 485

symmetrische Belastung / symmetrical load 39

Synchrone Steuerung / synchronous control 112

Synchroner Zähler / synchronous counter 124

Synchrongenerator / synchronous generator 324

Synchronisiereinrichtung / synchronisation equipment 211

Synchronmotor / synchronous motor 324

T

Tabellenbuch / table book 433

TAE (Telekommunikations-Anschluss- Einheit) / Telecommunication Line Unit 354

TAE 3 x 6 NFN / TLU 3 x 6 NFN 354

Tantal-Elektrolytkondensator / tantalum electrolytic capacitor 52

Tantalkondensatoren / tantalum capacitors 47

Tarifschaltuhren / multi-rate tariff switch 241

Taster / push-button 488, 491

Tastgrad / duty cycle 37, 213

Tastverhältnis / duty factor 37

TCP / Transmission Control Protocol 182

TCP/IP / TCP/IP 180

Teamarbeit / team work 431

Technische Lüftung / technical ventilation 228

Technische Maßnahme / technical measure 175

Technische Regel zur Betriebssicherheit (TRBS) / technical regulations for safety in the work place 450

Technische Regeln / technical rules 451

Technische Zeichnungen / technical drawings 470

Teilbereichssicherungen / partial range fuses 95

Teilkostenrechnung / direct costing 425

Teilungseinheiten / modular spacings 267

Temperatur- und spannungsabhängige Widerstände / temperature and voltage dependent resistors 49, 50

Temperaturabhängiger Widerstand / temperature dependent resistor 49, **50**

Temperaturklasse / temperature class 401

Temperaturkoeffizient / temperature coefficient 28, 68

Temperatursensoren / temperature sensors 131

Term / term 7, 10

Tertiärbereich / tertiary area 181

TETRA (Terrestrial Trunked Radio) / TETRA (Terrestrial Trunked Radio) 378

Tetradischer Code / tetradic code 157

Textaufbau, Bericht, Protokoll / text structure, report, minutes of meeting 436

Textmarkierung / text marking 435

TFT-Displays (Thin-Film-Transistor) / TFT-Displays (Thin-Film- Transistor) 164

THD / Total Harmonic Distortion 204

Thermische Aktoren / thermic actuators 306

Thermische Auslösung / thermal tripping 94

Thermischer Motorschutz / thermal motor protection 329

Thermistorschutzrelais / thermistor protection relay 330

Thermobimetalle / thermostatic bimetals 306

Thermoelement / thermocouple 131

Thermo-Energiewandler / thermal energy converter 137

Thermoplaste / thermoplastics 75

Thermo-Schutz / thermo protection 242

Thyristoren / thyristors 56, 486

Tiefenerder / deep earth electrode 109

Tiefentladeschutz / deep discharge protection 218

Tiefpass / low-pass 42, 494

Tiefsetzsteller / step-down converter 340

Tippbetrieb / jog mode 279

TK-Netz / TC network 372

TN-C-S-System / TN-C-S system 78

TN-C-System / TN-C system 78, 81

TN-S-System / TN-S system 78

TN-Systeme / TN systems 103, 105

TT-Systeme / TT systems 103

Toleranzen von Kondensatoren / tolerances of capacitors 53

Torsionsspannungsmessung / torsional stress measurement 244

Totzeit / dead time 284

Trägheitssensor / inertial sensor 134

Tragsysteme / support systems 92

Transceiver / transceiver 412

Transformatoren / transformers 197, 198, 318, 493

Transformatorenschutz / transformer protection 207

Transistoren / transistors 54, **57,** 486, **510**

Transitionen / transitions 279, 280

translatorische Bewegung / translational motion 309

Transmission Control Protocol / Transmission Control Protocol 182

Trapez / trapezoid 14

TRBS 1111 / TRBS 1111 450

TRBS 1203 / TRBS 1203 450

Trenner / disconnector 193

Trennklasse / separation class 364

Trennschalter / disconnecting switch 193, 491

Trenntransformator / isolating transformer 201

Trennungsabstand, Berechnungsformel / separation distance, calculation formula 400

Trennverstärker / buffer amplifier 139

Treppen / stairs 472

Trigonometrie / trigonometry 503

Trimmer / trim potentiometer 48

Tritte und Leitern / step tools and ladders 456

Trockenlöschanlagen / dry extinguishing systems 405

Trojaner / Trojan 177

TT-System / TT system 78, 105, 103

Türen / doors 472

Türöffner / door opener 489

TV-Standard / TV standard 370

Typ A-Normen / Type A standards 313

Typ B1-Normen / Type B1 standards 313

Typ C-Normen / Type C standards 313

Typ B2-Normen / Type B2 standards 313

U

UAE (Universal Anschlusseinheit) / Universal Access Unit 356

Überdruck-Kapselung / pressurized encapsulation 402

Überfallmeldeanlage / hold-up (robbery) system 415

Überschlag / flashover 400

Übersetzung / transformation 199

Übersetzungsverhältnis / transformation ratio 197

Übersichtsschaltplan / overview circuit diagram 478

Überspannung / overvoltage 202

Überspannungsableiter / overvoltage arrester 492

Überspannungsschutz / overvoltage protection 397, 398

Überspannungsschutz im TN-C-System / overvoltage protection in TN-C system 398

Überspannungsschutz im TN-S-System / overvoltage protection in TN-S system 398

Überspannungsschutz im TT-System / overvoltage protection in TT-system 398

Überspannungsschutzgerät / overvoltage protective device 397

Überspannungsschutzgeräte / overvoltage protective devices 398

Übersprechdämpfung / cross talk attenuation 360

Überstrom Schutzorgan / overcurrent protective device 89

Überstromschutz / overcurrent protection 94, 206

Übertrager / transformer 35

Übertragung / transmission 359

Übertragungsfaktor / transmission coefficient 359

Übertragungskennlinie / transfer characteristic 65

Übertragungsmaß / transmission constant 359

Übertragungsverfahren / transmission principle 411

Überwachungsbedürftige Anlagen / installations subject to monitoring 450

Überwachungsrelais / monitoring relays 242

UHD / Ultra High Definition Television 370

Umformer / converter 494

Umgang mit Texten / dealing with texts 435

Umschalteinrichtung / switch-over equipment 211

Umwandlung von Zahlen / number conversion 11

Umweltschutz / environmental protection 462

Umweltschutzrecht / environmental protection legislation 451

Umweltvorschriften / environmental regulations 464

UMZ – Unabhängiger Überstrom-Zeitschutz / definite-time overcurrent time protection system 206

UND-Element / AND element 496

UND-Funktion / AND function 121

UND-Verknüpfung / AND operation 121

Unfall und Unfallschutz / accident and accident prevention 461

Ungepoltes Relais / non-polarized relay 115

Ungesteuerte Stromrichter (Gleichrichter) / uncontrolled converters (rectifiers) 336

Unicast / unicast 180

Unipolare Ansteuerung / unipolar control 349

Unipolare Transistoren (FET) / unipolar transistors (FET) 510

Universalmotor / universal motor 327

Unjunktion Transistor / unjunction transistor 56

Unscharfschalten / disarming 418

Unshielded Twisted Pair / Unshielded Twisted Pair 181

Unstetige Regeleinrichtungen / discontinuous action control assemblies 286

Unsymmetrie / asymmetry 202

unsymmetrische Belastung / asymmetrical load 39

Unterbrechungsfreie Stromversorgung (USV) / uninterruptible power supply (UPS) 210

Untergruppe / sub-group 409

Unterklassen / sub-classes 484

Untersynchrone Stromrichterkaskade / subsynchronous converter cascade 344

unvollständige Maschinen / incomplete machines 312

Unwuchten / unbalances 254

Urheber- und Medienrecht / copyright and mediaright 434

USB – Universal Serial Bus / USB – Universal Serial Bus 168

USB 1.0, 1.1, 2.0, 3.0, 3.1 / USB 1.0, 1.1, 2.0, 3.0, 3.1 168

USB Micro / USB Micro 168

USB Mini / USB Mini 168

USB On-The-Go / USB On-The-Go 168

USB-PD / USB-PD 168

USB-Stick / USB stick 245

USB-Typ-C / USB-Typ-C 168

USV – Unterbrechungsfreie Stromversorgung / UPS – Uninterruptable Power Supply 210

UTP / Unshielded Twisted Pair 181

V

V.24 / V.24 166

Vakuumlöschkammer / vacuum extinguishing chamber 195

Variablentyp / type of variable 278

Varistoren / varistors 49

VDE-Vorschriften / VDE regulations 468

VDR-Widerstand / VDR resistor 49

VDSL / Very High Speed Digital Subscriber Line 357, 358

Vektoren / vectors 10, 15

Vektor-Grafiken / vector graphics 170

Ventilatoren / fans 351

Verantwortliche Elektrofachkraft / responsible electrically skilled person 452

Verarbeitung / processing 502

Verbinder / connecting devices 487

Verbindung von Aluminium- und Kupferleitern / connection of aluminium and copper conductors 262

Verbindungsbezogen / connection oriented 476

Verbindungsplan / connection diagram 480

Verbindungsprogrammierte Steuerung / hard-wired controller 112

Verbindungsregel (Assoziatives Gesetz) / associative rule 121

Verbindungstechniken / connecting techniques 263, **264**

Verbraucher-Pfeilsystem / consumer arrow system 29

Verbraucherschaltungen im Drehstromnetz / consumer circuits in three-phase network 39

Verbundnetz / interconnected system 186

Verdampfungswärme / heat of evaporation 72

Verdrahtungsplan / wiring diagram 480

Verdrängerpumpe / positive displacement pump 352

Verdrosselte Anlagen / damped systems 209

Vergleicher / comparator 497

Vergleichsschutz / differential protection 206

Vergusskapselung / encapsulation 402

Verhalten bei Notfällen / behaviour in emergencies 454

Verkabelung in Kommunikationsanlagen / cabling in communication installations 364, 365

Verkabelungsstruktur / cabling structure 181

Verknüpfungsbaustein / logic gate 121

Verknüpfungssteuerung / logic control system 112

Verlaufsprotokoll / minutes of meeting 436

Verlegeart / type of installation 89

Verlegearten / types of installation 90, **91**

Verlegung / installation 92, 93

Verlustarme Vorschaltgeräte - VVG / Low-loss Ballasts - LB 390

Verlustarmer Kondensator / low-loss capacitor 52

Verlustenergie / energy loss 184

Verlustleistung / power loss 184

Verpackung und Umweltschutz / packing and environmental protection 462

Verpackungsverordnung / packing ordinance 462

Verschlossene Zelle / gas tight sealed cell 226

Verschlüsselung / encryption 178

Verseilelemente / stranding elements 361

Verstärker / amplifier 494, 497

Verstärkungsfaktor / amplification factor 359

Verstärkungsmaß / amplification rate 359

Vertauschungsregel (Kommutatives Gesetz) / commutative rule 121

verteilte Zählerinstallation / distributed meter installation 300

Verteiltransformator / distribution transformer 199

Verteilungen, Räume / distributions, rooms 81

Verteilungsregel (Distributives Gesetz) / distributive rule 121

Verteilungssysteme / distribution systems 78

Verträge / contracts 424

Verzögerungs-Zeitkonstante / delay time constant 284

Verzugszeit / delay time 284

verzweigte Ablaufsteuerung / branched sequence control 279

VGA / Video Graphics Array 165

Video Graphics Array / Video Graphics Array 165

Videocodierung / video coding 375

Videokonferenzsysteme / video conferencing systems 375

Videoskop / videoscope 252

Vielfache von Einheiten / multiple of units 15

Vier Seiten einer Nachricht / four aspects of a news 439

Vierleitermessung / four-wire measurement 128

Vier-Ohren-Modell / four ears model 439

Vierpole / quadripoles 494

Viren / viruses 177

Virenschutz / virus protection 177

virtuelles Instrument / virtual instrument 247

virtuelles Messgerät / virtual measuring device 247

Visualisierung / visualization 438

Visualisierungs-Regel / visualization rule 438

VNB-Anlage / electricity supply network operator installation 78

Vollduplex-Bus / full-duplex bus 303

Vollgesteuerte Stromrichter / fully controlled converters 338

Vollkostenrechnung / full costing 425

Vollschrittbetrieb / full-step operation 349

Volt / volt 26

Von-Neumann-Architektur / Von-Neumann architecture 158

Vorhaltezeit / derivative action time 285

Vorsatz / prefix 15

Vorsatzzeichen / prefix sign 15

Vorschaltgeräte / ballasts 390

Vorschaltgeräte für Leuchtstofflampen / ballasts for fluorescent lamps 391

Vorschriften / regulations 451

Vortrag, Referat / lecture, presentation 441

VVG - Verlustarme Vorschaltgeräte / LB - Low-loss Ballasts 390

W

Wahrer Wert / true value 231

Wahrnehmbarkeitsschwelle / perception threshold 103

Wahrnehmungsregel / perception rule 439

WAN / Wide Area Network 179

Wärme / heat 24

Wärmeaustauscher / heat exchanger 420

Wärmedifferenzialmelder / rate-of-rise temperature detector 404

Wärmekapazität / heat capacity 68, 72

Wärmekraftwerk / thermal power station 184

Wärmeleitfähigkeit / thermal conductivity 72

Wärmeleitung / heat transfer 269

Wärmemaximalmelder / fixed temperature heat detector 404

Wärmemelder / heat detectors 404

Wärmemenge / heat quantity 24

Wärmerückgewinnung / heat recovery 420

Wärmestrahlung / thermal radiation 269

Wartung / maintenance 256

Wartungs- und Inspektionsgeräte / maintenance and inspection devices 252

Wartungsarbeiten / maintenance works 226

Wartungsfaktor / maintenance factor 381

Wartungswerte / maintenance values 383

WEA / Wind Power Plant 221

Wechselbetrieb / half-duplex operation 156

Wechselrichter / inverter 334, 494

Wechselrichterprinzip / inverter principle 345

Wechselschaltung / two-way circuit 392, 393

Wechselspannung / alternating voltage 37, 232

Wechselspannung und Wechselstrom / alternating voltage and alternating current 508

Wechselspannungsansteuerung / alternating voltage control 147

Wechselspannungs-LED / alternating voltage LED 387

Wechselstrom / alternating current 37, 508

Wechselstrommaschinen / a.c. machines 328

Wechselstrommotoren / a.c. motors 321, **327**

Wechselstromsteller / a.c. power controllers 334, **342**

Wechselstromumrichter / a.c. converter 334

Wegeventile / directional valves 143, 473

Wegeventile, Bezeichnung / directional valves, designation 143

Wegunfall / commuting accident 461

Weiße Wanne / white tank 109

Weiterschaltbedingungen / transition conditions 279, 280

Wellenart / shaft type 328

Wellenlängenbereiche / wavelengths 376

Wellenwiderstand / wave impedance 360

Wendepolwicklung / commutating winding 326

Werkstoff-Bezeichnung / material designation 73

Werkstoffe / materials 74

Wertdiskretes Signal / value discrete signal 288

Wertkontinuierliches Signal / value continuous signal 288

Western-Steckverbindung / Western plug and socket connection 354

W-Fragen / questions with W 436

Wheatstone-Messbrücke / Wheatstone bridge 233

Wickelarten / kinds of wrapping 261

Wickeleinsatz / bit 261

Wickeltechnik / wire wrap technique 263

Wicklung / winding 325, 328

Wicklungskennzeichnung / winding designation 328

Wide Area Network / Wide Area Network 179

Widerstand / resistor 486, 505

Widerstände / resistors 45

Widerstände im Wechselstromkreis / resistors in a.c. circuit 40, 41

Widerstandsbremsung / rheostatic braking 333

Widerstandskabel, serielles / resistance cable, series 407

Widerstandsmessung / resistance measurement 128

Widerstandsthermometer / resistance thermometer 131

Widerstandsübersetzung / impedance transformation 197

Widerstandswerkstoffe / resistance materials 74

Wiedereinschalten nach beendeter Arbeit / reclosing after work finished 428

Wiederholung (fußgesteuerte Schleife) / repetition (bottom controlled loop) 502

Wiederholung (kopfgesteuerte Schleife) / repetition (top controlled loop) 502

Wiederholungsprüfung / repeat test 250, 399

Wiederinbetriebnahme / restart 429

Wien-Messbrücke / Wien bridge 233

Windenergieanlagen / wind power plants 221

Windows / Windows 171

Winkelfunktionen / trigonometric functions 13, 503

Winkelgeschwindigkeit / angular velocity 24

Winkelpositionen / angular positions 138

Wireless LAN (WLAN) / Wireless LAN (WLAN) 174

Wireless Personal Area Network(WPAN) / Wireless Personal Area Network 174

Wire-wrap Technik / wire wrap technique 261

Wirkleistung / effective power 37

Wirkleistungsfaktor / effective power factor 37

Wirkung des elektrischen Stromes / effect of electric current 103

Wirkungen elektrischer und magnetischer Felder / effects of electric and magnetic fields 459

Wirkungsgrad / efficiency 20, 184, 197, 387, 504

Wirkungsgrade nach Effizienzklassen / efficiency according to efficiency classes 321

Wirkungsgrad-Methode / efficiency method 381

Wirkungskreis / action loop 112

Wissen der Organisation / knowledge within the organisation 445

WLAN - Wireless LAN / WLAN - Wireless LAN 174

WLAN-Betrieb / WLAN operation 175

WLAN-Einsatz / WLAN deployment 175

World-Wide-Web / World-Wide-Web 433

WPAN (Wireless Personal Area Network) / WPAN (Wireless Personal Area Network) 174

Wrappen / wrapping 264

Würfel / cube 14

Wurzel / root 8

X

X-Kondensatoren / X capacitors 214

Y

Y-Kondensatoren / Y capacitors 214

Z

Zählen / counting 230

Zahlen und Zahlensysteme / numbers and number systems 11, 12

Zahlen-Codes / numeric codes 157

Zähler / counter 275, 492, 497

Zähleranordnung / meter arrangement 81

Zählerplatz / meter mounting board 81

Zählerschaltungen / electricity meter circuits 241

Zählerschild / meter plate 240

Zahnradgetriebe / gear drive 22

Z-Diode / Z-diode 55

Zehnerpotenzen / powers of ten 8

Zeichen und Begriffe der Mengenlehre / signs and terms of set theory 6

Zeichengeschwindigkeit / symbol speed 173

Zeigerbild / phasor (vector) diagram 199

Zeitablaufdiagramm / timimg diagram 479

Zeitdiskretes Signal / time discrete signal 288

Zeitfallen vermeiden / avoiding time traps 447

Zeitgeführte Ablaufsteuerung / time controlled sequence control 279

Zeitglieder / timers 275

Zeitkontinuierliches Signal / time continuous signal 288

Zeitmanagement / time management 447

Zeitplanregelung / time program control 283

Zeitrelais / timing relay 114

Zeit-Strom-Bereiche / time current zones 96

Zeitverhalten / time behaviour 283

Zeitverhalten von Führungsgrößen / time behaviour of reference variables 283

Zeitverhalten von Regelkreisgliedern / time behaviour of control loop elements 283

Zeitverhalten von Regelstrecken / time behaviour of controlled systems 283, **284**

Zeitverzögerung / time delay 280

Zentralbaugruppe / central processing unit 276

Zentralkompensation / centralized power factor correction 208

Zerlegung von Kräften / decomposition of forces 19

Zertifizierung / certification 444

Zick-Zack-Schaltung / zig-zag connection 199

Ziegler-Nichols-Verfahren / Ziegler- Nichols-method 287

Zielgröße / target value 282

Zink-Kohle-Element / zinc-carbon element 223

Zink-Luft-Knopfzellen / zinc-air button cells 223

Zinsrechnung / calculation of interests 10

Zoneneinteilung / zone segmentation 400, 401

Z-Spannung / Z-voltage 55

Zugentlastung / strain relief 265

Zuluft / supply air 420

Zuluft-Volumenstromermittlung / supply air flow rate calculation 351

Zündenergie / ignition energy 401

Zündquelle / ignition source 401

Zündschutzarten / types of ignition protection 402

Zündtemperatur / ignition temperature 401

Zündtransformator / ignition transformer 201

Zuordnung von Überstrom-Schutzorganen / assignment of overcurrent protective devices 89

Zusammenhängende Darstellung / attached representation 477

Zusammensetzung von Kräften / composition of forces 19

Zusätzlicher Schutzpotenzialausgleich / supplementary protective equipotential bonding 80, 102

Zuschlagskalkulation / surcharge costing 425

Zustandsbeurteilung / condition evaluation 255

Zustandsüberwachung / condition monitoring 254

Zuverlässigkeitsangaben für Bauelemente / reliability data for components 44

Zweileitermessung / two-wire measurement 107, 128

Zweipunkt-Regelung / two-position control 340

Zweipunktregler / two-position controller 286

Zweipunkt-Signal / two-position signal 288

Zweiseitig ungleicharmiger Hebel / lever of first order with unequal arms 22

Zweiseitiger Hebel / lever of first order 22

Zweites Kirchhoffsches Gesetz / Kirchhoff's second law 29

Zwischenharmonische / sub-harmonics 204

Zwischenkreisumrichter / indirect converter 345

Zylinder / cylinder 14, 473

Zylindrischer Roboter / cylindrical robot 310

|ABB Automation GmbH, Friedberg: 310. |ABB STOTZ-KONTAKT GmbH, Heidelberg: 94, 207. |AMSYS GmbH & Co. KG, Mainz: 132.2. | Apollo Fire Detectors Limited, Havant/Hampshire: 404. |Bachofen AG, Uster: 144, 145.2, 145.3, 145.4, 150, 308, 348. |boje5 Grafik & Werbung, Braunschweig: Titel. |Berufsgenossenschaft Energie Textil Elektro Medienerzeugnisse (ETEM), Köln: 428. |BSD GmbH, Großröhrsdorf: 192. |Dätwyler Cables GmbH, Hattersheim: 403, 406. |Deca s.p.a., Rovereta/Repubblica di San Marino: 200. |DEHN + SÖHNE GmbH + Co. KG., Neumarkt i.d.OPf.: 108, 109, 191.2, 191.3, 397.1, 397.2, 409. |Deutronic Electronic GmbH, Adlkofen: 212.3. |Druwe & Polastri, Cremlingen/Weddel: 54.1. |Dzieia, Michael Dr., Darmstadt-Arheilgen: 95. |E-T-A Elektrotechnische Apparate GmbH, Altdorf: 100. |Eaton Industries GmbH, Bonn: 126, 330.1. |ebm-papst Landshut GmbH, Landshut: 351. |EKF Elektronik GmbH, Hamm: 169. |Electrolux Hausgeräte Vertriebs GmbH, Nürnberg: 240.1. |Emile Egger & Cie SA, Cressier NE: 352.1. |EnOcean GmbH, Oberhaching: 137.4, 137.5, 137.6. |EPA GmbH, Bruchköbel: 346.3, 346.4. |EPCOS AG, München: A TDK Group Company 2017 346.1, 346.2. |EXFO inc., Québec: 414. |Festo AG & Co. KG, Esslingen: 145.1. |fotolia.com, New York: cenkeratila 3; chones 389.1; kevma20 162; photo 5000 93.1. |GAMMA-SCOUT GmbH & Co.KG, Schriesheim: 460.2. |GMC-I Service GmbH, Nürnberg: 106. |Gustav Hensel GmbH & Co. KG, Lennestadt: 92.1, 191.1. |Gustav Klauke GmbH, Remscheid: 262. |Hager Vertriebsgesellschaft mbH und Co. KG, Blieskastel: 92.4, 97. |Helukabel GmbH, Hemmingen: 82, 84, 85. |Hilti Deutschland GmbH, Kaufering: 259. |Hübscher, Heinrich, Lüneburg: 160, 271, 294. |Hymer-Leichtmetallbau GmbH & Co. KG, Wangen im Allgäu: 456. |iGuzzini illuminazione Deutschland GmbH, Planegg: 388.1. |INELTA Sensorsysteme GmbH & Co., Ottobrunn: Michael Fiala 133. |Infineon Technologies AG, Neubiberg: 58.1, 58.2. |iStockphoto.com, Calgary: Asian 365. |KAISER GmbH & Co. KG, Schalksmühle: 92.2, 92.3. |Keller AG für Druckmesstechnik, Jestetten: 132.1. |Kistler Instrumente GmbH, Sindelfingen: 244. |Klaus Faber AG, Saarbrücken: 86. |L-com Global Connectivity, North Andover: 301. |lanz oensingen ag, Oensingen: 364. |Lithos, Wolfenbüttel: Grafiken. |Luxerna LED Lighting GmbH, Kleve: 388.2. |Marley Werke GmbH, Wunstorf: 93.3. |Medtronic GmbH, Meerbusch: 539. |Michalke, Norbert, Berlin: 54.2. |Mirion Technologies (Rados) GmbH, Hamburg: 460.1. |NETZSCH Pumpen & Systeme GmbH, Waldkraiburg: 352.2. |OBO BETTERMANN GmbH & Co. KG, Menden: 92.7, 92.8, 93.2. |Osram AG, München: 374. |PeakTech Prüf- und Messtechnik GmbH, Ahrensburg: 212.1. |Petersen, Sebastian, Helmstedt: 388.3, 388.4. |PHOENIX CONTACT GmbH & Co. KG, Blomberg: 397.3. |Plattform Industrie 4.0, Berlin: Anna Salari 448. |PULS GmbH, München: 212.2. |Rittal GmbH & Co. KG, Herborn: 92.8, 92.9. |Rohde & Schwarz GmbH & Co. KG, München: 235. |Schneider-Albert, Gabriela, Troisdorf: 48. |Sick AG, Waldkirch: 135. |Siemens AG, München 2017, Alle Rechte vorbehalten: 99, 113, 137.1, 137.2, 137.3. 189, 199, 296, 330.2, 330.3, 330.4; |Sony Deutschland, Berlin: 375. |Stemmer Imaging GmbH, Puchheim: 140. |stock.adobe.com, Dublin: Wandruschka, Olaf 452. |Telekom Deutschland GmbH, Bonn: 355. |Thermo Fisher Scientific Messtechnik GmbH, Erlangen: 460.3, 460.4. |TR-Electronic GmbH, Trossingen: 138. |TRILUX GmbH & Co. KG, Arnsberg: 92.5. |WAGO Kontakttechnik GmbH & Co. KG, Minden: 264. |Wenglor Sensoric GmbH, Tettnang: 136. |wikimedia.commons: EVB Energie AG 240.2. |Gira Giersiepen GmbH & Co. KG, Radevormwald: 389.2.

Zeile \ Spalte	00	01	02	03	04	05	06	07
00	**NUL** 0 / 0 P000 0000 / 000	**DLE** 10 / 16 P001 0000 / 020	**SP** 20 / 32 P010 0000 / 040	**0** 30 / 48 P011 0000 / 060	**@** 40 / 64 P100 0000 / 100	**P** 50 / 80 P101 0000 / 120	**`** 60 / 96 P110 0000 / 140	**p** 70 / 112 P111 0000 / 160
01	**SOH** 01 / 1 P000 0001 / 001	**DC_1** 11 / 17 P001 0001 / 021	**!** 21 / 33 P010 0001 / 41	**1** 31 / 49 P011 0001 / 061	**A** 41 / 65 P100 0001 / 101	**Q** 51 / 81 P101 0001 / 121	**a** 61 / 97 P110 0001 / 141	**q** 71 / 113 P111 0001 / 161
02	**STX** 02 / 2 P000 0010 / 002	**DC_2** 12 / 18 P001 0010 / 022	**“** 22 / 34 P010 0010 / 042	**2** 32 / 50 P011 0010 / 062	**B** 42 / 66 P100 0010 / 102	**R** 52 / 82 P101 0010 / 122	**b** 62 / 98 P110 0010 / 142	**r** 72 / 114 P111 0010 / 162
03	**ETX** 03 / 3 P000 0011 / 003	**DC_3** 13 / 19 P001 0011 / 023	**#** 23 / 35 P010 0011 / 043	**3** 33 / 51 P011 0011 / 063	**C** 43 / 67 P100 0011 / 103	**S** 53 / 83 P101 0011 / 123	**c** 63 / 99 P110 0011 / 143	**s** 73 / 115 P111 0011 / 163
04	**EOT** 04 / 4 P000 0100 / 004	**DC_4** 14 / 20 P001 0100 / 024	**$** 24 / 36 P010 0100 / 044	**4** 34 / 52 P011 0100 / 064	**D** 44 / 68 P100 0100 / 104	**T** 54 / 84 P101 0100 / 124	**d** 64 / 100 P110 0100 / 144	**t** 74 / 116 P111 0100 / 164
05	**ENQ** 05 / 5 P000 0101 / 005	**NAK** 15 / 21 P001 0101 / 025	**%** 25 / 37 P010 0101 / 045	**5** 35 / 53 P011 0101 / 065	**E** 45 / 69 P100 0101 / 105	**U** 55 / 85 P101 0101 / 125	**e** 65 / 101 P110 0101 / 145	**u** 75 / 117 P111 0101 / 165
06	**ACK** 06 / 6 P000 0110 / 006	**SYN** 16 / 22 P001 0110 / 026	**&** 26 / 38 P010 0110 / 046	**6** 36 / 54 P011 0110 / 066	**F** 46 / 70 P100 0110 / 106	**V** 56 / 86 P101 0110 / 126	**f** 66 / 102 P110 0110 / 146	**v** 76 / 118 P111 0110 / 166
07	**BEL** 07 / 7 P000 0111 / 007	**ETB** 17 / 23 P001 0111 / 027	**’** 27 / 39 P010 0111 / 047	**7** 37 / 55 P011 0111 / 067	**G** 47 / 71 P100 0111 / 107	**W** 57 / 87 P101 0111 / 127	**g** 67 / 103 P110 0111 / 147	**w** 77 / 119 P111 0111 / 167
08	**BS** 08 / 8 P000 1000 / 010	**CAN** 18 / 24 P001 1000 / 030	**(** 28 / 40 P010 1000 / 050	**8** 38 / 56 P011 1000 / 070	**H** 48 / 72 P100 1000 / 110	**X** 58 / 88 P101 1000 / 130	**h** 68 / 104 P110 1000 / 150	**x** 78 / 120 P111 1000 / 170
09	**HT** 09 / 9 P000 1001 / 011	**EM** 19 / 25 P001 1001 / 031	**)** 29 / 41 P010 1001 / 051	**9** 39 / 57 P011 1001 / 071	**I** 49 / 73 P100 1001 / 111	**Y** 59 / 89 P101 1001 / 131	**i** 69 / 105 P110 1001 / 151	**y** 79 / 121 P111 1001 / 171
10	**LF** 0A / 10 P000 1010 / 012	**SUB** 1A / 26 P001 1010 / 032	***** 2A / 42 P010 1010 / 052	**:** 3A / 58 P011 1010 / 072	**J** 4A / 74 P100 1010 / 112	**Z** 5A / 90 P101 1010 / 132	**j** 6A / 106 P110 1010 / 152	**z** 7A / 122 P111 1010 / 172
11	**VT** 0B / 11 P000 1011 / 013	**ESC** 1B / 27 P001 1011 / 033	**+** 2B / 43 P010 1011 / 053	**;** 3B / 59 P011 1011 / 073	**K** 4B / 75 P100 1011 / 113	**[** 5B / 91 P101 1011 / 133	**k** 6B / 107 P110 1011 / 153	**{** 7B / 123 P111 1011 / 173
12	**FF** 0C / 12 P000 1100 / 014	**FS** 1C / 28 P001 1100 / 034	**,** 2C / 44 P010 1100 / 054	**<** 3C / 60 P011 1100 / 074	**L** 4C / 76 P100 1100 / 114	**** 5C / 92 P101 1100 / 134	**l** 6C / 108 P110 1100 / 154	**¦** 7C / 124 P111 1100 / 174
13	**CR** 0D / 13 P000 1101 / 015	**GS** 1D / 29 P001 1101 / 035	**–** 2D / 45 P010 1101 / 055	**=** 3D / 61 P011 1101 / 075	**M** 4D / 77 P100 1101 / 115	**]** 5D / 93 P101 1101 / 135	**m** 6D / 109 P110 1101 / 155	**}** 7D / 125 P111 1101 / 175
14	**SO** 0E / 14 P000 1110 / 16	**RS** 1E / 30 P001 1110 / 036	**.** 2E / 46 P010 1110 / 056	**>** 3E / 62 P011 1110 / 076	**N** 4E / 78 P100 1110 / 116	**^** 5E / 94 P101 1110 / 136	**n** 6E / 110 P110 1110 / 156	**~** 7E / 126 P111 1110 / 176
15	**SI** 0F / 15 P000 1111 / 17	**US** 1F / 31 P001 1111 / 037	**/** 2F / 47 P010 1111 / 057	**?** 3F / 63 P011 1111 / 077	**O** 4F / 79 P100 1111 / 117	**_** 5F / 95 P101 1111 / 137	**o** 6F / 111 P110 1111 / 157	**DEL** 7F / 127 P111 1111 / 177

Erklärung: ASCII-Zeichen — **DLE**; 20 — Wert hexadezimal; 16 — Wert dezimal; Wert binär — P001 0000; 020 — Wert oktal

LSB (**L**east **S**ignificant **B**it: niederwertiges Bit)

MSB (**M**ost **S**ignificant **B**it: höchstwertiges Bit)

P: Paritätsbit (P = 0 oder P = 1 muss vereinbart sein; vgl. DIN 66022).

Steuerzeichen

Befehl	Art des Befehls	Bedeutung englisch	Bedeutung deutsch
NUL	–	NULL	Null, Nichts
SOH	TC	START OF HEADING	Kopfzeilenbeginn
STX	TC	START OF TEXT	Textanfangszeichen
ETX	TC	END OF TEXT	Textendezeichen
EOT	TC	END OF TRANSMISSION	Ende der Übertragung
ENQ	TC	ENQUIRY	Aufforderung zur Datenübertragung
ACK	TC	ACKNOWLEDGE	Positive Rückmeldung
BEL	–	BELL	Klingelzeichen
BS	FE	BACKSPACE	Rückwärtsschritt
HT	FE	HORIZONTAL TABULATION	Horizontal-Tabulator
LF	FE	LINE FEED	Zeilenvorschub
VT	FE	VERTICAL TABULATION	Vertikal-Tabulator
FF	FE	FORM FEED	Formularvorschub
CR	FE	CARRIAGE RETURN	Wagenrücklauf
SO	–	SHIFT OUT	Dauerumschaltungs-zeichen
SI	–	SHIFT IN	Rückschaltungszeichen
DLE	TC	DATALINE ESCAPE	Datenübertragungs-umschaltung
DC 1…4	DC	DEVICE CONTROL 1…4	Gerätesteuerzeichen 1…4
NAK	TC	NEGATIVE ACKNOWLEDGE	Negative Rückmeldung
SYN	TC	SYNCHRONOUS IDLE	Synchronisierung
ETB	TC	END OF TRANSMISSION BLOCK	Ende des Übertragungsblocks
CAN	–	CANCEL	Ungültig
EM	–	END OF MEDIUM	Ende der Aufzeichnung
SUB	–	SUBSTITUTE	Substitution
ESC	–	ESCAPE	Umschaltung
FS	IS	FILE SEPARATOR	Hauptgruppen-Trenn-zeichen
GS	IS	GROUP SEPARATOR	Gruppentrennzeichen
RS	IS	RECORD SEPARATOR	Untergruppen-Trenn-zeichen
US	IS	UNIT SEPARATOR	Teilgruppen-Trennzei-chen
SP	–	SPACE	Leerzeichen
DEL	–	DELETE	Löschen

Verzeichnis der verwendeten DIN-Normen und anderer Vorschriften

Index of Standards and other Regulations used

DIN ...

DIN 1301 ... 15 ff.
DIN 1304 ... 16 ff.
DIN 1313 ... 15
DIN 1319-1 ... 231
DIN 14096 ... 458
DIN 14675 ... 416
DIN 1700 ... 73
DIN 18012 ... 102
DIN 18014 ... 108 f.
DIN 18015-1, -2, -3 ... 81, 92
DIN 31051 ... 256
DIN 3168 ... 270
DIN 3179 ... 452
DIN 33402-2 ... 455
DIN 40030 ... 327
DIN 40040 ... 44
DIN 41576-1 ... 96
DIN 41772 ... 227
DIN 41773 ... 227
DIN 41774 ... 227
DIN 42021-2 ... 349
DIN 42027 ... 349
DIN 42402 ... 200
DIN 43856 ... 241
DIN 43870-1 ... 81
DIN 46234 ... 262
DIN 46235 ... 262
DIN 46288 ... 260
DIN 47100 ... 354
DIN 48083 ... 262
DIN 48085-3 ... 188
DIN 48200-1 ... 188
DIN 57710 ... 385
DIN 6280-13 ... 211
DIN 66000 ... 121
DIN 66003 ... 536 (U3)

DIN EN ...

DIN EN 1037 ... 251
DIN EN 1127-1 ... 402
DIN EN 12464-1 ... 381
DIN EN 131-1 ... 456
DIN EN 1335-1 ... 455
DIN EN 13501-6 ... 86
DIN EN 13757 ... 300
DIN EN 14183 ... 456
DIN EN 166 ... 452
DIN EN 397 ... 452
DIN EN 50011 ... 113
DIN EN 50012 ... 113
DIN EN 50083-2 ... 371
DIN EN 50090 ... 408
DIN EN 50160 ... 202 f.
DIN EN 50170-2 ... 290
DIN EN 50173 ... 181, 364 f.
DIN EN 50174-1 ... 364 ff.
DIN EN 50254 ... 292
DIN EN 50272-3 ... 226
DIN EN 50295 ... 295
DIN EN 50310 ... 365
DIN EN 50346 ... 365
DIN EN 50575 ... 86
DIN EN 50598-2 ... 321
DIN EN 527-1 ... 455
DIN EN 54 ... 396
DIN EN 54-5 ... 404
DIN EN 55014-1 ... 272
DIN EN 60034 ... 316 ff., 321, 327 f.
DIN EN 60034-30-1 ... 315, 321
DIN EN 60038 ... 27
DIN EN 60062 ... 46
DIN EN 60076-1 ... 199
DIN EN 60079 ... 402
DIN EN 60204-1 ... 113, 151, 251, 314, 320
DIN EN 60297-3 ... 267
DIN EN 60309-2 ... 266
DIN EN 60320-1 ... 265
DIN EN 60445 ... 200
DIN EN 60598 ... 384 f.
DIN EN 60603-2 ... 263
DIN EN 60617-1...-13 ... 121, 485 ff.
DIN EN 60728-1 ... 371
DIN EN 60848 ... 280, 500 f.
DIN EN 60903 ... 452
DIN EN 60934 ... 100
DIN EN 60947-3 ... 196
DIN EN 60947-4, -4-1, -4-2 ... 196
DIN EN 61000-2-2, -4 ... 204
DIN EN 61000-3, -3-2 ... 202, 204
DIN EN 61008-1 ... 97
DIN EN 61008-2-1 ... 97
DIN EN 61009-1 ... 97
DIN EN 61009-2, 1 ... 97
DIN EN 61082-1 ... 477 ff.
DIN EN 61131-3 ... 278 f.
DIN EN 61158-2 ... 290
DIN EN 61231 ... 369
DIN EN 61347 ... 385
DIN EN 61386-22 ... 93
DIN EN 61508 ... 126, 154
DIN EN 61557 (VDE0413) ... 250
DIN EN 61557-3 ... 107
DIN EN 61558-1 ... 201
DIN EN 61800-5-2 ... 320
DIN EN 62061 ... 154, 313
DIN EN 62305-1 ... 397
DIN EN 62305-4 ... 399 f.
DIN EN 62424 ... 498 f.
DIN EN 62446 ... 219
DIN EN 62606 ... 99
DIN EN 81346-1, -2 ... 141 f., 483 f.

DIN ISO/DIN EN ISO ...

DIN EN ISO 13849-1 ... 152 f., 313
DIN EN ISO 9001 ... 445
DIN EN ISO 9241 ... 455
DIN EN ISO 20345 ... 452
DIN ISO 1219-1, -2 ... 142 f., 473
DIN ISO 10816-3 ... 255

DIN VDE ...

DIN VDE 0100-200 ... 103
DIN VDE 0100-410 .. 79, 94, 102 ff., 107 ff., 392 f.
DIN VDE 0100-420 ... 79
DIN VDE 0100-430 ... 94, 394
DIN VDE 0100-443 ... 398
DIN VDE 0100-470 ... 104
DIN VDE 0100-510 ... 410
DIN VDE 0100-520 ... 377
DIN VDE 0100-534 ... 394
DIN VDE 0100-600 ... 107, 250
DIN VDE 0100-701 ... 80, 102
DIN VDE 0100-702 ... 80, 102
DIN VDE 0100-705 ... 102
DIN VDE 0100-710 ... 79, 102
DIN VDE 0100-712 ... 218
DIN VDE 0100-737 ... 79
DIN VDE 0100-739 ... 104
DIN VDE 0100-801 ... 110
DIN VDE 0105 ... 211, 429
DIN VDE 0105-100 ... 79, 250 f., 428
DIN VDE 0108-100 ... 395
DIN VDE 0185-305-1 ... 399
DIN VDE 0271 ... 188
DIN VDE 0293-308 ... 83, 188
DIN VDE 0298-4 ... 89 ff., 394
DIN VDE 0335-1 ... 76
DIN VDE 0413-8 ... 101
DIN VDE 0470-1 ... 396
DIN VDE 0530-1 ... 76
DIN VDE 0558-530 ... 210
DIN VDE 0605 ... 92
DIN VDE 0606-1 ... 92
DIN VDE 0620-1 ... 265
DIN VDE 0636-2, -3 ... 95 f.
DIN VDE 0641-12 ... 94
DIN VDE 0660-100, -500 ... 194, 269
DIN VDE 0661-10 ... 97
DIN VDE 0664-101, -400, -401 ... 97
DIN VDE 0701-0702 ... 248 f.
DIN VDE 0833 ... 415
DIN VDE 0848 ... 459
DIN VDE 1000-10 ... 452 f.

Sonstiges

ArbSchG ... 257, 430, 452, 457
BetrSichV ... 211, 251, 257, 430, 450, 452 f.
BimSchG ... 211
BImSchV ... 459
Bundesdatenschutzgesetz ... 176
DGUV Information 211-010 ... 430
DGUV Regel 103-013 ... 459
DGUV Vorschrift 1, 3, 6 ... 248, 350 f., 430, 451 ff., 461
DIN IEC 63 ... 46
EG-Verordnung 245/2009 ... 390
EN 358, 361 ... 452
EN 50170-1 ... 297
EN ISO 7200 ... 470
ETS 300 383, 392, 394, 396 ... 378
EU 305/2011 ... 86
EU-Datenschutzgrundverordnung ... 176
EU-Richtlinie 2000/55/EG ... 390
GefStoffV ... 409, 430, 464 f.
IEC 60050-351 ... 282 f.
IEC 61131 ... 278 f.
ISO 11898-1 ... 293
LasthandhabV ... 457
Messgeräte-Richtlinie 2014/34/EU ... 240
MLAR ... 406
Ökodesign-Richtlinie 2009/125/EG ... 464
Richtlinie 82/499/EWG ... 272
Strahlenschutzverordnung (Strl.SchV) ... 460
TA-Lärm, Luft ... 211
TRBS 2152 ... 401
VAwS ... 211
VDE-AR-E 2510 ... 220
VDE V 0140-479-1 ... 103
VDEW-Richtlinie ... 108 f.
VDI/VDE 3694 ... 446